LIBRARIES
UNIVERSITY OF MAINE
AT ORONO

RAYMOND H. FOGLER LIBRARY

ORONO

Light Scattering Functions
for Small Particles
with Applications in Astronomy

Light Scattering Functions for Small Particles

with Applications in Astronomy

N. C. WICKRAMASINGHE

Institute of Theoretical Astronomy
University of Cambridge

A HALSTED PRESS BOOK

JOHN WILEY & SON
NEW YORK - TORONTO

© N. C. Wickramasinghe, 1973

Produced and published in Great Britain by
ADAM HILGER LTD
Rank Precision Industries Ltd
29 King Street, London, WC2E 8JH

Published in the U.S.A., Canada, and Latin America by
HALSTED PRESS
A Division of John Wiley & Sons, Inc., New York

Library of Congress Catalog Card Number 72-11049
ISBN 0 470-94265-7

Printed by Adlard & Son Ltd, Bartholomew Press, Dorking

To
Priya

Preface

The main motivation for writing this book was derived from my own investigations, during the past decade, into the nature and behaviour of interstellar dust grains. In Part I of this volume, I present a summary of the theory of light scattering by small particles and the relevant computational procedure which is central to investigations in this field. During the course of my researches, I became increasingly conscious of the need for a compilation of extinction and scattering curves directed mainly towards interstellar problems. This feeling was shared by many astronomical colleagues. The set of tables and curves compiled in Part II of this volume, giving results of numerical calculations for spherical and cylindrical particles, is intended to show general trends at a glance, and is expected to minimize—though not completely eliminate—the need for future machine computations.

The numerical computations compiled here were carried out on the IBM 360 computer at the Institute of Theoretical Astronomy, Cambridge. I wish to record my gratitude to Mr N. J. Butler, Manager of the Institute's Computing Centre, and his staff for their cheerful co-operation and assistance. My thanks are also due to Mr D. F. Halls for his excellent job on the illustrations in this volume.

N. C. W.

JESUS COLLEGE
CAMBRIDGE
October 1972

Glossary of Symbols

Numerical values

c	Velocity of light	$2 \cdot 99793 \times 10^{10}$ cm s^{-1}
h	Planck's constant	$6 \cdot 6252 \times 10^{-27}$ erg s
e	Electron charge	$4 \cdot 8029 \times 10^{-10}$ e.s.u.
m	Electron mass	$9 \cdot 1084 \times 10^{-28}$ g
m_H	Mass of H atom	$1 \cdot 6733 \times 10^{-24}$ g
k	Boltzmann's constant	$1 \cdot 38046 \times 10^{-16}$ erg deg^{-1}
N_0	Avogadro's number	$6 \cdot 0232 \times 10^{23}$ mole^{-1}
pc	Parsec	$3 \cdot 0856 \times 10^{18}$ cm
kpc	Kiloparsec	10^3 pc
μ	Micron	10^{-4} cm
Å	Angstrom	10^{-8} cm
π	$3 \cdot 14159$	
$1°$	$0 \cdot 017453$ radian	

Symbols (general)

a	Particle radius		γ	Albedo, ratio of scattering to total extinction
k	Absorptive index (K in Tables)		Δm	Interstellar extinction in magnitudes
n	Real refractive index (N in Tables)		Δm_p	Interstellar polarization in magnitudes
m	Complex refractive index $= n - ik$		ϵ	Complex dielectric constant $= m^2$
x	Dimensionless size parameter $= 2\pi a/\lambda$ (X in Tables)		λ	Wavelength of electromagnetic radiation
α	Polarizability		σ	Electrical conductivity

Symbols for scattering by spheres

a	radius of sphere		Q_{bk}	Efficiency factor for backscatter $= C_{bk}/\pi a^2$ (QBK in Tables)
a_n, b_n	Mie coefficients		θ	Angle between incident and scattered beams
C_{ext}	Cross-section for extinction			
C_{sca}	Cross-section for scattering		$S_1(\theta)$	Components of Mie scattering complex amplitudes
C_{pr}	Cross-section for radiation pressure		$S_2(\theta)$	
C_{bk}	Cross-section for back-scatter		I_1, I_2	Intensity parameters for Mie scattering, equal to $\|S_1(\theta)\|^2, \|S_2(\theta)\|^2$ respectively
Q_{ext}	Efficiency factor for extinction $= C_{ext}/\pi a^2$ (QEXT in Tables)		$S(\theta)$	Total phase function for scattering $= \frac{1}{2}\left(\frac{\lambda}{2\pi}\right)^2 [I_1 + I_2]$
Q_{sca}	Efficiency factor for scattering $= C_{sca}/\pi a^2$ (QSCA in Tables)			
Q_{pr}	Efficiency factor for radiation pressure $= C_{pr}/\pi a^2$ (QPR in Tables)		g	Forward directivity parameter for Mie scattering (G in Tables)

Symbols for scattering by infinite cylinders

a	Cross-sectional radius		C_{sE}	Scattering cross-section for **E** in the plane **k, l**
l	Vector representing particle axis ($\|\mathbf{l}\| =$ length)		C_{eH}	Extinction cross-section for **H** in the plane **k, l**
k	Propagation vector of electromagnetic radiation		C_{sH}	Scattering cross-section for **H** in the plane **k, l**
θ	Angle between propagation vector of incident light and particle axis (THETA in Tables)		Q_{eE} Q_{sE} Q_{eH} Q_{sH}	Efficiency factors defined as appropriate cross-section divided by $2al$
E, H	Electric and magnetic vectors of incident radiation			
C_{eE}	Extinction cross-section for **E** in the plane **k, l**			

Contents

Part I Astrophysical Background and Light Scattering Theory

1 Prologue — 3

2 Solid Particles in Space — 5
  2.1 Evidence for interstellar dust — 5
  2.2 Observed data on optical properties of dust — 6
    2.2.1 Interstellar extinction — 6
    2.2.2 Mass density and solid particle character of absorber — 10
    2.2.3 Equation of transfer — 12
    2.2.4 Interstellar polarization — 12
    2.2.5 Diffuse galactic light — 15
    2.2.6 Interstellar dust theories — 17

3 Light Scattering by Spherical Particles — 25
  3.1 Mie formulae — 25
  3.2 Computation procedure for evaluating Mie formulae — 26
  3.3 Asymptotic formulae for homogeneous spheres — 29
  3.4 Composite spheres — 29
  3.5 Asymptotic formulae for composite spheres — 31

4 Light Scattering by Cylinders and Ellipsoids — 33
  4.1 Rigorous formulae for cylinders — 33
  4.2 Approximate formulae for infinite cylinders — 34
  4.3 Rayleigh scattering by ellipsoids — 35

Part II Numerical Results

5 Light Scattering Functions for Homogeneous Spheres — 41
  Tables T1.1–T1.169: Numerical values of $Q_{ext}(x)$, $Q_{sca}(x)$, $Q_{pr}(x)$, $Q_{bk}(x)$ and $g(x)$ for spheres characterized by a refractive index $m = n - ik$ spanning various ranges. — 42
  Figs. A1–A64: $Q_{ext}(x)$, $Q_{sca}(x)$ for representative cases including examples of $g(x)$, $Q_{bk}(x)$. — 211
  Figs. B1–B20: Phase functions $I_1 = |S_1|^2$, $I_2 = |S_2|^2$ as functions of θ for representatives values of m and for $x = 2\pi a/\lambda = 1\cdot 2, 3\cdot 0, 6\cdot 0, 9\cdot 0, 12\cdot 0$. — 233

6 Light Scattering Functions for Infinite Cylinders — 243
  Tables T2.1–T2.104: Numerical values of $Q_{eE}(x)$, $Q_{eH}(x)$, $Q_{sE}(x)$, $Q_{sH}(x)$ for infinite cylinders at normal incidence characterized by a complex refractive index $m = n - ik$ spanning various ranges. — 244
  Figs. C1–C22: Q_{eE}, Q_{eH}, Q_{sE}, Q_{sH} and $(Q_{eE} - Q_{eH})$ for infinite cylinders as functions of x for selected cases of normal incidence ($\theta = 90°$). — 348
  Tables T2.105–T2.164: Numerical values of $Q_{eE}(x)$, $Q_{eH}(x)$, $Q_{sE}(x)$, $Q_{sH}(x)$ for infinite cylinders at oblique incidence θ. — 356
  Figs. D1–D33: Q_{eE}, Q_{eH} and $(Q_{eE} - Q_{eH})$ for infinite cylinders as functions of x for selected cases of oblique incidence. — 416

7	**Light Scattering Functions for Spheres of Ice, Iron and Graphite**	429
	Fig. E1: Complex refractive indices of ice, iron and graphite used in the present calculations.	430
	Tables T3.1–T3.20: Numerical values of Q_{ext}, Q_{sca}, Q_{bk}, g, Q_{pr} as functions of wavenumber ($x = \lambda^{-1}$ (μ^{-1})) for ice spheres of radii $a = 0.05$ (0.05) 1.0 μ, $\lambda^{-1} = 0.6$ (0.1) 10.0 μ^{-1}.	431
	Tables T3.21–T3.45: Numerical values of Q_{ext}, Q_{sca}, Q_{bk}, g, Q_{pr} as functions of wavenumber ($x = \lambda^{-1}$ (μ^{-1})) for iron spheres of radii $a = 0.01$ (0.01) 0.7 μ, $\lambda^{-1} = 0.3$ (0.1) 3.8 μ^{-1}.	451
	Tables T3.46–T3.70: Numerical values of Q_{ext}, Q_{sca}, Q_{bk}, g, Q_{pr} as functions of wavenumber ($x = \lambda^{-1}$ (μ^{-1})) for graphite spheres of radii $a = 0.01$ (0.01) 0.7 μ, $\lambda^{-1} = 0.4$ (0.1) 8.4 μ^{-1}.	464
	Figs. E2–E11: $Q_{ext}(\lambda^{-1})$, $Q_{sca}(\lambda^{-1})$ for ice spheres.	489
	Figs. E12–E16: $Q_{ext}(\lambda^{-1})$, $Q_{sca}(\lambda^{-1})$ for iron spheres.	492
	Figs. E17–26: $Q_{ext}(\lambda^{-1})$. $Q_{sca}(\lambda^{-1})$ for graphite spheres.	494
8	**Extinction and Scattering Efficiencies for Composite Grains**	497
	Figs. F1–F8: $Q_{ext}(\lambda^{-1})$, $Q_{sca}(\lambda^{-1})$ for composite grains with iron cores.	498
	Figs. G1–G16: $Q_{ext}(\lambda^{-1})$, $Q_{sca}(\lambda^{-1})$ for composite grains with graphite cores.	500
	Index	505

I Astrophysical Background and Light Scattering Theory

1 Prologue

Computations of light scattering properties of small particles have played a central role in astronomical discussions relating to the behaviour of dust in space. The evolution of ideas on the composition of interstellar dust particles and their interaction with the light of distant stars has depended upon such computations. Theoretical models of such solid particles have usually been restricted to the simplest cases of spheres of arbitrary radius and cylinders of arbitrary radius but with length long compared with their radii. Two parameters entering into this problem are the complex refractive index of the particle m ($=n-ik$) and the ratio x ($=2\pi a/\lambda$). On account of the fairly wide range of possible choices of x, m admissible in astronomical situations it has frequently been imperative to compute scattering functions for cases which have hitherto not been computed—at any rate published in sufficient detail. Throughout the author's own researches on the properties of interstellar dust the need for a fairly comprehensive set of tables of scattering functions and extinction curves was acutely felt, and this feeling was shared by several colleagues working in the same field. The material contained in this present volume is intended to fulfil this need. Calculations presented here for the case of spheres and cylinders span fairly representative ranges of x and m from which interpolations can readily be made. Whilst these tables are by no means intended to obviate the need for further machine computations in specific cases, it is hoped that they will provide at least an indication of general trends from which preliminary conclusions can readily be reached..

A general survey of the current astronomical situation relating to interstellar dust is presented in Chapter 2. Although the present work is primarily directed to problems relating to interstellar dust, it is also hoped that it may have some usefulness in other areas—e.g. discussions of dust in interplanetary space, comets, and the atmospheres of planets. In Chapters 3 and 4 a summary is presented of the relevant formulae and procedures for numerical computation. It should be stressed in this connection that the present work in no way attempts to be a treatise on light scattering. Van de Hulst's (1957) excellent treatise on this subject must continue to be the prime reference on this topic and the author's indebtedness to this work cannot be overstated. The bulk of the present volume is devoted to the presentation of numerical results.

Reference

VAN DE HULST, H. C. *Light Scattering by Small Particles* (New York: Wiley, 1957).

2 Solid Particles in Space

2.1 Evidence for interstellar dust

Astronomers have known for several decades that interstellar space is not an empty and featureless vacuum. In between the stars there exists matter in a variety of forms: single atoms, ions, molecules of varying degrees of complexity, and dust particles. Dust particles, whose radii range from 10^{-6} to 3×10^{-5} cm are mainly concentrated within clouds whose smeared out densities range from 1 to 100 atoms per cm^3 and whose typical dimensions range from 10^{-2} to 5 pc (1 pc = 3×10^{18} cm). Such interstellar clouds occupy about 1 per cent of the total volume of the galactic disk and probably make up an appreciable fraction of the total mass of the Galaxy.

Perhaps the most striking evidence for the presence of interstellar dust is to be found in long-exposure photographs of the Milky Way. Dust clouds show up as conspicuous dark patches and striations against the background of otherwise more or less uniform star fields. Plates 1(a) and 1(b) are photographs of regions of the Milky Way in the direction of Sagittarius and Ophiuchus which clearly exhibit such features. Early attempts to understand and interpret these features were far from straightforward, however. Their original discovery was followed by a prolonged debate concerning the issue whether or not they represented obscuring clouds. The alternative hypothesis was that there were actual holes in the distribution of stars. This question was finally settled in the 1930s when statistical analyses of star counts through dark patches established the existence of optical obscuration. It was also possible at about the same time to show, by several independent lines of argument, that the light from distant stars in the Galaxy generally suffered extinction due to passage through interstellar clouds. For a review of these early arguments the reader is referred to Wickramasinghe (1967).

Astronomers measure stellar brightness on a logarithmic scale of 'magnitudes' m defined by

$$m = -2 \cdot 5 \log_{10} I \qquad (2.1)$$

where I is the observed starlight intensity. It is clear from this definition that a reduction of intensity by a factor e corresponds to an extinction in magnitudes $\Delta m \simeq 1$. The average extinction coefficient of the interstellar medium at the photographic wavelength $\lambda \simeq 4500$ Å was discovered in the 1930s to be

$$\kappa \simeq 1 \text{ mag/kpc} \qquad (2.2)$$

(1 kpc = 10^3 pc = 3×10^{21} cm) in directions close to the mid-plane of the Galaxy. Fluctuations of up to 100 per cent in this coefficient occur in directions within the galactic plane ($b^{II} = 0$) and a (cosec b^{II}) latitude dependence operates in directions away from the plane. Using these data it could be readily shown that obscuring dust is confined to a layer extending to ~120 pc on either side of the galactic mid-plane.

Dust or obscuring matter is not a feature in any way peculiar or restricted to our own galaxy. The existence of dust in external galactic systems has been recognized for many years. Photographs of spiral galaxies viewed face-on often show conspicuous dust lanes more or less following the spiral arms defined by the distribution of stars. Plate 2 (NGC 3031) is a fairly typical example of such a case. A spiral galaxy viewed edge-on often shows a dust lane through the middle apparently dividing the galaxy. Plate 3 of NGC 4594, popularly known as the Sombrero Hat, is a striking example of such a case.

2.2 Observed data on optical properties of dust

2.2.1 *Interstellar extinction*

Observations of interstellar extinction probably provide the most direct clues concerning the optical properties of interstellar dust. We have already referred to an early determination of the average extinction coefficient $\kappa \simeq 1$ mag/kpc at the photographic wavelength $\lambda = 4500$ Å. The measurement of the extinction coefficient at several effective wavelengths became possible with the advent of narrow-band photographic filters and photoelectric techniques. The pioneering work on the wavelength dependence of interstellar extinction (extinction law) was carried out by Stebbins *et al.* (1934, 1939) using the techniques of photographic filter photometry. In principle the observational technique is to compare the brightness at different wavelengths of two stars of the same spectral type (and hence with the same intrinsic emission)—one distant and highly extinguished and the other nearer and comparatively unextinguished. (Stars of spectral types O and B with effective temperatures exceeding 20 000 K are normally used in such studies on account of their almost featureless spectra.) The observed differences of brightness (in magnitudes) then give the extinction at several wavelengths, and this the extinction law.

For a given pair of stars the extinction $\Delta m = \Delta m(\lambda)$ is determined by observations only to within an additive constant. To eliminate this constant and to compare the extinction properties for several pairs

Plate 1(a) Milky Way in the direction of Sagittarius showing conspicuous obscuring clouds (Neb. Barnard 92 Sag.) (Courtesy of the Mt Wilson and Palomar Observatories)

Plate 1(b) Milky Way in the regions θ Ophiuchi showing considerable fine structure in the distribution of obscuring matter (Courtesy of the Mt Wilson and Palomar Observatories)

Plate 2 Typical spiral galaxy showing dust lanes in spiral arms in M51 (Courtesy of the Mt Wilson and Palomar Observatories)

Plate 3 NGC 4594—edge-on view of a spiral galaxy in Virgo showing conspicuous dust lane through central plane (Courtesy of the Mt Wilson and Palomar Observatories)

of stars with differing extents of extinction it is customary to define a normalized extinction.

$$[\Delta m(\lambda)]_{norm} = \frac{\Delta m(\lambda) - \Delta m(\lambda_0)}{\Delta m(\lambda_1) - \Delta m(\lambda_0)} \qquad (2.3)$$

where λ_0, λ_1 are reference wavelengths. By measuring the brightnesses of some 1332 hot B-type stars at three effective wavelengths $\lambda_U = 3450$ Å, $\lambda_B = 4340$ Å, $\lambda_V = 5470$ Å, Stebbins *et al.* (1934, 1939) were able (*a*) to show that starlight is reddened by passage through interstellar clouds and (*b*) to determine that the extinction Δm is proportional to $1/\lambda$ over the wavelength range *UBV*.

The subsequent story of the interstellar extinction law has developed mainly along the following lines:

(1) The wavelength base of the observations has been progressively extended to include the infra-red and ultra-violet spectral regions.
(2) Data have been extended with regard to the total number of stars involved, including a search for regional variations of the extinction law.
(3) Spectral resolution of interstellar extinction observations has been progressively improved.

In the spectral region 9000–3300 Å good extinction data are available for a large number of stars. The interstellar extinction curve (Δm versus λ^{-1}) over this waveband appears to be represented to a high degree of accuracy by two straight line segments intersecting at $\lambda^{-1} = 2 \cdot 3 \; \mu^{-1}$ (Nandy, 1964, 1965). The ratio of the slope of the ultra-violet part of this curve to that of the blue–visible part is found

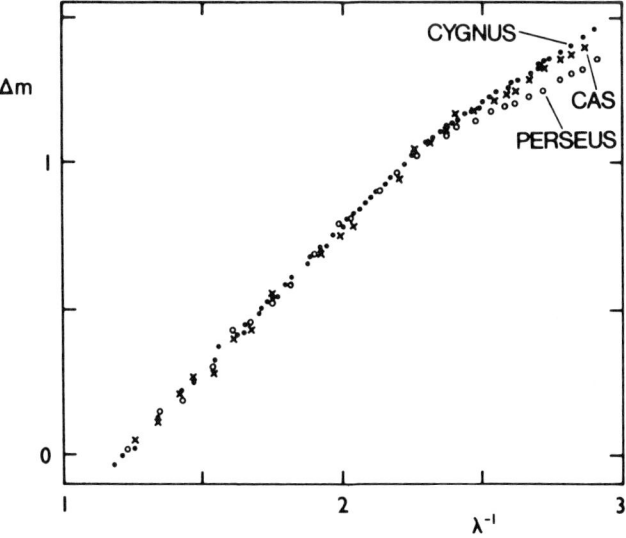

Fig. 2.1 Optical extinction curves for stars in the Cygnus, Perseus and Cassiopeia regions (Nandy, 1964, 1965, 1966)

2.2 Observed Data on Optical Properties of Dust

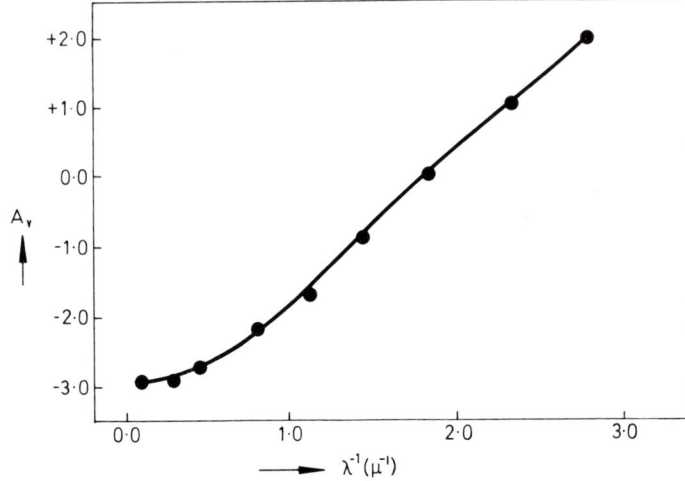

Fig. 2.2 Johnson's (1968) extinction curve for VI Cyg. No. 12

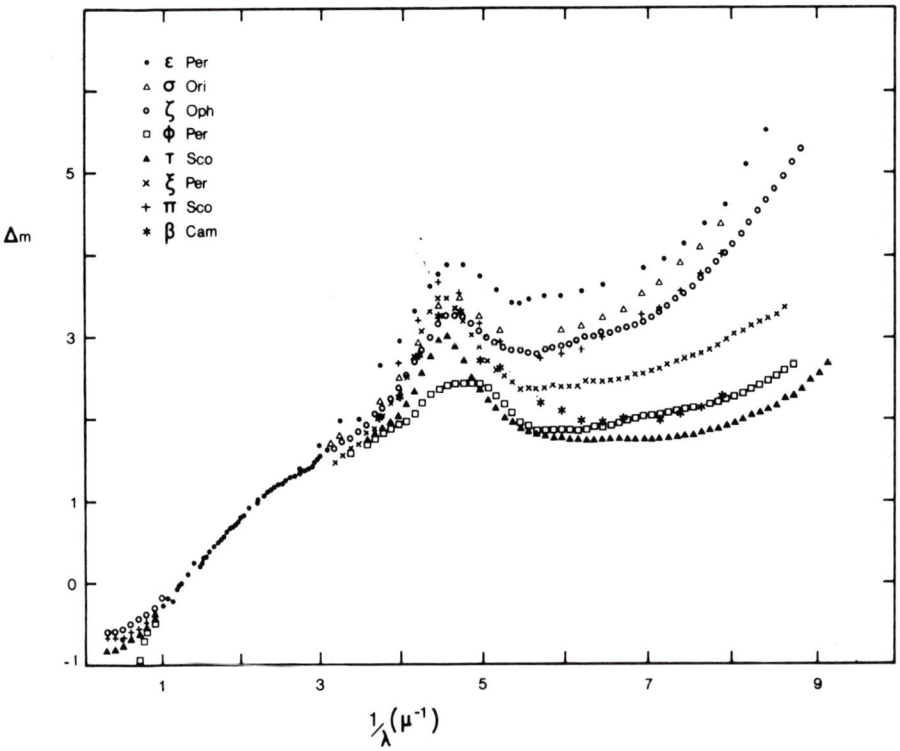

Fig. 2.3 Ultra-violet extinction data for several stars (Stecher, 1969, Bless and Savage, 1972) combined with appropriate optical and infra-red data

to be slightly variable—decreasing by about 30 per cent for stars in the Perseus direction as compared with stars in the Cygnus direction. These extinction curves are shown in Fig. 2.1. The change of slope at $\lambda^{-1} = 2 \cdot 3 \, \mu^{-1}$ appeared to take place over a narrow waveband ~ 100 Å wide within the limits of the spectral resolution of Nandy's (1964, 1965) study. A more recent investigation by Harris

(1969) using greatly improved spectral resolution has indicated that the 'knee' at $\lambda^{-1} = 2\cdot 3\ \mu^{-1}$ is even sharper, a change of slope occurring within a very narrow waveband ~ 6 Å. No entirely satisfactory explanation exists for this sharp bend. A promising idea is that it is associated with a colour-centre type of feature superposed on a more gradual change of slope arising from Mie scattering (Nandy et al., 1968).

The first attempt to extend the extinction law into the infra-red was made by Whitford (1948) using an infra-red filter with an effective wavelength $\lambda \simeq 2\cdot 1\ \mu$. The results of this as well as of subsequent investigations (Whitford, 1958) indicated an upward curvature of the extinction law at long wavelengths. A dependence of Δm on a slightly higher power of $(1/\lambda)$ than unity appeared to be suggested by this result. Fig. 2.2 shows the extinction curve observed by Johnson (1968) for the heavily reddened B star VI Cyg. No. 12 and appears to be representative of a fairly large fraction of normal stellar extinction curves.

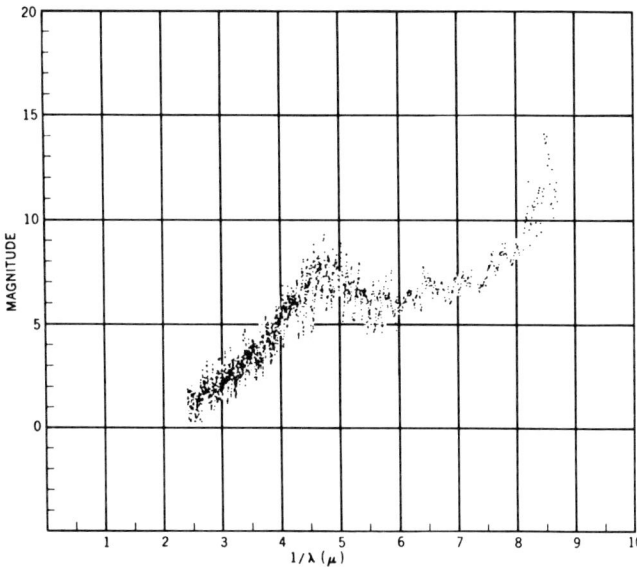

Fig. 2.4 Stecher's (1969) extinction curve in the ultra-violet for ζ-ϵ Persei

Probably the most important new data on the interstellar extinction law have emerged from its wavelength extension into the far ultra-violet. Such extensions were carried out by Boggess and Borgman (1964), Stecher (1965, 1969) and Bless and Savage (1970, 1972) using equipment borne on rockets and earth satellites. Extinction curves spanning the wavelength range $\sim 3\ \mu - 1200$ Å are now available for a number of stars. Fig. 2.3 shows the extinction curve over this waveband for several stars normalized according to equation (2.3) with $\lambda_0^{-1} = 1\cdot 22\ \mu^{-1}$, $\lambda_1^{-1} = 2\cdot 22\ \mu^{-1}$. At wavelengths shortward of 4500 Å the extinction Δm is found to rise more or less linearly with λ^{-1} up to $\lambda = 2600$ Å, to pass through a hump at $\lambda \simeq 2200$ Å, and

2.2 Observed Data on Optical Properties of Dust

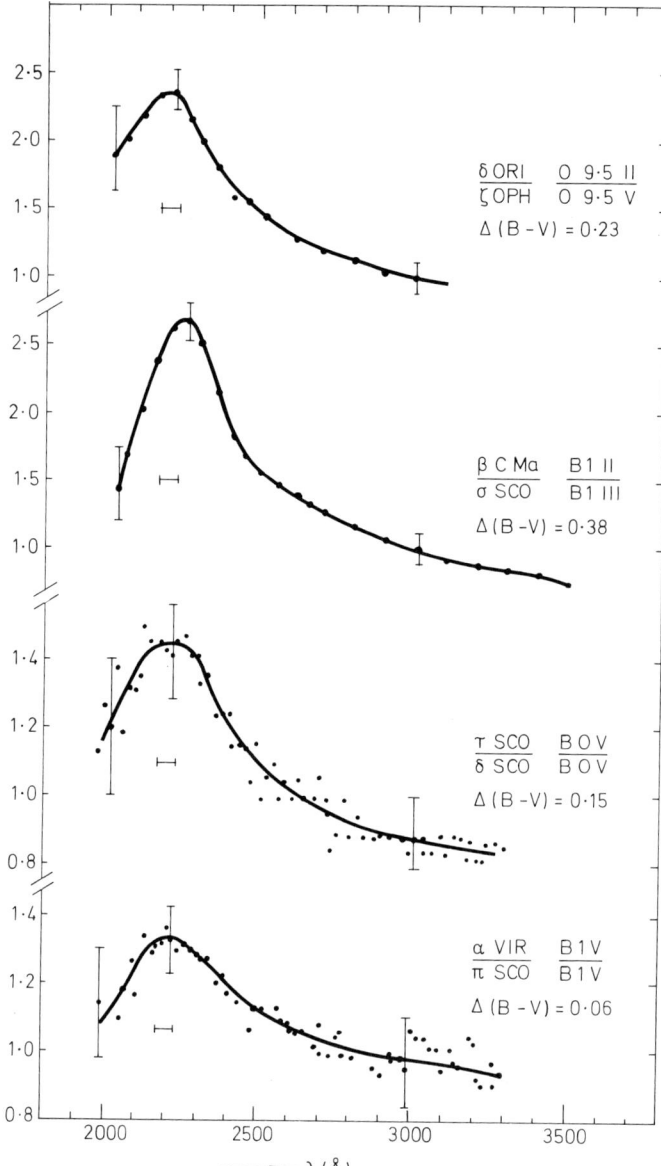

Fig. 2.5 Ultra-violet extinction curves of Bless and Savage (1970) for several pairs of stars of similar spectral type

to continue rising further into the ultra-violet in most cases. The conspicuous hump at 2200 Å is present in all cases and is probably a spectral feature in at least one component of the grains. Figs. 2.4 and 2.5 show the detailed profile of this hump for several stars. The requirement that any grain model should account for the available interstellar extinction data would impose stringent constraints on such models.

2.2.2 Mass density and solid particle character of absorber

The composition and optical properties of interstellar dust has been a subject of research and discussion for over forty years. At the present time it is fair to say that no definite solution has emerged. An important initial constraint on dust theories arose as a result of a determination of the mass density of interstellar matter nearly thirty years ago. By a careful study of stellar motions perpendicular to the plane of the Galaxy, Oort (1932, 1960) shows that the initial mass density of matter, stellar and interstellar, in the solar vicinity is

$$\rho \simeq 6 \cdot 3 \times 10^{-24} \text{ g cm}^{-3} \qquad (2.4)$$

Furthermore, from the known distribution of stellar matter we know that

$$\rho_{stellar} \simeq 3 \times 10^{-24} \text{ g cm}^{-3} \qquad (2.5)$$

Thus it follows that the smeared out density of interstellar matter is

$$\rho_{interstellar} \simeq 3 \times 10^{-24} \text{ g cm}^{-3} \qquad (2.6)$$

a value which is consistent with estimates of the neutral hydrogen density from 21 cm radio observations.

The mass density of the matter responsible for interstellar obscuration must clearly be less than this value, $\leqslant 3 \times 10^{-24}$ g cm^{-3}, and yet be capable of producing an extinction coefficient at the photographic wavelength of ~ 1 mag/kpc. Several types of absorber—e.g. free electrons, atoms or molecules—may be ruled out by virtue of these constraints. In order to provide an optical extinction coefficient of ~ 1 mag/kpc they must be present with too high a density in interstellar space.

With such simple types of particle excluded by the early data, attention was directed to small solid particles with dimensions comparable with or slightly smaller than the wavelength of optical light. Such particles could cause extinction and scattering of light with efficiency factors close to unity. That is the extinction and scattering cross-sections for optical light could in the case of absorbing particles be $\sim \pi a^2$ where a is the particle radius. For solid particles of radii $\sim 10^{-5}$ cm, a mass density of $\sim 10^{-26}$ g cm^{-3} (~ 1 per cent of the total interstellar density) would suffice to cause an extinction of 1 mag/kpc at $\lambda \simeq 4500$ Å—almost independently of composition.

The determination of the composition of interstellar solid particles presents a continuing challenge to astronomers. The solution has turned out to be far more complex and elusive than it was originally thought. Particles consisting of iron, ice, graphite, silicates, solid hydrogen, and various combinations of these species, including composite core-mantle grains, have been considered at various times. The author's own view is that interstellar dust is very likely to be a highly heterogeneous mixture of these and other solid species. The occurrence of a wide range of refractive indices resulting from different particle types has been the main motivation for the present publication. Although solid particles in space are unlikely to possess spherical shapes implied by the Mie theory, Mie calculations have been widely applied to astronomical situations where particles are believed to be in random or nearly random orientation. Mie calculations for cylindrical particles are believed to give a satisfactory representation of elongated particles which are required in order to account for interstellar polarization (§2.2.4).

2.2.3 *Equation of transfer*

In order to assess the plausibility of theoretical dust models we require to know the relationship between extinction cross-sections of individual grains and the observed extinction of starlight. This involves a solution of the equation of transfer including scattering and absorption of starlight by grains. The details of such a solution have been discussed elsewhere (Wickramasinghe, 1967) and will not be repeated here. Consider an assembly of identical spherical grains of a given material and single radius a in the line of sight of a star. Suppose $I_0(\lambda)$ is the intensity of starlight received if no grains were present and $I(\lambda)$ the intensity actually received. If N denotes the column density of grains (cm^{-2}) and Q_{ext} is their average extinction efficiency (cross-section for extinction/πa^2) the equation of transfer yields

$$\frac{I(\lambda)}{I(\lambda_0)} = \exp\left[-N\pi a^2 Q_{ext}\right] \qquad (2.7)$$

Using the definition of stellar magnitude (equation (2.1)) we then have the change in magnitudes due to extinction given by

$$\Delta m(\lambda) = 1\cdot086\, N\pi a^2\, Q_{ext} \qquad (2.8)$$

For a distribution of particle radii defined so that $n(a)\,da$ is the column density in the radius range $a, a+da$ equation (2.8) is modified to

$$\Delta m(\lambda) = 1\cdot086 \int_0^\infty \pi a^2\, Q_{ext}(a, \lambda)\, n(a)\, da \qquad (2.9)$$

Since $\Delta m(\lambda)$ is proportional to $\langle Q_{ext}(\lambda)\rangle$ the normalized extinction (2.3) determined observationally could be directly compared with a theoretical normalized extinction curve

$$\overline{Q(\lambda)} = \frac{\langle Q_{ext}(\lambda)\rangle - \langle Q_{ext}(\lambda_0)\rangle}{\langle Q_{ext}(\lambda_1)\rangle - \langle Q_{ext}(\lambda_0)\rangle} \qquad (2.10)$$

2.2.4 *Interstellar polarization*

Another important astronomical phenomenon attributed to interstellar dust is the linear polarization of starlight discovered over twenty years ago by Hiltner (1949) and Hall (1949). The light from most stars, besides suffering extinction, is also partially plane polarized. In most regions of the Galaxy, the direction of polarization (direction of electric vector for maximum starlight intensity) is uniformly parallel to that of the local spiral arm.

If I_{max}, I_{min} are the maximum and minimum intensities of a stellar image recorded as a polarizer is rotated in the focal plane of the telescope, we define the polarization p to be

$$p = \frac{I_{max} - I_{min}}{I_{max} + I_{min}} \qquad (2.11)$$

Since starlight leaving the star is expected to be initially unpolarized, $p \neq 0$ implies unequal optical depths τ_1, τ_2 for light with **E** vectors in two perpendicular directions

$$I_{max} = I_0 \exp(-\tau_1) \qquad (2.12)$$

$$I_{min} = I_0 \exp(-\tau_2) \qquad (2.13)$$

so that

$$p = \frac{\exp(-\tau_1) - \exp(-\tau_2)}{\exp(-\tau_1) + \exp(-\tau_2)} = \frac{1 - \exp(-\Delta\tau)}{1 + \exp(-\Delta\tau)}, \qquad \Delta\tau = \tau_2 - \tau_1 \qquad (2.14)$$

If $|p| \ll 1$ we have

$$\Delta\tau = \ln(1+p) - \ln(1-p) \approx 2p \qquad (2.15)$$

The difference in extinction reckoned in magnitudes between the two directions of polarization is

$$\Delta m_p \cong 1 \cdot 086 \, \Delta\tau \cong 2 \cdot 172 \, p \qquad (2.16)$$

The earliest observations indicated that Δm_p is fairly flat over the waveband 4000–8000 Å with a weak maximum plateau at $\lambda \approx 6000$ Å. More accurate determinations of $\Delta m_p(\lambda)$ for a large number of stars in the waveband $1\,\mu > \lambda > 0 \cdot 3\,\mu$ are currently in progress at the University of Arizona (Coyne and Gehrels, 1966, 1967; Coyne and Wickramasinghe, 1969). Fig. 2.6 shows the mean polarization curve extracted from data of Coyne and Gehrels (1966, 1967). On

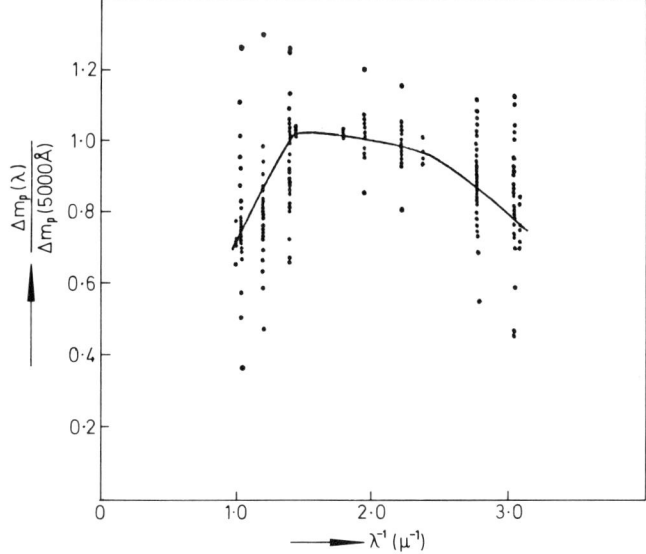

Fig. 2.6 Mean polarization curve from data of Coyne and Gehrels (1967)

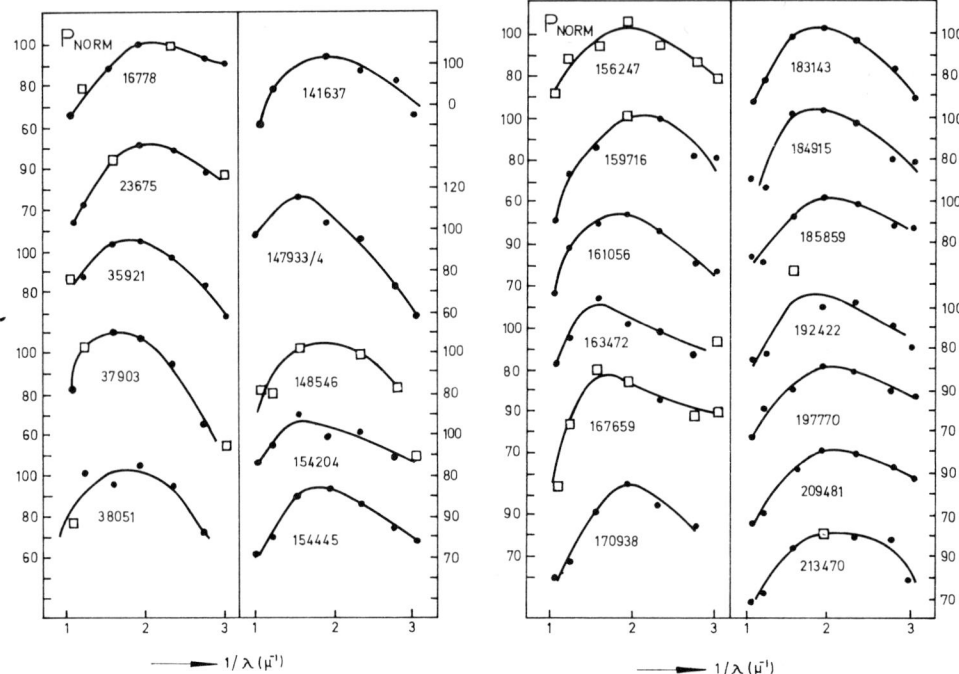

Fig. 2.7 A typical set of curves showing the wavelength dependence of interstellar polarization for several stars (Coyne and Wickramasinghe, 1969)

account of the variability of this curve from star to star the significance of a 'mean polarization curve' is highly questionable. Fig. 2.7 shows the range of curves possible for different stars.

In order to account for the data on interstellar polarization, we require that grains possessing anisotropic shapes and/or optical properties are systematically lined up in the Galaxy. Theoretical investigations carried out thus far have been mainly restricted to the case of particles in the form of homogeneous slender cylinders. Calculations of extinction cross-sections C_{eE}, C_{eH} using Mie-type formulae for such particles will be presented in this volume. The simplest case arises when cylinders are in static 'picket fence' alignment and starlight traverses at right angles to the cylinder axes. The extinction for light with **E** vector parallel to the cylinder axes is

$$\Delta m_1 = 1 \cdot 086 \, NC_{eE} \qquad (2.17)$$

and that for light with **E** perpendicular to the axes is

$$\Delta m_2 = 1 \cdot 086 \, NC_{eH} \qquad (2.18)$$

These equations follow essentially from equation (2.8). Here N is the number of grains per cm^2 in the line of sight. For given values of grain parameters a normalized polarization

$$[P] = \frac{\Delta m_1(\lambda) - \Delta m_2(\lambda)}{\Delta m_1(\lambda_0) - \Delta m_2(\lambda_0)} \qquad (2.19)$$

where λ_0 is a reference wavelength may be computed and compared with observational data normalized in the same manner.

2.2.5 Diffuse galactic light

Starlight is scattered diffusely by dust grains in the Galaxy and is evident as a background sky brightness. A study of this light—its wavelength and latitude distribution—may be expected to reveal important information concerning the albedo γ (ratio of scattering to extinction) and the forward directivity of the scattering by grains. The latter property of grains may be characterized by a parameter g defined by

$$g = \langle \cos \theta \rangle = \frac{\int_0^\pi S(\theta) \cos \theta \sin \theta \, d\theta}{\int_0^\pi S(\theta) \sin \theta \, d\theta}$$

where $S(\theta)$ denotes the fraction of light incident on a grain which is scattered into unit solid angle about a direction which makes an angle θ with the incident beam. Besides Q_{ext}, Q_{sca} this quantity g has also been calculated in the tables presented in Part II of this volume.

Serious difficulties arise in both the measurement and interpretation of the diffuse galactic light however. Observations from below the atmosphere are not too reliable, mainly owing to uncertain corrections required for contributions from airglow and zodiacal light (Wolstencroft and Rose, 1966). The use of measured diffuse light intensities to deduce constraints on grain properties requires further a radiative transfer model of the Galaxy, including a knowledge of the spatial distributions of stars of various types and of interstellar dust. At the present moment, these quantities are not too accurately known.

The first photographic measurements of the diffuse galactic light by Henyey and Greenstein (1941) were interpreted by these authors on the basis of an infinite plane-parallel-slab model of the Galaxy, assuming uniform spatial distributions of stellar emissivity and of dust. The equations of transfer were simplified using Eddington's approximation (which is valid for the case of large optical thickness of the slab). On the basis of this model, Henyey and Greenstein (1941) argued that their observations indicated a high grain albedo ($\gamma > 0.5$) and a moderately forward-throwing phase function.

The Henyey–Greenstein measurements were recently repeated by Witt (1968) using modern instrumentation, and adopting more reliable corrections for extraneous contributions to the diffuse light background. By comparing the observed diffuse light data at optical wavelengths with predictions for a Henyey–Greenstein (1941) type of Galaxy model, Witt (1968) claimed that grains must have a unit albedo and a phase parameter $g = \langle \cos \theta \rangle \simeq 0$. Witt's (1968) data were later re-interpreted by van de Hulst and de Jong (1969) in terms of a homogeneous plane-parallel-slab model of the galactic disk using numerical calculations of multiple scattering instead of the

2.2 Observed Data on Optical Properties of Dust

Eddington approximation. It was shown by these authors that Witt's data are consistent with their model provided γ and $\langle \cos \theta \rangle$ lie on two loci for each of the wavelengths λ_B, λ_V. These loci are reproduced in Fig. 2.8. A wide range of combinations of $(\gamma, \langle \cos \theta \rangle)$ could fit diffuse galactic light data at optical wavelengths.

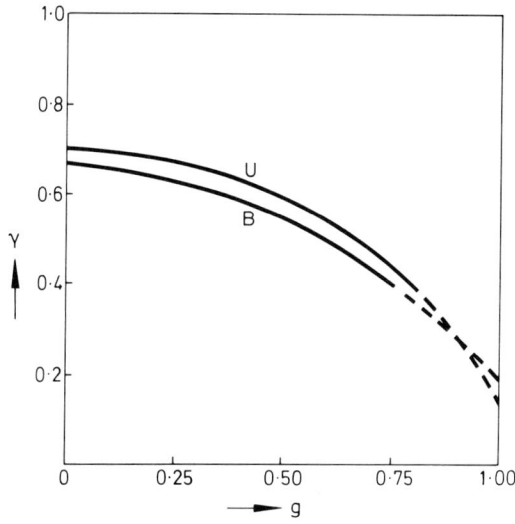

Fig. 2.8 Loci in (γ–g) plane at two wavelengths λ_B, λ_U implied by Witt's (1968) diffuse galactic light data, according to van de Hulst and de Jong (1969)

Witt and Lillie (1972) have also obtained diffuse light data with a high degree of spectral purity in the waveband 1000–4000 Å using equipment carried on Orbiting Astronomical Observatory OAO 2. Both the latitude dependence of the diffuse galactic light at several wavelengths and the ratio of diffuse galactic light to direct starlight have been measured in a number of selected areas of the sky. Using these data in conjunction with the computations of van de Hulst and de Jong (1969), Witt and Lillie have obtained a wavelength dependence for the grain albedo and also for the phase parameter $\langle \cos \theta \rangle$. Fig. 2.9 shows that their result for the albedo indicates a sharp minimum at $\lambda \simeq 2200$ Å. The scattering phase function is found to be strongly forward throwing at wavelengths longward of 1900 Å, becoming more isotropic at shorter wavelengths.

Further out in the ultra-violet, a high value of γ is again indicated. Measurements of the diffuse light in the rocket ultra-violet waveband 1350–1480 Å were obtained by Hayakawa and Yamashita (1968). Hayakawa, Yamashita and Yoshioka (1969) have deduced that a grain model with $\gamma \simeq 1$, $\langle \cos \theta \rangle \simeq 0.56$ is consistent with this data. The observational uncertainties here may be quite large, and the conclusions derived from the data consequently somewhat unreliable.

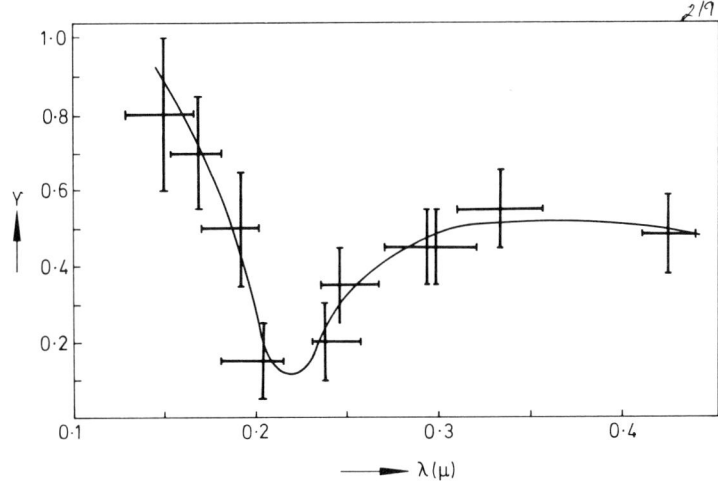

Fig. 2.9 Wavelength dependence of albedo γ from data obtained using satellite-borne equipment (Witt and Lillie, 1972)

2.2.6 Interstellar dust theories

The most fashionable and widely accepted view until the early years of the past decade was that interstellar dust is made up of a mixture of volatile solids—ice; solid methane and solid ammonia. This theory was developed by the Dutch astronomers headed by van de Hulst (1946, 1949) following a suggestion by B. Lindblad (1935) that the dust probably condensed out of the interstellar gas. If this assumption were justified, the mixture of frozen solids advocated by the Dutch astronomers would indeed appear a reasonable composition. The crux of the problem, however, lay in the condensation process itself. Within interstellar clouds the density of gas atoms is in the range 10–100 atoms per cubic centimetre—orders of magnitude lower than that in ordinary laboratory vacuum systems. Under such tenuous conditions the nucleation of solid particles is generally believed to be very difficult. The condensation process proposed by the Dutch astronomers involved as an initial step the formation of diatomic molecules, like CH or CH^+ from the ambient gas, followed by the building of more complex molecules and finally of solid particles. The formation of diatomic molecules by two-atom reactions is now believed to be difficult if not impossible in normal interstellar clouds.

Although the actual operation of this scheme on a large scale is now considered unlikely, the ice grain theory had several attractive features to its credit. For instance, on the basis of an interstellar condensation process of the type envisaged in this theory, it was easy to account for the observed fact that gas and dust appear to be clumped into clouds in more or less the same place, indeed, this was the motivation for Lindblad's original suggestion. Furthermore, the calculated extinction curve for ice grains of radii of about 0·3 μ yielded excellent fits to the observed interstellar extinction curve as it was known until the early 1960s.

The extension of the interstellar extinction curve by rocket and satellite-borne equipment into the far-ultra-violet region of the spectrum dealt the first serious blow to the ice-grain theory. The first rocket data published by Boggess and Borgman (1964) indicated a serious discrepancy between the actual extinction in the ultra-violet and the generally accepted theoretical extinction curve for ice grains (Fig. 2.10). This discrepancy was confirmed and indeed considerably increased by subsequent rocket data of Stecher (1965, 1969) and satellite data of Bless and Savage (1970, 1972).

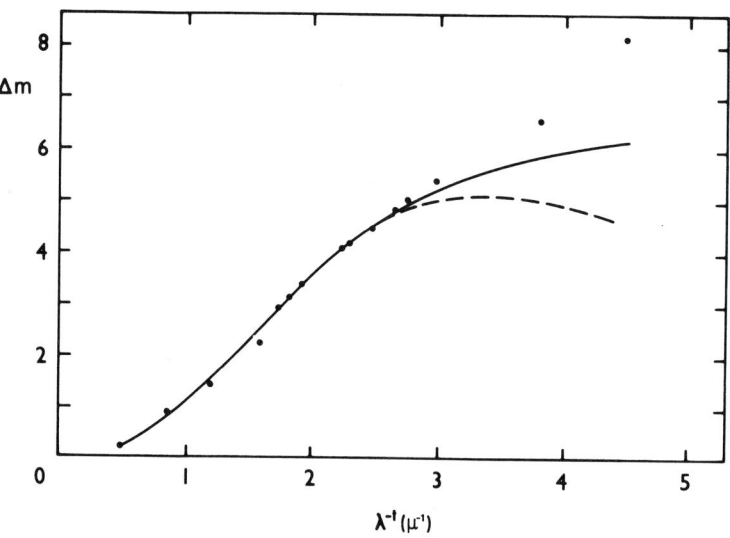

Fig. 2.10 Normalized extinction curves for ice grains. The solid curve corresponds to an exponential distribution of ice grain radii

$$n(a) \propto \exp(-a/a_0)$$

where $a_0 = 0.075\,\mu$. The broken curve is extinction for a size distribution of ice grains adopted by van de Hulst (1946). The points are the observations of Johnson and Borgman (1963) and of Boggess and Borgman (1963)

At about the same time, several other observations seemed decisively to rule out ice as a major constituent of interstellar dust. Danielson, Woolf and Gaustad (1965) attempted to detect a spectral feature in the infra-red at $3.1\,\mu$ characteristic of frozen water in the spectrum of a highly dimmed star, but found nothing. This, and a subsequent repetition of the same experiment for other stars by Knacke, Cudaback and Gaustad (1969a) appeared to confirm that ice particles, if they exist at all, must make only a minor contribution to the interstellar extinction.

Further evidence against ice particles came from the discovery by O'Dell and Hubbard (1965) that dust exists in regions of ionized hydrogen near hot stars where the gas temperature is of the order of several thousand degrees. Under these conditions ice grains would be destroyed within a few hundred to a thousand years by the sputtering action of protons.

Near some hot stars, dust particles have been detected by their infra-red radiation which corresponds to temperatures of about 700 to 800 K. Ice particles clearly cannot survive at these temperatures. The infra-red data thus present clear evidence that interstellar dust—or at any rate a part of it—is made up of a highly refractory material.

The first refractory material to be seriously considered as a candidate for interstellar dust was solid carbon in the form of graphite. Calculations carried out by Hoyle and Wickramasinghe (1962) and subsequently confirmed by several other investigators, indicate that graphite particles of radii of the order of a few hundredths of a micron could condense in the atmospheres of cool carbon-rich stars and be ejected into interstellar space by the pressure of stellar radiation from parent stars. A sufficient number of such stars seem available to account for most, if not all the dust that is known to exist.

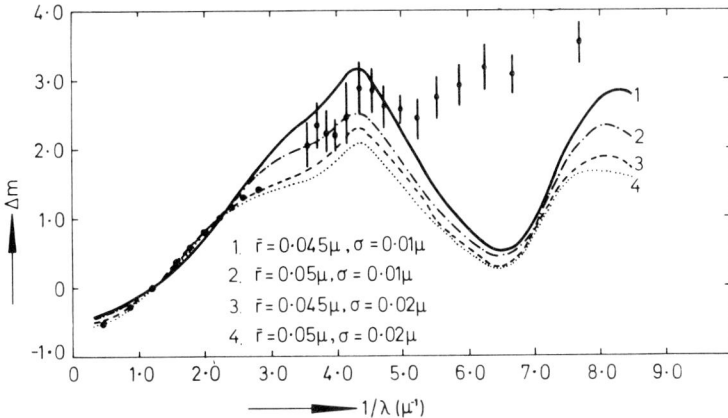

Fig. 2.11 Normalized extinction curves for size distributions of graphite particles defined by $n(a) \propto \exp -(a-\bar{r})^2/(2\sigma^2)$ with $\bar{r}$, σ values characterizing the several curves denoting the mean radii and dispersions. Normalization is to $\Delta m = 0$ at $\lambda^{-1} = 1.22\ \mu^{-1}$, $\Delta m = 1$ at $\lambda^{-1} = 2.22\ \mu^{-1}$. The observational points are those of Johnson (1965) for Cygnus in the infra-red, Nandy (1964) for Cygnus in the optical and of Stecher (1965), and Bless et al. (1968) in the ultra-violet. The observations are also normalized in the same manner as the theoretical curves

An attractive feature of the graphite particle theory is that the theoretical extinction curves calculated for such particles with radii close to $0.05\ \mu$ fit the observational data in the ultra-violet region somewhat better than the calculated curve for ice grains. In particular, a conspicuous hump occurs in the theoretical curve for graphite over the waveband 2100–2300 Å and coincides remarkably well with a similar hump in the observed extinction curve for starlight (see Fig. 2.11). This hump in the graphite extinction curve is associated with a well-known solid-state transition of π-electrons going into the conduction band of graphite. The astronomical observations which indicated a similar hump may thus be interpreted as demonstrating almost unequivocally the existence of a graphite component of interstellar dust.

Although the graphite particle model fits the extinction data at wavelengths longward of 2000 Å, the agreement fails further out in the ultra-violet. Several modifications of the graphite model have been proposed in the hope of remedying this failure. One such proposal invokes the presence of ice mantles which are supposed to condense around graphite particles in interstellar clouds. Whilst such mantles could account for a continued rise of the extinction curve into the ultra-violet the observed graphite hump at about 2200 Å can no longer be reproduced. The occurrence of this hump has been amply confirmed both by the recent rocket experiments of Stecher (1969) and by the satellite data of Bless and Savage (1972) so the graphite core/ice mantle model cannot be regarded as satisfactory. Theoretical arguments by Williams (1968) indicating that it may be difficult to grow ice mantles around graphite particles in most astronomical situations further support this view.

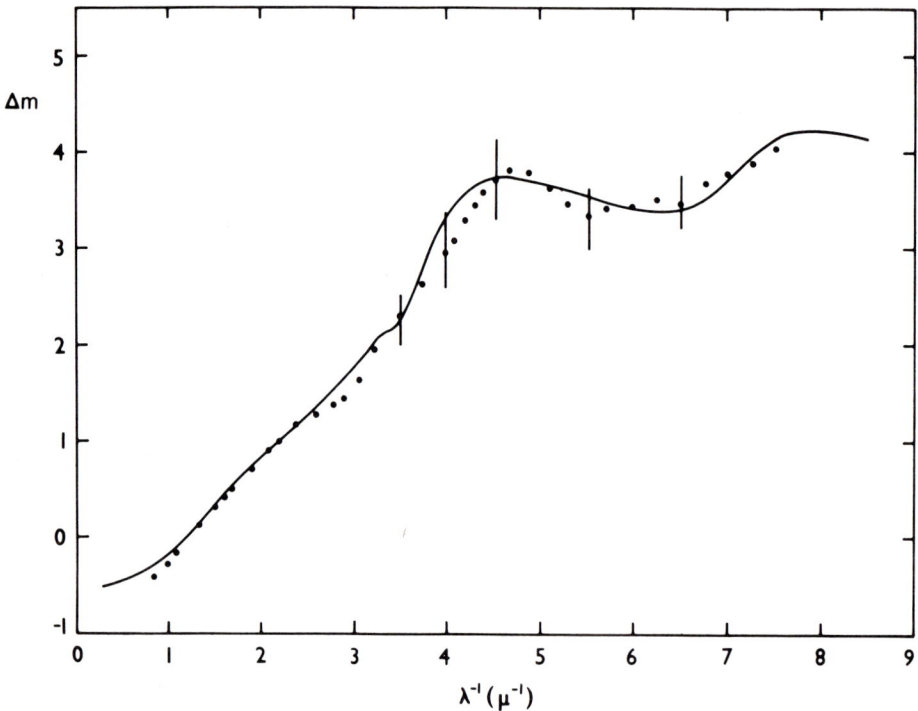

Fig. 2.12 Comparison of the wavelength dependence of interstellar extinction predicted for graphite–iron–silicate mixtures with observations. Points without bars are the optical observations of Nandy (1964); points with error bars are the rocket ultra-violet observations of Stecher (1969)

The scheme of events recently suggested by Hoyle and Wickramasinghe (1969) is far more plausible. In addition to the supply of graphite particles from carbon stars, we argued that particles composed of iron and silicates (chiefly magnesium silicate) are ejected from supernovae explosions as well as from the oxygen-rich stars known as Mira-variables. We would thus expect three distinct types of particle—graphite, iron and silicates—to co-exist in the interstellar medium. Extinction computations for mixtures of such particles have been shown to yield good fits to the observed interstellar extinction data (Wickramasinghe and Nandy, 1971). Mixtures of graphite particles of radii 0·06 μ, iron particles of radii 0·015 μ, and silicate particles of radii 0·16 μ approximately in the proportions 9 : 11 : 3 by mass could produce agreement with the interstellar extinction curve over the entire wavelength range for which observations are available (Fig. 2.12).

The Mie formulae have also been used to compute $\gamma(\lambda)$ for several grain models for which extinction calculations were performed. Fig. 2.13 shows the results of these calculations. Graphite–iron–silicate grain mixtures which provide good fits to the extinction data

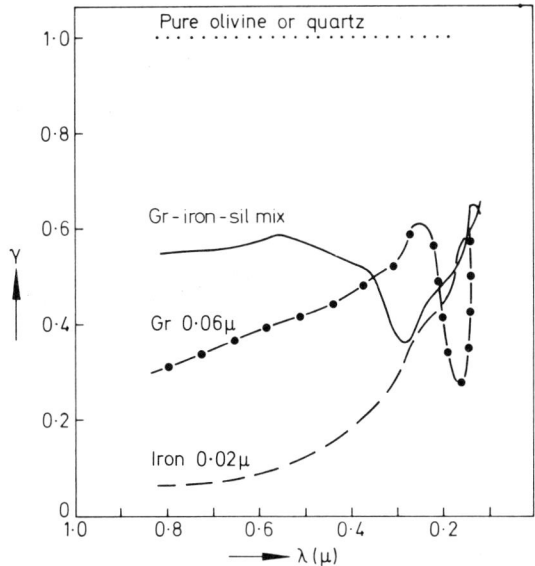

Fig. 2.13 Computed albedo $\gamma(\lambda)$ for several grain models

are also found to possess a satisfactory wavelength dependence of albedo. In particular, the albedo is seen to reach a minimum value at $\lambda \simeq 2500$ Å and increase again in the far ultra-violet. No agreement with the data of Fig. 2.9 occurs for any of the other cases considered.

Computations of the wavelength dependence of polarization on the basis of cylindrical grain models indicate that silicate needles of radii suitable to account for extinction may also produce the observed mean wavelength dependence of interstellar polarization (Wickramasinghe, 1969). Silicate needles would thus have to be preferentially aligned in mixtures of graphite, iron and silicate grains.

Other mixtures of refractory grains have been discussed with varying degrees of success. Gilra (1971) has discussed the extinction properties of grain mixtures consisting of silicates, silicon carbide (SiC) and graphite particles. Good agreement has been demonstrated for a wide range of optical observations including the extinction hump at 2200 Å. Extinction computations for mixtures of graphite and C_6H_6 grains have been reported by Graham and Duley (1971).

Mixtures of 0·06 μ graphite and 0·055 μ C_6H_6 particles have been shown to produce agreement with the observed extinction curve in the range $1 < \lambda^{-1} < 6\ \mu^{-1}$, provided they occur in the ratio 2 : 3 by number. Huffman and Stapp (1971) have considered the possibility of extinction by mixtures of enstatite and iron grains. Diamond, quartz and irradiated quartz grains have also been discussed.

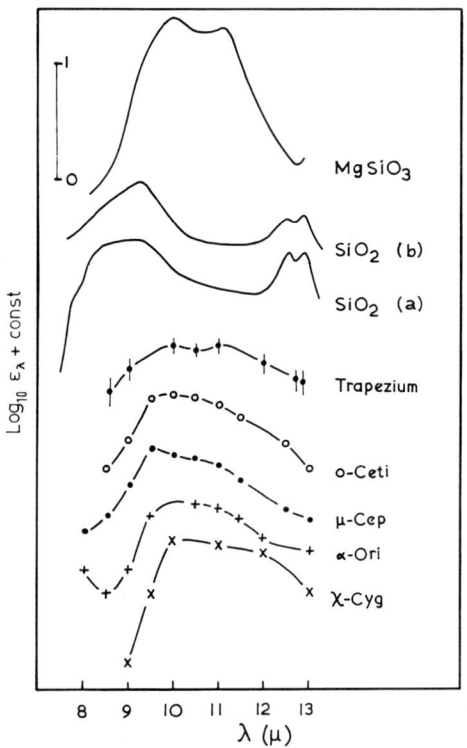

Fig. 2.14 The 10 μ bands in cool stars and nebulae compared with normalized emissivity data for rock crystal (SiO_2(a)), rose quartz (SiO_2(b)), and olivine ($MgSiO_3$). (Woolf and Ney, 1969; Stein and Gillet, 1969)

The presence of silicate particles in the atmospheres of cool oxygen-rich stars has recently been confirmed by the infra-red data of D. A. Allen, J. E. Gaustad, F. C. Gillet, R. F. Knacke, E. P. Ney, W. A. Stein and N. J. Woolf working at the universities of California and Minnesota (Woolf and Ney, 1969; Knacke et al., 1969b; Ney and Allen, 1969; Stein and Gillett, 1969). These investigators have detected a broad band in the stellar spectra over the waveband 8–12 μ which they identify with a spectral feature characteristic of silicate materials (Fig. 2.14). The same band also occurs in emission in the light from a region of ionized hydrogen in the Trapezium nebula. Woolf and his collaborators at the University of Minnesota have further reported that the 8–12 μ band appears in absorption against an extended infra-red source at the centre of the Galaxy. These observations, combined with the ultra-violet extinction data discussed earlier, provide more or less direct spectroscopic evidence of both graphite and silicate particles in interstellar space.

References

Bless, R. C., Code, A. D., and Houk, T. E., 1968. *Astrophys. J.*, **153**, 561.
Bless, R. C., and Savage, B. D., 1970. *Ultraviolet Stellar Spectra and Ground-Based Observations*, ed. L. Hoziaux and H. E. Butler (Dordrecht: D. Reidel).
Bless, R. C., and Savage, B. D., 1972. *Astrophys. J.*, **171**, 293.
Boggess, A., and Borgman, J., 1964. *Astrophys. J.*, **140**, 1636.
Coyne, G. V., and Gehrels, T., 1967. *Astron. J.*, **72**, 887.
Coyne, G. V., and Wickramasinghe, N. C., 1969. *Astron. J.*, **74**, 1179.
Danielson, R. E., Woolf, N. J., and Gaustad, J. E., 1965. *Astrophys. J.*, **141**, 116.
Gilra, D. P., 1971. *Nature*, **229**, 237.
Graham, W. R. M., and Duley, W. W., 1971. *Nature*, **232**, 43.
Hall, J. S., 1949. *Science*, **109**, 166.
Harris, J. W., 1969. *Nature*, **223**, 1046.
Henyey, L. G., and Greenstein, J. L., 1941. *Astrophys. J.*, **93**, 70.
Hayakawa, S., and Yamashita, K., 1968. *Small Rocket Instrumentation Techniques* (Tokyo: COSPAR), p. 189.
Hayakawa, S., Yamashita, K., and Yoshiaka, S., 1969. *Astrophys. Space. Sci.*, **5**, 493.
Hiltner, W. A., 1949. *Science*, **109**, 165.
Hoyle, F., and Wickramasinghe, N. C., 1962. *Mon. Not. R. astr. Soc.*, **124**, 417.
Hoyle, F., and Wickramasinghe, N. C., 1969. *Nature*, **223**, 459.
Huffman, D. R., and Stapp, J. L., 1971. *Nature*, **229**, 46.
Johnson, H. L., 1965. *Astrophys. J.*, **141**, 923.
Johnson, H. L., 1968. *Stars and Stellar Systems* (Chicago: University of Chicago Press), 7, 167.
Johnson, H. L., & Borgman, J., 1963. *Bull. Astr. Insts. Neth.*, **17**, 115.
Knacke, R. F., Cudaback, D. D., and Gaustad, J. E., 1969a. *Astrophys. J.*, **158**, 151.
Knacke, R. F., Gaustad, J. E., Gillett, F. C., and Stein, W. A., 1969b. *Astrophys. J. Lett.*, **155**, L189.
Lindblad, B., 1935. *Nature*, **135**, 133.
Nandy, K., 1964. *Publs. R. Obs. Edinb.*, **3**, 142.
Nandy, K., 1965. *Publs. R. Obs. Edinb.*, **5**, 13.
Nandy, K., 1966. *Publs. R. Obs. Edinb.*, **5**, 233.
Nandy, K., Seddon, H., Wolstencroft, R. D., Ireland, J. G., and Wickramasinghe, N. C., 1968. *Nature*, **218**, 1236.
Ney, E. P., and Allen, D. A., 1969. *Astrophys. J. Lett.*, **155**, L193.
O'Dell, C. R., and Hubbard, W. B., 1965. *Astrophys. J.*, **142**, 591.
Oort, J. H., 1932. *Bull. Astr. Insts. Neth.*, **6**, No. 238, 249.
Oort, J. H., 1960. *Bull. Astr. Insts. Neth.*, **15**, No. 494, 45.
Stebbins, J., Huffer, C. M. and Whitford, A. E., 1934. *Publs. Washburn Obs.*, **15**, Part V.
Stebbins, J., Huffer, C. M., and Whitford, A. E., 1939. *Astrophys. J.*, **90**, 209.
Stecher, T. P., 1965. *Astrophys. J.*, **142**, 1683.
Stecher, T. P., 1969. *Astrophys. J.*, **157**, L125.
Stein, W. A., and Gillett, F. C., 1969. *Astrophys. J. Lett.*, **155**, L197.
van de Hulst, H. C., 1946. *Rech. Astr. Obs. Utrecht.*, **11**, Part 1.
van de Hulst, H. C., 1949. *Rech. Astr. Obs. Utrecht.*, **11**, Part 2.
van de Hulst, H. C., and de Jong, T., 1968. *Physica*, **41**, 151.
Whitford, A. E., 1948. *Astrophys. J.*, **107**, 102.
Whitford, A. E., 1958. *Astron. J.*, **63**, 201.
Wickramasinghe, N. C., 1967. *Interstellar Grains* (London: Chapman & Hall).
Wickramasinghe, N. C., and Nandy, K., 1971. *Mon. Not. R. astr. Soc.*, **153**, 205.
Wickramasinghe, N. C., 1969. *Nature*, **224**, 656.
Williams, D. A., 1968. *Astrophys. J.*, **151**, 935.
Witt, A. N., 1968. *Astrophys. J.*, **152**, 59.
Witt, A. N., and Lillie, C. F., 1972. *The Scientific Results from the Orbiting Astronomical Observatory (OAO-2)*, ed. A. D. Code (Washington D.C.: NASA SP-310).
Wolstencroft, R. D., and Rose, L. J., 1966. *Nature*, **209**, 389.
Woolf, N. J., and Ney, E. P., 1969. *Astrophys. J. Lett.*, **155**, L181.

3 Light Scattering by Spherical Particles

3.1 Mie formulae

The formal solution of the problem of light scattering by homogeneous spheres of arbitrary radius was worked out independently by Mie (1908) and Debye (1909). Excellent accounts of this solution have been given by Stratton (1941) and van de Hulst (1957). We refer the reader to these works and the original papers for the derivation of the so-called Mie formulae.

The scattering properties of a sphere of radius a for plane polarized radiation of wavelength λ may be determined in terms of the parameters

$$x = 2\pi a/\lambda \qquad (3.1)$$

$$m = n - ik = \sqrt{K - 2i\sigma\lambda/c} \qquad (3.2)$$

where n, k are respectively the refractive and absorptive indices, K is the dielectric constant and σ is the conductivity of the particle material.

We define the following quantities which may be computed from the Mie theory:

C_{sca} = cross-section for removal of incident energy from forward beam by scattering (3.3)

C_{abs} = cross-section for removal of incident energy by true absorption (3.4)

C_{bk} = cross-section for back-scattering (3.5)

$S(\theta)$ = fraction of incident energy scattered into unit solid angle about a direction which makes an angle θ with the forward beam. (3.6)

$$g = \langle \cos \theta \rangle = \int_0^\pi S(\theta) \cos \theta \sin \theta \, d\theta \bigg/ \int_0^\pi S(\theta) \sin \theta \, d\theta \qquad (3.7)$$

In addition we define efficiency factors

$$\begin{aligned} Q_{sca} &= C_{sca}/\pi a^2 \\ Q_{abs} &= C_{abs}/\pi a^2 \\ Q_{bk} &= C_{bk}/\pi a^2 \\ Q_{ext} &= Q_{sca} + Q_{abs} \end{aligned} \qquad (3.8)$$

The Mie formulae give us

$$Q_{sca} = \frac{2}{x^2} \sum_{n=1}^{\infty} (2n+1)[|a_n|^2 + |b_n|^2] \qquad (3.9)$$

$$Q_{ext} = \frac{2}{x^2} \sum_{n=1}^{\infty} (2n+1) \operatorname{Re}(a_n + b_n) \qquad (3.10)$$

$$Q_{bk} = \frac{4}{x^2} \left| \sum_{n=1}^{\infty} (n+\tfrac{1}{2})(-1)^n (a_n - b_n) \right|^2 \qquad (3.11)$$

where

$$a_n = \frac{x\,\psi'_n(y)\,\psi_n(x) - y\,\psi'_n(x)\,\psi_n(y)}{x\,\psi'_n(y)\,\zeta_n(x) - y\,\zeta'_n(x)\,\psi_n(y)} \qquad (3.12)$$

$$b_n = \frac{y\,\psi'_n(y)\,\psi_n(x) - x\,\psi'_n(x)\,\psi_n(y)}{y\,\psi'_n(y)\,\zeta_n(x) - x\,\zeta'_n(x)\,\psi_n(y)} \qquad (3.13)$$

with

$$y = mx \qquad (3.14)$$

The functions $\psi_n(z)$, $\zeta_n(z)$ occurring in equations (3.12) and (3.13) are the Riccati–Bessel functions defined in terms of J_n's as follows

$$\psi_n(z) = \left(\frac{\pi z}{2}\right)^{1/2} J_{n+1/2}(z) \qquad (3.15)$$

$$\zeta_n(z) = \left(\frac{\pi z}{2}\right)^{1/2} [J_{n+1/2}(z) + i(-1)^n J_{-n-1/2}(z)] \qquad (3.16)$$

The third Riccati–Bessel function is

$$\chi_n(z) = (-1)^n \left(\frac{\pi z}{2}\right)^{1/2} J_{-n-1/2}(z) \qquad (3.17)$$

and we note that

$$\zeta_n(z) = \psi_n(z) + i\chi_n(z) \qquad (3.18)$$

3.2 Computation procedure for evaluating Mie formulae

The basic computational problem involved in the Mie theory is that of evaluating a_n and b_n for given values of m and x. We define

$$A_n(y) = \psi'_n(y)/\psi_n(y) \qquad (3.19)$$

and using the usual recurrence relations for Bessel functions obtain from equations (3.12) and (3.13)

$$a_n = \frac{\left(\dfrac{A_n(y)}{m} + \dfrac{n}{x}\right) \operatorname{Re}\{\zeta_n(x)\} - \operatorname{Re}\{\zeta_{n-1}(x)\}}{\left(\dfrac{A_n(y)}{m} + \dfrac{n}{x}\right) \zeta_n(x) - \zeta_{n-1}(x)} \qquad (3.20)$$

$$b_n = \frac{\left(mA_n(y) + \dfrac{n}{x}\right) \operatorname{Re}\{\zeta_n(x)\} - \operatorname{Re}\{\zeta_{n-1}(x)\}}{\left(mA_n(y) + \dfrac{n}{x}\right) \zeta_n(x) - \zeta_{n-1}(x)} \qquad (3.21)$$

3.2 Computation Procedure for Evaluating Mie Formulae

To generate $\zeta_n(x)$ we use the recurrence relations

$$\zeta_n(x) = \frac{2n-1}{x} \zeta_{n-1}(x) - \zeta_{n-2}(x)$$

$$\zeta_0(x) = \sin x + i \cos x \qquad (3.22)$$

$$\zeta_{-1}(x) = \cos x - i \sin x$$

and for $A_n(y)$ we have

$$A_n(y) = -\frac{n}{y} + \left(\frac{n}{y} - A_{n-1}(y)\right)^{-1} \qquad (3.23)$$

$$A_0(y) = \cos y / \sin y$$

Equations (3.20–3.23) enable us to compute a_n and b_n, $n = 1, 2, 3 \ldots$ for given a set of values of (m, x). The efficiency factors given by equations (3.9–3.11) could then be calculated by adding up the terms in the series. In practice we may continue adding successive terms until the last term added alters the partial sum by an arbitrarily small fraction. Convergence is usually fairly rapid for small values of x but the number of terms required increases with increasing x. Table 3.1 sets out the number of terms required in order to obtain convergence to within 0·1 per cent for Q_{ext} for several values of m and x.

Table 3.1

x	m			
	1·33	1·28–1·38i	2·5–1·5i	7·2–2·65i
0·1	2	2	2	2
0·3	2	3	2	3
1·0	3	4	3	4
3·0	5	6	5	6
5·0	7	9	8	8
8·0	10	12	11	12
10·0	12	14	13	14
15·0	18	20	18	19

For most cases of interest the number of terms required for Mie computations is less than twenty.

The Mie formulae also give us two complex amplitude functions

$$S_1(\theta) = \sum_{n=1}^{\infty} \frac{2n+1}{n(n+1)} \{a_n \pi_n(\cos \theta) + b_n \tau_n(\cos \theta)\} \qquad (3.24)$$

$$S_2(\theta) = \sum_{n=1}^{\infty} \frac{2n+1}{n(n+1)} \{b_n \pi_n(\cos \theta) + a_n \tau_n(\cos \theta)\} \qquad (3.25)$$

a total phase function

$$S(\theta) = \frac{1}{2} \left(\frac{\lambda}{2\pi}\right)^2 \{|S_1(\theta)|^2 + |S_2(\theta)|^2\} \qquad (3.26)$$

and a phase parameter

$$g = \langle \cos \theta \rangle = \frac{\int_0^\pi S(\theta) \cos \theta \sin \theta \, d\theta}{\int_0^\pi S(\theta) \sin \theta \, d\theta} \quad (3.27)$$

Here θ is the angle between an arbitrary direction and the direction of the propagation vector of the incident beam and π_n, τ_n are defined by

$$\pi_n(\cos \theta) = P'_n(\cos \theta) \quad (3.28)$$

$$\tau_n(\cos \theta) = \cos \theta \cdot \pi_n(\cos \theta) - \sin^2 \theta \frac{d}{d \cos \theta} \pi_n(\cos \theta) \quad (3.29)$$

From well-known properties of Legendre polynomials $P_n(\cos \theta)$, the following recurrence relations may be readily derived

$$\pi_n(\cos \theta) = \cos \theta \cdot \frac{2n-1}{n-1} \cdot \pi_{n-1}(\cos \theta) - \frac{n}{n-1} \pi_{n-2}(\cos \theta)$$

$$\tau_n(\cos \theta) = \cos \theta [\pi_n(\cos \theta) - \pi_{n-2}(\cos \theta)]$$
$$\qquad - (2n-1) \sin^2 \theta \cdot \pi_{n-1}(\cos \theta) + \tau_{n-2}(\cos \theta)$$

$$\pi_0(\cos \theta) = 0$$
$$\tau_0(\cos \theta) = 0$$
$$\pi_1(\cos \theta) = 1 \quad (3.30)$$
$$\tau_1(\cos \theta) = \cos \theta$$
$$\pi_2(\cos \theta) = 3 \cos \theta$$
$$\tau_2(\cos \theta) = 3 \cos 2\theta$$

Equations (3.24–3.30) together with our earlier calculations for a_n, b_n now permit an evaluation of $S_1(\theta)$, $S_2(\theta)$ in a given case. We note that (3.27) may be shown equivalent to

$$\langle \cos \theta \rangle Q_{sca} = \frac{4}{x^2} \sum_{n=1}^{\infty} \left\{ \frac{n(n+2)}{n+1} \left[\operatorname{Re}(a_n) \operatorname{Re}(\dot{a}_{n+1}) \right. \right.$$
$$+ \operatorname{Im}(a_n) \cdot \operatorname{Im}(a_{n+1}) + \operatorname{Re}(b_n) \cdot \operatorname{Re}(b_{n+1})$$
$$+ \operatorname{Im}(b_n) \cdot \operatorname{Im}(b_{n+1}) \right] + \frac{2n+1}{n(n+1)} \left[\operatorname{Re}(a_n) \cdot \operatorname{Re}(b_n) \right.$$
$$\left. \left. + \operatorname{Im}(a_n) \cdot \operatorname{Im}(b_n) \right] \right\} \quad (3.31)$$

so that $\langle \cos \theta \rangle$ may be computed independently of $S(\theta)$. Another quantity of astronomical interest which we shall compute in these tables is the efficiency factor for radiation pressure. Light carries momentum as well as energy. The direction of the momentum is that of propagation and, the moment flux is $1/c$ times the energy flux. Of the incident radiation I_0, the absorbed part $I_0 \pi a^2 Q_{abs}$ is totally lost to the forward beam, whereas a fraction of the scattered energy is re-supplied to the forward beam. This fraction is simply $\langle \cos \theta \rangle$ defined by equations (3.27) and (3.31). Thus the total flux of energy removed from the forward beam is

$$I_0 \pi a^2 (Q_{abs} + Q_{sca} - \langle \cos \theta \rangle Q_{sca}) = I_0 \pi a^2 (Q_{ext} - \langle \cos \theta \rangle Q_{sca}) \qquad (3.32)$$

The efficiency factor for radiation pressure is therefore

$$Q_{pr} = Q_{ext} - \langle \cos \theta \rangle Q_{sca} \qquad (3.33)$$

3.3 Asymptotic formulae for homogeneous spheres

For small values of $x \ll 1$ the following approximate formulae are available for complex values of the refractive index m (appropriate to absorbing grains)

$$Q_{abs} = -4x \, \text{Im} \left(\frac{m^2 - 1}{m^2 + 2} \right) \qquad (3.34)$$

$$Q_{sca} = \frac{8}{3} x^4 \, \text{Re} \left\{ \left(\frac{m^2 - 1}{m^2 + 2} \right)^2 \right\} \qquad (3.35)$$

For non-conducting dielectric particles with m real approximate formulae give

$$Q_{sca} = Q_{ext} = \frac{8}{3} x^4 \left| \frac{m^2 - 1}{m^2 + 2} \right|^2 \qquad (3.36)$$

$$Q_{abs} = 0 \qquad (3.37)$$

3.4 Composite spheres

Formulae similar to the Mie formulae have been derived by Güttler (1952) for a sphere of radius R_0, refractive index m_1 surrounded by a concentric mantle of outer radius R, inner radius R_0 with a refractive index m_2. If C_{ext}, C_{sca} are the total cross-sections for extinction and scattering we define the corresponding efficiency factors

$$Q_{ext} = C_{ext}/\pi R^2 \qquad (3.38)$$

$$Q_{sca} = C_{sca}/\pi R^2 \qquad (3.39)$$

These efficiency factors are then given by

$$Q_{ext} = \frac{2}{x^2} \sum_{l=1}^{\infty} (2l+1) \, \text{Re} \, (a_l + b_l) \qquad (3.40)$$

$$Q_{sca} = \frac{2}{x^2} \sum_{l=1}^{\infty} (2l+1) \{ |a_l|^2 + |b_l|^2 \} \qquad (3.41)$$

3.4 Composite Spheres

where $x = 2\pi R/\lambda$ and with a_l, b_l given by

$$a_l = \frac{[\psi\psi]'_{l,R_0} \cdot [\chi\psi]'_{l,R} - [\chi\psi]'_{l,R_0} \cdot [\psi\psi]'_{l,R}}{[\psi\psi]'_{l,R_0} \cdot [\chi\zeta]'_{l,R} - [\chi\psi]'_{l,R_0} \cdot [\psi\zeta]'_{l,R}}$$

$$b_l = \frac{[\psi\psi]''_{l,R_0} \cdot [\chi\psi]''_{l,R} - [\chi\psi]''_{l,R_0} \cdot [\psi\psi]''_{l,R}}{[\psi\psi]''_{l,R_0} \cdot [\chi\zeta]''_{l,R} - [\chi\psi]''_{l,R_0} \cdot [\psi\zeta]''_{l,R}}$$

(3.42)

wherein

$$[\chi\psi]'_{l,R} = \chi'_l(k_2 R) \cdot k_3\psi_l(k_3 R) - k_2\chi_l(k_2 R) \cdot \psi'_l(k_3 R)$$

$$[\chi\zeta]'_{l,R} = \chi'_l(k_2 R) \cdot k_3\zeta_l(k_3 R) - k_2\chi_l(k_2 R) \cdot \zeta'_l(k_3 R)$$

$$[\psi\psi]'_{l,R} = \psi'_l(k_2 R) \cdot k_3\psi_l(k_3 R) - k_2\psi_l(k_2 R) \cdot \psi'_l(k_3 R)$$

$$[\psi\zeta]'_{l,R} = \psi'_l(k_2 R) \cdot k_3\zeta_l(k_3 R) - k_2\psi_l(k_2 R) \cdot \zeta'_l(k_3 R)$$

$$[\chi\psi]''_{l,R} = k_2\chi'_l(k_2 R) \cdot \psi_l(k_3 R) - \chi_l(k_2 R) \cdot k_3\psi'_l(k_3 R)$$

$$[\chi\zeta]''_{l,R} = k_2\chi'_l(k_2 R) \cdot \zeta_l(k_3 R) - \chi_l(k_2 R) \cdot k_3\zeta'_l(k_3 R)$$

(3.43)

$$[\psi\psi]''_{l,R} = k_2\psi'_l(k_2 R) \cdot \psi_l(k_3 R) - \psi_l(k_2 R) \cdot k_3\psi'_l(k_3 R)$$

$$[\psi\zeta]''_{l,R} = k_2\psi'_l(k_2 R) \cdot \zeta_l(k_3 R) - \psi_l(k_2 R) \cdot k_3\zeta'_l(k_3 R)$$

$$[\chi\psi]'_{l,R_0} = \chi'_l(k_2 R_0) \cdot k_1\psi_l(k_1 R_0) - k_2\chi_l(k_2 R_0) \cdot \psi'_l(k_1 R_0)$$

$$[\psi\psi]'_{l,R_0} = \psi'_l(k_2 R_0) \cdot k_1\psi_l(k_1 R_0) - k_2\psi_l(k_2 R_0) \cdot \psi'_l(k_1 R_0)$$

$$[\chi\psi]''_{l,R_0} = k_2\chi'_l(k_2 R_0) \cdot \psi_l(k_1 R_0) - \chi_l(k_2 R_0) \cdot k_1\psi'_l(k_1 R_0)$$

$$[\psi\psi]''_{l,R_0} = k_2\psi'_l(k_2 R_0) \cdot \psi_l(k_1 R_0) - \psi_l(k_2 R_0) \cdot k_1\psi'_l(k_1 R_0)$$

Here

$$k_1 = m_1 \frac{2\pi}{\lambda}, \quad k_2 = m_2 \frac{2\pi}{\lambda}, \quad k_3 = \frac{2\pi}{\lambda}$$

(3.44).

and $\psi_l(z)$, $\chi_l(z)$ and $\zeta_l(z)$ are the Riccati–Bessel functions defined in equations (3.15–3.17). To compute these Riccati–Bessel functions we use the following recurrence relations

$$\psi_n(z) = \frac{2n-1}{z} \psi_{n-1}(z) - \psi_{n-2}(z)$$

$$\psi'_n(z) = -\frac{n}{z} \psi_n(z) + \psi_{n-1}(z)$$

(3.45)

$$\chi_n(z) = \frac{2n-1}{z} \chi_{n-1}(z) - \chi_{n-2}(z)$$

$$\chi'_n(z) = \frac{n+1}{z} \chi_n(z) - \chi_{n+1}(z)$$

together with

$$\psi_0(z) = \left(\frac{\pi z}{2}\right)^{1/2} J_{1/2}(z)$$

$$\chi_0(z) = \left(\frac{\pi z}{2}\right)^{1/2} J_{-1/2}(z)$$

$$\psi'_0(z) = \frac{\pi}{4}\left(\frac{\pi z}{2}\right)^{-1/2} J_{1/2}(z) + \left(\frac{\pi z}{2}\right)^{1/2} J'_{1/2}(z)$$

$$\chi'_0(z) = \frac{\pi}{4}\left(\frac{\pi z}{2}\right)^{-1/2} J_{-1/2}(z) + \left(\frac{\pi z}{2}\right)^{1/2} J'_{-1/2}(z) \qquad (3.46)$$

$$J_{1/2}(z) = \left(\frac{\pi z}{2}\right)^{-1/2} \sin z$$

$$J_{-1/2}(z) = \left(\frac{\pi z}{2}\right)^{-1/2} \cos z$$

We can now compute the efficiency factors Q_{ext}, Q_{sca} for given values of the grain parameters using equations (3.40) and (3.41).

3.5 Asymptotic formulae for composite spheres

In the approximation $2\pi R/\lambda \ll 1$ the scattering and absorption cross-sections for the particle discussed in section 3.4 are given by

$$C_{sca} = \frac{8}{3}\pi k^4 \,|\, \alpha \,|\, \qquad \text{(should be } |\alpha|^2\text{)}$$
$$C_{abs} = 4\pi k \,\text{Re}\,(i\alpha) \qquad (3.47)$$

$$\alpha = R^3 \cdot \frac{R^3(m_2^2 - 1)(m_1^2 + 2m_2^2) + R_0^3(2m_2^2 + 1)(m_1^2 - m_2^2)}{R^3(m_2^2 + 2)(m_1^2 + 2m_2^2) + R_0^3(2m_2^2 - 2)(m_1^2 - m_2^2)}$$

where $k = 2\pi/\lambda$.

References

DEBYE, P., 1909. *Ann. Physik.*, **30**, 59.
GÜTTLER, A., 1952. *Ann. Physik.*, **6**, Folge, Bd, 11, 5.
MIE, G., 1908. *Ann. Physik.*, **25**, 377.
STRATTON, J. A., 1941. *Electromagnetic Theory* (New York: McGraw-Hill).
VAN DE HULST, H. C., 1957. *Light Scattering by Small Particles* (New York: Wiley).

4 Light Scattering by Cylinders and Ellipsoids

4.1 Rigorous formulae for cylinders

The problem of extinction and scattering of light by homogeneous cylindrical particles has been discussed by van de Hulst (1957), Wait (1959), and Lind and Greenberg (1966). Formulae amenable to numerical computation are available for right circular cylinders of arbitrary cross-sectional radius a and length $l \gg a$. Although the theory described here is strictly applicable to such 'infinite cylinders', it is believed that the results of numerical calculations are valid for finite cylinders, provided l exceeds a by a factor of ~ 4. If **l** is the vector denoting particle axis and **k** is the propagation vector of plane polarized light, the rigorous formulae give cross-sections C_{eE}, C_{sE} for extinction and scattering respectively associated with electric vector in the plane of **k** and **l**, and C_{eH}, C_{sH} associated with magnetic vector in the plane of **k** and **l**.

Let θ denote the angle $\widehat{\mathbf{kl}}$, m the complex refractive index of the material and μ the magnetic permeability. Following Lind and Greenberg (1966), we make the following further definitions:

$$\begin{aligned}
\alpha &= 90° - \theta \\
\epsilon &= m^2 \\
k &= 2\pi/\lambda \\
v &= ka \cos \alpha \\
u &= ka(\mu\epsilon - \sin^2 \alpha)^{1/2} \\
S &= 1/u^2 - 1/v^2
\end{aligned} \quad (4.1)$$

The efficiency factors are then given by

$$Q_{eE} = \frac{C_{eE}}{2al} = \frac{2}{ka} \operatorname{Re} \left\{ b_0^E + 2 \sum_{n=1}^{\infty} b_n^E \right\} \quad (4.2)$$

$$Q_{eH} = \frac{C_{eH}}{2al} = \frac{2}{ka} \operatorname{Re} \left\{ a_0^H + 2 \sum_{n=1}^{\infty} a_n^H \right\} \quad (4.3)$$

$$Q_{sE} = \frac{C_{sE}}{2al} = \frac{2}{ka} \left[|b_0^E|^2 + 2 \sum_{n=1}^{\infty} (|b_n^E|^2 + |a_n^E|^2) \right] \quad (4.4)$$

$$Q_{sH} = \frac{C_{sH}}{2al} = \frac{2}{ka}\left[\,|a_0^H|^2 + 2\sum_{n=1}^{\infty}(|a_n^H|^2 + |b_n^H|^2)\right] \quad (4.5)$$

wherein

$$a_n^E = in.\sin\alpha.S.R_n\{[B_n(\mu) - A_n(\mu)]/\Delta_n\} \quad (4.6)$$
$$b_n^E = R_n\{[A_n(\mu)B_n(\epsilon) - n^2 S^2 \sin^2\alpha]/\Delta_n\} \quad (4.7)$$
$$a_n^H = R_n\{[A_n(\epsilon)B_n(\mu) - n^2 S^2 \sin^2\alpha]/\Delta_n\} \quad (4.8)$$
$$b_n^H = -a_n^E \quad (4.9)$$

with

$$A_n(\xi) = [H_n'(v)/vH_n(v)] - \xi[J_n'(u)/uJ_n(u)] \quad (4.10)$$
$$B_n(\xi) = [J_n'(v)/vJ_n(v)] - \xi[J_n'(u)/uJ_n(u)] \quad (4.11)$$
$$R_n = J_n(v)/H_n(v) \quad (4.12)$$
$$\Delta_n = A_n(\epsilon)A_n(\mu) - n^2 S^2 \sin^2\alpha \quad (4.13)$$

Here $J_n(z)$ is the Bessel function of the first kind of order n and $H_n(z)$ is the Hankel function of the second kind of order n. Writing

$$H_n(z) = J_n(z) - iY_n(z) \quad (4.14)$$

we use the following recurrence relations

$$J_{n+1}(z) = \frac{2n}{z}J_n(z) - J_{n-1}(z) \quad (4.15)$$
$$J_n'(z) = \tfrac{1}{2}[J_{n-1}(z) - J_{n+1}(z)] \quad (4.16)$$
$$Y_{n+1}(z) = \frac{2n}{z}Y_n(z) - Y_{n-1}(z) \quad (4.17)$$
$$Y_n'(z) = \tfrac{1}{2}[Y_{n-1}(z) - Y_{n+1}(z)] \quad (4.18)$$

together with polynomial approximations for $J_{-1}(z)$, $J_0(z)$, $Y_{-1}(z)$, $Y_0(z)$ to generate $a_n^E, b_n^E, a_n^H, b_n^H$. As for the case of spherical particles, we then proceed to carry out the summations in (4.2–4.5).

4.2 Approximate formulae for infinite cylinders

For infinite cylinders at normal incidence and with $x = 2\pi a/\lambda \ll 1$ we have

$$Q_{eE} \cong -\frac{\pi x}{2}\,\mathrm{Im}\,(m^2 - 1) \quad (4.19)$$

$$Q_{eH} \cong -\pi x\,\mathrm{Im}\left(\frac{m^2 - 1}{m^2 + 1}\right) \quad (4.20)$$

$$Q_{sE} \simeq \frac{\pi^2}{8} x^3 |m^2-1|^2 \tag{4.21}$$

$$Q_{sH} \simeq \frac{\pi^2}{4} x^3 \left|\frac{m^2-1}{m^2+1}\right|^2 \tag{4.22}$$

4.3 Rayleigh scattering by ellipsoids

Consider a homogeneous ellipsoidal particle with semi-axes of lengths a, b, c and with a total volume V. Let $\epsilon = m^2$ denote the complex dielectric constant of the material and suppose that the particle dimensions are small compared with the wavelength of incident radiation.

For an applied electric field along one of its principal axes the polarizability α_j ($j = 1, 2, 3$) of the ellipsoid is given by

$$\alpha_j = \frac{V}{4\pi} \frac{\epsilon-1}{L_j(\epsilon-1)+1} \tag{4.23}$$

Here the quantities L_j, with $j = 1, 2, 3$ corresponding to the semi-axes of lengths a, b, c respectively, are given by

$$L_1 = \frac{abc}{2} \int_0^\infty \frac{ds}{(s+a^2)\Delta} \tag{4.24}$$

$$L_2 = \frac{abc}{2} \int_0^\infty \frac{ds}{(s+b^2)\Delta} \tag{4.25}$$

$$L_3 = \frac{abc}{2} \int_0^\infty \frac{ds}{(s+c^2)\Delta} \tag{4.26}$$

wherein

$$s = a+b+c \tag{4.27}$$

and

$$\Delta = \{(a^2+s)(b^2+s)(c^2+s)\}^{1/2} \tag{4.28}$$

From equations (4.24)–(4.28) it can be shown that

$$\sum_{j=1}^{3} L_j = 1 \tag{4.29}$$

In the Rayleigh approximation the cross-sections of the ellipsoid for scattering and extinction of light of wavelength λ are given by

$$C_{sca}^{(j)} = \tfrac{8}{3} k^4 |\alpha_j|^2 \tag{4.30}$$

$$C_{abs}^{(j)} = 4\pi k \, \mathrm{Re}\,\{i\alpha_j\} \tag{4.31}$$

where $j = 1, 2, 3$ correspond to electric vectors parallel to each of the three principal axes and $k = 2\pi/\lambda$. For a set of ellipsoids in random orientation the mean cross-sections are given by the same equations (4.30–4.41) but with α_j replaced by

$$\langle \alpha \rangle = \tfrac{1}{3} \sum_{j=1}^{3} \alpha_j \qquad (4.32)$$

These formulae hold good provided

$$\max \left\{ \frac{2\pi a}{\lambda}, \frac{2\pi b}{\lambda}, \frac{2\pi c}{\lambda} \right\} \ll 1 \qquad (4.33)$$

With this restriction equations (4.23)–(4.31) enable us to compute optical cross-sections of ellipsoids with given values of a, b and c.

We note that in a few important special cases the integrals (4.24)–(4.26) are expressible in a simple form:

Oblate spheroid, $b = c$, $a < b$

$$L_1 = \frac{1}{e^2} \left(1 - \frac{\sqrt{(1-e^2)}}{e} \cos^{-1} \sqrt{(1-e^2)} \right)$$
$$L_2 = L_3 = (1 - L_1)/2 \qquad (4.34)$$
$$e^2 = 1 - \frac{a^2}{b^2}$$

Prolate spheroid, $b = c$, $a > b$

$$L_1 = \frac{1-e^2}{e^2} \left(-1 + \frac{1}{2e} \ln \frac{1+e}{1-e} \right)$$
$$L_2 = L_3 = (1 - L_1)/2 \qquad (4.35)$$
$$e^2 = 1 - \frac{b^2}{a^2}$$

Sphere, $a = b = c$

$$L_1 = L_2 = L_3 = \tfrac{1}{3} \qquad (4.36)$$

In this case the formulae for optical cross-sections take the simple forms (3.34) and (3.35).

Nearly spherical particle, $a \simeq b$, $b = c$

$$L_1 = \frac{1}{3} + \frac{4}{15} \frac{b-a}{a}$$
$$L_2 = L_3 = (1 - L_1)/2 \qquad (4.37)$$

Thin circular disk, $a \ll b = c$

$$L_1 = 1$$
$$L_2 = L_3 = 0 \qquad (4.38)$$

4.3 Rayleigh Scattering by Ellipsoids

From equations (4.23), (4.30) and (4.31) we then have

$$C_{abs}^{(1)} = -Vk \operatorname{Im}\left(\frac{m^2-1}{m^2}\right)$$

$$C_{sca}^{(1)} = \frac{1}{6}\frac{V^2 k^4}{\pi^2}\left|\frac{m^2-1}{m^2}\right|^2 \qquad (4.39)$$

$$C_{abs}^{(2)} = C_{abs}^{(3)} = -Vk \operatorname{Im}(m^2-1)$$

$$C_{sca}^{(2)} = C_{sca}^{(3)} = \frac{1}{6}\frac{V^2 k^4}{\pi^2}|m^2-1|^2$$

Long elliptical cylinder, $b, c \ll a$

$$L_1 = 0$$
$$L_2 = \frac{c}{b+c}, \qquad L_3 = \frac{b}{b+c} \qquad (4.40)$$

For the case $b = c \ll a$ this further reduces to

$$L_1 = 0, \qquad L_2 = L_3 = \tfrac{1}{2} \qquad (4.41)$$

and from equations (4.23), (4.30) and (4.31) we have

$$C_{abs}^{(1)} = -Vk \operatorname{Im}(m^2-1)$$

$$C_{sca}^{(1)} = \frac{1}{6}\frac{V^2 k^4}{\pi^2}|m^2-1|^2$$

$$C_{abs}^{(2)} = C_{abs}^{(3)} = -2Vk \operatorname{Im}\left(\frac{m^2-1}{m^2+1}\right) \qquad (4.42)$$

$$C_{sca}^{(2)} = C_{sca}^{(3)} = \frac{2}{3}\frac{V^2 k^4}{\pi^2}\left|\frac{m^2-1}{m^2+1}\right|^2$$

References

LIND, A. C., and GREENBERG, J. M., 1966. *J. Appl. Phys.*, **37**, 3195.
VAN DE HULST, H. C., 1957. *Light Scattering by Small Particles* (New York: Wiley).
WAIT, J. R., 1959. *Electromagnetic Radiation from Cylindrical Structures* (London: Pergamon).

II Numerical Results

5 Light Scattering Functions for Homogeneous Spheres

Tables T1.1–T1.169: Numerical values of $Q_{ext}(x)$, $Q_{sca}(x)$, $Q_{pr}(x)$, $Q_{bk}(x)$ and $g(x)$ for spheres characterized by a refractive index $m = n - ik$ spanning the ranges

$$n = 1 \cdot 1 \; (0 \cdot 1) \; 2 \cdot 0; \; 2 \cdot 5 \; (0 \cdot 5) \; 3 \cdot 5$$
$$k = 0, \; 0 \cdot 05; \; 0 \cdot 1 \; (0 \cdot 1) \; 0 \cdot 5; \; 1 \cdot 0 \; (0 \cdot 5) \; 3 \cdot 5$$
$$x = 2\pi a/\lambda = 0 \cdot 1 \; (0 \cdot 1) \; 5 \cdot 0; \; 5 \cdot 2 \; (0 \cdot 2) \; 15 \cdot 0$$

Figs. A1–A64: $Q_{ext}(x)$, $Q_{sca}(x)$ for representative cases including examples of $g(x)$, $Q_{bk}(x)$.

Figs. B1–B20: Phase functions $I_1 = |S_1|^2$, $I_2 = |S_2|^2$ as functions of θ for representative values of m and for $x = 2\pi a/\lambda = 1 \cdot 2, \; 3 \cdot 0, \; 6 \cdot 0, \; 9 \cdot 0, \; 12 \cdot 0$. Dashed curve represents $|S_1|^2$, solid curve $|S_2|^2$.

Table T1.1

N = 1.100 K = 0.0

X	QEXT	QSCA	QBK	G	CPR	X	QEXT	QSCA	QBK	G	QPR
0.1	0.0000	0.0000	0.0000	0.0029	0.0000	5.2	0.5165	0.5165	0.0064	0.8099	0.0982
0.2	0.0000	0.0000	0.0000	0.0041	0.0000	5.4	0.5575	0.5575	0.0113	0.8205	0.1001
0.3	0.0001	0.0001	0.0001	0.0086	0.0001	5.6	0.6000	0.6000	0.0121	0.8294	0.1023
0.4	0.0003	0.0003	0.0004	0.0152	0.0003	5.8	0.6434	0.6434	0.0083	0.8374	0.1046
0.5	0.0007	0.0007	0.0009	0.0238	0.0006	6.0	0.6873	0.6873	0.0030	0.8453	0.1063
0.6	0.0013	0.0013	0.0017	0.0344	0.0013	6.2	0.7319	0.7319	0.0001	0.8536	0.1072
0.7	0.0024	0.0024	0.0029	0.0471	0.0022	6.4	0.7776	0.7776	0.0008	0.8617	0.1075
0.8	0.0038	0.0038	0.0043	0.0617	0.0036	6.6	0.8248	0.8248	0.0033	0.8690	0.1081
0.9	0.0058	0.0058	0.0060	0.0786	0.0054	6.8	0.8733	0.8733	0.0051	0.8749	0.1092
1.0	0.0083	0.0083	0.0078	0.0976	0.0075	7.0	0.9223	0.9223	0.0053	0.8798	0.1108
1.1	0.0114	0.0114	0.0094	0.1189	0.0100	7.2	0.9717	0.9717	0.0045	0.8844	0.1123
1.2	0.0150	0.0150	0.0106	0.1424	0.0128	7.4	1.0215	1.0215	0.0037	0.8892	0.1131
1.3	0.0190	0.0190	0.0113	0.1682	0.0158	7.6	1.0721	1.0721	0.0025	0.8942	0.1134
1.4	0.0235	0.0235	0.0112	0.1961	0.0189	7.8	1.1235	1.1235	0.0011	0.8990	0.1135
1.5	0.0283	0.0283	0.0104	0.2257	0.0219	8.0	1.1757	1.1757	0.0002	0.9032	0.1138
1.6	0.0334	0.0334	0.0088	0.2567	0.0248	8.2	1.2283	1.2283	0.0013	0.9068	0.1144
1.7	0.0388	0.0388	0.0067	0.2882	0.0277	8.4	1.2813	1.2813	0.0053	0.9100	0.1153
1.8	0.0446	0.0446	0.0044	0.3195	0.0304	8.6	1.3347	1.3347	0.0098	0.9130	0.1161
1.9	0.0508	0.0508	0.0023	0.3496	0.0331	8.8	1.3882	1.3882	0.0119	0.9160	0.1167
2.0	0.0576	0.0576	0.0008	0.3777	0.0358	9.0	1.4419	1.4419	0.0092	0.9190	0.1168
2.1	0.0649	0.0649	0.0003	0.4030	0.0387	9.2	1.4959	1.4959	0.0040	0.9219	0.1167
2.2	0.0729	0.0729	0.0009	0.4254	0.0419	9.4	1.5502	1.5502	0.0017	0.9247	0.1168
2.3	0.0817	0.0817	0.0026	0.4450	0.0453	9.6	1.6049	1.6049	0.0055	0.9272	0.1172
2.4	0.0912	0.0912	0.0052	0.4625	0.0490	9.8	1.6596	1.6596	0.0147	0.9294	0.1177
2.5	0.1014	0.1014	0.0083	0.4786	0.0529	10.0	1.7140	1.7140	0.0222	0.9313	0.1180
2.6	0.1121	0.1121	0.0113	0.4941	0.0567	10.2	1.7681	1.7681	0.0219	0.9332	0.1181
2.7	0.1233	0.1233	0.0136	0.5098	0.0604	10.4	1.8222	1.8222	0.0145	0.9352	0.1178
2.8	0.1347	0.1347	0.0149	0.5262	0.0638	10.6	1.8763	1.8763	0.0056	0.9372	0.1174
2.9	0.1464	0.1464	0.0147	0.5436	0.0668	10.8	1.9303	1.9303	0.0054	0.9392	0.1174
3.0	0.1583	0.1583	0.0132	0.5619	0.0694	11.0	1.9841	1.9841	0.0140	0.9410	0.1173
3.1	0.1705	0.1705	0.0105	0.5809	0.0714	11.2	2.0375	2.0375	0.0245	0.9424	0.1176
3.2	0.1829	0.1829	0.0074	0.5999	0.0732	11.4	2.0905	2.0905	0.0281	0.9437	0.1178
3.3	0.1957	0.1957	0.0043	0.6186	0.0746	11.6	2.1429	2.1429	0.0196	0.9450	0.1178
3.4	0.2089	0.2089	0.0020	0.6364	0.0760	11.8	2.1947	2.1947	0.0089	0.9464	0.1177
3.5	0.2227	0.2227	0.0010	0.6528	0.0773	12.0	2.2460	2.2460	0.0037	0.9478	0.1172
3.6	0.2370	0.2370	0.0015	0.6678	0.0787	12.2	2.2971	2.2971	0.0079	0.9493	0.1165
3.7	0.2518	0.2518	0.0035	0.6812	0.0803	12.4	2.3477	2.3477	0.0169	0.9505	0.1162
3.8	0.2672	0.2672	0.0066	0.6933	0.0819	12.6	2.3976	2.3976	0.0195	0.9515	0.1162
3.9	0.2829	0.2829	0.0101	0.7042	0.0837	12.8	2.4464	2.4464	0.0154	0.9524	0.1164
4.0	0.2990	0.2990	0.0133	0.7142	0.0855	13.0	2.4941	2.4941	0.0068	0.9534	0.1163
4.1	0.3155	0.3155	0.0156	0.7236	0.0872	13.2	2.5413	2.5413	0.0009	0.9544	0.1159
4.2	0.3322	0.3322	0.0164	0.7327	0.0888	13.4	2.5880	2.5880	0.0013	0.9554	0.1153
4.3	0.3493	0.3493	0.0155	0.7414	0.0903	13.6	2.6340	2.6340	0.0054	0.9564	0.1149
4.4	0.3666	0.3666	0.0132	0.7500	0.0916	13.8	2.6787	2.6787	0.0077	0.9572	0.1145
4.5	0.3843	0.3843	0.0101	0.7585	0.0928	14.0	2.7222	2.7222	0.0056	0.9580	0.1143
4.6	0.4022	0.4022	0.0065	0.7668	0.0938	14.2	2.7648	2.7648	0.0016	0.9587	0.1141
4.7	0.4205	0.4205	0.0034	0.7748	0.0947	14.4	2.8066	2.8066	0.0007	0.9594	0.1138
4.8	0.4390	0.4390	0.0013	0.7826	0.0954	14.5	2.8472	2.8472	0.0033	0.9601	0.1136
4.9	0.4579	0.4579	0.0007	0.7901	0.0961	14.8	2.8865	2.8865	0.0061	0.9608	0.1132
5.0	0.4770	0.4770	0.0016	0.7972	0.0968	15.0	2.9247	2.9247	0.0055	0.9615	0.1126

Table T1.2   43

N = 1.100 K = 0.050

X	QEXT	QSCA	QBK	G	QPR	X	QEXT	QSCA	QBK	G	QPR
0.1	0.0129	0.0000	0.0000	0.0012	0.0129	5.2	0.9992	0.4285	0.0042	0.8213	0.6472
0.2	0.0257	0.0000	0.0000	0.0039	0.0257	5.4	1.0409	0.4554	0.0053	0.8317	0.6621
0.3	0.0389	0.0001	0.0002	0.0085	0.0389	5.6	1.0821	0.4825	0.0046	0.8407	0.6764
0.4	0.0524	0.0003	0.0005	0.0152	0.0524	5.8	1.1228	0.5096	0.0031	0.8490	0.6902
0.5	0.0663	0.0008	0.0011	0.0239	0.0663	6.0	1.1631	0.5365	0.0021	0.8569	0.7033
0.6	0.0807	0.0016	0.0021	0.0346	0.0806	6.2	1.2029	0.5633	0.0027	0.8647	0.7158
0.7	0.0956	0.0029	0.0035	0.0474	0.0955	6.4	1.2424	0.5901	0.0027	0.8720	0.7279
0.8	0.1111	0.0047	0.0053	0.0623	0.1108	6.6	1.2814	0.6167	0.0028	0.8786	0.7396
0.9	0.1272	0.0071	0.0073	0.0795	0.1266	6.8	1.3199	0.6432	0.0026	0.8844	0.7511
1.0	0.1438	0.0101	0.0093	0.0992	0.1428	7.0	1.3577	0.6695	0.0028	0.8895	0.7621
1.1	0.1607	0.0136	0.0110	0.1213	0.1591	7.2	1.3949	0.6955	0.0035	0.8944	0.7728
1.2	0.1780	0.0177	0.0123	0.1458	0.1754	7.4	1.4315	0.7212	0.0040	0.8991	0.7830
1.3	0.1956	0.0222	0.0127	0.1729	0.1917	7.6	1.4674	0.7466	0.0037	0.9036	0.7928
1.4	0.2133	0.0271	0.0123	0.2021	0.2078	7.8	1.5028	0.7716	0.0025	0.9078	0.8023
1.5	0.2313	0.0324	0.0109	0.2331	0.2237	8.0	1.5375	0.7963	0.0014	0.9118	0.8115
1.6	0.2494	0.0379	0.0089	0.2653	0.2394	8.2	1.5715	0.8206	0.0018	0.9153	0.8204
1.7	0.2679	0.0436	0.0063	0.2979	0.2549	8.4	1.6048	0.8444	0.0035	0.9185	0.8291
1.8	0.2866	0.0497	0.0038	0.3298	0.2702	8.6	1.6373	0.8679	0.0052	0.9215	0.8375
1.9	0.3058	0.0562	0.0016	0.3602	0.2855	8.8	1.6691	0.8908	0.0053	0.9244	0.8456
2.0	0.3254	0.0632	0.0003	0.3883	0.3009	9.0	1.7002	0.9133	0.0035	0.9272	0.8534
2.1	0.3454	0.0706	0.0000	0.4137	0.3162	9.2	1.7306	0.9352	0.0015	0.9299	0.8609
2.2	0.3657	0.0786	0.0009	0.4363	0.3314	9.4	1.7602	0.9567	0.0010	0.9324	0.8682
2.3	0.3864	0.0872	0.0028	0.4566	0.3465	9.6	1.7891	0.9776	0.0027	0.9347	0.8753
2.4	0.4071	0.0962	0.0053	0.4751	0.3614	9.8	1.8171	0.9980	0.0049	0.9369	0.8822
2.5	0.4280	0.1057	0.0079	0.4926	0.3759	10.0	1.8444	1.0178	0.0058	0.9389	0.8888
2.6	0.4489	0.1155	0.0101	0.5098	0.3900	10.2	1.8710	1.0371	0.0044	0.9408	0.8953
2.7	0.4697	0.1255	0.0114	0.5271	0.4036	10.4	1.8968	1.0559	0.0022	0.9426	0.9015
2.8	0.4906	0.1358	0.0116	0.5449	0.4166	10.6	1.9217	1.0740	0.0011	0.9444	0.9074
2.9	0.5114	0.1461	0.0106	0.5631	0.4291	10.8	1.9459	1.0915	0.0020	0.9461	0.9132
3.0	0.5322	0.1566	0.0087	0.5817	0.4411	11.0	1.9694	1.1084	0.0039	0.9477	0.9189
3.1	0.5532	0.1673	0.0061	0.6002	0.4527	11.2	1.9921	1.1248	0.0051	0.9492	0.9243
3.2	0.5742	0.1781	0.0036	0.6184	0.4640	11.4	2.0140	1.1406	0.0044	0.9506	0.9297
3.3	0.5953	0.1892	0.0015	0.6359	0.4750	11.6	2.0351	1.1559	0.0027	0.9519	0.9348
3.4	0.6166	0.2005	0.0002	0.6523	0.4858	11.8	2.0555	1.1705	0.0016	0.9532	0.9398
3.5	0.6380	0.2120	0.0001	0.6676	0.4964	12.0	2.0751	1.1845	0.0020	0.9544	0.9446
3.6	0.6594	0.2237	0.0011	0.6818	0.5069	12.2	2.0940	1.1979	0.0032	0.9556	0.9493
3.7	0.6808	0.2356	0.0028	0.6947	0.5171	12.4	2.1125	1.2107	0.0041	0.9568	0.9538
3.8	0.7023	0.2477	0.0049	0.7066	0.5272	12.6	2.1295	1.2229	0.0037	0.9578	0.9582
3.9	0.7237	0.2600	0.0069	0.7177	0.5371	12.8	2.1461	1.2346	0.0026	0.9588	0.9624
4.0	0.7452	0.2724	0.0083	0.7280	0.5468	13.0	2.1621	1.2457	0.0021	0.9597	0.9665
4.1	0.7666	0.2850	0.0089	0.7376	0.5563	13.2	2.1774	1.2562	0.0025	0.9607	0.9706
4.2	0.7880	0.2977	0.0085	0.7469	0.5656	13.4	2.1919	1.2662	0.0033	0.9616	0.9744
4.3	0.8093	0.3105	0.0073	0.7557	0.5746	13.6	2.2058	1.2756	0.0036	0.9624	0.9781
4.4	0.8306	0.3234	0.0055	0.7642	0.5834	13.8	2.2190	1.2844	0.0030	0.9632	0.9818
4.5	0.8518	0.3364	0.0036	0.7724	0.5920	14.0	2.2315	1.2927	0.0023	0.9640	0.9853
4.6	0.8729	0.3494	0.0019	0.7803	0.6003	14.2	2.2434	1.3005	0.0022	0.9647	0.9888
4.7	0.8941	0.3624	0.0009	0.7880	0.6085	14.4	2.2546	1.3077	0.0029	0.9654	0.9921
4.8	0.9151	0.3755	0.0005	0.7954	0.6165	14.6	2.2652	1.3145	0.0037	0.9661	0.9953
4.9	0.9362	0.3887	0.0009	0.8024	0.6243	14.8	2.2752	1.3207	0.0036	0.9668	0.9984
5.0	0.9572	0.4019	0.0019	0.8091	0.6320	15.0	2.2846	1.3264	0.0028	0.9674	1.0014

Table T1.3

N = 1.100 K = 0.100

X	QEXT	QSCA	QBK	G	QPR		X	QEXT	QSCA	QBK	G	QPR
0.1	0.0257	0.0000	0.0000	0.0023	0.0257		5.2	1.3318	0.4767	0.0059	0.8273	0.9374
0.2	0.0516	0.0000	0.0001	0.0041	0.0516		5.4	1.3692	0.5005	0.0054	0.8374	0.9501
0.3	0.0778	0.0002	0.0003	0.0086	0.0778		5.6	1.4054	0.5238	0.0044	0.8464	0.9620
0.4	0.1045	0.0006	0.0008	0.0153	0.1045		5.8	1.4403	0.5467	0.0039	0.8547	0.9731
0.5	0.1317	0.0013	0.0018	0.0240	0.1317		6.0	1.4741	0.5690	0.0045	0.8624	0.9834
0.6	0.1595	0.0026	0.0034	0.0347	0.1594		6.2	1.5068	0.5908	0.0052	0.8697	0.9930
0.7	0.1879	0.0046	0.0056	0.0476	0.1877		6.4	1.5383	0.6120	0.0051	0.8765	1.0019
0.8	0.2168	0.0074	0.0083	0.0628	0.2163		6.6	1.5687	0.6327	0.0042	0.8826	1.0103
0.9	0.2460	0.0111	0.0113	0.0804	0.2451		6.8	1.5980	0.6529	0.0037	0.8882	1.0181
1.0	0.2753	0.0156	0.0142	0.1006	0.2737		7.0	1.6262	0.6725	0.0041	0.8933	1.0255
1.1	0.3046	0.0209	0.0167	0.1235	0.3020		7.2	1.6533	0.6915	0.0052	0.8980	1.0323
1.2	0.3338	0.0269	0.0182	0.1491	0.3298		7.4	1.6794	0.7099	0.0058	0.9025	1.0387
1.3	0.3629	0.0334	0.0185	0.1772	0.3570		7.6	1.7044	0.7277	0.0053	0.9067	1.0446
1.4	0.3919	0.0404	0.0174	0.2077	0.3835		7.8	1.7285	0.7449	0.0043	0.9107	1.0502
1.5	0.4207	0.0476	0.0150	0.2399	0.4092		8.0	1.7516	0.7615	0.0033	0.9143	1.0554
1.6	0.4495	0.0552	0.0116	0.2732	0.4344		8.2	1.7738	0.7775	0.0038	0.9177	1.0603
1.7	0.4783	0.0631	0.0079	0.3065	0.4589		8.4	1.7950	0.7929	0.0051	0.9208	1.0648
1.8	0.5071	0.0714	0.0044	0.3388	0.4830		8.6	1.8153	0.8078	0.0059	0.9237	1.0691
1.9	0.5361	0.0801	0.0017	0.3694	0.5065		8.8	1.8347	0.8220	0.0056	0.9265	1.0731
2.0	0.5650	0.0893	0.0003	0.3974	0.5295		9.0	1.8532	0.8358	0.0043	0.9291	1.0768
2.1	0.5938	0.0990	0.0004	0.4228	0.5519		9.2	1.8710	0.8489	0.0034	0.9315	1.0803
2.2	0.6224	0.1093	0.0020	0.4456	0.5737		9.4	1.8879	0.8615	0.0037	0.9338	1.0835
2.3	0.6507	0.1201	0.0046	0.4663	0.5947		9.6	1.9041	0.8735	0.0048	0.9360	1.0865
2.4	0.6786	0.1312	0.0077	0.4857	0.6148		9.8	1.9195	0.8850	0.0056	0.9380	1.0893
2.5	0.7061	0.1427	0.0105	0.5042	0.6341		10.0	1.9342	0.8960	0.0054	0.9399	1.0920
2.6	0.7332	0.1544	0.0125	0.5224	0.6525		10.2	1.9481	0.9065	0.0045	0.9417	1.0944
2.7	0.7599	0.1663	0.0133	0.5407	0.6700		10.4	1.9614	0.9166	0.0037	0.9434	1.0967
2.8	0.7863	0.1783	0.0127	0.5591	0.6867		10.6	1.9740	0.9261	0.0039	0.9451	1.0988
2.9	0.8125	0.1903	0.0109	0.5775	0.7025		10.8	1.9859	0.9351	0.0046	0.9466	1.1007
3.0	0.8383	0.2025	0.0082	0.5959	0.7177		11.0	1.9973	0.9437	0.0053	0.9481	1.1026
3.1	0.8639	0.2147	0.0054	0.6138	0.7322		11.2	2.0080	0.9519	0.0051	0.9495	1.1042
3.2	0.8893	0.2270	0.0030	0.6312	0.7460		11.4	2.0182	0.9596	0.0045	0.9508	1.1058
3.3	0.9143	0.2394	0.0015	0.6477	0.7593		11.6	2.0278	0.9670	0.0040	0.9520	1.1073
3.4	0.9391	0.2518	0.0010	0.6632	0.7721		11.8	2.0369	0.9739	0.0041	0.9532	1.1086
3.5	0.9636	0.2643	0.0017	0.6777	0.7845		12.0	2.0455	0.9804	0.0047	0.9543	1.1099
3.6	0.9878	0.2769	0.0032	0.6913	0.7964		12.2	2.0536	0.9866	0.0051	0.9554	1.1110
3.7	1.0117	0.2895	0.0051	0.7039	0.8079		12.4	2.0612	0.9924	0.0049	0.9564	1.1121
3.8	1.0353	0.3022	0.0069	0.7156	0.8190		12.6	2.0684	0.9979	0.0044	0.9574	1.1130
3.9	1.0585	0.3149	0.0083	0.7266	0.8297		12.8	2.0751	1.0030	0.0041	0.9583	1.1139
4.0	1.0814	0.3277	0.0088	0.7368	0.8400		13.0	2.0814	1.0078	0.0043	0.9592	1.1147
4.1	1.1040	0.3404	0.0085	0.7465	0.8499		13.2	2.0874	1.0123	0.0047	0.9600	1.1155
4.2	1.1263	0.3531	0.0075	0.7557	0.8594		13.4	2.0929	1.0166	0.0050	0.9608	1.1161
4.3	1.1482	0.3658	0.0060	0.7644	0.8686		13.6	2.0981	1.0205	0.0048	0.9616	1.1167
4.4	1.1698	0.3785	0.0046	0.7727	0.8774		13.8	2.1029	1.0242	0.0043	0.9624	1.1173
4.5	1.1911	0.3911	0.0034	0.7807	0.8858		14.0	2.1074	1.0276	0.0041	0.9631	1.1178
4.6	1.2121	0.4036	0.0027	0.7884	0.8939		14.2	2.1116	1.0307	0.0043	0.9637	1.1182
4.7	1.2328	0.4159	0.0027	0.7957	0.9018		14.4	2.1155	1.0337	0.0048	0.9644	1.1186
4.8	1.2532	0.4283	0.0032	0.8028	0.9094		14.6	2.1191	1.0364	0.0049	0.9650	1.1189
4.9	1.2733	0.4405	0.0040	0.8095	0.9167		14.8	2.1224	1.0389	0.0047	0.9656	1.1192
5.0	1.2931	0.4526	0.0048	0.8158	0.9238		15.0	2.1255	1.0412	0.0043	0.9662	1.1195

Table T1.4   45

N = 1.100 K = 0.200

X	QEXT	QSCA	QBK	G	QPR	X	QEXT	QSCA	QBK	G	QPR
0.1	0.0516	0.0000	0.0000	0.0016	0.0516	5.2	1.7392	0.6468	0.0123	0.8313	1.2015
0.2	0.1037	0.0001	0.0001	0.0039	0.1037	5.4	1.7653	0.6675	0.0102	0.8407	1.2041
0.3	0.1561	0.0005	0.0007	0.0086	0.1561	5.6	1.7896	0.6872	0.0096	0.8493	1.2061
0.4	0.2092	0.0014	0.0020	0.0152	0.2092	5.8	1.8124	0.7058	0.0109	0.8570	1.2075
0.5	0.2629	0.0033	0.0044	0.0240	0.2628	6.0	1.8336	0.7235	0.0127	0.8641	1.2084
0.6	0.3169	0.0065	0.0083	0.0348	0.3167	6.2	1.8534	0.7402	0.0130	0.8707	1.2089
0.7	0.3710	0.0114	0.0137	0.0480	0.3704	6.4	1.8719	0.7560	0.0117	0.8767	1.2091
0.8	0.4244	0.0180	0.0201	0.0636	0.4233	6.6	1.8891	0.7710	0.0101	0.8822	1.2089
0.9	0.4770	0.0265	0.0269	0.0820	0.4748	6.8	1.9052	0.7851	0.0099	0.8873	1.2085
1.0	0.5283	0.0367	0.0330	0.1033	0.5245	7.0	1.9202	0.7985	0.0112	0.8920	1.2079
1.1	0.5781	0.0483	0.0376	0.1276	0.5720	7.2	1.9341	0.8112	0.0125	0.8964	1.2070
1.2	0.6265	0.0610	0.0386	0.1550	0.6171	7.4	1.9471	0.8231	0.0126	0.9004	1.2060
1.3	0.6735	0.0743	0.0396	0.1852	0.6597	7.6	1.9593	0.8343	0.0114	0.9042	1.2049
1.4	0.7192	0.0881	0.0347	0.2178	0.7000	7.8	1.9705	0.8450	0.0103	0.9077	1.2036
1.5	0.7639	0.1022	0.0283	0.2520	0.7381	8.0	1.9810	0.8550	0.0122	0.9109	1.2022
1.6	0.8076	0.1165	0.0206	0.2869	0.7742	8.2	1.9908	0.8644	0.0112	0.9139	1.2008
1.7	0.8503	0.1311	0.0131	0.3212	0.8082	8.4	1.9999	0.8734	0.0122	0.9167	1.1993
1.8	0.8921	0.1460	0.0069	0.3540	0.8404	8.6	2.0084	0.8818	0.0122	0.9193	1.1977
1.9	0.9328	0.1615	0.0033	0.3845	0.8707	8.8	2.0163	0.8897	0.0113	0.9217	1.1961
2.0	0.9723	0.1775	0.0025	0.4123	0.8991	9.0	2.0236	0.8972	0.0105	0.9240	1.1945
2.1	1.0104	0.1939	0.0046	0.4376	0.9256	9.2	2.0304	0.9043	0.0105	0.9262	1.1928
2.2	1.0473	0.2107	0.0086	0.4606	0.9502	9.4	2.0367	0.9110	0.0113	0.9282	1.1911
2.3	1.0829	0.2278	0.0135	0.4819	0.9731	9.6	2.0426	0.9173	0.0120	0.9301	1.1894
2.4	1.1172	0.2451	0.0181	0.5022	0.9942	9.8	2.0480	0.9233	0.0119	0.9319	1.1877
2.5	1.1504	0.2623	0.0213	0.5217	1.0136	10.0	2.0531	0.9289	0.0112	0.9335	1.1860
2.6	1.1826	0.2795	0.0224	0.5409	1.0314	10.2	2.0578	0.9342	0.0106	0.9351	1.1842
2.7	1.2137	0.2966	0.0214	0.5598	1.0477	10.4	2.0622	0.9392	0.0107	0.9367	1.1825
2.8	1.2439	0.3135	0.0185	0.5783	1.0626	10.6	2.0663	0.9440	0.0114	0.9381	1.1807
2.9	1.2732	0.3302	0.0147	0.5965	1.0762	10.8	2.0700	0.9485	0.0118	0.9394	1.1790
3.0	1.3015	0.3467	0.0109	0.6141	1.0886	11.0	2.0735	0.9528	0.0117	0.9407	1.1772
3.1	1.3290	0.3630	0.0080	0.6309	1.0999	11.2	2.0768	0.9568	0.0112	0.9419	1.1755
3.2	1.3556	0.3792	0.0065	0.6470	1.1103	11.4	2.0798	0.9607	0.0107	0.9431	1.1738
3.3	1.3813	0.3950	0.0066	0.6621	1.1198	11.6	2.0826	0.9643	0.0109	0.9442	1.1721
3.4	1.4063	0.4107	0.0081	0.6765	1.1285	11.8	2.0852	0.9678	0.0114	0.9452	1.1704
3.5	1.4304	0.4260	0.0104	0.6900	1.1365	12.0	2.0876	0.9710	0.0117	0.9462	1.1688
3.6	1.4538	0.4412	0.0129	0.7027	1.1438	12.2	2.0898	0.9742	0.0116	0.9471	1.1671
3.7	1.4764	0.4561	0.0148	0.7146	1.1505	12.4	2.0918	0.9771	0.0111	0.9480	1.1655
3.8	1.4983	0.4707	0.0157	0.7258	1.1566	12.6	2.0938	0.9800	0.0108	0.9489	1.1639
3.9	1.5195	0.4851	0.0154	0.7364	1.1622	12.8	2.0955	0.9826	0.0110	0.9497	1.1623
4.0	1.5400	0.4993	0.0142	0.7463	1.1673	13.0	2.0971	0.9852	0.0114	0.9505	1.1607
4.1	1.5598	0.5132	0.0125	0.7557	1.1719	13.2	2.0986	0.9877	0.0116	0.9512	1.1591
4.2	1.5789	0.5268	0.0107	0.7646	1.1761	13.4	2.1000	0.9900	0.0115	0.9520	1.1576
4.3	1.5974	0.5401	0.0094	0.7729	1.1800	13.6	2.1013	0.9922	0.0111	0.9526	1.1561
4.4	1.6154	0.5531	0.0088	0.7809	1.1834	13.8	2.1025	0.9944	0.0109	0.9533	1.1546
4.5	1.6327	0.5659	0.0091	0.7884	1.1866	14.0	2.1036	0.9964	0.0111	0.9539	1.1531
4.6	1.6495	0.5783	0.0100	0.7956	1.1894	14.2	2.1046	0.9984	0.0114	0.9546	1.1516
4.7	1.6658	0.5904	0.0113	0.8024	1.1920	14.4	2.1055	1.0003	0.0116	0.9551	1.1502
4.8	1.6815	0.6022	0.0126	0.8089	1.1943	14.6	2.1064	1.0021	0.0114	0.9557	1.1487
4.9	1.6966	0.6138	0.0134	0.8150	1.1964	14.8	2.1072	1.0038	0.0111	0.9562	1.1473
5.0	1.7113	0.6250	0.0136	0.8208	1.1983	15.0	2.1079	1.0055	0.0110	0.9568	1.1459

Table T1.5

N = 1.100 K = 0.300

X	QEXT	QSCA	QBK	G	QPR
0.1	0.0782	0.0000	0.0000	0.0016	0.0782
0.2	0.1564	0.0002	0.0003	0.0038	0.1564
0.3	0.2357	0.0009	0.0013	0.0085	0.2357
0.4	0.3156	0.0028	0.0040	0.0152	0.3156
0.5	0.3957	0.0067	0.0090	0.0239	0.3955
0.6	0.4752	0.0131	0.0167	0.0348	0.4747
0.7	0.5533	0.0226	0.0271	0.0482	0.5522
0.8	0.6290	0.0354	0.0393	0.0643	0.6267
0.9	0.7015	0.0513	0.0516	0.0833	0.6972
1.0	0.7704	0.0698	0.0621	0.1055	0.7630
1.1	0.8357	0.0903	0.0688	0.1312	0.8238
1.2	0.8976	0.1118	0.0703	0.1602	0.8796
1.3	0.9564	0.1338	0.0661	0.1922	0.9307
1.4	1.0126	0.1559	0.0569	0.2267	0.9773
1.5	1.0666	0.1779	0.0445	0.2625	1.0199
1.6	1.1183	0.1998	0.0312	0.2984	1.0587
1.7	1.1680	0.2218	0.0195	0.3334	1.0940
1.8	1.2154	0.2439	0.0115	0.3663	1.1261
1.9	1.2606	0.2662	0.0082	0.3966	1.1550
2.0	1.3034	0.2888	0.0098	0.4241	1.1810
2.1	1.3441	0.3114	0.0152	0.4491	1.2042
2.2	1.3825	0.3341	0.0225	0.4720	1.2249
2.3	1.4190	0.3565	0.0297	0.4934	1.2431
2.4	1.4537	0.3786	0.0350	0.5138	1.2592
2.5	1.4867	0.4002	0.0373	0.5336	1.2731
2.6	1.5181	0.4214	0.0362	0.5528	1.2851
2.7	1.5480	0.4420	0.0323	0.5716	1.2954
2.8	1.5765	0.4621	0.0269	0.5898	1.3040
2.9	1.6036	0.4816	0.0215	0.6073	1.3111
3.0	1.6295	0.5006	0.0174	0.6240	1.3171
3.1	1.6541	0.5191	0.0154	0.6399	1.3219
3.2	1.6775	0.5370	0.0159	0.6550	1.3257
3.3	1.6997	0.5543	0.0184	0.6693	1.3287
3.4	1.7210	0.5712	0.0219	0.6827	1.3310
3.5	1.7412	0.5874	0.0255	0.6954	1.3327
3.6	1.7604	0.6032	0.0280	0.7074	1.3337
3.7	1.7788	0.6184	0.0290	0.7188	1.3343
3.8	1.7962	0.6332	0.0282	0.7294	1.3343
3.9	1.8129	0.6475	0.0260	0.7395	1.3340
4.0	1.8287	0.6613	0.0232	0.7490	1.3334
4.1	1.8438	0.6747	0.0205	0.7579	1.3324
4.2	1.8581	0.6876	0.0187	0.7663	1.3312
4.3	1.8718	0.7001	0.0182	0.7743	1.3298
4.4	1.8849	0.7121	0.0190	0.7818	1.3282
4.5	1.8973	0.7237	0.0208	0.7888	1.3264
4.6	1.9091	0.7348	0.0230	0.7955	1.3245
4.7	1.9204	0.7456	0.0250	0.8018	1.3225
4.8	1.9312	0.7560	0.0262	0.8078	1.3205
4.9	1.9414	0.7660	0.0263	0.8134	1.3183
5.0	1.9512	0.7757	0.0254	0.8187	1.3161
5.2	1.9693	0.7940	0.0219	0.8285	1.3115
5.4	1.9858	0.8111	0.0195	0.8372	1.3068
5.6	2.0008	0.8270	0.0204	0.8450	1.3020
5.8	2.0144	0.8417	0.0233	0.8522	1.2971
6.0	2.0268	0.8555	0.0251	0.8587	1.2922
6.2	2.0380	0.8682	0.0241	0.8646	1.2873
6.4	2.0482	0.8801	0.0216	0.8701	1.2824
6.6	2.0574	0.8912	0.0202	0.8751	1.2775
6.8	2.0659	0.9016	0.0211	0.8798	1.2727
7.0	2.0735	0.9113	0.0232	0.8840	1.2679
7.2	2.0805	0.9203	0.0243	0.8880	1.2632
7.4	2.0868	0.9287	0.0233	0.8917	1.2586
7.6	2.0925	0.9366	0.0215	0.8951	1.2541
7.8	2.0978	0.9440	0.0208	0.8983	1.2498
8.0	2.1025	0.9510	0.0216	0.9012	1.2455
8.2	2.1068	0.9575	0.0231	0.9039	1.2413
8.4	2.1107	0.9636	0.0237	0.9065	1.2372
8.6	2.1143	0.9694	0.0229	0.9088	1.2333
8.8	2.1175	0.9748	0.0216	0.9111	1.2294
9.0	2.1205	0.9799	0.0212	0.9131	1.2257
9.2	2.1231	0.9847	0.0219	0.9151	1.2220
9.4	2.1255	0.9893	0.0230	0.9169	1.2184
9.6	2.1277	0.9936	0.0233	0.9186	1.2150
9.8	2.1297	0.9977	0.0226	0.9203	1.2116
10.0	2.1315	1.0015	0.0216	0.9218	1.2083
10.2	2.1331	1.0052	0.0214	0.9233	1.2050
10.4	2.1345	1.0087	0.0221	0.9246	1.2018
10.6	2.1359	1.0120	0.0229	0.9260	1.1988
10.8	2.1370	1.0152	0.0230	0.9272	1.1958
11.0	2.1381	1.0182	0.0224	0.9284	1.1928
11.2	2.1390	1.0210	0.0217	0.9295	1.1900
11.4	2.1399	1.0238	0.0217	0.9306	1.1872
11.6	2.1406	1.0264	0.0222	0.9316	1.1845
11.8	2.1413	1.0289	0.0228	0.9325	1.1818
12.0	2.1419	1.0313	0.0228	0.9335	1.1792
12.2	2.1424	1.0336	0.0223	0.9343	1.1767
12.4	2.1428	1.0358	0.0218	0.9352	1.1742
12.6	2.1432	1.0379	0.0218	0.9360	1.1718
12.8	2.1435	1.0399	0.0223	0.9367	1.1694
13.0	2.1438	1.0418	0.0227	0.9375	1.1671
13.2	2.1440	1.0437	0.0226	0.9382	1.1649
13.4	2.1442	1.0455	0.0222	0.9389	1.1627
13.6	2.1444	1.0472	0.0219	0.9395	1.1605
13.8	2.1445	1.0489	0.0220	0.9401	1.1584
14.0	2.1446	1.0505	0.0223	0.9407	1.1563
14.2	2.1446	1.0521	0.0226	0.9413	1.1543
14.4	2.1446	1.0536	0.0225	0.9419	1.1523
14.6	2.1445	1.0550	0.0222	0.9424	1.1504
14.8	2.1445	1.0564	0.0219	0.9429	1.1484
15.0	2.1445	1.0578	0.0220	0.9434	1.1466

Table T1.6

N = 1.100 K = 0.400

X	QEXT	QSCA	QBK	G	QPR	X	QEXT	QSCA	QBK	G	QPR
0.1	0.1049	0.0000	0.0000	0.0011	0.1049	5.2	2.1169	0.9089	0.0350	0.8213	1.3705
0.2	0.2105	0.0003	0.0005	0.0037	0.2105	5.4	2.1265	0.9226	0.0332	0.8293	1.3613
0.3	0.3172	0.0016	0.0023	0.0084	0.3172	5.6	2.1349	0.9353	0.0362	0.8366	1.3525
0.4	0.4243	0.0049	0.0069	0.0150	0.4242	5.8	2.1423	0.9469	0.0402	0.8431	1.3439
0.5	0.5310	0.0115	0.0155	0.0237	0.5307	6.0	2.1489	0.9577	0.0412	0.8491	1.3357
0.6	0.6356	0.0224	0.0288	0.0347	0.6348	6.2	2.1546	0.9676	0.0384	0.8546	1.3277
0.7	0.7365	0.0384	0.0462	0.0482	0.7347	6.4	2.1596	0.9768	0.0352	0.8596	1.3200
0.8	0.8321	0.0594	0.0659	0.0646	0.8283	6.6	2.1641	0.9853	0.0346	0.8642	1.3125
0.9	0.9213	0.0849	0.0851	0.0842	0.9141	6.8	2.1680	0.9932	0.0370	0.8685	1.3053
1.0	1.0038	0.1137	0.1002	0.1074	0.9916	7.0	2.1713	1.0006	0.0396	0.8725	1.2984
1.1	1.0800	0.1445	0.1082	0.1343	1.0606	7.2	2.1743	1.0074	0.0398	0.8762	1.2916
1.2	1.1504	0.1759	0.1075	0.1648	1.1215	7.4	2.1769	1.0138	0.0376	0.8796	1.2852
1.3	1.2162	0.2070	0.0979	0.1984	1.1751	7.6	2.1791	1.0197	0.0355	0.8827	1.2789
1.4	1.2779	0.2374	0.0816	0.2345	1.2222	7.8	2.1810	1.0253	0.0355	0.8857	1.2729
1.5	1.3360	0.2669	0.0617	0.2716	1.2635	8.0	2.1826	1.0305	0.0374	0.8884	1.2672
1.6	1.3909	0.2957	0.0424	0.3085	1.2997	8.2	2.1841	1.0354	0.0391	0.8909	1.2616
1.7	1.4425	0.3240	0.0273	0.3439	1.3311	8.4	2.1852	1.0400	0.0389	0.8933	1.2562
1.8	1.4909	0.3521	0.0188	0.3768	1.3583	8.6	2.1862	1.0443	0.0372	0.8955	1.2511
1.9	1.5361	0.3800	0.0178	0.4067	1.3816	8.8	2.1871	1.0484	0.0359	0.8975	1.2461
2.0	1.5782	0.4076	0.0233	0.4337	1.4014	9.0	2.1877	1.0523	0.0362	0.8994	1.2413
2.1	1.6173	0.4348	0.0330	0.4581	1.4181	9.2	2.1883	1.0559	0.0376	0.9013	1.2366
2.2	1.6537	0.4613	0.0437	0.4806	1.4320	9.4	2.1887	1.0593	0.0387	0.9030	1.2321
2.3	1.6877	0.4871	0.0525	0.5017	1.4433	9.6	2.1890	1.0626	0.0383	0.9046	1.2278
2.4	1.7195	0.5119	0.0573	0.5214	1.4523	9.8	2.1891	1.0657	0.0370	0.9061	1.2235
2.5	1.7492	0.5358	0.0572	0.5358	1.4591	10.0	2.1893	1.0686	0.0362	0.9076	1.2194
2.6	1.7771	0.5587	0.0528	0.5603	1.4641	10.2	2.1892	1.0714	0.0366	0.9089	1.2154
2.7	1.8033	0.5808	0.0456	0.5786	1.4673	10.4	2.1892	1.0741	0.0377	0.9102	1.2116
2.8	1.8278	0.6019	0.0377	0.5962	1.4689	10.6	2.1891	1.0766	0.0383	0.9115	1.2079
2.9	1.8508	0.6222	0.0313	0.6130	1.4694	10.8	2.1890	1.0790	0.0379	0.9127	1.2042
3.0	1.8723	0.6417	0.0278	0.6289	1.4687	11.0	2.1887	1.0813	0.0369	0.9138	1.2007
3.1	1.8924	0.6604	0.0279	0.6440	1.4671	11.2	2.1885	1.0835	0.0364	0.9148	1.1973
3.2	1.9112	0.6782	0.0310	0.6582	1.4648	11.4	2.1882	1.0855	0.0368	0.9158	1.1940
3.3	1.9288	0.6953	0.0360	0.6716	1.4618	11.6	2.1878	1.0875	0.0377	0.9168	1.1907
3.4	1.9454	0.7116	0.0413	0.6843	1.4584	11.8	2.1874	1.0895	0.0380	0.9177	1.1876
3.5	1.9609	0.7272	0.0454	0.6964	1.4545	12.0	2.1870	1.0913	0.0376	0.9186	1.1845
3.6	1.9755	0.7421	0.0472	0.7077	1.4503	12.2	2.1866	1.0930	0.0369	0.9194	1.1816
3.7	1.9892	0.7564	0.0465	0.7185	1.4457	12.4	2.1861	1.0947	0.0366	0.9202	1.1787
3.8	2.0020	0.7700	0.0435	0.7286	1.4410	12.6	2.1856	1.0963	0.0370	0.9210	1.1759
3.9	2.0140	0.7831	0.0394	0.7382	1.4360	12.8	2.1851	1.0979	0.0376	0.9217	1.1732
4.0	2.0253	0.7955	0.0353	0.7471	1.4309	13.0	2.1845	1.0994	0.0379	0.9224	1.1705
4.1	2.0358	0.8075	0.0323	0.7555	1.4257	13.2	2.1840	1.1008	0.0375	0.9231	1.1679
4.2	2.0457	0.8189	0.0312	0.7635	1.4205	13.4	2.1835	1.1022	0.0369	0.9237	1.1653
4.3	2.0551	0.8298	0.0321	0.7709	1.4153	13.6	2.1829	1.1035	0.0368	0.9243	1.1629
4.4	2.0638	0.8402	0.0345	0.7779	1.4101	13.8	2.1823	1.1048	0.0371	0.9249	1.1605
4.5	2.0720	0.8502	0.0378	0.7846	1.4050	14.0	2.1817	1.1060	0.0376	0.9255	1.1581
4.6	2.0797	0.8597	0.0408	0.7908	1.3998	14.2	2.1811	1.1072	0.0377	0.9261	1.1558
4.7	2.0869	0.8688	0.0429	0.7967	1.3948	14.4	2.1805	1.1083	0.0373	0.9266	1.1535
4.8	2.0937	0.8775	0.0434	0.8022	1.3898	14.6	2.1799	1.1094	0.0369	0.9271	1.1513
4.9	2.1001	0.8859	0.0423	0.8074	1.3848	14.8	2.1793	1.1105	0.0369	0.9276	1.1492
5.0	2.1060	0.8939	0.0401	0.8123	1.3799	15.0	2.1787	1.1115	0.0372	0.9281	1.1471

Table T1.7

N = 1.100 K = 0.500

X	QEXT	QSCA	QBK	G	QPR
0.1	0.1328	0.0000	0.0000	0.0015	0.1328
0.2	0.2662	0.0005	0.0008	0.0037	0.2662
0.3	0.4010	0.0025	0.0037	0.0083	0.4010
0.4	0.5362	0.0078	0.0109	0.0148	0.5361
0.5	0.6699	0.0180	0.0244	0.0235	0.6695
0.6	0.7995	0.0340	0.0448	0.0344	0.7982
0.7	0.9221	0.0591	0.0713	0.0481	0.9192
0.8	1.0354	0.0904	0.1004	0.0647	1.0295
0.9	1.1382	0.1273	0.1273	0.0849	1.1274
1.0	1.2305	0.1678	0.1469	0.1089	1.2122
1.1	1.3133	0.2096	0.1550	0.1369	1.2846
1.2	1.3881	0.2509	0.1499	0.1688	1.3458
1.3	1.4566	0.2906	0.1327	0.2040	1.3973
1.4	1.5198	0.3283	0.1073	0.2415	1.4405
1.5	1.5785	0.3642	0.0791	0.2798	1.4766
1.6	1.6331	0.3986	0.0540	0.3175	1.5065
1.7	1.6836	0.4320	0.0366	0.3531	1.5310
1.8	1.7300	0.4646	0.0294	0.3858	1.5508
1.9	1.7725	0.4964	0.0324	0.4152	1.5664
2.0	1.8113	0.5273	0.0432	0.4414	1.5785
2.1	1.8466	0.5572	0.0577	0.4652	1.5874
2.2	1.8789	0.5857	0.0715	0.4870	1.5937
2.3	1.9086	0.6129	0.0809	0.5075	1.5975
2.4	1.9359	0.6387	0.0840	0.5272	1.5992
2.5	1.9611	0.6631	0.0804	0.5462	1.5989
2.6	1.9844	0.6862	0.0717	0.5646	1.5970
2.7	2.0059	0.7081	0.0609	0.5823	1.5936
2.8	2.0257	0.7290	0.0508	0.5992	1.5889
2.9	2.0439	0.7487	0.0442	0.6153	1.5832
3.0	2.0606	0.7675	0.0423	0.6304	1.5768
3.1	2.0759	0.7852	0.0451	0.6446	1.5698
3.2	2.0901	0.8020	0.0514	0.6581	1.5623
3.3	2.1031	0.8178	0.0589	0.6708	1.5545
3.4	2.1151	0.8328	0.0656	0.6828	1.5464
3.5	2.1262	0.8470	0.0695	0.6942	1.5382
3.6	2.1364	0.8604	0.0698	0.7050	1.5299
3.7	2.1459	0.8732	0.0667	0.7152	1.5214
3.8	2.1546	0.8853	0.0613	0.7248	1.5130
3.9	2.1626	0.8968	0.0553	0.7338	1.5046
4.0	2.1699	0.9076	0.0503	0.7422	1.4962
4.1	2.1766	0.9180	0.0479	0.7501	1.4881
4.2	2.1829	0.9278	0.0507	0.7576	1.4800
4.3	2.1886	0.9371	0.0550	0.7645	1.4722
4.4	2.1939	0.9459	0.0595	0.7711	1.4645
4.5	2.1987	0.9543	0.0630	0.7773	1.4570
4.6	2.2032	0.9623	0.0645	0.7831	1.4497
4.7	2.2073	0.9699	0.0637	0.7886	1.4425
4.8	2.2111	0.9771	0.0611	0.7937	1.4355
4.9	2.2145	0.9840	0.0574	0.7986	1.4288
5.0	2.2177	0.9906	0.0574	0.8031	1.4222
5.2	2.2232	1.0028	0.0512	0.8114	1.4095
5.4	2.2278	1.0140	0.0512	0.8189	1.3975
5.6	2.2316	1.0242	0.0565	0.8256	1.3861
5.8	2.2348	1.0335	0.0611	0.8317	1.3752
6.0	2.2373	1.0421	0.0604	0.8372	1.3649
6.2	2.2393	1.0500	0.0557	0.8423	1.3550
6.4	2.2409	1.0572	0.0522	0.8470	1.3455
6.6	2.2422	1.0640	0.0532	0.8513	1.3364
6.8	2.2430	1.0702	0.0571	0.8553	1.3277
7.0	2.2436	1.0759	0.0596	0.8590	1.3194
7.2	2.2441	1.0813	0.0584	0.8624	1.3114
7.4	2.2441	1.0863	0.0551	0.8656	1.3038
7.6	2.2439	1.0909	0.0532	0.8686	1.2965
7.8	2.2431	1.0953	0.0544	0.8714	1.2895
8.0	2.2439	1.0994	0.0572	0.8739	1.2828
8.2	2.2431	1.1032	0.0585	0.8763	1.2764
8.4	2.2425	1.1068	0.0573	0.8785	1.2702
8.6	2.2418	1.1101	0.0549	0.8806	1.2643
8.8	2.2411	1.1133	0.0539	0.8825	1.2586
9.0	2.2403	1.1163	0.0552	0.8843	1.2531
9.2	2.2394	1.1191	0.0571	0.8860	1.2479
9.4	2.2385	1.1218	0.0577	0.8876	1.2428
9.6	2.2376	1.1243	0.0566	0.8892	1.2379
9.8	2.2366	1.1267	0.0549	0.8906	1.2331
10.0	2.2355	1.1289	0.0545	0.8920	1.2285
10.2	2.2345	1.1311	0.0556	0.8933	1.2241
10.4	2.2334	1.1331	0.0569	0.8945	1.2198
10.6	2.2323	1.1350	0.0572	0.8957	1.2157
10.8	2.2312	1.1369	0.0562	0.8968	1.2116
11.0	2.2301	1.1386	0.0550	0.8979	1.2077
11.2	2.2290	1.1403	0.0549	0.8989	1.2039
11.4	2.2278	1.1419	0.0558	0.8999	1.2003
11.6	2.2267	1.1434	0.0567	0.9008	1.1967
11.8	2.2255	1.1448	0.0568	0.9017	1.1933
12.0	2.2244	1.1462	0.0559	0.9025	1.1899
12.2	2.2233	1.1475	0.0552	0.9033	1.1867
12.4	2.2221	1.1488	0.0552	0.9040	1.1836
12.6	2.2209	1.1500	0.0559	0.9048	1.1804
12.8	2.2198	1.1511	0.0565	0.9055	1.1774
13.0	2.2186	1.1523	0.0565	0.9062	1.1745
13.2	2.2176	1.1533	0.0558	0.9068	1.1718
13.4	2.2165	1.1543	0.0553	0.9074	1.1690
13.6	2.2154	1.1553	0.0554	0.9080	1.1663
13.8	2.2142	1.1562	0.0560	0.9086	1.1636
14.0	2.2131	1.1571	0.0564	0.9092	1.1611
14.2	2.2121	1.1580	0.0562	0.9097	1.1587
14.4	2.2110	1.1588	0.0557	0.9102	1.1562
14.6	2.2100	1.1596	0.0557	0.9107	1.1539
14.8	2.2089	1.1604	0.0556	0.9112	1.1516
15.0	2.2078	1.1611	0.0560	0.9116	1.1493

Table T1.8

N = 1.100 K = 1.000

X	QEXT	QSCA	QBK	G	QPR	X	QEXT	QSCA	QBK	G	QPR
0.1	0.2727	0.0001	0.0002	0.0008	0.2727	5.2	2.5534	1.3597	0.1728	0.7507	1.5327
0.2	0.5519	0.0024	0.0035	0.0032	0.5519	5.4	2.5447	1.3631	0.1947	0.7561	1.5142
0.3	0.8399	0.0119	0.0173	0.0072	0.8399	5.6	2.5362	1.3659	0.2086	0.7609	1.4969
0.4	1.1327	0.0364	0.0516	0.0130	1.1322	5.8	2.5280	1.3684	0.2013	0.7653	1.4808
0.5	1.4187	0.0834	0.1145	0.0208	1.4169	6.0	2.5201	1.3706	0.1828	0.7694	1.4656
0.6	1.6809	0.1571	0.2060	0.0309	1.6761	6.2	2.5124	1.3726	0.1734	0.7732	1.4512
0.7	1.9032	0.2543	0.3139	0.0440	1.8920	6.4	2.5048	1.3743	0.1812	0.7766	1.4375
0.8	2.0767	0.3657	0.4163	0.0609	2.0544	6.6	2.4975	1.3757	0.1958	0.7799	1.4246
0.9	2.2031	0.4786	0.4891	0.0824	2.1637	6.8	2.4905	1.3770	0.2014	0.7829	1.4124
1.0	2.2926	0.5825	0.5154	0.1094	2.2289	7.0	2.4836	1.3781	0.1934	0.7857	1.4008
1.1	2.3578	0.6719	0.4908	0.1422	2.2622	7.2	2.4769	1.3791	0.1814	0.7883	1.3898
1.2	2.4096	0.7460	0.4233	0.1808	2.2744	7.4	2.4705	1.3800	0.1780	0.7907	1.3793
1.3	2.4551	0.8074	0.3300	0.2237	2.2659	7.6	2.4642	1.3807	0.1855	0.7930	1.3694
1.4	2.4970	0.8599	0.2330	0.2688	2.2514	7.8	2.4582	1.3813	0.1948	0.7950	1.3599
1.5	2.5351	0.9068	0.1539	0.3129	2.2323	8.0	2.4522	1.3819	0.1961	0.7970	1.3510
1.6	2.5679	0.9502	0.1084	0.3531	2.2095	8.2	2.4465	1.3823	0.1892	0.7987	1.3424
1.7	2.5938	0.9909	0.1024	0.3878	2.1843	8.4	2.4409	1.3827	0.1817	0.8004	1.3342
1.8	2.6128	1.0285	0.1311	0.4166	2.1579	8.6	2.4355	1.3830	0.1814	0.8020	1.3264
1.9	2.6259	1.0624	0.1809	0.4405	2.1314	8.8	2.4303	1.3832	0.1875	0.8034	1.3190
2.0	2.6349	1.0923	0.2347	0.4610	2.1052	9.0	2.4251	1.3834	0.1934	0.8048	1.3118
2.1	2.6415	1.1183	0.2763	0.4796	2.0794	9.2	2.4202	1.3836	0.1928	0.8061	1.3049
2.2	2.6469	1.1411	0.2947	0.4974	2.0537	9.4	2.4153	1.3837	0.1873	0.8073	1.2983
2.3	2.6515	1.1612	0.2867	0.5148	2.0277	9.6	2.4106	1.3837	0.1828	0.8085	1.2919
2.4	2.6552	1.1795	0.2568	0.5320	2.0014	9.8	2.4060	1.3837	0.1836	0.8096	1.2857
2.5	2.6576	1.1964	0.2151	0.5485	1.9748	10.0	2.4016	1.3837	0.1884	0.8107	1.2798
2.6	2.6584	1.2119	0.1745	0.5640	1.9485	10.2	2.3972	1.3837	0.1921	0.8117	1.2741
2.7	2.6576	1.2262	0.1461	0.5784	1.9227	10.4	2.3930	1.3836	0.1909	0.8126	1.2686
2.8	2.6556	1.2391	0.1364	0.5915	1.8979	10.6	2.3888	1.3835	0.1861	0.8135	1.2633
2.9	2.6529	1.2506	0.1461	0.6037	1.8742	10.8	2.3848	1.3834	0.1842	0.8144	1.2582
3.0	2.6498	1.2609	0.1702	0.6151	1.8516	11.0	2.3809	1.3833	0.1856	0.8152	1.2532
3.1	2.6467	1.2702	0.2002	0.6260	1.8298	11.2	2.3770	1.3831	0.1889	0.8160	1.2484
3.2	2.6435	1.2786	0.2268	0.6364	1.8087	11.4	2.3733	1.3829	0.1910	0.8167	1.2438
3.3	2.6400	1.2863	0.2423	0.6463	1.7881	11.6	2.3696	1.3827	0.1888	0.8174	1.2393
3.4	2.6363	1.2936	0.2430	0.6557	1.7680	11.8	2.3661	1.3825	0.1861	0.8181	1.2350
3.5	2.6322	1.3003	0.2299	0.6646	1.7487	12.0	2.3626	1.3823	0.1848	0.8187	1.2309
3.6	2.6277	1.3065	0.2079	0.6728	1.7301	12.2	2.3591	1.3821	0.1856	0.8193	1.2268
3.7	2.6230	1.3121	0.1839	0.6804	1.7125	12.4	2.3558	1.3819	0.1884	0.8199	1.2228
3.8	2.6184	1.3173	0.1649	0.6875	1.6958	12.6	2.3525	1.3816	0.1904	0.8204	1.2190
3.9	2.6134	1.3220	0.1558	0.6941	1.6798	12.8	2.3493	1.3814	0.1872	0.8210	1.2152
4.0	2.6088	1.3263	0.1583	0.7004	1.6647	13.0	2.3462	1.3811	0.1878	0.8215	1.2117
4.1	2.6042	1.3303	0.1706	0.7062	1.6501	13.2	2.3432	1.3808	0.1869	0.8220	1.2081
4.2	2.5996	1.3341	0.1883	0.7117	1.6360	13.4	2.3402	1.3806	0.1869	0.8225	1.2047
4.3	2.5949	1.3375	0.2057	0.7169	1.6224	13.6	2.3373	1.3803	0.1883	0.8229	1.2014
4.4	2.5902	1.3408	0.2178	0.7217	1.6094	13.8	2.3343	1.3800	0.1902	0.8234	1.1981
4.5	2.5854	1.3439	0.2214	0.7262	1.5970	14.0	2.3315	1.3797	0.1863	0.8238	1.1950
4.6	2.5806	1.3467	0.2161	0.7304	1.5851	14.2	2.3287	1.3794	0.1822	0.8242	1.1918
4.7	2.5759	1.3493	0.2041	0.7343	1.5738	14.4	2.3261	1.3791	0.1851	0.8246	1.1889
4.8	2.5713	1.3517	0.1893	0.7380	1.5629	14.6	2.3233	1.3788	0.1881	0.8249	1.1859
4.9	2.5667	1.3539	0.1760	0.7414	1.5525	14.8	2.3206	1.3785	0.1895	0.8253	1.1829
5.0	2.5623	1.3560	0.1680	0.7447	1.5525	15.0	2.3182	1.3782	0.1833	0.8256	1.1803

Table T1.9

N = 1.100 K = 1.500

x	QEXT	QSCA	QBK	G	QPR	x	QEXT	QSCA	QBK	G	QPR
0.1	0.3393	0.0003	0.0005	0.0007	0.3393	5.2	2.7823	1.6625	0.3296	0.6979	1.6221
0.2	0.7020	0.0056	0.0083	0.0025	0.7020	5.4	2.7660	1.6602	0.4014	0.7019	1.6007
0.3	1.1071	0.0285	0.0418	0.0055	1.1069	5.6	2.7508	1.6578	0.4092	0.7055	1.5813
0.4	1.5600	0.0897	0.1294	0.0099	1.5591	5.8	2.7367	1.6553	0.3519	0.7088	1.5633
0.5	2.0393	0.2104	0.2962	0.0158	2.0360	6.0	2.7230	1.6530	0.2964	0.7120	1.5461
0.6	2.4908	0.3977	0.5410	0.0238	2.4814	6.2	2.7096	1.6506	0.2997	0.7149	1.5295
0.7	2.8473	0.6304	0.8176	0.0348	2.8256	6.4	2.6968	1.6482	0.3508	0.7175	1.5141
0.8	3.0690	0.8650	1.0494	0.0488	3.0268	6.6	2.6847	1.6458	0.3906	0.7200	1.4998
0.9	3.1670	1.0618	1.1718	0.0684	3.0944	6.8	2.6732	1.6434	0.3786	0.7223	1.4861
1.0	3.1857	1.2036	1.1609	0.0948	3.0716	7.0	2.6619	1.6412	0.3327	0.7245	1.4730
1.1	3.1726	1.2955	1.0295	0.1297	3.0045	7.2	2.6510	1.6389	0.3040	0.7264	1.4606
1.2	3.1606	1.3533	0.8129	0.1738	2.9254	7.4	2.6406	1.6366	0.3198	0.7282	1.4489
1.3	3.1643	1.3940	0.5600	0.2255	2.8500	7.6	2.6307	1.6343	0.3587	0.7298	1.4379
1.4	3.1827	1.4304	0.3278	0.2802	2.7819	7.8	2.6211	1.6322	0.3768	0.7314	1.4274
1.5	3.2049	1.4685	0.1697	0.3313	2.7183	8.0	2.6117	1.6300	0.3584	0.7328	1.4173
1.6	3.2189	1.5077	0.1177	0.3736	2.6556	8.2	2.6027	1.6279	0.3255	0.7341	1.4077
1.7	3.2180	1.5439	0.1710	0.4051	2.5926	8.4	2.5940	1.6258	0.3135	0.7353	1.3986
1.8	3.2034	1.5732	0.2978	0.4275	2.5309	8.6	2.5857	1.6238	0.3325	0.7364	1.3899
1.9	3.1813	1.5940	0.4504	0.4443	2.4730	8.8	2.5775	1.6218	0.3600	0.7375	1.3815
2.0	3.1587	1.6077	0.5808	0.4591	2.4207	9.0	2.5696	1.6198	0.3662	0.7384	1.3735
2.1	3.1406	1.6168	0.6522	0.4742	2.3739	9.2	2.5620	1.6179	0.3483	0.7394	1.3658
2.2	3.1278	1.6243	0.6472	0.4905	2.3310	9.4	2.5546	1.6160	0.3250	0.7403	1.3584
2.3	3.1185	1.6321	0.5716	0.5077	2.2899	9.6	2.5475	1.6141	0.3223	0.7411	1.3512
2.4	3.1091	1.6405	0.4521	0.5243	2.2490	9.8	2.5405	1.6123	0.3402	0.7419	1.3443
2.5	3.0972	1.6489	0.3269	0.5395	2.2077	10.0	2.5337	1.6105	0.3567	0.7427	1.3377
2.6	3.0818	1.6563	0.2326	0.5524	2.1669	10.2	2.5272	1.6088	0.3556	0.7434	1.3313
2.7	3.0642	1.6617	0.1928	0.5635	2.1279	10.4	2.5208	1.6070	0.3395	0.7440	1.3251
2.8	3.0463	1.6651	0.2129	0.5731	2.0919	10.6	2.5146	1.6053	0.3254	0.7447	1.3192
2.9	3.0298	1.6669	0.2811	0.5822	2.0592	10.8	2.5086	1.6037	0.3260	0.7453	1.3134
3.0	3.0155	1.6680	0.3725	0.5912	2.0294	11.0	2.5027	1.6021	0.3426	0.7458	1.3079
3.1	3.0032	1.6690	0.4576	0.6002	2.0014	11.2	2.4970	1.6005	0.3543	0.7463	1.3026
3.2	2.9918	1.6703	0.5108	0.6092	1.9743	11.4	2.4915	1.5989	0.3515	0.7468	1.2974
3.3	2.9802	1.6719	0.5180	0.6177	1.9475	11.6	2.4861	1.5974	0.3399	0.7473	1.2924
3.4	2.9677	1.6734	0.4802	0.6255	1.9211	11.8	2.4808	1.5959	0.3285	0.7477	1.2875
3.5	2.9544	1.6744	0.4118	0.6324	1.8955	12.0	2.4756	1.5944	0.3382	0.7482	1.2828
3.6	2.9409	1.6748	0.3349	0.6386	1.8714	12.2	2.4706	1.5929	0.3482	0.7486	1.2782
3.7	2.9279	1.6747	0.2722	0.6441	1.8491	12.4	2.4657	1.5915	0.3517	0.7489	1.2738
3.8	2.9158	1.6741	0.2406	0.6494	1.8286	12.6	2.4610	1.5901	0.3465	0.7493	1.2695
3.9	2.9047	1.6734	0.2470	0.6544	1.8096	12.8	2.4563	1.5887	0.3341	0.7497	1.2653
4.0	2.8944	1.6728	0.2861	0.6593	1.7915	13.0	2.4518	1.5874	0.3299	0.7500	1.2612
4.1	2.8845	1.6723	0.3439	0.6640	1.7741	13.2	2.4473	1.5861	0.3346	0.7503	1.2573
4.2	2.8744	1.6719	0.4016	0.6684	1.7569	13.4	2.4430	1.5847	0.3431	0.7506	1.2534
4.3	2.8642	1.6714	0.4417	0.6725	1.7402	13.6	2.4388	1.5835	0.3457	0.7509	1.2498
4.4	2.8538	1.6708	0.4537	0.6761	1.7241	13.8	2.4345	1.5822	0.3419	0.7512	1.2460
4.5	2.8435	1.6700	0.4357	0.6794	1.7089	14.0	2.4305	1.5810	0.3412	0.7514	1.2425
4.6	2.8336	1.6690	0.3948	0.6824	1.6947	14.2	2.4265	1.5797	0.3465	0.7517	1.2390
4.7	2.8243	1.6678	0.3445	0.6853	1.6814	14.4	2.4226	1.5785	0.3373	0.7519	1.2356
4.8	2.8155	1.6666	0.2998	0.6880	1.6688	14.6	2.4187	1.5774	0.3381	0.7521	1.2322
4.9	2.8071	1.6655	0.2732	0.6907	1.6568	14.8	2.4151	1.5762	0.3576	0.7524	1.2292
5.0	2.7988	1.6645	0.2714	0.6932	1.6450	15.0	2.4115	1.5751	0.3514	0.7526	1.2261
									0.3439		

Table T1.10   51

N = 1.100 K = 2.000

x	QEXT	QSCA	QBK	G	QPR	x	QEXT	QSCA	QBK	G	QPR
0.1	0.2694	0.0005	0.0007	0.0005	0.2694	5.2	2.9285	1.9259	0.4520	0.6585	1.6602
0.2	0.5722	0.0076	0.0113	0.0016	0.5721	5.4	2.9078	1.9194	0.6478	0.6617	1.6377
0.3	0.9471	0.0401	0.0595	0.0036	0.9470	5.6	2.8888	1.9121	0.6728	0.6643	1.6185
0.4	1.4330	0.1324	0.1947	0.0064	1.4322	5.8	2.8731	1.9056	0.5138	0.6672	1.6016
0.5	2.0437	0.3291	0.4771	0.0104	2.0402	6.0	2.8582	1.9002	0.3541	0.6702	1.5847
0.6	2.7227	0.6559	0.9301	0.0159	2.7123	6.2	2.8421	1.8949	0.3610	0.6726	1.5676
0.7	3.3238	1.0714	1.4699	0.0235	3.2986	6.4	2.8261	1.8890	0.5099	0.6746	1.5519
0.8	3.6965	1.4653	1.9149	0.0342	3.6464	6.6	2.8121	1.8832	0.6296	0.6765	1.5382
0.9	3.8112	1.7418	2.1188	0.0493	3.7253	6.8	2.7995	1.8781	0.5950	0.6785	1.5252
1.0	3.7556	1.8826	2.0578	0.0709	3.6220	7.0	2.7865	1.8734	0.4544	0.6803	1.5119
1.1	3.6400	1.9260	1.7874	0.1019	3.4436	7.2	2.7732	1.8685	0.3645	0.6818	1.4992
1.2	3.5403	1.9223	1.3799	0.1451	3.2614	7.4	2.7608	1.8635	0.4142	0.6831	1.4877
1.3	3.4918	1.9115	0.9114	0.2008	3.1079	7.6	2.7496	1.8589	0.5384	0.6844	1.4773
1.4	3.4965	1.9177	0.4734	0.2642	2.9898	7.8	2.7387	1.8546	0.6000	0.6857	1.4669
1.5	3.5305	1.9471	0.1691	0.3248	2.8982	8.0	2.7276	1.8504	0.5379	0.6869	1.4566
1.6	3.5598	1.9895	0.0730	0.3725	2.8187	8.2	2.7167	1.8461	0.4272	0.6878	1.4470
1.7	3.5597	2.0277	0.1882	0.4038	2.7410	8.4	2.7067	1.8419	0.3869	0.6887	1.4382
1.8	3.5273	2.0497	0.4474	0.4218	2.6627	8.6	2.6972	1.8380	0.4533	0.6896	1.4298
1.9	3.4757	2.0534	0.7522	0.4328	2.5871	8.8	2.6878	1.8343	0.5473	0.6904	1.4213
2.0	3.4230	2.0445	1.0105	0.4424	2.5184	9.0	2.6783	1.8306	0.5687	0.6911	1.4131
2.1	3.3826	2.0315	1.1528	0.4547	2.4584	9.2	2.6693	1.8269	0.4990	0.6918	1.4055
2.2	3.3594	2.0219	1.1418	0.4708	2.4076	9.4	2.6609	1.8233	0.4191	0.6925	1.3983
2.3	3.3498	2.0193	0.9831	0.4895	2.3613	9.6	2.6526	1.8200	0.4116	0.6931	1.3912
2.4	3.3444	2.0230	0.7282	0.5082	2.3164	9.8	2.6444	1.8167	0.4791	0.6937	1.3842
2.5	3.3340	2.0290	0.4592	0.5241	2.2706	10.0	2.6363	1.8134	0.5446	0.6942	1.3775
2.6	3.3141	2.0326	0.2568	0.5361	2.2245	10.2	2.6287	1.8102	0.5402	0.6947	1.3712
2.7	3.2863	2.0314	0.1725	0.5447	2.1798	10.4	2.6214	1.8071	0.4751	0.6952	1.3652
2.8	3.2557	2.0255	0.2173	0.5514	2.1390	10.6	2.6141	1.8041	0.4214	0.6956	1.3592
2.9	3.2281	2.0170	0.3664	0.5577	2.1032	10.8	2.6069	1.8012	0.4339	0.6960	1.3533
3.0	3.2067	2.0085	0.5687	0.5649	2.0721	11.0	2.6001	1.7983	0.4946	0.6964	1.3478
3.1	3.1920	2.0022	0.7604	0.5733	2.0442	11.2	2.5934	1.7955	0.5364	0.6967	1.3425
3.2	3.1812	1.9988	0.8825	0.5823	2.0174	11.4	2.5870	1.7928	0.5161	0.6971	1.3373
3.3	3.1706	1.9973	0.8999	0.5909	1.9903	11.6	2.5805	1.7901	0.4607	0.6974	1.3322
3.4	3.1571	1.9962	0.8128	0.5984	1.9626	11.8	2.5743	1.7875	0.4284	0.6976	1.3273
3.5	3.1400	1.9940	0.6535	0.6043	1.9350	12.0	2.5683	1.7849	0.4517	0.6979	1.3226
3.6	3.1206	1.9899	0.4732	0.6090	1.9089	12.2	2.5624	1.7824	0.5021	0.6981	1.3180
3.7	3.1013	1.9843	0.3245	0.6128	1.8852	12.4	2.5566	1.7800	0.5257	0.6984	1.3135
3.8	3.0842	1.9781	0.2476	0.6166	1.8645	12.6	2.5509	1.7776	0.5011	0.6986	1.3091
3.9	3.0703	1.9723	0.2601	0.6206	1.8462	12.8	2.5454	1.7753	0.4594	0.6988	1.3049
4.0	3.0592	1.9677	0.3532	0.6250	1.8293	13.0	2.5401	1.7730	0.4372	0.6990	1.3008
4.1	3.0493	1.9643	0.4942	0.6296	1.8127	13.2	2.5349	1.7708	0.4646	0.6992	1.2968
4.2	3.0390	1.9616	0.6373	0.6338	1.7957	13.4	2.5297	1.7686	0.5034	0.6993	1.2928
4.3	3.0273	1.9590	0.7386	0.6375	1.7784	13.6	2.5246	1.7664	0.5148	0.6995	1.2890
4.4	3.0141	1.9558	0.7702	0.6405	1.7613	13.8	2.5197	1.7643	0.4838	0.6996	1.2853
4.5	3.0002	1.9519	0.7264	0.6430	1.7452	14.0	2.5149	1.7623	0.4475	0.6998	1.2818
4.6	2.9869	1.9473	0.6239	0.6451	1.7306	14.2	2.5102	1.7603	0.4511	0.6999	1.2782
4.7	2.9749	1.9427	0.4946	0.6472	1.7176	14.4	2.5055	1.7583	0.4811	0.7001	1.2747
4.8	2.9646	1.9384	0.3776	0.6494	1.7058	14.6	2.5010	1.7564	0.4967	0.7002	1.2714
4.9	2.9556	1.9346	0.3061	0.6518	1.6946	14.8	2.4966	1.7544	0.5055	0.7002	1.2681
5.0	2.9470	1.9315	0.2988	0.6542	1.6834	15.0	2.4922	1.7526	0.4782	0.7003	1.2649

Table T1.11

N = 1.100 K = 2.500

X	QEXT	QSCA	QBK	G	QPR	X	QEXT	QSCA	QBK	G	QPR
0.1	0.1713	0.0005	0.0007	0.0003	0.1713	5.2	2.9728	2.1247	0.4583	0.6275	1.6396
0.2	0.3711	0.0076	0.0115	0.0006	0.3711	5.4	2.9534	2.1174	0.8373	0.6307	1.6180
0.3	0.6394	0.0412	0.0620	0.0014	0.6393	5.6	2.9311	2.1065	0.9898	0.6325	1.5988
0.4	1.0298	0.1405	0.2110	0.0029	1.0294	5.8	2.9144	2.0962	0.7679	0.6347	1.5838
0.5	1.5988	0.3660	0.5465	0.0052	1.5968	6.0	2.9029	2.0895	0.4257	0.6380	1.5699
0.6	2.3542	0.7744	1.1414	0.0090	2.3472	6.2	2.8894	2.0838	0.3330	0.6407	1.5542
0.7	3.1669	1.3407	1.9314	0.0146	3.1473	6.4	2.8722	2.0761	0.5656	0.6423	1.5387
0.8	3.7810	1.9026	2.6428	0.0228	3.7377	6.6	2.8565	2.0674	0.8525	0.6436	1.5259
0.9	4.0339	2.2772	2.9933	0.0344	3.9555	6.8	2.8451	2.0604	0.8852	0.6455	1.5151
1.0	3.9909	2.4227	2.9289	0.0515	3.8662	7.0	2.8346	2.0551	0.6409	0.6476	1.5038
1.1	3.8159	2.4136	2.5599	0.0768	3.6306	7.2	2.8217	2.0494	0.3948	0.6490	1.4915
1.2	3.6368	2.3407	2.0082	0.1142	3.3694	7.4	2.8079	2.0424	0.4034	0.6499	1.4805
1.3	3.5209	2.2690	1.3676	0.1667	3.1428	7.6	2.7966	2.0357	0.6394	0.6509	1.4714
1.4	3.4899	2.2360	0.7382	0.2318	2.9715	7.8	2.7874	2.0305	0.8394	0.6523	1.4629
1.5	3.5278	2.2529	0.2525	0.2993	2.8535	8.0	2.7774	2.0257	0.7912	0.6535	1.4535
1.6	3.5894	2.3039	0.0401	0.3550	2.7714	8.2	2.7659	2.0202	0.5603	0.6543	1.4441
1.7	3.6249	2.3570	0.1449	0.3910	2.7032	8.4	2.7552	2.0144	0.3985	0.6549	1.4361
1.8	3.6104	2.3856	0.4903	0.4093	2.6339	8.6	2.7465	2.0092	0.4699	0.6557	1.4291
1.9	3.5543	2.3822	0.9335	0.4173	2.5602	8.8	2.7382	2.0049	0.6852	0.6566	1.4218
2.0	3.4816	2.3558	1.3363	0.4226	2.4860	9.0	2.7289	2.0004	0.8079	0.6573	1.4140
2.1	3.4170	2.3214	1.5959	0.4308	2.4170	9.2	2.7193	1.9955	0.7138	0.6578	1.4067
2.2	3.3759	2.2930	1.6477	0.4446	2.3566	9.4	2.7108	1.9906	0.5120	0.6583	1.4005
2.3	3.3614	2.2789	1.4751	0.4636	2.3050	9.6	2.7034	1.9864	0.4197	0.6589	1.3946
2.4	3.3644	2.2890	1.1247	0.4845	2.2599	9.8	2.6958	1.9826	0.5265	0.6595	1.3882
2.5	3.3693	2.2890	0.7060	0.5031	2.2176	10.0	2.6874	1.9784	0.7082	0.6599	1.3818
2.6	3.3623	2.2967	0.3505	0.5167	2.1757	10.2	2.6794	1.9741	0.7695	0.6602	1.3760
2.7	3.3391	2.2961	0.1574	0.5250	2.1338	10.4	2.6724	1.9701	0.6533	0.6606	1.3709
2.8	3.3042	2.2857	0.1635	0.5297	2.0934	10.6	2.6658	1.9665	0.4881	0.6611	1.3658
2.9	3.2668	2.2688	0.3467	0.5335	2.0563	10.8	2.6587	1.9630	0.4501	0.6615	1.3603
3.0	3.2355	2.2508	0.6427	0.5384	2.0238	11.0	2.6515	1.9592	0.5706	0.6617	1.3550
3.1	3.2152	2.2364	0.9617	0.5454	1.9955	11.2	2.6448	1.9555	0.7156	0.6619	1.3504
3.2	3.2055	2.2284	1.2075	0.5543	1.9702	11.4	2.6387	1.9521	0.7309	0.6622	1.3460
3.3	3.2013	2.2262	1.3048	0.5639	1.9460	11.6	2.6326	1.9489	0.6072	0.6625	1.3414
3.4	3.1959	2.2265	1.2267	0.5724	1.9214	11.8	2.6262	1.9457	0.4801	0.6627	1.3367
3.5	3.1845	2.2256	1.0053	0.5789	1.8962	12.0	2.6199	1.9423	0.4805	0.6629	1.3324
3.6	3.1662	2.2209	0.7145	0.5831	1.8712	12.2	2.6142	1.9391	0.6033	0.6631	1.3285
3.7	3.1437	2.2123	0.4413	0.5858	1.8476	12.4	2.6087	1.9361	0.7129	0.6633	1.3246
3.8	3.1213	2.2013	0.2602	0.5881	1.8267	12.6	2.6031	1.9332	0.6956	0.6635	1.3205
3.9	3.1028	2.1903	0.2161	0.5908	1.8087	12.8	2.5973	1.9302	0.5756	0.6636	1.3164
4.0	3.0900	2.1815	0.3157	0.5945	1.7930	13.0	2.5919	1.9272	0.4834	0.6637	1.3128
4.1	3.0821	2.1757	0.5244	0.5991	1.7786	13.2	2.5868	1.9244	0.5125	0.6638	1.3093
4.2	3.0762	2.1727	0.7749	0.6039	1.7642	13.4	2.5818	1.9217	0.6256	0.6640	1.3058
4.3	3.0691	2.1706	0.9884	0.6082	1.7490	13.6	2.5766	1.9191	0.7039	0.6641	1.3022
4.4	3.0587	2.1678	1.1015	0.6114	1.7332	13.8	2.5715	1.9164	0.6635	0.6642	1.2988
4.5	3.0449	2.1630	1.0856	0.6137	1.7175	14.0	2.5667	1.9137	0.5538	0.6643	1.2956
4.6	3.0293	2.1564	0.9517	0.6151	1.7028	14.2	2.5621	1.9112	0.4914	0.6644	1.2925
4.7	3.0143	2.1487	0.7426	0.6164	1.6899	14.4	2.5574	1.9088	0.5384	0.6644	1.2893
4.8	3.0018	2.1412	0.5199	0.6179	1.6787	14.6	2.5527	1.9063	0.6355	0.6644	1.2861
4.9	2.9925	2.1350	0.3474	0.6200	1.6688	14.8	2.5482	1.9039	0.6902	0.6644	1.2832
5.0	2.9856	2.1305	0.2736	0.6225	1.6595	15.0	2.5439	1.9015	0.6321	0.6645	1.2804

Table T1.12   53

N = 1.100 K = 3.000

X	QEXT	QSCA	QBK	G	QPR	X	QEXT	QSCA	QBK	G	QPR
0.1	0.1059	0.0004	0.0006	-0.0000	0.1059	5.2	2.9381	2.2488	0.3857	0.6018	1.5848
0.2	0.2341	0.0071	0.0107	-0.0005	0.2341	5.4	2.9266	2.2443	0.8836	0.6060	1.5666
0.3	0.4182	0.0385	0.0587	-0.0010	0.4182	5.6	2.9053	2.2333	1.2296	0.6075	1.5486
0.4	0.7089	0.1326	0.2036	-0.0009	0.7090	5.8	2.8852	2.2197	1.0701	0.6088	1.5339
0.5	1.1740	0.3531	0.5430	0.0001	1.1740	6.0	2.8745	2.2110	0.5915	0.6118	1.5219
0.6	1.8675	0.7742	1.1829	0.0026	1.8654	6.2	2.8669	2.2067	0.3108	0.6152	1.5093
0.7	2.7313	1.4043	2.1094	0.0072	2.7213	6.4	2.8534	2.2003	0.5102	0.6172	1.4954
0.8	3.5139	2.0831	3.0361	0.0141	3.4846	6.6	2.8362	2.1901	0.9449	0.6179	1.4829
0.9	3.9412	2.5618	3.5630	0.0241	3.8796	6.8	2.8236	2.1808	1.1459	0.6193	1.4731
1.0	3.9880	2.7448	3.5553	0.0385	3.8822	7.0	2.8163	2.1754	0.9083	0.6216	1.4641
1.1	3.8221	2.7167	3.1489	0.0601	3.6588	7.2	2.8076	2.1709	0.4997	0.6235	1.4539
1.2	3.6079	2.6001	2.5159	0.0926	3.3671	7.4	2.7946	2.1640	0.3573	0.6244	1.4435
1.3	3.4412	2.4815	1.7740	0.1398	3.0941	7.6	2.7819	2.1557	0.6107	0.6249	1.4348
1.4	3.3639	2.4101	1.0236	0.2020	2.8770	7.8	2.7735	2.1493	0.9755	0.6261	1.4278
1.5	3.3783	2.4052	0.3984	0.2712	2.7260	8.0	2.7669	2.1451	1.0590	0.6277	1.4205
1.6	3.4489	2.4554	0.0560	0.3326	2.6323	8.2	2.7577	2.1403	0.7848	0.6287	1.4122
1.7	3.5180	2.5233	0.0895	0.3746	2.5729	8.4	2.7465	2.1337	0.4559	0.6290	1.4043
1.8	3.5396	2.5685	0.4488	0.3962	2.5220	8.6	2.7373	2.1273	0.4151	0.6295	1.3981
1.9	3.5047	2.5727	0.9726	0.4042	2.4647	8.8	2.7309	2.1227	0.6912	0.6306	1.3925
2.0	3.4340	2.5423	1.4858	0.4072	2.3986	9.0	2.7243	2.1188	0.9788	0.6316	1.3861
2.1	3.3569	2.4954	1.8559	0.4119	2.3290	9.2	2.7154	2.1140	0.9741	0.6320	1.3793
2.2	3.2973	2.4513	1.9982	0.4223	2.2622	9.4	2.7064	2.1082	0.6949	0.6323	1.3734
2.3	3.2677	2.4237	1.8748	0.4393	2.2031	9.6	2.6995	2.1033	0.4404	0.6328	1.3686
2.4	3.2804	2.4177	1.5107	0.4604	2.1535	9.8	2.6939	2.0996	0.4756	0.6336	1.3637
2.5	3.2902	2.4279	1.0087	0.4812	2.1122	10.0	2.6872	2.0958	0.7497	0.6342	1.3581
2.6	3.2828	2.4422	0.5252	0.4972	2.0760	10.2	2.6793	2.0912	0.9641	0.6344	1.3526
2.7	3.2564	2.4484	0.2052	0.5070	2.0416	10.4	2.6721	2.0864	0.8980	0.6346	1.3480
2.8	3.2411	2.4411	0.1244	0.5117	2.0074	10.6	2.6666	2.0824	0.6291	0.6351	1.3441
2.9	3.2186	2.4221	0.2791	0.5140	1.9736	10.8	2.6613	2.0792	0.4450	0.6356	1.3397
3.0	3.1803	2.3980	0.6062	0.5166	1.9414	11.0	2.6548	2.0755	0.5332	0.6359	1.3349
3.1	3.1510	2.3760	1.0072	0.5215	1.9118	11.2	2.6479	2.0713	0.7896	0.6360	1.3305
3.2	3.1353	2.3616	1.3666	0.5293	1.8853	11.4	2.6421	2.0673	0.9403	0.6362	1.3269
3.3	3.1315	2.3565	1.5770	0.5389	1.8616	11.6	2.6374	2.0641	0.8308	0.6369	1.3234
3.4	3.1329	2.3580	1.5737	0.5485	1.8396	11.8	2.6321	2.0610	0.5847	0.6371	1.3194
3.5	3.1314	2.3608	1.3620	0.5562	1.8183	12.0	2.6261	2.0575	0.4622	0.6371	1.3154
3.6	3.1217	2.3598	1.0156	0.5613	1.7973	12.2	2.6203	2.0538	0.5845	0.6373	1.3118
3.7	3.1033	2.3526	0.6425	0.5639	1.7766	12.4	2.6111	2.0504	0.8156	0.6376	1.3087
3.8	3.0801	2.3403	0.3478	0.5653	1.7570	12.6	2.6061	2.0476	0.9100	0.6378	1.3056
3.9	3.0573	2.3257	0.2062	0.5668	1.7392	12.8	2.6006	2.0447	0.7741	0.6378	1.3020
4.0	3.0396	2.3125	0.2491	0.5692	1.7233	13.0	2.5958	2.0414	0.5577	0.6379	1.2985
4.1	3.0297	2.3033	0.4589	0.5731	1.7092	13.2	2.5916	2.0382	0.4863	0.6381	1.2956
4.2	3.0247	2.2989	0.7702	0.5779	1.6961	13.4	2.5874	2.0353	0.6294	0.6381	1.2929
4.3	3.0226	2.2977	1.0862	0.5829	1.6832	13.6	2.5826	2.0327	0.8296	0.6383	1.2900
4.4	3.0186	2.2971	1.3104	0.5870	1.6701	13.8	2.5778	2.0299	0.8771	0.6383	1.2868
4.5	3.0110	2.2945	1.3785	0.5898	1.6567	14.0	2.5736	2.0275	0.7258	0.6384	1.2839
4.6	3.0033	2.2887	1.2783	0.5913	1.6435	14.2	2.5698	2.0241	0.5406	0.6384	1.2814
4.7	2.9968	2.2801	1.0459	0.5921	1.6311	14.4	2.5657	2.0216	0.5125	0.6385	1.2790
4.8	2.9810	2.2703	0.7506	0.5928	1.6200	14.6	2.5613	2.0192	0.6649	0.6386	1.2762
4.9	2.9658	2.2614	0.4757	0.5941	1.6102	14.8	2.5537	2.0166	0.8330	0.6386	1.2735
5.0	2.9458	2.2548	0.2978	0.5962	1.6015	15.0	2.5572	2.0139	0.8401	0.6386	1.2711

Table T1.13

N = 1.100 K = 3.500

X	QEXT	QSCA	QBK	G	QPR	X	QEXT	QSCA	QBK	G	QPR
0.1	0.0681	0.0004	0.0006	-0.0004	0.0681	5.2	2.8662	2.3144	0.3224	0.5807	1.5222
0.2	0.1545	0.0066	0.0100	-0.0019	0.1545	5.4	2.8617	2.3126	0.8313	0.5859	1.5069
0.3	0.2873	0.0355	0.0550	-0.0036	0.2875	5.6	2.8464	2.3047	1.3361	0.5879	1.4914
0.4	0.5104	0.1228	0.1928	-0.0050	0.5110	5.8	2.8253	2.2901	1.3098	0.5885	1.4774
0.5	0.8889	0.3293	0.5214	-0.0051	0.8906	6.0	2.8118	2.2787	0.8019	0.5907	1.4657
0.6	1.4928	0.7338	1.1594	-0.0034	1.4953	6.2	2.8069	2.2745	0.3543	0.5944	1.4549
0.7	2.3158	1.3675	2.1305	-0.0006	2.3150	6.4	2.7993	2.2707	0.4329	0.5971	1.4434
0.8	3.1577	2.0973	3.1794	0.0070	3.1432	6.6	2.7843	2.2617	0.9197	0.5979	1.4320
0.9	3.7101	2.6538	3.8533	0.0162	3.6670	6.8	2.7697	2.2507	1.2863	0.5986	1.4225
1.0	3.8605	2.8897	3.9306	0.0296	3.7751	7.0	2.7620	2.2439	1.1534	0.6006	1.4144
1.1	3.7414	2.8734	3.5328	0.0492	3.6000	7.2	2.7572	2.2407	0.6737	0.6030	1.4061
1.2	3.5293	2.7419	2.8649	0.0787	3.3138	7.4	2.7481	2.2357	0.3626	0.6042	1.3972
1.3	3.3397	2.5973	2.0699	0.1219	3.0230	7.6	2.7354	2.2272	0.5306	0.6045	1.3890
1.4	3.2284	2.4980	1.2535	0.1803	2.7780	7.8	2.7256	2.2194	0.9794	0.6052	1.3823
1.5	3.2123	2.4702	0.5436	0.2482	2.5991	8.0	2.7205	2.2151	1.2308	0.6069	1.3763
1.6	3.2710	2.5099	0.1024	0.3122	2.4875	8.2	2.7150	2.2118	1.0234	0.6083	1.3695
1.7	3.3531	2.5827	0.0535	0.3587	2.4266	8.4	2.7057	2.2062	0.5927	0.6088	1.3625
1.8	3.4034	2.6426	0.3826	0.3841	2.3864	8.6	2.6957	2.1990	0.3913	0.6090	1.3565
1.9	3.3962	2.6607	0.9355	0.3938	2.3485	8.8	2.6891	2.1935	0.6163	0.6098	1.3515
2.0	3.3412	2.6364	1.5158	0.3962	2.2967	9.0	2.6847	2.1903	1.0180	0.6110	1.3465
2.1	3.2657	2.5872	1.9665	0.3987	2.2341	9.2	2.6786	2.1867	1.1677	0.6118	1.3408
2.2	3.1969	2.5345	2.1871	0.4062	2.1673	9.4	2.6701	2.1812	0.9192	0.6120	1.3353
2.3	3.1534	2.4960	2.1269	0.4206	2.1036	9.6	2.6625	2.1754	0.5429	0.6122	1.3307
2.4	3.1413	2.4808	1.7935	0.4405	2.0484	9.8	2.6577	2.1714	0.4297	0.6130	1.3267
2.5	3.1529	2.4873	1.2718	0.4618	2.0042	10.0	2.6534	2.1685	0.6890	0.6138	1.3223
2.6	3.1710	2.5044	0.7167	0.4797	1.9697	10.2	2.6472	2.1647	1.0347	0.6142	1.3175
2.7	3.1778	2.5176	0.2973	0.4913	1.9410	10.4	2.6399	2.1597	1.1048	0.6143	1.3131
2.8	3.1647	2.5170	0.1252	0.4969	1.9139	10.6	2.6341	2.1552	0.8348	0.6146	1.3096
2.9	3.1343	2.5014	0.2221	0.4990	1.8861	10.8	2.6302	2.1521	0.5129	0.6152	1.3062
3.0	3.0963	2.4763	0.5353	0.5004	1.8572	11.0	2.6257	2.1492	0.4744	0.6157	1.3024
3.1	3.0618	2.4500	0.9662	0.5035	1.8283	11.2	2.6197	2.1454	0.7473	0.6159	1.2984
3.2	3.0389	2.4299	1.3939	0.5096	1.8007	11.4	2.6136	2.1410	1.0373	0.6159	1.2949
3.3	3.0300	2.4201	1.6964	0.5183	1.7757	11.6	2.6092	2.1375	1.0456	0.6162	1.2921
3.4	3.0316	2.4199	1.7822	0.5288	1.7537	11.8	2.6056	2.1348	0.7676	0.6167	1.2891
3.5	3.0358	2.4246	1.6257	0.5368	1.7342	12.0	2.6010	2.1320	0.5010	0.6170	1.2856
3.6	3.0346	2.4276	1.2810	0.5430	1.7165	12.2	2.5955	2.1283	0.5189	0.6170	1.2823
3.7	3.0241	2.4245	0.8592	0.5463	1.6996	12.4	2.5906	2.1246	0.7942	0.6171	1.2795
3.8	3.0051	2.4142	0.4829	0.5476	1.6830	12.6	2.5869	2.1217	1.0337	0.6174	1.2770
3.9	2.9824	2.3992	0.2507	0.5483	1.6668	12.8	2.5834	2.1193	0.9894	0.6177	1.2743
4.0	2.9616	2.3835	0.2165	0.5497	1.6513	13.0	2.5789	2.1165	0.7157	0.6179	1.2712
4.1	2.9469	2.3709	0.3824	0.5526	1.6369	13.2	2.5740	2.1131	0.5014	0.6179	1.2684
4.2	2.9398	2.3637	0.6974	0.5569	1.6235	13.4	2.5700	2.1100	0.5635	0.6182	1.2656
4.3	2.9383	2.3616	1.0666	0.5619	1.6112	13.6	2.5668	2.1075	0.8308	0.6184	1.2639
4.4	2.9383	2.3623	1.3777	0.5667	1.5997	13.8	2.5633	2.1052	1.0198	0.6184	1.2614
4.5	2.9354	2.3623	1.5389	0.5702	1.5885	14.0	2.5590	2.1024	0.9380	0.6184	1.2588
4.6	2.9274	2.3592	1.5079	0.5722	1.5775	14.2	2.5548	2.0994	0.6756	0.6185	1.2565
4.7	2.9146	2.3521	1.3028	0.5731	1.5667	14.4	2.5514	2.0968	0.5079	0.6187	1.2545
4.8	2.8995	2.3422	0.9879	0.5734	1.5565	14.6	2.5484	2.0946	0.6042	0.6187	1.2525
4.9	2.8854	2.3316	0.6524	0.5740	1.5469	14.8	2.5449	2.0924	0.8573	0.6188	1.2501
5.0	2.8748	2.3228	0.3882	0.5755	1.5381	15.0	2.5409	2.0897	1.0007	0.6188	1.2479

Table T1.14

N = 1.200 K = 0.0

X	QEXT	QSCA	QBK	G	QPR	X	QEXT	QSCA	QBK	G	QPR
0.1	0.0000	0.0000	0.0000	0.0020	0.0000	5.2	1.8937	1.8937	0.1118	0.8055	0.3684
0.2	0.0001	0.0001	0.0001	0.0040	0.0001	5.4	2.0125	2.0125	0.0731	0.8137	0.3749
0.3	0.0003	0.0003	0.0005	0.0087	0.0003	5.6	2.1239	2.1239	0.0281	0.8225	0.3769
0.4	0.0011	0.0011	0.0015	0.0155	0.0011	5.8	2.2352	2.2352	0.0204	0.8325	0.3744
0.5	0.0026	0.0026	0.0035	0.0241	0.0025	6.0	2.3528	2.3528	0.0490	0.8420	0.3717
0.6	0.0052	0.0052	0.0067	0.0348	0.0051	6.2	2.4712	2.4712	0.0779	0.8491	0.3730
0.7	0.0094	0.0094	0.0113	0.0474	0.0090	6.4	2.5791	2.5791	0.0711	0.8537	0.3773
0.8	0.0154	0.0154	0.0172	0.0621	0.0145	6.6	2.6765	2.6765	0.0374	0.8580	0.3801
0.9	0.0236	0.0236	0.0241	0.0789	0.0217	6.8	2.7739	2.7739	0.0071	0.8635	0.3787
1.0	0.0341	0.0341	0.0313	0.0980	0.0307	7.0	2.8766	2.8766	0.0056	0.8697	0.3748
1.1	0.0468	0.0468	0.0378	0.1194	0.0412	7.2	2.9753	2.9753	0.0239	0.8750	0.3719
1.2	0.0617	0.0617	0.0426	0.1434	0.0528	7.4	3.0606	3.0606	0.0318	0.8788	0.3709
1.3	0.0784	0.0784	0.0447	0.1699	0.0651	7.6	3.1372	3.1372	0.0208	0.8818	0.3703
1.4	0.0967	0.0967	0.0432	0.1989	0.0774	7.8	3.2155	3.2155	0.0038	0.8848	0.3687
1.5	0.1162	0.1162	0.0382	0.2300	0.0895	8.0	3.2941	3.2941	0.0195	0.8881	0.3663
1.6	0.1371	0.1371	0.0302	0.2623	0.1011	8.2	3.3615	3.3615	0.0292	0.8910	0.3632
1.7	0.1594	0.1594	0.0206	0.2949	0.1124	8.4	3.4156	3.4156	0.0189	0.8937	0.3599
1.8	0.1837	0.1837	0.0114	0.3263	0.1237	8.6	3.4671	3.4671	0.0035	0.8962	0.3570
1.9	0.2107	0.2107	0.0050	0.3552	0.1358	8.8	3.5220	3.5220	0.0132	0.8986	0.3550
2.0	0.2409	0.2409	0.0034	0.3804	0.1493	9.0	3.5699	3.5699	0.0514	0.9006	0.3539
2.1	0.2748	0.2748	0.0081	0.4017	0.1644	9.2	3.6002	3.6002	0.0907	0.9017	0.3525
2.2	0.3123	0.3123	0.0189	0.4197	0.1812	9.4	3.6206	3.6206	0.0917	0.9026	0.3500
2.3	0.3526	0.3526	0.0345	0.4355	0.1990	9.6	3.6454	3.6454	0.0592	0.9040	0.3500
2.4	0.3947	0.3947	0.0520	0.4508	0.2167	9.8	3.6727	3.6727	0.0391	0.9058	0.3459
2.5	0.4374	0.4374	0.0671	0.4669	0.2332	10.0	3.6851	3.6851	0.0766	0.9073	0.3416
2.6	0.4800	0.4800	0.0773	0.4847	0.2474	10.2	3.6789	3.6789	0.1510	0.9079	0.3388
2.7	0.5222	0.5222	0.0798	0.5047	0.2587	10.4	3.6700	3.6700	0.2029	0.9078	0.3384
2.8	0.5644	0.5644	0.0740	0.5266	0.2672	10.6	3.6694	3.6694	0.1825	0.9083	0.3383
2.9	0.6073	0.6073	0.0613	0.5498	0.2734	10.8	3.6648	3.6648	0.1188	0.9089	0.3360
3.0	0.6520	0.6520	0.0450	0.5731	0.2783	11.0	3.6405	3.6405	0.0988	0.9091	0.3316
3.1	0.6992	0.6992	0.0295	0.5953	0.2830	11.2	3.6046	3.6046	0.1561	0.9087	0.3278
3.2	0.7492	0.7492	0.0192	0.6155	0.2881	11.4	3.5753	3.5753	0.2481	0.9081	0.3265
3.3	0.8016	0.8016	0.0178	0.6330	0.2942	11.6	3.5515	3.5515	0.2798	0.9075	0.3262
3.4	0.8555	0.8555	0.0265	0.6480	0.3011	11.8	3.5132	3.5132	0.2273	0.9066	0.3251
3.5	0.9101	0.9101	0.0433	0.6609	0.3086	12.0	3.4571	3.4571	0.1526	0.9055	0.3230
3.6	0.9645	0.9645	0.0659	0.6723	0.3161	12.2	3.4026	3.4026	0.1353	0.9047	0.3214
3.7	1.0186	1.0186	0.0885	0.6830	0.3229	12.4	3.3614	3.3614	0.1945	0.9040	0.3203
3.8	1.0727	1.0727	0.1058	0.6934	0.3289	12.6	3.3160	3.3160	0.2597	0.9028	0.3183
3.9	1.1273	1.1273	0.1134	0.7038	0.3339	12.8	3.2482	3.2482	0.2677	0.9006	0.3159
4.0	1.1830	1.1830	0.1095	0.7143	0.3381	13.0	3.1722	3.1722	0.2035	0.8982	0.3153
4.1	1.2402	1.2402	0.0950	0.7246	0.3416	13.2	3.1120	3.1120	0.1247	0.8964	0.3168
4.2	1.2985	1.2985	0.0738	0.7346	0.3447	13.4	3.0635	3.0635	0.1103	0.8949	0.3173
4.3	1.3576	1.3576	0.0517	0.7441	0.3475	13.6	2.9977	2.9977	0.1639	0.8927	0.3149
4.4	1.4166	1.4166	0.0347	0.7530	0.3500	13.8	2.9116	2.9116	0.2150	0.8897	0.3124
4.5	1.4750	1.4750	0.0263	0.7613	0.3521	14.0	2.8332	2.8332	0.1988	0.8868	0.3125
4.6	1.5329	1.5329	0.0308	0.7692	0.3538	14.2	2.7779	2.7779	0.1139	0.8845	0.3144
4.7	1.5907	1.5907	0.0460	0.7766	0.3553	14.4	2.7215	2.7215	0.0586	0.8814	0.3143
4.8	1.6491	1.6491	0.0681	0.7836	0.3569	14.6	2.6399	2.6399	0.0871	0.8770	0.3131
4.9	1.7089	1.7089	0.0912	0.7900	0.3588	14.8	2.5524	2.5524	0.1571	0.8729	0.3139
5.0	1.7700	1.7700	0.1090	0.7958	0.3614	15.0	2.4889	2.4889	0.1571	0.8729	0.3163

Table T1.15

N = 1.200 K = 0.050

X	QEXT	QSCA	QBK	G	QPR	X	QEXT	QSCA	QBK	G	QPR
0.1	0.0122	0.0000	0.0000	0.0012	0.0122	5.2	1.9642	1.3198	0.0342	0.8221	0.8793
0.2	0.0250	0.0001	0.0001	0.0039	0.0250	5.4	2.0418	1.3817	0.0149	0.8311	0.8934
0.3	0.0376	0.0004	0.0005	0.0087	0.0376	5.6	2.1165	1.4404	0.0009	0.8403	0.9061
0.4	0.0514	0.0011	0.0016	0.0155	0.0514	5.8	2.1897	1.4970	0.0042	0.8496	0.9179
0.5	0.0665	0.0027	0.0037	0.0242	0.0665	6.0	2.2604	1.5517	0.0181	0.8579	0.9292
0.6	0.0833	0.0055	0.0071	0.0349	0.0831	6.2	2.3261	1.6030	0.0261	0.8647	0.9401
0.7	0.1020	0.0099	0.0118	0.0477	0.1015	6.4	2.3868	1.6501	0.0202	0.8704	0.9506
0.8	0.1229	0.0161	0.0179	0.0626	0.1219	6.6	2.4444	1.6940	0.0078	0.8758	0.9608
0.9	0.1461	0.0244	0.0248	0.0799	0.1442	6.8	2.4997	1.7355	0.0020	0.8814	0.9700
1.0	0.1716	0.0349	0.0318	0.0996	0.1681	7.0	2.5510	1.7739	0.0073	0.8867	0.9781
1.1	0.1990	0.0475	0.0378	0.1219	0.1932	7.2	2.5972	1.8078	0.0151	0.8915	0.9855
1.2	0.2281	0.0619	0.0417	0.1469	0.2190	7.4	2.6392	1.8376	0.0159	0.8958	0.9931
1.3	0.2586	0.0778	0.0426	0.1748	0.2450	7.6	2.6784	1.8646	0.0093	0.8996	1.0009
1.4	0.2902	0.0949	0.0399	0.2051	0.2707	7.8	2.7143	1.8890	0.0042	0.9032	1.0082
1.5	0.3228	0.1130	0.0339	0.2375	0.2960	8.0	2.7455	1.9098	0.0069	0.9064	1.0146
1.6	0.3567	0.1320	0.0253	0.2710	0.3209	8.2	2.7720	1.9261	0.0138	0.9094	1.0205
1.7	0.3921	0.1523	0.0157	0.3044	0.3458	8.4	2.7956	1.9391	0.0159	0.9124	1.0264
1.8	0.4294	0.1741	0.0072	0.3363	0.3709	8.6	2.8167	1.9497	0.0102	0.9152	1.0323
1.9	0.4689	0.1978	0.0018	0.3654	0.3966	8.8	2.8341	1.9573	0.0035	0.9178	1.0377
2.0	0.5106	0.2238	0.0010	0.3911	0.4230	9.0	2.8467	1.9612	0.0046	0.9199	1.0425
2.1	0.5542	0.2522	0.0054	0.4133	0.4499	9.2	2.8559	1.9616	0.0132	0.9218	1.0476
2.2	0.5991	0.2825	0.0145	0.4329	0.4768	9.4	2.8632	1.9599	0.0200	0.9237	1.0528
2.3	0.6447	0.3142	0.0263	0.4509	0.5030	9.6	2.8682	1.9561	0.0171	0.9257	1.0575
2.4	0.6903	0.3467	0.0384	0.4686	0.5278	9.8	2.8693	1.9494	0.0072	0.9274	1.0614
2.5	0.7355	0.3795	0.0477	0.4870	0.5507	10.0	2.8667	1.9392	0.0069	0.9290	1.0651
2.6	0.7804	0.4122	0.0522	0.5066	0.5716	10.2	2.8622	1.9269	0.0179	0.9304	1.0694
2.7	0.8251	0.4448	0.0506	0.5276	0.5905	10.4	2.8564	1.9133	0.0228	0.9317	1.0738
2.8	0.8702	0.4775	0.0432	0.5496	0.6078	10.6	2.8483	1.8982	0.0160	0.9328	1.0777
2.9	0.9160	0.5107	0.0317	0.5719	0.6239	10.8	2.8369	1.8806	0.0017	0.9338	1.0808
3.0	0.9627	0.5448	0.0191	0.5935	0.6394	11.0	2.8234	1.8606	0.0050	0.9348	1.0841
3.1	1.0103	0.5797	0.0084	0.6138	0.6545	11.2	2.8093	1.8395	0.0094	0.9359	1.0878
3.2	1.0584	0.6154	0.0024	0.6323	0.6693	11.4	2.7942	1.8178	0.0194	0.9368	1.0913
3.3	1.1066	0.6517	0.0028	0.6487	0.6838	11.6	2.7768	1.7948	0.0209	0.9375	1.0942
3.4	1.1547	0.6882	0.0094	0.6634	0.6981	11.8	2.7573	1.7702	0.0125	0.9380	1.0970
3.5	1.2023	0.7246	0.0205	0.6766	0.7120	12.0	2.7374	1.7445	0.0035	0.9385	1.1002
3.6	1.2496	0.7609	0.0333	0.6888	0.7254	12.2	2.7176	1.7188	0.0033	0.9391	1.1034
3.7	1.2966	0.7971	0.0444	0.7004	0.7384	12.4	2.6969	1.6928	0.0113	0.9397	1.1062
3.8	1.3436	0.8333	0.0509	0.7115	0.7507	12.6	2.6743	1.6658	0.0180	0.9401	1.1083
3.9	1.3905	0.8697	0.0511	0.7222	0.7625	12.8	2.6511	1.6380	0.0162	0.9404	1.1108
4.0	1.4375	0.9061	0.0448	0.7325	0.7737	13.0	2.6287	1.6105	0.0083	0.9407	1.1138
4.1	1.4841	0.9426	0.0338	0.7425	0.7843	13.2	2.6067	1.5837	0.0034	0.9409	1.1166
4.2	1.5303	0.9789	0.0209	0.7519	0.7942	13.4	2.5837	1.5567	0.0064	0.9411	1.1186
4.3	1.5758	1.0148	0.0095	0.7610	0.8036	13.6	2.5599	1.5293	0.0130	0.9412	1.1205
4.4	1.6207	1.0501	0.0023	0.7696	0.8125	13.8	2.5368	1.5021	0.0152	0.9414	1.1228
4.5	1.6649	1.0848	0.0010	0.7778	0.8212	14.0	2.5150	1.4758	0.0108	0.9416	1.1253
4.6	1.7088	1.1191	0.0057	0.7856	0.8297	14.2	2.4934	1.4504	0.0053	0.9418	1.1274
4.7	1.7526	1.1531	0.0146	0.7930	0.8381	14.4	2.4711	1.4252	0.0053	0.9417	1.1290
4.8	1.7961	1.1869	0.0252	0.8000	0.8466	14.6	2.4493	1.4002	0.0105	0.9417	1.1307
4.9	1.8393	1.2207	0.0344	0.8063	0.8551	14.8	2.4290	1.3762	0.0105	0.9417	1.1329
5.0	1.8820	1.2543	0.0397	0.8120	0.8635	15.0	2.4099	1.3535	0.0145	0.9419	1.1350

Table T1.16

N = 1.200 K = 0.100

X	QEXT	QSCA	QBK	G	QPR	X	QEXT	QSCA	QBK	G	QPR
0.1	0.0245	0.0000	0.0000	0.0018	0.0245	5.2	2.0193	1.0742	0.0185	0.8305	1.1272
0.2	0.0493	0.0001	0.0001	0.0039	0.0493	5.4	2.0721	1.1124	0.0078	0.8399	1.1378
0.3	0.0749	0.0004	0.0006	0.0087	0.0749	5.6	2.1220	1.1481	0.0035	0.8489	1.1474
0.4	0.1017	0.0013	0.0019	0.0155	0.1017	5.8	2.1687	1.1813	0.0085	0.8574	1.1559
0.5	0.1303	0.0032	0.0043	0.0242	0.1302	6.0	2.2117	1.2119	0.0161	0.8650	1.1634
0.6	0.1609	0.0065	0.0082	0.0350	0.1606	6.2	2.2509	1.2398	0.0179	0.8716	1.1703
0.7	0.1937	0.0115	0.0138	0.0479	0.1931	6.4	2.2870	1.2651	0.0128	0.8775	1.1768
0.8	0.2288	0.0186	0.0207	0.0631	0.2276	6.6	2.3203	1.2882	0.0069	0.8831	1.1827
0.9	0.2660	0.0280	0.0283	0.0808	0.2637	6.8	2.3504	1.3089	0.0064	0.8884	1.1876
1.0	0.3050	0.0397	0.0358	0.1011	0.3010	7.0	2.3772	1.3269	0.0109	0.8933	1.1918
1.1	0.3455	0.0535	0.0419	0.1242	0.3389	7.2	2.4011	1.3425	0.0148	0.8978	1.1957
1.2	0.3870	0.0690	0.0453	0.1502	0.3766	7.4	2.4225	1.3559	0.0137	0.9020	1.1994
1.3	0.4291	0.0858	0.0452	0.1792	0.4138	7.6	2.4413	1.3674	0.0095	0.9058	1.2027
1.4	0.4719	0.1036	0.0412	0.2108	0.4500	7.8	2.4573	1.3768	0.0071	0.9093	1.2054
1.5	0.5152	0.1222	0.0337	0.2443	0.4854	8.0	2.4708	1.3842	0.0089	0.9124	1.2078
1.6	0.5594	0.1415	0.0239	0.2787	0.5200	8.2	2.4824	1.3896	0.0126	0.9155	1.2101
1.7	0.6047	0.1619	0.0137	0.3127	0.5541	8.4	2.4917	1.3934	0.0138	0.9183	1.2121
1.8	0.6512	0.1835	0.0053	0.3449	0.5879	8.6	2.4991	1.3957	0.0114	0.9210	1.2137
1.9	0.6988	0.2067	0.0006	0.3743	0.6214	8.8	2.5044	1.3963	0.0082	0.9234	1.2150
2.0	0.7472	0.2316	0.0007	0.4004	0.6545	9.0	2.5079	1.3955	0.0078	0.9256	1.2162
2.1	0.7959	0.2580	0.0057	0.4234	0.6867	9.2	2.5101	1.3934	0.0105	0.9277	1.2174
2.2	0.8445	0.2856	0.0144	0.4442	0.7176	9.4	2.5108	1.3903	0.0131	0.9296	1.2183
2.3	0.8924	0.3139	0.0249	0.4637	0.7468	9.6	2.5100	1.3860	0.0129	0.9315	1.2189
2.4	0.9395	0.3426	0.0345	0.4830	0.7740	9.8	2.5078	1.3807	0.0102	0.9332	1.2193
2.5	0.9858	0.3713	0.0409	0.5028	0.7991	10.0	2.5046	1.3744	0.0081	0.9348	1.2198
2.6	1.0315	0.3998	0.0425	0.5233	0.8223	10.2	2.5006	1.3675	0.0086	0.9363	1.2202
2.7	1.0769	0.4282	0.0388	0.5446	0.8437	10.4	2.4956	1.3600	0.0110	0.9377	1.2203
2.8	1.1222	0.4566	0.0309	0.5661	0.8637	10.6	2.4896	1.3518	0.0126	0.9390	1.2203
2.9	1.1674	0.4851	0.0206	0.5872	0.8825	10.8	2.4829	1.3431	0.0119	0.9402	1.2202
3.0	1.2123	0.5138	0.0105	0.6075	0.9002	11.0	2.4759	1.3339	0.0098	0.9414	1.2200
3.1	1.2569	0.5426	0.0031	0.6264	0.9170	11.2	2.4683	1.3245	0.0086	0.9425	1.2197
3.2	1.3009	0.5715	0.0021	0.6437	0.9330	11.4	2.4602	1.3148	0.0093	0.9435	1.2192
3.3	1.3441	0.6002	0.0083	0.6595	0.9483	11.6	2.4516	1.3049	0.0109	0.9444	1.2189
3.4	1.3866	0.6288	0.0169	0.6739	0.9629	11.8	2.4429	1.2949	0.0118	0.9453	1.2185
3.5	1.4283	0.6570	0.0255	0.6872	0.9768	12.0	2.4341	1.2848	0.0112	0.9462	1.2179
3.6	1.4694	0.6850	0.0318	0.6997	0.9901	12.2	2.4251	1.2748	0.0099	0.9470	1.2172
3.7	1.5098	0.7127	0.0341	0.7115	1.0028	12.4	2.4167	1.2648	0.0093	0.9477	1.2166
3.8	1.5496	0.7402	0.0320	0.7226	1.0147	12.6	2.4082	1.2548	0.0097	0.9485	1.2160
3.9	1.5887	0.7674	0.0260	0.7333	1.0259	12.8	2.3976	1.2450	0.0105	0.9492	1.2153
4.0	1.6269	0.7943	0.0179	0.7434	1.0364	13.0	2.3887	1.2354	0.0110	0.9498	1.2145
4.1	1.6642	0.8208	0.0098	0.7530	1.0462	13.2	2.3797	1.2260	0.0108	0.9505	1.2136
4.2	1.7006	0.8466	0.0037	0.7622	1.0553	13.4	2.3708	1.2168	0.0104	0.9511	1.2127
4.3	1.7360	0.8719	0.0012	0.7709	1.0639	13.6	2.3622	1.2078	0.0099	0.9516	1.2119
4.4	1.7707	0.8964	0.0025	0.7793	1.0721	13.8	2.3539	1.1992	0.0099	0.9522	1.2110
4.5	1.8047	0.9204	0.0070	0.7873	1.0800	14.0	2.3457	1.1909	0.0101	0.9528	1.2100
4.6	1.8380	0.9439	0.0132	0.7949	1.0877	14.2	2.3377	1.1829	0.0105	0.9533	1.2090
4.7	1.8706	0.9669	0.0193	0.8020	1.0951	14.4	2.3300	1.1753	0.0109	0.9538	1.2081
4.8	1.9023	0.9895	0.0235	0.8086	1.1022	14.6	2.3226	1.1679	0.0108	0.9543	1.2071
4.9	1.9331	1.0115	0.0248	0.8147	1.1089	14.8	2.3156	1.1610	0.0103	0.9548	1.2071
5.0	1.9628	1.0331	0.0248	0.8204	1.1154	15.0	2.3088	1.1544	0.0098	0.9553	1.2060

Table T1.17

N = 1.200 K = 0.200

X	QEXT	QSCA	QBK	G	QPR	X	QEXT	QSCA	QBK	G	QPR
0.1	0.0490	0.0000	0.0000	0.0015	0.0490	5.2	2.1072	0.9350	0.0169	0.8359	1.3255
0.2	0.0987	0.0001	0.0002	0.0039	0.0987	5.4	2.1324	0.9553	0.0119	0.8449	1.3253
0.3	0.1497	0.0007	0.0010	0.0087	0.1497	5.6	2.1548	0.9735	0.0128	0.8531	1.3243
0.4	0.2027	0.0022	0.0030	0.0154	0.2026	5.8	2.1745	0.9898	0.0177	0.8606	1.3228
0.5	0.2579	0.0051	0.0069	0.0242	0.2578	6.0	2.1920	1.0043	0.0212	0.8673	1.3209
0.6	0.3155	0.0103	0.0131	0.0351	0.3151	6.2	2.2073	1.0172	0.0198	0.8735	1.3188
0.7	0.3752	0.0181	0.0216	0.0483	0.3743	6.4	2.2207	1.0287	0.0156	0.8791	1.3163
0.8	0.4366	0.0289	0.0320	0.0639	0.4347	6.6	2.2321	1.0388	0.0130	0.8843	1.3136
0.9	0.4988	0.0429	0.0430	0.0823	0.4953	6.8	2.2419	1.0476	0.0144	0.8890	1.3106
1.0	0.5613	0.0597	0.0531	0.1037	0.5551	7.0	2.2502	1.0552	0.0180	0.8934	1.3075
1.1	0.6233	0.0789	0.0602	0.1283	0.6132	7.2	2.2573	1.0617	0.0198	0.8975	1.3044
1.2	0.6844	0.0998	0.0629	0.1561	0.6688	7.4	2.2630	1.0674	0.0183	0.9012	1.3011
1.3	0.7443	0.1217	0.0601	0.1871	0.7215	7.6	2.2676	1.0721	0.0152	0.9047	1.2977
1.4	0.8033	0.1442	0.0521	0.2208	0.7714	7.8	2.2712	1.0761	0.0138	0.9078	1.2943
1.5	0.8614	0.1671	0.0401	0.2561	0.8186	8.0	2.2741	1.0794	0.0153	0.9108	1.2910
1.6	0.9189	0.1904	0.0264	0.2918	0.8633	8.2	2.2761	1.0821	0.0179	0.9135	1.2876
1.7	0.9758	0.2143	0.0139	0.3266	0.9058	8.4	2.2773	1.0842	0.0190	0.9161	1.2842
1.8	1.0318	0.2391	0.0050	0.3592	0.9459	8.6	2.2780	1.0858	0.0176	0.9184	1.2808
1.9	1.0867	0.2649	0.0016	0.3890	0.9836	8.8	2.2782	1.0871	0.0152	0.9206	1.2774
2.0	1.1400	0.2915	0.0040	0.4157	1.0188	9.0	2.2779	1.0879	0.0144	0.9227	1.2742
2.1	1.1915	0.3188	0.0113	0.4399	1.0512	9.2	2.2772	1.0885	0.0157	0.9246	1.2708
2.2	1.2411	0.3465	0.0213	0.4622	1.0810	9.4	2.2762	1.0888	0.0177	0.9264	1.2675
2.3	1.2889	0.3741	0.0314	0.4835	1.1080	9.6	2.2748	1.0889	0.0184	0.9281	1.2643
2.4	1.3350	0.4014	0.0389	0.5044	1.1325	9.8	2.2733	1.0888	0.0171	0.9297	1.2611
2.5	1.3795	0.4283	0.0421	0.5252	1.1546	10.0	2.2715	1.0885	0.0153	0.9312	1.2579
2.6	1.4227	0.4546	0.0402	0.5460	1.1744	10.2	2.2695	1.0881	0.0148	0.9326	1.2548
2.7	1.4645	0.4805	0.0339	0.5667	1.1922	10.4	2.2674	1.0876	0.0160	0.9339	1.2517
2.8	1.5050	0.5059	0.0251	0.5869	1.2081	10.6	2.2653	1.0870	0.0176	0.9352	1.2487
2.9	1.5440	0.5307	0.0160	0.6063	1.2222	10.8	2.2630	1.0864	0.0180	0.9364	1.2457
3.0	1.5816	0.5551	0.0089	0.6246	1.2349	11.0	2.2607	1.0858	0.0168	0.9376	1.2427
3.1	1.6178	0.5789	0.0054	0.6417	1.2463	11.2	2.2583	1.0851	0.0154	0.9386	1.2398
3.2	1.6526	0.6021	0.0060	0.6577	1.2566	11.4	2.2559	1.0844	0.0151	0.9397	1.2369
3.3	1.6861	0.6247	0.0102	0.6726	1.2660	11.6	2.2536	1.0837	0.0162	0.9406	1.2342
3.4	1.7183	0.6467	0.0166	0.6865	1.2744	11.8	2.2512	1.0831	0.0175	0.9416	1.2314
3.5	1.7493	0.6681	0.0232	0.6995	1.2820	12.0	2.2488	1.0824	0.0177	0.9424	1.2287
3.6	1.7790	0.6889	0.0281	0.7117	1.2887	12.2	2.2464	1.0818	0.0166	0.9433	1.2260
3.7	1.8074	0.7091	0.0303	0.7232	1.2946	12.4	2.2442	1.0812	0.0155	0.9441	1.2234
3.8	1.8346	0.7287	0.0291	0.7341	1.2997	12.6	2.2419	1.0806	0.0154	0.9449	1.2208
3.9	1.8606	0.7476	0.0253	0.7443	1.3041	12.8	2.2397	1.0801	0.0164	0.9456	1.2183
4.0	1.8855	0.7659	0.0199	0.7540	1.3080	13.0	2.2375	1.0796	0.0174	0.9463	1.2158
4.1	1.9092	0.7835	0.0145	0.7632	1.3113	13.2	2.2353	1.0792	0.0174	0.9470	1.2133
4.2	1.9319	0.8004	0.0106	0.7719	1.3141	13.4	2.2332	1.0788	0.0166	0.9477	1.2109
4.3	1.9537	0.8166	0.0090	0.7802	1.3166	13.6	2.2312	1.0784	0.0155	0.9483	1.2085
4.4	1.9744	0.8321	0.0099	0.7880	1.3187	13.8	2.2292	1.0781	0.0156	0.9490	1.2062
4.5	1.9942	0.8470	0.0129	0.7954	1.3205	14.0	2.2273	1.0778	0.0165	0.9495	1.2039
4.6	2.0130	0.8613	0.0170	0.8023	1.3220	14.2	2.2255	1.0776	0.0173	0.9501	1.2016
4.7	2.0309	0.8750	0.0208	0.8088	1.3231	14.4	2.2236	1.0772	0.0172	0.9507	1.1994
4.8	2.0478	0.8881	0.0235	0.8149	1.3240	14.6	2.2219	1.0771	0.0163	0.9512	1.1972
4.9	2.0638	0.9007	0.0242	0.8207	1.3246	14.8	2.2201	1.0771	0.0156	0.9517	1.1951
5.0	2.0790	0.9127	0.0230	0.8260	1.3251	15.0	2.2184	1.0770	0.0158	0.9522	1.1929

Table T1.18

N = 1.200 K = 0.300

X	QEXT	QSCA	QBK	G	QPR	X	QEXT	QSCA	QBK	G	QPR
0.1	0.0739	0.0000	0.0000	0.0016	0.0739	5.2	2.1803	0.9426	0.0243	0.8329	1.3952
0.2	0.1486	0.0002	0.0003	0.0039	0.1486	5.4	2.1925	0.9563	0.0212	0.8412	1.3880
0.3	0.2253	0.0012	0.0017	0.0086	0.2253	5.6	2.2028	0.9685	0.0241	0.8487	1.3808
0.4	0.3045	0.0036	0.0050	0.0154	0.3045	5.8	2.2116	0.9794	0.0295	0.8555	1.3737
0.5	0.3863	0.0084	0.0113	0.0241	0.3861	6.0	2.2190	0.9891	0.0316	0.8617	1.3667
0.6	0.4701	0.0167	0.0213	0.0351	0.4696	6.2	2.2251	0.9978	0.0287	0.8673	1.3597
0.7	0.5553	0.0291	0.0348	0.0485	0.5539	6.4	2.2301	1.0055	0.0241	0.8724	1.3528
0.8	0.6404	0.0460	0.0508	0.0645	0.6375	6.6	2.2342	1.0125	0.0227	0.8772	1.3461
0.9	0.7242	0.0672	0.0670	0.0835	0.7186	6.8	2.2375	1.0186	0.0254	0.8816	1.3395
1.0	0.8055	0.0920	0.0808	0.1058	0.7957	7.0	2.2401	1.0242	0.0291	0.8856	1.3331
1.1	0.8834	0.1194	0.0892	0.1317	0.8677	7.2	2.2420	1.0292	0.0300	0.8893	1.3268
1.2	0.9579	0.1482	0.0902	0.1612	0.9340	7.4	2.2434	1.0337	0.0275	0.8928	1.3206
1.3	1.0290	0.1774	0.0832	0.1939	0.9946	7.6	2.2444	1.0377	0.0243	0.8959	1.3147
1.4	1.0971	0.2065	0.0692	0.2292	1.0498	7.8	2.2450	1.0413	0.0261	0.8989	1.3089
1.5	1.1627	0.2354	0.0510	0.2659	1.1001	8.0	2.2452	1.0447	0.0287	0.9016	1.3033
1.6	1.2258	0.2641	0.0324	0.3027	1.1459	8.2	2.2451	1.0477	0.0290	0.9042	1.2978
1.7	1.2865	0.2930	0.0171	0.3380	1.1874	8.4	2.2448	1.0504	0.0268	0.9065	1.2926
1.8	1.3445	0.3222	0.0081	0.3710	1.2249	8.6	2.2443	1.0529	0.0245	0.9087	1.2875
1.9	1.3996	0.3518	0.0068	0.4009	1.2585	8.8	2.2436	1.0552	0.0245	0.9108	1.2825
2.0	1.4518	0.3816	0.0125	0.4280	1.2884	9.0	2.2427	1.0574	0.0265	0.9127	1.2777
2.1	1.5010	0.4113	0.0230	0.4527	1.3148	9.2	2.2418	1.0594	0.0284	0.9145	1.2730
2.2	1.5475	0.4407	0.0352	0.4756	1.3380	9.4	2.2407	1.0612	0.0282	0.9162	1.2684
2.3	1.5914	0.4693	0.0457	0.4974	1.3580	9.6	2.2396	1.0630	0.0263	0.9178	1.2640
2.4	1.6330	0.4972	0.0518	0.5185	1.3752	9.8	2.2384	1.0646	0.0248	0.9194	1.2596
2.5	1.6722	0.5240	0.0523	0.5392	1.3897	10.0	2.2371	1.0661	0.0251	0.9208	1.2554
2.6	1.7094	0.5499	0.0474	0.5596	1.4017	10.2	2.2358	1.0676	0.0268	0.9222	1.2513
2.7	1.7446	0.5748	0.0387	0.5793	1.4116	10.4	2.2345	1.0690	0.0280	0.9235	1.2473
2.8	1.7779	0.5988	0.0288	0.5984	1.4195	10.6	2.2332	1.0703	0.0276	0.9247	1.2435
2.9	1.8093	0.6219	0.0202	0.6165	1.4259	10.8	2.2318	1.0716	0.0261	0.9259	1.2397
3.0	1.8389	0.6441	0.0150	0.6336	1.4308	11.0	2.2305	1.0728	0.0250	0.9270	1.2360
3.1	1.8669	0.6655	0.0142	0.6496	1.4346	11.2	2.2291	1.0739	0.0255	0.9280	1.2324
3.2	1.8933	0.6859	0.0174	0.6646	1.4374	11.4	2.2277	1.0750	0.0269	0.9290	1.2290
3.3	1.9181	0.7055	0.0235	0.6787	1.4393	11.6	2.2264	1.0761	0.0277	0.9300	1.2256
3.4	1.9414	0.7243	0.0303	0.6919	1.4403	11.8	2.2250	1.0772	0.0272	0.9309	1.2223
3.5	1.9633	0.7422	0.0361	0.7043	1.4406	12.0	2.2237	1.0782	0.0260	0.9318	1.2191
3.6	1.9839	0.7594	0.0392	0.7160	1.4402	12.2	2.2223	1.0791	0.0253	0.9326	1.2159
3.7	2.0032	0.7757	0.0391	0.7270	1.4392	12.4	2.2210	1.0801	0.0258	0.9334	1.2129
3.8	2.0213	0.7913	0.0359	0.7374	1.4378	12.6	2.2197	1.0810	0.0269	0.9341	1.2099
3.9	2.0383	0.8062	0.0309	0.7472	1.4359	12.8	2.2184	1.0819	0.0274	0.9349	1.2069
4.0	2.0543	0.8203	0.0254	0.7565	1.4338	13.0	2.2171	1.0828	0.0269	0.9356	1.2041
4.1	2.0693	0.8338	0.0210	0.7652	1.4313	13.2	2.2159	1.0836	0.0259	0.9363	1.2013
4.2	2.0833	0.8465	0.0188	0.7734	1.4286	13.4	2.2146	1.0844	0.0255	0.9369	1.1986
4.3	2.0963	0.8586	0.0192	0.7811	1.4257	13.6	2.2134	1.0852	0.0261	0.9375	1.1959
4.4	2.1085	0.8701	0.0218	0.7883	1.4226	13.8	2.2121	1.0860	0.0269	0.9381	1.1933
4.5	2.1199	0.8810	0.0258	0.7952	1.4194	14.0	2.2109	1.0868	0.0272	0.9387	1.1908
4.6	2.1304	0.8913	0.0298	0.8016	1.4161	14.2	2.2097	1.0875	0.0267	0.9393	1.1883
4.7	2.1405	0.9010	0.0329	0.8076	1.4127	14.4	2.2086	1.0882	0.0259	0.9398	1.1859
4.8	2.1496	0.9103	0.0342	0.8133	1.4093	14.6	2.2074	1.0889	0.0257	0.9403	1.1835
4.9	2.1581	0.9190	0.0334	0.8186	1.4058	14.8	2.2062	1.0896	0.0259	0.9408	1.1811
5.0	2.1661	0.9273	0.0310	0.8237	1.4023	15.0	2.2051	1.0903	0.0262	0.9413	1.1789

Table T1.19

N = 1.200 K = 0.400

X	QEXT	QSCA	QBK	G	QPR	X	QEXT	QSCA	QBK	G	QPR
0.1	0.0990	0.0000	0.0000	0.0014	0.0990	5.2	2.2459	0.9886	0.0356	0.8254	1.4300
0.2	0.1993	0.0004	0.0005	0.0038	0.1993	5.4	2.2513	0.9991	0.0341	0.8331	1.4190
0.3	0.3021	0.0018	0.0026	0.0085	0.3021	5.6	2.2557	1.0086	0.0394	0.8400	1.4085
0.4	0.4079	0.0056	0.0078	0.0152	0.4078	5.8	2.2591	1.0171	0.0453	0.8463	1.3983
0.5	0.5162	0.0131	0.0177	0.0240	0.5159	6.0	2.2617	1.0248	0.0458	0.8520	1.3885
0.6	0.6260	0.0258	0.0330	0.0350	0.6251	6.2	2.2635	1.0318	0.0410	0.8572	1.3790
0.7	0.7354	0.0446	0.0534	0.0485	0.7332	6.4	2.2649	1.0381	0.0362	0.8620	1.3700
0.8	0.8420	0.0697	0.0769	0.0648	0.8375	6.6	2.2657	1.0438	0.0362	0.8665	1.3612
0.9	0.9438	0.1004	0.0997	0.0844	0.9353	6.8	2.2661	1.0491	0.0405	0.8706	1.3528
1.0	1.0394	0.1352	0.1177	0.1075	1.0249	7.0	2.2660	1.0539	0.0442	0.8744	1.3447
1.1	1.1283	0.1723	0.1267	0.1346	1.1051	7.2	2.2655	1.0583	0.0437	0.8779	1.3369
1.2	1.2108	0.2100	0.1245	0.1654	1.1760	7.4	2.2648	1.0624	0.0398	0.8811	1.3294
1.3	1.2875	0.2472	0.1113	0.1996	1.2382	7.6	2.2640	1.0662	0.0368	0.8841	1.3222
1.4	1.3593	0.2831	0.0896	0.2364	1.2924	7.8	2.2630	1.0697	0.0376	0.8869	1.3152
1.5	1.4269	0.3179	0.0642	0.2743	1.3397	8.0	2.2619	1.0730	0.0410	0.8895	1.3086
1.6	1.4905	0.3517	0.0403	0.3119	1.3808	8.2	2.2607	1.0761	0.0433	0.8919	1.3022
1.7	1.5502	0.3851	0.0228	0.3478	1.4163	8.4	2.2595	1.0789	0.0423	0.8942	1.2960
1.8	1.6060	0.4182	0.0146	0.3809	1.4467	8.6	2.2582	1.0816	0.0393	0.8963	1.2901
1.9	1.6580	0.4510	0.0164	0.4110	1.4727	8.8	2.2568	1.0841	0.0375	0.8982	1.2844
2.0	1.7062	0.4833	0.0263	0.4380	1.4945	9.0	2.2554	1.0865	0.0386	0.9001	1.2788
2.1	1.7507	0.5149	0.0407	0.4625	1.5126	9.2	2.2539	1.0888	0.0412	0.9018	1.2735
2.2	1.7919	0.5454	0.0553	0.4853	1.5272	9.4	2.2525	1.0909	0.0425	0.9034	1.2683
2.3	1.8299	0.5746	0.0661	0.5068	1.5387	9.6	2.2510	1.0929	0.0413	0.9050	1.2634
2.4	1.8651	0.6024	0.0705	0.5276	1.5474	9.8	2.2495	1.0949	0.0391	0.9065	1.2585
2.5	1.8978	0.6287	0.0680	0.5478	1.5534	10.0	2.2480	1.0967	0.0381	0.9079	1.2538
2.6	1.9282	0.6537	0.0597	0.5674	1.5573	10.2	2.2465	1.0985	0.0393	0.9092	1.2493
2.7	1.9564	0.6774	0.0483	0.5863	1.5592	10.4	2.2450	1.1001	0.0412	0.9104	1.2449
2.8	1.9826	0.6999	0.0371	0.6044	1.5595	10.6	2.2435	1.1017	0.0418	0.9116	1.2406
2.9	2.0069	0.7213	0.0288	0.6216	1.5585	10.8	2.2420	1.1032	0.0407	0.9128	1.2365
3.0	2.0293	0.7416	0.0254	0.6377	1.5564	11.0	2.2405	1.1047	0.0391	0.9138	1.2325
3.1	2.0501	0.7608	0.0271	0.6527	1.5534	11.2	2.2391	1.1061	0.0387	0.9149	1.2286
3.2	2.0692	0.7790	0.0330	0.6669	1.5496	11.4	2.2376	1.1074	0.0397	0.9158	1.2248
3.3	2.0867	0.7962	0.0409	0.6801	1.5452	11.6	2.2362	1.1087	0.0411	0.9168	1.2212
3.4	2.1029	0.8125	0.0486	0.6926	1.5402	11.8	2.2347	1.1099	0.0413	0.9177	1.2176
3.5	2.1179	0.8278	0.0538	0.7044	1.5348	12.0	2.2333	1.1111	0.0403	0.9185	1.2142
3.6	2.1317	0.8422	0.0554	0.7155	1.5291	12.2	2.2319	1.1122	0.0392	0.9193	1.2108
3.7	2.1444	0.8558	0.0531	0.7260	1.5230	12.4	2.2305	1.1133	0.0390	0.9201	1.2075
3.8	2.1562	0.8687	0.0480	0.7359	1.5168	12.6	2.2291	1.1144	0.0400	0.9208	1.2044
3.9	2.1670	0.8809	0.0415	0.7452	1.5105	12.8	2.2278	1.1154	0.0409	0.9215	1.2012
4.0	2.1769	0.8924	0.0355	0.7540	1.5040	13.0	2.2264	1.1164	0.0410	0.9222	1.1982
4.1	2.1859	0.9033	0.0317	0.7622	1.4975	13.2	2.2251	1.1173	0.0401	0.9229	1.1953
4.2	2.1942	0.9135	0.0309	0.7698	1.4910	13.4	2.2238	1.1182	0.0393	0.9235	1.1924
4.3	2.2018	0.9231	0.0330	0.7770	1.4845	13.6	2.2225	1.1191	0.0393	0.9241	1.1896
4.4	2.2087	0.9321	0.0372	0.7838	1.4781	13.8	2.2212	1.1199	0.0401	0.9247	1.1869
4.5	2.2150	0.9407	0.0423	0.7902	1.4717	14.0	2.2199	1.1207	0.0410	0.9253	1.1842
4.6	2.2208	0.9487	0.0466	0.7962	1.4655	14.2	2.2187	1.1215	0.0407	0.9258	1.1816
4.7	2.2261	0.9563	0.0491	0.8018	1.4593	14.4	2.2174	1.1223	0.0400	0.9263	1.1791
4.8	2.2309	0.9635	0.0492	0.8071	1.4533	14.6	2.2162	1.1230	0.0394	0.9268	1.1766
4.9	2.2353	0.9703	0.0470	0.8121	1.4473	14.8	2.2150	1.1237	0.0395	0.9273	1.1742
5.0	2.2392	0.9768	0.0432	0.8168	1.4414	15.0	2.2150	1.1244	0.0401	0.9278	1.1718

Table T1.20

N = 1.200　K = 0.500

X	QEXT	QSCA	QBK	G	QPR	X	QEXT	QSCA	QBK	G	QPR
0.1	0.1244	0.0000	0.0001	0.0013	0.1244	5.2	2.3064	1.0457	0.0500	0.8154	1.4538
0.2	0.2506	0.0005	0.0008	0.0038	0.2506	5.4	2.3078	1.0544	0.0509	0.8226	1.4405
0.3	0.3801	0.0027	0.0039	0.0084	0.3801	5.6	2.3085	1.0622	0.0587	0.8291	1.4279
0.4	0.5130	0.0083	0.0116	0.0150	0.5129	5.8	2.3087	1.0694	0.0647	0.8350	1.4158
0.5	0.6484	0.0194	0.0261	0.0237	0.6480	6.0	2.3084	1.0759	0.0629	0.8403	1.4044
0.6	0.7839	0.0379	0.0485	0.0347	0.7826	6.2	2.3078	1.0817	0.0561	0.8452	1.3934
0.7	0.9164	0.0649	0.0778	0.0483	0.9132	6.4	2.3068	1.0871	0.0516	0.8498	1.3830
0.8	1.0422	0.1001	0.1105	0.0648	1.0358	6.6	2.3057	1.0921	0.0536	0.8540	1.3730
0.9	1.1589	0.1421	0.1410	0.0849	1.1468	6.8	2.3043	1.0967	0.0594	0.8579	1.3635
1.0	1.2648	0.1883	0.1630	0.1088	1.2443	7.0	2.3027	1.1009	0.0626	0.8614	1.3544
1.1	1.3601	0.2359	0.1715	0.1368	1.3279	7.2	2.3011	1.1048	0.0602	0.8648	1.3456
1.2	1.4460	0.2827	0.1644	0.1689	1.3982	7.4	2.2993	1.1085	0.0553	0.8679	1.3373
1.3	1.5238	0.3273	0.1430	0.2046	1.4569	7.6	2.2975	1.1119	0.0530	0.8708	1.3293
1.4	1.5952	0.3693	0.1121	0.2427	1.5055	7.8	2.2956	1.1150	0.0554	0.8734	1.3217
1.5	1.6610	0.4090	0.0786	0.2818	1.5458	8.0	2.2936	1.1180	0.0594	0.8759	1.3144
1.6	1.7219	0.4469	0.0496	0.3202	1.5788	8.2	2.2916	1.1208	0.0609	0.8782	1.3074
1.7	1.7781	0.4837	0.0305	0.3564	1.6057	8.4	2.2896	1.1234	0.0586	0.8803	1.3006
1.8	1.8297	0.5195	0.0243	0.3896	1.6273	8.6	2.2876	1.1258	0.0552	0.8824	1.2942
1.9	1.8768	0.5545	0.0305	0.4194	1.6442	8.8	2.2856	1.1281	0.0542	0.8842	1.2880
2.0	1.9194	0.5883	0.0456	0.4459	1.6570	9.0	2.2835	1.1303	0.0564	0.8860	1.2821
2.1	1.9579	0.6207	0.0644	0.4699	1.6662	9.2	2.2815	1.1324	0.0592	0.8877	1.2763
2.2	1.9926	0.6514	0.0813	0.4920	1.6721	9.4	2.2795	1.1343	0.0597	0.8893	1.2708
2.3	2.0240	0.6802	0.0920	0.5130	1.6751	9.6	2.2775	1.1362	0.0577	0.8907	1.2654
2.4	2.0526	0.7071	0.0940	0.5331	1.6757	9.8	2.2755	1.1379	0.0554	0.8922	1.2603
2.5	2.0787	0.7322	0.0877	0.5526	1.6741	10.0	2.2735	1.1396	0.0551	0.8935	1.2553
2.6	2.1025	0.7557	0.0755	0.5715	1.6706	10.2	2.2715	1.1412	0.0569	0.8948	1.2504
2.7	2.1243	0.7778	0.0610	0.5897	1.6657	10.4	2.2696	1.1427	0.0588	0.8960	1.2458
2.8	2.1442	0.7986	0.0482	0.6069	1.6595	10.6	2.2677	1.1441	0.0572	0.8972	1.2413
2.9	2.1622	0.8182	0.0404	0.6232	1.6524	10.8	2.2658	1.1455	0.0556	0.8983	1.2369
3.0	2.1784	0.8365	0.0391	0.6384	1.6444	11.0	2.2639	1.1468	0.0558	0.8993	1.2326
3.1	2.1930	0.8538	0.0438	0.6526	1.6359	11.2	2.2621	1.1480	0.0572	0.9003	1.2286
3.2	2.2061	0.8699	0.0527	0.6659	1.6269	11.4	2.2603	1.1492	0.0584	0.9012	1.2246
3.3	2.2179	0.8849	0.0629	0.6784	1.6176	11.6	2.2584	1.1503	0.0582	0.9021	1.2207
3.4	2.2287	0.8989	0.0714	0.6903	1.6082	11.8	2.2567	1.1514	0.0569	0.9030	1.2170
3.5	2.2384	0.9120	0.0759	0.7015	1.5986	12.0	2.2549	1.1524	0.0562	0.9038	1.2134
3.6	2.2472	0.9243	0.0755	0.7121	1.5890	12.2	2.2532	1.1534	0.0559	0.9046	1.2099
3.7	2.2551	0.9359	0.0707	0.7220	1.5793	12.4	2.2515	1.1543	0.0562	0.9053	1.2064
3.8	2.2622	0.9468	0.0631	0.7314	1.5697	12.6	2.2498	1.1552	0.0574	0.9061	1.2031
3.9	2.2686	0.9570	0.0549	0.7402	1.5602	12.8	2.2481	1.1561	0.0582	0.9067	1.1999
4.0	2.2742	0.9666	0.0456	0.7484	1.5507	13.0	2.2465	1.1569	0.0578	0.9074	1.1967
4.1	2.2791	0.9756	0.0465	0.7561	1.5415	13.2	2.2449	1.1577	0.0568	0.9080	1.1937
4.2	2.2835	0.9840	0.0507	0.7633	1.5324	13.4	2.2433	1.1584	0.0565	0.9087	1.1907
4.3	2.2875	0.9920	0.0567	0.7701	1.5236	13.6	2.2417	1.1591	0.0562	0.9092	1.1878
4.4	2.2909	0.9994	0.0630	0.7764	1.5150	13.8	2.2401	1.1598	0.0565	0.9098	1.1849
4.5	2.2940	1.0064	0.0674	0.7824	1.5066	14.0	2.2387	1.1605	0.0574	0.9104	1.1822
4.6	2.2967	1.0130	0.0690	0.7881	1.4985	14.2	2.2371	1.1611	0.0579	0.9109	1.1795
4.7	2.2991	1.0192	0.0675	0.7933	1.4905	14.4	2.2357	1.1618	0.0575	0.9114	1.1769
4.8	2.3011	1.0251	0.0634	0.7983	1.4827	14.6	2.2342	1.1623	0.0567	0.9119	1.1743
4.9	2.3028	1.0307	0.0582	0.8030	1.4752	14.8	2.2328	1.1629	0.0563	0.9123	1.1718
5.0	2.3042	1.0360	0.0582	0.8073	1.4678	15.0	2.2313	1.1635	0.0573	0.9128	1.1694

Table T1.21

N = 1.200   K = 1.000

X	QEXT	QSCA	QBK	G	QPR
0.1	0.2473	0.0001	0.0002	0.0009	0.2473
0.2	0.5025	0.0022	0.0033	0.0033	0.5025
0.3	0.7702	0.0111	0.0161	0.0074	0.7702
0.4	1.0499	0.0342	0.0485	0.0132	1.0494
0.5	1.3331	0.0795	0.1089	0.0210	1.3314
0.6	1.6042	0.1519	0.1985	0.0311	1.5995
0.7	1.8447	0.2495	0.3070	0.0441	1.8337
0.8	2.0404	0.3634	0.4124	0.0606	2.0184
0.9	2.1874	0.4803	0.4895	0.0816	2.1482
1.0	2.2920	0.5884	0.5198	0.1078	2.2286
1.1	2.3663	0.6809	0.4972	0.1399	2.2710
1.2	2.4223	0.7565	0.4293	0.1777	2.2879
1.3	2.4693	0.8180	0.3334	0.2203	2.2891
1.4	2.5121	0.8696	0.2319	0.2657	2.2811
1.5	2.5516	0.9154	0.1473	0.3107	2.2672
1.6	2.5866	0.9579	0.0967	0.3523	2.2491
1.7	2.6149	0.9980	0.0874	0.3884	2.2273
1.8	2.6359	1.0352	0.1154	0.4183	2.2028
1.9	2.6498	1.0688	0.1673	0.4429	2.1764
2.0	2.6586	1.0982	0.2251	0.4637	2.1493
2.1	2.6643	1.1234	0.2714	0.4825	2.1223
2.2	2.6686	1.1450	0.2938	0.5004	2.0957
2.3	2.6723	1.1639	0.2878	0.5180	2.0694
2.4	2.6754	1.1809	0.2574	0.5355	2.0431
2.5	2.6775	1.1965	0.2130	0.5524	2.0165
2.6	2.6780	1.2111	0.1682	0.5683	1.9898
2.7	2.6768	1.2245	0.1355	0.5829	1.9631
2.8	2.6742	1.2365	0.1227	0.5962	1.9369
2.9	2.6706	1.2473	0.1312	0.6085	1.9117
3.0	2.6666	1.2567	0.1563	0.6199	1.8876
3.1	2.6625	1.2651	0.1891	0.6307	1.8647
3.2	2.6586	1.2727	0.2192	0.6410	1.8428
3.3	2.6546	1.2796	0.2379	0.6510	1.8216
3.4	2.6505	1.2861	0.2406	0.6605	1.8010
3.5	2.6459	1.2922	0.2276	0.6694	1.7810
3.6	2.6409	1.2978	0.2040	0.6776	1.7615
3.7	2.6357	1.3030	0.1772	0.6853	1.7428
3.8	2.6303	1.3076	0.1551	0.6923	1.7250
3.9	2.6250	1.3119	0.1436	0.6989	1.7082
4.0	2.6199	1.3157	0.1450	0.7051	1.6922
4.1	2.6149	1.3192	0.1577	0.7109	1.6770
4.2	2.6099	1.3225	0.1771	0.7164	1.6624
4.3	2.6050	1.3256	0.1970	0.7216	1.6483
4.4	2.5999	1.3285	0.2114	0.7265	1.6348
4.5	2.5949	1.3313	0.2167	0.7310	1.6217
4.6	2.5898	1.3338	0.2119	0.7352	1.6091
4.7	2.5847	1.3361	0.1990	0.7391	1.5972
4.8	2.5798	1.3382	0.1825	0.7428	1.5857
4.9	2.5750	1.3402	0.1671	0.7463	1.5749
5.0	2.5703	1.3420	0.1571	0.7495	1.5644
5.2	2.5611	1.3453	0.1608	0.7556	1.5445
5.4	2.5520	1.3483	0.1853	0.7610	1.5259
5.6	2.5431	1.3509	0.2024	0.7659	1.5084
5.8	2.5346	1.3531	0.1954	0.7704	1.4922
6.0	2.5263	1.3550	0.1745	0.7745	1.4769
6.2	2.5184	1.3567	0.1625	0.7783	1.4624
6.4	2.5106	1.3582	0.1704	0.7819	1.4486
6.6	2.5030	1.3595	0.1873	0.7851	1.4356
6.8	2.4958	1.3607	0.1948	0.7882	1.4234
7.0	2.4888	1.3616	0.1863	0.7910	1.4117
7.2	2.4819	1.3625	0.1724	0.7937	1.4006
7.4	2.4753	1.3632	0.1677	0.7961	1.3901
7.6	2.4689	1.3639	0.1757	0.7984	1.3801
7.8	2.4627	1.3644	0.1867	0.8005	1.3706
8.0	2.4567	1.3649	0.1892	0.8024	1.3615
8.2	2.4508	1.3653	0.1816	0.8042	1.3529
8.4	2.4452	1.3656	0.1725	0.8059	1.3447
8.6	2.4397	1.3658	0.1714	0.8075	1.3368
8.8	2.4343	1.3660	0.1783	0.8090	1.3293
9.0	2.4291	1.3662	0.1852	0.8104	1.3220
9.2	2.4241	1.3663	0.1853	0.8117	1.3151
9.4	2.4191	1.3664	0.1790	0.8129	1.3084
9.6	2.4144	1.3664	0.1736	0.8141	1.3020
9.8	2.4097	1.3664	0.1740	0.8152	1.2958
10.0	2.4052	1.3663	0.1794	0.8163	1.2898
10.2	2.4008	1.3663	0.1838	0.8173	1.2840
10.4	2.3965	1.3662	0.1827	0.8183	1.2785
10.6	2.3923	1.3661	0.1781	0.8192	1.2731
10.8	2.3882	1.3660	0.1744	0.8201	1.2679
11.0	2.3842	1.3659	0.1758	0.8209	1.2630
11.2	2.3803	1.3657	0.1801	0.8217	1.2581
11.4	2.3765	1.3655	0.1828	0.8225	1.2535
11.6	2.3728	1.3653	0.1808	0.8232	1.2489
11.8	2.3692	1.3651	0.1776	0.8238	1.2446
12.0	2.3657	1.3649	0.1750	0.8245	1.2403
12.2	2.3622	1.3647	0.1762	0.8251	1.2362
12.4	2.3589	1.3645	0.1799	0.8257	1.2322
12.6	2.3556	1.3642	0.1816	0.8263	1.2284
12.8	2.3524	1.3640	0.1797	0.8268	1.2246
13.0	2.3492	1.3637	0.1764	0.8273	1.2209
13.2	2.3461	1.3634	0.1771	0.8278	1.2174
13.4	2.3431	1.3632	0.1774	0.8283	1.2139
13.6	2.3401	1.3629	0.1797	0.8288	1.2106
13.8	2.3372	1.3626	0.1804	0.8292	1.2073
14.0	2.3344	1.3623	0.1783	0.8297	1.2041
14.2	2.3317	1.3621	0.1780	0.8301	1.2010
14.4	2.3288	1.3618	0.1755	0.8305	1.1979
14.6	2.3262	1.3615	0.1783	0.8308	1.1951
14.8	2.3236	1.3612	0.1799	0.8312	1.1922
15.0	2.3210	1.3609	0.1814	0.8316	1.1894

Table T1.22

N = 1.200   K = 1.500

X	QEXT	QSCA	QBK	G	QPR	X	QEXT	QSCA	QBK	G	QPR
0.1	0.3042	0.0003	0.0005	0.0008	0.3042	5.2	2.7627	1.6278	0.3036	0.7027	1.6189
0.2	0.6304	0.0049	0.0073	0.0026	0.6304	5.4	2.7471	1.6259	0.3782	0.7069	1.5978
0.3	0.9977	0.0253	0.0372	0.0057	0.9976	5.6	2.7324	1.6237	0.3956	0.7106	1.5785
0.4	1.4155	0.0802	0.1155	0.0103	1.4147	5.8	2.7188	1.6215	0.3439	0.7141	1.5609
0.5	1.8711	0.1902	0.2670	0.0163	1.8680	6.0	2.7058	1.6195	0.2843	0.7174	1.5440
0.6	2.3201	0.3650	0.4947	0.0243	2.3113	6.2	2.6930	1.6174	0.2790	0.7204	1.5278
0.7	2.6980	0.5888	0.7605	0.0349	2.6774	6.4	2.6806	1.6153	0.3265	0.7231	1.5125
0.8	2.9549	0.8218	0.9929	0.0491	2.9145	6.6	2.6689	1.6131	0.3712	0.7256	1.4984
0.9	3.0865	1.0227	1.1254	0.0682	3.0167	6.8	2.6579	1.6110	0.3665	0.7280	1.4850
1.0	3.1274	1.1701	1.1288	0.0936	3.0167	7.0	2.6471	1.6090	0.3226	0.7303	1.4721
1.1	3.1240	1.2658	1.0125	0.1271	2.9632	7.2	2.6366	1.6069	0.2887	0.7323	1.4599
1.2	3.1129	1.3245	0.8095	0.1694	2.8885	7.4	2.6266	1.6049	0.2984	0.7341	1.4484
1.3	3.1135	1.3638	0.5660	0.2197	2.8140	7.6	2.6170	1.6029	0.3366	0.7359	1.4376
1.4	3.1294	1.3975	0.3358	0.2739	2.7467	7.8	2.6078	1.6009	0.3608	0.7375	1.4272
1.5	3.1526	1.4330	0.1709	0.3259	2.6857	8.0	2.5988	1.5990	0.3468	0.7389	1.4173
1.6	3.1709	1.4706	0.1063	0.3699	2.6270	8.2	2.5901	1.5971	0.3138	0.7403	1.4078
1.7	3.1757	1.5065	0.1458	0.4032	2.5682	8.4	2.5818	1.5952	0.2962	0.7415	1.3989
1.8	3.1659	1.5364	0.2625	0.4271	2.5097	8.6	2.5737	1.5933	0.3114	0.7427	1.3903
1.9	3.1463	1.5580	0.4111	0.4447	2.4535	8.8	2.5659	1.5915	0.3398	0.7438	1.3821
2.0	3.1242	1.5720	0.5441	0.4596	2.4016	9.0	2.5583	1.5897	0.3510	0.7449	1.3741
2.1	3.1051	1.5809	0.6238	0.4746	2.3548	9.2	2.5509	1.5879	0.3349	0.7459	1.3665
2.2	3.0915	1.5877	0.6302	0.4907	2.3123	9.4	2.5438	1.5862	0.3110	0.7468	1.3593
2.3	3.0821	1.5946	0.5656	0.5079	2.2328	9.6	2.5370	1.5845	0.3041	0.7477	1.3522
2.4	3.0738	1.6024	0.4529	0.5249	2.2328	9.8	2.5302	1.5829	0.3196	0.7485	1.3454
2.5	3.0637	1.6106	0.3285	0.5405	2.1932	10.0	2.5237	1.5812	0.3395	0.7493	1.3389
2.6	3.0503	1.6181	0.2292	0.5541	2.1538	10.2	2.5174	1.5796	0.3423	0.7501	1.3326
2.7	3.0340	1.6238	0.1805	0.5656	2.1157	10.4	2.5113	1.5781	0.3277	0.7508	1.3265
2.8	3.0167	1.6275	0.1910	0.5755	2.0801	10.6	2.5053	1.5765	0.3103	0.7514	1.3207
2.9	3.0003	1.6295	0.2515	0.5847	2.0476	10.8	2.4995	1.5750	0.3100	0.7521	1.3150
3.0	2.9859	1.6306	0.3394	0.5936	2.0179	11.0	2.4938	1.5735	0.3243	0.7526	1.3095
3.1	2.9737	1.6315	0.4261	0.6027	1.9904	11.2	2.4883	1.5721	0.3371	0.7532	1.3043
3.2	2.9628	1.6327	0.4854	0.6117	1.9641	11.4	2.4830	1.5706	0.3383	0.7537	1.2992
3.3	2.9520	1.6342	0.5011	0.6204	1.9382	11.6	2.4777	1.5692	0.3238	0.7542	1.2942
3.4	2.9406	1.6358	0.4713	0.6284	1.9127	11.8	2.4727	1.5678	0.3127	0.7547	1.2894
3.5	2.9282	1.6370	0.4081	0.6356	1.8878	12.0	2.4677	1.5665	0.3154	0.7551	1.2848
3.6	2.9153	1.6377	0.3321	0.6419	1.8640	12.2	2.4629	1.5651	0.3263	0.7556	1.2803
3.7	2.9026	1.6378	0.2661	0.6476	1.8416	12.4	2.4581	1.5638	0.3345	0.7560	1.2759
3.8	2.8907	1.6374	0.2282	0.6529	1.8216	12.6	2.4535	1.5625	0.3320	0.7564	1.2716
3.9	2.8798	1.6368	0.2271	0.6580	1.8028	12.8	2.4490	1.5613	0.3206	0.7567	1.2675
4.0	2.8699	1.6363	0.2601	0.6630	1.7851	13.0	2.4446	1.5600	0.3108	0.7571	1.2635
4.1	2.8604	1.6357	0.3148	0.6678	1.7680	13.2	2.4403	1.5588	0.3153	0.7574	1.2596
4.2	2.8510	1.6355	0.3732	0.6723	1.7514	13.4	2.4361	1.5576	0.3251	0.7578	1.2558
4.3	2.8413	1.6353	0.4177	0.6765	1.7351	13.6	2.4320	1.5564	0.3290	0.7581	1.2521
4.4	2.8314	1.6349	0.4359	0.6803	1.7193	13.8	2.4280	1.5552	0.3281	0.7584	1.2485
4.5	2.8215	1.6342	0.4242	0.6837	1.7043	14.0	2.4240	1.5541	0.3246	0.7587	1.2450
4.6	2.8120	1.6334	0.3878	0.6868	1.6902	14.2	2.4202	1.5530	0.3115	0.7589	1.2416
4.7	2.8029	1.6324	0.3388	0.6897	1.6770	14.4	2.4164	1.5519	0.3241	0.7592	1.2382
4.8	2.7944	1.6314	0.2921	0.6925	1.6646	14.6	2.4127	1.5508	0.3303	0.7594	1.2350
4.9	2.7863	1.6304	0.2609	0.6952	1.6527	14.8	2.4091	1.5497	0.3274	0.7597	1.2318
5.0	2.7784	1.6295	0.2533	0.6979	1.6412	15.0	2.4056	1.5487	0.3269	0.7599	1.2288

Table T1.23

N = 1.200 K = 2.000

X	QEXT	QSCA	QBK	G	QPR	X	QEXT	QSCA	QBK	G	QPR
0.1	0.2514	0.0004	0.0006	0.0005	0.2514	5.2	2.8950	1.8777	0.4152	0.6624	1.6512
0.2	0.5334	0.0068	0.0102	0.0017	0.5333	5.4	2.8757	1.8721	0.6012	0.6658	1.6293
0.3	0.8816	0.0361	0.0536	0.0038	0.8814	5.6	2.8574	1.8656	0.6433	0.6686	1.6100
0.4	1.3321	0.1193	0.1750	0.0068	1.3313	5.8	2.8420	1.8596	0.5085	0.6715	1.5933
0.5	1.9011	0.2969	0.4292	0.0109	1.8979	6.0	2.8279	1.8546	0.3532	0.6745	1.5769
0.6	2.5454	0.5957	0.8415	0.0166	2.5355	6.2	2.8129	1.8499	0.3416	0.6771	1.5603
0.7	3.1388	0.9848	1.3449	0.0244	3.1148	6.4	2.7977	1.8446	0.4704	0.6792	1.5448
0.8	3.5363	1.3677	1.7772	0.0352	3.4881	6.6	2.7841	1.8393	0.5905	0.6812	1.5311
0.9	3.6901	1.6491	1.9933	0.0504	3.6070	6.8	2.7719	1.8346	0.5754	0.6833	1.5184
1.0	3.6672	1.8018	1.9573	0.0717	3.5379	7.0	2.7597	1.8304	0.4513	0.6852	1.5056
1.1	3.5701	1.8560	1.7160	0.1020	3.3809	7.2	2.7472	1.8260	0.3574	0.6868	1.4931
1.2	3.4760	1.8586	1.3388	0.1437	3.2089	7.4	2.7352	1.8215	0.3879	0.6882	1.4817
1.3	3.4245	1.8492	0.8988	0.1976	3.0589	7.6	2.7244	1.8172	0.5002	0.6895	1.4714
1.4	3.4227	1.8530	0.4812	0.2593	2.9421	7.8	2.7141	1.8133	0.5684	0.6909	1.4613
1.5	3.4523	1.8782	0.1816	0.3196	2.8520	8.0	2.7036	1.8095	0.5247	0.6921	1.4513
1.6	3.4825	1.9176	0.0728	0.3685	2.7760	8.2	2.6933	1.8056	0.4231	0.6931	1.4418
1.7	3.4885	1.9556	0.1644	0.4016	2.7032	8.4	2.6836	1.8018	0.3738	0.6940	1.4331
1.8	3.4638	1.9798	0.3989	0.4213	2.6298	8.6	2.6746	1.7982	0.4234	0.6950	1.4248
1.9	3.4187	1.9869	0.6853	0.4333	2.5578	8.8	2.6656	1.7948	0.5116	0.6959	1.4166
2.0	3.3693	1.9811	0.9352	0.4433	2.4911	9.0	2.6566	1.7915	0.5435	0.6967	1.4086
2.1	3.3291	1.9699	1.0810	0.4553	2.4322	9.2	2.6480	1.7881	0.4890	0.6974	1.4010
2.2	3.3042	1.9606	1.0854	0.4708	2.3811	9.4	2.6399	1.7848	0.4120	0.6981	1.3940
2.3	3.2928	1.9573	0.9498	0.4891	2.3355	9.6	2.6321	1.7817	0.3932	0.6988	1.3871
2.4	3.2871	1.9602	0.7182	0.5077	2.2920	9.8	2.6243	1.7787	0.4485	0.6994	1.3802
2.5	3.2784	1.9659	0.4648	0.5240	2.2483	10.0	2.6166	1.7757	0.5124	0.7000	1.3736
2.6	3.2616	1.9702	0.2661	0.5367	2.2043	10.2	2.6093	1.7728	0.5212	0.7005	1.3674
2.7	3.2370	1.9705	0.1734	0.5459	2.1613	10.4	2.6023	1.7700	0.4660	0.7010	1.3615
2.8	3.2088	1.9662	0.2018	0.5531	2.1214	10.6	2.5954	1.7672	0.4109	0.7015	1.3557
2.9	3.1822	1.9591	0.3313	0.5596	2.0858	10.8	2.5886	1.7646	0.4116	0.7020	1.3499
3.0	3.1608	1.9515	0.5165	0.5668	2.0547	11.0	2.5820	1.7619	0.4630	0.7024	1.3445
3.1	3.1454	1.9454	0.6989	0.5750	2.0269	11.2	2.5757	1.7593	0.5080	0.7027	1.3393
3.2	3.1343	1.9419	0.8228	0.5838	2.0006	11.4	2.5695	1.7568	0.5011	0.7031	1.3343
3.3	3.1242	1.9404	0.8524	0.5925	1.9745	11.6	2.5634	1.7544	0.4511	0.7035	1.3293
3.4	3.1121	1.9396	0.7836	0.6002	1.9480	11.8	2.5574	1.7520	0.4147	0.7038	1.3244
3.5	3.0968	1.9380	0.6426	0.6065	1.9214	12.0	2.5517	1.7496	0.4270	0.7041	1.3198
3.6	3.0791	1.9349	0.4752	0.6115	1.8960	12.2	2.5461	1.7473	0.4724	0.7043	1.3153
3.7	3.0609	1.9303	0.3308	0.6156	1.8726	12.4	2.5406	1.7451	0.5007	0.7046	1.3109
3.8	3.0443	1.9249	0.2486	0.6195	1.8519	12.6	2.5352	1.7429	0.4866	0.7049	1.3066
3.9	3.0304	1.9196	0.2481	0.6235	1.8335	12.8	2.5299	1.7408	0.4433	0.7051	1.3025
4.0	3.0191	1.9152	0.3245	0.6279	1.8166	13.0	2.5248	1.7387	0.4214	0.7053	1.2985
4.1	3.0094	1.9119	0.4504	0.6324	1.8004	13.2	2.5198	1.7366	0.4393	0.7055	1.2945
4.2	2.9997	1.9094	0.5850	0.6367	1.7840	13.4	2.5149	1.7346	0.4759	0.7057	1.2907
4.3	2.9890	1.9071	0.6868	0.6406	1.7674	13.6	2.5100	1.7326	0.4922	0.7059	1.2869
4.4	2.9769	1.9045	0.7271	0.6438	1.7509	13.8	2.5054	1.7307	0.4712	0.7061	1.2833
4.5	2.9640	1.9012	0.6976	0.6464	1.7351	14.0	2.5008	1.7288	0.4393	0.7063	1.2798
4.6	2.9513	1.8973	0.6103	0.6487	1.7206	14.2	2.4963	1.7270	0.4269	0.7064	1.2763
4.7	2.9397	1.8932	0.4931	0.6509	1.7075	14.4	2.4918	1.7251	0.4504	0.7066	1.2729
4.8	2.9295	1.8892	0.3811	0.6531	1.6956	14.6	2.4875	1.7233	0.4801	0.7067	1.2697
4.9	2.9205	1.8857	0.3065	0.6555	1.6845	14.8	2.4833	1.7216	0.4851	0.7068	1.2665
5.0	2.9123	1.8827	0.2889	0.6579	1.6736	15.0	2.4791	1.7199	0.4655	0.7069	1.2633

Table T1.24

N = 1.200 K = 2.500

X	QEXT	QSCA	QBK	G	QPR	X	QEXT	QSCA	QBK	G	QPR
0.1	0.1681	0.0004	0.0006	0.0003	0.1681	5.2	2.9391	2.0713	0.4317	0.6307	1.6328
0.2	0.3637	0.0072	0.0108	0.0007	0.3637	5.4	2.9211	2.0648	0.7759	0.6341	1.6118
0.3	0.6247	0.0386	0.0579	0.0016	0.6246	5.6	2.9002	2.0552	0.9306	0.6361	1.5928
0.4	1.0010	0.1310	0.1963	0.0032	1.0006	5.8	2.8836	2.0457	0.7447	0.6384	1.5776
0.5	1.5442	0.3400	0.5065	0.0057	1.5423	6.0	2.8718	2.0391	0.4329	0.6416	1.5637
0.6	2.2624	0.7184	1.0560	0.0095	2.2555	6.2	2.8590	2.0337	0.3318	0.6444	1.5485
0.7	3.0408	1.2477	1.7909	0.0154	3.0216	6.4	2.8430	2.0269	0.5287	0.6462	1.5333
0.8	3.6465	1.7847	2.4670	0.0238	3.6041	6.6	2.8278	2.0190	0.7923	0.6476	1.5204
0.9	3.9189	2.1578	2.8183	0.0358	3.8418	6.8	2.8163	2.0123	0.8393	0.6494	1.5095
1.0	3.9043	2.3169	2.7783	0.0530	3.7814	7.0	2.8061	2.0072	0.6308	0.6515	1.4984
1.1	3.7518	2.3238	2.4417	0.0784	3.5696	7.2	2.7940	2.0020	0.4022	0.6530	1.4865
1.2	3.5854	2.2631	1.9242	0.1155	3.3240	7.4	2.7809	1.9958	0.3927	0.6541	1.4756
1.3	3.4730	2.1978	1.3186	0.1669	3.1061	7.6	2.7698	1.9896	0.5956	0.6551	1.4664
1.4	3.4383	2.1652	0.7220	0.2307	2.9389	7.8	2.7606	1.9846	0.7838	0.6564	1.4579
1.5	3.4690	2.1779	0.2580	0.2970	2.8222	8.0	2.7511	1.9801	0.7581	0.6577	1.4488
1.6	3.5250	2.2235	0.0472	0.3526	2.7408	8.2	2.7404	1.9752	0.5578	0.6586	1.4396
1.7	3.5601	2.2738	0.1333	0.3896	2.6743	8.4	2.7301	1.9698	0.4026	0.6592	1.4315
1.8	3.5504	2.3036	0.4496	0.4092	2.6078	8.6	2.7214	1.9650	0.4502	0.6600	1.4244
1.9	3.5011	2.3045	0.8642	0.4183	2.5372	8.8	2.7134	1.9608	0.6381	0.6610	1.4173
2.0	3.4344	2.2830	1.2462	0.4243	2.4657	9.0	2.7046	1.9568	0.7597	0.6617	1.4098
2.1	3.3731	2.2527	1.4965	0.4326	2.3985	9.2	2.6954	1.9523	0.6907	0.6623	1.4025
2.2	3.3322	2.2263	1.5536	0.4461	2.3391	9.4	2.6872	1.9478	0.5132	0.6628	1.3962
2.3	3.3156	2.2122	1.4010	0.4645	2.2881	9.6	2.6799	1.9438	0.4185	0.6634	1.3903
2.4	3.3156	2.2116	1.0810	0.4849	2.2436	9.8	2.6726	1.9402	0.4994	0.6641	1.3842
2.5	3.3193	2.2193	0.6926	0.5034	2.2021	10.0	2.6647	1.9365	0.6606	0.6645	1.3779
2.6	3.3132	2.2267	0.3570	0.5173	2.1614	10.2	2.6570	1.9325	0.7285	0.6649	1.3721
2.7	3.2926	2.2273	0.1679	0.5261	2.1208	10.4	2.6502	1.9288	0.6384	0.6653	1.3670
2.8	3.2610	2.2191	0.1631	0.5315	2.0814	10.6	2.6438	1.9254	0.4901	0.6658	1.3619
2.9	3.2262	2.2047	0.3249	0.5357	2.0450	10.8	2.6371	1.9221	0.4423	0.6662	1.3566
3.0	3.1961	2.1885	0.5950	0.5407	2.0127	11.0	2.6301	1.9187	0.5379	0.6665	1.3514
3.1	3.1755	2.1751	0.8908	0.5476	1.9844	11.2	2.6237	1.9153	0.6698	0.6667	1.3467
3.2	3.1646	2.1670	1.1236	0.5563	1.9592	11.4	2.6177	1.9121	0.6974	0.6670	1.3424
3.3	3.1592	2.1641	1.2230	0.5656	1.9352	11.6	2.6119	1.9091	0.5979	0.6673	1.3379
3.4	3.1536	2.1640	1.1616	0.5741	1.9112	11.8	2.6058	1.9061	0.4813	0.6676	1.3333
3.5	3.1431	2.1633	0.9654	0.5807	1.8867	12.0	2.5998	1.9030	0.4669	0.6678	1.3290
3.6	3.1265	2.1596	0.6999	0.5853	1.8624	12.2	2.5942	1.9000	0.5677	0.6680	1.3251
3.7	3.1058	2.1524	0.4452	0.5884	1.8393	12.4	2.5889	1.8972	0.6673	0.6682	1.3212
3.8	3.0848	2.1428	0.2710	0.5909	1.8185	12.6	2.5836	1.8945	0.6673	0.6684	1.3172
3.9	3.0668	2.1328	0.2209	0.5938	1.8004	12.8	2.5781	1.8918	0.5694	0.6686	1.3133
4.0	3.0538	2.1245	0.3031	0.5974	1.7846	13.0	2.5729	1.8890	0.4809	0.6687	1.3096
4.1	3.0452	2.1188	0.4883	0.6018	1.7701	13.2	2.5679	1.8864	0.4915	0.6689	1.3062
4.2	3.0388	2.1155	0.7165	0.6065	1.7558	13.4	2.5631	1.8839	0.5877	0.6690	1.3027
4.3	3.0318	2.1134	0.9166	0.6108	1.7410	13.6	2.5582	1.8815	0.6656	0.6692	1.2992
4.4	3.0221	2.1108	1.0290	0.6142	1.7257	13.8	2.5533	1.8790	0.6406	0.6692	1.2958
4.5	3.0094	2.1067	1.0247	0.6166	1.7104	14.0	2.5487	1.8765	0.5487	0.6693	1.2927
4.6	3.0022	2.1010	0.9107	0.6183	1.6960	14.2	2.5442	1.8741	0.4855	0.6695	1.2896
4.7	2.9950	2.0942	0.7241	0.6197	1.6830	14.4	2.5398	1.8719	0.5136	0.6696	1.2865
4.8	2.9809	2.0874	0.5201	0.6213	1.6717	14.6	2.5353	1.8696	0.6015	0.6696	1.2834
4.9	2.9686	2.0816	0.3573	0.6233	1.6617	14.8	2.5310	1.8674	0.6506	0.6697	1.2805
5.0	2.9591	2.0771	0.2810	0.6257	1.6523	15.0	2.5268	1.8652	0.6189	0.6697	1.2776

Table T1.25

N = 1.200 K = 3.000

X	QEXT	QSCA	QBK	G	QPR	X	QEXT	QSCA	QBK	G	QPR
0.1	0.1076	0.0004	0.0006	0.0000	0.1076	5.2	2.9122	2.1986	0.3789	0.6047	1.5828
0.2	0.2377	0.0068	0.0103	-0.0004	0.2377	5.4	2.9008	2.1941	0.8324	0.6089	1.5648
0.3	0.4231	0.0370	0.0564	-0.0008	0.4232	5.6	2.8809	2.1843	1.1572	0.6107	1.5470
0.4	0.7126	0.1271	0.1948	-0.0007	0.7127	5.8	2.8616	2.1719	1.0212	0.6121	1.5322
0.5	1.1697	0.3371	0.5177	0.0004	1.1696	6.0	2.8424	2.1634	0.5862	0.6150	1.5200
0.6	1.8432	0.7366	1.1234	0.0030	1.8410	6.2	2.8295	2.1588	0.3217	0.6184	1.5075
0.7	2.6767	1.3340	1.9988	0.0077	2.6664	6.4	2.8134	2.1529	0.4931	0.6204	1.4939
0.8	3.4348	1.9825	2.8793	0.0148	3.4055	6.6	2.8009	2.1437	0.8883	0.6214	1.4814
0.9	3.8595	2.4503	3.3908	0.0251	3.7979	6.8	2.7931	2.1350	1.0802	0.6227	1.4714
1.0	3.9202	2.6411	3.3972	0.0400	3.8147	7.0	2.7845	2.1295	0.8742	0.6249	1.4624
1.1	3.7715	2.6279	3.0178	0.0619	3.6089	7.2	2.7723	2.1251	0.5035	0.6269	1.4524
1.2	3.5706	2.5249	2.4151	0.0946	3.3318	7.4	2.7601	2.1188	0.3640	0.6278	1.4421
1.3	3.4154	2.4154	1.7049	0.1416	3.0693	7.6	2.7515	2.1112	0.5844	0.6285	1.4333
1.4	3.3357	2.3475	0.9868	0.2031	2.8590	7.8	2.7447	2.1050	0.9157	0.6296	1.4262
1.5	3.3461	2.3408	0.3895	0.2712	2.7114	8.0	2.7359	2.1008	1.0021	0.6311	1.4189
1.6	3.4104	2.3858	0.0610	0.3319	2.6185	8.2	2.7254	2.0963	0.7633	0.6322	1.4107
1.7	3.4746	2.4488	0.0881	0.3740	2.5587	8.4	2.7164	2.0903	0.4641	0.6326	1.4030
1.8	3.4958	2.4927	0.4244	0.3963	2.5079	8.6	2.7098	2.0843	0.4160	0.6332	1.3966
1.9	3.4643	2.4994	0.9196	0.4052	2.4514	8.8	2.7032	2.0798	0.6565	0.6342	1.3909
2.0	3.3986	2.4735	1.4075	0.4090	2.3869	9.0	2.6948	2.0760	0.9191	0.6351	1.3846
2.1	3.3259	2.4313	1.7606	0.4141	2.3191	9.2	2.6862	2.0715	0.9266	0.6357	1.3779
2.2	3.2688	2.3906	1.8976	0.4245	2.2540	9.4	2.6793	2.0663	0.6830	0.6360	1.3720
2.3	3.2392	2.3643	1.7831	0.4412	2.1962	9.6	2.6736	2.0616	0.4498	0.6365	1.3671
2.4	3.2361	2.3574	1.4421	0.4618	2.1474	9.8	2.6671	2.0579	0.4696	0.6373	1.3622
2.5	3.2471	2.3657	0.9714	0.4821	2.1066	10.0	2.6596	2.0544	0.7089	0.6379	1.3567
2.6	3.2552	2.3784	0.5165	0.4981	2.0706	10.2	2.6526	2.0501	0.9069	0.6382	1.3513
2.7	3.2481	2.3845	0.2124	0.5082	2.0364	10.4	2.6470	2.0456	0.8595	0.6384	1.3466
2.8	3.2236	2.3786	0.1318	0.5133	2.0026	10.6	2.6418	2.0419	0.6243	0.6389	1.3426
2.9	3.1883	2.3620	0.2728	0.5161	1.9692	10.8	2.6356	2.0387	0.4533	0.6394	1.3382
3.0	3.1521	2.3402	0.5769	0.5191	1.9373	11.0	2.6290	2.0353	0.5207	0.6397	1.3336
3.1	3.1239	2.3199	0.9517	0.5241	1.9080	11.2	2.6233	2.0314	0.7445	0.6399	1.3292
3.2	3.1079	2.3061	1.2887	0.5317	1.8818	11.4	2.6185	2.0276	0.8869	0.6401	1.3255
3.3	3.1029	2.3005	1.4882	0.5410	1.8583	11.6	2.6135	2.0245	0.8008	0.6404	1.3219
3.4	3.1011	2.3011	1.4896	0.5504	1.8364	11.8	2.6077	2.0216	0.5851	0.6408	1.3181
3.5	3.1007	2.3032	1.2970	0.5581	1.8153	12.0	2.6022	2.0183	0.4680	0.6410	1.3141
3.6	3.0913	2.3023	0.9773	0.5633	1.7944	12.2	2.5974	2.0149	0.5655	0.6411	1.3105
3.7	3.0742	2.2961	0.6298	0.5663	1.7740	12.4	2.5930	2.0117	0.7681	0.6413	1.3073
3.8	3.0524	2.2852	0.3528	0.5680	1.7546	12.6	2.5881	2.0090	0.8610	0.6415	1.3042
3.9	3.0309	2.2720	0.2167	0.5696	1.7368	12.8	2.5830	2.0062	0.7512	0.6417	1.3007
4.0	3.0138	2.2598	0.2519	0.5721	1.7209	13.0	2.5782	2.0032	0.5610	0.6418	1.2973
4.1	3.0031	2.2510	0.4425	0.5759	1.7067	13.2	2.5740	2.0002	0.4879	0.6419	1.2943
4.2	2.9979	2.2463	0.7288	0.5806	1.6936	13.4	2.5699	1.9974	0.6050	0.6421	1.2916
4.3	2.9949	2.2446	1.0218	0.5854	1.6808	13.6	2.5654	1.9950	0.7827	0.6422	1.2886
4.4	2.9906	2.2413	1.2327	0.5895	1.6678	13.8	2.5608	1.9924	0.8342	0.6424	1.2855
4.5	2.9823	2.2413	1.3010	0.5924	1.6546	14.0	2.5566	1.9896	0.7106	0.6424	1.2827
4.6	2.9700	2.2361	1.2138	0.5941	1.6415	14.2	2.5528	1.9869	0.5463	0.6426	1.2801
4.7	2.9552	2.2285	1.0028	0.5950	1.6292	14.4	2.5489	1.9845	0.5105	0.6426	1.2776
4.8	2.9408	2.2197	0.7314	0.5959	1.6181	14.6	2.5449	1.9822	0.6356	0.6427	1.2750
4.9	2.9290	2.2114	0.4764	0.5973	1.6082	14.8	2.5407	1.9798	0.7847	0.6427	1.2723
5.0	2.9209	2.2050	0.3087	0.5993	1.5994	15.0	2.5407	1.9773	0.8050	0.6427	1.2698

Table T1.26

N = 1.200 K = 3.500

X	QEXT	QSCA	QBK	G	QPR	X	QEXT	QSCA	QBK	G	QPR
0.1	0.0707	0.0004	0.0006	-0.0003	0.0707	5.2	2.8492	2.2715	0.3275	0.5834	1.5239
0.2	0.1603	0.0064	0.0098	-0.0018	0.1603	5.4	2.8439	2.2692	0.7998	0.5884	1.5086
0.3	0.2968	0.0347	0.0537	-0.0035	0.2969	5.6	2.8291	2.2618	1.2715	0.5907	1.4931
0.4	0.5233	0.1196	0.1878	-0.0048	0.5238	5.8	2.8090	2.2483	1.2503	0.5915	1.4791
0.5	0.9020	0.3200	0.5063	-0.0031	0.9036	6.0	2.7956	2.2374	0.7800	0.5937	1.4673
0.6	1.4984	0.7108	1.1218	-0.0009	1.5006	6.2	2.7900	2.2329	0.3631	0.5972	1.4564
0.7	2.3029	1.3208	2.0545	0.0075	2.3016	6.4	2.7822	2.2291	0.4320	0.5999	1.4450
0.8	3.1220	2.0237	3.0601	0.0171	3.1068	6.6	2.7679	2.2207	0.8811	0.6008	1.4337
0.9	3.6618	2.5648	3.7097	0.0307	3.6180	6.8	2.7538	2.2105	1.2224	0.6016	1.4240
1.0	3.8144	2.8018	3.7898	0.0507	3.7283	7.0	2.7459	2.2038	1.1034	0.6035	1.4158
1.1	3.7051	2.7960	3.4108	0.0806	3.5632	7.2	2.7407	2.2004	0.6627	0.6059	1.4076
1.2	3.5035	2.6762	2.7671	0.1239	3.2879	7.4	2.7317	2.1955	0.3730	0.6072	1.3987
1.3	3.3212	2.5407	1.9981	0.1821	3.0063	7.6	2.7197	2.1877	0.5234	0.6076	1.3905
1.4	3.2138	2.4463	1.2091	0.2493	2.7684	7.8	2.7101	2.1804	0.9350	0.6083	1.3837
1.5	3.1972	2.4189	0.5255	0.3125	2.5941	8.0	2.7046	2.1759	1.1692	0.6099	1.3776
1.6	3.2519	2.4551	0.1026	0.3588	2.4846	8.2	2.6989	2.1726	0.9836	0.6113	1.3709
1.7	3.3288	2.5232	0.0563	0.3845	2.4235	8.4	2.6900	2.1673	0.5895	0.6119	1.3639
1.8	3.3760	2.5802	0.3713	0.3947	2.3841	8.6	2.6804	2.1607	0.4011	0.6121	1.3578
1.9	3.3691	2.5987	0.9006	0.3977	2.3435	8.8	2.6738	2.1554	0.6024	0.6129	1.3528
2.0	3.3168	2.5775	1.4557	0.4007	2.2918	9.0	2.6691	2.1520	0.9690	0.6140	1.3477
2.1	3.2448	2.5323	1.8885	0.4084	2.2301	9.2	2.6631	2.1485	1.1103	0.6149	1.3421
2.2	3.1790	2.4832	2.0987	0.4228	2.1648	9.4	2.6550	2.1434	0.8883	0.6151	1.3365
2.3	3.1369	2.4467	2.0395	0.4228	2.1026	9.6	2.6476	2.1380	0.5454	0.6154	1.3319
2.4	3.1243	2.4316	1.7200	0.4423	2.0487	9.8	2.6426	2.1341	0.4374	0.6161	1.3278
2.5	3.1340	2.4367	1.2227	0.4632	2.0052	10.0	2.6382	2.1311	0.6685	0.6169	1.3235
2.6	3.1498	2.4520	0.6951	0.4808	1.9708	10.2	2.6321	2.1275	0.9834	0.6174	1.3187
2.7	3.1553	2.4641	0.2967	0.4925	1.9144	10.4	2.6251	2.1229	1.0523	0.6175	1.3143
2.8	3.1425	2.4638	0.1327	0.4984	1.8865	10.6	2.6195	2.1186	0.8118	0.6178	1.3107
2.9	3.1135	2.4497	0.2242	0.5009	1.8577	10.8	2.6153	2.1154	0.5191	0.6183	1.3073
3.0	3.0774	2.4267	0.5213	0.5026	1.8291	11.0	2.6109	2.1126	0.4783	0.6189	1.3034
3.1	3.0444	2.4023	0.9300	0.5059	1.8019	11.2	2.6051	2.1090	0.7207	0.6191	1.2994
3.2	3.0221	2.3832	1.3350	0.5120	1.7772	11.4	2.5992	2.1050	0.9846	0.6192	1.2959
3.3	3.0129	2.3735	1.6206	0.5206	1.7555	11.6	2.5948	2.1015	0.9984	0.6194	1.2930
3.4	3.0133	2.3727	1.7015	0.5301	1.7361	11.8	2.5910	2.0989	0.7516	0.6199	1.2900
3.5	3.0163	2.3764	1.5543	0.5387	1.7183	12.0	2.5866	2.0961	0.5092	0.6202	1.2866
3.6	3.0145	2.3789	1.2299	0.5448	1.7013	12.2	2.5813	2.0927	0.5193	0.6203	1.2832
3.7	3.0041	2.3760	0.8325	0.5483	1.6846	12.4	2.5765	2.0892	0.7632	0.6204	1.2804
3.8	2.9860	2.3667	0.4772	0.5499	1.6684	12.6	2.5727	2.0864	0.9806	0.6206	1.2779
3.9	2.9645	2.3529	0.2576	0.5509	1.6529	12.8	2.5692	2.0840	0.9470	0.6209	1.2751
4.0	2.9445	2.3383	0.2246	0.5524	1.6385	13.0	2.5648	2.0813	0.7057	0.6211	1.2721
4.1	2.9303	2.3264	0.3800	0.5553	1.6253	13.2	2.5601	2.0781	0.5101	0.6211	1.2693
4.2	2.9229	2.3193	0.6754	0.5595	1.6131	13.4	2.5566	2.0752	0.5592	0.6214	1.2670
4.3	2.9207	2.3170	1.0216	0.5644	1.6015	13.6	2.5528	2.0728	0.7960	0.6217	1.2647
4.4	2.9199	2.3167	1.3136	0.5690	1.5903	13.8	2.5494	2.0705	0.9692	0.6217	1.2622
4.5	2.9167	2.3137	1.4659	0.5725	1.5792	14.0	2.5452	2.0679	0.9013	0.6217	1.2596
4.6	2.9088	2.3072	1.4384	0.5746	1.5685	14.2	2.5412	2.0651	0.6691	0.6218	1.2573
4.7	2.8966	2.2981	1.2476	0.5756	1.5582	14.4	2.5377	2.0625	0.5160	0.6220	1.2553
4.8	2.8822	2.2884	0.9533	0.5761	1.5486	14.6	2.5347	2.0604	0.5958	0.6220	1.2532
4.9	2.8687	2.2800	0.6392	0.5769	1.5398	14.8	2.5313	2.0582	0.8187	0.6221	1.2509
5.0	2.8584	2.2800	0.3915	0.5783	1.5398	15.0	2.5275	2.0558	0.9513	0.6221	1.2486

Table T.127

N = 1.300 K = 0.0

X	QEXT	QSCA	QBK	G	QPR	X	QEXT	QSCA	QBK	G	QPR
0.1	0.0000	0.0000	0.0000	0.0016	0.0000	5.2	3.3566	3.3566	0.1904	0.7866	0.7163
0.2	0.0001	0.0001	0.0002	0.0040	0.0001	5.4	3.4553	3.4553	0.1466	0.7966	0.7028
0.3	0.0007	0.0007	0.0011	0.0089	0.0007	5.6	3.5903	3.5903	0.2503	0.8073	0.6920
0.4	0.0023	0.0023	0.0033	0.0157	0.0023	5.8	3.7101	3.7101	0.3628	0.8139	0.6903
0.5	0.0057	0.0057	0.0076	0.0245	0.0055	6.0	3.7535	3.7535	0.3442	0.8156	0.6921
0.6	0.0115	0.0115	0.0147	0.0352	0.0111	6.2	3.7674	3.7674	0.2228	0.8170	0.6893
0.7	0.0209	0.0209	0.0250	0.0479	0.0199	6.4	3.8267	3.8267	0.1109	0.8224	0.6796
0.8	0.0346	0.0346	0.0384	0.0626	0.0324	6.6	3.9076	3.9076	0.1182	0.8298	0.6650
0.9	0.0533	0.0533	0.0540	0.0795	0.0491	6.8	3.9109	3.9109	0.1946	0.8334	0.6517
1.0	0.0775	0.0775	0.0702	0.0988	0.0698	7.0	3.8490	3.8490	0.2317	0.8318	0.6472
1.1	0.1069	0.1069	0.0846	0.1206	0.0941	7.2	3.8199	3.8199	0.1782	0.8300	0.6495
1.2	0.1412	0.1412	0.0944	0.1451	0.1207	7.4	3.8478	3.8478	0.0594	0.8322	0.6458
1.3	0.1794	0.1794	0.0969	0.1726	0.1484	7.6	3.8226	3.8226	0.0249	0.8355	0.6286
1.4	0.2208	0.2208	0.0907	0.2028	0.1760	7.8	3.7075	3.7075	0.0677	0.8343	0.6142
1.5	0.2652	0.2652	0.0755	0.2352	0.2028	8.0	3.6034	3.6034	0.1167	0.8295	0.6143
1.6	0.3131	0.3131	0.0546	0.2685	0.2290	8.2	3.5782	3.5782	0.0955	0.8272	0.6182
1.7	0.3662	0.3662	0.0327	0.3009	0.2560	8.4	3.5363	3.5363	0.0124	0.8289	0.6052
1.8	0.4267	0.4267	0.0165	0.3301	0.2859	8.6	3.3895	3.3895	0.0215	0.8263	0.5889
1.9	0.4967	0.4967	0.0129	0.3547	0.3205	8.8	3.2306	3.2306	0.0745	0.8169	0.5917
2.0	0.5765	0.5765	0.0266	0.3743	0.3607	9.0	3.1634	3.1634	0.1560	0.8086	0.6055
2.1	0.6640	0.6640	0.0579	0.3900	0.4050	9.2	3.1272	3.1272	0.1367	0.8099	0.5946
2.2	0.7550	0.7550	0.1018	0.4042	0.4498	9.4	2.9772	2.9772	0.0536	0.8102	0.5650
2.3	0.8446	0.8446	0.1484	0.4192	0.4905	9.6	2.7839	2.7840	0.0857	0.7980	0.5624
2.4	0.9295	0.9295	0.1867	0.4369	0.5234	9.8	2.6826	2.6826	0.2282	0.7792	0.5923
2.5	1.0095	1.0095	0.2067	0.4582	0.5469	10.0	2.6699	2.6699	0.4723	0.7737	0.6041
2.6	1.0874	1.0874	0.2048	0.4831	0.5620	10.2	2.5549	2.5549	0.4123	0.7780	0.5673
2.7	1.1678	1.1678	0.1814	0.5107	0.5715	10.4	2.3572	2.3572	0.2226	0.7694	0.5435
2.8	1.2553	1.2553	0.1433	0.5389	0.5789	10.6	2.2299	2.2299	0.5956	0.7451	0.5684
2.9	1.3519	1.3519	0.1028	0.5653	0.5876	10.8	2.2394	2.2394	0.9753	0.7296	0.6056
3.0	1.4564	1.4564	0.0747	0.5882	0.5997	11.0	2.1894	2.1894	0.7697	0.7348	0.5806
3.1	1.5641	1.5641	0.0711	0.6066	0.6154	11.2	2.0216	2.0216	0.5213	0.7305	0.5448
3.2	1.6692	1.6692	0.0975	0.6209	0.6329	11.4	1.8876	1.8876	0.6616	0.7056	0.5557
3.3	1.7676	1.7676	0.1499	0.6324	0.6498	11.6	1.9088	1.9088	0.0991	0.6831	0.6049
3.4	1.8586	1.8586	0.2166	0.6427	0.6641	11.8	1.9343	1.9343	1.2115	0.6937	0.5925
3.5	1.9453	1.9453	0.2814	0.6531	0.6748	12.0	1.8192	1.8192	1.0491	0.7002	0.5455
3.6	2.0325	2.0325	0.3287	0.6644	0.6822	12.2	1.6998	1.6998	1.2272	0.6802	0.5435
3.7	2.1247	2.1247	0.3447	0.6766	0.6871	12.4	1.7251	1.7251	1.4466	0.6506	0.6027
3.8	2.2238	2.2238	0.3241	0.6893	0.6909	12.6	1.8246	1.8246	2.2195	0.6625	0.6158
3.9	2.3276	2.3276	0.2735	0.7015	0.6947	12.8	0.2677	0.2677	1.0472	0.8062	0.0519
4.0	2.4303	2.4303	0.2100	0.7125	0.6986	13.0	1.6755	1.6755	1.4551	0.6851	0.5276
4.1	2.5259	2.5259	0.1557	0.7221	0.7020	13.2	1.6971	1.6971	2.3989	0.6585	0.5795
4.2	2.6115	2.6115	0.1293	0.7304	0.7041	13.4	1.8578	1.8578	1.6616	0.6603	0.6310
4.3	2.6890	2.6890	0.1402	0.7380	0.7046	13.6	1.8691	1.8691	0.8583	0.6929	0.5740
4.4	2.7636	2.7636	0.1878	0.7451	0.7043	13.8	1.8008	1.8008	0.9582	0.7002	0.5254
4.5	2.8412	2.8412	0.2621	0.7521	0.7056	14.0	1.8072	1.8072	1.0491	0.7083	0.5507
4.6	2.9254	2.9254	0.3425	0.7588	0.7088	14.2	1.9981	1.9981	2.4584	0.6861	0.6272
4.7	3.0156	3.0156	0.4039	0.7650	0.7133	14.4	2.0737	2.0737	2.5724	0.7195	0.5816
4.8	3.1063	3.1063	0.4250	0.7704	0.7178	14.6	2.0354	2.0354	1.2036	0.7427	0.5237
4.9	3.1889	3.1889	0.3988	0.7749	0.7178	14.8	2.0195	2.0195	0.7580	0.7398	0.5255
5.0	3.2572	3.2572	0.3362	0.7788	0.7205	15.0	2.1977	2.1977	1.7611	0.7200	0.6154

Table T1.28

N = 1.300 K = 0.050

X	QEXT	QSCA	QBK	G	QPR
0.1	0.0115	0.0000	0.0000	0.0013	0.0115
0.2	0.0234	0.0002	0.0002	0.0040	0.0234
0.3	0.0361	0.0008	0.0011	0.0089	0.0361
0.4	0.0505	0.0024	0.0034	0.0157	0.0505
0.5	0.0674	0.0058	0.0078	0.0245	0.0672
0.6	0.0876	0.0118	0.0150	0.0353	0.0872
0.7	0.1120	0.0212	0.0253	0.0482	0.1110
0.8	0.1412	0.0349	0.0386	0.0632	0.1390
0.9	0.1758	0.0534	0.0537	0.0805	0.1715
1.0	0.2155	0.0768	0.0688	0.1004	0.2077
1.1	0.2599	0.1049	0.0815	0.1231	0.2470
1.2	0.3083	0.1370	0.0889	0.1488	0.2879
1.3	0.3599	0.1722	0.0888	0.1775	0.3293
1.4	0.4142	0.2098	0.0801	0.2091	0.3703
1.5	0.4713	0.2496	0.0636	0.2428	0.4107
1.6	0.5320	0.2921	0.0425	0.2770	0.4511
1.7	0.5976	0.3385	0.0218	0.3100	0.4926
1.8	0.6689	0.3901	0.0073	0.3398	0.5364
1.9	0.7462	0.4476	0.0044	0.3653	0.5827
2.0	0.8280	0.5107	0.0155	0.3867	0.6306
2.1	0.9118	0.5774	0.0393	0.4051	0.6779
2.2	0.9948	0.6451	0.0706	0.4226	0.7222
2.3	1.0749	0.7116	0.1015	0.4409	0.7612
2.4	1.1520	0.7756	0.1240	0.4614	0.7942
2.5	1.2274	0.8376	0.1320	0.4845	0.8216
2.6	1.3034	0.8991	0.1230	0.5098	0.8450
2.7	1.3819	0.9619	0.0993	0.5362	0.8661
2.8	1.4639	1.0275	0.0673	0.5622	0.8863
2.9	1.5485	1.0958	0.0366	0.5859	0.9064
3.0	1.6336	1.1656	0.0167	0.6066	0.9266
3.1	1.7167	1.2347	0.0142	0.6240	0.9462
3.2	1.7959	1.3013	0.0304	0.6387	0.9648
3.3	1.8713	1.3647	0.0611	0.6517	0.9819
3.4	1.9441	1.4253	0.0978	0.6640	0.9977
3.5	2.0161	1.4846	0.1300	0.6762	1.0122
3.6	2.0890	1.5440	0.1482	0.6886	1.0257
3.7	2.1629	1.6044	0.1464	0.7010	1.0381
3.8	2.2367	1.6653	0.1251	0.7130	1.0494
3.9	2.3083	1.7250	0.0907	0.7242	1.0591
4.0	2.3757	1.7816	0.0537	0.7343	1.0674
4.1	2.4381	1.8341	0.0250	0.7436	1.0743
4.2	2.4966	1.8822	0.0128	0.7523	1.0805
4.3	2.5529	1.9274	0.0200	0.7607	1.0868
4.4	2.6090	1.9712	0.0441	0.7687	1.0936
4.5	2.6658	2.0151	0.0774	0.7764	1.1012
4.6	2.7226	2.0592	0.1092	0.7836	1.1091
4.7	2.7772	2.1025	0.1290	0.7899	1.1165
4.8	2.8273	2.1432	0.1305	0.7953	1.1228
4.9	2.8713	2.1794	0.1136	0.8001	1.1276
5.0	2.9095	2.2104	0.0838	0.8046	1.1310
5.2	2.9769	2.2610	0.0218	0.8140	1.1364
5.4	3.0456	2.3069	0.0082	0.8248	1.1429
5.6	3.1115	2.3508	0.0501	0.8346	1.1495
5.8	3.1559	2.3806	0.0901	0.8411	1.1535
6.0	3.1787	2.3917	0.0810	0.8455	1.1566
6.2	3.1997	2.3957	0.0340	0.8506	1.1619
6.4	3.2245	2.4006	0.0011	0.8571	1.1669
6.6	3.2352	2.3966	0.0136	0.8628	1.1673
6.8	3.2227	2.3741	0.0451	0.8664	1.1657
7.0	3.2035	2.3418	0.0545	0.8691	1.1684
7.2	3.1916	2.3124	0.0312	0.8723	1.1746
7.4	3.1749	2.2818	0.0063	0.8756	1.1770
7.6	3.1380	2.2374	0.0086	0.8777	1.1743
7.8	3.0913	2.1814	0.0264	0.8790	1.1739
8.0	3.0529	2.1275	0.0334	0.8808	1.1790
8.2	3.0180	2.0782	0.0189	0.8830	1.1830
8.4	2.9686	2.0219	0.0069	0.8839	1.1814
8.6	2.9077	1.9558	0.0163	0.8833	1.1800
8.8	2.8544	1.8911	0.0347	0.8830	1.1846
9.0	2.8116	1.8341	0.0371	0.8841	1.1900
9.2	2.7614	1.7761	0.0159	0.8852	1.1892
9.4	2.6989	1.7104	0.0019	0.8844	1.1862
9.6	2.6417	1.6454	0.0176	0.8827	1.1893
9.8	2.5992	1.5906	0.0497	0.8819	1.1965
10.0	2.5571	1.5404	0.0603	0.8821	1.1983
10.2	2.5040	1.4851	0.0327	0.8817	1.1946
10.4	2.4521	1.4285	0.0029	0.8802	1.1947
10.6	2.4156	1.3814	0.0095	0.8791	1.2013
10.8	2.3866	1.3436	0.0525	0.8790	1.2056
11.0	2.3495	1.3048	0.0822	0.8786	1.2031
11.2	2.3097	1.2635	0.0630	0.8774	1.2012
11.4	2.2829	1.2287	0.0193	0.8766	1.2058
11.6	2.2678	1.2043	0.0024	0.8774	1.2111
11.8	2.2488	1.1827	0.0385	0.8785	1.2098
12.0	2.2243	1.1586	0.0858	0.8785	1.2064
12.2	2.2085	1.1381	0.0914	0.8784	1.2089
12.4	2.2058	1.1269	0.0486	0.8797	1.2145
12.6	2.2030	1.1204	0.0060	0.8821	1.2147
12.8	2.1935	1.1118	0.0179	0.8842	1.2104
13.0	2.1877	1.1040	0.0696	0.8856	1.2100
13.2	2.1939	1.1032	0.1040	0.8876	1.2147
13.4	2.2033	1.1080	0.0780	0.8906	1.2166
13.6	2.2059	1.1116	0.0222	0.8935	1.2127
13.8	2.2077	1.1135	0.0044	0.8960	1.2099
14.0	2.2184	1.1192	0.0435	0.8988	1.2125
14.2	2.2345	1.1301	0.0957	0.9022	1.2150
14.4	2.2451	1.1408	0.0956	0.9055	1.2121
14.6	2.2512	1.1487	0.0461	0.9081	1.2080
14.8	2.2626	1.1573	0.0053	0.9107	1.2086
15.0	2.2798	1.1696	0.0191	0.9138	1.2110

Table T1.29

N = 1.300 K = 0.100

X	QEXT	QSCA	QBK	G	QPR	X	QEXT	QSCA	QBK	G	QPR
0.1	0.0230	0.0000	0.0000	0.0016	0.0230	5.2	2.7367	1.7043	0.0082	0.8281	1.3254
0.2	0.0466	0.0002	0.0002	0.0040	0.0466	5.4	2.7766	1.7260	0.0044	0.8382	1.3300
0.3	0.0716	0.0008	0.0012	0.0089	0.0716	5.6	2.8076	1.7421	0.0246	0.8468	1.3323
0.4	0.0987	0.0026	0.0036	0.0158	0.0986	5.8	2.8268	1.7503	0.0420	0.8535	1.3329
0.5	0.1290	0.0062	0.0084	0.0246	0.1288	6.0	2.8393	1.7514	0.0379	0.8593	1.3342
0.6	0.1632	0.0126	0.0161	0.0355	0.1628	6.2	2.8496	1.7487	0.0195	0.8653	1.3363
0.7	0.2022	0.0227	0.0270	0.0484	0.2011	6.4	2.8549	1.7425	0.0081	0.8713	1.3367
0.8	0.2463	0.0371	0.0409	0.0637	0.2440	6.6	2.8512	1.7305	0.0131	0.8763	1.3347
0.9	0.2955	0.0563	0.0563	0.0814	0.2910	6.8	2.8411	1.7126	0.0244	0.8805	1.3330
1.0	0.3494	0.0802	0.0713	0.1019	0.3412	7.0	2.8298	1.6920	0.0283	0.8845	1.3333
1.1	0.4072	0.1085	0.0830	0.1254	0.3936	7.2	2.8171	1.6704	0.0225	0.8882	1.3334
1.2	0.4679	0.1402	0.0887	0.1521	0.4465	7.4	2.7988	1.6462	0.0158	0.8915	1.3312
1.3	0.5308	0.1744	0.0863	0.1820	0.4990	7.6	2.7753	1.6181	0.0187	0.8942	1.3284
1.4	0.5956	0.2104	0.0754	0.2148	0.5504	7.8	2.7513	1.5879	0.0196	0.8968	1.3273
1.5	0.6626	0.2480	0.0573	0.2494	0.6008	8.0	2.7284	1.5581	0.0182	0.8995	1.3269
1.6	0.7325	0.2877	0.0358	0.2844	0.6507	8.2	2.7033	1.5283	0.0187	0.9019	1.3249
1.7	0.8058	0.3303	0.0160	0.3178	0.7009	8.4	2.6745	1.4969	0.0182	0.9036	1.3219
1.8	0.8826	0.3765	0.0032	0.3481	0.7515	8.6	2.6456	1.4647	0.0216	0.9050	1.3200
1.9	0.9618	0.4266	0.0014	0.3745	0.8020	8.8	2.6193	1.4337	0.0225	0.9067	1.3194
2.0	1.0418	0.4798	0.0117	0.3974	0.8511	9.0	2.5934	1.4042	0.0183	0.9085	1.3178
2.1	1.1207	0.5346	0.0320	0.4180	0.8972	9.2	2.5656	1.3748	0.0136	0.9099	1.3147
2.2	1.1971	0.5896	0.0568	0.4378	0.9390	9.4	2.5378	1.3456	0.0153	0.9110	1.3121
2.3	1.2709	0.6434	0.0796	0.4583	0.9760	9.6	2.5130	1.3180	0.0230	0.9120	1.3110
2.4	1.3427	0.6957	0.0941	0.4804	1.0085	9.8	2.4904	1.2928	0.0281	0.9133	1.3098
2.5	1.4136	0.7467	0.0963	0.5041	1.0372	10.0	2.4675	1.2691	0.0234	0.9144	1.3071
2.6	1.4849	0.7973	0.0852	0.5290	1.0631	10.2	2.4445	1.2460	0.0138	0.9154	1.3040
2.7	1.5568	0.8481	0.0638	0.5540	1.0869	10.4	2.4242	1.2244	0.0107	0.9164	1.3022
2.8	1.6289	0.8994	0.0382	0.5779	1.1092	10.6	2.4069	1.2055	0.0189	0.9175	1.3009
2.9	1.7000	0.9508	0.0157	0.5996	1.1299	10.8	2.3904	1.1886	0.0296	0.9186	1.2986
3.0	1.7690	1.0016	0.0025	0.6189	1.1491	11.0	2.3740	1.1729	0.0300	0.9196	1.2955
3.1	1.8350	1.0509	0.0023	0.6358	1.1668	11.2	2.3594	1.1584	0.0192	0.9205	1.2930
3.2	1.8980	1.0982	0.0147	0.6509	1.1831	11.4	2.3478	1.1461	0.0095	0.9217	1.2915
3.3	1.9587	1.1436	0.0357	0.6648	1.1985	11.6	2.3377	1.1358	0.0127	0.9230	1.2894
3.4	2.0180	1.1874	0.0590	0.6780	1.2129	11.8	2.3277	1.1269	0.0255	0.9242	1.2863
3.5	2.0763	1.2303	0.0774	0.6908	1.2266	12.0	2.3187	1.1189	0.0332	0.9252	1.2835
3.6	2.1337	1.2724	0.0854	0.7033	1.2388	12.2	2.3120	1.1125	0.0267	0.9264	1.2815
3.7	2.1896	1.3138	0.0807	0.7153	1.2497	12.4	2.3071	1.1077	0.0134	0.9277	1.2794
3.8	2.2429	1.3539	0.0649	0.7267	1.2591	12.6	2.3024	1.1041	0.0087	0.9291	1.2765
3.9	2.2930	1.3919	0.0428	0.7372	1.2669	12.8	2.2979	1.1012	0.0182	0.9303	1.2734
4.0	2.3398	1.4273	0.0209	0.7471	1.2735	13.0	2.2949	1.0992	0.0310	0.9316	1.2710
4.1	2.3837	1.4600	0.0053	0.7564	1.2795	13.2	2.2934	1.0983	0.0323	0.9329	1.2689
4.2	2.4257	1.4903	0.0000	0.7652	1.2853	13.4	2.2922	1.0983	0.0205	0.9342	1.2662
4.3	2.4665	1.5189	0.0058	0.7737	1.2912	13.6	2.2909	1.0987	0.0095	0.9355	1.2631
4.4	2.5062	1.5463	0.0202	0.7818	1.2973	13.8	2.2904	1.0994	0.0117	0.9367	1.2603
4.5	2.5446	1.5727	0.0383	0.7894	1.3031	14.0	2.2901	1.1007	0.0245	0.9380	1.2579
4.6	2.5806	1.5979	0.0541	0.7963	1.3083	14.2	2.2910	1.1026	0.0330	0.9393	1.2554
4.7	2.6136	1.6214	0.0628	0.8024	1.3125	14.4	2.2912	1.1046	0.0275	0.9405	1.2524
4.8	2.6427	1.6427	0.0621	0.8079	1.3158	14.6	2.2914	1.1066	0.0146	0.9416	1.2494
4.9	2.6691	1.6614	0.0525	0.8131	1.3184	14.8	2.2922	1.1087	0.0090	0.9428	1.2469
5.0	2.6929	1.6776	0.0372	0.8180	1.3206	15.0	2.2931	1.1110	0.0169	0.9439	1.2445

Table T1.30

N = 1.300 K = 0.200

X	QEXT	QSCA	QBK	G	QPR	X	QEXT	QSCA	QBK	G	QPR
0.1	0.0462	0.0000	0.0000	0.0015	0.0462	5.2	2.4879	1.2429	0.0182	0.8371	1.4475
0.2	0.0932	0.0002	0.0003	0.0040	0.0932	5.4	2.4991	1.2503	0.0159	0.8457	1.4418
0.3	0.1425	0.0011	0.0016	0.0089	0.1425	5.6	2.5058	1.2545	0.0232	0.8532	1.4354
0.4	0.1951	0.0034	0.0047	0.0157	0.1951	5.8	2.5094	1.2560	0.0314	0.8599	1.4293
0.5	0.2520	0.0081	0.0109	0.0246	0.2518	6.0	2.5109	1.2556	0.0327	0.8661	1.4234
0.6	0.3138	0.0163	0.0207	0.0356	0.3132	6.2	2.5099	1.2536	0.0268	0.8718	1.4170
0.7	0.3807	0.0290	0.0345	0.0488	0.3793	6.4	2.5062	1.2499	0.0202	0.8769	1.4102
0.8	0.4524	0.0468	0.0514	0.0645	0.4494	6.6	2.5007	1.2447	0.0189	0.8815	1.4035
0.9	0.5281	0.0699	0.0694	0.0829	0.5223	6.8	2.4943	1.2385	0.0234	0.8858	1.3973
1.0	0.6064	0.0980	0.0856	0.1045	0.5962	7.0	2.4870	1.2318	0.0288	0.8898	1.3910
1.1	0.6861	0.1300	0.0967	0.1294	0.6693	7.2	2.4785	1.2246	0.0301	0.8933	1.3845
1.2	0.7659	0.1646	0.0996	0.1579	0.7400	7.4	2.4691	1.2169	0.0263	0.8966	1.3781
1.3	0.8455	0.2007	0.0927	0.1898	0.8074	7.6	2.4595	1.2089	0.0212	0.8996	1.3720
1.4	0.9247	0.2376	0.0768	0.2244	0.8713	7.8	2.4500	1.2010	0.0198	0.9024	1.3662
1.5	1.0037	0.2751	0.0547	0.2605	0.9320	8.0	2.4402	1.1932	0.0234	0.9050	1.3603
1.6	1.0827	0.3136	0.0314	0.2965	0.9897	8.2	2.4301	1.1855	0.0282	0.9073	1.3544
1.7	1.1614	0.3536	0.0123	0.3307	1.0445	8.4	2.4202	1.1780	0.0295	0.9095	1.3488
1.8	1.2390	0.3952	0.0019	0.3620	1.0960	8.6	2.4108	1.1709	0.0258	0.9116	1.3434
1.9	1.3145	0.4383	0.0027	0.3900	1.1435	8.8	2.4016	1.1642	0.0211	0.9135	1.3381
2.0	1.3870	0.4822	0.0137	0.4152	1.1868	9.0	2.3926	1.1579	0.0202	0.9154	1.3327
2.1	1.4563	0.5262	0.0316	0.4386	1.2255	9.2	2.3839	1.1519	0.0241	0.9171	1.3275
2.2	1.5225	0.5694	0.0511	0.4612	1.2598	9.4	2.3757	1.1464	0.0286	0.9187	1.3225
2.3	1.5860	0.6113	0.0667	0.4839	1.2902	9.6	2.3680	1.1414	0.0289	0.9202	1.3177
2.4	1.6474	0.6519	0.0740	0.5070	1.3169	9.8	2.3607	1.1369	0.0248	0.9217	1.3128
2.5	1.7069	0.6912	0.0714	0.5303	1.3403	10.0	2.3536	1.1327	0.0207	0.9231	1.3080
2.6	1.7643	0.7293	0.0596	0.5534	1.3607	10.2	2.3471	1.1290	0.0209	0.9245	1.3034
2.7	1.8193	0.7662	0.0424	0.5758	1.3782	10.4	2.3410	1.1257	0.0252	0.9258	1.2989
2.8	1.8717	0.8018	0.0245	0.5968	1.3931	10.6	2.3353	1.1228	0.0288	0.9270	1.2945
2.9	1.9212	0.8361	0.0108	0.6163	1.4059	10.8	2.3299	1.1202	0.0279	0.9282	1.2901
3.0	1.9680	0.8689	0.0046	0.6341	1.4170	11.0	2.3248	1.1180	0.0235	0.9293	1.2858
3.1	2.0123	0.9002	0.0068	0.6504	1.4268	11.2	2.3201	1.1161	0.0205	0.9304	1.2817
3.2	2.0545	0.9300	0.0162	0.6656	1.4355	11.4	2.3157	1.1144	0.0220	0.9314	1.2777
3.3	2.0947	0.9584	0.0294	0.6798	1.4431	11.6	2.3116	1.1131	0.0262	0.9325	1.2737
3.4	2.1328	0.9855	0.0423	0.6932	1.4496	11.8	2.3077	1.1120	0.0285	0.9334	1.2698
3.5	2.1687	1.0113	0.0511	0.7059	1.4548	12.0	2.3041	1.1110	0.0265	0.9343	1.2660
3.6	2.2021	1.0357	0.0535	0.7179	1.4586	12.2	2.3007	1.1103	0.0226	0.9352	1.2623
3.7	2.2331	1.0586	0.0493	0.7292	1.4612	12.4	2.2975	1.1097	0.0210	0.9361	1.2587
3.8	2.2617	1.0799	0.0400	0.7398	1.4628	12.6	2.2944	1.1093	0.0233	0.9369	1.2551
3.9	2.2883	1.0996	0.0286	0.7498	1.4638	12.8	2.2915	1.1090	0.0268	0.9377	1.2516
4.0	2.3130	1.1177	0.0182	0.7593	1.4644	13.0	2.2887	1.1088	0.0278	0.9385	1.2481
4.1	2.3363	1.1344	0.0116	0.7683	1.4647	13.2	2.2861	1.1086	0.0253	0.9393	1.2448
4.2	2.3580	1.1499	0.0102	0.7768	1.4644	13.4	2.2836	1.1086	0.0222	0.9400	1.2415
4.3	2.3781	1.1641	0.0138	0.7849	1.4636	13.6	2.2811	1.1086	0.0218	0.9407	1.2383
4.4	2.3964	1.1773	0.0210	0.7923	1.4623	13.8	2.2788	1.1087	0.0243	0.9414	1.2351
4.5	2.4129	1.1893	0.0292	0.7992	1.4606	14.0	2.2765	1.1088	0.0269	0.9420	1.2321
4.6	2.4275	1.2002	0.0361	0.8056	1.4586	14.2	2.2743	1.1086	0.0263	0.9426	1.2291
4.7	2.4404	1.2099	0.0397	0.8115	1.4565	14.4	2.2721	1.1086	0.0243	0.9432	1.2261
4.8	2.4520	1.2184	0.0399	0.8171	1.4543	14.6	2.2699	1.1091	0.0222	0.9438	1.2232
4.9	2.4625	1.2259	0.0360	0.8224	1.4522	14.8	2.2679	1.1093	0.0226	0.9443	1.2204
5.0	2.4720	1.2324	0.0299	0.8275	1.4522	15.0	2.2658	1.1094	0.0250	0.9448	1.2176

Table T1.31

N = 1.300 K = 0.300

X	QEXT	QSCA	QBK	G	QPR	X	QEXT	QSCA	QBK	G	QPR
0.1	0.0694	0.0000	0.0000	0.0016	0.0694	5.2	2.3983	1.1070	0.0277	0.8343	1.4747
0.2	0.1400	0.0000	0.0004	0.0040	0.1400	5.4	2.4004	1.1122	0.0254	0.8421	1.4639
0.3	0.2138	0.0003	0.0022	0.0088	0.2138	5.6	2.4009	1.1160	0.0323	0.8490	1.4534
0.4	0.2920	0.0015	0.0066	0.0156	0.2919	5.8	2.4002	1.1186	0.0405	0.8554	1.4434
0.5	0.3753	0.0047	0.0151	0.0245	0.3750	6.0	2.3983	1.1204	0.0418	0.8611	1.4335
0.6	0.4639	0.0113	0.0287	0.0355	0.4631	6.2	2.3952	1.1214	0.0354	0.8663	1.4237
0.7	0.5574	0.0225	0.0472	0.0489	0.5555	6.4	2.3914	1.1218	0.0283	0.8710	1.4143
0.8	0.6543	0.0397	0.0693	0.0650	0.6502	6.6	2.3872	1.1217	0.0277	0.8754	1.4053
0.9	0.7527	0.0633	0.0919	0.0841	0.7449	6.8	2.3827	1.1213	0.0335	0.8795	1.3966
1.0	0.8506	0.0932	0.1108	0.1066	0.8369	7.0	2.3778	1.1207	0.0394	0.8832	1.3880
1.1	0.9462	0.1284	0.1217	0.1327	0.9240	7.2	2.3726	1.1199	0.0393	0.8866	1.3798
1.2	1.0386	0.1671	0.1214	0.1627	1.0048	7.4	2.3675	1.1190	0.0337	0.8897	1.3719
1.3	1.1276	0.2076	0.1091	0.1961	1.0788	7.6	2.3623	1.1181	0.0287	0.8927	1.3643
1.4	1.2132	0.2485	0.0869	0.2322	1.1461	7.8	2.3572	1.1172	0.0294	0.8954	1.3569
1.5	1.2958	0.2890	0.0596	0.2695	1.2071	8.0	2.3521	1.1164	0.0346	0.8979	1.3498
1.6	1.3754	0.3291	0.0333	0.3063	1.2623	8.2	2.3471	1.1155	0.0387	0.9002	1.3429
1.7	1.4515	0.3691	0.0140	0.3413	1.3118	8.4	2.3423	1.1148	0.0374	0.9024	1.3363
1.8	1.5239	0.4093	0.0056	0.3735	1.3558	8.6	2.3376	1.1142	0.0325	0.9045	1.3299
1.9	1.5921	0.4500	0.0091	0.4027	1.3945	8.8	2.3331	1.1137	0.0292	0.9064	1.3237
2.0	1.6563	0.4908	0.0223	0.4293	1.4282	9.0	2.3287	1.1132	0.0309	0.9082	1.3177
2.1	1.7165	0.5314	0.0408	0.4540	1.4572	9.2	2.3245	1.1126	0.0353	0.9099	1.3119
2.2	1.7731	0.5710	0.0590	0.4776	1.4820	9.4	2.3205	1.1124	0.0378	0.9115	1.3063
2.3	1.8263	0.6094	0.0718	0.5006	1.5029	9.6	2.3166	1.1123	0.0358	0.9130	1.3009
2.4	1.8763	0.6461	0.0761	0.5232	1.5200	9.8	2.3128	1.1123	0.0318	0.9145	1.2956
2.5	1.9231	0.6810	0.0711	0.5454	1.5336	10.0	2.3092	1.1123	0.0300	0.9159	1.2905
2.6	1.9667	0.7141	0.0588	0.5669	1.5441	10.2	2.3057	1.1124	0.0321	0.9172	1.2855
2.7	2.0071	0.7454	0.0430	0.5875	1.5519	10.4	2.3024	1.1125	0.0356	0.9184	1.2807
2.8	2.0448	0.7749	0.0280	0.6069	1.5575	10.6	2.2992	1.1127	0.0368	0.9196	1.2760
2.9	2.0798	0.8029	0.0177	0.6250	1.5615	10.8	2.2961	1.1129	0.0346	0.9208	1.2714
3.0	2.1124	0.8292	0.0142	0.6419	1.5641	11.0	2.2931	1.1131	0.0316	0.9218	1.2670
3.1	2.1427	0.8540	0.0177	0.6576	1.5657	11.2	2.2902	1.1134	0.0308	0.9229	1.2627
3.2	2.1708	0.8774	0.0265	0.6723	1.5661	11.4	2.2875	1.1137	0.0330	0.9238	1.2586
3.3	2.1966	0.8994	0.0376	0.6860	1.5655	11.6	2.2848	1.1141	0.0356	0.9248	1.2545
3.4	2.2201	0.9200	0.0477	0.6988	1.5638	11.8	2.2821	1.1144	0.0359	0.9257	1.2506
3.5	2.2415	0.9393	0.0541	0.7109	1.5611	12.0	2.2796	1.1148	0.0338	0.9265	1.2467
3.6	2.2609	0.9572	0.0552	0.7223	1.5576	12.2	2.2771	1.1151	0.0317	0.9273	1.2430
3.7	2.2786	0.9737	0.0513	0.7330	1.5537	12.4	2.2747	1.1155	0.0317	0.9281	1.2394
3.8	2.2947	0.9889	0.0436	0.7431	1.5493	12.6	2.2724	1.1159	0.0336	0.9289	1.2358
3.9	2.3094	1.0030	0.0347	0.7527	1.5448	12.8	2.2701	1.1163	0.0353	0.9296	1.2324
4.0	2.3228	1.0158	0.0268	0.7617	1.5400	13.0	2.2678	1.1167	0.0351	0.9303	1.2290
4.1	2.3349	1.0277	0.0220	0.7702	1.5351	13.2	2.2657	1.1171	0.0333	0.9309	1.2258
4.2	2.3461	1.0385	0.0213	0.7781	1.5298	13.4	2.2635	1.1174	0.0320	0.9316	1.2226
4.3	2.3556	1.0485	0.0245	0.7855	1.5244	13.6	2.2614	1.1178	0.0323	0.9322	1.2194
4.4	2.3632	1.0575	0.0304	0.7923	1.5188	13.8	2.2594	1.1182	0.0339	0.9328	1.2164
4.5	2.3703	1.0657	0.0371	0.7987	1.5132	14.0	2.2574	1.1185	0.0349	0.9333	1.2134
4.6	2.3764	1.0731	0.0428	0.8047	1.5076	14.2	2.2555	1.1189	0.0345	0.9339	1.2105
4.7	2.3818	1.0797	0.0460	0.8104	1.5020	14.4	2.2535	1.1192	0.0331	0.9344	1.2077
4.8	2.3865	1.0856	0.0460	0.8158	1.4966	14.6	2.2516	1.1196	0.0322	0.9349	1.2049
4.9	2.3905	1.0909	0.0429	0.8208	1.4911	14.8	2.2498	1.1199	0.0327	0.9354	1.2022
5.0	2.3938	1.0957	0.0379	0.8256	1.4857	15.0	2.2480	1.1202	0.0340	0.9359	1.1996

Table T1.32

N = 1.300 K = 0.400

X	QEXT	QSCA	QBK	G	QPR
0.1	0.0925	0.0000	0.0000	0.0014	0.0925
0.2	0.1871	0.0004	0.0006	0.0039	0.1871
0.3	0.2857	0.0021	0.0031	0.0087	0.2857
0.4	0.3896	0.0067	0.0093	0.0155	0.3895
0.5	0.4994	0.0158	0.0212	0.0243	0.4990
0.6	0.6145	0.0314	0.0400	0.0354	0.6134
0.7	0.7333	0.0548	0.0652	0.0489	0.7306
0.8	0.8530	0.0864	0.0945	0.0652	0.8474
0.9	0.9707	0.1253	0.1232	0.0848	0.9600
1.0	1.0835	0.1697	0.1454	0.1081	1.0651
1.1	1.1897	0.2170	0.1558	0.1353	1.1603
1.2	1.2888	0.2648	0.1512	0.1666	1.2447
1.3	1.3810	0.3114	0.1319	0.2013	1.3183
1.4	1.4671	0.3563	0.1022	0.2386	1.3821
1.5	1.5476	0.3994	0.0686	0.2769	1.4370
1.6	1.6229	0.4414	0.0388	0.3147	1.4841
1.7	1.6932	0.4826	0.0190	0.3505	1.5241
1.8	1.7584	0.5232	0.0125	0.3834	1.5578
1.9	1.8188	0.5632	0.0192	0.4133	1.5860
2.0	1.8745	0.6021	0.0357	0.4405	1.6093
2.1	1.9257	0.6395	0.0563	0.4654	1.6280
2.2	1.9726	0.6750	0.0750	0.4888	1.6426
2.3	2.0154	0.7084	0.0867	0.5113	1.6533
2.4	2.0544	0.7394	0.0889	0.5329	1.6604
2.5	2.0899	0.7682	0.0816	0.5539	1.6643
2.6	2.1222	0.7950	0.0677	0.5742	1.6657
2.7	2.1518	0.8200	0.0511	0.5936	1.6650
2.8	2.1788	0.8433	0.0365	0.6119	1.6432
2.9	2.2035	0.8650	0.0274	0.6291	1.6362
3.0	2.2260	0.8853	0.0255	0.6451	1.6549
3.1	2.2462	0.9043	0.0306	0.6600	1.6495
3.2	2.2643	0.9218	0.0406	0.6738	1.6432
3.3	2.2803	0.9379	0.0522	0.6868	1.6362
3.4	2.2945	0.9528	0.0621	0.6989	1.6286
3.5	2.3071	0.9664	0.0677	0.7104	1.6206
3.6	2.3184	0.9789	0.0677	0.7213	1.6123
3.7	2.3285	0.9904	0.0626	0.7315	1.6040
3.8	2.3375	1.0009	0.0541	0.7412	1.5956
3.9	2.3454	1.0107	0.0447	0.7502	1.5872
4.0	2.3522	1.0196	0.0370	0.7587	1.5787
4.1	2.3580	1.0279	0.0329	0.7665	1.5701
4.2	2.3629	1.0353	0.0332	0.7739	1.5616
4.3	2.3669	1.0421	0.0376	0.7808	1.5533
4.4	2.3703	1.0483	0.0444	0.7872	1.5450
4.5	2.3731	1.0539	0.0517	0.7932	1.5370
4.6	2.3754	1.0591	0.0574	0.7989	1.5292
4.7	2.3772	1.0638	0.0600	0.8043	1.5216
4.8	2.3786	1.0682	0.0589	0.8093	1.5141
4.9	2.3795	1.0722	0.0547	0.8141	1.5067
5.0	2.3800	1.0758	0.0486	0.8185	1.4995
5.2	2.3799	1.0821	0.0380	0.8266	1.4854
5.4	2.3788	1.0873	0.0376	0.8338	1.4721
5.6	2.3770	1.0918	0.0468	0.8404	1.4594
5.8	2.3745	1.0956	0.0550	0.8464	1.4473
6.0	2.3715	1.0988	0.0541	0.8517	1.4356
6.2	2.3680	1.1016	0.0457	0.8567	1.4244
6.4	2.3645	1.1040	0.0391	0.8612	1.4137
6.6	2.3607	1.1061	0.0407	0.8654	1.4035
6.8	2.3569	1.1081	0.0481	0.8693	1.3936
7.0	2.3529	1.1098	0.0531	0.8728	1.3842
7.2	2.3490	1.1114	0.0507	0.8761	1.3752
7.4	2.3451	1.1129	0.0441	0.8792	1.3666
7.6	2.3412	1.1144	0.0404	0.8821	1.3583
7.8	2.3374	1.1157	0.0431	0.8847	1.3504
8.0	2.3337	1.1170	0.0488	0.8872	1.3427
8.2	2.3300	1.1182	0.0513	0.8895	1.3355
8.4	2.3265	1.1194	0.0484	0.8916	1.3284
8.6	2.3230	1.1205	0.0435	0.8936	1.3217
8.8	2.3196	1.1217	0.0418	0.8955	1.3152
9.0	2.3163	1.1227	0.0447	0.8972	1.3089
9.2	2.3131	1.1238	0.0488	0.8989	1.3029
9.4	2.3100	1.1248	0.0498	0.9005	1.2971
9.6	2.3070	1.1258	0.0469	0.9020	1.2915
9.8	2.3040	1.1268	0.0435	0.9034	1.2860
10.0	2.3011	1.1277	0.0430	0.9048	1.2808
10.2	2.2983	1.1286	0.0457	0.9061	1.2757
10.4	2.2955	1.1295	0.0484	0.9073	1.2707
10.6	2.2928	1.1304	0.0485	0.9084	1.2660
10.8	2.2902	1.1312	0.0461	0.9095	1.2613
11.0	2.2877	1.1320	0.0438	0.9106	1.2569
11.2	2.2852	1.1328	0.0440	0.9116	1.2526
11.4	2.2827	1.1335	0.0462	0.9125	1.2483
11.6	2.2803	1.1343	0.0480	0.9134	1.2443
11.8	2.2780	1.1350	0.0476	0.9143	1.2403
12.0	2.2757	1.1357	0.0457	0.9151	1.2365
12.2	2.2735	1.1363	0.0443	0.9159	1.2328
12.4	2.2713	1.1369	0.0447	0.9166	1.2291
12.6	2.2691	1.1375	0.0464	0.9174	1.2256
12.8	2.2670	1.1381	0.0475	0.9181	1.2221
13.0	2.2650	1.1387	0.0470	0.9187	1.2188
13.2	2.2630	1.1392	0.0462	0.9194	1.2156
13.4	2.2610	1.1398	0.0446	0.9200	1.2124
13.6	2.2590	1.1403	0.0452	0.9206	1.2093
13.8	2.2571	1.1408	0.0465	0.9212	1.2063
14.0	2.2552	1.1413	0.0471	0.9217	1.2034
14.2	2.2534	1.1417	0.0466	0.9222	1.2005
14.4	2.2516	1.1421	0.0454	0.9227	1.1977
14.6	2.2498	1.1425	0.0449	0.9232	1.1950
14.8	2.2481	1.1429	0.0455	0.9237	1.1923
15.0	2.2464	1.1433	0.0464	0.9241	1.1897

Table T1.33

N = 1.300 K = 0.500

X	QEXT	QSCA	QBK	G	QPR	X	QEXT	QSCA	QBK	G	QPR
0.1	0.1159	0.0000	0.0001	0.0013	0.1159	5.2	2.3935	1.1009	0.0508	0.8166	1.4945
0.2	0.2344	0.0006	0.0009	0.0038	0.2344	5.4	2.3906	1.1062	0.0536	0.8235	1.4797
0.3	0.3580	0.0030	0.0043	0.0086	0.3579	5.6	2.3874	1.1109	0.0653	0.8298	1.4656
0.4	0.4880	0.0092	0.0129	0.0153	0.4522	5.8	2.3838	1.1152	0.0727	0.8354	1.4522
0.5	0.6245	0.0218	0.0293	0.0241	0.4879	6.0	2.3800	1.1190	0.0688	0.8405	1.4395
0.6	0.7659	0.0430	0.0549	0.0351	0.6240	6.2	2.3762	1.1224	0.0587	0.8452	1.4274
0.7	0.9090	0.0744	0.0888	0.0486	0.7644	6.4	2.3723	1.1256	0.0533	0.8496	1.4160
0.8	1.0494	0.1160	0.1271	0.0652	0.9053	6.6	2.3684	1.1285	0.0575	0.8537	1.4050
0.9	1.1830	0.1659	0.1629	0.0852	1.0419	6.8	2.3644	1.1313	0.0660	0.8574	1.3945
1.0	1.3064	0.2210	0.1886	0.1091	1.1689	7.0	2.3604	1.1337	0.0695	0.8608	1.3845
1.1	1.4184	0.2777	0.1976	0.1373	1.2823	7.2	2.3566	1.1360	0.0650	0.8641	1.3750
1.2	1.5191	0.3330	0.1872	0.1696	1.3802	7.4	2.3527	1.1382	0.0579	0.8670	1.3659
1.3	1.6098	0.3852	0.1595	0.2055	1.4626	7.6	2.3490	1.1402	0.0557	0.8698	1.3572
1.4	1.6921	0.4340	0.1209	0.2440	1.5306	7.8	2.3453	1.1422	0.0600	0.8724	1.3489
1.5	1.7673	0.4796	0.0803	0.2834	1.5863	8.0	2.3417	1.1440	0.0657	0.8748	1.3409
1.6	1.8362	0.5231	0.0465	0.3221	1.6314	8.2	2.3381	1.1457	0.0669	0.8770	1.3333
1.7	1.8994	0.5650	0.0262	0.3586	1.6678	8.4	2.3347	1.1473	0.0628	0.8791	1.3260
1.8	1.9572	0.6057	0.0221	0.3921	1.6968	8.6	2.3313	1.1489	0.0581	0.8810	1.3191
1.9	2.0097	0.6451	0.0329	0.4221	1.7197	8.8	2.3280	1.1504	0.0576	0.8829	1.3124
2.0	2.0570	0.6828	0.0537	0.4491	1.7374	9.0	2.3247	1.1517	0.0613	0.8846	1.3059
2.1	2.0992	0.7184	0.0776	0.4735	1.7503	9.2	2.3216	1.1531	0.0650	0.8862	1.2997
2.2	2.1366	0.7515	0.0977	0.4962	1.7590	9.4	2.3185	1.1543	0.0649	0.8878	1.2937
2.3	2.1698	0.7819	0.1088	0.5177	1.7637	9.6	2.3155	1.1555	0.0616	0.8892	1.2879
2.4	2.1992	0.8097	0.1087	0.5384	1.7650	9.8	2.3125	1.1567	0.0586	0.8906	1.2824
2.5	2.2255	0.8352	0.0983	0.5584	1.7633	10.0	2.3096	1.1578	0.0590	0.8919	1.2770
2.6	2.2491	0.8586	0.0813	0.5777	1.7591	10.2	2.3068	1.1588	0.0620	0.8932	1.2718
2.7	2.2705	0.8802	0.0625	0.5962	1.7532	10.4	2.3040	1.1598	0.0643	0.8944	1.2668
2.8	2.2896	0.9003	0.0471	0.6136	1.7458	10.6	2.3013	1.1607	0.0636	0.8955	1.2619
2.9	2.3066	0.9189	0.0386	0.6298	1.7373	10.8	2.2986	1.1616	0.0610	0.8966	1.2572
3.0	2.3215	0.9362	0.0387	0.6449	1.7279	11.0	2.2960	1.1625	0.0592	0.8976	1.2526
3.1	2.3343	0.9521	0.0464	0.6590	1.7177	11.2	2.2935	1.1633	0.0599	0.8985	1.2483
3.2	2.3452	0.9666	0.0589	0.6720	1.7069	11.4	2.2910	1.1641	0.0622	0.8995	1.2440
3.3	2.3546	0.9798	0.0722	0.6843	1.6957	11.6	2.2886	1.1648	0.0636	0.9003	1.2399
3.4	2.3628	0.9919	0.0826	0.6958	1.6842	11.8	2.2862	1.1655	0.0628	0.9012	1.2359
3.5	2.3699	1.0030	0.0873	0.7068	1.6726	12.0	2.2839	1.1662	0.0608	0.9020	1.2320
3.6	2.3761	1.0131	0.0855	0.7171	1.6610	12.2	2.2816	1.1668	0.0598	0.9027	1.2282
3.7	2.3815	1.0225	0.0781	0.7269	1.6496	12.4	2.2793	1.1674	0.0605	0.9035	1.2245
3.8	2.3859	1.0312	0.0674	0.7360	1.6382	12.6	2.2771	1.1680	0.0623	0.9042	1.2210
3.9	2.3896	1.0392	0.0566	0.7446	1.6269	12.8	2.2749	1.1686	0.0631	0.9049	1.2175
4.0	2.3924	1.0466	0.0487	0.7525	1.6158	13.0	2.2728	1.1691	0.0623	0.9055	1.2142
4.1	2.3945	1.0533	0.0456	0.7599	1.6048	13.2	2.2707	1.1696	0.0608	0.9061	1.2109
4.2	2.3960	1.0595	0.0478	0.7668	1.5940	13.4	2.2687	1.1701	0.0602	0.9067	1.2077
4.3	2.3971	1.0652	0.0544	0.7733	1.5836	13.6	2.2667	1.1706	0.0609	0.9073	1.2046
4.4	2.3979	1.0704	0.0630	0.7794	1.5734	13.8	2.2647	1.1711	0.0621	0.9079	1.2016
4.5	2.3983	1.0752	0.0713	0.7851	1.5636	14.0	2.2628	1.1715	0.0626	0.9084	1.1986
4.6	2.3984	1.0797	0.0767	0.7905	1.5541	14.2	2.2609	1.1719	0.0619	0.9089	1.1957
4.7	2.3983	1.0839	0.0780	0.7956	1.5449	14.4	2.2590	1.1723	0.0608	0.9094	1.1929
4.8	2.3978	1.0878	0.0751	0.8004	1.5359	14.6	2.2572	1.1727	0.0604	0.9099	1.1902
4.9	2.3970	1.0915	0.0689	0.8048	1.5271	14.8	2.2554	1.1730	0.0611	0.9104	1.1875
5.0	2.3960	1.0948	0.0614	0.8090	1.5186	15.0	2.2536	1.1734	0.0621	0.9108	1.1849
5.1					1.5103						

Table T1.34

N = 1.300 K = 1.000

X	QEXT	QSCA	QBK	G	QPR	X	QEXT	QSCA	QBK	G	QPR
0.1	0.2245	0.0001	0.0002	0.0010	0.2245	5.2	2.5705	1.3388	0.1527	0.7587	1.5548
0.2	0.4578	0.0021	0.0031	0.0034	0.4578	5.4	2.5609	1.3413	0.1800	0.7641	1.5360
0.3	0.7066	0.0106	0.0154	0.0076	0.7065	5.6	2.5515	1.3434	0.2003	0.7691	1.5184
0.4	0.9730	0.0329	0.0466	0.0135	0.9726	5.8	2.5426	1.3452	0.1935	0.7735	1.5020
0.5	1.2521	0.0773	0.1055	0.0214	1.2504	6.0	2.5340	1.3468	0.1699	0.7777	1.4866
0.6	1.5302	0.1496	0.1948	0.0315	1.5255	6.2	2.5257	1.3482	0.1555	0.7815	1.4721
0.7	1.7879	0.2491	0.3052	0.0443	1.7769	6.4	2.5176	1.3494	0.1635	0.7851	1.4582
0.8	2.0066	0.3674	0.4149	0.0606	1.9843	6.6	2.5098	1.3505	0.1828	0.7884	1.4451
0.9	2.1762	0.4902	0.4972	0.0812	2.1364	6.8	2.5022	1.3514	0.1922	0.7914	1.4327
1.0	2.2986	0.6043	0.5313	0.1068	2.2341	7.0	2.4950	1.3521	0.1832	0.7943	1.4210
1.1	2.3841	0.7014	0.5100	0.1381	2.2872	7.2	2.4879	1.3528	0.1671	0.7969	1.4098
1.2	2.4457	0.7796	0.4406	0.1752	2.3091	7.4	2.4811	1.3534	0.1609	0.7994	1.3992
1.3	2.4946	0.8418	0.3409	0.2174	2.3116	7.6	2.4745	1.3539	0.1696	0.8017	1.3892
1.4	2.5379	0.8930	0.2342	0.2627	2.3033	7.8	2.4681	1.3543	0.1826	0.8038	1.3796
1.5	2.5784	0.9378	0.1439	0.3084	2.2891	8.0	2.4620	1.3546	0.1860	0.8057	1.3705
1.6	2.6150	0.9795	0.0882	0.3512	2.2711	8.2	2.4560	1.3549	0.1776	0.8075	1.3618
1.7	2.6457	1.0190	0.0760	0.3885	2.2498	8.4	2.4501	1.3551	0.1670	0.8092	1.3535
1.8	2.6685	1.0559	0.1041	0.4195	2.2255	8.6	2.4445	1.3552	0.1653	0.8108	1.3456
1.9	2.6833	1.0892	0.1588	0.4448	2.1989	8.8	2.4390	1.3554	0.1728	0.8123	1.3380
2.0	2.6917	1.1178	0.2212	0.4659	2.1709	9.0	2.4337	1.3554	0.1812	0.8137	1.3308
2.1	2.6959	1.1419	0.2723	0.4847	2.1426	9.2	2.4286	1.3555	0.1817	0.8151	1.3238
2.2	2.6987	1.1620	0.2984	0.5027	2.1146	9.4	2.4235	1.3555	0.1747	0.8163	1.3170
2.3	2.7008	1.1792	0.2940	0.5204	2.0871	9.6	2.4187	1.3554	0.1679	0.8175	1.3106
2.4	2.7028	1.1946	0.2625	0.5381	2.0600	9.8	2.4139	1.3554	0.1681	0.8187	1.3043
2.5	2.7042	1.2088	0.2147	0.5553	2.0329	10.0	2.4093	1.3553	0.1743	0.8198	1.2983
2.6	2.7041	1.2220	0.1653	0.5715	2.0057	10.2	2.4048	1.3552	0.1797	0.8208	1.2925
2.7	2.7023	1.2343	0.1281	0.5864	1.9785	10.4	2.4005	1.3551	0.1788	0.8218	1.2869
2.8	2.6987	1.2453	0.1123	0.5998	1.9517	10.6	2.3962	1.3549	0.1732	0.8227	1.2815
2.9	2.6939	1.2549	0.1201	0.6121	1.9258	10.8	2.3920	1.3547	0.1690	0.8236	1.2763
3.0	2.6886	1.2632	0.1468	0.6234	1.9011	11.0	2.3880	1.3546	0.1702	0.8244	1.2713
3.1	2.6833	1.2705	0.1828	0.6341	1.8777	11.2	2.3840	1.3544	0.1751	0.8252	1.2664
3.2	2.6784	1.2770	0.2166	0.6444	1.8555	11.4	2.3802	1.3542	0.1783	0.8260	1.2617
3.3	2.6736	1.2829	0.2385	0.6543	1.8342	11.6	2.3764	1.3539	0.1769	0.8267	1.2571
3.4	2.6687	1.2885	0.2429	0.6638	1.8134	11.8	2.3727	1.3537	0.1724	0.8274	1.2527
3.5	2.6636	1.2937	0.2297	0.6727	1.7932	12.0	2.3692	1.3535	0.1698	0.8280	1.2485
3.6	2.6580	1.2987	0.2040	0.6810	1.7736	12.2	2.3657	1.3532	0.1713	0.8286	1.2443
3.7	2.6520	1.3031	0.1741	0.6886	1.7547	12.4	2.3623	1.3530	0.1751	0.8292	1.2403
3.8	2.6459	1.3071	0.1488	0.6956	1.7367	12.6	2.3589	1.3527	0.1772	0.8298	1.2364
3.9	2.6399	1.3107	0.1354	0.7021	1.7196	12.8	2.3557	1.3525	0.1755	0.8304	1.2326
4.0	2.6340	1.3139	0.1488	0.7082	1.7035	13.0	2.3525	1.3522	0.1724	0.8309	1.2289
4.1	2.6285	1.3169	0.1702	0.7140	1.6882	13.2	2.3493	1.3519	0.1708	0.8314	1.2254
4.2	2.6230	1.3196	0.1927	0.7195	1.6736	13.4	2.3463	1.3516	0.1731	0.8319	1.2219
4.3	2.6177	1.3222	0.2096	0.7247	1.6594	13.6	2.3433	1.3513	0.1761	0.8324	1.2185
4.4	2.6122	1.3247	0.2164	0.7296	1.6458	13.8	2.3403	1.3511	0.1745	0.8328	1.2152
4.5	2.6068	1.3270	0.2118	0.7341	1.6326	14.0	2.3375	1.3508	0.1727	0.8332	1.2120
4.6	2.6013	1.3292	0.1979	0.7383	1.6199	14.2	2.3347	1.3505	0.1716	0.8337	1.2088
4.7	2.5958	1.3311	0.1794	0.7422	1.6078	14.4	2.3319	1.3502	0.1728	0.8341	1.2058
4.8	2.5904	1.3329	0.1617	0.7459	1.5963	14.6	2.3292	1.3499	0.1752	0.8344	1.2028
4.9	2.5853	1.3345	0.1499	0.7493	1.5853	14.8	2.3266	1.3496	0.1752	0.8348	1.1999
5.0	2.5802	1.3360	0.1499	0.7526	1.5748	15.0	2.3240	1.3493	0.1754	0.8352	1.1971

Table T1.35

N = 1.300 K = 1.500

X	QEXT	QSCA	QBK	G	QPR	X	QEXT	QSCA	QBK	G	QPR
0.1	0.2742	0.0003	0.0004	0.0008	0.2742	5.2	2.7459	1.6000	0.2831	0.7064	1.6157
0.2	0.5692	0.0045	0.0066	0.0027	0.5692	5.4	2.7309	1.5983	0.3595	0.7108	1.5949
0.3	0.9043	0.0230	0.0337	0.0060	0.9042	5.6	2.7165	1.5964	0.3850	0.7146	1.5758
0.4	1.2918	0.0731	0.1051	0.0106	1.2910	5.8	2.7033	1.5943	0.3384	0.7181	1.5584
0.5	1.7258	0.1750	0.2448	0.0168	1.7228	6.0	2.6908	1.5924	0.2758	0.7215	1.5418
0.6	2.1708	0.3402	0.4594	0.0249	2.1624	6.2	2.6785	1.5906	0.2631	0.7246	1.5259
0.7	2.5660	0.5576	0.7170	0.0355	2.5462	6.4	2.6665	1.5887	0.3072	0.7274	1.5108
0.8	2.8546	0.7904	0.9505	0.0495	2.8154	6.6	2.6551	1.5867	0.3556	0.7300	1.4968
0.9	3.0182	0.9960	1.0918	0.0681	2.9503	6.8	2.6445	1.5847	0.3574	0.7325	1.4836
1.0	3.0815	1.1492	1.1071	0.0927	2.9749	7.0	2.6341	1.5829	0.3156	0.7348	1.4710
1.1	3.0886	1.2487	1.0025	0.1249	2.9326	7.2	2.6240	1.5810	0.2775	0.7369	1.4589
1.2	3.0790	1.3085	0.8097	0.1658	2.8621	7.4	2.6142	1.5791	0.2818	0.7388	1.4476
1.3	3.0767	1.3464	0.5729	0.2146	2.7877	7.6	2.6050	1.5773	0.3191	0.7406	1.4369
1.4	3.0897	1.3774	0.3436	0.2683	2.7202	7.8	2.5961	1.5754	0.3474	0.7422	1.4267
1.5	3.1127	1.4100	0.1730	0.3209	2.6602	8.0	2.5874	1.5737	0.3383	0.7438	1.4169
1.6	3.1339	1.4459	0.0978	0.3663	2.6043	8.2	2.5789	1.5719	0.3047	0.7452	1.4076
1.7	3.1434	1.4812	0.1263	0.4014	2.5488	8.4	2.5709	1.5702	0.2834	0.7465	1.3988
1.8	3.1377	1.5113	0.2351	0.4266	2.4931	8.6	2.5631	1.5684	0.2949	0.7477	1.3904
1.9	3.1205	1.5333	0.3809	0.4449	2.4384	8.8	2.5555	1.5668	0.3238	0.7488	1.3822
2.0	3.0986	1.5473	0.5164	0.4600	2.3869	9.0	2.5482	1.5651	0.3389	0.7499	1.3744
2.1	3.0786	1.5557	0.6029	0.4748	2.3399	9.2	2.5410	1.5635	0.3257	0.7510	1.3669
2.2	3.0637	1.5617	0.6185	0.4908	2.2973	9.4	2.5342	1.5619	0.3004	0.7519	1.3597
2.3	3.0537	1.5675	0.5624	0.5079	2.2576	9.6	2.5275	1.5603	0.2902	0.7528	1.3528
2.4	3.0460	1.5745	0.4551	0.5251	2.2192	9.8	2.5210	1.5588	0.3032	0.7537	1.3461
2.5	3.0372	1.5822	0.3311	0.5412	2.1809	10.0	2.5147	1.5573	0.3245	0.7545	1.3397
2.6	3.0253	1.5895	0.2274	0.5553	2.1426	10.2	2.5086	1.5558	0.3316	0.7553	1.3335
2.7	3.0102	1.5954	0.1715	0.5671	2.1054	10.4	2.5027	1.5544	0.3175	0.7560	1.3275
2.8	2.9934	1.5992	0.1740	0.5773	2.0701	10.6	2.4969	1.5529	0.2992	0.7567	1.3217
2.9	2.9769	1.6012	0.2283	0.5865	2.0377	10.8	2.4912	1.5515	0.2953	0.7574	1.3161
3.0	2.9622	1.6021	0.3134	0.5955	2.0082	11.0	2.4858	1.5501	0.3087	0.7580	1.3107
3.1	2.9498	1.6028	0.4015	0.6045	1.9809	11.2	2.4804	1.5488	0.3235	0.7586	1.3055
3.2	2.9391	1.6037	0.4657	0.6136	1.9551	11.4	2.4752	1.5474	0.3260	0.7591	1.3005
3.3	2.9289	1.6050	0.4882	0.6224	1.9299	11.6	2.4702	1.5461	0.3131	0.7597	1.2956
3.4	2.9182	1.6066	0.4650	0.6306	1.9051	11.8	2.4652	1.5448	0.3015	0.7602	1.2909
3.5	2.9066	1.6079	0.4061	0.6380	1.8808	12.0	2.4604	1.5436	0.3009	0.7606	1.2863
3.6	2.8942	1.6088	0.3309	0.6445	1.8574	12.2	2.4557	1.5423	0.3117	0.7611	1.2819
3.7	2.8818	1.6090	0.2623	0.6503	1.8355	12.4	2.4511	1.5411	0.3209	0.7615	1.2775
3.8	2.8700	1.6087	0.2193	0.6557	1.8153	12.6	2.4467	1.5399	0.3210	0.7619	1.2733
3.9	2.8592	1.6081	0.2120	0.6608	1.7966	12.8	2.4423	1.5387	0.3083	0.7623	1.2693
4.0	2.8493	1.6075	0.2398	0.6658	1.7791	13.0	2.4380	1.5376	0.3025	0.7627	1.2653
4.1	2.8402	1.6071	0.2918	0.6706	1.7624	13.2	2.4339	1.5364	0.3023	0.7631	1.2615
4.2	2.8312	1.6068	0.3508	0.6752	1.7462	13.4	2.4298	1.5353	0.3117	0.7634	1.2577
4.3	2.8220	1.6066	0.3986	0.6795	1.7303	13.6	2.4258	1.5342	0.3205	0.7637	1.2541
4.4	2.8126	1.6063	0.4219	0.6834	1.7148	13.8	2.4219	1.5331	0.3180	0.7641	1.2505
4.5	2.8031	1.6058	0.4154	0.6870	1.7000	14.0	2.4181	1.5320	0.3092	0.7644	1.2470
4.6	2.7938	1.6051	0.3828	0.6902	1.6860	14.2	2.4143	1.5310	0.3042	0.7646	1.2437
4.7	2.7848	1.6043	0.3352	0.6931	1.6728	14.4	2.4107	1.5300	0.3053	0.7649	1.2404
4.8	2.7764	1.6033	0.2871	0.6960	1.6605	14.6	2.4071	1.5289	0.3140	0.7652	1.2372
4.9	2.7685	1.6024	0.2522	0.6988	1.6489	14.8	2.4036	1.5279	0.3182	0.7654	1.2341
5.0	2.7609	1.6015	0.2399	0.7014	1.6376	15.0	2.4001	1.5270	0.3155	0.7657	1.2310

Table T1.36

N = 1.300 K = 2.000

X	QEXT	QSCA	QBK	G	QPR
0.1	0.2343	0.0004	0.0006	0.0006	0.2343
0.2	0.4970	0.0062	0.0093	0.0018	0.4970
0.3	0.8211	0.0330	0.0488	0.0040	0.8210
0.4	1.2410	0.1088	0.1593	0.0072	1.2402
0.5	1.7749	0.2713	0.3910	0.0115	1.7718
0.6	2.3902	0.5477	0.7710	0.0173	2.3807
0.7	2.9773	0.9157	1.2449	0.0252	2.9542
0.8	3.3963	1.2893	1.6665	0.0362	3.3497
0.9	3.5846	1.5748	1.8924	0.0513	3.5039
1.0	3.5912	1.7373	1.8770	0.0723	3.4655
1.1	3.5109	1.8003	1.6595	0.1019	3.3276
1.2	3.4220	1.8079	1.3066	0.1423	3.1647
1.3	3.3680	1.7995	0.8893	0.1945	3.0179
1.4	3.3605	1.8010	0.4879	0.2550	2.9013
1.5	3.3860	1.8226	0.1921	0.3149	2.8120
1.6	3.4166	1.8591	0.0731	0.3647	2.7386
1.7	3.4273	1.8965	0.1456	0.3993	2.6700
1.8	3.4091	1.9223	0.3601	0.4205	2.6007
1.9	3.3694	1.9319	0.6315	0.4335	2.5319
2.0	3.3228	1.9284	0.8745	0.4439	2.4669
2.1	3.2830	1.9186	1.0230	0.4557	2.4086
2.2	3.2568	1.9096	1.0395	0.4708	2.3577
2.3	3.2438	1.9057	0.9223	0.4887	2.3125
2.4	3.2377	1.9078	0.7096	0.5072	2.2700
2.5	3.2301	1.9131	0.4691	0.5238	2.2289
2.6	3.2157	1.9179	0.2734	0.5370	2.1858
2.7	3.1938	1.9192	0.1744	0.5469	2.1443
2.8	3.1677	1.9163	0.1895	0.5544	2.1053
2.9	3.1420	1.9103	0.3031	0.5612	2.0700
3.0	3.1206	1.9033	0.4744	0.5683	2.0389
3.1	3.1048	1.8975	0.6490	0.5764	2.0112
3.2	3.0934	1.8939	0.7739	0.5851	1.9853
3.3	3.0836	1.8923	0.8130	0.5938	1.9599
3.4	3.0725	1.8916	0.7588	0.6017	1.9344
3.5	3.0587	1.8906	0.6327	0.6082	1.9087
3.6	3.0424	1.8882	0.4761	0.6135	1.8839
3.7	3.0252	1.8844	0.3355	0.6179	1.8609
3.8	3.0091	1.8796	0.2495	0.6219	1.8396
3.9	2.9952	1.8747	0.2387	0.6259	1.8217
4.0	2.9839	1.8705	0.3017	0.6303	1.8049
4.1	2.9742	1.8673	0.4152	0.6347	1.7889
4.2	2.9650	1.8650	0.5424	0.6391	1.7731
4.3	2.9551	1.8629	0.6440	0.6431	1.7570
4.4	2.9439	1.8607	0.6911	0.6465	1.7410
4.5	2.9319	1.8579	0.6729	0.6493	1.7256
4.6	2.9198	1.8545	0.5979	0.6517	1.7112
4.7	2.9085	1.8508	0.4907	0.6540	1.6981
4.8	2.8984	1.8472	0.3834	0.6562	1.6862
4.9	2.8895	1.8439	0.3068	0.6586	1.6751
5.0	2.8815	1.8411	0.2814	0.6611	1.6644
5.2	2.8652	1.8364	0.3857	0.6657	1.6427
5.4	2.8471	1.8315	0.5627	0.6693	1.6213
5.6	2.8294	1.8257	0.6177	0.6722	1.6021
5.8	2.8144	1.8201	0.5027	0.6752	1.5855
6.0	2.8008	1.8155	0.3526	0.6783	1.5695
6.2	2.7868	1.8112	0.3265	0.6810	1.5534
6.4	2.7723	1.8065	0.4385	0.6832	1.5380
6.6	2.7590	1.8017	0.5576	0.6853	1.5244
6.8	2.7473	1.7973	0.5578	0.6873	1.5119
7.0	2.7357	1.7934	0.4479	0.6894	1.4995
7.2	2.7238	1.7894	0.3516	0.6911	1.4872
7.4	2.7123	1.7853	0.3674	0.6925	1.4760
7.6	2.7019	1.7813	0.4683	0.6939	1.4658
7.8	2.6920	1.7777	0.5414	0.6953	1.4559
8.0	2.6821	1.7743	0.5121	0.6966	1.4462
8.2	2.6722	1.7707	0.4191	0.6977	1.4368
8.4	2.6629	1.7672	0.3633	0.6987	1.4282
8.6	2.6542	1.7639	0.3997	0.6996	1.4201
8.8	2.6457	1.7608	0.4821	0.7006	1.4121
9.0	2.6371	1.7577	0.5211	0.7014	1.4042
9.2	2.6288	1.7546	0.4794	0.7022	1.3967
9.4	2.6210	1.7516	0.4059	0.7029	1.3898
9.6	2.6135	1.7487	0.3791	0.7037	1.3830
9.8	2.6061	1.7459	0.4228	0.7044	1.3763
10.0	2.5988	1.7432	0.4861	0.7050	1.3699
10.2	2.5917	1.7405	0.5020	0.7055	1.3638
10.4	2.5850	1.7379	0.4572	0.7061	1.3580
10.6	2.5785	1.7353	0.4022	0.7066	1.3522
10.8	2.5720	1.7329	0.3941	0.7071	1.3466
11.0	2.5656	1.7304	0.4383	0.7075	1.3413
11.2	2.5595	1.7280	0.4840	0.7079	1.3362
11.4	2.5536	1.7257	0.4855	0.7083	1.3312
11.6	2.5478	1.7235	0.4424	0.7087	1.3263
11.8	2.5421	1.7213	0.4036	0.7091	1.3216
12.0	2.5366	1.7191	0.4083	0.7094	1.3171
12.2	2.5312	1.7170	0.4481	0.7097	1.3127
12.4	2.5259	1.7149	0.4807	0.7100	1.3084
12.6	2.5208	1.7129	0.4734	0.7103	1.3041
12.8	2.5157	1.7109	0.4356	0.7105	1.3001
13.0	2.5108	1.7089	0.4103	0.7108	1.2961
13.2	2.5060	1.7070	0.4193	0.7110	1.2923
13.4	2.5013	1.7052	0.4527	0.7113	1.2885
13.6	2.4967	1.7033	0.4727	0.7115	1.2848
13.8	2.4922	1.7015	0.4591	0.7117	1.2813
14.0	2.4878	1.6998	0.4280	0.7118	1.2778
14.2	2.4835	1.6981	0.4121	0.7120	1.2744
14.4	2.4792	1.6964	0.4284	0.7122	1.2711
14.6	2.4751	1.6947	0.4571	0.7123	1.2679
14.8	2.4710	1.6931	0.4696	0.7125	1.2648
15.0	2.4671	1.6915	0.4556	0.7126	1.2617

Table T1.37

N = 1.300   K = 2.500

X	QEXT	QSCA	QBK	G	QPR	X	QEXT	QSCA	QBK	G	QPR
0.1	0.1638	0.0004	0.0006	0.0003	0.1638	5.2	2.9083	2.0242	0.4096	0.6335	1.6259
0.2	0.3541	0.0067	0.0101	0.0008	0.3541	5.4	2.8915	2.0183	0.7244	0.6371	1.6055
0.3	0.6071	0.0362	0.0543	0.0018	0.6070	5.6	2.8717	2.0098	0.8805	0.6394	1.5867
0.4	0.9694	0.1226	0.1835	0.0035	0.9690	5.8	2.8553	2.0010	0.7243	0.6417	1.5713
0.5	1.4892	0.3176	0.4721	0.0061	1.4872	6.0	2.8434	1.9945	0.4380	0.6448	1.5574
0.6	2.1750	0.6708	0.9833	0.0101	2.1682	6.2	2.8162	1.9895	0.3305	0.6476	1.5427
0.7	2.9250	1.1690	1.6723	0.0161	2.9062	6.4	2.8015	1.9834	0.4981	0.6496	1.5278
0.8	3.5250	1.6850	2.3190	0.0247	3.4835	6.6	2.7900	1.9762	0.7421	0.6511	1.5148
0.9	3.8157	2.0565	2.6707	0.0369	3.7398	6.8	2.7800	1.9699	0.8002	0.6529	1.5039
1.0	3.8266	2.2266	2.6513	0.0544	3.7056	7.0	2.7686	1.9650	0.6210	0.6550	1.4930
1.1	3.6941	2.2468	2.3421	0.0797	3.5150	7.2	2.7562	1.9602	0.4075	0.6566	1.4814
1.2	3.5386	2.1962	1.8539	0.1164	3.2829	7.4	2.7453	1.9545	0.3835	0.6578	1.4706
1.3	3.4290	2.1362	1.2783	0.1669	3.0725	7.6	2.7362	1.9488	0.5593	0.6589	1.4613
1.4	3.3911	2.1038	1.4742	0.2293	2.9086	7.8	2.7289	1.9440	0.7373	0.6602	1.4528
1.5	3.4156	2.1130	1.3388	0.2947	2.7930	8.0	2.7271	1.9398	0.7289	0.6615	1.4440
1.6	3.4668	2.1541	1.0535	0.3503	2.7123	8.2	2.7169	1.9353	0.5542	0.6624	1.4350
1.7	3.5017	2.2018	0.1236	0.3880	2.6473	8.4	2.7070	1.9304	0.4051	0.6631	1.4269
1.8	3.4960	2.2325	0.4151	0.4088	2.5833	8.6	2.6984	1.9258	0.4339	0.6640	1.4198
1.9	3.4526	2.2366	0.8055	0.4190	2.5155	8.8	2.6906	1.9219	0.5990	0.6649	1.4127
2.0	3.3910	2.2193	1.1698	0.4256	2.4465	9.0	2.6823	1.9181	0.7185	0.6657	1.4054
2.1	3.3326	2.1923	1.4125	0.4341	2.3809	9.2	2.6736	1.9140	0.6702	0.6663	1.3983
2.2	3.2920	2.1677	1.4742	0.4473	2.3224	9.4	2.6655	1.9099	0.5129	0.6669	1.3919
2.3	3.2736	2.1536	1.3388	0.4651	2.2719	9.6	2.6584	1.9061	0.4168	0.6675	1.3860
2.4	3.2717	2.1519	1.0444	0.4851	2.2278	9.8	2.6514	1.9027	0.4773	0.6682	1.3800
2.5	3.2739	2.1584	0.6815	0.5035	2.1872	10.0	2.6439	1.8993	0.6214	0.6687	1.3739
2.6	3.2685	2.1655	0.3625	0.5177	2.1475	10.2	2.6365	1.8956	0.6938	0.6691	1.3681
2.7	3.2501	2.1669	0.1768	0.5271	2.1080	10.4	2.6298	1.8921	0.6233	0.6695	1.3630
2.8	3.2213	2.1606	0.1627	0.5330	2.0697	10.6	2.6236	1.8889	0.4900	0.6700	1.3580
2.9	3.1887	2.1482	0.3063	0.5376	2.0339	10.8	2.6172	1.8859	0.4354	0.6704	1.3528
3.0	3.1597	2.1336	0.5546	0.5427	2.0018	11.0	2.6106	1.8827	0.5120	0.6708	1.3477
3.1	3.1390	2.1210	0.8311	0.5495	1.9736	11.2	2.6043	1.8796	0.6316	0.6711	1.3430
3.2	3.1272	2.1129	1.0531	0.5579	1.9483	11.4	2.5986	1.8765	0.6679	0.6714	1.3387
3.3	3.1209	2.1097	1.1541	0.5670	1.9246	11.6	2.5929	1.8737	0.5873	0.6717	1.3343
3.4	3.1150	2.1092	1.1066	0.5755	1.9011	11.8	2.5871	1.8710	0.4789	0.6720	1.3298
3.5	3.1052	2.1086	0.9315	0.5823	1.8773	12.0	2.5814	1.8681	0.4577	0.6722	1.3256
3.6	3.0900	2.1056	0.6874	0.5872	1.8536	12.2	2.5759	1.8653	0.5385	0.6724	1.3216
3.7	3.0710	2.0995	0.4482	0.5906	1.8309	12.4	2.5708	1.8627	0.6337	0.6727	1.3178
3.8	3.0511	2.0911	0.2799	0.5934	1.8103	12.6	2.5657	1.8602	0.6435	0.6729	1.3139
3.9	3.0337	2.0820	0.2248	0.5963	1.7921	12.8	2.5605	1.8577	0.5623	0.6731	1.3101
4.0	3.0205	2.0742	0.2924	0.5999	1.7762	13.0	2.5554	1.8551	0.4774	0.6733	1.3064
4.1	3.0114	2.0686	0.4576	0.6042	1.7616	13.2	2.5506	1.8527	0.4772	0.6734	1.3030
4.2	3.0046	2.0652	0.6676	0.6088	1.7474	13.4	2.5460	1.8503	0.5570	0.6736	1.2996
4.3	2.9977	2.0629	0.8564	0.6131	1.7330	13.6	2.5413	1.8480	0.6293	0.6738	1.2962
4.4	2.9886	2.0606	0.9679	0.6166	1.7181	13.8	2.5366	1.8457	0.6207	0.6739	1.2928
4.5	2.9769	2.0571	0.9732	0.6192	1.7032	14.0	2.5321	1.8434	0.5425	0.6740	1.2897
4.6	2.9635	2.0521	0.8757	0.6211	1.6890	14.2	2.5278	1.8412	0.4795	0.6741	1.2866
4.7	2.9501	2.0461	0.7078	0.6226	1.6761	14.4	2.5236	1.8391	0.4968	0.6742	1.2836
4.8	2.9381	2.0399	0.5196	0.6243	1.6647	14.6	2.5193	1.8370	0.5671	0.6743	1.2806
4.9	2.9286	2.0343	0.3650	0.6263	1.6545	14.8	2.5151	1.8349	0.6243	0.6744	1.2776
5.0	2.9211	2.0300	0.2869	0.6286	1.6451	15.0	2.5111	1.8329	0.5996	0.6745	1.2749

Table T1.38

N = 1.300 K = 3.000

X	QEXT	QSCA	QBK	G	QPR	X	QEXT	QSCA	QBK	G	QPR
0.1	0.1084	0.0004	0.0006	0.0000	0.1084	5.2	2.8878	2.1532	0.3726	0.6073	1.5801
0.2	0.2392	0.0066	0.0099	-0.0004	0.2392	5.4	2.8765	2.1487	0.7876	0.6116	1.5624
0.3	0.4250	0.0356	0.0541	-0.0006	0.4250	5.6	2.8577	2.1398	1.0946	0.6136	1.5447
0.4	0.7122	0.1219	0.1867	-0.0005	0.7123	5.8	2.8392	2.1284	0.9794	0.6152	1.5299
0.5	1.1608	0.3224	0.4943	0.0007	1.1606	6.0	2.8277	2.1201	0.5817	0.6180	1.5175
0.6	1.8153	0.7024	1.0695	0.0034	1.8129	6.2	2.8193	2.1155	0.3306	0.6212	1.5051
0.7	2.6217	1.2704	1.9000	0.0082	2.6113	6.4	2.8070	2.1099	0.4778	0.6234	1.4918
0.8	3.3594	1.8930	2.7406	0.0155	3.3300	6.6	2.7917	2.1016	0.8391	0.6245	1.4793
0.9	3.7831	2.3513	3.2390	0.0261	3.7218	6.8	2.7794	2.0934	1.0237	0.6259	1.4692
1.0	3.8573	2.5488	3.2578	0.0413	3.7521	7.0	2.7713	2.0879	0.8450	0.6280	1.4601
1.1	3.7148	2.5485	2.9023	0.0635	3.5626	7.2	2.7628	2.0836	0.5062	0.6299	1.4503
1.2	3.5354	2.4572	2.3268	0.0963	3.2988	7.4	2.7512	2.0778	0.3691	0.6310	1.4401
1.3	3.3827	2.3556	1.6449	0.1431	3.0456	7.6	2.7395	2.07C8	0.5611	0.6317	1.4313
1.4	3.3079	2.2907	0.9555	0.2038	2.8412	7.8	2.7309	2.0649	0.8642	0.6329	1.4241
1.5	3.3148	2.2824	0.3827	0.2709	2.6964	8.0	2.7239	2.0607	0.9531	0.6343	1.4168
1.6	3.3734	2.3229	0.0659	0.3311	2.6043	8.2	2.7155	2.0565	0.7444	0.6354	1.4088
1.7	3.4335	2.3817	0.0867	0.3733	2.5443	8.4	2.7055	2.0510	0.4702	0.6360	1.4011
1.8	3.4544	2.4243	0.4026	0.3963	2.4937	8.6	2.6966	2.0454	0.4161	0.6366	1.3946
1.9	3.4331	2.4243	0.8723	0.4061	2.4382	8.8	2.6899	2.0409	0.6266	0.6375	1.3889
2.0	3.3650	2.4112	1.3378	0.4160	2.3752	9.0	2.6834	2.0373	0.8680	0.6385	1.3827
2.1	3.2962	2.3732	1.6761	0.4264	2.3091	9.2	2.6754	2.0331	0.8859	0.6391	1.3761
2.2	3.2412	2.3354	1.8090	0.4427	2.2454	9.4	2.6671	2.0283	0.6721	0.6395	1.3701
2.3	3.2115	2.3101	1.7031	0.4629	2.1887	9.6	2.6603	2.0238	0.4568	0.6400	1.3651
2.4	3.2066	2.3026	1.3831	0.4829	2.1407	9.8	2.6546	2.0202	0.4637	0.6407	1.3602
2.5	3.2153	2.3093	0.9399	0.4988	2.1002	10.0	2.6483	2.0168	0.6740	0.6413	1.3549
2.6	3.2221	2.3206	0.5096	0.5091	2.0645	10.2	2.6411	2.0129	0.8581	0.6417	1.3495
2.7	3.2152	2.3266	0.2192	0.5148	2.0306	10.4	2.6344	2.0088	0.8263	0.6420	1.3448
2.8	3.1924	2.3220	0.1383	0.5180	1.9971	10.6	2.6287	2.0051	0.6195	0.6424	1.3407
2.9	3.1594	2.3074	0.2668	0.5213	1.9641	10.8	2.6235	2.0020	0.4596	0.6429	1.3364
3.0	3.1251	2.2877	0.5505	0.5263	1.9326	11.0	2.6176	1.9988	0.5089	0.6433	1.3318
3.1	3.0978	2.2688	0.9023	0.5338	1.9036	11.2	2.6113	1.9952	0.7060	0.6435	1.3274
3.2	3.0816	2.2556	1.2201	0.5429	1.8776	11.4	2.6057	1.9917	0.8412	0.6437	1.3237
3.3	3.0755	2.2497	1.4105	0.5520	1.8542	11.6	2.6009	1.9887	0.7747	0.6440	1.3201
3.4	3.0744	2.2495	1.4166	0.5597	1.8325	11.8	2.5960	1.9859	0.5840	0.6444	1.3163
3.5	3.0716	2.2511	1.2410	0.5651	1.8116	12.0	2.5905	1.9829	0.4710	0.6446	1.3124
3.6	3.0626	2.2503	0.9446	0.5683	1.7910	12.2	2.5851	1.9797	0.5489	0.6447	1.3088
3.7	3.0465	2.2449	0.6193	0.5703	1.7707	12.4	2.5804	1.9767	0.7281	0.6449	1.3056
3.8	3.0261	2.2352	C.3574	0.5721	1.7514	12.6	2.5760	1.9740	0.8195	0.6452	1.3024
3.9	3.0057	2.2233	0.2259	0.5747	1.7337	12.8	2.5714	1.9714	0.7311	0.6454	1.2990
4.0	2.9891	2.2119	0.2539	0.5785	1.7178	13.0	2.5664	1.9686	0.5619	0.6455	1.2956
4.1	2.9782	2.2034	0.4276	0.5830	1.7036	13.2	2.5618	1.9658	0.4877	0.6456	1.2926
4.2	2.9723	2.1986	0.6920	0.5877	1.6905	13.4	2.5576	1.9632	0.5828	0.6458	1.2898
4.3	2.9687	2.1965	0.9653	0.5918	1.6778	13.6	2.5536	1.9608	0.7407	0.6460	1.2870
4.4	2.9641	2.1954	1.1649	0.5947	1.6649	13.8	2.5492	1.9583	0.7941	0.6461	1.2839
4.5	2.9561	2.1931	1.2338	0.5966	1.6519	14.0	2.5448	1.9558	0.6940	0.6462	1.2811
4.6	2.9445	2.1885	1.1581	0.5977	1.6390	14.2	2.5408	1.9533	0.5480	0.6462	1.2785
4.7	2.9307	2.1816	0.9658	0.5987	1.6267	14.4	2.5370	1.9510	0.5068	0.6464	1.2760
4.8	2.9170	2.1736	C.7151	0.6001	1.6156	14.6	2.5332	1.9488	0.6100	0.6465	1.2734
4.9	2.9055	2.1659	0.4772	0.6001	1.6057	14.8	2.5292	1.9465	C.7446	0.6465	1.2707
5.0	2.8973	2.1598	0.3180	0.6021	1.5968	15.0	2.5253	1.9442	C.7703	0.6466	1.2682

Table T1.39

N = 1.300 K = 3.500

X	QEXT	QSCA	QBK	G	QPR
0.1	0.0727	0.0004	0.0006	-0.0003	0.0727
0.2	0.1648	0.0063	0.0095	-0.0017	0.1648
0.3	0.3044	0.0339	0.0524	-0.0033	0.3045
0.4	0.5333	0.1166	0.1828	-0.0046	0.5338
0.5	0.9113	0.3111	0.4916	-0.0029	0.9128
0.6	1.4998	0.6889	1.0861	0.0012	1.5018
0.7	2.2867	1.2771	1.9836	0.0080	2.2851
0.8	3.0852	1.9555	2.9502	0.0178	3.0695
0.9	3.6145	2.4828	3.5702	0.0318	3.5702
1.0	3.7701	2.7210	3.6614	0.0522	3.6836
1.1	3.6702	2.7246	3.2998	0.0823	3.5281
1.2	3.4781	2.6153	2.6784	0.1257	3.2629
1.3	3.3028	2.4880	1.9335	0.1836	2.9899
1.4	3.1987	2.3980	1.1698	0.2502	2.7584
1.5	3.1814	2.3709	0.5101	0.3127	2.5882
1.6	3.2322	2.4040	0.1035	0.3588	2.4804
1.7	3.3045	2.4678	0.0589	0.3847	2.4192
1.8	3.3492	2.5223	0.3605	0.3954	2.3789
1.9	3.3427	2.5412	0.8680	0.3990	2.3378
2.0	3.2930	2.5227	1.4021	0.4025	2.2864
2.1	3.2243	2.4812	1.8168	0.4104	2.2257
2.2	3.1611	2.4352	2.0182	0.4246	2.1617
2.3	3.1202	2.4006	1.9605	0.4439	2.1008
2.4	3.1070	2.3856	1.6542	0.4644	2.0480
2.5	3.1149	2.3896	1.1795	0.4818	2.0051
2.6	3.1288	2.4032	0.6767	0.4935	1.9709
2.7	3.1333	2.4144	0.2969	0.4997	1.9417
2.8	3.1207	2.4145	0.1397	0.5026	1.9141
2.9	3.0931	2.4018	0.2258	0.5046	1.8861
3.0	3.0587	2.3806	0.5079	0.5081	1.8574
3.1	3.0271	2.3578	0.8963	0.5142	1.8291
3.2	3.0053	2.3398	1.2808	0.5226	1.8022
3.3	2.9957	2.3302	1.5518	0.5320	1.7779
3.4	2.9951	2.3287	1.6289	0.5404	1.7563
3.5	2.9970	2.3317	1.4906	0.5466	1.7370
3.6	2.9947	2.3337	1.1848	0.5502	1.7192
3.7	2.9846	2.3311	0.8093	0.5520	1.7021
3.8	2.9674	2.3225	0.4729	0.5532	1.6853
3.9	2.9468	2.3099	0.2641	0.5549	1.6691
4.0	2.9278	2.2963	0.2316	0.5577	1.6537
4.1	2.9138	2.2850	0.3771	0.5619	1.6393
4.2	2.9061	2.2780	0.6545	0.5667	1.6262
4.3	2.9033	2.2752	0.9802	0.5712	1.6140
4.4	2.9019	2.2749	1.2556	0.5747	1.6025
4.5	2.8983	2.2744	1.4006	0.5769	1.5913
4.6	2.8906	2.2716	1.3766	0.5780	1.5802
4.7	2.8789	2.2656	1.1989	0.5787	1.5694
4.8	2.8653	2.2572	0.9233	0.5795	1.5591
4.9	2.8524	2.2482	0.6282	0.5810	1.5495
5.0	2.8423	2.2403	0.3949		1.5407

X	QEXT	QSCA	QBK	G	QPR
5.2	2.8325	2.2318	0.3314	0.5859	1.5248
5.4	2.8265	2.2290	0.7706	0.5908	1.5095
5.6	2.8122	2.2220	1.2135	0.5932	1.4941
5.8	2.7930	2.2096	1.1978	0.5942	1.4800
6.0	2.7797	2.1992	0.7613	0.5964	1.4682
6.2	2.7735	2.1944	0.3710	0.5998	1.4573
6.4	2.7656	2.1905	0.4304	0.6025	1.4458
6.6	2.7520	2.1828	0.8460	0.6035	1.4346
6.8	2.7384	2.1732	1.1655	0.6044	1.4249
7.0	2.7303	2.1667	1.0603	0.6063	1.4166
7.2	2.7247	2.1631	0.6535	0.6085	1.4083
7.4	2.7159	2.1584	0.3819	0.6099	1.3995
7.6	2.7044	2.1512	0.5160	0.6104	1.3913
7.8	2.6950	2.1442	0.8948	0.6112	1.3844
8.0	2.6892	2.1397	1.1147	0.6127	1.3782
8.2	2.6834	2.1364	0.9490	0.6140	1.3716
8.4	2.6749	2.1315	0.5870	0.6147	1.3646
8.6	2.6656	2.1253	0.4091	0.6150	1.3585
8.8	2.6589	2.1201	0.5891	0.6158	1.3534
9.0	2.6541	2.1167	0.9252	0.6169	1.3483
9.2	2.6481	2.1133	1.0598	0.6177	1.3427
9.4	2.6404	2.1085	0.8614	0.6181	1.3372
9.6	2.6332	2.1035	0.5472	0.6184	1.3324
9.8	2.6281	2.0996	0.4432	0.6190	1.3283
10.0	2.6235	2.0966	0.6496	0.6198	1.3240
10.2	2.6176	2.0932	0.9379	0.6203	1.3193
10.4	2.6109	2.0888	1.0064	0.6205	1.3148
10.6	2.6053	2.0847	0.7919	0.6208	1.3112
10.8	2.6011	2.0816	0.5239	0.6213	1.3077
11.0	2.5966	2.0789	0.4809	0.6218	1.3039
11.2	2.5910	2.0755	0.6973	0.6221	1.2999
11.4	2.5854	2.0717	0.9385	0.6222	1.2964
11.6	2.5809	2.0684	0.9573	0.6225	1.2934
11.8	2.5771	2.0657	0.7376	0.6229	1.2904
12.0	2.5727	2.0631	0.5154	0.6232	1.2870
12.2	2.5676	2.0599	0.5184	0.6233	1.2837
12.4	2.5629	2.0566	0.7360	0.6234	1.2808
12.6	2.5591	2.0538	0.9348	0.6237	1.2782
12.8	2.5555	2.0515	0.9114	0.6240	1.2755
13.0	2.5513	2.0489	0.6957	0.6242	1.2725
13.2	2.5468	2.0459	0.5167	0.6243	1.2697
13.4	2.5429	2.0431	0.5545	0.6245	1.2673
13.6	2.5395	2.0408	0.7645	0.6247	1.2650
13.8	2.5361	2.0386	0.9240	0.6248	1.2625
14.0	2.5321	2.0361	0.8710	0.6249	1.2599
14.2	2.5282	2.0334	0.6632	0.6251	1.2576
14.4	2.5247	2.0310	0.5219	0.6252	1.2555
14.6	2.5217	2.0289	0.5870	0.6253	1.2534
14.8	2.5183	2.0268	0.7850		1.2511
15.0	2.5147	2.0245	0.9083		1.2489

Table T1.40

N = 1.400   K = 0.0

X	QEXT	QSCA	QBK	G	QPR	X	QEXT	QSCA	QBK	G	QPR
0.1	0.0000	0.0000	0.0000	0.0016	0.0000	5.2	4.0353	4.0353	0.5936	0.7497	1.0102
0.2	0.0003	0.0003	0.0000	0.0041	0.0000	5.4	4.1370	4.1370	0.9657	0.7583	0.9998
0.3	0.0013	0.0013	0.0004	0.0091	0.0002	5.6	4.0145	4.0145	0.9101	0.7586	0.9690
0.4	0.0040	0.0040	0.0018	0.0160	0.0013	5.8	3.8188	3.8188	0.6788	0.7504	0.9533
0.5	0.0097	0.0097	0.0056	0.0250	0.0039	6.0	3.7775	3.7775	0.5382	0.7448	0.9639
0.6	0.0200	0.0200	0.0130	0.0358	0.0095	6.2	3.8294	3.8294	0.6399	0.7532	0.9450
0.7	0.0365	0.0365	0.0253	0.0486	0.0192	6.4	3.6237	3.6237	0.7619	0.7572	0.8797
0.8	0.0609	0.0609	0.0433	0.0634	0.0347	6.6	3.3268	3.3268	0.8331	0.7410	0.8617
0.9	0.0946	0.0946	0.0669	0.0805	0.0570	6.8	3.2079	3.2079	0.8952	0.7165	0.9096
1.0	0.1382	0.1382	0.0945	0.1000	0.0870	7.0	3.2508	3.2508	0.6230	0.7163	0.9222
1.1	0.1914	0.1914	0.1228	0.1224	0.1244	7.2	3.0222	3.0222	0.4032	0.7242	0.8335
1.2	0.2529	0.2529	0.1471	0.1477	0.1679	7.4	2.6929	2.6929	0.5131	0.7049	0.7948
1.3	0.3210	0.3210	0.1616	0.1764	0.2155	7.6	2.5429	2.5429	0.9873	0.6649	0.8522
1.4	0.3949	0.3949	0.1613	0.2079	0.2644	7.8	2.6149	2.6149	1.0600	0.6558	0.9000
1.5	0.4754	0.4754	0.1438	0.2413	0.3128	8.0	2.4152	2.4152	0.3308	0.6660	0.8066
1.6	0.5660	0.5660	0.1108	0.2744	0.3606	8.2	2.1200	2.1200	0.1795	0.6399	0.7634
1.7	0.6724	0.6724	0.0712	0.3040	0.4107	8.4	1.9923	1.9923	0.6055	0.7303	0.8254
1.8	0.7992	0.7992	0.0381	0.3277	0.4680	8.6	2.1258	2.1258	1.4667	0.5797	0.8935
1.9	0.9458	0.9458	0.0277	0.3451	0.5373	8.8	1.9835	1.9835	0.6160	0.6071	0.7793
2.0	1.1028	1.1028	0.0525	0.3581	0.6195	9.0	1.7643	1.7643	0.1245	0.5861	0.7303
2.1	1.2547	1.2547	0.1138	0.3703	0.7079	9.2	1.6944	1.6944	0.2909	0.5247	0.8053
2.2	1.3894	1.3894	0.1984	0.3853	0.7901	9.4	1.9095	1.9095	1.4812	0.5238	0.9093
2.3	1.5054	1.5054	0.2835	0.4051	0.8541	9.6	1.8318	1.8318	1.1367	0.5773	0.7743
2.4	1.6114	1.6114	0.3472	0.4307	0.8955	9.8	1.6965	1.6965	0.2525	0.5890	0.6972
2.5	1.7219	1.7219	0.3747	0.4614	0.9173	10.0	1.6884	1.6884	0.3658	0.5487	0.7619
2.6	1.8506	1.8506	0.3600	0.4947	0.9274	10.2	1.9822	1.9822	1.4330	0.5425	0.9068
2.7	2.0045	2.0045	0.3077	0.5271	0.9350	10.4	1.9579	1.9579	1.5143	0.6026	0.7780
2.8	2.1776	2.1776	0.2345	0.5546	0.9479	10.6	1.8904	1.8904	0.5059	0.6391	0.6823
2.9	2.3509	2.3509	0.1703	0.5749	0.9700	10.8	1.9183	1.9183	0.5066	0.6272	0.7152
3.0	2.5027	2.5027	0.1478	0.5886	0.9994	11.0	2.2610	2.2610	2.2157	0.6139	0.8731
3.1	2.6229	2.6229	0.1849	0.5980	1.0297	11.2	2.2653	2.2653	1.6240	0.6656	0.7574
3.2	2.7182	2.7182	0.2763	0.6060	1.0545	11.4	2.2364	2.2364	0.6855	0.7042	0.6615
3.3	2.8053	2.8053	0.4000	0.6150	1.0710	11.6	2.2642	2.2642	0.3821	0.7024	0.6739
3.4	2.9032	2.9032	0.5271	0.6266	1.0800	11.8	2.6077	2.6077	3.7059	0.6809	0.8321
3.5	3.0256	3.0256	0.6286	0.6410	1.0840	12.0	2.6073	2.6073	2.2449	0.7229	0.7225
3.6	3.1719	3.1720	0.6686	0.6568	1.0862	12.2	2.5847	2.5847	0.6168	0.7604	0.6192
3.7	3.3224	3.3224	0.6279	0.6716	1.0886	12.4	2.5836	2.5836	0.1403	0.7611	0.6173
3.8	3.4476	3.4476	0.5181	0.6834	1.0912	12.6	2.8000	2.8000	0.4516	0.7303	0.7768
3.9	3.5317	3.5317	0.3881	0.6921	1.0915	12.8	2.8478	2.8478	3.7312	0.7566	0.6931
4.0	3.5818	3.5818	0.2967	0.6984	1.0875	13.0	2.8008	2.8008	0.6946	0.7934	0.5787
4.1	3.6187	3.6187	0.2800	0.7036	1.0801	13.2	2.7601	2.7601	0.1292	0.7994	0.5537
4.2	3.6647	3.6647	0.3478	0.7084	1.0726	13.4	2.9762	2.9762	4.3609	0.7674	0.6923
4.3	3.7366	3.7366	0.4916	0.7137	1.0686	13.6	2.9069	2.9069	4.6964	0.7741	0.6568
4.4	3.8370	3.8370	0.6815	0.7199	1.0698	13.8	2.8143	2.8143	1.2116	0.8063	0.5450
4.5	3.9447	3.9447	0.8652	0.7265	1.0748	14.0	2.7400	2.7400	0.3951	0.8137	0.5104
4.6	4.0220	4.0220	0.9457	0.7323	1.0789	14.2	2.7804	2.7804	4.4998	0.7901	0.6141
4.7	4.0464	4.0464	0.7295	0.7365	1.0766	14.4	2.6372	2.6372	4.3387	0.7791	0.5041
4.8	4.0278	4.0278	0.5556	0.7393	1.0661	14.6	2.6372	2.6372	1.4201	0.8089	0.4815
4.9	3.9938	3.9938	0.4277	0.7414	1.0499	14.8	2.5495	2.5495	0.5384	0.8111	0.5268
5.0	3.9722	3.9722	0.3802	0.7435	1.0328	15.0	2.5925	2.5925	5.2124	0.7968	0.5268

Table T1.41

N = 1.400 K = 0.050

X	QEXT	QSCA	QBK	G	QPR
0.1	0.0108	0.0000	0.0000	0.0017	0.0108
0.2	0.0221	0.0003	0.0004	0.0042	0.0221
0.3	0.0347	0.0013	0.0019	0.0091	0.0347
0.4	0.0498	0.0040	0.0056	0.0160	0.0498
0.5	0.0689	0.0098	0.0131	0.0250	0.0686
0.6	0.0935	0.0201	0.0255	0.0359	0.0928
0.7	0.1254	0.0366	0.0434	0.0489	0.1236
0.8	0.1659	0.0607	0.0664	0.0640	0.1620
0.9	0.2158	0.0935	0.0928	0.0815	0.2082
1.0	0.2753	0.1354	0.1190	0.1017	0.2615
1.1	0.3434	0.1856	0.1354	0.1249	0.3203
1.2	0.4187	0.2426	0.1399	0.1515	0.3820
1.3	0.4998	0.3048	0.1501	0.1814	0.4445
1.4	0.5863	0.3712	0.1453	0.2143	0.5067
1.5	0.6358	0.4427	0.1241	0.2487	0.5693
1.6	0.6794	0.4427	0.0899	0.2487	0.5693
1.7	0.7820	0.5216	0.0511	0.2825	0.6347
1.8	0.8968	0.6113	0.0203	0.3128	0.7056
1.9	1.0237	0.7132	0.0099	0.3377	0.7828
2.0	1.1584	0.8250	0.0276	0.3577	0.8632
2.1	1.2923	0.9399	0.0715	0.3746	0.9402
2.2	1.4174	1.0502	0.1301	0.3912	1.0066
2.3	1.5309	1.1510	0.1865	0.4104	1.0586
2.4	1.6358	1.2430	0.2250	0.4335	1.0970
2.5	1.7395	1.3311	0.2344	0.4608	1.1261
2.6	1.8494	1.4219	0.2110	0.4912	1.1510
2.7	1.9698	1.5203	0.1605	0.5224	1.1756
2.8	2.0987	1.6293	0.0992	0.5513	1.2019
2.9	2.2281	1.7363	0.0493	0.5755	1.2289
3.0	2.3477	1.8401	0.0301	0.5943	1.2541
3.1	2.4514	1.9316	0.0492	0.6088	1.2755
3.2	2.5402	2.0097	0.1007	0.6207	1.2927
3.3	2.6209	2.0785	0.1690	0.6323	1.3068
3.4	2.7025	2.1450	0.2335	0.6447	1.3195
3.5	2.7911	2.2156	0.2727	0.6587	1.3318
3.6	2.8869	2.2923	0.2712	0.6734	1.3433
3.7	2.9829	2.3710	0.2274	0.6877	1.3524
3.8	3.0685	2.4434	0.1572	0.7003	1.3574
3.9	3.1362	2.5019	0.0871	0.7108	1.3579
4.0	3.1862	2.5443	0.0411	0.7195	1.3556
4.1	3.2259	2.5744	0.0325	0.7273	1.3534
4.2	3.2648	2.5998	0.0632	0.7350	1.3539
4.3	3.3102	2.6275	0.1238	0.7429	1.3583
4.4	3.3631	2.6609	0.1937	0.7509	1.3651
4.5	3.4169	2.6975	0.2458	0.7584	1.3712
4.6	3.4604	2.7293	0.2579	0.7697	1.3731
4.7	3.4848	2.7481	0.2264	0.7697	1.3694
4.8	3.4899	2.7507	0.1660	0.7736	1.3618
4.9	3.4835	2.7404	0.0989	0.7772	1.3536
5.0	3.4764	2.7242	0.0455	0.7813	1.3481
5.0	3.4773	2.7097	0.0210	0.7862	1.3470

X	QEXT	QSCA	QBK	G	QPR
5.2	3.5037	2.6971	0.0801	0.7978	1.3520
5.4	3.4999	2.6740	0.1873	0.8057	1.3454
5.6	3.4258	2.6001	0.1876	0.8069	1.3278
5.8	3.3473	2.5072	0.0927	0.8074	1.3230
6.0	3.3135	2.4382	0.0125	0.8131	1.3310
6.2	3.2665	2.3699	0.0536	0.8201	1.3230
6.4	3.1545	2.2596	0.1407	0.8206	1.3003
6.6	3.0373	2.1341	0.1578	0.8165	1.2948
6.8	2.9726	2.0391	0.0805	0.8155	1.3097
7.0	2.9132	1.9595	0.0062	0.8186	1.3092
7.2	2.7998	1.8500	0.0458	0.8179	1.2867
7.4	2.6800	1.7266	0.1301	0.8122	1.2777
7.6	2.6141	1.6333	0.1601	0.8086	1.2934
7.8	2.5676	1.5664	0.0747	0.8096	1.2995
8.0	2.4797	1.4843	0.0053	0.8072	1.2815
8.2	2.3845	1.3913	0.0466	0.7998	1.2717
8.4	2.3390	1.3233	0.1523	0.7958	1.2860
8.6	2.3203	1.2834	0.1869	0.7993	1.2944
8.8	2.2710	1.2384	0.0849	0.8010	1.2790
9.0	2.2271	1.1862	0.0111	0.7961	1.2683
9.2	2.1963	1.1537	0.0512	0.7932	1.2812
9.4	2.2080	1.1461	0.1813	0.7996	1.2915
9.6	2.1968	1.1371	0.2096	0.8079	1.2781
9.8	2.1736	1.1209	0.1165	0.8109	1.2647
10.0	2.1824	1.1187	0.0306	0.8127	1.2732
10.2	2.2167	1.1366	0.0547	0.8203	1.2843
10.4	2.2329	1.1540	0.1752	0.8305	1.2745
10.6	2.2338	1.1626	0.2208	0.8379	1.2597
10.8	2.2563	1.1778	0.1688	0.8436	1.2626
11.0	2.2992	1.2068	0.0581	0.8517	1.2714
11.2	2.3276	1.2350	0.0402	0.8608	1.2646
11.4	2.3385	1.2537	0.1354	0.8677	1.2506
11.6	2.3612	1.2730	0.2294	0.8730	1.2497
11.8	2.3989	1.2996	0.2120	0.8797	1.2556
12.0	2.4251	1.3241	0.0759	0.8873	1.2502
12.2	2.4334	1.3391	0.0202	0.8932	1.2373
12.4	2.4463	1.3515	0.0949	0.8969	1.2341
12.6	2.4694	1.3668	0.2193	0.9010	1.2379
12.8	2.4839	1.3791	0.2138	0.9062	1.2342
13.0	2.4813	1.3825	0.0939	0.9109	1.2228
13.2	2.4871	1.3830	0.0179	0.9162	1.2199
13.4	2.4872	1.3812	0.0608	0.9191	1.2178
13.6	2.4748	1.3729	0.1707	0.9240	1.2090
13.8	2.4612	1.3610	0.1910	0.9256	1.2041
14.0	2.4528	1.3492	0.0266	0.9272	1.2029
14.2	2.4418	1.3362	0.0268	0.9286	1.1966
14.4	2.4221	1.3197	0.1087	0.9295	1.1920
14.6	2.4017	1.3014	0.1654	0.9301	1.1919
14.8	2.3859	1.2838	0.1307	0.9301	1.1919
15.0	2.3859	1.2838	0.1307	0.9301	1.1919

Table T1.42   83

N = 1.400   K = 0.100

X	QEXT	QSCA	QBK	G	QPR	X	QEXT	QSCA	QBK	G	QPR
0.1	0.0215	0.0000	0.0000	0.0016	0.0215	5.2	3.1342	2.0103	0.0268	0.8199	1.4859
0.2	0.0439	0.0003	0.0004	0.0042	0.0439	5.4	3.1110	1.9768	0.0620	0.8273	1.4757
0.3	0.0681	0.0013	0.0019	0.0091	0.0681	5.6	3.0650	1.9262	0.0593	0.8313	1.4638
0.4	0.0956	0.0042	0.0059	0.0161	0.0955	5.8	3.0234	1.8699	0.0273	0.8360	1.4601
0.5	0.1279	0.0102	0.0137	0.0250	0.1277	6.0	2.9905	1.8178	0.0110	0.8427	1.4587
0.6	0.1668	0.0209	0.0265	0.0360	0.1660	6.2	2.9437	1.7626	0.0315	0.8482	1.4486
0.7	0.2136	0.0378	0.0448	0.0491	0.2117	6.4	2.8796	1.6972	0.0535	0.8508	1.4357
0.8	0.2694	0.0624	0.0681	0.0645	0.2654	6.6	2.8212	1.6303	0.0449	0.8526	1.4313
0.9	0.3346	0.0954	0.0942	0.0824	0.3267	6.8	2.7766	1.5717	0.0177	0.8558	1.4316
1.0	0.4086	0.1369	0.1191	0.1032	0.3945	7.0	2.7275	1.5167	0.0139	0.8590	1.4246
1.1	0.4900	0.1857	0.1376	0.1273	0.4664	7.2	2.6668	1.4573	0.0420	0.8605	1.4128
1.2	0.5772	0.2402	0.1445	0.1548	0.5400	7.4	2.6119	1.3984	0.0635	0.8614	1.4074
1.3	0.6690	0.2988	0.1360	0.1859	0.6134	7.6	2.5724	1.3487	0.0482	0.8635	1.4078
1.4	0.7652	0.3604	0.1121	0.2198	0.6860	7.8	2.5349	1.3067	0.0138	0.8659	1.4035
1.5	0.8669	0.4257	0.0770	0.2550	0.7584	8.0	2.4904	1.2651	0.0101	0.8668	1.3937
1.6	0.9758	0.4964	0.0397	0.2893	0.8322	8.2	2.4505	1.2251	0.0449	0.8674	1.3879
1.7	1.0919	0.5741	0.0115	0.3202	0.9081	8.4	2.4248	1.1929	0.0767	0.8695	1.3876
1.8	1.2132	0.6591	0.0025	0.3465	0.9847	8.6	2.4044	1.1688	0.0627	0.8726	1.3844
1.9	1.3345	0.7488	0.0170	0.3687	1.0584	8.8	2.3797	1.1473	0.0199	0.8747	1.3761
2.0	1.4506	0.8389	0.0516	0.3886	1.1246	9.0	2.3577	1.1276	0.0042	0.8760	1.3698
2.1	1.5585	0.9250	0.0960	0.4306	1.1805	9.2	2.3469	1.1138	0.0371	0.8784	1.3686
2.2	1.6590	1.0055	0.1369	0.4306	1.2260	9.4	2.3419	1.1064	0.0800	0.8820	1.3660
2.3	1.7557	1.0810	0.1621	0.4555	1.2632	9.6	2.3340	1.1015	0.0776	0.8854	1.3587
2.4	1.8531	1.1543	0.1636	0.4832	1.2953	9.8	2.3266	1.0976	0.0342	0.8881	1.3518
2.5	1.9540	1.2283	0.1400	0.5124	1.3247	10.0	2.3267	1.0971	0.0029	0.8911	1.3491
2.6	2.0579	1.3043	0.0982	0.5410	1.3523	10.2	2.3315	1.1009	0.0230	0.8947	1.3465
2.7	2.1610	1.3812	0.0517	0.5670	1.3779	10.4	2.3340	1.1062	0.0695	0.8984	1.3402
2.8	2.2581	1.4560	0.0160	0.5891	1.4004	10.6	2.3350	1.1112	0.0844	0.9015	1.3332
2.9	2.3454	1.5252	0.0025	0.6073	1.4192	10.8	2.3401	1.1174	0.0509	0.9047	1.3292
3.0	2.4227	1.5869	0.0144	0.6226	1.4348	11.0	2.3482	1.1255	0.0091	0.9081	1.3261
3.1	2.4931	1.6418	0.0465	0.6364	1.4482	11.2	2.3543	1.1342	0.0103	0.9114	1.3206
3.2	2.5610	1.6924	0.0879	0.6500	1.4609	11.4	2.3577	1.1417	0.0505	0.9142	1.3140
3.3	2.6296	1.7416	0.1244	0.6639	1.4733	11.6	2.3625	1.1488	0.0798	0.9168	1.3093
3.4	2.6993	1.7910	0.1433	0.6782	1.4847	11.8	2.3690	1.1561	0.0630	0.9196	1.3058
3.5	2.7673	1.8399	0.1375	0.6922	1.4938	12.0	2.3735	1.1631	0.0211	0.9223	1.3008
3.6	2.8291	1.8858	0.1093	0.7051	1.4993	12.2	2.3752	1.1686	0.0052	0.9246	1.2948
3.7	2.8809	1.9254	0.0691	0.7167	1.5010	12.4	2.3767	1.1730	0.0312	0.9265	1.2899
3.8	2.9224	1.9569	0.0307	0.7268	1.5001	12.6	2.3789	1.1768	0.0659	0.9285	1.2862
3.9	2.9564	1.9805	0.0058	0.7361	1.4986	12.8	2.3796	1.1798	0.0665	0.9305	1.2818
4.0	2.9874	1.9987	0.0007	0.7450	1.4984	13.0	2.3778	1.1815	0.0342	0.9322	1.2765
4.1	3.0187	2.0144	0.0156	0.7538	1.5004	13.2	2.3753	1.1820	0.0085	0.9336	1.2717
4.2	3.0514	2.0300	0.0442	0.7624	1.5038	13.4	2.3730	1.1818	0.0179	0.9350	1.2681
4.3	3.0830	2.0455	0.0752	0.7705	1.5069	13.6	2.3698	1.1809	0.0483	0.9362	1.2642
4.4	3.1093	2.0593	0.0966	0.7777	1.5077	13.8	2.3650	1.1792	0.0617	0.9373	1.2597
4.5	3.1267	2.0685	0.1005	0.7838	1.5054	14.0	2.3594	1.1766	0.0437	0.9383	1.2554
4.6	3.1344	2.0711	0.0870	0.7889	1.5005	14.2	2.3540	1.1736	0.0171	0.9392	1.2518
4.7	3.1350	2.0670	0.0618	0.7932	1.4948	14.4	2.3485	1.1703	0.0129	0.9400	1.2485
4.8	3.1328	2.0578	0.0341	0.7982	1.4902	14.6	2.3420	1.1666	0.0332	0.9406	1.2446
4.9	3.1317	2.0460	0.0125	0.8034	1.4879	14.8	2.3352	1.1627	0.0517	0.9412	1.2409
5.0	3.1330	2.0340	0.0036	0.8090	1.4875	15.0	2.3288	1.1587	0.0471	0.9417	1.2377

Table T1.43

N = 1.400 K = 0.200

x	QEXT	QSCA	QBK	G	QPR	x	QEXT	QSCA	QBK	G	QPR
0.1	0.0431	0.0000	0.0000	0.0014	0.0431	5.2	2.7261	1.4182	0.0283	0.8339	1.5434
0.2	0.0875	0.0003	0.0005	0.0041	0.0875	5.4	2.7069	1.3995	0.0280	0.8410	1.5298
0.3	0.1349	0.0016	0.0023	0.0090	0.1349	5.6	2.6859	1.3782	0.0327	0.8473	1.5182
0.4	0.1871	0.0050	0.0070	0.0160	0.1870	5.8	2.6660	1.3565	0.0402	0.8535	1.5082
0.5	0.2457	0.0120	0.0161	0.0250	0.2454	6.0	2.6445	1.3353	0.0447	0.8592	1.4972
0.6	0.3124	0.0244	0.0309	0.0361	0.3115	6.2	2.6198	1.3134	0.0403	0.8640	1.4850
0.7	0.3879	0.0437	0.0517	0.0495	0.3858	6.4	2.5951	1.2912	0.0298	0.8682	1.4741
0.8	0.4726	0.0713	0.0775	0.0653	0.4650	6.6	2.5730	1.2703	0.0241	0.8723	1.4650
0.9	0.5653	0.1073	0.1050	0.0839	0.5563	6.8	2.5513	1.2513	0.0310	0.8762	1.4556
1.0	0.6644	0.1512	0.1294	0.1058	0.6484	7.0	2.5302	1.2334	0.0443	0.8796	1.4453
1.1	0.7676	0.2011	0.1448	0.1313	0.7412	7.2	2.5092	1.2165	0.0489	0.8826	1.4355
1.2	0.8729	0.2550	0.1464	0.1605	0.8320	7.4	2.4909	1.2011	0.0387	0.8855	1.4272
1.3	0.9793	0.3110	0.1317	0.1933	0.9192	7.6	2.4747	1.1880	0.0249	0.8885	1.4192
1.4	1.0867	0.3681	0.1027	0.2287	1.0025	7.8	2.4590	1.1766	0.0235	0.8911	1.4105
1.5	1.1952	0.4266	0.0659	0.2650	1.0821	8.0	2.4440	1.1663	0.0367	0.8935	1.4019
1.6	1.3042	0.4872	0.0308	0.3002	1.1580	8.2	2.4313	1.1575	0.0493	0.8958	1.3944
1.7	1.4122	0.5505	0.0070	0.3324	1.2291	8.4	2.4205	1.1504	0.0467	0.8982	1.3873
1.8	1.5165	0.6159	0.0008	0.3611	1.2941	8.6	2.4106	1.1448	0.0320	0.9004	1.3798
1.9	1.6150	0.6816	0.0132	0.3870	1.3512	8.8	2.4012	1.1401	0.0222	0.9025	1.3723
2.0	1.7071	0.7459	0.0393	0.4113	1.4003	9.0	2.3931	1.1364	0.0285	0.9044	1.3653
2.1	1.7935	0.8074	0.0706	0.4355	1.4419	9.2	2.3865	1.1337	0.0430	0.9064	1.3589
2.2	1.8761	0.8657	0.0973	0.4603	1.4776	9.4	2.3806	1.1320	0.0489	0.9084	1.3523
2.3	1.9562	0.9211	0.1114	0.4862	1.5084	9.6	2.3750	1.1309	0.0399	0.9102	1.3456
2.4	2.0344	0.9741	0.1087	0.5126	1.5350	9.8	2.3700	1.1302	0.0267	0.9120	1.3393
2.5	2.1096	1.0251	0.0905	0.5386	1.5575	10.0	2.3658	1.1300	0.0244	0.9136	1.3334
2.6	2.1803	1.0738	0.0629	0.5631	1.5756	10.2	2.3621	1.1303	0.0348	0.9153	1.3275
2.7	2.2450	1.1197	0.0347	0.5854	1.5895	10.4	2.3584	1.1308	0.0453	0.9169	1.3216
2.8	2.3033	1.1619	0.0139	0.6054	1.5999	10.6	2.3549	1.1315	0.0441	0.9183	1.3158
2.9	2.3561	1.2004	0.0056	0.6232	1.6080	10.8	2.3518	1.1322	0.0335	0.9197	1.3104
3.0	2.4048	1.2353	0.0107	0.6396	1.6148	11.0	2.3489	1.1331	0.0258	0.9211	1.3052
3.1	2.4509	1.2673	0.0262	0.6550	1.6208	11.2	2.3459	1.1340	0.0291	0.9224	1.2999
3.2	2.4948	1.2972	0.0460	0.6698	1.6260	11.4	2.3429	1.1348	0.0388	0.9236	1.2948
3.3	2.5359	1.3250	0.0635	0.6840	1.6296	11.6	2.3400	1.1356	0.0436	0.9247	1.2899
3.4	2.5730	1.3507	0.0731	0.6974	1.6310	11.8	2.3371	1.1363	0.0386	0.9258	1.2852
3.5	2.6051	1.3735	0.0728	0.7100	1.6300	12.0	2.3343	1.1370	0.0303	0.9268	1.2805
3.6	2.6320	1.3930	0.0635	0.7216	1.6268	12.2	2.3313	1.1375	0.0279	0.9277	1.2759
3.7	2.6543	1.4089	0.0491	0.7324	1.6225	12.4	2.3283	1.1379	0.0333	0.9286	1.2716
3.8	2.6735	1.4215	0.0341	0.7425	1.6180	12.6	2.3253	1.1383	0.0398	0.9295	1.2673
3.9	2.6907	1.4315	0.0226	0.7522	1.6140	12.8	2.3224	1.1385	0.0403	0.9303	1.2632
4.0	2.7067	1.4396	0.0174	0.7614	1.6105	13.0	2.3193	1.1387	0.0349	0.9310	1.2591
4.1	2.7210	1.4463	0.0187	0.7702	1.6071	13.2	2.3163	1.1388	0.0300	0.9318	1.2552
4.2	2.7329	1.4517	0.0251	0.7783	1.6029	13.4	2.3133	1.1388	0.0308	0.9324	1.2514
4.3	2.7414	1.4556	0.0337	0.7857	1.5977	13.6	2.3103	1.1388	0.0356	0.9331	1.2477
4.4	2.7462	1.4575	0.0417	0.7923	1.5914	13.8	2.3073	1.1387	0.0388	0.9337	1.2441
4.5	2.7478	1.4572	0.0470	0.7983	1.5845	14.0	2.3043	1.1386	0.0373	0.9342	1.2406
4.6	2.7473	1.4548	0.0488	0.8039	1.5778	14.2	2.3014	1.1384	0.0332	0.9348	1.2372
4.7	2.7458	1.4507	0.0472	0.8093	1.5717	14.4	2.2985	1.1382	0.0403	0.9353	1.2339
4.8	2.7438	1.4455	0.0434	0.8147	1.5662	14.6	2.2957	1.1381	0.0330	0.9358	1.2307
4.9	2.7415	1.4396	0.0387	0.8199	1.5611	14.8	2.2929	1.1379	0.0362	0.9362	1.2275
5.0	2.7382	1.4331	0.0341	0.8250	1.5559	15.0	2.2902	1.1377	0.0373	0.9367	1.2245

Table T1.44

N = 1.400 K = 0.300

X	QEXT	QSCA	QBK	G	QPR	X	QEXT	QSCA	QBK	G	QPR
0.1	0.0646	0.0000	0.0000	0.0015	0.0646	5.2	2.5524	1.2184	0.0333	0.8321	1.5386
0.2	0.1312	0.0004	0.0006	0.0041	0.1312	5.4	2.5401	1.2113	0.0314	0.8391	1.5237
0.3	0.2018	0.0020	0.0029	0.0090	0.2018	5.6	2.5281	1.2040	0.0429	0.8455	1.5101
0.4	0.2787	0.0063	0.0087	0.0159	0.2786	5.8	2.5159	1.1968	0.0557	0.8513	1.4970
0.5	0.3634	0.0151	0.0201	0.0249	0.3631	6.0	2.5029	1.1898	0.0438	0.8566	1.4838
0.6	0.4573	0.0304	0.0384	0.0361	0.4562	6.2	2.4898	1.1828	0.0326	0.8612	1.4712
0.7	0.5603	0.0540	0.0638	0.0496	0.5576	6.4	2.4776	1.1762	0.0340	0.8656	1.4596
0.8	0.6713	0.0869	0.0942	0.0658	0.6655	6.6	2.4663	1.1702	0.0460	0.8697	1.4485
0.9	0.7878	0.1289	0.1254	0.0850	0.7769	6.8	2.4551	1.1650	0.0551	0.8734	1.4376
1.0	0.9069	0.1785	0.1510	0.1078	0.8877	7.0	2.4443	1.1602	0.0516	0.8768	1.4269
1.1	1.0256	0.2331	0.1644	0.1344	0.9943	7.2	2.4343	1.1560	0.0398	0.8800	1.4170
1.2	1.1419	0.2899	0.1610	0.1650	1.0941	7.4	2.4252	1.1524	0.0329	0.8830	1.4076
1.3	1.2548	0.3469	0.1400	0.1991	1.1857	7.6	2.4167	1.1494	0.0380	0.8859	1.3985
1.4	1.3640	0.4032	0.1056	0.2356	1.2690	7.8	2.4085	1.1469	0.0487	0.8885	1.3895
1.5	1.4692	0.4589	0.0661	0.2728	1.3440	8.0	2.4009	1.1448	0.0530	0.8909	1.3810
1.6	1.5697	0.5145	0.0314	0.3089	1.4108	8.2	2.3940	1.1432	0.0468	0.8932	1.3730
1.7	1.6644	0.5702	0.0099	0.3425	1.4691	8.4	2.3877	1.1419	0.0375	0.8953	1.3652
1.8	1.7526	0.6256	0.0058	0.3734	1.5190	8.6	2.3816	1.1410	0.0352	0.8974	1.3576
1.9	1.8343	0.6799	0.0182	0.4018	1.5611	8.8	2.3758	1.1404	0.0417	0.8993	1.3503
2.0	1.9103	0.7323	0.0419	0.4286	1.5965	9.0	2.3705	1.1399	0.0498	0.9011	1.3434
2.1	1.9816	0.7821	0.0688	0.4545	1.6262	9.2	2.3656	1.1397	0.0493	0.9028	1.3367
2.2	2.0486	0.8290	0.0909	0.4798	1.6508	9.4	2.3609	1.1397	0.0433	0.9045	1.3301
2.3	2.1113	0.8729	0.1018	0.5049	1.6706	9.6	2.3563	1.1398	0.0373	0.9060	1.3238
2.4	2.1692	0.9138	0.0992	0.5293	1.6855	9.8	2.3520	1.1400	0.0380	0.9075	1.3177
2.5	2.2217	0.9516	0.0849	0.5527	1.6958	10.0	2.3479	1.1403	0.0440	0.9089	1.3118
2.6	2.2687	0.9862	0.0637	0.5747	1.7019	10.2	2.3440	1.1406	0.0483	0.9102	1.3061
2.7	2.3106	1.0177	0.0420	0.5951	1.7050	10.4	2.3402	1.1409	0.0467	0.9115	1.3005
2.8	2.3485	1.0463	0.0255	0.6140	1.7060	10.6	2.3365	1.1413	0.0414	0.9127	1.2952
2.9	2.3830	1.0723	0.0178	0.6315	1.7058	10.8	2.3329	1.1416	0.0383	0.9138	1.2900
3.0	2.4148	1.0960	0.0197	0.6479	1.7047	11.0	2.3294	1.1419	0.0403	0.9149	1.2850
3.1	2.4438	1.1177	0.0295	0.6632	1.7025	11.2	2.3260	1.1422	0.0448	0.9159	1.2802
3.2	2.4697	1.1375	0.0435	0.6776	1.6990	11.4	2.3227	1.1425	0.0468	0.9169	1.2755
3.3	2.4920	1.1551	0.0573	0.6910	1.6938	11.6	2.3195	1.1428	0.0446	0.9178	1.2709
3.4	2.5105	1.1705	0.0671	0.7035	1.6870	11.8	2.3164	1.1431	0.0409	0.9187	1.2665
3.5	2.5258	1.1837	0.0707	0.7152	1.6792	12.0	2.3133	1.1433	0.0397	0.9195	1.2622
3.6	2.5384	1.1946	0.0678	0.7262	1.6709	12.2	2.3103	1.1436	0.0418	0.9203	1.2581
3.7	2.5491	1.2036	0.0598	0.7366	1.6625	12.4	2.3073	1.1438	0.0448	0.9211	1.2540
3.8	2.5584	1.2111	0.0491	0.7464	1.6544	12.6	2.3044	1.1440	0.0455	0.9218	1.2501
3.9	2.5664	1.2173	0.0385	0.7558	1.6464	12.8	2.3016	1.1442	0.0435	0.9225	1.2463
4.0	2.5728	1.2225	0.0307	0.7645	1.6383	13.0	2.2989	1.1444	0.0411	0.9231	1.2426
4.1	2.5775	1.2266	0.0273	0.7725	1.6298	13.2	2.2962	1.1445	0.0408	0.9238	1.2390
4.2	2.5801	1.2297	0.0288	0.7799	1.6210	13.4	2.2935	1.1447	0.0425	0.9244	1.2355
4.3	2.5809	1.2317	0.0343	0.7867	1.6119	13.6	2.2909	1.1449	0.0444	0.9250	1.2321
4.4	2.5802	1.2326	0.0422	0.7930	1.6028	13.8	2.2884	1.1450	0.0444	0.9256	1.2287
4.5	2.5787	1.2325	0.0505	0.7989	1.5941	14.0	2.2859	1.1450	0.0455	0.9261	1.2255
4.6	2.5766	1.2317	0.0568	0.8045	1.5858	14.2	2.2835	1.1452	0.0445	0.9266	1.2224
4.7	2.5741	1.2303	0.0598	0.8098	1.5778	14.4	2.2811	1.1453	0.0429	0.9271	1.2193
4.8	2.5713	1.2286	0.0587	0.8149	1.5701	14.6	2.2788	1.1454	0.0415	0.9276	1.2163
4.9	2.5677	1.2266	0.0540	0.8197	1.5623	14.8	2.2765	1.1455	0.0428	0.9281	1.2134
5.0	2.5634	1.2242	0.0468	0.8242	1.5544	15.0	2.2743	1.1457	0.0439	0.9285	1.2106

Table T1.45

N = 400 K = 0.400

x	QEXT	QSCA	QBK	G	QPR	x	QEXT	QSCA	QBK	G	QPR
0.1	0.0862	0.0000	0.0000	0.0014	0.0862	5.2	2.4850	1.1564	0.0412	0.8248	1.5312
0.2	0.1748	0.0005	0.0008	0.0040	0.1748	5.4	2.4763	1.1554	0.0432	0.8316	1.5155
0.3	0.2688	0.0026	0.0037	0.0089	0.2688	5.6	2.4677	1.1543	0.0581	0.8378	1.5007
0.4	0.3705	0.0081	0.0113	0.0158	0.3703	5.8	2.4590	1.1533	0.0691	0.8434	1.4864
0.5	0.4813	0.0194	0.0259	0.0247	0.4808	6.0	2.4502	1.1522	0.0649	0.8484	1.4727
0.6	0.6020	0.0389	0.0493	0.0359	0.6006	6.2	2.4418	1.1511	0.0511	0.8530	1.4599
0.7	0.7313	0.0685	0.0811	0.0495	0.7279	6.4	2.4339	1.1503	0.0429	0.8573	1.4478
0.8	0.8663	0.1090	0.1182	0.0660	0.7855	6.6	2.4263	1.1496	0.0482	0.8613	1.4361
0.9	1.0031	0.1594	0.1546	0.0857	0.9895	6.8	2.4189	1.1492	0.0603	0.8650	1.4248
1.0	1.1374	0.2171	0.1823	0.1091	1.1137	7.0	2.4118	1.1488	0.0657	0.8684	1.4142
1.1	1.2659	0.2784	0.1938	0.1367	1.2278	7.2	2.4052	1.1486	0.0593	0.8715	1.4041
1.2	1.3866	0.3399	0.1850	0.1683	1.3294	7.4	2.3989	1.1486	0.0489	0.8745	1.3944
1.3	1.4991	0.3996	0.1569	0.2035	1.4178	7.6	2.3929	1.1488	0.0457	0.8773	1.3851
1.4	1.6036	0.4565	0.1161	0.2409	1.4936	7.8	2.3871	1.1490	0.0522	0.8798	1.3762
1.5	1.7003	0.5110	0.0725	0.2791	1.5577	8.0	2.3817	1.1493	0.0606	0.8822	1.3678
1.6	1.7893	0.5636	0.0366	0.3163	1.6110	8.2	2.3765	1.1497	0.0620	0.8844	1.3597
1.7	1.8709	0.6148	0.0159	0.3515	1.6548	8.4	2.3715	1.1501	0.0556	0.8865	1.3519
1.8	1.9458	0.6646	0.0134	0.3840	1.6906	8.6	2.3667	1.1506	0.0488	0.8885	1.3444
1.9	2.0145	0.7126	0.0272	0.4139	1.7195	8.8	2.3621	1.1512	0.0487	0.8903	1.3372
2.0	2.0777	0.7584	0.0516	0.4417	1.7428	9.0	2.3577	1.1517	0.0545	0.8920	1.3303
2.1	2.1356	0.8014	0.0783	0.4677	1.7608	9.2	2.3535	1.1523	0.0597	0.8937	1.3237
2.2	2.1881	0.8413	0.0997	0.4924	1.7738	9.4	2.3493	1.1528	0.0589	0.8952	1.3173
2.3	2.2348	0.8777	0.1101	0.5160	1.7820	9.6	2.3454	1.1534	0.0536	0.8967	1.3111
2.4	2.2760	0.9107	0.1077	0.5385	1.7855	9.8	2.3415	1.1540	0.0497	0.8981	1.3052
2.5	2.3120	0.9404	0.0943	0.5601	1.7853	10.0	2.3378	1.1545	0.0509	0.8994	1.2994
2.6	2.3437	0.9670	0.0743	0.5806	1.7822	10.2	2.3341	1.1550	0.0554	0.9007	1.2938
2.7	2.3719	0.9910	0.0534	0.5999	1.7773	10.4	2.3306	1.1556	0.0583	0.9019	1.2885
2.8	2.3972	1.0128	0.0369	0.6180	1.7713	10.6	2.3272	1.1560	0.0568	0.9030	1.2833
2.9	2.4200	1.0326	0.0286	0.6350	1.7643	10.8	2.3239	1.1565	0.0529	0.9041	1.2783
3.0	2.4401	1.0506	0.0296	0.6507	1.7564	11.0	2.3206	1.1570	0.0508	0.9051	1.2734
3.1	2.4572	1.0668	0.0387	0.6653	1.7474	11.2	2.3175	1.1574	0.0524	0.9061	1.2687
3.2	2.4713	1.0813	0.0526	0.6788	1.7373	11.4	2.3144	1.1579	0.0556	0.9070	1.2642
3.3	2.4826	1.0938	0.0672	0.6914	1.7263	11.6	2.3113	1.1583	0.0571	0.9079	1.2598
3.4	2.4916	1.1046	0.0784	0.7032	1.7148	11.8	2.3084	1.1586	0.0556	0.9087	1.2555
3.5	2.4987	1.1138	0.0835	0.7143	1.7031	12.0	2.3055	1.1590	0.0528	0.9095	1.2514
3.6	2.5046	1.1216	0.0816	0.7248	1.6916	12.2	2.3027	1.1594	0.0518	0.9103	1.2474
3.7	2.5095	1.1284	0.0735	0.7348	1.6804	12.4	2.3000	1.1597	0.0533	0.9110	1.2435
3.8	2.5134	1.1342	0.0616	0.7442	1.6693	12.6	2.2973	1.1600	0.0555	0.9117	1.2397
3.9	2.5161	1.1393	0.0495	0.7529	1.6582	12.8	2.2947	1.1604	0.0562	0.9124	1.2360
4.0	2.5175	1.1437	0.0402	0.7610	1.6471	13.0	2.2922	1.1607	0.0548	0.9130	1.2324
4.1	2.5176	1.1473	0.0360	0.7685	1.6360	13.2	2.2897	1.1609	0.0530	0.9137	1.2290
4.2	2.5166	1.1501	0.0379	0.7753	1.6249	13.4	2.2872	1.1615	0.0525	0.9143	1.2256
4.3	2.5149	1.1522	0.0449	0.7817	1.6142	13.6	2.2848	1.1617	0.0537	0.9148	1.2223
4.4	2.5128	1.1538	0.0549	0.7878	1.6039	13.8	2.2825	1.1620	0.0553	0.9154	1.2190
4.5	2.5104	1.1550	0.0648	0.7935	1.5940	14.0	2.2802	1.1622	0.0556	0.9159	1.2159
4.6	2.5078	1.1558	0.0720	0.7989	1.5845	14.2	2.2780	1.1624	0.0545	0.9164	1.2129
4.7	2.5049	1.1564	0.0718	0.8039	1.5752	14.4	2.2757	1.1626	0.0531	0.9169	1.2099
4.8	2.5016	1.1568	0.0648	0.8087	1.5661	14.6	2.2736	1.1628	0.0529	0.9174	1.2070
4.9	2.4979	1.1570	0.0648	0.8132	1.5570	14.8	2.2715	1.1628	0.0539	0.9179	1.2042
5.0	2.4938	1.1570	0.0556	0.8173	1.5481	15.0	2.2694	1.1630	0.0550	0.9183	1.2014

Table T1.46

N = 1.400 K = 0.500

X	QEXT	QSCA	QBK	G	QPR	X	QEXT	QSCA	QBK	G	QPR
0.1	0.1075	0.0000	0.0001	0.0014	0.1075	5.2	2.4675	1.1513	0.0529	0.8153	1.5288
0.2	0.2182	0.0007	0.0010	0.0039	0.2182	5.4	2.4602	1.1531	0.0592	0.8219	1.5125
0.3	0.3357	0.0034	0.0049	0.0088	0.3356	5.6	2.4529	1.1547	0.0760	0.8279	1.4970
0.4	0.4623	0.0105	0.0147	0.0156	0.4621	5.8	2.4456	1.1562	0.0846	0.8333	1.4821
0.5	0.5994	0.0251	0.0336	0.0245	0.5988	6.0	2.4384	1.1576	0.0768	0.8381	1.4681
0.6	0.7467	0.0500	0.0635	0.0356	0.7449	6.2	2.4315	1.1588	0.0624	0.8427	1.4550
0.7	0.9012	0.0875	0.1037	0.0492	0.8969	6.4	2.4250	1.1601	0.0569	0.8469	1.4425
0.8	1.0583	0.1376	0.1494	0.0658	1.0492	6.6	2.4187	1.1614	0.0648	0.8508	1.4306
0.9	1.2119	0.1983	0.1923	0.0859	1.1949	6.8	2.4125	1.1626	0.0764	0.8544	1.4192
1.0	1.3569	0.2656	0.2225	0.1099	1.3277	7.0	2.4066	1.1638	0.0792	0.8577	1.4084
1.1	1.4898	0.3346	0.2316	0.1382	1.4436	7.2	2.4009	1.1649	0.0713	0.8609	1.3981
1.2	1.6095	0.4015	0.2163	0.1707	1.5410	7.4	2.3955	1.1660	0.0619	0.8638	1.3883
1.3	1.7167	0.4640	0.1800	0.2068	1.6207	7.6	2.3902	1.1672	0.0608	0.8665	1.3789
1.4	1.8125	0.5217	0.1315	0.2453	1.6845	7.8	2.3851	1.1682	0.0681	0.8690	1.3700
1.5	1.8985	0.5753	0.0826	0.2846	1.7348	8.0	2.3802	1.1693	0.0753	0.8713	1.3615
1.6	1.9760	0.6258	0.0441	0.3231	1.7738	8.2	2.3755	1.1703	0.0751	0.8735	1.3534
1.7	2.0462	0.6739	0.0234	0.3595	1.8039	8.4	2.3709	1.1712	0.0685	0.8755	1.3455
1.8	2.1100	0.7201	0.0228	0.3931	1.8270	8.6	2.3665	1.1722	0.0629	0.8774	1.3381
1.9	2.1679	0.7641	0.0395	0.4237	1.8442	8.8	2.3622	1.1731	0.0638	0.8792	1.3309
2.0	2.2197	0.8056	0.0667	0.4513	1.8561	9.0	2.3581	1.1739	0.0695	0.8809	1.3240
2.1	2.2654	0.8439	0.0958	0.4766	1.8632	9.2	2.3540	1.1747	0.0737	0.8825	1.3174
2.2	2.3048	0.8786	0.1183	0.5000	1.8655	9.4	2.3501	1.1755	0.0723	0.8840	1.3110
2.3	2.3384	0.9097	0.1288	0.5222	1.8634	9.6	2.3463	1.1762	0.0673	0.8854	1.3049
2.4	2.3670	0.9371	0.1255	0.5433	1.8579	9.8	2.3426	1.1769	0.0641	0.8867	1.2990
2.5	2.3916	0.9614	0.1103	0.5636	1.8497	10.0	2.3390	1.1776	0.0657	0.8880	1.2932
2.6	2.4131	0.9831	0.0882	0.5830	1.8399	10.2	2.3355	1.1782	0.0699	0.8893	1.2877
2.7	2.4322	1.0027	0.0653	0.6015	1.8294	10.4	2.3321	1.1788	0.0722	0.8904	1.2824
2.8	2.4490	1.0205	0.0475	0.6189	1.8174	10.6	2.3287	1.1794	0.0705	0.8915	1.2772
2.9	2.4634	1.0368	0.0390	0.6351	1.8050	10.8	2.3255	1.1800	0.0669	0.8926	1.2723
3.0	2.4752	1.0514	0.0411	0.6500	1.7918	11.0	2.3223	1.1805	0.0652	0.8936	1.2675
3.1	2.4844	1.0645	0.0523	0.6637	1.7779	11.2	2.3192	1.1810	0.0669	0.8945	1.2628
3.2	2.4912	1.0759	0.0687	0.6764	1.7635	11.4	2.3162	1.1814	0.0699	0.8954	1.2583
3.3	2.4962	1.0857	0.0854	0.6882	1.7490	11.6	2.3132	1.1819	0.0711	0.8963	1.2540
3.4	2.4999	1.0942	0.0976	0.6994	1.7346	11.8	2.3104	1.1823	0.0695	0.8971	1.2497
3.5	2.5028	1.1016	0.1024	0.7101	1.7205	12.0	2.3076	1.1827	0.0670	0.8979	1.2457
3.6	2.5049	1.1082	0.0987	0.7202	1.7068	12.2	2.3048	1.1831	0.0661	0.8986	1.2417
3.7	2.5064	1.1141	0.0880	0.7297	1.6934	12.4	2.3021	1.1834	0.0676	0.8993	1.2378
3.8	2.5069	1.1194	0.0736	0.7386	1.6802	12.6	2.2995	1.1838	0.0697	0.9000	1.2341
3.9	2.5065	1.1241	0.0597	0.7468	1.6670	12.8	2.2969	1.1841	0.0704	0.9007	1.2304
4.0	2.5053	1.1282	0.0501	0.7544	1.6541	13.0	2.2944	1.1844	0.0689	0.9013	1.2269
4.1	2.5033	1.1318	0.0472	0.7614	1.6415	13.2	2.2920	1.1847	0.0671	0.9019	1.2234
4.2	2.5008	1.1348	0.0514	0.7679	1.6294	13.4	2.2896	1.1850	0.0667	0.9025	1.2201
4.3	2.4982	1.1374	0.0610	0.7741	1.6178	13.6	2.2872	1.1852	0.0680	0.9031	1.2168
4.4	2.4954	1.1396	0.0730	0.7799	1.6066	13.8	2.2849	1.1855	0.0695	0.9037	1.2137
4.5	2.4925	1.1416	0.0838	0.7854	1.5959	14.0	2.2826	1.1857	0.0697	0.9042	1.2106
4.6	2.4895	1.1435	0.0903	0.7905	1.5855	14.2	2.2804	1.1859	0.0686	0.9047	1.2075
4.7	2.4863	1.1452	0.0909	0.7954	1.5754	14.4	2.2782	1.1861	0.0673	0.9052	1.2046
4.8	2.4828	1.1468	0.0857	0.7999	1.5655	14.6	2.2761	1.1863	0.0671	0.9056	1.2017
4.9	2.4790	1.1481	0.0764	0.8041	1.5558	14.8	2.2741	1.1865	0.0682	0.9061	1.1990
5.0	2.4752	1.1493	0.0659	0.8081	1.5464	15.0	2.2720	1.1867	0.0692	0.9065	1.1962

Table T1.47

N = 1.400 K = 1.000

X	QEXT	QSCA	QBK	G	QPR	X	QEXT	QSCA	QBK	G	QPR
0.1	0.2040	0.0001	0.0002	0.0010	0.2040	5.2	2.5806	1.3380	0.1478	0.7601	1.5636
0.2	0.4175	0.0020	0.0030	0.0035	0.4175	5.4	2.5705	1.3399	0.1783	0.7656	1.5446
0.3	0.6487	0.0103	0.0149	0.0078	0.6487	5.6	2.5605	1.3416	0.2017	0.7705	1.5268
0.4	0.9023	0.0322	0.0455	0.0139	0.9019	5.8	2.5510	1.3430	0.1947	0.7750	1.5103
0.5	1.1765	0.0765	0.1040	0.0218	1.1748	6.0	2.5421	1.3442	0.1682	0.7791	1.4948
0.6	1.4603	0.1498	0.1942	0.0320	1.4555	6.2	2.5334	1.3452	0.1513	0.7830	1.4801
0.7	1.7344	0.2527	0.3078	0.0448	1.7231	6.4	2.5249	1.3461	0.1598	0.7866	1.4661
0.8	1.9764	0.3769	0.4230	0.0609	1.9535	6.6	2.5168	1.3469	0.1816	0.7898	1.4530
0.9	2.1706	0.5077	0.5113	0.0812	2.1294	6.8	2.5090	1.3475	0.1928	0.7929	1.4405
1.0	2.3132	0.6296	0.5493	0.1063	2.2463	7.0	2.5015	1.3481	0.1832	0.7958	1.4287
1.1	2.4119	0.7326	0.5286	0.1369	2.3116	7.2	2.4942	1.3485	0.1649	0.7984	1.4175
1.2	2.4800	0.8143	0.4565	0.1732	2.3390	7.4	2.4871	1.3492	0.1573	0.8009	1.4068
1.3	2.5309	0.8777	0.3521	0.2148	2.3424	7.6	2.4803	1.3492	0.1668	0.8031	1.3967
1.4	2.5743	0.9286	0.2394	0.2599	2.3329	7.8	2.4738	1.3494	0.1816	0.8053	1.3871
1.5	2.6148	0.9724	0.1429	0.3060	2.3172	8.0	2.4674	1.3496	0.1861	0.8072	1.3780
1.6	2.6525	1.0130	0.0823	0.3498	2.2982	8.2	2.4612	1.3497	0.1768	0.8091	1.3692
1.7	2.6850	1.0518	0.0675	0.3883	2.2766	8.4	2.4553	1.3498	0.1646	0.8108	1.3609
1.8	2.7095	1.0883	0.0961	0.4203	2.2521	8.6	2.4495	1.3498	0.1620	0.8123	1.3529
1.9	2.7250	1.1209	0.1544	0.4463	2.2248	8.8	2.4439	1.3498	0.1705	0.8139	1.3453
2.0	2.7326	1.1486	0.2219	0.4676	2.1955	9.0	2.4384	1.3498	0.1803	0.8153	1.3380
2.1	2.7351	1.1711	0.2782	0.4865	2.1653	9.2	2.4332	1.3497	0.1813	0.8166	1.3310
2.2	2.7353	1.1893	0.3080	0.5043	2.1354	9.4	2.4280	1.3496	0.1734	0.8179	1.3242
2.3	2.7352	1.2044	0.3048	0.5221	2.1063	9.6	2.4230	1.3495	0.1655	0.8191	1.3177
2.4	2.7355	1.2177	0.2716	0.5400	2.0780	9.8	2.4182	1.3494	0.1654	0.8202	1.3114
2.5	2.7356	1.2300	0.2197	0.5574	2.0500	10.0	2.4135	1.3492	0.1723	0.8213	1.3053
2.6	2.7346	1.2416	0.1651	0.5739	2.0221	10.2	2.4089	1.3490	0.1787	0.8224	1.2995
2.7	2.7318	1.2524	0.1232	0.5890	1.9941	10.4	2.4044	1.3488	0.1780	0.8233	1.2939
2.8	2.7269	1.2621	0.1046	0.6025	1.9666	10.6	2.4001	1.3486	0.1717	0.8243	1.2885
2.9	2.7206	1.2705	0.1120	0.6146	1.9398	10.8	2.3959	1.3484	0.1665	0.8252	1.2832
3.0	2.7137	1.2774	0.1408	0.6258	1.9143	11.0	2.3918	1.3482	0.1678	0.8260	1.2782
3.1	2.7069	1.2833	0.1805	0.6363	1.8903	11.2	2.3877	1.3479	0.1732	0.8268	1.2733
3.2	2.7006	1.2885	0.2184	0.6465	1.8676	11.4	2.3838	1.3477	0.1772	0.8275	1.2686
3.3	2.6948	1.2932	0.2435	0.6564	1.8459	11.6	2.3800	1.3474	0.1758	0.8283	1.2640
3.4	2.6891	1.2977	0.2493	0.6659	1.8250	11.8	2.3763	1.3471	0.1707	0.8290	1.2595
3.5	2.6831	1.3021	0.2353	0.6748	1.8046	12.0	2.3726	1.3469	0.1677	0.8296	1.2553
3.6	2.6768	1.3061	0.2070	0.6830	1.7847	12.2	2.3691	1.3466	0.1692	0.8302	1.2511
3.7	2.6700	1.3098	0.1737	0.6906	1.7655	12.4	2.3656	1.3463	0.1736	0.8308	1.2471
3.8	2.6630	1.3131	0.1450	0.6975	1.7471	12.6	2.3622	1.3460	0.1761	0.8314	1.2431
3.9	2.6561	1.3159	0.1289	0.7039	1.7298	12.8	2.3589	1.3457	0.1743	0.8320	1.2393
4.0	2.6495	1.3184	0.1287	0.7099	1.7135	13.0	2.3557	1.3454	0.1708	0.8325	1.2356
4.1	2.6432	1.3207	0.1432	0.7157	1.6980	13.2	2.3525	1.3451	0.1688	0.8330	1.2320
4.2	2.6373	1.3229	0.1669	0.7211	1.6833	13.4	2.3494	1.3448	0.1703	0.8335	1.2285
4.3	2.6314	1.3249	0.1923	0.7263	1.6691	13.6	2.3463	1.3445	0.1739	0.8340	1.2251
4.4	2.6255	1.3269	0.2116	0.7312	1.6554	13.8	2.3434	1.3442	0.1748	0.8344	1.2218
4.5	2.6196	1.3288	0.2197	0.7357	1.6421	14.0	2.3405	1.3438	0.1733	0.8349	1.2185
4.6	2.6136	1.3305	0.2151	0.7398	1.6292	14.2	2.3376	1.3435	0.1704	0.8353	1.2154
4.7	2.6077	1.3321	0.1998	0.7437	1.6170	14.4	2.3348	1.3432	0.1685	0.8357	1.2123
4.8	2.6019	1.3335	0.1791	0.7473	1.6053	14.6	2.3321	1.3429	0.1705	0.8361	1.2093
4.9	2.5963	1.3347	0.1591	0.7508	1.5942	14.8	2.3294	1.3426	0.1729	0.8365	1.2064
5.0	2.5909	1.3359	0.1455	0.7540	1.5836	15.0	2.3268	1.3423	0.1744	0.8368	1.2036

Table T1.48   89

N = 1.400   K = 1.500

X	QEXT	QSCA	QBK	G	QPR	X	QEXT	QSCA	QBK	G	QPR
0.1	0.2483	0.0003	0.0004	0.0008	0.2483	5.2	2.7315	1.5780	0.2671	0.7091	1.6125
0.2	0.5164	0.0041	0.0061	0.0028	0.5164	5.4	2.7169	1.5765	0.3448	0.7136	1.5920
0.3	0.8237	0.0212	0.0310	0.0062	0.8236	5.6	2.7028	1.5747	0.3770	0.7175	1.5730
0.4	1.1848	0.0678	0.0971	0.0110	1.1840	5.8	2.6899	1.5727	0.3351	0.7211	1.5557
0.5	1.5993	0.1635	0.2280	0.0173	1.5964	6.0	2.6777	1.5709	0.2701	0.7246	1.5395
0.6	2.0397	0.3217	0.4324	0.0255	2.0315	6.2	2.6658	1.5692	0.2513	0.7278	1.5238
0.7	2.4495	0.5347	0.6842	0.0361	2.4302	6.4	2.6541	1.5675	0.2920	0.7307	1.5089
0.8	2.7668	0.7686	0.9197	0.0500	2.7284	6.6	2.6430	1.5656	0.3434	0.7333	1.4950
0.9	2.9612	0.9798	1.0692	0.0682	2.8943	6.8	2.6326	1.5637	0.3508	0.7358	1.4821
1.0	3.0469	1.1392	1.0946	0.0921	2.9420	7.0	2.6226	1.5620	0.3111	0.7382	1.4696
1.1	3.0650	1.2427	0.9992	0.1232	2.9119	7.2	2.6128	1.5602	0.2697	0.7403	1.4577
1.2	3.0571	1.3033	0.8136	0.1627	2.8451	7.4	2.6033	1.5585	0.2690	0.7423	1.4465
1.3	3.0520	1.3397	0.5812	0.2103	2.7703	7.6	2.5943	1.5567	0.3052	0.7441	1.4360
1.4	3.0615	1.3678	0.3517	0.2634	2.7013	7.8	2.5856	1.5550	0.3370	0.7458	1.4259
1.5	3.0833	1.3976	0.1757	0.3163	2.6412	8.0	2.5772	1.5534	0.3321	0.7473	1.4163
1.6	3.1065	1.4314	0.0916	0.3630	2.5869	8.2	2.5690	1.5517	0.2989	0.7488	1.4071
1.7	3.1197	1.4659	0.1110	0.3996	2.5340	8.4	2.5611	1.5501	0.2741	0.7501	1.3984
1.8	3.1176	1.4959	0.2138	0.4270	2.4804	8.6	2.5535	1.5484	0.2821	0.7514	1.3901
1.9	3.1023	1.5180	0.3581	0.4449	2.4270	8.8	2.5462	1.5469	0.3111	0.7526	1.3821
2.0	3.0806	1.5317	0.4963	0.4602	2.3757	9.0	2.5390	1.5453	0.3295	0.7537	1.3743
2.1	3.0593	1.5394	0.5887	0.4748	2.3283	9.2	2.5321	1.5438	0.3194	0.7548	1.3669
2.2	3.0429	1.5442	0.6117	0.4906	2.2853	9.4	2.5254	1.5423	0.2934	0.7558	1.3598
2.3	3.0320	1.5489	0.5623	0.5077	2.2457	9.6	2.5190	1.5408	0.2800	0.7567	1.3530
2.4	3.0243	1.5549	0.4588	0.5251	2.2078	9.8	2.5127	1.5394	0.2908	0.7576	1.3464
2.5	3.0163	1.5619	0.3345	0.5416	2.1704	10.0	2.5065	1.5380	0.3129	0.7585	1.3400
2.6	3.0055	1.5690	0.2269	0.5560	2.1332	10.2	2.5006	1.5366	0.3227	0.7593	1.3339
2.7	2.9913	1.5747	0.1609	0.5686	2.0966	10.4	2.4948	1.5352	0.3108	0.7600	1.3280
2.8	2.9749	1.5785	0.1647	0.5786	2.0616	10.6	2.4892	1.5338	0.2914	0.7607	1.3223
2.9	2.9583	1.5804	0.2102	0.5879	2.0293	10.8	2.4837	1.5325	0.2845	0.7614	1.3168
3.0	2.9433	1.5810	0.2933	0.5968	1.9997	11.0	2.4784	1.5312	0.2966	0.7621	1.3115
3.1	2.9306	1.5813	0.3827	0.6058	1.9726	11.2	2.4732	1.5299	0.3130	0.7627	1.3064
3.2	2.9198	1.5819	0.4511	0.6148	1.9472	11.4	2.4681	1.5287	0.3169	0.7632	1.3014
3.3	2.9099	1.5830	0.4792	0.6237	1.9225	11.6	2.4632	1.5275	0.3062	0.7638	1.2966
3.4	2.8997	1.5844	0.4614	0.6321	1.8983	11.8	2.4584	1.5262	0.2921	0.7643	1.2919
3.5	2.8887	1.5857	0.4058	0.6396	1.8745	12.0	2.4537	1.5251	0.2897	0.7648	1.2874
3.6	2.8768	1.5866	0.3313	0.6463	1.8514	12.2	2.4492	1.5239	0.3009	0.7653	1.2830
3.7	2.8646	1.5868	0.2603	0.6522	1.8297	12.4	2.4447	1.5227	0.3116	0.7657	1.2787
3.8	2.8528	1.5866	0.2129	0.6576	1.8095	12.6	2.4403	1.5216	0.3127	0.7661	1.2746
3.9	2.8420	1.5853	0.2006	0.6627	1.7909	12.8	2.4361	1.5205	0.3032	0.7665	1.2706
4.0	2.8322	1.5848	0.2242	0.6677	1.7736	13.0	2.4319	1.5194	0.2928	0.7669	1.2667
4.1	2.8232	1.5844	0.2739	0.6726	1.7572	13.2	2.4279	1.5183	0.2936	0.7673	1.2629
4.2	2.8145	1.5840	0.3332	0.6773	1.7413	13.4	2.4239	1.5173	0.3014	0.7677	1.2591
4.3	2.8057	1.5857	0.3838	0.6817	1.7257	13.6	2.4200	1.5162	0.3097	0.7680	1.2556
4.4	2.7967	1.5868	0.4113	0.6857	1.7105	13.8	2.4162	1.5152	0.3090	0.7683	1.2520
4.5	2.7874	1.5866	0.4093	0.6893	1.6958	14.0	2.4125	1.5142	0.2998	0.7687	1.2486
4.6	2.7783	1.5836	0.3799	0.6926	1.6819	14.2	2.4089	1.5132	0.2948	0.7690	1.2453
4.7	2.7695	1.5830	0.3335	0.6956	1.6689	14.4	2.4053	1.5122	0.2948	0.7692	1.2420
4.8	2.7611	1.5822	0.2842	0.6985	1.6566	14.6	2.4018	1.5112	0.3023	0.7695	1.2389
4.9	2.7533	1.5803	0.2464	0.7013	1.6451	14.8	2.3984	1.5103	0.3091	0.7698	1.2358
5.0	2.7459	1.5795	0.2299	0.7040	1.6340	15.0	2.3950	1.5094	0.3073	0.7700	1.2328

Table T1.49

N = 1.400 K = 2.000

X	QEXT	QSCA	QBK	G	QPR	X	QEXT	QSCA	QBK	G	QPR
0.1	0.2184	0.0003	0.0005	0.0006	0.2184	5.2	2.8386	1.8012	0.3620	0.6684	1.6347
0.2	0.4632	0.0058	0.0086	0.0019	0.4632	5.4	2.8216	1.7968	0.5308	0.6722	1.6138
0.3	0.7657	0.0304	0.0450	0.0043	0.7656	5.6	2.8045	1.7916	0.5957	0.6753	1.5947
0.4	1.1589	0.1003	0.1466	0.0076	1.1581	5.8	2.7897	1.7863	0.4973	0.6783	1.5781
0.5	1.6628	0.2508	0.3603	0.0120	1.6598	6.0	2.7766	1.7820	0.3521	0.6814	1.5625
0.6	2.2537	0.5093	0.7143	0.0180	2.2446	6.2	2.7633	1.7780	0.3147	0.6842	1.5468
0.7	2.8357	0.8602	1.1644	0.0260	2.8133	6.4	2.7495	1.7738	0.4125	0.6866	1.5317
0.8	3.2738	1.2265	1.5775	0.0370	3.2284	6.6	2.7366	1.7693	0.5299	0.6887	1.5181
0.9	3.4931	1.5156	1.8118	0.0520	3.4143	6.8	2.7251	1.7652	0.5422	0.6908	1.5058
1.0	3.5264	1.6865	1.8135	0.0728	3.4036	7.0	2.7141	1.7616	0.4445	0.6928	1.4937
1.1	3.4615	1.7568	1.6153	0.1017	3.2828	7.2	2.7028	1.7580	0.3475	0.6946	1.4817
1.2	3.3773	1.7684	1.2820	0.1410	3.1279	7.4	2.6918	1.7542	0.3512	0.6962	1.4705
1.3	3.3209	1.7604	0.8826	0.1918	2.9833	7.6	2.6818	1.7505	0.4422	0.6976	1.4604
1.4	3.3083	1.7597	0.4939	0.2510	2.8667	7.8	2.6721	1.7471	0.5181	0.6990	1.4508
1.5	3.3298	1.7779	0.2010	0.3106	2.7776	8.0	2.6626	1.7439	0.5008	0.7004	1.4412
1.6	3.3603	1.8117	0.0736	0.3611	2.7061	8.2	2.6532	1.7407	0.4154	0.7016	1.4320
1.7	3.3747	1.8483	0.1306	0.3972	2.6406	8.4	2.6441	1.7374	0.3553	0.7025	1.4235
1.8	3.3619	1.8751	0.3288	0.4196	2.5750	8.6	2.6357	1.7343	0.3805	0.7036	1.4155
1.9	3.3268	1.8866	0.5880	0.4335	2.5090	8.8	2.6276	1.7314	0.4572	0.7046	1.4077
2.0	3.2828	1.8849	0.8255	0.4442	2.4456	9.0	2.6194	1.7286	0.5018	0.7055	1.4000
2.1	3.2432	1.8762	0.9763	0.4559	2.3879	9.2	2.6114	1.7257	0.4705	0.7063	1.3926
2.2	3.2159	1.8673	1.0024	0.4707	2.3370	9.4	2.6039	1.7229	0.4009	0.7070	1.3857
2.3	3.2015	1.8628	0.9000	0.4882	2.2920	9.6	2.5967	1.7202	0.3679	0.7078	1.3791
2.4	3.1948	1.8641	0.7024	0.5066	2.2503	9.8	2.5896	1.7177	0.4024	0.7085	1.3726
2.5	3.1880	1.8690	0.4724	0.5235	2.2096	10.0	2.5826	1.7151	0.4634	0.7092	1.3662
2.6	3.1756	1.8740	0.2795	0.5372	2.1689	10.2	2.5758	1.7126	0.4852	0.7098	1.3602
2.7	3.1559	1.8761	0.1753	0.5475	2.1288	10.4	2.5693	1.7102	0.4492	0.7104	1.3545
2.8	3.1315	1.8742	0.1798	0.5554	2.0906	10.6	2.5630	1.7078	0.3953	0.7109	1.3489
2.9	3.1068	1.8691	0.2805	0.5624	2.0557	10.8	2.5568	1.7055	0.3809	0.7114	1.3434
3.0	3.0854	1.8627	0.4403	0.5695	2.0246	11.0	2.5507	1.7033	0.4170	0.7119	1.3381
3.1	3.0693	1.8571	0.6084	0.5774	1.9969	11.2	2.5448	1.7010	0.4633	0.7123	1.3331
3.2	3.0576	1.8534	0.7338	0.5861	1.9713	11.4	2.5391	1.6989	0.4707	0.7128	1.3282
3.3	3.0479	1.8517	0.7804	0.5948	1.9465	11.6	2.5336	1.6968	0.4349	0.7132	1.3235
3.4	3.0376	1.8511	0.7379	0.6028	1.9217	11.8	2.5281	1.6947	0.3953	0.7135	1.3188
3.5	3.0249	1.8504	0.6240	0.6096	1.8969	12.0	2.5227	1.6927	0.3926	0.7139	1.3143
3.6	3.0098	1.8486	0.4765	0.6151	1.8727	12.2	2.5176	1.6907	0.4277	0.7142	1.3100
3.7	2.9936	1.8490	0.3394	0.6197	1.8500	12.4	2.5125	1.6888	0.4613	0.7146	1.3058
3.8	2.9779	1.8453	0.2504	0.6238	1.8294	12.6	2.5076	1.6869	0.4599	0.7149	1.3017
3.9	2.9641	1.8411	0.2315	0.6279	1.8109	12.8	2.5027	1.6851	0.4248	0.7151	1.2977
4.0	2.9527	1.8366	0.2836	0.6322	1.7942	13.0	2.4980	1.6832	0.3979	0.7154	1.2938
4.1	2.9432	1.8326	0.3869	0.6367	1.7784	13.2	2.4934	1.6815	0.4021	0.7157	1.2900
4.2	2.9343	1.8295	0.5076	0.6411	1.7629	13.4	2.4889	1.6797	0.4334	0.7159	1.2863
4.3	2.9249	1.8272	0.6086	0.6452	1.7473	13.6	2.4844	1.6780	0.4568	0.7162	1.2827
4.4	2.9146	1.8253	0.6609	0.6487	1.7317	13.8	2.4801	1.6763	0.4488	0.7164	1.2792
4.5	2.9033	1.8234	0.6517	0.6517	1.7166	14.0	2.4759	1.6747	0.4202	0.7166	1.2758
4.6	2.8917	1.8210	0.5870	0.6542	1.7024	14.2	2.4717	1.6731	0.4006	0.7168	1.2725
4.7	2.8807	1.8180	0.4882	0.6565	1.6893	14.4	2.4677	1.6715	0.4083	0.7170	1.2693
4.8	2.8707	1.8147	0.3851	0.6588	1.6774	14.6	2.4637	1.6700	0.4367	0.7171	1.2661
4.9	2.8620	1.8113	0.3073	0.6612	1.6664	14.8	2.4598	1.6684	0.4526	0.7173	1.2630
5.0	2.8541	1.8082	0.2758	0.6637	1.6558	15.0	2.4560	1.6669	0.4438	0.7174	1.2600

Table T1.50   91

N = 1.400   K = 2.500

X	QEXT	QSCA	QBK	G	QPR	X	QEXT	QSCA	QBK	G	QPR
0.1	0.1587	0.0004	0.0006	0.0004	0.1587	5.2	2.8801	1.9827	0.3910	0.6360	1.6191
0.2	0.3431	0.0064	0.0096	0.0009	0.3431	5.4	2.8643	1.9773	0.6810	0.6398	1.5992
0.3	0.5876	0.0342	0.0512	0.0021	0.5876	5.6	2.8455	1.9696	0.8379	0.6422	1.5806
0.4	0.9365	0.1154	0.1723	0.0038	0.9360	5.8	2.8294	1.9614	0.7063	0.6446	1.5650
0.5	1.4349	0.2983	0.4424	0.0065	1.4330	6.0	2.8175	1.9552	0.4417	0.6476	1.5512
0.6	2.0927	0.6301	0.9213	0.0106	2.0860	6.2	2.8057	1.9504	0.3294	0.6505	1.5368
0.7	2.8191	1.1024	1.5719	0.0167	2.8007	6.4	2.7915	1.9449	0.4725	0.6526	1.5223
0.8	3.4155	1.6007	2.1941	0.0255	3.3747	6.6	2.7774	1.9383	0.6997	0.6542	1.5093
0.9	3.7232	1.9707	2.5462	0.0379	3.6486	6.8	2.7660	1.9323	0.7665	0.6561	1.4982
1.0	3.7572	2.1499	2.5442	0.0555	3.6379	7.0	2.7561	1.9276	0.6116	0.6581	1.4875
1.1	3.6424	2.1811	2.2585	0.0808	3.4662	7.2	2.7452	1.9231	0.4113	0.6598	1.4763
1.2	3.4964	2.1388	1.7952	0.1170	3.2461	7.4	2.7335	1.9180	0.3760	0.6611	1.4655
1.3	3.3891	2.0830	1.2450	0.1667	3.0420	7.6	2.7228	1.9127	0.5295	0.6622	1.4562
1.4	3.3481	2.0507	0.6992	0.2279	2.8808	7.8	2.7138	1.9081	0.6981	0.6635	1.4477
1.5	3.3673	2.0569	0.2682	0.2924	2.7659	8.0	2.7050	1.9041	0.7035	0.6648	1.4391
1.6	3.4143	2.0941	0.0591	0.3479	2.6857	8.2	2.6954	1.9000	0.5500	0.6658	1.4303
1.7	3.4490	2.1395	0.1156	0.3865	2.6221	8.4	2.6858	1.8955	0.4067	0.6666	1.4222
1.8	3.4468	2.1706	0.3859	0.4083	2.5605	8.6	2.6774	1.8911	0.4204	0.6675	1.4151
1.9	3.4085	2.1775	0.7556	0.4194	2.4953	8.8	2.6697	1.8874	0.5667	0.6684	1.4082
2.0	3.3514	2.1635	1.1050	0.4266	2.4284	9.0	2.6618	1.8839	0.6838	0.6693	1.4010
2.1	3.2954	2.1393	1.3414	0.4352	2.3643	9.2	2.6535	1.8801	0.6511	0.6699	1.3940
2.2	3.2551	2.1163	1.4073	0.4482	2.3066	9.4	2.6457	1.8762	0.5113	0.6705	1.3876
2.3	3.2353	2.1023	1.2865	0.4656	2.2565	9.6	2.6386	1.8727	0.4150	0.6712	1.3818
2.4	3.2315	2.0997	1.0136	0.4852	2.2128	9.8	2.6319	1.8695	0.4590	0.6718	1.3759
2.5	3.2278	2.1051	0.6723	0.5035	2.1728	10.0	2.6248	1.8663	0.5885	0.6724	1.3699
2.6	3.2278	2.1118	0.3673	0.5179	2.1340	10.2	2.6177	1.8629	0.6634	0.6729	1.3642
2.7	3.2113	2.1140	0.1843	0.5278	2.0957	10.4	2.6111	1.8596	0.6096	0.6733	1.3590
2.8	3.1848	2.1091	0.1623	0.5342	2.0582	10.6	2.6050	1.8566	0.4890	0.6738	1.3540
2.9	3.1542	2.0984	0.2905	0.5391	2.0230	10.8	2.5989	1.8537	0.4298	0.6743	1.3490
3.0	3.1262	2.0852	0.5204	0.5443	1.9912	11.0	2.5926	1.8508	0.4898	0.6746	1.3440
3.1	3.1055	2.0733	0.7805	0.5510	1.9630	11.2	2.5866	1.8479	0.5995	0.6750	1.3393
3.2	3.0929	2.0654	0.9934	0.5593	1.9378	11.4	2.5809	1.8450	0.6424	0.6753	1.3350
3.3	3.0859	2.0618	1.0959	0.5682	1.9143	11.6	2.5755	1.8424	0.5773	0.6756	1.3307
3.4	3.0798	2.0610	1.0599	0.5767	1.8912	11.8	2.5700	1.8398	0.4775	0.6760	1.3263
3.5	3.0706	2.0605	0.9026	0.5837	1.8679	12.0	2.5644	1.8372	0.4480	0.6762	1.3221
3.6	3.0566	2.0581	0.6766	0.5888	1.8448	12.2	2.5592	1.8346	0.5140	0.6764	1.3182
3.7	3.0389	2.0529	0.4506	0.5925	1.8226	12.4	2.5542	1.8321	0.6030	0.6767	1.3144
3.8	3.0201	2.0454	0.2873	0.5955	1.8021	12.6	2.5492	1.8297	0.6214	0.6770	1.3106
3.9	3.0032	2.0372	0.2279	0.5985	1.7840	12.8	2.5443	1.8274	0.5540	0.6772	1.3068
4.0	2.9899	2.0298	0.2834	0.6021	1.7679	13.0	2.5394	1.8250	0.4752	0.6774	1.3032
4.1	2.9805	2.0243	0.4323	0.6063	1.7533	13.2	2.5347	1.8227	0.4655	0.6775	1.2998
4.2	2.9734	2.0208	0.6264	0.6108	1.7392	13.4	2.5303	1.8205	0.5318	0.6777	1.2964
4.3	2.9665	2.0185	0.8055	0.6150	1.7250	13.6	2.5258	1.8183	0.6010	0.6779	1.2931
4.4	2.9579	2.0164	0.9162	0.6186	1.7105	13.8	2.5213	1.8162	0.6016	0.6781	1.2898
4.5	2.9471	2.0133	0.9293	0.6214	1.6960	14.0	2.5169	1.8140	0.5361	0.6782	1.2867
4.6	2.9345	2.0089	0.8458	0.6235	1.6821	14.2	2.5128	1.8120	0.4752	0.6783	1.2837
4.7	2.9217	2.0035	0.6937	0.6252	1.6692	14.4	2.5087	1.8100	0.4799	0.6785	1.2807
4.8	2.9101	1.9978	0.5187	0.6269	1.6577	14.6	2.5046	1.8080	0.5428	0.6786	1.2777
4.9	2.9005	1.9926	0.3711	0.6289	1.6475	14.8	2.5006	1.8061	0.5945	0.6787	1.2748
5.0	2.8929	1.9884	0.2916	0.6312	1.6379	15.0	2.4967	1.8041	0.5873	0.6788	1.2721

Table T1.51

N = 1.400 K = 3.000

x	QEXT	QSCA	QBK	G	QPR	x	QEXT	QSCA	QBK	G	QPR
0.1	0.1083	0.0004	0.0006	0.0001	0.1083	5.2	2.8647	2.1120	0.3667	0.6097	1.5769
0.2	0.2391	0.0064	0.0096	-0.0002	0.2391	5.4	2.8535	2.1076	0.7484	0.6140	1.5595
0.3	0.4242	0.0343	0.0521	-0.0004	0.4242	5.6	2.8358	2.0996	1.0403	0.6162	1.5420
0.4	0.7084	0.1171	0.1790	-0.0002	0.7085	5.8	2.8179	2.0890	0.9432	0.6179	1.5271
0.5	1.1483	0.3089	0.4729	0.0037	1.1480	6.0	2.8062	2.0810	0.5777	0.6206	1.5147
0.6	1.7850	0.6715	1.0207	0.0086	1.7825	6.2	2.7976	2.0763	0.3378	0.6238	1.5023
0.7	2.5674	1.2146	1.8120	0.0161	2.5570	6.4	2.7858	2.0711	0.4641	0.6261	1.4892
0.8	3.2879	1.8136	2.6180	0.0270	3.2587	6.6	2.7713	2.0634	0.7963	0.6273	1.4768
0.9	3.7120	2.2636	3.1053	0.0424	3.6510	6.8	2.7591	2.0557	0.9748	0.6287	1.4666
1.0	3.7990	2.4668	3.1351	0.0649	3.6943	7.0	2.7508	2.0503	0.8195	0.6308	1.4575
1.1	3.6805	2.4775	2.8008	0.0977	3.5198	7.2	2.7424	2.0461	0.5082	0.6327	1.4477
1.2	3.5022	2.3964	2.2493	0.1442	3.2680	7.4	2.7314	2.0407	0.3730	0.6339	1.4378
1.3	3.3551	2.3016	1.5929	0.2042	3.0231	7.6	2.7201	2.0342	0.5408	0.6347	1.4289
1.4	3.2810	2.2393	0.9290	0.2705	2.8237	7.8	2.7114	2.0286	0.8197	0.6358	1.4215
1.5	3.2845	2.2295	0.3775	0.3302	2.6814	8.0	2.7044	2.0244	0.9109	0.6373	1.4143
1.6	3.3381	2.2661	0.0707	0.3726	2.5899	8.2	2.6962	2.0204	0.7278	0.6384	1.4064
1.7	3.3947	2.3212	0.0856	0.3962	2.5299	8.4	2.6867	2.0154	0.4748	0.6390	1.3988
1.8	3.4156	2.3628	0.3830	0.4067	2.4795	8.6	2.6781	2.0101	0.4153	0.6397	1.3923
1.9	3.3902	2.3734	0.8301	0.4117	2.4250	8.8	2.6713	2.0058	0.6005	0.6406	1.3865
2.0	3.3331	2.3549	1.2759	0.4176	2.3636	9.0	2.6648	2.0022	0.8242	0.6415	1.3804
2.1	3.2679	2.3204	1.6014	0.4280	2.2989	9.2	2.6572	1.9983	0.8506	0.6422	1.3739
2.2	3.2147	2.2852	1.7310	0.4441	2.2366	9.4	2.6492	1.9939	0.6619	0.6426	1.3679
2.3	3.1849	2.2610	1.6333	0.4638	2.1809	9.6	2.6425	1.9896	0.4620	0.6431	1.3628
2.4	3.1784	2.2529	1.3319	0.4835	2.1334	9.8	2.6367	1.9861	0.4583	0.6439	1.3579
2.5	3.1851	2.2582	0.9129	0.4994	2.0933	10.0	2.6306	1.9829	0.6438	0.6445	1.3527
2.6	3.1907	2.2684	0.5041	0.5100	2.0579	10.2	2.6238	1.9792	0.8160	0.6449	1.3474
2.7	3.1842	2.2744	0.2254	0.5160	2.0243	10.4	2.6172	1.9754	0.7970	0.6452	1.3427
2.8	3.1629	2.2708	0.1439	0.5196	1.9912	10.6	2.6116	1.9719	0.6145	0.6456	1.3385
2.9	3.1319	2.2579	0.2611	0.5232	1.9586	10.8	2.6064	1.9689	0.4634	0.6461	1.3342
3.0	3.0993	2.2400	0.5268	0.5283	1.9275	11.0	2.6007	1.9659	0.4981	0.6465	1.3297
3.1	3.0728	2.2224	0.8584	0.5356	1.8988	11.2	2.5947	1.9625	0.6731	0.6468	1.3254
3.2	3.0564	2.2096	1.1597	0.5445	1.8729	11.4	2.5892	1.9592	0.8019	0.6470	1.3216
3.3	3.0494	2.2035	1.3425	0.5535	1.8496	11.6	2.5844	1.9563	0.7514	0.6474	1.3180
3.4	3.0473	2.2028	1.3530	0.5612	1.8281	11.8	2.5796	1.9536	0.5821	0.6477	1.3142
3.5	3.0441	2.2039	1.1925	0.5667	1.8073	12.0	2.5744	1.9508	0.4732	0.6480	1.3104
3.6	3.0354	2.2032	0.9165	0.5701	1.7869	12.2	2.5692	1.9478	0.5341	0.6481	1.3068
3.7	3.0203	2.1985	0.6106	0.5724	1.7669	12.4	2.5645	1.9449	0.6941	0.6483	1.3035
3.8	3.0011	2.1898	0.3617	0.5744	1.7478	12.6	2.5602	1.9424	0.7835	0.6486	1.3004
3.9	2.9817	2.1789	0.2338	0.5770	1.7301	12.8	2.5557	1.9399	0.7126	0.6488	1.2970
4.0	2.9655	2.1684	0.2553	0.5807	1.7143	13.0	2.5509	1.9373	0.5618	0.6490	1.2937
4.1	2.9544	2.1602	0.4141	0.5851	1.7000	13.2	2.5464	1.9346	0.4875	0.6491	1.2907
4.2	2.9480	2.1553	0.6595	0.5897	1.6869	13.4	2.5423	1.9321	0.5649	0.6493	1.2879
4.3	2.9439	2.1530	0.9158	0.5938	1.6742	13.6	2.5383	1.9298	0.7055	0.6494	1.2850
4.4	2.9391	2.1517	1.1058	0.5968	1.6615	13.8	2.5342	1.9276	0.7638	0.6496	1.2820
4.5	2.9314	2.1495	1.1753	0.5988	1.6486	14.0	2.5299	1.9252	0.6807	0.6497	1.2792
4.6	2.9205	2.1453	1.1098	0.6001	1.6358	14.2	2.5259	1.9228	0.5483	0.6498	1.2766
4.7	2.9074	2.1392	0.9339	0.6013	1.6237	14.4	2.5222	1.9206	0.5035	0.6499	1.2741
4.8	2.8943	2.1318	0.7013	0.6027	1.6126	14.6	2.5185	1.9185	0.5888	0.6500	1.2715
4.9	2.8831	2.1247	0.4780	0.6047	1.6026	14.8	2.5147	1.9164	0.7096	0.6501	1.2689
5.0	2.8748	2.1188	0.3260	0.6047	1.5936	15.0	2.5109	1.9142	0.7439	0.6501	1.2664

Table T1.52

N = 1.400 K = 3.500

X	QEXT	QSCA	QBK	G	QPR	X	QEXT	QSCA	QBK	G	QPR
0.1	0.0742	0.0004	0.0006	-0.0003	0.0742	5.2	2.8161	2.1949	0.3344	0.5882	1.5250
0.2	0.1683	0.0061	0.0093	-0.0016	0.1683	5.4	2.8097	2.1918	0.7439	0.5931	1.5098
0.3	0.3102	0.0331	0.0511	-0.0032	0.3103	5.6	2.7958	2.1852	1.1614	0.5955	1.4944
0.4	0.5408	0.1136	0.1779	-0.0044	0.5413	5.8	2.7774	2.1737	1.1514	0.5967	1.4803
0.5	0.9175	0.3025	0.4776	-0.0045	0.9188	6.0	2.7642	2.1637	0.7452	0.5989	1.4684
0.6	1.4978	0.6681	1.0524	-0.0027	1.4996	6.2	2.7576	2.1588	0.3779	0.6022	1.4575
0.7	2.2682	1.2363	1.9176	0.0015	2.2663	6.4	2.7496	2.1549	0.4282	0.6049	1.4461
0.8	3.0481	1.8926	2.8494	0.0085	3.0321	6.6	2.7365	2.1477	0.8139	0.6061	1.4349
0.9	3.5686	2.4075	3.4586	0.0185	3.5240	6.8	2.7234	2.1387	1.1149	0.6070	1.4251
1.0	3.7277	2.6468	3.5446	0.0328	3.6409	7.0	2.7151	2.1323	1.0221	0.6089	1.4168
1.1	3.6369	2.6589	3.1989	0.0535	3.4946	7.2	2.7092	2.1286	0.6455	0.6111	1.4085
1.2	3.4536	2.5979	2.5979	0.0838	3.2391	7.4	2.7007	2.1241	0.3895	0.6124	1.3997
1.3	3.2845	2.4391	1.8753	0.1273	2.9739	7.6	2.6896	2.1174	0.5086	0.6131	1.3915
1.4	3.1832	2.3531	1.1348	0.1849	2.7482	7.8	2.6803	2.1108	0.8586	0.6139	1.3846
1.5	3.1652	2.3262	0.4970	0.2508	2.5817	8.0	2.6743	2.1063	1.0666	0.6153	1.3783
1.6	3.2123	2.3564	0.1048	0.3127	2.4754	8.2	2.6685	2.1029	0.9186	0.6167	1.3717
1.7	3.2805	2.4164	0.0612	0.3586	2.4140	8.4	2.6602	2.0983	0.5846	0.6174	1.3648
1.8	3.3229	2.4686	0.3502	0.3848	2.3730	8.6	2.6513	2.0925	0.4156	0.6178	1.3586
1.9	3.3170	2.4879	0.8377	0.3961	2.3316	8.8	2.6446	2.0876	0.5765	0.6185	1.3534
2.0	3.2698	2.4720	1.3517	0.4002	2.2806	9.0	2.6396	2.0841	0.8863	0.6196	1.3483
2.1	3.2098	2.4337	1.7512	0.4041	2.2208	9.2	2.6337	2.0808	1.0155	0.6204	1.3428
2.2	3.1434	2.3906	1.9448	0.4122	2.1580	9.4	2.6263	2.0763	0.8379	0.6208	1.3373
2.3	3.1034	2.3576	1.8891	0.4263	2.0984	9.6	2.6193	2.0716	0.5476	0.6212	1.3325
2.4	3.0897	2.3428	1.5954	0.4453	2.0465	9.8	2.6141	2.0678	0.4476	0.6218	1.3283
2.5	3.0959	2.3457	1.1413	0.4627	2.0041	10.0	2.6094	2.0648	0.6322	0.6226	1.3240
2.6	3.1081	2.3580	0.6610	0.4827	1.9700	10.2	2.6037	2.0615	0.8975	0.6231	1.3193
2.7	3.1118	2.3684	0.2976	0.4944	1.9407	10.4	2.5973	2.0574	0.9661	0.6233	1.3149
2.8	3.0996	2.3687	0.1462	0.5009	1.9130	10.6	2.5917	2.0535	0.7741	0.6236	1.3112
2.9	3.0732	2.3573	0.2268	0.5041	1.8850	10.8	2.5874	2.0505	0.5278	0.6241	1.3076
3.0	3.0404	2.3378	0.4950	0.5064	1.8565	11.0	2.5829	2.0478	0.4827	0.6246	1.3039
3.1	3.0100	2.3164	0.8650	0.5101	1.8284	11.2	2.5776	2.0446	0.6754	0.6249	1.2999
3.2	2.9887	2.2993	1.2311	0.5162	1.8019	11.4	2.5721	2.0410	0.8996	0.6250	1.2964
3.3	2.9787	2.2898	1.4893	0.5245	1.7778	11.6	2.5676	2.0378	0.9209	0.6253	1.2933
3.4	2.9772	2.2901	1.5636	0.5336	1.7564	11.8	2.5637	2.0352	0.7249	0.6257	1.2903
3.5	2.9782	2.2919	1.4338	0.5419	1.7372	12.0	2.5595	2.0326	0.5202	0.6260	1.2869
3.6	2.9755	2.2901	1.1450	0.5481	1.7193	12.2	2.5546	2.0296	0.5165	0.6262	1.2836
3.7	2.9656	2.2894	0.7893	0.5519	1.7021	12.4	2.5500	2.0265	0.7104	0.6263	1.2807
3.8	2.9491	2.2816	0.4696	0.5539	1.6853	12.6	2.5461	2.0238	0.8945	0.6266	1.2781
3.9	2.9296	2.2699	0.2702	0.5553	1.6691	12.8	2.5425	2.0215	0.8799	0.6269	1.2753
4.0	2.9112	2.2572	0.2377	0.5571	1.6537	13.0	2.5384	2.0190	0.6877	0.6271	1.2724
4.1	2.8975	2.2465	0.3738	0.5600	1.6395	13.2	2.5341	2.0163	0.5207	0.6273	1.2696
4.2	2.8896	2.2366	0.6350	0.5640	1.6264	13.4	2.5302	2.0136	0.5495	0.6275	1.2672
4.3	2.8862	2.2366	0.9423	0.5687	1.6142	13.6	2.5268	2.0113	0.7376	0.6275	1.2648
4.4	2.8843	2.2360	1.2030	0.5731	1.6027	13.8	2.5234	2.0091	0.8845	0.6278	1.2624
4.5	2.8805	2.2353	1.3415	0.5766	1.5915	14.0	2.5196	2.0068	0.8422	0.6278	1.2598
4.6	2.8729	2.2325	1.3214	0.5789	1.5805	14.2	2.5157	2.0043	0.6583	0.6279	1.2574
4.7	2.8618	2.2270	1.1559	0.5802	1.5697	14.4	2.5123	2.0019	0.5262	0.6281	1.2553
4.8	2.8487	2.2193	0.8970	0.5810	1.5594	14.6	2.5093	1.9999	0.5785	0.6281	1.2532
4.9	2.8363	2.2109	0.6190	0.5819	1.5498	14.8	2.5060	1.9979	0.7554	0.6282	1.2510
5.0	2.8264	2.2034	0.3982	0.5834	1.5409	15.0	2.5024	1.9957	0.8710	0.6282	1.2487

Table T1.53

N = 1.500 K = 0.0

X	QEXT	QSCA	QBK	G	QPR	X	QEXT	QSCA	QBK	G	QPR
0.1	0.0000	0.0000	0.0000	0.0016	0.0000	5.2	3.7832	3.7832	2.5445	0.6789	1.2147
0.2	0.0004	0.0004	0.0005	0.0042	0.0004	5.4	3.3567	3.3567	1.7918	0.6646	1.1260
0.3	0.0019	0.0019	0.0027	0.0093	0.0019	5.6	3.0835	3.0835	1.6657	0.6264	1.1521
0.4	0.0060	0.0060	0.0083	0.0164	0.0059	5.8	3.1905	3.1905	2.6447	0.6114	1.2397
0.5	0.0146	0.0146	0.0194	0.0255	0.0142	6.0	2.9039	2.9039	2.7896	0.6324	1.0675
0.6	0.0302	0.0302	0.0380	0.0365	0.0291	6.2	2.4861	2.4861	2.4382	0.6028	0.9875
0.7	0.0556	0.0556	0.0655	0.0495	0.0529	6.4	2.2713	2.2713	3.1334	0.5251	1.0787
0.8	0.0936	0.0936	0.1016	0.0645	0.0876	6.6	2.4480	2.4480	4.2070	0.5098	1.2000
0.9	0.1465	0.1465	0.1439	0.0819	0.1345	6.8	2.1462	2.1462	2.5131	0.5367	0.9943
1.0	0.2151	0.2151	0.1866	0.1019	0.1932	7.0	2.1462	2.1462	2.0951	0.5116	0.9026
1.1	0.2987	0.2987	0.2213	0.1249	0.2614	7.2	1.8483	1.8483	4.2472	0.4216	1.0250
1.2	0.3950	0.3950	0.2379	0.1514	0.3352	7.4	1.7720	1.7720	6.2252	0.4416	1.1174
1.3	0.5016	0.5016	0.2282	0.1814	0.4106	7.6	2.0010	2.0010	2.6984	0.4711	0.9688
1.4	0.6190	0.6190	0.1901	0.2142	0.4864	7.8	1.8318	1.8318	1.4792	0.4813	0.8675
1.5	0.7528	0.7528	0.1312	0.2478	0.5663	8.0	1.6723	1.6723	4.6283	0.4258	1.0208
1.6	0.9143	0.9143	0.0726	0.2781	0.6600	8.2	1.7777	1.7777	7.5998	0.4982	0.9795
1.7	1.1142	1.1142	0.0444	0.3013	0.7785	8.4	1.9519	1.9519	3.3583	0.5326	0.9408
1.8	1.3489	1.3489	0.0746	0.3161	0.9225	8.6	2.0127	2.0127	1.6918	0.5709	0.8266
1.9	1.5901	1.5901	0.1677	0.3257	1.0722	8.8	1.9263	1.9263	6.1275	0.5217	1.0650
2.0	1.7984	1.7984	0.2950	0.3354	1.1951	9.0	2.2264	2.2264	6.2276	0.6141	0.8638
2.1	1.9553	1.9553	0.4145	0.3500	1.2709	9.2	2.3184	2.3184	3.1606	0.6404	0.8900
2.2	2.0753	2.0753	0.4965	0.3719	1.3036	9.4	2.4753	2.4753	2.4209	0.6851	0.7501
2.3	2.1916	2.1916	0.5265	0.4016	1.3114	9.6	2.3817	2.3817	9.3118	0.6233	1.0542
2.4	2.3383	2.3383	0.4971	0.4380	1.3142	9.8	2.7985	2.7985	4.5761	0.6965	0.8030
2.5	2.5395	2.5395	0.4139	0.4772	1.3277	10.0	2.6454	2.6454	1.6979	0.7181	0.8124
2.6	2.7924	2.7924	0.3048	0.5129	1.3603	10.2	2.8820	2.8820	2.6027	0.7555	0.6741
2.7	3.0512	3.0512	0.2326	0.5391	1.4064	10.4	2.7575	2.7575	8.2843	0.7288	0.8048
2.8	3.2510	3.2510	0.2513	0.5543	1.4491	10.6	2.9680	2.9680	4.4871	0.7334	0.7772
2.9	3.3648	3.3648	0.3631	0.5615	1.4753	10.8	2.9158	2.9158	0.4556	0.7655	0.6991
3.0	3.4181	3.4181	0.5338	0.5656	1.4850	11.0	2.9812	2.9812	2.8494	0.7723	0.6550
3.1	3.4581	3.4581	0.7264	0.5704	1.4852	11.2	2.8763	2.8763	4.7919	0.7876	0.5944
3.2	3.5317	3.5317	0.9058	0.5795	1.4855	11.4	2.7988	2.7988	5.0510	0.7306	0.7904
3.3	3.6733	3.6733	1.0207	0.5947	1.4889	11.6	2.9338	2.9338	0.6326	0.7879	0.5854
3.4	3.8788	3.8788	1.0083	0.6146	1.4948	11.8	2.7597	2.7597	6.2911	0.7253	0.7722
3.5	4.0785	4.0785	0.8344	0.6341	1.4922	12.0	2.8112	2.8112	2.5289	0.7836	0.5358
3.6	4.1849	4.1849	0.6088	0.6482	1.4721	12.2	2.4760	2.4760	3.7092	0.6951	0.8344
3.7	4.1841	4.1841	0.4717	0.6560	1.4394	12.4	2.7365	2.7365	1.2232	0.7824	0.5177
3.8	4.1264	4.1264	0.4836	0.6588	1.4078	12.6	2.3791	2.3791	5.2877	0.7094	0.7144
3.9	4.0671	4.0671	0.6491	0.6584	1.3894	12.8	2.4582	2.4582	1.8612	0.7428	0.5428
4.0	4.0525	4.0525	0.9654	0.6565	1.3919	13.0	2.1101	2.1101	0.5367	0.6915	0.7038
4.1	4.1187	4.1187	1.3998	0.6629	1.4135	13.2	2.2815	2.2815	1.2159	0.7484	0.5149
4.2	4.2555	4.2555	1.7882	0.6733	1.4347	13.4	2.0463	2.0463	1.4604	0.7349	0.5132
4.3	4.3593	4.3593	1.8563	0.6821	1.4240	13.6	1.9359	1.9359	5.2082	0.6939	0.5781
4.4	4.3326	4.3326	1.5503	0.6859	1.3773	13.8	1.8887	1.8887	0.0746	0.6990	0.5937
4.5	4.2025	4.2025	1.1499	0.6852	1.3199	14.0	1.9725	1.9725	1.8474	0.7003	0.5849
4.6	4.0413	4.0413	0.8709	0.6804	1.2724	14.2	1.9518	1.9518	0.7867	0.7162	0.5190
4.7	3.8997	3.8997	0.7919	0.6725	1.2462	14.4	1.8285	1.8285	3.7217	0.6510	0.6917
4.8	3.8191	3.8191	0.9656	0.6652	1.2506	14.6	1.9817	1.9817	0.4877	0.7129	0.5802
4.9	3.8381	3.8381	1.4658	0.6652	1.2848	14.8	2.0204	2.0204	1.4627	0.6949	0.6478
5.0	3.9278	3.9278	2.1999	0.6660	1.3119	15.0	1.9847	1.9847	0.2907	0.7222	0.5514

Table T1.54   95

N = 1.500 K = 0.050

X	QEXT	QSCA	QBK	G	QPR
0.1	0.0100	0.0000	0.0000	0.0015	0.0100
0.2	0.0208	0.0004	0.0006	0.0042	0.0208
0.3	0.0333	0.0019	0.0027	0.0093	0.0332
0.4	0.0493	0.0060	0.0083	0.0164	0.0492
0.5	0.0710	0.0147	0.0195	0.0255	0.0706
0.6	0.1010	0.0303	0.0381	0.0366	0.0999
0.7	0.1420	0.0555	0.0653	0.0498	0.1392
0.8	0.1964	0.0929	0.1005	0.0651	0.1904
0.9	0.2659	0.1441	0.1406	0.0829	0.2539
1.0	0.3505	0.2097	0.1797	0.1036	0.3288
1.1	0.4490	0.2882	0.2090	0.1275	0.4122
1.2	0.5588	0.3771	0.2190	0.1552	0.5003
1.3	0.6783	0.4741	0.2029	0.1864	0.5899
1.4	0.8088	0.5793	0.1604	0.2204	0.6811
1.5	0.9549	0.6967	0.1011	0.2547	0.7775
1.6	1.1229	0.8329	0.0447	0.2857	0.8849
1.7	1.3137	0.9915	0.0163	0.3104	1.0059
1.8	1.5158	1.1657	0.0344	0.3283	1.1330
1.9	1.7072	1.3371	0.0978	0.3427	1.2490
2.0	1.8699	1.4874	0.1846	0.3579	1.3375
2.1	2.0030	1.6111	0.2660	0.3775	1.3949
2.2	2.1220	1.7175	0.3184	0.4032	1.4295
2.3	2.2475	1.8235	0.3263	0.4350	1.4544
2.4	2.3960	1.9445	0.2834	0.4709	1.4804
2.5	2.5709	2.0872	0.1993	0.5069	1.5128
2.6	2.7561	2.2427	0.1063	0.5380	1.5495
2.7	2.9219	2.3878	0.0481	0.5609	1.5825
2.8	3.0448	2.5001	0.0519	0.5759	1.6050
2.9	3.1253	2.5749	0.1140	0.5860	1.6163
3.0	3.1835	2.6253	0.2107	0.5949	1.6216
3.1	3.2454	2.6718	0.3124	0.6057	1.6271
3.2	3.3306	2.7327	0.3863	0.6200	1.6364
3.3	3.4425	2.8151	0.3989	0.6375	1.6480
3.4	3.5610	2.9075	0.3345	0.6555	1.6551
3.5	3.6514	2.9829	0.2187	0.6708	1.6505
3.6	3.6922	3.0197	0.1100	0.6818	1.6334
3.7	3.6902	3.0170	0.0548	0.6892	1.6110
3.8	3.6702	2.9910	0.0692	0.6946	1.5928
3.9	3.6588	2.9630	0.1481	0.6997	1.5856
4.0	3.6588	2.9510	0.2729	0.7059	1.5908
4.1	3.7156	2.9617	0.4032	0.7137	1.6018
4.2	3.7593	2.9818	0.4758	0.7223	1.6055
4.3	3.7695	2.9842	0.4470	0.7295	1.5925
4.4	3.7311	2.9510	0.3381	0.7339	1.5651
4.5	3.6580	2.8850	0.2098	0.7361	1.5344
4.6	3.5767	2.8020	0.1137	0.7372	1.5111
4.7	3.5116	2.7209	0.0791	0.7386	1.5018
4.8	3.4777	2.6574	0.1237	0.7464	1.5071
4.9	3.4707	2.6162	0.2495	0.7416	1.5179
5.0	3.4617	2.5837	0.4130	0.7519	1.5190

X	QEXT	QSCA	QBK	G	QPR
5.2	3.3334	2.4628	0.5490	0.7549	1.4743
5.4	3.1209	2.2652	0.3751	0.7460	1.4311
5.6	2.9899	2.0924	0.1808	0.7396	1.4424
5.8	2.9391	1.9882	0.2372	0.7466	1.4547
6.0	2.7921	1.8525	0.5072	0.7482	1.4060
6.2	2.5996	1.6757	0.6157	0.7329	1.3716
6.4	2.5012	1.5397	0.5233	0.7166	1.3979
6.6	2.4717	1.4689	0.2747	0.7195	1.4148
6.8	2.3696	1.3816	0.0829	0.7227	1.3711
7.0	2.2462	1.2707	0.5164	0.7127	1.3405
7.2	2.2130	1.2017	0.7845	0.7029	1.3683
7.4	2.2298	1.1898	0.6379	0.7107	1.3843
7.6	2.1964	1.1734	0.2543	0.7198	1.3519
7.8	2.1496	1.1378	0.2352	0.7236	1.3262
8.0	2.1764	1.1324	0.5948	0.7324	1.3471
8.2	2.2316	1.1677	0.8525	0.7509	1.3548
8.4	2.2522	1.2030	0.5484	0.7658	1.3310
8.6	2.2568	1.2187	0.2490	0.7762	1.3109
8.8	2.3122	1.2497	0.2612	0.7905	1.3243
9.0	2.3788	1.3027	0.5681	0.8093	1.3246
9.2	2.4178	1.3517	0.6597	0.8240	1.3040
9.4	2.4368	1.3800	0.5181	0.8334	1.2867
9.6	2.4846	1.4123	0.2880	0.8432	1.2938
9.8	2.5347	1.4533	0.1980	0.8549	1.2922
10.0	2.5589	1.4848	0.3600	0.8656	1.2737
10.2	2.5636	1.4959	0.5363	0.8729	1.2578
10.4	2.5816	1.5046	0.5102	0.8789	1.2592
10.6	2.6003	1.5164	0.2075	0.8845	1.2591
10.8	2.5949	1.5179	0.0834	0.8899	1.2440
11.0	2.5751	1.5032	0.2330	0.8941	1.2312
11.2	2.5621	1.4841	0.4490	0.8979	1.2295
11.4	2.5522	1.4675	0.3708	0.9008	1.2303
11.6	2.5225	1.4448	0.1387	0.9022	1.2189
11.8	2.4861	1.4131	0.0403	0.9028	1.2104
12.0	2.4571	1.3796	0.1536	0.9042	1.2096
12.2	2.4335	1.3500	0.2938	0.9057	1.2106
12.4	2.3969	1.3194	0.2601	0.9040	1.2019
12.6	2.3604	1.2869	0.1184	0.9033	1.1970
12.8	2.3344	1.2571	0.0132	0.9037	1.1988
13.0	2.3145	1.2331	0.0754	0.9020	1.2000
13.2	2.2878	1.2113	0.1814	0.9042	1.1936
13.4	2.2654	1.1913	0.1964	0.9013	1.1908
13.6	2.2550	1.1770	0.0846	0.9013	1.1941
13.8	2.2490	1.1693	0.0019	0.9014	1.1951
14.0	2.2400	1.1644	0.0354	0.9012	1.1906
14.2	2.2363	1.1617	0.1203	0.9013	1.1892
14.4	2.2428	1.1641	0.1328	0.9024	1.1923
14.6	2.2507	1.1716	0.0617	0.9035	1.1921
14.8	2.2561	1.1805	0.0071	0.9040	1.1889
15.0	2.2656	1.1901	0.0259	0.9050	1.1886

Table T1.55

N = 1.500 K = 0.100

X	QEXT	QSCA	QBK	G	QPR
0.1	0.0201	0.0000	0.0000	0.0015	0.0201
0.2	0.0411	0.0004	0.0006	0.0042	0.0411
0.3	0.0646	0.0020	0.0028	0.0093	0.0646
0.4	0.0926	0.0062	0.0086	0.0164	0.0924
0.5	0.1273	0.0150	0.0200	0.0256	0.1269
0.6	0.1715	0.0310	0.0390	0.0367	0.1703
0.7	0.2277	0.0565	0.0664	0.0500	0.2248
0.8	0.2979	0.0940	0.1014	0.0656	0.2917
0.9	0.3830	0.1448	0.1405	0.0838	0.3708
1.0	0.4824	0.2087	0.1770	0.1051	0.4604
1.1	0.5940	0.2840	0.2021	0.1299	0.5571
1.2	0.7153	0.3679	0.2070	0.1585	0.6570
1.3	0.8451	0.4579	0.1861	0.1908	0.7577
1.4	0.9843	0.5538	0.1411	0.2256	0.8593
1.5	1.1359	0.6584	0.0829	0.2604	0.9644
1.6	1.3015	0.7753	0.0305	0.2920	1.0751
1.7	1.4766	0.9046	0.0045	0.3180	1.1889
1.8	1.6493	1.0399	0.0170	0.3388	1.2970
1.9	1.8062	1.1701	0.0640	0.3572	1.3883
2.0	1.9415	1.2862	0.1279	0.3767	1.4570
2.1	2.0604	1.3871	0.1871	0.3999	1.5057
2.2	2.1752	1.4789	0.2227	0.4279	1.5424
2.3	2.2973	1.5701	0.2219	0.4600	1.5751
2.4	2.4316	1.6671	0.1821	0.4940	1.6080
2.5	2.5729	1.7703	0.1155	0.5264	1.6409
2.6	2.7068	1.8726	0.0482	0.5539	1.6696
2.7	2.8185	1.9629	0.0074	0.5749	1.6900
2.8	2.9024	2.0338	0.0066	0.5905	1.7015
2.9	2.9657	2.0859	0.0417	0.6033	1.7074
3.0	3.0220	2.1267	0.0972	0.6157	1.7125
3.1	3.0838	2.1659	0.1526	0.6298	1.7199
3.2	3.1562	2.2097	0.1862	0.6457	1.7293
3.3	3.2329	2.2579	0.1819	0.6626	1.7369
3.4	3.2995	2.3028	0.1394	0.6783	1.7375
3.5	3.3426	2.3341	0.0784	0.6914	1.7288
3.6	3.3595	2.3457	0.0259	0.7017	1.7136
3.7	3.3588	2.3395	0.0010	0.7101	1.6975
3.8	3.3540	2.3231	0.0098	0.7179	1.6863
3.9	3.3566	2.3059	0.0476	0.7260	1.6825
4.0	3.3698	2.2941	0.1005	0.7348	1.6842
4.1	3.3869	2.2877	0.1458	0.7437	1.6855
4.2	3.3943	2.2803	0.1614	0.7517	1.6802
4.3	3.3812	2.2631	0.1394	0.7578	1.6662
4.4	3.3475	2.2313	0.0921	0.7622	1.6468
4.5	3.3020	2.1866	0.0416	0.7656	1.6278
4.6	3.2570	2.1351	0.0074	0.7692	1.6146
4.7	3.2218	2.0842	0.0020	0.7738	1.6091
4.8	3.1983	2.0392	0.0299	0.7794	1.6089
4.9	3.1795	2.0005	0.0833	0.7854	1.6083
5.0	3.1537	1.9635	0.1399	0.7903	1.6019
5.2	3.0581	1.8722	0.1698	0.7941	1.5713
5.4	2.9405	1.7569	0.0823	0.7935	1.5464
5.6	2.8615	1.6514	0.0031	0.7972	1.5450
5.8	2.8020	1.5690	0.0565	0.8048	1.5393
6.0	2.7114	1.4843	0.1780	0.8074	1.5131
6.2	2.6138	1.3917	0.2012	0.8046	1.4940
6.4	2.5544	1.3152	0.1015	0.8047	1.4961
6.6	2.5161	1.2625	0.0073	0.8099	1.4935
6.8	2.4605	1.2139	0.0628	0.8135	1.4730
7.0	2.4044	1.1636	0.1902	0.8141	1.4571
7.2	2.3800	1.1285	0.2317	0.8169	1.4581
7.4	2.3731	1.1136	0.1204	0.8231	1.4565
7.6	2.3559	1.1039	0.0109	0.8288	1.4410
7.8	2.3385	1.0932	0.0472	0.8335	1.4274
8.0	2.3425	1.0916	0.1782	0.8402	1.4254
8.2	2.3580	1.1029	0.2293	0.8484	1.4224
8.4	2.3652	1.1170	0.1279	0.8552	1.4099
8.6	2.3695	1.1285	0.0169	0.8610	1.3979
8.8	2.3855	1.1429	0.0270	0.8678	1.3936
9.0	2.4067	1.1627	0.1402	0.8755	1.3889
9.2	2.4197	1.1815	0.1961	0.8818	1.3778
9.4	2.4276	1.1962	0.1294	0.8867	1.3670
9.6	2.4402	1.2099	0.0246	0.8917	1.3613
9.8	2.4538	1.2241	0.0101	0.8970	1.3559
10.0	2.4598	1.2351	0.0927	0.9016	1.3462
10.2	2.4620	1.2416	0.1555	0.9051	1.3365
10.4	2.4631	1.2457	0.1205	0.9084	1.3305
10.6	2.4584	1.2485	0.0322	0.9114	1.3252
10.8	2.4497	1.2485	0.0033	0.9140	1.3173
11.0	2.4415	1.2449	0.0567	0.9161	1.3093
11.2	2.4394	1.2332	0.1158	0.9180	1.3037
11.4	2.4329	1.2256	0.1032	0.9196	1.2989
11.6	2.4211	1.2164	0.0407	0.9207	1.2927
11.8	2.4076	1.2069	0.0072	0.9216	1.2866
12.0	2.3952	1.1976	0.0364	0.9224	1.2820
12.2	2.3835	1.1886	0.0826	0.9231	1.2779
12.4	2.3708	1.1798	0.0855	0.9235	1.2731
12.6	2.3583	1.1719	0.0468	0.9237	1.2685
12.8	2.3476	1.1651	0.0167	0.9240	1.2648
13.0	2.3383	1.1593	0.0286	0.9243	1.2614
13.2	2.3294	1.1547	0.0602	0.9245	1.2576
13.4	2.3216	1.1513	0.0701	0.9247	1.2539
13.6	2.3157	1.1492	0.0493	0.9249	1.2509
13.8	2.3111	1.1482	0.0269	0.9251	1.2480
14.0	2.3073	1.1481	0.0286	0.9254	1.2448
14.2	2.3046	1.1490	0.0473	0.9258	1.2417
14.4	2.3032	1.1506	0.0578	0.9262	1.2390
14.6	2.3025	1.1528	0.0491	0.9267	1.2363
14.8	2.3022	1.1528	0.0350	0.9271	1.2334
15.0	2.3025	1.1554	0.0322	0.9277	1.2307

Table T1.56　　97

N = 1.500　K = 0.200

X	QEXT	QSCA	QBK	G	QPR	X	QEXT	QSCA	QBK	G	QPR
0.1	0.0401	0.0000	0.0000	0.0015	0.0401	5.2	2.7543	1.4030	0.0470	0.8230	1.5997
0.2	0.0818	0.0004	0.0006	0.0042	0.0818	5.4	2.7082	1.3593	0.0223	0.8285	1.5820
0.3	0.1273	0.0022	0.0031	0.0093	0.1272	5.6	2.6717	1.3206	0.0329	0.8349	1.5691
0.4	0.1789	0.0069	0.0096	0.0164	0.1788	5.8	2.6366	1.2875	0.0709	0.8410	1.5537
0.5	0.2395	0.0167	0.0223	0.0255	0.2391	6.0	2.5981	1.2564	0.0883	0.8455	1.5359
0.6	0.3116	0.0342	0.0430	0.0368	0.3104	6.2	2.5637	1.2275	0.0618	0.8492	1.5214
0.7	0.3972	0.0619	0.0726	0.0503	0.3941	6.4	2.5382	1.2040	0.0234	0.8536	1.5105
0.8	0.4971	0.1017	0.1093	0.0664	0.4903	6.6	2.5162	1.1862	0.0225	0.8581	1.4983
0.9	0.6107	0.1543	0.1483	0.0853	0.5975	6.8	2.4937	1.1712	0.0606	0.8620	1.4841
1.0	0.7355	0.2186	0.1821	0.1077	0.7120	7.0	2.4744	1.1586	0.0898	0.8654	1.4717
1.1	0.8685	0.2917	0.2014	0.1338	0.8295	7.2	2.4614	1.1499	0.0742	0.8692	1.4619
1.2	1.0066	0.3703	0.1984	0.1640	0.9459	7.4	2.4514	1.1449	0.0339	0.8731	1.4518
1.3	1.1483	0.4517	0.1703	0.1977	1.0590	7.6	2.4413	1.1421	0.0188	0.8766	1.4402
1.4	1.2933	0.5355	0.1225	0.2335	1.1683	7.8	2.4328	1.1404	0.0450	0.8798	1.4294
1.5	1.4410	0.6224	0.0676	0.2690	1.2736	8.0	2.4276	1.1405	0.0782	0.8831	1.4204
1.6	1.5882	0.7132	0.0226	0.3017	1.3730	8.2	2.4241	1.1424	0.0778	0.8864	1.4114
1.7	1.7291	0.8064	0.0014	0.3305	1.4626	8.4	2.4202	1.1450	0.0466	0.8895	1.4018
1.8	1.8581	0.8984	0.0088	0.3562	1.5380	8.6	2.4164	1.1477	0.0234	0.8922	1.3924
1.9	1.9733	0.9852	0.0395	0.3808	1.5982	8.8	2.4119	1.1507	0.0339	0.8949	1.3841
2.0	2.0777	1.0647	0.0811	0.4061	1.6453	9.0	2.4092	1.1540	0.0618	0.8975	1.3761
2.1	2.1767	1.1375	0.1192	0.4334	1.6838	9.2	2.4061	1.1572	0.0726	0.8999	1.3679
2.2	2.2748	1.2056	0.1411	0.4626	1.7171	9.4	2.4031	1.1600	0.0556	0.9021	1.3597
2.3	2.3727	1.2710	0.1395	0.4928	1.7464	9.6	2.4002	1.1623	0.0331	0.9041	1.3523
2.4	2.4673	1.3339	0.1155	0.5221	1.7709	9.8	2.3966	1.1644	0.0310	0.9060	1.3453
2.5	2.5531	1.3929	0.0787	0.5489	1.7886	10.0	2.3926	1.1660	0.0484	0.9078	1.3382
2.6	2.6255	1.4453	0.0429	0.5719	1.7989	10.2	2.3884	1.1671	0.0628	0.9093	1.3312
2.7	2.6840	1.4894	0.0192	0.5915	1.8030	10.4	2.3841	1.1678	0.0582	0.9108	1.3247
2.8	2.7320	1.5251	0.0126	0.6086	1.8039	10.6	2.3796	1.1682	0.0425	0.9121	1.3186
2.9	2.7751	1.5544	0.0216	0.6246	1.8042	10.8	2.3747	1.1682	0.0345	0.9133	1.3126
3.0	2.8170	1.5798	0.0404	0.6404	1.8053	11.0	2.3698	1.1679	0.0416	0.9144	1.3067
3.1	2.8587	1.6032	0.0605	0.6563	1.8065	11.2	2.3650	1.1674	0.0531	0.9154	1.3011
3.2	2.8972	1.6247	0.0741	0.6719	1.8055	11.4	2.3602	1.1668	0.0558	0.9164	1.2958
3.3	2.9282	1.6429	0.0768	0.6865	1.8004	11.6	2.3554	1.1660	0.0482	0.9172	1.2907
3.4	2.9487	1.6555	0.0698	0.6995	1.7906	11.8	2.3506	1.1652	0.0403	0.9180	1.2857
3.5	2.9588	1.6612	0.0582	0.7111	1.7776	12.0	2.3461	1.1644	0.0406	0.9187	1.2809
3.6	2.9618	1.6603	0.0475	0.7215	1.7639	12.2	2.3417	1.1636	0.0470	0.9194	1.2763
3.7	2.9620	1.6544	0.0413	0.7313	1.7521	12.4	2.3375	1.1628	0.0514	0.9201	1.2718
3.8	2.9627	1.6462	0.0403	0.7410	1.7429	12.6	2.3334	1.1621	0.0496	0.9207	1.2675
3.9	2.9644	1.6374	0.0431	0.7505	1.7356	12.8	2.3295	1.1615	0.0448	0.9213	1.2633
4.0	2.9611	1.6285	0.0465	0.7597	1.7281	13.0	2.3259	1.1610	0.0427	0.9218	1.2593
4.1	2.9508	1.6187	0.0475	0.7677	1.7185	13.2	2.3224	1.1606	0.0448	0.9224	1.2554
4.2	2.9342	1.6065	0.0448	0.7747	1.7063	13.4	2.3191	1.1603	0.0479	0.9229	1.2516
4.3	2.9138	1.5908	0.0400	0.7806	1.6924	13.6	2.3160	1.1600	0.0485	0.9234	1.2479
4.4	2.8929	1.5716	0.0365	0.7860	1.6786	13.8	2.3130	1.1598	0.0470	0.9239	1.2443
4.5	2.8739	1.5499	0.0372	0.7912	1.6666	14.0	2.3102	1.1598	0.0466	0.9244	1.2409
4.6	2.8570	1.5276	0.0434	0.7966	1.6571	14.2	2.3074	1.1598	0.0448	0.9249	1.2375
4.7	2.8410	1.5058	0.0537	0.8021	1.6492	14.4	2.3048	1.1599	0.0450	0.9253	1.2342
4.8	2.8235	1.4852	0.0647	0.8076	1.6415	14.6	2.3022	1.1599	0.0463	0.9258	1.2310
4.9	2.8029	1.4654	0.0716	0.8126	1.6327	14.8	2.3022	1.1600	0.0471	0.9262	1.2279
5.0	2.8029	1.4455	0.0709	0.8168	1.6222	15.0	2.2998	1.1601	0.0458	0.9266	1.2248

Table T1.57

N = 1.500 K = 0.300

X	QEXT	QSCA	QBK	G	QPR	X	QEXT	QSCA	QBK	G	QPR
0.1	0.0600	0.0000	0.0000	0.0015	0.0600	5.2	2.6109	1.2476	0.0366	0.8256	1.5809
0.2	0.1224	0.0005	0.0007	0.0041	0.1224	5.4	2.5879	1.2312	0.0348	0.8320	1.5636
0.3	0.1897	0.0026	0.0037	0.0092	0.1897	5.6	2.5678	1.2172	0.0587	0.8382	1.5476
0.4	0.2652	0.0081	0.0113	0.0163	0.2650	5.8	2.5480	1.2053	0.0804	0.8436	1.5311
0.5	0.3515	0.0196	0.0261	0.0255	0.3510	6.0	2.5286	1.1946	0.0748	0.8484	1.5151
0.6	0.4509	0.0399	0.0502	0.0368	0.4494	6.2	2.5118	1.1854	0.0490	0.8528	1.5009
0.7	0.5646	0.0716	0.0839	0.0504	0.5609	6.4	2.4978	1.1783	0.0333	0.8571	1.4878
0.8	0.6919	0.1163	0.1246	0.0668	0.6841	6.6	2.4848	1.1729	0.0449	0.8612	1.4747
0.9	0.8301	0.1738	0.1661	0.0863	0.8151	6.8	2.4725	1.1686	0.0685	0.8649	1.4617
1.0	0.9753	0.2419	0.1993	0.1095	0.9488	7.0	2.4617	1.1653	0.0765	0.8683	1.4498
1.1	1.1229	0.3167	0.2144	0.1367	1.0796	7.2	2.4527	1.1631	0.0609	0.8717	1.4388
1.2	1.2695	0.3944	0.2050	0.1680	1.2033	7.4	2.4445	1.1619	0.0411	0.8749	1.4281
1.3	1.4131	0.4720	0.1709	0.2026	1.3175	7.6	2.4367	1.1612	0.0392	0.8778	1.4174
1.4	1.5524	0.5486	0.1204	0.2391	1.4212	7.8	2.4296	1.1609	0.0553	0.8805	1.4074
1.5	1.6853	0.6244	0.0672	0.2753	1.5134	8.0	2.4233	1.1609	0.0694	0.8830	1.3981
1.6	1.8091	0.6996	0.0262	0.3095	1.5926	8.2	2.4176	1.1615	0.0664	0.8855	1.3891
1.7	1.9216	0.7731	0.0071	0.3412	1.6579	8.4	2.4119	1.1621	0.0513	0.8877	1.3802
1.8	2.0225	0.8435	0.0121	0.3707	1.7098	8.6	2.4064	1.1628	0.0419	0.8898	1.3718
1.9	2.1141	0.9096	0.0360	0.3991	1.7510	8.8	2.4013	1.1635	0.0473	0.8918	1.3638
2.0	2.1993	0.9708	0.0692	0.4274	1.7843	9.0	2.3965	1.1642	0.0596	0.8937	1.3561
2.1	2.2802	1.0275	0.1003	0.4557	1.8119	9.2	2.3917	1.1648	0.0647	0.8954	1.3487
2.2	2.3568	1.0799	0.1199	0.4839	1.8342	9.4	2.3869	1.1654	0.0583	0.8970	1.3414
2.3	2.4271	1.1280	0.1227	0.5112	1.8505	9.6	2.3822	1.1659	0.0486	0.8986	1.3346
2.4	2.4887	1.1713	0.1099	0.5368	1.8600	9.8	2.3777	1.1663	0.0462	0.9000	1.3280
2.5	2.5402	1.2092	0.0873	0.5601	1.8629	10.0	2.3732	1.1667	0.0523	0.9014	1.3216
2.6	2.5822	1.2413	0.0624	0.5811	1.8609	10.2	2.3688	1.1670	0.0592	0.9027	1.3155
2.7	2.6173	1.2681	0.0418	0.6002	1.8562	10.4	2.3645	1.1672	0.0598	0.9039	1.3095
2.8	2.6482	1.2905	0.0296	0.6181	1.8506	10.6	2.3602	1.1673	0.0544	0.9050	1.3039
2.9	2.6768	1.3097	0.0272	0.6351	1.8450	10.8	2.3561	1.1674	0.0494	0.9060	1.2984
3.0	2.7030	1.3266	0.0333	0.6513	1.8389	11.0	2.3520	1.1675	0.0497	0.9071	1.2930
3.1	2.7254	1.3412	0.0448	0.6667	1.8312	11.2	2.3480	1.1675	0.0541	0.9080	1.2879
3.2	2.7425	1.3531	0.0578	0.6810	1.8211	11.4	2.3442	1.1676	0.0575	0.9089	1.2830
3.3	2.7532	1.3616	0.0691	0.6940	1.8083	11.6	2.3404	1.1676	0.0567	0.9098	1.2782
3.4	2.7584	1.3665	0.0768	0.7059	1.7938	11.8	2.3367	1.1676	0.0533	0.9106	1.2736
3.5	2.7596	1.3679	0.0798	0.7169	1.7790	12.0	2.3331	1.1676	0.0509	0.9113	1.2691
3.6	2.7591	1.3666	0.0780	0.7273	1.7651	12.2	2.3297	1.1676	0.0517	0.9121	1.2648
3.7	2.7581	1.3638	0.0718	0.7373	1.7525	12.4	2.3263	1.1676	0.0543	0.9128	1.2606
3.8	2.7567	1.3601	0.0624	0.7469	1.7408	12.6	2.3230	1.1676	0.0560	0.9135	1.2565
3.9	2.7541	1.3559	0.0517	0.7559	1.7292	12.8	2.3198	1.1676	0.0553	0.9141	1.2525
4.0	2.7492	1.3511	0.0420	0.7641	1.7168	13.0	2.3167	1.1676	0.0533	0.9147	1.2487
4.1	2.7414	1.3452	0.0357	0.7714	1.7036	13.2	2.3137	1.1676	0.0520	0.9153	1.2449
4.2	2.7309	1.3379	0.0348	0.7780	1.6900	13.4	2.3108	1.1676	0.0525	0.9159	1.2413
4.3	2.7189	1.3294	0.0397	0.7840	1.6766	13.6	2.3079	1.1677	0.0541	0.9165	1.2378
4.4	2.7065	1.3200	0.0496	0.7896	1.6642	13.8	2.3051	1.1677	0.0551	0.9170	1.2343
4.5	2.6948	1.3102	0.0621	0.7951	1.6530	14.0	2.3024	1.1677	0.0547	0.9175	1.2310
4.6	2.6838	1.3006	0.0737	0.8005	1.6427	14.2	2.2998	1.1677	0.0535	0.9180	1.2278
4.7	2.6731	1.2914	0.0809	0.8057	1.6326	14.4	2.2972	1.1678	0.0526	0.9185	1.2246
4.8	2.6621	1.2826	0.0809	0.8105	1.6225	14.6	2.2946	1.1678	0.0528	0.9190	1.2215
4.9	2.6500	1.2739	0.0739	0.8149	1.6119	14.8	2.2922	1.1678	0.0539	0.9194	1.2185
5.0	2.6371	1.2652	0.0616	0.8188	1.6012	15.0	2.2898	1.1678	0.0547	0.9198	1.2156

Table T1.58

N = 1.500 K = 0.400

X	QEXT	QSCA	QBK	G	QPR	X	QEXT	QSCA	QBK	G	QPR
0.1	0.0797	0.0000	0.0001	0.0014	0.0797	5.2	2.5447	1.1955	0.0433	0.8201	1.5643
0.2	0.1626	0.0006	0.0009	0.0041	0.1626	5.4	2.5304	1.1900	0.0509	0.8265	1.5469
0.3	0.2520	0.0031	0.0045	0.0091	0.2520	5.6	2.5173	1.1858	0.0751	0.8324	1.5302
0.4	0.3512	0.0099	0.0137	0.0162	0.3510	5.8	2.5043	1.1823	0.0861	0.8377	1.5139
0.5	0.4631	0.0238	0.0316	0.0253	0.4625	6.0	2.4921	1.1793	0.0764	0.8425	1.4986
0.6	0.5895	0.0481	0.0605	0.0366	0.5877	6.2	2.4813	1.1769	0.0549	0.8470	1.4845
0.7	0.7302	0.0855	0.1003	0.0503	0.7259	6.4	2.4715	1.1753	0.0474	0.8512	1.4712
0.8	0.8826	0.1372	0.1471	0.0669	0.8734	6.6	2.4622	1.1742	0.0604	0.8551	1.4582
0.9	1.0420	0.2022	0.1928	0.0869	1.0244	6.8	2.4534	1.1735	0.0775	0.8587	1.4457
1.0	1.2024	0.2767	0.2266	0.1106	1.1718	7.0	2.4454	1.1730	0.0799	0.8620	1.4342
1.1	1.3583	0.3558	0.2384	0.1386	1.3090	7.2	2.4380	1.1729	0.0666	0.8652	1.4232
1.2	1.5061	0.4348	0.2227	0.1707	1.4319	7.4	2.4311	1.1731	0.0535	0.8682	1.4127
1.3	1.6439	0.5108	0.1825	0.2060	1.5387	7.6	2.4243	1.1733	0.0541	0.8709	1.4025
1.4	1.7706	0.5828	0.1281	0.2432	1.6288	7.8	2.4180	1.1737	0.0659	0.8734	1.3929
1.5	1.8853	0.6512	0.0741	0.2805	1.7027	8.0	2.4120	1.1741	0.0752	0.8758	1.3838
1.6	1.9878	0.7163	0.0337	0.3165	1.7611	8.2	2.4063	1.1746	0.0725	0.8780	1.3751
1.7	2.0791	0.7781	0.0148	0.3506	1.8063	8.4	2.4008	1.1751	0.0622	0.8801	1.3667
1.8	2.1612	0.8364	0.0186	0.3828	1.8410	8.6	2.3954	1.1755	0.0557	0.8820	1.3586
1.9	2.2364	0.8910	0.0404	0.4135	1.8680	8.8	2.3903	1.1760	0.0592	0.8838	1.3510
2.0	2.3059	0.9417	0.0716	0.4427	1.8891	9.0	2.3853	1.1764	0.0676	0.8855	1.3436
2.1	2.3695	0.9882	0.1021	0.4705	1.9046	9.2	2.3805	1.1769	0.0717	0.8871	1.3365
2.2	2.4257	1.0301	0.1232	0.4967	1.9141	9.4	2.3758	1.1773	0.0679	0.8886	1.3297
2.3	2.4735	1.0670	0.1301	0.5214	1.9172	9.6	2.3713	1.1776	0.0611	0.8901	1.3231
2.4	2.5126	1.0988	0.1227	0.5443	1.9145	9.8	2.3669	1.1780	0.0585	0.8914	1.3168
2.5	2.5441	1.1256	0.1044	0.5657	1.9074	10.0	2.3626	1.1783	0.0620	0.8927	1.3107
2.6	2.5700	1.1481	0.0809	0.5856	1.8977	10.2	2.3584	1.1786	0.0673	0.8939	1.3049
2.7	2.5925	1.1671	0.0582	0.6044	1.8870	10.4	2.3544	1.1788	0.0689	0.8951	1.2992
2.8	2.6125	1.1835	0.0414	0.6222	1.8761	10.6	2.3504	1.1791	0.0657	0.8962	1.2938
2.9	2.6301	1.1979	0.0339	0.6390	1.8647	10.8	2.3466	1.1793	0.0615	0.8972	1.2885
3.0	2.6445	1.2103	0.0366	0.6546	1.8523	11.0	2.3429	1.1795	0.0604	0.8982	1.2834
3.1	2.6547	1.2206	0.0479	0.6689	1.8382	11.2	2.3392	1.1797	0.0632	0.8991	1.2785
3.2	2.6605	1.2285	0.0643	0.6820	1.8227	11.4	2.3357	1.1799	0.0666	0.9000	1.2738
3.3	2.6626	1.2340	0.0813	0.6940	1.8063	11.6	2.3323	1.1801	0.0672	0.9009	1.2692
3.4	2.6622	1.2371	0.0946	0.7052	1.7898	11.8	2.3289	1.1802	0.0648	0.9017	1.2647
3.5	2.6606	1.2386	0.1009	0.7159	1.7740	12.0	2.3257	1.1804	0.0620	0.9025	1.2604
3.6	2.6561	1.2386	0.0986	0.7260	1.7591	12.2	2.3225	1.1805	0.0617	0.9032	1.2562
3.7	2.6529	1.2379	0.0864	0.7357	1.7449	12.4	2.3194	1.1807	0.0638	0.9039	1.2521
3.8	2.6482	1.2367	0.0731	0.7448	1.7309	12.6	2.3164	1.1808	0.0660	0.9046	1.2482
3.9	2.6444	1.2350	0.0570	0.7531	1.7169	12.8	2.3134	1.1809	0.0662	0.9053	1.2444
4.0	2.6407	1.2335	0.0446	0.7607	1.7026	13.0	2.3106	1.1810	0.0643	0.9059	1.2407
4.1	2.6370	1.2317	0.0393	0.7675	1.6884	13.2	2.3077	1.1812	0.0625	0.9065	1.2370
4.2	2.6344	1.2294	0.0424	0.7738	1.6745	13.4	2.3050	1.1812	0.0624	0.9071	1.2335
4.3	2.6259	1.2258	0.0529	0.7797	1.6615	13.6	2.3023	1.1813	0.0640	0.9077	1.2301
4.4	2.6173	1.2220	0.0676	0.7854	1.6493	13.8	2.2997	1.1814	0.0655	0.9082	1.2268
4.5	2.6090	1.2182	0.0820	0.7908	1.6378	14.0	2.2972	1.1815	0.0655	0.9087	1.2235
4.6	2.6012	1.2147	0.0920	0.7960	1.6268	14.2	2.2947	1.1816	0.0641	0.9092	1.2203
4.7	2.5936	1.2113	0.0945	0.8008	1.6159	14.4	2.2922	1.1816	0.0628	0.9097	1.2173
4.8	2.5859	1.2081	0.0890	0.8053	1.6050	14.6	2.2898	1.1817	0.0628	0.9102	1.2143
4.9	2.5778	1.2049	0.0773	0.8094	1.5942	14.8	2.2875	1.1818	0.0641	0.9106	1.2114
5.0	2.5694	1.2017	0.0630	0.8131	1.5837	15.0	2.2852	1.1818	0.0652	0.9110	1.2085

Table T1.59

N = 1.500　K = 0.500

X	QEXT	QSCA	QBK	G	QPR
0.1	0.0993	0.0000	0.0001	0.0014	0.0993
0.2	0.2025	0.0008	0.0011	0.0040	0.2025
0.3	0.3137	0.0039	0.0056	0.0090	0.3137
0.4	0.4367	0.0121	0.0169	0.0160	0.4365
0.5	0.5743	0.0292	0.0389	0.0250	0.5736
0.6	0.7274	0.0587	0.0741	0.0363	0.7253
0.7	0.8942	0.1036	0.1218	0.0500	0.8891
0.8	1.0698	0.1644	0.1765	0.0668	1.0588
0.9	1.2467	0.2388	0.2280	0.0870	1.2260
1.0	1.4174	0.3215	0.2632	0.1112	1.3817
1.1	1.5760	0.4062	0.2715	0.1397	1.5192
1.2	1.7191	0.4875	0.2493	0.1724	1.6351
1.3	1.8460	0.5628	0.2020	0.2084	1.7287
1.4	1.9572	0.6314	0.1421	0.2465	1.8015
1.5	2.0541	0.6942	0.0847	0.2850	1.8562
1.6	2.1390	0.7523	0.0425	0.3229	1.8961
1.7	2.2145	0.8064	0.0227	0.3590	1.9249
1.8	2.2828	0.8572	0.0265	0.3930	1.9459
1.9	2.3449	0.9047	0.0494	0.4245	1.9609
2.0	2.4005	0.9485	0.0825	0.4534	1.9705
2.1	2.4484	0.9879	0.1156	0.4798	1.9744
2.2	2.4878	1.0225	0.1397	0.5041	1.9724
2.3	2.5190	1.0519	0.1491	0.5266	1.9651
2.4	2.5433	1.0765	0.1428	0.5477	1.9537
2.5	2.5629	1.0971	0.1236	0.5679	1.9399
2.6	2.5794	1.1144	0.0972	0.5872	1.9250
2.7	2.5938	1.1295	0.0705	0.6055	1.9099
2.8	2.6062	1.1429	0.0503	0.6228	1.8944
2.9	2.6159	1.1547	0.0412	0.6388	1.8783
3.0	2.6223	1.1648	0.0450	0.6534	1.8612
3.1	2.6254	1.1731	0.0595	0.6667	1.8432
3.2	2.6257	1.1793	0.0802	0.6789	1.8248
3.3	2.6237	1.1838	0.1009	0.6903	1.8066
3.4	2.6211	1.1869	0.1160	0.7010	1.7890
3.5	2.6182	1.1892	0.1213	0.7114	1.7722
3.6	2.6152	1.1909	0.1157	0.7212	1.7563
3.7	2.6117	1.1924	0.1010	0.7304	1.7407
3.8	2.6073	1.1935	0.0817	0.7390	1.7253
3.9	2.6019	1.1943	0.0636	0.7468	1.7100
4.0	2.5955	1.1946	0.0518	0.7539	1.6949
4.1	2.5886	1.1943	0.0493	0.7605	1.6804
4.2	2.5817	1.1938	0.0563	0.7666	1.6665
4.3	2.5750	1.1930	0.0704	0.7724	1.6535
4.4	2.5687	1.1922	0.0870	0.7780	1.6412
4.5	2.5626	1.1915	0.1011	0.7833	1.6294
4.6	2.5565	1.1909	0.1085	0.7882	1.6178
4.7	2.5503	1.1903	0.1074	0.7928	1.6065
4.8	2.5438	1.1898	0.0985	0.7971	1.5954
4.9	2.5373	1.1892	0.0847	0.8011	1.5847
5.0	2.5309	1.1886	0.0703	0.8048	1.5744

X	QEXT	QSCA	QBK	G	QPR
5.2	2.5190	1.1874	0.0555	0.8117	1.5552
5.4	2.5083	1.1867	0.0679	0.8180	1.5376
5.6	2.4980	1.1864	0.0911	0.8238	1.5207
5.8	2.4879	1.1862	0.0992	0.8290	1.5045
6.0	2.4785	1.1864	0.0851	0.8337	1.4895
6.2	2.4698	1.1868	0.0662	0.8381	1.4755
6.4	2.4617	1.1874	0.0625	0.8423	1.4621
6.6	2.4539	1.1880	0.0758	0.8461	1.4492
6.8	2.4464	1.1886	0.0901	0.8496	1.4371
7.0	2.4393	1.1893	0.0903	0.8529	1.4256
7.2	2.4327	1.1900	0.0779	0.8559	1.4148
7.4	2.4263	1.1907	0.0672	0.8588	1.4043
7.6	2.4201	1.1914	0.0687	0.8614	1.3944
7.8	2.4141	1.1920	0.0793	0.8639	1.3850
8.0	2.4085	1.1927	0.0869	0.8662	1.3760
8.2	2.4030	1.1933	0.0842	0.8683	1.3674
8.4	2.3977	1.1939	0.0752	0.8703	1.3592
8.6	2.3926	1.1944	0.0697	0.8721	1.3514
8.8	2.3876	1.1949	0.0727	0.8739	1.3438
9.0	2.3828	1.1954	0.0801	0.8755	1.3366
9.2	2.3782	1.1958	0.0839	0.8771	1.3297
9.4	2.3737	1.1963	0.0807	0.8786	1.3230
9.6	2.3693	1.1967	0.0746	0.8800	1.3166
9.8	2.3650	1.1970	0.0719	0.8813	1.3104
10.0	2.3609	1.1974	0.0749	0.8826	1.3045
10.2	2.3569	1.1977	0.0799	0.8838	1.2987
10.4	2.3530	1.1980	0.0817	0.8849	1.2932
10.6	2.3492	1.1983	0.0789	0.8860	1.2878
10.8	2.3455	1.1986	0.0747	0.8870	1.2826
11.0	2.3419	1.1988	0.0734	0.8880	1.2776
11.2	2.3384	1.1990	0.0760	0.8889	1.2728
11.4	2.3350	1.1993	0.0803	0.8898	1.2682
11.6	2.3317	1.1995	0.0780	0.8906	1.2636
11.8	2.3285	1.1997	0.0751	0.8914	1.2593
12.0	2.3253	1.1998	0.0745	0.8922	1.2551
12.2	2.3223	2.0000	0.0769	0.8929	1.2509
12.4	2.3193	1.2000	0.0766	0.8936	1.2469
12.6	2.3163	1.2001	0.0790	0.8943	1.2431
12.8	2.3135	1.2003	0.0794	0.8949	1.2393
13.0	2.3107	1.2004	0.0774	0.8956	1.2356
13.2	2.3080	1.2005	0.0754	0.8962	1.2321
13.4	2.3053	1.2006	0.0752	0.8967	1.2286
13.6	2.3026	1.2007	0.0769	0.8973	1.2252
13.8	2.3001	1.2008	0.0786	0.8978	1.2220
14.0	2.2976	1.2009	0.0766	0.8983	1.2188
14.2	2.2952	1.2010	0.0771	0.8988	1.2157
14.4	2.2928	1.2011	0.0757	0.8993	1.2126
14.6	2.2904	1.2011	0.0757	0.8998	1.2097
14.8	2.2881	1.2012	0.0771	0.9002	1.2068
15.0	2.2859	1.2012	0.0783	0.9006	1.2040

Table T1.60   101

N = 1.500 K = 1.000

X	QEXT	QSCA	QBK	G	QPR	X	QEXT	QSCA	QBK	G	QPR
0.1	0.1857	0.0001	0.0002	0.0011	0.1857	5.2	2.5902	1.3412	0.1455	0.7602	1.5706
0.2	0.3813	0.0020	0.0029	0.0036	0.3813	5.4	2.5795	1.3426	0.1794	0.7657	1.5515
0.3	0.5964	0.0102	0.0147	0.0080	0.5963	5.6	2.5690	1.3438	0.2058	0.7706	1.5336
0.4	0.8376	0.0321	0.0451	0.0142	0.8372	5.8	2.5591	1.3447	0.1984	0.7750	1.5169
0.5	1.1065	0.0767	0.1040	0.0223	1.1048	6.0	2.5497	1.3455	0.1688	0.7791	1.5013
0.6	1.3951	0.1520	0.1961	0.0326	1.3902	6.2	2.5407	1.3462	0.1497	0.7830	1.4866
0.7	1.6849	0.2595	0.3141	0.0454	1.6731	6.4	2.5319	1.3468	0.1588	0.7866	1.4725
0.8	1.9510	0.3915	0.4360	0.0615	1.9269	6.6	2.5234	1.3473	0.1832	0.7898	1.4592
0.9	2.1714	0.5320	0.5310	0.0815	2.1280	6.8	2.5153	1.3477	0.1960	0.7929	1.4467
1.0	2.3363	0.6635	0.5730	0.1061	2.2659	7.0	2.5075	1.3479	0.1856	0.7958	1.4349
1.1	2.4500	0.7738	0.5522	0.1361	2.3447	7.2	2.5000	1.3482	0.1651	0.7984	1.4236
1.2	2.5254	0.8597	0.4766	0.1716	2.3779	7.4	2.4927	1.3483	0.1562	0.8009	1.4129
1.3	2.5780	0.9245	0.3665	0.2124	2.3816	7.6	2.4857	1.3484	0.1666	0.8031	1.4027
1.4	2.6204	0.9747	0.2472	0.2572	2.3697	7.8	2.4789	1.3485	0.1832	0.8052	1.3931
1.5	2.6598	1.0172	0.1442	0.3036	2.3510	8.0	2.4724	1.3485	0.1887	0.8072	1.3839
1.6	2.6977	1.0563	0.0782	0.3482	2.3299	8.2	2.4661	1.3485	0.1786	0.8090	1.3751
1.7	2.7314	1.0940	0.0609	0.3878	2.3071	8.4	2.4600	1.3484	0.1647	0.8107	1.3668
1.8	2.7572	1.1296	0.0907	0.4209	2.2818	8.6	2.4540	1.3483	0.1614	0.8123	1.3588
1.9	2.7728	1.1612	0.1532	0.4474	2.2533	8.8	2.4483	1.3482	0.1708	0.8138	1.3511
2.0	2.7791	1.1875	0.2265	0.4690	2.2222	9.0	2.4427	1.3480	0.1820	0.8152	1.3438
2.1	2.7789	1.2080	0.2885	0.4877	2.1897	9.2	2.4373	1.3478	0.1834	0.8166	1.3367
2.2	2.7759	1.2236	0.3221	0.5055	2.1574	9.4	2.4321	1.3476	0.1747	0.8179	1.3299
2.3	2.7728	1.2360	0.3197	0.5232	2.1261	9.6	2.4270	1.3474	0.1655	0.8191	1.3234
2.4	2.7708	1.2467	0.2841	0.5411	2.0961	9.8	2.4221	1.3472	0.1651	0.8202	1.3171
2.5	2.7693	1.2568	0.2273	0.5588	2.0670	10.0	2.4173	1.3470	0.1803	0.8213	1.3110
2.6	2.7670	1.2666	0.1668	0.5755	2.0381	10.2	2.4126	1.3467	0.1798	0.8223	1.3052
2.7	2.7629	1.2758	0.1199	0.5907	2.0093	10.4	2.4081	1.3464	0.1727	0.8233	1.2995
2.8	2.7565	1.2839	0.0986	0.6041	1.9808	10.6	2.4036	1.3461	0.1667	0.8243	1.2941
2.9	2.7483	1.2907	0.1063	0.6161	1.9531	10.8	2.3953	1.3459	0.1678	0.8251	1.2888
3.0	2.7395	1.2962	0.1378	0.6271	1.9267	11.0	2.3952	1.3456	0.1740	0.8260	1.2838
3.1	2.7309	1.3005	0.1818	0.6375	1.9019	11.2	2.3911	1.3453	0.1788	0.8268	1.2789
3.2	2.7231	1.3042	0.2241	0.6475	1.8786	11.4	2.3871	1.3449	0.1774	0.8275	1.2741
3.3	2.7160	1.3076	0.2524	0.6573	1.8565	11.6	2.3832	1.3446	0.1718	0.8283	1.2695
3.4	2.7094	1.3110	0.2592	0.6668	1.8352	11.8	2.3794	1.3443	0.1680	0.8289	1.2651
3.5	2.7026	1.3144	0.2439	0.6756	1.8145	12.0	2.3757	1.3440	0.1695	0.8296	1.2608
3.6	2.6954	1.3176	0.2125	0.6838	1.7944	12.2	2.3721	1.3436	0.1744	0.8302	1.2566
3.7	2.6877	1.3205	0.1752	0.6913	1.7748	12.4	2.3686	1.3433	0.1775	0.8308	1.2525
3.8	2.6798	1.3230	0.1431	0.6981	1.7561	12.6	2.3652	1.3430	0.1756	0.8314	1.2486
3.9	2.6719	1.3251	0.1248	0.7044	1.7385	12.8	2.3618	1.3426	0.1713	0.8320	1.2448
4.0	2.6645	1.3269	0.1244	0.7104	1.7219	13.0	2.3585	1.3423	0.1690	0.8325	1.2411
4.1	2.6576	1.3285	0.1404	0.7160	1.7063	13.2	2.3553	1.3420	0.1706	0.8330	1.2374
4.2	2.6510	1.3300	0.1668	0.7214	1.6915	13.4	2.3522	1.3418	0.1745	0.8335	1.2339
4.3	2.6447	1.3315	0.1951	0.7266	1.6772	13.6	2.3491	1.3415	0.1762	0.8340	1.2305
4.4	2.6384	1.3331	0.2168	0.7314	1.6633	13.8	2.3461	1.3409	0.1745	0.8344	1.2272
4.5	2.6320	1.3345	0.2261	0.7359	1.6499	14.0	2.3432	1.3406	0.1711	0.8349	1.2239
4.6	2.6255	1.3358	0.2210	0.7400	1.6369	14.2	2.3403	1.3403	0.1696	0.8353	1.2208
4.7	2.6191	1.3370	0.2042	0.7439	1.6241	14.4	2.3374	1.3399	0.1713	0.8357	1.2177
4.8	2.6128	1.3380	0.1810	0.7475	1.6127	14.6	2.3347	1.3396	0.1743	0.8361	1.2147
4.9	2.6068	1.3388	0.1587	0.7509	1.6015	14.8	2.3320	1.3392	0.1755	0.8365	1.2118
5.0	2.6011	1.3397	0.1433	0.7541	1.5909	15.0	2.3293	1.3389	0.1755	0.8368	1.2089

Table T1.61

N = 1.500 K = 1.500

X	QEXT	QSCA	QBK	G	QPR	X	QEXT	QSCA	QBK	G	QPR
0.1	0.2258	0.0002	0.0004	0.0009	0.2258	5.2	2.7189	1.5609	0.2548	0.7109	1.6093
0.2	0.4704	0.0038	0.0057	0.0029	0.4704	5.4	2.7047	1.5595	0.3336	0.7155	1.5890
0.3	0.7535	0.0198	0.0290	0.0065	0.7534	5.6	2.6909	1.5578	0.3715	0.7194	1.5702
0.4	1.0914	0.0637	0.0911	0.0114	1.0907	5.8	2.6781	1.5558	0.3336	0.7231	1.5530
0.5	1.4884	0.1548	0.2151	0.0179	1.4857	6.0	2.6662	1.5541	0.2668	0.7266	1.5370
0.6	1.9241	0.3079	0.4120	0.0262	1.9160	6.2	2.6546	1.5524	0.2426	0.7299	1.5215
0.7	2.3466	0.5184	0.6599	0.0368	2.3276	6.4	2.6432	1.5508	0.2803	0.7328	1.5068
0.8	2.6907	0.7549	0.8983	0.0505	2.6526	6.6	2.6323	1.5490	0.3340	0.7355	1.4931
0.9	2.9147	0.9725	1.0558	0.0684	2.8482	6.8	2.6221	1.5472	0.3463	0.7380	1.4803
1.0	3.0227	1.1386	1.0901	0.0917	2.9000	7.0	2.6124	1.5455	0.3087	0.7404	1.4680
1.1	3.0518	1.2461	1.0019	0.1218	2.8366	7.2	2.6028	1.5438	0.2646	0.7426	1.4563
1.2	3.0458	1.3075	0.8213	0.1600	2.7604	7.4	2.5935	1.5422	0.2596	0.7446	1.4451
1.3	3.0375	1.3420	0.5912	0.2085	2.6891	7.6	2.5846	1.5405	0.2945	0.7465	1.4347
1.4	3.0431	1.3671	0.3604	0.2589	2.6279	7.8	2.5762	1.5388	0.3292	0.7482	1.4248
1.5	3.0630	1.3938	0.1789	0.3122	2.5741	8.0	2.5680	1.5372	0.3279	0.7498	1.4153
1.6	3.0872	1.4254	0.0868	0.3600	2.5229	8.2	2.5600	1.5357	0.2956	0.7513	1.4062
1.7	3.1041	1.4588	0.0988	0.3978	2.4712	8.4	2.5523	1.5341	0.2678	0.7527	1.3976
1.8	3.1032	1.4884	0.1973	0.4252	2.4187	8.6	2.5449	1.5326	0.2725	0.7540	1.3894
1.9	3.0904	1.5102	0.3412	0.4447	2.3675	8.8	2.5378	1.5311	0.3015	0.7552	1.3815
2.0	3.0685	1.5234	0.4824	0.4601	2.3195	9.0	2.5308	1.5296	0.3229	0.7563	1.3739
2.1	3.0458	1.5301	0.5801	0.4747	2.2758	9.2	2.5240	1.5282	0.3152	0.7574	1.3666
2.2	3.0277	1.5337	0.6093	0.4903	2.2359	9.4	2.5175	1.5267	0.2893	0.7584	1.3596
2.3	3.0156	1.5370	0.5651	0.5073	2.1983	9.6	2.5112	1.5253	0.2726	0.7594	1.3528
2.4	3.0075	1.5419	0.4640	0.5248	2.1615	9.8	2.5050	1.5239	0.2815	0.7603	1.3463
2.5	3.0000	1.5482	0.3389	0.5416	2.1250	10.0	2.4990	1.5226	0.3042	0.7612	1.3400
2.6	2.9900	1.5547	0.2274	0.5564	2.0890	10.2	2.4932	1.5213	0.3165	0.7620	1.3340
2.7	2.9765	1.5603	0.1598	0.5688	2.0543	10.4	2.4876	1.5199	0.3066	0.7628	1.3282
2.8	2.9604	1.5639	0.1507	0.5794	2.0220	10.6	2.4821	1.5187	0.2866	0.7635	1.3226
2.9	2.9436	1.5655	0.1962	0.5887	1.9924	10.8	2.4768	1.5174	0.2773	0.7642	1.3171
3.0	2.9281	1.5659	0.2780	0.5976	1.9653	11.0	2.4716	1.5162	0.2876	0.7649	1.3119
3.1	2.9149	1.5657	0.3687	0.6065	1.9400	11.2	2.4665	1.5149	0.3049	0.7655	1.3068
3.2	2.9039	1.5659	0.4408	0.6156	1.9158	11.4	2.4616	1.5137	0.3114	0.7661	1.3019
3.3	2.8941	1.5666	0.4737	0.6245	1.8920	11.6	2.4568	1.5126	0.3011	0.7667	1.2971
3.4	2.8844	1.5678	0.4602	0.6329	1.8686	11.8	2.4521	1.5114	0.2862	0.7672	1.2925
3.5	2.8738	1.5691	0.4072	0.6406	1.8459	12.0	2.4475	1.5103	0.2814	0.7677	1.2881
3.6	2.8623	1.5699	0.3328	0.6474	1.8243	12.2	2.4431	1.5092	0.2916	0.7682	1.2837
3.7	2.8502	1.5702	0.2599	0.6534	1.8042	12.4	2.4387	1.5081	0.3042	0.7687	1.2795
3.8	2.8385	1.5699	0.2088	0.6588	1.7857	12.6	2.4345	1.5070	0.3069	0.7691	1.2754
3.9	2.8275	1.5691	0.1922	0.6640	1.7685	12.8	2.4303	1.5059	0.2971	0.7695	1.2715
4.0	2.8177	1.5684	0.2122	0.6690	1.7522	13.0	2.4263	1.5049	0.2860	0.7699	1.2676
4.1	2.8087	1.5677	0.2601	0.6739	1.7366	13.2	2.4223	1.5039	0.2853	0.7703	1.2638
4.2	2.8002	1.5673	0.3198	0.6786	1.7213	13.4	2.4184	1.5028	0.2938	0.7707	1.2602
4.3	2.7917	1.5671	0.3728	0.6831	1.7063	13.6	2.4146	1.5019	0.3033	0.7711	1.2566
4.4	2.7830	1.5669	0.4039	0.6871	1.6918	13.8	2.4109	1.5009	0.3033	0.7714	1.2532
4.5	2.7740	1.5665	0.4055	0.6908	1.6780	14.0	2.4073	1.4999	0.2953	0.7717	1.2498
4.6	2.7650	1.5659	0.3789	0.6942	1.6650	14.2	2.4037	1.4990	0.2871	0.7720	1.2465
4.7	2.7562	1.5651	0.3334	0.6972	1.6528	14.4	2.4002	1.4980	0.2883	0.7723	1.2433
4.8	2.7480	1.5642	0.2832	0.7001	1.6414	14.6	2.3969	1.4971	0.2964	0.7726	1.2402
4.9	2.7402	1.5632	0.2428	0.7030	1.6304	14.8	2.3935	1.4962	0.3015	0.7729	1.2371
5.0	2.7329	1.5624	0.2229	0.7057		15.0	2.3902	1.4953	0.3007	0.7731	1.2341

Table T1.62

N = 1.500 K = 2.000

X	QEXT	QSCA	QBK	G	QPR	X	QEXT	QSCA	QBK	G	QPR
0.1	0.2035	0.0003	0.0005	0.0007	0.2035	5.2	2.8147	1.7711	0.3429	0.6705	1.6271
0.2	0.4320	0.0054	0.0080	0.0021	0.4320	5.4	2.7986	1.7672	0.5044	0.6745	1.6066
0.3	0.7150	0.0283	0.0418	0.0045	0.7149	5.6	2.7821	1.7624	0.5770	0.6777	1.5877
0.4	1.0848	0.0934	0.1362	0.0080	1.0840	5.8	2.7675	1.7575	0.4925	0.6807	1.5711
0.5	1.5630	0.2342	0.3355	0.0126	1.5601	6.0	2.7549	1.7533	0.3520	0.6839	1.5558
0.6	2.1333	0.4784	0.6684	0.0186	2.1244	6.2	2.7421	1.7497	0.3057	0.6868	1.5405
0.7	2.7112	0.8157	1.0995	0.0267	2.6894	6.4	2.7289	1.7458	0.3914	0.6893	1.5256
0.8	3.1666	1.1764	1.5061	0.0377	3.1222	6.6	2.7164	1.7417	0.5067	0.6914	1.5121
0.9	3.4142	1.4692	1.7478	0.0527	3.3367	6.8	2.7052	1.7378	0.5286	0.6936	1.4999
1.0	3.4718	1.6475	1.7639	0.0732	3.3512	7.0	2.6946	1.7343	0.4415	0.6957	1.4881
1.1	3.4207	1.7238	1.5816	0.1014	3.2459	7.2	2.6838	1.7310	0.3447	0.6975	1.4764
1.2	3.3406	1.7383	1.2638	0.1397	3.0978	7.4	2.6731	1.7276	0.3384	0.6991	1.4653
1.3	3.2821	1.7302	0.8786	0.1892	2.9547	7.6	2.6632	1.7241	0.4208	0.7006	1.4553
1.4	3.2647	1.7273	0.4996	0.2473	2.8375	7.8	2.6540	1.7209	0.4984	0.7021	1.4458
1.5	3.2824	1.7424	0.2086	0.3067	2.7481	8.0	2.6450	1.7179	0.4908	0.7035	1.4365
1.6	3.3124	1.7736	0.0742	0.3579	2.6777	8.2	2.6359	1.7149	0.4126	0.7047	1.4274
1.7	3.3296	1.8093	0.1185	0.3950	2.6149	8.4	2.6271	1.7119	0.3495	0.7058	1.4190
1.8	3.3212	1.8366	0.3034	0.4187	2.5523	8.6	2.6190	1.7090	0.3653	0.7068	1.4111
1.9	3.2900	1.8495	0.5530	0.4333	2.4867	8.8	2.6111	1.7062	0.4368	0.7078	1.4034
2.0	3.2483	1.8491	0.7862	0.4443	2.4267	9.0	2.6033	1.7036	0.4854	0.7088	1.3959
2.1	3.2090	1.8412	0.9388	0.4560	2.3695	9.2	2.5956	1.7009	0.4627	0.7096	1.3886
2.2	3.1806	1.8323	0.9727	0.4704	2.3187	9.4	2.5883	1.6983	0.3971	0.7104	1.3818
2.3	3.1649	1.8273	0.8821	0.4877	2.2737	9.6	2.5813	1.6958	0.3594	0.7112	1.3753
2.4	3.1575	1.8279	0.6968	0.5060	2.2325	9.8	2.5745	1.6934	0.3861	0.7120	1.3689
2.5	3.1513	1.8323	0.4754	0.5230	2.1929	10.0	2.5678	1.6910	0.4441	0.7127	1.3627
2.6	3.1403	1.8374	0.2847	0.5371	2.1535	10.2	2.5612	1.6887	0.4718	0.7133	1.3567
2.7	3.1225	1.8400	0.1764	0.5478	2.1145	10.4	2.5549	1.6864	0.4422	0.7139	1.3511
2.8	3.0997	1.8388	0.1721	0.5561	2.0771	10.6	2.5489	1.6842	0.3902	0.7145	1.3456
2.9	3.0757	1.8345	0.2622	0.5632	2.0426	10.8	2.5429	1.6820	0.3702	0.7150	1.3402
3.0	3.0545	1.8286	0.4127	0.5704	2.0116	11.0	2.5370	1.6799	0.4006	0.7155	1.3350
3.1	3.0380	1.8231	0.5753	0.5782	1.9839	11.2	2.5313	1.6778	0.4462	0.7160	1.3301
3.2	3.0260	1.8193	0.7010	0.5868	1.9585	11.4	2.5259	1.6758	0.4592	0.7164	1.3253
3.3	3.0164	1.8175	0.7535	0.5955	1.9341	11.6	2.5205	1.6738	0.4280	0.7169	1.3206
3.4	3.0067	1.8169	0.7206	0.6036	1.9100	11.8	2.5152	1.6719	0.3886	0.7173	1.3160
3.5	2.9950	1.8164	0.6169	0.6106	1.8859	12.0	2.5101	1.6700	0.3804	0.7176	1.3116
3.6	2.9809	1.8150	0.4768	0.6163	1.8622	12.2	2.5051	1.6681	0.4106	0.7180	1.3074
3.7	2.9655	1.8123	0.3427	0.6211	1.8399	12.4	2.5002	1.6663	0.4448	0.7183	1.3033
3.8	2.9506	1.8085	0.2516	0.6253	1.8194	12.6	2.4955	1.6644	0.4490	0.7186	1.2992
3.9	2.9366	1.8043	0.2261	0.6294	1.8009	12.8	2.4908	1.6628	0.4192	0.7190	1.2953
4.0	2.9251	1.8005	0.2691	0.6337	1.7842	13.0	2.4862	1.6611	0.3892	0.7192	1.2915
4.1	2.9156	1.7974	0.3638	0.6382	1.7685	13.2	2.4818	1.6594	0.3889	0.7195	1.2878
4.2	2.9069	1.7952	0.4791	0.6426	1.7533	13.4	2.4774	1.6578	0.4173	0.7198	1.2841
4.3	2.8980	1.7934	0.5793	0.6468	1.7381	13.6	2.4731	1.6562	0.4409	0.7200	1.2806
4.4	2.8883	1.7917	0.6356	0.6504	1.7230	13.8	2.4690	1.6546	0.4403	0.7203	1.2772
4.5	2.8777	1.7896	0.6339	0.6535	1.7081	14.0	2.4649	1.6531	0.4121	0.7205	1.2738
4.6	2.8666	1.7870	0.5778	0.6562	1.6941	14.2	2.4609	1.6516	0.3913	0.7207	1.2706
4.7	2.8559	1.7839	0.4861	0.6586	1.6811	14.4	2.4570	1.6501	0.3961	0.7209	1.2674
4.8	2.8461	1.7808	0.3866	0.6609	1.6692	14.6	2.4531	1.6487	0.4203	0.7211	1.2643
4.9	2.8373	1.7778	0.3081	0.6633	1.6581	14.8	2.4494	1.6472	0.4393	0.7213	1.2613
5.0	2.8296	1.7752	0.2717	0.6658	1.6477	15.0	2.4457	1.6458	0.4332	0.7215	1.2583

Table T1.63

N = 1.500 K = 2.500

X	QEXT	QSCA	QBK	G	QPR
0.1	0.1531	0.0004	0.0005	0.0004	0.1531
0.2	0.3312	0.0060	0.0091	0.0011	0.3312
0.3	0.5672	0.0324	0.0484	0.0023	0.5671
0.4	0.9032	0.1091	0.1626	0.0042	0.9028
0.5	1.3824	0.2817	0.4168	0.0069	1.3804
0.6	2.0159	0.5955	0.8684	0.0111	2.0092
0.7	2.7225	1.0459	1.4869	0.0173	2.7044
0.8	3.3170	1.5293	2.0887	0.0262	3.2769
0.9	3.6405	1.8980	2.4414	0.0387	3.5670
1.0	3.6954	2.0848	2.4543	0.0564	3.5778
1.1	3.5964	2.1252	2.1884	0.0816	3.4229
1.2	3.4586	2.0896	1.7462	0.1175	3.2132
1.3	3.3531	2.0372	1.2176	0.1663	3.0144
1.4	3.3094	2.0049	0.6912	0.2265	2.8553
1.5	3.3237	2.0084	0.2727	0.2902	2.7409
1.6	3.3671	2.0422	0.0640	0.3457	2.6612
1.7	3.4015	2.0856	0.1089	0.3849	2.5988
1.8	3.4023	2.1170	0.3611	0.4077	2.5392
1.9	3.3684	2.1259	0.7132	0.4196	2.4763
2.0	3.3151	2.1147	1.0499	0.4274	2.4114
2.1	3.2614	2.0929	1.2810	0.4361	2.3486
2.2	3.2213	2.0712	1.3505	0.4489	2.2916
2.3	3.2003	2.0573	1.2422	0.4659	2.2418
2.4	3.1949	2.0539	0.9877	0.4851	2.1985
2.5	3.1951	2.0584	0.6645	0.5034	2.1590
2.6	3.1907	2.0649	0.3714	0.5180	2.1211
2.7	3.1759	2.0676	0.1908	0.5282	2.0837
2.8	3.1514	2.0639	0.1620	0.5351	2.0471
2.9	3.1225	2.0546	0.2770	0.5403	2.0124
3.0	3.0954	2.0426	0.4912	0.5457	1.9809
3.1	3.0747	2.0314	0.7376	0.5523	1.9528
3.2	3.0616	2.0235	0.9427	0.5604	1.9276
3.3	3.0539	2.0197	1.0464	0.5692	1.9042
3.4	3.0476	2.0187	1.0202	0.5777	1.8815
3.5	3.0389	2.0182	0.8779	0.5848	1.8588
3.6	3.0260	2.0162	0.6672	0.5901	1.8362
3.7	3.0094	2.0118	0.4525	0.5940	1.8143
3.8	2.9915	2.0051	0.2935	0.5972	1.7941
3.9	2.9751	1.9976	0.2305	0.6003	1.7759
4.0	2.9619	1.9906	0.2757	0.6039	1.7598
4.1	2.9522	1.9852	0.4107	0.6080	1.7451
4.2	2.9448	1.9817	0.5916	0.6125	1.7311
4.3	2.9380	1.9794	0.7623	0.6167	1.7172
4.4	2.9298	1.9774	0.8722	0.6204	1.7030
4.5	2.9196	1.9746	0.8918	0.6233	1.6889
4.6	2.9078	1.9708	0.8200	0.6255	1.6751
4.7	2.8956	1.9659	0.6813	0.6273	1.6624
4.8	2.8843	1.9607	0.5177	0.6291	1.6509
4.9	2.8747	1.9557	0.3760	0.6311	1.6405
5.0	2.8670	1.9516	0.2956	0.6334	1.6310
5.2	2.8543	1.9460	0.3755	0.6382	1.6123
5.4	2.8393	1.9411	0.6444	0.6421	1.5929
5.6	2.8214	1.9341	0.8016	0.6447	1.5745
5.8	2.8056	1.9265	0.6905	0.6471	1.5589
6.0	2.7936	1.9204	0.4444	0.6501	1.5451
6.2	2.7822	1.9159	0.3284	0.6531	1.5310
6.4	2.7688	1.9108	0.4510	0.6553	1.5167
6.6	2.7552	1.9047	0.6638	0.6570	1.5038
6.8	2.7438	1.8990	0.7375	0.6588	1.4927
7.0	2.7341	1.8945	0.6030	0.6609	1.4821
7.2	2.7238	1.8904	0.4141	0.6626	1.4711
7.4	2.7125	1.8856	0.3697	0.6640	1.4605
7.6	2.7021	1.8807	0.5041	0.6651	1.4512
7.8	2.6932	1.8763	0.6646	0.6665	1.4427
8.0	2.6847	1.8725	0.6811	0.6678	1.4343
8.2	2.6755	1.8687	0.5456	0.6689	1.4257
8.4	2.6663	1.8645	0.4078	0.6697	1.4176
8.6	2.6580	1.8604	0.4093	0.6706	1.4105
8.8	2.6505	1.8568	0.5393	0.6715	1.4036
9.0	2.6429	1.8535	0.6345	0.6724	1.3966
9.2	2.6350	1.8500	0.5090	0.6731	1.3897
9.4	2.6274	1.8464	0.4132	0.6737	1.3834
9.6	2.6205	1.8431	0.4438	0.6744	1.3775
9.8	2.6139	1.8400	0.5608	0.6751	1.3717
10.0	2.6071	1.8370	0.6372	0.6757	1.3658
10.2	2.6003	1.8339	0.5967	0.6762	1.3602
10.4	2.5939	1.8308	0.4873	0.6767	1.3551
10.6	2.5880	1.8279	0.4254	0.6772	1.3501
10.8	2.5821	1.8252	0.4717	0.6777	1.3452
11.0	2.5761	1.8225	0.5723	0.6781	1.3403
11.2	2.5702	1.8198	0.6195	0.6784	1.3356
11.4	2.5647	1.8171	0.5679	0.6788	1.3313
11.6	2.5594	1.8146	0.4758	0.6791	1.3271
11.8	2.5541	1.8122	0.4400	0.6795	1.3228
12.0	2.5488	1.8097	0.4938	0.6797	1.3187
12.2	2.5437	1.8073	0.5770	0.6800	1.3147
12.4	2.5388	1.8049	0.5848	0.6803	1.3110
12.6	2.5341	1.8027	0.5295	0.6805	1.3073
12.8	2.5293	1.8005	0.5460	0.6808	1.3036
13.0	2.5246	1.7983	0.4715	0.6810	1.3000
13.2	2.5201	1.7961	0.4545	0.6812	1.2966
13.4	2.5157	1.7940	0.5106	0.6814	1.2933
13.6	2.5114	1.7920	0.5774	0.6816	1.2900
13.8	2.5071	1.7900	0.5848	0.6818	1.2868
14.0	2.5029	1.7880	0.6020	0.6819	1.2837
14.2	2.4989	1.7860	0.5295	0.6820	1.2807
14.4	2.4949	1.7841	0.4699	0.6822	1.2778
14.6	2.4910	1.7823	0.4666	0.6823	1.2749
14.8	2.4871	1.7805	0.5214	0.6825	1.2720
15.0	2.4833	1.7786	0.5731	0.6826	1.2693

Table T1.64

N = 1.500 K = 3.000

X	QEXT	QSCA	QBK	G	QPR	X	QEXT	QSCA	QBK	G	QPR
0.1	0.1076	0.0004	0.0006	0.0001	0.1076	5.2	2.8430	2.0748	0.3612	0.6119	1.5734
0.2	0.2376	0.0061	0.0093	-0.0001	0.2376	5.4	2.8319	2.0704	0.7140	0.6162	1.5562
0.3	0.4214	0.0330	0.0501	-0.0002	0.4214	5.6	2.8151	2.0630	0.9928	0.6186	1.5390
0.4	0.7020	0.1127	0.1720	0.0001	0.7020	5.8	2.7977	2.0532	0.9117	0.6204	1.5240
0.5	1.1332	0.2966	0.4533	0.0013	1.1328	6.0	2.7859	2.0455	0.5740	0.6231	1.5115
0.6	1.7535	0.6437	0.9768	0.0041	1.7509	6.2	2.7772	2.0407	0.3439	0.6262	1.4992
0.7	2.5146	1.1644	1.7338	0.0090	2.5041	6.4	2.7658	2.0358	0.4519	0.6285	1.4863
0.8	3.2207	1.7433	2.5100	0.0167	3.1916	6.6	2.7519	2.0288	0.7590	0.6299	1.4740
0.9	3.6461	2.1859	2.9878	0.0277	3.5855	6.8	2.7399	2.0215	0.9324	0.6313	1.4637
1.0	3.7451	2.3940	3.0273	0.0434	3.6411	7.0	2.7314	2.0162	0.7973	0.6333	1.4545
1.1	3.6398	2.4142	2.7116	0.0661	3.4803	7.2	2.7232	2.0121	0.5095	0.6353	1.4449
1.2	3.4711	2.3419	2.1816	0.0990	3.2393	7.4	2.7127	2.0071	0.3760	0.6365	1.4351
1.3	3.3288	2.2529	1.5476	0.1452	3.0018	7.6	2.7018	2.0011	0.5229	0.6374	1.4262
1.4	3.2552	2.1929	0.9063	0.2045	2.8068	7.8	2.6931	1.9957	0.7811	0.6386	1.4188
1.5	3.2556	2.1818	0.3735	0.2700	2.6666	8.0	2.6860	1.9916	0.8740	0.6399	1.4115
1.6	3.3046	2.2149	0.0751	0.3291	2.5756	8.2	2.6782	1.9878	0.7131	0.6411	1.4038
1.7	3.3582	2.2669	0.0846	0.3717	2.5156	8.4	2.6690	1.9831	0.4782	0.6418	1.3963
1.8	3.3770	2.3074	0.3656	0.3959	2.4656	8.6	2.6606	1.9781	0.4143	0.6425	1.3897
1.9	3.3565	2.3195	0.7926	0.4071	2.4121	8.8	2.6538	1.9740	0.5778	0.6434	1.3838
2.0	3.3030	2.3039	1.2209	0.4128	2.3521	9.0	2.6474	1.9705	0.7860	0.6443	1.3778
2.1	3.2409	2.2726	1.5353	0.4189	2.2889	9.2	2.6401	1.9669	0.8197	0.6450	1.3714
2.2	3.1894	2.2396	1.6624	0.4294	2.2277	9.4	2.6324	1.9629	0.6529	0.6455	1.3655
2.3	3.1594	2.2163	1.5722	0.4452	2.1728	9.6	2.6257	1.9586	0.4658	0.6460	1.3603
2.4	3.1515	2.2078	1.2875	0.4645	2.1259	9.8	2.6200	1.9553	0.4530	0.6467	1.3554
2.5	3.1565	2.2120	0.8898	0.4839	2.0861	10.0	2.6140	1.9522	0.6177	0.6474	1.3502
2.6	3.1611	2.2213	0.4998	0.4998	2.0509	10.2	2.6075	1.9487	0.7797	0.6478	1.3450
2.7	3.1549	2.2271	0.2312	0.5106	2.0177	10.4	2.6011	1.9451	0.7716	0.6482	1.3403
2.8	3.1351	2.2244	0.1489	0.5170	1.9850	10.6	2.5955	1.9418	0.6088	0.6486	1.3361
2.9	3.1058	2.2130	0.2559	0.5210	1.9528	10.8	2.5904	1.9389	0.4663	0.6491	1.3318
3.0	3.0748	2.1862	0.5055	0.5248	1.9220	11.0	2.5849	1.9360	0.4888	0.6495	1.3274
3.1	3.0490	2.1802	0.8194	0.5300	1.8935	11.2	2.5791	1.9329	0.6451	0.6498	1.3231
3.2	3.0324	2.1679	1.1064	0.5372	1.8678	11.4	2.5737	1.9298	0.7678	0.6501	1.3193
3.3	3.0246	2.1616	1.2829	0.5459	1.8446	11.6	2.5690	1.9269	0.7307	0.6504	1.3157
3.4	3.0217	2.1604	1.2976	0.5548	1.8232	11.8	2.5643	1.9244	0.5791	0.6508	1.3120
3.5	3.0182	2.1612	1.1503	0.5624	1.8027	12.0	2.5592	1.9217	0.4740	0.6510	1.3081
3.6	3.0098	2.1606	0.8922	0.5680	1.7825	12.2	2.5542	1.9189	0.5214	0.6512	1.3046
3.7	2.9956	2.1565	0.6033	0.5717	1.7627	12.4	2.5496	1.9162	0.6648	0.6514	1.3013
3.8	2.9774	2.1487	0.3657	0.5742	1.7437	12.6	2.5453	1.9137	0.7520	0.6517	1.2981
3.9	2.9588	2.1387	0.2407	0.5763	1.7262	12.8	2.5414	1.9114	0.6966	0.6520	1.2949
4.0	2.9430	2.1288	0.2563	0.5791	1.7103	13.0	2.5364	1.9089	0.5604	0.6521	1.2916
4.1	2.9319	2.1210	0.4019	0.5827	1.6960	13.2	2.5320	1.9064	0.4863	0.6523	1.2885
4.2	2.9250	2.1160	0.6307	0.5870	1.6829	13.4	2.5280	1.9040	0.5490	0.6524	1.2857
4.3	2.9205	2.1135	0.8722	0.5915	1.6702	13.6	2.5241	1.9018	0.6756	0.6526	1.2829
4.4	2.9155	2.1121	1.0540	0.5956	1.6576	13.8	2.5200	1.8997	0.7345	0.6528	1.2800
4.5	2.9081	2.1100	1.1242	0.5987	1.6449	14.0	2.5160	1.8974	0.6669	0.6529	1.2771
4.6	2.8977	2.1062	1.0677	0.6008	1.6323	14.2	2.5121	1.8952	0.5478	0.6530	1.2745
4.7	2.8854	2.1008	0.9063	0.6022	1.6203	14.4	2.5084	1.8931	0.4999	0.6531	1.2720
4.8	2.8729	2.0939	0.6894	0.6035	1.6092	14.6	2.5048	1.8911	0.5701	0.6533	1.2695
4.9	2.8619	2.0872	0.4787	0.6050	1.5992	14.8	2.5011	1.8891	0.6799	0.6534	1.2669
5.0	2.8535	2.0815	0.3329	0.6069	1.5902	15.0	2.4974	1.8870	0.7163	0.6534	1.2644

Table T1.65

N = 1.500 K = 3.500

X	QEXT	QSCA	QBK	G	QPR	X	QEXT	QSCA	QBK	G	QPR
0.1	0.0753	0.0004	0.0005	-0.0003	0.0753	5.2	2.8003	2.1607	0.3367	0.5903	1.5247
0.2	0.1707	0.0060	0.0091	-0.0015	0.1707	5.4	2.7934	2.1574	0.7193	0.5951	1.5095
0.3	0.3143	0.0323	0.0498	-0.0030	0.3144	5.6	2.7799	2.1512	1.1145	0.5977	1.4942
0.4	0.5460	0.1108	0.1733	-0.0043	0.5465	5.8	2.7622	2.1404	1.1102	0.5990	1.4801
0.5	0.9209	0.2943	0.4643	-0.0044	0.9222	6.0	2.7492	2.1309	0.7312	0.6012	1.4681
0.6	1.4931	0.6487	1.0209	-0.0025	1.4947	6.2	2.7422	2.1259	0.3841	0.6045	1.4571
0.7	2.2479	1.1985	1.8567	0.0018	2.2458	6.4	2.7341	2.1220	0.4258	0.6071	1.4458
0.8	3.0113	1.8348	2.7572	0.0089	2.9950	6.6	2.7215	2.1152	0.7848	0.6084	1.4346
0.9	3.5244	2.3385	3.3497	0.0192	3.4796	6.8	2.7088	2.1068	1.0696	0.6094	1.4248
1.0	3.6872	2.5788	3.4386	0.0337	3.6003	7.0	2.7004	2.1006	0.9883	0.6113	1.4164
1.1	3.6050	2.5985	3.1073	0.0547	3.4629	7.2	2.6943	2.0968	0.6386	0.6134	1.4082
1.2	3.4300	2.5072	2.5251	0.0852	3.2163	7.4	2.6859	2.0925	0.3959	0.6148	1.3995
1.3	3.2666	2.3938	1.8229	0.1288	2.9584	7.6	2.6753	2.0862	0.5015	0.6155	1.3912
1.4	3.1677	2.3113	1.1037	0.1860	2.7379	7.8	2.6662	2.0799	0.8260	0.6164	1.3842
1.5	3.1487	2.2845	0.4857	0.2513	2.5746	8.0	2.6600	2.0755	1.0238	0.6177	1.3779
1.6	3.1925	2.3122	0.1064	0.3126	2.4696	8.2	2.6541	2.0721	0.8919	0.6191	1.3713
1.7	3.2569	2.3688	0.0634	0.3583	2.4080	8.4	2.6462	2.0677	0.5824	0.6198	1.3645
1.8	3.2974	2.4190	0.3406	0.3848	2.3665	8.6	2.6376	2.0623	0.4209	0.6203	1.3583
1.9	3.2921	2.4387	0.8097	0.3966	2.3250	8.8	2.6308	2.0575	0.5648	0.6211	1.3530
2.0	3.2473	2.4250	1.3055	0.4012	2.2744	9.0	2.6257	2.0541	0.8513	0.6221	1.3479
2.1	3.1845	2.3896	1.6911	0.4055	2.2156	9.2	2.6199	2.0508	0.9762	0.6229	1.3424
2.2	3.1258	2.3491	1.8781	0.4137	2.1539	9.4	2.6127	2.0466	0.8173	0.6234	1.3369
2.3	3.0868	2.3176	1.8246	0.4278	2.0954	9.6	2.6059	2.0421	0.5485	0.6237	1.3322
2.4	3.0725	2.3029	1.5427	0.4465	2.0443	9.8	2.6006	2.0384	0.4507	0.6244	1.3279
2.5	3.0772	2.3049	1.1077	0.4663	2.0024	10.0	2.5960	2.0355	0.6161	0.6251	1.3236
2.6	3.0879	2.3160	0.6476	0.4834	1.9684	10.2	2.5904	2.0323	0.8617	0.6256	1.3189
2.7	3.0908	2.3257	0.2987	0.4952	1.9391	10.4	2.5842	2.0285	0.9306	0.6259	1.3145
2.8	3.0790	2.3264	0.1521	0.5020	1.9113	10.6	2.5787	2.0248	0.7584	0.6262	1.3107
2.9	3.0539	2.3161	0.2276	0.5054	1.8833	10.8	2.5743	2.0218	0.5306	0.6267	1.3072
3.0	3.0225	2.2980	0.4829	0.5080	1.8550	11.0	2.5699	2.0191	0.4830	0.6272	1.3034
3.1	2.9931	2.2780	0.8360	0.5119	1.8271	11.2	2.5647	2.0161	0.6560	0.6275	1.2995
3.2	2.9723	2.2616	1.1857	0.5179	1.8009	11.4	2.5594	2.0127	0.8636	0.6277	1.2960
3.3	2.9619	2.2523	1.4326	0.5261	1.7770	11.6	2.5549	2.0096	0.8892	0.6280	1.2929
3.4	2.9597	2.2499	1.5048	0.5351	1.7558	11.8	2.5510	2.0070	0.7135	0.6284	1.2898
3.5	2.9599	2.2517	1.3831	0.5433	1.7366	12.0	2.5468	2.0046	0.5238	0.6287	1.2865
3.6	2.9568	2.2531	1.1102	0.5495	1.7187	12.2	2.5420	2.0017	0.5145	0.6289	1.2832
3.7	2.9472	2.2508	0.7719	0.5534	1.7015	12.4	2.5375	1.9988	0.6882	0.6290	1.2803
3.8	2.9314	2.2437	0.4671	0.5556	1.6848	12.6	2.5337	1.9962	0.8589	0.6293	1.2776
3.9	2.9127	2.2329	0.2759	0.5572	1.6686	12.8	2.5301	1.9939	0.8515	0.6296	1.2748
4.0	2.8950	2.2210	0.2430	0.5591	1.6532	13.0	2.5261	1.9915	0.6799	0.6298	1.2719
4.1	2.8815	2.2108	0.3704	0.5620	1.6390	13.2	2.5219	1.9889	0.5243	0.6299	1.2692
4.2	2.8735	2.2040	0.6169	0.5660	1.6259	13.4	2.5181	1.9863	0.5444	0.6300	1.2667
4.3	2.8696	2.2008	0.9077	0.5706	1.6138	13.6	2.5147	1.9841	0.7119	0.6302	1.2643
4.4	2.8672	2.1999	1.1555	0.5749	1.6024	13.8	2.5113	1.9820	0.8509	0.6304	1.2619
4.5	2.8632	2.1990	1.2886	0.5784	1.5912	14.0	2.5076	1.9798	0.8187	0.6305	1.2593
4.6	2.8558	2.1964	1.2721	0.5808	1.5802	14.2	2.5039	1.9774	0.6529	0.6306	1.2569
4.7	2.8451	2.1913	1.1177	0.5822	1.5694	14.4	2.5005	1.9752	0.5292	0.6307	1.2548
4.8	2.8326	2.1842	0.8740	0.5831	1.5591	14.6	2.4974	1.9732	0.5707	0.6308	1.2527
4.9	2.8207	2.1763	0.6112	0.5841	1.5494	14.8	2.4942	1.9712	0.7292	0.6310	1.2505
5.0	2.8110	2.1692	0.4014	0.5856	1.5406	15.0	2.4908	1.9691	0.8381	0.6310	1.2483

Table T1.66

N = 1.600 K = 0.0

X	QEXT	QSCA	QBK	G	QPR	X	QEXT	QSCA	QBK	G	QPR
0.1	0.0000	0.0000	0.0000	0.0015	0.0000	5.2	2.4757	2.4757	3.3428	0.5141	1.2028
0.2	0.0005	0.0005	0.0007	0.0043	0.0005	5.4	2.3284	2.3284	4.9058	0.4070	1.3808
0.3	0.0026	0.0026	0.0037	0.0095	0.0025	5.6	2.3360	2.3360	7.9816	0.4513	1.2818
0.4	0.0082	0.0082	0.0113	0.0168	0.0080	5.8	2.0538	2.0538	6.2167	0.4436	1.1428
0.5	0.0201	0.0201	0.0266	0.0261	0.0196	6.0	1.7354	1.7354	5.1820	0.3736	1.0870
0.6	0.0419	0.0419	0.0524	0.0373	0.0403	6.2	2.0265	2.0265	11.5782	0.2881	1.4427
0.7	0.0778	0.0778	0.0908	0.0506	0.0739	6.4	1.7932	1.7932	8.4232	0.3772	1.1169
0.8	0.1320	0.1320	0.1414	0.0659	0.1233	6.6	1.8589	1.8589	5.3495	0.4320	1.0558
0.9	0.2079	0.2079	0.2002	0.0837	0.1905	6.8	1.7154	1.7154	6.2115	0.4062	1.0186
1.0	0.3068	0.3068	0.2582	0.1043	0.2748	7.0	2.0583	2.0583	16.3911	0.4330	1.1670
1.1	0.4272	0.4272	0.3016	0.1283	0.3724	7.2	2.1433	2.1433	9.9175	0.4747	1.1260
1.2	0.5657	0.5657	0.3146	0.1561	0.4774	7.4	2.1951	2.1951	3.8636	0.5707	0.9424
1.3	0.7211	0.7211	0.2854	0.1877	0.5857	7.6	2.4073	2.4073	9.5857	0.5338	1.1222
1.4	0.8996	0.8996	0.2151	0.2215	0.7004	7.8	2.3757	2.3757	14.0029	0.6320	0.8743
1.5	1.1197	1.1197	0.1250	0.2531	0.8363	8.0	2.8853	2.8853	10.9071	0.6009	1.1517
1.6	1.4042	1.4042	0.0626	0.2768	1.0155	8.2	2.6475	2.6475	4.1390	0.6930	0.8128
1.7	1.7489	1.7489	0.0829	0.2895	1.2426	8.4	3.0162	3.0162	15.3364	0.6664	1.0062
1.8	2.0892	2.0892	0.2018	0.2950	1.4728	8.6	2.8871	2.8871	12.3029	0.7174	0.8159
1.9	2.3394	2.3394	0.3653	0.3012	1.6348	8.8	3.1273	3.1273	6.9932	0.7098	0.9077
2.0	2.4834	2.4834	0.5049	0.3142	1.7032	9.0	2.9046	2.9046	7.2966	0.7274	0.7919
2.1	2.5772	2.5772	0.5929	0.3369	1.7090	9.2	2.8330	2.8330	9.3825	0.7612	0.6766
2.2	2.6917	2.6917	0.6253	0.3697	1.6966	9.4	3.1490	3.1490	13.1732	0.7001	0.9443
2.3	2.8863	2.8863	0.5920	0.4112	1.7364	9.6	2.8069	2.8069	3.8053	0.7668	0.6544
2.4	3.1946	3.1946	0.4861	0.4564	1.8036	9.8	2.8937	2.8937	18.1567	0.6956	0.8807
2.5	3.5737	3.5737	0.3602	0.4953	1.8645	10.0	2.5628	2.5628	10.5472	0.7418	0.6617
2.6	3.8747	3.8747	0.3222	0.5188	1.8863	10.2	2.8155	2.8155	6.3578	0.6813	0.8972
2.7	3.9902	3.9902	0.4308	0.5273	1.8756	10.4	2.3241	2.3241	3.2489	0.7337	0.6190
2.8	3.9661	3.9661	0.6342	0.5271	1.8561	10.6	2.1420	2.1420	7.6024	0.7182	0.6036
2.9	3.9050	3.9050	0.8733	0.5247	1.8474	10.8	2.2440	2.2440	13.3247	0.6738	0.7320
3.0	3.8957	3.8957	1.1314	0.5258	1.8613	11.0	2.1022	2.1022	3.5136	0.6905	0.6507
3.1	4.0118	4.0118	1.3974	0.5360	1.8895	11.2	2.0194	2.0194	8.5810	0.6429	0.7212
3.2	4.2798	4.2798	1.5647	0.5585	1.8854	11.4	1.8652	1.8652	6.4083	0.6448	0.6625
3.3	4.5609	4.5609	1.4332	0.5866	1.8177	11.6	2.2689	2.2689	10.7374	0.5876	0.9357
3.4	4.6302	4.6302	1.0831	0.6074	1.7252	11.8	1.9125	1.9125	4.1439	0.6585	0.6530
3.5	4.4945	4.4945	0.8460	0.6162	1.6525	12.0	1.8425	1.8425	5.3637	0.6373	0.6683
3.6	4.2874	4.2874	0.8653	0.6118	1.6179	12.2	2.0165	2.0165	7.7657	0.6182	0.7698
3.7	4.0962	4.0962	1.1346	0.6050	1.6399	12.4	2.1115	2.1115	3.1621	0.6752	0.6858
3.8	3.9913	3.9913	1.6885	0.5891	1.7177	12.6	2.1052	2.1052	5.4027	0.6848	0.6636
3.9	4.0584	4.0584	2.6231	0.5767	1.7783	12.8	2.1319	2.1319	6.8853	0.6631	0.7183
4.0	4.2732	4.2732	3.6568	0.5839	1.7086	13.0	2.5218	2.5218	6.3808	0.6378	0.9134
4.1	4.3264	4.3264	3.7417	0.6051	1.5715	13.2	2.4197	2.4197	2.2026	0.7124	0.6959
4.2	4.1220	4.1220	2.9037	0.6188	1.4579	13.4	2.4213	2.4213	3.4179	0.7277	0.6593
4.3	3.8413	3.8413	2.0817	0.6205	1.3839	13.6	2.5308	2.5308	9.0036	0.6953	0.7712
4.4	3.5647	3.5647	1.6885	0.5906	1.3633	13.8	2.6806	2.6806	5.4795	0.7190	0.7533
4.5	3.3297	3.3297	1.6946	0.6188	1.3098	14.0	2.6465	2.6465	2.9238	0.7426	0.6812
4.6	3.2210	3.2210	2.4368	0.5562	1.4296	14.2	2.5919	2.5919	3.4783	0.7446	0.6620
4.7	3.3418	3.3418	4.3343	0.5312	1.5666	14.4	2.7520	2.7520	8.2077	0.7064	0.8081
4.8	3.4343	3.4343	6.3390	0.5654	1.5611	14.6	2.5864	2.5864	5.0785	0.7190	0.6942
4.9	3.2196	3.2196	6.2892	0.5612	1.4129	14.8	2.5864	2.5864	3.2897	0.7516	0.6425
5.0	2.9611	2.9611	5.1564	0.5577	1.3098	15.0	2.4798	2.4798	5.0808	0.7283	0.6738

Table T1.67

N = 1.600 K = 0.050

X	QEXT	QSCA	QBK	G	QPR	X	QEXT	QSCA	QBK	G	QPR
0.1	0.0093	0.0000	0.0000	0.0015	0.0093	5.2	2.6131	1.7320	0.8814	0.6506	1.4864
0.2	0.0195	0.0005	0.0007	0.0043	0.0195	5.4	2.5184	1.5533	0.7213	0.6348	1.5325
0.3	0.0319	0.0026	0.0037	0.0095	0.0319	5.6	2.4657	1.4754	1.1584	0.6466	1.5118
0.4	0.0490	0.0082	0.0114	0.0168	0.0488	5.8	2.3167	1.3671	1.5385	0.6387	1.4435
0.5	0.0737	0.0201	0.0267	0.0261	0.0731	6.0	2.1794	1.2259	1.5562	0.6125	1.4286
0.6	0.1098	0.0419	0.0524	0.0375	0.1082	6.2	2.1958	1.1747	1.3710	0.6127	1.4760
0.7	0.1614	0.0775	0.0902	0.0509	0.1574	6.4	2.2045	1.1883	0.9184	0.6407	1.4432
0.8	0.2323	0.1306	0.1393	0.0665	0.2236	6.6	2.1752	1.1831	1.0420	0.6600	1.3943
0.9	0.3251	0.2041	0.1951	0.0848	0.3078	6.8	2.1698	1.1597	1.6164	0.6673	1.3959
1.0	0.4402	0.2984	0.2478	0.1061	0.4085	7.0	2.2499	1.2075	1.9598	0.6897	1.4171
1.1	0.5755	0.4114	0.2835	0.1310	0.5216	7.2	2.3290	1.2954	1.1285	0.7177	1.3993
1.2	0.7280	0.5393	0.2875	0.1600	0.6417	7.4	2.3570	1.3391	0.6057	0.7468	1.3569
1.3	0.8974	0.6804	0.2503	0.1928	0.7663	7.6	2.4145	1.3584	1.0412	0.7694	1.3584
1.4	1.0899	0.8391	0.1758	0.2273	0.8991	7.8	2.4955	1.4476	1.7479	0.7875	1.3555
1.5	1.3171	1.0268	0.0874	0.2595	1.0506	8.0	2.5797	1.5340	1.4044	0.8016	1.3502
1.6	1.5846	1.2525	0.0261	0.2844	1.2285	8.2	2.5952	1.5624	0.7324	0.8194	1.3150
1.7	1.8715	1.5039	0.0314	0.3004	1.4198	8.4	2.6329	1.5851	0.5600	0.8364	1.3071
1.8	2.1284	1.7399	0.1079	0.3114	1.5866	8.6	2.6799	1.6271	0.9373	0.8463	1.3028
1.9	2.3176	1.9219	0.2180	0.3239	1.6952	8.8	2.7014	1.6521	1.1545	0.8529	1.2924
2.0	2.4481	2.0487	0.3168	0.3426	1.7461	9.0	2.6759	1.6345	0.9884	0.8599	1.2704
2.1	2.5616	2.1508	0.3771	0.3700	1.7658	9.2	2.6635	1.6171	0.5643	0.8675	1.2591
2.2	2.7016	2.2651	0.3825	0.4058	1.7824	9.4	2.6186	1.6076	0.3308	0.8719	1.2619
2.3	2.8963	2.4193	0.3210	0.4475	1.8136	9.6	2.6186	1.5712	0.5402	0.8747	1.2443
2.4	3.1417	2.6178	0.2034	0.4890	1.8617	9.8	2.5624	1.5181	0.8271	0.8759	1.2327
2.5	3.3853	2.8247	0.0883	0.5219	1.9110	10.0	2.5235	1.4761	0.6965	0.8759	1.2306
2.6	3.5540	2.9786	0.0515	0.5420	1.9395	10.2	2.4913	1.4376	0.2483	0.8751	1.2332
2.7	3.6225	3.0490	0.1136	0.5516	1.9406	10.4	2.4270	1.3814	0.1277	0.8747	1.2187
2.8	3.6277	3.0574	0.2375	0.5564	1.9264	10.6	2.3746	1.3281	0.3759	0.8740	1.2138
2.9	3.6270	3.0486	0.3782	0.5619	1.9141	10.8	2.3480	1.2944	0.5641	0.8711	1.2205
3.0	3.6692	3.0644	0.5018	0.5724	1.9153	11.0	2.3142	1.2639	0.3574	0.8668	1.2187
3.1	3.7782	3.1301	0.5661	0.5903	1.9304	11.2	2.2743	1.2284	0.0916	0.8647	1.2121
3.2	3.9269	3.2344	0.5178	0.6133	1.9432	11.4	2.2572	1.2053	0.0647	0.8656	1.2139
3.3	4.0341	3.3183	0.3590	0.6344	1.9289	11.6	2.2575	1.2002	0.2592	0.8652	1.2192
3.4	4.0384	3.3254	0.1942	0.6482	1.8828	11.8	2.2474	1.1972	0.3277	0.8625	1.2149
3.5	3.9567	3.2554	0.1272	0.6546	1.8256	12.0	2.2474	1.1954	0.1851	0.8623	1.2147
3.6	3.8438	3.1453	0.1827	0.6561	1.7802	12.2	2.2644	1.2060	0.0169	0.8659	1.2201
3.7	3.7512	3.0364	0.3436	0.6553	1.7613	12.4	2.2835	1.2251	0.0519	0.8692	1.2187
3.8	3.7171	2.9648	0.5885	0.6558	1.7727	12.6	2.2948	1.2416	0.1867	0.8706	1.2138
3.9	3.7487	2.9474	0.8625	0.6615	1.7989	12.8	2.3165	1.2590	0.2060	0.8733	1.2171
4.0	3.7894	2.9543	1.0217	0.6722	1.8034	13.0	2.3466	1.2830	0.0744	0.8776	1.2267
4.1	3.7575	2.9228	0.9388	0.6820	1.7641	13.2	2.3650	1.3055	0.0012	0.8813	1.2144
4.2	3.6407	2.8271	0.6895	0.6865	1.6999	13.4	2.3779	1.3201	0.0773	0.8845	1.2103
4.3	3.4815	2.6853	0.4467	0.6859	1.6396	13.6	2.3978	1.3328	0.1715	0.8883	1.2139
4.4	3.3240	2.5264	0.3160	0.6818	1.6015	13.8	2.4134	1.3466	0.1266	0.8915	1.2147
4.5	3.2061	2.3818	0.3421	0.6760	1.5960	14.0	2.4148	1.3534	0.0223	0.8935	1.2056
4.6	3.1544	2.2809	0.5593	0.6721	1.6213	14.2	2.4139	1.3510	0.0200	0.8960	1.2035
4.7	3.1488	2.2270	0.9560	0.6743	1.6471	14.4	2.4090	1.3462	0.1259	0.8992	1.2054
4.8	3.1159	2.1798	1.3459	0.6794	1.6349	14.6	2.4030	1.3403	0.1700	0.9015	1.2011
4.9	3.0201	2.1031	1.4873	0.6801	1.5897	14.8	2.3919	1.3278	0.0871	0.9015	1.1950
5.0	2.8851	1.9950	1.3622	0.6744	1.5398	15.0	2.3769	1.3098	0.0037	0.9023	1.1951

Table T1.68   109

N = 1.600 K = 0.100

X	QEXT	QSCA	QBK	G	QPR	X	QEXT	QSCA	QBK	G	QPR
0.1	0.0186	0.0000	0.0000	0.0015	0.0186	5.2	2.6581	1.4426	0.2172	0.7387	1.5924
0.2	0.0384	0.0005	0.0008	0.0043	0.0384	5.4	2.5841	1.3295	0.0793	0.7425	1.5969
0.3	0.0612	0.0026	0.0038	0.0095	0.0612	5.6	2.5345	1.2656	0.2757	0.7520	1.5827
0.4	0.0897	0.0084	0.0116	0.0168	0.0896	5.8	2.4501	1.2014	0.5217	0.7523	1.5463
0.5	0.1271	0.0205	0.0271	0.0262	0.1266	6.0	2.3791	1.1329	0.5017	0.7496	1.5299
0.6	0.1774	0.0425	0.0531	0.0375	0.1758	6.2	2.3674	1.0996	0.2450	0.7579	1.5340
0.7	0.2443	0.0782	0.0910	0.0511	0.2403	6.4	2.3700	1.0991	0.0842	0.7726	1.5209
0.8	0.3314	0.1312	0.1394	0.0670	0.3226	6.6	2.3531	1.0969	0.2507	0.7829	1.4943
0.9	0.4402	0.2034	0.1932	0.0857	0.4228	6.8	2.3494	1.0954	0.4874	0.7911	1.4828
1.0	0.5702	0.2946	0.2418	0.1076	0.5385	7.0	2.3795	1.1172	0.4704	0.8034	1.4818
1.1	0.7188	0.4021	0.2715	0.1334	0.6651	7.2	2.4132	1.1530	0.1823	0.8177	1.4704
1.2	0.8828	0.5218	0.2685	0.1634	0.7976	7.4	2.4283	1.1795	0.0424	0.8301	1.4491
1.3	1.0622	0.6516	0.2261	0.1969	0.9338	7.6	2.4489	1.1897	0.1897	0.8410	1.4370
1.4	1.2610	0.7941	0.1511	0.2319	1.0768	7.8	2.4835	1.2031	0.3958	0.8510	1.4316
1.5	1.4842	0.9558	0.0677	0.2644	1.2315	8.0	2.5117	1.2360	0.3394	0.8600	1.4209
1.6	1.7264	1.1386	0.0116	0.2904	1.3958	8.2	2.5218	1.2684	0.1189	0.8681	1.4036
1.7	1.9638	1.3299	0.0107	0.3095	1.5522	8.4	2.5319	1.3022	0.0128	0.8756	1.3917
1.8	2.1652	1.5047	0.0636	0.3253	1.6758	8.6	2.5414	1.3162	0.1273	0.8819	1.3846
1.9	2.3189	1.6454	0.1423	0.3430	1.7546	8.8	2.5482	1.3240	0.2649	0.8867	1.3743
2.0	2.4412	1.7550	0.2147	0.3663	1.7983	9.0	2.5383	1.3221	0.2299	0.8904	1.3611
2.1	2.5615	1.8511	0.2571	0.3967	1.8271	9.2	2.5282	1.3159	0.0764	0.8940	1.3517
2.2	2.7043	1.9532	0.2529	0.4334	1.8578	9.4	2.5183	1.3022	0.0004	0.8971	1.3452
2.3	2.8770	2.0728	0.1959	0.4730	1.8966	9.6	2.5002	1.3077	0.0786	0.8991	1.3363
2.4	3.0620	2.2055	0.1050	0.5097	1.9378	9.8	2.4773	1.2945	0.1728	0.9002	1.3271
2.5	3.2212	2.3289	0.0261	0.5382	1.9678	10.0	2.4569	1.2777	0.1525	0.9010	1.3210
2.6	3.3237	2.4171	0.0009	0.5569	1.9775	10.2	2.4373	1.2607	0.0517	0.9016	1.3159
2.7	3.3704	2.4618	0.0352	0.5687	1.9704	10.4	2.4152	1.2438	0.0080	0.9020	1.3093
2.8	3.3892	2.4761	0.1055	0.5780	1.9580	10.6	2.3945	1.2260	0.0578	0.9021	1.3035
2.9	3.4135	2.4821	0.1824	0.5890	1.9515	10.8	2.3781	1.2094	0.1159	0.9019	1.2996
3.0	3.4454	2.4991	0.2380	0.6043	1.9551	11.0	2.3636	1.1959	0.1021	0.9015	1.2957
3.1	3.5441	2.5338	0.2448	0.6238	1.9634	11.2	2.3506	1.1846	0.0464	0.9018	1.2912
3.2	3.6218	2.5748	0.1892	0.6441	1.9439	11.4	2.3413	1.1751	0.0239	0.9015	1.2874
3.3	3.6606	2.5970	0.0970	0.6610	1.9077	11.6	2.3356	1.1687	0.0523	0.9020	1.2842
3.4	3.6447	2.5825	0.0226	0.6726	1.8679	11.8	2.3317	1.1656	0.0818	0.9022	1.2808
3.5	3.5897	2.5327	0.0048	0.6798	1.8378	12.0	2.3300	1.1648	0.0750	0.9028	1.2775
3.6	3.5250	2.4636	0.0490	0.6849	1.8247	12.2	2.3310	1.1659	0.0494	0.9037	1.2743
3.7	3.4774	2.3952	0.1403	0.6900	1.8262	12.4	2.3331	1.1692	0.0404	0.9047	1.2710
3.8	3.4596	2.3428	0.2528	0.6972	1.8298	12.6	2.3359	1.1740	0.0518	0.9058	1.2677
3.9	3.4613	2.3089	0.3437	0.7066	1.8197	12.8	2.3395	1.1793	0.0621	0.9069	1.2646
4.0	3.4524	2.2798	0.3622	0.7233	1.7907	13.0	2.3433	1.1851	0.0603	0.9082	1.2614
4.1	3.4077	2.2357	0.2930	0.7271	1.7516	13.2	2.3463	1.1912	0.0552	0.9095	1.2578
4.2	3.3271	2.1670	0.1775	0.7285	1.7155	13.4	2.3486	1.1968	0.0540	0.9109	1.2544
4.3	3.2292	2.0778	0.0759	0.7294	1.6925	13.6	2.3504	1.2013	0.0531	0.9121	1.2512
4.4	3.1373	1.9808	0.0297	0.7314	1.6860	13.8	2.3509	1.2050	0.0504	0.9133	1.2478
4.5	3.0689	1.8908	0.0589	0.7354	1.6901	14.0	2.3497	1.2090	0.0521	0.9144	1.2442
4.6	3.0275	1.8185	0.1666	0.7409	1.6911	14.2	2.3476	1.2089	0.0602	0.9154	1.2410
4.7	2.9975	1.7633	0.3241	0.7452	1.6786	14.4	2.3447	1.2078	0.0641	0.9164	1.2378
4.8	2.9560	1.7142	0.4613	0.7464	1.6539	14.6	2.3404	1.2058	0.0555	0.9172	1.2345
4.9	2.8921	1.6590	0.5104	0.7464	1.6258	14.8	2.3350	1.2027	0.0442	0.9178	1.2312
5.0	2.8114	1.5924	0.4598	0.7445	1.6258	15.0	2.3293	1.1990	0.0470	0.9184	1.2282

Table T1.69

N = 1.600 K = 0.200

X	QEXT	QSCA	QBK	G	QPR	X	QEXT	QSCA	QBK	G	QPR
0.1	0.0372	0.0000	0.0001	0.0014	0.0372	5.2	2.6413	1.2648	0.0257	0.8045	1.6238
0.2	0.0762	0.0006	0.0008	0.0043	0.0762	5.4	2.6027	1.2241	0.0161	0.8119	1.6088
0.3	0.1197	0.0028	0.0041	0.0095	0.1197	5.6	2.5713	1.1967	0.1029	0.8193	1.5908
0.4	0.1710	0.0090	0.0125	0.0168	0.1708	5.8	2.5361	1.1739	0.1666	0.8243	1.5685
0.5	0.2337	0.0221	0.0292	0.0262	0.2331	6.0	2.5083	1.1551	0.1260	0.8289	1.5509
0.6	0.3117	0.0455	0.0569	0.0376	0.3100	6.2	2.4948	1.1452	0.0356	0.8351	1.5384
0.7	0.4085	0.0831	0.0964	0.0514	0.4042	6.4	2.4860	1.1430	0.0125	0.8418	1.5239
0.8	0.5261	0.1376	0.1456	0.0678	0.5167	6.6	2.4754	1.1433	0.0781	0.8473	1.5067
0.9	0.6642	0.2102	0.1977	0.0872	0.6459	6.8	2.4684	1.1455	0.1394	0.8523	1.4921
1.0	0.8201	0.2991	0.2412	0.1101	0.7872	7.0	2.4680	1.1513	0.1188	0.8577	1.4806
1.1	0.9896	0.4004	0.2620	0.1372	0.9346	7.2	2.4688	1.1593	0.0477	0.8631	1.4681
1.2	1.1688	0.5093	0.2493	0.1684	1.0830	7.4	2.4677	1.1671	0.0175	0.8679	1.4542
1.3	1.3561	0.6227	0.2009	0.2030	1.2297	7.6	2.4657	1.1742	0.0559	0.8721	1.4417
1.4	1.5504	0.7411	0.1286	0.2384	1.3738	7.8	2.4661	1.1813	0.1051	0.8761	1.4311
1.5	1.7475	0.8654	0.0565	0.2714	1.5126	8.0	2.4656	1.1879	0.1027	0.8799	1.4204
1.6	1.9360	0.9932	0.0105	0.2999	1.6381	8.2	2.4626	1.1929	0.0585	0.8832	1.4091
1.7	2.1023	1.1169	0.0040	0.3245	1.7399	8.4	2.4587	1.1965	0.0302	0.8860	1.3986
1.8	2.2401	1.2277	0.0324	0.3479	1.8130	8.6	2.4548	1.1989	0.0463	0.8886	1.3894
1.9	2.3562	1.3225	0.0787	0.3734	1.8625	8.8	2.4498	1.2003	0.0786	0.8910	1.3803
2.0	2.4643	1.4047	0.1240	0.4025	1.8989	9.0	2.4433	1.2006	0.0857	0.8930	1.3712
2.1	2.5758	1.4805	0.1517	0.4353	1.9314	9.2	2.4362	1.1998	0.0641	0.8947	1.3627
2.2	2.6935	1.5547	0.1511	0.4700	1.9629	9.4	2.4290	1.1984	0.0439	0.8962	1.3549
2.3	2.8097	1.6278	0.1230	0.5035	1.9901	9.6	2.4215	1.1966	0.0471	0.8976	1.3475
2.4	2.9100	1.6947	0.0816	0.5328	2.0071	9.8	2.4137	1.1944	0.0641	0.8988	1.3402
2.5	2.9833	1.7486	0.0471	0.5563	2.0106	10.0	2.4059	1.1921	0.0723	0.8998	1.3333
2.6	3.0290	1.7853	0.0319	0.5746	2.0032	10.2	2.3986	1.1898	0.0644	0.9008	1.3268
2.7	3.0574	1.8064	0.0361	0.5901	1.9914	10.4	2.3915	1.1876	0.0532	0.9017	1.3207
2.8	3.0816	1.8178	0.0517	0.6053	1.9813	10.6	2.3848	1.1857	0.0519	0.9025	1.3147
2.9	3.1109	1.8263	0.0686	0.6217	1.9756	10.8	2.3786	1.1841	0.0591	0.9033	1.3090
3.0	3.1454	1.8355	0.0770	0.6393	1.9719	11.0	2.3729	1.1828	0.0644	0.9040	1.3036
3.1	3.1765	1.8443	0.0719	0.6570	1.9648	11.2	2.3676	1.1818	0.0622	0.9048	1.2984
3.2	3.1933	1.8478	0.0564	0.6730	1.9497	11.4	2.3629	1.1812	0.0570	0.9055	1.2933
3.3	3.1900	1.8408	0.0414	0.6863	1.9266	11.6	2.3585	1.1807	0.0557	0.9062	1.2885
3.4	3.1694	1.8217	0.0381	0.6971	1.8996	11.8	2.3546	1.1808	0.0587	0.9069	1.2838
3.5	3.1410	1.7929	0.0505	0.7064	1.8746	12.0	2.3509	1.1808	0.0614	0.9076	1.2792
3.6	3.1143	1.7597	0.0745	0.7154	1.8554	12.2	2.3476	1.1811	0.0605	0.9083	1.2748
3.7	3.0945	1.7275	0.1006	0.7248	1.8424	12.4	2.3444	1.1814	0.0577	0.9090	1.2705
3.8	3.0800	1.6988	0.1171	0.7346	1.8320	12.6	2.3413	1.1818	0.0569	0.9096	1.2663
3.9	3.0641	1.6727	0.1142	0.7440	1.8196	12.8	2.3384	1.1822	0.0591	0.9103	1.2623
4.0	3.0398	1.6457	0.0907	0.7521	1.8021	13.0	2.3355	1.1825	0.0610	0.9109	1.2583
4.1	3.0047	1.6143	0.0557	0.7585	1.7803	13.2	2.3327	1.1828	0.0603	0.9116	1.2544
4.2	2.9621	1.5777	0.0247	0.7635	1.7576	13.4	2.3298	1.1830	0.0578	0.9122	1.2507
4.3	2.9185	1.5375	0.0117	0.7680	1.7376	13.6	2.3270	1.1830	0.0567	0.9128	1.2470
4.4	2.8797	1.4972	0.0236	0.7227	1.7227	13.8	2.3241	1.1832	0.0584	0.9134	1.2435
4.5	2.8483	1.4600	0.0586	0.7783	1.7120	14.0	2.3212	1.1831	0.0609	0.9139	1.2400
4.6	2.8223	1.4276	0.1057	0.7840	1.7030	14.2	2.3183	1.1830	0.0610	0.9144	1.2366
4.7	2.7972	1.3992	0.1467	0.7895	1.6926	14.4	2.3154	1.1828	0.0586	0.9149	1.2333
4.8	2.7689	1.3726	0.1649	0.7939	1.6791	14.6	2.3125	1.1825	0.0565	0.9154	1.2300
4.9	2.7363	1.3459	0.1528	0.7972	1.6634	14.8	2.3096	1.1822	0.0573	0.9158	1.2269
5.0	2.7017	1.3182	0.1156	0.7996	1.6477	15.0	2.3068	1.1819	0.0600	0.9163	1.2239

Table T1.70   111

N = 1.600 K = 0.300

x	QEXT	QSCA	QBK	G	QPR	x	QEXT	QSCA	QBK	G	QPR
0.1	0.0556	0.0000	0.0001	0.0014	0.0556	5.2	2.5987	1.2192	0.0289	0.8158	1.6041
0.2	0.1138	0.0006	0.0009	0.0043	0.1138	5.4	2.5765	1.2043	0.0459	0.8226	1.5859
0.3	0.1779	0.0032	0.0046	0.0094	0.1779	5.6	2.5567	1.1941	0.0960	0.8288	1.5670
0.4	0.2519	0.0102	0.0141	0.0167	0.2518	5.8	2.5371	1.1862	0.1158	0.8340	1.5478
0.5	0.3398	0.0248	0.0329	0.0261	0.3391	6.0	2.5211	1.1803	0.0841	0.8389	1.5309
0.6	0.4451	0.0509	0.0636	0.0376	0.4432	6.2	2.5096	1.1773	0.0421	0.8439	1.5161
0.7	0.5706	0.0921	0.1069	0.0515	0.5658	6.4	2.4998	1.1765	0.0391	0.8487	1.5012
0.8	0.7164	0.1508	0.1593	0.0682	0.7061	6.6	2.4900	1.1761	0.0728	0.8530	1.4862
0.9	0.8801	0.2270	0.2124	0.0881	0.8601	6.8	2.4816	1.1776	0.0991	0.8570	1.4725
1.0	1.0564	0.3175	0.2532	0.1118	1.0209	7.0	2.4750	1.1791	0.0889	0.8608	1.4600
1.1	1.2393	0.4171	0.2680	0.1397	1.1810	7.2	2.4689	1.1812	0.0584	0.8644	1.4478
1.2	1.4236	0.5201	0.2483	0.1717	1.3343	7.4	2.4625	1.1832	0.0443	0.8677	1.4358
1.3	1.6057	0.6230	0.1963	0.2067	1.4769	7.6	2.4563	1.1851	0.0585	0.8707	1.4245
1.4	1.7814	0.7248	0.1269	0.2424	1.6058	7.8	2.4506	1.1867	0.0803	0.8735	1.4140
1.5	1.9449	0.8250	0.0621	0.2764	1.7168	8.0	2.4449	1.1882	0.0844	0.8761	1.4040
1.6	2.0893	0.9215	0.0206	0.3077	1.8057	8.2	2.4390	1.1893	0.0697	0.8784	1.3942
1.7	2.2120	1.0110	0.0102	0.3370	1.8713	8.4	2.4329	1.1901	0.0551	0.8806	1.3849
1.8	2.3169	1.0911	0.0266	0.3660	1.9176	8.6	2.4270	1.1907	0.0555	0.8825	1.3762
1.9	2.4118	1.1621	0.0591	0.3960	1.9516	8.8	2.4211	1.1910	0.0672	0.8844	1.3679
2.0	2.5036	1.2260	0.0947	0.4275	1.9794	9.0	2.4152	1.1910	0.0755	0.8860	1.3599
2.1	2.5936	1.2846	0.1212	0.4596	2.0032	9.2	2.4093	1.1909	0.0729	0.8876	1.3522
2.2	2.6779	1.3384	0.1311	0.4907	2.0211	9.4	2.4036	1.1906	0.0643	0.8890	1.3448
2.3	2.7497	1.3859	0.1242	0.5192	2.0302	9.6	2.3980	1.1903	0.0596	0.8904	1.3378
2.4	2.8038	1.4248	0.1070	0.5439	2.0288	9.8	2.3925	1.1900	0.0622	0.8917	1.3311
2.5	2.8405	1.4537	0.0873	0.5651	2.0190	10.0	2.3872	1.1897	0.0677	0.8929	1.3246
2.6	2.8649	1.4731	0.0703	0.5839	2.0048	10.2	2.3820	1.1895	0.0703	0.8940	1.3184
2.7	2.8841	1.4855	0.0577	0.6015	1.9905	10.4	2.3771	1.1895	0.0684	0.8951	1.3124
2.8	2.9028	1.4939	0.0496	0.6189	1.9782	10.6	2.3724	1.1892	0.0648	0.8961	1.3067
2.9	2.9217	1.5004	0.0453	0.6364	1.9669	10.8	2.3678	1.1890	0.0630	0.8971	1.3012
3.0	2.9376	1.5053	0.0445	0.6532	1.9543	11.0	2.3634	1.1889	0.0640	0.8980	1.2958
3.1	2.9459	1.5073	0.0476	0.6687	1.9379	11.2	2.3592	1.1888	0.0664	0.8989	1.2907
3.2	2.9440	1.5047	0.0554	0.6824	1.9172	11.4	2.3552	1.1887	0.0679	0.8997	1.2857
3.3	2.9329	1.4966	0.0684	0.6942	1.8939	11.6	2.3513	1.1886	0.0675	0.9005	1.2809
3.4	2.9166	1.4835	0.0846	0.7049	1.8709	11.8	2.3475	1.1886	0.0659	0.9013	1.2762
3.5	2.8995	1.4674	0.1000	0.7150	1.8503	12.0	2.3439	1.1885	0.0644	0.9021	1.2717
3.6	2.8844	1.4505	0.1093	0.7249	1.8329	12.2	2.3403	1.1885	0.0642	0.9028	1.2673
3.7	2.8715	1.4344	0.1080	0.7348	1.8175	12.4	2.3369	1.1885	0.0656	0.9035	1.2631
3.8	2.8584	1.4192	0.0949	0.7441	1.8023	12.6	2.3335	1.1885	0.0672	0.9041	1.2590
3.9	2.8427	1.4044	0.0732	0.7526	1.7858	12.8	2.3303	1.1885	0.0675	0.9048	1.2550
4.0	2.8229	1.3888	0.0498	0.7598	1.7676	13.0	2.3271	1.1884	0.0662	0.9054	1.2511
4.1	2.7996	1.3718	0.0330	0.7661	1.7488	13.2	2.3240	1.1884	0.0645	0.9060	1.2473
4.2	2.7753	1.3535	0.0290	0.7717	1.7309	13.4	2.3210	1.1883	0.0642	0.9066	1.2437
4.3	2.7523	1.3349	0.0402	0.7770	1.7150	13.6	2.3180	1.1883	0.0655	0.9071	1.2401
4.4	2.7320	1.3172	0.0636	0.7824	1.7014	13.8	2.3151	1.1882	0.0671	0.9077	1.2366
4.5	2.7145	1.3012	0.0918	0.7879	1.6892	14.0	2.3123	1.1881	0.0673	0.9082	1.2332
4.6	2.6983	1.2871	0.1250	0.7932	1.6774	14.2	2.3095	1.1881	0.0660	0.9087	1.2299
4.7	2.6820	1.2743	0.1183	0.7981	1.6650	14.4	2.3068	1.1880	0.0642	0.9092	1.2267
4.8	2.6647	1.2624	0.0972	0.8023	1.6518	14.6	2.3041	1.1879	0.0643	0.9096	1.2236
4.9	2.6466	1.2508	0.0972	0.8060	1.6385	14.8	2.3015	1.1878	0.0657	0.9101	1.2206
5.0	2.6289	1.2395	0.0692	0.8093	1.6258	15.0	2.2990	1.1877	0.0671	0.9105	1.2176

Table T1.71

N = 1.600 K = 0.400

X	QEXT	QSCA	QBK	G	QPR
0.1	0.0738	0.0000	0.0001	0.0014	0.0738
0.2	0.1509	0.0007	0.0011	0.0042	0.1509
0.3	0.2357	0.0037	0.0054	0.0094	0.2356
0.4	0.3323	0.0118	0.0164	0.0166	0.3321
0.5	0.4452	0.0287	0.0381	0.0259	0.4444
0.6	0.5775	0.0586	0.0733	0.0374	0.5753
0.7	0.7306	0.1052	0.1222	0.0514	0.7252
0.8	0.9026	0.1704	0.1800	0.0682	0.8910
0.9	1.0880	0.2528	0.2362	0.0885	1.0657
1.0	1.2793	0.3477	0.2762	0.1127	1.2401
1.1	1.4684	0.4484	0.2863	0.1412	1.4051
1.2	1.6493	0.5485	0.2607	0.1737	1.5541
1.3	1.8174	0.6442	0.2051	0.2089	1.6829
1.4	1.9690	0.7342	0.1361	0.2451	1.7891
1.5	2.1011	0.8181	0.0736	0.2806	1.9312
1.6	2.2130	0.8954	0.0323	0.3147	1.9726
1.7	2.3084	0.9655	0.0179	0.3478	2.0016
1.8	2.3931	1.0286	0.0281	0.3806	2.0236
1.9	2.4719	1.0857	0.0555	0.4130	2.0405
2.0	2.5462	1.1375	0.0897	0.4446	2.0516
2.1	2.6136	1.1840	0.1200	0.4746	2.0550
2.2	2.6699	1.2243	0.1390	0.5023	2.0497
2.3	2.7125	1.2574	0.1437	0.5271	2.0371
2.4	2.7417	1.2828	0.1355	0.5492	2.0203
2.5	2.7611	1.3010	0.1178	0.5694	2.0024
2.6	2.7753	1.3137	0.0949	0.5884	1.9853
2.7	2.7878	1.3228	0.0712	0.6067	1.9691
2.8	2.7996	1.3299	0.0517	0.6245	1.9525
2.9	2.8090	1.3355	0.0407	0.6413	1.9340
3.0	2.8136	1.3392	0.0409	0.6568	1.9131
3.1	2.8119	1.3402	0.0522	0.6707	1.8906
3.2	2.8044	1.3379	0.0721	0.6830	1.8680
3.3	2.7931	1.3327	0.0954	0.6941	1.8467
3.4	2.7806	1.3253	0.1159	0.7046	1.8274
3.5	2.7689	1.3170	0.1274	0.7148	1.8099
3.6	2.7584	1.3089	0.1262	0.7247	1.7930
3.7	2.7483	1.3012	0.1120	0.7341	1.7760
3.8	2.7371	1.2939	0.0890	0.7428	1.7585
3.9	2.7241	1.2865	0.0643	0.7505	1.7409
4.0	2.7093	1.2786	0.0455	0.7574	1.7237
4.1	2.6936	1.2703	0.0386	0.7635	1.7077
4.2	2.6783	1.2617	0.0455	0.7693	1.6932
4.3	2.6643	1.2533	0.0639	0.7748	1.6799
4.4	2.6519	1.2457	0.0879	0.7803	1.6673
4.5	2.6406	1.2390	0.1095	0.7856	1.6548
4.6	2.6297	1.2332	0.1219	0.7905	1.6423
4.7	2.6186	1.2279	0.1213	0.7951	1.6298
4.8	2.6072	1.2230	0.1083	0.7992	1.6176
4.9	2.5958	1.2184	0.0874	0.8030	1.6060
5.0	2.5850	1.2139	0.0655	0.8065	1.6060

X	QEXT	QSCA	QBK	G	QPR
5.2	2.5664	1.2064	0.0438	0.8132	1.5854
5.4	2.5512	1.2013	0.0652	0.8196	1.5666
5.6	2.5370	1.1979	0.1004	0.8255	1.5481
5.8	2.5233	1.1955	0.1083	0.8306	1.5303
6.0	2.5114	1.1938	0.0832	0.8354	1.5141
6.2	2.5014	1.1931	0.0563	0.8400	1.4992
6.4	2.4921	1.1935	0.0566	0.8443	1.4848
6.6	2.4830	1.1939	0.0793	0.8482	1.4708
6.8	2.4747	1.1946	0.0966	0.8518	1.4577
7.0	2.4671	1.1953	0.0907	0.8552	1.4455
7.2	2.4598	1.1961	0.0714	0.8584	1.4338
7.4	2.4527	1.1967	0.0606	0.8613	1.4226
7.6	2.4458	1.1973	0.0678	0.8640	1.4119
7.8	2.4393	1.1978	0.0824	0.8664	1.4019
8.0	2.4330	1.1982	0.0883	0.8688	1.3924
8.2	2.4268	1.1986	0.0809	0.8709	1.3832
8.4	2.4207	1.1988	0.0699	0.8729	1.3745
8.6	2.4149	1.1990	0.0666	0.8747	1.3662
8.8	2.4092	1.1992	0.0728	0.8765	1.3583
9.0	2.4037	1.1993	0.0809	0.8781	1.3506
9.2	2.3983	1.1994	0.0826	0.8796	1.3433
9.4	2.3931	1.1995	0.0773	0.8811	1.3363
9.6	2.3881	1.1996	0.0712	0.8825	1.3296
9.8	2.3832	1.1996	0.0702	0.8838	1.3231
10.0	2.3785	1.1997	0.0743	0.8850	1.3169
10.2	2.3740	1.1997	0.0790	0.8862	1.3109
10.4	2.3695	1.1997	0.0797	0.8873	1.3051
10.6	2.3652	1.1998	0.0762	0.8883	1.2995
10.8	2.3611	1.1998	0.0724	0.8893	1.2941
11.0	2.3571	1.1998	0.0718	0.8903	1.2889
11.2	2.3532	1.1999	0.0748	0.8912	1.2839
11.4	2.3494	1.1999	0.0780	0.8921	1.2790
11.6	2.3457	1.1999	0.0784	0.8929	1.2743
11.8	2.3421	1.1999	0.0758	0.8937	1.2698
12.0	2.3387	1.1999	0.0731	0.8944	1.2654
12.2	2.3353	1.1999	0.0728	0.8952	1.2611
12.4	2.3320	1.1999	0.0750	0.8959	1.2570
12.6	2.3287	1.1999	0.0774	0.8965	1.2530
12.8	2.3256	1.1999	0.0776	0.8972	1.2491
13.0	2.3225	1.1999	0.0755	0.8978	1.2453
13.2	2.3195	1.1999	0.0734	0.8984	1.2416
13.4	2.3166	1.1998	0.0735	0.8990	1.2380
13.6	2.3138	1.1998	0.0752	0.8995	1.2345
13.8	2.3110	1.1997	0.0770	0.9001	1.2311
14.0	2.3083	1.1997	0.0769	0.9006	1.2278
14.2	2.3056	1.1996	0.0752	0.9011	1.2246
14.4	2.3030	1.1996	0.0737	0.9015	1.2215
14.6	2.3004	1.1996	0.0738	0.9020	1.2184
14.8	2.2980	1.1995	0.0754	0.9024	1.2155
15.0	2.2955	1.1995	0.0766	0.9028	1.2126

Table T1.72   113

N = 1.600 K = 0.500

X	QEXT	QSCA	QBK	G	QPR	X	QEXT	QSCA	QBK	G	QPR
0.1	0.0916	0.0001	0.0001	0.0014	0.0916	5.2	2.5492	1.2100	0.0592	0.8064	1.5735
0.2	0.1875	0.0009	0.0013	0.0042	0.1875	5.4	2.5371	1.2088	0.0814	0.8127	1.5548
0.3	0.2926	0.0044	0.0063	0.0092	0.2926	5.6	2.5254	1.2083	0.1103	0.8183	1.5367
0.4	0.4120	0.0140	0.0194	0.0164	0.4117	5.8	2.5142	1.2080	0.1141	0.8233	1.5196
0.5	0.5498	0.0338	0.0449	0.0256	0.5489	6.0	2.5041	1.2080	0.0918	0.8280	1.5038
0.6	0.7089	0.0687	0.0861	0.0370	0.7063	6.2	2.4949	1.2083	0.0703	0.8324	1.4891
0.7	0.8887	0.1224	0.1425	0.0510	0.8825	6.4	2.4862	1.2089	0.0714	0.8365	1.4750
0.8	1.0847	0.1960	0.2077	0.0680	1.0714	6.6	2.4777	1.2094	0.0904	0.8403	1.4614
0.9	1.2883	0.2868	0.2686	0.0885	1.2629	6.8	2.4697	1.2100	0.1048	0.8437	1.4488
1.0	1.4893	0.3881	0.3088	0.1130	1.4454	7.0	2.4621	1.2106	0.1006	0.8470	1.4368
1.1	1.6783	0.4915	0.3149	0.1418	1.6087	7.2	2.4549	1.2111	0.0846	0.8500	1.4255
1.2	1.8493	0.5902	0.2834	0.1745	1.7463	7.4	2.4479	1.2117	0.0746	0.8528	1.4146
1.3	1.9988	0.6805	0.2231	0.2101	1.8558	7.6	2.4412	1.2122	0.0796	0.8554	1.4043
1.4	2.1257	0.7614	0.1515	0.2472	1.9375	7.8	2.4347	1.2127	0.0923	0.8577	1.3945
1.5	2.2314	0.8337	0.0870	0.2844	1.9943	8.0	2.4285	1.2131	0.0988	0.8600	1.3853
1.6	2.3200	0.8983	0.0429	0.3213	2.0315	8.2	2.4225	1.2134	0.0935	0.8621	1.3764
1.7	2.3972	0.9564	0.0250	0.3574	2.0554	8.4	2.4166	1.2138	0.0833	0.8640	1.3679
1.8	2.4674	1.0092	0.0327	0.3923	2.0715	8.6	2.4110	1.2141	0.0788	0.8658	1.3598
1.9	2.5322	1.0574	0.0600	0.4254	2.0824	8.8	2.4055	1.2143	0.0836	0.8675	1.3521
2.0	2.5900	1.1010	0.0973	0.4559	2.0880	9.0	2.4003	1.2146	0.0917	0.8691	1.3447
2.1	2.6378	1.1389	0.1334	0.4836	2.0870	9.2	2.3952	1.2148	0.0947	0.8706	1.3375
2.2	2.6735	1.1704	0.1591	0.5083	2.0785	9.4	2.3902	1.2150	0.0903	0.8721	1.3307
2.3	2.6939	1.1950	0.1691	0.5306	2.0634	9.6	2.3854	1.2152	0.0837	0.8734	1.3241
2.4	2.7128	1.2132	0.1624	0.5512	2.0440	9.8	2.3808	1.2153	0.0815	0.8747	1.3177
2.5	2.7231	1.2264	0.1412	0.5707	2.0231	10.0	2.3763	1.2155	0.0854	0.8760	1.3116
2.6	2.7314	1.2362	0.1112	0.5897	2.0025	10.2	2.3720	1.2156	0.0908	0.8771	1.3058
2.7	2.7390	1.2442	0.0797	0.6079	1.9826	10.4	2.3678	1.2157	0.0922	0.8782	1.3001
2.8	2.7450	1.2510	0.0550	0.6252	1.9629	10.6	2.3636	1.2158	0.0887	0.8793	1.2946
2.9	2.7478	1.2565	0.0433	0.6410	1.9424	10.8	2.3597	1.2159	0.0842	0.8803	1.2893
3.0	2.7462	1.2602	0.0476	0.6553	1.9205	11.0	2.3558	1.2160	0.0832	0.8812	1.2842
3.1	2.7402	1.2616	0.0660	0.6679	1.8975	11.2	2.3520	1.2160	0.0864	0.8821	1.2793
3.2	2.7312	1.2609	0.0928	0.6794	1.8745	11.4	2.3484	1.2161	0.0901	0.8830	1.2745
3.3	2.7210	1.2585	0.1203	0.6902	1.8525	11.6	2.3448	1.2161	0.0907	0.8838	1.2699
3.4	2.7112	1.2551	0.1402	0.7005	1.8319	11.8	2.3413	1.2162	0.0879	0.8846	1.2654
3.5	2.7022	1.2516	0.1467	0.7106	1.8129	12.0	2.3379	1.2162	0.0847	0.8854	1.2611
3.6	2.6939	1.2484	0.1380	0.7201	1.7949	12.2	2.3346	1.2162	0.0844	0.8861	1.2569
3.7	2.6852	1.2454	0.1170	0.7291	1.7772	12.4	2.3314	1.2163	0.0869	0.8868	1.2529
3.8	2.6756	1.2426	0.0903	0.7372	1.7595	12.6	2.3283	1.2163	0.0896	0.8874	1.2489
3.9	2.6648	1.2396	0.0662	0.7445	1.7419	12.8	2.3252	1.2163	0.0897	0.8881	1.2451
4.0	2.6534	1.2362	0.0518	0.7511	1.7248	13.0	2.3222	1.2163	0.0874	0.8887	1.2414
4.1	2.6419	1.2326	0.0509	0.7572	1.7086	13.2	2.3193	1.2162	0.0851	0.8893	1.2377
4.2	2.6312	1.2290	0.0631	0.7630	1.6935	13.4	2.3165	1.2162	0.0851	0.8899	1.2342
4.3	2.6215	1.2257	0.0841	0.7686	1.6794	13.6	2.3137	1.2162	0.0872	0.8904	1.2308
4.4	2.6127	1.2228	0.1069	0.7740	1.6662	13.8	2.3110	1.2161	0.0890	0.8909	1.2274
4.5	2.6043	1.2204	0.1244	0.7791	1.6534	14.0	2.3083	1.2161	0.0871	0.8914	1.2242
4.6	2.5960	1.2185	0.1313	0.7839	1.6409	14.2	2.3057	1.2160	0.0855	0.8919	1.2210
4.7	2.5876	1.2167	0.1261	0.7883	1.6284	14.4	2.3031	1.2160	0.0856	0.8924	1.2179
4.8	2.5791	1.2151	0.1111	0.7924	1.6163	14.6	2.3006	1.2160	0.0873	0.8928	1.2149
4.9	2.5708	1.2136	0.0912	0.7961	1.6047	14.8	2.2982	1.2160	0.0873	0.8933	1.2120
5.0	2.5630	1.2122	0.0727	0.7997	1.5937	15.0	2.2958	1.2159	0.0887	0.8937	1.2092

114 Table T1.73

N = 1.600 K = 1.000

X	QEXT	QSCA	QBK	G	QPR	X	QEXT	QSCA	QBK	G	QPR
0.1	0.1693	0.0001	0.0002	0.0011	0.1693	5.2	2.5985	1.3470	0.1454	0.7591	1.5761
0.2	0.3488	0.0020	0.0029	0.0037	0.3488	5.4	2.5874	1.3479	0.1829	0.7645	1.5568
0.3	0.5490	0.0102	0.0147	0.0083	0.5489	5.6	2.5764	1.3487	0.2120	0.7694	1.5387
0.4	0.7787	0.0323	0.0453	0.0147	0.7783	5.8	2.5660	1.3492	0.2040	0.7738	1.5219
0.5	1.0423	0.0779	0.1051	0.0229	1.0405	6.0	2.5562	1.3496	0.1714	0.7780	1.5062
0.6	1.3350	0.1558	0.1999	0.0333	1.3298	6.2	2.5469	1.3500	0.1501	0.7818	1.4914
0.7	1.6402	0.2691	0.3233	0.0462	1.6278	6.4	2.5378	1.3503	0.1600	0.7854	1.4773
0.8	1.9303	0.4104	0.4529	0.0622	1.9052	6.6	2.5290	1.3505	0.1868	0.7886	1.4639
0.9	2.1791	0.5625	0.5553	0.0820	2.1330	6.8	2.5206	1.3506	0.2013	0.7917	1.4514
1.0	2.3685	0.7052	0.6014	0.1063	2.2935	7.0	2.5127	1.3507	0.1900	0.7945	1.4395
1.1	2.4985	0.8240	0.5801	0.1356	2.3867	7.2	2.5049	1.3507	0.1673	0.7972	1.4282
1.2	2.5814	0.9145	0.5003	0.1703	2.4257	7.4	2.4974	1.3507	0.1572	0.7996	1.4174
1.3	2.6348	0.9805	0.3839	0.2102	2.4128	7.6	2.4902	1.3506	0.1684	0.8019	1.4073
1.4	2.6749	1.0297	0.2575	0.2545	2.4833	7.8	2.4833	1.3505	0.1870	0.8039	1.3976
1.5	2.7118	1.0700	0.1474	0.3010	2.3897	8.0	2.4766	1.3504	0.1933	0.8059	1.3884
1.6	2.7487	1.1069	0.0758	0.3464	2.3652	8.2	2.4702	1.3503	0.1823	0.8077	1.3796
1.7	2.7829	1.1429	0.0558	0.3872	2.3404	8.4	2.4639	1.3501	0.1668	0.8094	1.3712
1.8	2.8093	1.1771	0.0870	0.4212	2.3135	8.6	2.4578	1.3499	0.1628	0.8110	1.3632
1.9	2.8245	1.2072	0.1544	0.4483	2.2833	8.8	2.4518	1.3497	0.1730	0.8125	1.3556
2.0	2.8285	1.2314	0.2345	0.4700	2.2498	9.0	2.4463	1.3494	0.1856	0.8139	1.3482
2.1	2.8248	1.2492	0.3026	0.4885	2.2145	9.2	2.4408	1.3491	0.1876	0.8153	1.3411
2.2	2.8177	1.2616	0.3402	0.5060	2.1792	9.4	2.4355	1.3489	0.1780	0.8165	1.3343
2.3	2.8109	1.2708	0.3384	0.5236	2.1455	9.6	2.4303	1.3486	0.1677	0.8178	1.3278
2.4	2.8060	1.2785	0.2997	0.5416	2.1135	9.8	2.4253	1.3482	0.1668	0.8189	1.3215
2.5	2.8025	1.2861	0.2371	0.5595	2.0830	10.0	2.4204	1.3479	0.1754	0.8200	1.3154
2.6	2.7987	1.2938	0.1700	0.5763	2.0530	10.2	2.4157	1.3476	0.1839	0.8210	1.3095
2.7	2.7930	1.3012	0.1178	0.5915	2.0233	10.4	2.4110	1.3473	0.1836	0.8220	1.3039
2.8	2.7848	1.3077	0.0940	0.6049	1.9937	10.6	2.4065	1.3469	0.1758	0.8229	1.2984
2.9	2.7746	1.3128	0.1024	0.6167	1.9649	10.8	2.4022	1.3465	0.1689	0.8238	1.2932
3.0	2.7636	1.3166	0.1374	0.6274	1.9375	11.0	2.3979	1.3462	0.1698	0.8247	1.2881
3.1	2.7531	1.3193	0.1863	0.6376	1.9119	11.2	2.3938	1.3458	0.1767	0.8255	1.2832
3.2	2.7437	1.3216	0.2333	0.6475	1.8879	11.4	2.3898	1.3455	0.1822	0.8262	1.2784
3.3	2.7354	1.3237	0.2646	0.6572	1.8654	11.6	2.3858	1.3451	0.1810	0.8269	1.2738
3.4	2.7278	1.3260	0.2719	0.6666	1.8439	11.8	2.3820	1.3447	0.1747	0.8276	1.2694
3.5	2.7202	1.3285	0.2546	0.6755	1.8224	12.0	2.3783	1.3443	0.1702	0.8283	1.2651
3.6	2.7121	1.3309	0.2195	0.6836	1.8024	12.2	2.3746	1.3440	0.1717	0.8289	1.2609
3.7	2.7035	1.3330	0.1781	0.6910	1.7825	12.4	2.3710	1.3436	0.1773	0.8295	1.2569
3.8	2.6947	1.3348	0.1425	0.6977	1.7635	12.6	2.3676	1.3432	0.1809	0.8301	1.2529
3.9	2.6860	1.3362	0.1225	0.7039	1.7455	12.8	2.3642	1.3428	0.1789	0.8306	1.2491
4.0	2.6778	1.3373	0.1222	0.7097	1.7287	13.0	2.3609	1.3424	0.1741	0.8312	1.2454
4.1	2.6702	1.3383	0.1401	0.7153	1.7129	13.2	2.3576	1.3421	0.1713	0.8317	1.2417
4.2	2.6631	1.3393	0.1695	0.7207	1.6980	13.4	2.3544	1.3417	0.1731	0.8322	1.2382
4.3	2.6563	1.3404	0.2008	0.7258	1.6836	13.6	2.3513	1.3413	0.1773	0.8327	1.2348
4.4	2.6496	1.3414	0.2246	0.7306	1.6696	13.8	2.3483	1.3409	0.1797	0.8331	1.2315
4.5	2.6428	1.3425	0.2347	0.7350	1.6560	14.0	2.3453	1.3405	0.1777	0.8335	1.2282
4.6	2.6359	1.3435	0.2290	0.7391	1.6429	14.2	2.3424	1.3402	0.1739	0.8340	1.2250
4.7	2.6291	1.3443	0.2102	0.7429	1.6304	14.4	2.3395	1.3398	0.1720	0.8344	1.2220
4.8	2.6224	1.3449	0.1846	0.7465	1.6184	14.6	2.3368	1.3394	0.1740	0.8348	1.2190
4.9	2.6160	1.3455	0.1599	0.7498	1.6071	14.8	2.3340	1.3391	0.1772	0.8351	1.2160
5.0	2.6100	1.3460	0.1429	0.7530	1.5964	15.0	2.3313	1.3387	0.1784	0.8355	1.2132

Table T1.74   115

N = 1.600 K = 1.500

X	QEXT	QSCA	QBK	G	QPR	X	QEXT	QSCA	QBK	G	QPR
0.1	0.2059	0.0002	0.0003	0.0009	0.2059	5.2	2.7077	1.5479	0.2456	0.7118	1.6059
0.2	0.4301	0.0036	0.0054	0.0031	0.4301	5.4	2.6939	1.5465	0.3253	0.7165	1.5859
0.3	0.6919	0.0188	0.0274	0.0068	0.6918	5.6	2.6802	1.5448	0.3682	0.7205	1.5672
0.4	1.0094	0.0607	0.0865	0.0119	1.0087	5.8	2.6676	1.5429	0.3338	0.7242	1.5502
0.5	1.3909	0.1484	0.2054	0.0185	1.3882	6.0	2.6559	1.5411	0.2656	0.7278	1.5343
0.6	1.8221	0.2979	0.3967	0.0269	1.8141	6.2	2.6446	1.5395	0.2366	0.7311	1.5191
0.7	2.2562	0.5075	0.6424	0.0375	2.2371	6.4	2.6334	1.5379	0.2716	0.7341	1.5045
0.8	2.6255	0.7480	0.8847	0.0512	2.5872	6.6	2.6227	1.5361	0.3273	0.7368	1.4909
0.9	2.8782	0.9730	1.0503	0.0687	2.8113	6.8	2.6126	1.5344	0.3439	0.7394	1.4782
1.0	3.0080	1.1462	1.0927	0.0914	2.9033	7.0	2.6031	1.5327	0.3082	0.7418	1.4662
1.1	3.0480	1.2577	1.0102	0.1206	2.8963	7.2	2.5937	1.5311	0.2619	0.7440	1.4545
1.2	3.0436	1.3195	0.8327	0.1577	2.8355	7.4	2.5846	1.5295	0.2529	0.7460	1.4435
1.3	3.0318	1.3518	0.6032	0.2031	2.7573	7.6	2.5759	1.5279	0.2865	0.7479	1.4332
1.4	3.0329	1.3735	0.3698	0.2549	2.6827	7.8	2.5676	1.5263	0.3237	0.7497	1.4235
1.5	3.0501	1.3968	0.1827	0.3084	2.6193	8.0	2.5596	1.5247	0.3260	0.7513	1.4141
1.6	3.0744	1.4260	0.0833	0.3571	2.5652	8.2	2.5518	1.5232	0.2943	0.7528	1.4051
1.7	3.0927	1.4582	0.0891	0.3961	2.5151	8.4	2.5442	1.5217	0.2639	0.7542	1.3965
1.8	3.0958	1.4872	0.1846	0.4244	2.4646	8.6	2.5370	1.5202	0.2656	0.7555	1.3884
1.9	3.0832	1.5084	0.3292	0.4444	2.4129	8.8	2.5300	1.5188	0.2943	0.7568	1.3807
2.0	3.0609	1.5208	0.4739	0.4599	2.3615	9.0	2.5232	1.5173	0.3182	0.7579	1.3731
2.1	3.0367	1.5263	0.5766	0.4743	2.3128	9.2	2.5166	1.5159	0.3131	0.7590	1.3659
2.2	3.0167	1.5284	0.6108	0.4897	2.2682	9.4	2.5102	1.5146	0.2869	0.7601	1.3590
2.3	3.0031	1.5303	0.5704	0.5066	2.2278	9.6	2.5040	1.5132	0.2679	0.7611	1.3523
2.4	2.9944	1.5340	0.4707	0.5243	2.1901	9.8	2.4980	1.5119	0.2748	0.7620	1.3459
2.5	2.9870	1.5394	0.3440	0.5413	2.1538	10.0	2.4921	1.5106	0.2978	0.7629	1.3397
2.6	2.9776	1.5455	0.2287	0.5563	2.1178	10.2	2.4864	1.5093	0.3124	0.7637	1.3337
2.7	2.9646	1.5507	0.1564	0.5690	2.0822	10.4	2.4809	1.5080	0.3043	0.7645	1.3280
2.8	2.9487	1.5540	0.1428	0.5797	2.0478	10.6	2.4755	1.5068	0.2835	0.7653	1.3224
2.9	2.9316	1.5554	0.1856	0.5890	2.0155	10.8	2.4703	1.5056	0.2724	0.7660	1.3170
3.0	2.9156	1.5554	0.2666	0.5978	1.9858	11.0	2.4652	1.5044	0.2811	0.7667	1.3119
3.1	2.9020	1.5548	0.3589	0.6067	1.9586	11.2	2.4603	1.5032	0.2993	0.7673	1.3069
3.2	2.8907	1.5545	0.4342	0.6157	1.9335	11.4	2.4555	1.5021	0.3076	0.7679	1.3020
3.3	2.8809	1.5549	0.4711	0.6247	1.9095	11.6	2.4508	1.5009	0.2984	0.7685	1.2973
3.4	2.8713	1.5559	0.4611	0.6332	1.8861	11.8	2.4462	1.4998	0.2827	0.7690	1.2928
3.5	2.8611	1.5570	0.4101	0.6410	1.8631	12.0	2.4417	1.4987	0.2766	0.7696	1.2884
3.6	2.8499	1.5578	0.3357	0.6479	1.8407	12.2	2.4374	1.4976	0.2851	0.7700	1.2841
3.7	2.8380	1.5580	0.2607	0.6539	1.8192	12.4	2.4331	1.4966	0.2991	0.7705	1.2799
3.8	2.8262	1.5576	0.2063	0.6594	1.7992	12.6	2.4289	1.4955	0.3035	0.7710	1.2759
3.9	2.8152	1.5568	0.1861	0.6645	1.7807	12.8	2.4249	1.4945	0.2940	0.7714	1.2720
4.0	2.8052	1.5558	0.2032	0.6695	1.7635	13.0	2.4209	1.4935	0.2798	0.7718	1.2682
4.1	2.7962	1.5551	0.2497	0.6744	1.7474	13.2	2.4170	1.4925	0.2880	0.7722	1.2645
4.2	2.7878	1.5545	0.3098	0.6792	1.7320	13.4	2.4132	1.4916	0.2999	0.7726	1.2608
4.3	2.7795	1.5542	0.3650	0.6837	1.7169	13.6	2.4095	1.4906	0.2999	0.7730	1.2573
4.4	2.7710	1.5540	0.3992	0.6878	1.7022	13.8	2.4059	1.4897	0.2921	0.7733	1.2539
4.5	2.7623	1.5536	0.4039	0.6916	1.6878	14.0	2.4024	1.4887	0.2827	0.7737	1.2506
4.6	2.7534	1.5530	0.3796	0.6950	1.6741	14.2	2.3989	1.4878	0.2824	0.7740	1.2473
4.7	2.7447	1.5522	0.3349	0.6981	1.6612	14.4	2.3955	1.4869	0.2898	0.7743	1.2441
4.8	2.7364	1.5513	0.2838	0.7010	1.6490	14.6	2.3922	1.4860	0.2972	0.7746	1.2411
4.9	2.7287	1.5503	0.2411	0.7038	1.6376	14.8	2.3889	1.4852	0.2972	0.7749	1.2381
5.0	2.7215	1.5494	0.2183	0.7066	1.6268	15.0	2.3857	1.4843	0.2974	0.7751	1.2351

116
Table T1.75

N = 1.600 K = 2.000

X	QEXT	QSCA	QBK	G	QPR	X	QEXT	QSCA	QBK	G	QPR
0.1	0.1897	0.0003	0.0005	0.0007	0.1897	5.2	2.7932	1.7456	0.3275	0.6722	1.6198
0.2	0.4032	0.0050	0.0075	0.0022	0.4032	5.4	2.7778	1.7419	0.4825	0.6763	1.5998
0.3	0.6688	0.0266	0.0392	0.0048	0.6686	5.6	2.7619	1.7375	0.5614	0.6796	1.5811
0.4	1.0178	0.0879	0.1278	0.0084	1.0171	5.8	2.7475	1.7329	0.4886	0.6827	1.5646
0.5	1.4739	0.2207	0.3152	0.0131	1.4710	6.0	2.7352	1.7289	0.3524	0.6858	1.5494
0.6	2.0268	0.4535	0.6313	0.0192	2.0180	6.2	2.7230	1.7255	0.2989	0.6888	1.5344
0.7	2.6018	0.7801	1.0471	0.0274	2.5804	6.4	2.7103	1.7219	0.3742	0.6914	1.5198
0.8	3.0731	1.1368	1.4490	0.0384	3.0294	6.6	2.6871	1.7181	0.4873	0.6936	1.5064
0.9	3.3464	1.4334	1.6978	0.0533	3.2701	6.8	2.6769	1.7144	0.5172	0.6958	1.4943
1.0	3.4264	1.6183	1.7263	0.0735	3.3075	7.0	2.6665	1.7111	0.4392	0.6979	1.4827
1.1	3.3878	1.6998	1.5569	0.1011	3.2159	7.2	2.6562	1.7080	0.3429	0.6998	1.4712
1.2	3.3112	1.7163	1.2513	0.1365	3.0735	7.4	2.6465	1.7048	0.3286	0.7015	1.4603
1.3	3.2504	1.7076	0.8769	0.1869	2.9313	7.6	2.6376	1.7015	0.4033	0.7030	1.4504
1.4	3.2284	1.7023	0.5052	0.2441	2.8130	7.8	2.6289	1.6985	0.4818	0.7045	1.4410
1.5	3.2424	1.7144	0.2152	0.3031	2.7228	8.0	2.6201	1.6957	0.4823	0.7059	1.4319
1.6	3.2715	1.7432	0.0748	0.3548	2.6530	8.2	2.6116	1.6929	0.4104	0.7072	1.4230
1.7	3.2909	1.7778	0.1087	0.3930	2.5922	8.4	2.6037	1.6900	0.3454	0.7083	1.4146
1.8	3.2861	1.8054	0.2830	0.4176	2.5321	8.6	2.5961	1.6873	0.3535	0.7094	1.4068
1.9	3.2583	1.8192	0.5247	0.4329	2.4707	8.8	2.5886	1.6847	0.4198	0.7104	1.3993
2.0	3.2184	1.8198	0.7547	0.4442	2.4099	9.0	2.5812	1.6822	0.4713	0.7114	1.3919
2.1	3.1793	1.8124	0.9090	0.4558	2.3531	9.2	2.5741	1.6797	0.4560	0.7123	1.3847
2.2	3.1500	1.8035	0.9492	0.4701	2.3023	9.4	2.5673	1.6772	0.3943	0.7131	1.3780
2.3	3.1330	1.7980	0.8681	0.4871	2.2573	9.6	2.5607	1.6748	0.3530	0.7139	1.3716
2.4	3.1249	1.7978	0.6927	0.5053	2.2165	9.8	2.5542	1.6726	0.3726	0.7147	1.3653
2.5	3.1190	1.8018	0.4782	0.5225	2.1776	10.0	2.5479	1.6704	0.4280	0.7154	1.3592
2.6	3.1091	1.8068	0.2893	0.5368	2.1392	10.2	2.5418	1.6681	0.4599	0.7161	1.3533
2.7	3.0929	1.8097	0.1775	0.5479	2.1013	10.4	2.5359	1.6660	0.4366	0.7167	1.3478
2.8	3.0714	1.8092	0.1661	0.5565	2.0646	10.6	2.5301	1.6639	0.3863	0.7173	1.3424
2.9	3.0483	1.8054	0.2475	0.5637	2.0305	10.8	2.5245	1.6619	0.3619	0.7179	1.3371
3.0	3.0272	1.7999	0.3902	0.5709	1.9996	11.0	2.5190	1.6599	0.3867	0.7184	1.3320
3.1	3.0104	1.7945	0.5483	0.5787	1.9719	11.2	2.5136	1.6579	0.4316	0.7189	1.3271
3.2	2.9981	1.7907	0.6742	0.5872	1.9466	11.4	2.5085	1.6560	0.4489	0.7194	1.3224
3.3	2.9885	1.7887	0.7314	0.5959	1.9226	11.6	2.5034	1.6541	0.4231	0.7198	1.3178
3.4	2.9791	1.7881	0.7065	0.6041	1.8990	11.8	2.4984	1.6523	0.3835	0.7202	1.3133
3.5	2.9682	1.7877	0.6111	0.6112	1.8755	12.0	2.4936	1.6505	0.3711	0.7206	1.3090
3.6	2.9550	1.7866	0.4774	0.6172	1.8524	12.2	2.4889	1.6488	0.3969	0.7210	1.3048
3.7	2.9403	1.7843	0.3459	0.6221	1.8304	12.4	2.4843	1.6471	0.4314	0.7213	1.3008
3.8	2.9255	1.7809	0.2530	0.6264	1.8100	12.6	2.4798	1.6454	0.4393	0.7217	1.2968
3.9	2.9120	1.7770	0.2220	0.6305	1.7916	12.8	2.4753	1.6438	0.4133	0.7220	1.2929
4.0	2.9005	1.7733	0.2576	0.6348	1.7748	13.0	2.4710	1.6422	0.3831	0.7223	1.2891
4.1	2.8909	1.7702	0.3451	0.6393	1.7593	13.2	2.4668	1.6406	0.3789	0.7226	1.2855
4.2	2.8824	1.7680	0.4557	0.6437	1.7443	13.4	2.4627	1.6390	0.4035	0.7229	1.2820
4.3	2.8739	1.7663	0.5552	0.6479	1.7295	13.6	2.4587	1.6375	0.4296	0.7232	1.2785
4.4	2.8647	1.7648	0.6111	0.6517	1.7147	13.8	2.4547	1.6360	0.4311	0.7234	1.2751
4.5	2.8546	1.7629	0.6191	0.6549	1.7001	14.0	2.4508	1.6346	0.4061	0.7237	1.2718
4.6	2.8440	1.7606	0.5701	0.6576	1.6862	14.2	2.4470	1.6332	0.3844	0.7239	1.2686
4.7	2.8336	1.7578	0.4844	0.6601	1.6733	14.4	2.4433	1.6317	0.3857	0.7241	1.2655
4.8	2.8239	1.7548	0.3882	0.6625	1.6614	14.6	2.4397	1.6304	0.4077	0.7243	1.2625
4.9	2.8153	1.7520	0.3092	0.6649	1.6504	14.8	2.4361	1.6290	0.4272	0.7245	1.2595
5.0	2.8075	1.7495	0.2689	0.6673	1.6401	15.0	2.4361	1.6277	0.4240	0.7247	1.2566

Table T1.76   117

N = 1.600 K = 2.500

x	QEXT	QSCA	QBK	G	QPR	x	QEXT	QSCA	QBK	G	QPR
0.1	0.1472	0.0003	0.0005	0.0004	0.1472	5.2	2.8305	1.9137	0.3624	0.6400	1.6057
0.2	0.3187	0.0058	0.0086	0.0012	0.3187	5.4	2.8162	1.9091	0.6132	0.6440	1.5867
0.3	0.5463	0.0308	0.0460	0.0025	0.5462	5.6	2.7992	1.9027	0.7703	0.6468	1.5685
0.4	0.8703	0.1036	0.1542	0.0045	0.8698	5.8	2.7836	1.8956	0.6768	0.6493	1.5528
0.5	1.3322	0.2674	0.3947	0.0074	1.3302	6.0	2.7717	1.8897	0.4464	0.6523	1.5391
0.6	1.9445	0.5660	0.8232	0.0116	1.9380	6.2	2.7606	1.8854	0.3277	0.6552	1.5253
0.7	2.6347	0.9981	1.4149	0.0178	2.6169	6.4	2.7478	1.8807	0.4331	0.6575	1.5113
0.8	3.2285	1.4690	1.9998	0.0268	3.1891	6.6	2.7347	1.8751	0.6332	0.6593	1.4984
0.9	3.5669	1.8367	2.3533	0.0394	3.4944	6.8	2.7234	1.8697	0.7124	0.6612	1.4873
1.0	3.6405	2.0299	2.3790	0.0572	3.5245	7.0	2.7139	1.8653	0.5951	0.6632	1.4768
1.1	3.5556	2.0778	2.1299	0.0822	3.3847	7.2	2.7039	1.8614	0.4163	0.6650	1.4660
1.2	3.4250	2.0478	1.7056	0.1177	3.1840	7.4	2.6932	1.8570	0.3646	0.6664	1.4556
1.3	3.3208	1.9980	1.1950	0.1657	2.9897	7.6	2.6830	1.8523	0.4830	0.6677	1.4462
1.4	3.2744	1.9656	0.6850	0.2250	2.8322	7.8	2.6742	1.8481	0.6360	0.6690	1.4378
1.5	3.2845	1.9667	0.2768	0.2860	2.7181	8.0	2.6659	1.8445	0.6615	0.6703	1.4295
1.6	3.3246	1.9974	0.1032	0.3435	2.6385	8.2	2.6572	1.8410	0.5412	0.6715	1.4210
1.7	3.3587	2.0389	0.3401	0.3833	2.5772	8.4	2.6482	1.8371	0.4085	0.6724	1.4131
1.8	3.3620	2.0703	0.6771	0.4070	2.5194	8.6	2.6401	1.8332	0.4002	0.6732	1.4059
1.9	3.3319	2.0809	1.0030	0.4197	2.4586	8.8	2.6328	1.8298	0.5164	0.6742	1.3991
2.0	3.2820	2.0720	1.2298	0.4279	2.3955	9.0	2.6255	1.8267	0.6278	0.6751	1.3923
2.1	3.2302	2.0523	1.3025	0.4368	2.3339	9.2	2.6179	1.8234	0.6194	0.6759	1.3855
2.2	3.1904	2.0317	1.2048	0.4493	2.2775	9.4	2.6105	1.8201	0.5064	0.6765	1.3792
2.3	3.1684	2.0179	0.9657	0.4660	2.2280	9.6	2.6037	1.8169	0.4119	0.6772	1.3733
2.4	3.1615	2.0139	0.6580	0.4850	2.1848	9.8	2.5973	1.8139	0.4314	0.6779	1.3676
2.5	3.1609	2.0177	0.3750	0.5031	2.1459	10.0	2.5908	1.8111	0.5370	0.6786	1.3619
2.6	3.1568	2.0238	0.1965	0.5179	2.1087	10.2	2.5842	1.8082	0.6143	0.6791	1.3563
2.7	3.1434	2.0269	0.1619	0.5285	2.0727	10.4	2.5780	1.8053	0.5852	0.6796	1.3512
2.8	3.1207	2.0241	0.2656	0.5357	2.0363	10.6	2.5722	1.8026	0.4851	0.6801	1.3463
2.9	3.0934	2.0160	0.4665	0.5412	2.0022	10.8	2.5665	1.8000	0.4213	0.6806	1.3414
3.0	3.0671	2.0050	0.7010	0.5467	1.9709	11.0	2.5607	1.7975	0.4566	0.6810	1.3366
3.1	3.0464	1.9944	0.8996	0.5533	1.9429	11.2	2.5550	1.7949	0.5492	0.6814	1.3320
3.2	3.0328	1.9867	1.0042	0.5613	1.9177	11.4	2.5497	1.7923	0.5995	0.6818	1.3277
3.3	3.0246	1.9827	0.9864	0.5700	1.8945	11.6	2.5446	1.7900	0.5589	0.6821	1.3235
3.4	3.0182	1.9815	0.8568	0.5784	1.8721	11.8	2.5394	1.7877	0.4734	0.6825	1.3194
3.5	3.0099	1.9810	0.6593	0.5856	1.8498	12.0	2.5343	1.7854	0.4334	0.6828	1.3153
3.6	2.9978	1.9794	0.4542	0.5911	1.8277	12.2	2.5294	1.7831	0.4775	0.6831	1.3114
3.7	2.9822	1.9755	0.2989	0.5953	1.8063	12.4	2.5246	1.7808	0.5548	0.6834	1.3077
3.8	2.9652	1.9696	0.2329	0.5986	1.7862	12.6	2.5200	1.7787	0.5847	0.6837	1.3040
3.9	2.9492	1.9627	0.2653	0.6018	1.7681	12.8	2.5154	1.7766	0.5389	0.6839	1.3004
4.0	2.9360	1.9560	0.3924	0.6054	1.7519	13.0	2.5109	1.7746	0.4672	0.6841	1.2968
4.1	2.9261	1.9508	0.5620	0.6095	1.7372	13.2	2.5065	1.7725	0.4462	0.6844	1.2935
4.2	2.9186	1.9472	0.7256	0.6138	1.7233	13.4	2.5023	1.7705	0.4936	0.6846	1.2902
4.3	2.9118	1.9449	0.8346	0.6181	1.7096	13.6	2.4981	1.7686	0.5559	0.6848	1.2870
4.4	2.9040	1.9430	0.8597	0.6219	1.6957	13.8	2.4940	1.7667	0.5700	0.6850	1.2838
4.5	2.8944	1.9405	0.7979	0.6249	1.6818	14.0	2.4899	1.7648	0.5233	0.6851	1.2807
4.6	2.8832	1.9371	0.6706	0.6272	1.6683	14.2	2.4860	1.7630	0.4651	0.6853	1.2778
4.7	2.8715	1.9327	0.5167	0.6291	1.6556	14.4	2.4822	1.7612	0.4566	0.6855	1.2749
4.8	2.8605	1.9278	0.3802	0.6310	1.6441	14.6	2.4784	1.7595	0.5037	0.6856	1.2720
4.9	2.8510	1.9232	0.2990	0.6330	1.6337	14.8	2.4746	1.7577	0.5535	0.6858	1.2693
5.0	2.8432	1.9192	0.2990	0.6352	1.6241	15.0	2.4710	1.7560	0.5572	0.6859	1.2665

Table T1.77

N = 1.600 K = 3.000

X	QEXT	QSCA	QBK	G	QPR	X	QEXT	QSCA	QBK	G	QPR
0.1	0.1063	0.0004	0.0005	0.0001	0.1063	5.2	2.8224	2.0410	0.3562	0.6138	1.5696
0.2	0.2350	0.0059	0.0089	-0.0000	0.2350	5.4	2.8115	2.0368	0.6837	0.6181	1.5526
0.3	0.4169	0.0319	0.0484	-0.0000	0.4169	5.6	2.7955	2.0299	0.9514	0.6206	1.5356
0.4	0.6936	0.1086	0.1656	0.0003	0.6936	5.8	2.7787	2.0208	0.8843	0.6225	1.5206
0.5	1.1163	0.2854	0.4355	0.0016	1.1159	6.0	2.7668	2.0133	0.5708	0.6252	1.5080
0.6	1.7215	0.6187	0.9375	0.0044	1.7188	6.2	2.7579	2.0086	0.3490	0.6283	1.4958
0.7	2.4639	1.1197	1.6644	0.0094	2.4533	6.4	2.7470	2.0040	0.4410	0.6307	1.4831
0.8	3.1578	1.6812	2.4150	0.0172	3.1289	6.6	2.7336	1.9974	0.7264	0.6322	1.4709
0.9	3.5852	2.1173	2.8847	0.0284	3.5250	6.8	2.7219	1.9905	0.8953	0.6337	1.4605
1.0	3.6955	2.3294	2.9328	0.0443	3.5923	7.0	2.7133	1.9853	0.7779	0.6356	1.4513
1.1	3.6023	2.3579	2.6335	0.0671	3.4440	7.2	2.7051	1.9814	0.5104	0.6376	1.4418
1.2	3.4420	2.2932	2.1223	0.1000	3.2127	7.4	2.6951	1.9767	0.3783	0.6389	1.4321
1.3	3.3040	2.2092	1.5083	0.1459	2.9817	7.6	2.6845	1.9711	0.5072	0.6399	1.4233
1.4	3.2305	2.1510	0.8869	0.2045	2.7905	7.8	2.6759	1.9659	0.7475	0.6410	1.4158
1.5	3.2280	2.1388	0.3704	0.2693	2.6521	8.0	2.6688	1.9619	0.8422	0.6424	1.4085
1.6	3.2730	2.1689	0.0793	0.3281	2.5614	8.2	2.6611	1.9582	0.6998	0.6435	1.4009
1.7	3.3239	2.2180	0.0837	0.3708	2.5015	8.4	2.6524	1.9539	0.4808	0.6443	1.3935
1.8	3.3449	2.2576	0.3500	0.3956	2.4519	8.6	2.6441	1.9492	0.4133	0.6450	1.3869
1.9	3.3248	2.2709	0.7592	0.4074	2.3995	8.8	2.6373	1.9452	0.5581	0.6459	1.3809
2.0	3.2746	2.2579	1.1721	0.4136	2.3408	9.0	2.6310	1.9418	0.7530	0.6469	1.3750
2.1	3.2153	2.2293	1.4769	0.4200	2.2789	9.2	2.6240	1.9384	0.7926	0.6476	1.3687
2.2	3.1652	2.1983	1.6020	0.4305	2.2188	9.4	2.6166	1.9345	0.6443	0.6481	1.3628
2.3	3.1351	2.1758	1.5186	0.4460	2.1646	9.6	2.6100	1.9306	0.4687	0.6487	1.3576
2.4	3.1259	2.1670	1.2489	0.4651	2.1181	9.8	2.6042	1.9273	0.4484	0.6494	1.3527
2.5	3.1294	2.1702	0.8700	0.4842	2.0786	10.0	2.5985	1.9243	0.5951	0.6500	1.3476
2.6	3.1332	2.1787	0.4963	0.5001	2.0437	10.2	2.5921	1.9211	0.7481	0.6505	1.3424
2.7	3.1273	2.1844	0.2364	0.5111	2.0108	10.4	2.5859	1.9177	0.7490	0.6509	1.3377
2.8	3.1088	2.1824	0.1533	0.5179	1.9786	10.6	2.5804	1.9145	0.6036	0.6513	1.3335
2.9	3.0811	2.1724	0.2512	0.5222	1.9468	10.8	2.5754	1.9117	0.4683	0.6518	1.3293
3.0	3.0514	2.1574	0.4865	0.5261	1.9163	11.0	2.5701	1.9090	0.4810	0.6523	1.3249
3.1	3.0262	2.1419	0.7849	0.5314	1.8880	11.2	2.5645	1.9061	0.6206	0.6526	1.3206
3.2	3.0095	2.1301	1.0594	0.5385	1.8625	11.4	2.5592	1.9031	0.7382	0.6528	1.3168
3.3	3.0011	2.1237	1.2305	0.5471	1.8394	11.6	2.5545	1.9004	0.7122	0.6532	1.3132
3.4	2.9975	2.1221	1.2490	0.5558	1.8181	11.8	2.5499	1.8979	0.5761	0.6536	1.3095
3.5	2.9937	2.1226	1.1136	0.5634	1.7977	12.0	2.5450	1.8954	0.4748	0.6538	1.3058
3.6	2.9856	2.1221	0.8713	0.5692	1.7777	12.2	2.5402	1.8928	0.5099	0.6541	1.3022
3.7	2.9722	2.1184	0.5971	0.5731	1.7582	12.4	2.5356	1.8902	0.6390	0.6543	1.2989
3.8	2.9550	2.1114	0.3693	0.5757	1.7394	12.6	2.5314	1.8878	0.7251	0.6545	1.2958
3.9	2.9371	2.1022	0.2468	0.5781	1.7219	12.8	2.5272	1.8856	0.6814	0.6548	1.2925
4.0	2.9217	2.0930	0.2570	0.5808	1.7060	13.0	2.5228	1.8832	0.5586	0.6550	1.2893
4.1	2.9105	2.0854	0.3909	0.5844	1.6917	13.2	2.5185	1.8809	0.4849	0.6552	1.2863
4.2	2.9033	2.0804	0.6052	0.5887	1.6786	13.4	2.5145	1.8786	0.5344	0.6553	1.2834
4.3	2.8983	2.0778	0.8339	0.5931	1.6660	13.6	2.5107	1.8765	0.6502	0.6555	1.2806
4.4	2.8933	2.0762	1.0086	0.5971	1.6535	13.8	2.5068	1.8744	0.7107	0.6557	1.2777
4.5	2.8861	2.0743	1.0795	0.6003	1.6409	14.0	2.5029	1.8723	0.6547	0.6558	1.2749
4.6	2.8763	2.0708	1.0310	0.6025	1.6285	14.2	2.4990	1.8702	0.5457	0.6559	1.2723
4.7	2.8645	2.0657	0.8823	0.6041	1.6166	14.4	2.4955	1.8682	0.4964	0.6561	1.2698
4.8	2.8525	2.0595	0.6791	0.6055	1.6055	14.6	2.4920	1.8663	0.5538	0.6562	1.2673
4.9	2.8418	2.0532	0.4794	0.6070	1.5955	14.8	2.4884	1.8644	0.6544	0.6563	1.2647
5.0	2.8334	2.0478	0.3388	0.6090	1.5864	15.0	2.4848	1.8624	0.6941	0.6564	1.2623

Table T1.78

N = 1.600 K = 3.500

X	QEXT	QSCA	QBK	G	QPR	X	QEXT	QSCA	QBK	G	QPR
0.1	0.0758	0.0004	0.0005	-0.0002	0.0758	5.2	2.7849	2.1292	0.3384	0.5923	1.5238
0.2	0.1722	0.0058	0.0089	-0.0014	0.1722	5.4	2.7776	2.1256	0.6968	0.5970	1.5087
0.3	0.3171	0.0315	0.0486	-0.0028	0.3172	5.6	2.7645	2.1197	1.0724	0.5997	1.4934
0.4	0.5494	0.1080	0.1689	-0.0041	0.5498	5.8	2.7475	2.1097	0.7191	0.6011	1.4793
0.5	0.9220	0.2866	0.4517	-0.0042	0.9232	6.0	2.7346	2.1005	0.3895	0.6033	1.4673
0.6	1.4862	0.6305	0.9915	-0.0023	1.4877	6.2	2.7272	2.0955	0.4232	0.6065	1.4563
0.7	2.2266	1.1635	1.8007	0.0021	2.2242	6.4	2.7192	2.0916	0.7583	0.6092	1.4451
0.8	2.9750	1.7818	2.6731	0.0093	2.9585	6.6	2.7071	2.0852	1.0291	0.6105	1.4340
0.9	3.4820	2.2755	3.2509	0.0197	3.4371	6.8	2.6947	2.0773	0.9584	0.6116	1.4241
1.0	3.6488	2.5166	3.3425	0.0345	3.5619	7.0	2.6862	2.0712	0.6326	0.6134	1.4157
1.1	3.5747	2.5430	3.0244	0.0558	3.4329	7.2	2.6800	2.0674	0.4013	0.6155	1.4074
1.2	3.4073	2.4595	2.4593	0.0865	3.1945	7.4	2.6718	2.0633	0.4946	0.6170	1.3988
1.3	3.2490	2.3519	1.7758	0.1300	2.9433	7.6	2.6615	2.0574	0.7968	0.6178	1.3906
1.4	3.1522	2.2726	1.0761	0.1868	2.7275	7.8	2.6525	2.0513	0.9858	0.6186	1.3835
1.5	3.1322	2.2459	0.4761	0.2516	2.5671	8.0	2.6463	2.0470	0.8682	0.6200	1.3772
1.6	3.1728	2.2712	0.1082	0.3124	2.4632	8.2	2.6403	2.0436	0.5804	0.6213	1.3706
1.7	3.2339	2.3248	0.0653	0.3580	2.4016	8.4	2.6326	2.0395	0.4252	0.6221	1.3638
1.8	3.2727	2.3731	0.3316	0.3847	2.3596	8.6	2.6243	2.0344	0.5538	0.6226	1.3576
1.9	3.2681	2.3932	0.7839	0.3970	2.3180	8.8	2.6176	2.0297	0.8201	0.6234	1.3523
2.0	3.2256	2.3815	1.2630	0.4021	2.2679	9.0	2.6124	2.0263	0.9414	0.6244	1.3471
2.1	3.1653	2.3488	1.6363	0.4067	2.2100	9.2	2.6066	2.0232	0.7988	0.6252	1.3417
2.2	3.1086	2.3107	1.8174	0.4151	2.1494	9.4	2.5997	2.0192	0.5492	0.6257	1.3362
2.3	3.0703	2.2804	1.7664	0.4291	2.0918	9.6	2.5930	2.0149	0.4531	0.6261	1.3314
2.4	3.0554	2.2659	1.4956	0.4475	2.0415	9.8	2.5877	2.0113	0.6015	0.6268	1.3271
2.5	3.0589	2.2671	1.0779	0.4670	2.0000	10.0	2.5830	2.0084	0.8298	0.6275	1.3228
2.6	3.0682	2.2771	0.6360	0.4840	1.9661	10.2	2.5776	2.0054	0.8992	0.6280	1.3182
2.7	3.0705	2.2863	0.3002	0.4959	1.9368	10.4	2.5716	2.0018	0.7445	0.6283	1.3138
2.8	3.0591	2.2872	0.1576	0.5028	1.9090	10.6	2.5662	1.9982	0.5327	0.6287	1.3100
2.9	3.0351	2.2779	0.2280	0.5066	1.8812	10.8	2.5618	1.9953	0.4830	0.6292	1.3064
3.0	3.0050	2.2612	0.4715	0.5095	1.8530	11.0	2.5574	1.9927	0.6384	0.6297	1.3026
3.1	2.9767	2.2424	0.8093	0.5134	1.8254	11.2	2.5523	1.9898	0.8316	0.6300	1.2988
3.2	2.9561	2.2267	1.1443	0.5195	1.7993	11.4	2.5472	1.9866	0.8611	0.6302	1.2921
3.3	2.9455	2.2175	1.3813	0.5275	1.7757	11.6	2.5427	1.9836	0.7032	0.6305	1.2890
3.4	2.9425	2.2148	1.4520	0.5364	1.7545	11.8	2.5388	1.9811	0.5266	0.6309	1.2857
3.5	2.9420	2.2161	1.3378	0.5445	1.7354	12.0	2.5347	1.9787	0.5120	0.6312	1.2824
3.6	2.9387	2.2173	1.0790	0.5507	1.7176	12.2	2.5301	1.9760	0.6679	0.6314	1.2795
3.7	2.9293	2.2152	0.7568	0.5548	1.7004	12.4	2.5257	1.9732	0.8277	0.6316	1.2768
3.8	2.9142	2.2086	0.4653	0.5572	1.6837	12.6	2.5218	1.9707	0.8267	0.6318	1.2740
3.9	2.8963	2.1986	0.2477	0.5589	1.6675	12.8	2.5183	1.9685	0.6725	0.6321	1.2712
4.0	2.8792	2.1875	0.2812	0.5609	1.6522	13.0	2.5144	1.9662	0.5268	0.6323	1.2684
4.1	2.8659	2.1777	0.3669	0.5639	1.6380	13.2	2.5103	1.9637	0.5392	0.6324	1.2659
4.2	2.8577	2.1711	0.6000	0.5678	1.6250	13.4	2.5065	1.9613	0.6903	0.6326	1.2635
4.3	2.8534	2.1677	0.8761	0.5723	1.6129	13.6	2.5031	1.9591	0.8203	0.6328	1.2610
4.4	2.8506	2.1665	1.1128	0.5766	1.6015	13.8	2.4998	1.9571	0.7974	0.6330	1.2585
4.5	2.8464	2.1656	1.2410	0.5793	1.5903	14.0	2.4962	1.9549	0.6479	0.6331	1.2562
4.6	2.8392	2.1631	1.2281	0.5801	1.5793	14.2	2.4925	1.9527	0.5314	0.6333	1.2540
4.7	2.8290	2.1583	1.0838	0.5825	1.5686	14.4	2.4892	1.9505	0.5631	0.6334	1.2519
4.8	2.8170	2.1517	0.8539	0.5840	1.5583	14.6	2.4861	1.9486	0.7058	0.6334	1.2497
4.9	2.8054	2.1443	0.6046	0.5861	1.5486	14.8	2.4830	1.9467	0.8088	0.6336	1.2475
5.0	2.7959	2.1375	0.4045	0.5877	1.5398	15.0	2.4797	1.9447	0.8088	0.6336	1.2475

Table T1.79

N = 1.700 K = 0.0

X	QEXT	QSCA	QBK	G	QPR
0.1	0.0000	0.0000	0.0001	0.0015	0.0000
0.2	0.0006	0.0006	0.0009	0.0044	0.0006
0.3	0.0033	0.0033	0.0047	0.0098	0.0033
0.4	0.0105	0.0105	0.0145	0.0173	0.0103
0.5	0.0261	0.0261	0.0343	0.0268	0.0254
0.6	0.0548	0.0548	0.0680	0.0383	0.0527
0.7	0.1026	0.1026	0.1183	0.0519	0.0972
0.8	0.1753	0.1753	0.1846	0.0676	0.1634
0.9	0.2778	0.2778	0.2610	0.0860	0.2539
1.0	0.4118	0.4118	0.3337	0.1075	0.3676
1.1	0.5752	0.5752	0.3816	0.1327	0.4989
1.2	0.7649	0.7649	0.3813	0.1623	0.6407
1.3	0.9849	0.9849	0.3184	0.1955	0.7924
1.4	1.2586	1.2586	0.2035	0.2287	0.9707
1.5	1.6280	1.6280	0.0907	0.2546	1.2135
1.6	2.1035	2.1035	0.0758	0.2666	1.5426
1.7	2.5689	2.5689	0.2110	0.2680	1.8806
1.8	2.8521	2.8521	0.4090	0.2691	2.0844
1.9	2.9486	2.9486	0.5557	0.2788	2.1265
2.0	2.9872	2.9872	0.6351	0.3002	2.0904
2.1	3.0867	3.0867	0.6705	0.3339	2.0560
2.2	3.3360	3.3360	0.6558	0.3793	2.0706
2.3	3.7852	3.7852	0.5663	0.4313	2.1528
2.4	4.2975	4.2975	0.4710	0.4743	2.2591
2.5	4.5386	4.5386	0.5445	0.4946	2.2936
2.6	4.4576	4.4576	0.7856	0.4953	2.2495
2.7	4.2577	4.2577	1.0728	0.4863	2.1871
2.8	4.0962	4.0962	1.3622	0.4757	2.1478
2.9	4.0852	4.0852	1.7272	0.4850	2.1589
3.0	4.3348	4.3348	2.2572	0.5212	2.2323
3.1	4.7626	4.7626	2.6131	0.5570	2.2801
3.2	4.8672	4.8672	2.2269	0.5721	2.1564
3.3	4.5952	4.5952	1.6989	0.5691	1.9663
3.4	4.2378	4.2378	1.5749	0.5500	1.8261
3.5	3.9030	3.9030	1.8421	0.5143	1.7562
3.6	3.6667	3.6667	2.5135	0.4756	1.7809
3.7	3.6923	3.6923	4.0222	0.4799	1.9361
3.8	4.0305	4.0305	6.6573	0.5192	2.0964
3.9	4.0012	4.0012	7.1851	0.5361	1.9237
4.0	3.6412	3.6412	5.4381	0.5335	1.6892
4.1	3.3020	3.3020	3.8393	0.5151	1.5404
4.2	2.9588	2.9588	2.9684	0.4684	1.4348
4.3	2.6383	2.6383	2.9193	0.3883	1.4026
4.4	2.5395	2.5395	4.3222	0.3625	1.5535
4.5	2.8730	2.8730	9.1909	0.4090	1.8314
4.6	2.7330	2.7330	11.9460	0.4058	1.6151
4.7	2.4443	2.4443	10.5866	0.3915	1.4524
4.8	2.3152	2.3152	8.5001	0.3727	1.4089
4.9	2.1034	2.1034	6.2979	0.3222	1.3194
5.0	1.8154	1.8154	4.9822	0.3222	1.2304
5.2	2.1580	2.1580	11.9251	0.2293	1.6632
5.4	1.7945	1.7945	11.9755	0.3166	1.2263
5.6	1.9299	1.9299	9.2407	0.3362	1.2811
5.8	1.6649	1.6649	7.8430	0.2689	1.2172
6.0	1.8634	1.8634	13.8299	0.4215	1.0780
6.2	2.3318	2.3318	11.9367	0.4455	1.2929
6.4	2.1911	2.1911	6.4376	0.5329	1.0236
6.6	2.7496	2.7496	22.5315	0.4862	1.4128
6.8	2.5279	2.5279	13.3990	0.6107	0.9841
7.0	3.0258	3.0258	8.3898	0.6197	1.1506
7.2	2.8391	2.8391	5.2679	0.6469	1.0025
7.4	2.8491	2.8491	12.1639	0.7118	0.8212
7.6	3.3673	3.3673	18.7226	0.6320	1.2392
7.8	2.9401	2.9401	4.8548	0.7293	0.7959
8.0	2.9058	2.9058	10.3523	0.7318	0.7792
8.2	2.9093	2.9093	9.0683	0.7330	0.7768
8.4	2.8354	2.8354	8.4698	0.7053	0.8356
8.6	3.0735	3.0735	22.9102	0.5884	1.2650
8.8	2.5216	2.5216	7.3808	0.7013	0.7532
9.0	2.8816	2.8816	18.5283	0.5762	1.2211
9.2	2.1310	2.1310	4.4338	0.6595	0.7255
9.4	2.0640	2.0640	10.3481	0.6050	0.8117
9.6	2.1146	2.1146	7.5843	0.6161	0.8170
9.8	1.8978	1.8978	4.0651	0.6239	0.7138
10.0	1.8215	1.8215	7.6852	0.5788	0.7671
10.2	2.0640	2.0640	10.8845	0.5661	0.8955
10.4	2.0253	2.0253	8.2145	0.5966	0.8170
10.6	1.9738	1.9738	7.8023	0.6050	0.7796
10.8	2.1480	2.1480	2.9292	0.5751	0.9127
11.0	2.8228	2.8228	31.1008	0.5331	1.3180
11.2	2.3560	2.3560	6.1422	0.6471	0.8147
11.4	2.3549	2.3549	9.0950	0.6503	0.8311
11.6	2.7056	2.7056	13.1223	0.6503	0.9462
11.8	2.7059	2.7059	9.3057	0.7030	0.8037
12.0	2.6124	2.6124	9.3302	0.7108	0.7554
12.2	2.7245	2.7245	18.0300	0.6495	0.9549
12.4	2.7657	2.7657	14.3296	0.6999	0.8300
12.6	2.7120	2.7120	8.3666	0.7253	0.7451
12.8	2.4851	2.4851	11.0919	0.7114	0.7172
13.0	2.5693	2.5693	26.7383	0.6760	0.8325
13.2	2.5704	2.5704	15.5236	0.6816	0.8184
13.4	2.2871	2.2871	8.5848	0.7093	0.6649
13.6	2.3188	2.3188	22.5166	0.6176	0.8867
13.8	2.1793	2.1793	9.4326	0.6551	0.7516
14.0	2.1724	2.1724	14.0154	0.6607	0.7371
14.2	1.9212	1.9212	11.7696	0.6523	0.6680
14.4	1.9294	1.9294	22.9848	0.6427	0.6894
14.6	2.1905	2.1905	22.7555	0.6750	0.8346
14.8	1.9613	1.9613	12.3769	0.6375	0.8375
15.0	2.1562	2.1562	33.9368	0.5947	0.8738

Table T.180

N = 1.700 K = 0.050

X	QEXT	QSCA	QBK	G	QPR	X	QEXT	QSCA	QBK	G	QPR
0.1	0.0086	0.0000	0.0001	0.0014	0.0086	5.2	2.2211	1.2071	1.6119	0.5346	1.5758
0.2	0.0182	0.0006	0.0009	0.0044	0.0182	5.4	2.2100	1.2279	2.3364	0.5602	1.5221
0.3	0.0306	0.0033	0.0047	0.0098	0.0306	5.6	2.1759	1.2181	2.5730	0.5688	1.4831
0.4	0.0488	0.0106	0.0146	0.0173	0.0486	5.8	2.1514	1.1571	2.4604	0.5794	1.4810
0.5	0.0768	0.0261	0.0344	0.0268	0.0761	6.0	2.1382	1.2281	1.9771	0.6327	1.4612
0.6	0.1197	0.0547	0.0679	0.0384	0.1176	6.2	2.2382	1.3646	1.4338	0.6718	1.4567
0.7	0.1832	0.1019	0.1173	0.0522	0.1779	6.4	2.3734	1.4020	1.6684	0.7027	1.4152
0.8	0.2729	0.1732	0.1817	0.0683	0.2610	6.6	2.4003	1.4629	2.4762	0.7299	1.4168
0.9	0.3927	0.2724	0.2539	0.0871	0.3690	6.8	2.4846	1.5853	2.1130	0.7560	1.3903
1.0	0.5434	0.4002	0.3195	0.1093	0.4996	7.0	2.5889	1.6748	0.9355	0.7826	1.3516
1.1	0.7225	0.5536	0.3573	0.1356	0.6474	7.2	2.6963	1.6852	0.8075	0.8050	1.3856
1.2	0.9277	0.7287	0.3456	0.1662	0.8066	7.4	2.7082	1.7310	1.5518	0.8165	1.3220
1.3	1.1642	0.9278	0.2739	0.2004	0.9783	7.6	2.7354	1.7815	1.7372	0.8212	1.3390
1.4	1.4494	1.1661	0.1573	0.2340	1.1765	7.8	2.8020	1.7520	0.8806	0.8349	1.3068
1.5	1.8013	1.4640	0.0482	0.2606	1.4198	8.0	2.7697	1.7107	0.4052	0.8463	1.2796
1.6	2.1947	1.8096	0.0206	0.2755	1.6961	8.2	2.7274	1.6883	0.6265	0.8462	1.2704
1.7	2.5348	2.1257	0.1017	0.2826	1.9341	8.4	2.6992	1.6360	1.0033	0.8431	1.2769
1.8	2.7427	2.3339	0.2322	0.2907	2.0644	8.6	2.6561	1.5533	0.8210	0.8443	1.2594
1.9	2.8456	2.4424	0.3401	0.3067	2.0966	8.8	2.5709	1.4922	0.3304	0.8458	1.2421
2.0	2.9301	2.5186	0.3997	0.3337	2.0895	9.0	2.4561	1.4342	0.1530	0.8414	1.2494
2.1	3.0725	2.6284	0.4031	0.3721	2.0943	9.2	2.3787	1.3595	0.4235	0.8343	1.2445
2.2	3.3182	2.8162	0.3319	0.4195	2.1368	9.4	2.3264	1.3063	0.5901	0.8290	1.2434
2.3	3.6505	3.0812	0.1923	0.4675	2.2102	9.6	2.3000	1.2784	0.3303	0.8256	1.2445
2.4	3.9450	3.3333	0.0827	0.5029	2.2688	9.8	2.2653	1.2436	0.0389	0.8229	1.2418
2.5	4.0646	3.4525	0.1189	0.5195	2.2709	10.0	2.2455	1.2182	0.1495	0.8215	1.2514
2.6	4.0213	3.4289	0.2817	0.5227	2.2290	10.2	2.2596	1.2279	0.3963	0.8211	1.2501
2.7	3.9206	3.3399	0.4811	0.5218	2.1808	10.4	2.2725	1.2451	0.3261	0.8211	1.2466
2.8	3.8581	3.2637	0.6649	0.5323	2.1551	10.6	2.2801	1.2526	0.0647	0.8251	1.2535
2.9	3.9007	3.2591	0.8185	0.5561	2.1661	10.8	2.3169	1.2764	0.0564	0.8331	1.2539
3.0	4.0614	3.3487	0.8881	0.5863	2.1993	11.0	2.3601	1.3187	0.3172	0.8388	1.2455
3.1	4.2258	3.4614	0.7655	0.6084	2.1965	11.2	2.3802	1.3480	0.3944	0.8419	1.2474
3.2	4.2286	3.4657	0.5128	0.6173	2.1201	11.4	2.4066	1.3668	0.1767	0.8481	1.2508
3.3	4.0723	3.3376	0.3658	0.6156	2.0121	11.6	2.4471	1.3958	0.0265	0.8571	1.2398
3.4	3.8562	3.1402	0.4250	0.6067	1.9230	11.8	2.4649	1.4199	0.2328	0.8628	1.2324
3.5	3.6586	2.9358	0.6634	0.5953	1.8776	12.0	2.4635	1.4221	0.4781	0.8657	1.2375
3.6	3.5445	2.7812	1.0587	0.5917	1.8889	12.2	2.4721	1.4197	0.3989	0.8697	1.2334
3.7	3.5539	2.7208	1.6055	0.6044	1.9425	12.4	2.4758	1.4207	0.1025	0.8745	1.2197
3.8	3.6072	2.7203	2.0743	0.6193	1.9631	12.6	2.4536	1.4058	0.0982	0.8777	1.2172
3.9	3.5463	2.6673	2.0284	0.6250	1.8945	12.8	2.4275	1.3762	0.4082	0.8795	1.2207
4.0	3.3727	2.5308	1.5511	0.6218	1.7910	13.0	2.4119	1.3528	0.5803	0.8805	1.2135
4.1	3.1577	2.3410	1.0597	0.6104	1.7021	13.2	2.3864	1.3314	0.3192	0.8809	1.2044
4.2	2.9441	2.1270	0.7954	0.5917	1.6457	13.4	2.3484	1.2974	0.0627	0.8818	1.2057
4.3	2.7854	1.9343	0.8416	0.5740	1.6410	13.6	2.3215	1.2641	0.1905	0.8827	1.2064
4.4	2.7355	1.8166	1.2834	0.5793	1.6914	13.8	2.3044	1.2445	0.5112	0.8823	1.2003
4.5	2.7464	1.7727	2.1108	0.5763	1.7288	14.0	2.2811	1.2269	0.5035	0.8810	1.2044
4.6	2.6923	1.7290	2.8184	0.5675	1.6907	14.2	2.2599	1.2063	0.2080	0.8818	1.2057
4.7	2.5902	1.6634	2.9367	0.5917	1.6316	14.4	2.2547	1.1962	0.0450	0.8826	1.1970
4.8	2.4721	1.5711	2.5583	0.5740	1.5805	14.6	2.2555	1.1977	0.2430	0.8833	1.1989
4.9	2.3340	1.4427	2.0159	0.5540	1.5356	14.8	2.2526	1.1992	0.4562	0.8835	1.1975
5.0	2.2218	1.3102	1.6104	0.5360	1.5195	15.0	2.2580	1.2035	0.3661	0.8848	1.1931

Table T1.81

N = 1.700 K = 0.100

X	QEXT	QSCA	QBK	G	QPR	X	QEXT	QSCA	QBK	G	QPR
0.1	0.0172	0.0000	0.0001	0.0015	0.0172	5.2	2.3849	1.1093	0.2549	0.6899	1.6195
0.2	0.0358	0.0007	0.0010	0.0044	0.0358	5.4	2.3849	1.1088	0.5731	0.7064	1.6016
0.3	0.0580	0.0034	0.0048	0.0098	0.0580	5.6	2.3572	1.1010	0.8916	0.7158	1.5690
0.4	0.0871	0.0107	0.0148	0.0173	0.0869	5.8	2.3445	1.0886	0.7887	0.7291	1.5508
0.5	0.1274	0.0264	0.0348	0.0269	0.1267	6.0	2.3874	1.1232	0.3590	0.7533	1.5414
0.6	0.1843	0.0552	0.0685	0.0385	0.1822	6.2	2.4450	1.1808	0.1630	0.7760	1.5287
0.7	0.2633	0.1024	0.1178	0.0524	0.2579	6.4	2.4685	1.2180	0.4195	0.7920	1.5039
0.8	0.3694	0.1730	0.1809	0.0688	0.3575	6.6	2.5013	1.2578	0.6732	0.8064	1.4869
0.9	0.5057	0.2701	0.2501	0.0880	0.4819	6.8	2.5546	1.3113	0.4997	0.8222	1.4765
1.0	0.6717	0.3933	0.3100	0.1109	0.6281	7.0	2.5940	1.3518	0.1187	0.8372	1.4623
1.1	0.8645	0.5387	0.3398	0.1379	0.7902	7.2	2.6035	1.3726	0.0621	0.8480	1.4395
1.2	1.0819	0.7019	0.3200	0.1694	0.9630	7.4	2.6144	1.3921	0.2926	0.8553	1.4237
1.3	1.3277	0.8833	0.2442	0.2041	1.1474	7.6	2.6275	1.4051	0.4063	0.8619	1.4164
1.4	1.6116	1.0918	0.1319	0.2378	1.3519	7.8	2.6169	1.3995	0.2175	0.8686	1.4013
1.5	1.9331	1.3353	0.0327	0.2649	1.5794	8.0	2.5932	1.3847	0.0210	0.8735	1.3837
1.6	2.2552	1.5961	0.0026	0.2826	1.8041	8.2	2.5717	1.3677	0.0431	0.8756	1.3741
1.7	2.5130	1.8255	0.0538	0.2948	1.9749	8.4	2.5459	1.3437	0.1880	0.8766	1.3680
1.8	2.6775	1.9868	0.1430	0.3089	2.0639	8.6	2.5103	1.3139	0.2070	0.8777	1.3571
1.9	2.7837	2.0906	0.2216	0.3304	2.0930	8.8	2.4762	1.2855	0.0927	0.8783	1.3472
2.0	2.8912	2.1753	0.2645	0.3617	2.1044	9.0	2.4468	1.2584	0.0144	0.8778	1.3422
2.1	3.0458	2.2730	0.2558	0.4022	2.1297	9.2	2.4180	1.2324	0.0586	0.8767	1.3326
2.2	3.2606	2.4181	0.1845	0.4478	2.1777	9.4	2.3930	1.2117	0.1198	0.8757	1.3318
2.3	3.4970	2.5826	0.0751	0.4901	2.2312	9.6	2.3745	1.1970	0.1063	0.8751	1.3270
2.4	3.6730	2.7201	0.0041	0.5201	2.2583	9.8	2.3611	1.1857	0.0572	0.8750	1.3235
2.5	3.7362	2.7833	0.0295	0.5358	2.2448	10.0	2.3530	1.1798	0.0498	0.8754	1.3203
2.6	3.7117	2.7734	0.1303	0.5426	2.2069	10.2	2.3508	1.1807	0.0726	0.8758	1.3167
2.7	3.6634	2.7275	0.2507	0.5474	2.1703	10.4	2.3519	1.1852	0.0756	0.8767	1.3129
2.8	3.6480	2.6864	0.3497	0.5564	2.1532	10.6	2.3560	1.1912	0.0625	0.8785	1.3095
2.9	3.6948	2.6781	0.3982	0.5737	2.1584	10.8	2.3638	1.2004	0.0695	0.8810	1.3062
3.0	3.7839	2.7034	0.3610	0.5981	2.1670	11.0	2.3721	1.2117	0.0865	0.8832	1.3019
3.1	3.8436	2.7250	0.2336	0.6224	2.1476	11.2	2.3790	1.2217	0.0753	0.8853	1.2974
3.2	3.8149	2.6971	0.0978	0.6392	2.0910	11.4	2.3861	1.2303	0.0468	0.8878	1.2938
3.3	3.7077	2.6091	0.0529	0.6472	2.0190	11.6	2.3924	1.2382	0.0525	0.8906	1.2896
3.4	3.5704	2.4832	0.1258	0.6492	1.9583	11.8	2.3954	1.2440	0.0942	0.8929	1.2842
3.5	3.4508	2.3518	0.2909	0.6486	1.9254	12.0	2.3945	1.2462	0.1100	0.8948	1.2795
3.6	3.3822	2.2447	0.5111	0.6500	1.9232	12.2	2.3930	1.2461	0.0705	0.8967	1.2756
3.7	3.3639	2.1757	0.7273	0.6570	1.9344	12.4	2.3890	1.2444	0.0326	0.8985	1.2710
3.8	3.3490	2.1283	0.8268	0.6685	1.9263	12.6	2.3814	1.2399	0.0567	0.8999	1.2656
3.9	3.2879	2.0687	0.7273	0.6782	1.8849	12.8	2.3725	1.2333	0.1111	0.9009	1.2614
4.0	3.1767	1.9777	0.4976	0.6828	1.8264	13.0	2.3637	1.2262	0.1165	0.9018	1.2578
4.1	3.0401	1.8581	0.2801	0.6826	1.7717	13.2	2.3536	1.2188	0.0639	0.9026	1.2535
4.2	2.9095	1.7270	0.1709	0.6795	1.7359	13.4	2.3430	1.2108	0.0298	0.9031	1.2491
4.3	2.8144	1.6086	0.2082	0.6762	1.7266	13.6	2.3330	1.2033	0.0625	0.9036	1.2457
4.4	2.7644	1.5217	0.4032	0.6802	1.7353	13.8	2.3249	1.1972	0.1133	0.9040	1.2426
4.5	2.7352	1.4660	0.7096	0.6802	1.7381	14.0	2.3172	1.1924	0.1093	0.9043	1.2390
4.6	2.6955	1.4243	0.9783	0.6841	1.7212	14.2	2.3108	1.1886	0.0593	0.9046	1.2355
4.7	2.6360	1.3791	1.0602	0.6849	1.6914	14.4	2.3066	1.1865	0.0347	0.9051	1.2327
4.8	2.5599	1.3199	0.9418	0.6831	1.6584	14.6	2.3039	1.1861	0.0660	0.9056	1.2298
4.9	2.4804	1.2490	0.7170	0.6801	1.6309	14.8	2.3021	1.1869	0.1041	0.9060	1.2267
5.0	2.4198	1.1813	0.4851	0.6787	1.6180	15.0	2.3014	1.1887	0.0964	0.9065	1.2239

Table T1.82   123

N = 1.700 K = 0.200

X	QEXT	QSCA	QBK	G	QPR	X	QEXT	QSCA	QBK	G	QPR
0.1	0.0344	0.0000	0.0001	0.0014	0.0344	5.2	2.5381	1.1471	0.0024	0.7892	1.6327
0.2	0.0708	0.0007	0.0010	0.0044	0.0708	5.4	2.5268	1.1413	0.1186	0.7995	1.6144
0.3	0.1125	0.0036	0.0051	0.0098	0.1124	5.6	2.5106	1.1406	0.2393	0.8072	1.5899
0.4	0.1634	0.0113	0.0157	0.0173	0.1632	5.8	2.4996	1.1429	0.2012	0.8146	1.5686
0.5	0.2283	0.0279	0.0367	0.0269	0.2276	6.0	2.5036	1.1535	0.0635	0.8237	1.5535
0.6	0.3128	0.0580	0.0718	0.0386	0.3106	6.2	2.5111	1.1693	0.0087	0.8326	1.5376
0.7	0.4220	0.1066	0.1224	0.0527	0.4163	6.4	2.5127	1.1841	0.0851	0.8396	1.5165
0.8	0.5594	0.1781	0.1853	0.0695	0.5470	6.6	2.5145	1.1975	0.1660	0.8459	1.5015
0.9	0.7258	0.2739	0.2511	0.0895	0.7013	6.8	2.5197	1.2107	0.1444	0.8523	1.4878
1.0	0.9183	0.3919	0.3031	0.1133	0.8739	7.0	2.5221	1.2218	0.0615	0.8582	1.4736
1.1	1.1320	0.5264	0.3215	0.1415	1.0575	7.2	2.5190	1.2294	0.0278	0.8628	1.4583
1.2	1.3626	0.6717	0.2916	0.1739	1.2458	7.4	2.5143	1.2341	0.0680	0.8667	1.4447
1.3	1.6087	0.8254	0.2149	0.2088	1.4364	7.6	2.5089	1.2364	0.1134	0.8702	1.4331
1.4	1.8660	0.9887	0.1163	0.2423	1.6264	7.8	2.5008	1.2362	0.1062	0.8732	1.4214
1.5	2.1178	1.1592	0.0364	0.2708	1.8039	8.0	2.4901	1.2339	0.0671	0.8755	1.4098
1.6	2.3355	1.3231	0.0061	0.2937	1.9469	8.2	2.4788	1.2301	0.0491	0.8774	1.3995
1.7	2.4999	1.4623	0.0252	0.3146	2.0400	8.4	2.4675	1.2256	0.0663	0.8790	1.3902
1.8	2.6201	1.5696	0.0697	0.3382	2.0893	8.6	2.4557	1.2206	0.0864	0.8804	1.3811
1.9	2.7245	1.6535	0.1147	0.3676	2.1166	8.8	2.4440	1.2156	0.0704	0.8815	1.3725
2.0	2.8395	1.7286	0.1421	0.4033	2.1424	9.0	2.4333	1.2109	0.0623	0.8825	1.3646
2.1	2.9742	1.8060	0.1399	0.4430	2.1743	9.2	2.4235	1.2069	0.0791	0.8635	1.3572
2.2	3.1150	1.8868	0.1083	0.4819	2.2058	9.4	2.4147	1.2038	0.0694	0.8844	1.3501
2.3	3.2319	1.9601	0.0684	0.5148	2.2228	9.6	2.4070	1.2015	0.0787	0.8853	1.3433
2.4	3.3000	2.0105	0.0493	0.5388	2.2168	9.8	2.4004	1.2000	0.0706	0.8862	1.3369
2.5	3.3193	2.0302	0.0620	0.5553	2.1920	10.0	2.3948	1.1998	0.0663	0.8872	1.3307
2.6	3.3117	2.0261	0.0939	0.5682	2.1616	10.2	2.3899	1.2007	0.0709	0.8882	1.3247
2.7	3.3042	1.9883	0.1243	0.5818	2.1371	10.4	2.3822	1.2017	0.0778	0.8892	1.3189
2.8	3.3133	1.9769	0.1365	0.5986	2.1231	10.6	2.3790	1.2028	0.0709	0.8903	1.3133
2.9	3.3373	1.9680	0.1206	0.6167	2.1141	10.8	2.3756	1.2046	0.0662	0.8913	1.3078
3.0	3.3524	1.9511	0.0788	0.6394	2.0991	11.0	2.3728	1.2046	0.0697	0.8924	1.3025
3.1	3.3147	1.9172	0.0315	0.6571	2.0704	11.2	2.3697	1.2052	0.0772	0.8934	1.2973
3.2	3.2543	1.8657	0.0089	0.6701	2.0300	11.4	2.3665	1.2055	0.0791	0.8944	1.2923
3.3	3.1892	1.8038	0.0269	0.6792	1.9870	11.6	2.3631	1.2056	0.0729	0.8954	1.2873
3.4	3.1351	1.7416	0.0877	0.6865	1.9510	11.8	2.3595	1.2054	0.0663	0.8963	1.2825
3.5	3.0975	1.6870	0.1657	0.7030	1.9266	12.0	2.3560	1.2050	0.0677	0.8972	1.2779
3.6	3.0695	1.6421	0.2352	0.7134	1.9114	12.2	2.3520	1.2050	0.0729	0.8980	1.2734
3.7	3.0378	1.6023	0.2665	0.7235	1.8979	12.4	2.3481	1.2044	0.0677	0.8988	1.2690
3.8	2.9930	1.5606	0.2408	0.7315	1.8786	12.6	2.3441	1.2037	0.0752	0.8995	1.2647
3.9	2.9351	1.5127	0.1669	0.7371	1.8514	12.8	2.3402	1.2030	0.0793	0.9002	1.2605
4.0	2.8723	1.4595	0.0791	0.7411	1.8201	13.0	2.3363	1.2022	0.0752	0.9008	1.2565
4.1	2.8151	1.4058	0.0158	0.7447	1.7907	13.2	2.3325	1.2015	0.0632	0.9014	1.2526
4.2	2.7703	1.3576	0.0018	0.7492	1.7682	13.4	2.3289	1.2008	0.0669	0.9020	1.2488
4.3	2.7390	1.3186	0.0439	0.7547	1.7532	13.6	2.3255	1.2006	0.0724	0.9025	1.2451
4.4	2.7125	1.2886	0.1294	0.7608	1.7428	13.8	2.3221	1.2004	0.0775	0.9031	1.2416
4.5	2.7003	1.2641	0.2262	0.7662	1.7322	14.0	2.3190	1.1998	0.0764	0.9036	1.2381
4.6	2.6868	1.2410	0.2925	0.7705	1.7182	14.2	2.3160	1.1994	0.0709	0.9040	1.2347
4.7	2.6566	1.2172	0.3003	0.7736	1.7005	14.4	2.3132	1.1991	0.0680	0.9045	1.2314
4.8	2.6230	1.1935	0.2500	0.7764	1.6814	14.6	2.3105	1.1989	0.0705	0.9049	1.2283
4.9	2.5907	1.1725	0.1645	0.7798	1.6641	14.8	2.3132	1.1988	0.0748	0.9054	1.2252
5.0	2.5648	1.1725	0.0756	0.7798	1.6506	15.0	2.3079	1.1987	0.0758	0.9058	1.2221

Table T1.83

N = 1.700 K = 0.300

X	QEXT	QSCA	QBK	G	QPR	X	QEXT	QSCA	QBK	G	QPR
0.1	0.0513	0.0000	0.0001	0.0015	0.0513	5.2	2.5726	1.1887	0.0275	0.8064	1.6141
0.2	0.1055	0.0008	0.0011	0.0044	0.1055	5.4	2.5595	1.1861	0.0888	0.8140	1.5940
0.3	0.1666	0.0039	0.0056	0.0097	0.1665	5.6	2.5457	1.1863	0.1457	0.8204	1.5725
0.4	0.2392	0.0124	0.0172	0.0172	0.2390	5.8	2.5341	1.1878	0.1294	0.8262	1.5528
0.5	0.3286	0.0305	0.0401	0.0268	0.3278	6.0	2.5272	1.1913	0.0692	0.8320	1.5361
0.6	0.4403	0.0630	0.0781	0.0366	0.4379	6.2	2.5218	1.1962	0.0407	0.8376	1.5199
0.7	0.5786	0.1149	0.1319	0.0528	0.5725	6.4	2.5153	1.2010	0.0683	0.8425	1.5034
0.8	0.7451	0.1898	0.1971	0.0699	0.7319	6.6	2.5085	1.2051	0.1076	0.8469	1.4879
0.9	0.9379	0.2877	0.2625	0.0903	0.9119	6.8	2.5027	1.2087	0.1112	0.8511	1.4740
1.0	1.1509	0.4046	0.3100	0.1148	1.1044	7.0	2.4966	1.2117	0.0827	0.8549	1.4608
1.1	1.3763	0.5332	0.3209	0.1436	1.2997	7.2	2.4895	1.2138	0.0600	0.8582	1.4478
1.2	1.6070	0.6664	0.2854	0.1763	1.4895	7.4	2.4819	1.2151	0.0649	0.8612	1.4355
1.3	1.8361	0.8001	0.2110	0.2110	1.6673	7.6	2.4744	1.2156	0.0842	0.8639	1.4242
1.4	2.0533	0.9323	0.1235	0.2446	1.8253	7.8	2.4667	1.2156	0.0936	0.8663	1.4136
1.5	2.2440	1.0590	0.0544	0.2751	1.9527	8.0	2.4587	1.2152	0.0865	0.8685	1.4034
1.6	2.3969	1.1732	0.0216	0.3028	2.0416	8.2	2.4508	1.2145	0.0749	0.8704	1.3937
1.7	2.5144	1.2692	0.0232	0.3305	2.0950	8.4	2.4430	1.2136	0.0713	0.8722	1.3846
1.8	2.6120	1.3476	0.0465	0.3607	2.1259	8.6	2.4356	1.2126	0.0760	0.8738	1.3760
1.9	2.7066	1.4139	0.0775	0.3945	2.1488	8.8	2.4284	1.2117	0.0815	0.8754	1.3677
2.0	2.8059	1.4743	0.1042	0.4307	2.1709	9.0	2.4215	1.2109	0.0828	0.8768	1.3598
2.1	2.9050	1.5309	0.1182	0.4668	2.1904	9.2	2.4151	1.2102	0.0810	0.8782	1.3523
2.2	2.9898	1.5812	0.1193	0.4994	2.2002	9.4	2.4090	1.2096	0.0786	0.8795	1.3452
2.3	3.0472	1.6197	0.1151	0.5264	2.1947	9.6	2.4032	1.2092	0.0771	0.8807	1.3383
2.4	3.0742	1.6421	0.1131	0.5477	2.1748	9.8	2.3978	1.2087	0.0766	0.8819	1.3316
2.5	3.0795	1.6487	0.1138	0.5654	2.1474	10.0	2.3926	1.2087	0.0777	0.8831	1.3252
2.6	3.0772	1.6441	0.1115	0.5819	2.1205	10.2	2.3878	1.2086	0.0800	0.8842	1.3191
2.7	3.0782	1.6347	0.1012	0.5993	2.0985	10.4	2.3831	1.2086	0.0817	0.8853	1.3132
2.8	3.0850	1.6251	0.0816	0.6181	2.0806	10.6	2.3787	1.2086	0.0807	0.8863	1.3074
2.9	3.0918	1.6163	0.0568	0.6370	2.0623	10.8	2.3743	1.2086	0.0775	0.8873	1.3019
3.0	3.0893	1.6054	0.0365	0.6543	2.0388	11.0	2.3702	1.2086	0.0754	0.8883	1.2966
3.1	3.0716	1.5890	0.0315	0.6688	2.0089	11.2	2.3661	1.2085	0.0770	0.8892	1.2914
3.2	3.0403	1.5650	0.0485	0.6805	1.9754	11.4	2.3621	1.2085	0.0806	0.8901	1.2864
3.3	3.0023	1.5346	0.0848	0.6903	1.9430	11.6	2.3582	1.2084	0.0824	0.8909	1.2816
3.4	2.9657	1.5015	0.1296	0.6996	1.9153	11.8	2.3544	1.2082	0.0804	0.8917	1.2769
3.5	2.9353	1.4695	0.1674	0.7092	1.8932	12.0	2.3507	1.2081	0.0766	0.8925	1.2724
3.6	2.9111	1.4412	0.1833	0.7193	1.8745	12.2	2.3470	1.2081	0.0754	0.8932	1.2680
3.7	2.8889	1.4166	0.1693	0.7292	1.8560	12.4	2.3435	1.2079	0.0779	0.8939	1.2637
3.8	2.8639	1.3938	0.1291	0.7380	1.8352	12.6	2.3399	1.2077	0.0813	0.8945	1.2596
3.9	2.8338	1.3707	0.0780	0.7453	1.8122	12.8	2.3365	1.2075	0.0818	0.8952	1.2556
4.0	2.8000	1.3463	0.0354	0.7513	1.7885	13.0	2.3332	1.2073	0.0791	0.8958	1.2517
4.1	2.7663	1.3214	0.0169	0.7565	1.7667	13.2	2.3300	1.2071	0.0763	0.8964	1.2479
4.2	2.7363	1.2975	0.0290	0.7616	1.7482	13.4	2.3268	1.2069	0.0788	0.8970	1.2442
4.3	2.7120	1.2766	0.0675	0.7670	1.7329	13.6	2.3237	1.2067	0.0811	0.8975	1.2406
4.4	2.6927	1.2594	0.1185	0.7727	1.7195	13.8	2.3207	1.2065	0.0807	0.8980	1.2372
4.5	2.6759	1.2456	0.1629	0.7783	1.7063	14.0	2.3177	1.2064	0.0784	0.8985	1.2338
4.6	2.6591	1.2342	0.1839	0.7835	1.6921	14.2	2.3149	1.2060	0.0772	0.8990	1.2305
4.7	2.6412	1.2239	0.1747	0.7878	1.6769	14.4	2.3121	1.2060	0.0766	0.8995	1.2273
4.8	2.6229	1.2143	0.1402	0.7916	1.6617	14.6	2.3094	1.2059	0.0792	0.8999	1.2242
4.9	2.6059	1.2054	0.0934	0.7951	1.6474	14.8	2.3067	1.2057	0.0792	0.9004	1.2211
5.0	2.5917	1.1979	0.0508	0.7987	1.6349	15.0	2.3041	1.2056	0.0805	0.9008	1.2181

Table T1.84   125

N = 1.700 K = 0.400

X	QEXT	QSCA	QBK	G	QPR	X	QEXT	QSCA	QBK	G	QPR
0.1	0.0680	0.0001	0.0001	0.0014	0.0680	5.2	2.5722	1.2106	0.0501	0.8059	1.5966
0.2	0.1398	0.0009	0.0013	0.0043	0.1398	5.4	2.5595	1.2098	0.0913	0.8125	1.5765
0.3	0.2201	0.0044	0.0063	0.0096	0.2200	5.6	2.5469	1.2101	0.1281	0.8183	1.5566
0.4	0.3143	0.0140	0.0193	0.0170	0.3140	5.8	2.5354	1.2108	0.1201	0.8236	1.5382
0.5	0.4281	0.0341	0.0450	0.0266	0.4272	6.0	2.5259	1.2120	0.0833	0.8285	1.5216
0.6	0.5666	0.0703	0.0872	0.0383	0.5639	6.2	2.5172	1.2137	0.0617	0.8332	1.5059
0.7	0.7330	0.1272	0.1462	0.0526	0.7264	6.4	2.5085	1.2153	0.0743	0.8375	1.4906
0.8	0.9266	0.2078	0.2160	0.0699	0.9121	6.6	2.4998	1.2166	0.1003	0.8413	1.4762
0.9	1.1418	0.3106	0.2831	0.0906	1.1136	6.8	2.4917	1.2177	0.1100	0.8449	1.4628
1.0	1.3691	0.4294	0.3284	0.1154	1.3196	7.0	2.4838	1.2186	0.0968	0.8482	1.4502
1.1	1.5979	0.5553	0.3342	0.1445	1.5177	7.2	2.4760	1.2192	0.0786	0.8513	1.4381
1.2	1.8183	0.6802	0.2948	0.1772	1.6978	7.4	2.4683	1.2196	0.0740	0.8540	1.4267
1.3	2.0213	0.7990	0.2217	0.2117	1.8521	7.6	2.4607	1.2198	0.0842	0.8566	1.4159
1.4	2.1979	0.9091	0.1399	0.2460	1.9743	7.8	2.4534	1.2199	0.0961	0.8589	1.4057
1.5	2.3416	1.0081	0.0738	0.2788	2.0606	8.0	2.4464	1.2199	0.0981	0.8611	1.3960
1.6	2.4540	1.0937	0.0359	0.3109	2.1139	8.2	2.4395	1.2198	0.0905	0.8631	1.3867
1.7	2.5450	1.1658	0.0264	0.3438	2.1442	8.4	2.4328	1.2196	0.0820	0.8649	1.3779
1.8	2.6271	1.2271	0.0394	0.3782	2.1630	8.6	2.4264	1.2195	0.0803	0.8667	1.3695
1.9	2.7077	1.2811	0.0665	0.4136	2.1778	8.8	2.4203	1.2193	0.0858	0.8683	1.3615
2.0	2.7857	1.3297	0.0984	0.4484	2.1894	9.0	2.4144	1.2192	0.0923	0.8699	1.3538
2.1	2.8532	1.3722	0.1268	0.4805	2.1939	9.2	2.4087	1.2191	0.0938	0.8713	1.3465
2.2	2.9020	1.4062	0.1470	0.5083	2.1872	9.4	2.4032	1.2190	0.0895	0.8727	1.3394
2.3	2.9289	1.4293	0.1576	0.5317	2.1689	9.6	2.3980	1.2189	0.0840	0.8741	1.3326
2.4	2.9380	1.4410	0.1580	0.5518	2.1428	9.8	2.3929	1.2188	0.0824	0.8753	1.3261
2.5	2.9379	1.4437	0.1469	0.5702	2.1147	10.0	2.3881	1.2187	0.0860	0.8765	1.3198
2.6	2.9366	1.4412	0.1246	0.5884	2.0866	10.2	2.3834	1.2187	0.0909	0.8777	1.3138
2.7	2.9377	1.4367	0.0944	0.6070	2.0657	10.4	2.3788	1.2186	0.0922	0.8788	1.3080
2.8	2.9396	1.4321	0.0637	0.6254	2.0440	10.6	2.3744	1.2185	0.0889	0.8798	1.3023
2.9	2.9376	1.4269	0.0418	0.6426	2.0208	10.8	2.3701	1.2185	0.0845	0.8808	1.2969
3.0	2.9277	1.4194	0.0367	0.6576	1.9942	11.0	2.3660	1.2184	0.0834	0.8817	1.2917
3.1	2.9090	1.4083	0.0517	0.6704	1.9650	11.2	2.3620	1.2183	0.0866	0.8826	1.2866
3.2	2.8847	1.3933	0.0834	0.6813	1.9353	11.4	2.3580	1.2182	0.0904	0.8835	1.2817
3.3	2.8590	1.3759	0.1223	0.6914	1.9078	11.6	2.3542	1.2181	0.0911	0.8843	1.2770
3.4	2.8358	1.3580	0.1562	0.7013	1.8835	11.8	2.3505	1.2180	0.0882	0.8851	1.2724
3.5	2.8165	1.3414	0.1735	0.7112	1.8624	12.0	2.3469	1.2179	0.0848	0.8858	1.2680
3.6	2.7997	1.3270	0.1675	0.7210	1.8428	12.2	2.3434	1.2178	0.0844	0.8866	1.2637
3.7	2.7830	1.3144	0.1400	0.7302	1.8232	12.4	2.3399	1.2177	0.0872	0.8872	1.2595
3.8	2.7644	1.3025	0.1003	0.7383	1.8028	12.6	2.3366	1.2176	0.0900	0.8879	1.2555
3.9	2.7437	1.2907	0.0622	0.7452	1.7819	12.8	2.3333	1.2175	0.0901	0.8885	1.2515
4.0	2.7221	1.2787	0.0384	0.7512	1.7615	13.0	2.3301	1.2173	0.0875	0.8891	1.2477
4.1	2.7016	1.2669	0.0361	0.7568	1.7428	13.2	2.3270	1.2172	0.0851	0.8897	1.2440
4.2	2.6836	1.2560	0.0553	0.7623	1.7261	13.4	2.3240	1.2171	0.0852	0.8903	1.2404
4.3	2.6686	1.2467	0.0888	0.7679	1.7113	13.6	2.3210	1.2170	0.0875	0.8908	1.2369
4.4	2.6558	1.2392	0.1247	0.7734	1.6974	13.8	2.3181	1.2168	0.0895	0.8914	1.2335
4.5	2.6440	1.2333	0.1505	0.7786	1.6837	14.0	2.3153	1.2167	0.0892	0.8919	1.2302
4.6	2.6322	1.2284	0.1579	0.7834	1.6698	14.2	2.3125	1.2166	0.0872	0.8923	1.2269
4.7	2.6201	1.2242	0.1455	0.7877	1.6558	14.4	2.3098	1.2164	0.0855	0.8928	1.2238
4.8	2.6082	1.2203	0.1186	0.7916	1.6422	14.6	2.3072	1.2163	0.0859	0.8933	1.2207
4.9	2.5971	1.2168	0.0866	0.7952	1.6294	14.8	2.3046	1.2162	0.0877	0.8937	1.2177
5.0	2.5874	1.2140	0.0601	0.7988	1.6176	15.0	2.3021	1.2160	0.0891	0.8941	1.2148

Table T1.85

N = 1.700 K = 0.500

X	QEXT	QSCA	QBK	G	QPR
0.1	0.0843	0.0001	0.0001	0.0014	0.0843
0.2	0.1733	0.0010	0.0014	0.0043	0.1733
0.3	0.2726	0.0050	0.0072	0.0095	0.2726
0.4	0.3883	0.0160	0.0221	0.0168	0.3881
0.5	0.5264	0.0389	0.0515	0.0263	0.5254
0.6	0.6916	0.0798	0.0993	0.0380	0.6886
0.7	0.8852	0.1434	0.1652	0.0522	0.8778
0.8	1.1036	0.2317	0.2417	0.0695	1.0875
0.9	1.3374	0.3416	0.3126	0.0903	1.3065
1.0	1.5734	0.4645	0.3571	0.1153	1.5198
1.1	1.7983	0.5898	0.3590	0.1444	1.7132
1.2	2.0014	0.7086	0.3158	0.1770	1.8760
1.3	2.1752	0.8157	0.2417	0.2117	2.0025
1.4	2.3157	0.9095	0.1601	0.2470	2.0910
1.5	2.4249	0.9897	0.0915	0.2825	2.1453
1.6	2.5109	1.0575	0.0471	0.3183	2.1743
1.7	2.5848	1.1152	0.0302	0.3549	2.1890
1.8	2.6542	1.1658	0.0390	0.3916	2.1977
1.9	2.7203	1.2112	0.0678	0.4271	2.2030
2.0	2.7782	1.2514	0.1074	0.4596	2.2031
2.1	2.8219	1.2848	0.1471	0.4880	2.1948
2.2	2.8479	1.3094	0.1780	0.5124	2.1769
2.3	2.8583	1.3248	0.1935	0.5336	2.1514
2.4	2.8590	1.3322	0.1902	0.5530	2.1224
2.5	2.8565	1.3343	0.1684	0.5717	2.0937
2.6	2.8549	1.3339	0.1327	0.5905	2.0673
2.7	2.8545	1.3329	0.0922	0.6089	2.0428
2.8	2.8526	1.3318	0.0586	0.6264	2.0185
2.9	2.8464	1.3298	0.0420	0.6420	1.9927
3.0	2.8342	1.3258	0.0475	0.6555	1.9651
3.1	2.8171	1.3192	0.0732	0.6672	1.9369
3.2	2.7980	1.3106	0.1110	0.6778	1.9096
3.3	2.7795	1.3010	0.1488	0.6879	1.8845
3.4	2.7635	1.2917	0.1748	0.6979	1.8619
3.5	2.7497	1.2836	0.1806	0.7078	1.8412
3.6	2.7371	1.2767	0.1646	0.7172	1.8215
3.7	2.7241	1.2708	0.1324	0.7258	1.8017
3.8	2.7098	1.2652	0.0950	0.7334	1.7818
3.9	2.6946	1.2596	0.0644	0.7402	1.7622
4.0	2.6794	1.2539	0.0496	0.7463	1.7436
4.1	2.6653	1.2485	0.0542	0.7521	1.7263
4.2	2.6529	1.2437	0.0756	0.7577	1.7106
4.3	2.6423	1.2397	0.1058	0.7632	1.6961
4.4	2.6327	1.2367	0.1346	0.7686	1.6822
4.5	2.6235	1.2345	0.1528	0.7736	1.6686
4.6	2.6144	1.2327	0.1553	0.7782	1.6550
4.7	2.6051	1.2312	0.1424	0.7825	1.6417
4.8	2.5960	1.2298	0.1191	0.7863	1.6289
4.9	2.5874	1.2286	0.0934	0.7900	1.6168
5.0	2.5797	1.2276	0.0730	0.7935	1.6055
5.2	2.5664	1.2266	0.0671	0.8003	1.5847
5.4	2.5545	1.2268	0.1002	0.8066	1.5650
5.6	2.5427	1.2273	0.1302	0.8121	1.5460
5.8	2.5316	1.2278	0.1257	0.8171	1.5284
6.0	2.5217	1.2284	0.0970	0.8218	1.5122
6.2	2.5125	1.2292	0.0772	0.8262	1.4969
6.4	2.5034	1.2300	0.0844	0.8302	1.4822
6.6	2.4945	1.2306	0.1061	0.8339	1.4683
6.8	2.4861	1.2311	0.1180	0.8373	1.4554
7.0	2.4782	1.2315	0.1099	0.8404	1.4431
7.2	2.4704	1.2319	0.0930	0.8434	1.4315
7.4	2.4629	1.2322	0.0851	0.8461	1.4204
7.6	2.4556	1.2323	0.0922	0.8486	1.4099
7.8	2.4487	1.2325	0.1050	0.8509	1.4000
8.0	2.4420	1.2326	0.1102	0.8530	1.3905
8.2	2.4355	1.2327	0.1039	0.8551	1.3815
8.4	2.4293	1.2327	0.0936	0.8569	1.3729
8.6	2.4232	1.2328	0.0897	0.8587	1.3647
8.8	2.4175	1.2328	0.0951	0.8603	1.3569
9.0	2.4119	1.2328	0.1035	0.8619	1.3493
9.2	2.4065	1.2328	0.1063	0.8634	1.3421
9.4	2.4013	1.2328	0.1014	0.8648	1.3352
9.6	2.3962	1.2328	0.0943	0.8661	1.3285
9.8	2.3914	1.2328	0.0923	0.8674	1.3221
10.0	2.3867	1.2328	0.0966	0.8686	1.3159
10.2	2.3821	1.2328	0.1025	0.8697	1.3100
10.4	2.3777	1.2327	0.1039	0.8708	1.3042
10.6	2.3734	1.2327	0.0999	0.8719	1.2987
10.8	2.3692	1.2326	0.0949	0.8728	1.2933
11.0	2.3651	1.2325	0.0939	0.8738	1.2882
11.2	2.3612	1.2325	0.0976	0.8747	1.2832
11.4	2.3574	1.2324	0.1018	0.8755	1.2784
11.6	2.3536	1.2323	0.1023	0.8763	1.2737
11.8	2.3500	1.2322	0.0990	0.8771	1.2692
12.0	2.3465	1.2321	0.0954	0.8778	1.2649
12.2	2.3430	1.2320	0.0952	0.8785	1.2606
12.4	2.3397	1.2319	0.0982	0.8792	1.2565
12.6	2.3364	1.2318	0.1012	0.8799	1.2525
12.8	2.3332	1.2317	0.1011	0.8805	1.2487
13.0	2.3301	1.2316	0.0984	0.8811	1.2449
13.2	2.3270	1.2315	0.0959	0.8817	1.2413
13.4	2.3241	1.2314	0.0961	0.8822	1.2377
13.6	2.3211	1.2312	0.0985	0.8828	1.2342
13.8	2.3183	1.2311	0.1006	0.8833	1.2309
14.0	2.3155	1.2311	0.1003	0.8838	1.2276
14.2	2.3128	1.2310	0.0981	0.8843	1.2244
14.4	2.3102	1.2309	0.0963	0.8847	1.2213
14.6	2.3076	1.2307	0.0967	0.8852	1.2183
14.8	2.3050	1.2306	0.0986	0.8856	1.2153
15.0	2.3026	1.2305	0.1001	0.8860	1.2125

Table T1.86

N = 1.700 K = 1.000

X	QEXT	QSCA	QBK	G	QPR	X	QEXT	QSCA	QBK	G	QPR
0.1	0.1545	0.0001	0.0002	0.0012	0.1545	5.2	2.6051	1.3544	0.1473	0.7570	1.5798
0.2	0.3196	0.0020	0.0030	0.0039	0.3196	5.4	2.5936	1.3549	0.1882	0.7625	1.5605
0.3	0.5063	0.0103	0.0148	0.0086	0.5062	5.6	2.5822	1.3554	0.2199	0.7673	1.5422
0.4	0.7252	0.0328	0.0459	0.0151	0.7247	5.8	2.5714	1.3555	0.2110	0.7717	1.5253
0.5	0.9836	0.0797	0.1071	0.0236	0.9817	6.0	2.5613	1.3556	0.1755	0.7758	1.5096
0.6	1.2803	0.1611	0.2053	0.0341	1.2748	6.2	2.5518	1.3557	0.1522	0.7796	1.4948
0.7	1.6006	0.2811	0.3349	0.0472	1.5873	6.4	2.5424	1.3558	0.1629	0.7832	1.4806
0.8	1.9164	0.4332	0.4730	0.0632	1.8890	6.6	2.5333	1.3557	0.1922	0.7864	1.4672
0.9	2.1943	0.5985	0.5834	0.0829	2.1447	6.8	2.5248	1.3556	0.2081	0.7894	1.4546
1.0	2.4099	0.7540	0.6338	0.1068	2.3295	7.0	2.5166	1.3554	0.1960	0.7923	1.4428
1.1	2.5572	0.8822	0.6117	0.1354	2.4378	7.2	2.5087	1.3552	0.1712	0.7949	1.4314
1.2	2.6473	0.9776	0.5274	0.1691	2.4820	7.4	2.5010	1.3550	0.1599	0.7973	1.4206
1.3	2.7001	1.0444	0.4044	0.2081	2.4828	7.6	2.4936	1.3548	0.1691	0.7996	1.4104
1.4	2.7359	1.0915	0.2704	0.2518	2.4611	7.8	2.4866	1.3545	0.1719	0.8016	1.4008
1.5	2.7685	1.1284	0.1525	0.2984	2.4318	8.0	2.4798	1.3541	0.1923	0.8036	1.3916
1.6	2.8033	1.1621	0.0745	0.3447	2.4027	8.2	2.4732	1.3538	0.1996	0.8054	1.3828
1.7	2.8371	1.1955	0.0516	0.3866	2.3749	8.4	2.4668	1.3535	0.1877	0.8071	1.3744
1.8	2.8635	1.2277	0.0844	0.4216	2.3459	8.6	2.4606	1.3531	0.1706	0.8087	1.3664
1.9	2.8773	1.2557	0.1576	0.4491	2.3134	8.8	2.4547	1.3528	0.1659	0.8102	1.3587
2.0	2.8773	1.2772	0.2454	0.4707	2.2770	9.0	2.4489	1.3524	0.1769	0.8116	1.3513
2.1	2.8698	1.2915	0.3206	0.4889	2.2383	9.2	2.4434	1.3520	0.1909	0.8129	1.3443
2.2	2.8577	1.3002	0.3623	0.5061	2.1998	9.4	2.4379	1.3516	0.1934	0.8142	1.3375
2.3	2.8466	1.3055	0.3605	0.5235	2.1632	9.6	2.4327	1.3512	0.1831	0.8154	1.3309
2.4	2.8385	1.3100	0.3178	0.5415	2.1291	9.8	2.4276	1.3508	0.1714	0.8165	1.3246
2.5	2.8328	1.3148	0.2484	0.5595	2.0971	10.0	2.4226	1.3504	0.1702	0.8176	1.3186
2.6	2.8272	1.3204	0.1740	0.5765	2.0660	10.2	2.4179	1.3499	0.1796	0.8187	1.3127
2.7	2.8198	1.3261	0.1162	0.5917	2.0352	10.4	2.4132	1.3495	0.1891	0.8196	1.3071
2.8	2.8097	1.3309	0.0903	0.6049	2.0046	10.6	2.4086	1.3491	0.1891	0.8206	1.3016
2.9	2.7973	1.3344	0.1003	0.6164	1.9747	10.8	2.4042	1.3487	0.1805	0.8214	1.2964
3.0	2.7842	1.3366	0.1395	0.6269	1.9463	11.0	2.3999	1.3482	0.1727	0.8223	1.2913
3.1	2.7718	1.3377	0.1937	0.6368	1.9199	11.2	2.3957	1.3478	0.1734	0.8231	1.2864
3.2	2.7609	1.3386	0.2455	0.6466	1.8954	11.4	2.3917	1.3474	0.1810	0.8238	1.2817
3.3	2.7515	1.3396	0.2794	0.6562	1.8724	11.6	2.3877	1.3469	0.1874	0.8245	1.2771
3.4	2.7431	1.3410	0.2866	0.6656	1.8505	11.8	2.3838	1.3465	0.1862	0.8252	1.2726
3.5	2.7347	1.3427	0.2667	0.6744	1.8293	12.0	2.3801	1.3461	0.1793	0.8259	1.2684
3.6	2.7259	1.3445	0.2275	0.6824	1.8084	12.2	2.3764	1.3457	0.1741	0.8265	1.2642
3.7	2.7165	1.3460	0.1818	0.6897	1.7882	12.4	2.3728	1.3452	0.1756	0.8271	1.2601
3.8	2.7069	1.3471	0.1430	0.6963	1.7689	12.6	2.3692	1.3448	0.1817	0.8277	1.2562
3.9	2.6974	1.3479	0.1215	0.7023	1.7507	12.8	2.3658	1.3444	0.1859	0.8282	1.2524
4.0	2.6885	1.3485	0.1219	0.7081	1.7337	13.0	2.3625	1.3440	0.1840	0.8288	1.2486
4.1	2.6804	1.3490	0.1420	0.7136	1.7177	13.2	2.3592	1.3436	0.1786	0.8293	1.2450
4.2	2.6729	1.3496	0.1744	0.7189	1.7027	13.4	2.3560	1.3431	0.1752	0.8298	1.2415
4.3	2.6658	1.3410	0.2085	0.7240	1.6882	13.6	2.3529	1.3427	0.1771	0.8303	1.2381
4.4	2.6587	1.3510	0.2343	0.7288	1.6741	13.8	2.3498	1.3423	0.1819	0.8307	1.2348
4.5	2.6515	1.3518	0.2449	0.7332	1.6604	14.0	2.3468	1.3419	0.1845	0.8311	1.2315
4.6	2.6443	1.3524	0.2382	0.7373	1.6472	14.2	2.3439	1.3415	0.1826	0.8316	1.2284
4.7	2.6371	1.3529	0.2175	0.7410	1.6345	14.4	2.3410	1.3411	0.1784	0.8320	1.2253
4.8	2.6301	1.3533	0.1894	0.7445	1.6225	14.6	2.3382	1.3407	0.1761	0.8323	1.2223
4.9	2.6234	1.3536	0.1626	0.7479	1.6111	14.8	2.3355	1.3403	0.1781	0.8327	1.2194
5.0	2.6170	1.3538	0.1442	0.7510	1.6002	15.0	2.3328	1.3399	0.1834	0.8331	1.2165

Table T1.87

N = 1.700 K = 1.500

x	QEXT	QSCA	QBK	G	QPR	x	QEXT	QSCA	QBK	G	QPR
0.1	0.1884	0.0002	0.0003	0.0010	0.1884	5.2	2.6977	1.5382	0.2390	0.7120	1.6025
0.2	0.3944	0.0035	0.0051	0.0032	0.3944	5.4	2.6841	1.5368	0.3194	0.7167	1.5827
0.3	0.6375	0.0180	0.0263	0.0071	0.6374	5.6	2.6706	1.5351	0.3668	0.7208	1.5641
0.4	0.9371	0.0584	0.0830	0.0123	0.9363	5.8	2.6580	1.5332	0.3356	0.7245	1.5472
0.5	1.3048	0.1436	0.1980	0.0191	1.3020	6.0	2.6465	1.5314	0.2660	0.7281	1.5315
0.6	1.7320	0.2909	0.3855	0.0276	1.7240	6.2	2.6355	1.5298	0.2328	0.7315	1.5165
0.7	2.1769	0.5011	0.6306	0.0383	2.1577	6.4	2.6245	1.5282	0.2653	0.7345	1.5020
0.8	2.5702	0.7467	0.8777	0.0518	2.5315	6.6	2.6138	1.5264	0.3226	0.7373	1.4885
0.9	2.8510	0.9800	1.0516	0.0691	2.7833	6.8	2.6040	1.5247	0.3432	0.7398	1.4759
1.0	3.0023	1.1609	1.1016	0.0912	2.8964	7.0	2.5946	1.5231	0.3093	0.7423	1.4640
1.1	3.0526	1.2764	1.0236	0.1195	2.9000	7.2	2.5849	1.5215	0.2610	0.7446	1.4526
1.2	3.0492	1.3381	0.8477	0.1556	2.8410	7.4	2.5764	1.5199	0.2486	0.7466	1.4416
1.3	3.0332	1.3677	0.6171	0.2000	2.7597	7.6	2.5679	1.5183	0.2808	0.7485	1.4314
1.4	3.0292	1.3854	0.3801	0.2513	2.6810	7.8	2.5597	1.5167	0.3202	0.7503	1.4218
1.5	3.0431	1.4052	0.1868	0.3050	2.6146	8.0	2.5519	1.5152	0.3255	0.7519	1.4126
1.6	3.0670	1.4317	0.0805	0.3545	2.5594	8.2	2.5442	1.5138	0.2947	0.7535	1.4037
1.7	3.0866	1.4624	0.0812	0.3945	2.5097	8.4	2.5368	1.5123	0.2621	0.7549	1.3952
1.8	3.0915	1.4906	0.1751	0.4236	2.4601	8.6	2.5296	1.5108	0.2611	0.7562	1.3872
1.9	3.0796	1.5111	0.3214	0.4440	2.4088	8.8	2.5228	1.5094	0.2894	0.7575	1.3795
2.0	3.0566	1.5224	0.4700	0.4595	2.3571	9.0	2.5161	1.5080	0.3154	0.7587	1.3721
2.1	3.0307	1.5265	0.5773	0.4737	2.3075	9.2	2.5096	1.5066	0.3127	0.7598	1.3649
2.2	3.0087	1.5270	0.6157	0.4890	2.2620	9.4	2.5033	1.5053	0.2866	0.7608	1.3581
2.3	2.9935	1.5275	0.5780	0.5058	2.2209	9.6	2.4972	1.5040	0.2655	0.7618	1.3515
2.4	2.9840	1.5299	0.4787	0.5235	2.1830	9.8	2.4914	1.5027	0.2702	0.7628	1.3452
2.5	2.9765	1.5345	0.3498	0.5407	2.1469	10.0	2.4856	1.5014	0.2935	0.7637	1.3390
2.6	2.9675	1.5400	0.2307	0.5560	2.1113	10.2	2.4800	1.5002	0.3102	0.7645	1.3331
2.7	2.9548	1.5448	0.1540	0.5688	2.0761	10.4	2.4746	1.4989	0.3037	0.7653	1.3274
2.8	2.9389	1.5479	0.1369	0.5795	2.0419	10.6	2.4694	1.4977	0.2827	0.7661	1.3220
2.9	2.9217	1.5489	0.1776	0.5889	2.0095	10.8	2.4643	1.4965	0.2695	0.7668	1.3167
3.0	2.9052	1.5485	0.2585	0.5977	1.9797	11.0	2.4593	1.4954	0.2767	0.7675	1.3115
3.1	2.8910	1.5475	0.3525	0.6064	1.9525	11.2	2.4544	1.4942	0.2954	0.7682	1.3066
3.2	2.8793	1.5468	0.4308	0.6154	1.9273	11.4	2.4497	1.4931	0.3056	0.7688	1.3018
3.3	2.8694	1.5469	0.4711	0.6244	1.9035	11.6	2.4451	1.4920	0.2977	0.7694	1.2972
3.4	2.8600	1.5476	0.4639	0.6330	1.8804	11.8	2.4406	1.4909	0.2812	0.7699	1.2927
3.5	2.8500	1.5485	0.4143	0.6408	1.8577	12.0	2.4362	1.4899	0.2733	0.7704	1.2883
3.6	2.8390	1.5492	0.3395	0.6478	1.8356	12.2	2.4319	1.4888	0.2815	0.7709	1.2841
3.7	2.8273	1.5493	0.2627	0.6539	1.8143	12.4	2.4278	1.4878	0.2958	0.7714	1.2800
3.8	2.8155	1.5488	0.2054	0.6593	1.7943	12.6	2.4237	1.4868	0.3016	0.7719	1.2760
3.9	2.8043	1.5479	0.1821	0.6645	1.7758	12.8	2.4197	1.4858	0.2933	0.7723	1.2722
4.0	2.7942	1.5468	0.1967	0.6695	1.7587	13.0	2.4158	1.4848	0.2807	0.7728	1.2684
4.1	2.7852	1.5459	0.2421	0.6744	1.7427	13.2	2.4120	1.4839	0.2842	0.7732	1.2647
4.2	2.7769	1.5453	0.3027	0.6791	1.7274	13.4	2.4083	1.4829	0.2952	0.7736	1.2611
4.3	2.7687	1.5449	0.3598	0.6837	1.7125	13.6	2.4047	1.4820	0.2982	0.7739	1.2577
4.4	2.7604	1.5446	0.3968	0.6879	1.6980	13.8	2.4011	1.4811	0.2906	0.7743	1.2543
4.5	2.7518	1.5442	0.4042	0.6916	1.6838	14.0	2.3976	1.4802	0.2791	0.7746	1.2510
4.6	2.7430	1.5432	0.3818	0.6951	1.6702	14.2	2.3942	1.4793	0.2811	0.7750	1.2478
4.7	2.7344	1.5427	0.3377	0.6982	1.6573	14.4	2.3909	1.4784	0.2865	0.7753	1.2447
4.8	2.7261	1.5417	0.2858	0.7011	1.6452	14.6	2.3876	1.4776	0.2945	0.7756	1.2416
4.9	2.7184	1.5407	0.2410	0.7040	1.6338	14.8	2.3844	1.4768	0.2956	0.7759	1.2387
5.0	2.7112	1.5398	0.2156	0.7067	1.6230	15.0	2.3813	1.4759	0.2956	0.7761	1.2358

Table T1.88

N = 1.700 K = 2.000

x	QEXT	QSCA	QBK	G	QPR	x	QEXT	QSCA	QBK	G	QPR
0.1	0.1770	0.0003	0.0004	0.0007	0.1770	5.2	2.7736	1.7239	0.3152	0.6733	1.6129
0.2	0.3767	0.0048	0.0071	0.0023	0.3766	5.4	2.7589	1.7205	0.4645	0.6775	1.5932
0.3	0.6265	0.0252	0.0371	0.0051	0.6264	5.6	2.7435	1.7164	0.5484	0.6809	1.5747
0.4	0.9574	0.0833	0.1208	0.0088	0.9566	5.8	2.7294	1.7120	0.4857	0.6841	1.5583
0.5	1.3943	0.2098	0.2987	0.0137	1.3914	6.0	2.7173	1.7082	0.3535	0.6873	1.5433
0.6	1.9323	0.4334	0.6010	0.0199	1.9237	6.2	2.7055	1.7049	0.2939	0.6903	1.5286
0.7	2.5055	0.7516	1.0048	0.0281	2.4844	6.4	2.6933	1.7016	0.3603	0.6929	1.5142
0.8	2.9917	1.1060	1.4039	0.0390	2.9485	6.6	2.6814	1.6980	0.4713	0.6952	1.5010
0.9	3.2892	1.4067	1.6595	0.0537	3.2133	6.8	2.6706	1.6944	0.5077	0.6974	1.4890
1.0	3.3892	1.5977	1.6989	0.0736	3.2716	7.0	2.6607	1.6913	0.4376	0.6996	1.4775
1.1	3.3618	1.6833	1.5400	0.1007	3.1922	7.2	2.6507	1.6884	0.3422	0.7015	1.4663
1.2	3.2880	1.7010	1.2438	0.1373	3.0544	7.4	2.6407	1.6854	0.3210	0.7032	1.4555
1.3	3.2247	1.6913	0.8774	0.1847	2.9123	7.6	2.6313	1.6823	0.3889	0.7048	1.4456
1.4	3.1984	1.6835	0.5109	0.2411	2.7925	7.8	2.6226	1.6794	0.4679	0.7063	1.4364
1.5	3.2087	1.6927	0.2211	0.2999	2.7011	8.0	2.6141	1.6767	0.4753	0.7078	1.4274
1.6	3.2366	1.7192	0.0754	0.3520	2.6315	8.2	2.6057	1.6741	0.4090	0.7091	1.4187
1.7	3.2576	1.7526	0.1007	0.3911	2.5722	8.4	2.5974	1.6714	0.3427	0.7102	1.4104
1.8	3.2558	1.7802	0.2665	0.4165	2.5142	8.6	2.5897	1.6688	0.3441	0.7113	1.4027
1.9	3.2307	1.7947	0.5022	0.4324	2.4546	8.8	2.5823	1.6663	0.4058	0.7124	1.3953
2.0	3.1924	1.7959	0.7297	0.4440	2.3950	9.0	2.5750	1.6640	0.4595	0.7134	1.3880
2.1	3.1535	1.7889	0.8855	0.4556	2.3385	9.2	2.5678	1.6616	0.4506	0.7143	1.3809
2.2	3.1234	1.7798	0.9309	0.4696	2.2876	9.4	2.5609	1.6593	0.3925	0.7152	1.3743
2.3	3.1052	1.7738	0.8575	0.4864	2.2425	9.6	2.5544	1.6570	0.3485	0.7160	1.3680
2.4	3.0963	1.7730	0.6900	0.5045	2.2019	9.8	2.5480	1.6548	0.3623	0.7168	1.3618
2.5	3.0904	1.7764	0.4810	0.5218	2.1636	10.0	2.5417	1.6527	0.4149	0.7175	1.3558
2.6	3.0815	1.7813	0.2935	0.5364	2.1261	10.2	2.5356	1.6507	0.4497	0.7182	1.3500
2.7	3.0666	1.7845	0.1788	0.5478	2.0891	10.4	2.5296	1.6486	0.4320	0.7189	1.3445
2.8	3.0463	1.7844	0.1614	0.5566	2.0531	10.6	2.5239	1.6466	0.3837	0.7195	1.3392
2.9	3.0238	1.7811	0.2357	0.5640	2.0193	10.8	2.5184	1.6447	0.3561	0.7201	1.3340
3.0	3.0029	1.7759	0.3720	0.5712	1.9886	11.0	2.5128	1.6428	0.3755	0.7206	1.3290
3.1	2.9859	1.7706	0.5264	0.5789	1.9609	11.2	2.5075	1.6410	0.4190	0.7211	1.3242
3.2	2.9733	1.7667	0.6523	0.5873	1.9357	11.4	2.5024	1.6391	0.4401	0.7216	1.3195
3.3	2.9636	1.7646	0.7136	0.5960	1.9119	11.6	2.4973	1.6374	0.4190	0.7221	1.3150
3.4	2.9545	1.7639	0.6952	0.6042	1.8887	11.8	2.4924	1.6356	0.3799	0.7225	1.3106
3.5	2.9442	1.7636	0.6068	0.6115	1.8657	12.0	2.4876	1.6340	0.3641	0.7229	1.3064
3.6	2.9318	1.7627	0.4785	0.6176	1.8431	12.2	2.4829	1.6323	0.3859	0.7233	1.3022
3.7	2.9177	1.7607	0.3491	0.6226	1.8214	12.4	2.4783	1.6307	0.4210	0.7237	1.2983
3.8	2.9033	1.7576	0.2547	0.6270	1.8012	12.6	2.4739	1.6291	0.4316	0.7241	1.2943
3.9	2.8899	1.7545	0.2193	0.6312	1.7828	12.8	2.4695	1.6275	0.4097	0.7244	1.2905
4.0	2.8784	1.7503	0.2486	0.6355	1.7661	13.0	2.4652	1.6260	0.3784	0.7247	1.2868
4.1	2.8688	1.7473	0.3300	0.6399	1.7506	13.2	2.4610	1.6245	0.3711	0.7250	1.2832
4.2	2.8604	1.7451	0.4366	0.6444	1.7358	13.4	2.4570	1.6230	0.3924	0.7253	1.2798
4.3	2.8522	1.7435	0.5353	0.6487	1.7212	13.6	2.4530	1.6216	0.4193	0.7256	1.2763
4.4	2.8434	1.7420	0.5974	0.6525	1.7068	13.8	2.4491	1.6202	0.4238	0.7259	1.2730
4.5	2.8338	1.7403	0.6070	0.6558	1.6925	14.0	2.4452	1.6188	0.4025	0.7261	1.2698
4.6	2.8236	1.7382	0.5640	0.6586	1.6788	14.2	2.4415	1.6174	0.3792	0.7264	1.2667
4.7	2.8134	1.7356	0.4835	0.6611	1.6659	14.4	2.4378	1.6161	0.3792	0.7266	1.2636
4.8	2.8039	1.7326	0.3901	0.6635	1.6541	14.6	2.4342	1.6148	0.3977	0.7268	1.2606
4.9	2.7953	1.7301	0.3109	0.6660	1.6431	14.8	2.4307	1.6135	0.4178	0.7270	1.2577
5.0	2.7877	1.7277	0.2673	0.6684	1.6328	15.0	2.4272	1.6122	0.4180	0.7272	1.2548

130   Table T1.89

N = 1.700 K = 2.500

X	QEXT	QSCA	QBK	G	QPR
0.1	0.1412	0.0003	0.0005	0.0005	0.1412
0.2	0.3061	0.0055	0.0082	0.0013	0.3061
0.3	0.5254	0.0294	0.0439	0.0028	0.5253
0.4	0.8382	0.0989	0.1468	0.0049	0.8377
0.5	1.2846	0.2551	0.3757	0.0078	1.2826
0.6	1.8787	0.5408	0.7846	0.0121	1.8722
0.7	2.5552	0.9575	1.3539	0.0183	2.5376
0.8	3.1492	1.4182	1.9250	0.0274	3.1104
0.9	3.5014	1.7851	2.2797	0.0400	3.4299
1.0	3.5921	1.9837	2.3163	0.0578	3.4775
1.1	3.5196	2.0379	2.0815	0.0827	3.3510
1.2	3.3952	2.0124	1.6721	0.1178	3.1581
1.3	3.2920	1.9646	1.1766	0.1651	2.9675
1.4	3.2431	1.9317	0.6801	0.2236	2.8112
1.5	3.2492	1.9307	0.2805	0.2860	2.6971
1.6	3.2863	1.9588	0.0720	0.3414	2.6176
1.7	3.3200	1.9985	0.0985	0.3817	2.5571
1.8	3.3255	2.0299	0.3224	0.4062	2.5010
1.9	3.2987	2.0418	0.6465	0.4196	2.4421
2.0	3.2518	2.0348	0.9632	0.4282	2.3806
2.1	3.2017	2.0167	1.1863	0.4372	2.3200
2.2	3.1621	1.9971	1.2617	0.4496	2.2641
2.3	3.1392	1.9834	1.1731	0.4660	2.2149
2.4	3.1311	1.9789	0.9472	0.4847	2.1719
2.5	3.1298	1.9820	0.6526	0.5027	2.1333
2.6	3.1259	1.9878	0.3783	0.5177	2.0968
2.7	3.1136	1.9911	0.2015	0.5286	2.0611
2.8	3.0925	1.9892	0.1619	0.5362	2.0260
2.9	3.0665	1.9821	0.2560	0.5419	1.9924
3.0	3.0410	1.9719	0.4453	0.5475	1.9614
3.1	3.0204	1.9619	0.6699	0.5541	1.9334
3.2	3.0064	1.9543	0.8629	0.5619	1.9083
3.3	2.9977	1.9501	0.9682	0.5705	1.8851
3.4	2.9911	1.9487	0.9575	0.5789	1.8630
3.5	2.9832	1.9483	0.8389	0.5862	1.8411
3.6	2.9719	1.9469	0.6526	0.5919	1.8194
3.7	2.9572	1.9436	0.4558	0.5962	1.7984
3.8	2.9409	1.9383	0.3037	0.5997	1.7786
3.9	2.9254	1.9318	0.2351	0.6030	1.7605
4.0	2.9122	1.9256	0.2641	0.6066	1.7443
4.1	2.9022	1.9204	0.3770	0.6106	1.7295
4.2	2.8945	1.9169	0.5368	0.6150	1.7157
4.3	2.8877	1.9146	0.6942	0.6192	1.7021
4.4	2.8801	1.9127	0.8024	0.6230	1.6885
4.5	2.8711	1.9105	0.8322	0.6261	1.6749
4.6	2.8605	1.9073	0.7788	0.6286	1.6616
4.7	2.8493	1.9033	0.6614	0.6306	1.6490
4.8	2.8385	1.8988	0.5158	0.6325	1.6375
4.9	2.8291	1.8944	0.3839	0.6345	1.6271
5.0	2.8213	1.8906	0.3021	0.6368	1.6175
5.2	2.8086	1.8852	0.3515	0.6416	1.5992
5.4	2.7949	1.8808	0.5866	0.6456	1.5806
5.6	2.7786	1.8750	0.7436	0.6485	1.5626
5.8	2.7634	1.8683	0.6648	0.6511	1.5469
6.0	2.7514	1.8626	0.4482	0.6540	1.5332
6.2	2.7406	1.8584	0.3274	0.6570	1.5196
6.4	2.7284	1.8540	0.4180	0.6594	1.5059
6.6	2.7157	1.8488	0.6072	0.6613	1.4931
6.8	2.7046	1.8437	0.6907	0.6632	1.4820
7.0	2.6952	1.8395	0.5881	0.6652	1.4716
7.2	2.6856	1.8358	0.4182	0.6671	1.4610
7.4	2.6753	1.8317	0.3605	0.6685	1.4507
7.6	2.6653	1.8273	0.4651	0.6698	1.4414
7.8	2.6567	1.8233	0.6115	0.6711	1.4330
8.0	2.6486	1.8198	0.6446	0.6725	1.4248
8.2	2.6402	1.8165	0.5372	0.6737	1.4165
8.4	2.6316	1.8128	0.4093	0.6746	1.4086
8.6	2.6236	1.8092	0.3928	0.6755	1.4015
8.8	2.6164	1.8059	0.4970	0.6765	1.3947
9.0	2.6093	1.8029	0.6057	0.6774	1.3880
9.2	2.6020	1.7999	0.6060	0.6782	1.3813
9.4	2.5948	1.7967	0.5041	0.6789	1.3750
9.6	2.5882	1.7937	0.4108	0.6796	1.3692
9.8	2.5820	1.7909	0.4211	0.6803	1.3636
10.0	2.5757	1.7882	0.5173	0.6810	1.3580
10.2	2.5693	1.7855	0.5948	0.6815	1.3524
10.4	2.5633	1.7827	0.5749	0.6821	1.3473
10.6	2.5576	1.7801	0.4833	0.6826	1.3425
10.8	2.5521	1.7777	0.4184	0.6831	1.3378
11.0	2.5465	1.7753	0.4443	0.6836	1.3330
11.2	2.5410	1.7728	0.5296	0.6840	1.3285
11.4	2.5358	1.7704	0.5820	0.6843	1.3242
11.6	2.5308	1.7682	0.5506	0.6847	1.3201
11.8	2.5258	1.7660	0.4712	0.6851	1.3159
12.0	2.5209	1.7638	0.4285	0.6854	1.3119
12.2	2.5161	1.7616	0.4635	0.6857	1.3081
12.4	2.5115	1.7595	0.5359	0.6860	1.3044
12.6	2.5070	1.7575	0.5695	0.6863	1.3008
12.8	2.5026	1.7555	0.5319	0.6866	1.2972
13.0	2.4982	1.7536	0.4645	0.6869	1.2937
13.2	2.4939	1.7516	0.4392	0.6871	1.2904
13.4	2.4898	1.7497	0.4780	0.6873	1.2872
13.6	2.4858	1.7479	0.5382	0.6875	1.2840
13.8	2.4818	1.7461	0.5568	0.6877	1.2809
14.0	2.4778	1.7444	0.5169	0.6879	1.2778
14.2	2.4740	1.7426	0.4622	0.6881	1.2749
14.4	2.4703	1.7409	0.4487	0.6883	1.2721
14.6	2.4666	1.7393	0.4870	0.6884	1.2693
14.8	2.4630	1.7376	0.5380	0.6886	1.2665
15.0	2.4595	1.7360	0.5450	0.6887	1.2638

Table 11.90   131

N = 1.700 K = 3.000

X	QEXT	QSCA	QBK	G	QPR	X	QEXT	QSCA	QBK	G	QPR
0.1	0.1045	0.0003	0.0005	0.0002	0.1045	5.2	2.8031	2.0105	0.3517	0.6155	1.5656
0.2	0.2315	0.0057	0.0087	0.0001	0.2315	5.4	2.7923	2.0063	0.6571	0.6198	1.5488
0.3	0.4111	0.0309	0.0467	0.0002	0.4111	5.6	2.7769	2.0000	0.9150	0.6225	1.5320
0.4	0.6837	0.1049	0.1597	0.0006	0.6836	5.8	2.7607	1.9914	0.8604	0.6245	1.5171
0.5	1.0983	0.2753	0.4195	0.0018	1.0978	6.0	2.7487	1.9842	0.5680	0.6271	1.5044
0.6	1.6897	0.5963	0.9023	0.0047	1.6870	6.2	2.7398	1.9795	0.3533	0.6302	1.4923
0.7	2.4155	1.0801	1.6031	0.0097	2.4050	6.4	2.7292	1.9751	0.4315	0.6326	1.4797
0.8	3.0993	1.6263	2.3315	0.0176	3.0706	6.6	2.7164	1.9690	0.6978	0.6342	1.4676
0.9	3.5291	2.0568	2.7944	0.0290	3.4695	6.8	2.7048	1.9625	0.8629	0.6357	1.4572
1.0	3.6499	2.2723	2.8500	0.0451	3.5475	7.0	2.6961	1.9574	0.7608	0.6377	1.4479
1.1	3.5676	2.3078	2.5651	0.0680	3.4107	7.2	2.6881	1.9535	0.5110	0.6396	1.4386
1.2	3.4150	2.2496	2.0705	0.1008	3.1881	7.4	2.6784	1.9492	0.3802	0.6410	1.4290
1.3	3.2806	2.1700	1.4741	0.1464	2.9629	7.6	2.6682	1.9439	0.4934	0.6432	1.4202
1.4	3.2071	2.1134	0.8703	0.2045	2.7750	7.8	2.6596	1.9389	0.7181	0.6445	1.4126
1.5	3.2019	2.1001	0.3681	0.2686	2.6379	8.0	2.6526	1.9350	0.8141	0.6457	1.4054
1.6	3.2432	2.1275	0.0832	0.3270	2.5476	8.2	2.6451	1.9315	0.6882	0.6466	1.3979
1.7	3.2917	2.1740	0.0829	0.3698	2.4877	8.4	2.6367	1.9274	0.4828	0.6473	1.3905
1.8	3.3130	2.2127	0.3362	0.3951	2.4387	8.6	2.6286	1.9230	0.4122	0.6482	1.3839
1.9	3.2950	2.2271	0.7297	0.4076	2.3872	8.8	2.6218	1.9191	0.5410	0.6491	1.3780
2.0	3.2479	2.2163	1.1289	0.4142	2.3298	9.0	2.6156	1.9158	0.7241	0.6499	1.3720
2.1	3.1910	2.1901	1.4252	0.4209	2.2691	9.2	2.6088	1.9126	0.7689	0.6505	1.3659
2.2	3.1422	2.1609	1.5487	0.4314	2.2100	9.4	2.6016	1.9089	0.6364	0.6510	1.3600
2.3	3.1120	2.1392	1.4717	0.4467	2.1564	9.6	2.5951	1.9052	0.4707	0.6517	1.3548
2.4	3.1017	2.1301	1.2152	0.4655	2.1103	9.8	2.5895	1.9021	0.4442	0.6524	1.3499
2.5	3.1039	2.1324	0.8529	0.4844	2.0710	10.0	2.5838	1.8992	0.5755	0.6529	1.3448
2.6	3.1069	2.1402	0.4937	0.5002	2.0364	10.2	2.5777	1.8962	0.7205	0.6533	1.3397
2.7	3.1014	2.1458	0.2413	0.5115	2.0038	10.4	2.5717	1.8929	0.7293	0.6537	1.3350
2.8	3.0840	2.1445	0.1572	0.5185	1.9720	10.6	2.5662	1.8899	0.5989	0.6543	1.3307
2.9	3.0578	2.1356	0.2470	0.5231	1.9406	10.8	2.5613	1.8872	0.4695	0.6547	1.3266
3.0	3.0292	2.1218	0.4695	0.5273	1.9104	11.0	2.5561	1.8846	0.4737	0.6550	1.3223
3.1	3.0047	2.1072	0.7542	0.5326	1.8824	11.2	2.5507	1.8818	0.5994	0.6553	1.3180
3.2	2.9879	2.0958	1.0179	0.5396	1.8569	11.4	2.5456	1.8790	0.7123	0.6557	1.3142
3.3	2.9789	2.0894	1.1844	0.5480	1.8339	11.6	2.5409	1.8764	0.6956	0.6560	1.3106
3.4	2.9747	2.0877	1.2064	0.5567	1.8127	11.8	2.5364	1.8740	0.5730	0.6564	1.3070
3.5	2.9706	2.0875	1.0815	0.5643	1.7925	12.0	2.5317	1.8716	0.4743	0.6566	1.3033
3.6	2.9628	2.0872	0.8531	0.5702	1.7727	12.2	2.5270	1.8691	0.5002	0.6568	1.2997
3.7	2.9501	2.0840	0.5920	0.5742	1.7534	12.4	2.5225	1.8666	0.6169	0.6571	1.2964
3.8	2.9337	2.0776	0.3727	0.5771	1.7348	12.6	2.5184	1.8644	0.7012	0.6574	1.2933
3.9	2.9165	2.0692	0.2522	0.5795	1.7174	12.8	2.5142	1.8622	0.6676	0.6576	1.2901
4.0	2.9015	2.0604	0.2576	0.5823	1.7016	13.0	2.5100	1.8600	0.5563	0.6578	1.2869
4.1	2.8902	2.0531	0.3812	0.5859	1.6872	13.2	2.5058	1.8578	0.4835	0.6579	1.2839
4.2	2.8827	2.0482	0.5827	0.5901	1.6741	13.4	2.5019	1.8556	0.5227	0.6581	1.2810
4.3	2.8775	2.0454	0.8001	0.5945	1.6615	13.6	2.4982	1.8536	0.6276	0.6583	1.2782
4.4	2.8723	2.0438	0.9686	0.5985	1.6491	13.8	2.4944	1.8516	0.6887	0.6585	1.2754
4.5	2.8654	2.0419	1.0403	0.6017	1.6367	14.0	2.4906	1.8496	0.6437	0.6586	1.2726
4.6	2.8560	2.0388	0.9989	0.6041	1.6245	14.2	2.4868	1.8476	0.5441	0.6587	1.2700
4.7	2.8448	2.0341	0.8614	0.6057	1.6126	14.4	2.4833	1.8456	0.4932	0.6589	1.2675
4.8	2.8332	2.0284	0.6702	0.6072	1.6016	14.6	2.4799	1.8438	0.5402	0.6590	1.2650
4.9	2.8227	2.0225	0.4802	0.6088	1.5916	14.8	2.4764	1.8420	0.6333	0.6591	1.2625
5.0	2.8144	2.0172	0.3441	0.6107	1.5824	15.0	2.4730	1.8402	0.6747	0.6591	1.2601

Table T1.91

N = 1.700 K = 3.500

X	QEXT	QSCA	QBK	G	QPR	X	QEXT	QSCA	QBK	G	QPR
0.1	0.0760	0.0003	0.0005	-0.0002	0.0760	5.2	2.7700	2.1000	0.3397	0.5940	1.5226
0.2	0.1730	0.0057	0.0087	-0.0013	0.1730	5.4	2.7624	2.0963	0.6762	0.5987	1.5075
0.3	0.3186	0.0308	0.0475	-0.0027	0.3187	5.6	2.7497	2.0907	1.0345	0.6014	1.4923
0.4	0.5511	0.1055	0.1647	-0.0039	0.5515	5.8	2.7333	2.0813	1.0410	0.6030	1.4782
0.5	0.9212	0.2793	0.4399	-0.0040	0.9223	6.0	2.7205	2.0725	0.7085	0.6052	1.4661
0.6	1.4776	0.6136	0.9642	-0.0022	1.4789	6.2	2.7129	2.0674	0.3954	0.6084	1.4552
0.7	2.2046	1.1313	1.7493	0.0023	2.2020	6.4	2.7049	2.0636	0.4206	0.6110	1.4440
0.8	2.9397	1.7333	2.5967	0.0096	2.9230	6.6	2.6932	2.0576	0.7344	0.6125	1.4329
0.9	3.4416	2.2180	3.1614	0.0203	3.3967	6.8	2.6811	2.0501	0.9930	0.6137	1.4230
1.0	3.6124	2.4597	3.2555	0.0353	3.5256	7.0	2.6662	2.0442	0.9319	0.6154	1.4145
1.1	3.5459	2.4922	2.9493	0.0567	3.4046	7.2	2.6582	2.0403	0.6273	0.6175	1.4063
1.2	3.3855	2.4155	2.3999	0.0876	3.1739	7.4	2.6483	2.0363	0.4061	0.6190	1.3977
1.3	3.2318	2.3133	1.7335	0.1311	2.9287	7.6	2.6394	2.0308	0.4882	0.6198	1.3895
1.4	3.1368	2.2367	1.0516	0.1876	2.7172	7.8	2.6331	2.0250	0.7712	0.6207	1.3824
1.5	3.1158	2.2101	0.4678	0.2518	2.5594	8.0	2.6271	2.0207	0.9519	0.6221	1.3760
1.6	3.1535	2.2333	0.1101	0.3121	2.4564	8.2	2.6196	2.0174	0.8471	0.6234	1.3695
1.7	3.2115	2.2841	0.0671	0.3576	2.3947	8.4	2.6115	2.0134	0.5786	0.6242	1.3628
1.8	3.2488	2.3308	0.3232	0.3846	2.3524	8.6	2.6049	2.0086	0.4287	0.6248	1.3566
1.9	3.2450	2.3512	0.7602	0.3973	2.3108	8.8	2.5996	2.0042	0.5438	0.6255	1.3512
2.0	3.2046	2.3413	1.2242	0.4029	2.2613	9.0	2.5939	2.0008	0.7923	0.6265	1.3460
2.1	3.1467	2.3111	1.5863	0.4078	2.2043	9.2	2.5872	1.9977	0.9103	0.6274	1.3406
2.2	3.0917	2.2750	1.7624	0.4163	2.1446	9.4	2.5807	1.9940	0.7826	0.6279	1.3352
2.3	3.0541	2.2460	1.7139	0.4302	2.0880	9.6	2.5754	1.9899	0.5496	0.6283	1.3304
2.4	3.0387	2.2316	1.4533	0.4483	2.0383	9.8	2.5707	1.9864	0.4549	0.6290	1.3260
2.5	3.0409	2.2412	1.0515	0.4676	1.9971	10.0	2.5654	1.9835	0.5883	0.6297	1.3217
2.6	3.0499	2.2412	0.6261	0.4844	1.9634	10.2	2.5595	1.9806	0.8013	0.6302	1.3171
2.7	3.0509	2.2498	0.3018	0.4964	1.9340	10.4	2.5542	1.9772	0.8713	0.6306	1.3128
2.8	3.0399	2.2510	0.1626	0.5036	1.9063	10.6	2.5498	1.9738	0.7321	0.6309	1.3089
2.9	3.0170	2.2426	0.2283	0.5076	1.8785	10.8	2.5454	1.9709	0.5344	0.6314	1.3053
3.0	2.9880	2.2271	0.4609	0.5107	1.8506	11.0	2.5405	1.9684	0.4826	0.6319	1.3016
3.1	2.9606	2.2094	0.7847	0.5148	1.8232	11.2	2.5355	1.9656	0.6225	0.6322	1.2978
3.2	2.9403	2.1944	1.1065	0.5209	1.7974	11.4	2.5311	1.9626	0.8031	0.6325	1.2942
3.3	2.9294	2.1852	1.3349	0.5288	1.7739	11.6	2.5271	1.9597	0.8362	0.6328	1.2910
3.4	2.9258	2.1823	1.4044	0.5375	1.7528	11.8	2.5231	1.9573	0.6939	0.6331	1.2879
3.5	2.9248	2.1831	1.2973	0.5455	1.7338	12.0	2.5186	1.9549	0.5284	0.6335	1.2847
3.6	2.9212	2.1841	1.0513	0.5518	1.7160	12.2	2.5143	1.9524	0.5093	0.6337	1.2814
3.7	2.9121	2.1822	0.7437	0.5560	1.6988	12.4	2.5105	1.9497	0.6502	0.6339	1.2784
3.8	2.8976	2.1769	0.4640	0.5585	1.6821	12.6	2.5070	1.9472	0.7999	0.6341	1.2757
3.9	2.8804	2.1669	0.2861	0.5604	1.6660	12.8	2.5032	1.9451	0.8049	0.6344	1.2730
4.0	2.8638	2.1564	0.2518	0.5625	1.6508	13.0	2.4992	1.9429	0.6656	0.6346	1.2701
4.1	2.8508	2.1471	0.3635	0.5655	1.6366	13.2	2.4955	1.9406	0.5286	0.6348	1.2674
4.2	2.8424	2.1405	0.5844	0.5694	1.6236	13.4	2.4921	1.9382	0.5346	0.6349	1.2648
4.3	2.8377	2.1371	0.8473	0.5738	1.6115	13.6	2.4888	1.9361	0.6705	0.6351	1.2625
4.4	2.8346	2.1357	1.0739	0.5780	1.6001	13.8	2.4853	1.9341	0.7930	0.6353	1.2600
4.5	2.8303	2.1346	1.1982	0.5815	1.5890	14.0	2.4817	1.9321	0.7771	0.6355	1.2575
4.6	2.8233	2.1323	1.1886	0.5840	1.5780	14.2	2.4784	1.9299	0.6429	0.6356	1.2551
4.7	2.8134	2.1279	1.0536	0.5856	1.5673	14.4	2.4754	1.9278	0.5324	0.6357	1.2530
4.8	2.8019	2.1217	0.8362	0.5867	1.5570	14.6	2.4723	1.9260	0.5563	0.6358	1.2508
4.9	2.7907	2.1147	0.5990	0.5879	1.5474	14.8	2.4691	1.9241	0.6849	0.6360	1.2486
5.0	2.7813	2.1083	0.4075	0.5895	1.5386	15.0	2.4691	1.9223	0.7835	0.6361	1.2465

Table T1.92   133

N = 1.800 K = 0.0

X	QEXT	QSCA	QBK	G	QPR	X	QEXT	QSCA	QBK	G	QPR
0.1	0.0000	0.0000	0.0001	0.0015	0.0000	5.2	1.9616	1.9616	12.7797	0.3372	1.3001
0.2	0.0008	0.0008	0.0012	0.0046	0.0008	5.4	2.1188	2.1188	9.8319	0.3716	1.3314
0.3	0.0040	0.0040	0.0058	0.0101	0.0040	5.6	2.7738	2.7738	16.5541	0.3529	1.7948
0.4	0.0130	0.0130	0.0179	0.0178	0.0128	5.8	2.3702	2.3702	8.5697	0.5963	0.9568
0.5	0.0324	0.0324	0.0424	0.0276	0.0315	6.0	3.1456	3.1456	12.8683	0.5219	1.5039
0.6	0.0686	0.0686	0.0844	0.0394	0.0659	6.2	2.7268	2.7268	4.5484	0.5746	1.1601
0.7	0.1293	0.1293	0.1472	0.0534	0.1224	6.4	2.9103	2.9103	9.2152	0.6852	0.9161
0.8	0.2226	0.2293	0.2299	0.0697	0.2071	6.6	3.4130	3.4130	12.8154	0.6237	1.2842
0.9	0.3550	0.3550	0.3237	0.0888	0.3234	6.8	2.9137	2.9137	3.6913	0.6914	0.8991
1.0	0.5289	0.5289	0.4085	0.1114	0.4699	7.0	2.9997	2.9997	8.3895	0.7017	0.8947
1.1	0.7423	0.7423	0.4535	0.1384	0.6396	7.2	2.9753	2.9753	6.4412	0.6963	0.9034
1.2	0.9958	0.9958	0.4257	0.1700	0.8265	7.4	2.7170	2.7170	5.5620	0.6868	0.8509
1.3	1.3104	1.3104	0.3107	0.2043	1.0427	7.6	2.5892	2.5892	7.2595	0.6589	0.8832
1.4	1.7467	1.7467	0.1464	0.2339	1.3381	7.8	2.4959	2.4959	4.4360	0.6723	0.8179
1.5	2.3598	2.3598	0.0620	0.2482	1.7742	8.0	2.2942	2.2942	9.0042	0.6131	0.8876
1.6	2.9994	2.9994	0.1984	0.2461	2.2612	8.2	2.0437	2.0437	10.0207	0.5401	0.9399
1.7	3.3341	3.3341	0.4479	0.2411	2.5303	8.4	2.1268	2.1268	5.5536	0.5861	0.8803
1.8	3.3584	3.3584	0.6048	0.2453	2.5345	8.6	2.1093	2.1093	12.1249	0.5404	0.9695
1.9	3.3136	3.3136	0.6614	0.2629	2.4424	8.8	1.8572	1.8572	11.4310	0.4860	0.9547
2.0	3.3745	3.3745	0.6913	0.2944	2.3809	9.0	2.1117	2.1117	12.6528	0.4899	1.0771
2.1	3.6642	3.6642	0.7206	0.3409	2.4150	9.2	2.3253	2.3253	5.3378	0.5080	1.1440
2.2	4.2754	4.2754	0.7218	0.4000	2.5652	9.4	2.4106	2.4106	0.3797	0.4944	1.2188
2.3	4.9128	4.9128	0.7616	0.4498	2.7031	9.6	2.3283	2.3283	15.0787	0.5068	1.1483
2.4	4.9813	4.9813	1.0189	0.4673	2.6538	9.8	2.4598	2.4598	14.7842	0.5966	0.9922
2.5	4.6620	4.6620	1.3909	0.4595	2.5200	10.0	2.5106	2.5106	9.5746	0.6470	0.8863
2.6	4.3115	4.3115	1.7280	0.4404	2.4127	10.2	2.5221	2.5221	10.1442	0.6175	0.9648
2.7	4.0844	4.0844	2.0446	0.4197	2.3702	10.4	2.7595	2.7595	21.0035	0.6536	0.9559
2.8	4.1171	4.1171	2.6300	0.4081	2.4368	10.6	2.8183	2.8183	16.6631	0.6694	0.9317
2.9	4.5858	4.5858	3.8894	0.4295	2.6162	10.8	2.6265	2.6265	12.3191	0.6806	0.8389
3.0	4.9733	4.9733	4.4622	0.4859	2.5566	11.0	2.8154	2.8154	24.6922	0.6622	0.9510
3.1	4.6208	4.6208	3.4454	0.5189	2.2231	11.2	2.7572	2.7572	19.8887	0.6718	0.9050
3.2	4.1370	4.1370	2.7852	0.5200	1.9859	11.4	2.4910	2.4910	14.7842	0.6878	0.7776
3.3	3.6912	3.6912	2.7782	0.4979	1.8533	11.6	2.6123	2.6123	26.5422	0.5829	1.0895
3.4	3.3073	3.3073	3.2336	0.4478	1.8264	11.8	2.3544	2.3544	21.9245	0.6572	0.8071
3.5	3.1732	3.1732	4.5320	0.3736	1.9876	12.0	2.5733	2.5733	14.8947	0.6535	0.7822
3.6	3.6163	3.6163	9.0643	0.3507	2.3480	12.2	2.0175	2.0175	11.3317	0.6016	0.8037
3.7	3.5863	3.5863	11.8066	0.4160	2.0944	12.4	2.0371	2.0371	23.5329	0.6275	0.7587
3.8	3.0915	3.0915	9.1189	0.4306	1.7603	12.6	2.2158	2.2158	24.0837	0.5758	0.9400
3.9	2.8086	2.8086	6.5805	0.4200	1.6290	12.8	1.8691	1.8691	9.8669	0.6284	0.6946
4.0	2.4802	2.4802	4.7603	0.3963	1.4973	13.0	2.0146	2.0146	20.5731	0.6217	0.7621
4.1	2.0917	2.0917	3.9151	0.3299	1.4017	13.2	2.2159	2.2159	22.2729	0.6006	0.8850
4.2	2.0002	2.0002	4.9214	0.2075	1.5852	13.4	2.0712	2.0712	14.1055	0.6489	0.7273
4.3	2.5976	2.5976	13.4239	0.2237	1.9876	13.6	2.2247	2.2247	21.5581	0.6286	0.8263
4.4	2.0937	2.0937	14.8776	0.2817	2.0165	13.8	2.3924	2.3924	12.1897	0.6892	0.7434
4.5	1.9401	1.9401	13.6625	0.4160	1.5038	14.0	2.4173	2.4173	23.5329	0.6882	0.7538
4.6	2.0424	2.0424	12.0449	0.4306	1.4644	14.2	2.6884	2.6884	18.2653	0.5902	1.1017
4.7	1.8583	1.8583	8.4065	0.2385	1.5578	14.4	2.6192	2.6192	11.4778	0.7026	0.7789
4.8	1.5371	1.5371	5.5994	0.2003	1.4151	14.6	2.6192	2.6192	15.3554	0.6883	0.8559
4.9	1.7535	1.7535	7.0709	0.1442	1.5007	14.8	2.7458	2.7458	22.8127	0.7051	0.7260
5.0	2.0751	2.0751	15.0877	0.3053	1.4415	15.0	2.5938	2.5938	24.8634	0.6678	0.8618

Table T1.93

N = 1.800 K = 0.050

X	QEXT	QSCA	QBK	G	QPR	X	QEXT	QSCA	QBK	G	QPR
0.1	0.0080	0.0000	0.0001	0.0015	0.0080	5.2	2.2615	1.3013	2.7844	0.5587	1.5345
0.2	0.0171	0.0008	0.0012	0.0046	0.0171	5.4	2.3311	1.3597	2.8789	0.5944	1.5229
0.3	0.0295	0.0041	0.0058	0.0101	0.0295	5.6	2.4227	1.4139	2.5234	0.6544	1.4974
0.4	0.0489	0.0130	0.0179	0.0178	0.0487	5.8	2.5254	1.5702	1.5476	0.7063	1.4163
0.5	0.0804	0.0324	0.0425	0.0276	0.0795	6.0	2.7198	1.7101	1.2605	0.7265	1.4774
0.6	0.1305	0.0684	0.0841	0.0396	0.1278	6.2	2.7410	1.7402	1.6000	0.7518	1.4327
0.7	0.2070	0.1284	0.1459	0.0537	0.2001	6.4	2.7852	1.8333	1.8664	0.7782	1.3586
0.8	0.3176	0.2198	0.2261	0.0703	0.3021	6.6	2.8488	1.8901	1.1380	0.7931	1.3858
0.9	0.4678	0.3480	0.3146	0.0900	0.4365	6.8	2.8849	1.8442	0.3555	0.8079	1.3588
1.0	0.6593	0.5139	0.3903	0.1133	0.6010	7.0	2.8031	1.8299	0.3555	0.8130	1.3154
1.1	0.8902	0.7144	0.4226	0.1413	0.7893	7.2	2.7654	1.8004	1.0530	0.8106	1.3061
1.2	1.1627	0.9482	0.3816	0.1739	0.9979	7.4	2.6927	1.6950	0.6542	0.8142	1.3127
1.3	1.4957	1.2390	0.2591	0.2087	1.2390	7.6	2.5950	1.6004	0.1121	0.8176	1.2866
1.4	1.9253	1.5928	0.0987	0.2385	1.5453	7.8	2.5087	1.5388	0.2031	0.8081	1.2651
1.5	2.4453	2.0462	0.0114	0.2591	1.9241	8.0	2.4313	1.4424	0.5780	0.8004	1.2870
1.6	2.9081	2.4745	0.0851	0.2547	2.2692	8.2	2.3511	1.3509	0.4243	0.7933	1.2868
1.7	3.1449	2.7194	0.2446	0.2582	2.4369	8.4	2.3065	1.3162	0.0506	0.7879	1.2693
1.8	3.1993	2.7932	0.3626	0.2603	2.4417	8.6	2.2705	1.2784	0.1460	0.7880	1.2742
1.9	3.2274	2.8203	0.4132	0.2712	2.3948	8.8	2.2453	1.2422	0.5276	0.7794	1.2893
2.0	3.3493	2.9050	0.4126	0.2952	2.3806	9.0	2.2702	1.2612	0.4879	0.7696	1.2944
2.1	3.6378	3.1158	0.3473	0.3334	2.4380	9.2	2.2946	1.2924	0.1138	0.7737	1.2826
2.2	4.0705	3.4535	0.2122	0.3851	2.5474	9.4	2.3116	1.3040	0.1649	0.7831	1.2826
2.3	4.4074	3.7425	0.1512	0.4410	2.6080	9.6	2.3686	1.3442	0.6721	0.7891	1.2988
2.4	4.4291	3.7857	0.3185	0.4808	2.5581	9.8	2.4272	1.4088	0.7958	0.7958	1.2921
2.5	4.2435	3.6402	0.6144	0.4942	2.4587	10.0	2.4507	1.4383	0.3592	0.8058	1.2756
2.6	4.0344	3.4491	0.8929	0.4903	2.3761	10.2	2.4829	1.4535	0.1746	0.8170	1.2794
2.7	3.9198	3.3110	1.1264	0.4808	2.3454	10.4	2.5264	1.4905	0.6491	0.8280	1.2803
2.8	3.9833	3.2970	1.3622	0.4755	2.3826	10.6	2.5304	1.5061	1.0164	0.8361	1.2637
2.9	4.2040	3.4142	1.5174	0.4855	2.4360	10.8	2.5118	1.4840	0.7271	0.8410	1.2546
3.0	4.3001	3.4758	1.3103	0.5178	2.3697	11.0	2.5091	1.4676	0.2669	0.8472	1.2557
3.1	4.1204	3.3370	0.9464	0.5554	2.2033	11.2	2.4904	1.4522	0.3891	0.8541	1.2455
3.2	3.8255	3.0828	0.8395	0.5748	2.0535	11.4	2.4404	1.4084	0.8643	0.8573	1.2330
3.3	3.5274	2.7967	1.0380	0.5605	1.9598	11.6	2.4017	1.3627	0.9353	0.8577	1.2329
3.4	3.3013	2.5447	1.4769	0.5347	1.9407	11.8	2.3745	1.3324	0.4278	0.8591	1.2298
3.5	3.2392	2.4050	2.2313	0.5115	2.0090	12.0	2.3329	1.2940	0.1436	0.8596	1.2206
3.6	3.3113	2.3871	3.2838	0.5172	2.0766	12.2	2.2935	1.2546	0.4607	0.8577	1.2175
3.7	3.2471	2.3287	3.6690	0.5392	1.9916	12.4	2.2782	1.2383	0.7812	0.8555	1.2189
3.8	3.0519	2.1855	3.0263	0.5472	1.8560	12.6	2.2691	1.2288	0.5011	0.8559	1.2173
3.9	2.8414	2.0020	2.1150	0.5429	1.7544	12.8	2.2564	1.2168	0.0852	0.8583	1.2121
4.0	2.6136	1.7753	1.4741	0.5271	1.6778	13.0	2.2630	1.2235	0.1277	0.8592	1.2118
4.1	2.4265	1.5574	1.3156	0.4956	1.6546	13.2	2.2820	1.2433	0.4361	0.8593	1.2136
4.2	2.3858	1.4391	1.7929	0.4635	1.7187	13.4	2.2956	1.2573	0.4118	0.8623	1.2114
4.3	2.4193	1.4176	2.9761	0.4652	1.7598	13.6	2.3145	1.2755	0.1144	0.8672	1.2084
4.4	2.3451	1.3879	4.0059	0.4729	1.6889	13.8	2.3402	1.3025	0.1935	0.8704	1.2066
4.5	2.2892	1.3692	4.2683	0.4689	1.6471	14.0	2.3587	1.3214	0.2708	0.8723	1.2061
4.6	2.2525	1.3364	3.7401	0.4689	1.6259	14.2	2.3706	1.3329	0.4361	0.8752	1.2041
4.7	2.1569	1.2392	2.8033	0.4701	1.5743	14.4	2.3828	1.3457	0.0091	0.8788	1.2001
4.8	2.0824	1.1399	2.1028	0.4706	1.5460	14.6	2.3792	1.3498	0.1108	0.8811	1.1968
4.9	2.1273	1.1228	1.9116	0.4883	1.5790	14.8	2.3792	1.3419	0.1324	0.8822	1.1954
5.0	2.1699	1.1614	1.9959	0.5275	1.5573	15.0	2.3713	1.3337	0.2216	0.8829	1.1937

Table T1.94   135

N = 1.800 K = 0.100

X	QEXT	QSCA	QBK	G	GPR	X	QEXT	QSCA	QBK	G	GPR
0.1	0.0159	0.0000	0.0001	0.0015	0.0159	5.2	2.4050	1.1420	0.6759	0.6957	1.6105
0.2	0.0333	0.0008	0.0012	0.0046	0.0333	5.4	2.4456	1.1904	1.0143	0.7198	1.5887
0.3	0.0549	0.0041	0.0059	0.0101	0.0549	5.6	2.4810	1.2368	0.8204	0.7488	1.5549
0.4	0.0848	0.0132	0.0181	0.0178	0.0845	5.8	2.5515	1.3152	0.2927	0.7756	1.5314
0.5	0.1282	0.0327	0.0428	0.0277	0.1273	6.0	2.6310	1.3842	0.1238	0.7948	1.5308
0.6	0.1922	0.0688	0.0846	0.0397	0.1895	6.2	2.6552	1.4254	0.4005	0.8088	1.5023
0.7	0.2843	0.1287	0.1459	0.0539	0.2773	6.4	2.6745	1.4642	0.5505	0.8220	1.4708
0.8	0.4116	0.2190	0.2244	0.0709	0.3961	6.6	2.7025	1.4843	0.2878	0.8349	1.4633
0.9	0.5789	0.3441	0.3088	0.0909	0.5476	6.8	2.6950	1.4781	0.0140	0.8438	1.4478
1.0	0.7866	0.5037	0.3773	0.1149	0.7287	7.0	2.6634	1.4650	0.0741	0.8471	1.4223
1.1	1.0324	0.6933	0.3999	0.1436	0.9329	7.2	2.6328	1.4402	0.2404	0.8492	1.4099
1.2	1.3182	0.9101	0.3506	0.1768	1.1573	7.4	2.5959	1.3980	0.2081	0.8526	1.4040
1.3	1.6569	1.1623	0.2283	0.2117	1.4108	7.6	2.5458	1.3551	0.0649	0.8540	1.3885
1.4	2.0613	1.4669	0.0811	0.2414	1.7072	7.8	2.4975	1.3166	0.0352	0.8514	1.3767
1.5	2.4936	1.8121	0.0014	0.2594	2.0235	8.0	2.4571	1.2755	0.0995	0.8483	1.3751
1.6	2.8381	2.1181	0.0421	0.2679	2.2755	8.2	2.4217	1.2405	0.1102	0.8475	1.3703
1.7	3.0180	2.3062	0.1455	0.2765	2.3803	8.4	2.3934	1.2182	0.0747	0.8470	1.3615
1.8	3.0895	2.3923	0.2292	0.2936	2.3870	8.6	2.3739	1.2018	0.0847	0.8453	1.3580
1.9	3.1596	2.4474	0.2659	0.3230	2.3817	8.8	2.3656	1.1931	0.1138	0.8447	1.3578
2.0	3.3073	2.5341	0.2507	0.3653	2.4406	9.0	2.3672	1.1971	0.0809	0.8465	1.3539
2.1	3.5606	2.6866	0.1707	0.4169	2.5120	9.2	2.3722	1.2064	0.0387	0.8493	1.3476
2.2	3.8575	2.8838	0.0523	0.4666	2.6318	9.4	2.3817	1.2168	0.0863	0.8525	1.3443
2.3	4.0454	3.0302	0.0139	0.4995	2.6818	9.6	2.3978	1.2330	0.1684	0.8563	1.3420
2.4	4.0444	3.0497	0.1306	0.5124	2.6818	9.8	2.4128	1.2517	0.1439	0.8604	1.3359
2.5	3.9269	2.9671	0.3312	0.5134	2.4036	10.0	2.4225	1.2650	0.0421	0.8648	1.3286
2.6	3.8008	2.8503	0.5182	0.5125	2.3401	10.2	2.4320	1.2746	0.0323	0.8693	1.3239
2.7	3.7443	2.7568	0.6505	0.5184	2.3152	10.4	2.4396	1.2837	0.1467	0.8733	1.3186
2.8	3.7906	2.7215	0.7071	0.5377	2.3822	10.6	2.4386	1.2872	0.2095	0.8762	1.3108
2.9	3.8841	2.7317	0.6282	0.5684	2.3313	10.8	2.4322	1.2835	0.1219	0.8791	1.3039
3.0	3.8931	2.7143	0.4124	0.5965	2.2739	11.0	2.4252	1.2773	0.0187	0.8818	1.2988
3.1	3.7708	2.6172	0.2357	0.6115	2.1705	11.2	2.4141	1.2690	0.0595	0.8837	1.2926
3.2	3.5766	2.4545	0.2437	0.6139	2.0698	11.4	2.3979	1.2570	0.1746	0.8847	1.2858
3.3	3.3786	2.2659	0.4314	0.6079	2.0012	11.6	2.3822	1.2438	0.1867	0.8855	1.2808
3.4	3.2333	2.0946	0.7428	0.5991	1.9785	11.8	2.3685	1.2320	0.0823	0.8864	1.2765
3.5	3.1719	1.9748	1.1330	0.5968	1.9932	12.0	2.3541	1.2209	0.0221	0.8869	1.2713
3.6	3.1521	1.9032	1.4648	0.6068	1.9973	12.2	2.3411	1.2115	0.0826	0.8870	1.2666
3.7	3.0925	1.8377	1.4800	0.6124	1.9524	12.4	2.3266	1.2053	0.1577	0.8871	1.2632
3.8	2.9800	1.7483	1.1493	0.6283	1.8826	12.6	2.3225	1.2020	0.1359	0.8876	1.2598
3.9	2.8400	1.6278	0.7235	0.6292	1.8157	12.8	2.3213	1.2011	0.0619	0.8881	1.2558
4.0	2.6930	1.4869	0.4351	0.6240	1.7652	13.0	2.3213	1.2029	0.0438	0.8887	1.2523
4.1	2.5766	1.3569	0.3774	0.6151	1.7453	13.2	2.3228	1.2070	0.0907	0.8894	1.2494
4.2	2.5264	1.2684	0.5733	0.6098	1.7530	13.4	2.3253	1.2120	0.1225	0.8903	1.2462
4.3	2.5031	1.2232	0.9875	0.6124	1.7540	13.6	2.3280	1.2177	0.1005	0.8914	1.2426
4.4	2.4764	1.2018	1.4164	0.6177	1.7340	13.8	2.3312	1.2234	0.0670	0.8925	1.2394
4.5	2.4494	1.1861	1.5967	0.6227	1.7109	14.0	2.3338	1.2284	0.0656	0.8934	1.2363
4.6	2.4121	1.1575	1.4431	0.6282	1.6849	14.2	2.3350	1.2321	0.0855	0.8944	1.2330
4.7	2.3610	1.1124	1.0957	0.6344	1.6553	14.4	2.3349	1.2345	0.0961	0.8954	1.2296
4.8	2.3255	1.0724	0.7408	0.6428	1.6362	14.6	2.3333	1.2351	0.0910	0.8961	1.2265
4.9	2.3234	1.0583	0.4708	0.6558	1.6294	14.8	2.3302	1.2341	0.0810	0.8968	1.2235
5.0	2.3385	1.0715	0.3468	0.6711	1.6194	15.0	2.3257	1.2319	0.0743	0.8973	1.2203

Table T1.95

N = 1.800 K = 0.200

x	QEXT	QSCA	QBK	G	QPR	x	QEXT	QSCA	QBK	G	QPR
0.1	0.0317	0.0001	0.0001	0.0015	0.0317	5.2	2.5348	1.1515	0.0949	0.7861	1.6296
0.2	0.0657	0.0008	0.0012	0.0046	0.0657	5.4	2.5423	1.1748	0.2566	0.7977	1.6052
0.3	0.1056	0.0043	0.0061	0.0101	0.1056	5.6	2.5461	1.1964	0.2444	0.8080	1.5793
0.4	0.1562	0.0138	0.0189	0.0178	0.1560	5.8	2.5597	1.2202	0.0954	0.8185	1.5609
0.5	0.2236	0.0341	0.0446	0.0276	0.2227	6.0	2.5732	1.2428	0.0170	0.8278	1.5444
0.6	0.3149	0.0713	0.0876	0.0397	0.3121	6.2	2.5754	1.2593	0.0800	0.8350	1.5239
0.7	0.4375	0.1322	0.1497	0.0542	0.4303	6.4	2.5728	1.2698	0.1570	0.8411	1.5047
0.8	0.5970	0.2225	0.2270	0.0716	0.5810	6.6	2.5608	1.2753	0.1428	0.8468	1.4897
0.9	0.7955	0.3446	0.3062	0.0923	0.7637	6.8	2.5462	1.2759	0.0769	0.8512	1.4747
1.0	1.0307	0.4957	0.3643	0.1172	0.9726	7.0	2.5303	1.2723	0.0523	0.8543	1.4592
1.1	1.2977	0.6690	0.3738	0.1468	1.1995	7.2	2.5140	1.2655	0.0821	0.8568	1.4460
1.2	1.5934	0.8585	0.3173	0.1803	1.4386	7.4	2.4966	1.2568	0.1114	0.8590	1.4344
1.3	1.9156	1.0638	0.2059	0.2146	1.6873	7.6	2.4796	1.2476	0.1040	0.8605	1.4230
1.4	2.2473	1.2842	0.0881	0.2441	1.9338	7.8	2.4647	1.2385	0.0796	0.8616	1.4125
1.5	2.5416	1.5015	0.0232	0.2658	2.1424	8.0	2.4517	1.2305	0.0718	0.8626	1.4033
1.6	2.7492	1.6806	0.0280	0.3026	2.2735	8.2	2.4405	1.2240	0.0858	0.8637	1.3945
1.7	2.8711	1.8025	0.0689	0.3297	2.3257	8.4	2.4316	1.2194	0.0998	0.8647	1.3861
1.8	2.9564	1.8806	0.1080	0.3663	2.3363	8.6	2.4249	1.2166	0.0956	0.8658	1.3783
1.9	3.0576	1.9436	0.1269	0.4103	2.3457	8.8	2.4196	1.2155	0.0800	0.8671	1.3709
2.0	3.1997	2.0145	0.1165	0.4559	2.3730	9.0	2.4155	1.2159	0.0741	0.8685	1.3636
2.1	3.3666	2.0984	0.0782	0.4943	2.4100	9.2	2.4124	1.2173	0.0864	0.8700	1.3565
2.2	3.5058	2.1774	0.0424	0.5198	2.4296	9.4	2.4098	1.2193	0.1007	0.8716	1.3497
2.3	3.5677	2.2222	0.0531	0.5343	2.4125	9.6	2.4071	1.2216	0.0972	0.8733	1.3430
2.4	3.5506	2.2184	0.1179	0.5437	2.3653	9.8	2.4042	1.2239	0.0797	0.8749	1.3363
2.5	3.4941	2.1765	0.2013	0.5546	2.3107	10.0	2.4010	1.2257	0.0717	0.8765	1.3298
2.6	3.4434	2.1192	0.2627	0.5713	2.2681	10.2	2.3973	1.2270	0.0846	0.8781	1.3236
2.7	3.4251	2.0673	0.2762	0.5942	2.2441	10.4	2.3929	1.2278	0.1012	0.8795	1.3175
2.8	3.4352	2.0299	0.2296	0.6186	2.2290	10.6	2.3882	1.2279	0.0994	0.8808	1.3114
2.9	3.4411	1.9998	0.1333	0.6384	2.1586	10.8	2.3832	1.2273	0.0819	0.8820	1.3056
3.0	3.4100	1.9593	0.0369	0.6509	2.0996	11.0	2.3779	1.2264	0.0722	0.8832	1.3001
3.1	3.3339	1.8964	0.0022	0.6575	2.0419	11.2	2.3724	1.2251	0.0821	0.8841	1.2947
3.2	3.2337	1.8127	0.0542	0.6616	1.9974	11.4	2.3671	1.2237	0.0974	0.8850	1.2894
3.3	3.1359	1.7207	0.1743	0.6670	1.9698	11.6	2.3620	1.2228	0.0984	0.8858	1.2844
3.4	3.0604	1.6352	0.3221	0.6757	1.9526	11.8	2.3571	1.2208	0.0854	0.8866	1.2797
3.5	3.0106	1.5657	0.4458	0.6872	1.9339	12.0	2.3526	1.2196	0.0761	0.8873	1.2750
3.6	2.9729	1.5118	0.4876	0.6984	1.9065	12.2	2.3484	1.2186	0.0810	0.8879	1.2705
3.7	2.9298	1.4652	0.4177	0.7068	1.8715	12.4	2.3446	1.2179	0.0918	0.8885	1.2662
3.8	2.8726	1.4163	0.2694	0.7120	1.8349	12.6	2.3411	1.2175	0.0947	0.8891	1.2621
3.9	2.8041	1.3612	0.1167	0.7151	1.8035	12.8	2.3378	1.2173	0.0878	0.8897	1.2580
4.0	2.7359	1.3038	0.0233	0.7182	1.7813	13.0	2.3348	1.2172	0.0812	0.8903	1.2541
4.1	2.6805	1.2520	0.0188	0.7228	1.7668	13.2	2.3320	1.2173	0.0822	0.8909	1.2503
4.2	2.6432	1.2124	0.1026	0.7292	1.7553	13.4	2.3292	1.2175	0.0877	0.8915	1.2466
4.3	2.6205	1.1865	0.2428	0.7366	1.7427	13.6	2.3265	1.2177	0.0903	0.8920	1.2430
4.4	2.6052	1.1710	0.3762	0.7436	1.7268	13.8	2.3238	1.2179	0.0879	0.8926	1.2395
4.5	2.5894	1.1601	0.4389	0.7496	1.7076	14.0	2.3211	1.2180	0.0848	0.8931	1.2360
4.6	2.5692	1.1494	0.4070	0.7548	1.6877	14.2	2.3184	1.2181	0.0832	0.8936	1.2327
4.7	2.5471	1.1385	0.3033	0.7601	1.6703	14.4	2.3156	1.2180	0.0865	0.8941	1.2294
4.8	2.5293	1.1301	0.1724	0.7660	1.6569	14.6	2.3128	1.2178	0.0875	0.8945	1.2263
4.9	2.5202	1.1271	0.0597	0.7660	1.6468	14.8	2.3128	1.2175	0.0866	0.8949	1.2232
5.0	2.5202	1.1307	0.0028	0.7725	1.6468	15.0	2.3100	1.2172	0.0858	0.8953	1.2202

Table T1.96   137

N = 1.800 K = 0.300

X	QEXT	QSCA	QBK	G	QPR	X	QEXT	QSCA	QBK	G	QPR
0.1	0.0473	0.0001	0.0001	0.0015	0.0473	5.2	2.5735	1.1978	0.0634	0.8006	1.6146
0.2	0.0978	0.0009	0.0013	0.0045	0.0978	5.4	2.5679	1.2071	0.1442	0.8085	1.5919
0.3	0.1559	0.0046	0.0066	0.0100	0.1558	5.6	2.5608	1.2156	0.1612	0.8153	1.5697
0.4	0.2271	0.0148	0.0204	0.0177	0.2268	5.8	2.5562	1.2236	0.1077	0.8217	1.5508
0.5	0.3183	0.0365	0.0478	0.0275	0.3173	6.0	2.5522	1.2309	0.0604	0.8277	1.5334
0.6	0.4367	0.0760	0.0933	0.0397	0.4336	6.2	2.5455	1.2364	0.0679	0.8328	1.5159
0.7	0.5887	0.1398	0.1582	0.0543	0.5811	6.4	2.5371	1.2397	0.1031	0.8372	1.4992
0.8	0.7782	0.2326	0.2369	0.0719	0.7614	6.6	2.5283	1.2413	0.1182	0.8412	1.4842
0.9	1.0040	0.3552	0.3142	0.0930	0.9709	6.8	2.5189	1.2415	0.1035	0.8446	1.4702
1.0	1.2597	0.5022	0.3661	0.1184	1.2002	7.0	2.5084	1.2407	0.0849	0.8477	1.4568
1.1	1.5362	0.6645	0.3682	0.1483	1.4377	7.2	2.4977	1.2390	0.0822	0.8503	1.4442
1.2	1.8236	0.8336	0.3107	0.1814	1.6724	7.4	2.4872	1.2369	0.0905	0.8526	1.4325
1.3	2.1084	1.0044	0.2120	0.2149	1.8926	7.6	2.4770	1.2348	0.0962	0.8548	1.4216
1.4	2.3665	1.1708	0.1142	0.2449	2.0797	7.8	2.4674	1.2328	0.0955	0.8567	1.4112
1.5	2.5692	1.3200	0.0543	0.2706	2.2120	8.0	2.4583	1.2310	0.0938	0.8585	1.4014
1.6	2.7073	1.4387	0.0377	0.2951	2.2826	8.2	2.4500	1.2296	0.0940	0.8602	1.3922
1.7	2.8017	1.5245	0.0468	0.3230	2.3093	8.4	2.4423	1.2286	0.0929	0.8619	1.3834
1.8	2.8863	1.5879	0.0640	0.3568	2.3198	8.6	2.4354	1.2280	0.0895	0.8635	1.3750
1.9	2.9842	1.6426	0.0795	0.3962	2.3333	8.8	2.4290	1.2277	0.0880	0.8650	1.3670
2.0	3.0949	1.6965	0.0880	0.4379	2.3521	9.0	2.4230	1.2276	0.0920	0.8665	1.3593
2.1	3.1968	1.7475	0.0928	0.4764	2.3643	9.2	2.4175	1.2278	0.0979	0.8680	1.3519
2.2	3.2619	1.7854	0.1050	0.5072	2.3563	9.4	2.4122	1.2280	0.0981	0.8694	1.3448
2.3	3.2787	1.8003	0.1333	0.5293	2.3257	9.6	2.4072	1.2280	0.0915	0.8708	1.3379
2.4	3.2588	1.7905	0.1699	0.5455	2.2820	9.8	2.4023	1.2281	0.0857	0.8721	1.3312
2.5	3.2259	1.7633	0.1961	0.5601	2.2383	10.0	2.3974	1.2281	0.0877	0.8734	1.3248
2.6	3.2005	1.7298	0.1957	0.5766	2.2032	10.2	2.3927	1.2281	0.0954	0.8746	1.3187
2.7	3.1895	1.6985	0.1626	0.5963	2.1767	10.4	2.3881	1.2280	0.0996	0.8757	1.3127
2.8	3.1848	1.6722	0.1046	0.6177	2.1518	10.6	2.3834	1.2278	0.0956	0.8768	1.3069
2.9	3.1709	1.6469	0.0446	0.6376	2.1209	10.8	2.3789	1.2275	0.0883	0.8778	1.3014
3.0	3.1375	1.6161	0.0119	0.6534	2.0815	11.0	2.3744	1.2272	0.0861	0.8787	1.2960
3.1	3.0857	1.5763	0.0257	0.6649	2.0377	11.2	2.3701	1.2269	0.0910	0.8796	1.2909
3.2	3.0257	1.5292	0.0837	0.6735	1.9959	11.4	2.3658	1.2265	0.0970	0.8805	1.2859
3.3	2.9698	1.4803	0.1659	0.6814	1.9612	11.6	2.3616	1.2261	0.0974	0.8813	1.2810
3.4	2.9253	1.4355	0.2430	0.6903	1.9344	11.8	2.3576	1.2258	0.0925	0.8821	1.2764
3.5	2.8920	1.3981	0.2851	0.7006	1.9125	12.0	2.3537	1.2255	0.0881	0.8828	1.2719
3.6	2.8640	1.3678	0.2728	0.7114	1.8910	12.2	2.3500	1.2250	0.0887	0.8835	1.2675
3.7	2.8342	1.3414	0.2098	0.7211	1.8669	12.4	2.3463	1.2250	0.0929	0.8842	1.2632
3.8	2.7991	1.3158	0.1230	0.7288	1.8402	12.6	2.3428	1.2247	0.0959	0.8848	1.2591
3.9	2.7604	1.2895	0.0475	0.7347	1.8131	12.8	2.3394	1.2245	0.0948	0.8854	1.2552
4.0	2.7233	1.2639	0.0101	0.7396	1.7886	13.0	2.3361	1.2243	0.0915	0.8860	1.2513
4.1	2.6925	1.2413	0.0215	0.7446	1.7518	13.2	2.3328	1.2241	0.0894	0.8866	1.2475
4.2	2.6700	1.2237	0.0750	0.7503	1.7376	13.4	2.3297	1.2239	0.0904	0.8872	1.2438
4.3	2.6543	1.2116	0.1485	0.7566	1.7235	13.6	2.3266	1.2237	0.0930	0.8877	1.2403
4.4	2.6421	1.2039	0.2098	0.7630	1.7083	13.8	2.3236	1.2236	0.0944	0.8882	1.2368
4.5	2.6300	1.1988	0.2402	0.7689	1.7083	14.0	2.3207	1.2234	0.0937	0.8887	1.2335
4.6	2.6166	1.1948	0.2253	0.7740	1.6918	14.2	2.3178	1.2232	0.0917	0.8892	1.2302
4.7	2.6030	1.1916	0.1764	0.7785	1.6754	14.4	2.3150	1.2230	0.0904	0.8897	1.2270
4.8	2.5911	1.1894	0.1133	0.7827	1.6602	14.6	2.3123	1.2228	0.0910	0.8901	1.2239
4.9	2.5826	1.1889	0.0582	0.7870	1.6470	14.8	2.3096	1.2226	0.0926	0.8905	1.2209
5.0	2.5777	1.1903	0.0289	0.7915	1.6356	15.0	2.3070	1.2224	0.0937	0.8909	1.2179

Table T1.97

N = 1.800 K = 0.400

X	QEXT	QSCA	QBK	G	QPR	X	QEXT	QSCA	QBK	G	QPR
0.1	0.0626	0.0001	0.0001	0.0014	0.0626	5.2	2.5803	1.2258	0.0706	0.7995	1.6003
0.2	0.1293	0.0010	0.0015	0.0045	0.1293	5.4	2.5701	1.2294	0.1215	0.8062	1.5790
0.3	0.2054	0.0051	0.0073	0.0099	0.2053	5.6	2.5594	1.2326	0.1441	0.8120	1.5586
0.4	0.2972	0.0162	0.0223	0.0176	0.2969	5.8	2.5497	1.2353	0.1207	0.8173	1.5402
0.5	0.4120	0.0399	0.0523	0.0273	0.4110	6.0	2.5408	1.2377	0.0863	0.8222	1.5232
0.6	0.5571	0.0828	0.1019	0.0394	0.5538	6.2	2.5316	1.2394	0.0774	0.8267	1.5070
0.7	0.7377	0.1512	0.1714	0.0541	0.7295	6.4	2.5219	1.2405	0.0949	0.8307	1.4915
0.8	0.9550	0.2489	0.2539	0.0718	0.9371	6.6	2.5124	1.2410	0.1142	0.8343	1.4771
0.9	1.2038	0.3747	0.3318	0.0931	1.1689	6.8	2.5031	1.2411	0.1169	0.8376	1.4636
1.0	1.4731	0.5209	0.3805	0.1187	1.4113	7.0	2.4939	1.2408	0.1052	0.8406	1.4509
1.1	1.7487	0.6760	0.3784	0.1484	1.6484	7.2	2.4850	1.2404	0.0929	0.8434	1.4388
1.2	2.0154	0.8296	0.3216	0.1810	1.8653	7.4	2.4763	1.2399	0.0903	0.8459	1.4275
1.3	2.2560	0.9746	0.2317	0.2140	2.0475	7.6	2.4680	1.2393	0.0971	0.8483	1.4167
1.4	2.4525	1.1051	0.1432	0.2452	2.1815	7.8	2.4602	1.2388	0.1060	0.8504	1.4066
1.5	2.5955	1.2144	0.0808	0.2749	2.2617	8.0	2.4527	1.2384	0.1093	0.8525	1.3969
1.6	2.6947	1.2996	0.0486	0.3054	2.2977	8.2	2.4455	1.2380	0.1048	0.8544	1.3878
1.7	2.7726	1.3640	0.0397	0.3393	2.3098	8.4	2.4388	1.2377	0.0967	0.8562	1.3790
1.8	2.8497	1.4156	0.0473	0.3770	2.3160	8.6	2.4324	1.2375	0.0928	0.8579	1.3707
1.9	2.9326	1.4615	0.0669	0.4166	2.3237	8.8	2.4262	1.2374	0.0966	0.8595	1.3627
2.0	3.0122	1.5034	0.0941	0.4545	2.3289	9.0	2.4203	1.2372	0.1043	0.8611	1.3550
2.1	3.0719	1.5376	0.1259	0.4872	2.3227	9.2	2.4147	1.2371	0.1080	0.8625	1.3476
2.2	3.1000	1.5586	0.1601	0.5132	2.3001	9.4	2.4093	1.2370	0.1039	0.8639	1.3406
2.3	3.0983	1.5633	0.1908	3.5335	2.2642	9.6	2.4040	1.2369	0.0966	0.8653	1.3338
2.4	3.0790	1.5538	0.2080	0.5508	2.2232	9.8	2.3989	1.2367	0.0937	0.8665	1.3272
2.5	3.0570	1.5356	0.2025	0.5680	2.1847	10.0	2.3940	1.2366	0.0979	0.8677	1.3209
2.6	3.0412	1.5153	0.1710	0.5867	2.1523	10.2	2.3892	1.2364	0.1045	0.8689	1.3149
2.7	3.0319	1.4969	0.1204	0.6065	2.1241	10.4	2.3846	1.2363	0.1064	0.8700	1.3090
2.8	3.0224	1.4806	0.0669	0.6259	2.0957	10.6	2.3800	1.2361	0.1021	0.8710	1.3034
2.9	3.0049	1.4640	0.0312	0.6428	2.0639	10.8	2.3756	1.2359	0.0963	0.8720	1.2980
3.0	2.9760	1.4441	0.0282	0.6564	2.0281	11.0	2.3714	1.2357	0.0953	0.8729	1.2927
3.1	2.9386	1.4198	0.0605	0.6672	1.9914	11.2	2.3672	1.2355	0.0995	0.8738	1.2877
3.2	2.8993	1.3928	0.1171	0.6765	1.9570	11.4	2.3632	1.2353	0.1041	0.8747	1.2828
3.3	2.8641	1.3660	0.1785	0.6857	1.9274	11.6	2.3592	1.2350	0.1046	0.8755	1.2780
3.4	2.8360	1.3421	0.2232	0.6955	1.9025	11.8	2.3554	1.2348	0.1007	0.8762	1.2734
3.5	2.8136	1.3224	0.2346	0.7058	1.8803	12.0	2.3517	1.2346	0.0969	0.8770	1.2690
3.6	2.7935	1.3065	0.2081	0.7156	1.8587	12.2	2.3481	1.2344	0.0969	0.8777	1.2647
3.7	2.7724	1.2927	0.1542	0.7243	1.8360	12.4	2.3446	1.2342	0.1003	0.8783	1.2605
3.8	2.7488	1.2798	0.0936	0.7315	1.8126	12.6	2.3412	1.2340	0.1034	0.8790	1.2565
3.9	2.7243	1.2670	0.0476	0.7377	1.7897	12.8	2.3379	1.2338	0.1031	0.8796	1.2526
4.0	2.7013	1.2551	0.0304	0.7432	1.7685	13.0	2.3346	1.2336	0.1001	0.8802	1.2488
4.1	2.6820	1.2447	0.0454	0.7488	1.7500	13.2	2.3315	1.2335	0.0975	0.8808	1.2451
4.2	2.6669	1.2367	0.0850	0.7545	1.7338	13.4	2.3284	1.2333	0.0979	0.8813	1.2414
4.3	2.6552	1.2312	0.1336	0.7604	1.7190	13.6	2.3253	1.2331	0.1005	0.8819	1.2379
4.4	2.6451	1.2278	0.1732	0.7661	1.7044	13.8	2.3224	1.2329	0.1026	0.8824	1.2345
4.5	2.6351	1.2257	0.1903	0.7714	1.6896	14.0	2.3195	1.2327	0.1021	0.8829	1.2312
4.6	2.6247	1.2242	0.1811	0.7761	1.6746	14.2	2.3167	1.2325	0.0998	0.8834	1.2280
4.7	2.6143	1.2232	0.1511	0.7803	1.6599	14.4	2.3139	1.2323	0.0980	0.8838	1.2248
4.8	2.6049	1.2225	0.1120	0.7843	1.6461	14.6	2.3113	1.2321	0.0985	0.8842	1.2218
4.9	2.5969	1.2224	0.0768	0.7881	1.6334	14.8	2.3086	1.2319	0.1005	0.8847	1.2186
5.0	2.5904	1.2230	0.0562	0.7920	1.6219	15.0	2.3060	1.2317	0.1020	0.8851	1.2159

Table T1.98

N = 1.800 K = 0.500

X	QEXT	QSCA	QBK	G	QPR	X	QEXT	QSCA	QBK	G	QPR
0.1	0.0776	0.0001	0.0001	0.0014	0.0776	5.2	2.5788	1.2449	0.0815	0.7942	1.5901
0.2	0.1601	0.0011	0.0016	0.0044	0.1601	5.4	2.5673	1.2465	0.1208	0.8004	1.5697
0.3	0.2539	0.0057	0.0081	0.0098	0.2538	5.6	2.5558	1.2478	0.1455	0.8058	1.5502
0.4	0.3661	0.0181	0.0249	0.0174	0.3658	5.8	2.5449	1.2488	0.1335	0.8108	1.5324
0.5	0.5045	0.0444	0.0583	0.0271	0.5033	6.0	2.5348	1.2497	0.1040	0.8154	1.5159
0.6	0.6760	0.0917	0.1131	0.0391	0.6724	6.2	2.5250	1.2503	0.0888	0.8196	1.5003
0.7	0.8842	0.1663	0.1892	0.0537	0.8753	6.4	2.5154	1.2508	0.0990	0.8235	1.4854
0.8	1.1271	0.2710	0.2775	0.0713	1.1078	6.6	2.5060	1.2510	0.1197	0.8270	1.4714
0.9	1.3947	0.4024	0.3583	0.0927	1.3574	6.8	2.4970	1.2510	0.1292	0.8303	1.4583
1.0	1.6709	0.5500	0.4059	0.1181	1.6060	7.0	2.4884	1.2510	0.1205	0.8333	1.4460
1.1	1.9374	0.7004	0.4011	0.1474	1.8341	7.2	2.4801	1.2508	0.1046	0.8361	1.4342
1.2	2.1766	0.8418	0.3445	0.1795	2.0254	7.4	2.4721	1.2507	0.0973	0.8387	1.4231
1.3	2.3740	0.9671	0.2581	0.2126	2.1684	7.6	2.4645	1.2505	0.1041	0.8411	1.4126
1.4	2.5220	1.0725	0.1708	0.2456	2.2587	7.8	2.4572	1.2504	0.1168	0.8434	1.4026
1.5	2.6265	1.1564	0.1016	0.2790	2.3029	8.0	2.4502	1.2504	0.1225	0.8455	1.3931
1.6	2.7010	1.2211	0.0569	0.3144	2.3171	8.2	2.4435	1.2502	0.1164	0.8474	1.3840
1.7	2.7670	1.2722	0.0373	0.3524	2.3187	8.4	2.4371	1.2501	0.1055	0.8493	1.3754
1.8	2.8341	1.3157	0.0424	0.3920	2.3184	8.6	2.4309	1.2500	0.1009	0.8510	1.3672
1.9	2.9001	1.3548	0.0694	0.4302	2.3172	8.8	2.4249	1.2499	0.1065	0.8526	1.3593
2.0	2.9548	1.3887	0.1119	0.4643	2.3099	9.0	2.4192	1.2498	0.1157	0.8542	1.3517
2.1	2.9877	1.4138	0.1604	0.4926	2.2912	9.2	2.4137	1.2496	0.1192	0.8556	1.3445
2.2	2.9961	1.4270	0.2040	0.5154	2.2606	9.4	2.4083	1.2495	0.1138	0.8570	1.3375
2.3	2.9862	1.4283	0.2314	0.5346	2.2226	9.6	2.4032	1.2494	0.1057	0.8583	1.3308
2.4	2.9686	1.4209	0.2339	0.5525	2.1835	9.8	2.3981	1.2492	0.1033	0.8596	1.3244
2.5	2.9523	1.4093	0.2084	0.5709	2.1478	10.0	2.3933	1.2491	0.1083	0.8608	1.3181
2.6	2.9409	1.3975	0.1601	0.5900	2.1164	10.2	2.3886	1.2489	0.1151	0.8619	1.3122
2.7	2.9324	1.3874	0.1032	0.6091	2.0873	10.4	2.3840	1.2488	0.1166	0.8630	1.3064
2.8	2.9215	1.3785	0.0564	0.6266	2.0577	10.6	2.3796	1.2486	0.1119	0.8640	1.3009
2.9	2.9042	1.3688	0.0357	0.6416	2.0260	10.8	2.3753	1.2484	0.1061	0.8649	1.2955
3.0	2.8800	1.3568	0.0479	0.6539	1.9928	11.0	2.3712	1.2482	0.1052	0.8659	1.2904
3.1	2.8519	1.3425	0.0881	0.6644	1.9600	11.2	2.3671	1.2481	0.1096	0.8667	1.2854
3.2	2.8243	1.3270	0.1421	0.6741	1.9298	11.4	2.3631	1.2479	0.1143	0.8676	1.2805
3.3	2.8004	1.3123	0.1918	0.6837	1.9031	11.6	2.3593	1.2477	0.1147	0.8684	1.2759
3.4	2.7811	1.2997	0.2203	0.6937	1.8796	11.8	2.3556	1.2475	0.1108	0.8691	1.2713
3.5	2.7651	1.2896	0.2185	0.7035	1.8578	12.0	2.3520	1.2473	0.1068	0.8699	1.2670
3.6	2.7500	1.2817	0.1877	0.7128	1.8364	12.2	2.3484	1.2471	0.1067	0.8706	1.2627
3.7	2.7340	1.2750	0.1398	0.7209	1.8148	12.4	2.3450	1.2469	0.1102	0.8712	1.2586
3.8	2.7168	1.2688	0.0916	0.7280	1.7931	12.6	2.3416	1.2467	0.1135	0.8719	1.2546
3.9	2.6995	1.2627	0.0584	0.7343	1.7723	12.8	2.3383	1.2465	0.1133	0.8725	1.2507
4.0	2.6834	1.2570	0.0493	0.7401	1.7530	13.0	2.3351	1.2463	0.1102	0.8731	1.2470
4.1	2.6696	1.2523	0.0648	0.7458	1.7356	13.2	2.3320	1.2462	0.1074	0.8737	1.2433
4.2	2.6582	1.2487	0.0978	0.7515	1.7198	13.4	2.3290	1.2460	0.1077	0.8742	1.2397
4.3	2.6486	1.2463	0.1359	0.7572	1.7049	13.6	2.3260	1.2458	0.1105	0.8747	1.2363
4.4	2.6398	1.2449	0.1661	0.7626	1.6905	13.8	2.3231	1.2456	0.1128	0.8752	1.2329
4.5	2.6311	1.2442	0.1793	0.7675	1.6761	14.0	2.3202	1.2454	0.1124	0.8757	1.2296
4.6	2.6222	1.2439	0.1729	0.7721	1.6619	14.2	2.3175	1.2452	0.1099	0.8762	1.2264
4.7	2.6134	1.2436	0.1507	0.7762	1.6481	14.4	2.3147	1.2450	0.1079	0.8767	1.2233
4.8	2.6050	1.2435	0.1209	0.7800	1.6350	14.6	2.3121	1.2448	0.1084	0.8771	1.2203
4.9	2.5974	1.2435	0.0932	0.7837	1.6228	14.8	2.3095	1.2446	0.1106	0.8775	1.2174
5.0	2.5907	1.2437	0.0755	0.7873	1.6114	15.0	2.3069	1.2444	0.1123	0.8779	1.2145

Table T1.99

$N = 1.800$ $K = 1.000$

X	QEXT	QSCA	QBK	G	QPR	X	QEXT	QSCA	QBK	G	QPR
0.1	0.1413	0.0001	0.0002	0.0012	0.1413	5.2	2.6099	1.3628	0.1508	0.7542	1.5820
0.2	0.2933	0.0020	0.0030	0.0040	0.2933	5.4	2.5981	1.3630	0.1948	0.7596	1.5626
0.3	0.4677	0.0105	0.0151	0.0089	0.4676	5.6	2.5864	1.3631	0.2288	0.7645	1.5443
0.4	0.6767	0.0335	0.0467	0.0156	0.6762	5.8	2.5752	1.3630	0.2192	0.7688	1.5273
0.5	0.9303	0.0821	0.1098	0.0243	0.9283	6.0	2.5649	1.3628	0.1810	0.7729	1.5116
0.6	1.2308	0.1674	0.2118	0.0351	1.2249	6.2	2.5551	1.3626	0.1558	0.7767	1.4968
0.7	1.5664	0.2952	0.3484	0.0483	1.5521	6.4	2.5455	1.3625	0.1671	0.7802	1.4826
0.8	1.9083	0.4592	0.4955	0.0644	1.8787	6.6	2.5363	1.3622	0.1987	0.7834	1.4691
0.9	2.2174	0.6395	0.6144	0.0839	2.1638	6.8	2.5275	1.3618	0.2162	0.7864	1.4566
1.0	2.4609	0.8091	0.6693	0.1074	2.3740	7.0	2.5192	1.3615	0.2034	0.7892	1.4447
1.1	2.6259	0.9476	0.6465	0.1353	2.4978	7.2	2.5112	1.3611	0.1765	0.7918	1.4334
1.2	2.7220	1.0477	0.5577	0.1679	2.5460	7.4	2.5034	1.3608	0.1639	0.7942	1.4226
1.3	2.7719	1.1142	0.4280	0.2059	2.5426	7.6	2.4959	1.3603	0.1766	0.7965	1.4124
1.4	2.8010	1.1577	0.2859	0.2489	2.5128	7.8	2.4887	1.3599	0.1988	0.7985	1.4028
1.5	2.8276	1.1898	0.1594	0.2958	2.4757	8.0	2.4818	1.3595	0.2071	0.8005	1.3936
1.6	2.8589	1.2190	0.0741	0.3430	2.4408	8.2	2.4751	1.3590	0.1898	0.8023	1.3848
1.7	2.8915	1.2490	0.0478	0.3862	2.4091	8.4	2.4686	1.3586	0.1945	0.8040	1.3764
1.8	2.8915	1.2785	0.0827	0.4220	2.3774	8.6	2.4624	1.3581	0.1758	0.8055	1.3684
1.9	2.9170	1.3038	0.1629	0.4498	2.3421	8.8	2.4564	1.3576	0.1703	0.8070	1.3608
2.0	2.9250	1.3218	0.2596	0.4711	2.3023	9.0	2.4506	1.3571	0.1821	0.8084	1.3534
2.1	2.9111	1.3321	0.3425	0.4889	2.2599	9.2	2.4449	1.3567	0.1975	0.8098	1.3464
2.2	2.8934	1.3363	0.3883	0.5056	2.2178	9.4	2.4394	1.3562	0.2005	0.8110	1.3396
2.3	2.8776	1.3376	0.3858	0.5228	2.1783	9.6	2.4341	1.3557	0.1895	0.8122	1.3330
2.4	2.8662	1.3387	0.3379	0.5409	2.1422	9.8	2.4290	1.3552	0.1766	0.8133	1.3268
2.5	2.8582	1.3410	0.2605	0.5590	2.1086	10.0	2.4240	1.3547	0.1749	0.8144	1.3207
2.6	2.8509	1.3446	0.1780	0.5760	2.0764	10.2	2.4192	1.3542	0.1850	0.8154	1.3149
2.7	2.8418	1.3486	0.1148	0.5911	2.0446	10.4	2.4144	1.3537	0.1956	0.8164	1.3092
2.8	2.8297	1.3520	0.0875	0.6041	2.0129	10.6	2.4099	1.3532	0.1959	0.8173	1.3038
2.9	2.8152	1.3539	0.0999	0.6154	1.9821	10.8	2.4054	1.3527	0.1867	0.8182	1.2986
3.0	2.8001	1.3546	0.1441	0.6255	1.9528	11.0	2.4011	1.3522	0.1779	0.8190	1.2936
3.1	2.7860	1.3544	0.2039	0.6353	1.9256	11.2	2.3969	1.3517	0.1784	0.8198	1.2887
3.2	2.7739	1.3543	0.2601	0.6449	1.9006	11.4	2.3928	1.3513	0.1867	0.8206	1.2839
3.3	2.7636	1.3550	0.2960	0.6545	1.8773	11.6	2.3888	1.3508	0.1938	0.8213	1.2794
3.4	2.7546	1.3562	0.3024	0.6638	1.8551	11.8	2.3849	1.3503	0.1928	0.8220	1.2749
3.5	2.7456	1.3575	0.2793	0.6725	1.8336	12.0	2.3811	1.3498	0.1853	0.8226	1.2707
3.6	2.7362	1.3586	0.2358	0.6805	1.8125	12.2	2.3774	1.3494	0.1793	0.8233	1.2665
3.7	2.7262	1.3593	0.1860	0.6876	1.7920	12.4	2.3737	1.3489	0.1807	0.8239	1.2625
3.8	2.7159	1.3597	0.1445	0.6941	1.7724	12.6	2.3702	1.3484	0.1873	0.8244	1.2585
3.9	2.7059	1.3598	0.1221	0.7001	1.7540	12.8	2.3668	1.3480	0.1922	0.8250	1.2547
4.0	2.6965	1.3598	0.1234	0.7057	1.7368	13.0	2.3634	1.3475	0.1905	0.8255	1.2510
4.1	2.6879	1.3600	0.1458	0.7112	1.7207	13.2	2.3601	1.3470	0.1845	0.8260	1.2474
4.2	2.6801	1.3602	0.1811	0.7165	1.7056	13.4	2.3569	1.3466	0.1805	0.8265	1.2439
4.3	2.6727	1.3606	0.2178	0.7215	1.6910	13.6	2.3537	1.3461	0.1823	0.8270	1.2405
4.4	2.6654	1.3612	0.2452	0.7263	1.6768	13.8	2.3507	1.3457	0.1877	0.8274	1.2372
4.5	2.6579	1.3617	0.2560	0.7306	1.6631	14.0	2.3477	1.3453	0.1907	0.8279	1.2340
4.6	2.6504	1.3621	0.2483	0.7347	1.6497	14.2	2.3447	1.3449	0.1889	0.8283	1.2308
4.7	2.6429	1.3624	0.2256	0.7384	1.6370	14.4	2.3418	1.3444	0.1842	0.8287	1.2277
4.8	2.6357	1.3625	0.1954	0.7418	1.6249	14.6	2.3390	1.3440	0.1814	0.8291	1.2248
4.9	2.6287	1.3626	0.1666	0.7451	1.6134	14.8	2.3363	1.3435	0.1834	0.8294	1.2219
5.0	2.6221	1.3626	0.1471	0.7483	1.6025	15.0	2.3335	1.3431	0.1898	0.8298	1.2190

Table T1.100

N = 1.800 K = 1.500

X	QEXT	QSCA	QBK	G	QPR	X	QEXT	QSCA	QBK	G	QPR
0.1	0.1728	0.0002	0.0003	0.0010	0.1728	5.2	2.6884	1.5312	0.2345	0.7116	1.5988
0.2	0.3627	0.0034	0.0050	0.0034	0.3627	5.4	2.6751	1.5298	0.3157	0.7163	1.5793
0.3	0.5893	0.0175	0.0254	0.0074	0.5892	5.6	2.6618	1.5281	0.3670	0.7205	1.5608
0.4	0.8729	0.0567	0.0803	0.0128	0.8722	5.8	2.6493	1.5262	0.3387	0.7242	1.5440
0.5	1.2285	0.1403	0.1926	0.0198	1.2257	6.0	2.6378	1.5243	0.2679	0.7278	1.5285
0.6	1.6525	0.2864	0.3775	0.0284	1.6443	6.2	2.6270	1.5227	0.2309	0.7312	1.5136
0.7	2.1078	0.4983	0.6232	0.0391	2.0883	6.4	2.6162	1.5211	0.2611	0.7342	1.4993
0.8	2.5245	0.7502	0.8760	0.0525	2.4851	6.6	2.6057	1.5194	0.3199	0.7370	1.4859
0.9	2.8326	0.9928	1.0587	0.0695	2.7636	6.8	2.5959	1.5176	0.3440	0.7396	1.4734
1.0	3.0047	1.1816	1.1161	0.0911	2.8971	7.0	2.5866	1.5160	0.3119	0.7421	1.4617
1.1	3.0645	1.3009	1.0418	0.1186	2.9102	7.2	2.5776	1.5144	0.2618	0.7443	1.4504
1.2	3.0621	1.3621	0.8661	0.1536	2.8519	7.4	2.5688	1.5129	0.2461	0.7464	1.4395
1.3	3.0404	1.3882	0.6331	0.1971	2.7667	7.6	2.5603	1.5113	0.2771	0.7483	1.4294
1.4	3.0306	1.4016	0.3912	0.2480	2.6830	7.8	2.5523	1.5097	0.3183	0.7501	1.4199
1.5	3.0407	1.4173	0.1913	0.3019	2.6128	8.0	2.5446	1.5082	0.3266	0.7518	1.4108
1.6	3.0634	1.4410	0.0783	0.3521	2.5560	8.2	2.5371	1.5068	0.2966	0.7533	1.4020
1.7	3.0839	1.4700	0.0748	0.3930	2.5062	8.4	2.5297	1.5053	0.2621	0.7548	1.3936
1.8	3.0899	1.4972	0.1681	0.4227	2.4570	8.6	2.5227	1.5039	0.2584	0.7561	1.3856
1.9	3.0783	1.5167	0.3171	0.4434	2.4058	8.8	2.5160	1.5025	0.2862	0.7574	1.3781
2.0	3.0542	1.5268	0.4699	0.4589	2.3536	9.0	2.5094	1.5011	0.3143	0.7586	1.3707
2.1	3.0259	1.5283	0.5817	0.4730	2.3032	9.2	2.5030	1.4998	0.3138	0.7597	1.3636
2.2	3.0025	1.5273	0.6235	0.4880	2.2567	9.4	2.4968	1.4985	0.2880	0.7608	1.3569
2.3	2.9857	1.5286	0.5874	0.5048	2.2147	9.6	2.4909	1.4971	0.2649	0.7618	1.3504
2.4	2.9752	1.5323	0.4875	0.5225	2.1765	9.8	2.4851	1.4959	0.2675	0.7627	1.3441
2.5	2.9676	1.5398	0.3561	0.5398	2.1404	10.0	2.4794	1.4946	0.2909	0.7637	1.3380
2.6	2.9587	1.5373	0.2331	0.5553	2.1051	10.2	2.4740	1.4934	0.3095	0.7645	1.3322
2.7	2.9463	1.5418	0.1527	0.5682	2.0702	10.4	2.4686	1.4922	0.3047	0.7653	1.3266
2.8	2.9305	1.5445	0.1327	0.5790	2.0362	10.6	2.4635	1.4910	0.2835	0.7661	1.3212
2.9	2.9129	1.5452	0.1720	0.5883	2.0038	10.8	2.4585	1.4899	0.2683	0.7669	1.3159
3.0	2.8960	1.5444	0.2531	0.5970	1.9739	11.0	2.4536	1.4887	0.2743	0.7675	1.3109
3.1	2.8813	1.5430	0.3489	0.6058	1.9466	11.2	2.4488	1.4876	0.2934	0.7682	1.3060
3.2	2.8693	1.5419	0.4299	0.6147	1.9214	11.4	2.4442	1.4865	0.3052	0.7688	1.3013
3.3	2.8592	1.5416	0.4731	0.6237	1.8977	11.6	2.4396	1.4855	0.2985	0.7694	1.2967
3.4	2.8492	1.5421	0.4682	0.6323	1.8749	11.8	2.4352	1.4844	0.2815	0.7700	1.2923
3.5	2.8401	1.5428	0.4196	0.6402	1.8524	12.0	2.4309	1.4834	0.2720	0.7705	1.2880
3.6	2.8293	1.5434	0.3443	0.6472	1.8305	12.2	2.4267	1.4823	0.2791	0.7710	1.2838
3.7	2.8177	1.5435	0.2656	0.6533	1.8093	12.4	2.4226	1.4813	0.2941	0.7715	1.2798
3.8	2.8058	1.5429	0.2057	0.6588	1.7894	12.6	2.4186	1.4804	0.3015	0.7720	1.2758
3.9	2.7945	1.5419	0.1797	0.6639	1.7709	12.8	2.4147	1.4794	0.2938	0.7724	1.2720
4.0	2.7843	1.5407	0.1923	0.6688	1.7538	13.0	2.4109	1.4784	0.2806	0.7729	1.2683
4.1	2.7752	1.5396	0.2368	0.6737	1.7379	13.2	2.4072	1.4775	0.2750	0.7733	1.2646
4.2	2.7665	1.5388	0.2980	0.6783	1.7228	13.4	2.4035	1.4766	0.2821	0.7737	1.2611
4.3	2.7589	1.5383	0.3568	0.6831	1.7081	13.6	2.4000	1.4757	0.2941	0.7741	1.2577
4.4	2.7507	1.5380	0.3962	0.6873	1.6937	13.8	2.3965	1.4748	0.2981	0.7744	1.2544
4.5	2.7423	1.5375	0.4061	0.6911	1.6796	14.0	2.3931	1.4739	0.2909	0.7748	1.2511
4.6	2.7336	1.5369	0.3853	0.6946	1.6661	14.2	2.3897	1.4730	0.2805	0.7751	1.2479
4.7	2.7250	1.5361	0.3417	0.6977	1.6533	14.4	2.3864	1.4722	0.2774	0.7754	1.2449
4.8	2.7167	1.5350	0.2890	0.7006	1.6412	14.6	2.3833	1.4714	0.2844	0.7757	1.2419
4.9	2.7090	1.5339	0.2424	0.7035	1.6299	14.8	2.3801	1.4705	0.2936	0.7760	1.2389
5.0	2.7018	1.5329	0.2146	0.7063	1.6192	15.0	2.3770	1.4697	0.2956	0.7763	1.2361

Table T1.101

$N = 1.800$ $K = 2.000$

X	QEXT	QSCA	QBK	G	QPR	X	QEXT	QSCA	QBK	G	QPR
0.1	0.1652	0.0003	0.0004	0.0008	0.1652	5.2	2.7559	1.7056	0.3055	0.6740	1.6063
0.2	0.3523	0.0046	0.0068	0.0025	0.3523	5.4	2.7417	1.7024	0.4496	0.6783	1.5869
0.3	0.5879	0.0241	0.0354	0.0054	0.5878	5.6	2.7267	1.6986	0.5378	0.6818	1.5686
0.4	0.9027	0.0796	0.1151	0.0093	0.9019	5.8	2.7129	1.6944	0.4837	0.6850	1.5523
0.5	1.3230	0.2010	0.2851	0.0142	1.3201	6.0	2.7009	1.6906	0.3551	0.6882	1.5374
0.6	1.8486	0.4172	0.5764	0.0205	1.8400	6.2	2.6895	1.6875	0.2906	0.6913	1.5230
0.7	2.4209	0.7292	0.9709	0.0287	2.3999	6.4	2.6777	1.6844	0.3492	0.6939	1.5088
0.8	2.9213	1.0825	1.3687	0.0396	2.8784	6.6	2.6661	1.6810	0.4580	0.6963	1.4957
0.9	3.2405	1.3876	1.6313	0.0541	3.1654	6.8	2.6555	1.6776	0.5000	0.6985	1.4838
1.0	3.3595	1.5843	1.6803	0.0737	3.2427	7.0	2.6458	1.6746	0.4369	0.7007	1.4725
1.1	3.3419	1.6732	1.5299	0.1003	3.1741	7.2	2.6362	1.6718	0.3424	0.7027	1.4614
1.2	3.2701	1.6915	1.2407	0.1361	3.0398	7.4	2.6265	1.6689	0.3155	0.7044	1.4508
1.3	3.2042	1.6802	0.8799	0.1827	2.8973	7.6	2.6172	1.6660	0.3774	0.7060	1.4410
1.4	3.1735	1.6698	0.5167	0.2383	2.7755	7.8	2.6087	1.6632	0.4564	0.7076	1.4319
1.5	3.1802	1.6761	0.2263	0.2969	2.6825	8.0	2.6005	1.6606	0.4696	0.7090	1.4231
1.6	3.2068	1.7004	0.0760	0.3494	2.6126	8.2	2.5924	1.6582	0.4086	0.7104	1.4145
1.7	3.2288	1.7326	0.0943	0.3892	2.5544	8.4	2.5843	1.6556	0.3413	0.7116	1.4063
1.8	3.2294	1.7600	0.2532	0.4154	2.4982	8.6	2.5767	1.6531	0.3370	0.7127	1.3986
1.9	3.2066	1.7749	0.4843	0.4318	2.4402	8.8	2.5696	1.6507	0.3945	0.7138	1.3913
2.0	3.1696	1.7766	0.7101	0.4436	2.3815	9.0	2.5625	1.6485	0.4498	0.7148	1.3842
2.1	3.1308	1.7697	0.8673	0.4552	2.3254	9.2	2.5556	1.6463	0.4463	0.7157	1.3772
2.2	3.0999	1.7604	0.9169	0.4690	2.2743	9.4	2.5488	1.6440	0.3916	0.7166	1.3707
2.3	3.0807	1.7539	0.8498	0.4856	2.2290	9.6	2.5424	1.6419	0.3456	0.7175	1.3644
2.4	3.0710	1.7524	0.6887	0.5036	2.1885	9.8	2.5362	1.6398	0.3541	0.7183	1.3584
2.5	3.0651	1.7554	0.4841	0.5209	2.1506	10.0	2.5301	1.6378	0.4043	0.7191	1.3525
2.6	3.0569	1.7601	0.2976	0.5358	2.1139	10.2	2.5241	1.6358	0.4414	0.7198	1.3468
2.7	3.0430	1.7635	0.1804	0.5474	2.0776	10.4	2.5184	1.6339	0.4285	0.7204	1.3413
2.8	3.0237	1.7637	0.1579	0.5565	2.0423	10.6	2.5128	1.6320	0.3823	0.7211	1.3361
2.9	3.0019	1.7608	0.2262	0.5640	2.0089	10.8	2.5074	1.6301	0.3519	0.7217	1.3310
3.0	2.9811	1.7558	0.3573	0.5712	1.9783	11.0	2.5021	1.6283	0.3669	0.7222	1.3260
3.1	2.9640	1.7506	0.5085	0.5789	1.9506	11.2	2.4969	1.6266	0.4089	0.7227	1.3213
3.2	2.9510	1.7466	0.6346	0.5872	1.9254	11.4	2.4919	1.6248	0.4329	0.7232	1.3167
3.3	2.9412	1.7443	0.6992	0.5958	1.9019	11.6	2.4870	1.6231	0.4157	0.7237	1.3123
3.4	2.9324	1.7436	0.6863	0.6041	1.8791	11.8	2.4822	1.6215	0.3778	0.7242	1.3080
3.5	2.9225	1.7433	0.6039	0.6115	1.8565	12.0	2.4775	1.6199	0.3589	0.7246	1.3038
3.6	2.9107	1.7426	0.4800	0.6177	1.8343	12.2	2.4730	1.6183	0.3770	0.7250	1.2997
3.7	2.8972	1.7408	0.3524	0.6229	1.8129	12.4	2.4685	1.6167	0.4109	0.7254	1.2958
3.8	2.8832	1.7380	0.2569	0.6274	1.7929	12.6	2.4642	1.6152	0.4255	0.7258	1.2919
3.9	2.8700	1.7345	0.2175	0.6316	1.7745	12.8	2.4599	1.6137	0.4068	0.7261	1.2882
4.0	2.8585	1.7310	0.2415	0.6358	1.7578	13.0	2.4558	1.6123	0.3757	0.7265	1.2845
4.1	2.8488	1.7280	0.3178	0.6403	1.7424	13.2	2.4517	1.6109	0.3653	0.7268	1.2810
4.2	2.8404	1.7258	0.4209	0.6447	1.7278	13.4	2.4478	1.6094	0.3839	0.7271	1.2776
4.3	2.8324	1.7242	0.5189	0.6490	1.7134	13.6	2.4439	1.6081	0.4111	0.7274	1.2742
4.4	2.8240	1.7228	0.5833	0.6529	1.6992	13.8	2.4401	1.6067	0.4182	0.7277	1.2710
4.5	2.8148	1.7213	0.5973	0.6563	1.6852	14.0	2.4364	1.6054	0.3997	0.7279	1.2678
4.6	2.8050	1.7193	0.5594	0.6592	1.6717	14.2	2.4327	1.6041	0.3754	0.7282	1.2647
4.7	2.7951	1.7169	0.4834	0.6618	1.6589	14.4	2.4292	1.6028	0.3704	0.7284	1.2616
4.8	2.7857	1.7143	0.3925	0.6642	1.6471	14.6	2.4257	1.6016	0.3881	0.7286	1.2587
4.9	2.7772	1.7117	0.3130	0.6666	1.6361	14.8	2.4223	1.6004	0.4098	0.7289	1.2558
5.0	2.7696	1.7093	0.2667	0.6691	1.6259	15.0	2.4189	1.5992	0.4121	0.7291	1.2530

Table T1.102   143

N = 1.800 K = 2.500

X	QEXT	QSCA	QBK	G	QPR	X	QEXT	QSCA	QBK	G	QPR
0.1	0.1352	0.0003	0.0005	0.0005	0.1352	5.2	2.7884	1.8600	0.3425	0.6428	1.5928
0.2	0.2934	0.0053	0.0079	0.0015	0.2934	5.4	2.7752	1.8559	0.5640	0.6469	1.5746
0.3	0.5049	0.0282	0.0420	0.0031	0.5048	5.6	2.7595	1.8505	0.7205	0.6499	1.5568
0.4	0.8073	0.0948	0.1404	0.0053	0.8068	5.8	2.7446	1.8442	0.6545	0.6525	1.5412
0.5	1.2399	0.2445	0.3593	0.0082	1.2379	6.0	2.7327	1.8387	0.4498	0.6555	1.5275
0.6	1.8182	0.5193	0.7516	0.0125	1.8117	6.2	2.7222	1.8346	0.3274	0.6585	1.5141
0.7	2.4832	0.9232	1.3022	0.0188	2.4659	6.4	2.7105	1.8305	0.4053	0.6610	1.5006
0.8	3.0783	1.3754	1.8623	0.0278	3.0400	6.6	2.6981	1.8257	0.5849	0.6629	1.4879
0.9	3.4434	1.7419	2.2185	0.0405	3.3728	6.8	2.6872	1.8208	0.6720	0.6648	1.4768
1.0	3.5495	1.9453	2.2647	0.0582	3.4363	7.0	2.6779	1.8167	0.5820	0.6668	1.4665
1.1	3.4880	2.0046	2.0418	0.0830	3.3215	7.2	2.6686	1.8131	0.4200	0.6687	1.4561
1.2	3.3688	1.9825	1.6448	0.1177	3.1354	7.4	2.6586	1.8093	0.3573	0.6703	1.4459
1.3	3.2662	1.9361	1.1617	0.1645	2.9477	7.6	2.6489	1.8052	0.4501	0.6716	1.4366
1.4	3.2149	1.9028	0.6764	0.2222	2.7921	7.8	2.6404	1.8013	0.5905	0.6729	1.4283
1.5	3.2175	1.8998	0.2838	0.2840	2.6779	8.0	2.6325	1.7980	0.6298	0.6743	1.4202
1.6	3.2518	1.9254	0.0753	0.3394	2.5983	8.2	2.6244	1.7948	0.5337	0.6755	1.4120
1.7	3.2850	1.9635	0.0946	0.3802	2.5385	8.4	2.6161	1.7914	0.4101	0.6765	1.4042
1.8	3.2923	1.9947	0.3073	0.4053	2.4838	8.6	2.6083	1.7880	0.3867	0.6774	1.3971
1.9	3.2684	2.0076	0.6205	0.4193	2.4266	8.8	2.6012	1.7848	0.4806	0.6784	1.3904
2.0	3.2241	2.0022	0.9294	0.4283	2.3665	9.0	2.5944	1.7819	0.5865	0.6793	1.3838
2.1	3.1756	1.9856	1.1493	0.4375	2.3070	9.2	2.5873	1.7791	0.5944	0.6802	1.3772
2.2	3.1362	1.9668	1.2271	0.4498	2.2516	9.4	2.5803	1.7761	0.5018	0.6809	1.3710
2.3	3.1125	1.9532	1.1463	0.4659	2.2025	9.6	2.5738	1.7732	0.4101	0.6816	1.3652
2.4	3.1033	1.9483	0.9317	0.4843	2.1597	9.8	2.5677	1.7705	0.4127	0.6823	1.3597
2.5	3.1012	1.9507	0.6483	0.5023	2.1214	10.0	2.5617	1.7680	0.5004	0.6830	1.3541
2.6	3.0976	1.9562	0.3814	0.5174	2.0855	10.2	2.5555	1.7654	0.5776	0.6836	1.3487
2.7	3.0863	1.9598	0.2061	0.5286	2.0504	10.4	2.5496	1.7628	0.5656	0.6841	1.3436
2.8	3.0665	1.9585	0.1621	0.5364	2.0160	10.6	2.5440	1.7603	0.4817	0.6847	1.3388
2.9	3.0417	1.9522	0.2479	0.5424	1.9829	10.8	2.5387	1.7580	0.4159	0.6852	1.3341
3.0	3.0170	1.9428	0.4273	0.5481	1.9522	11.0	2.5333	1.7557	0.4341	0.6857	1.3294
3.1	2.9965	1.9332	0.6432	0.5546	1.9243	11.2	2.5279	1.7534	0.5128	0.6861	1.3249
3.2	2.9822	1.9258	0.8314	0.5624	1.8992	11.4	2.5228	1.7511	0.5671	0.6865	1.3207
3.3	2.9731	1.9215	0.9375	0.5709	1.8761	11.6	2.5180	1.7489	0.5431	0.6869	1.3166
3.4	2.9663	1.9200	0.9328	0.5792	1.8542	11.8	2.5132	1.7468	0.4693	0.6873	1.3126
3.5	2.9586	1.9195	0.8236	0.5866	1.8327	12.0	2.5084	1.7448	0.4243	0.6876	1.3086
3.6	2.9479	1.9184	0.6470	0.5924	1.8114	12.2	2.5037	1.7427	0.4521	0.6880	1.3048
3.7	2.9340	1.9155	0.4574	0.5969	1.7907	12.4	2.4992	1.7407	0.5198	0.6883	1.3012
3.8	2.9185	1.9106	0.3080	0.6005	1.7711	12.6	2.4949	1.7388	0.5561	0.6886	1.2976
3.9	2.9033	1.9047	0.2373	0.6039	1.7531	12.8	2.4906	1.7369	0.5257	0.6889	1.2941
4.0	2.8903	1.8987	0.2598	0.6075	1.7369	13.0	2.4863	1.7350	0.4625	0.6891	1.2907
4.1	2.8801	1.8937	0.3639	0.6115	1.7221	13.2	2.4822	1.7332	0.4335	0.6894	1.2873
4.2	2.8723	1.8902	0.5154	0.6158	1.7083	13.4	2.4782	1.7314	0.4655	0.6896	1.2842
4.3	2.8654	1.8878	0.6674	0.6201	1.6949	13.6	2.4743	1.7297	0.5227	0.6899	1.2810
4.4	2.8582	1.8860	0.7748	0.6239	1.6815	13.8	2.4704	1.7280	0.5449	0.6901	1.2780
4.5	2.8495	1.8840	0.8036	0.6271	1.6681	14.0	2.4666	1.7263	0.5119	0.6903	1.2750
4.6	2.8394	1.8811	0.7625	0.6296	1.6550	14.2	2.4628	1.7246	0.4596	0.6905	1.2721
4.7	2.8287	1.8774	0.6536	0.6318	1.6426	14.4	2.4592	1.7230	0.4425	0.6906	1.2693
4.8	2.8182	1.8732	0.5152	0.6337	1.6311	14.6	2.4557	1.7214	0.4754	0.6908	1.2665
4.9	2.8089	1.8691	0.3872	0.6357	1.6206	14.8	2.4522	1.7199	0.5229	0.6910	1.2638
5.0	2.8010	1.8654	0.3051	0.6380	1.6110	15.0	2.4487	1.7183	0.5351	0.6911	1.2612

Table T1.103

N = 1.800 K = 3.000

X	QEXT	QSCA	QBK	G	QPR	X	QEXT	QSCA	QBK	G	QPR
0.1	0.1024	0.0003	0.0005	0.0002	0.1024	5.2	2.7848	1.9829	0.3477	0.6169	1.5615
0.2	0.2273	0.0056	0.0084	0.0002	0.2273	5.4	2.7742	1.9787	0.6337	0.6213	1.5449
0.3	0.4043	0.0299	0.0452	0.0004	0.4042	5.6	2.7594	1.9729	0.8830	0.6241	1.5283
0.4	0.6728	0.1016	0.1544	0.0009	0.6727	5.8	2.7436	1.9649	0.8394	0.6261	1.5134
0.5	1.0797	0.2662	0.4050	0.0021	1.0791	6.0	2.7317	1.9578	0.5656	0.6288	1.5006
0.6	1.6586	0.5764	0.8710	0.0049	1.6558	6.2	2.7227	1.9532	0.3571	0.6318	1.4886
0.7	2.3698	1.0451	1.5490	0.0100	2.3593	6.4	2.7124	1.9490	0.4231	0.6343	1.4761
0.8	3.0450	1.5780	2.2585	0.0180	3.0166	6.6	2.7001	1.9433	0.6726	0.6360	1.4642
0.9	3.4776	2.0035	2.7157	0.0295	3.4185	6.8	2.6887	1.9371	0.8344	0.6375	1.4537
1.0	3.6081	2.2219	2.7779	0.0457	3.5066	7.0	2.6800	1.9322	0.7457	0.6395	1.4445
1.1	3.5357	2.2633	2.5054	0.0687	3.3801	7.2	2.6721	1.9284	0.5115	0.6414	1.4352
1.2	3.4257	2.2108	2.0253	0.1015	3.1654	7.4	2.6627	1.9242	0.3818	0.6429	1.4257
1.3	3.3898	2.1348	1.4444	0.1468	2.9452	7.6	2.6528	1.9193	0.4813	0.6439	1.4170
1.4	3.2586	2.0795	0.8560	0.2043	2.7601	7.8	2.6443	1.9145	0.6925	0.6451	1.4093
1.5	3.1850	2.0653	0.3863	0.2678	2.6243	8.0	2.6373	1.9107	0.7895	0.6464	1.4022
1.6	3.1773	2.0903	0.0867	0.3258	2.5342	8.2	2.6300	1.9073	0.6778	0.6476	1.3948
1.7	3.2153	2.0967	0.0823	0.3688	2.4743	8.4	2.6219	1.9035	0.4844	0.6485	1.3874
1.8	3.2617	2.1346	0.3240	0.3946	2.4257	8.6	2.6140	1.8993	0.4112	0.6493	1.3808
1.9	3.2830	2.1724	0.7035	0.4077	2.3753	8.8	2.6073	1.8955	0.5260	0.6502	1.3749
2.0	3.2671	2.1877	1.0907	0.4147	2.3190	9.0	2.6011	1.8924	0.6989	0.6511	1.3690
2.1	3.2227	2.1789	1.3795	0.4217	2.2594	9.2	2.5946	1.8892	0.7479	0.6519	1.3629
2.2	3.1680	2.1547	1.5018	0.4321	2.2012	9.4	2.5876	1.8858	0.6292	0.6525	1.3571
2.3	3.1204	2.1271	1.4305	0.4473	2.1482	9.6	2.5812	1.8823	0.4725	0.6531	1.3519
2.4	3.0901	2.1060	1.1858	0.4657	2.1024	9.8	2.5756	1.8792	0.4405	0.6538	1.3469
2.5	3.0798	2.0984	0.8382	0.4844	2.0634	10.0	2.5700	1.8764	0.5585	0.6545	1.3420
2.6	3.0822	2.1055	0.4916	0.5003	2.0289	10.2	2.5641	1.8736	0.6965	0.6550	1.3369
2.7	3.0769	2.1110	0.2458	0.5117	1.9968	10.4	2.5583	1.8705	0.7116	0.6554	1.3322
2.8	3.0606	2.1102	0.1607	0.5190	1.9653	10.6	2.5529	1.8676	0.5939	0.6559	1.3280
2.9	3.0357	2.1023	0.2432	0.5239	1.9343	10.8	2.5480	1.8650	0.4703	0.6564	1.3238
3.0	3.0082	2.0895	0.4545	0.5282	1.9045	11.0	2.5430	1.8625	0.4674	0.6569	1.3196
3.1	2.9842	2.0758	0.7270	0.5336	1.8766	11.2	2.5377	1.8598	0.5811	0.6572	1.3154
3.2	2.9673	2.0648	0.9812	0.5405	1.8512	11.4	2.5327	1.8572	0.6897	0.6575	1.3115
3.3	2.9579	2.0583	1.1438	0.5488	1.8283	11.6	2.5281	1.8547	0.6809	0.6579	1.3079
3.4	2.9532	2.0561	1.1690	0.5574	1.8072	11.8	2.5237	1.8524	0.5697	0.6583	1.3043
3.5	2.9489	2.0562	1.0534	0.5650	1.7871	12.0	2.5191	1.8501	0.4744	0.6586	1.3007
3.6	2.9413	2.0557	0.8373	0.5710	1.7676	12.2	2.5145	1.8477	0.4916	0.6588	1.2972
3.7	2.9292	2.0529	0.5759	0.5752	1.7465	12.4	2.5102	1.8454	0.5980	0.6591	1.2939
3.8	2.9136	2.0471	0.3725	0.5782	1.7301	12.6	2.5061	1.8432	0.6554	0.6594	1.2908
3.9	2.8971	2.0392	0.2571	0.5807	1.7128	12.8	2.5021	1.8411	0.5540	0.6599	1.2876
4.0	2.8823	2.0310	0.2581	0.5836	1.6970	13.0	2.4979	1.8390	0.4817	0.6601	1.2844
4.1	2.8710	2.0240	0.3725	0.5872	1.6826	13.2	2.4939	1.8369	0.5127	0.6603	1.2814
4.2	2.8633	2.0190	0.5628	0.5913	1.6694	13.4	2.4900	1.8348	0.6086	0.6605	1.2786
4.3	2.8578	2.0162	0.7703	0.5956	1.6569	13.6	2.4864	1.8329	0.6698	0.6607	1.2758
4.4	2.8526	2.0145	0.9335	0.5996	1.6446	13.8	2.4827	1.8310	0.6330	0.6608	1.2730
4.5	2.8458	2.0127	1.0058	0.6029	1.6324	14.0	2.4790	1.8291	0.5422	0.6610	1.2703
4.6	2.8368	2.0098	0.9707	0.6053	1.6202	14.2	2.4753	1.8271	0.4902	0.6611	1.2677
4.7	2.8261	2.0055	0.8431	0.6071	1.6085	14.4	2.4719	1.8253	0.5286	0.6613	1.2652
4.8	2.8150	2.0002	0.6626	0.6087	1.5975	14.6	2.4686	1.8235	0.6140	0.6614	1.2627
4.9	2.8047	1.9946	0.4810	0.6103	1.5875	14.8	2.4652	1.8218	0.6571	0.6614	1.2602
5.0	2.7963	1.9896	0.3488	0.6122	1.5783	15.0	2.4618	1.8201	0.6571	0.6615	1.2578

$N = 1.800 \quad K = 3.500$

Table T1.104

X	QEXT	QSCA	QBK	G	QPR	X	QEXT	QSCA	QBK	G	QPR
0.1	0.0759	0.0003	0.0005	-0.0001	0.0759	5.2	2.7556	2.0730	0.3407	0.5956	1.5210
0.2	0.1730	0.0056	0.0085	-0.0011	0.1730	5.4	2.7478	2.0692	0.6575	0.6002	1.5059
0.3	0.3191	0.0302	0.0464	-0.0025	0.3192	5.6	2.7355	2.0639	1.0004	0.6031	1.4908
0.4	0.5514	0.1030	0.1607	-0.0037	0.5518	5.8	2.7196	2.0551	1.0119	0.6047	1.4768
0.5	0.9188	0.2725	0.4288	-0.0039	0.9199	6.0	2.7069	2.0466	0.6992	0.6070	1.4647
0.6	1.4678	0.5980	0.9390	-0.0020	1.4690	6.2	2.6991	2.0415	0.3987	0.6100	1.4537
0.7	2.1823	1.1017	1.7025	-0.0024	2.1797	6.4	2.6911	2.0377	0.4180	0.6127	1.4426
0.8	2.9055	1.6891	2.5275	0.0099	2.8888	6.6	2.6798	2.0321	0.7127	0.6143	1.4315
0.9	3.4032	2.1656	3.0806	0.0207	3.3584	6.8	2.6680	2.0250	0.9605	0.6155	1.4217
1.0	3.5779	2.4078	3.1771	0.0359	3.4914	7.0	2.6594	2.0192	0.9083	0.6172	1.4131
1.1	3.5187	2.4457	2.8816	0.0576	3.3779	7.2	2.6529	2.0154	0.6227	0.6193	1.4049
1.2	3.3647	2.3751	2.3462	0.0886	3.1543	7.4	2.6451	2.0115	0.4101	0.6208	1.3964
1.3	3.2152	2.2777	1.6954	0.1320	2.9146	7.6	2.6355	2.0063	0.4821	0.6217	1.3882
1.4	3.1217	2.2036	1.0298	0.1882	2.7070	7.8	2.6268	2.0008	0.7474	0.6226	1.3811
1.5	3.0997	2.1770	0.4607	0.2518	2.5514	8.0	2.6204	1.9965	0.9217	0.6239	1.3747
1.6	3.1346	2.1983	0.1121	0.3118	2.4493	8.2	2.6144	1.9933	0.8286	0.6252	1.3681
1.7	3.1898	2.2466	0.0687	0.3571	2.3875	8.4	2.6071	1.9895	0.5770	0.6261	1.3615
1.8	3.2259	2.2918	0.3154	0.3844	2.3450	8.6	2.5993	1.9849	0.4317	0.6267	1.3553
1.9	3.2227	2.3125	0.7384	0.3975	2.3035	8.8	2.5927	1.9806	0.5346	0.6275	1.3498
2.0	3.1843	2.3042	1.1887	0.4035	2.2545	9.0	2.5873	1.9773	0.7673	0.6285	1.3447
2.1	3.1287	2.2762	1.5407	0.4087	2.1983	9.2	2.5818	1.9743	0.8828	0.6293	1.3393
2.2	3.0753	2.2420	1.7124	0.4173	2.1396	9.4	2.5752	1.9707	0.7679	0.6299	1.3339
2.3	3.0382	2.2141	1.6665	0.4311	2.0837	9.6	2.5689	1.9668	0.5498	0.6303	1.3291
2.4	3.0224	2.1998	1.4155	0.4490	2.0346	9.8	2.5636	1.9636	0.4563	0.6310	1.3247
2.5	3.0235	2.1997	1.0281	0.4681	1.9938	10.0	2.5589	1.9606	0.5763	0.6317	1.3204
2.6	3.0305	2.2080	0.6175	0.4848	1.9601	10.2	2.5537	1.9578	0.7759	0.6322	1.3159
2.7	3.0319	2.2162	0.3036	0.4968	1.9309	10.4	2.5480	1.9546	0.8464	0.6326	1.3115
2.8	3.0214	2.2176	0.1673	0.5042	1.9032	10.6	2.5427	1.9513	0.7208	0.6330	1.3076
2.9	2.9994	2.2100	0.2284	0.5085	1.8756	10.8	2.5383	1.9485	0.5354	0.6335	1.3040
3.0	2.9716	2.1956	0.4510	0.5118	1.8478	11.0	2.5340	1.9460	0.4818	0.6340	1.3003
3.1	2.9449	2.1788	0.7622	0.5160	1.8206	11.2	2.5292	1.9434	0.6083	0.6343	1.2965
3.2	2.9250	2.1644	1.0720	0.5221	1.7950	11.4	2.5243	1.9405	0.7778	0.6346	1.2929
3.3	2.9138	2.1554	1.2928	0.5299	1.7716	11.6	2.5199	1.9377	0.8139	0.6349	1.2897
3.4	2.9096	2.1522	1.3615	0.5385	1.7507	11.8	2.5160	1.9353	0.6853	0.6352	1.2866
3.5	2.9081	2.1527	1.2610	0.5465	1.7317	12.0	2.5120	1.9331	0.5298	0.6356	1.2834
3.6	2.9043	2.1535	1.0267	0.5527	1.7139	12.2	2.5077	1.9306	0.5065	0.6358	1.2802
3.7	2.8955	2.1518	0.7322	0.5570	1.6969	12.4	2.5035	1.9281	0.6341	0.6360	1.2772
3.8	2.8816	2.1462	0.4631	0.5598	1.6802	12.6	2.4997	1.9257	0.7752	0.6363	1.2745
3.9	2.8650	2.1375	0.2907	0.5618	1.6641	12.8	2.4962	1.9236	0.7851	0.6366	1.2717
4.0	2.8489	2.1276	0.2555	0.5640	1.6489	13.0	2.4925	1.9215	0.6590	0.6368	1.2689
4.1	2.8369	2.1187	0.3602	0.5669	1.6348	13.2	2.4889	1.9192	0.5297	0.6370	1.2662
4.2	2.8275	2.1123	0.5700	0.5708	1.6218	13.4	2.4849	1.9170	0.5298	0.6371	1.2636
4.3	2.8226	2.1088	0.8210	0.5751	1.6098	13.6	2.4816	1.9149	0.6536	0.6373	1.2612
4.4	2.8191	2.1072	1.0386	0.5793	1.5984	13.8	2.4783	1.9130	0.7690	0.6375	1.2588
4.5	2.8147	2.1061	1.1597	0.5828	1.5873	14.0	2.4749	1.9110	0.7601	0.6377	1.2563
4.6	2.8079	2.1038	1.1533	0.5854	1.5764	14.2	2.4714	1.9090	0.6382	0.6378	1.2539
4.7	2.7983	2.0997	1.0268	0.5870	1.5657	14.4	2.4682	1.9070	0.5332	0.6379	1.2517
4.8	2.7873	2.0939	0.8206	0.5883	1.5555	14.6	2.4652	1.9052	0.5499	0.6380	1.2496
4.9	2.7764	2.0874	0.5942	0.5895	1.5459	14.8	2.4622	1.9034	0.6664	0.6382	1.2474
5.0	2.7672	2.0812	0.4103	0.5911	1.5370	15.0	2.4590	1.9016	0.7606	0.6383	1.2453

Table T1.105

N = 1.900 K = 0.0

X	QEXT	QSCA	QBK	G	QPR	X	QEXT	QSCA	QBK	G	QPR
0.1	0.0001	0.0001	0.0001	0.0015	0.0001	5.2	2.4181	2.4181	8.2955	0.4621	1.3007
0.2	0.0009	0.0009	0.0014	0.0047	0.0009	5.4	2.8506	2.8506	9.9633	0.6142	1.0997
0.3	0.0048	0.0048	0.0069	0.0104	0.0048	5.6	2.9222	2.9222	3.6780	0.6628	0.9852
0.4	0.0156	0.0156	0.0213	0.0184	0.0153	5.8	3.0452	3.0452	7.9276	0.5858	1.2612
0.5	0.0390	0.0390	0.0507	0.0285	0.0379	6.0	3.2237	3.2237	10.1297	0.6509	1.1254
0.6	0.0830	0.0830	0.1011	0.0407	0.0796	6.2	3.1075	3.1075	3.2307	0.7058	0.9141
0.7	0.1576	0.1576	0.1767	0.0552	0.1489	6.4	3.0184	3.0184	7.1713	0.6258	1.1294
0.8	0.2732	0.2732	0.2758	0.0722	0.2535	6.6	2.8782	2.8782	7.6361	0.6236	1.0832
0.9	0.4385	0.4385	0.3857	0.0923	0.3980	6.8	2.7040	2.7040	4.2709	0.6507	0.9446
1.0	0.6572	0.6572	0.4778	0.1163	0.5807	7.0	2.5112	2.5112	10.4803	0.5558	1.1155
1.1	0.9297	0.9297	0.5082	0.1454	0.7945	7.2	2.2016	2.2016	6.8418	0.5097	1.0794
1.2	1.2690	1.2690	0.4329	0.1792	1.0416	7.4	2.1994	2.1994	5.8896	0.5662	0.9542
1.3	1.7378	1.7379	0.2468	0.2129	1.3679	7.6	2.1030	2.1030	12.9046	0.4616	1.1370
1.4	2.4554	2.4554	0.0666	0.2330	1.8832	7.8	1.8052	1.8052	9.3546	0.3702	1.1323
1.5	3.3308	3.3308	0.1596	0.2306	2.5629	8.0	2.1019	2.1019	9.0083	0.5148	1.0198
1.6	3.7954	3.7954	0.4988	0.2187	2.9655	8.2	2.1714	2.1714	8.8691	0.5154	1.0523
1.7	3.7428	3.7428	0.7013	0.2155	2.9361	8.4	1.9790	1.9790	10.4294	0.4393	1.1096
1.8	3.5861	3.5861	0.7292	0.2270	2.7721	8.6	2.4396	2.4396	19.1209	0.5347	1.1352
1.9	3.5732	3.5732	0.7307	0.2529	2.6694	8.8	2.6032	2.6032	11.6056	0.6106	1.0136
2.0	3.8573	3.8573	0.8095	0.2959	2.7158	9.0	2.4468	2.4468	9.2628	0.5993	0.9805
2.1	4.6207	4.6207	1.0054	0.3607	2.9543	9.2	2.8331	2.8331	24.2573	0.5919	1.1562
2.2	5.3925	5.3924	1.3284	0.4211	3.1217	9.4	2.9278	2.9278	20.2363	0.6370	1.0629
2.3	5.2202	5.2202	1.7809	0.4369	2.9392	9.6	2.6955	2.6955	11.0382	0.6669	0.8978
2.4	4.6876	4.6876	2.2352	0.4204	2.7167	9.8	2.9431	2.9431	19.7395	0.6125	1.1406
2.5	4.2329	4.2329	2.5671	0.3915	2.5359	10.0	2.7225	2.7225	19.9051	0.6449	0.9666
2.6	3.9622	3.9622	2.8604	0.3600	2.4841	10.2	2.5439	2.5439	16.2829	0.6471	0.8976
2.7	4.0551	4.0551	3.8176	0.3381	2.6841	10.4	2.6327	2.6327	12.8936	0.5508	1.1826
2.8	4.7762	4.7762	6.6228	0.3758	2.9813	10.6	2.2325	2.2325	11.5670	0.6535	0.7736
2.9	4.6974	4.6974	6.6864	0.4482	2.5921	10.8	2.2644	2.2644	17.4795	0.5891	0.9305
3.0	4.0418	4.0418	4.8446	0.4631	2.1700	11.0	2.0496	2.0497	7.0353	0.5119	1.0004
3.1	3.5561	3.5561	4.1234	0.4445	1.9753	11.2	1.9722	1.9722	10.0846	0.6232	0.7432
3.2	3.0967	3.0967	4.0910	0.3951	1.8733	11.4	2.2578	2.2578	16.6541	0.5468	1.0232
3.3	2.7442	2.7442	4.4089	0.3036	1.9110	11.6	1.9364	1.9364	8.6622	0.5375	0.8956
3.4	2.9665	2.9665	7.4578	0.2142	2.3310	11.8	2.1232	2.1232	12.2029	0.6128	0.8622
3.5	3.3476	3.3476	15.8307	0.3010	2.3400	12.0	2.4810	2.4810	11.9623	0.5638	1.0823
3.6	2.5647	2.5647	12.7405	0.3200	1.7441	12.2	2.1978	2.1978	8.7714	0.6193	0.8367
3.7	2.3614	2.3614	9.9931	0.2881	1.6811	12.4	2.4938	2.4938	13.9039	0.6502	0.8723
3.8	2.2291	2.2291	7.3630	0.2662	1.6356	12.6	2.5632	2.5632	6.9188	0.6570	0.8791
3.9	1.8389	1.8389	4.9310	0.2126	1.4460	12.8	2.4592	2.4592	12.8857	0.6638	0.8267
4.0	1.6660	1.6660	3.8816	0.0965	1.5052	13.0	2.7177	2.7177	16.9998	0.6668	0.9056
4.1	2.5702	2.5702	13.8211	0.1450	2.1976	13.2	2.6105	2.6105	12.0494	0.6936	0.7999
4.2	1.7553	1.7553	13.5435	0.2246	1.3611	13.4	2.4506	2.4506	17.4027	0.6706	0.8072
4.3	1.6627	1.6627	13.0714	0.1733	1.3745	13.6	2.5943	2.5943	25.1810	0.6213	0.9823
4.4	2.0153	2.0153	14.5767	0.1627	1.6874	13.8	2.4238	2.4238	17.0418	0.6755	0.7865
4.5	1.9819	1.9819	10.4789	0.2039	1.5777	14.0	2.2134	2.2134	17.3174	0.6610	0.7503
4.6	1.6579	1.6579	5.1182	0.2513	1.2413	14.2	2.2337	2.2337	22.8531	0.5516	1.0017
4.7	2.3803	2.3803	7.3216	0.2407	1.8090	14.4	2.1656	2.1656	27.6743	0.6185	0.8263
4.8	2.0763	2.0763	9.3950	0.4611	1.1189	14.6	2.0339	2.0339	19.2025	0.6339	0.7446
4.9	2.0412	2.0412	6.8932	0.4821	1.0572	14.8	1.9563	1.9563	14.1287	0.5521	0.8763
5.0	2.3242	2.3242	9.4226	0.4214	1.3448	15.0	2.0896	2.0896	31.4154	0.6060	0.8232

Table T1.106   147

N = 1.900   K = 0.050

X	QEXT	QSCA	QBK	G	QPR	X	QEXT	QSCA	QBK	G	QPR
0.1	0.0074	0.0001	0.0001	0.0015	0.0074	5.2	2.6258	1.6450	2.3762	0.6504	1.5560
0.2	0.0160	0.0009	0.0014	0.0047	0.0160	5.4	2.7486	1.7891	1.6509	0.7192	1.4620
0.3	0.0285	0.0048	0.0069	0.0104	0.0284	5.6	2.8202	1.9025	0.6552	0.7439	1.4050
0.4	0.0492	0.0156	0.0214	0.0184	0.0489	5.8	2.9351	1.9389	0.7049	0.7482	1.4844
0.5	0.0842	0.0390	0.0507	0.0285	0.0831	6.0	2.9356	1.9794	1.0227	0.7691	1.4132
0.6	0.1420	0.0828	0.1008	0.0408	0.1387	6.2	2.8697	1.9652	1.7437	0.7844	1.3281
0.7	0.2325	0.1565	0.1751	0.0555	0.2238	6.4	2.8385	1.8491	1.1899	0.7867	1.3838
0.8	0.3656	0.2698	0.2711	0.0728	0.3461	6.6	2.7431	1.7707	0.1899	0.7829	1.3561
0.9	0.5498	0.4299	0.3745	0.0934	0.5096	6.8	2.6151	1.7007	0.4782	0.7727	1.3010
1.0	0.7878	0.6388	0.4555	0.1183	0.7123	7.0	2.5044	1.5382	0.3820	0.7632	1.3305
1.1	1.0814	0.8948	0.4709	0.1483	0.9486	7.2	2.4140	1.4270	0.0313	0.7587	1.3314
1.2	1.4448	1.2063	0.3818	0.1829	1.2241	7.4	2.3418	1.3935	0.3312	0.7465	1.3200
1.3	1.9260	1.6136	0.1939	0.2166	1.5765	7.6	2.2689	1.3105	0.6934	0.7240	1.3418
1.4	2.5690	2.1671	0.0223	0.2375	2.0544	7.8	2.2490	1.2586	0.5400	0.7209	1.3243
1.5	3.2161	2.7551	0.0592	0.2396	2.5559	8.0	2.2859	1.3035	0.1584	0.7377	1.3190
1.6	3.5324	3.0819	0.2693	0.2350	2.8081	8.2	2.2968	1.3232	0.5365	0.7390	1.3015
1.7	3.5316	3.1190	0.4207	0.2386	2.7874	8.4	2.3293	1.3357	1.1960	0.7395	1.3200
1.8	3.4745	3.0749	0.4597	0.2565	2.6858	8.6	2.4241	1.4212	1.0886	0.7617	1.3416
1.9	3.5404	3.1054	0.4467	0.2907	2.6377	8.8	2.4787	1.4847	0.3887	0.7829	1.3163
2.0	3.8395	3.3093	0.4019	0.3431	2.7041	9.0	2.4991	1.4964	0.5344	0.7925	1.3133
2.1	4.3763	3.7144	0.3126	0.4078	2.8617	9.2	2.5589	1.5443	1.3834	0.8016	1.3210
2.2	4.7628	4.0425	0.3447	0.4553	2.9224	9.4	2.5918	1.5829	1.4112	0.8146	1.3023
2.3	4.6615	3.9899	0.6785	0.4668	2.7990	9.6	2.5615	1.5507	0.5873	0.8265	1.2798
2.4	4.3345	3.7237	1.1147	0.4558	2.6370	9.8	2.5440	1.5230	0.3465	0.8322	1.2765
2.5	4.0305	3.4435	1.4618	0.4380	2.5223	10.0	2.5276	1.5095	0.9699	0.8324	1.2711
2.6	3.8697	3.2478	1.7447	0.4249	2.4896	10.2	2.4677	1.4504	1.1773	0.8346	1.2571
2.7	3.9592	3.2220	2.1557	0.4332	2.5634	10.4	2.4063	1.3851	0.6229	0.8382	1.2453
2.8	4.2108	3.3422	2.5381	0.4766	2.6179	10.6	2.3685	1.3484	0.1445	0.8368	1.2401
2.9	4.1325	3.2772	2.1670	0.5186	2.4331	10.8	2.3276	1.3041	0.3852	0.8317	1.2430
3.0	3.8002	3.0137	1.6157	0.5298	2.2035	11.0	2.2837	1.2630	0.6657	0.8293	1.2363
3.1	3.4521	2.7000	1.5030	0.5180	2.0535	11.2	2.2688	1.2526	0.4393	0.8315	1.2282
3.2	3.1309	2.3787	1.7723	0.4857	1.9756	11.4	2.2722	1.2474	0.0403	0.8307	1.2350
3.3	2.9336	2.1306	2.3674	0.4390	1.9984	11.6	2.2746	1.2509	0.1054	0.8326	1.2355
3.4	2.9733	2.0478	3.6794	0.4171	2.1190	11.8	2.2945	1.2799	0.3076	0.8383	1.2310
3.5	2.9575	1.9977	5.0755	0.4450	2.0686	12.0	2.3256	1.3058	0.2134	0.8443	1.2310
3.6	2.7274	1.8459	4.7881	0.4573	1.8832	12.2	2.3530	1.3272	0.0142	0.8475	1.2324
3.7	2.5707	1.7141	3.6147	0.4523	1.7953	12.4	2.3816	1.3628	0.1321	0.8504	1.2266
3.8	2.4131	1.5469	2.3849	0.4408	1.7314	12.6	2.4038	1.3876	0.2721	0.8557	1.2238
3.9	2.2232	1.3387	1.6592	0.4115	1.7159	12.8	2.4234	1.3926	0.0030	0.8605	1.2246
4.0	2.1749	1.2234	1.7434	0.3752	1.7681	13.0	2.4161	1.3978	0.1364	0.8614	1.2189
4.1	2.2451	1.2311	1.8652	0.3875	1.7324	13.2	2.3969	1.3753	0.2200	0.8613	1.2124
4.2	2.1459	1.2356	1.4010	0.4069	1.6513	13.4	2.3785	1.3309	0.4299	0.8631	1.2106
4.3	2.1271	1.2869	4.6222	0.4075	1.6236	13.6	2.3530	1.3309	0.0514	0.8642	1.2121
4.4	2.2165	1.2568	4.4573	0.4241	1.6708	13.8	2.3197	1.3309	0.2032	0.8625	1.2124
4.5	2.2069	1.2148	3.2528	0.4568	1.6328	14.0	2.2963	1.2974	0.5353	0.8605	1.2106
4.6	2.1801	1.2179	2.1179	0.4954	1.5783	14.2	2.2706	1.2554	0.0104	0.8606	1.2029
4.7	2.2049	1.2707	1.5057	0.5428	1.5952	14.4	2.2607	1.2374	0.4265	0.8611	1.1995
4.8	2.2849	1.3524	1.5856	0.5877	1.5177	14.6	2.2532	1.2274	0.0697	0.8605	1.2006
4.9	2.3360	1.4348	1.5057	0.6016	1.4728	14.8	2.2607	1.2274	0.0936	0.8611	1.1962
5.0	2.4788	1.5434	2.1876	0.6031	1.5480	15.0	2.2600	1.2342	0.4423	0.8612	1.1970

Table T1.107

N = 1.900 K = 0.100

X	QEXT	QSCA	QBK	G	QPR	X	QEXT	QSCA	QBK	G	QPR
0.1	0.0147	0.0001	0.0001	0.0015	0.0147	5.2	2.6271	1.3820	0.8402	0.7394	1.6053
0.2	0.0310	0.0009	0.0014	0.0047	0.0310	5.4	2.6717	1.4582	0.6107	0.7705	1.5481
0.3	0.0521	0.0049	0.0069	0.0104	0.0521	5.6	2.7239	1.5208	0.1412	0.7896	1.5230
0.4	0.0827	0.0157	0.0215	0.0184	0.0824	5.8	2.7762	1.5537	0.0474	0.8013	1.5312
0.5	0.1295	0.0392	0.0510	0.0285	0.1283	6.0	2.7637	1.5683	0.2631	0.8111	1.4916
0.6	0.2009	0.0831	0.1011	0.0409	0.1975	6.2	2.7296	1.5516	0.2946	0.8203	1.4568
0.7	0.3070	0.1564	0.1748	0.0557	0.2983	6.4	2.7010	1.5038	0.1087	0.8265	1.4580
0.8	0.4576	0.2683	0.2685	0.0733	0.4379	6.6	2.6449	1.4582	0.0428	0.8260	1.4404
0.9	0.6595	0.4243	0.3668	0.0944	0.6195	6.8	2.5735	1.4063	0.1033	0.8222	1.4171
1.0	0.9152	0.6250	0.4389	0.1199	0.8403	7.0	2.5141	1.3378	0.1070	0.8213	1.4154
1.1	1.2258	0.8668	0.4435	0.1506	1.0953	7.2	2.4656	1.2856	0.0760	0.8207	1.4106
1.2	1.6033	1.1533	0.3484	0.1854	1.3895	7.4	2.3866	1.2531	0.1419	0.8156	1.3979
1.3	2.0757	1.5077	0.1710	0.2186	1.7462	7.6	2.3774	1.2212	0.1738	0.8108	1.3965
1.4	2.6336	1.9425	0.0206	0.2399	2.1676	7.8	2.3807	1.2055	0.0765	0.8125	1.3979
1.5	3.1195	2.3612	0.0319	0.2463	2.5380	8.0	2.3856	1.2130	0.0230	0.8167	1.3901
1.6	3.3484	2.6048	0.1635	0.2484	2.7014	8.2	2.4034	1.2392	0.1692	0.8188	1.3837
1.7	3.3764	2.6718	0.2667	0.2585	2.6857	8.4	2.4314	1.2669	0.2983	0.8229	1.3837
1.8	3.3814	2.6794	0.2956	0.2826	2.6242	8.6	2.4502	1.2907	0.1830	0.8309	1.3788
1.9	3.4903	2.7266	0.2695	0.3229	2.6099	8.8	2.4428	1.3054	0.0107	0.8386	1.3678
2.0	3.7619	2.8715	0.1877	0.3785	2.6752	9.0	2.4780	1.3204	0.0876	0.8445	1.3604
2.1	4.1272	3.0980	0.0707	0.4374	2.7722	9.2	2.4835	1.3291	0.2999	0.8502	1.3555
2.2	4.3344	3.2552	0.0806	0.4763	2.7840	9.4	2.4741	1.3240	0.2956	0.8561	1.3457
2.3	4.2595	3.2247	0.3189	0.4875	2.6876	9.6	2.4624	1.3142	0.0877	0.8609	1.3342
2.4	4.0438	3.0666	0.6427	0.4827	2.5637	9.8	2.4487	1.3024	0.0107	0.8642	1.3267
2.5	3.8391	2.8791	0.9083	0.4750	2.4716	10.0	2.4262	1.2843	0.1638	0.8663	1.3204
2.6	3.7384	2.7298	1.0907	0.4760	2.4390	10.2	2.4020	1.2641	0.2727	0.8679	1.3116
2.7	3.7809	2.6605	1.1980	0.4968	2.4591	10.4	2.3831	1.2473	0.1729	0.8690	1.3034
2.8	3.8592	2.6418	1.1031	0.5347	2.4465	10.6	2.3659	1.2331	0.0352	0.8694	1.2986
2.9	3.7872	2.5679	0.7678	0.5656	2.3347	10.8	2.3502	1.2222	0.0564	0.8691	1.2942
3.0	3.5841	2.4092	0.5172	0.5769	2.1942	11.0	2.3414	1.2167	0.1579	0.8689	1.2883
3.1	3.3406	2.1986	0.5553	0.5718	2.0834	11.2	2.3386	1.2159	0.1721	0.8692	1.2838
3.2	3.1163	1.9768	0.8335	0.5550	2.0192	11.4	2.3384	1.2194	0.0995	0.8698	1.2810
3.3	2.9754	1.7942	1.2810	0.5367	2.0125	11.6	2.3414	1.2265	0.0598	0.8703	1.2772
3.4	2.9295	1.6796	1.8598	0.5349	2.0310	11.8	2.3476	1.2349	0.0841	0.8711	1.2730
3.5	2.8736	1.6007	2.2427	0.5502	1.9928	12.0	2.3540	1.2437	0.1157	0.8727	1.2699
3.6	2.7715	1.5203	2.0476	0.5635	1.9149	12.2	2.3592	1.2524	0.1193	0.8745	1.2665
3.7	2.6673	1.4300	1.4437	0.5698	1.8524	12.4	2.3624	1.2589	0.1064	0.8759	1.2622
3.8	2.5485	1.3155	0.8441	0.5692	1.7997	12.6	2.3628	1.2623	0.0868	0.8773	1.2583
3.9	2.4345	1.1963	0.5294	0.5610	1.7633	12.8	2.3644	1.2635	0.0759	0.8789	1.2549
4.0	2.3788	1.1174	0.5628	0.5536	1.7602	13.0	2.3629	1.2617	0.0951	0.8803	1.2507
4.1	2.3618	1.0885	0.9216	0.5577	1.7547	13.2	2.3583	1.2571	0.1278	0.8812	1.2465
4.2	2.3417	1.0877	1.4328	0.5675	1.7244	13.4	2.3516	1.2511	0.1228	0.8818	1.2430
4.3	2.3516	1.1043	1.7881	0.5804	1.7107	13.6	2.3435	1.2442	0.0651	0.8825	1.2395
4.4	2.3796	1.1201	1.7409	0.5994	1.7081	13.8	2.3342	1.2369	0.1088	0.8829	1.2357
4.5	2.3765	1.1173	1.3324	0.6215	1.6852	14.0	2.3247	1.2306	0.1444	0.8830	1.2324
4.6	2.3973	1.1168	0.8616	0.6437	1.6576	14.2	2.3164	1.2257	0.1139	0.8832	1.2296
4.7	2.3973	1.1415	0.4920	0.6655	1.6376	14.4	2.3094	1.2223	0.0795	0.8834	1.2357
4.8	2.4231	1.1862	0.2721	0.6834	1.6124	14.6	2.3036	1.2207	0.0648	0.8837	1.2235
4.9	2.4645	1.2406	0.2779	0.6960	1.6011	14.8	2.3001	1.2212	0.0741	0.8840	1.2210
5.0	2.5343	1.2979	0.4935	0.7081	1.6152	15.0	2.2986	1.2212	0.1251	0.8845	1.2185

Table T1.108

N = 1.900 K = 0.200

X	QEXT	QSCA	QBK	G	QPR	X	QEXT	QSCA	QBK	G	QPR
0.1	0.0292	0.0001	0.0001	0.0015	0.0292	5.2	2.6101	1.2530	0.2130	0.7924	1.6173
0.2	0.0610	0.0010	0.0014	0.0047	0.0609	5.4	2.6174	1.2815	0.2402	0.8039	1.5873
0.3	0.0992	0.0050	0.0072	0.0104	0.0991	5.6	2.6257	1.3027	0.1241	0.8135	1.5659
0.4	0.1496	0.0163	0.0223	0.0184	0.1493	5.8	2.6301	1.3163	0.0442	0.8214	1.5490
0.5	0.2195	0.0405	0.0526	0.0285	0.2184	6.0	2.6192	1.3200	0.0801	0.8272	1.5273
0.6	0.3181	0.0853	0.1037	0.0410	0.3146	6.2	2.6012	1.3146	0.1386	0.8319	1.5075
0.7	0.4550	0.1593	0.1777	0.0560	0.4461	6.4	2.5821	1.3038	0.1378	0.8356	1.4927
0.8	0.6386	0.2702	0.2692	0.0740	0.6186	6.6	2.5586	1.2902	0.0969	0.8377	1.4778
0.9	0.8733	0.4214	0.3606	0.0957	0.8330	6.8	2.5331	1.2748	0.0765	0.8390	1.4635
1.0	1.1583	0.6101	0.4203	0.1220	1.0839	7.0	2.5105	1.2597	0.0948	0.8404	1.4518
1.1	1.4907	0.8288	0.4122	0.1532	1.3637	7.2	2.4907	1.2474	0.1219	0.8416	1.4409
1.2	1.8701	1.0735	0.3187	0.1874	1.6689	7.4	2.4735	1.2382	0.1210	0.8424	1.4304
1.3	2.2880	1.3456	0.1732	0.2191	1.9931	7.6	2.4606	1.2321	0.0931	0.8436	1.4212
1.4	2.6904	1.6298	0.0620	0.2418	2.2963	7.8	2.4521	1.2297	0.0770	0.8454	1.4125
1.5	2.9795	1.8714	0.0462	0.2557	2.5009	8.0	2.4460	1.2303	0.0984	0.8474	1.4035
1.6	3.1177	2.0215	0.0903	0.2694	2.5731	8.2	2.4421	1.2326	0.1292	0.8495	1.3950
1.7	3.1722	2.0920	0.1276	0.2910	2.5634	8.4	2.4403	1.2364	0.1240	0.8519	1.3871
1.8	3.2541	2.1308	0.1328	0.3250	2.5437	8.6	2.4391	1.2408	0.0880	0.8545	1.3789
1.9	3.3646	2.1801	0.1056	0.3711	2.5555	8.8	2.4371	1.2447	0.0728	0.8570	1.3704
2.0	3.5520	2.2572	0.0523	0.4236	2.5958	9.0	2.4347	1.2477	0.1008	0.8593	1.3625
2.1	3.7221	2.3405	0.0137	0.4699	2.6223	9.2	2.4316	1.2496	0.1319	0.8616	1.3549
2.2	3.7848	2.3816	0.0596	0.4994	2.5955	9.4	2.4271	1.2504	0.1226	0.8636	1.3472
2.3	3.7298	2.3541	0.1973	0.5126	2.5231	9.6	2.4212	1.2498	0.0881	0.8654	1.3396
2.4	3.6177	2.2731	0.3574	0.5180	2.4403	9.8	2.4147	1.2482	0.0765	0.8670	1.3326
2.5	3.5153	2.1716	0.4715	0.5249	2.3755	10.0	2.4078	1.2460	0.1001	0.8683	1.3259
2.6	3.4616	2.0790	0.5036	0.5402	2.3385	10.2	2.4005	1.2435	0.1231	0.8695	1.3193
2.7	3.4520	2.0098	0.4335	0.5658	2.3149	10.4	2.3932	1.2408	0.1162	0.8705	1.3131
2.8	3.4395	1.9552	0.2702	0.5946	2.2770	10.6	2.3864	1.2385	0.0932	0.8714	1.3073
2.9	3.3813	1.8919	0.0999	0.6170	2.2141	10.8	2.3802	1.2366	0.0854	0.8722	1.3017
3.0	3.2751	1.8052	0.0343	0.6288	2.1399	11.0	2.3747	1.2353	0.0986	0.8729	1.2963
3.1	3.1456	1.6978	0.1101	0.6324	2.0720	11.2	2.3698	1.2343	0.1117	0.8737	1.2912
3.2	3.0251	1.5857	0.2889	0.6326	2.0220	11.4	2.3656	1.2346	0.1090	0.8744	1.2863
3.3	2.9363	1.4871	0.5070	0.6353	1.9915	11.6	2.3620	1.2350	0.0980	0.8752	1.2816
3.4	2.8786	1.4117	0.6850	0.6443	1.9691	11.8	2.3588	1.2357	0.0939	0.8759	1.2770
3.5	2.8351	1.3568	0.7289	0.6578	1.9425	12.0	2.3558	1.2363	0.0995	0.8767	1.2725
3.6	2.7909	1.3126	0.5988	0.6712	1.9099	12.2	2.3529	1.2363	0.1049	0.8774	1.2682
3.7	2.7377	1.2682	0.3647	0.6811	1.8739	12.4	2.3500	1.2368	0.1032	0.8781	1.2639
3.8	2.6760	1.2204	0.1483	0.6867	1.8380	12.6	2.3470	1.2371	0.0990	0.8788	1.2598
3.9	2.6184	1.1752	0.0323	0.6898	1.8077	12.8	2.3439	1.2370	0.0988	0.8795	1.2558
4.0	2.5771	1.1414	0.0404	0.6934	1.7857	13.0	2.3406	1.2370	0.1023	0.8801	1.2519
4.1	2.5550	1.1232	0.1618	0.6996	1.7559	13.2	2.3371	1.2366	0.1032	0.8807	1.2481
4.2	2.5490	1.1191	0.3357	0.7087	1.7437	13.4	2.3336	1.2360	0.0998	0.8812	1.2444
4.3	2.5525	1.1240	0.4731	0.7196	1.7303	13.6	2.3301	1.2353	0.0975	0.8818	1.2408
4.4	2.5553	1.1315	0.5034	0.7303	1.7200	13.8	2.3266	1.2346	0.1001	0.8822	1.2374
4.5	2.5521	1.1386	0.4237	0.7397	1.7100	14.0	2.3232	1.2339	0.1043	0.8827	1.2340
4.6	2.5469	1.1466	0.2822	0.7477	1.6896	14.2	2.3199	1.2333	0.1039	0.8832	1.2307
4.7	2.5461	1.1581	0.1355	0.7551	1.6715	14.4	2.3168	1.2328	0.0991	0.8836	1.2275
4.8	2.5529	1.1742	0.0316	0.7625	1.6575	14.6	2.3139	1.2320	0.0964	0.8840	1.2245
4.9	2.5529	1.1939	0.0023	0.7702	1.6479	14.8	2.3111	1.2320	0.0993	0.8844	1.2214
5.0	2.5856	1.2151	0.0484	0.7781	1.6402	15.0	2.3085	1.2318	0.1041	0.8849	1.2185

Table T1.109

N = 1.900 K = 0.300

X	QEXT	QSCA	QBK	G	QPR	X	QEXT	QSCA	QBK	G	QPR
0.1	0.0436	0.0001	0.0001	0.0015	0.0436	5.2	2.6012	1.2447	0.1176	0.7977	1.6083
0.2	0.0905	0.0010	0.0015	0.0047	0.0905	5.4	2.5955	1.2559	0.1629	0.8052	1.5843
0.3	0.1458	0.0053	0.0076	0.0103	0.1457	5.6	2.5887	1.2635	0.1379	0.8116	1.5633
0.4	0.2159	0.0172	0.0236	0.0183	0.2155	5.8	2.5809	1.2680	0.0939	0.8173	1.5447
0.5	0.3089	0.0427	0.0556	0.0284	0.3077	6.0	2.5698	1.2693	0.0847	0.8220	1.5264
0.6	0.4343	0.0896	0.1090	0.0409	0.4306	6.2	2.5565	1.2679	0.1036	0.8260	1.5092
0.7	0.6011	0.1661	0.1853	0.0560	0.5917	6.4	2.5427	1.2649	0.1162	0.8294	1.4936
0.8	0.8156	0.2787	0.2774	0.0743	0.7949	6.6	2.5287	1.2609	0.1116	0.8323	1.4792
0.9	1.0787	0.4286	0.3654	0.0963	1.0374	6.8	2.5150	1.2568	0.1054	0.8349	1.4657
1.0	1.3844	0.6097	0.4181	0.1229	1.3095	7.0	2.5022	1.2530	0.1073	0.8373	1.4531
1.1	1.7225	0.8111	0.4049	0.1537	1.5978	7.2	2.4905	1.2498	0.1105	0.8395	1.4413
1.2	2.0787	1.0232	0.3203	0.1868	1.8876	7.4	2.4801	1.2474	0.1047	0.8416	1.4302
1.3	2.4248	1.2376	0.2022	0.2174	2.1557	7.6	2.4711	1.2460	0.0978	0.8437	1.4198
1.4	2.7101	1.4366	0.1118	0.2421	2.3623	7.8	2.4631	1.2453	0.1020	0.8458	1.4098
1.5	2.8939	1.5931	0.0768	0.2628	2.4753	8.0	2.4559	1.2452	0.1145	0.8478	1.4002
1.6	2.9895	1.6937	0.0749	0.2857	2.5056	8.2	2.4495	1.2455	0.1189	0.8498	1.3911
1.7	3.0514	1.7515	0.0762	0.3162	2.4976	8.4	2.4437	1.2460	0.1078	0.8518	1.3824
1.8	3.1296	1.7916	0.0704	0.3560	2.4918	8.6	2.4380	1.2465	0.0948	0.8536	1.3739
1.9	3.2402	1.8332	0.0593	0.4024	2.5025	8.8	2.4325	1.2470	0.0964	0.8554	1.3658
2.0	3.3595	1.8797	0.0534	0.4484	2.5168	9.0	2.4270	1.2472	0.1107	0.8571	1.3580
2.1	3.4405	1.9170	0.0748	0.4855	2.5098	9.2	2.4216	1.2473	0.1197	0.8587	1.3505
2.2	3.4530	1.9262	0.1388	0.5102	2.4703	9.4	2.4160	1.2471	0.1129	0.8602	1.3433
2.3	3.4072	1.9003	0.2286	0.5254	2.4089	9.6	2.4104	1.2467	0.0995	0.8616	1.3363
2.4	3.3377	1.8480	0.3051	0.5371	2.3451	9.8	2.4049	1.2462	0.0956	0.8629	1.3296
2.5	3.2775	1.7855	0.3349	0.5514	2.2929	10.0	2.3995	1.2456	0.1044	0.8641	1.3232
2.6	3.2414	1.7274	0.3012	0.5713	2.2545	10.2	2.3943	1.2450	0.1142	0.8652	1.3170
2.7	3.2214	1.6799	0.2094	0.5953	2.2214	10.4	2.3891	1.2444	0.1141	0.8663	1.3111
2.8	3.1966	1.6392	0.0948	0.6185	2.1828	10.6	2.3842	1.2439	0.1060	0.8673	1.3054
2.9	3.1507	1.5960	0.0139	0.6364	2.1351	10.8	2.3794	1.2434	0.0998	0.8682	1.2999
3.0	3.0828	1.5439	0.0085	0.6478	2.0826	11.0	2.3749	1.2430	0.1015	0.8691	1.2946
3.1	3.0049	1.4842	0.0802	0.6550	2.0328	11.2	2.3706	1.2427	0.1075	0.8700	1.2895
3.2	2.9329	1.4240	0.1985	0.6611	1.9916	11.4	2.3665	1.2424	0.1110	0.8708	1.2846
3.3	2.8770	1.3708	0.3189	0.6691	1.9599	11.6	2.3625	1.2422	0.1093	0.8716	1.2798
3.4	2.8377	1.3291	0.3934	0.6798	1.9343	11.8	2.3586	1.2420	0.1053	0.8723	1.2752
3.5	2.8084	1.2983	0.3875	0.6918	1.9102	12.0	2.3549	1.2418	0.1029	0.8731	1.2707
3.6	2.7802	1.2743	0.3024	0.7029	1.8844	12.2	2.3513	1.2416	0.1038	0.8738	1.2664
3.7	2.7476	1.2524	0.1786	0.7116	1.8564	12.4	2.3477	1.2414	0.1066	0.8744	1.2622
3.8	2.7117	1.2312	0.0688	0.7178	1.8279	12.6	2.3442	1.2412	0.1086	0.8751	1.2581
3.9	2.6780	1.2119	0.0107	0.7229	1.8019	12.8	2.3409	1.2409	0.1083	0.8757	1.2542
4.0	2.6520	1.1972	0.0177	0.7282	1.7802	13.0	2.3375	1.2407	0.1062	0.8763	1.2503
4.1	2.6360	1.1887	0.0799	0.7346	1.7628	13.2	2.3343	1.2404	0.1040	0.8769	1.2466
4.2	2.6282	1.1862	0.1676	0.7421	1.7480	13.4	2.3311	1.2401	0.1038	0.8774	1.2430
4.3	2.6244	1.1881	0.2415	0.7498	1.7336	13.6	2.3279	1.2398	0.1060	0.8779	1.2394
4.4	2.6202	1.1920	0.2718	0.7569	1.7179	13.8	2.3249	1.2395	0.1082	0.8784	1.2360
4.5	2.6141	1.1967	0.2516	0.7631	1.7009	14.0	2.3219	1.2393	0.1083	0.8789	1.2327
4.6	2.6072	1.2017	0.1950	0.7684	1.6838	14.2	2.3190	1.2390	0.1061	0.8794	1.2294
4.7	2.6018	1.2073	0.1259	0.7734	1.6681	14.4	2.3161	1.2387	0.1041	0.8798	1.2263
4.8	2.5994	1.2140	0.0688	0.7784	1.6544	14.6	2.3134	1.2384	0.1043	0.8803	1.2232
4.9	2.5997	1.2216	0.0411	0.7835	1.6426	14.8	2.3107	1.2382	0.1063	0.8807	1.2202
5.0	2.6012	1.2297	0.0472	0.7886	1.6316	15.0	2.3081	1.2380	0.1082	0.8811	1.2173

Table T1.110

N = 1.900 K = 0.400

X	QEXT	QSCA	QBK	G	QPR	X	QEXT	QSCA	QBK	G	QPR
0.1	0.0576	0.0001	0.0001	0.0015	0.0576	5.2	2.5944	1.2540	0.0997	0.7940	1.5987
0.2	0.1196	0.0011	0.0016	0.0046	0.1196	5.4	2.5839	1.2583	0.1403	0.8003	1.5768
0.3	0.1917	0.0058	0.0082	0.0103	0.1916	5.6	2.5729	1.2610	0.1458	0.8058	1.5567
0.4	0.2813	0.0185	0.0254	0.0181	0.2809	5.8	2.5620	1.2624	0.1226	0.8108	1.5384
0.5	0.3973	0.0459	0.0598	0.0282	0.3960	6.0	2.5508	1.2629	0.1013	0.8153	1.5212
0.6	0.5491	0.0959	0.1169	0.0407	0.5452	6.2	2.5392	1.2624	0.0985	0.8192	1.5050
0.7	0.7448	0.1766	0.1973	0.0558	0.7350	6.4	2.5278	1.2615	0.1091	0.8228	1.4899
0.8	0.9881	0.2932	0.2924	0.0741	0.9663	6.6	2.5168	1.2603	0.1208	0.8261	1.4757
0.9	1.2747	0.4446	0.3803	0.0962	1.2319	6.8	2.5063	1.2591	0.1258	0.8291	1.4624
1.0	1.5926	0.6216	0.4296	0.1226	1.5164	7.0	2.4964	1.2580	0.1215	0.8319	1.4499
1.1	1.9233	0.8100	0.4152	0.1528	1.7995	7.2	2.4871	1.2570	0.1111	0.8345	1.4381
1.2	2.2429	0.9967	0.3395	0.1847	2.0588	7.4	2.4784	1.2563	0.1033	0.8369	1.4269
1.3	2.5195	1.1701	0.2383	0.2150	2.2680	7.6	2.4703	1.2558	0.1059	0.8393	1.4163
1.4	2.7221	1.3170	0.1543	0.2422	2.4031	7.8	2.4627	1.2555	0.1171	0.8414	1.4063
1.5	2.8452	1.4261	0.1025	0.2688	2.4619	8.0	2.4555	1.2553	0.1254	0.8435	1.3967
1.6	2.9172	1.4975	0.0726	0.2990	2.4695	8.2	2.4487	1.2551	0.1218	0.8455	1.3876
1.7	2.9780	1.5437	0.0543	0.3357	2.4598	8.4	2.4422	1.2550	0.1099	0.8473	1.3788
1.8	3.0524	1.5797	0.0468	0.3783	2.4548	8.6	2.4360	1.2547	0.1029	0.8491	1.3705
1.9	3.1384	1.6146	0.0545	0.4225	2.4563	8.8	2.4299	1.2546	0.1081	0.8507	1.3625
2.0	3.2126	1.6466	0.0831	0.4622	2.4515	9.0	2.4240	1.2543	0.1192	0.8523	1.3548
2.1	3.2495	1.6665	0.1353	0.4931	2.4277	9.2	2.4184	1.2541	0.1239	0.8538	1.3475
2.2	3.2414	1.6658	0.2029	0.5150	2.3835	9.4	2.4128	1.2538	0.1176	0.8552	1.3404
2.3	3.2019	1.6441	0.2645	0.5312	2.3285	9.6	2.4074	1.2535	0.1081	0.8565	1.3336
2.4	3.1536	1.6083	0.2957	0.5465	2.2747	9.8	2.4022	1.2532	0.1054	0.8577	1.3271
2.5	3.1139	1.5684	0.2812	0.5641	2.2292	10.0	2.3971	1.2529	0.1116	0.8589	1.3208
2.6	3.0879	1.5324	0.2207	0.5848	2.1918	10.2	2.3922	1.2525	0.1192	0.8600	1.3147
2.7	3.0689	1.5028	0.1331	0.6065	2.1575	10.4	2.3874	1.2522	0.1203	0.8611	1.3089
2.8	3.0451	1.4768	0.0530	0.6260	2.1207	10.6	2.3828	1.2519	0.1147	0.8621	1.3033
2.9	3.0090	1.4496	0.0146	0.6411	2.0797	10.8	2.3784	1.2517	0.1087	0.8631	1.2979
3.0	2.9616	1.4183	0.0329	0.6520	2.0368	11.0	2.3741	1.2514	0.1083	0.8640	1.2927
3.1	2.9105	1.3841	0.0988	0.6606	1.9962	11.2	2.3699	1.2511	0.1131	0.8648	1.2876
3.2	2.8644	1.3506	0.1863	0.6689	1.9610	11.4	2.3658	1.2509	0.1178	0.8657	1.2828
3.3	2.8284	1.3217	0.2631	0.6783	1.9318	11.6	2.3619	1.2506	0.1179	0.8665	1.2780
3.4	2.8021	1.2993	0.3000	0.6889	1.9070	11.8	2.3580	1.2503	0.1137	0.8672	1.2735
3.5	2.7813	1.2829	0.2830	0.6996	1.8838	12.0	2.3543	1.2501	0.1099	0.8679	1.2691
3.6	2.7611	1.2705	0.2207	0.7092	1.8601	12.2	2.3507	1.2498	0.1099	0.8686	1.2648
3.7	2.7388	1.2598	0.1394	0.7172	1.8353	12.4	2.3471	1.2496	0.1135	0.8693	1.2607
3.8	2.7151	1.2499	0.0698	0.7236	1.8106	12.6	2.3437	1.2493	0.1168	0.8699	1.2566
3.9	2.6930	1.2411	0.0335	0.7294	1.7877	12.8	2.3403	1.2491	0.1165	0.8705	1.2527
4.0	2.6751	1.2344	0.0383	0.7352	1.7676	13.0	2.3370	1.2488	0.1134	0.8711	1.2489
4.1	2.6622	1.2305	0.0774	0.7413	1.7502	13.2	2.3339	1.2485	0.1105	0.8717	1.2453
4.2	2.6537	1.2292	0.1329	0.7478	1.7345	13.4	2.3307	1.2483	0.1108	0.8722	1.2417
4.3	2.6470	1.2300	0.1824	0.7541	1.7194	13.6	2.3276	1.2480	0.1136	0.8728	1.2382
4.4	2.6403	1.2320	0.2088	0.7600	1.7040	13.8	2.3247	1.2478	0.1160	0.8733	1.2348
4.5	2.6329	1.2345	0.2058	0.7652	1.6883	14.0	2.3218	1.2475	0.1156	0.8738	1.2315
4.6	2.6252	1.2370	0.1782	0.7699	1.6729	14.2	2.3189	1.2473	0.1131	0.8742	1.2283
4.7	2.6180	1.2395	0.1381	0.7742	1.6583	14.4	2.3161	1.2470	0.1110	0.8747	1.2252
4.8	2.6120	1.2423	0.0997	0.7784	1.6450	14.6	2.3134	1.2468	0.1115	0.8751	1.2221
4.9	2.6072	1.2452	0.0745	0.7826	1.6327	14.8	2.3108	1.2468	0.1138	0.8755	1.2192
5.0	2.6030	1.2483	0.0679	0.7866	1.6211	15.0	2.3082	1.2466	0.1155	0.8759	1.2163

Table T1.111

N = 1.900 K = 0.500

X	QEXT	QSCA	QBK	G	QPR	X	QEXT	QSCA	QBK	G	QPR
0.1	0.0713	0.0001	0.0001	0.0014	0.0713	5.2	2.5896	1.2668	0.1001	0.7882	1.5912
0.2	0.1479	0.0012	0.0018	0.0046	0.1479	5.4	2.5777	1.2685	0.1371	0.7941	1.5704
0.3	0.2365	0.0063	0.0090	0.0101	0.2364	5.6	2.5657	1.2695	0.1552	0.7994	1.5509
0.4	0.3455	0.0203	0.0278	0.0179	0.3451	5.8	2.5542	1.2699	0.1419	0.8041	1.5331
0.5	0.4843	0.0501	0.0654	0.0279	0.4829	6.0	2.5432	1.2700	0.1161	0.8085	1.5164
0.6	0.6623	0.1042	0.1274	0.0403	0.6581	6.2	2.5325	1.2698	0.1031	0.8125	1.5008
0.7	0.8860	0.1906	0.2138	0.0553	0.8755	6.4	2.5221	1.2695	0.1117	0.8161	1.4860
0.8	1.1555	0.3134	0.3142	0.0735	1.1325	6.6	2.5121	1.2691	0.1305	0.8195	1.4720
0.9	1.4610	0.4687	0.4042	0.0954	1.4163	6.8	2.5026	1.2687	0.1410	0.8227	1.4590
1.0	1.7833	0.6441	0.4528	0.1214	1.7051	7.0	2.4937	1.2683	0.1343	0.8256	1.4466
1.1	2.0972	0.8226	0.4389	0.1508	1.9731	7.2	2.4852	1.2679	0.1182	0.8283	1.4350
1.2	2.3750	0.9892	0.3692	0.1819	2.1951	7.4	2.4771	1.2676	0.1089	0.8309	1.4239
1.3	2.5916	1.1326	0.2754	0.2125	2.3509	7.6	2.4693	1.2674	0.1149	0.8332	1.4133
1.4	2.7359	1.2453	0.1888	0.2425	2.4339	7.8	2.4620	1.2671	0.1291	0.8355	1.4034
1.5	2.8216	1.3252	0.1214	0.2742	2.4583	8.0	2.4549	1.2669	0.1366	0.8375	1.3939
1.6	2.8788	1.3784	0.0728	0.3100	2.4515	8.2	2.4482	1.2667	0.1303	0.8395	1.3849
1.7	2.9348	1.4162	0.0440	0.3508	2.4380	8.4	2.4417	1.2665	0.1175	0.8413	1.3762
1.8	2.9995	1.4485	0.0399	0.3940	2.4287	8.6	2.4354	1.2663	0.1118	0.8430	1.3680
1.9	3.0636	1.4787	0.0646	0.4351	2.4202	8.8	2.4294	1.2660	0.1182	0.8446	1.3601
2.0	3.1086	1.5033	0.1160	0.4697	2.4024	9.0	2.4236	1.2658	0.1291	0.8462	1.3525
2.1	3.1217	1.5158	0.1836	0.4963	2.3695	9.2	2.4179	1.2656	0.1330	0.8476	1.3453
2.2	3.1045	1.5126	0.2492	0.5163	2.3236	9.4	2.4125	1.2663	0.1265	0.8490	1.3383
2.3	3.0702	1.4957	0.2919	0.5331	2.2729	9.6	2.4072	1.2650	0.1173	0.8503	1.3316
2.4	3.0342	1.4711	0.2960	0.5501	2.2249	9.8	2.4021	1.2648	0.1147	0.8515	1.3252
2.5	3.0062	1.4457	0.2572	0.5689	2.1836	10.0	2.3972	1.2645	0.1207	0.8527	1.3190
2.6	2.9869	1.4240	0.1855	0.5892	2.1479	10.2	2.3924	1.2642	0.1283	0.8538	1.3130
2.7	2.9706	1.4066	0.1051	0.6089	2.1141	10.4	2.3878	1.2640	0.1298	0.8548	1.3073
2.8	2.9498	1.3913	0.0458	0.6260	2.0789	10.6	2.3833	1.2637	0.1243	0.8558	1.3017
2.9	2.9210	1.3750	0.0286	0.6395	2.0417	10.8	2.3789	1.2634	0.1179	0.8568	1.2964
3.0	2.8859	1.3564	0.0573	0.6501	2.0041	11.0	2.3747	1.2632	0.1172	0.8577	1.2912
3.1	2.8500	1.3366	0.1190	0.6594	1.9687	11.2	2.3705	1.2629	0.1220	0.8586	1.2863
3.2	2.8185	1.3177	0.1903	0.6685	1.9375	11.4	2.3665	1.2626	0.1273	0.8594	1.2814
3.3	2.7937	1.3018	0.2463	0.6783	1.9106	11.6	2.3626	1.2624	0.1276	0.8602	1.2768
3.4	2.7750	1.2899	0.2674	0.6885	1.8868	11.8	2.3588	1.2621	0.1232	0.8609	1.2723
3.5	2.7593	1.2816	0.2478	0.6985	1.8641	12.0	2.3552	1.2618	0.1188	0.8616	1.2679
3.6	2.7437	1.2755	0.1969	0.7074	1.8414	12.2	2.3516	1.2616	0.1187	0.8623	1.2637
3.7	2.7269	1.2704	0.1345	0.7151	1.8185	12.4	2.3481	1.2613	0.1227	0.8630	1.2596
3.8	2.7095	1.2658	0.0820	0.7217	1.7960	12.6	2.3447	1.2610	0.1264	0.8636	1.2556
3.9	2.6932	1.2617	0.0545	0.7278	1.7750	12.8	2.3414	1.2608	0.1261	0.8642	1.2518
4.0	2.6792	1.2585	0.0576	0.7337	1.7559	13.0	2.3381	1.2605	0.1226	0.8648	1.2480
4.1	2.6682	1.2566	0.0862	0.7396	1.7388	13.2	2.3349	1.2603	0.1195	0.8654	1.2443
4.2	2.6594	1.2560	0.1278	0.7456	1.7230	13.4	2.3318	1.2600	0.1198	0.8659	1.2408
4.3	2.6518	1.2564	0.1672	0.7513	1.7078	13.6	2.3288	1.2597	0.1230	0.8664	1.2373
4.4	2.6444	1.2575	0.1917	0.7567	1.6928	13.8	2.3259	1.2595	0.1255	0.8669	1.2340
4.5	2.6366	1.2587	0.1953	0.7616	1.6779	14.0	2.3230	1.2592	0.1251	0.8674	1.2307
4.6	2.6286	1.2600	0.1796	0.7660	1.6634	14.2	2.3202	1.2590	0.1222	0.8679	1.2275
4.7	2.6209	1.2612	0.1516	0.7702	1.6496	14.4	2.3174	1.2587	0.1200	0.8683	1.2244
4.8	2.6137	1.2623	0.1211	0.7741	1.6366	14.6	2.3148	1.2585	0.1206	0.8688	1.2214
4.9	2.6071	1.2634	0.0969	0.7778	1.6245	14.8	2.3121	1.2582	0.1231	0.8692	1.2185
5.0	2.6011	1.2646	0.0851	0.7814	1.6130	15.0	2.3095	1.2580	0.1249	0.8696	1.2156

Table T1.112   153

N = 1.900 K = 1.000

X	QEXT	QSCA	QBK	G	QPR	X	QEXT	QSCA	QBK	G	QPR
0.1	0.1294	0.0001	0.0002	0.0013	0.1294	5.2	2.6128	1.3718	0.1554	0.7508	1.5828
0.2	0.2696	0.0021	0.0031	0.0042	0.2696	5.4	2.6007	1.3718	0.2022	0.7562	1.5634
0.3	0.4328	0.0107	0.0154	0.0092	0.4327	5.6	2.5888	1.3716	0.2384	0.7610	1.5451
0.4	0.6329	0.0345	0.0479	0.0162	0.6323	5.8	2.5774	1.3712	0.2285	0.7653	1.5281
0.5	0.8821	0.0850	0.1129	0.0251	0.8800	6.0	2.5669	1.3708	0.1878	0.7693	1.5124
0.6	1.1865	0.1746	0.2192	0.0361	1.1802	6.2	2.5569	1.3704	0.1606	0.7731	1.4975
0.7	1.5376	0.3108	0.3631	0.0495	1.5223	6.4	2.5472	1.3700	0.1723	0.7766	1.4833
0.8	1.9066	0.4882	0.5199	0.0657	1.8746	6.6	2.5378	1.3695	0.2061	0.7798	1.4699
0.9	2.2487	0.6848	0.6478	0.0851	2.1904	6.8	2.5289	1.3690	0.2252	0.7827	1.4573
1.0	2.5214	0.8700	0.7075	0.1082	2.4272	7.0	2.5205	1.3685	0.2118	0.7855	1.4455
1.1	2.7039	1.0192	0.6844	0.1352	2.5660	7.2	2.5124	1.3680	0.1829	0.7881	1.4342
1.2	2.8037	1.1233	0.5914	0.1667	2.6164	7.4	2.5045	1.3675	0.1691	0.7905	1.4235
1.3	2.8479	1.1879	0.4551	0.2035	2.6061	7.6	2.4969	1.3669	0.1824	0.7927	1.4133
1.4	2.8677	1.2259	0.3044	0.2460	2.5661	7.8	2.4896	1.3664	0.2063	0.7948	1.4037
1.5	2.8864	1.2514	0.1679	0.2932	2.5194	8.0	2.4827	1.3658	0.2156	0.7967	1.3946
1.6	2.9131	1.2748	0.0740	0.3416	2.4776	8.2	2.4759	1.3652	0.2024	0.7985	1.3858
1.7	2.9437	1.3006	0.0439	0.3860	2.4417	8.4	2.4694	1.3647	0.1821	0.8002	1.3774
1.8	2.9674	1.3268	0.0819	0.4226	2.4067	8.6	2.4631	1.3641	0.1758	0.8017	1.3695
1.9	2.9755	1.3487	0.1704	0.4504	2.3680	8.8	2.4570	1.3635	0.1882	0.8032	1.3618
2.0	2.9666	1.3627	0.2774	0.4713	2.3244	9.0	2.4512	1.3630	0.2049	0.8046	1.3545
2.1	2.9462	1.3683	0.3685	0.4883	2.2779	9.2	2.4455	1.3624	0.2087	0.8059	1.3475
2.2	2.9225	1.3679	0.4179	0.5046	2.2323	9.4	2.4400	1.3618	0.1970	0.8072	1.3407
2.3	2.9021	1.3651	0.4134	0.5216	2.1900	9.6	2.4346	1.3613	0.1809	0.8084	1.3342
2.4	2.8875	1.3629	0.3587	0.5397	2.1519	9.8	2.4295	1.3607	0.1807	0.8095	1.3280
2.5	2.8775	1.3630	0.2722	0.5580	2.1170	10.0	2.4244	1.3601	0.1914	0.8106	1.3220
2.6	2.8687	1.3650	0.1814	0.5750	2.0838	10.2	2.4196	1.3596	0.2030	0.8116	1.3162
2.7	2.8580	1.3677	0.1134	0.5900	2.0510	10.4	2.4148	1.3590	0.2038	0.8125	1.3106
2.8	2.8440	1.3698	0.0856	0.6027	2.0184	10.6	2.4102	1.3585	0.1939	0.8135	1.3052
2.9	2.8277	1.3706	0.1014	0.6136	1.9867	10.8	2.4058	1.3579	0.1842	0.8143	1.3000
3.0	2.8109	1.3701	0.1511	0.6235	1.9567	11.0	2.4014	1.3574	0.1843	0.8152	1.2949
3.1	2.7956	1.3689	0.2164	0.6331	1.9290	11.2	2.3972	1.3568	0.1932	0.8159	1.2901
3.2	2.7826	1.3679	0.2764	0.6426	1.9035	11.4	2.3931	1.3563	0.2012	0.8167	1.2854
3.3	2.7718	1.3676	0.3135	0.6521	1.8800	11.6	2.3890	1.3558	0.2004	0.8174	1.2808
3.4	2.7623	1.3679	0.3183	0.6614	1.8576	11.8	2.3851	1.3553	0.1923	0.8181	1.2764
3.5	2.7530	1.3688	0.2918	0.6700	1.8358	12.0	2.3813	1.3547	0.1856	0.8187	1.2722
3.6	2.7431	1.3698	0.2442	0.6779	1.8145	12.2	2.3776	1.3542	0.1869	0.8193	1.2680
3.7	2.7327	1.3708	0.1907	0.6850	1.7938	12.4	2.3740	1.3537	0.1941	0.8199	1.2640
3.8	2.7219	1.3711	0.1470	0.6913	1.7741	12.6	2.3704	1.3532	0.1997	0.8205	1.2601
3.9	2.7115	1.3712	0.1241	0.6972	1.7555	12.8	2.3670	1.3527	0.1979	0.8211	1.2563
4.0	2.7018	1.3711	0.1265	0.7028	1.7382	13.0	2.3636	1.3522	0.1914	0.8216	1.2527
4.1	2.6930	1.3710	0.1512	0.7082	1.7220	13.2	2.3603	1.3517	0.1886	0.8221	1.2491
4.2	2.6849	1.3712	0.1890	0.7135	1.7068	13.4	2.3571	1.3512	0.1945	0.8226	1.2456
4.3	2.6773	1.3712	0.2279	0.7184	1.6921	13.6	2.3539	1.3508	0.1981	0.8231	1.2422
4.4	2.6698	1.3716	0.2566	0.7231	1.6779	13.8	2.3509	1.3503	0.1962	0.8235	1.2389
4.5	2.6622	1.3719	0.2675	0.7275	1.6641	14.0	2.3479	1.3498	0.1910	0.8239	1.2357
4.6	2.6544	1.3722	0.2589	0.7315	1.6507	14.2	2.3449	1.3494	0.1878	0.8244	1.2326
4.7	2.6467	1.3723	0.2346	0.7351	1.6379	14.4	2.3420	1.3489	0.1899	0.8248	1.2295
4.8	2.6392	1.3723	0.2024	0.7386	1.6258	14.6	2.3392	1.3484	0.1945	0.8251	1.2266
4.9	2.6321	1.3721	0.1719	0.7418	1.6142	14.8	2.3364	1.3480	0.1945	0.8255	1.2237
5.0	2.6254	1.3720	0.1513	0.7449	1.6033	15.0	2.3337	1.3476	0.1969	0.8259	1.2208

154 Table T1.113

N = 1.900 K = 1.500

X	QEXT	QSCA	QBK	G	QPR	X	QEXT	QSCA	QBK	G	QPR
0.1	0.1589	0.0002	0.0003	0.0011	0.1589	5.2	2.6797	1.5266	0.2317	0.7106	1.5950
0.2	0.3344	0.0033	0.0048	0.0035	0.3344	5.4	2.6667	1.5251	0.3136	0.7154	1.5757
0.3	0.5463	0.0170	0.0247	0.0077	0.5462	5.6	2.6535	1.5234	0.3686	0.7195	1.5573
0.4	0.8158	0.0555	0.0784	0.0134	0.8151	5.8	2.6410	1.5214	0.3430	0.7233	1.5406
0.5	1.1608	0.1380	0.1886	0.0205	1.1579	6.0	2.6297	1.5195	0.2710	0.7269	1.5252
0.6	1.5823	0.2840	0.3721	0.0293	1.5740	6.2	2.6190	1.5178	0.2305	0.7303	1.5105
0.7	2.0481	0.4986	0.6195	0.0400	2.0281	6.4	2.6083	1.5163	0.2586	0.7334	1.4964
0.8	2.4876	0.7579	0.8790	0.0533	2.4473	6.6	2.5979	1.5145	0.3187	0.7361	1.4830
0.9	2.8225	1.0105	1.0710	0.0699	2.7519	6.8	2.5882	1.5127	0.3461	0.7387	1.4707
1.0	3.0145	1.2076	1.1357	0.0909	2.9047	7.0	2.5791	1.5111	0.3156	0.7412	1.4591
1.1	3.0828	1.3303	1.0644	0.1177	2.9262	7.2	2.5702	1.5095	0.2639	0.7435	1.4479
1.2	3.0784	1.3902	0.8877	0.1518	2.8673	7.4	2.5615	1.5080	0.2453	0.7456	1.4372
1.3	3.0517	1.4121	0.6509	0.1945	2.7771	7.6	2.5532	1.5064	0.2750	0.7475	1.4271
1.4	3.0356	1.4205	0.4030	0.2450	2.6876	7.8	2.5453	1.5048	0.3179	0.7493	1.4177
1.5	3.0414	1.4319	0.1959	0.2991	2.6132	8.0	2.5377	1.5033	0.3289	0.7510	1.4087
1.6	3.0626	1.4526	0.0765	0.3500	2.5541	8.2	2.5302	1.5019	0.2998	0.7525	1.4000
1.7	3.0833	1.4798	0.0696	0.3917	2.5037	8.4	2.5230	1.5005	0.2634	0.7540	1.3917
1.8	3.0899	1.5058	0.1635	0.4219	2.4547	8.6	2.5161	1.4990	0.2574	0.7553	1.3838
1.9	3.0781	1.5242	0.3159	0.4427	2.4034	8.8	2.5095	1.4976	0.2846	0.7566	1.3763
2.0	3.0529	1.5329	0.4733	0.4581	2.3506	9.0	2.5030	1.4963	0.3145	0.7578	1.3691
2.1	3.0232	1.5339	0.5891	0.4720	2.2992	9.2	2.4967	1.4950	0.3164	0.7590	1.3621
2.2	2.9972	1.5313	0.6336	0.4869	2.2517	9.4	2.4906	1.4937	0.2906	0.7600	1.3554
2.3	2.9788	1.5289	0.5983	0.5036	2.2089	9.6	2.4847	1.4924	0.2657	0.7611	1.3490
2.4	2.9675	1.5290	0.4971	0.5213	2.1703	9.8	2.4791	1.4911	0.2665	0.7620	1.3428
2.5	2.9595	1.5320	0.3627	0.5387	2.1342	10.0	2.4735	1.4899	0.2898	0.7630	1.3368
2.6	2.9507	1.5365	0.2360	0.5543	2.0991	10.2	2.4681	1.4887	0.3102	0.7638	1.3310
2.7	2.9385	1.5407	0.1521	0.5673	2.0644	10.4	2.4629	1.4875	0.3070	0.7646	1.3255
2.8	2.9227	1.5431	0.1298	0.5781	2.0305	10.6	2.4578	1.4863	0.2856	0.7654	1.3201
2.9	2.9049	1.5435	0.1682	0.5874	1.9982	10.8	2.4529	1.4852	0.2688	0.7662	1.3150
3.0	2.8876	1.5424	0.2500	0.5961	1.9682	11.0	2.4481	1.4841	0.2734	0.7669	1.3100
3.1	2.8724	1.5407	0.3475	0.6047	1.9408	11.2	2.4434	1.4830	0.2927	0.7675	1.3051
3.2	2.8600	1.5392	0.4310	0.6136	1.9156	11.4	2.4388	1.4819	0.3061	0.7682	1.3005
3.3	2.8498	1.5386	0.4768	0.6225	1.8918	11.6	2.4344	1.4808	0.3006	0.7688	1.2960
3.4	2.8405	1.5388	0.4737	0.6312	1.8693	11.8	2.4300	1.4798	0.2832	0.7693	1.2916
3.5	2.8309	1.5395	0.4258	0.6391	1.8470	12.0	2.4258	1.4788	0.2722	0.7699	1.2873
3.6	2.8203	1.5399	0.3499	0.6461	1.8253	12.2	2.4217	1.4778	0.2782	0.7704	1.2832
3.7	2.8087	1.5399	0.2694	0.6522	1.8043	12.4	2.4177	1.4768	0.2939	0.7709	1.2792
3.8	2.7969	1.5393	0.2071	0.6577	1.7845	12.6	2.4137	1.4758	0.3026	0.7714	1.2753
3.9	2.7855	1.5381	0.1787	0.6628	1.7660	12.8	2.4099	1.4749	0.2959	0.7718	1.2716
4.0	2.7752	1.5368	0.1895	0.6678	1.7490	13.0	2.4061	1.4740	0.2820	0.7723	1.2679
4.1	2.7660	1.5356	0.2333	0.6726	1.7331	13.2	2.4025	1.4730	0.2751	0.7727	1.2643
4.2	2.7576	1.5347	0.2951	0.6774	1.7180	13.4	2.3989	1.4721	0.2815	0.7731	1.2608
4.3	2.7497	1.5341	0.3556	0.6820	1.7035	13.6	2.3954	1.4712	0.2939	0.7735	1.2574
4.4	2.7417	1.5336	0.3973	0.6862	1.6892	13.8	2.3920	1.4704	0.2993	0.7738	1.2541
4.5	2.7333	1.5332	0.4093	0.6901	1.6753	14.0	2.3886	1.4695	0.2927	0.7742	1.2509
4.6	2.7248	1.5325	0.3900	0.6935	1.6619	14.2	2.3853	1.4687	0.2816	0.7745	1.2478
4.7	2.7162	1.5316	0.3468	0.6967	1.6491	14.4	2.3821	1.4678	0.2775	0.7748	1.2448
4.8	2.7079	1.5306	0.2932	0.6996	1.6371	14.6	2.3790	1.4670	0.2842	0.7752	1.2418
4.9	2.7002	1.5294	0.2450	0.7025	1.6258	14.8	2.3759	1.4662	0.2939	0.7755	1.2389
5.0	2.6930	1.5283	0.2150	0.7052	1.6152	15.0	2.3728	1.4654	0.2968	0.7757	1.2361

Table T1.114   155

N = 1.900 K = 2.000

X	QEXT	QSCA	QBK	G	QPR	X	QEXT	QSCA	QBK	G	QPR
0.1	0.1543	0.0003	0.0004	0.0008	0.1543	5.2	2.7395	1.6901	0.2978	0.6743	1.5999
0.2	0.3298	0.0044	0.0065	0.0027	0.3298	5.4	2.7259	1.6871	0.4374	0.6787	1.5809
0.3	0.5526	0.0231	0.0339	0.0057	0.5525	5.6	2.7113	1.6835	0.5293	0.6822	1.5627
0.4	0.8531	0.0765	0.1104	0.0098	0.8524	5.8	2.6977	1.6795	0.4827	0.6854	1.5465
0.5	1.2591	0.1938	0.2739	0.0148	1.2562	6.0	2.6859	1.6759	0.3574	0.6887	1.5318
0.6	1.7743	0.4043	0.5563	0.0212	1.7657	6.2	2.6748	1.6728	0.2885	0.6918	1.5176
0.7	2.3467	0.7117	0.9439	0.0293	2.3258	6.4	2.6634	1.6699	0.3403	0.6945	1.5036
0.8	2.8607	1.0652	1.3420	0.0401	2.8180	6.6	2.6520	1.6666	0.4471	0.6969	1.4906
0.9	3.2005	1.3750	1.6117	0.0545	3.1256	6.8	2.6416	1.6634	0.4938	0.6991	1.4787
1.0	3.3365	1.5769	1.6694	0.0737	3.2202	7.0	2.6321	1.6604	0.4370	0.7013	1.4676
1.1	3.3273	1.6685	1.5258	0.0998	3.1607	7.2	2.6228	1.6578	0.3434	0.7034	1.4567
1.2	3.2567	1.6866	1.2414	0.1350	3.0290	7.4	2.6133	1.6551	0.3115	0.7052	1.4462
1.3	3.1878	1.6733	0.8841	0.1808	2.8853	7.6	2.6043	1.6523	0.3681	0.7068	1.4365
1.4	3.1528	1.6601	0.5226	0.2358	2.7613	7.8	2.5959	1.6496	0.4470	0.7083	1.4275
1.5	3.1560	1.6636	0.2310	0.2942	2.6665	8.0	2.5880	1.6471	0.4653	0.7098	1.4188
1.6	3.1811	1.6857	0.0766	0.3471	2.5960	8.2	2.5800	1.6447	0.4088	0.7112	1.4103
1.7	3.2037	1.7168	0.0890	0.3875	2.5385	8.4	2.5722	1.6423	0.3410	0.7124	1.4023
1.8	3.2062	1.7439	0.2427	0.4143	2.4837	8.6	2.5648	1.6399	0.3318	0.7135	1.3947
1.9	3.1853	1.7589	0.4704	0.4311	2.4270	8.8	2.5578	1.6376	0.3854	0.7146	1.3875
2.0	3.1494	1.7609	0.6951	0.4431	2.3692	9.0	2.5509	1.6355	0.4419	0.7157	1.3805
2.1	3.1108	1.7541	0.8535	0.4546	2.3133	9.2	2.5441	1.6333	0.4432	0.7166	1.3736
2.2	3.0791	1.7446	0.9067	0.4683	2.2621	9.4	2.5376	1.6312	0.3917	0.7175	1.3671
2.3	3.0589	1.7376	0.8445	0.4847	2.2166	9.6	2.5313	1.6291	0.3441	0.7184	1.3610
2.4	3.0484	1.7356	0.6885	0.5026	2.1761	9.8	2.5253	1.6271	0.3480	0.7192	1.3550
2.5	3.0424	1.7381	0.4874	0.5200	2.1386	10.0	2.5193	1.6252	0.3955	0.7200	1.3492
2.6	3.0347	1.7426	0.3016	0.5350	2.1025	10.2	2.5135	1.6233	0.4347	0.7207	1.3435
2.7	3.0217	1.7460	0.1821	0.5469	2.0669	10.4	2.5079	1.6214	0.4262	0.7214	1.3382
2.8	3.0033	1.7465	0.1554	0.5561	2.0321	10.6	2.5025	1.6196	0.3819	0.7221	1.3330
2.9	2.9821	1.7439	0.2187	0.5637	1.9991	10.8	2.4972	1.6179	0.3493	0.7227	1.3280
3.0	2.9615	1.7391	0.3454	0.5709	1.9686	11.0	2.4920	1.6161	0.3604	0.7233	1.3231
3.1	2.9441	1.7340	0.4941	0.5785	1.9409	11.2	2.4870	1.6144	0.4010	0.7238	1.3184
3.2	2.9309	1.7299	0.6203	0.5868	1.9158	11.4	2.4821	1.6128	0.4276	0.7243	1.3139
3.3	2.9209	1.7275	0.6878	0.5954	1.8924	11.6	2.4773	1.6111	0.4138	0.7248	1.3096
3.4	2.9122	1.7266	0.6796	0.6037	1.8699	11.8	2.4727	1.6096	0.3768	0.7253	1.3053
3.5	2.9028	1.7264	0.6022	0.6112	1.8477	12.0	2.4681	1.6080	0.3555	0.7257	1.3012
3.6	2.8915	1.7258	0.4821	0.6175	1.8259	12.2	2.4634	1.6065	0.3703	0.7261	1.2972
3.7	2.8786	1.7242	0.3560	0.6228	1.8048	12.4	2.4594	1.6050	0.4038	0.7265	1.2933
3.8	2.8649	1.7216	0.2594	0.6273	1.7849	12.6	2.4551	1.6036	0.4204	0.7269	1.2895
3.9	2.8518	1.7182	0.2167	0.6318	1.7667	12.8	2.4510	1.6021	0.4047	0.7273	1.2858
4.0	2.8403	1.7148	0.2362	0.6358	1.7500	13.0	2.4470	1.6007	0.3741	0.7276	1.2822
4.1	2.8306	1.7119	0.3080	0.6402	1.7346	13.2	2.4430	1.5994	0.3611	0.7280	1.2787
4.2	2.8222	1.7096	0.4081	0.6447	1.7201	13.4	2.4392	1.5980	0.3771	0.7283	1.2754
4.3	2.8144	1.7080	0.5056	0.6490	1.7059	13.6	2.4354	1.5967	0.4040	0.7286	1.2721
4.4	2.8063	1.7067	0.5719	0.6529	1.6920	13.8	2.4317	1.5954	0.4138	0.7289	1.2689
4.5	2.7975	1.7052	0.5896	0.6564	1.6782	14.0	2.4281	1.5942	0.3980	0.7291	1.2657
4.6	2.7880	1.7034	0.5562	0.6594	1.6648	14.2	2.4245	1.5929	0.3730	0.7294	1.2627
4.7	2.7783	1.7012	0.4840	0.6620	1.6522	14.4	2.4211	1.5917	0.3661	0.7296	1.2597
4.8	2.7691	1.6987	0.3952	0.6644	1.6404	14.6	2.4177	1.5905	0.3817	0.7299	1.2568
4.9	2.7606	1.6961	0.3157	0.6669	1.6295	14.8	2.4143	1.5893	0.4037	0.7301	1.2540
5.0	2.7530	1.6938	0.2670	0.6694	1.6193	15.0	2.4111	1.5881	0.4087	0.7303	1.2512

Table T1.115

N = 1.900 K = 2.500

X	QEXT	QSCA	QBK	G	QPR	X	QEXT	QSCA	QBK	G	QPR
0.1	0.1292	0.0003	0.0005	0.0006	0.1292	5.2	2.7696	1.8379	0.3351	0.6437	1.5867
0.2	0.2810	0.0051	0.0076	0.0016	0.2810	5.4	2.7569	1.8339	0.5446	0.6479	1.5687
0.3	0.4850	0.0272	0.0404	0.0034	0.4849	5.6	2.7418	1.8289	0.7007	0.6510	1.5512
0.4	0.7778	0.0912	0.1349	0.0056	0.7773	5.8	2.7272	1.8229	0.6457	0.6537	1.5356
0.5	1.1982	0.2355	0.3451	0.0087	1.1961	6.0	2.7154	1.8177	0.4514	0.6566	1.5219
0.6	1.7628	0.5010	0.7234	0.0129	1.7563	6.2	2.7050	1.8137	0.3278	0.6596	1.5087
0.7	2.4184	0.8941	1.2586	0.0192	2.4013	6.4	2.6937	1.8098	0.3948	0.6621	1.4954
0.8	3.0152	1.3396	1.8100	0.0288	2.9774	6.6	2.6818	1.8052	0.5659	0.6641	1.4828
0.9	3.3922	1.7061	2.1681	0.0409	3.3224	6.8	2.6710	1.8006	0.6559	0.6661	1.4717
1.0	3.5123	1.9134	2.2226	0.0586	3.4002	7.0	2.6618	1.7966	0.5768	0.6681	1.4615
1.1	3.4603	1.9768	2.0096	0.0832	3.2958	7.2	2.6528	1.7932	0.4218	0.6700	1.4513
1.2	3.3455	1.9574	1.6227	0.1176	3.1153	7.4	2.6412	1.7896	0.3551	0.6716	1.4412
1.3	3.2432	1.9120	1.1498	0.1638	2.9300	7.6	2.6337	1.7857	0.4375	0.6730	1.4320
1.4	3.1896	1.8780	0.6737	0.2208	2.7749	7.8	2.6253	1.7820	0.5726	0.6743	1.4237
1.5	3.1888	1.8732	0.2869	0.2822	2.6603	8.0	2.6176	1.7788	0.6169	0.6757	1.4157
1.6	3.2207	1.8967	0.0782	0.3375	2.5805	8.2	2.6097	1.7757	0.5307	0.6769	1.4077
1.7	3.2533	1.9332	0.0914	0.3787	2.5212	8.4	2.6016	1.7725	0.4111	0.6780	1.3999
1.8	3.2621	1.9641	0.2946	0.4044	2.4677	8.6	2.5940	1.7692	0.3821	0.6789	1.3928
1.9	3.2407	1.9779	0.5985	0.4190	2.4121	8.8	2.5871	1.7662	0.4669	0.6799	1.3862
2.0	3.1987	1.9738	0.9007	0.4283	2.3533	9.0	2.5804	1.7634	0.5702	0.6809	1.3797
2.1	3.1515	1.9584	1.1179	0.4375	2.2946	9.2	2.5735	1.7607	0.5843	0.6817	1.3732
2.2	3.1124	1.9403	1.1979	0.4497	2.2397	9.4	2.5667	1.7579	0.5000	0.6825	1.3670
2.3	3.0880	1.9269	1.1236	0.4656	2.1908	9.6	2.5604	1.7551	0.4099	0.6832	1.3613
2.4	3.0778	1.9215	0.9187	0.4838	2.1481	9.8	2.5545	1.7525	0.4060	0.6840	1.3558
2.5	3.0751	1.9234	0.6449	0.5018	2.1100	10.0	2.5486	1.7501	0.4861	0.6847	1.3503
2.6	3.0715	1.9286	0.3844	0.5169	2.0746	10.2	2.5426	1.7477	0.5628	0.6853	1.3450
2.7	3.0611	1.9323	0.2103	0.5284	2.0401	10.4	2.5368	1.7452	0.5576	0.6858	1.3399
2.8	3.0425	1.9316	0.1626	0.5364	2.0063	10.6	2.5314	1.7428	0.4804	0.6864	1.3352
2.9	3.0188	1.9260	0.2411	0.5426	1.9738	10.8	2.5262	1.7406	0.4143	0.6869	1.3306
3.0	2.9947	1.9173	0.4120	0.5484	1.9433	11.0	2.5209	1.7384	0.4258	0.6874	1.3260
3.1	2.9744	1.9081	0.6205	0.5549	1.9155	11.2	2.5158	1.7362	0.4986	0.6879	1.3215
3.2	2.9598	1.9008	0.8045	0.5626	1.8904	11.4	2.5108	1.7340	0.5540	0.6883	1.3173
3.3	2.9503	1.8964	0.9112	0.5710	1.8674	11.6	2.5060	1.7319	0.5366	0.6887	1.3133
3.4	2.9434	1.8947	0.9118	0.5794	1.8457	11.8	2.5014	1.7299	0.4680	0.6891	1.3093
3.5	2.9359	1.8943	0.8107	0.5868	1.8245	12.0	2.4967	1.7280	0.4214	0.6894	1.3054
3.6	2.9258	1.8933	0.6426	0.5927	1.8036	12.2	2.4922	1.7260	0.4426	0.6898	1.3016
3.7	2.9126	1.8907	0.4591	0.5974	1.7831	12.4	2.4878	1.7241	0.5059	0.6901	1.2980
3.8	2.8976	1.8863	0.3121	0.6011	1.7638	12.6	2.4836	1.7222	0.5446	0.6904	1.2945
3.9	2.8828	1.8808	0.2395	0.6045	1.7459	12.8	2.4794	1.7205	0.5206	0.6907	1.2910
4.0	2.8699	1.8751	0.2564	0.6081	1.7297	13.0	2.4753	1.7187	0.4610	0.6910	1.2876
4.1	2.8597	1.8702	0.3529	0.6121	1.7149	13.2	2.4712	1.7169	0.4294	0.6913	1.2844
4.2	2.8517	1.8666	0.4971	0.6164	1.7011	13.4	2.4673	1.7152	0.4556	0.6915	1.2812
4.3	2.8449	1.8643	0.6444	0.6207	1.6878	13.6	2.4635	1.7135	0.5096	0.6918	1.2782
4.4	2.8378	1.8625	0.7512	0.6245	1.6746	13.8	2.4597	1.7119	0.5352	0.6920	1.2751
4.5	2.8295	1.8606	0.7884	0.6278	1.6614	14.0	2.4560	1.7103	0.5068	0.6922	1.2722
4.6	2.8199	1.8580	0.7487	0.6304	1.6485	14.2	2.4524	1.7087	0.4572	0.6924	1.2693
4.7	2.8095	1.8546	0.6471	0.6326	1.6362	14.4	2.4489	1.7072	0.4364	0.6926	1.2666
4.8	2.7993	1.8507	0.5150	0.6346	1.6248	14.6	2.4455	1.7057	0.4647	0.6928	1.2638
4.9	2.7901	1.8467	0.3905	0.6367	1.6144	14.8	2.4421	1.7042	0.5102	0.6929	1.2612
5.0	2.7823	1.8431	0.3080	0.6389	1.6047	15.0	2.4387	1.7027	0.5257	0.6931	1.2585

Table T1.116   157

N = 1.900 K = 3.000

X	QEXT	QSCA	QBK	G	QPR	X	QEXT	QSCA	QBK	G	QPR
0.1	0.1000	0.0003	0.0005	0.0003	0.1000	5.2	2.7676	1.9579	0.3443	0.6182	1.5573
0.2	0.2225	0.0054	0.0081	0.0004	0.2225	5.4	2.7571	1.9538	0.6131	0.6225	1.5408
0.3	0.3967	0.0290	0.0439	0.0007	0.3967	5.6	2.7429	1.9483	0.8549	0.6254	1.5244
0.4	0.6611	0.0985	0.1495	0.0012	0.6610	5.8	2.7275	1.9408	0.8210	0.6276	1.5095
0.5	1.0609	0.2580	0.3920	0.0024	1.0603	6.0	2.7156	1.9340	0.5635	0.6302	1.4968
0.6	1.6286	0.5586	0.8431	0.0052	1.6257	6.2	2.7066	1.9294	0.3606	0.6332	1.4848
0.7	2.3268	1.0141	1.5015	0.0103	2.3164	6.4	2.6966	1.9254	0.4158	0.6358	1.4725
0.8	2.9949	1.5354	2.1947	0.0183	2.9668	6.6	2.6847	1.9201	0.6506	0.6375	1.4606
0.9	3.4304	1.9565	2.6471	0.0299	3.3719	6.8	2.6735	1.9142	0.8094	0.6391	1.4502
1.0	3.5699	2.1774	2.7151	0.0462	3.4692	7.0	2.6648	1.9094	0.7325	0.6410	1.4409
1.1	3.5063	2.2239	2.4535	0.0693	3.3522	7.2	2.6570	1.9056	0.5119	0.6430	1.4317
1.2	3.3665	2.1761	1.9860	0.1021	3.1444	7.4	2.6479	1.9017	0.3834	0.6445	1.4224
1.3	3.2380	2.1033	1.4187	0.1471	2.9286	7.6	2.6383	1.8970	0.4709	0.6456	1.4136
1.4	3.1642	2.0492	0.8437	0.2041	2.7460	7.8	2.6299	1.8925	0.6700	0.6467	1.4060
1.5	3.1541	2.0340	0.3650	0.2670	2.6111	8.0	2.6229	1.8888	0.7676	0.6481	1.3988
1.6	3.1891	2.0569	0.0900	0.3247	2.5212	8.2	2.6158	1.8855	0.6685	0.6493	1.3915
1.7	3.2335	2.0991	0.0818	0.3678	2.4614	8.4	2.6078	1.8818	0.4858	0.6502	1.3843
1.8	3.2550	2.1362	0.3133	0.3941	2.4132	8.6	2.6002	1.8779	0.4104	0.6510	1.3777
1.9	3.2409	2.1522	0.6803	0.4076	2.3637	8.8	2.5935	1.8742	0.5129	0.6519	1.3717
2.0	3.1990	2.1450	1.0568	0.4151	2.3085	9.0	2.5875	1.8712	0.6767	0.6529	1.3659
2.1	3.1463	2.1227	1.3391	0.4223	2.2500	9.2	2.5811	1.8682	0.7296	0.6537	1.3599
2.2	3.0997	2.0965	1.4604	0.4327	2.1925	9.4	2.5743	1.8649	0.6230	0.6543	1.3541
2.3	3.0694	2.0761	1.3943	0.4476	2.1401	9.6	2.5680	1.8616	0.4739	0.6549	1.3489
2.4	3.0572	2.0666	1.1601	0.4658	2.0946	9.8	2.5625	1.8586	0.4373	0.6556	1.3440
2.5	3.0571	2.0676	0.8256	0.4843	2.0557	10.0	2.5571	1.8559	0.5436	0.6563	1.3390
2.6	3.0590	2.0741	0.4901	0.5002	2.0215	10.2	2.5513	1.8532	0.6753	0.6569	1.3341
2.7	3.0539	2.0796	0.2500	0.5118	1.9897	10.4	2.5456	1.8503	0.6959	0.6573	1.3294
2.8	3.0385	2.0793	0.1640	0.5194	1.9586	10.6	2.5403	1.8474	0.5897	0.6578	1.3251
2.9	3.0148	2.0722	0.2393	0.5245	1.9280	10.8	2.5355	1.8449	0.4714	0.6583	1.3210
3.0	2.9883	2.0604	0.4410	0.5290	1.8984	11.0	2.5306	1.8425	0.4622	0.6588	1.3168
3.1	2.9648	2.0474	0.7029	0.5344	1.8708	11.2	2.5255	1.8400	0.5651	0.6591	1.3127
3.2	2.9479	2.0367	0.9487	0.5413	1.8455	11.4	2.5206	1.8375	0.6697	0.6595	1.3088
3.3	2.9381	2.0302	1.1080	0.5494	1.8226	11.6	2.5160	1.8350	0.6677	0.6598	1.3052
3.4	2.9329	2.0278	1.1361	0.5579	1.8016	11.8	2.5117	1.8328	0.5667	0.6602	1.3017
3.5	2.9284	2.0277	1.0290	0.5655	1.7817	12.0	2.5073	1.8306	0.4745	0.6606	1.2981
3.6	2.9211	2.0273	0.8237	0.5716	1.7623	12.2	2.5028	1.8284	0.4845	0.6608	1.2946
3.7	2.9095	2.0247	0.5842	0.5759	1.7434	12.4	2.4985	1.8261	0.5813	0.6611	1.2913
3.8	2.8946	2.0194	0.3790	0.5791	1.7252	12.6	2.4945	1.8240	0.6616	0.6614	1.2882
3.9	2.8786	2.0121	0.2586	0.5818	1.7080	12.8	2.4906	1.8220	0.6443	0.6617	1.2850
4.0	2.8641	2.0043	0.2586	0.5847	1.6922	13.0	2.4866	1.8200	0.5516	0.6619	1.2819
4.1	2.8528	1.9975	0.3649	0.5882	1.6779	13.2	2.4826	1.8180	0.4806	0.6621	1.2789
4.2	2.8449	1.9927	0.5451	0.5923	1.6647	13.4	2.4789	1.8160	0.5033	0.6623	1.2761
4.3	2.8392	1.9898	0.7440	0.5966	1.6522	13.6	2.4745	1.8141	0.5917	0.6625	1.2734
4.4	2.8340	1.9880	0.9025	0.6006	1.6400	13.8	2.4717	1.8123	0.6521	0.6627	1.2706
4.5	2.8274	1.9863	0.9755	0.6039	1.6279	14.0	2.4681	1.8105	0.6240	0.6629	1.2679
4.6	2.8188	1.9836	0.9460	0.6064	1.6159	14.2	2.4645	1.8087	0.5402	0.6631	1.2653
4.7	2.8085	1.9796	0.8272	0.6083	1.6043	14.4	2.4612	1.8069	0.4879	0.6632	1.2628
4.8	2.7977	1.9746	0.6560	0.6099	1.5933	14.6	2.4579	1.8052	0.5184	0.6634	1.2604
4.9	2.7877	1.9694	0.4819	0.6116	1.5833	14.8	2.4546	1.8035	0.5964	0.6635	1.2579
5.0	2.7793	1.9645	0.3530	0.6135	1.5741	15.0	2.4513	1.8019	0.6420	0.6636	1.2555

158 Table T1.117

N = 1.900 K = 3.500

X	QEXT	QSCA	QBK	G	QPR	X	QEXT	QSCA	QBK	G	QPR
0.1	0.0755	0.0003	0.0005	-0.0001	0.0755	5.2	2.7418	2.0482	0.3413	0.5970	1.5191
0.2	0.1724	0.0055	0.0083	-0.0010	0.1725	5.4	2.7338	2.0443	0.6404	0.6015	1.5040
0.3	0.3187	0.0295	0.0454	-0.0023	0.3188	5.6	2.7218	2.0392	0.9697	0.6045	1.4891
0.4	0.5506	0.1008	0.1570	-0.0035	0.5510	5.8	2.7064	2.0309	0.9859	0.6063	1.4751
0.5	0.9153	0.2662	0.4186	-0.0037	0.9163	6.0	2.6938	2.0227	0.6911	0.6085	1.4629
0.6	1.4572	0.5835	0.9159	-0.0019	1.4583	6.2	2.6858	2.0177	0.4027	0.6115	1.4519
0.7	2.1603	1.0746	1.6598	0.0026	2.1575	6.4	2.6778	2.0139	0.4155	0.6142	1.4409
0.8	2.8727	1.6487	2.4650	0.0101	2.8561	6.6	2.6669	2.0086	0.6931	0.6158	1.4299
0.9	3.3669	2.1179	3.0078	0.0211	3.3222	6.8	2.6554	2.0018	0.9315	0.6171	1.4200
1.0	3.5454	2.3605	3.1063	0.0365	3.4593	7.0	2.6468	1.9962	0.8873	0.6189	1.4114
1.1	3.4928	2.4032	2.8205	0.0583	3.3527	7.2	2.6402	1.9924	0.6187	0.6209	1.4032
1.2	3.3448	2.3381	2.2979	0.0895	3.1357	7.4	2.6325	1.9886	0.4138	0.6224	1.3948
1.3	3.1992	2.2449	1.6612	0.1328	2.9011	7.6	2.6232	1.9837	0.4766	0.6234	1.3866
1.4	3.1070	2.1731	1.0103	0.1887	2.6970	7.8	2.6147	1.9784	0.7260	0.6243	1.3795
1.5	3.0838	2.1464	0.4546	0.2518	2.5434	8.0	2.6082	1.9743	0.8946	0.6256	1.3730
1.6	3.1162	2.1660	0.1140	0.3113	2.4419	8.2	2.6023	1.9710	0.8120	0.6269	1.3666
1.7	3.1688	2.2120	0.0702	0.3566	2.3800	8.4	2.5952	1.9674	0.5755	0.6279	1.3599
1.8	3.2038	2.2559	0.3083	0.3841	2.3373	8.6	2.5875	1.9630	0.4342	0.6285	1.3537
1.9	3.2014	2.2768	0.7184	0.3977	2.2960	8.8	2.5809	1.9589	0.5262	0.6293	1.3483
2.0	3.1649	2.2701	1.1563	0.4041	2.2476	9.0	2.5756	1.9556	0.7448	0.6302	1.3431
2.1	3.1112	2.2440	1.4993	0.4095	2.1923	9.2	2.5701	1.9527	0.8582	0.6311	1.3378
2.2	3.0594	2.2115	1.6671	0.4182	2.1344	9.4	2.5638	1.9493	0.7549	0.6317	1.3324
2.3	3.0228	2.1846	1.6237	0.4319	2.0793	9.6	2.5575	1.9456	0.5498	0.6322	1.3276
2.4	3.0065	2.1705	1.3816	0.4496	2.0307	9.8	2.5522	1.9423	0.4573	0.6328	1.3232
2.5	3.0065	2.1698	1.0074	0.4684	1.9901	10.0	2.5475	1.9395	0.5654	0.6335	1.3188
2.6	3.0126	2.1773	0.6102	0.4850	1.9566	10.2	2.5425	1.9368	0.7532	0.6341	1.3144
2.7	3.0137	2.1851	0.3054	0.4972	1.9273	10.4	2.5369	1.9337	0.8242	0.6345	1.3100
2.8	3.0035	2.1867	0.1716	0.5048	1.8998	10.6	2.5318	1.9306	0.7107	0.6348	1.3061
2.9	2.9825	2.1799	0.2285	0.5093	1.8723	10.8	2.5273	1.9279	0.5363	0.6353	1.3025
3.0	2.9556	2.1664	0.4418	0.5128	1.8447	11.0	2.5231	1.9254	0.4811	0.6358	1.2988
3.1	2.9297	2.1506	0.7415	0.5171	1.8177	11.2	2.5184	1.9229	0.5954	0.6362	1.2950
3.2	2.9100	2.1367	1.0406	0.5231	1.7923	11.4	2.5136	1.9202	0.7552	0.6365	1.2915
3.3	2.8986	2.1279	1.2546	0.5308	1.7691	11.6	2.5093	1.9175	0.7940	0.6368	1.2883
3.4	2.8940	2.1245	1.3229	0.5393	1.7482	11.8	2.5054	1.9151	0.6775	0.6372	1.2852
3.5	2.8919	2.1247	1.2285	0.5472	1.7292	12.0	2.5015	1.9129	0.5307	0.6375	1.2820
3.6	2.8880	2.1253	1.0049	0.5535	1.7116	12.2	2.4973	1.9106	0.5042	0.6378	1.2787
3.7	2.8794	2.1237	0.7222	0.5579	1.6945	12.4	2.4931	1.9082	0.6198	0.6380	1.2758
3.8	2.8661	2.1186	0.4626	0.5608	1.6780	12.6	2.4894	1.9059	0.7530	0.6385	1.2730
3.9	2.8501	2.1105	0.2950	0.5630	1.6620	12.8	2.4859	1.9038	0.7674	0.6388	1.2703
4.0	2.8344	2.1011	0.2588	0.5662	1.6468	13.0	2.4822	1.9018	0.6530	0.6389	1.2675
4.1	2.8217	2.0926	0.3571	0.5682	1.6327	13.2	2.4785	1.8996	0.5305	0.6391	1.2648
4.2	2.8131	2.0863	0.5568	0.5720	1.6197	13.4	2.4749	1.8975	0.5257	0.6393	1.2622
4.3	2.8079	2.0827	0.7972	0.5763	1.6077	13.6	2.4715	1.8955	0.6374	0.6395	1.2598
4.4	2.8042	2.0810	1.0068	0.5804	1.5963	13.8	2.4683	1.8936	0.7479	0.6397	1.2574
4.5	2.7998	2.0798	1.1250	0.5840	1.5853	14.0	2.4650	1.8917	0.7443	0.6398	1.2549
4.6	2.7930	2.0776	1.1216	0.5866	1.5744	14.2	2.4616	1.8898	0.6333	0.6399	1.2526
4.7	2.7839	2.0738	1.0029	0.5883	1.5638	14.4	2.4584	1.8878	0.5333	0.6399	1.2504
4.8	2.7732	2.0684	0.8068	0.5896	1.5536	14.6	2.4550	1.8860	0.5439	0.6401	1.2482
4.9	2.7626	2.0622	0.5902	0.5909	1.5440	14.8	2.4525	1.8844	0.6501	0.6402	1.2461
5.0	2.7535	2.0562	0.4130	0.5925	1.5351	15.0	2.4494	1.8826	0.7403	0.6403	1.2439

Table T1.118

N = 2.000 K = 0.0

X	QEXT	QSCA	QBK	G	QPR	X	QEXT	QSCA	QBK	G	QPR
0.1	0.0001	0.0001	0.0001	0.0015	0.0001	5.2	3.2046	3.2046	3.3814	0.6775	1.0334
0.2	0.0011	0.0011	0.0016	0.0049	0.0011	5.4	3.0205	3.0205	0.6516	0.6532	1.0476
0.3	0.0056	0.0056	0.0080	0.0108	0.0055	5.6	2.9855	2.9855	5.1719	0.5775	1.2615
0.4	0.0181	0.0181	0.0248	0.0190	0.0178	5.8	3.1705	3.1705	4.1665	0.6606	1.0760
0.5	0.0457	0.0457	0.0590	0.0294	0.0443	6.0	2.6854	2.6854	0.9284	0.6487	0.9434
0.6	0.0979	0.0979	0.1179	0.0421	0.0937	6.2	2.3775	2.3775	3.6412	0.5133	1.1570
0.7	0.1870	0.1870	0.2061	0.0572	0.1763	6.4	2.5588	2.5588	6.8427	0.5601	1.1255
0.8	0.3264	0.3264	0.3209	0.0750	0.3019	6.6	2.0874	2.0874	4.2468	0.5113	1.0201
0.9	0.5276	0.5276	0.4442	0.0963	0.4768	6.8	1.7859	1.7859	4.7014	0.3533	1.1549
1.0	0.7968	0.7968	0.5359	0.1223	0.6994	7.0	2.1723	2.1723	9.6206	0.4765	1.1384
1.1	1.1422	1.1422	0.5351	0.1539	0.9664	7.2	2.0098	2.0098	8.9710	0.4336	1.1386
1.2	1.6093	1.6093	0.3863	0.1896	1.3042	7.4	1.8354	1.8355	8.8931	0.3415	1.2086
1.3	2.3490	2.3490	0.1286	0.2183	1.8363	7.6	2.3740	2.3740	14.6478	0.5201	1.1392
1.4	3.4644	3.4644	0.0912	0.2034	2.6982	7.8	2.5226	2.5226	11.6939	0.5399	1.1608
1.5	4.2315	4.2315	0.5403	0.2034	3.3708	8.0	2.3075	2.3075	10.1228	0.4979	1.1586
1.6	4.1089	4.1423	0.8749	0.1912	3.3504	8.2	2.7673	2.7673	19.8661	0.6062	1.0897
1.7	3.8464	3.8464	0.8918	0.1948	3.0972	8.4	3.0069	3.0069	14.5350	0.6180	1.1485
1.8	3.7206	3.7206	0.8351	0.2128	2.9289	8.6	2.5832	2.5832	8.0969	0.6081	1.0124
1.9	3.9278	3.9278	0.9218	0.2469	3.2862	8.8	2.7847	2.7847	15.3079	0.6532	0.9656
2.0	4.7704	4.7704	1.3845	0.3111	3.5209	9.0	2.9162	2.9162	17.3635	0.6130	0.9018
2.1	5.7439	5.7439	2.1994	0.3870	3.1700	9.2	2.3401	2.3401	8.0958	0.6146	0.8276
2.2	5.3193	5.3193	2.7825	0.4040	2.8686	9.4	2.3799	2.3799	7.8794	0.6522	1.0235
2.3	4.6223	4.6223	3.2458	0.3794	2.7017	9.6	2.3843	2.3843	8.3193	0.5708	0.9197
2.4	4.1089	4.1089	3.5072	0.3425	2.6525	9.8	1.9286	1.9286	10.3687	0.5232	0.7914
2.5	3.7970	3.7970	3.6763	0.3014	2.8829	10.0	2.0436	2.0436	6.1432	0.6127	0.8903
2.6	3.9276	3.9276	5.0422	0.2660	2.2359	10.2	2.0629	2.0629	2.0462	0.5684	0.9794
2.7	4.8274	4.8274	10.2172	0.3297	2.4312	10.4	1.8599	1.8599	10.4717	0.4734	0.9794
2.8	4.0524	4.0524	8.4345	0.4000	2.0879	10.6	2.1580	2.1580	9.6914	0.5919	0.8806
2.9	3.4068	3.4068	6.1490	0.3871	1.9896	10.8	2.2549	2.2549	3.4686	0.6271	0.8409
3.0	3.0362	3.0362	5.4295	0.3447	1.9216	11.0	2.1759	2.1759	8.9792	0.5531	0.9724
3.1	2.6170	2.6170	5.0179	0.2657	2.0211	11.2	2.5387	2.5387	15.6522	0.6175	0.9711
3.2	2.3608	2.3608	4.7780	0.1430	2.2771	11.4	2.6099	2.6099	10.0399	0.6670	0.8691
3.3	3.2406	3.2406	13.8579	0.1884	1.7300	11.6	2.4489	2.4489	9.6888	0.6286	0.9096
3.4	2.2797	2.2797	14.9847	0.2411	1.5302	11.8	2.7024	2.7024	18.4147	0.6428	0.9652
3.5	1.8586	1.8586	11.8671	0.1767	1.7315	12.0	2.6695	2.6695	18.1073	0.6641	0.8968
3.6	2.0212	2.0212	10.5171	0.1374	1.6606	12.2	2.3480	2.3480	14.4300	0.6258	0.8787
3.7	1.9252	1.9252	7.0438	0.0981	1.4456	12.4	2.4665	2.4665	19.5218	0.6276	0.8961
3.8	1.6029	1.6029	3.4369	0.0883	2.3411	12.6	2.4065	2.4065	17.2506	0.5684	0.8769
3.9	2.5679	2.5679	7.7908	0.2528	1.3058	12.8	2.0317	2.0317	22.6806	0.5939	0.8674
4.0	1.7477	1.7477	10.4414	0.2528	1.2705	13.0	2.1356	2.1356	18.2534	0.5892	0.9001
4.1	1.5807	1.5807	9.0669	0.2234	1.5662	13.2	1.9063	1.9063	13.9877	0.5480	0.8616
4.2	1.9299	1.9299	12.2916	0.1884	1.8884	13.4	2.0988	2.0988	18.4194	0.5861	0.8687
4.3	2.4338	2.4338	13.3058	0.2241	1.3089	13.6	2.2851	2.2851	17.3454	0.5885	0.9403
4.4	2.0570	2.0570	7.4220	0.3637	2.0098	13.8	2.1102	2.1102	19.6064	0.6361	0.8275
4.5	3.1440	3.1440	5.8756	0.3328	1.6606	14.0	2.2851	2.2851	19.5218	0.6276	0.8976
4.6	2.4404	2.4404	4.6748	0.0981	1.4456	14.2	2.3579	2.3579	11.2568	0.6384	0.9213
4.7	2.4348	2.4348	3.0112	0.5523	1.0820	14.4	2.5072	2.5072	9.4453	0.6325	0.8236
4.8	2.5763	2.5763	4.0438	0.4952	1.0901	14.6	2.3689	2.3689	13.4597	0.6523	0.8103
4.9	3.4254	3.4254	14.5951	0.3872	1.3004	14.8	2.5663	2.5663	9.4671	0.6843	0.8282
5.0	2.8525	2.8525	6.3455	0.5378	1.3184	15.0	2.5390	2.5390	6.3214	0.6738	

Table T1.119

N = 2.000 K = 0.050

X	QEXT	QSCA	QBK	G	QPR
0.1	0.0068	0.0001	0.0001	0.0015	0.0068
0.2	0.0150	0.0011	0.0016	0.0049	0.0150
0.3	0.0276	0.0056	0.0080	0.0108	0.0275
0.4	0.0496	0.0182	0.0248	0.0190	0.0492
0.5	0.0884	0.0456	0.0589	0.0295	0.0870
0.6	0.1542	0.0975	0.1174	0.0423	0.1500
0.7	0.2593	0.1857	0.2042	0.0575	0.2486
0.8	0.4171	0.3224	0.3153	0.0757	0.3927
0.9	0.6383	0.5174	0.4309	0.0976	0.5878
1.0	0.9298	0.7748	0.5096	0.1243	0.8335
1.1	1.3020	1.0991	0.4919	0.1569	1.1296
1.2	1.7978	1.5220	0.3317	0.1929	1.5042
1.3	2.5120	2.0299	0.0846	0.2213	2.0408
1.4	3.3886	2.9059	0.0219	0.2270	2.7288
1.5	3.9032	3.4148	0.2939	0.2165	3.1637
1.6	3.8738	3.4448	0.5355	0.2110	3.1468
1.7	3.7070	3.3134	0.5800	0.2205	2.9763
1.8	3.6754	3.2582	0.5404	0.2469	2.8710
1.9	3.9258	3.4063	0.5134	0.2942	2.9238
2.0	4.5424	3.8478	0.5167	0.3652	3.1372
2.1	5.0176	4.2376	0.6788	0.4254	3.2148
2.2	4.7967	4.0953	1.1717	0.4378	3.0038
2.3	4.3492	3.7304	1.7305	0.4207	2.7798
2.4	3.9707	3.3824	2.1209	0.3951	2.6342
2.5	3.7592	3.1277	2.4224	0.3732	2.5920
2.6	3.8596	3.0713	3.0816	0.3774	2.7006
2.7	4.0852	3.1489	3.8313	0.4335	2.7203
2.8	3.7806	2.9222	3.1365	0.4745	2.3938
2.9	3.3994	2.6130	2.3339	0.4734	2.1624
3.0	3.0840	2.3138	2.1455	0.4465	2.0509
3.1	2.7835	2.1531	2.3531	0.3935	1.9951
3.2	2.6549	1.7921	3.0338	0.3323	2.0595
3.3	2.7430	1.7431	5.0090	0.3390	2.1520
3.4	2.4805	1.5759	5.8685	0.3708	1.8962
3.5	2.2843	1.4411	5.0583	0.3629	1.7613
3.6	2.2839	1.3989	3.6624	0.3596	1.7808
3.7	2.1958	1.2819	2.1604	0.3561	1.7393
3.8	2.1111	1.1709	1.4476	0.3407	1.7122
3.9	2.1214	1.2021	1.9802	0.3604	1.7882
4.0	2.1208	1.2109	2.9580	0.4016	1.6344
4.1	2.0700	1.2322	3.6255	0.4125	1.5616
4.2	2.2507	1.3401	4.1730	0.4355	1.6670
4.3	2.4063	1.4206	3.8926	0.4875	1.7138
4.4	2.4235	1.4444	1.8568	0.5511	1.6274
4.5	2.5519	1.5503	1.1739	0.6033	1.6166
4.6	2.5540	1.6475	0.7446	0.6368	1.5049
4.7	2.5604	1.7183	0.6491	0.6417	1.4578
4.8	2.7008	1.8038	1.0818	0.6393	1.5476
4.9	2.8866	1.8933	1.7476	0.6528	1.6528
5.0	2.9247	1.9457	1.5468	0.6873	1.5876
5.2	2.9687	2.0761	0.6860	0.7422	1.4278
5.4	2.9373	2.0414	0.0770	0.7437	1.4192
5.6	2.9814	2.0106	0.3893	0.7386	1.4964
5.8	2.8862	1.9974	0.4938	0.7542	1.3798
6.0	2.6993	1.7996	0.0955	0.7535	1.3433
6.2	2.6114	1.6385	0.0961	0.7340	1.4087
6.4	2.5094	1.5962	0.7282	0.7184	1.3628
6.6	2.3367	1.4289	0.5850	0.6976	1.3399
6.8	2.2761	1.3018	0.1938	0.6855	1.3837
7.0	2.2983	1.3438	0.5967	0.6894	1.3719
7.2	2.2576	1.3256	1.3891	0.6751	1.3626
7.4	2.4051	1.3075	0.3426	0.6821	1.3889
7.6	2.4607	1.4219	0.6612	0.7207	1.3803
7.8	2.4945	1.4931	0.7609	0.7352	1.3630
8.0	2.5929	1.5144	1.5981	0.7437	1.3682
8.2	2.6346	1.6025	1.8196	0.7716	1.3566
8.4	2.6007	1.6405	1.7500	0.7923	1.3348
8.6	2.5963	1.6051	0.4157	0.7992	1.3179
8.8	2.5720	1.6065	1.1220	0.8047	1.3036
9.0	2.4862	1.5702	1.3302	0.8125	1.2963
9.2	2.4218	1.4788	0.4344	0.8185	1.2758
9.4	2.3752	1.4297	0.0698	0.8147	1.2569
9.6	2.3157	1.3761	0.4420	0.8062	1.2658
9.8	2.2795	1.3058	0.5390	0.8058	1.2635
10.0	2.2726	1.2848	0.1427	0.8074	1.2422
10.2	2.2810	1.2759	0.0218	0.8005	1.2512
10.4	2.3044	1.2721	0.2354	0.7975	1.2666
10.6	2.3366	1.3084	0.1714	0.8061	1.2496
10.8	2.3776	1.3408	0.0155	0.8129	1.2466
11.0	2.4178	1.3677	0.2097	0.8152	1.2627
11.2	2.4391	1.4183	0.4743	0.8214	1.2529
11.4	2.4517	1.4431	0.2244	0.8300	1.2413
11.6	2.4591	1.4410	0.0147	0.8359	1.2472
11.8	2.4393	1.4523	0.3826	0.8382	1.2417
12.0	2.4065	1.4398	0.7403	0.8397	1.2303
12.2	2.3816	1.3971	0.4381	0.8424	1.2296
12.4	2.3449	1.3692	0.0585	0.8440	1.2259
12.6	2.3029	1.3383	0.3289	0.8413	1.2189
12.8	2.2836	1.2941	0.7280	0.8385	1.2178
13.0	2.2716	1.2708	0.5381	0.8398	1.2164
13.2	2.2590	1.2593	0.0698	0.8300	1.2130
13.4	2.2681	1.2482	0.1316	0.8389	1.2119
13.6	2.3034	1.2575	0.4602	0.8403	1.2114
13.8	2.3246	1.2754	0.4023	0.8455	1.2103
14.0	2.3478	1.2903	0.0680	0.8494	1.2074
14.2	2.3478	1.3153	0.0404	0.8516	1.2045
14.4	2.3478	1.3372	0.2053	0.8553	1.2041
14.6	2.3589	1.3462	0.1825	0.8602	1.2009
14.8	2.3631	1.3542	0.0775	0.8629	1.1945
15.0	2.3617	1.3536	0.1234	0.8633	1.1931

Table T1.120   161

N = 2.000 K = 0.100

X	QEXT	QSCA	QBK	G	QPR	X	QEXT	QSCA	QBK	G	QPR
0.1	0.0135	0.0001	0.0001	0.0015	0.0135	5.2	2.8151	1.6385	0.3614	0.7768	1.5424
0.2	0.0289	0.0011	0.0016	0.0049	0.0289	5.4	2.8107	1.6371	0.0776	0.7860	1.5239
0.3	0.0495	0.0056	0.0080	0.0108	0.0495	5.6	2.8161	1.6211	0.0560	0.7907	1.5342
0.4	0.0810	0.0183	0.0249	0.0190	0.0806	5.8	2.7441	1.5839	0.1381	0.7961	1.4832
0.5	0.1311	0.0458	0.0592	0.0295	0.1297	6.0	2.6526	1.4932	0.1107	0.7988	1.4598
0.6	0.2104	0.0978	0.1176	0.0424	0.2062	6.2	2.5926	1.4129	0.1294	0.7954	1.4688
0.7	0.3314	0.1854	0.2035	0.0578	0.3207	6.4	2.5171	1.3586	0.2226	0.7870	1.4479
0.8	0.5070	0.3202	0.3118	0.0762	0.4826	6.6	2.4379	1.2853	0.1284	0.7808	1.4343
0.9	0.7474	0.5102	0.4213	0.0986	0.6972	6.8	2.4048	1.2339	0.0102	0.7811	1.4410
1.0	1.0589	0.7574	0.4898	0.1259	0.9636	7.0	2.3939	1.2295	0.1783	0.7806	1.4341
1.1	1.4515	1.0626	0.4613	0.1589	1.2826	7.2	2.3804	1.2268	0.4165	0.7785	1.4253
1.2	1.9581	1.4456	0.3024	0.1945	1.6769	7.4	2.3959	1.2336	0.3021	0.7857	1.4267
1.3	2.6190	1.9484	0.0829	0.2222	2.1860	7.6	2.4356	1.2702	0.0258	0.7987	1.4211
1.4	3.3062	2.5130	0.0211	0.2305	2.7268	7.8	2.4612	1.3039	0.1101	0.8069	1.4091
1.5	3.6688	2.8762	0.1906	0.2266	3.0170	8.0	2.4823	1.3272	0.4230	0.8144	1.4014
1.6	3.6705	2.9457	0.3520	0.2437	2.9993	8.2	2.5120	1.3544	0.4325	0.8259	1.3933
1.7	3.5869	2.8952	0.3867	0.2774	2.8815	8.4	2.5244	1.3690	0.1133	0.8358	1.3802
1.8	3.6166	2.8773	0.3443	0.3319	2.8186	8.6	2.5146	1.3656	0.0140	0.8409	1.3662
1.9	3.8626	2.9804	0.2642	0.4001	2.8735	8.8	2.5030	1.3573	0.2329	0.8449	1.3562
2.0	4.2912	3.2197	0.1604	0.4495	3.0029	9.0	2.4855	1.3397	0.3541	0.8495	1.3475
2.1	4.5437	3.3977	0.2129	0.4616	3.0164	9.2	2.4536	1.3127	0.1829	0.8519	1.3353
2.2	4.4456	3.3260	0.5747	0.4518	2.8680	9.4	2.4217	1.2876	0.0296	0.8514	1.3255
2.3	4.0996	3.1045	1.0299	0.4371	2.6970	9.6	2.3976	1.2648	0.0825	0.8506	1.3218
2.4	3.8222	2.8551	1.3741	0.4315	2.5741	9.8	2.3752	1.2452	0.1860	0.8507	1.3159
2.5	3.6700	2.6464	1.6114	0.4972	2.5282	10.0	2.3575	1.2340	0.1765	0.8504	1.3081
2.6	3.6956	2.5299	1.8202	0.5184	2.5523	10.2	2.3511	1.2304	0.1111	0.8497	1.3057
2.7	3.7314	2.4634	1.7511	0.5230	2.5065	10.4	2.3523	1.2336	0.0796	0.8500	1.3038
2.8	3.5672	2.3281	1.2485	0.5296	2.3342	10.6	2.3567	1.2432	0.0872	0.8517	1.2978
2.9	3.3289	2.1397	0.8614	0.5358	2.1825	10.8	2.3653	1.2549	0.1233	0.8538	1.2939
3.0	3.0856	1.9213	0.8714	0.5215	2.0836	11.0	2.3768	1.2677	0.1615	0.8558	1.2918
3.1	2.8655	1.6973	1.1785	0.4925	2.0295	11.2	2.3856	1.2807	0.1420	0.8581	1.2867
3.2	2.7457	1.5237	1.7187	0.4677	2.0330	11.4	2.3904	1.2887	0.0745	0.8607	1.2812
3.3	2.6915	1.4149	2.4380	0.4734	2.0217	11.6	2.3897	1.2918	0.0715	0.8631	1.2774
3.4	2.5759	1.3238	2.7274	0.4925	1.9239	11.8	2.3814	1.2920	0.1565	0.8647	1.2726
3.5	2.4914	1.2564	2.3039	0.5065	1.8551	12.0	2.3703	1.2870	0.1936	0.8658	1.2671
3.6	2.4564	1.2030	1.4835	0.5184	1.8328	12.2	2.3585	1.2776	0.1140	0.8669	1.2628
3.7	2.3904	1.1298	0.7687	0.5230	1.7995	12.4	2.3485	1.2676	0.0492	0.8677	1.2587
3.8	2.3361	1.0723	0.4784	0.5298	1.7765	12.6	2.3342	1.2574	0.1095	0.8678	1.2541
3.9	2.3289	1.0635	0.6012	0.5457	1.7644	12.8	2.3327	1.2473	0.1920	0.8682	1.2503
4.0	2.3058	1.0809	1.0072	0.5652	1.7159	13.0	2.3238	1.2401	0.1622	0.8686	1.2472
4.1	2.3221	1.1166	1.4554	0.5946	1.6910	13.2	2.3175	1.2362	0.0751	0.8689	1.2437
4.2	2.4117	1.1716	1.6602	0.6295	1.7152	13.4	2.3134	1.2349	0.0697	0.8696	1.2403
4.3	2.4876	1.2193	1.3792	0.6605	1.7201	13.6	2.3130	1.2368	0.1386	0.8708	1.2375
4.4	2.5211	1.2601	0.8629	0.6841	1.6888	13.8	2.3151	1.2409	0.1666	0.8719	1.2346
4.5	2.5548	1.3156	0.4366	0.6992	1.6549	14.0	2.3176	1.2460	0.1216	0.8729	1.2312
4.6	2.5769	1.3764	0.1553	0.7083	1.6147	14.2	2.3205	1.2515	0.0806	0.8741	1.2280
4.7	2.6116	1.4332	0.0767	0.7189	1.6295	14.4	2.3232	1.2562	0.0939	0.8752	1.2251
4.8	2.6879	1.4832	0.2069	0.7342	1.6176	14.6	2.3241	1.2594	0.1292	0.8761	1.2219
4.9	2.7680	1.5396	0.4322	0.7510	1.6377	14.8	2.3229	1.2607	0.1386	0.8752	1.2184
5.0	2.8076	1.5814	0.5389	0.7510	1.6199	15.0	2.3201	1.2601	0.1171	0.8766	1.2155

Table T1.121

N = 2.000 K = 0.200

X	QEXT	QSCA	QBK	G	QPR	X	QEXT	QSCA	QBK	G	QPR
0.1	0.0269	0.0001	0.0001	0.0015	0.0269	5.2	2.6794	1.3601	0.2108	0.7968	1.5957
0.2	0.0565	0.0011	0.0017	0.0048	0.0565	5.4	2.6698	1.3644	0.1498	0.8042	1.5726
0.3	0.0932	0.0058	0.0083	0.0108	0.0932	5.6	2.6549	1.3585	0.0870	0.8096	1.5551
0.4	0.1435	0.0188	0.0256	0.0190	0.1431	5.8	2.6245	1.3420	0.1338	0.8135	1.5328
0.5	0.2161	0.0470	0.0607	0.0295	0.2147	6.0	2.5906	1.3185	0.1552	0.8162	1.5145
0.6	0.3223	0.0997	0.1199	0.0424	0.3180	6.2	2.5601	1.2956	0.1233	0.8175	1.5009
0.7	0.4744	0.1876	0.2057	0.0581	0.4635	6.4	2.5296	1.2753	0.0814	0.8179	1.4865
0.8	0.6844	0.3207	0.3109	0.0769	0.6597	6.6	2.5038	1.2577	0.0954	0.8189	1.4739
0.9	0.9598	0.5039	0.4118	0.0998	0.9095	6.8	2.4867	1.2467	0.1525	0.8207	1.4636
1.0	1.3033	0.7348	0.4667	0.1278	1.2094	7.0	2.4749	1.2426	0.1662	0.8225	1.4528
1.1	1.7173	1.0078	0.4297	0.1606	1.5555	7.2	2.4671	1.2426	0.1096	0.8248	1.4422
1.2	2.2053	1.3234	0.2914	0.1945	1.9480	7.4	2.4658	1.2531	0.0677	0.8282	1.4329
1.3	2.7326	1.6782	0.1311	0.2207	2.3623	7.6	2.4657	1.2602	0.1069	0.8321	1.4231
1.4	3.1626	2.0114	0.0774	0.2339	2.6921	7.8	2.4652	1.2660	0.1677	0.8357	1.4126
1.5	3.3640	2.2225	0.1345	0.2414	2.8275	8.0	2.4642	1.2706	0.1595	0.8392	1.4027
1.6	3.3925	2.2973	0.1898	0.2550	2.8067	8.2	2.4605	1.2730	0.0986	0.8428	1.3934
1.7	3.3964	2.3048	0.1878	0.2823	2.7458	8.4	2.4539	1.2728	0.0754	0.8460	1.3836
1.8	3.4791	2.3150	0.1387	0.3259	2.7246	8.6	2.4461	1.2707	0.1149	0.8485	1.3739
1.9	3.6655	2.3666	0.0605	0.3831	2.7588	8.8	2.4373	1.2674	0.1529	0.8506	1.3652
2.0	3.8717	2.4473	0.0008	0.4396	2.7957	9.0	2.4274	1.2632	0.1391	0.8525	1.3569
2.1	3.9513	2.4896	0.0665	0.4767	2.7645	9.2	2.4175	1.2590	0.1020	0.8539	1.3487
2.2	3.8677	2.4454	0.2834	0.4908	2.6674	9.4	2.4088	1.2553	0.0930	0.8550	1.3412
2.3	3.7025	2.3301	0.5397	0.4926	2.5547	9.6	2.4010	1.2526	0.1154	0.8559	1.3344
2.4	3.5440	2.1846	0.7270	0.4944	2.4641	9.8	2.3943	1.2509	0.1326	0.8568	1.3278
2.5	3.4462	2.0466	0.8007	0.5065	2.4095	10.0	2.3890	1.2503	0.1244	0.8577	1.3215
2.6	3.4080	1.9388	0.7303	0.5336	2.3734	10.2	2.3848	1.2506	0.1082	0.8585	1.3156
2.7	3.3711	1.8556	0.5008	0.5673	2.3185	10.4	2.3814	1.2516	0.1070	0.8594	1.3100
2.8	3.2910	1.7734	0.2280	0.5930	2.2394	10.6	2.3784	1.2529	0.1178	0.8604	1.3045
2.9	3.1705	1.6747	0.0960	0.6048	2.1577	10.8	2.3757	1.2542	0.1222	0.8614	1.2992
3.0	3.0294	1.5581	0.1683	0.6050	2.0866	11.0	2.3728	1.2553	0.1148	0.8624	1.2940
3.1	2.8986	1.4393	0.3844	0.6009	2.0337	11.2	2.3696	1.2559	0.1091	0.8634	1.2890
3.2	2.8029	1.3383	0.6560	0.6015	1.9979	11.4	2.3660	1.2560	0.1148	0.8643	1.2841
3.3	2.7390	1.2649	0.8765	0.6116	1.9653	11.6	2.3621	1.2556	0.1226	0.8652	1.2793
3.4	2.6953	1.2169	0.9154	0.6285	1.9305	11.8	2.3579	1.2549	0.1194	0.8661	1.2746
3.5	2.6656	1.1857	0.7263	0.6459	1.8998	12.0	2.3534	1.2538	0.1095	0.8668	1.2701
3.6	2.6348	1.1594	0.4176	0.6590	1.8708	12.2	2.3490	1.2526	0.1078	0.8675	1.2658
3.7	2.5945	1.1331	0.1534	0.6661	1.8397	12.4	2.3446	1.2514	0.1174	0.8681	1.2616
3.8	2.5568	1.1132	0.0261	0.6703	1.8106	12.6	2.3405	1.2504	0.1245	0.8687	1.2575
3.9	2.5336	1.1064	0.0470	0.6759	1.7859	12.8	2.3367	1.2496	0.1193	0.8693	1.2535
4.0	2.5292	1.1134	0.1836	0.6854	1.7660	13.0	2.3332	1.2490	0.1092	0.8699	1.2497
4.1	2.5447	1.1319	0.3595	0.6990	1.7535	13.2	2.3299	1.2487	0.1079	0.8704	1.2460
4.2	2.5713	1.1567	0.4734	0.7144	1.7449	13.4	2.3270	1.2486	0.1162	0.8709	1.2424
4.3	2.5927	1.1822	0.4661	0.7284	1.7316	13.6	2.3243	1.2486	0.1224	0.8715	1.2389
4.4	2.6037	1.2064	0.3609	0.7395	1.7116	13.8	2.3216	1.2487	0.1191	0.8720	1.2355
4.5	2.6101	1.2304	0.2192	0.7480	1.6897	14.0	2.3191	1.2487	0.1119	0.8725	1.2322
4.6	2.6187	1.2548	0.0944	0.7554	1.6709	14.2	2.3165	1.2487	0.1101	0.8730	1.2289
4.7	2.6338	1.2793	0.0246	0.7627	1.6580	14.4	2.3140	1.2486	0.1148	0.8735	1.2258
4.8	2.6541	1.3029	0.0258	0.7707	1.6500	14.6	2.3113	1.2484	0.1187	0.8740	1.2227
4.9	2.6724	1.3239	0.0817	0.7787	1.6415	14.8	2.3086	1.2484	0.1176	0.8744	1.2197
5.0	2.6821	1.3406	0.1511	0.7859	1.6285	15.0	2.3086	1.2481	0.1176	0.8748	1.2168

Table T1.122   163

N = 2.000 K = 0.300

X	QEXT	QSCA	QBK	G	QPR	X	QEXT	QSCA	QBK	G	QPR
0.1	0.0401	0.0001	0.0001	0.0015	0.0401	5.2	2.6280	1.2965	0.1464	0.7942	1.5983
0.2	0.0838	0.0012	0.0017	0.0048	0.0838	5.4	2.6147	1.2986	0.1469	0.8001	1.5758
0.3	0.1365	0.0061	0.0087	0.0107	0.1364	5.6	2.5995	1.2963	0.1204	0.8050	1.5561
0.4	0.2055	0.0196	0.0268	0.0189	0.2051	5.8	2.5817	1.2909	0.1122	0.8091	1.5373
0.5	0.3005	0.0490	0.0634	0.0294	0.2991	6.0	2.5630	1.2839	0.1235	0.8125	1.5199
0.6	0.4332	0.1036	0.1247	0.0423	0.4288	6.2	2.5453	1.2769	0.1260	0.8153	1.5042
0.7	0.6157	0.1936	0.2123	0.0580	0.6044	6.4	2.5289	1.2706	0.1130	0.8179	1.4896
0.8	0.8576	0.3275	0.3172	0.0771	0.8324	6.6	2.5148	1.2659	0.1086	0.8206	1.4761
0.9	1.1628	0.5074	0.4140	0.1002	1.1120	6.8	2.5030	1.2629	0.1258	0.8232	1.4634
1.0	1.5271	0.7268	0.4622	0.1281	1.4340	7.0	2.4930	1.2615	0.1417	0.8258	1.4512
1.1	1.9400	0.9740	0.4265	0.1599	1.7843	7.2	2.4847	1.2613	0.1310	0.8284	1.4398
1.2	2.3781	1.2377	0.3137	0.1917	2.1408	7.4	2.4778	1.2620	0.1056	0.8312	1.4289
1.3	2.7808	1.4995	0.1938	0.2174	2.4543	7.6	2.4717	1.2623	0.1004	0.8339	1.4183
1.4	3.0588	1.7176	0.1379	0.2355	2.6543	7.8	2.4656	1.2645	0.1230	0.8364	1.4080
1.5	3.1827	1.8533	0.1351	0.2522	2.7153	8.0	2.4597	1.2654	0.1434	0.8388	1.3983
1.6	3.2192	1.9119	0.1314	0.2760	2.6915	8.2	2.4538	1.2660	0.1355	0.8411	1.3890
1.7	3.2566	1.9311	0.1040	0.3119	2.6543	8.4	2.4475	1.2659	0.1115	0.8432	1.3800
1.8	3.3440	1.9475	0.0612	0.3598	2.6434	8.6	2.4409	1.2657	0.1022	0.8450	1.3713
1.9	3.4711	1.9782	0.0243	0.4130	2.6540	8.8	2.4342	1.2650	0.1162	0.8467	1.3631
2.0	3.5750	2.0118	0.0322	0.4594	2.6507	9.0	2.4277	1.2641	0.1332	0.8483	1.3553
2.1	3.5955	2.0191	0.1214	0.4898	2.6066	9.2	2.4211	1.2632	0.1333	0.8497	1.3478
2.2	3.5311	1.9820	0.2724	0.5145	2.5292	9.4	2.4148	1.2622	0.1201	0.8510	1.3406
2.3	3.4248	1.9067	0.4190	0.5253	2.4439	9.6	2.4088	1.2613	0.1108	0.8522	1.3338
2.4	3.3238	1.8138	0.5024	0.5438	2.3710	9.8	2.4031	1.2606	0.1137	0.8534	1.3273
2.5	3.2544	1.7246	0.4911	0.5697	2.3166	10.0	2.3978	1.2601	0.1222	0.8545	1.3210
2.6	3.2169	1.6518	0.3791	0.5967	2.2719	10.2	2.3928	1.2597	0.1266	0.8556	1.3149
2.7	3.1231	1.5945	0.2038	0.6177	2.2246	10.4	2.3881	1.2595	0.1243	0.8566	1.3091
2.8	3.0478	1.5420	0.0522	0.6299	2.1706	10.6	2.3836	1.2593	0.1196	0.8576	1.3035
2.9	2.9600	1.4839	0.0028	0.6357	2.1130	10.8	2.3792	1.2592	0.1168	0.8586	1.2981
3.0	2.8775	1.4187	0.0692	0.6399	2.0581	11.0	2.3750	1.2589	0.1196	0.8595	1.2929
3.1	2.8137	1.3537	0.2115	0.6468	2.0113	11.2	2.3709	1.2586	0.1228	0.8604	1.2879
3.2	2.7713	1.2980	0.3693	0.6581	1.9740	11.4	2.3669	1.2583	0.1241	0.8612	1.2830
3.3	2.7451	1.2573	0.4778	0.6719	1.9439	11.6	2.3629	1.2580	0.1217	0.8620	1.2783
3.4	2.7254	1.2313	0.4850	0.6852	1.9178	11.8	2.3590	1.2576	0.1176	0.8627	1.2737
3.5	2.7030	1.2153	0.3864	0.6953	1.8927	12.0	2.3552	1.2572	0.1161	0.8634	1.2693
3.6	2.6765	1.2036	0.2334	0.7024	1.8661	12.2	2.3514	1.2568	0.1191	0.8641	1.2650
3.7	2.6513	1.1936	0.0953	0.7080	1.8381	12.4	2.3477	1.2568	0.1235	0.8648	1.2609
3.8	2.6339	1.1863	0.0185	0.7141	1.8114	12.6	2.3442	1.2564	0.1242	0.8654	1.2568
3.9	2.6287	1.1838	0.0170	0.7218	1.7885	12.8	2.3407	1.2561	0.1206	0.8660	1.2529
4.0	2.6340	1.1871	0.0782	0.7308	1.7700	13.0	2.3373	1.2557	0.1168	0.8666	1.2491
4.1	2.6376	1.1956	0.1675	0.7400	1.7549	13.2	2.3341	1.2554	0.1168	0.8672	1.2454
4.2	2.6377	1.2073	0.2416	0.7482	1.7406	13.4	2.3309	1.2551	0.1204	0.8677	1.2419
4.3	2.6360	1.2199	0.2704	0.7551	1.7249	13.6	2.3278	1.2548	0.1234	0.8682	1.2384
4.4	2.6376	1.2320	0.2500	0.7609	1.7075	13.8	2.3248	1.2545	0.1227	0.8687	1.2350
4.5	2.6360	1.2433	0.1970	0.7663	1.6899	14.0	2.3219	1.2542	0.1195	0.8692	1.2317
4.6	2.6347	1.2540	0.1353	0.7716	1.6738	14.2	2.3190	1.2540	0.1173	0.8697	1.2285
4.7	2.6353	1.2641	0.0870	0.7768	1.6599	14.4	2.3165	1.2537	0.1182	0.8701	1.2253
4.8	2.6381	1.2735	0.0658	0.7819	1.6477	14.6	2.3135	1.2534	0.1208	0.8706	1.2223
4.9	2.6381	1.2818	0.0727	0.7819	1.6358	14.8	2.3108	1.2531	0.1208	0.8710	1.2194
5.0	2.6370	1.2885	0.0976	0.7865	1.6235	15.0	2.3082	1.2528	0.1224	0.8714	1.2165

Table T1.123

N = 2.000 K = 0.400

X	QEXT	QSCA	QBK	G	QPR	X	QEXT	QSCA	QBK	G	QPR
0.1	0.0531	0.0001	0.0001	0.0015	0.0531	5.2	2.6064	1.2846	0.1222	0.7881	1.5940
0.2	0.1106	0.0013	0.0018	0.0048	0.1106	5.4	2.5928	1.2854	0.1438	0.7937	1.5726
0.3	0.1790	0.0065	0.0092	0.0106	0.1789	5.6	2.5788	1.2845	0.1457	0.7986	1.5530
0.4	0.2666	0.0209	0.0285	0.0187	0.2662	5.8	2.5648	1.2826	0.1367	0.8029	1.5350
0.5	0.3838	0.0520	0.0673	0.0292	0.3823	6.0	2.5511	1.2803	0.1252	0.8068	1.5181
0.6	0.5428	0.1094	0.1320	0.0421	0.5382	6.2	2.5380	1.2780	0.1156	0.8103	1.5024
0.7	0.7546	0.2032	0.2233	0.0577	0.7429	6.4	2.5260	1.2760	0.1094	0.8137	1.4877
0.8	1.0261	0.3402	0.3306	0.0768	1.0000	6.6	2.5149	1.2745	0.1077	0.8168	1.4739
0.9	1.3555	0.5197	0.4265	0.0998	1.3036	6.8	2.5048	1.2735	0.1097	0.8198	1.4608
1.0	1.7297	0.7312	0.4727	0.1271	1.6368	7.0	2.4956	1.2729	0.1426	0.8227	1.4484
1.1	2.1250	0.9578	0.4423	0.1576	1.9740	7.2	2.4871	1.2725	0.1430	0.8254	1.4368
1.2	2.5020	1.1819	0.3501	0.1878	2.2801	7.4	2.4793	1.2725	0.1265	0.8280	1.4257
1.3	2.8043	1.3828	0.2509	0.2140	2.5085	7.6	2.4718	1.2724	0.1115	0.8304	1.4151
1.4	2.9980	1.5355	0.1852	0.2366	2.6457	7.8	2.4645	1.2723	0.1153	0.8327	1.4050
1.5	3.0704	1.6277	0.1448	0.2610	2.6610	8.0	2.4576	1.2724	0.1332	0.8349	1.3954
1.6	3.1075	1.6712	0.1063	0.2927	2.6183	8.2	2.4509	1.2721	0.1441	0.8369	1.3863
1.7	3.1545	1.6912	0.0658	0.3342	2.5893	8.4	2.4442	1.2719	0.1365	0.8387	1.3775
1.8	3.2309	1.7091	0.0356	0.3828	2.5766	8.6	2.4378	1.2715	0.1203	0.8404	1.3691
1.9	3.3161	1.7318	0.0357	0.4308	2.5700	8.8	2.4315	1.2710	0.1139	0.8421	1.3612
2.0	3.3695	1.7496	0.0850	0.4697	2.5477	9.0	2.4254	1.2706	0.1227	0.8436	1.3535
2.1	3.3651	1.7470	0.1829	0.4958	2.4990	9.2	2.4195	1.2701	0.1352	0.8450	1.3462
2.2	3.3108	1.7166	0.2979	0.5122	2.4316	9.4	2.4138	1.2697	0.1381	0.8464	1.3392
2.3	3.2348	1.6641	0.3852	0.5252	2.3609	9.6	2.4083	1.2693	0.1299	0.8476	1.3325
2.4	3.1651	1.6028	0.4109	0.5404	2.2989	9.8	2.4031	1.2689	0.1205	0.8489	1.3260
2.5	3.1155	1.5457	0.3614	0.5607	2.2488	10.0	2.3980	1.2685	0.1191	0.8500	1.3198
2.6	3.0826	1.4999	0.2494	0.5843	2.2061	10.2	2.3931	1.2681	0.1257	0.8511	1.3138
2.7	3.0530	1.4641	0.1183	0.6069	2.1643	10.4	2.3884	1.2678	0.1329	0.8522	1.3080
2.8	3.0139	1.4317	0.0261	0.6245	2.1198	10.6	2.3838	1.2675	0.1336	0.8531	1.3025
2.9	2.9619	1.3971	0.0102	0.6363	2.0729	10.8	2.3794	1.2672	0.1282	0.8541	1.2971
3.0	2.9034	1.3596	0.0693	0.6443	2.0274	11.0	2.3751	1.2669	0.1223	0.8550	1.2919
3.1	2.8491	1.3232	0.1730	0.6516	1.9869	11.2	2.3709	1.2666	0.1216	0.8559	1.2869
3.2	2.8067	1.2924	0.2792	0.6604	1.9533	11.4	2.3669	1.2662	0.1262	0.8567	1.2821
3.3	2.7780	1.2702	0.3464	0.6712	1.9255	11.6	2.3629	1.2659	0.1313	0.8575	1.2774
3.4	2.7591	1.2564	0.3485	0.6830	1.9010	11.8	2.3590	1.2656	0.1319	0.8582	1.2729
3.5	2.7433	1.2483	0.2878	0.6938	1.8772	12.0	2.3553	1.2653	0.1277	0.8589	1.2686
3.6	2.7261	1.2432	0.1939	0.7028	1.8524	12.2	2.3516	1.2649	0.1231	0.8596	1.2643
3.7	2.7069	1.2392	0.1048	0.7099	1.8272	12.4	2.3481	1.2646	0.1228	0.8602	1.2602
3.8	2.6885	1.2364	0.0493	0.7161	1.8031	12.6	2.3446	1.2643	0.1267	0.8609	1.2562
3.9	2.6741	1.2355	0.0393	0.7224	1.7816	12.8	2.3412	1.2640	0.1307	0.8615	1.2524
4.0	2.6650	1.2371	0.0699	0.7291	1.7630	13.0	2.3380	1.2637	0.1306	0.8621	1.2486
4.1	2.6601	1.2409	0.1234	0.7362	1.7466	13.2	2.3347	1.2634	0.1269	0.8626	1.2449
4.2	2.6571	1.2462	0.1761	0.7432	1.7309	13.4	2.3316	1.2631	0.1236	0.8632	1.2414
4.3	2.6537	1.2522	0.2089	0.7496	1.7151	13.6	2.3285	1.2628	0.1239	0.8637	1.2379
4.4	2.6490	1.2579	0.2139	0.7553	1.6990	13.8	2.3256	1.2625	0.1272	0.8642	1.2346
4.5	2.6435	1.2632	0.1945	0.7603	1.6831	14.0	2.3227	1.2622	0.1294	0.8647	1.2313
4.6	2.6378	1.2679	0.1614	0.7649	1.6680	14.2	2.3198	1.2619	0.1265	0.8651	1.2281
4.7	2.6327	1.2720	0.1272	0.7693	1.6541	14.4	2.3170	1.2616	0.1241	0.8656	1.2250
4.8	2.6280	1.2757	0.1022	0.7736	1.6412	14.6	2.3143	1.2613	0.1247	0.8660	1.2220
4.9	2.6234	1.2789	0.0917	0.7776	1.6289	14.8	2.3116	1.2610	0.1273	0.8664	1.2191
5.0	2.6184	1.2815	0.0949	0.7814	1.6171	15.0	2.3090	1.2607	0.1292	0.8668	1.2162

Table T1.124   165

N = 2.000 K = 0.500

X	QEXT	QSCA	QBK	G	QPR	X	QEXT	QSCA	QBK	G	QPR
0.1	0.0656	0.0001	0.0001	0.0015	0.0656	5.2	2.5971	1.2891	0.1167	0.7818	1.5894
0.2	0.1366	0.0014	0.0020	0.0047	0.1366	5.4	2.5838	1.2893	0.1468	0.7873	1.5687
0.3	0.2205	0.0070	0.0099	0.0105	0.2204	5.6	2.5707	1.2889	0.1634	0.7923	1.5495
0.4	0.3264	0.0225	0.0308	0.0185	0.3260	5.8	2.5581	1.2882	0.1553	0.7968	1.5318
0.5	0.4658	0.0559	0.0725	0.0289	0.4642	6.0	2.5462	1.2873	0.1327	0.8009	1.5152
0.6	0.6506	0.1172	0.1417	0.0416	0.6457	6.2	2.5349	1.2864	0.1165	0.8047	1.4997
0.7	0.8908	0.2161	0.2386	0.0572	0.8784	6.4	2.5242	1.2856	0.1211	0.8083	1.4851
0.8	1.1892	0.3583	0.3506	0.0760	1.1620	6.6	2.5142	1.2850	0.1412	0.8116	1.4713
0.9	1.5372	0.5399	0.4486	0.0986	1.4839	6.8	2.5047	1.2845	0.1560	0.8147	1.4583
1.0	1.9121	0.7462	0.4958	0.1252	1.8187	7.0	2.4959	1.2841	0.1505	0.8176	1.4460
1.1	2.2794	0.9563	0.4712	0.1544	2.1317	7.2	2.4875	1.2838	0.1313	0.8203	1.4344
1.2	2.5955	1.1498	0.3920	0.1836	2.3845	7.4	2.4795	1.2835	0.1190	0.8229	1.4233
1.3	2.8206	1.3087	0.2999	0.2109	2.5446	7.6	2.4718	1.2833	0.1259	0.8253	1.4128
1.4	2.9450	1.4205	0.2208	0.2377	2.6073	7.8	2.4645	1.2830	0.1431	0.8275	1.4029
1.5	3.0006	1.4855	0.1536	0.2683	2.6020	8.0	2.4574	1.2827	0.1519	0.8295	1.3934
1.6	3.0353	1.5182	0.0934	0.3060	2.5707	8.2	2.4507	1.2823	0.1439	0.8315	1.3844
1.7	3.0821	1.5374	0.0472	0.3508	2.5427	8.4	2.4441	1.2820	0.1290	0.8333	1.3758
1.8	3.1447	1.5560	0.0309	0.3983	2.5250	8.6	2.4377	1.2817	0.1231	0.8350	1.3676
1.9	3.2021	1.5756	0.0583	0.4414	2.5067	8.8	2.4316	1.2813	0.1309	0.8366	1.3597
2.0	3.2280	1.5878	0.1312	0.4747	2.4743	9.0	2.4257	1.2809	0.1431	0.8381	1.3522
2.1	3.2121	1.5831	0.2308	0.4978	2.4240	9.2	2.4200	1.2806	0.1467	0.8395	1.3450
2.2	3.1647	1.5594	0.3234	0.5143	2.3627	9.4	2.4145	1.2802	0.1393	0.8408	1.3381
2.3	3.1069	1.5222	0.3762	0.5294	2.3010	9.6	2.4091	1.2798	0.1293	0.8421	1.3314
2.4	3.0565	1.4814	0.3695	0.5467	2.2466	9.8	2.4040	1.2795	0.1269	0.8433	1.3250
2.5	3.0207	1.4453	0.3024	0.5671	2.2011	10.0	2.3990	1.2791	0.1335	0.8445	1.3188
2.6	2.9959	1.4174	0.1968	0.5887	2.1614	10.2	2.3942	1.2788	0.1416	0.8456	1.3129
2.7	2.9724	1.3960	0.0927	0.6084	2.1231	10.4	2.3895	1.2784	0.1431	0.8466	1.3072
2.8	2.9422	1.3767	0.0304	0.6239	2.0833	10.6	2.3850	1.2781	0.1372	0.8476	1.3017
2.9	2.9040	1.3563	0.0297	0.6353	2.0422	10.8	2.3806	1.2778	0.1303	0.8485	1.2964
3.0	2.8625	1.3346	0.0837	0.6443	2.0026	11.0	2.3763	1.2774	0.1294	0.8494	1.2913
3.1	2.8246	1.3138	0.1674	0.6529	1.9669	11.2	2.3722	1.2771	0.1347	0.8503	1.2863
3.2	2.7950	1.2965	0.2486	0.6623	1.9362	11.4	2.3682	1.2767	0.1404	0.8511	1.2815
3.3	2.7740	1.2843	0.2980	0.6728	1.9100	11.6	2.3642	1.2764	0.1409	0.8519	1.2769
3.4	2.7589	1.2770	0.2995	0.6834	1.8862	11.8	2.3604	1.2761	0.1361	0.8526	1.2724
3.5	2.7456	1.2732	0.2564	0.6932	1.8630	12.0	2.3567	1.2758	0.1312	0.8533	1.2681
3.6	2.7314	1.2710	0.1885	0.7017	1.8395	12.2	2.3531	1.2754	0.1310	0.8540	1.2639
3.7	2.7161	1.2695	0.1211	0.7090	1.8160	12.4	2.3496	1.2751	0.1354	0.8546	1.2598
3.8	2.7012	1.2684	0.0750	0.7154	1.7937	12.6	2.3461	1.2748	0.1395	0.8553	1.2559
3.9	2.6883	1.2681	0.0607	0.7216	1.7732	12.8	2.3428	1.2745	0.1393	0.8559	1.2520
4.0	2.6787	1.2687	0.0773	0.7279	1.7548	13.0	2.3395	1.2742	0.1354	0.8564	1.2483
4.1	2.6707	1.2703	0.1142	0.7342	1.7380	13.2	2.3364	1.2739	0.1319	0.8570	1.2447
4.2	2.6643	1.2727	0.1563	0.7403	1.7221	13.4	2.3332	1.2735	0.1322	0.8575	1.2411
4.3	2.6581	1.2755	0.1891	0.7460	1.7065	13.6	2.3302	1.2732	0.1357	0.8580	1.2377
4.4	2.6514	1.2782	0.2040	0.7513	1.6911	13.8	2.3273	1.2729	0.1386	0.8585	1.2344
4.5	2.6442	1.2806	0.1994	0.7560	1.6761	14.0	2.3244	1.2726	0.1381	0.8590	1.2311
4.6	2.6369	1.2827	0.1799	0.7604	1.6617	14.2	2.3215	1.2723	0.1349	0.8595	1.2280
4.7	2.6298	1.2844	0.1532	0.7644	1.6480	14.4	2.3187	1.2720	0.1324	0.8599	1.2249
4.8	2.6230	1.2858	0.1276	0.7683	1.6352	14.6	2.3161	1.2717	0.1331	0.8603	1.2219
4.9	2.6165	1.2870	0.1095	0.7719	1.6231	14.8	2.3134	1.2714	0.1359	0.8607	1.2190
5.0	2.6101	1.2879	0.1021	0.7754	1.6114	15.0	2.3108	1.2712	0.1380	0.8611	1.2162

Table T1.125

N = 2.000 K = 1.000

X	QEXT	QSCA	QBK	G	QPR
0.1	0.1188	0.0001	0.0002	0.0013	0.1188
0.2	0.2482	0.0021	0.0031	0.0043	0.2482
0.3	0.4014	0.0110	0.0158	0.0096	0.4013
0.4	0.5932	0.0355	0.0492	0.0168	0.5926
0.5	0.8387	0.0881	0.1164	0.0260	0.8364
0.6	1.1474	0.1825	0.2272	0.0373	1.1406
0.7	1.5145	0.3279	0.3786	0.0509	1.4978
0.8	1.9117	0.5196	0.5454	0.0672	1.8768
0.9	2.2885	0.7340	0.6827	0.0865	2.2250
1.0	2.5912	0.9359	0.7256	0.1090	2.4891
1.1	2.7899	1.0959	0.7256	0.1351	2.6419
1.2	2.8904	1.2028	0.6293	0.1653	2.6916
1.3	2.9252	1.2634	0.4864	0.2009	2.6714
1.4	2.9330	1.2934	0.3257	0.2431	2.6186
1.5	2.9421	1.3103	0.1776	0.2908	2.5610
1.6	2.9635	1.3268	0.0738	0.3405	2.5117
1.7	2.9914	1.3476	0.0399	0.3863	2.4709
1.8	3.0125	1.3702	0.0821	0.4234	2.4323
1.9	3.0159	1.3884	0.1808	0.4509	2.3898
2.0	3.0005	1.3979	0.2991	0.4710	2.3421
2.1	2.9732	1.3985	0.3984	0.4873	2.2916
2.2	2.9436	1.3934	0.4503	0.5031	2.2426
2.3	2.9190	1.3868	0.4421	0.5200	2.1978
2.4	2.9019	1.3820	0.3791	0.5383	2.1580
2.5	2.8904	1.3805	0.2827	0.5566	2.1220
2.6	2.8803	1.3814	0.1838	0.5736	2.0879
2.7	2.8682	1.3833	0.1120	0.5883	2.0543
2.8	2.8527	1.3845	0.0851	0.6007	2.0210
2.9	2.8349	1.3844	0.1050	0.6113	1.9886
3.0	2.8171	1.3832	0.1601	0.6210	1.9581
3.1	2.8010	1.3816	0.2303	0.6304	1.9301
3.2	2.7876	1.3802	0.2933	0.6399	1.9044
3.3	2.7765	1.3797	0.3307	0.6493	1.8806
3.4	2.7668	1.3800	0.3335	0.6585	1.8580
3.5	2.7572	1.3807	0.3037	0.6671	1.8361
3.6	2.7471	1.3817	0.2524	0.6749	1.8147
3.7	2.7364	1.3823	0.1961	0.6818	1.7939
3.8	2.7254	1.3826	0.1507	0.6881	1.7741
3.9	2.7148	1.3825	0.1277	0.6939	1.7554
4.0	2.7048	1.3823	0.1311	0.6994	1.7380
4.1	2.6958	1.3820	0.1576	0.7048	1.7218
4.2	2.6876	1.3819	0.1975	0.7100	1.7065
4.3	2.6798	1.3820	0.2380	0.7149	1.6918
4.4	2.6721	1.3823	0.2680	0.7196	1.6776
4.5	2.6644	1.3825	0.2792	0.7239	1.6637
4.6	2.6565	1.3825	0.2700	0.7278	1.6504
4.7	2.6487	1.3824	0.2444	0.7314	1.6375
4.8	2.6410	1.3822	0.2105	0.7348	1.6253
4.9	2.6337	1.3819	0.1784	0.7380	1.6138
5.0	2.6268	1.3816	0.1567	0.7411	1.6029

X	QEXT	QSCA	QBK	G	QPR
5.2	2.6140	1.3812	0.1608	0.7470	1.5824
5.4	2.6018	1.3809	0.2102	0.7523	1.5630
5.6	2.5897	1.3805	0.2487	0.7570	1.5447
5.8	2.5781	1.3799	0.2386	0.7613	1.5277
6.0	2.5674	1.3792	0.1956	0.7653	1.5120
6.2	2.5574	1.3786	0.1664	0.7690	1.4972
6.4	2.5476	1.3781	0.1783	0.7725	1.4831
6.6	2.5381	1.3775	0.2142	0.7756	1.4697
6.8	2.5291	1.3768	0.2350	0.7786	1.4572
7.0	2.5206	1.3761	0.2212	0.7813	1.4454
7.2	2.5124	1.3755	0.1904	0.7839	1.4342
7.4	2.5045	1.3748	0.1751	0.7863	1.4234
7.6	2.4968	1.3742	0.1888	0.7885	1.4133
7.8	2.4895	1.3735	0.2145	0.7905	1.4037
8.0	2.4825	1.3728	0.2250	0.7924	1.3946
8.2	2.4757	1.3722	0.2113	0.7942	1.3859
8.4	2.4692	1.3715	0.1894	0.7959	1.3776
8.6	2.4628	1.3709	0.1821	0.7974	1.3697
8.8	2.4567	1.3702	0.1950	0.7989	1.3621
9.0	2.4509	1.3695	0.2132	0.8003	1.3548
9.2	2.4452	1.3689	0.2177	0.8016	1.3478
9.4	2.4396	1.3683	0.2054	0.8028	1.3411
9.6	2.4342	1.3676	0.1900	0.8040	1.3347
9.8	2.4291	1.3670	0.1872	0.8051	1.3285
10.0	2.4240	1.3664	0.1985	0.8062	1.3225
10.2	2.4192	1.3658	0.2113	0.8072	1.3167
10.4	2.4144	1.3652	0.2125	0.8082	1.3111
10.6	2.4098	1.3646	0.2021	0.8091	1.3058
10.8	2.4053	1.3640	0.1913	0.8099	1.3006
11.0	2.4010	1.3634	0.1911	0.8108	1.2956
11.2	2.3968	1.3628	0.2005	0.8115	1.2908
11.4	2.3926	1.3622	0.2094	0.8123	1.2861
11.6	2.3886	1.3616	0.2089	0.8130	1.2816
11.8	2.3847	1.3611	0.2003	0.8137	1.2772
12.0	2.3809	1.3605	0.1928	0.8143	1.2730
12.2	2.3772	1.3600	0.1938	0.8149	1.2689
12.4	2.3735	1.3594	0.2016	0.8155	1.2649
12.6	2.3700	1.3589	0.2078	0.8161	1.2610
12.8	2.3666	1.3584	0.2063	0.8166	1.2573
13.0	2.3632	1.3578	0.1992	0.8172	1.2536
13.2	2.3599	1.3573	0.1941	0.8177	1.2501
13.4	2.3567	1.3568	0.1957	0.8181	1.2466
13.6	2.3535	1.3563	0.2020	0.8186	1.2432
13.8	2.3505	1.3558	0.2063	0.8191	1.2400
14.0	2.3474	1.3553	0.2044	0.8195	1.2368
14.2	2.3445	1.3548	0.1987	0.8199	1.2337
14.4	2.3416	1.3543	0.1951	0.8203	1.2307
14.6	2.3388	1.3538	0.1971	0.8207	1.2277
14.8	2.3360	1.3534	0.2021	0.8210	1.2249
15.0	2.3333	1.3529	0.2051	0.8214	1.2220

Table T1.126   167

N = 2.000 K = 1.500

X	QEXT	QSCA	QBK	G	QPR	X	QEXT	QSCA	QBK	G	QPR
0.1	0.1464	0.0002	0.0003	0.0011	0.1464	5.2	2.6714	1.5237	0.2303	0.7091	1.5910
0.2	0.3091	0.0032	0.0047	0.0037	0.3091	5.4	2.6586	1.5222	0.3129	0.7139	1.5719
0.3	0.5078	0.0167	0.0242	0.0080	0.5077	5.6	2.6455	1.5205	0.3714	0.7181	1.5537
0.4	0.7649	0.0547	0.0769	0.0139	0.7642	5.8	2.6331	1.5184	0.3482	0.7218	1.5370
0.5	1.1006	0.1367	0.1858	0.0213	1.0977	6.0	2.6218	1.5165	0.2752	0.7254	1.5218
0.6	1.5206	0.2831	0.3687	0.0302	1.5121	6.2	2.6113	1.5148	0.2314	0.7288	1.5072
0.7	1.9971	0.5015	0.6188	0.0409	1.9766	6.4	2.6008	1.5132	0.2574	0.7319	1.4932
0.8	2.4592	0.7690	0.8858	0.0540	2.4176	6.6	2.5905	1.5114	0.3188	0.7347	1.4800
0.9	2.8202	1.0324	1.0878	0.0703	2.7476	6.8	2.5809	1.5096	0.3492	0.7373	1.4678
1.0	3.0311	1.2379	1.1600	0.0908	2.9188	7.0	2.5719	1.5080	0.3204	0.7398	1.4563
1.1	3.1063	1.3636	1.0911	0.1167	2.9471	7.2	2.5631	1.5064	0.2673	0.7421	1.4452
1.2	3.0994	1.4212	0.9124	0.1500	2.8862	7.4	2.5545	1.5049	0.2458	0.7442	1.4346
1.3	3.0659	1.4381	0.6704	0.1920	2.7898	7.6	2.5463	1.5033	0.2743	0.7461	1.4247
1.4	3.0429	1.4408	0.4154	0.2422	2.6939	7.8	2.5384	1.5017	0.3187	0.7479	1.4153
1.5	3.0440	1.4476	0.2005	0.2966	2.6146	8.0	2.5310	1.5002	0.3323	0.7496	1.4064
1.6	3.0633	1.4653	0.0749	0.3482	2.5530	8.2	2.5237	1.4988	0.3040	0.7512	1.3978
1.7	3.0838	1.4907	0.0654	0.3905	2.5018	8.4	2.5165	1.4973	0.2661	0.7526	1.3896
1.8	3.0906	1.5155	0.1608	0.4210	2.4525	8.6	2.5097	1.4959	0.2577	0.7540	1.3818
1.9	3.0782	1.5326	0.3173	0.4419	2.4010	8.8	2.5031	1.4945	0.2843	0.7553	1.3744
2.0	3.0515	1.5398	0.4794	0.4572	2.3476	9.0	2.4968	1.4932	0.3158	0.7565	1.3672
2.1	3.0200	1.5392	0.5990	0.4709	2.2953	9.2	2.4906	1.4919	0.3198	0.7576	1.3603
2.2	2.9922	1.5351	0.6454	0.4856	2.2467	9.4	2.4846	1.4906	0.2944	0.7587	1.3537
2.3	2.9723	1.5315	0.6100	0.5022	2.2032	9.6	2.4788	1.4893	0.2678	0.7597	1.3473
2.4	2.9601	1.5307	0.5069	0.5200	2.1641	9.8	2.4732	1.4880	0.2667	0.7607	1.3412
2.5	2.9518	1.5331	0.3694	0.5374	2.1279	10.0	2.4678	1.4868	0.2900	0.7617	1.3353
2.6	2.9430	1.5371	0.2392	0.5530	2.0929	10.2	2.4625	1.4856	0.3119	0.7625	1.3296
2.7	2.9309	1.5410	0.1524	0.5661	2.0585	10.4	2.4573	1.4845	0.3104	0.7634	1.3241
2.8	2.9151	1.5432	0.1281	0.5769	2.0248	10.6	2.4523	1.4833	0.2889	0.7641	1.3188
2.9	2.8972	1.5434	0.1660	0.5862	1.9925	10.8	2.4474	1.4822	0.2706	0.7649	1.3137
3.0	2.8796	1.5420	0.2486	0.5948	1.9625	11.0	2.4427	1.4811	0.2738	0.7656	1.3088
3.1	2.8640	1.5399	0.3479	0.6033	1.9349	11.2	2.4381	1.4800	0.2933	0.7663	1.3040
3.2	2.8513	1.5382	0.4337	0.6122	1.9097	11.4	2.4336	1.4789	0.3082	0.7669	1.2994
3.3	2.8409	1.5374	0.4817	0.6211	1.8861	11.6	2.4292	1.4779	0.3039	0.7675	1.2950
3.4	2.8316	1.5374	0.4802	0.6297	1.8636	11.8	2.4250	1.4769	0.2862	0.7681	1.2906
3.5	2.8221	1.5378	0.4328	0.6376	1.8415	12.0	2.4208	1.4759	0.2737	0.7686	1.2864
3.6	2.8116	1.5382	0.3562	0.6447	1.8200	12.2	2.4167	1.4749	0.2788	0.7691	1.2824
3.7	2.8002	1.5381	0.2741	0.6508	1.7992	12.4	2.4128	1.4739	0.2947	0.7696	1.2784
3.8	2.7884	1.5374	0.2095	0.6563	1.7794	12.6	2.4089	1.4729	0.3048	0.7701	1.2746
3.9	2.7770	1.5362	0.1790	0.6614	1.7610	12.8	2.4052	1.4720	0.2990	0.7706	1.2709
4.0	2.7665	1.5347	0.1882	0.6663	1.7439	13.0	2.4015	1.4711	0.2846	0.7710	1.2672
4.1	2.7572	1.5334	0.2314	0.6711	1.7281	13.2	2.3979	1.4702	0.2764	0.7714	1.2637
4.2	2.7488	1.5324	0.2938	0.6759	1.7131	13.4	2.3943	1.4693	0.2823	0.7719	1.2602
4.3	2.7409	1.5317	0.3558	0.6804	1.6987	13.6	2.3909	1.4684	0.2952	0.7722	1.2569
4.4	2.7330	1.5312	0.3996	0.6847	1.6846	13.8	2.3875	1.4676	0.3016	0.7726	1.2537
4.5	2.7248	1.5307	0.4135	0.6886	1.6709	14.0	2.3842	1.4667	0.2956	0.7730	1.2505
4.6	2.7164	1.5300	0.3956	0.6920	1.6575	14.2	2.3810	1.4659	0.2840	0.7733	1.2474
4.7	2.7078	1.5291	0.3527	0.6952	1.6448	14.4	2.3778	1.4651	0.2787	0.7736	1.2444
4.8	2.6996	1.5279	0.2984	0.6982	1.6329	14.6	2.3748	1.4643	0.2849	0.7740	1.2415
4.9	2.6918	1.5267	0.2486	0.7010	1.6216	14.8	2.3717	1.4635	0.2952	0.7743	1.2386
5.0	2.6846	1.5256	0.2167	0.7037	1.6110	15.0	2.3687	1.4627	0.2991	0.7745	1.2358

Table T1.127

$N = 2.000$ $K = 2.000$

X	QEXT	QSCA	QBK	G	QPR	X	QEXT	QSCA	QBK	G	QPR
0.1	0.1443	0.0003	0.0004	0.0009	0.1443	5.2	2.7245	1.6772	0.2919	0.6742	1.5937
0.2	0.3092	0.0042	0.0063	0.0028	0.3092	5.4	2.7112	1.6743	0.4276	0.6786	1.5750
0.3	0.5203	0.0224	0.0327	0.0060	0.5202	5.6	2.6971	1.6709	0.5226	0.6823	1.5571
0.4	0.8082	0.0740	0.1065	0.0103	0.8075	5.8	2.6836	1.6671	0.4826	0.6855	1.5409
0.5	1.2017	0.1880	0.2647	0.0154	1.1988	6.0	2.6719	1.6635	0.3602	0.6887	1.5263
0.6	1.7084	0.3940	0.5400	0.0218	1.6998	6.2	2.6611	1.6606	0.2877	0.6919	1.5123
0.7	2.2819	0.6983	0.9227	0.0299	2.2611	6.4	2.6500	1.6577	0.3334	0.6946	1.4985
0.8	2.8091	1.0531	1.3225	0.0405	2.7664	6.6	2.6389	1.6546	0.4383	0.6970	1.4856
0.9	3.1680	1.3680	1.5997	0.0547	3.0932	6.8	2.6287	1.6515	0.4892	0.6993	1.4739
1.0	3.3193	1.5748	1.6653	0.0737	3.2033	7.0	2.6194	1.6486	0.4378	0.7015	1.4629
1.1	3.3172	1.6682	1.5269	0.0993	3.1516	7.2	2.6103	1.6461	0.3453	0.7036	1.4522
1.2	3.2469	1.6854	1.2455	0.1339	3.0213	7.4	2.6011	1.6435	0.3091	0.7054	1.4418
1.3	3.1697	1.6697	0.8899	0.1790	2.8759	7.6	2.5922	1.6408	0.3608	0.7070	1.4322
1.4	3.1356	1.6536	0.5286	0.2336	2.7493	7.8	2.5840	1.6381	0.4395	0.7086	1.4232
1.5	3.1352	1.6544	0.2353	0.2918	2.6525	8.0	2.5762	1.6357	0.4622	0.7101	1.4147
1.6	3.1587	1.6744	0.0770	0.3449	2.5812	8.2	2.5685	1.6335	0.4100	0.7115	1.4063
1.7	3.1817	1.7043	0.0849	0.3858	2.5241	8.4	2.5609	1.6312	0.3417	0.7127	1.3983
1.8	3.1856	1.7311	0.2345	0.4131	2.4705	8.6	2.5536	1.6288	0.3282	0.7139	1.3908
1.9	3.1663	1.7461	0.4597	0.4303	2.4149	8.8	2.5467	1.6266	0.3782	0.7150	1.3837
2.0	3.1313	1.7482	0.6838	0.4424	2.3578	9.0	2.5401	1.6245	0.4356	0.7161	1.3768
2.1	3.0925	1.7414	0.8434	0.4540	2.3022	9.2	2.5335	1.6225	0.4411	0.7171	1.3701
2.2	3.0605	1.7317	0.8994	0.4675	2.2509	9.4	2.5271	1.6204	0.3927	0.7180	1.3636
2.3	3.0393	1.7243	0.8413	0.4838	2.2052	9.6	2.5209	1.6184	0.3437	0.7188	1.3575
2.4	3.0281	1.7217	0.6894	0.5016	2.1645	9.8	2.5150	1.6165	0.3436	0.7197	1.3517
2.5	3.0218	1.7238	0.4910	0.5189	2.1273	10.0	2.5093	1.6147	0.3887	0.7205	1.3459
2.6	3.0145	1.7281	0.3056	0.5340	2.0916	10.2	2.5036	1.6129	0.4295	0.7212	1.3404
2.7	3.0023	1.7316	0.1842	0.5461	2.0567	10.4	2.4981	1.6110	0.4247	0.7219	1.3351
2.8	2.9847	1.7323	0.1538	0.5555	2.0225	10.6	2.4928	1.6093	0.3824	0.7226	1.3300
2.9	2.9640	1.7299	0.2128	0.5632	1.9898	10.8	2.4877	1.6076	0.3480	0.7232	1.3251
3.0	2.9436	1.7253	0.3358	0.5704	1.9594	11.0	2.4826	1.6059	0.3555	0.7238	1.3202
3.1	2.9261	1.7202	0.4826	0.5780	1.9318	11.2	2.4777	1.6043	0.3948	0.7244	1.3156
3.2	2.9126	1.7161	0.6090	0.5862	1.9067	11.4	2.4729	1.6027	0.4230	0.7249	1.3112
3.3	2.9025	1.7135	0.6790	0.5948	1.8834	11.6	2.4683	1.6011	0.4127	0.7254	1.3069
3.4	2.8939	1.7125	0.6674	0.6031	1.8611	11.8	2.4637	1.5996	0.3768	0.7258	1.3027
3.5	2.8847	1.7122	0.6017	0.6106	1.8393	12.0	2.4593	1.5981	0.3533	0.7263	1.2986
3.6	2.8740	1.7118	0.4848	0.6170	1.8178	12.2	2.4550	1.5967	0.3652	0.7267	1.2946
3.7	2.8615	1.7103	0.3600	0.6224	1.7970	12.4	2.4507	1.5952	0.3979	0.7271	1.2908
3.8	2.8481	1.7079	0.2623	0.6270	1.7773	12.6	2.4466	1.5938	0.4169	0.7275	1.2871
3.9	2.8352	1.7047	0.2168	0.6312	1.7591	12.8	2.4426	1.5925	0.4043	0.7279	1.2834
4.0	2.8237	1.7014	0.2322	0.6355	1.7425	13.0	2.4387	1.5911	0.3738	0.7283	1.2799
4.1	2.8139	1.6984	0.3002	0.6399	1.7271	13.2	2.4348	1.5898	0.3584	0.7286	1.2765
4.2	2.8056	1.6961	0.3978	0.6443	1.7127	13.4	2.4311	1.5885	0.3720	0.7289	1.2732
4.3	2.7979	1.6945	0.4948	0.6487	1.6987	13.6	2.4274	1.5872	0.3990	0.7292	1.2699
4.4	2.7900	1.6932	0.5628	0.6526	1.6850	13.8	2.4238	1.5860	0.4110	0.7295	1.2668
4.5	2.7815	1.6919	0.5838	0.6561	1.6714	14.0	2.4202	1.5848	0.3969	0.7298	1.2637
4.6	2.7723	1.6902	0.5543	0.6592	1.6582	14.2	2.4168	1.5836	0.3725	0.7301	1.2607
4.7	2.7629	1.6881	0.4854	0.6618	1.6456	14.4	2.4134	1.5824	0.3628	0.7303	1.2577
4.8	2.7537	1.6856	0.3985	0.6643	1.6339	14.6	2.4101	1.5812	0.3767	0.7306	1.2549
4.9	2.7453	1.6832	0.3188	0.6668	1.6230	14.8	2.4069	1.5801	0.3990	0.7308	1.2521
5.0	2.7378	1.6809	0.2681	0.6692	1.6129	15.0	2.4037	1.5790	0.4062	0.7310	1.2494

Table T1.128   169

N = 2.000 K = 2.500

X	QEXT	QSCA	QBK	G	QPR	X	QEXT	QSCA	QBK	G	QPR
0.1	0.1233	0.0003	0.0004	0.0006	0.1233	5.2	2.7522	1.8184	0.3290	0.6443	1.5807
0.2	0.2689	0.0049	0.0074	0.0018	0.2689	5.4	2.7398	1.8146	0.5281	0.6486	1.5629
0.3	0.4657	0.0263	0.0390	0.0036	0.4656	5.6	2.7253	1.8099	0.6837	0.6518	1.5456
0.4	0.7499	0.0882	0.1300	0.0060	0.7493	5.8	2.7110	1.8042	0.6383	0.6545	1.5301
0.5	1.1594	0.2277	0.3329	0.0091	1.1573	6.0	2.6992	1.7991	0.4533	0.6574	1.5164
0.6	1.7123	0.4854	0.6994	0.0133	1.7058	6.2	2.6890	1.7952	0.3286	0.6605	1.5034
0.7	2.3602	0.8697	1.2219	0.0195	2.3432	6.4	2.6781	1.7916	0.3860	0.6630	1.4903
0.8	2.9592	1.3097	1.7668	0.0285	2.9218	6.6	2.6665	1.7873	0.5496	0.6651	1.4778
0.9	3.3473	1.6765	2.1272	0.0412	3.2782	6.8	2.6559	1.7828	0.6420	0.6670	1.4668
1.0	3.4797	1.8872	2.1889	0.0588	3.3688	7.0	2.6468	1.7789	0.5725	0.6691	1.4566
1.1	3.4362	1.9539	1.9840	0.0833	3.2734	7.2	2.6381	1.7756	0.4238	0.6710	1.4466
1.2	3.3249	1.9365	1.6052	0.1174	3.0976	7.4	2.6287	1.7722	0.3536	0.6726	1.4366
1.3	3.2227	1.8916	1.1405	0.1631	2.9141	7.6	2.6195	1.7685	0.4269	0.6740	1.4275
1.4	3.1668	1.8568	0.6718	0.2195	2.7592	7.8	2.6112	1.7650	0.5572	0.6754	1.4192
1.5	3.1630	1.8503	0.2897	0.2804	2.6441	8.0	2.6037	1.7618	0.6059	0.6768	1.4113
1.6	3.1924	1.8718	0.0808	0.3357	2.5640	8.2	2.5960	1.7589	0.5283	0.6781	1.4034
1.7	3.2244	1.9070	0.0887	0.3772	2.5051	8.4	2.5882	1.7559	0.4124	0.6791	1.3957
1.8	3.2344	1.9375	0.2838	0.4035	2.4527	8.6	2.5807	1.7527	0.3785	0.6801	1.3887
1.9	3.2152	1.9520	0.5798	0.4185	2.3984	8.8	2.5739	1.7498	0.4553	0.6811	1.3821
2.0	3.1753	1.9490	0.8764	0.4282	2.3408	9.0	2.5674	1.7472	0.5561	0.6821	1.3757
2.1	3.1294	1.9346	1.0914	0.4375	2.2830	9.2	2.5607	1.7446	0.5756	0.6830	1.3693
2.2	3.0904	1.9172	1.1731	0.4496	2.2284	9.4	2.5541	1.7419	0.4987	0.6837	1.3631
2.3	3.0655	1.9038	1.1046	0.4653	2.1796	9.6	2.5479	1.7392	0.4102	0.6845	1.3575
2.4	3.0543	1.8981	0.9080	0.4833	2.1370	9.8	2.5420	1.7367	0.4006	0.6852	1.3520
2.5	3.0510	1.8995	0.6424	0.5011	2.0992	10.0	2.5363	1.7344	0.4743	0.6859	1.3466
2.6	3.0475	1.9044	0.3873	0.5164	2.0641	10.2	2.5305	1.7321	0.5501	0.6866	1.3413
2.7	3.0378	1.9082	0.2142	0.5280	2.0303	10.4	2.5249	1.7297	0.5507	0.6871	1.3364
2.8	3.0203	1.9079	0.1632	0.5363	1.9971	10.6	2.5196	1.7274	0.4795	0.6877	1.3316
2.9	2.9976	1.9030	0.2355	0.5427	1.9649	10.8	2.5145	1.7252	0.4133	0.6883	1.3271
3.0	2.9741	1.8949	0.3990	0.5485	1.9347	11.0	2.5094	1.7232	0.4191	0.6888	1.3225
3.1	2.9539	1.8861	0.6010	0.5551	1.9070	11.2	2.5044	1.7211	0.4867	0.6892	1.3182
3.2	2.9391	1.8788	0.7815	0.5626	1.8820	11.4	2.4995	1.7190	0.5427	0.6896	1.3140
3.3	2.9293	1.8744	0.8887	0.5710	1.8590	11.6	2.4948	1.7170	0.5309	0.6901	1.3100
3.4	2.9222	1.8726	0.8939	0.5793	1.8375	11.8	2.4903	1.7151	0.4673	0.6905	1.3061
3.5	2.9149	1.8721	0.7999	0.5867	1.8165	12.0	2.4858	1.7132	0.4193	0.6909	1.3022
3.6	2.9052	1.8712	0.6391	0.5928	1.7959	12.2	2.4814	1.7113	0.4349	0.6912	1.2985
3.7	2.8927	1.8690	0.4611	0.5976	1.7758	12.4	2.4771	1.7095	0.4943	0.6915	1.2949
3.8	2.8783	1.8649	0.3161	0.6014	1.7567	12.6	2.4730	1.7077	0.5346	0.6919	1.2914
3.9	2.8638	1.8597	0.2417	0.6049	1.7389	12.8	2.4689	1.7060	0.5160	0.6922	1.2880
4.0	2.8510	1.8543	0.2538	0.6085	1.7227	13.0	2.4649	1.7043	0.4597	0.6925	1.2847
4.1	2.8407	1.8495	0.3437	0.6125	1.7079	13.2	2.4609	1.7026	0.4262	0.6927	1.2815
4.2	2.8326	1.8460	0.4815	0.6167	1.6942	13.4	2.4569	1.7010	0.4469	0.6930	1.2784
4.3	2.8258	1.8436	0.6247	0.6210	1.6810	13.6	2.4534	1.6994	0.4983	0.6933	1.2753
4.4	2.8189	1.8419	0.7309	0.6249	1.6679	13.8	2.4498	1.6978	0.5263	0.6935	1.2723
4.5	2.8109	1.8401	0.7710	0.6282	1.6550	14.0	2.4462	1.6963	0.5030	0.6937	1.2694
4.6	2.8017	1.8377	0.7369	0.6309	1.6422	14.2	2.4426	1.6948	0.4557	0.6939	1.2666
4.7	2.7917	1.8346	0.6418	0.6332	1.6301	14.4	2.4392	1.6933	0.4321	0.6941	1.2639
4.8	2.7817	1.8309	0.5152	0.6352	1.6187	14.6	2.4359	1.6918	0.4558	0.6943	1.2612
4.9	2.7726	1.8270	0.3937	0.6373	1.6083	14.8	2.4326	1.6904	0.4997	0.6945	1.2586
5.0	2.7648	1.8236	0.3109	0.6395	1.5986	15.0	2.4293	1.6890	0.5184	0.6947	1.2560

Table T1.129

N = 2.000 K = 3.000

X	QEXT	QSCA	QBK	G	QPR	X	QEXT	QSCA	QBK	G	QPR
0.1	0.0975	0.0003	0.0005	0.0003	0.0975	5.2	2.7513	1.9354	0.3414	0.6192	1.5530
0.2	0.2173	0.0053	0.0079	0.0005	0.2173	5.4	2.7409	1.9313	0.5949	0.6235	1.5367
0.3	0.3887	0.0282	0.0426	0.0009	0.3887	5.6	2.7273	1.9262	0.8301	0.6265	1.5205
0.4	0.6491	0.0958	0.1451	0.0015	0.6490	5.8	2.7123	1.9190	0.8049	0.6288	1.5056
0.5	1.0423	0.2507	0.3803	0.0027	1.0417	6.0	2.7004	1.9125	0.5619	0.6314	1.4928
0.6	1.5998	0.5429	0.8184	0.0054	1.5969	6.2	2.6913	1.9080	0.3638	0.6344	1.4809
0.7	2.2868	0.9868	1.4598	0.0105	2.2765	6.4	2.6816	1.9041	0.4094	0.6370	1.4688
0.8	2.9488	1.4980	2.1392	0.0185	2.9211	6.6	2.6701	1.8991	0.6312	0.6388	1.4570
0.9	3.3873	1.9153	2.5877	0.0302	3.3294	6.8	2.6591	1.8934	0.7874	0.6404	1.4466
1.0	3.5349	2.1381	2.6607	0.0466	3.4352	7.0	2.6504	1.8887	0.7209	0.6423	1.4373
1.1	3.4794	2.1890	2.4084	0.0698	3.3265	7.2	2.6427	1.8851	0.5124	0.6443	1.4282
1.2	3.3449	2.1453	1.9518	0.1025	3.1250	7.4	2.6339	1.8814	0.3848	0.6458	1.4189
1.3	3.2187	2.0752	1.3963	0.1473	2.7326	7.6	2.6246	1.8769	0.4617	0.6470	1.4103
1.4	3.1446	2.0219	0.8332	0.2038	2.5985	7.8	2.6163	1.8725	0.6502	0.6481	1.4026
1.5	3.1323	2.0059	0.3640	0.2661	2.5087	8.0	2.6093	1.8689	0.7486	0.6495	1.3955
1.6	3.1645	2.0269	0.0930	0.3236	2.4489	8.2	2.6024	1.8657	0.6604	0.6507	1.3883
1.7	3.2072	2.0673	0.0814	0.3668	2.4011	8.4	2.5947	1.8623	0.4870	0.6517	1.3811
1.8	3.2287	2.1036	0.3038	0.3934	2.3524	8.6	2.5872	1.8585	0.4099	0.6525	1.3745
1.9	3.2163	2.1202	0.6597	0.4075	2.2983	8.8	2.5806	1.8550	0.5016	0.6534	1.3685
2.0	3.1766	2.1145	1.0268	0.4153	2.2408	9.0	2.5746	1.8520	0.6575	0.6544	1.3627
2.1	3.1258	2.0939	1.3034	0.4227	2.1841	9.2	2.5684	1.8491	0.7131	0.6552	1.3568
2.2	3.0802	2.0689	1.4240	0.4331	2.1320	9.4	2.5618	1.8460	0.6172	0.6559	1.3511
2.3	3.0498	2.0490	1.3625	0.4479	2.0868	9.6	2.5556	1.8428	0.4752	0.6565	1.3458
2.4	3.0368	2.0394	1.1378	0.4658	2.0481	9.8	2.5501	1.8399	0.4348	0.6572	1.3410
2.5	3.0357	2.0398	0.8147	0.4842	2.0141	10.0	2.5448	1.8373	0.5308	0.6579	1.3361
2.6	3.0371	2.0459	0.4891	0.5000	1.9826	10.2	2.5392	1.8347	0.6569	0.6584	1.3312
2.7	3.0323	2.0512	0.2540	0.5118	1.9519	10.4	2.5337	1.8320	0.6821	0.6589	1.3265
2.8	3.0177	2.0513	0.1671	0.5196	1.9216	10.6	2.5284	1.8292	0.5857	0.6594	1.3222
2.9	2.9951	2.0450	0.2369	0.5249	1.8924	10.8	2.5237	1.8268	0.4722	0.6599	1.3181
3.0	2.9695	2.0340	0.4292	0.5296	1.8649	11.0	2.5189	1.8245	0.4577	0.6604	1.3140
3.1	2.9464	2.0217	0.6815	0.5350	1.8397	11.2	2.5140	1.8221	0.5513	0.6608	1.3099
3.2	2.9294	2.0113	0.9200	0.5418	1.8169	11.4	2.5092	1.8197	0.6523	0.6612	1.3061
3.3	2.9193	2.0048	1.0764	0.5499	1.7959	11.6	2.5047	1.8173	0.6560	0.6615	1.3025
3.4	2.9137	2.0022	1.1072	0.5583	1.7761	11.8	2.5004	1.8152	0.5640	0.6619	1.2990
3.5	2.9090	2.0019	1.0076	0.5659	1.7570	12.0	2.4961	1.8131	0.4743	0.6623	1.2954
3.6	2.9019	2.0015	0.8119	0.5720	1.7383	12.2	2.4918	1.8109	0.4784	0.6625	1.2919
3.7	2.8909	1.9993	0.5814	0.5765	1.7202	12.4	2.4876	1.8088	0.5668	0.6628	1.2887
3.8	2.8766	1.9944	0.3820	0.5798	1.7032	12.6	2.4836	1.8067	0.6455	0.6631	1.2856
3.9	2.8611	1.9876	0.2658	0.5826	1.6874	12.8	2.4798	1.8048	0.6345	0.6634	1.2825
4.0	2.8469	1.9802	0.2592	0.5855	1.6731	13.0	2.4759	1.8029	0.5494	0.6637	1.2794
4.1	2.8356	1.9736	0.3581	0.5890	1.6599	13.2	2.4720	1.8010	0.4796	0.6639	1.2764
4.2	2.8275	1.9688	0.5296	0.5931	1.6474	13.4	2.4683	1.7991	0.4960	0.6641	1.2736
4.3	2.8217	1.9659	0.7209	0.5973	1.6353	13.6	2.4648	1.7972	0.5768	0.6643	1.2709
4.4	2.8164	1.9641	0.8751	0.6013	1.6233	13.8	2.4613	1.7955	0.6372	0.6645	1.2681
4.5	2.8099	1.9624	0.9487	0.6047	1.6114	14.0	2.4578	1.7938	0.6156	0.6647	1.2655
4.6	2.8017	1.9599	0.9243	0.6073	1.5999	14.2	2.4543	1.7920	0.5382	0.6649	1.2629
4.7	2.7918	1.9562	0.8133	0.6093	1.5891	14.4	2.4510	1.7903	0.4855	0.6650	1.2604
4.8	2.7813	1.9516	0.6505	0.6109	1.5790	14.6	2.4478	1.7887	0.5098	0.6652	1.2580
4.9	2.7715	1.9465	0.4829	0.6126	1.5698	14.8	2.4446	1.7871	0.5821	0.6654	1.2556
5.0	2.7632	1.9419	0.3570	0.6145	1.5698	15.0	2.4414	1.7855	0.6282	0.6655	1.2532

Table T1.130

N = 2.000 K = 3.500

X	QEXT	QSCA	QBK	G	QPR	X	QEXT	QSCA	QBK	G	QPR
0.1	0.0748	0.0003	0.0005	-0.0001	0.0748	5.2	2.7284	2.0253	0.3420	0.5982	1.5170
0.2	0.1714	0.0054	0.0082	-0.0009	0.1714	5.4	2.7203	2.0213	0.6249	0.6027	1.5020
0.3	0.3175	0.0289	0.0444	-0.0021	0.3176	5.6	2.7086	2.0165	0.9419	0.6058	1.4871
0.4	0.5489	0.0986	0.1535	-0.0033	0.5492	5.8	2.6936	2.0086	0.9627	0.6076	1.4731
0.5	0.9109	0.2603	0.4090	-0.0035	0.9118	6.0	2.6812	2.0007	0.6840	0.6099	1.4609
0.6	1.4460	0.5702	0.8948	-0.0018	1.4471	6.2	2.6730	1.9957	0.4063	0.6129	1.4499
0.7	2.1386	1.0499	1.6212	-0.0027	2.1358	6.4	2.6651	1.9920	0.4132	0.6155	1.4389
0.8	2.8414	1.6121	2.4087	0.0103	2.8248	6.6	2.6545	1.9869	0.6753	0.6172	1.4281
0.9	3.3325	2.0745	2.9424	0.0214	3.2882	6.8	2.6433	1.9805	0.9053	0.6186	1.4182
1.0	3.5148	2.3174	3.0427	0.0370	3.4291	7.0	2.6347	1.9750	0.8685	0.6203	1.4096
1.1	3.4684	2.3643	2.7655	0.0590	3.3290	7.2	2.6280	1.9712	0.6152	0.6223	1.4013
1.2	3.3259	2.3041	2.2544	0.0902	3.1180	7.4	2.6205	1.9676	0.4170	0.6239	1.3930
1.3	3.1837	2.2147	1.6306	0.1335	2.8881	7.6	2.6115	1.9629	0.4715	0.6249	1.3849
1.4	3.0926	2.1449	0.9930	0.1890	2.6872	7.8	2.6030	1.9578	0.7067	0.6259	1.3777
1.5	3.0684	2.1183	0.4493	0.2517	2.5353	8.0	2.5965	1.9537	0.8704	0.6272	1.3712
1.6	3.0983	2.1362	0.1160	0.3108	2.4344	8.2	2.5906	1.9506	0.6152	0.6285	1.3648
1.7	3.1486	2.1802	0.0716	0.3560	2.3724	8.4	2.5837	1.9471	0.4170	0.6294	1.3582
1.8	3.1827	2.2228	0.3018	0.3838	2.3296	8.6	2.5762	1.9429	0.5742	0.6301	1.3520
1.9	3.1809	2.2439	0.7002	0.3977	2.2885	8.8	2.5697	1.9389	0.4364	0.6309	1.3465
2.0	3.1461	2.2407	1.1268	0.4045	2.2407	9.0	2.5644	1.9357	0.5185	0.6318	1.3414
2.1	3.0944	2.2142	1.4616	0.4102	2.1861	9.2	2.5589	1.9329	0.7247	0.6327	1.3361
2.2	3.0439	2.1834	1.6261	0.4190	2.1291	9.4	2.5528	1.9296	0.8362	0.6333	1.3308
2.3	3.0077	2.1574	1.5851	0.4325	2.0746	9.6	2.5467	1.9261	0.7433	0.6338	1.3259
2.4	2.9901	2.1434	1.3512	0.4500	2.0264	9.8	2.5414	1.9229	0.5498	0.6344	1.3215
2.5	2.9901	2.1422	0.9890	0.4687	1.9861	10.0	2.5367	1.9202	0.4581	0.6351	1.3172
2.6	2.9953	2.1491	0.6040	0.4852	1.9527	10.2	2.5317	1.9175	0.5556	0.6357	1.3127
2.7	2.9961	2.1565	0.3074	0.4974	1.9235	10.4	2.5263	1.9146	0.7328	0.6361	1.3084
2.8	2.9864	2.1583	0.1757	0.5052	1.8961	10.6	2.5213	1.9116	0.8044	0.6365	1.3045
2.9	2.9661	2.1521	0.2285	0.5099	1.8688	10.8	2.5168	1.9089	0.7016	0.6370	1.3008
3.0	2.9402	2.1396	0.4333	0.5136	1.8414	11.0	2.5126	1.9065	0.5369	0.6375	1.2972
3.1	2.9150	2.1245	0.7226	0.5180	1.8146	11.2	2.5081	1.9041	0.4804	0.6379	1.2934
3.2	2.8955	2.1112	1.0121	0.5240	1.7893	11.4	2.5034	1.9015	0.5839	0.6382	1.2899
3.3	2.8839	2.1024	1.2202	0.5316	1.7662	11.6	2.4991	1.8989	0.7352	0.6385	1.2867
3.4	2.8788	2.0989	1.2881	0.5400	1.7454	11.8	2.4953	1.8966	0.7762	0.6389	1.2836
3.5	2.8764	2.0988	1.1994	0.5479	1.7265	12.0	2.4914	1.8945	0.6705	0.6392	1.2804
3.6	2.8724	2.0993	0.9855	0.5542	1.7089	12.2	2.4873	1.8922	0.5315	0.6395	1.2772
3.7	2.8640	2.0978	0.7135	0.5587	1.6919	12.4	2.4832	1.8899	0.5016	0.6397	1.2742
3.8	2.8511	2.0931	0.4625	0.5617	1.6755	12.6	2.4795	1.8876	0.6069	0.6400	1.2715
3.9	2.8357	2.0855	0.2991	0.5640	1.6595	12.8	2.4760	1.8856	0.7334	0.6403	1.2687
4.0	2.8204	2.0766	0.2618	0.5663	1.6444	13.0	2.4725	1.8837	0.7514	0.6405	1.2660
4.1	2.8079	2.0684	0.3542	0.5693	1.6303	13.2	2.4688	1.8816	0.6475	0.6407	1.2632
4.2	2.7992	2.0622	0.5448	0.5731	1.6174	13.4	2.4652	1.8795	0.5310	0.6409	1.2607
4.3	2.7938	2.0586	0.7755	0.5773	1.6053	13.6	2.4620	1.8776	0.5218	0.6411	1.2583
4.4	2.7899	2.0568	0.9780	0.5814	1.5940	13.8	2.4588	1.8758	0.6240	0.6413	1.2559
4.5	2.7853	2.0555	1.0938	0.5849	1.5830	14.0	2.4555	1.8740	0.7289	0.6415	1.2534
4.6	2.7788	2.0535	1.0932	0.5876	1.5722	14.2	2.4522	1.8721	0.7301	0.6416	1.2511
4.7	2.7699	2.0499	0.9815	0.5894	1.5616	14.4	2.4488	1.8702	0.6289	0.6417	1.2489
4.8	2.7596	2.0448	0.7947	0.5908	1.5515	14.6	2.4461	1.8685	0.5333	0.6419	1.2467
4.9	2.7493	2.0389	0.5869	0.5922	1.5419	14.8	2.4432	1.8669	0.5387	0.6420	1.2446
5.0	2.7403	2.0332	0.4156	0.5938	1.5330	15.0	2.4402	1.8652	0.7215	0.6422	1.2425

172 Table T1.131

N = 2.500 K = 0.0

X	QEXT	QSCA	QBK	G	QPR	X	QEXT	QSCA	QBK	G	QPR
0.1	0.0001	0.0001	0.0002	0.0017	0.0001	5.2	2.1165	2.1165	5.4529	0.3736	1.3257
0.2	0.0018	0.0018	0.0026	0.0058	0.0018	5.4	3.1656	3.1656	8.8875	0.4265	1.8155
0.3	0.0092	0.0092	0.0130	0.0130	0.0091	5.6	3.2235	3.2235	2.4371	0.5777	1.3614
0.4	0.0305	0.0305	0.0405	0.0230	0.0298	5.8	2.4877	2.4877	0.0940	0.4901	1.2685
0.5	0.0784	0.0784	0.0967	0.0359	0.0756	6.0	3.1616	3.1616	3.2160	0.6024	1.2571
0.6	0.1728	0.1728	0.1927	0.0520	0.1638	6.2	2.1719	2.1719	0.6794	0.5736	0.9261
0.7	0.3414	0.3414	0.3306	0.0720	0.3168	6.4	2.6953	2.6953	3.6271	0.3692	1.7001
0.8	0.6216	0.6216	0.4854	0.0975	0.5610	6.6	2.1231	2.1231	4.8526	0.4861	1.0910
0.9	1.0695	1.0695	0.5681	0.1310	0.9293	6.8	1.7123	1.7123	3.5657	0.3630	1.0908
1.0	1.8547	1.8547	0.3879	0.1729	1.5340	7.0	2.4570	2.4570	7.8520	0.4286	1.4040
1.1	3.0186	3.0186	0.0180	0.1955	3.0655	7.2	1.9956	1.9956	12.6084	0.3652	1.2667
1.2	6.4311	6.4311	2.1277	0.1453	5.4964	7.4	2.6665	2.6665	3.5905	0.4835	1.3773
1.3	5.3076	5.3076	3.3696	0.1015	4.7689	7.6	2.5465	2.5465	4.8815	0.4930	1.2912
1.4	4.4932	4.4932	2.9255	0.0946	4.0680	7.8	2.7648	2.7648	8.6332	0.5164	1.3370
1.5	4.1608	4.1608	2.3724	0.0942	3.7687	8.0	2.8530	2.8530	4.3435	0.6405	1.0257
1.6	4.3054	4.3054	2.6979	0.0829	3.9486	8.2	2.3900	2.3900	1.3202	0.4352	1.3500
1.7	6.6349	6.6349	9.8513	0.2034	5.2857	8.4	2.5671	2.5671	3.8514	0.5631	1.1216
1.8	4.0412	4.0412	7.0250	0.2261	3.1276	8.6	1.8264	1.8264	0.5447	0.5290	0.8602
1.9	3.4248	3.4248	6.7935	0.1567	2.8880	8.8	2.5439	2.5439	0.1017	0.4017	1.5219
2.0	3.6016	3.6016	7.4737	0.1267	3.1453	9.0	2.0761	2.0761	4.0595	0.4990	1.0401
2.1	3.0833	3.0833	5.6964	0.0692	2.8699	9.2	1.8592	1.8592	5.9409	0.4456	1.0307
2.2	4.4545	4.4545	16.1819	0.0576	4.1979	9.4	2.6172	2.6172	4.5811	0.5760	1.1096
2.3	1.4839	1.4839	7.1923	0.1984	1.1894	9.6	2.1578	2.1578	8.6994	0.4777	1.1269
2.4	1.0207	1.0207	3.7067	0.0619	0.9575	9.8	3.2885	3.2885	10.6994	0.4762	1.7225
2.5	2.2207	2.2207	4.1933	0.0416	2.1284	10.0	2.5482	2.5483	10.6568	0.5850	1.0574
2.6	2.5832	2.5832	4.5318	0.0060	2.5678	10.2	2.4260	2.4260	4.6307	0.5282	1.1447
2.7	3.5753	3.5753	5.8180	-0.0090	3.6074	10.4	2.5474	2.5474	6.7016	0.6069	1.0013
2.8	1.3608	1.3608	4.1977	0.1385	1.1723	10.6	2.0296	2.0296	4.8650	0.4410	1.1346
2.9	1.3525	1.3525	2.1745	0.2196	1.0554	10.8	2.4680	2.4680	3.3064	0.4769	1.2910
3.0	2.2984	2.2984	0.7421	0.3743	1.4380	11.0	1.8391	1.8391	2.7424	0.4592	0.9945
3.1	3.6296	3.6296	2.0616	0.3156	2.4840	11.2	2.3008	2.3008	0.5730	0.5183	1.1083
3.2	3.8465	3.8465	3.5978	0.3206	2.6135	11.4	2.2243	2.2243	1.0932	0.5545	0.9909
3.3	2.6401	2.6401	0.7215	0.4116	1.5534	11.6	2.2372	2.2372	2.8283	0.4551	1.2190
3.4	2.6912	2.6912	0.9781	0.4217	1.5562	11.8	2.7148	2.7148	7.1557	0.6493	0.9520
3.5	3.3766	3.3766	0.9645	0.4807	1.7535	12.0	2.1800	2.1800	6.1814	0.5415	0.9995
3.6	3.0405	3.0405	1.4279	0.5407	1.8864	12.2	2.9205	2.9205	7.8855	0.5492	1.3167
3.7	4.1072	4.1072	0.5530	0.5641	1.4972	12.4	2.7094	2.7094	2.7009	0.6099	0.9117
3.8	2.9027	2.9027	1.8732	0.4816	1.5049	12.6	2.1217	2.1217	6.8087	0.5181	1.0225
3.9	2.7276	2.7276	2.4162	0.4034	1.6272	12.8	2.3349	2.3349	5.4549	0.5687	1.0070
4.0	3.0405	3.0405	4.2578	0.3567	1.9560	13.0	1.8097	1.8097	3.7034	0.4451	1.0042
4.1	3.4306	3.4306	8.3493	0.4755	1.7994	13.2	2.5675	2.5675	4.4718	0.4783	1.3395
4.2	2.6210	2.6210	5.0639	0.4792	1.3649	13.4	2.0308	2.0308	5.4364	0.4685	1.0794
4.3	2.0663	2.0663	4.3179	0.3709	1.2999	13.6	2.0308	2.0308	0.3683	0.5764	0.9871
4.4	1.9638	1.9638	4.0808	0.2320	1.5083	13.8	2.3302	2.3302	2.5873	0.6153	0.9241
4.5	2.1243	2.1243	3.9994	0.1272	1.8541	14.0	2.3630	2.3630	1.8561	0.4794	1.2302
4.6	4.0294	4.0294	22.1438	0.1679	3.3530	14.2	2.4020	2.4020	3.4801	0.6400	0.9749
4.7	1.8504	1.8504	12.8697	0.2312	1.4225	14.4	2.7080	2.7080	11.8602	0.5647	0.9117
4.8	1.7882	1.7882	11.0070	0.1911	1.4465	14.6	2.0944	2.0944	7.9283	0.5746	1.0969
4.9	2.1224	2.1224	5.9536	0.2780	1.5324	14.8	2.5789	2.5789	2.2668	0.5839	0.8800
5.0	2.3100	2.3100	1.4632	0.3222	1.5658	15.0	2.0366	2.0366	10.9762	0.4890	1.0408

Table T1.132

N = 2.500 K = 0.050

X	QEXT	QSCA	QBK	G	QPR	X	QEXT	QSCA	QBK	G	QPR
0.1	0.0046	0.0001	0.0002	0.0017	0.0046	5.2	2.4354	1.6054	1.3311	0.5614	1.5343
0.2	0.0112	0.0018	0.0026	0.0058	0.0112	5.4	2.7858	1.8351	1.8256	0.6510	1.5911
0.3	0.0245	0.0093	0.0130	0.0130	0.0244	5.6	2.8067	1.9052	0.4179	0.7002	1.4725
0.4	0.0533	0.0305	0.0405	0.0230	0.0526	5.8	2.7095	1.8463	0.0202	0.6823	1.4499
0.5	0.1111	0.0783	0.0966	0.0359	0.1083	6.0	2.8310	1.8918	0.1283	0.7276	1.4545
0.6	0.2189	0.1722	0.1919	0.0521	0.2099	6.2	2.4725	1.6209	0.2084	0.7160	1.3119
0.7	0.4062	0.3393	0.3275	0.0724	0.3816	6.4	2.4959	1.5656	0.9158	0.6690	1.4485
0.8	0.7138	0.6149	0.4761	0.0983	0.6534	6.6	2.3326	1.4503	0.8625	0.6702	1.3606
0.9	1.2068	1.0502	0.5457	0.1324	1.0677	6.8	2.2154	1.3301	0.1837	0.6493	1.3518
1.0	2.0692	1.7862	0.3548	0.1742	1.7581	7.0	2.3879	1.4688	1.1151	0.6434	1.4428
1.1	3.9086	3.3355	0.0161	0.1961	3.2544	7.2	2.3457	1.4647	2.0150	0.6586	1.3810
1.2	5.7290	5.0073	1.3533	0.1560	4.9439	7.4	2.5140	1.5801	0.7928	0.7028	1.4035
1.3	5.0618	4.5873	2.4642	0.1182	4.5196	7.6	2.5705	1.6623	0.2840	0.7073	1.3948
1.4	4.4078	4.0413	2.3027	0.1115	3.9571	7.8	2.5987	1.6830	1.0496	0.7294	1.3711
1.5	4.1154	3.7128	1.9123	0.1161	3.6844	8.0	2.5798	1.6502	0.8831	0.7606	1.3247
1.6	4.3353	3.6697	2.0962	0.1346	3.8412	8.2	2.5018	1.5653	0.2079	0.7428	1.3391
1.7	5.3577	4.2105	3.9737	0.2553	4.2826	8.4	2.4453	1.5180	0.0603	0.7459	1.3129
1.8	4.0939	3.3197	3.8296	0.2825	3.1561	8.6	2.2917	1.3731	0.0942	0.7477	1.2651
1.9	3.5910	2.9692	4.3470	0.2374	2.8862	8.8	2.3281	1.3732	0.4431	0.7331	1.3213
2.0	3.5315	2.8971	4.9259	0.2039	2.9409	9.0	2.2798	1.3679	0.7947	0.7260	1.2867
2.1	3.3894	2.8971	4.3647	0.1557	2.7622	9.2	2.3032	1.3692	0.2832	0.7392	1.2910
2.2	3.2222	2.0137	6.3429	0.1857	2.8481	9.4	2.4208	1.4796	0.1363	0.7506	1.3102
2.3	2.0245	1.2273	4.2603	0.2778	1.6835	9.6	2.4079	1.4980	1.0398	0.7484	1.2868
2.4	1.6806	0.9697	2.2257	0.2254	1.4621	9.8	2.4988	1.5515	0.0392	0.7724	1.3004
2.5	2.3705	1.4903	1.8010	0.1912	2.0855	10.0	2.4797	1.5476	0.1637	0.7769	1.2774
2.6	2.5365	1.6057	1.6084	0.1549	2.2879	10.2	2.4332	1.5076	0.2420	0.7697	1.2727
2.7	2.4109	1.3707	1.8054	0.1713	2.1760	10.4	2.4059	1.4627	0.7444	0.7793	1.2660
2.8	1.8930	1.1861	1.1017	0.2653	1.5784	10.6	2.3264	1.3849	0.4925	0.7741	1.2544
2.9	1.9004	1.2178	1.3000	0.3690	1.2119	10.8	2.2971	1.3622	0.1006	0.7648	1.2552
3.0	2.5597	1.6717	0.9234	0.4748	1.7659	11.0	2.2673	1.3251	0.0475	0.7671	1.2508
3.1	3.1796	2.1394	0.2742	0.4798	2.1532	11.2	2.2978	1.3485	0.2112	0.7755	1.2521
3.2	3.0253	2.1564	0.0031	0.4827	1.9844	11.4	2.3141	1.3821	0.5573	0.7742	1.2440
3.3	2.8007	2.1484	0.1803	0.4938	1.7398	11.6	2.3612	1.4132	0.4762	0.7840	1.2533
3.4	2.8706	2.1997	0.3023	0.5269	1.7115	11.8	2.4062	1.4618	0.0299	0.7981	1.2396
3.5	3.2798	2.4264	0.1017	0.5938	1.8390	12.0	2.3884	1.4558	0.2938	0.7946	1.2316
3.6	3.5949	2.6269	0.0213	0.6335	1.9308	12.2	2.4089	1.4609	0.8288	0.8000	1.2402
3.7	3.2891	2.4861	0.2525	0.6245	1.7365	12.4	2.3590	1.4209	0.4715	0.8028	1.2183
3.8	2.9709	2.2819	0.7887	0.5803	1.6467	12.6	2.3176	1.3785	0.0014	0.7944	1.2225
3.9	2.8620	2.1598	1.2547	0.5427	1.6900	12.8	2.2983	1.3556	0.3008	0.7921	1.2246
4.0	3.0017	2.1491	1.6184	0.5512	1.8171	13.0	2.2577	1.3185	0.5364	0.7923	1.2130
4.1	3.0341	2.1265	1.5105	0.5912	1.7769	13.2	2.2711	1.3284	0.2816	0.7910	1.2203
4.2	2.8800	1.9084	0.9084	0.5930	1.5812	13.4	2.2826	1.3410	0.0744	0.7919	1.2207
4.3	2.6961	1.6227	0.7195	0.5450	1.5200	13.6	2.3091	1.3670	0.0941	0.7981	1.2316
4.4	2.4065	1.5069	1.1698	0.4680	1.5847	13.8	2.3350	1.3932	0.3140	0.8017	1.2402
4.5	2.2900	1.4915	2.0134	0.4256	1.7229	14.0	2.3514	1.4076	0.4892	0.8061	1.2119
4.6	2.3577	1.4905	3.4720	0.4511	1.7107	14.2	2.3523	1.4118	0.2236	0.8084	1.2134
4.7	2.3830	1.4900	3.8503	0.4699	1.5800	14.4	2.3286	1.3868	0.0165	0.8156	1.2009
4.8	2.2215	1.3595	2.7769	0.4902	1.5551	14.6	2.3146	1.3719	0.4035	0.8122	1.1986
4.9	2.3054	1.4220	1.2676	0.5149	1.5732	14.8	2.2761	1.3389	0.5871	0.8116	1.2003
5.0	2.4191	1.5160	0.5058	0.5261	1.6216	15.0	2.2599	1.3173	0.1770	0.8096	1.1934

Table T1.133

N = 2.500 K = 0.100

X	QEXT	QSCA	QBK	G	QPR	X	QEXT	QSCA	QBK	G	QPR
0.1	0.0091	0.0001	0.0002	0.0017	0.0091	5.2	2.5234	1.4176	0.3982	0.6676	1.5770
0.2	0.0206	0.0018	0.0026	0.0058	0.0206	5.4	2.6718	1.5264	0.8386	0.7221	1.5696
0.3	0.0398	0.0093	0.0130	0.0130	0.0397	5.6	2.6818	1.5734	0.4256	0.7435	1.5120
0.4	0.0760	0.0305	0.0406	0.0230	0.0753	5.8	2.6684	1.5699	0.0774	0.7483	1.4936
0.5	0.1438	0.0784	0.0967	0.0360	0.1409	6.0	2.6649	1.5471	0.0786	0.7684	1.4762
0.6	0.2649	0.1721	0.1915	0.0523	0.2560	6.2	2.5279	1.4458	0.2806	0.7632	1.4244
0.7	0.4709	0.3380	0.3255	0.0727	0.4463	6.4	2.4818	1.3880	0.5085	0.7479	1.4438
0.8	0.8050	0.6096	0.4694	0.0989	0.7448	6.6	2.4124	1.3296	0.2693	0.7445	1.4225
0.9	1.3382	1.0328	0.5313	0.1331	1.2007	6.8	2.3703	1.2912	0.0064	0.7395	1.4154
1.0	2.2497	1.7207	1.0328	0.1737	1.9508	7.0	2.4098	1.3258	0.4023	0.7462	1.4330
1.1	3.9148	2.9679	0.3497	0.1939	3.3392	7.2	2.4244	1.3518	0.6878	0.7626	1.4158
1.2	5.2316	4.1357	0.0885	0.1622	4.5608	7.4	2.4744	1.3937	0.2555	0.7714	1.4116
1.3	4.8264	4.0209	1.8892	0.1314	4.2981	7.6	2.5129	1.4346	0.0148	0.7825	1.4063
1.4	4.3056	3.6443	1.8435	0.1269	3.8429	7.8	2.5173	1.4444	0.3603	0.7825	1.3870
1.5	4.0554	3.3312	1.5398	0.1383	3.5947	8.0	2.4994	1.4262	0.5018	0.7933	1.3681
1.6	4.2512	3.1781	1.5213	0.1795	3.6806	8.2	2.4706	1.3968	0.2392	0.7939	1.3617
1.7	4.7141	3.2328	1.9231	0.2328	3.7740	8.4	2.4260	1.3608	0.0582	0.7936	1.3461
1.8	4.0282	2.8261	2.1091	0.3260	3.1070	8.6	2.3799	1.3182	0.1460	0.7940	1.3333
1.9	3.6487	2.6127	2.8005	0.3006	2.8634	8.8	2.3690	1.3057	0.3532	0.7909	1.3364
2.0	3.4782	2.4401	3.3695	0.2716	2.8154	9.0	2.3572	1.3054	0.3464	0.7888	1.3276
2.1	3.1452	1.9905	3.3218	0.2416	2.6643	9.2	2.3687	1.3169	0.1057	0.7928	1.3247
2.2	2.9434	1.5455	3.7245	0.2788	2.5126	9.4	2.3956	1.3458	0.0971	0.7962	1.3241
2.3	2.3068	1.1152	2.6463	0.3512	1.9151	9.6	2.4070	1.3654	0.3634	0.7989	1.3163
2.4	2.0974	0.9797	1.3548	0.3546	1.7500	9.8	2.4223	1.3787	0.3580	0.8054	1.3119
2.5	2.4660	1.2158	0.7235	0.3354	2.0582	10.0	2.4189	1.3790	0.0976	0.8085	1.3040
2.6	2.5545	1.2748	0.6467	0.3056	2.1644	10.2	2.4008	1.3654	0.1070	0.8088	1.2966
2.7	2.4084	1.1721	0.9256	0.3146	2.0397	10.4	2.3816	1.3453	0.3194	0.8107	1.2909
2.8	2.1939	1.1169	1.1402	0.3783	1.7713	10.6	2.3574	1.3241	0.3204	0.8104	1.2843
2.9	2.2286	1.1770	0.9359	0.4644	1.6820	10.8	2.3386	1.3096	0.1482	0.8087	1.2795
3.0	2.6178	1.4299	0.7342	0.5388	1.8473	11.0	2.3318	1.3031	0.0911	0.8098	1.2766
3.1	2.9435	1.6880	0.2915	0.5538	2.0086	11.2	2.3341	1.3081	0.2162	0.8116	1.2725
3.2	2.9190	1.7908	0.0608	0.5484	1.9371	11.4	2.3402	1.3190	0.3166	0.8127	1.2683
3.3	2.8530	1.8400	0.0862	0.5578	1.8267	11.6	2.3523	1.3319	0.2181	0.8159	1.2657
3.4	2.9122	1.8930	0.1284	0.5905	1.7943	11.8	2.3598	1.3426	0.0910	0.8189	1.2604
3.5	3.1095	1.9906	0.0823	0.6384	1.8387	12.0	2.3590	1.3457	0.1763	0.8200	1.2555
3.6	3.2259	2.0599	0.1232	0.6653	1.8554	12.2	2.3550	1.3457	0.3042	0.8213	1.2520
3.7	3.1055	2.0155	0.2846	0.6593	1.7767	12.4	2.3422	1.3334	0.2227	0.8218	1.2465
3.8	2.9461	1.9214	0.5401	0.6375	1.7212	12.6	2.3281	1.3217	0.1049	0.8209	1.2431
3.9	2.8723	1.8387	0.7369	0.6240	1.7250	12.8	2.3079	1.3123	0.1705	0.8204	1.2404
4.0	2.8854	1.7823	0.7456	0.6344	1.7547	13.0	2.3059	1.3059	0.2723	0.8204	1.2366
4.1	2.8482	1.7139	0.4805	0.6533	1.7285	13.2	2.3086	1.3057	0.2276	0.8205	1.2345
4.2	2.6944	1.5899	0.1471	0.6547	1.6536	13.4	2.3128	1.3104	0.1296	0.8216	1.2321
4.3	2.5373	1.4586	0.1032	0.6325	1.6147	13.6	2.3174	1.3169	0.1430	0.8234	1.2285
4.4	2.4508	1.3724	0.4324	0.5992	1.6285	13.8	2.3233	1.3233	0.2387	0.8250	1.2257
4.5	2.4377	1.3299	0.9707	0.5819	1.6639	14.0	2.3194	1.3273	0.2529	0.8213	1.2225
4.6	2.4299	1.3056	1.4812	0.5902	1.6593	14.2	2.3167	1.3270	0.1591	0.8264	1.2184
4.7	2.4011	1.2803	1.5447	0.6083	1.6223	14.4	2.3107	1.3229	0.1264	0.8276	1.2154
4.8	2.3981	1.2718	1.0571	0.6260	1.6020	14.6	2.3030	1.3172	0.2126	0.8280	1.2125
4.9	2.4217	1.2933	0.4378	0.6365	1.5985	14.8	2.2942	1.3107	0.2502	0.8279	1.2093
5.0	2.4581	1.3335	0.0947	0.6413	1.6030	15.0	2.2879	1.3062	0.1748	0.8274	1.2072

Table T1.134

N = 2.500 K = 0.200

x	QEXT	QSCA	QBK	G	QPR	x	QEXT	QSCA	QBK	G	QPR
0.1	0.0179	0.0001	0.0002	0.0017	0.0179	5.2	2.5638	1.3391	0.1284	0.7350	1.5796
0.2	0.0393	0.0018	0.0026	0.0058	0.0392	5.4	2.5954	1.3755	0.3634	0.7535	1.5590
0.3	0.0702	0.0094	0.0132	0.0129	0.0701	5.6	2.5947	1.3930	0.3281	0.7635	1.5311
0.4	0.1214	0.0309	0.0410	0.0229	0.1207	5.8	2.5853	1.3943	0.1506	0.7705	1.5111
0.5	0.2089	0.0791	0.0975	0.0359	0.2061	6.0	2.5656	1.3819	0.1123	0.7766	1.4924
0.6	0.3568	0.1729	0.1924	0.0523	0.3478	6.2	2.5293	1.3589	0.2182	0.7775	1.4727
0.7	0.5991	0.3376	0.3247	0.0728	0.5745	6.4	2.4996	1.3382	0.2600	0.7764	1.4606
0.8	0.9827	0.6029	0.4635	0.0991	0.9229	6.6	2.4761	1.3226	0.1683	0.7765	1.4491
0.9	1.5793	1.0042	0.5226	0.1325	1.4463	6.8	2.4622	1.3164	0.1324	0.7772	1.4391
1.0	2.5181	1.6042	0.3935	0.1689	2.2471	7.0	2.4601	1.3211	0.2317	0.7789	1.4310
1.1	3.8182	2.4604	0.2867	0.1853	3.3622	7.2	2.4615	1.3297	0.2692	0.7826	1.4209
1.2	4.5894	3.1410	0.7942	0.1672	4.0644	7.4	2.4657	1.3393	0.1657	0.7873	1.4112
1.3	4.4220	3.2138	1.2733	0.1501	3.9395	7.6	2.4681	1.3474	0.1154	0.7918	1.4013
1.4	4.0856	3.0076	1.2535	0.1536	3.6238	7.8	2.4633	1.3492	0.2045	0.7957	1.3897
1.5	3.9023	2.7399	1.0068	0.1793	3.4112	8.0	2.4541	1.3455	0.2698	0.7989	1.3792
1.6	3.9813	2.5215	0.7570	0.2431	3.3684	8.2	2.4425	1.3391	0.2110	0.8010	1.3699
1.7	4.0657	2.3857	0.5494	0.3370	3.2617	8.4	2.4283	1.3313	0.1389	0.8022	1.3604
1.8	3.8220	2.2422	0.6959	0.3834	2.9623	8.6	2.4159	1.3246	0.1605	0.8031	1.3522
1.9	3.6056	2.1282	1.2660	0.3841	2.7882	8.8	2.4076	1.3213	0.2191	0.8038	1.3454
2.0	3.3865	1.9313	1.7653	0.3708	2.6703	9.0	2.4019	1.3212	0.2150	0.8048	1.3386
2.1	3.1110	1.6132	1.9360	0.3666	2.5196	9.2	2.3992	1.3235	0.1716	0.8061	1.3323
2.2	2.8555	1.3086	1.8464	0.3997	2.3324	9.4	2.3980	1.3271	0.1722	0.8076	1.3262
2.3	2.5959	1.1033	1.3094	0.4524	2.0967	9.6	2.3963	1.3301	0.2043	0.8092	1.3200
2.4	2.5245	1.0527	0.6097	0.4881	2.0106	9.8	2.3935	1.3316	0.1978	0.8108	1.3138
2.5	2.6257	1.1125	0.1289	0.4972	2.0725	10.0	2.3888	1.3311	0.1660	0.8121	1.3077
2.6	2.6403	1.1376	0.0759	0.4878	2.0854	10.2	2.3826	1.3289	0.1736	0.8132	1.3019
2.7	2.5665	1.1247	0.2690	0.5175	2.0157	10.4	2.3758	1.3259	0.2097	0.8142	1.2963
2.8	2.5085	1.1322	0.4605	0.5598	1.9226	10.6	2.3690	1.3230	0.2105	0.8149	1.2909
2.9	2.5456	1.1895	0.5419	0.5966	1.8797	10.8	2.3630	1.3208	0.1750	0.8156	1.2858
3.0	2.6812	1.2978	0.5006	0.6132	1.9069	11.0	2.3586	1.3199	0.1621	0.8164	1.2811
3.1	2.7994	1.4097	0.3339	0.6184	1.9351	11.2	2.3552	1.3207	0.1886	0.8172	1.2765
3.2	2.8353	1.4882	0.1806	0.6283	1.9151	11.4	2.3525	1.3217	0.2084	0.8181	1.2720
3.3	2.8434	1.5393	0.1137	0.6473	1.8762	11.6	2.3501	1.3223	0.1940	0.8190	1.2676
3.4	2.8694	1.5774	0.0999	0.6689	1.8483	11.8	2.3475	1.3223	0.1753	0.8199	1.2634
3.5	2.9102	1.6079	0.1246	0.6828	1.8348	12.0	2.3443	1.3215	0.1806	0.8207	1.2592
3.6	2.9253	1.6210	0.2002	0.6862	1.8186	12.2	2.3405	1.3203	0.1922	0.8213	1.2551
3.7	2.8949	1.6087	0.2965	0.6850	1.7910	12.4	2.3363	1.3190	0.1885	0.8219	1.2512
3.8	2.8459	1.5784	0.3641	0.6864	1.7648	12.6	2.3321	1.3178	0.1819	0.8224	1.2474
3.9	2.8057	1.5414	0.3606	0.6923	1.7478	12.8	2.3282	1.3170	0.1883	0.8228	1.2438
4.0	2.7743	1.5027	0.2685	0.6983	1.7341	13.0	2.3247	1.3166	0.1953	0.8233	1.2403
4.1	2.7338	1.4601	0.1275	0.6997	1.7142	13.2	2.3216	1.3166	0.1872	0.8238	1.2370
4.2	2.6778	1.4124	0.0332	0.6918	1.6896	13.4	2.3190	1.3167	0.1764	0.8244	1.2337
4.3	2.6202	1.3654	0.0636	0.6915	1.6697	13.6	2.3166	1.3165	0.1816	0.8249	1.2304
4.4	2.5772	1.3273	0.2167	0.6962	1.6589	13.8	2.3142	1.3161	0.1948	0.8255	1.2273
4.5	2.5533	1.3019	0.4155	0.6965	1.6530	14.0	2.3117	1.3156	0.1955	0.8260	1.2242
4.6	2.5424	1.2885	0.5490	0.7040	1.6449	14.2	2.3089	1.3161	0.1841	0.8265	1.2211
4.7	2.5369	1.2839	0.5329	0.7107	1.6330	14.4	2.3060	1.3149	0.1851	0.8273	1.2182
4.8	2.5336	1.2857	0.3781	0.7154	1.6199	14.6	2.3031	1.3142	0.1788	0.8276	1.2154
4.9	2.5325	1.2927	0.1830	0.7154	1.6076	14.8	2.3003	1.3142	0.1906	0.8276	1.2126
5.0	2.5361	1.3044	0.0514	0.7199	1.5972	15.0	2.2976	1.3136	0.1887	0.8280	1.2099

176 Table T1.135

N = 2.500 K = 0.300

x	QEXT	QSCA	QBK	G	QPR	x	QEXT	QSCA	QBK	G	QPR
0.1	0.0267	0.0001	0.0002	0.0017	0.0267	5.2	2.5745	1.3409	0.1302	0.7460	1.5741
0.2	0.0577	0.0018	0.0027	0.0058	0.0577	5.4	2.5760	1.3533	0.2520	0.7553	1.5537
0.3	0.1003	0.0096	0.0134	0.0129	0.1002	5.6	2.5680	1.3593	0.2709	0.7620	1.5322
0.4	0.1663	0.0314	0.0418	0.0228	0.1656	5.8	2.5563	1.3591	0.1955	0.7673	1.5135
0.5	0.2735	0.0804	0.0992	0.0358	0.2706	6.0	2.5418	1.3547	0.1556	0.7715	1.4966
0.6	0.4479	0.1752	0.1953	0.0521	0.4387	6.2	2.5243	1.3479	0.1804	0.7743	1.4806
0.7	0.7251	0.3400	0.3282	0.0725	0.7004	6.4	2.5079	1.3414	0.1980	0.7764	1.4665
0.8	1.1520	0.6012	0.4667	0.0982	1.0929	6.6	2.4946	1.3368	0.1865	0.7785	1.4539
0.9	1.7891	0.9835	0.5353	0.1297	1.6615	6.8	2.4845	1.3350	0.1918	0.7808	1.4422
1.0	2.6911	1.5099	0.4720	0.1613	2.4476	7.0	2.4771	1.3356	0.2155	0.7833	1.4310
1.1	3.6911	2.1409	0.4636	0.1751	3.3161	7.2	2.4713	1.3372	0.2066	0.7861	1.4202
1.2	4.1910	2.5961	0.7618	0.1673	3.7566	7.4	2.4663	1.3391	0.1680	0.7890	1.4098
1.3	4.1080	2.6854	0.9939	0.1622	3.6723	7.6	2.4607	1.3403	0.1611	0.7918	1.3996
1.4	3.8767	2.5469	0.9251	0.1748	3.4315	7.8	2.4539	1.3401	0.1994	0.7942	1.3896
1.5	3.7334	2.3280	0.6825	0.2118	3.2403	8.0	2.4465	1.3388	0.2254	0.7964	1.3803
1.6	3.7355	2.1321	0.3873	0.2817	3.1349	8.2	2.4387	1.3369	0.2050	0.7983	1.3714
1.7	3.7366	2.0071	0.1647	0.3641	3.0058	8.4	2.4308	1.3349	0.1731	0.7999	1.3629
1.8	3.6337	1.9299	0.2713	0.4138	2.8351	8.6	2.4234	1.3332	0.1712	0.8013	1.3550
1.9	3.4948	1.8471	0.6844	0.4276	2.7051	8.8	2.4169	1.3321	0.1910	0.8027	1.3476
2.0	3.3017	1.6896	1.0767	0.4265	2.5811	9.0	2.4112	1.3316	0.2022	0.8040	1.3405
2.1	3.0779	1.4752	1.2492	0.4322	2.4403	9.2	2.4061	1.3315	0.1986	0.8054	1.3337
2.2	2.8806	1.2836	1.1743	0.4585	2.2921	9.4	2.4013	1.3316	0.1925	0.8067	1.3272
2.3	2.7427	1.1680	0.8499	0.4974	2.1618	9.6	2.3967	1.3316	0.1876	0.8079	1.3209
2.4	2.7086	1.1397	0.4107	0.5312	2.1031	9.8	2.3919	1.3313	0.1823	0.8091	1.3147
2.5	2.7340	1.1600	0.0828	0.5485	2.0978	10.0	2.3870	1.3307	0.1829	0.8103	1.3088
2.6	2.7272	1.1757	0.0049	0.5522	2.0780	10.2	2.3822	1.3299	0.1936	0.8113	1.3032
2.7	2.6883	1.1823	0.1008	0.5571	2.0297	10.4	2.3776	1.3291	0.2026	0.8123	1.2977
2.8	2.6628	1.1992	0.2393	0.5722	1.9767	10.6	2.3732	1.3282	0.1970	0.8132	1.2924
2.9	2.6786	1.2374	0.3419	0.5943	1.9432	10.8	2.3681	1.3275	0.1832	0.8141	1.2874
3.0	2.7288	1.2932	0.3677	0.6155	1.9328	11.0	2.3639	1.3269	0.1790	0.8149	1.2826
3.1	2.7774	1.3504	0.3139	0.6305	1.9260	11.2	2.3599	1.3265	0.1882	0.8158	1.2779
3.2	2.8023	1.3965	0.2324	0.6406	1.9077	11.4	2.3561	1.3261	0.1982	0.8165	1.2733
3.3	2.8117	1.4296	0.1728	0.6507	1.8815	11.6	2.3524	1.3257	0.1979	0.8173	1.2689
3.4	2.8175	1.4521	0.1506	0.6625	1.8555	11.8	2.3488	1.3253	0.1905	0.8180	1.2647
3.5	2.8208	1.4656	0.1665	0.6743	1.8326	12.0	2.3453	1.3249	0.1848	0.8187	1.2606
3.6	2.8155	1.4694	0.2093	0.6835	1.8112	12.2	2.3417	1.3244	0.1849	0.8193	1.2566
3.7	2.7991	1.4638	0.2512	0.6896	1.7896	12.4	2.3382	1.3239	0.1892	0.8199	1.2527
3.8	2.7763	1.4512	0.2628	0.6941	1.7690	12.6	2.3348	1.3233	0.1940	0.8205	1.2490
3.9	2.7520	1.4346	0.2319	0.6984	1.7500	12.8	2.3315	1.3228	0.1953	0.8211	1.2454
4.0	2.7271	1.4158	0.1707	0.7030	1.7318	13.0	2.3283	1.3223	0.1917	0.8216	1.2418
4.1	2.6996	1.3955	0.1127	0.7068	1.7133	13.2	2.3252	1.3219	0.1861	0.8222	1.2384
4.2	2.6699	1.3744	0.0962	0.7093	1.6951	13.4	2.3222	1.3215	0.1846	0.8227	1.2351
4.3	2.6418	1.3546	0.1385	0.7109	1.6788	13.6	2.3193	1.3211	0.1891	0.8232	1.2318
4.4	2.6194	1.3384	0.2242	0.7129	1.6652	13.8	2.3165	1.3207	0.1944	0.8237	1.2287
4.5	2.6042	1.3276	0.3122	0.7161	1.6536	14.0	2.3137	1.3203	0.1947	0.8241	1.2256
4.6	2.5945	1.3221	0.3571	0.7203	1.6423	14.2	2.3109	1.3199	0.1900	0.8246	1.2226
4.7	2.5874	1.3206	0.3355	0.7247	1.6303	14.4	2.3082	1.3195	0.1859	0.8250	1.2197
4.8	2.5810	1.3216	0.2599	0.7288	1.6178	14.6	2.3056	1.3190	0.1864	0.8254	1.2169
4.9	2.5757	1.3243	0.1690	0.7326	1.6055	14.8	2.3030	1.3186	0.1902	0.8258	1.2141
5.0	2.5726	1.3285	0.1049	0.7365	1.5941	15.0	2.3005	1.3182	0.1932	0.8261	1.2115

Table T1.136   177

N = 2.500 K = 0.400

X	QEXT	QSCA	QBK	G	QPR	X	QEXT	QSCA	QBK	G	QPR
0.1	0.0353	0.0001	0.0002	0.0017	0.0353	5.2	2.5794	1.3504	0.1450	0.7465	1.5712
0.2	0.0757	0.0019	0.0027	0.0057	0.0757	5.4	2.5714	1.3543	0.2209	0.7532	1.5513
0.3	0.1298	0.0098	0.0138	0.0128	0.1297	5.6	2.5605	1.3559	0.2527	0.7586	1.5318
0.4	0.2105	0.0323	0.0429	0.0227	0.2098	5.8	2.5484	1.3552	0.2198	0.7632	1.5140
0.5	0.3373	0.0824	0.1019	0.0355	0.3343	6.0	2.5361	1.3533	0.1802	0.7673	1.4978
0.6	0.5375	0.1789	0.2002	0.0516	0.5283	6.2	2.5236	1.3507	0.1707	0.7707	1.4826
0.7	0.8478	0.3452	0.3356	0.0717	0.8231	6.4	2.5117	1.3483	0.1821	0.7737	1.4685
0.8	1.3114	0.6042	0.4781	0.0965	1.2531	6.6	2.5011	1.3465	0.1997	0.7766	1.4554
0.9	1.9682	0.9704	0.5634	0.1255	1.8464	6.8	2.4917	1.3455	0.2161	0.7794	1.4431
1.0	2.8016	1.4376	0.5592	0.1525	2.5824	7.0	2.4833	1.3451	0.2168	0.7820	1.4314
1.1	3.5775	1.9290	0.5999	0.1655	3.2583	7.2	2.4757	1.3448	0.1949	0.7847	1.4204
1.2	3.9216	2.2563	0.7725	0.1657	3.5477	7.4	2.4684	1.3445	0.1723	0.7872	1.4098
1.3	3.8669	2.3259	0.8543	0.1704	3.4706	7.6	2.4613	1.3439	0.1771	0.7896	1.3997
1.4	3.6948	2.2180	0.7349	0.1914	3.2704	7.8	2.4540	1.3430	0.2039	0.7917	1.3901
1.5	3.5763	2.0430	0.4901	0.2359	3.0944	8.0	2.4470	1.3420	0.2198	0.7937	1.3810
1.6	3.5472	1.8887	0.2136	0.3057	2.9697	8.2	2.4400	1.3411	0.2079	0.7955	1.3724
1.7	3.5344	1.7963	0.0430	0.3798	2.8521	8.4	2.4333	1.3411	0.1852	0.7972	1.3641
1.8	3.4839	1.7466	0.1392	0.4283	2.7358	8.6	2.4268	1.3403	0.1774	0.7988	1.3563
1.9	3.3844	1.6832	0.4516	0.4477	2.6308	8.8	2.4208	1.3395	0.1887	0.8002	1.3488
2.0	3.2281	1.5680	0.7577	0.4537	2.5167	9.0	2.4150	1.3389	0.2042	0.8016	1.3417
2.1	3.0536	1.4250	0.9103	0.4630	2.3938	9.2	2.4095	1.3384	0.2090	0.8030	1.3349
2.2	2.9091	1.3034	0.8731	0.4844	2.2777	9.4	2.4043	1.3379	0.2009	0.8043	1.3283
2.3	2.8222	1.2333	0.6617	0.5144	2.1879	9.6	2.3991	1.3373	0.1884	0.8055	1.3219
2.4	2.7977	1.2150	0.3646	0.5428	2.1383	9.8	2.3941	1.3368	0.1831	0.8066	1.3158
2.5	2.7997	1.2243	0.1246	0.5616	2.1122	10.0	2.3893	1.3362	0.1897	0.8077	1.3100
2.6	2.7879	1.2362	0.0326	0.5714	2.0815	10.2	2.3846	1.3356	0.2015	0.8088	1.3044
2.7	2.7626	1.2462	0.0648	0.5796	2.0403	10.4	2.3800	1.3350	0.2062	0.8098	1.2989
2.8	2.7440	1.2608	0.1525	0.5911	1.9988	10.6	2.3755	1.3344	0.1991	0.8107	1.2937
2.9	2.7443	1.2844	0.2394	0.6057	1.9664	10.8	2.3712	1.3338	0.1882	0.8116	1.2887
3.0	2.7602	1.3148	0.2888	0.6207	1.9440	11.0	2.3670	1.3333	0.1852	0.8124	1.2838
3.1	2.7780	1.3458	0.2896	0.6337	1.9251	11.2	2.3630	1.3327	0.1923	0.8132	1.2792
3.2	2.7879	1.3720	0.2603	0.6446	1.9036	11.4	2.3591	1.3322	0.2013	0.8140	1.2746
3.3	2.7894	1.3913	0.2283	0.6543	1.8791	11.6	2.3552	1.3317	0.2030	0.8147	1.2702
3.4	2.7858	1.4038	0.2102	0.6637	1.8541	11.8	2.3515	1.3312	0.1966	0.8154	1.2660
3.5	2.7787	1.4104	0.2095	0.6725	1.8303	12.0	2.3479	1.3307	0.1891	0.8161	1.2619
3.6	2.7684	1.4118	0.2182	0.6802	1.8080	12.2	2.3444	1.3302	0.1879	0.8168	1.2579
3.7	2.7551	1.4091	0.2218	0.6869	1.7872	12.4	2.3410	1.3297	0.1935	0.8174	1.2541
3.8	2.7396	1.4035	0.2087	0.6926	1.7674	12.6	2.3376	1.3293	0.1999	0.8180	1.2503
3.9	2.7225	1.3959	0.1795	0.6978	1.7485	12.8	2.3344	1.3288	0.2007	0.8185	1.2467
4.0	2.7043	1.3871	0.1471	0.7024	1.7301	13.0	2.3312	1.3283	0.1956	0.8191	1.2432
4.1	2.6852	1.3774	0.1304	0.7064	1.7123	13.2	2.3281	1.3279	0.1900	0.8196	1.2398
4.2	2.6664	1.3676	0.1431	0.7100	1.6954	13.4	2.3251	1.3274	0.1894	0.8201	1.2364
4.3	2.6494	1.3588	0.1851	0.7134	1.6800	13.6	2.3221	1.3270	0.1941	0.8206	1.2332
4.4	2.6354	1.3518	0.2408	0.7171	1.6660	13.8	2.3193	1.3265	0.1989	0.8211	1.2301
4.5	2.6244	1.3473	0.2864	0.7210	1.6530	14.0	2.3164	1.3261	0.1991	0.8215	1.2270
4.6	2.6155	1.3450	0.3012	0.7250	1.6404	14.2	2.3137	1.3257	0.1948	0.8220	1.2240
4.7	2.6076	1.3445	0.2788	0.7288	1.6278	14.4	2.3110	1.3253	0.1905	0.8224	1.2211
4.8	2.6000	1.3452	0.2294	0.7324	1.6153	14.6	2.3084	1.3249	0.1907	0.8228	1.2183
4.9	2.5932	1.3452	0.1742	0.7359	1.6033	14.8	2.3058	1.3245	0.1945	0.8232	1.2156
5.0	2.5874	1.3465	0.1352	0.7393	1.5919	15.0	2.3033	1.3241	0.1981	0.8235	1.2129

Table T1.137

N = 2.500 K = 0.500

X	QEXT	QSCA	QBK	G	QPR	X	QEXT	QSCA	QBK	G	QPR
0.1	0.0436	0.0001	0.0002	0.0017	0.0436	5.2	2.5826	1.3605	0.1556	0.7444	1.5697
0.2	0.0932	0.0019	0.0028	0.0057	0.0932	5.4	2.5715	1.3613	0.2141	0.7502	1.5502
0.3	0.1585	0.0101	0.0143	0.0127	0.1584	5.6	2.5596	1.3614	0.2510	0.7552	1.5314
0.4	0.2538	0.0333	0.0444	0.0224	0.2530	5.8	2.5475	1.3605	0.2346	0.7596	1.5141
0.5	0.3998	0.0850	0.1054	0.0351	0.3968	6.0	2.5361	1.3592	0.1942	0.7636	1.4982
0.6	0.6254	0.1840	0.2069	0.0509	0.6160	6.2	2.5251	1.3579	0.1710	0.7672	1.4833
0.7	0.9667	0.3530	0.3469	0.0704	0.9418	6.4	2.5146	1.3566	0.1803	0.7705	1.4692
0.8	1.4601	0.6115	0.4969	0.0940	1.4026	6.6	2.5047	1.3555	0.2088	0.7736	1.4560
0.9	2.1201	0.9645	0.6023	0.1204	2.0040	6.8	2.4955	1.3547	0.2294	0.7765	1.4436
1.0	2.8745	1.3846	0.6441	0.1438	2.6754	7.0	2.4870	1.3539	0.2228	0.7793	1.4319
1.1	3.4856	1.7831	0.7033	0.1570	3.2057	7.2	2.4789	1.3533	0.1960	0.7818	1.4208
1.2	3.7295	2.0283	0.7919	0.1635	3.3978	7.4	2.4712	1.3527	0.1771	0.7843	1.4103
1.3	3.6815	2.0747	0.7786	0.1760	3.3164	7.6	2.4637	1.3520	0.1854	0.7865	1.4003
1.4	3.5437	1.9842	0.6200	0.2040	3.1390	7.8	2.4564	1.3513	0.2103	0.7886	1.3908
1.5	3.4431	1.8459	0.3754	0.2532	2.9758	8.0	2.4494	1.3505	0.2242	0.7905	1.3818
1.6	3.4073	1.7304	0.1302	0.3211	2.8517	8.2	2.4427	1.3497	0.2138	0.7923	1.3732
1.7	3.3969	1.6665	0.0066	0.3884	2.7495	8.4	2.4362	1.3490	0.1924	0.7940	1.3651
1.8	3.3683	1.6334	0.1006	0.4340	2.6594	8.6	2.4300	1.3483	0.1828	0.7956	1.3573
1.9	3.2921	1.5863	0.3519	0.4556	2.5695	8.8	2.4240	1.3476	0.1927	0.7971	1.3498
2.0	3.1684	1.5050	0.5999	0.4654	2.4681	9.0	2.4182	1.3469	0.2099	0.7985	1.3427
2.1	3.0340	1.4093	0.7348	0.4764	2.3626	9.2	2.4127	1.3463	0.2168	0.7998	1.3359
2.2	2.9268	1.3304	0.7226	0.4950	2.2682	9.4	2.4073	1.3457	0.2078	0.8011	1.3293
2.3	2.8651	1.2857	0.5767	0.5196	2.1970	9.6	2.4021	1.3450	0.1931	0.8023	1.3230
2.4	2.8438	1.2735	0.3606	0.5440	2.1510	9.8	2.3971	1.3444	0.1875	0.8034	1.3170
2.5	2.8376	1.2790	0.1708	0.5628	2.1178	10.0	2.3923	1.3438	0.1957	0.8045	1.3111
2.6	2.8250	1.2883	0.0728	0.5755	2.0835	10.2	2.3876	1.3432	0.2084	0.8056	1.3055
2.7	2.8051	1.2975	0.0668	0.5857	2.0452	10.4	2.3830	1.3426	0.2126	0.8065	1.3001
2.8	2.7878	1.3082	0.1176	0.5965	2.0075	10.6	2.3786	1.3420	0.2047	0.8075	1.2949
2.9	2.7795	1.3224	0.1867	0.6084	1.9749	10.8	2.3743	1.3414	0.1936	0.8084	1.2899
3.0	2.7793	1.3392	0.2440	0.6207	1.9480	11.0	2.3701	1.3409	0.1907	0.8092	1.2851
3.1	2.7815	1.3562	0.2746	0.6323	1.9241	11.2	2.3661	1.3403	0.1980	0.8100	1.2804
3.2	2.7811	1.3707	0.2804	0.6427	1.9002	11.4	2.3621	1.3398	0.2074	0.8108	1.2759
3.3	2.7766	1.3814	0.2723	0.6521	1.8758	11.6	2.3583	1.3393	0.2094	0.8115	1.2715
3.4	2.7686	1.3882	0.2600	0.6607	1.8513	11.8	2.3546	1.3387	0.2027	0.8122	1.2673
3.5	2.7585	1.3915	0.2469	0.6688	1.8278	12.0	2.3510	1.3382	0.1946	0.8129	1.2632
3.6	2.7471	1.3922	0.2313	0.6762	1.8057	12.2	2.3475	1.3377	0.1932	0.8135	1.2593
3.7	2.7348	1.3909	0.2101	0.6829	1.7850	12.4	2.3440	1.3372	0.1993	0.8141	1.2554
3.8	2.7218	1.3883	0.1834	0.6890	1.7653	12.6	2.3407	1.3367	0.2063	0.8147	1.2517
3.9	2.7079	1.3847	0.1573	0.6944	1.7464	12.8	2.3374	1.3362	0.2070	0.8153	1.2481
4.0	2.6934	1.3803	0.1419	0.6993	1.7282	13.0	2.3343	1.3357	0.2014	0.8158	1.2446
4.1	2.6789	1.3755	0.1460	0.7038	1.7109	13.2	2.3311	1.3353	0.1954	0.8163	1.2411
4.2	2.6651	1.3707	0.1720	0.7080	1.6946	13.4	2.3281	1.3348	0.1949	0.8168	1.2378
4.3	2.6528	1.3666	0.2131	0.7122	1.6795	13.6	2.3251	1.3343	0.2000	0.8173	1.2346
4.4	2.6421	1.3634	0.2553	0.7164	1.6653	13.8	2.3223	1.3338	0.2051	0.8178	1.2315
4.5	2.6329	1.3622	0.2855	0.7205	1.6519	14.0	2.3194	1.3334	0.2052	0.8182	1.2284
4.6	2.6244	1.3604	0.2855	0.7245	1.6388	14.2	2.3167	1.3330	0.2005	0.8186	1.2254
4.7	2.6163	1.3599	0.2624	0.7282	1.6261	14.4	2.3140	1.3326	0.1960	0.8191	1.2225
4.8	2.6084	1.3597	0.2226	0.7316	1.6136	14.6	2.3114	1.3321	0.1962	0.8195	1.2197
4.9	2.6009	1.3596	0.1809	0.7349	1.6018	14.8	2.3088	1.3317	0.2004	0.8198	1.2170
5.0	2.5942	1.3597	0.1514	0.7381	1.5905	15.0	2.3062	1.3313	0.2043	0.8202	1.2143

Table T1.138   179

N = 2.500 K = 1.000

X	QEXT	QSCA	QBK	G	QPR	X	QEXT	QSCA	QBK	G	QPR
0.1	0.0790	0.0001	0.0002	0.0015	0.0790	5.2	2.6016	1.4284	0.1931	0.7237	1.5679
0.2	0.1688	0.0024	0.0036	0.0053	0.1688	5.4	2.5894	1.4273	0.2534	0.7288	1.5491
0.3	0.2844	0.0127	0.0180	0.0117	0.2843	5.6	2.5773	1.4262	0.3054	0.7334	1.5313
0.4	0.4466	0.0418	0.0565	0.0205	0.4458	5.8	2.5655	1.4249	0.2976	0.7374	1.5148
0.5	0.6825	0.1064	0.1352	0.0315	0.6792	6.0	2.5547	1.4235	0.2442	0.7412	1.4995
0.6	1.0221	0.2279	0.2685	0.0446	1.0120	6.2	2.5446	1.4223	0.2034	0.7448	1.4852
0.7	1.4843	0.4263	0.4577	0.0596	1.4588	6.4	2.5349	1.4212	0.2139	0.7482	1.4716
0.8	2.0469	0.7038	0.6783	0.0760	1.9934	6.6	2.5254	1.4201	0.2591	0.7512	1.4586
0.9	2.6167	1.0248	0.8790	0.0928	2.5217	6.8	2.5164	1.4189	0.2897	0.7540	1.4465
1.0	3.0538	1.3170	1.0035	0.1096	2.9094	7.0	2.5079	1.4177	0.2763	0.7567	1.4352
1.1	3.2715	1.5113	1.0136	0.1283	3.0776	7.2	2.4999	1.4166	0.2368	0.7591	1.4244
1.2	3.2992	1.5882	0.9030	0.1522	3.0575	7.4	2.4920	1.4156	0.2131	0.7614	1.4141
1.3	3.2317	1.5788	0.6991	0.1856	2.9387	7.6	2.4844	1.4146	0.2270	0.7635	1.4044
1.4	3.1537	1.5324	0.4493	0.2311	2.7995	7.8	2.4772	1.4135	0.2605	0.7655	1.3952
1.5	3.1090	1.4898	0.2126	0.2869	2.6815	8.0	2.4703	1.4125	0.2782	0.7673	1.3865
1.6	3.1020	1.4706	0.0556	0.3446	2.5953	8.2	2.4636	1.4115	0.2637	0.7690	1.3782
1.7	3.1106	1.4720	0.0272	0.3931	2.5319	8.4	2.4572	1.4106	0.2344	0.7706	1.3702
1.8	3.1071	1.4789	0.1236	0.4270	2.4755	8.6	2.4509	1.4096	0.2210	0.7721	1.3626
1.9	3.0784	1.4782	0.2883	0.4485	2.4155	8.8	2.4449	1.4086	0.2350	0.7735	1.3553
2.0	3.0315	1.4677	0.4516	0.4634	2.3514	9.0	2.4392	1.4077	0.2599	0.7748	1.3484
2.1	2.9815	1.4525	0.5619	0.4771	2.2886	9.2	2.4336	1.4068	0.2697	0.7761	1.3417
2.2	2.9404	1.4386	0.5932	0.4924	2.2320	9.4	2.4282	1.4060	0.2559	0.7773	1.3353
2.3	2.9128	1.4299	0.5444	0.5098	2.1837	9.6	2.4229	1.4051	0.2343	0.7784	1.3292
2.4	2.8962	1.4272	0.4370	0.5281	2.1424	9.8	2.4179	1.4042	0.2270	0.7795	1.3232
2.5	2.8850	1.4288	0.3078	0.5456	2.1054	10.0	2.4130	1.4034	0.2399	0.7805	1.3175
2.6	2.8740	1.4325	0.1947	0.5611	2.0703	10.2	2.4082	1.4026	0.2584	0.7815	1.3121
2.7	2.8607	1.4361	0.1248	0.5742	2.0360	10.4	2.4036	1.4018	0.2634	0.7824	1.3068
2.8	2.8449	1.4378	0.1091	0.5855	2.0025	10.6	2.3991	1.4010	0.2511	0.7833	1.3016
2.9	2.8279	1.4388	0.1430	0.5954	1.9704	10.8	2.3947	1.4003	0.2351	0.7841	1.2967
3.0	2.8112	1.4400	0.2106	0.6047	1.9403	11.0	2.3905	1.3995	0.2318	0.7849	1.2920
3.1	2.7959	1.4402	0.2898	0.6138	1.9123	11.2	2.3864	1.3988	0.2431	0.7857	1.2874
3.2	2.7825	1.4397	0.3580	0.6228	1.8864	11.4	2.3824	1.3980	0.2567	0.7864	1.2830
3.3	2.7709	1.4390	0.3974	0.6317	1.8622	11.6	2.3785	1.3973	0.2588	0.7871	1.2787
3.4	2.7604	1.4385	0.3993	0.6403	1.8394	11.8	2.3747	1.3966	0.2482	0.7877	1.2745
3.5	2.7503	1.4385	0.3654	0.6483	1.8176	12.0	2.3710	1.3959	0.2365	0.7883	1.2705
3.6	2.7399	1.4387	0.3073	0.6557	1.7965	12.2	2.3674	1.3952	0.2353	0.7889	1.2666
3.7	2.7291	1.4389	0.2423	0.6623	1.7761	12.4	2.3639	1.3946	0.2450	0.7895	1.2628
3.8	2.7178	1.4390	0.1883	0.6682	1.7566	12.6	2.3604	1.3939	0.2551	0.7900	1.2592
3.9	2.7066	1.4386	0.1591	0.6736	1.7381	12.8	2.3571	1.3933	0.2553	0.7906	1.2556
4.0	2.6959	1.4378	0.1607	0.6787	1.7208	13.0	2.3538	1.3926	0.2464	0.7911	1.2521
4.1	2.6861	1.4367	0.1903	0.6837	1.7045	13.2	2.3506	1.3920	0.2377	0.7916	1.2488
4.2	2.6772	1.4356	0.2376	0.6886	1.6893	13.4	2.3475	1.3914	0.2378	0.7920	1.2455
4.3	2.6689	1.4346	0.2878	0.6932	1.6749	13.6	2.3445	1.3908	0.2460	0.7925	1.2423
4.4	2.6611	1.4339	0.3264	0.6977	1.6610	13.8	2.3415	1.3902	0.2534	0.7929	1.2392
4.5	2.6533	1.4334	0.3432	0.7018	1.6476	14.0	2.3386	1.3896	0.2528	0.7933	1.2362
4.6	2.6453	1.4330	0.3346	0.7055	1.6346	14.2	2.3357	1.3890	0.2452	0.7937	1.2333
4.7	2.6374	1.4326	0.3048	0.7090	1.6220	14.4	2.3329	1.3885	0.2387	0.7941	1.2304
4.8	2.6295	1.4321	0.2633	0.7122	1.6100	14.6	2.3302	1.3879	0.2396	0.7945	1.2276
4.9	2.6219	1.4314	0.2224	0.7152	1.5987	14.8	2.3276	1.3873	0.2466	0.7948	1.2249
5.0	2.6147	1.4298	0.1931	0.7181	1.5879	15.0	2.3250	1.3868	0.2521	0.7952	1.2222

Table T1.139

N = 2.500 K = 1.500

X	QEXT	QSCA	QBK	G	QPR	X	QEXT	QSCA	QBK	G	QPR
0.1	0.0999	0.0002	0.0003	0.0014	0.0999	5.2	2.6325	1.5272	0.2376	0.6967	1.5684
0.2	0.2151	0.0031	0.0046	0.0046	0.2151	5.4	2.6204	1.5254	0.3231	0.7016	1.5502
0.3	0.3661	0.0164	0.0234	0.0101	0.3660	5.6	2.6081	1.5236	0.3968	0.7058	1.5328
0.4	0.5799	0.0541	0.0746	0.0172	0.5790	5.8	2.5961	1.5214	0.3848	0.7095	1.5167
0.5	0.8880	0.1381	0.1823	0.0257	0.8845	6.0	2.5851	1.5192	0.3078	0.7130	1.5020
0.6	1.3156	0.2948	0.3705	0.0352	1.3052	6.2	2.5751	1.5173	0.2494	0.7164	1.4882
0.7	1.8541	0.5419	0.6449	0.0456	1.8294	6.4	2.5654	1.5155	0.2658	0.7195	1.4749
0.8	2.4284	0.8617	0.9640	0.0572	2.3791	6.6	2.5554	1.5138	0.3321	0.7223	1.4622
0.9	2.9060	1.1854	1.2307	0.0708	2.8222	6.8	2.5464	1.5118	0.3760	0.7249	1.4505
1.0	3.1832	1.4284	1.3460	0.0878	3.0578	7.0	2.5378	1.5100	0.3551	0.7273	1.4395
1.1	3.2600	1.5529	1.2797	0.1103	3.0888	7.2	2.5296	1.5084	0.2963	0.7296	1.4291
1.2	3.2152	1.5809	1.0707	0.1407	2.9928	7.4	2.5216	1.5068	0.2621	0.7317	1.4190
1.3	3.1350	1.5592	0.7814	0.1814	2.8522	7.6	2.5138	1.5052	0.2843	0.7336	1.4095
1.4	3.0742	1.5286	0.4747	0.2324	2.7190	7.8	2.5063	1.5035	0.3348	0.7354	1.4006
1.5	3.0519	1.5128	0.2162	0.2890	2.6147	8.0	2.4993	1.5020	0.3601	0.7371	1.3922
1.6	3.0600	1.5179	0.0668	0.3429	2.5396	8.2	2.4925	1.5006	0.3367	0.7387	1.3841
1.7	3.0756	1.5362	0.0581	0.3861	2.4826	8.4	2.4859	1.4991	0.2923	0.7401	1.3763
1.8	3.0783	1.5555	0.1718	0.4162	2.4309	8.6	2.4794	1.5052	0.2732	0.7415	1.3689
1.9	3.0607	1.5670	0.3518	0.4360	2.3775	8.8	2.4733	1.4977	0.2961	0.7428	1.3619
2.0	3.0283	1.5687	0.5328	0.4504	2.3218	9.0	2.4674	1.4963	0.3342	0.7440	1.3552
2.1	2.9914	1.5636	0.6627	0.4634	2.2668	9.2	2.4616	1.4949	0.3478	0.7452	1.3486
2.2	2.9588	1.5561	0.7106	0.4776	2.2156	9.4	2.4560	1.4936	0.3250	0.7462	1.3424
2.3	2.9351	1.5499	0.6693	0.4938	2.1698	9.6	2.4506	1.4923	0.2918	0.7473	1.3363
2.4	2.9201	1.5473	0.5555	0.5112	2.1292	9.8	2.4453	1.4910	0.2820	0.7483	1.3306
2.5	2.9105	1.5483	0.4051	0.5283	2.0925	10.0	2.4403	1.4898	0.3035	0.7492	1.3250
2.6	2.9017	1.5514	0.2622	0.5438	2.0581	10.2	2.4354	1.4886	0.3321	0.7501	1.3197
2.7	2.8904	1.5546	0.1649	0.5568	2.0247	10.4	2.4305	1.4874	0.3383	0.7509	1.3145
2.8	2.8755	1.5565	0.1342	0.5675	1.9922	10.6	2.4259	1.4863	0.3178	0.7517	1.3095
2.9	2.8580	1.5563	0.1705	0.5766	1.9607	10.8	2.4214	1.4851	0.2929	0.7524	1.3047
3.0	2.8400	1.5564	0.2564	0.5849	1.9309	11.0	2.4170	1.4840	0.2888	0.7532	1.3001
3.1	2.8235	1.5516	0.3630	0.5931	1.9033	11.2	2.4127	1.4830	0.3083	0.7538	1.2956
3.2	2.8096	1.5489	0.4585	0.6015	1.8779	11.4	2.4085	1.4819	0.3295	0.7545	1.2913
3.3	2.7983	1.5471	0.5162	0.6101	1.8544	11.6	2.4045	1.4809	0.3314	0.7551	1.2871
3.4	2.7887	1.5463	0.5219	0.6185	1.8324	11.8	2.4005	1.4798	0.3134	0.7557	1.2830
3.5	2.7796	1.5461	0.4770	0.6264	1.8111	12.0	2.3967	1.4789	0.2950	0.7562	1.2791
3.6	2.7699	1.5462	0.3975	0.6334	1.7906	12.2	2.3929	1.4779	0.2946	0.7567	1.2753
3.7	2.7592	1.5458	0.3078	0.6395	1.7706	12.4	2.3892	1.4769	0.3112	0.7572	1.2716
3.8	2.7478	1.5449	0.2333	0.6449	1.7514	12.6	2.3856	1.4760	0.3271	0.7577	1.2680
3.9	2.7363	1.5433	0.1930	0.6499	1.7333	12.8	2.3821	1.4751	0.3264	0.7582	1.2644
4.0	2.7256	1.5415	0.1953	0.6546	1.7165	13.0	2.3788	1.4742	0.3105	0.7586	1.2611
4.1	2.7159	1.5397	0.2361	0.6592	1.7009	13.2	2.3754	1.4733	0.2969	0.7591	1.2578
4.2	2.7073	1.5382	0.3012	0.6639	1.6862	13.4	2.3722	1.4724	0.2986	0.7595	1.2545
4.3	2.6996	1.5370	0.3703	0.6684	1.6723	13.6	2.3690	1.4715	0.3128	0.7599	1.2514
4.4	2.6921	1.5362	0.4234	0.6726	1.6589	13.8	2.3659	1.4707	0.3243	0.7603	1.2484
4.5	2.6845	1.5355	0.4463	0.6765	1.6457	14.0	2.3628	1.4699	0.3220	0.7606	1.2454
4.6	2.6766	1.5347	0.4342	0.6800	1.6330	14.2	2.3598	1.4691	0.3088	0.7610	1.2425
4.7	2.6684	1.5337	0.3928	0.6831	1.6207	14.4	2.3569	1.4683	0.2987	0.7613	1.2397
4.8	2.6603	1.5324	0.3351	0.6860	1.6091	14.6	2.3540	1.4675	0.3014	0.7616	1.2369
4.9	2.6526	1.5310	0.2781	0.6888	1.5980	14.8	2.3512	1.4667	0.3136	0.7619	1.2343
5.0	2.6454	1.5296	0.2373	0.6915	1.5877	15.0	2.3485	1.4652	0.3222	0.7622	1.2317

Table T1.140   181

N = 2.500 K = 2.000

X	QEXT	QSCA	QBK	G	QPR	X	QEXT	QSCA	QBK	G	QPR
0.1	0.1045	0.0002	0.0003	0.0011	0.1045	5.2	2.6626	1.6403	0.2810	0.6692	1.5649
0.2	0.2281	0.0038	0.0056	0.0038	0.2280	5.4	2.6507	1.6376	0.4022	0.6738	1.5473
0.3	0.3957	0.0202	0.0292	0.0079	0.3955	5.6	2.6382	1.6348	0.5092	0.6776	1.5304
0.4	0.6393	0.0672	0.0950	0.0131	0.6385	5.8	2.6256	1.6314	0.4939	0.6809	1.5147
0.5	0.9940	0.1728	0.2383	0.0187	0.9908	6.0	2.6144	1.6281	0.3825	0.6841	1.5006
0.6	1.4809	0.3699	0.4969	0.0249	1.4717	6.2	2.6045	1.6253	0.2961	0.6873	1.4874
0.7	2.0722	0.6745	0.8779	0.0321	2.0505	6.4	2.5947	1.6229	0.3189	0.6902	1.4745
0.8	2.6599	1.0476	1.3056	0.0414	2.6165	6.6	2.5846	1.6202	0.4164	0.6927	1.4622
0.9	3.0940	1.3904	1.6265	0.0541	3.0188	6.8	2.5750	1.6174	0.4825	0.6950	1.4509
1.0	3.2957	1.6139	1.7219	0.0715	3.1803	7.0	2.5664	1.6148	0.4521	0.6973	1.4404
1.1	3.3076	1.7051	1.5897	0.0955	3.1448	7.2	2.5582	1.6125	0.3641	0.6994	1.4304
1.2	3.2273	1.7083	1.3004	0.1282	3.0082	7.4	2.5500	1.6103	0.3120	0.7013	1.4206
1.3	3.1358	1.6761	0.9528	0.1717	2.8480	7.6	2.5419	1.6079	0.3449	0.7030	1.4114
1.4	3.0768	1.6454	0.5578	0.2250	2.7065	7.8	2.5342	1.6056	0.4218	0.7046	1.4029
1.5	3.0612	1.6351	0.2509	0.2829	2.5987	8.0	2.5271	1.6034	0.4608	0.7062	1.3948
1.6	3.0762	1.6471	0.0794	0.3365	2.5219	8.2	2.5203	1.6014	0.4253	0.7076	1.3870
1.7	3.0976	1.6721	0.0757	0.3786	2.4646	8.4	2.5134	1.5994	0.3569	0.7089	1.3795
1.8	3.1047	1.6966	0.2173	0.4071	2.4139	8.6	2.5067	1.5974	0.3269	0.7101	1.3723
1.9	3.0900	1.7112	0.4388	0.4252	2.3623	8.8	2.5004	1.5954	0.3624	0.7113	1.3656
2.0	3.0585	1.7136	0.6635	0.4378	2.3082	9.0	2.4944	1.5936	0.4220	0.7124	1.3592
2.1	3.0208	1.7070	0.8281	0.4493	2.2539	9.2	2.4885	1.5918	0.4434	0.7135	1.3528
2.2	2.9868	1.6968	0.8929	0.4623	2.2024	9.4	2.4827	1.5901	0.4075	0.7144	1.3468
2.3	2.9623	1.6880	0.8463	0.4778	2.1558	9.6	2.4771	1.5883	0.3549	0.7153	1.3410
2.4	2.9480	1.6837	0.7057	0.4950	2.1146	9.8	2.4718	1.5866	0.3395	0.7162	1.3355
2.5	2.9402	1.6840	0.5144	0.5122	2.0777	10.0	2.4666	1.5850	0.3739	0.7170	1.3301
2.6	2.9336	1.6873	0.3285	0.5275	2.0436	10.2	2.4615	1.5834	0.4196	0.7178	1.3249
2.7	2.9239	1.6907	0.1991	0.5401	2.0108	10.4	2.4565	1.5818	0.4295	0.7186	1.3199
2.8	2.9093	1.6920	0.1555	0.5499	1.9788	10.6	2.4517	1.5803	0.3961	0.7192	1.3151
2.9	2.8910	1.6905	0.2004	0.5579	1.9478	10.8	2.4471	1.5788	0.3559	0.7199	1.3105
3.0	2.8716	1.6866	0.3119	0.5652	1.9184	11.0	2.4426	1.5773	0.3497	0.7205	1.3060
3.1	2.8538	1.6817	0.4531	0.5725	1.8910	11.2	2.4382	1.5759	0.3816	0.7211	1.3017
3.2	2.8394	1.6772	0.5817	0.5804	1.8660	11.4	2.4338	1.5745	0.4163	0.7217	1.2975
3.3	2.8284	1.6741	0.6615	0.5886	1.8430	11.6	2.4296	1.5731	0.4189	0.7222	1.2935
3.4	2.8196	1.6725	0.6719	0.5969	1.8214	11.8	2.4256	1.5718	0.3888	0.7227	1.2896
3.5	2.8114	1.6720	0.6136	0.6045	1.8007	12.0	2.4216	1.5705	0.3585	0.7232	1.2858
3.6	2.8023	1.6716	0.5072	0.6112	1.7806	12.2	2.4177	1.5693	0.3583	0.7237	1.2821
3.7	2.7915	1.6707	0.3855	0.6168	1.7611	12.4	2.4139	1.5680	0.3865	0.7241	1.2785
3.8	2.7796	1.6688	0.2831	0.6216	1.7423	12.6	2.4102	1.5668	0.4128	0.7245	1.2750
3.9	2.7675	1.6661	0.2263	0.6259	1.7246	12.8	2.4066	1.5656	0.4109	0.7249	1.2717
4.0	2.7561	1.6633	0.2274	0.6301	1.7082	13.0	2.4031	1.5644	0.3841	0.7253	1.2684
4.1	2.7461	1.6600	0.2819	0.6344	1.6930	13.2	2.3996	1.5633	0.3614	0.7257	1.2652
4.2	2.7377	1.6576	0.3710	0.6388	1.6789	13.4	2.3962	1.5621	0.3648	0.7260	1.2621
4.3	2.7303	1.6558	0.4670	0.6431	1.6655	13.6	2.3929	1.5610	0.3894	0.7264	1.2590
4.4	2.7232	1.6545	0.5418	0.6471	1.6525	13.8	2.3897	1.5599	0.4087	0.7267	1.2561
4.5	2.7158	1.6534	0.5752	0.6508	1.6398	14.0	2.3866	1.5589	0.4087	0.7270	1.2532
4.6	2.7078	1.6520	0.5599	0.6540	1.6274	14.2	2.3834	1.5578	0.3810	0.7273	1.2504
4.7	2.6993	1.6503	0.5030	0.6568	1.6154	14.4	2.3804	1.5568	0.3640	0.7276	1.2477
4.8	2.6908	1.6483	0.4224	0.6594	1.6040	14.6	2.3774	1.5558	0.3695	0.7279	1.2450
4.9	2.6827	1.6460	0.3417	0.6618	1.5933	14.8	2.3745	1.5548	0.3909	0.7281	1.2425
5.0	2.6753	1.6439	0.2831	0.6643	1.5833	15.0	2.3717	1.5539	0.4054	0.7284	1.2399

Table T1.141

N = 2.500 K = 2.500

x	QEXT	QSCA	QBK	G	QPR	x	QEXT	QSCA	QBK	G	QPR
0.1	0.0968	0.0003	0.0004	0.0009	0.0968	5.2	2.6805	1.7518	0.3136	0.6438	1.5527
0.2	0.2151	0.0044	0.0065	0.0027	0.2151	5.4	2.6693	1.7484	0.4756	0.6482	1.5360
0.3	0.3827	0.0233	0.0342	0.0053	0.3826	5.6	2.6569	1.7448	0.6298	0.6518	1.5197
0.4	0.6345	0.0782	0.1138	0.0083	0.6339	5.8	2.6438	1.7402	0.6185	0.6547	1.5046
0.5	1.0078	0.2029	0.2928	0.0113	1.0055	6.0	2.6325	1.7357	0.4663	0.6576	1.4911
0.6	1.5249	0.4374	0.6242	0.0150	1.5183	6.2	2.6229	1.7321	0.3385	0.6606	1.4786
0.7	2.1530	0.7974	1.1151	0.0204	2.1367	6.4	2.6134	1.7291	0.3617	0.6634	1.4664
0.8	2.7663	1.2257	1.6520	0.0288	2.7311	6.6	2.6032	1.7257	0.4979	0.6656	1.4545
0.9	3.1966	1.5966	2.0287	0.0410	3.1310	6.8	2.5933	1.7219	0.5985	0.6676	1.4437
1.0	3.3710	1.8166	2.1132	0.0583	3.2651	7.0	2.5847	1.7185	0.5629	0.6697	1.4338
1.1	3.3527	1.8894	1.9278	0.0823	3.1973	7.2	2.5768	1.7156	0.4373	0.6717	1.4244
1.2	3.2503	1.8737	1.5667	0.1154	3.0341	7.4	2.5687	1.7129	0.3556	0.6735	1.4151
1.3	3.1454	1.8276	1.1207	0.1596	2.8538	7.6	2.5604	1.7099	0.3963	0.6750	1.4062
1.4	3.0798	1.7888	0.6707	0.2140	2.6970	7.8	2.5527	1.7068	0.5084	0.6764	1.3982
1.5	3.0636	1.7758	0.3009	0.2732	2.5784	8.0	2.5457	1.7041	0.5717	0.6778	1.3906
1.6	3.0828	1.7898	0.0909	0.3280	2.4958	8.2	2.5389	1.7016	0.5252	0.6792	1.3832
1.7	3.1111	1.8193	0.0824	0.3704	2.4372	8.4	2.5320	1.6991	0.4237	0.6804	1.3760
1.8	3.1245	1.8480	0.2519	0.3984	2.3883	8.6	2.5252	1.6965	0.3734	0.6814	1.3692
1.9	3.1128	1.8641	0.5225	0.4151	2.3390	8.8	2.5189	1.6940	0.4213	0.6825	1.3628
2.0	3.0806	1.8649	0.8012	0.4259	2.2864	9.0	2.5130	1.6917	0.5115	0.6835	1.3568
2.1	3.0397	1.8542	1.0096	0.4356	2.2319	9.2	2.5071	1.6895	0.5492	0.6844	1.3508
2.2	3.0019	1.8391	1.0979	0.4474	2.1791	9.4	2.5013	1.6873	0.4992	0.6853	1.3450
2.3	2.9748	1.8261	1.0486	0.4622	2.1308	9.6	2.4956	1.6851	0.4181	0.6861	1.3395
2.4	2.9602	1.8191	0.8795	0.4793	2.0882	9.8	2.4902	1.6829	0.3896	0.6869	1.3343
2.5	2.9543	1.8187	0.6412	0.4967	2.0509	10.0	2.4851	1.6809	0.4387	0.6876	1.3292
2.6	2.9505	1.8223	0.4037	0.5122	2.0172	10.2	2.4800	1.6790	0.5103	0.6884	1.3243
2.7	2.9431	1.8261	0.2331	0.5244	1.9855	10.4	2.4750	1.6770	0.5304	0.6890	1.3195
2.8	2.9295	1.8272	0.1700	0.5335	1.9546	10.6	2.4701	1.6751	0.4815	0.6896	1.3150
2.9	2.9106	1.8243	0.2201	0.5405	1.9245	10.8	2.4655	1.6732	0.4173	0.6902	1.3107
3.0	2.8896	1.8183	0.3583	0.5467	1.8956	11.0	2.4610	1.6715	0.4034	0.6908	1.3064
3.1	2.8702	1.8109	0.5387	0.5532	1.8685	11.2	2.4566	1.6697	0.4509	0.6913	1.3023
3.2	2.8547	1.8041	0.7079	0.5604	1.8436	11.4	2.4522	1.6680	0.5073	0.6917	1.2983
3.3	2.8438	1.7995	0.8179	0.5684	1.8209	11.6	2.4480	1.6663	0.5153	0.6922	1.2945
3.4	2.8360	1.7971	0.8394	0.5766	1.7999	11.8	2.4439	1.6647	0.4696	0.6927	1.2909
3.5	2.8291	1.7963	0.7704	0.5841	1.7799	12.0	2.4399	1.6631	0.4192	0.6931	1.2872
3.6	2.8210	1.7958	0.6349	0.5905	1.7606	12.2	2.4360	1.6615	0.4156	0.6935	1.2837
3.7	2.8107	1.7944	0.4751	0.5957	1.7417	12.4	2.4321	1.6600	0.4591	0.6939	1.2803
3.8	2.7985	1.7917	0.3366	0.6000	1.7235	12.6	2.4284	1.6585	0.5033	0.6942	1.2771
3.9	2.7856	1.7877	0.2555	0.6037	1.7063	12.8	2.4248	1.6570	0.5035	0.6946	1.2739
4.0	2.7734	1.7831	0.2500	0.6074	1.6904	13.0	2.4213	1.6556	0.4614	0.6949	1.2708
4.1	2.7630	1.7788	0.3165	0.6112	1.6757	13.2	2.4177	1.6542	0.4225	0.6952	1.2677
4.2	2.7546	1.7754	0.4323	0.6154	1.6621	13.4	2.4143	1.6528	0.4252	0.6955	1.2648
4.3	2.7476	1.7729	0.5614	0.6195	1.6492	13.6	2.4110	1.6514	0.4644	0.6958	1.2619
4.4	2.7412	1.7712	0.6659	0.6235	1.6368	13.8	2.4078	1.6501	0.4988	0.6961	1.2591
4.5	2.7344	1.7698	0.7169	0.6270	1.6247	14.0	2.4046	1.6488	0.4931	0.6963	1.2564
4.6	2.7266	1.7680	0.7026	0.6300	1.6127	14.2	2.4014	1.6476	0.4560	0.6966	1.2537
4.7	2.7180	1.7657	0.6303	0.6325	1.6011	14.4	2.3983	1.6463	0.4258	0.6968	1.2512
4.8	2.7091	1.7629	0.5230	0.6348	1.5901	14.6	2.3954	1.6451	0.4326	0.6970	1.2487
4.9	2.7006	1.7597	0.4120	0.6369	1.5798	14.8	2.3924	1.6439	0.4680	0.6973	1.2462
5.0	2.6929	1.7566	0.3279	0.6391	1.5702	15.0	2.3895	1.6427	0.4938	0.6975	1.2438

Table T1.142

N = 2.500 K = 3.000

X	QEXT	QSCA	QBK	G	QPR	X	QEXT	QSCA	QBK	G	QPR
0.1	0.0832	0.0003	0.0004	0.0006	0.0832	5.2	2.6820	1.8517	0.3336	0.6214	1.5315
0.2	0.1893	0.0047	0.0071	0.0014	0.1893	5.4	2.6721	1.8479	0.5318	0.6258	1.5157
0.3	0.3468	0.0253	0.0379	0.0024	0.3467	5.6	2.6603	1.8439	0.7437	0.6291	1.5003
0.4	0.5908	0.0857	0.1287	0.0031	0.5906	5.8	2.6471	1.8383	0.7504	0.6317	1.4859
0.5	0.9597	0.2244	0.3381	0.0040	0.9588	6.0	2.6355	1.8327	0.5597	0.6343	1.4731
0.6	1.4811	0.4876	0.7330	0.0060	1.4782	6.2	2.6265	1.8284	0.3787	0.6372	1.4614
0.7	2.1292	0.8930	1.3211	0.0106	2.1197	6.4	2.6178	1.8251	0.3895	0.6399	1.4499
0.8	2.7720	1.3709	1.9595	0.0186	2.7465	6.6	2.6078	1.8212	0.5642	0.6420	1.4386
0.9	3.2226	1.7745	2.4854	0.0305	3.1684	6.8	2.5977	1.8166	0.7111	0.6437	1.4283
1.0	3.3999	2.0020	2.2616	0.0473	3.3051	7.0	2.5892	1.8124	0.6820	0.6456	1.4191
1.1	3.3726	2.0655	1.8396	0.0708	3.2265	7.2	2.5819	1.8091	0.5172	0.6476	1.4103
1.2	3.2569	2.0344	1.3227	0.1033	3.0468	7.4	2.5742	1.8060	0.3933	0.6493	1.4016
1.3	3.1386	1.9731	0.7993	0.1471	2.8484	7.6	2.5659	1.8025	0.4321	0.6506	1.3932
1.4	3.0625	1.9228	0.3628	0.2017	2.6747	7.8	2.5581	1.7988	0.5822	0.6519	1.3856
1.5	3.0412	1.9036	0.1055	0.2619	2.5426	8.0	2.5514	1.7956	0.6824	0.6532	1.3786
1.6	3.0622	1.9172	0.0816	0.3181	2.4523	8.2	2.5451	1.7928	0.6334	0.6545	1.3717
1.7	3.0976	1.9505	0.2713	0.3617	2.3921	8.4	2.5384	1.7900	0.4943	0.6556	1.3649
1.8	3.1192	1.9837	0.3898	0.4056	2.3460	8.6	2.5316	1.7869	0.4113	0.6565	1.3584
1.9	3.1130	2.0021	0.5880	0.4149	2.3009	8.8	2.5253	1.7839	0.4646	0.6574	1.3525
2.0	3.0819	2.0017	0.9218	0.4230	2.2513	9.0	2.5197	1.7812	0.5908	0.6584	1.3469
2.1	3.0384	1.9870	1.1787	0.4334	2.1979	9.2	2.5141	1.7788	0.6566	0.6593	1.3413
2.2	2.9965	1.9667	1.2974	0.4475	2.1441	9.4	2.5083	1.7763	0.5988	0.6601	1.3358
2.3	2.9659	1.9489	1.2536	0.4645	2.0938	9.6	2.5027	1.7736	0.4822	0.6608	1.3307
2.4	2.9499	1.9388	1.0631	0.4821	2.0494	9.8	2.4975	1.7711	0.4290	0.6615	1.3259
2.5	2.9451	1.9373	0.7812	0.4978	2.0112	10.0	2.4926	1.7689	0.4884	0.6622	1.3212
2.6	2.9445	1.9414	0.4902	0.5101	1.9780	10.2	2.4877	1.7667	0.5931	0.6629	1.3166
2.7	2.9405	1.9462	0.2721	0.5188	1.9478	10.4	2.4827	1.7644	0.6341	0.6634	1.3121
2.8	2.9291	1.9476	0.1808	0.5249	1.9188	10.6	2.4779	1.7621	0.5731	0.6639	1.3079
2.9	2.9107	1.9440	0.2283	0.5301	1.8902	10.8	2.4734	1.7600	0.4773	0.6645	1.3039
3.0	2.8887	1.9360	0.3877	0.5357	1.8623	11.0	2.4691	1.7580	0.4454	0.6650	1.3000
3.1	2.8675	1.9261	0.6060	0.5423	1.8357	11.2	2.4648	1.7561	0.5055	0.6655	1.2961
3.2	2.8506	1.9170	0.8188	0.5500	1.8109	11.4	2.4604	1.7541	0.5923	0.6659	1.2924
3.3	2.8392	1.9106	0.9659	0.5581	1.7883	11.6	2.4563	1.7521	0.6152	0.6663	1.2889
3.4	2.8322	1.9074	1.0073	0.5657	1.7677	11.8	2.4524	1.7502	0.5550	0.6667	1.2855
3.5	2.8269	1.9065	0.9351	0.5720	1.7484	12.0	2.4485	1.7484	0.4766	0.6671	1.2821
3.6	2.8205	1.9062	0.7747	0.5770	1.7301	12.2	2.4447	1.7467	0.4604	0.6675	1.2788
3.7	2.8114	1.9048	0.5764	0.5808	1.7123	12.4	2.4408	1.7449	0.5191	0.6678	1.2757
3.8	2.7994	1.9015	0.3972	0.5840	1.6951	12.6	2.4372	1.7431	0.5894	0.6681	1.2726
3.9	2.7861	1.8965	0.2843	0.5871	1.6786	12.8	2.4337	1.7415	0.5998	0.6684	1.2697
4.0	2.7731	1.8906	0.3360	0.5906	1.6631	13.0	2.4303	1.7399	0.5426	0.6687	1.2668
4.1	2.7620	1.8849	0.4754	0.5945	1.6488	13.2	2.4268	1.7383	0.4784	0.6690	1.2639
4.2	2.7535	1.8804	0.6393	0.5986	1.6356	13.4	2.4234	1.7367	0.4729	0.6692	1.2612
4.3	2.7470	1.8773	0.7792	0.6025	1.6233	13.6	2.4202	1.7351	0.5282	0.6695	1.2586
4.4	2.7415	1.8754	0.8558	0.6060	1.6116	13.8	2.4171	1.7336	0.5857	0.6697	1.2560
4.5	2.7357	1.8738	0.8502	0.6089	1.6001	14.0	2.4139	1.7322	0.5857	0.6700	1.2535
4.6	2.7286	1.8720	0.7678	0.6112	1.5888	14.2	2.4108	1.7307	0.5324	0.6702	1.2510
4.7	2.7203	1.8693	0.6352	0.6131	1.5778	14.4	2.4078	1.7293	0.4811	0.6703	1.2486
4.8	2.7112	1.8658	0.4910	0.6149	1.5674	14.6	2.4049	1.7279	0.4834	0.6705	1.2463
4.9	2.7023	1.8618	0.3752	0.6169	1.5574	14.8	2.4020	1.7265	0.5342	0.6707	1.2440
5.0	2.6942	1.8578	0.3752	0.6169	1.5482	15.0	2.3992	1.7252	0.5801	0.6709	1.2418

Table T1.143

N = 2.500 K = 3.500

X	QEXT	QSCA	QBK	G	QPR	X	QEXT	QSCA	QBK	G	QPR
0.1	0.0688	0.0003	0.0004	0.0002	0.0688	5.2	2.6689	1.9354	0.3452	0.6020	1.5038
0.2	0.1609	0.0049	0.0075	-0.0001	0.1609	5.4	2.6603	1.9314	0.5667	0.6064	1.4891
0.3	0.3046	0.0265	0.0404	-0.0009	0.3046	5.6	2.6499	1.9274	0.8391	0.6097	1.4747
0.4	0.5326	0.0901	0.1394	-0.0022	0.5328	5.8	2.6367	1.9212	0.8787	0.6120	1.4610
0.5	0.8831	0.2374	0.3720	-0.0030	0.8838	6.0	2.6249	1.9146	0.6607	0.6143	1.4488
0.6	1.3907	0.5192	0.8152	-0.0018	1.3917	6.2	2.6164	1.9097	0.4217	0.6172	1.4378
0.7	2.0420	0.9565	1.4798	0.0025	2.0396	6.4	2.6087	1.9063	0.4050	0.6199	1.4271
0.8	2.7085	1.4742	2.2051	0.0103	2.6933	6.6	2.5994	1.9022	0.6092	0.6218	1.4166
0.9	3.1893	1.9107	2.7057	0.0220	3.1472	6.8	2.5893	1.8970	0.8092	0.6233	1.4068
1.0	3.3646	2.1529	2.8113	0.0383	3.3040	7.0	2.5808	1.8922	0.8011	0.6251	1.3981
1.1	3.3646	2.2144	2.5644	0.0610	3.2295	7.2	2.5741	1.8886	0.6044	0.6270	1.3900
1.2	3.2434	2.1721	2.0950	0.0926	3.0423	7.4	2.5672	1.8854	0.4303	0.6287	1.3819
1.3	3.1144	2.0971	1.5187	0.1355	2.8304	7.6	2.5592	1.8816	0.4528	0.6299	1.3740
1.4	3.0271	2.0347	0.9312	0.1897	2.6411	7.8	2.5514	1.8774	0.6356	0.6310	1.3669
1.5	2.9980	2.0079	0.4324	0.2503	2.4954	8.0	2.5449	1.8737	0.7817	0.6322	1.3603
1.6	3.0179	2.0195	0.1255	0.3078	2.3963	8.2	2.5392	1.8708	0.7440	0.6335	1.3540
1.7	3.0588	2.0555	0.0779	0.3527	2.3339	8.4	2.5330	1.8679	0.5709	0.6346	1.3477
1.8	3.0892	2.0934	0.2770	0.3814	2.2907	8.6	2.5263	1.8645	0.4453	0.6354	1.3416
1.9	3.0906	2.1151	0.6308	0.3970	2.2510	8.8	2.5201	1.8611	0.4908	0.6362	1.3361
2.0	3.0630	2.1148	1.0145	0.4052	2.2060	9.0	2.5148	1.8581	0.6510	0.6371	1.3310
2.1	3.0189	2.0973	1.3192	0.4120	2.1550	9.2	2.5098	1.8556	0.7559	0.6380	1.3258
2.2	2.9738	2.0725	1.4724	0.4210	2.1012	9.4	2.5043	1.8529	0.7015	0.6388	1.3207
2.3	2.9393	2.0501	1.4423	0.4341	2.0493	9.6	2.4987	1.8500	0.5506	0.6394	1.3159
2.4	2.9208	2.0366	1.2407	0.4507	2.0029	9.8	2.4936	1.8472	0.4616	0.6400	1.3115
2.5	2.9163	2.0336	0.9246	0.4685	1.9634	10.0	2.4891	1.8447	0.5202	0.6407	1.3072
2.6	2.9183	2.0381	0.5850	0.4847	1.9304	10.2	2.4846	1.8424	0.6588	0.6413	1.3029
2.7	2.9180	2.0442	0.3185	0.4972	1.9017	10.4	2.4798	1.8400	0.7320	0.6418	1.2988
2.8	2.9099	2.0467	0.1930	0.5057	1.8750	10.6	2.4750	1.8375	0.6687	0.6423	1.2948
2.9	2.8931	2.0430	0.2292	0.5113	1.8486	10.8	2.4708	1.8351	0.5395	0.6428	1.2912
3.0	2.8710	2.0337	0.4009	0.5157	1.8223	11.0	2.4668	1.8330	0.4780	0.6433	1.2876
3.1	2.8485	2.0218	0.6503	0.5204	1.7964	11.2	2.4627	1.8309	0.5427	0.6437	1.2840
3.2	2.8300	2.0104	0.9040	0.5263	1.7718	11.4	2.4585	1.8288	0.6621	0.6441	1.2806
3.3	2.8176	2.0023	1.0909	0.5336	1.7491	11.6	2.4545	1.8266	0.7114	0.6445	1.2773
3.4	2.8109	1.9982	1.1594	0.5416	1.7286	11.8	2.4508	1.8245	0.6445	0.6448	1.2742
3.5	2.8070	1.9972	1.0934	0.5493	1.7100	12.0	2.4472	1.8227	0.5341	0.6452	1.2712
3.6	2.8027	1.9973	0.9170	0.5558	1.6927	12.2	2.4435	1.8208	0.4941	0.6455	1.2681
3.7	2.7953	1.9963	0.6854	0.5606	1.6761	12.4	2.4398	1.8188	0.5610	0.6458	1.2652
3.8	2.7844	1.9929	0.4659	0.5642	1.6601	12.6	2.4363	1.8169	0.6622	0.6461	1.2624
3.9	2.7711	1.9873	0.3171	0.5669	1.6446	12.8	2.4330	1.8151	0.6937	0.6464	1.2597
4.0	2.7575	1.9802	0.2744	0.5695	1.6297	13.0	2.4298	1.8134	0.6267	0.6467	1.2571
4.1	2.7457	1.9733	0.3432	0.5726	1.6158	13.2	2.4265	1.8117	0.5325	0.6469	1.2544
4.2	2.7367	1.9677	0.4988	0.5762	1.6029	13.4	2.4232	1.8099	0.5084	0.6471	1.2519
4.3	2.7305	1.9640	0.6935	0.5802	1.5909	13.6	2.4201	1.8083	0.5745	0.6474	1.2495
4.4	2.7259	1.9619	0.8700	0.5842	1.5797	13.8	2.4171	1.8067	0.6603	0.6476	1.2472
4.5	2.7212	1.9604	0.9778	0.5878	1.5689	14.0	2.4142	1.8051	0.6784	0.6478	1.2448
4.6	2.7153	1.9587	0.9891	0.5906	1.5584	14.2	2.4112	1.8036	0.6118	0.6480	1.2425
4.7	2.7077	1.9560	0.9051	0.5928	1.5481	14.4	2.4083	1.8020	0.5329	0.6481	1.2404
4.8	2.6988	1.9521	0.7533	0.5945	1.5382	14.6	2.4055	1.8005	0.5204	0.6483	1.2382
4.9	2.6896	1.9475	0.5782	0.5961	1.5287	14.8	2.4028	1.7990	0.5840	0.6485	1.2362
5.0	2.6812	1.9428	0.4284	0.5978	1.5199	15.0	2.4001	1.7976	0.6563	0.6486	1.2341

Table T1.144   185

N = 3.000 K = 0.0

X	QEXT	QSCA	QBK	G	QPR	X	QEXT	QSCA	QBK	G	QPR
0.1	0.0001	0.0001	0.0002	0.0020	0.0001	5.2	2.0948	2.0948	2.9696	0.3088	1.4480
0.2	0.0023	0.0023	0.0034	0.0070	0.0023	5.4	2.5575	2.5575	8.1458	0.3171	1.7464
0.3	0.0122	0.0122	0.0169	0.0158	0.0121	5.6	2.7412	2.7412	4.3991	0.4428	1.5275
0.4	0.0409	0.0409	0.0523	0.0284	0.0397	5.8	3.2316	3.2316	4.8276	0.3716	2.0306
0.5	0.1072	0.1072	0.1232	0.0453	0.1023	6.0	2.5465	2.5465	0.6360	0.4626	1.3685
0.6	0.2427	0.2427	0.2368	0.0677	0.2263	6.2	2.4499	2.4499	1.0526	0.5561	1.0874
0.7	0.5027	0.5027	0.3698	0.0984	0.4532	6.4	2.0381	2.0381	2.0653	0.3512	1.3224
0.8	1.0164	1.0164	0.3939	0.1418	0.8723	6.6	2.1285	2.1285	5.3140	0.4119	1.2517
0.9	2.5303	2.5303	0.0259	0.1859	2.0600	6.8	2.0727	2.0727	2.1441	0.3914	1.2613
1.0	8.1467	8.1467	5.2774	0.1012	7.3219	7.0	2.9273	2.9273	17.7383	0.2919	2.0729
1.1	5.2989	5.2989	6.8313	-0.0237	5.1734	7.2	2.7017	2.7017	4.7141	0.5309	1.2674
1.2	4.7823	4.7823	5.6499	-0.0339	4.6203	7.4	2.5442	2.5442	2.8696	0.4720	1.3433
1.3	4.5997	4.5997	4.3131	-0.0408	4.4119	7.6	2.9994	2.9994	1.7164	0.5048	1.4853
1.4	4.8296	4.8296	5.7977	-0.0115	4.8853	7.8	2.4354	2.4354	4.6662	0.5023	1.2120
1.5	2.6172	2.6172	5.2306	-0.2047	2.0814	8.0	2.3921	2.3921	1.9035	0.3888	1.4621
1.6	1.6631	1.6631	2.5850	-0.1449	1.4222	8.2	1.8849	1.8849	9.5548	0.5309	1.2120
1.7	3.0868	3.0868	5.5821	-0.1320	2.6794	8.4	2.1318	2.1318	1.6154	0.4050	1.2781
1.8	2.9109	2.9109	6.0127	-0.0290	2.9954	8.6	2.0955	2.0955	8.4980	0.4004	1.2347
1.9	1.2872	1.2872	6.9148	-0.0535	1.1939	8.8	2.5997	2.5997	3.3292	0.4108	1.1049
2.0	0.6355	0.6355	0.6724	-0.1884	0.6015	9.0	2.4251	2.4251	1.3669	0.5750	1.3396
2.1	1.8165	1.8165	0.3367	-0.1281	1.4743	9.2	2.7743	2.7743	4.1001	0.5738	1.1823
2.2	4.8568	4.8568	4.5557	-0.1966	4.2348	9.4	2.4073	2.4073	8.7035	0.4204	1.3953
2.3	2.2247	2.2247	2.6366	-0.2681	1.7874	9.6	2.6262	2.6262	2.2172	0.4674	1.3987
2.4	2.2126	2.2126	1.1946	-0.4038	1.6193	9.8	1.7646	1.7646	4.0121	0.4557	0.9606
2.5	3.5730	3.5730	0.5567	-0.4306	2.1301	10.0	2.6594	2.6594	2.7244	0.4333	1.5070
2.6	4.0089	4.0089	4.5039	-0.3461	2.2828	10.2	2.3348	2.3348	27.4792	0.3730	1.4639
2.7	3.1975	3.1975	0.0660	-0.3248	2.0909	10.4	2.6583	2.6583	1.6747	0.5488	1.1993
2.8	3.0080	3.0080	1.9181	-0.2892	2.0311	10.6	2.1910	2.1910	3.1430	0.4482	1.2090
2.9	3.2880	3.2880	2.7925	-0.3372	2.3372	10.8	2.6291	2.6291	4.6658	0.5929	1.0703
3.0	3.8928	3.8928	7.9229	-0.4374	2.1903	11.0	2.0051	2.0051	1.2897	0.4396	1.1236
3.1	2.4545	2.4545	4.0952	-0.3430	1.6127	11.2	2.4195	2.4195	1.0634	0.5214	1.1581
3.2	2.3626	2.3626	4.6442	-0.1817	1.9332	11.4	1.7702	1.7702	0.9432	0.4308	1.0076
3.3	2.3886	2.3886	4.9528	-0.1136	2.1173	11.6	2.5756	2.5756	1.0696	0.4946	1.3016
3.4	3.2929	3.2929	15.7465	-0.1283	2.8703	11.8	1.9398	1.9398	14.1314	0.4706	1.0269
3.5	1.3693	1.3693	8.4588	-0.1395	1.1782	12.0	3.0407	3.0407	2.7071	0.5553	1.3521
3.6	1.7082	1.7082	0.0520	-0.1810	1.3991	12.2	2.1347	2.1347	11.0438	0.4744	1.1221
3.7	2.9603	2.9603	1.8785	-0.2176	2.3160	12.4	2.7724	2.7724	2.8353	0.5576	1.2264
3.8	2.4074	2.4074	0.2743	-0.1651	2.0100	12.6	2.0126	2.0126	5.5148	0.3824	1.2429
3.9	1.9442	1.9442	3.3728	-0.3078	1.3457	12.8	2.3145	2.3145	2.7072	0.5150	1.1225
4.0	2.0700	2.0700	1.6115	-0.4003	1.2413	13.0	1.7931	1.7931	1.4422	0.4261	1.0292
4.1	3.5582	3.5582	0.0165	-0.5454	1.6177	13.2	2.3872	2.3872	0.3564	0.5182	1.1524
4.2	3.2676	3.2676	0.1316	-0.4512	1.7932	13.4	1.9882	1.9882	8.3227	0.4807	1.0324
4.3	2.6160	2.6160	0.1760	-0.4528	1.4316	13.6	2.7100	2.7100	0.9219	0.5866	1.1203
4.4	2.5567	2.5567	0.9312	-0.4367	1.4402	13.8	2.1290	2.1290	7.3263	0.4976	0.6697
4.5	3.4408	3.4408	5.2941	-0.5267	1.6287	14.0	2.8222	2.8222	4.9301	0.5843	1.1733
4.6	3.8307	3.8307	2.7615	-0.4293	2.1863	14.2	1.9300	1.9300	3.2752	0.4592	1.0437
4.7	2.1191	2.1191	2.3091	-0.4153	1.2391	14.4	2.5973	2.5973	1.2532	0.4990	1.3011
4.8	2.1094	2.1094	3.1842	-0.2989	1.4790	14.6	1.8947	1.8947	4.0543	0.4345	1.0715
4.9	2.4280	2.4280	4.1005	-0.2176	1.8997	14.8	2.3254	2.3254	1.5729	0.4783	1.2132
5.0	2.3340	2.3340	17.4124	-0.3628	1.4873	15.0	2.0664	2.0664	6.6619	0.4826	1.0693

Table T1.145

N = 3.000 K = 0.050

X	QEXT	QSCA	QBK	G	QPR
0.1	0.0032	0.0001	0.0002	0.0020	0.0032
0.2	0.0089	0.0023	0.0034	0.0070	0.0089
0.3	0.0233	0.0122	0.0169	0.0158	0.0231
0.4	0.0583	0.0409	0.0523	0.0284	0.0571
0.5	0.1342	0.1071	0.1230	0.0454	0.1293
0.6	0.2856	0.2421	0.2358	0.0679	0.2692
0.7	0.5756	0.5001	0.3659	0.0988	0.5262
0.8	1.1607	1.0044	0.3833	0.1425	1.0177
0.9	2.8362	2.3722	0.0399	0.1852	2.3969
1.0	6.9587	5.8938	3.2888	0.1136	6.2893
1.1	5.2678	4.7920	5.5046	0.0420	5.0664
1.2	4.7429	4.3935	4.8062	0.0535	4.5387
1.3	4.4766	4.0195	3.6629	0.0535	4.2614
1.4	4.7835	4.3777	4.4631	0.0613	4.5641
1.5	3.0362	2.1652	3.1476	0.2412	2.5140
1.6	2.0909	1.5794	1.8940	0.2036	1.7693
1.7	3.1046	2.4261	3.8144	0.1829	2.6608
1.8	2.9490	2.0027	3.9591	0.0642	2.8205
1.9	1.9805	0.9872	3.5379	0.1258	1.8564
2.0	1.2673	0.6475	0.5556	0.1980	1.1390
2.1	1.9846	1.3726	0.3263	0.2641	1.6221
2.2	3.2348	2.1399	0.1660	0.2655	2.6668
2.3	2.6506	1.8646	0.5005	0.2662	2.1543
2.4	2.5377	1.9567	0.5551	0.3509	1.8511
2.5	3.3017	2.5368	0.0029	0.4739	2.0996
2.6	3.7430	2.9110	1.2334	0.4790	2.3487
2.7	3.3160	2.6801	1.2412	0.4167	2.1992
2.8	3.0772	2.5448	1.2932	0.4006	2.0578
2.9	3.2851	2.5348	1.5074	0.4286	2.1988
3.0	3.4123	2.5173	1.5453	0.5151	2.1156
3.1	2.7682	2.0296	1.3659	0.4636	1.8273
3.2	2.5340	1.8978	2.2456	0.3459	1.8776
3.3	2.4691	1.7817	3.0476	0.2765	1.9764
3.4	2.4738	1.5574	4.6017	0.3019	2.0037
3.5	1.9886	1.2024	3.6568	0.3595	1.5563
3.6	2.1651	1.3529	1.5330	0.3943	1.6317
3.7	2.6097	1.7820	0.4431	0.3859	1.9220
3.8	2.5700	1.7261	0.3128	0.3815	1.9116
3.9	2.3644	1.6164	0.8889	0.4558	1.6277
4.0	2.4837	1.7093	0.6922	0.5677	1.5134
4.1	3.0671	2.1564	0.8441	0.6356	1.6963
4.2	3.1042	2.2151	0.7840	0.6030	1.7685
4.3	2.8209	2.0770	0.5828	0.5738	1.6292
4.4	2.7423	2.0284	0.5638	0.5866	1.5525
4.5	2.9332	2.1018	0.5421	0.6497	1.5677
4.6	2.8904	1.9800	0.2529	0.6648	1.5742
4.7	2.5096	1.7192	0.7904	0.5925	1.4910
4.8	2.3651	1.6512	1.5495	0.5118	1.5200
4.9	2.4312	1.6332	2.4948	0.5019	1.6115
5.0	2.3952	1.5416	3.1511	0.5381	1.5656
5.2	2.2710	1.4727	0.4985	0.5208	1.5041
5.4	2.4324	1.6049	1.1320	0.5150	1.6060
5.6	2.6386	1.7624	1.7725	0.6354	1.5187
5.8	2.6996	1.8574	0.5652	0.6413	1.5084
6.0	2.5805	1.8114	0.0567	0.6720	1.4347
6.2	2.3404	1.6952	0.2660	0.7043	1.3866
6.4	2.3427	1.5427	1.4136	0.6234	1.3787
6.6	2.2712	1.4568	1.3265	0.6489	1.3974
6.8	2.4248	1.4526	0.1759	0.6159	1.3766
7.0	2.5139	1.5683	1.7226	0.6223	1.4488
7.2	2.5530	1.6611	1.3449	0.6845	1.3768
7.4	2.5886	1.7033	0.1983	0.6741	1.4048
7.6	2.4151	1.7132	0.1974	0.7085	1.3748
7.8	2.3751	1.5488	0.6648	0.7143	1.3089
8.0	2.2724	1.5047	1.1116	0.6819	1.3490
8.2	2.3006	1.3948	0.3630	0.6988	1.2978
8.4	2.3006	1.4436	0.3266	0.6804	1.3184
8.6	2.3777	1.7132	1.6489	0.6898	1.3398
8.8	2.4434	1.5805	0.7922	0.7227	1.3013
9.0	2.4878	1.6174	0.0246	0.7116	1.3369
9.2	2.4618	1.5969	0.5853	0.7345	1.2888
9.4	2.3689	1.4913	0.8696	0.7259	1.2864
9.6	2.3403	1.4672	0.4266	0.7132	1.2938
9.8	2.2473	1.3707	0.0079	0.7224	1.2572
10.0	2.3276	1.4421	0.6886	0.7158	1.2953
10.2	2.3284	1.4568	1.3137	0.7274	1.2688
10.4	2.4145	1.5305	0.3168	0.7486	1.2686
10.6	2.4136	1.5406	0.1904	0.7404	1.2728
10.8	2.3955	1.5206	0.8494	0.7558	1.2462
11.0	2.3384	1.4562	0.6089	0.7432	1.2562
11.2	2.2917	1.4230	0.0902	0.7358	1.2446
11.4	2.2604	1.3738	0.1455	0.7404	1.2433
11.6	2.3008	1.4246	0.8097	0.7366	1.2515
11.8	2.3096	1.4320	0.8067	0.7487	1.2374
12.0	2.3840	1.4945	0.0182	0.7625	1.2444
12.2	2.3565	1.4851	0.4875	0.7587	1.2298
12.4	2.3603	1.4731	0.9075	0.7702	1.2257
12.6	2.2995	1.4227	0.2800	0.7578	1.2214
12.8	2.2729	1.3967	0.0493	0.7548	1.2187
13.0	2.2585	1.3743	0.4264	0.7525	1.2197
13.2	2.2767	1.4045	0.6963	0.7637	1.2198
13.4	2.3058	1.4222	0.2872	0.7704	1.2196
13.6	2.3379	1.4595	0.0600	0.7625	1.2136
13.8	2.3270	1.4508	0.7441	0.7703	1.2096
14.0	2.3240	1.4390	0.6649	0.7778	1.2048
14.2	2.2720	1.3985	0.0641	0.7681	1.1978
14.4	2.2633	1.3815	0.2268	0.7685	1.2017
14.6	2.2459	1.3689	0.5735	0.7675	1.1953
14.8	2.2675	1.3923	0.4483	0.7663	1.2006
15.0	2.2900	1.4109	0.0623	0.7747	1.1970

Table T1.146   187

N = 3.000 K = 0.100

X	QEXT	QSCA	QBK	G	QPR	X	QEXT	QSCA	QBK	G	QPR
0.1	0.0062	0.0001	0.0002	0.0020	0.0062	5.2	2.3887	1.3670	0.0892	0.6274	1.5310
0.2	0.0154	0.0023	0.0034	0.0070	0.0154	5.4	2.4569	1.4347	0.4173	0.6306	1.5521
0.3	0.0343	0.0123	0.0169	0.0158	0.0341	5.6	2.5836	1.5297	1.0015	0.6954	1.5199
0.4	0.0756	0.0409	0.0523	0.0284	0.0745	5.8	2.6082	1.5861	0.4965	0.7041	1.4915
0.5	0.1612	0.1071	0.1229	0.0454	0.1563	6.0	2.5951	1.5682	0.0515	0.7252	1.4578
0.6	0.3285	0.2418	0.2353	0.0680	0.3120	6.2	2.5363	1.5012	0.2364	0.7383	1.4280
0.7	0.6478	0.4980	0.3636	0.0990	0.5985	6.4	2.4215	1.4226	0.7647	0.7090	1.4129
0.8	1.2970	0.9925	0.3811	0.1422	1.1559	6.6	2.3925	1.3717	0.4521	0.7139	1.4133
0.9	3.0419	2.2231	0.1042	0.1818	2.6378	6.8	2.3725	1.3731	0.0174	0.7025	1.4079
1.0	6.1834	4.6629	2.3876	0.1208	5.6200	7.0	2.4317	1.4268	0.6227	0.7079	1.4217
1.1	5.1778	4.3462	4.5079	0.0572	4.9292	7.2	2.4748	1.4713	0.7022	0.7309	1.3994
1.2	4.6811	4.0373	4.1113	0.0583	4.4458	7.4	2.4969	1.4973	0.1457	0.7358	1.3953
1.3	4.3663	3.5571	3.1370	0.0679	4.1247	7.6	2.4941	1.4883	0.1154	0.7508	1.3768
1.4	4.4603	2.8602	3.1641	0.1123	4.1391	7.8	2.4275	1.4312	0.5022	0.7527	1.3503
1.5	3.1801	1.8689	1.9050	0.2648	2.6852	8.0	2.3907	1.3937	0.5865	0.7482	1.3514
1.6	2.4088	1.5167	1.3179	0.2561	2.0205	8.2	2.3555	1.3615	0.1424	0.7457	1.3368
1.7	3.0829	1.9969	2.5643	0.2398	2.6041	8.4	2.3579	1.3731	0.1542	0.7482	1.3370
1.8	2.9383	1.5909	2.8305	0.1653	2.6754	8.6	2.3898	1.4047	0.6020	0.7436	1.3387
1.9	2.1910	0.8949	2.1447	0.2072	2.0056	8.8	2.4132	1.4334	0.3793	0.7482	1.3274
2.0	1.7022	0.7237	0.6216	0.2938	1.4896	9.0	2.4286	1.4506	0.0622	0.7575	1.3269
2.1	2.1593	1.2023	0.3588	0.3298	1.7628	9.2	2.4107	1.4359	0.3203	0.7595	1.3119
2.2	2.8890	1.6670	0.0161	0.3422	2.3185	9.4	2.3797	1.4045	0.5228	0.7652	1.3055
2.3	2.7199	1.6819	0.2433	0.3399	2.1481	9.6	2.3525	1.3807	0.2838	0.7648	1.3003
2.4	2.7214	1.7899	0.3369	0.4109	1.9860	9.8	2.3296	1.3605	0.0761	0.7622	1.2909
2.5	3.1544	2.1148	0.1346	0.4997	2.0976	10.0	2.3413	1.3727	0.3444	0.7635	1.2930
2.6	3.4144	2.3631	0.7116	0.5059	2.2190	10.2	2.3529	1.3898	0.5105	0.7637	1.2858
2.7	3.2362	2.2158	0.9455	0.4682	2.1528	10.4	2.3709	1.4093	0.1980	0.7678	1.2815
2.8	3.0864	2.1334	0.8984	0.4618	2.0631	10.6	2.3747	1.4169	0.1403	0.7730	1.2775
2.9	3.1652	2.0242	0.7385	0.5018	2.0946	10.8	2.3616	1.4066	0.4032	0.7743	1.2691
3.0	3.1501	1.8001	0.3546	0.5563	2.0241	11.0	2.3423	1.3888	0.3684	0.7767	1.2660
3.1	2.8370	1.4470	0.4470	0.5293	1.8843	11.2	2.3214	1.3718	0.1451	0.7750	1.2609
3.2	2.6314	1.6708	1.1903	0.4552	1.8708	11.4	2.3134	1.3635	0.1967	0.7731	1.2583
3.3	2.5281	1.5320	1.9348	0.4110	1.8985	11.6	2.3174	1.3711	0.4235	0.7739	1.2558
3.4	2.4389	1.3428	2.4679	0.4346	1.8553	11.8	2.3258	1.3815	0.3415	0.7743	1.2514
3.5	2.2775	1.1961	1.9643	0.4892	1.6923	12.0	2.3373	1.3938	0.1223	0.7777	1.2485
3.6	2.3732	1.2795	0.8493	0.5164	1.7125	12.2	2.2350	1.3959	0.2506	0.7812	1.2428
3.7	2.5530	1.4598	0.1328	0.5067	1.8133	12.4	2.3271	1.3889	0.4020	0.7824	1.2386
3.8	2.5559	1.4883	0.0829	0.5078	1.8001	12.6	2.3123	1.3771	0.2517	0.7837	1.2350
3.9	2.5051	1.4787	0.3633	0.5541	1.6858	12.8	2.2998	1.3670	0.1560	0.7812	1.2318
4.0	2.6004	1.5575	0.5575	0.6265	1.6247	13.0	2.2953	1.3639	0.2972	0.7813	1.2298
4.1	2.8444	1.7366	0.7458	0.6700	1.6809	13.2	2.2972	1.3686	0.3627	0.7816	1.2274
4.2	2.8984	1.8099	0.7219	0.6608	1.7025	13.4	2.3041	1.3764	0.2079	0.7840	1.2250
4.3	2.7948	1.7856	0.5359	0.6442	1.6445	13.6	2.3083	1.3830	0.1700	0.7859	1.2213
4.4	2.7481	1.7558	0.3631	0.6555	1.5972	13.8	2.3065	1.3831	0.3373	0.7670	1.2180
4.5	2.7739	1.7346	0.1225	0.6869	1.5824	14.0	2.3001	1.3779	0.4020	0.7812	1.2145
4.6	2.7250	1.6610	0.0185	0.6945	1.5714	14.2	2.2892	1.3698	0.1845	0.7870	1.2112
4.7	2.5766	1.5567	0.3659	0.6613	1.5472	14.4	2.2819	1.3638	0.2106	0.7866	1.2091
4.8	2.4804	1.4927	0.8664	0.6175	1.5494	14.6	2.2785	1.3625	0.3281	0.7866	1.2068
4.9	2.4593	1.4467	1.2526	0.6175	1.5660	14.8	2.2803	1.3662	0.2839	0.7870	1.2050
5.0	2.4319	1.3908	1.1927	0.6323	1.5525	15.0	2.2841	1.3715	0.1832	0.7884	1.2028

Table T1.147

N = 3.000 K = 0.200

x	QEXT	QSCA	QBK	G	QPR	x	QEXT	QSCA	QBK	G	QPR
0.1	0.0123	0.0001	0.0002	0.0020	0.0123	5.2	2.4910	1.3691	0.0908	0.6945	1.5402
0.2	0.0284	0.0023	0.0034	0.0070	0.0284	5.4	2.5070	1.3910	0.2177	0.7028	1.5294
0.3	0.0563	0.0123	0.0170	0.0158	0.0561	5.6	2.5395	1.4246	0.5002	0.7214	1.5118
0.4	0.1103	0.0411	0.0526	0.0284	0.1091	5.8	2.5415	1.4417	0.3735	0.7302	1.4888
0.5	0.2150	0.1074	0.1234	0.0453	0.2101	6.0	2.5301	1.4365	0.1447	0.7388	1.4688
0.6	0.4136	0.2419	0.2356	0.0679	0.3972	6.2	2.5034	1.4171	0.2097	0.7428	1.4509
0.7	0.7884	0.4952	0.3638	0.0985	0.7397	6.4	2.4679	1.3943	0.3561	0.7399	1.4363
0.8	1.5402	0.9702	0.3976	0.1392	1.4051	6.6	2.4483	1.3805	0.2593	0.7400	1.4268
0.9	2.2436	1.9726	0.2953	0.1703	2.9077	6.8	2.4418	1.3817	0.1807	0.7404	1.4188
1.0	5.2394	3.4071	1.7010	0.1257	4.8111	7.0	2.4477	1.3939	0.3223	0.7436	1.4111
1.1	4.9227	3.6348	1.1703	0.0792	4.6347	7.2	2.4531	1.4052	0.3479	0.7491	1.4004
1.2	4.5156	3.4313	3.2237	0.0790	4.2446	7.4	2.4536	1.4107	0.1935	0.7538	1.3903
1.3	4.1597	3.0875	3.0875	0.0974	3.8778	7.6	2.4450	1.4072	0.1795	0.7578	1.3787
1.4	3.9492	2.8937	2.3414	0.1701	3.5794	7.8	2.4276	1.3962	0.3165	0.7596	1.3671
1.5	3.2163	2.1744	0.7775	0.1701	2.7532	8.0	2.4129	1.3862	0.3333	0.7603	1.3590
1.6	2.7912	1.5835	0.5638	0.2924	2.3180	8.2	2.4022	1.3811	0.2231	0.7612	1.3510
1.7	3.0534	1.4336	1.1880	0.3301	2.5276	8.4	2.3976	1.3824	0.2166	0.7620	1.3442
1.8	2.9046	1.5685	1.5223	0.3352	2.4962	8.6	2.3983	1.3878	0.2860	0.7638	1.3382
1.9	2.4608	1.2982	1.2120	0.3146	2.1371	8.8	2.3959	1.3930	0.2575	0.7661	1.3314
2.0	2.2271	0.9495	0.6864	0.3410	1.8773	9.0	2.3986	1.3949	0.2134	0.7680	1.3246
2.1	2.4198	0.8972	0.4017	0.3899	1.9505	9.2	2.3889	1.3921	0.2689	0.7696	1.3176
2.2	2.7383	1.1322	0.1216	0.4145	2.1438	9.4	2.3800	1.3870	0.3082	0.7706	1.3112
2.3	2.7999	1.3826	0.1496	0.4300	2.1416	9.6	2.3712	1.3823	0.2461	0.7713	1.3051
2.4	2.8572	1.4973	0.2432	0.4396	2.0906	9.8	2.3647	1.3797	0.2041	0.7721	1.2994
2.5	3.0081	1.6006	0.2953	0.4789	2.0978	10.0	2.3617	1.3803	0.2555	0.7732	1.2945
2.6	3.1007	1.7462	0.4892	0.5213	2.1115	10.2	2.3601	1.3825	0.2893	0.7745	1.2893
2.7	3.0698	1.8591	0.5806	0.5321	2.0831	10.4	2.3584	1.3844	0.2530	0.7759	1.2842
2.8	3.0152	1.8739	0.4667	0.5266	2.0384	10.6	2.3552	1.3848	0.2381	0.7769	1.2793
2.9	2.9972	1.8258	0.2259	0.5350	2.0076	10.8	2.3503	1.3832	0.2632	0.7778	1.2744
3.0	2.9443	1.7543	0.0115	0.5641	1.9588	11.0	2.3444	1.3806	0.2564	0.7783	1.2699
3.1	2.8271	1.6730	0.1176	0.5891	1.9037	11.2	2.3390	1.3783	0.2304	0.7788	1.2656
3.2	2.7059	1.5827	0.5262	0.5834	1.8696	11.4	2.3349	1.3771	0.2489	0.7794	1.2615
3.3	2.6115	1.4933	0.9416	0.5600	1.8443	11.6	2.3320	1.3772	0.2807	0.7802	1.2575
3.4	2.5459	1.3969	1.1124	0.5492	1.8060	11.8	2.3298	1.3779	0.2637	0.7811	1.2536
3.5	2.5201	1.3098	0.8979	0.5649	1.7662	12.0	2.3277	1.3784	0.2322	0.7819	1.2498
3.6	2.5508	1.2725	0.4481	0.5924	1.7589	12.2	2.3247	1.3782	0.2418	0.7827	1.2460
3.7	2.5876	1.3009	0.1393	0.6088	1.7620	12.4	2.3209	1.3771	0.2626	0.7832	1.2423
3.8	2.5947	1.3503	0.1014	0.6114	1.7428	12.6	2.3169	1.3757	0.2567	0.7836	1.2388
3.9	2.6018	1.3808	0.0256	0.6170	1.7070	12.8	2.3132	1.3744	0.2492	0.7840	1.2355
4.0	2.6420	1.4054	0.1447	0.6367	1.6821	13.0	2.3100	1.3738	0.2586	0.7845	1.2323
4.1	2.6992	1.4463	0.3296	0.6637	1.6765	13.2	2.3076	1.3737	0.2570	0.7850	1.2292
4.2	2.7224	1.4978	0.4757	0.6828	1.6684	13.4	2.3054	1.3738	0.2409	0.7856	1.2262
4.3	2.7072	1.5314	0.4938	0.6883	1.6471	13.6	2.3031	1.3738	0.2431	0.7862	1.2231
4.4	2.6838	1.5382	0.3957	0.6891	1.6231	13.8	2.3006	1.3733	0.2622	0.7867	1.2202
4.5	2.6616	1.5279	0.2542	0.6943	1.6041	14.0	2.3006	1.3726	0.2640	0.7871	1.2173
4.6	2.6302	1.5073	0.1393	0.7016	1.5903	14.2	2.2946	1.3717	0.2489	0.7874	1.2145
4.7	2.5885	1.4783	0.1378	0.7035	1.5793	14.4	2.2918	1.3709	0.2448	0.7878	1.2119
4.8	2.5511	1.4459	0.2704	0.6980	1.5711	14.6	2.2893	1.3704	0.2517	0.7881	1.2093
4.9	2.5258	1.4168	0.4362	0.6917	1.5641	14.8	2.2872	1.3702	0.2526	0.7885	1.2068
5.0	2.5088	1.3932	0.5091	0.6904	1.5556	15.0	2.2852	1.3701	0.2512	0.7889	1.2043
5.0	2.5088	1.3760	0.4241	0.6927	1.5556						

Table T1.148

N = 3.000 K = 0.300

X	QEXT	QSCA	QBK	G	QPR	X	QEXT	QSCA	QBK	G	QPR
0.1	0.0182	0.0001	0.0002	0.0020	0.0182	5.2	2.5287	1.3937	0.1552	0.7091	1.5405
0.2	0.0412	0.0024	0.0034	0.0070	0.0412	5.4	2.5274	1.4009	0.2305	0.7159	1.5245
0.3	0.0780	0.0124	0.0172	0.0157	0.0779	5.6	2.5298	1.4118	0.3691	0.7243	1.5072
0.4	0.1447	0.0415	0.0531	0.0283	0.1435	5.8	2.5232	1.4165	0.3282	0.7304	1.4886
0.5	0.2684	0.1082	0.1246	0.0451	0.2636	6.0	2.5119	1.4141	0.2153	0.7355	1.4719
0.6	0.4974	0.2430	0.2379	0.0673	0.4810	6.2	2.4970	1.4078	0.2135	0.7389	1.4568
0.7	0.9224	0.4944	0.3698	0.0969	0.8745	6.4	2.4805	1.4007	0.2622	0.7406	1.4431
0.8	1.7413	0.9505	0.4349	0.1336	1.6143	6.6	2.4682	1.3964	0.2578	0.7425	1.4314
0.9	3.2911	1.7875	0.4911	0.1562	3.0119	6.8	2.4606	1.3963	0.2583	0.7447	1.4208
1.0	4.6910	2.7892	1.4962	0.1242	4.3446	7.0	2.4558	1.3986	0.2925	0.7475	1.4103
1.1	4.6535	3.1178	2.5117	0.0930	4.3635	7.2	2.4513	1.4007	0.2768	0.7505	1.4000
1.2	4.3274	2.9609	2.4215	0.0957	4.0440	7.4	2.4458	1.4013	0.2186	0.7535	1.3900
1.3	3.9670	2.4648	1.8021	0.1227	3.6646	7.6	2.4382	1.3998	0.2195	0.7560	1.3800
1.4	3.6557	1.8761	1.0971	0.1994	3.2816	7.8	2.4291	1.3967	0.2755	0.7579	1.3706
1.5	3.1916	1.4816	1.3759	0.3058	2.7385	8.0	2.4208	1.3939	0.2937	0.7595	1.3621
1.6	2.9652	1.3926	0.2087	0.3665	2.4547	8.2	2.4137	1.3923	0.2624	0.7610	1.3541
1.7	3.0498	1.4151	0.5888	0.3883	2.5003	8.4	2.4080	1.3919	0.2421	0.7625	1.3466
1.8	2.9153	1.2490	0.9077	0.3871	2.4318	8.6	2.4033	1.3923	0.2443	0.7641	1.3395
1.9	2.6451	1.0648	0.8652	0.4021	2.2170	8.8	2.3988	1.3926	0.2452	0.7656	1.3326
2.0	2.5100	1.0459	0.6580	0.4292	2.0611	9.0	2.3938	1.3922	0.2535	0.7671	1.3259
2.1	2.5913	1.1739	0.4437	0.4520	2.0608	9.2	2.3884	1.3911	0.2737	0.7684	1.3194
2.2	2.7512	1.3253	0.2407	0.4700	2.1282	9.4	2.3827	1.3897	0.2746	0.7695	1.3133
2.3	2.8317	1.4288	0.1970	0.4850	2.1387	9.6	2.3772	1.3884	0.2483	0.7706	1.3073
2.4	2.8819	1.5115	0.2466	0.5083	2.1136	9.8	2.3723	1.3874	0.2330	0.7717	1.3016
2.5	2.9388	1.5917	0.3137	0.5314	2.0930	10.0	2.3679	1.3869	0.2479	0.7727	1.2962
2.6	2.9698	1.6497	0.3931	0.5437	2.0739	10.2	2.3640	1.3866	0.2666	0.7738	1.2910
2.7	2.9608	1.6597	0.3931	0.5514	2.0457	10.4	2.3600	1.3863	0.2678	0.7748	1.2860
2.8	2.9353	1.6366	0.2828	0.5647	2.0112	10.6	2.3560	1.3857	0.2593	0.7757	1.2811
2.9	2.9081	1.5968	0.1274	0.5837	1.9761	10.8	2.3518	1.3850	0.2507	0.7765	1.2764
3.0	2.8645	1.5512	0.0492	0.5975	1.9377	11.0	2.3478	1.3841	0.2445	0.7773	1.2719
3.1	2.7987	1.5012	0.1512	0.5990	1.8994	11.2	2.3438	1.3833	0.2471	0.7780	1.2675
3.2	2.7258	1.4467	0.3926	0.5947	1.8655	11.4	2.3401	1.3826	0.2601	0.7787	1.2633
3.3	2.6644	1.3927	0.6238	0.5959	1.8345	11.6	2.3366	1.3821	0.2683	0.7794	1.2593
3.4	2.6267	1.3531	0.7084	0.6070	1.8053	11.8	2.3332	1.3817	0.2605	0.7801	1.2553
3.5	2.6162	1.3404	0.5963	0.6162	1.7822	12.0	2.3300	1.3812	0.2475	0.7808	1.2516
3.6	2.6234	1.3516	0.3652	0.6335	1.7672	12.2	2.3267	1.3806	0.2449	0.7814	1.2478
3.7	2.6300	1.3708	0.1645	0.6400	1.7526	12.4	2.3234	1.3800	0.2526	0.7820	1.2443
3.8	2.6301	1.3877	0.0873	0.6469	1.7324	12.6	2.3202	1.3794	0.2605	0.7826	1.2408
3.9	2.6328	1.4039	0.1283	0.6576	1.7096	12.8	2.3172	1.3788	0.2624	0.7831	1.2374
4.0	2.6445	1.4232	0.2313	0.6702	1.6906	13.0	2.3142	1.3783	0.2581	0.7836	1.2342
4.1	2.6590	1.4431	0.3265	0.6808	1.6766	13.2	2.3113	1.3778	0.2505	0.7841	1.2310
4.2	2.6644	1.4571	0.3611	0.6874	1.6628	13.4	2.3085	1.3773	0.2468	0.7846	1.2279
4.3	2.6575	1.4616	0.3316	0.6918	1.6464	13.6	2.3058	1.3769	0.2519	0.7851	1.2249
4.4	2.6432	1.4579	0.2741	0.6956	1.6290	13.8	2.3031	1.3764	0.2599	0.7855	1.2220
4.5	2.6259	1.4488	0.2336	0.6991	1.6131	14.0	2.3005	1.3759	0.2618	0.7859	1.2191
4.6	2.6070	1.4366	0.2400	0.7011	1.5997	14.2	2.2979	1.3754	0.2562	0.7863	1.2164
4.7	2.5876	1.4239	0.2861	0.7018	1.5883	14.4	2.2953	1.3749	0.2499	0.7867	1.2137
4.8	2.5699	1.4123	0.3309	0.7023	1.5780	14.6	2.2929	1.3744	0.2489	0.7871	1.2111
4.9	2.5553	1.4032	0.3322	0.7034	1.5682	14.8	2.2905	1.3740	0.2533	0.7875	1.2085
5.0	2.5436	1.3970	0.2798	0.7051	1.5585	15.0	2.2882	1.3735	0.2584	0.7878	1.2060

Table T1.149

N = 3.000 K = 0.400

X	QEXT	QSCA	QBK	G	QPR
0.1	0.0241	0.0001	0.0002	0.0019	0.0241
0.2	0.0538	0.0024	0.0035	0.0069	0.0538
0.3	0.0994	0.0126	0.0174	0.0156	0.0992
0.4	0.1785	0.0420	0.0539	0.0280	0.1774
0.5	0.3211	0.1095	0.1264	0.0447	0.3162
0.6	0.5793	0.2451	0.2419	0.0664	0.5630
0.7	1.0480	0.4954	0.3811	0.0945	1.0012
0.8	1.9028	0.9344	0.4849	0.1265	1.7846
0.9	3.2756	1.6539	0.6584	0.1424	3.0402
1.0	4.3354	2.4259	1.4305	0.1202	4.0438
1.1	4.4098	2.7395	2.1003	0.1014	4.1320
1.2	4.1421	2.6049	1.9881	0.1087	3.8591
1.3	3.7965	2.1806	1.4473	0.1416	3.4877
1.4	3.4786	1.7224	0.7966	0.2158	3.1070
1.5	3.1645	1.4444	0.2215	0.3112	2.7749
1.6	3.0374	1.3791	0.0634	0.3793	2.5143
1.7	3.0529	1.3697	0.3179	0.4097	2.4918
1.8	2.9429	1.2700	0.6012	0.4165	2.4139
1.9	2.7675	1.1697	0.6785	0.4270	2.2680
2.0	2.6761	1.1625	0.6129	0.4458	2.1578
2.1	2.7064	1.2371	0.4804	0.4667	2.1289
2.2	2.7898	1.3329	0.3378	0.4858	2.1423
2.3	2.8485	1.4107	0.2734	0.5023	2.1399
2.4	2.8809	1.4710	0.2795	0.5196	2.1166
2.5	2.9011	1.5189	0.3092	0.5358	2.0872
2.6	2.9070	1.5484	0.3263	0.5488	2.0572
2.7	2.8984	1.5554	0.2913	0.5608	2.0261
2.8	2.8813	1.5445	0.2040	0.5746	1.9937
2.9	2.8580	1.5242	0.1189	0.5887	1.9607
3.0	2.8244	1.4990	0.1080	0.5986	1.9270
3.1	2.7802	1.4697	0.2041	0.6032	1.8937
3.2	2.7332	1.4377	0.3663	0.6060	1.8619
3.3	2.6942	1.4085	0.5082	0.6115	1.8328
3.4	2.6703	1.3896	0.5549	0.6209	1.8075
3.5	2.6611	1.3843	0.4848	0.6317	1.7866
3.6	2.6588	1.3893	0.3435	0.6409	1.7684
3.7	2.6557	1.3980	0.2098	0.6480	1.7499
3.8	2.6506	1.4064	0.1401	0.6547	1.7299
3.9	2.6468	1.4147	0.1441	0.6622	1.7100
4.0	2.6461	1.4232	0.1970	0.6702	1.6922
4.1	2.6463	1.4313	0.2598	0.6775	1.6766
4.2	2.6437	1.4369	0.3007	0.6834	1.6617
4.3	2.6366	1.4388	0.3111	0.6881	1.6465
4.4	2.6259	1.4372	0.3032	0.6920	1.6313
4.5	2.6135	1.4331	0.2951	0.6953	1.6170
4.6	2.6009	1.4278	0.2966	0.6982	1.6040
4.7	2.5888	1.4225	0.3028	0.7006	1.5921
4.8	2.5776	1.4178	0.2997	0.7029	1.5811
4.9	2.5675	1.4140	0.2770	0.7051	1.5705
5.0	2.5585	1.4113	0.2386	0.7074	1.5602
5.2	2.5446	1.4092	0.1869	0.7122	1.5410
5.4	2.5366	1.4110	0.2477	0.7180	1.5235
5.6	2.5296	1.4140	0.3317	0.7237	1.5062
5.8	2.5198	1.4147	0.3170	0.7285	1.4892
6.0	2.5089	1.4130	0.2469	0.7327	1.4736
6.2	2.4976	1.4104	0.2190	0.7362	1.4593
6.4	2.4863	1.4076	0.2374	0.7390	1.4460
6.6	2.4764	1.4057	0.2635	0.7417	1.4337
6.8	2.4681	1.4050	0.2860	0.7444	1.4223
7.0	2.4607	1.4048	0.2908	0.7470	1.4113
7.2	2.4538	1.4045	0.2616	0.7496	1.4009
7.4	2.4468	1.4039	0.2275	0.7521	1.3910
7.6	2.4396	1.4028	0.2333	0.7542	1.3815
7.8	2.4322	1.4014	0.2694	0.7562	1.3725
8.0	2.4253	1.4001	0.2889	0.7580	1.3640
8.2	2.4189	1.3991	0.2753	0.7597	1.3560
8.4	2.4129	1.3983	0.2505	0.7613	1.3484
8.6	2.4073	1.3977	0.2384	0.7628	1.3411
8.8	2.4018	1.3971	0.2453	0.7642	1.3342
9.0	2.3963	1.3963	0.2647	0.7656	1.3275
9.2	2.3913	1.3955	0.2787	0.7668	1.3211
9.4	2.3861	1.3946	0.2719	0.7680	1.3150
9.6	2.3811	1.3938	0.2513	0.7692	1.3091
9.8	2.3764	1.3930	0.2402	0.7703	1.3034
10.0	2.3718	1.3923	0.2494	0.7713	1.2980
10.2	2.3675	1.3916	0.2666	0.7723	1.2928
10.4	2.3633	1.3910	0.2736	0.7732	1.2877
10.6	2.3591	1.3903	0.2655	0.7741	1.2828
10.8	2.3551	1.3896	0.2516	0.7750	1.2781
11.0	2.3512	1.3890	0.2453	0.7758	1.2737
11.2	2.3474	1.3883	0.2521	0.7765	1.2693
11.4	2.3437	1.3877	0.2649	0.7773	1.2651
11.6	2.3401	1.3871	0.2704	0.7780	1.2610
11.8	2.3366	1.3865	0.2632	0.7786	1.2571
12.0	2.3332	1.3859	0.2518	0.7793	1.2533
12.2	2.3299	1.3853	0.2479	0.7799	1.2496
12.4	2.3267	1.3847	0.2545	0.7804	1.2460
12.6	2.3235	1.3841	0.2642	0.7810	1.2425
12.8	2.3205	1.3836	0.2671	0.7815	1.2392
13.0	2.3175	1.3830	0.2612	0.7821	1.2359
13.2	2.3146	1.3825	0.2526	0.7826	1.2327
13.4	2.3118	1.3820	0.2500	0.7830	1.2296
13.6	2.3090	1.3815	0.2556	0.7835	1.2266
13.8	2.3063	1.3810	0.2631	0.7839	1.2237
14.0	2.3037	1.3804	0.2650	0.7844	1.2209
14.2	2.3011	1.3800	0.2597	0.7848	1.2181
14.4	2.2985	1.3795	0.2530	0.7852	1.2154
14.6	2.2960	1.3790	0.2515	0.7855	1.2128
14.8	2.2936	1.3785	0.2564	0.7859	1.2103
15.0	2.2913	1.3781	0.2623	0.7863	1.2078

Table T1.150

N = 3.000 K = 0.500

X	QEXT	QSCA	QBK	G	QPR
0.1	0.0298	0.0001	0.0002	0.0019	0.0298
0.2	0.0661	0.0024	0.0035	0.0069	0.0661
0.3	0.1203	0.0128	0.0177	0.0155	0.1201
0.4	0.2118	0.0427	0.0549	0.0278	0.2106
0.5	0.3728	0.1111	0.1289	0.0441	0.3679
0.6	0.6587	0.2482	0.2477	0.0651	0.6425
0.7	1.1643	0.4982	0.3970	0.0913	1.1189
0.8	2.0306	0.9224	0.5415	0.1186	1.9212
0.9	3.2398	1.5574	0.7940	0.1298	3.0375
1.0	4.0878	2.1879	1.4115	0.1155	3.8350
1.1	4.2007	2.4590	1.8510	0.1064	3.9392
1.2	3.9731	2.3389	1.7033	0.1183	3.6964
1.3	3.6528	1.9875	1.2167	0.1550	3.3447
1.4	3.3627	1.6344	0.6402	0.2253	2.9945
1.5	3.1397	1.4320	0.1624	0.3122	2.6927
1.6	3.0630	1.3811	0.0123	0.3802	2.5379
1.7	3.0547	1.3669	0.1901	0.4146	2.4880
1.8	2.9691	1.3089	0.4354	0.4266	2.4107
1.9	2.8481	1.2538	0.5635	0.4368	2.3004
2.0	2.7791	1.2516	0.5754	0.4526	2.2126
2.1	2.7836	1.2972	0.5098	0.4717	2.1717
2.2	2.8249	1.3590	0.4150	0.4906	2.1582
2.3	2.8593	1.4135	0.3490	0.5073	2.1423
2.4	2.8758	1.4553	0.3222	0.5227	2.1151
2.5	2.8795	1.4847	0.3102	0.5371	2.0821
2.6	2.8746	1.5012	0.2861	0.5504	2.0483
2.7	2.8640	1.5055	0.2344	0.5636	2.0154
2.8	2.8492	1.5007	0.1686	0.5768	1.9835
2.9	2.8293	1.4905	0.1286	0.5886	1.9519
3.0	2.8025	1.4764	0.1519	0.5975	1.9204
3.1	2.7700	1.4589	0.2431	0.6037	1.8892
3.2	2.7402	1.4402	0.3655	0.6094	1.8595
3.3	2.7105	1.4242	0.4628	0.6166	1.8324
3.4	2.6932	1.4145	0.4906	0.6254	1.8086
3.5	2.6837	1.4121	0.4393	0.6346	1.7877
3.6	2.6773	1.4145	0.3389	0.6427	1.7682
3.7	2.6703	1.4186	0.2377	0.6497	1.7487
3.8	2.6623	1.4226	0.1735	0.6561	1.7290
3.9	2.6548	1.4262	0.1594	0.6624	1.7101
4.0	2.6486	1.4296	0.1858	0.6687	1.6926
4.1	2.6432	1.4326	0.2312	0.6746	1.6767
4.2	2.6370	1.4346	0.2751	0.6799	1.6616
4.3	2.6293	1.4350	0.3063	0.6846	1.6468
4.4	2.6201	1.4341	0.3237	0.6887	1.6326
4.5	2.6104	1.4321	0.3303	0.6923	1.6189
4.6	2.6006	1.4296	0.3280	0.6956	1.6061
4.7	2.5912	1.4272	0.3157	0.6987	1.5941
4.8	2.5823	1.4250	0.2919	0.7015	1.5827
4.9	2.5739	1.4231	0.2606	0.7042	1.5718
5.0	2.5660	1.4216	0.2255	0.7068	1.5613

X	QEXT	QSCA	QBK	G	QPR
5.2	2.5526	1.4199	0.2014	0.7120	1.5417
5.4	2.5421	1.4197	0.2585	0.7173	1.5237
5.6	2.5321	1.4200	0.3234	0.7222	1.5065
5.8	2.5213	1.4193	0.3175	0.7265	1.4900
6.0	2.5106	1.4179	0.2612	0.7304	1.4749
6.2	2.5003	1.4162	0.2232	0.7339	1.4609
6.4	2.4905	1.4147	0.2321	0.7371	1.4477
6.6	2.4812	1.4134	0.2688	0.7400	1.4353
6.8	2.4727	1.4124	0.2987	0.7428	1.4236
7.0	2.4647	1.4115	0.2949	0.7454	1.4126
7.2	2.4572	1.4106	0.2607	0.7479	1.4022
7.4	2.4499	1.4097	0.2320	0.7502	1.3923
7.6	2.4427	1.4087	0.2395	0.7523	1.3829
7.8	2.4357	1.4076	0.2717	0.7543	1.3740
8.0	2.4291	1.4066	0.2923	0.7561	1.3656
8.2	2.4228	1.4057	0.2822	0.7578	1.3576
8.4	2.4168	1.4048	0.2555	0.7594	1.3500
8.6	2.4110	1.4040	0.2397	0.7609	1.3427
8.8	2.4053	1.4031	0.2483	0.7623	1.3357
9.0	2.3999	1.4023	0.2709	0.7636	1.3291
9.2	2.3947	1.4015	0.2842	0.7649	1.3227
9.4	2.3897	1.4007	0.2754	0.7661	1.3166
9.6	2.3847	1.3999	0.2550	0.7673	1.3107
9.8	2.3800	1.3991	0.2442	0.7683	1.3050
10.0	2.3754	1.3983	0.2530	0.7694	1.2996
10.2	2.3711	1.3976	0.2707	0.7704	1.2944
10.4	2.3668	1.3969	0.2788	0.7713	1.2893
10.6	2.3626	1.3962	0.2704	0.7722	1.2845
10.8	2.3585	1.3955	0.2550	0.7730	1.2798
11.0	2.3546	1.3948	0.2485	0.7738	1.2753
11.2	2.3508	1.3942	0.2563	0.7746	1.2710
11.4	2.3471	1.3935	0.2697	0.7753	1.2667
11.6	2.3435	1.3929	0.2750	0.7760	1.2627
11.8	2.3400	1.3922	0.2674	0.7766	1.2587
12.0	2.3366	1.3916	0.2556	0.7773	1.2550
12.2	2.3333	1.3910	0.2514	0.7779	1.2513
12.4	2.3300	1.3904	0.2584	0.7784	1.2477
12.6	2.3269	1.3898	0.2688	0.7790	1.2442
12.8	2.3238	1.3893	0.2718	0.7795	1.2409
13.0	2.3208	1.3887	0.2653	0.7800	1.2376
13.2	2.3179	1.3882	0.2562	0.7805	1.2344
13.4	2.3150	1.3876	0.2537	0.7810	1.2313
13.6	2.3122	1.3871	0.2598	0.7815	1.2283
13.8	2.3095	1.3865	0.2676	0.7819	1.2254
14.0	2.3069	1.3860	0.2695	0.7823	1.2226
14.2	2.3043	1.3855	0.2639	0.7827	1.2198
14.4	2.3017	1.3850	0.2567	0.7831	1.2171
14.6	2.2992	1.3845	0.2552	0.7835	1.2145
14.8	2.2968	1.3840	0.2606	0.7839	1.2119
15.0	2.2944	1.3836	0.2668	0.7842	1.2094

Table T1.151

N = 3.000 K = 1.000

X	QEXT	QSCA	QBK	G	QPR	X	QEXT	QSCA	QBK	G	QPR
0.1	0.0545	0.0002	0.0002	0.0018	0.0545	5.2	2.5740	1.4727	0.2283	0.6993	1.5441
0.2	0.1201	0.0028	0.0040	0.0065	0.1201	5.4	2.5623	1.4712	0.2957	0.7043	1.5262
0.3	0.2137	0.0145	0.0201	0.0144	0.2135	5.6	2.5509	1.4698	0.3621	0.7087	1.5093
0.4	0.3620	0.0483	0.0631	0.0253	0.3608	5.8	2.5396	1.4682	0.3609	0.7126	1.4935
0.5	0.6063	0.1253	0.1508	0.0390	0.6014	6.0	2.5291	1.4664	0.3004	0.7162	1.4788
0.6	1.0037	0.2764	0.3010	0.0546	0.9886	6.2	2.5194	1.4649	0.2466	0.7196	1.4653
0.7	1.6064	0.5371	0.5261	0.0700	1.5688	6.4	2.5102	1.4635	0.2518	0.7228	1.4524
0.8	2.3792	0.9205	0.8346	0.0815	2.3041	6.6	2.5012	1.4621	0.3039	0.7258	1.4401
0.9	3.1021	1.3592	1.1998	0.0878	2.9828	6.8	2.4925	1.4607	0.3458	0.7284	1.4285
1.0	3.5164	1.6953	1.4669	0.0946	3.3561	7.0	2.4844	1.4592	0.3364	0.7309	1.4178
1.1	3.5820	1.8149	1.4660	0.1090	3.3842	7.2	2.4767	1.4579	0.2901	0.7333	1.4076
1.2	3.4407	1.7522	1.2173	0.1356	3.2031	7.4	2.4693	1.4567	0.2562	0.7355	1.3979
1.3	3.2532	1.6211	0.8461	0.1779	2.9648	7.6	2.4621	1.4555	0.2671	0.7375	1.3886
1.4	3.1138	1.5119	0.4628	0.2355	2.7578	7.8	2.4551	1.4542	0.3071	0.7394	1.3799
1.5	3.0498	1.4583	0.1652	0.2993	2.6133	8.0	2.4486	1.4530	0.3336	0.7411	1.3717
1.6	3.0393	1.4497	0.0315	0.3551	2.5244	8.2	2.4423	1.4518	0.3213	0.7428	1.3639
1.7	3.0375	1.4586	0.0690	0.3945	2.4622	8.4	2.4362	1.4507	0.2857	0.7443	1.3563
1.8	3.0182	1.4666	0.2117	0.4194	2.4030	8.6	2.4302	1.4496	0.2644	0.7458	1.3491
1.9	2.9845	1.4710	0.3811	0.4366	2.3422	8.8	2.4245	1.4485	0.2770	0.7471	1.3423
2.0	2.9493	1.4746	0.5234	0.4513	2.2839	9.0	2.4190	1.4474	0.3077	0.7484	1.3358
2.1	2.9202	1.4788	0.6096	0.4658	2.2314	9.2	2.4138	1.4464	0.3245	0.7496	1.3295
2.2	2.8981	1.4831	0.6286	0.4810	2.1847	9.4	2.4086	1.4454	0.3115	0.7508	1.3235
2.3	2.8809	1.4869	0.5841	0.4969	2.1421	9.6	2.4036	1.4444	0.2843	0.7519	1.3176
2.4	2.8668	1.4899	0.4911	0.5130	2.1025	9.8	2.3988	1.4435	0.2709	0.7529	1.3121
2.5	2.8546	1.4927	0.3727	0.5288	2.0653	10.0	2.3942	1.4425	0.2833	0.7539	1.3067
2.6	2.8432	1.4954	0.2572	0.5436	2.0303	10.2	2.3897	1.4416	0.3070	0.7548	1.3016
2.7	2.8311	1.4978	0.1728	0.5567	1.9973	10.4	2.3853	1.4407	0.3174	0.7557	1.2966
2.8	2.8171	1.4993	0.1398	0.5680	1.9656	10.6	2.3811	1.4398	0.3052	0.7565	1.2918
2.9	2.8008	1.4992	0.1641	0.5775	1.9350	10.8	2.3769	1.4390	0.2843	0.7573	1.2872
3.0	2.7830	1.4973	0.2350	0.5860	1.9055	11.0	2.3729	1.4381	0.2759	0.7581	1.2827
3.1	2.7655	1.4943	0.3288	0.5942	1.8777	11.2	2.3691	1.4373	0.2877	0.7588	1.2784
3.2	2.7499	1.4912	0.4164	0.6024	1.8517	11.4	2.3653	1.4365	0.3059	0.7595	1.2743
3.3	2.7369	1.4887	0.4724	0.6108	1.8277	11.6	2.3616	1.4357	0.3122	0.7601	1.2702
3.4	2.7262	1.4874	0.4821	0.6191	1.8054	11.8	2.3580	1.4349	0.3012	0.7608	1.2664
3.5	2.7167	1.4870	0.4457	0.6270	1.7844	12.0	2.3545	1.4342	0.2851	0.7614	1.2626
3.6	2.7072	1.4870	0.3770	0.6342	1.7642	12.2	2.3511	1.4334	0.2802	0.7619	1.2590
3.7	2.6971	1.4869	0.2980	0.6406	1.7447	12.4	2.3478	1.4327	0.2906	0.7625	1.2554
3.8	2.6865	1.4865	0.2312	0.6462	1.7259	12.6	2.3445	1.4320	0.3047	0.7630	1.2520
3.9	2.6757	1.4855	0.1934	0.6514	1.7080	12.8	2.3414	1.4312	0.3084	0.7635	1.2486
4.0	2.6653	1.4842	0.1921	0.6563	1.6912	13.0	2.3383	1.4306	0.2984	0.7640	1.2454
4.1	2.6556	1.4829	0.2241	0.6610	1.6754	13.2	2.3353	1.4299	0.2859	0.7644	1.2422
4.2	2.6469	1.4816	0.2779	0.6657	1.6606	13.4	2.3323	1.4292	0.2833	0.7649	1.2392
4.3	2.6389	1.4806	0.3369	0.6702	1.6467	13.6	2.3295	1.4285	0.2924	0.7653	1.2362
4.4	2.6314	1.4798	0.3843	0.6744	1.6333	13.8	2.3267	1.4279	0.3031	0.7657	1.2333
4.5	2.6239	1.4791	0.4076	0.6784	1.6205	14.0	2.3239	1.4273	0.3050	0.7661	1.2305
4.6	2.6165	1.4785	0.4020	0.6820	1.6081	14.2	2.3212	1.4266	0.2965	0.7665	1.2277
4.7	2.6089	1.4778	0.3706	0.6853	1.5961	14.4	2.3186	1.4260	0.2868	0.7669	1.2250
4.8	2.6012	1.4768	0.3235	0.6884	1.5846	14.6	2.3160	1.4254	0.2854	0.7672	1.2224
4.9	2.5938	1.4758	0.2746	0.6913	1.5737	14.8	2.3135	1.4248	0.2935	0.7676	1.2199
5.0	2.5868	1.4747	0.2371	0.6940	1.5633	15.0	2.3111	1.4242	0.3020	0.7679	1.2174

Table T1.152   193

N = 3.000 K = 1.500

X	QEXT	QSCA	QBK	G	QPR	X	QEXT	QSCA	QBK	G	QPR
0.1	0.0708	0.0002	0.0003	0.0017	0.0708	5.2	2.5951	1.5457	0.2571	0.6804	1.5434
0.2	0.1568	0.0032	0.0047	0.0058	0.1568	5.4	2.5838	1.5436	0.3440	0.6852	1.5261
0.3	0.2802	0.0169	0.0237	0.0126	0.2800	5.6	2.5724	1.5417	0.4312	0.6894	1.5096
0.4	0.4735	0.0564	0.0756	0.0214	0.4723	5.8	2.5609	1.5394	0.4306	0.6930	1.4941
0.5	0.7805	0.1465	0.1861	0.0313	0.7759	6.0	2.5503	1.5370	0.3512	0.6964	1.4799
0.6	1.2443	0.3206	0.3867	0.0409	1.2312	6.2	2.5407	1.5349	0.2798	0.6997	1.4668
0.7	1.8656	0.6073	0.7034	0.0490	1.8358	6.4	2.5316	1.5331	0.2864	0.7028	1.4542
0.8	2.5419	0.9896	1.1108	0.0561	2.4863	6.6	2.5225	1.5313	0.3556	0.7055	1.4422
0.9	3.0830	1.3677	1.4746	0.0651	2.9940	6.8	2.5137	1.5293	0.4117	0.7080	1.4309
1.0	3.3501	1.6154	1.6235	0.0790	3.2225	7.0	2.5055	1.5274	0.3991	0.7104	1.4205
1.1	3.3659	1.6950	1.5138	0.1004	3.1957	7.2	2.4979	1.5256	0.3367	0.7127	1.4106
1.2	3.2551	1.6653	1.2274	0.1318	3.0355	7.4	2.4904	1.5240	0.2911	0.7147	1.4011
1.3	3.1293	1.6021	0.8626	0.1752	2.8487	7.6	2.4831	1.5224	0.3061	0.7166	1.3921
1.4	3.0451	1.5520	0.4999	0.2291	2.6895	7.8	2.4760	1.5207	0.3607	0.7184	1.3836
1.5	3.0131	1.5314	0.2140	0.2871	2.5734	8.0	2.4694	1.5191	0.3965	0.7200	1.3756
1.6	3.0159	1.5176	0.0653	0.3397	2.4938	8.2	2.4630	1.5176	0.3791	0.7216	1.3680
1.7	3.0265	1.5550	0.0718	0.3805	2.4349	8.4	2.4568	1.5162	0.3302	0.7230	1.3606
1.8	3.0260	1.5740	0.2010	0.4086	2.3828	8.6	2.4508	1.5147	0.3013	0.7243	1.3536
1.9	3.0092	1.5864	0.3911	0.4276	2.3309	8.8	2.4450	1.5133	0.3192	0.7256	1.3470
2.0	2.9803	1.5906	0.5785	0.4417	2.2778	9.0	2.4394	1.5119	0.3620	0.7268	1.3406
2.1	2.9471	1.5884	0.7130	0.4544	2.2253	9.2	2.4341	1.5106	0.3847	0.7279	1.3345
2.2	2.9162	1.5829	0.7644	0.4681	2.1753	9.4	2.4288	1.5093	0.3659	0.7290	1.3286
2.3	2.8920	1.5773	0.7250	0.4834	2.1295	9.6	2.4237	1.5080	0.3279	0.7300	1.3229
2.4	2.8752	1.5741	0.6100	0.4999	2.0883	9.8	2.4188	1.5067	0.3098	0.7310	1.3175
2.5	2.8642	1.5740	0.4538	0.5164	2.0513	10.0	2.4141	1.5055	0.3280	0.7319	1.3122
2.6	2.8552	1.5762	0.3009	0.5316	2.0173	10.2	2.4096	1.5044	0.3614	0.7328	1.3072
2.7	2.8451	1.5790	0.1919	0.5445	1.9852	10.4	2.4051	1.5032	0.3753	0.7336	1.3023
2.8	2.8318	1.5808	0.1518	0.5552	1.9542	10.6	2.4007	1.5021	0.3572	0.7344	1.2976
2.9	2.8155	1.5805	0.1840	0.5640	1.9241	10.8	2.3965	1.5010	0.3275	0.7351	1.2931
3.0	2.7980	1.5784	0.2719	0.5720	1.8952	11.0	2.3924	1.4999	0.3165	0.7358	1.2888
3.1	2.7811	1.5752	0.3858	0.5797	1.8680	11.2	2.3884	1.4988	0.3340	0.7365	1.2846
3.2	2.7665	1.5718	0.4916	0.5877	1.8428	11.4	2.3845	1.4978	0.3600	0.7371	1.2805
3.3	2.7546	1.5693	0.5598	0.5959	1.8195	11.6	2.3807	1.4968	0.3682	0.7377	1.2766
3.4	2.7449	1.5678	0.5733	0.6041	1.7978	11.8	2.3771	1.4958	0.3516	0.7383	1.2728
3.5	2.7362	1.5672	0.5314	0.6118	1.7773	12.0	2.3735	1.4948	0.3285	0.7388	1.2691
3.6	2.7272	1.5670	0.4493	0.6187	1.7576	12.2	2.3700	1.4939	0.3223	0.7393	1.2655
3.7	2.7174	1.5666	0.3526	0.6248	1.7386	12.4	2.3666	1.4930	0.3380	0.7398	1.2620
3.8	2.7068	1.5656	0.2684	0.6301	1.7202	12.6	2.3632	1.4921	0.3584	0.7403	1.2586
3.9	2.6958	1.5640	0.2187	0.6349	1.7028	12.8	2.3600	1.4912	0.3629	0.7408	1.2554
4.0	2.6851	1.5620	0.2140	0.6394	1.6863	13.0	2.3569	1.4903	0.3477	0.7412	1.2522
4.1	2.6754	1.5599	0.2521	0.6439	1.6710	13.2	2.3538	1.4894	0.3297	0.7417	1.2491
4.2	2.6668	1.5580	0.3194	0.6483	1.6567	13.4	2.3507	1.4886	0.3266	0.7421	1.2461
4.3	2.6591	1.5566	0.3948	0.6527	1.6432	13.6	2.3477	1.4878	0.3406	0.7424	1.2432
4.4	2.6520	1.5555	0.4566	0.6568	1.6303	13.8	2.3449	1.4870	0.3563	0.7428	1.2403
4.5	2.6449	1.5547	0.4880	0.6607	1.6178	14.0	2.3421	1.4862	0.3582	0.7432	1.2376
4.6	2.6376	1.5538	0.4820	0.6641	1.6057	14.2	2.3393	1.4854	0.3450	0.7435	1.2349
4.7	2.6300	1.5527	0.4424	0.6672	1.5940	14.4	2.3365	1.4846	0.3309	0.7438	1.2322
4.8	2.6223	1.5514	0.3822	0.6701	1.5827	14.6	2.3339	1.4839	0.3298	0.7442	1.2297
4.9	2.6148	1.5499	0.3189	0.6727	1.5721	14.8	2.3313	1.4831	0.3422	0.7445	1.2272
5.0	2.6077	1.5484	0.2699	0.6753	1.5620	15.0	2.3288	1.4824	0.3546	0.7448	1.2247

Table T1.153

N = 3.000 K = 2.000

x	QEXT	QSCA	QBK	G	QPR	x	QEXT	QSCA	QBK	G	QPR
0.1	0.0774	0.0002	0.0003	0.0014	0.0774	5.2	2.6142	1.6311	0.2878	0.6595	1.5384
0.2	0.1737	0.0037	0.0054	0.0049	0.1737	5.4	2.6032	1.6285	0.3998	0.6641	1.5217
0.3	0.3151	0.0195	0.0278	0.0103	0.3149	5.6	2.5918	1.6259	0.5162	0.6680	1.5057
0.4	0.5375	0.0654	0.0905	0.0165	0.5365	5.8	2.5801	1.6229	0.5184	0.6714	1.4906
0.5	0.8829	0.1703	0.2295	0.0224	0.8791	6.0	2.5694	1.6196	0.4142	0.6745	1.4769
0.6	1.3799	0.3715	0.4909	0.0274	1.3697	6.2	2.5600	1.6169	0.3176	0.6777	1.4643
0.7	2.0033	0.6924	0.9000	0.0323	1.9810	6.4	2.5510	1.6146	0.3239	0.6806	1.4521
0.8	2.6365	1.0940	1.3841	0.0390	2.5939	6.6	2.5418	1.6122	0.4163	0.6831	1.4404
0.9	3.1057	1.4585	1.7539	0.0499	3.0329	6.8	2.5328	1.6096	0.4933	0.6854	1.4295
1.0	3.3122	1.6788	1.8560	0.0663	3.2008	7.0	2.5245	1.6071	0.4781	0.6876	1.4195
1.1	3.3066	1.7487	1.6972	0.0899	3.1494	7.2	2.5170	1.6048	0.3936	0.6898	1.4100
1.2	3.2051	1.7300	1.3728	0.1228	2.9926	7.4	2.5095	1.6028	0.3302	0.6917	1.4008
1.3	3.0973	1.6834	0.9745	0.1666	2.8169	7.6	2.5020	1.6007	0.3493	0.6935	1.3920
1.4	3.0267	1.6454	0.5790	0.2199	2.6649	7.8	2.4948	1.5985	0.4242	0.6950	1.3838
1.5	3.0023	1.6310	0.2609	0.2772	2.5502	8.0	2.4882	1.5964	0.4746	0.6966	1.3762
1.6	3.0108	1.6400	0.0849	0.3301	2.4695	8.2	2.4819	1.5945	0.4516	0.6980	1.3688
1.7	3.0289	1.6627	0.0794	0.3717	2.4109	8.4	2.4756	1.5927	0.3838	0.6994	1.3617
1.8	3.0366	1.6861	0.2199	0.4004	2.3616	8.6	2.4694	1.5908	0.3425	0.7006	1.3549
1.9	3.0255	1.7013	0.4420	0.4189	2.3129	8.8	2.4635	1.5890	0.3669	0.7017	1.3485
2.0	2.9981	1.7052	0.6699	0.4317	2.2620	9.0	2.4580	1.5872	0.4270	0.7029	1.3424
2.1	2.9630	1.6999	0.8398	0.4430	2.2099	9.2	2.4526	1.5856	0.4596	0.7039	1.3364
2.2	2.9292	1.6903	0.9116	0.4555	2.1593	9.4	2.4473	1.5840	0.4335	0.7049	1.3307
2.3	2.9031	1.6810	0.8722	0.4703	2.1125	9.6	2.4421	1.5824	0.3795	0.7058	1.3252
2.4	2.8865	1.6755	0.7373	0.4868	2.0708	9.8	2.4371	1.5808	0.3533	0.7067	1.3200
2.5	2.8780	1.6746	0.5478	0.5036	2.0339	10.0	2.4324	1.5792	0.3789	0.7076	1.3150
2.6	2.8705	1.6769	0.3585	0.5188	2.0005	10.2	2.4277	1.5778	0.4268	0.7084	1.3101
2.7	2.8622	1.6801	0.2210	0.5315	1.9692	10.4	2.4232	1.5764	0.4472	0.7091	1.3054
2.8	2.8498	1.6818	0.1674	0.5416	1.9389	10.6	2.4187	1.5749	0.4214	0.7098	1.3008
2.9	2.8334	1.6809	0.2031	0.5497	1.9095	10.8	2.4145	1.5735	0.3784	0.7105	1.2965
3.0	2.8152	1.6775	0.3089	0.5568	1.8811	11.0	2.4103	1.5722	0.3622	0.7111	1.2923
3.1	2.7977	1.6727	0.4491	0.5639	1.8544	11.2	2.4063	1.5709	0.3875	0.7117	1.2882
3.2	2.7827	1.6680	0.5818	0.5714	1.8296	11.4	2.4023	1.5696	0.4256	0.7123	1.2843
3.3	2.7711	1.6645	0.6698	0.5794	1.8067	11.6	2.3984	1.5683	0.4376	0.7128	1.2805
3.4	2.7621	1.6624	0.6907	0.5874	1.7856	11.8	2.3947	1.5671	0.4132	0.7133	1.2768
3.5	2.7543	1.6615	0.6418	0.5950	1.7656	12.0	2.3911	1.5659	0.3790	0.7138	1.2732
3.6	2.7461	1.6612	0.5409	0.6017	1.7465	12.2	2.3875	1.5648	0.3701	0.7143	1.2698
3.7	2.7366	1.6604	0.4193	0.6075	1.7280	12.4	2.3840	1.5636	0.3933	0.7148	1.2664
3.8	2.7259	1.6589	0.3117	0.6124	1.7101	12.6	2.3806	1.5625	0.4236	0.7152	1.2631
3.9	2.7145	1.6565	0.2460	0.6167	1.6930	12.8	2.3773	1.5614	0.4302	0.7156	1.2600
4.0	2.7035	1.6536	0.2370	0.6208	1.6770	13.0	2.3741	1.5603	0.4075	0.7160	1.2569
4.1	2.6936	1.6506	0.2829	0.6249	1.6621	13.2	2.3709	1.5593	0.3805	0.7164	1.2539
4.2	2.6851	1.6480	0.3673	0.6291	1.6482	13.4	2.3678	1.5582	0.3761	0.7167	1.2510
4.3	2.6777	1.6461	0.4639	0.6334	1.6352	13.6	2.3648	1.5572	0.3972	0.7171	1.2482
4.4	2.6710	1.6446	0.5446	0.6374	1.6227	13.8	2.3618	1.5562	0.4214	0.7174	1.2454
4.5	2.6643	1.6435	0.5873	0.6411	1.6106	14.0	2.3590	1.5552	0.4236	0.7177	1.2427
4.6	2.6571	1.6423	0.5820	0.6444	1.5988	14.2	2.3561	1.5543	0.4035	0.7180	1.2401
4.7	2.6495	1.6408	0.5328	0.6473	1.5874	14.4	2.3534	1.5533	0.3821	0.7183	1.2376
4.8	2.6416	1.6390	0.4557	0.6499	1.5765	14.6	2.3506	1.5524	0.3806	0.7186	1.2351
4.9	2.6338	1.6369	0.3733	0.6523	1.5661	14.8	2.3480	1.5515	0.3998	0.7189	1.2327
5.0	2.6266	1.6348	0.3084	0.6547	1.5563	15.0	2.3454	1.5506	0.4187	0.7191	1.2303

Table T1.154   195

N = 3.000 K = 2.500

x	QEXT	QSCA	QBK	G	QPR	x	QEXT	QSCA	QBK	G	QPR
0.1	0.0760	0.0002	0.0004	0.0012	0.0760	5.2	2.6260	1.7194	0.3144	0.6389	1.5275
0.2	0.1737	0.0041	0.0060	0.0038	0.1736	5.4	2.6156	1.7161	0.4539	0.6434	1.5115
0.3	0.3219	0.0218	0.0317	0.0074	0.3218	5.6	2.6045	1.7131	0.6083	0.6471	1.4960
0.4	0.5574	0.0737	0.1056	0.0108	0.5566	5.8	2.5926	1.7092	0.6189	0.6501	1.4815
0.5	0.9183	0.1926	0.2745	0.0134	0.9157	6.0	2.5817	1.7050	0.4867	0.6530	1.4683
0.6	1.4262	0.4201	0.5975	0.0156	1.4196	6.2	2.5725	1.7017	0.3562	0.6560	1.4562
0.7	2.0518	0.7764	1.0932	0.0193	2.0368	6.4	2.5639	1.6989	0.3576	0.6588	1.4446
0.8	2.6759	1.2068	1.6499	0.0265	2.6438	6.6	2.5547	1.6960	0.4769	0.6612	1.4334
0.9	3.1241	1.5803	2.0442	0.0383	3.0635	6.8	2.5455	1.6927	0.5828	0.6632	1.4229
1.0	3.3111	1.7974	2.1312	0.0555	3.2114	7.0	2.5373	1.6895	0.5687	0.6653	1.4133
1.1	3.2977	1.8647	1.9393	0.0795	3.1494	7.2	2.5299	1.6869	0.4577	0.6673	1.4042
1.2	3.1956	1.8451	1.5722	0.1126	2.9878	7.4	2.5226	1.6844	0.3688	0.6691	1.3954
1.3	3.0879	1.7969	1.1246	0.1563	2.8071	7.6	2.5150	1.6818	0.3890	0.6707	1.3870
1.4	3.0166	1.7563	0.6771	0.2097	2.6482	7.8	2.5078	1.6791	0.4891	0.6722	1.3792
1.5	2.9922	1.7400	0.3108	0.2676	2.5265	8.0	2.5012	1.6766	0.5612	0.6736	1.3719
1.6	3.0039	1.7498	0.1002	0.3216	2.4412	8.2	2.4950	1.6743	0.5344	0.6750	1.3649
1.7	3.0282	1.7756	0.0839	0.3640	2.3817	8.4	2.4888	1.6722	0.4428	0.6762	1.3580
1.8	3.0425	1.8028	0.2409	0.3928	2.3344	8.6	2.4825	1.6699	0.3826	0.6773	1.3515
1.9	3.0356	1.8199	0.4996	0.4105	2.2886	8.8	2.4766	1.6676	0.4121	0.6784	1.3454
2.0	3.0089	1.8230	0.7709	0.4219	2.2397	9.0	2.4711	1.6655	0.4945	0.6794	1.3396
2.1	2.9719	1.8149	0.9782	0.4318	2.1882	9.2	2.4658	1.6636	0.5430	0.6804	1.3339
2.2	2.9355	1.8014	1.0718	0.4432	2.1370	9.4	2.4605	1.6616	0.5103	0.6813	1.3284
2.3	2.9074	1.7887	1.0338	0.4574	2.0892	9.6	2.4553	1.6597	0.4351	0.6821	1.3232
2.4	2.8904	1.7809	0.8795	0.4738	2.0466	9.8	2.4503	1.6577	0.3954	0.6829	1.3182
2.5	2.8824	1.7792	0.6549	0.4908	2.0093	10.0	2.4456	1.6559	0.4284	0.6837	1.3134
2.6	2.8781	1.7817	0.4251	0.5061	1.9763	10.2	2.4410	1.6542	0.4959	0.6844	1.3088
2.7	2.8720	1.7853	0.2536	0.5187	1.9460	10.4	2.4364	1.6525	0.5276	0.6851	1.3042
2.8	2.8608	1.7871	0.1816	0.5282	1.9168	10.6	2.4319	1.6508	0.4936	0.6857	1.2999
2.9	2.8446	1.7854	0.2182	0.5356	1.8883	10.8	2.4277	1.6491	0.4322	0.6863	1.2958
3.0	2.8256	1.7806	0.3422	0.5419	1.8607	11.0	2.4236	1.6475	0.4065	0.6869	1.2918
3.1	2.8070	1.7741	0.5116	0.5483	1.8343	11.2	2.4195	1.6460	0.4403	0.6875	1.2879
3.2	2.7913	1.7677	0.6762	0.5553	1.8098	11.4	2.4155	1.6445	0.4953	0.6880	1.2841
3.3	2.7796	1.7628	0.7897	0.5629	1.7873	11.6	2.4116	1.6429	0.5152	0.6885	1.2805
3.4	2.7713	1.7601	0.8221	0.5709	1.7665	11.8	2.4079	1.6415	0.4819	0.6889	1.2770
3.5	2.7645	1.7590	0.7680	0.5784	1.7471	12.0	2.4043	1.6401	0.4319	0.6894	1.2736
3.6	2.7572	1.7585	0.6470	0.5849	1.7287	12.2	2.4007	1.6387	0.4165	0.6898	1.2703
3.7	2.7484	1.7575	0.4968	0.5904	1.7108	12.4	2.3972	1.6373	0.4488	0.6902	1.2671
3.8	2.7377	1.7555	0.3605	0.5948	1.6935	12.6	2.3938	1.6360	0.4936	0.6906	1.2640
3.9	2.7260	1.7523	0.2738	0.5987	1.6769	12.8	2.3905	1.6347	0.5053	0.6910	1.2610
4.0	2.7145	1.7483	0.2567	0.6024	1.6613	13.0	2.3873	1.6334	0.4734	0.6913	1.2581
4.1	2.7042	1.7443	0.3091	0.6062	1.6468	13.2	2.3841	1.6322	0.4330	0.6917	1.2552
4.2	2.6956	1.7409	0.4121	0.6102	1.6334	13.4	2.3809	1.6309	0.4246	0.6920	1.2524
4.3	2.6886	1.7384	0.5338	0.6143	1.6208	13.6	2.3779	1.6297	0.4547	0.6923	1.2497
4.4	2.6824	1.7366	0.6384	0.6182	1.6088	13.8	2.3750	1.6286	0.4913	0.6926	1.2471
4.5	2.6762	1.7353	0.6971	0.6218	1.5972	14.0	2.3721	1.6274	0.4964	0.6929	1.2445
4.6	2.6694	1.7338	0.6955	0.6250	1.5858	14.2	2.3692	1.6263	0.4674	0.6931	1.2420
4.7	2.6618	1.7296	0.6371	0.6276	1.5748	14.4	2.3664	1.6252	0.4347	0.6936	1.2396
4.8	2.6537	1.7269	0.5411	0.6299	1.5642	14.6	2.3637	1.6241	0.4309	0.6938	1.2372
4.9	2.6457	1.7269	0.4355	0.6321	1.5542	14.8	2.3610	1.6230	0.4587	0.6938	1.2349
5.0	2.6383	1.7241	0.3497	0.6343	1.5447	15.0	2.3584	1.6220	0.4880	0.6941	1.2326

Table T1.155

N = 3.000 K = 3.000

X	QEXT	QSCA	QBK	G	QPR	X	QEXT	QSCA	QBK	G	QPR
0.1	0.0695	0.0003	0.0004	0.0009	0.0695	5.2	2.6278	1.8029	0.3349	0.6197	1.5105
0.2	0.1627	0.0044	0.0066	0.0024	0.1627	5.4	2.6182	1.7992	0.4992	0.6242	1.4953
0.3	0.3097	0.0236	0.0350	0.0041	0.3096	5.6	2.6077	1.7958	0.6981	0.6277	1.4805
0.4	0.5451	0.0801	0.1190	0.0049	0.5447	5.8	2.5957	1.7912	0.7256	0.6304	1.4665
0.5	0.9035	0.2105	0.3155	0.0049	0.9025	6.0	2.5847	1.7862	0.5668	0.6331	1.4539
0.6	1.4071	0.4598	0.6932	0.0056	1.4045	6.2	2.5758	1.7822	0.3953	0.6360	1.4424
0.7	2.0337	0.8475	1.2650	0.0092	2.0258	6.4	2.5700	1.7791	0.3839	0.6387	1.4314
0.8	2.6643	1.3092	1.8922	0.0169	2.6422	6.6	2.5588	1.7758	0.5297	0.6409	1.4207
0.9	3.1181	1.7028	2.3253	0.0290	3.0688	6.8	2.5495	1.7719	0.6716	0.6428	1.4106
1.0	3.3081	1.9281	2.4152	0.0462	3.2191	7.0	2.5413	1.7681	0.6659	0.6446	1.4015
1.1	3.2951	1.9951	2.1991	0.0699	3.1556	7.2	2.5343	1.7651	0.5279	0.6466	1.3930
1.2	3.1901	1.9701	1.7898	0.1025	2.9881	7.4	2.5273	1.7624	0.4060	0.6484	1.3847
1.3	3.0766	1.9138	1.2897	0.1458	2.7976	7.6	2.5198	1.7594	0.4210	0.6498	1.3766
1.4	2.9991	1.8655	0.7857	0.1992	2.6274	7.8	2.5126	1.7562	0.5474	0.6511	1.3691
1.5	2.9713	1.8444	0.3662	0.2579	2.4957	8.0	2.5061	1.7532	0.6487	0.6524	1.3623
1.6	2.9843	1.8535	0.1160	0.3130	2.4042	8.2	2.5002	1.7507	0.6239	0.6538	1.3557
1.7	3.0141	1.8821	0.0848	0.3565	2.3432	8.4	2.4942	1.7482	0.5060	0.6549	1.3492
1.8	3.0353	1.9129	0.2557	0.3854	2.2979	8.6	2.4880	1.7456	0.4196	0.6559	1.3430
1.9	3.0332	1.9323	0.5501	0.4024	2.2555	8.8	2.4821	1.7430	0.4493	0.6569	1.3372
2.0	3.0081	1.9349	0.8657	0.4127	2.2095	9.0	2.4767	1.7405	0.5569	0.6578	1.3317
2.1	2.9698	1.9240	1.1127	0.4213	2.1592	9.2	2.4716	1.7384	0.6285	0.6588	1.3264
2.2	2.9307	1.9067	1.2320	0.4316	2.1078	9.4	2.4664	1.7362	0.5939	0.6596	1.3211
2.3	2.9001	1.8903	1.1998	0.4451	2.0588	9.6	2.4612	1.7339	0.4936	0.6604	1.3162
2.4	2.8821	1.8799	1.0298	0.4613	2.0149	9.8	2.4563	1.7317	0.4332	0.6611	1.3115
2.5	2.8749	1.8772	0.7716	0.4784	1.9769	10.0	2.4517	1.7296	0.4702	0.6618	1.3070
2.6	2.8728	1.8799	0.4998	0.4939	1.9442	10.2	2.4473	1.7277	0.5611	0.6625	1.3026
2.7	2.8693	1.8843	0.2901	0.5065	1.9149	10.4	2.4427	1.7258	0.6107	0.6631	1.2983
2.8	2.8600	1.8864	0.1945	0.5157	1.8872	10.6	2.4383	1.7238	0.5713	0.6637	1.2942
2.9	2.8444	1.8843	0.2274	0.5224	1.8601	10.8	2.4341	1.7219	0.4874	0.6642	1.2904
3.0	2.8249	1.8781	0.3667	0.5279	1.8334	11.0	2.4301	1.7201	0.4458	0.6648	1.2866
3.1	2.8052	1.8698	0.5652	0.5335	1.8076	11.2	2.4262	1.7184	0.4854	0.6653	1.2829
3.2	2.7886	1.8616	0.7640	0.5400	1.7833	11.4	2.4222	1.7166	0.5623	0.6658	1.2793
3.3	2.7765	1.8554	0.9072	0.5474	1.7610	11.6	2.4184	1.7149	0.5959	0.6662	1.2759
3.4	2.7686	1.8518	0.9565	0.5552	1.7405	11.8	2.4147	1.7132	0.5553	0.6666	1.2727
3.5	2.7629	1.8505	0.9016	0.5627	1.7217	12.0	2.4112	1.7116	0.4851	0.6670	1.2695
3.6	2.7570	1.8501	0.7627	0.5692	1.7039	12.2	2.4077	1.7101	0.4576	0.6674	1.2664
3.7	2.7490	1.8491	0.5832	0.5744	1.6869	12.4	2.4042	1.7085	0.4979	0.6678	1.2633
3.8	2.7388	1.8468	0.4149	0.5785	1.6704	12.6	2.4008	1.7070	0.5617	0.6681	1.2604
3.9	2.7269	1.8428	0.3025	0.5820	1.6545	12.8	2.3976	1.7055	0.5837	0.6684	1.2576
4.0	2.7149	1.8378	0.2724	0.5852	1.6394	13.0	2.3944	1.7041	0.5441	0.6688	1.2548
4.1	2.7041	1.8328	0.3275	0.5886	1.6253	13.2	2.3913	1.7027	0.4850	0.6691	1.2521
4.2	2.6954	1.8285	0.4475	0.5924	1.6122	13.4	2.3882	1.7013	0.4675	0.6693	1.2495
4.3	2.6887	1.8254	0.5955	0.5964	1.6000	13.6	2.3852	1.6999	0.5065	0.6696	1.2469
4.4	2.6831	1.8234	0.7277	0.6003	1.5884	13.8	2.3823	1.6986	0.5599	0.6699	1.2445
4.5	2.6776	1.8219	0.8073	0.6039	1.5773	14.0	2.3795	1.6974	0.5725	0.6701	1.2421
4.6	2.6713	1.8204	0.8141	0.6069	1.5665	14.2	2.3767	1.6961	0.5345	0.6704	1.2397
4.7	2.6640	1.8182	0.7497	0.6094	1.5560	14.4	2.3739	1.6948	0.4858	0.6706	1.2374
4.8	2.6559	1.8154	0.6353	0.6115	1.5458	14.6	2.3712	1.6936	0.4756	0.6708	1.2352
4.9	2.6477	1.8121	0.5046	0.6134	1.5362	14.8	2.3686	1.6924	0.5122	0.6710	1.2330
5.0	2.6401	1.8086	0.3940	0.6154	1.5271	15.0	2.3661	1.6912	0.5568	0.6712	1.2309

Table T1.156   197

N = 3.000   K = 3.500

X	QEXT	QSCA	QBK	G	QPR	X	QEXT	QSCA	QBK	G	QPR
0.1	0.0608	0.0003	0.0004	0.0005	0.0608	5.2	2.6198	1.8771	0.3504	0.6025	1.4887
0.2	0.1469	0.0046	0.0070	0.0008	0.1469	5.4	2.6110	1.8731	0.5321	0.6069	1.4742
0.3	0.2877	0.0249	0.0376	0.0005	0.2877	5.6	2.6015	1.8696	0.7777	0.6104	1.4602
0.4	0.5146	0.0846	0.1302	−0.0011	0.5146	5.8	2.5897	1.8645	0.6521	0.6129	1.4469
0.5	0.8588	0.2231	0.3495	−0.0029	0.8595	6.0	2.5784	1.8587	0.4364	0.6153	1.4348
0.6	1.3481	0.4884	0.7712	−0.0028	1.3495	6.2	2.5699	1.8541	0.4029	0.6181	1.4239
0.7	1.9710	0.9008	1.4056	0.0011	1.9701	6.4	2.5625	1.8509	0.5702	0.6208	1.4135
0.8	2.6123	1.3913	2.0981	0.0090	2.5997	6.6	2.5541	1.8474	0.7525	0.6229	1.4033
0.9	3.0840	1.8094	2.5779	0.0212	3.0456	6.8	2.5448	1.8430	0.7640	0.6245	1.3938
1.0	3.2893	2.0484	2.6825	0.0382	3.2112	7.0	2.5366	1.8387	0.6029	0.6263	1.3851
1.1	3.2833	2.1175	2.4503	0.0614	3.1532	7.2	2.5300	1.8353	0.4429	0.6282	1.3771
1.2	3.1768	2.0863	2.0039	0.0933	2.9821	7.4	2.5235	1.8324	0.4444	0.6299	1.3693
1.3	3.0568	2.0206	1.4552	0.1359	2.7822	7.6	2.5163	1.8292	0.5941	0.6312	1.3616
1.4	2.9716	1.9631	0.8977	0.1890	2.6005	7.8	2.5091	1.8256	0.7302	0.6324	1.3546
1.5	2.9385	1.9361	0.4260	0.2481	2.4581	8.0	2.5027	1.8223	0.7153	0.6336	1.3481
1.6	2.9509	1.9435	0.1346	0.3043	2.3594	8.2	2.4972	1.8195	0.5733	0.6349	1.3419
1.7	2.9851	1.9741	0.0839	0.3489	2.2963	8.4	2.4915	1.8169	0.4548	0.6361	1.3358
1.8	3.0130	2.0087	0.2627	0.3783	2.2531	8.6	2.4854	1.8141	0.4769	0.6370	1.3299
1.9	3.0168	2.0307	0.5881	0.3950	2.2147	8.8	2.4796	1.8111	0.6085	0.6378	1.3245
2.0	2.9945	2.0336	0.9454	0.4043	2.1723	9.0	2.4745	1.8084	0.7095	0.6387	1.3194
2.1	2.9561	2.0206	1.2323	0.4117	2.1242	9.2	2.4697	1.8061	0.6794	0.6397	1.3144
2.2	2.9147	1.9998	1.3800	0.4209	2.0731	9.4	2.4647	1.8038	0.5551	0.6405	1.3095
2.3	2.8815	1.9797	1.3585	0.4336	2.0230	9.6	2.4596	1.8012	0.4675	0.6411	1.3047
2.4	2.8618	1.9667	1.1787	0.4495	1.9777	9.8	2.4547	1.7987	0.5019	0.6418	1.3003
2.5	2.8547	1.9626	0.8921	0.4667	1.9388	10.0	2.4504	1.7965	0.6164	0.6425	1.2962
2.6	2.8545	1.9656	0.5804	0.4825	1.9061	10.2	2.4462	1.7945	0.6907	0.6432	1.2921
2.7	2.8537	1.9708	0.3313	0.4952	1.8778	10.4	2.4418	1.7924	0.6517	0.6437	1.2880
2.8	2.8469	1.9736	0.2081	0.5042	1.8518	10.6	2.4374	1.7902	0.5446	0.6442	1.2842
2.9	2.8326	1.9714	0.2319	0.5104	1.8264	10.8	2.4334	1.7880	0.4802	0.6447	1.2806
3.0	2.8132	1.9644	0.3816	0.5152	1.8011	11.0	2.4296	1.7861	0.5208	0.6452	1.2771
3.1	2.7926	1.9544	0.6055	0.5201	1.7760	11.2	2.4258	1.7843	0.6204	0.6457	1.2736
3.2	2.7749	1.9445	0.8374	0.5260	1.7520	11.4	2.4220	1.7824	0.6745	0.6461	1.2703
3.3	2.7622	1.9368	1.0125	0.5331	1.7297	11.6	2.4182	1.7805	0.6314	0.6465	1.2671
3.4	2.7544	1.9324	1.0833	0.5408	1.7094	11.8	2.4147	1.7787	0.5389	0.6469	1.2641
3.5	2.7497	1.9309	1.0314	0.5483	1.6909	12.0	2.4113	1.7770	0.4929	0.6473	1.2611
3.6	2.7451	1.9307	0.8814	0.5548	1.6739	12.2	2.4080	1.7753	0.5367	0.6477	1.2582
3.7	2.7386	1.9300	0.6753	0.5600	1.6578	12.4	2.4046	1.7736	0.6219	0.6480	1.2553
3.8	2.7291	1.9275	0.4748	0.5638	1.6423	12.6	2.4013	1.7719	0.6608	0.6483	1.2526
3.9	2.7173	1.9231	0.3338	0.5669	1.6272	12.8	2.3982	1.7703	0.6127	0.6486	1.2500
4.0	2.7050	1.9173	0.2860	0.5697	1.6127	13.0	2.3952	1.7688	0.5365	0.6489	1.2474
4.1	2.6937	1.9112	0.3384	0.5728	1.5990	13.2	2.3922	1.7673	0.5038	0.6492	1.2449
4.2	2.6847	1.9061	0.4713	0.5764	1.5862	13.4	2.3891	1.7658	0.5482	0.6494	1.2424
4.3	2.6781	1.9024	0.6435	0.5802	1.5742	13.6	2.3862	1.7643	0.6216	0.6497	1.2401
4.4	2.6731	1.9001	0.8046	0.5841	1.5631	13.8	2.3834	1.7629	0.6491	0.6499	1.2378
4.5	2.6684	1.8986	0.9087	0.5877	1.5525	14.0	2.3807	1.7615	0.6036	0.6501	1.2355
4.6	2.6629	1.8971	0.9290	0.5907	1.5423	14.2	2.3780	1.7601	0.5356	0.6503	1.2333
4.7	2.6562	1.8949	0.8634	0.5931	1.5324	14.4	2.3753	1.7587	0.5132	0.6505	1.2312
4.8	2.6483	1.8918	0.7342	0.5951	1.5227	14.6	2.3727	1.7574	0.5566	0.6507	1.2291
4.9	2.6400	1.8880	0.5795	0.5967	1.5134	14.8	2.3702	1.7561	0.6195	0.6509	1.2271
5.0	2.6321	1.8839	0.4423	0.5984	1.5047	15.0	2.3677	1.7549	0.6195	0.6511	1.2252

Table T1.157

N = 3.500 K = 0.0

X	QEXT	QSCA	QBK	G	QPR
0.1	0.0002	0.0002	0.0002	0.0023	0.0002
0.2	0.0028	0.0028	0.0039	0.0085	0.0027
0.3	0.0146	0.0146	0.0196	0.0195	0.0143
0.4	0.0492	0.0492	0.0598	0.0357	0.0475
0.5	0.1315	0.1315	0.1353	0.0589	0.1238
0.6	0.3104	0.3104	0.2343	0.0927	0.2816
0.7	0.7264	0.7264	0.2405	0.1439	0.6219
0.8	2.8251	2.8251	0.1216	0.1752	2.3301
0.9	6.3175	6.3175	10.4873	-0.0187	6.4357
1.0	4.4046	4.4046	7.9277	-0.0303	4.5381
1.1	5.2643	5.2643	7.3702	-0.0104	5.2098
1.2	4.3060	4.3060	3.6963	-0.0112	4.3541
1.3	1.3152	1.3152	1.8367	0.2580	0.9759
1.4	0.9082	0.9082	0.1709	0.2403	0.6900
1.5	2.3639	2.3639	1.4878	0.2634	1.7413
1.6	1.8154	1.8154	0.9030	-0.2195	2.2138
1.7	2.7701	2.7701	0.7891	0.0506	2.6335
1.8	0.8958	0.8958	0.8276	0.1831	0.8505
1.9	2.9025	2.9025	2.3640	0.2654	2.2629
2.0	2.6280	2.6280	0.3837	0.2260	2.1322
2.1	3.1797	3.1797	0.6624	0.2537	2.0340
2.2	4.6426	4.6426	3.8235	0.3717	2.3730
2.3	3.1214	3.1214	4.1322	0.2428	2.9169
2.4	3.0185	3.0185	4.7963	0.2091	2.3635
2.5	2.9813	2.9813	4.5303	0.1160	2.3875
2.6	2.0578	2.0578	7.8733	0.2875	2.6353
2.7	1.5472	1.5472	1.5326	0.0936	1.4662
2.8	2.8209	2.8209	2.7540	-0.1435	1.4024
2.9	2.1853	2.1853	2.0642	-0.0164	2.4161
3.0	1.2838	1.2838	3.7654	-0.1529	2.2211
3.1	2.4759	2.4759	0.2735	0.4471	1.0875
3.2	3.5470	3.5470	5.3072	0.3734	1.3689
3.3	3.5564	3.5564	4.9106	0.2086	2.2224
3.4	2.6069	2.6069	0.8600	0.3896	2.8145
3.5	3.9006	3.9006	2.9659	0.5563	1.5913
3.6	3.1360	3.1360	11.5854	0.4138	1.7307
3.7	2.4182	2.4182	3.2082	0.3138	1.8384
3.8	2.5065	2.5065	3.5864	0.2456	1.6593
3.9	2.5562	2.5562	12.1933	0.3717	1.8908
4.0	1.5755	1.5755	1.3311	0.1829	1.6061
4.1	2.3834	2.3834	1.6264	0.2066	1.2873
4.2	2.2828	2.2828	1.7365	0.1165	1.8910
4.3	1.7428	1.7428	7.6174	0.2344	1.3343
4.4	2.2404	2.2404	0.8092	0.4525	1.2267
4.5	3.5428	3.5428	3.0199	0.4301	2.0189
4.6	2.6647	2.6647	0.6754	0.3323	1.7791
4.7	2.3203	2.3203	0.2158	0.4257	1.3326
4.8	3.2852	3.2852	3.4714	0.5815	1.3749
4.9	3.2285	3.2285	11.0585	0.4993	1.6165
5.0	3.1995	3.1995	19.3150	0.2497	2.4004
5.2	2.7319	2.7319	13.2985	0.4317	1.5526
5.4	2.1447	2.1447	1.5215	0.3196	1.4593
5.6	2.2020	2.2020	8.7218	0.3112	1.5167
5.8	3.2624	3.2624	0.7209	0.5263	1.5453
6.0	2.2387	2.2387	0.2208	0.4206	1.2972
6.2	2.2279	2.2279	5.1597	0.5394	1.4866
6.4	2.0066	2.0066	24.6554	0.3528	1.2986
6.6	2.3388	2.3388	0.6988	0.3382	1.5478
6.8	2.3275	2.3275	28.5822	0.3543	1.5027
7.0	2.7206	2.7206	0.4481	0.2558	2.0246
7.2	2.6545	2.6545	0.8058	0.4559	1.4443
7.4	2.3498	2.3498	2.4623	0.4202	1.3625
7.6	1.9632	1.9632	3.5396	0.4194	1.1398
7.8	2.3789	2.3789	4.6993	0.3915	1.4476
8.0	1.8277	1.8277	2.3933	0.4083	1.0814
8.2	2.7403	2.7403	8.6303	0.4212	1.5862
8.4	2.6831	2.6831	6.1970	0.5542	1.1961
8.6	2.4394	2.4394	0.9455	0.4302	1.3899
8.8	2.8348	2.8348	7.1956	0.5474	1.2830
9.0	1.8586	1.8586	12.8402	0.3914	1.1312
9.2	2.6090	2.6090	2.7192	0.4378	1.4667
9.4	2.2775	2.2775	15.1010	0.5370	1.0545
9.6	2.6371	2.6371	0.7182	0.3927	1.6016
9.8	2.6976	2.6976	11.7412	0.6085	1.0560
10.0	2.4704	2.4704	1.9381	0.3132	1.6966
10.2	2.1808	2.1808	3.8829	0.5005	1.0894
10.4	2.0885	2.0885	10.7108	0.3187	1.4230
10.6	1.8949	1.8949	0.3297	0.3963	1.1439
10.8	2.4688	2.4688	7.9660	0.4597	1.3339
11.0	2.1575	2.1575	3.3578	0.4582	1.1689
11.2	2.4665	2.4665	0.0221	0.4728	1.3003
11.4	2.3070	2.3070	12.0353	0.4615	1.2423
11.6	2.0419	2.0419	1.3895	0.4233	1.1777
11.8	2.5476	2.5476	17.5643	0.5270	1.3432
12.0	2.1373	2.1373	1.5538	0.4817	1.0110
12.2	2.7160	2.7160	9.7917	0.5985	1.4078
12.4	2.4612	2.4612	10.0825	0.4055	0.9882
12.6	2.3408	2.3408	1.4623	0.5397	1.0775
12.8	2.2473	2.2473	20.7335	0.4039	1.3397
13.0	2.2635	2.2635	4.6990	0.4737	1.1914
13.2	2.7826	2.7826	23.4774	0.4917	1.4143
13.4	2.1203	2.1203	3.0774	0.4242	1.2209
13.6	2.3389	2.3389	4.2283	0.5511	1.0499
13.8	1.9296	1.9296	3.1435	0.3708	1.2140
14.0	1.9869	1.9869	5.5328	0.4306	1.1314
14.2	2.2990	2.2990	4.6373	0.4696	1.2195
14.4	2.1799	2.1799	18.3636	0.4102	1.2857
14.6	2.6343	2.6343	0.5525	0.5484	1.1897
14.8	2.2662	2.2662	15.6313	0.4761	1.1874
15.0	2.2662	2.2662	15.6313	0.4761	1.1874

Table T1.158   199

N = 3.500   K = 0.050

X	QEXT	QSCA	QBK	G	QPR	X	QEXT	QSCA	QBK	G	QPR
0.1	0.0023	0.0002	0.0002	0.0023	0.0023	5.2	2.4130	1.6218	2.5789	0.5736	1.4828
0.2	0.0075	0.0028	0.0039	0.0085	0.0075	5.4	2.2876	1.5417	0.2412	0.5166	1.4912
0.3	0.0230	0.0146	0.0196	0.0195	0.0227	5.6	2.3771	1.5965	1.7223	0.5269	1.5358
0.4	0.0636	0.0492	0.0597	0.0357	0.0618	5.8	2.7077	1.8928	1.2268	0.6408	1.4948
0.5	0.1569	0.1314	0.1351	0.0590	0.1491	6.0	2.5225	1.7701	0.3170	0.6095	1.4435
0.6	0.3601	0.3097	0.2332	0.0929	0.3313	6.2	2.6427	1.7744	0.2159	0.6997	1.4013
0.7	0.8517	0.7213	0.2375	0.1441	0.7478	6.4	2.3057	1.5657	1.6726	0.5895	1.3827
0.8	3.2177	2.5533	0.1296	0.1745	2.7722	6.6	2.3048	1.4531	1.6606	0.6380	1.3778
0.9	6.0756	5.1773	7.7182	0.0020	6.0650	6.8	2.3564	1.6003	0.1477	0.5826	1.4240
1.0	4.5048	4.1720	7.0592	−0.0173	4.5767	7.0	2.4573	1.7777	1.7777	0.6430	1.4087
1.1	5.1010	4.6770	6.3212	0.0180	5.0170	7.2	2.5506	1.7606	0.9466	0.6564	1.3950
1.2	4.4264	3.3945	3.7907	0.0136	4.3800	7.4	2.4920	1.6761	0.1000	0.6716	1.3662
1.3	1.9821	1.1847	1.2549	0.2788	1.6517	7.6	2.3528	1.5302	0.5104	0.6760	1.3184
1.4	1.2671	0.8888	0.1133	0.2613	1.0348	7.8	2.3026	1.5034	1.9004	0.6417	1.3378
1.5	2.5854	1.9000	1.0972	0.2802	2.0530	8.0	2.2875	1.4552	0.5924	0.6698	1.3128
1.6	2.5658	1.2983	2.2726	−0.0279	2.6020	8.2	2.4043	1.6127	0.2900	0.6486	1.3583
1.7	1.4817	0.8838	0.4738	0.1446	1.3539	8.4	2.4787	1.6520	1.3372	0.7032	1.3170
1.8	2.5685	2.0230	0.4687	0.2281	2.1070	8.6	2.4298	1.6322	0.7567	0.6737	1.3303
1.9	3.1089	2.4158	0.7679	0.2788	2.4353	8.8	2.4103	1.5799	0.0053	0.6684	1.2995
2.0	2.8908	2.3816	0.1692	0.2664	2.2563	9.0	2.2507	1.4465	0.8978	0.6819	1.2839
2.1	3.3475	2.6866	0.1599	0.3365	2.4435	9.2	2.3183	1.4823	0.1568	0.6941	1.3076
2.2	3.3244	2.7399	1.1596	0.4193	2.6881	9.4	2.3230	1.5126	0.6134	0.6962	1.2732
2.3	3.3244	2.7399	3.0821	0.3235	2.4380	9.6	2.4161	1.5890	1.0284	0.6417	1.3099
2.4	3.0286	2.5616	3.4788	0.2761	2.3213	9.8	2.4173	1.6000	0.4129	0.7231	1.2603
2.5	3.0177	2.2379	3.7048	0.2530	2.4516	10.0	2.3610	1.5429	0.0264	0.6951	1.2885
2.6	2.4162	1.5681	3.1239	0.3792	1.8215	10.2	2.3610	1.4656	1.1560	0.7100	1.2482
2.7	2.0261	1.3753	0.8195	0.2829	1.6370	10.4	2.2749	1.4555	1.1565	0.6855	1.2771
2.8	2.6318	1.9563	1.2760	0.2473	2.1480	10.6	2.2917	1.4643	0.0099	0.7082	1.2546
2.9	2.4654	1.5993	1.9593	0.1972	2.1500	10.8	2.3654	1.5446	0.7947	0.7137	1.2630
3.0	1.9407	1.2095	1.7699	0.3442	1.5243	11.0	2.3759	1.5496	0.9278	0.7253	1.2519
3.1	2.4266	1.7030	0.6584	0.4759	2.0291	11.2	2.3469	1.5252	0.1850	0.7268	1.2383
3.2	3.1321	2.3176	1.4375	0.4421	1.9765	11.4	2.3005	1.4794	0.1649	0.7135	1.2449
3.3	2.9359	2.1701	0.1714	0.5115	1.7309	11.6	2.2476	1.4232	1.1632	0.7150	1.2301
3.4	2.8367	2.1618	0.2284	0.5115	1.7114	11.8	2.2910	1.4699	0.6693	0.7083	1.2499
3.5	3.2041	2.4190	0.1482	0.6171	1.7661	12.0	2.3048	1.4801	0.0466	0.7284	1.2268
3.6	2.9703	2.1836	1.8376	0.5515	1.7329	12.2	2.3600	1.5341	0.8548	0.7280	1.2432
3.7	2.6327	2.0164	2.3141	0.4463	1.7877	12.4	2.3269	1.5051	0.7579	0.7399	1.2134
3.8	2.6011	1.9031	2.6459	0.4274	1.6591	12.6	2.2949	1.4675	0.0859	0.7282	1.2263
3.9	2.4924	1.6755	3.0228	0.4973	1.5637	12.8	2.2543	1.4354	0.3972	0.7263	1.2117
4.0	2.2026	1.4155	0.9833	0.4513	1.7243	13.0	2.2594	1.4324	1.0626	0.7247	1.2214
4.1	2.3603	1.6846	0.5649	0.3775	1.8105	13.2	2.2852	1.4679	0.2793	0.7272	1.2178
4.2	2.3940	1.6469	1.2016	0.3543	1.5805	13.4	2.3227	1.4947	0.1929	0.7415	1.2144
4.3	2.3546	1.4592	2.3546	0.4471	1.4974	13.6	2.3121	1.4937	0.8692	0.7372	1.2110
4.4	2.4599	1.6514	1.4443	0.5828	1.7101	13.8	2.2524	1.4620	0.5238	0.7446	1.2000
4.5	2.9209	2.1006	1.2957	0.5764	1.7039	14.0	2.2421	1.4322	0.0386	0.7415	1.2043
4.6	2.7789	2.0044	0.5511	0.5363	1.5157	14.2	2.2697	1.4192	0.5855	0.7318	1.1970
4.7	2.6155	1.8987	0.1575	0.5793	1.4447	14.4	2.2524	1.4486	0.0386	0.7364	1.2043
4.8	2.7917	1.9957	0.0984	0.6749	1.5088	14.6	2.2863	1.4667	0.8878	0.7354	1.1973
4.9	2.7909	1.9271	0.8043	0.6653	1.5173	14.8	2.3052	1.4825	0.0842	0.7424	1.1973
5.0	2.4999	1.7535	1.7153	0.5604	1.5173	15.0	2.2738	1.4566	0.3660	0.7441	1.1900

Table T1.159

N = 3.500 K = 0.100

x	QEXT	QSCA	QBK	G	QPR	x	QEXT	QSCA	QBK	G	QPR
0.1	0.0044	0.0002	0.0002	0.0023	0.0044	5.2	2.4241	1.4645	1.0193	0.6403	1.4864
0.2	0.0122	0.0028	0.0039	0.0085	0.0122	5.4	2.3776	1.4342	1.0012	0.6160	1.4942
0.3	0.0314	0.0146	0.0196	0.0195	0.0312	5.6	2.4349	1.4807	0.7879	0.6284	1.5043
0.4	0.0780	0.0492	0.0598	0.0590	0.0762	5.8	2.5721	1.6017	0.9636	0.6812	1.4810
0.5	0.1814	0.1314	0.1351	0.0929	0.1745	6.0	2.5307	1.5916	0.2650	0.6806	1.4476
0.6	0.4094	0.3092	0.2329	0.0929	0.3807	6.2	2.5258	1.5485	0.1144	0.7174	1.4150
0.7	0.9711	0.7160	0.2399	0.1434	0.8685	6.4	2.3921	1.4634	0.8940	0.6775	1.4006
0.8	3.4278	2.3064	0.1960	0.1708	3.0338	6.6	2.3672	1.4125	0.5590	0.6892	1.3937
0.9	5.7552	4.3595	5.9076	0.0191	5.6722	6.8	2.3893	1.4628	0.0580	0.6716	1.4068
1.0	4.5632	3.9404	6.2762	-0.0050	4.5828	7.0	2.4531	1.5103	0.7752	0.6976	1.3996
1.1	4.9442	4.1822	5.4683	0.0257	4.8368	7.2	2.4773	1.5474	0.6658	0.7065	1.3841
1.2	4.3489	3.4068	3.4068	0.0430	4.2283	7.4	2.4547	1.5163	0.0933	0.7170	1.3676
1.3	2.3625	1.1063	0.9194	0.2770	2.0561	7.6	2.3890	1.4226	0.3079	0.7181	1.3445
1.4	1.5803	0.8944	0.0714	0.2787	1.3310	7.8	2.3481	1.4546	0.8571	0.7068	1.3426
1.5	2.6293	1.5702	0.7220	0.3025	2.1543	8.0	2.3548	1.4245	0.2800	0.7145	1.3370
1.6	2.5934	1.1431	1.6433	0.1224	2.4634	8.2	2.3905	1.4750	0.1674	0.7114	1.3412
1.7	1.8837	0.9270	0.4314	0.2143	1.6850	8.4	2.4211	1.4997	0.6776	0.7278	1.3296
1.8	2.5249	1.6912	0.3918	0.2648	2.0772	8.6	2.4067	1.4939	0.4347	0.7252	1.3234
1.9	2.9901	2.1090	0.4308	0.2987	2.3601	8.8	2.3766	1.4586	0.0773	0.7310	1.3104
2.0	2.9879	2.3810	0.1345	0.3085	2.3151	9.0	2.3297	1.4198	0.4706	0.7239	1.3018
2.1	3.3380	2.3682	0.0540	0.3849	2.4266	9.2	2.3352	1.4209	0.6881	0.7268	1.3024
2.2	3.6985	2.6393	0.5802	0.4424	2.5309	9.4	2.3471	1.4415	0.1562	0.7307	1.2938
2.3	3.2839	2.4392	2.1108	0.3765	2.3656	9.6	2.3752	1.4700	0.2779	0.7349	1.2948
2.4	3.0219	2.2421	2.5909	0.3354	2.2700	9.8	2.3731	1.4717	0.5831	0.7408	1.2828
2.5	2.9225	1.8802	2.5536	0.3481	2.2681	10.0	2.3519	1.4534	0.2888	0.7370	1.2807
2.6	2.5024	1.4134	1.5224	0.4384	1.9064	10.2	2.3217	1.4245	0.1483	0.7375	1.2711
2.7	2.3086	1.3411	0.3606	0.3981	1.7747	10.4	2.3132	1.4178	0.5439	0.7343	1.2721
2.8	2.5803	1.5975	0.5853	0.3510	2.0196	10.6	2.3207	1.4271	0.4905	0.7392	1.2659
2.9	2.4809	1.4069	1.2065	0.3417	2.0002	10.8	2.3383	1.4474	0.1228	0.7426	1.2633
3.0	2.2511	1.2333	1.1854	0.4457	1.7015	11.0	2.3438	1.4546	0.3642	0.7467	1.2576
3.1	2.4940	1.5108	0.8696	0.5413	1.6763	11.2	2.3300	1.4444	0.5044	0.7468	1.2512
3.2	2.9003	1.8787	0.8598	0.5343	1.8964	11.4	2.3107	1.4272	0.2222	0.7442	1.2486
3.3	2.8892	1.9091	0.2454	0.5217	1.8933	11.6	2.2967	1.4149	0.2380	0.7436	1.2445
3.4	2.8627	1.9119	0.1142	0.5705	1.7720	11.8	2.3012	1.4216	0.5253	0.7436	1.2441
3.5	2.9633	1.9711	0.0347	0.6290	1.7234	12.0	2.3100	1.4320	0.3377	0.7478	1.2392
3.6	2.8568	1.8940	0.8068	0.5960	1.7280	12.2	2.3188	1.4423	0.1601	0.7501	1.2370
3.7	2.6793	1.7874	1.4766	0.5343	1.7243	12.4	2.3105	1.4367	0.4191	0.7519	1.2302
3.8	2.6006	1.6595	1.6230	0.5295	1.7218	12.6	2.2975	1.4252	0.4277	0.7505	1.2279
3.9	2.5024	1.4909	1.1802	0.5669	1.6572	12.8	2.2848	1.4152	0.2024	0.7493	1.2243
4.0	2.3901	1.3995	0.2537	0.5507	1.6193	13.0	2.2839	1.4157	0.3087	0.7493	1.2231
4.1	2.4147	1.4758	0.1434	0.5014	1.6747	13.2	2.2899	1.4241	0.4643	0.7507	1.2208
4.2	2.4183	1.4607	0.6503	0.4956	1.6747	13.4	2.2964	1.4314	0.2524	0.7535	1.2178
4.3	2.3945	1.4084	1.2245	0.5565	1.6107	13.6	2.2935	1.4311	0.2282	0.7543	1.2141
4.4	2.5291	1.5201	1.2400	0.6277	1.5749	13.8	2.2841	1.4226	0.4371	0.7547	1.2105
4.5	2.7186	1.7085	0.9720	0.6349	1.6339	14.0	2.2742	1.4148	0.3549	0.7534	1.2082
4.6	2.6997	1.7292	0.4864	0.6213	1.6254	14.2	2.2700	1.4124	0.2092	0.7535	1.2058
4.7	2.6438	1.6956	0.1651	0.6455	1.5493	14.4	2.2737	1.4177	0.3515	0.7541	1.2045
4.8	2.6709	1.6944	0.0114	0.6903	1.5013	14.6	2.2778	1.4236	0.3993	0.7557	1.2019
4.9	2.6545	1.6597	0.2942	0.6894	1.5102	14.8	2.2781	1.4253	0.2279	0.7568	1.1994
5.0	2.5417	1.5922	0.8872	0.6450	1.5148	15.0	2.2714	1.4204	0.2915	0.7568	1.1965

Table T1.160   201

N = 3.500 K = 0.200

X	QEXT	QSCA	QBK	G	QPR	X	QEXT	QSCA	QBK	G	QPR
0.1	0.0087	0.0002	0.0002	0.0023	0.0087	5.2	2.4811	1.4419	0.4035	0.6787	1.5024
0.2	0.0216	0.0028	0.0040	0.0085	0.0216	5.4	2.4595	1.4299	0.1300	0.6753	1.4939
0.3	0.0482	0.0146	0.0197	0.0194	0.0480	5.6	2.4770	1.4502	0.4242	0.6837	1.4856
0.4	0.1067	0.0493	0.0599	0.0357	0.1050	5.8	2.5040	1.4816	0.5700	0.6985	1.4690
0.5	0.2327	0.1315	0.1355	0.0588	0.2249	6.0	2.4957	1.4845	0.2649	0.7059	1.4478
0.6	0.5063	0.3087	0.2342	0.0923	0.4778	6.2	2.4768	1.4675	0.1932	0.7136	1.4297
0.7	1.1872	0.7049	0.2588	0.1397	1.0887	6.4	2.4409	1.4442	0.4137	0.7097	1.4158
0.8	3.5255	1.9242	0.3888	0.1580	3.2215	6.6	2.4233	1.4323	0.3285	0.7099	1.4065
0.9	5.1563	3.3425	3.9211	0.0428	5.0133	6.8	2.4256	1.4414	0.2340	0.7106	1.4010
1.0	4.5796	3.5031	4.9935	0.0164	4.5222	7.0	2.4357	1.4569	0.4211	0.7164	1.3920
1.1	4.6622	3.4291	4.2174	−0.0409	4.5219	7.2	2.4356	1.4628	0.3990	0.7212	1.3806
1.2	4.0358	2.1746	2.5126	−0.0856	3.8495	7.4	2.4252	1.4557	0.2069	0.7253	1.3694
1.3	2.6952	1.0762	0.6555	0.2523	2.4237	7.6	2.4058	1.4421	0.2750	0.7265	1.3581
1.4	2.0623	0.9458	0.0318	0.2991	1.7794	7.8	2.3912	1.4333	0.4091	0.7264	1.3501
1.5	2.6400	1.2601	0.2771	0.3396	2.2121	8.0	2.3886	1.4351	0.3110	0.7280	1.3439
1.6	2.6580	1.0901	0.7781	0.2835	2.3490	8.2	2.3908	1.4433	0.2810	0.7298	1.3376
1.7	2.3459	1.0451	0.4320	0.2982	2.0343	8.4	2.3916	1.4482	0.3695	0.7327	1.3305
1.8	2.5851	1.4482	0.3674	0.3184	2.1240	8.6	2.3856	1.4464	0.3077	0.7345	1.3232
1.9	2.8767	1.7719	0.2969	0.3430	2.2689	8.8	2.3745	1.4392	0.2369	0.7357	1.3157
2.0	3.0206	1.8987	0.1478	0.3726	2.3132	9.0	2.3639	1.4327	0.3373	0.7361	1.3093
2.1	3.2182	2.0004	0.1351	0.4302	2.3577	9.2	2.3595	1.4318	0.3818	0.7373	1.3039
2.2	3.3256	2.0901	0.4773	0.4611	2.3618	9.4	2.3585	1.4350	0.2922	0.7388	1.2983
2.3	3.1596	2.0360	1.2417	0.4349	2.2741	9.6	2.3581	1.4383	0.2905	0.7405	1.2931
2.4	2.9735	1.8698	1.5700	0.4182	2.1916	9.8	2.3545	1.4383	0.3328	0.7418	1.2876
2.5	2.8227	1.6090	1.3309	0.4455	2.1058	10.0	2.3476	1.4349	0.2901	0.7425	1.2823
2.6	2.6406	1.3855	0.6098	0.4967	1.9525	10.2	2.3403	1.4307	0.2862	0.7430	1.2773
2.7	2.5692	1.3549	0.0542	0.4994	1.8926	10.4	2.3357	1.4291	0.3543	0.7436	1.2729
2.8	2.6102	1.4011	0.1348	0.4798	1.9379	10.6	2.3334	1.4299	0.3395	0.7447	1.2685
2.9	2.5594	1.3453	0.5195	0.4848	1.9072	10.8	2.3320	1.4316	0.2786	0.7460	1.2641
3.0	2.5080	1.3188	0.7315	0.5287	1.8108	11.0	2.3295	1.4319	0.2982	0.7470	1.2598
3.1	2.5963	1.4325	0.7483	0.5690	1.8239	11.2	2.3249	1.4303	0.3240	0.7477	1.2556
3.2	2.7448	1.5830	0.5900	0.5817	1.8250	11.4	2.3197	1.4278	0.3019	0.7480	1.2517
3.3	2.7959	1.6493	0.3064	0.5887	1.7804	11.6	2.3155	1.4262	0.3132	0.7485	1.2480
3.4	2.7962	1.6651	0.1609	0.6100	1.7408	11.8	2.3128	1.4261	0.3387	0.7491	1.2445
3.5	2.7874	1.6653	0.1884	0.6285	1.7218	12.0	2.3110	1.4268	0.3068	0.7500	1.2410
3.6	2.7409	1.6380	0.4644	0.6222	1.7094	12.2	2.3089	1.4270	0.2827	0.7508	1.2375
3.7	2.6719	1.5838	0.7367	0.6077	1.7094	12.4	2.3055	1.4261	0.3129	0.7514	1.2340
3.8	2.6116	1.5128	0.7223	0.6186	1.6907	12.6	2.3017	1.4246	0.3255	0.7518	1.2308
3.9	2.5611	1.4481	0.4160	0.6160	1.6653	12.8	2.2982	1.4233	0.3098	0.7521	1.2277
4.0	2.5245	1.4188	0.0869	0.6056	1.6505	13.0	2.2955	1.4228	0.3151	0.7526	1.2248
4.1	2.5069	1.4174	0.0566	0.6090	1.6485	13.2	2.2935	1.4229	0.3176	0.7531	1.2219
4.2	2.4991	1.4140	0.3057	0.6311	1.6380	13.4	2.2915	1.4230	0.2962	0.7537	1.2190
4.3	2.5127	1.4215	0.6090	0.6546	1.6156	13.6	2.2889	1.4224	0.2988	0.7542	1.2161
4.4	2.5599	1.4632	0.7492	0.6647	1.6021	13.8	2.2860	1.4224	0.3233	0.7546	1.2134
4.5	2.6055	1.5140	0.6528	0.6685	1.5991	14.0	2.2831	1.4228	0.3151	0.7549	1.2108
4.6	2.6127	1.5370	0.4219	0.6878	1.5852	14.2	2.2806	1.4204	0.3215	0.7553	1.2083
4.7	2.5999	1.5359	0.2196	0.6895	1.5596	14.4	2.2786	1.4199	0.3068	0.7557	1.2058
4.8	2.5882	1.5266	0.1452	0.6831	1.5381	14.6	2.2767	1.4196	0.3087	0.7561	1.2034
4.9	2.5703	1.5117	0.2462	0.6831	1.5281	14.8	2.2746	1.4192	0.3019	0.7565	1.2010
5.0	2.5393	1.4900	0.4261	0.6831	1.5215	15.0	2.2722	1.4185	0.3126	0.7568	1.1987

Table T1.161

N = 3.500 K = 0.300

X	QEXT	QSCA	QBK	G	QPR	X	QEXT	QSCA	QBK	G	QPR
0.1	0.0129	0.0002	0.0003	0.0023	0.0129	5.2	2.5063	1.4548	0.2950	0.6853	1.5092
0.2	0.0310	0.0028	0.0040	0.0085	0.0309	5.4	2.4909	1.4493	0.2362	0.6873	1.4947
0.3	0.0649	0.0147	0.0198	0.0194	0.0646	5.6	2.4907	1.4561	0.3782	0.6932	1.4813
0.4	0.1352	0.0496	0.0603	0.0355	0.1335	5.8	2.4913	1.4650	0.4401	0.7001	1.4656
0.5	0.2825	0.1320	0.1365	0.0583	0.2748	6.0	2.4826	1.4651	0.3010	0.7054	1.4491
0.6	0.5996	0.3088	0.2382	0.0908	0.5716	6.2	2.4698	1.4591	0.2442	0.7094	1.4346
0.7	1.3684	0.6941	0.2921	0.1335	1.2757	6.4	2.4539	1.4518	0.3098	0.7110	1.4217
0.8	3.4410	1.6709	0.5747	0.1424	3.2031	6.6	2.4427	1.4480	0.3156	0.7127	1.4107
0.9	4.6998	2.7714	2.9867	0.0562	4.4410	6.8	2.4377	1.4496	0.3193	0.7151	1.4011
1.0	4.5059	3.1217	4.0600	0.0332	4.4023	7.0	2.4344	1.4527	0.3689	0.7182	1.3910
1.1	4.4230	2.9139	3.8882	0.0548	4.2632	7.2	2.4290	1.4532	0.3364	0.7212	1.3809
1.2	3.7868	1.8927	1.9620	0.1080	3.5824	7.4	2.4212	1.4508	0.2608	0.7238	1.3711
1.3	2.8303	1.1256	0.6019	0.2309	2.5706	7.6	2.4118	1.4470	0.2808	0.7256	1.3618
1.4	2.3803	1.0196	0.0454	0.3025	2.0719	7.8	2.4036	1.4442	0.3376	0.7271	1.3535
1.5	2.6806	1.1807	0.1019	0.3536	2.2631	8.0	2.3982	1.4439	0.3373	0.7288	1.3460
1.6	2.7237	1.1318	0.4199	0.3415	2.3372	8.2	2.3940	1.4447	0.3266	0.7305	1.3387
1.7	2.5808	1.1511	0.3805	0.3404	2.1889	8.4	2.3896	1.4449	0.3219	0.7322	1.3316
1.8	2.6777	1.3893	0.3402	0.3531	2.1870	8.6	2.3841	1.4438	0.2913	0.7338	1.3246
1.9	2.8555	1.6119	0.2715	0.3766	2.2485	8.8	2.3778	1.4418	0.2818	0.7351	1.3179
2.0	2.9955	1.7311	0.1963	0.4089	2.2877	9.0	2.3718	1.4400	0.3220	0.7362	1.3117
2.1	3.1124	1.8055	0.2527	0.4484	2.3028	9.2	2.3670	1.4391	0.3453	0.7374	1.3058
2.2	3.1444	1.8472	0.5289	0.4680	2.2799	9.4	2.3630	1.4389	0.3245	0.7386	1.3001
2.3	3.0509	1.8106	0.9366	0.4614	2.2155	9.6	2.3590	1.4387	0.3050	0.7398	1.2946
2.4	2.9198	1.6913	1.0885	0.4610	2.1401	9.8	2.3548	1.4380	0.2987	0.7409	1.2893
2.5	2.7995	1.5319	0.8583	0.4852	2.0563	10.0	2.3501	1.4369	0.2974	0.7418	1.2842
2.6	2.7051	1.4179	0.3892	0.5180	1.9707	10.2	2.3456	1.4356	0.3141	0.7427	1.2794
2.7	2.6706	1.3938	0.0480	0.5304	1.9313	10.4	2.3416	1.4348	0.3350	0.7436	1.2747
2.8	2.6632	1.3983	0.0690	0.5288	1.9238	10.6	2.3379	1.4342	0.3273	0.7445	1.2702
2.9	2.6310	1.3816	0.3055	0.5352	1.8915	10.8	2.3344	1.4338	0.3036	0.7453	1.2658
3.0	2.6124	1.3853	0.5085	0.5562	1.8419	11.0	2.3309	1.4332	0.2965	0.7461	1.2616
3.1	2.6477	1.4389	0.5801	0.5785	1.8152	11.2	2.3273	1.4324	0.3055	0.7468	1.2575
3.2	2.7075	1.5080	0.5041	0.5931	1.8131	11.4	2.3237	1.4315	0.3168	0.7475	1.2536
3.3	2.7389	1.5507	0.3580	0.6038	1.8026	11.6	2.3203	1.4308	0.3260	0.7481	1.2498
3.4	2.7388	1.5651	0.2723	0.6155	1.7754	11.8	2.3171	1.4302	0.3233	0.7488	1.2462
3.5	2.7213	1.5626	0.2985	0.6240	1.7462	12.0	2.3141	1.4297	0.3073	0.7494	1.2427
3.6	2.6915	1.5463	0.4124	0.6256	1.7240	12.2	2.3111	1.4291	0.2981	0.7500	1.2392
3.7	2.6559	1.5185	0.4962	0.6253	1.7063	12.4	2.3080	1.4285	0.3064	0.7506	1.2359
3.8	2.6224	1.4863	0.4444	0.6283	1.6885	12.6	2.3050	1.4278	0.3190	0.7511	1.2326
3.9	2.5944	1.4602	0.2799	0.6326	1.6707	12.8	2.3021	1.4271	0.3233	0.7516	1.2295
4.0	2.5724	1.4458	0.1361	0.6338	1.6560	13.0	2.2994	1.4266	0.3183	0.7521	1.2265
4.1	2.5564	1.4398	0.1327	0.6342	1.6433	13.2	2.2967	1.4260	0.3083	0.7526	1.2235
4.2	2.5488	1.4388	0.2668	0.6391	1.6293	13.4	2.2941	1.4255	0.3017	0.7530	1.2207
4.3	2.5537	1.4461	0.4396	0.6493	1.6148	13.6	2.2915	1.4250	0.3069	0.7535	1.2179
4.4	2.5681	1.4628	0.5395	0.6600	1.6027	13.8	2.2890	1.4244	0.3177	0.7539	1.2152
4.5	2.5799	1.4806	0.5170	0.6675	1.5917	14.0	2.2865	1.4238	0.3217	0.7543	1.2125
4.6	2.5804	1.4863	0.4110	0.6726	1.5780	14.2	2.2841	1.4233	0.3160	0.7547	1.2100
4.7	2.5726	1.4904	0.3021	0.6775	1.5621	14.4	2.2818	1.4228	0.3077	0.7551	1.2075
4.8	2.5619	1.4915	0.2516	0.6818	1.5477	14.6	2.2795	1.4223	0.3041	0.7554	1.2050
4.9	2.5496	1.4875	0.2713	0.6841	1.5366	14.8	2.2773	1.4218	0.3084	0.7558	1.2027
5.0	2.5350	1.4720	0.3176	0.6846	1.5273	15.0	2.2751	1.4213	0.3164	0.7561	1.2004

Table T1.166

N = 3.500 K = 2.000

X	QEXT	QSCA	QBK	G	QPR	X	QEXT	QSCA	QBK	G	QPR
0.1	0.0586	0.0002	0.0003	0.0018	0.0586	5.2	2.5736	1.6358	0.3028	0.6479	1.5138
0.2	0.1369	0.0037	0.0053	0.0063	0.1369	5.4	2.5632	1.6331	0.4077	0.6524	1.4978
0.3	0.2637	0.0195	0.0273	0.0131	0.2634	5.6	2.5528	1.6307	0.5326	0.6563	1.4825
0.4	0.4815	0.0659	0.0889	0.0205	0.4801	5.8	2.5419	1.6278	0.5495	0.6597	1.4661
0.5	0.8410	0.1738	0.2286	0.0261	0.8365	6.0	2.5316	1.6247	0.4509	0.6627	1.4548
0.6	1.3696	0.3859	0.5079	0.0280	1.3588	6.2	2.5226	1.6219	0.3454	0.6658	1.4427
0.7	2.0226	0.7300	0.9732	0.0283	2.0019	6.4	2.5142	1.6197	0.3381	0.6687	1.4311
0.8	2.6686	1.1567	1.5314	0.0321	2.6315	6.6	2.5058	1.6174	0.4261	0.6713	1.4200
0.9	3.1257	1.5213	1.9281	0.0422	3.0616	6.8	2.4973	1.6149	0.5122	0.6735	1.4096
1.0	3.2992	1.7139	1.9963	0.0592	3.1977	7.0	2.4894	1.6125	0.5096	0.6757	1.3999
1.1	3.2646	1.7564	1.7875	0.0841	3.1169	7.2	2.4823	1.6103	0.4283	0.6778	1.3908
1.2	3.1511	1.7266	1.4250	0.1183	2.9467	7.4	2.4754	1.6083	0.3556	0.6797	1.3821
1.3	3.0424	1.6812	1.0038	0.1628	2.7686	7.6	2.4685	1.6063	0.3632	0.6815	1.3738
1.4	2.9724	1.6475	0.5975	0.2157	2.6171	7.8	2.4617	1.6042	0.4360	0.6830	1.3660
1.5	2.9454	1.6353	0.2761	0.2715	2.5014	8.0	2.4554	1.6022	0.4956	0.6845	1.3586
1.6	2.9493	1.6439	0.0978	0.3229	2.4184	8.2	2.4495	1.6004	0.4832	0.6860	1.3517
1.7	2.9648	1.6655	0.0881	0.3640	2.3585	8.4	2.4437	1.5986	0.4166	0.6873	1.3449
1.8	2.9741	1.6891	0.2255	0.3929	2.3104	8.6	2.4380	1.5969	0.3661	0.6886	1.3385
1.9	2.9673	1.7057	0.4493	0.4118	2.2649	8.8	2.4325	1.5951	0.3809	0.6897	1.3323
2.0	2.9444	1.7113	0.6839	0.4248	2.2175	9.0	2.4273	1.5934	0.4407	0.6908	1.3265
2.1	2.9120	1.7072	0.8630	0.4358	2.1680	9.2	2.4223	1.5918	0.4822	0.6919	1.3209
2.2	2.8788	1.6978	0.9436	0.4478	2.1186	9.4	2.4174	1.5903	0.4647	0.6928	1.3155
2.3	2.8516	1.6879	0.9110	0.4619	2.0720	9.6	2.4125	1.5888	0.4104	0.6937	1.3103
2.4	2.8333	1.6814	0.7794	0.4778	2.0300	9.8	2.4079	1.5872	0.3755	0.6946	1.3053
2.5	2.8228	1.6794	0.5886	0.4941	1.9930	10.0	2.4034	1.5858	0.3934	0.6955	1.3006
2.6	2.8160	1.6810	0.3936	0.5092	1.9600	10.2	2.3991	1.5844	0.4422	0.6963	1.2960
2.7	2.8087	1.6839	0.2472	0.5219	1.9299	10.4	2.3949	1.5830	0.4709	0.6970	1.2915
2.8	2.7981	1.6859	0.1842	0.5320	1.9011	10.6	2.3908	1.5817	0.4521	0.6977	1.2872
2.9	2.7835	1.6854	0.2125	0.5401	1.8731	10.8	2.3868	1.5803	0.4076	0.6984	1.2831
3.0	2.7666	1.6824	0.3146	0.5472	1.8460	11.0	2.3830	1.5791	0.3835	0.6990	1.2792
3.1	2.7496	1.6779	0.4557	0.5540	1.8200	11.2	2.3792	1.5779	0.4026	0.6996	1.2753
3.2	2.7346	1.6731	0.5935	0.5612	1.7956	11.4	2.3755	1.5766	0.4424	0.7002	1.2716
3.3	2.7226	1.6692	0.6897	0.5689	1.7731	11.6	2.3719	1.5754	0.4621	0.7007	1.2680
3.4	2.7134	1.6667	0.7196	0.5767	1.7523	11.8	2.3685	1.5743	0.4433	0.7012	1.2645
3.5	2.7058	1.6656	0.6782	0.5841	1.7329	12.0	2.3651	1.5731	0.4069	0.7017	1.2612
3.6	2.6983	1.6651	0.5810	0.5908	1.7145	12.2	2.3618	1.5720	0.3907	0.7022	1.2579
3.7	2.6898	1.6645	0.4582	0.5966	1.6968	12.4	2.3586	1.5709	0.4091	0.7027	1.2548
3.8	2.6801	1.6632	0.3450	0.6015	1.6797	12.6	2.3554	1.5699	0.4418	0.7031	1.2517
3.9	2.6696	1.6611	0.2711	0.6058	1.6633	12.8	2.3524	1.5688	0.4553	0.7035	1.2487
4.0	2.6590	1.6583	0.2533	0.6098	1.6478	13.0	2.3494	1.5678	0.4368	0.7039	1.2458
4.1	2.6493	1.6553	0.2923	0.6138	1.6332	13.2	2.3465	1.5668	0.4073	0.7043	1.2430
4.2	2.6408	1.6526	0.3736	0.6179	1.6197	13.4	2.3436	1.5658	0.3963	0.7046	1.2402
4.3	2.6335	1.6505	0.4718	0.6220	1.6069	13.6	2.3408	1.5649	0.4137	0.7050	1.2376
4.4	2.6270	1.6489	0.5581	0.6260	1.5949	13.8	2.3381	1.5639	0.4406	0.7053	1.2350
4.5	2.6208	1.6478	0.6090	0.6297	1.5833	14.0	2.3354	1.5630	0.4489	0.7056	1.2325
4.6	2.6143	1.6466	0.6121	0.6330	1.5721	14.2	2.3328	1.5621	0.4321	0.7059	1.2300
4.7	2.6074	1.6453	0.5690	0.6359	1.5612	14.4	2.3302	1.5612	0.4079	0.7062	1.2276
4.8	2.6000	1.6436	0.4942	0.6384	1.5507	14.6	2.3277	1.5603	0.4007	0.7065	1.2253
4.9	2.5927	1.6417	0.4097	0.6408	1.5407	14.8	2.3253	1.5595	0.4169	0.7068	1.2231
5.0	2.5857	1.6396	0.3391	0.6432	1.5312	15.0	2.3229	1.5586	0.4387	0.7070	1.2208

Table T1.167

N = 3.500 K = 2.500

X	QEXT	QSCA	QBK	G	QPR
0.1	0.0601	0.0002	0.0004	0.0015	0.0601
0.2	0.1430	0.0040	0.0058	0.0051	0.1430
0.3	0.2803	0.0213	0.0304	0.0098	0.2801
0.4	0.5128	0.0720	0.1015	0.0137	0.5118
0.5	0.8795	0.1901	0.2684	0.0149	0.8766
0.6	1.3931	0.4191	0.6009	0.0143	1.3871
0.7	2.0176	0.7810	1.1258	0.0155	2.0054
0.8	2.6377	1.2155	1.7131	0.0216	2.6114
0.9	3.0787	1.5823	2.1119	0.0335	3.0257
1.0	3.2571	1.7865	2.1815	0.0512	3.1656
1.1	3.2405	1.8461	1.9707	0.0760	3.1002
1.2	3.1406	1.8263	1.5914	0.1096	2.9405
1.3	3.0352	1.7809	1.1381	0.1532	2.7624
1.4	2.9626	1.7420	0.6898	0.2058	2.6042
1.5	2.9334	1.7268	0.3243	0.2624	2.4808
1.6	2.9392	1.7320	0.1118	0.3153	2.3930
1.7	2.9600	1.7553	0.0893	0.3577	2.3322
1.8	2.9750	1.7816	0.2386	0.3869	2.2858
1.9	2.9717	1.7995	0.4919	0.4051	2.2427
2.0	2.9495	1.8045	0.7618	0.4170	2.1971
2.1	2.9160	1.7982	0.9718	0.4269	2.1483
2.2	2.8810	1.7858	1.0714	0.4380	2.0988
2.3	2.8524	1.7733	1.0417	0.4516	2.0516
2.4	2.8339	1.7649	0.8963	0.4674	2.0090
2.5	2.8244	1.7622	0.6787	0.4839	1.9718
2.6	2.8195	1.7639	0.4513	0.4991	1.9392
2.7	2.8141	1.7673	0.2765	0.5117	1.9098
2.8	2.8047	1.7694	0.1966	0.5215	1.8820
2.9	2.7905	1.7686	0.2233	0.5290	1.8549
3.0	2.7732	1.7646	0.3383	0.5354	1.8285
3.1	2.7555	1.7587	0.5020	0.5416	1.8029
3.2	2.7399	1.7525	0.6656	0.5484	1.7788
3.3	2.7279	1.7476	0.7835	0.5558	1.7566
3.4	2.7191	1.7445	0.8247	0.5635	1.7361
3.5	2.7123	1.7431	0.7813	0.5709	1.7171
3.6	2.7056	1.7426	0.6695	0.5775	1.6993
3.7	2.6978	1.7419	0.5245	0.5831	1.6822
3.8	2.6883	1.7402	0.3878	0.5876	1.6656
3.9	2.6776	1.7375	0.2956	0.5916	1.6497
4.0	2.6667	1.7339	0.2694	0.5952	1.6346
4.1	2.6566	1.7302	0.3118	0.5989	1.6204
4.2	2.6481	1.7268	0.4065	0.6028	1.6071
4.3	2.6410	1.7242	0.5243	0.6068	1.5948
4.4	2.6350	1.7224	0.6304	0.6107	1.5831
4.5	2.6290	1.7210	0.6956	0.6143	1.5719
4.6	2.6230	1.7197	0.7035	0.6175	1.5610
4.7	2.6162	1.7181	0.6549	0.6203	1.5505
4.8	2.6088	1.7161	0.5661	0.6227	1.5403
4.9	2.6013	1.7136	0.4634	0.6248	1.5306
5.0	2.5942	1.7110	0.3752	0.6270	1.5213

X	QEXT	QSCA	QBK	G	QPR
5.2	2.5821	1.7064	0.3239	0.6315	1.5045
5.4	2.5722	1.7032	0.4480	0.6359	1.4890
5.6	2.5622	1.7004	0.6041	0.6397	1.4743
5.8	2.5510	1.6970	0.6311	0.6428	1.4603
6.0	2.5406	1.6931	0.5126	0.6456	1.4475
6.2	2.5318	1.6898	0.3789	0.6486	1.4358
6.4	2.5237	1.6872	0.3643	0.6514	1.4247
6.6	2.5153	1.6846	0.4717	0.6538	1.4139
6.8	2.5068	1.6816	0.5822	0.6559	1.4038
7.0	2.4989	1.6786	0.5838	0.6579	1.3945
7.2	2.4919	1.6761	0.4832	0.6599	1.3858
7.4	2.4852	1.6738	0.3887	0.6618	1.3774
7.6	2.4782	1.6715	0.3938	0.6634	1.3694
7.8	2.4714	1.6690	0.4852	0.6649	1.3618
8.0	2.4652	1.6666	0.5638	0.6663	1.3548
8.2	2.4594	1.6645	0.5516	0.6677	1.3481
8.4	2.4537	1.6625	0.4671	0.6689	1.3416
8.6	2.4479	1.6604	0.3998	0.6701	1.3353
8.8	2.4423	1.6583	0.4157	0.6711	1.3295
9.0	2.4372	1.6563	0.4923	0.6721	1.3239
9.2	2.4323	1.6545	0.5484	0.6732	1.3185
9.4	2.4274	1.6528	0.5286	0.6741	1.3133
9.6	2.4225	1.6510	0.4581	0.6749	1.3083
9.8	2.4178	1.6492	0.4103	0.6757	1.3035
10.0	2.4135	1.6475	0.4314	0.6765	1.2989
10.2	2.4092	1.6459	0.4954	0.6773	1.2945
10.4	2.4050	1.6443	0.5351	0.6779	1.2902
10.6	2.4008	1.6427	0.5123	0.6786	1.2861
10.8	2.3968	1.6412	0.4536	0.6792	1.2822
11.0	2.3930	1.6397	0.4197	0.6798	1.2784
11.2	2.3893	1.6383	0.4432	0.6804	1.2747
11.4	2.3856	1.6369	0.4964	0.6809	1.2711
11.6	2.3820	1.6355	0.5007	0.6814	1.2676
11.8	2.3785	1.6342	0.4518	0.6818	1.2643
12.0	2.3752	1.6329	0.4284	0.6823	1.2611
12.2	2.3719	1.6316	0.4519	0.6827	1.2580
12.4	2.3687	1.6303	0.5245	0.6831	1.2549
12.6	2.3655	1.6291	0.5159	0.6835	1.2520
12.8	2.3624	1.6279	0.4581	0.6839	1.2491
13.0	2.3595	1.6267	0.4921	0.6843	1.2464
13.2	2.3566	1.6256	0.4516	0.6846	1.2436
13.4	2.3537	1.6245	0.4353	0.6849	1.2410
13.6	2.3508	1.6234	0.4581	0.6853	1.2384
13.8	2.3481	1.6223	0.4952	0.6856	1.2359
14.0	2.3455	1.6212	0.5080	0.6859	1.2335
14.2	2.3428	1.6202	0.4858	0.6861	1.2312
14.4	2.3402	1.6192	0.4520	0.6864	1.2289
14.6	2.3377	1.6182	0.4409	0.6866	1.2266
14.8	2.3353	1.6172	0.4623	0.6869	1.2244
15.0	2.3329	1.6162	0.4932	0.6871	1.2223

Table T1.168

N = 3.500   K = 3.000

X	QEXT	QSCA	QBK	G	QPR	X	QEXT	QSCA	QBK	G	QPR
0.1	0.0576	0.0003	0.0004	0.0012	0.0576	5.2	2.5838	1.7758	0.3424	0.6156	1.4907
0.2	0.1407	0.0042	0.0063	0.0036	0.1406	5.4	2.5745	1.7722	0.4840	0.6199	1.4758
0.3	0.2816	0.0227	0.0332	0.0061	0.2815	5.6	2.5692	1.7692	0.6756	0.6236	1.4616
0.4	0.5171	0.0773	0.1136	0.0067	0.5166	5.8	2.5649	1.7652	0.7184	0.6264	1.4481
0.5	0.8765	0.2041	0.3058	0.0050	0.8755	6.0	2.5539	1.7606	0.5810	0.6291	1.4358
0.6	1.3722	0.4483	0.6839	0.0036	1.3706	6.2	2.5434	1.7568	0.4146	0.6319	1.4245
0.7	1.9823	0.8292	1.2616	0.0059	1.9773	6.4	2.5347	1.7539	0.3872	0.6347	1.4139
0.8	2.5976	1.2809	1.8904	0.0134	2.5805	6.6	2.5271	1.7510	0.5136	0.6370	1.4036
0.9	3.0432	1.6632	2.3157	0.0259	3.0001	6.8	2.5189	1.7475	0.6530	0.6389	1.3938
1.0	3.2341	1.8821	2.3973	0.0437	3.1519	7.0	2.5103	1.7441	0.6639	0.6407	1.3849
1.1	3.2288	1.9503	2.1788	0.0681	3.0961	7.2	2.5024	1.7412	0.5438	0.6427	1.3766
1.2	3.1325	1.9305	1.7728	0.1010	2.9376	7.4	2.4957	1.7387	0.4225	0.6445	1.3687
1.3	3.0241	1.8793	1.2797	0.1440	2.7536	7.6	2.4892	1.7360	0.4210	0.6460	1.3609
1.4	2.9464	1.8332	0.7851	0.1965	2.5863	7.8	2.4824	1.7331	0.5315	0.6473	1.3537
1.5	2.9142	1.8112	0.3742	0.2538	2.4545	8.0	2.4755	1.7304	0.6340	0.6486	1.3469
1.6	2.9210	1.8171	0.1270	0.3080	2.3614	8.2	2.4694	1.7280	0.6258	0.6500	1.3406
1.7	2.9464	1.8423	0.0901	0.3513	2.2992	8.4	2.4638	1.7258	0.5224	0.6512	1.3344
1.8	2.9671	1.8715	0.2491	0.3808	2.2544	8.6	2.4582	1.7235	0.4334	0.6522	1.3284
1.9	2.9680	1.8914	0.5307	0.3985	2.2142	8.8	2.4525	1.7211	0.4468	0.6532	1.3228
2.0	2.9474	1.8963	0.8369	0.4094	2.1711	9.0	2.4469	1.7188	0.5417	0.6542	1.3175
2.1	2.9132	1.8880	1.0800	0.4182	2.1236	9.2	2.4419	1.7168	0.6172	0.6551	1.3124
2.2	2.8764	1.8727	1.2017	0.4284	2.0742	9.4	2.4371	1.7149	0.5985	0.6560	1.3073
2.3	2.8461	1.8573	1.1780	0.4414	2.0263	9.6	2.4323	1.7128	0.5096	0.6568	1.3026
2.4	2.8268	1.8467	1.0211	0.4570	1.9828	9.8	2.4275	1.7108	0.4443	0.6575	1.2980
2.5	2.8178	1.8431	0.7772	0.4736	1.9450	10.0	2.4228	1.7089	0.4659	0.6582	1.2937
2.6	2.8146	1.8449	0.5159	0.4890	1.9126	10.2	2.4185	1.7071	0.5470	0.6590	1.2895
2.7	2.8113	1.8488	0.3094	0.5016	1.8840	10.4	2.4144	1.7054	0.6024	0.6596	1.2854
2.8	2.8035	1.8501	0.2091	0.5111	1.8573	10.6	2.4102	1.7036	0.5778	0.6602	1.2814
2.9	2.7901	1.8453	0.2314	0.5181	1.8315	10.8	2.4061	1.7018	0.5025	0.6607	1.2777
3.0	2.7725	1.8380	0.3576	0.5239	1.8059	11.0	2.4021	1.7002	0.4545	0.6613	1.2741
3.1	2.7541	1.8304	0.5441	0.5295	1.7809	11.2	2.3984	1.6986	0.4800	0.6618	1.2706
3.2	2.7378	1.8243	0.7353	0.5358	1.7572	11.4	2.3948	1.6971	0.5496	0.6623	1.2672
3.3	2.7254	1.8205	0.8778	0.5429	1.7350	11.6	2.3911	1.6955	0.5901	0.6627	1.2639
3.4	2.7170	1.8189	0.9338	0.5505	1.7148	11.8	2.3875	1.6940	0.5630	0.6632	1.2607
3.5	2.7109	1.8183	0.8911	0.5579	1.6962	12.0	2.3841	1.6925	0.4989	0.6636	1.2577
3.6	2.7053	1.8176	0.7662	0.5644	1.6789	12.2	2.3809	1.6911	0.4644	0.6640	1.2547
3.7	2.6983	1.8158	0.5982	0.5698	1.6625	12.4	2.3776	1.6897	0.4918	0.6644	1.2518
3.8	2.6892	1.8125	0.4357	0.5741	1.6467	12.6	2.3744	1.6883	0.5504	0.6647	1.2490
3.9	2.6785	1.8082	0.3221	0.5777	1.6313	12.8	2.3713	1.6870	0.5800	0.6651	1.2463
4.0	2.6673	1.8037	0.2843	0.5810	1.6167	13.0	2.3682	1.6857	0.5524	0.6654	1.2436
4.1	2.6569	1.7996	0.3274	0.5844	1.6028	13.2	2.3653	1.6845	0.4976	0.6657	1.2411
4.2	2.6482	1.7964	0.4347	0.5898	1.5898	13.4	2.3625	1.6832	0.4725	0.6660	1.2385
4.3	2.6413	1.7943	0.5729	0.5920	1.5778	13.6	2.3596	1.6819	0.5001	0.6663	1.2361
4.4	2.6356	1.7928	0.7013	0.5959	1.5665	13.8	2.3568	1.6807	0.5500	0.6666	1.2337
4.5	2.6304	1.7915	0.7841	0.5994	1.5557	14.0	2.3541	1.6796	0.5705	0.6669	1.2315
4.6	2.6247	1.7897	0.8001	0.6025	1.5452	14.2	2.3515	1.6784	0.5432	0.6671	1.2292
4.7	2.6182	1.7873	0.7480	0.6051	1.5351	14.4	2.3489	1.6773	0.4972	0.6673	1.2270
4.8	2.6108	1.7844	0.6457	0.6073	1.5253	14.6	2.3463	1.6762	0.4792	0.6676	1.2249
4.9	2.6032	1.7844	0.5233	0.6093	1.5159	14.8	2.3438	1.6751	0.5059	0.6678	1.2228
5.0	2.5959	1.7813	0.4151	0.6113	1.5070	15.0	2.3414	1.6740	0.5483	0.6680	1.2208

Table T1.169

N = 3.500 K = 3.500

X	QEXT	QSCA	QBK	G	QPR	X	QEXT	QSCA	QBK	G	QPR
0.1	0.0529	0.0003	0.0004	0.0008	0.0529	5.2	2.5786	1.8402	0.3583	0.6007	1.4731
0.2	0.1333	0.0044	0.0066	0.0019	0.1333	5.4	2.5698	1.8363	0.5126	0.6050	1.4588
0.3	0.2731	0.0239	0.0357	0.0021	0.2731	5.6	2.5610	1.8331	0.7415	0.6086	1.4453
0.4	0.5031	0.0813	0.1244	-0.0002	0.5031	5.8	2.5502	1.8287	0.8062	0.6113	1.4324
0.5	0.8467	0.2149	0.3382	-0.0036	0.8475	6.0	2.5395	1.8235	0.6538	0.6137	1.4205
0.6	1.3231	0.4714	0.7535	-0.0049	1.3254	6.2	2.5310	1.8192	0.4523	0.6164	1.4097
0.7	1.9234	0.8693	1.3773	-0.0016	1.9248	6.4	2.5239	1.8161	0.4062	0.6191	1.3995
0.8	2.5422	1.3411	2.0523	0.0065	2.5335	6.6	2.5162	1.8130	0.5483	0.6213	1.3897
0.9	3.0022	1.7441	2.5153	0.0193	2.9686	6.8	2.5076	1.8092	0.7198	0.6231	1.3803
1.0	3.2101	1.9786	2.6147	0.0369	3.1371	7.0	2.4998	1.8052	0.7456	0.6248	1.3718
1.1	3.2151	2.0527	2.3887	0.0607	3.1639	7.2	2.4932	1.8020	0.6086	0.6267	1.3639
1.2	3.1201	2.0299	1.9548	0.0929	3.0905	7.4	2.4872	1.7994	0.4572	0.6285	1.3563
1.3	3.0074	1.9712	1.4219	0.1353	2.9314	7.6	2.4805	1.7965	0.4434	0.6299	1.3490
1.4	2.9238	1.9174	0.8822	0.1876	2.7406	7.8	2.4738	1.7933	0.5709	0.6311	1.3420
1.5	2.8874	1.8902	0.4267	0.2455	2.5640	8.0	2.4676	1.7902	0.7009	0.6323	1.3356
1.6	2.8941	1.8946	0.1441	0.3006	2.4235	8.2	2.4623	1.7877	0.7022	0.6336	1.3296
1.7	2.9232	1.9214	0.0902	0.3449	2.3245	8.4	2.4570	1.7853	0.5812	0.6348	1.3237
1.8	2.9493	1.9536	0.2553	0.3748	2.2605	8.6	2.4514	1.7828	0.4667	0.6358	1.3180
1.9	2.9550	1.9758	0.5625	0.3922	2.2172	8.8	2.4459	1.7801	0.4726	0.6366	1.3126
2.0	2.9369	1.9810	0.9036	0.4023	2.1801	9.0	2.4410	1.7776	0.5849	0.6376	1.3076
2.1	2.9028	1.9711	1.1803	0.4101	2.1400	9.2	2.4364	1.7754	0.6838	0.6385	1.3028
2.2	2.8644	1.9530	1.3261	0.4193	2.0945	9.4	2.4318	1.7734	0.6704	0.6393	1.2981
2.3	2.8321	1.9346	1.3117	0.4317	2.0455	9.6	2.4270	1.7711	0.5639	0.6400	1.2935
2.4	2.8115	1.9219	1.1469	0.4470	1.9970	9.8	2.4225	1.7689	0.4770	0.6407	1.2892
2.5	2.8027	1.9171	0.8795	0.4637	1.9524	10.0	2.4183	1.7668	0.4948	0.6414	1.2851
2.6	2.8010	1.9189	0.5853	0.4792	1.9138	10.2	2.4143	1.7649	0.5931	0.6421	1.2811
2.7	2.7998	1.9235	0.3462	0.4919	1.8814	10.4	2.4103	1.7630	0.6681	0.6427	1.2772
2.8	2.7939	1.9265	0.2226	0.5013	1.8535	10.6	2.4062	1.7611	0.6457	0.6432	1.2735
2.9	2.7816	1.9254	0.2369	0.5079	1.8282	10.8	2.4024	1.7591	0.5535	0.6437	1.2699
3.0	2.7642	1.9198	0.3712	0.5130	1.8038	11.0	2.3988	1.7574	0.4873	0.6443	1.2666
3.1	2.7452	1.9113	0.5785	0.5181	1.7794	11.2	2.3952	1.7557	0.5117	0.6448	1.2632
3.2	2.7282	1.9023	0.7969	0.5239	1.7551	11.4	2.3917	1.7540	0.5978	0.6452	1.2600
3.3	2.7153	1.8949	0.9657	0.5307	1.7316	11.6	2.3882	1.7523	0.6549	0.6456	1.2569
3.4	2.7069	1.8904	1.0396	0.5382	1.7096	11.8	2.3848	1.7506	0.6277	0.6460	1.2539
3.5	2.7016	1.8885	1.0014	0.5456	1.6895	12.0	2.3817	1.7491	0.5476	0.6464	1.2510
3.6	2.6970	1.8881	0.8663	0.5521	1.6713	12.2	2.3785	1.7476	0.4971	0.6468	1.2482
3.7	2.6910	1.8876	0.6769	0.5574	1.6545	12.4	2.3754	1.7460	0.5260	0.6471	1.2455
3.8	2.6825	1.8857	0.4882	0.5615	1.6388	12.6	2.3723	1.7445	0.6002	0.6475	1.2428
3.9	2.6720	1.8820	0.3509	0.5648	1.6237	12.8	2.3694	1.7431	0.6437	0.6478	1.2403
4.0	2.6606	1.8771	0.2982	0.5677	1.6091	13.0	2.3666	1.7417	0.6144	0.6481	1.2378
4.1	2.6499	1.8717	0.3388	0.5708	1.5950	13.2	2.3638	1.7403	0.5444	0.6484	1.2354
4.2	2.6409	1.8669	0.4561	0.5743	1.5815	13.4	2.3610	1.7390	0.5066	0.6487	1.2330
4.3	2.6341	1.8632	0.6137	0.5781	1.5688	13.6	2.3582	1.7376	0.5365	0.6489	1.2307
4.4	2.6288	1.8609	0.7653	0.5819	1.5570	13.8	2.3556	1.7363	0.6010	0.6492	1.2285
4.5	2.6242	1.8593	0.8682	0.5855	1.5460	14.0	2.3531	1.7351	0.6342	0.6494	1.2263
4.6	2.6191	1.8579	0.8956	0.5886	1.5356	14.2	2.3506	1.7338	0.6028	0.6496	1.2242
4.7	2.6130	1.8561	0.8433	0.5911	1.5256	14.4	2.3480	1.7326	0.5427	0.6498	1.2221
4.8	2.6059	1.8535	0.7295	0.5931	1.5160	14.6	2.3456	1.7314	0.5142	0.6500	1.2201
4.9	2.5982	1.8502	0.5880	0.5949	1.5066	14.8	2.3432	1.7302	0.5441	0.6502	1.2182
5.0	2.5908	1.8466	0.4583	0.5967	1.4976	15.0	2.3410	1.7291	0.6001	0.6504	1.2163
					1.4889						

Figs. A1–A3

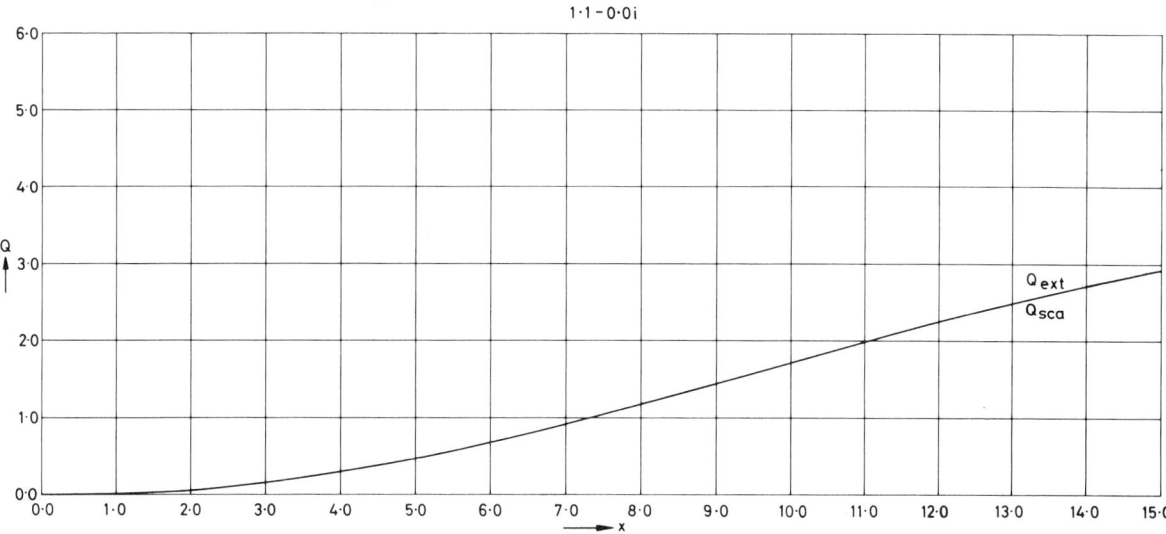

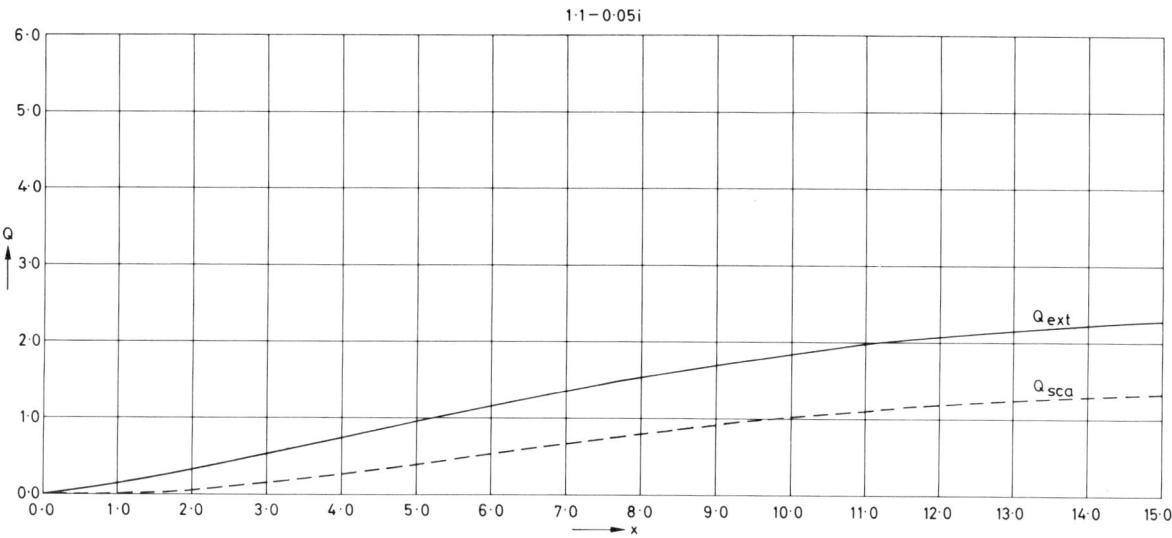

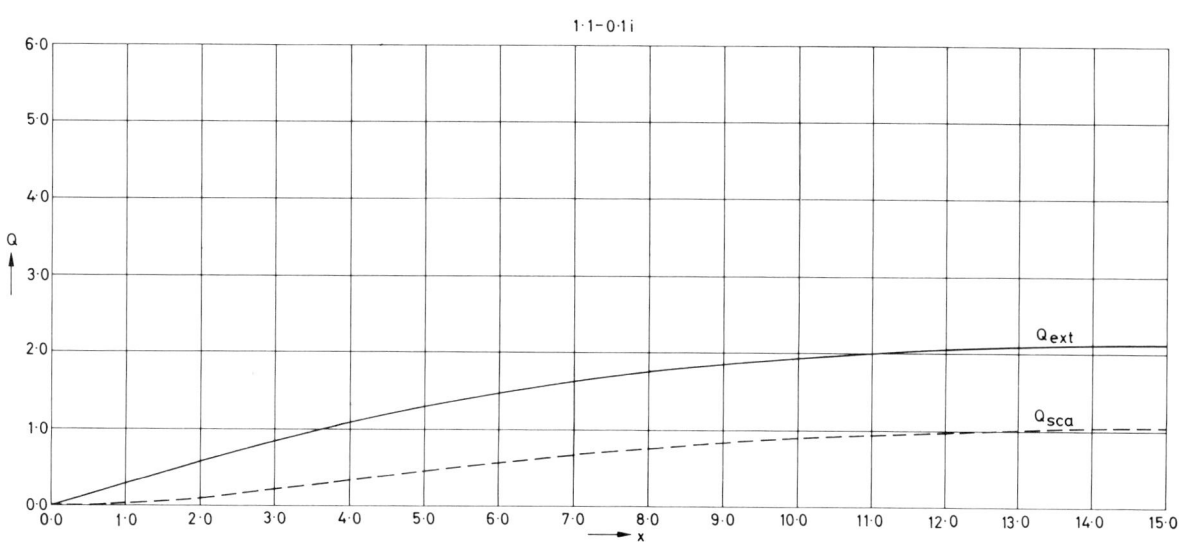

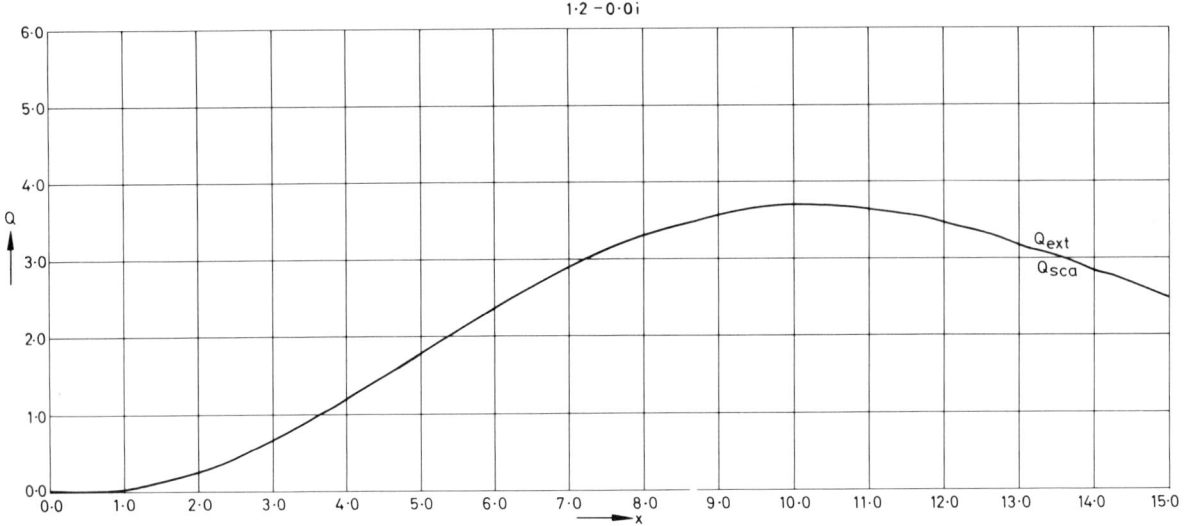

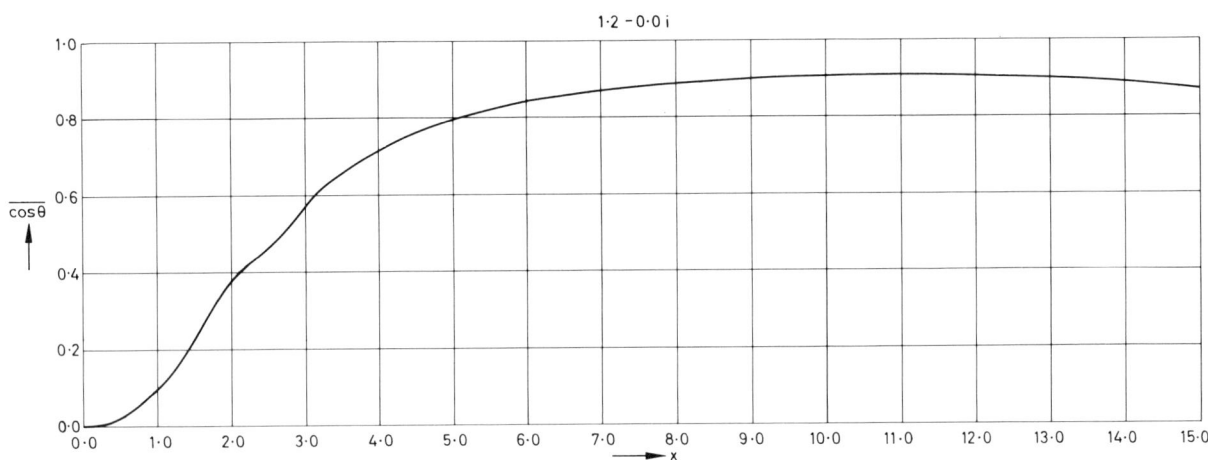

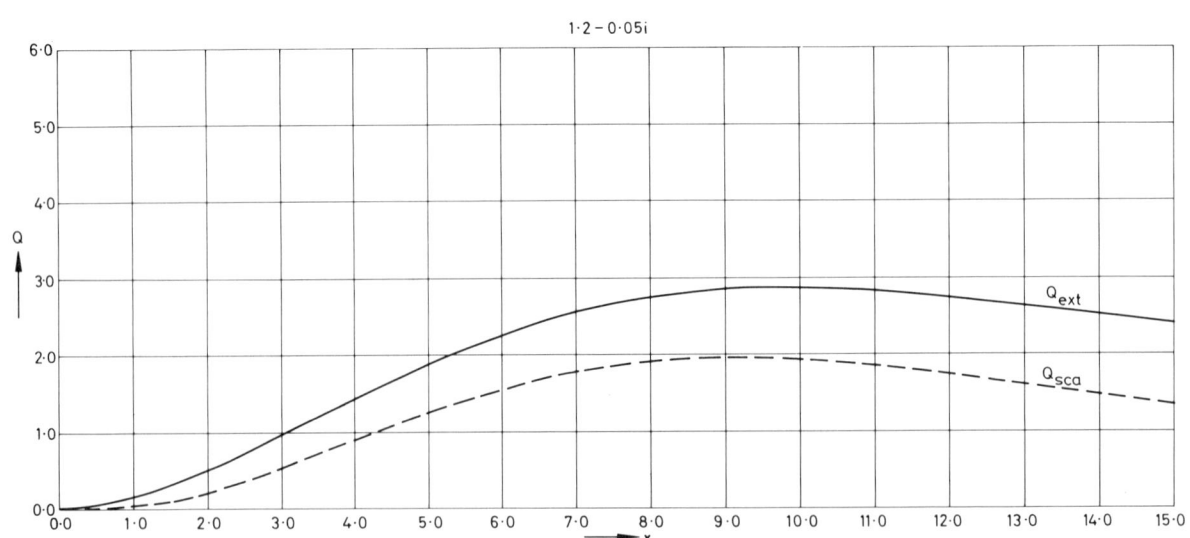

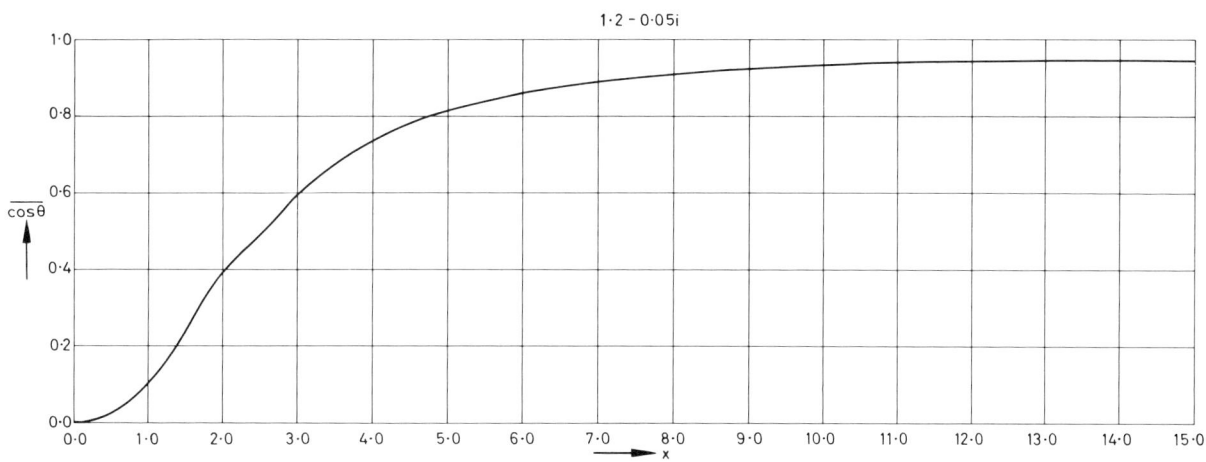
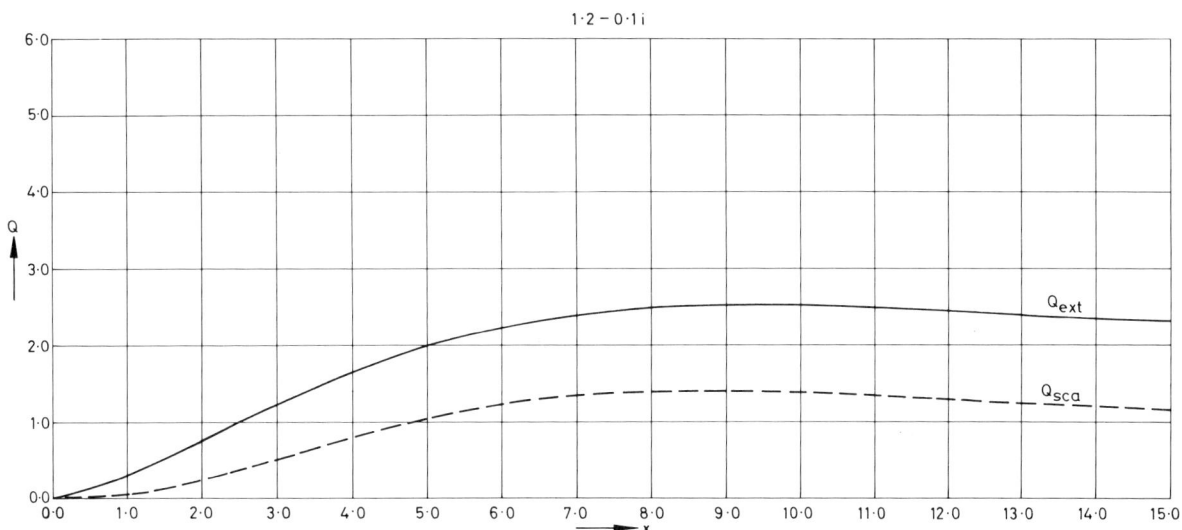
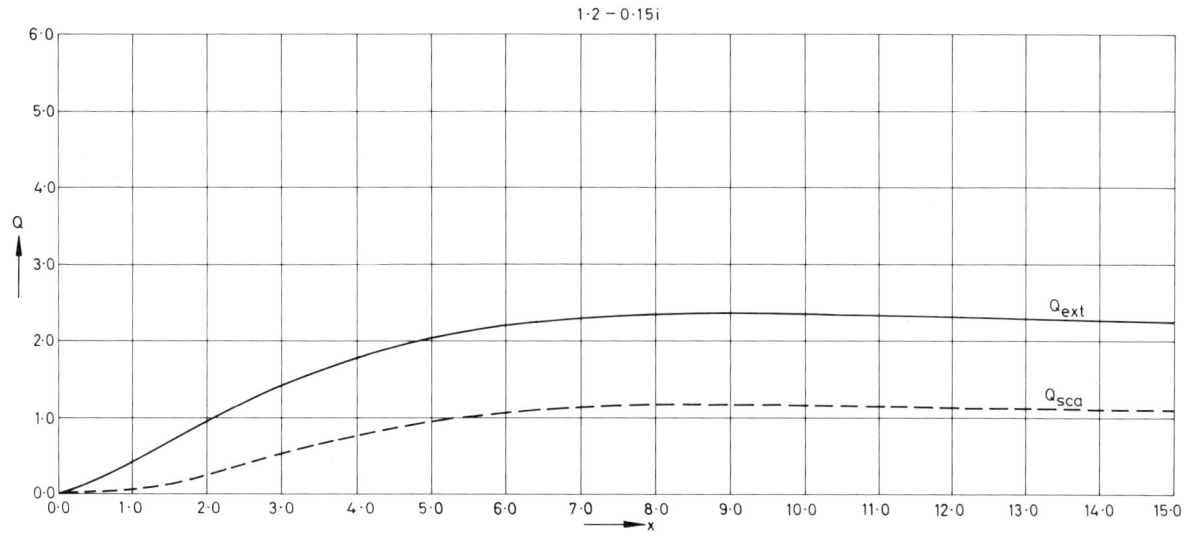

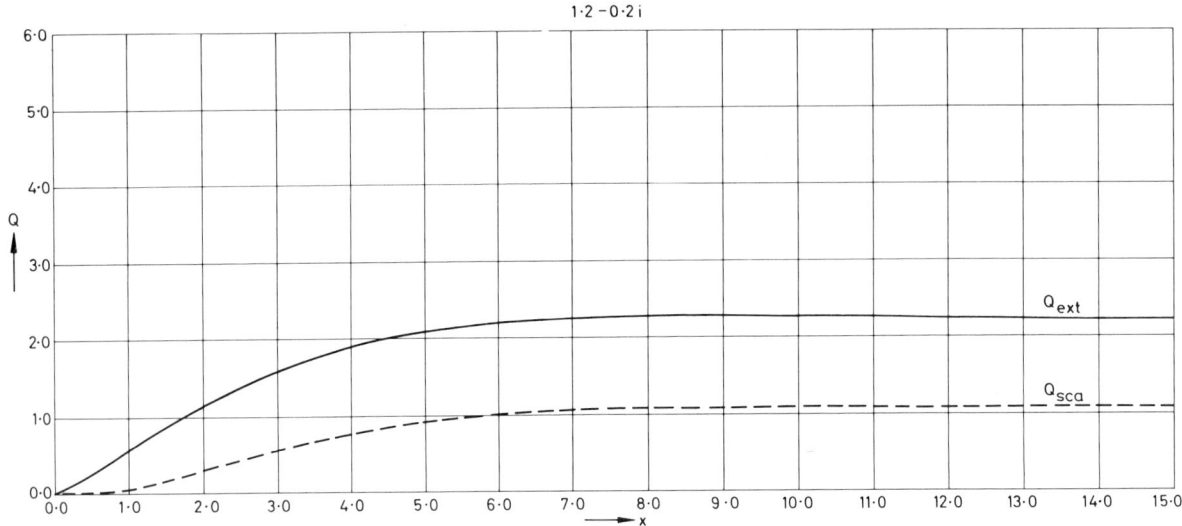

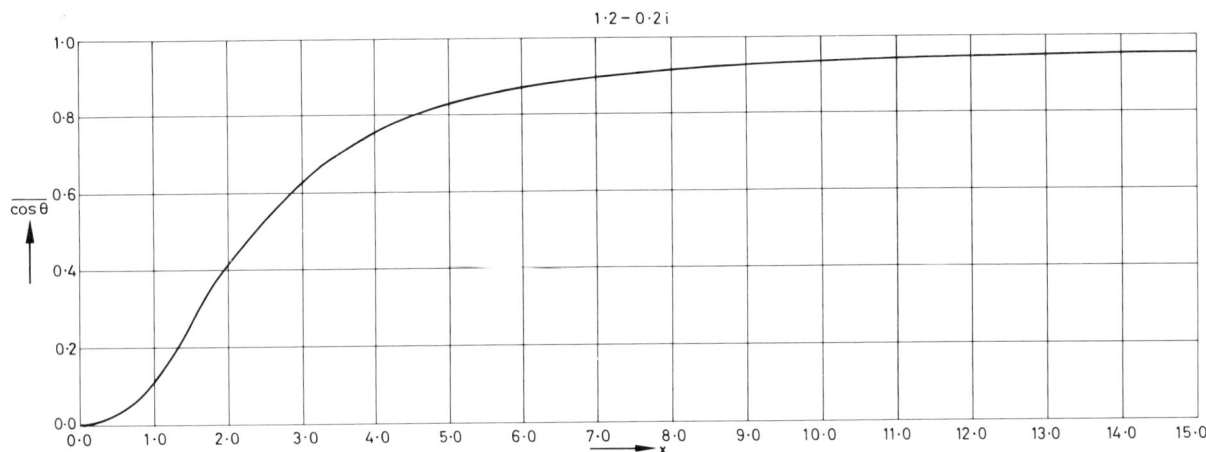

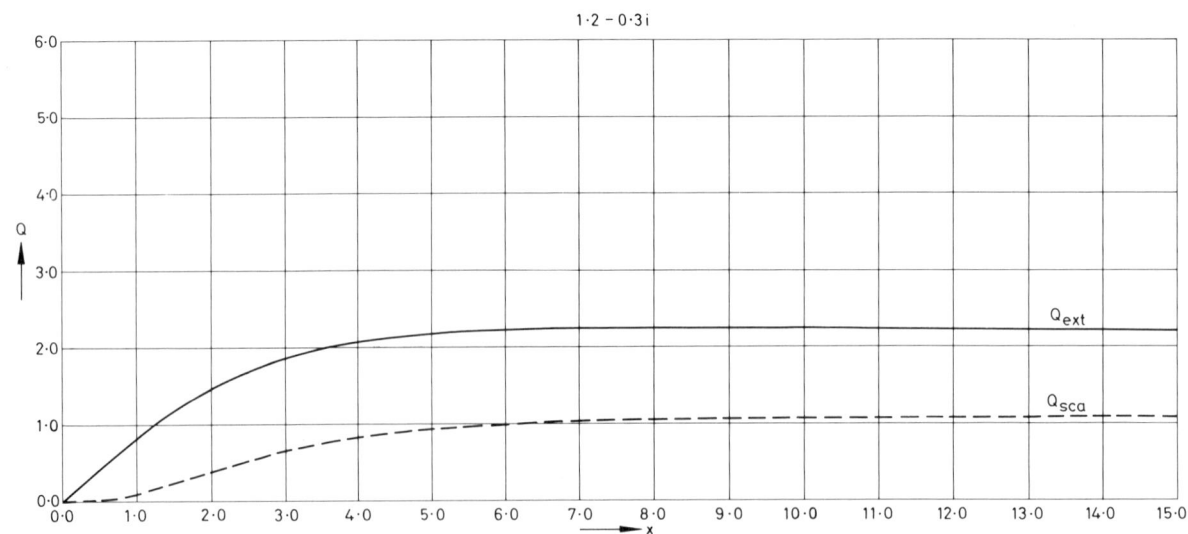

Figs. A13–A15

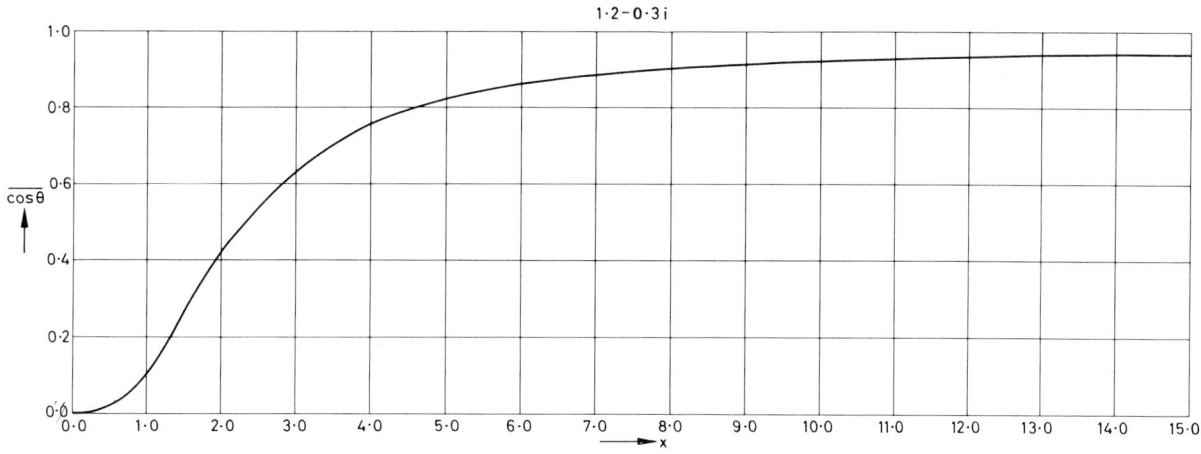

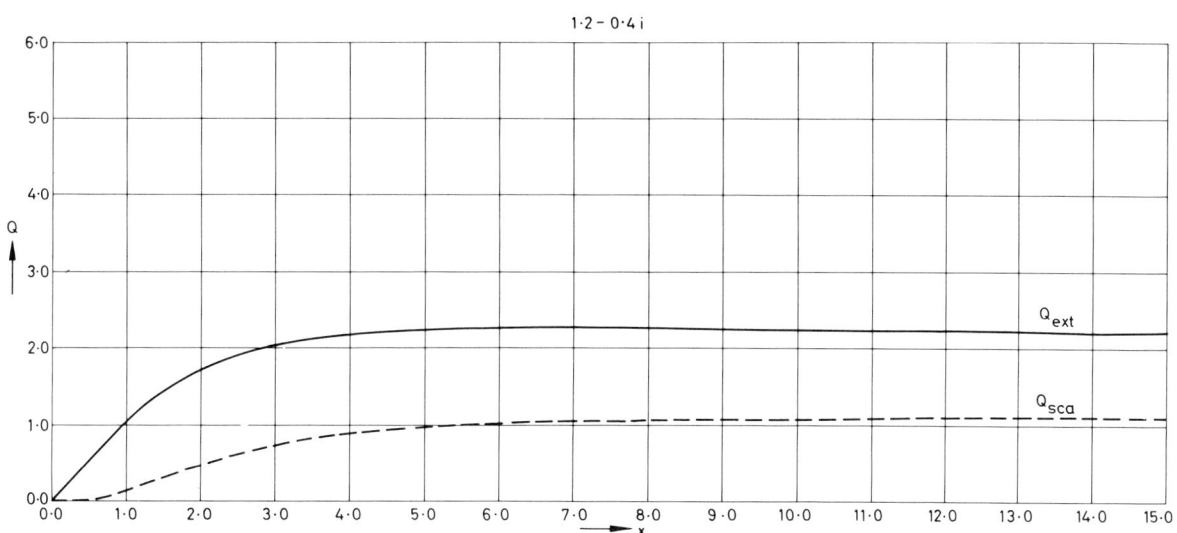

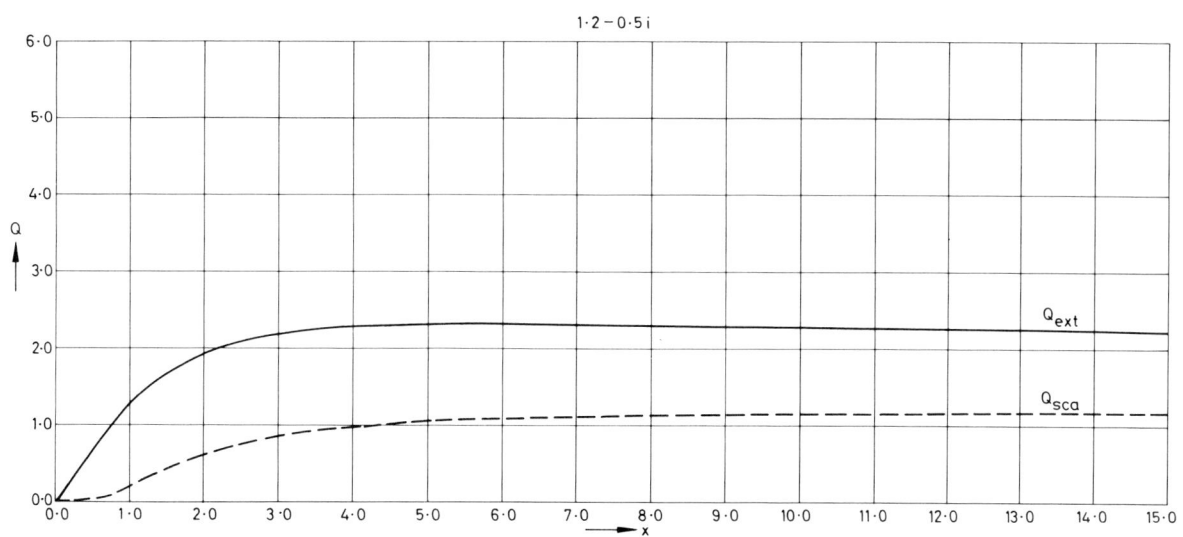

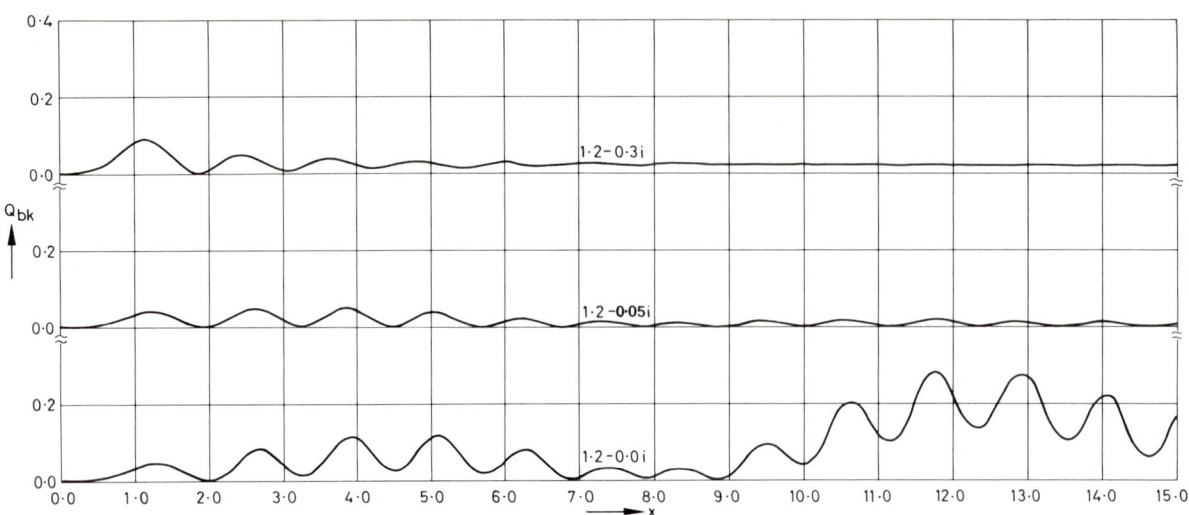
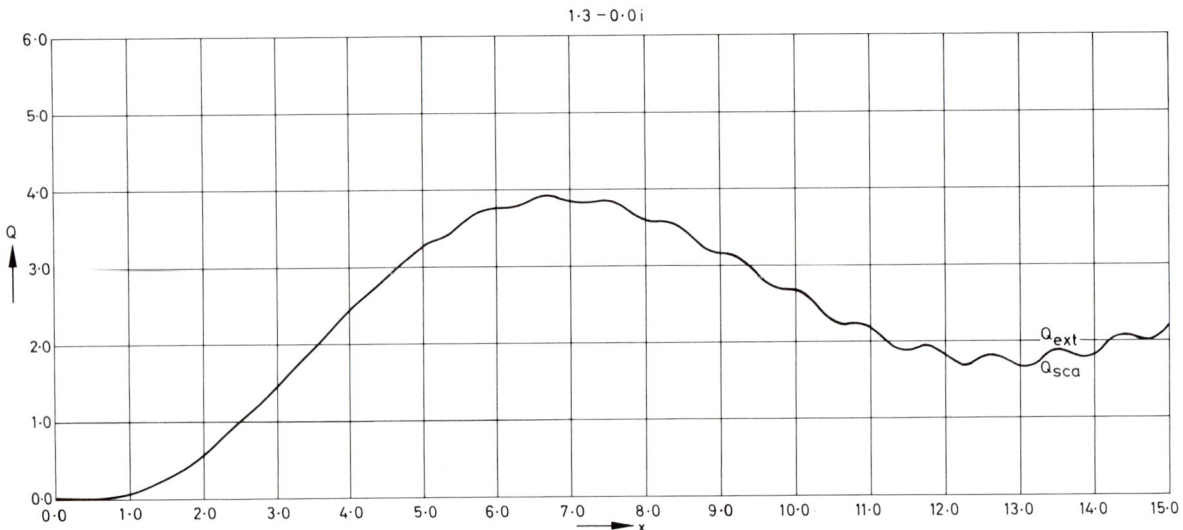
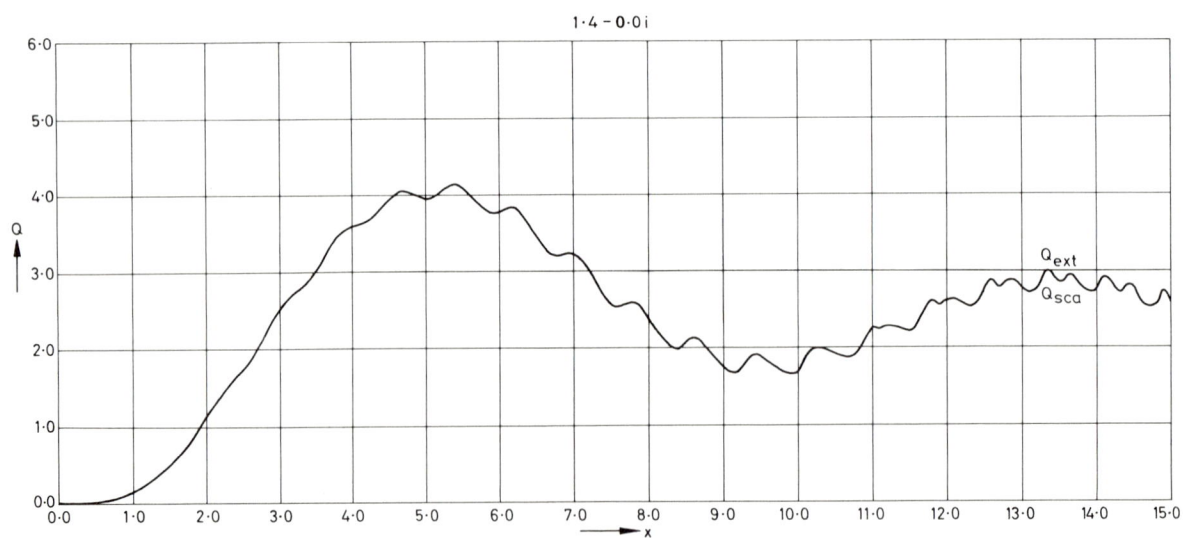

Figs. A19–A21 217

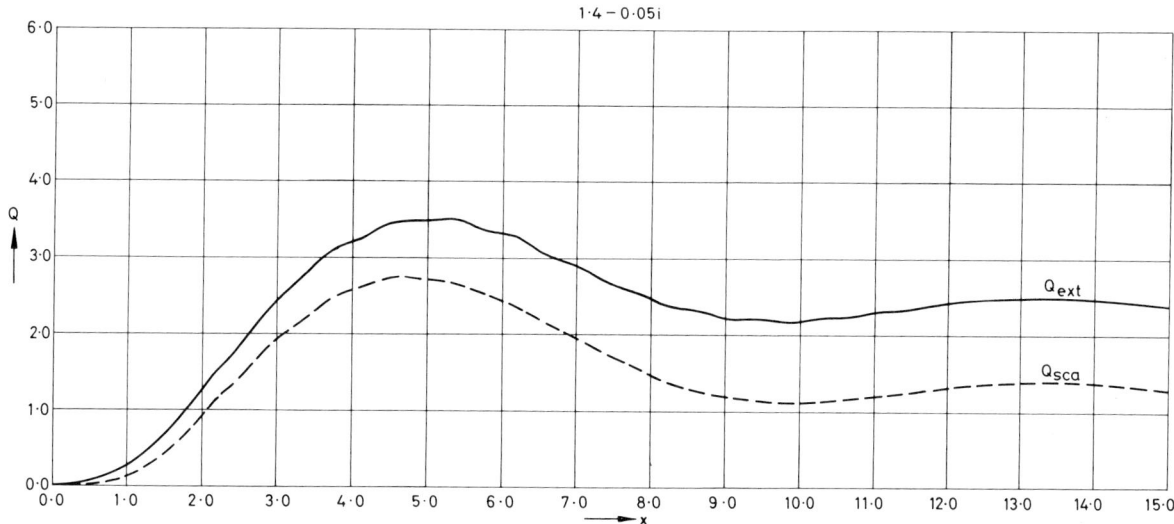
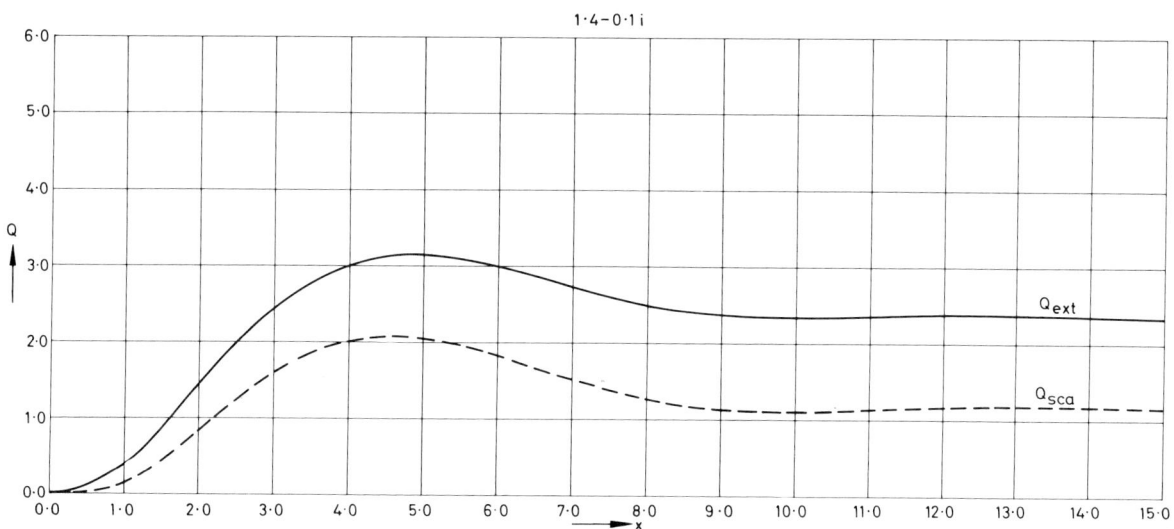
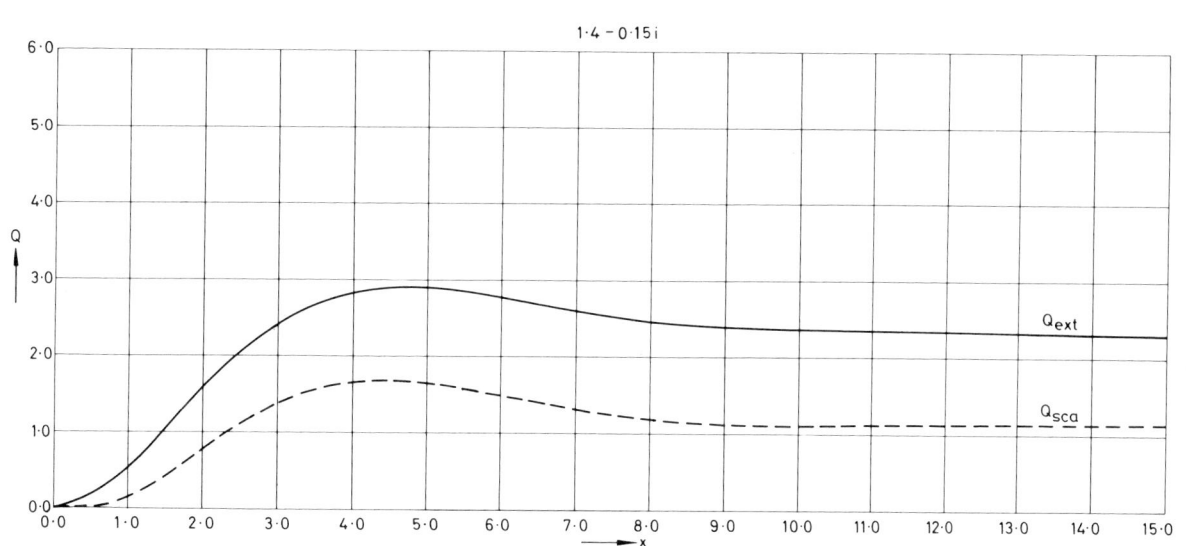

Figs. A22–A24

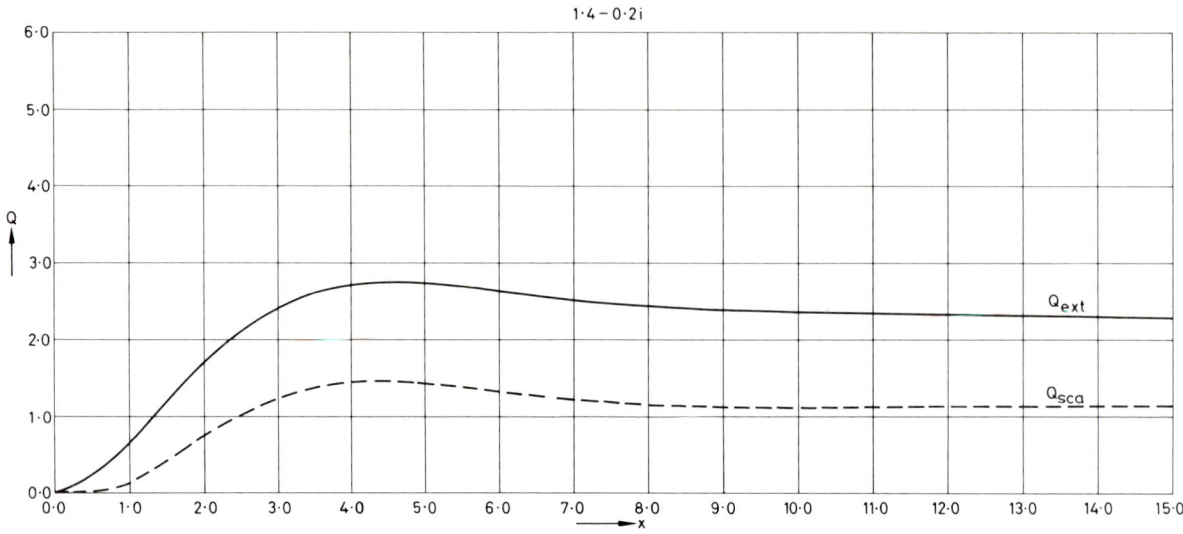

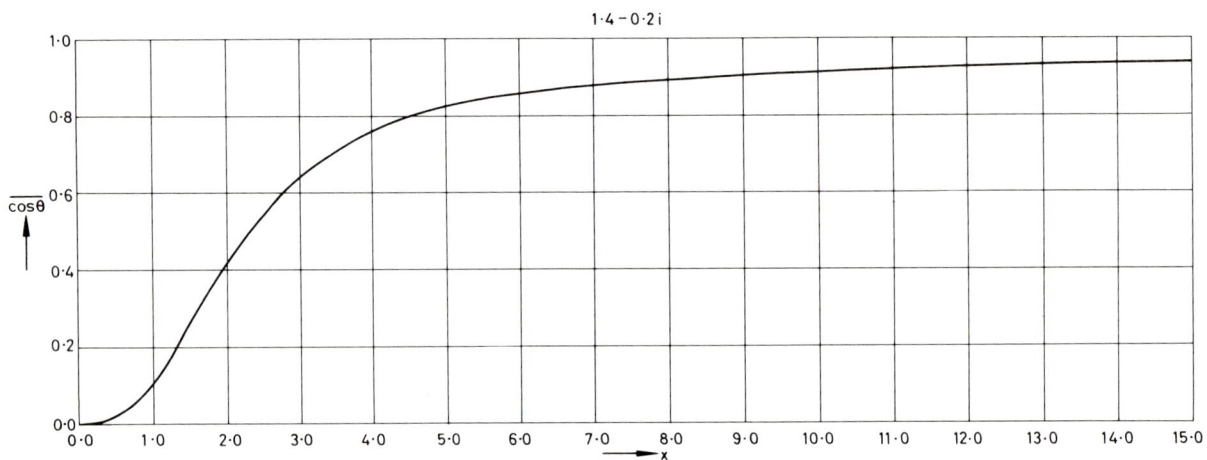

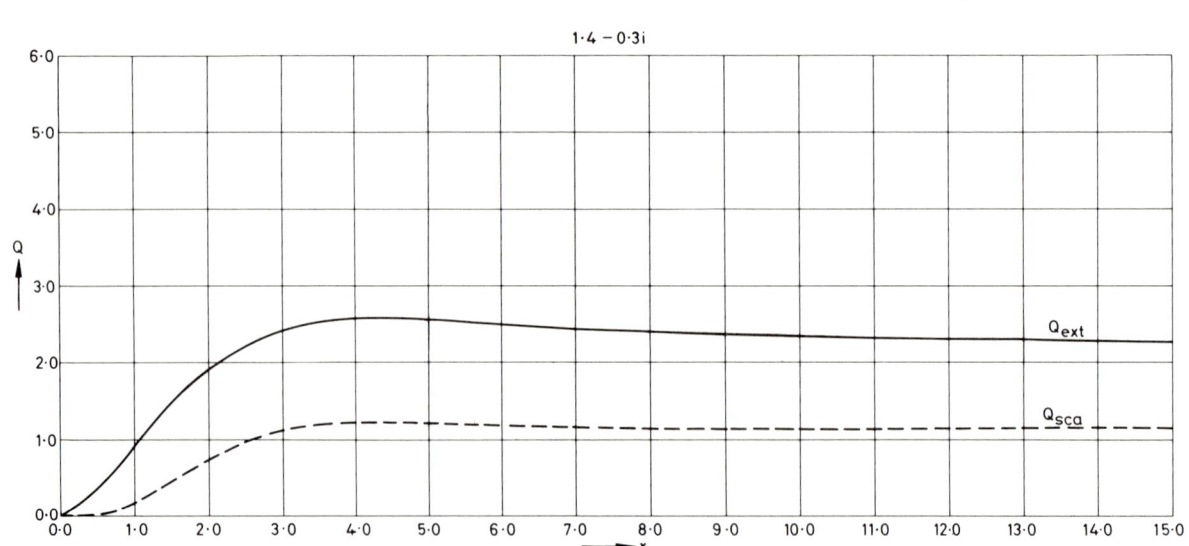

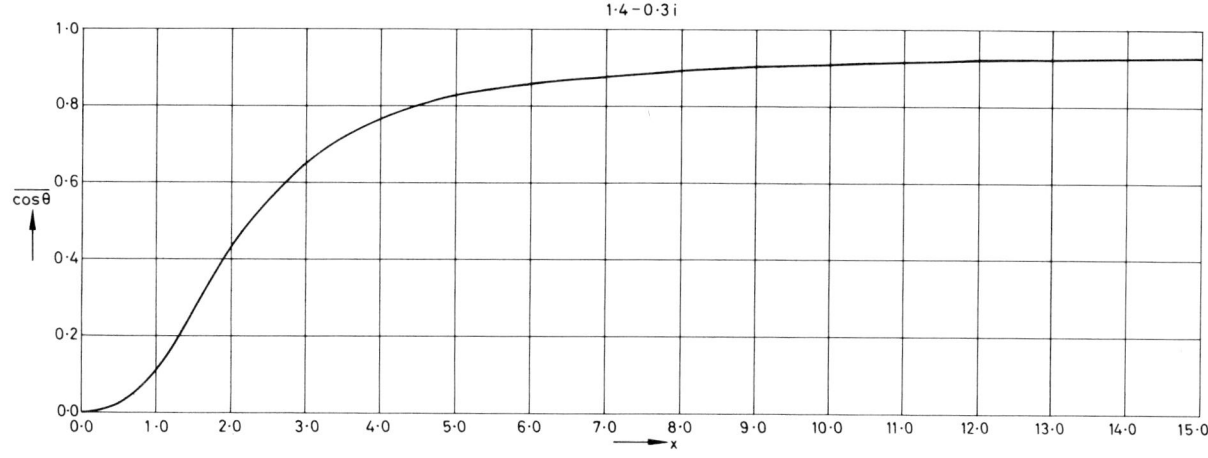

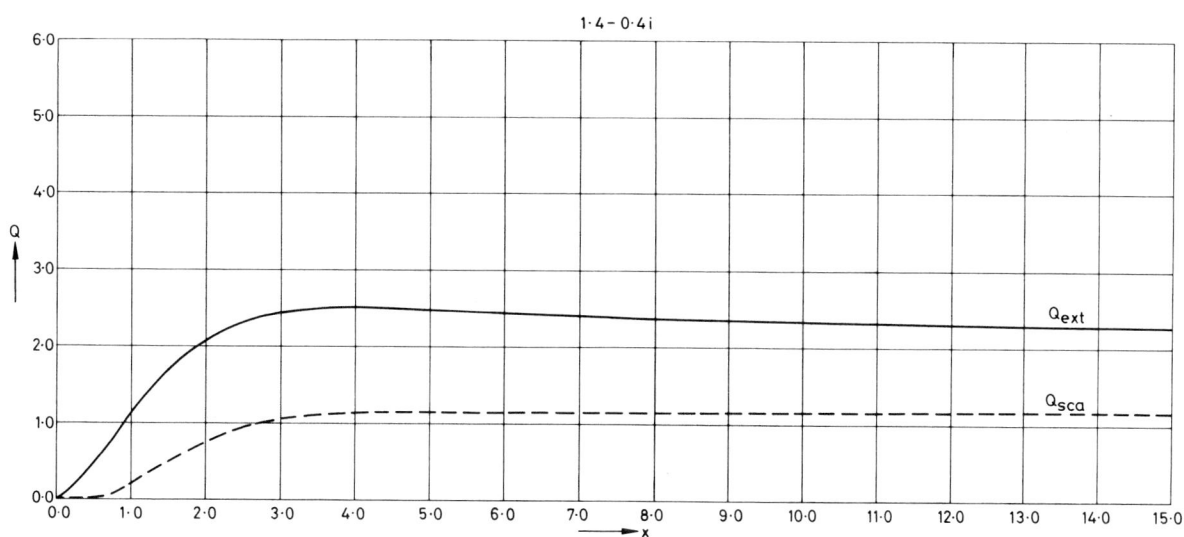

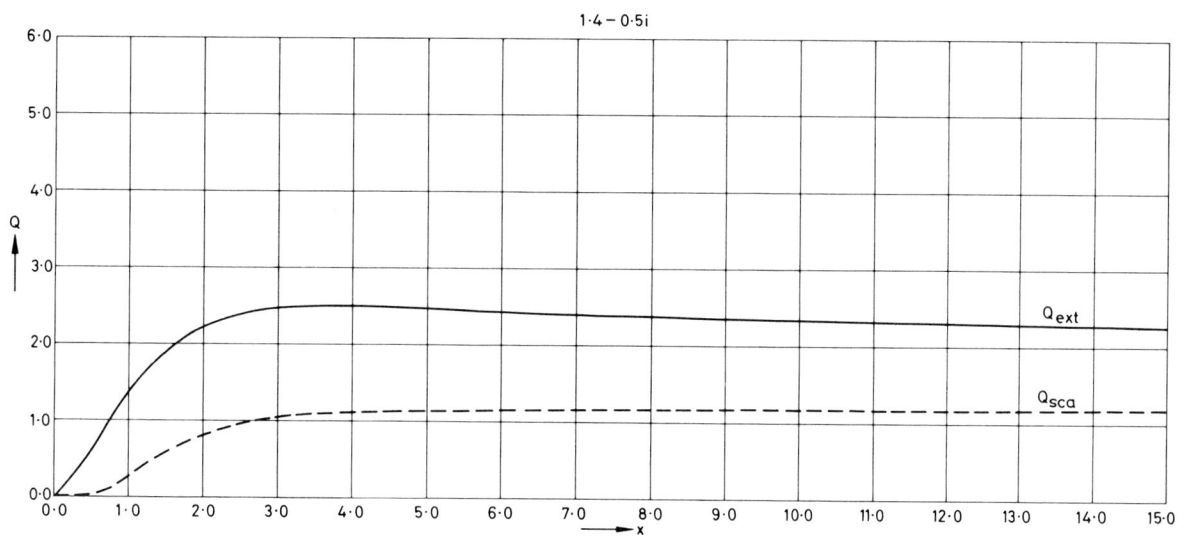

Figs. A28–A30

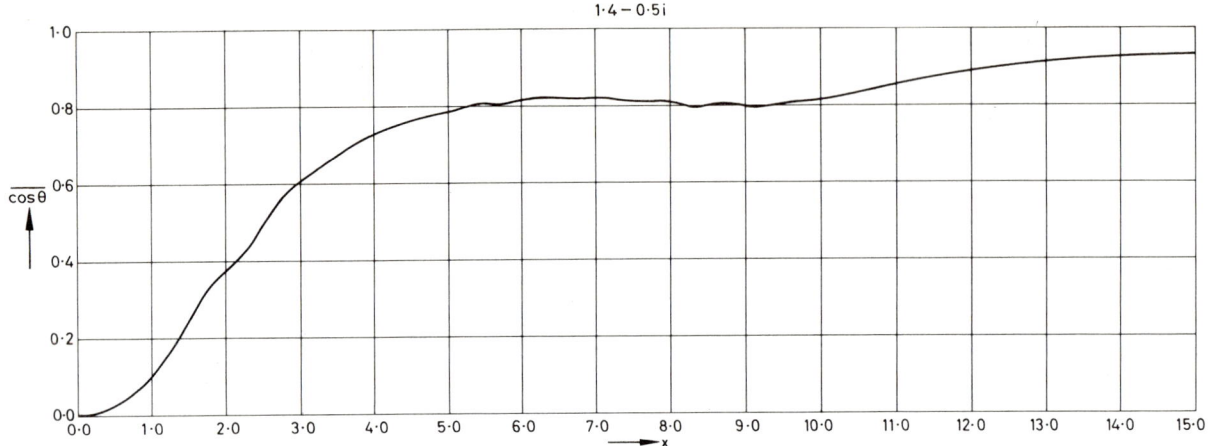

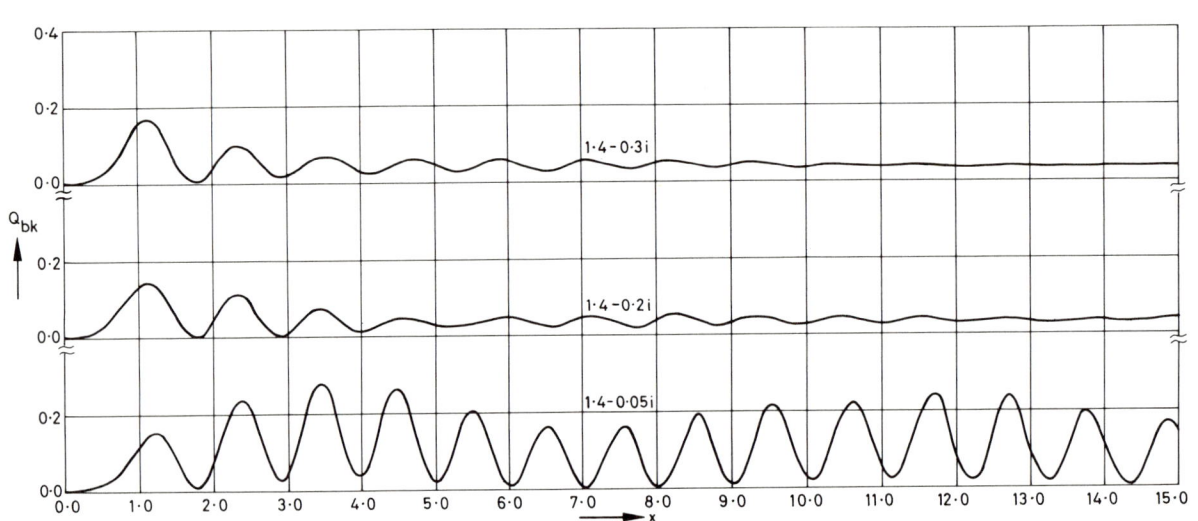

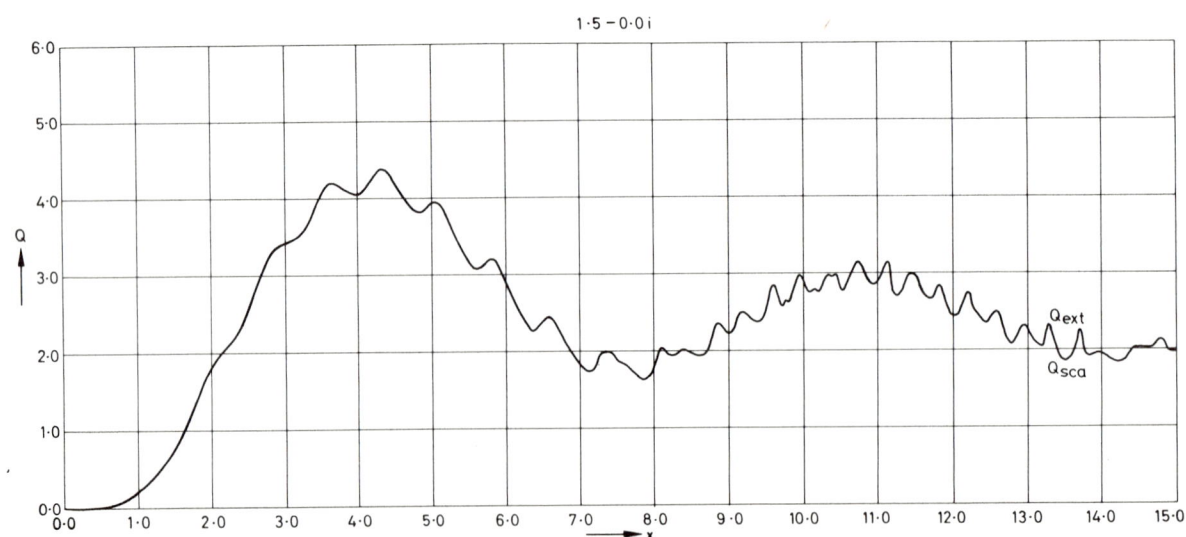

Figs. A31–A33

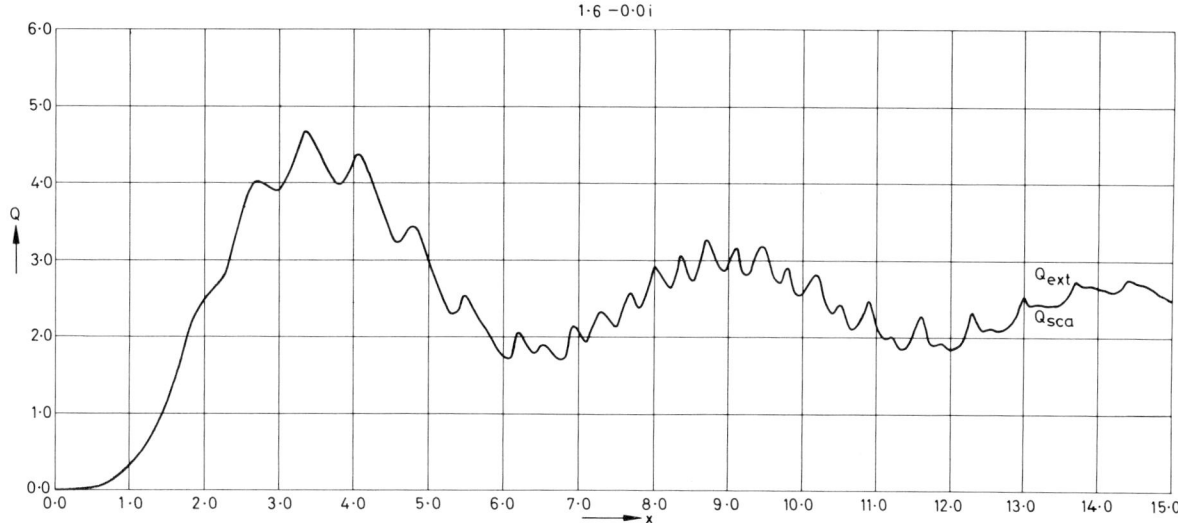

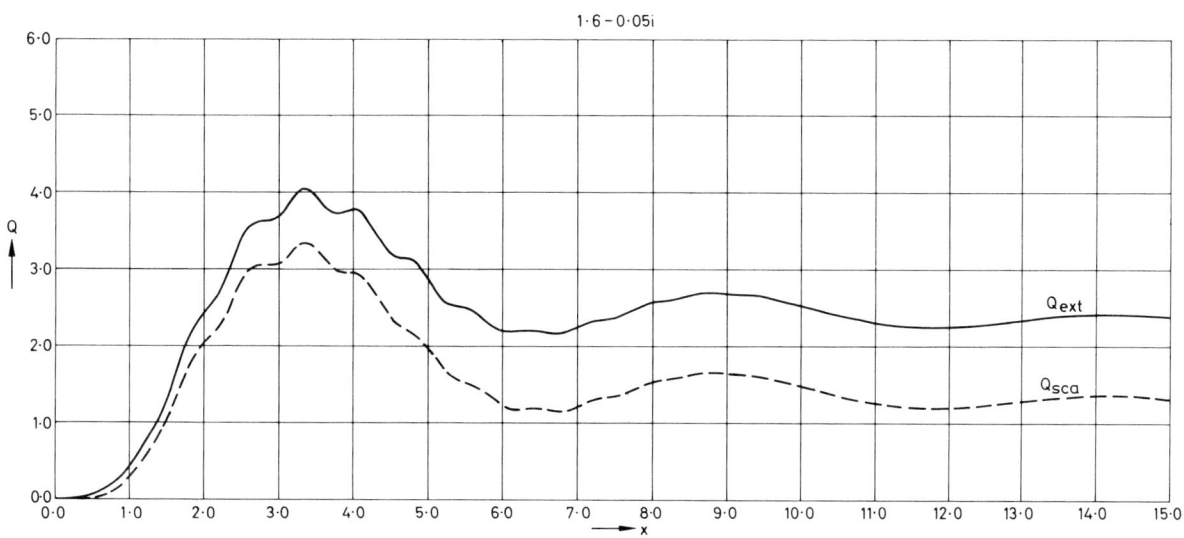

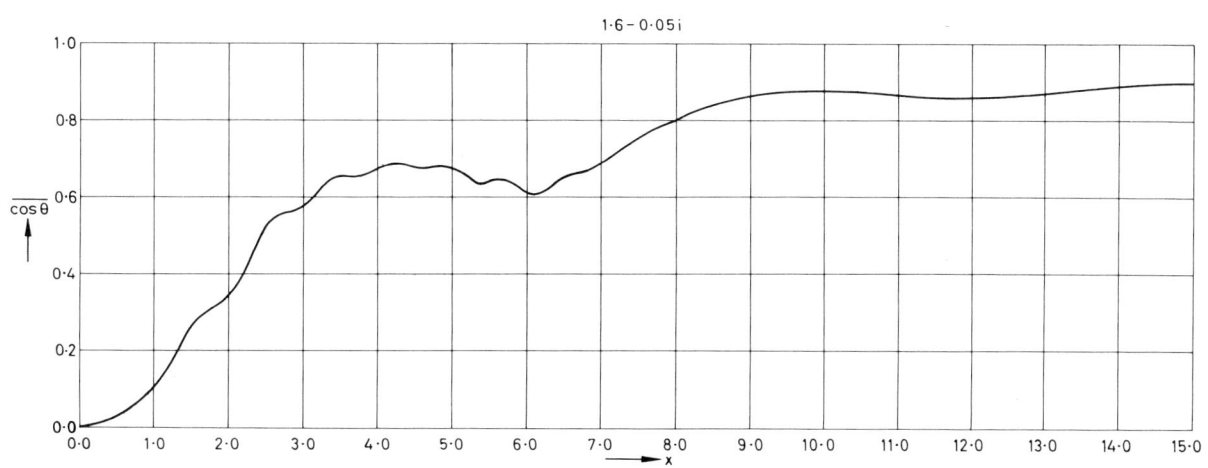

Figs. A34–A36

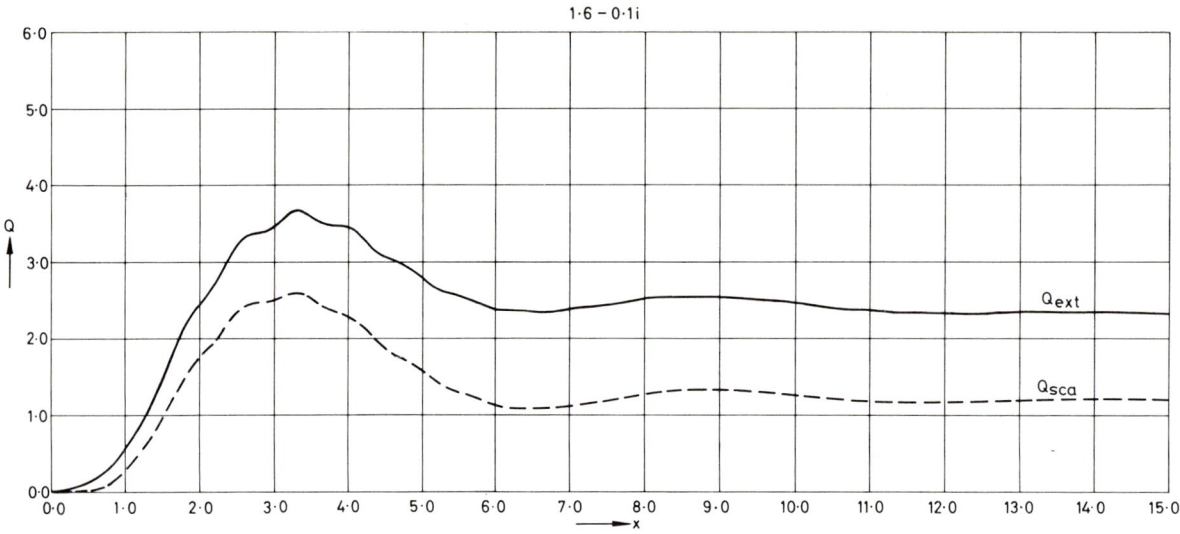

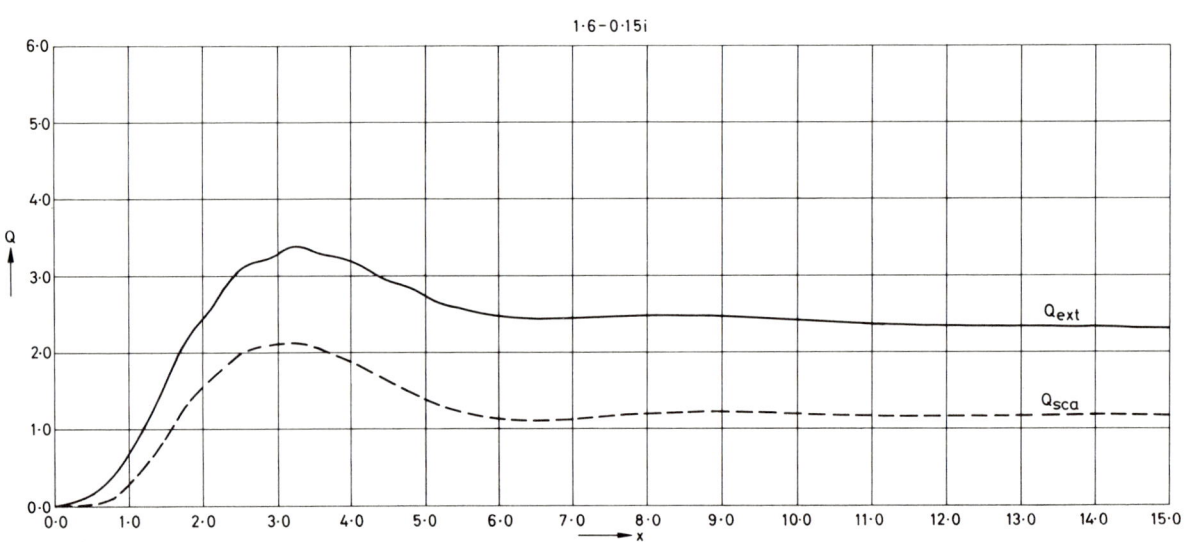

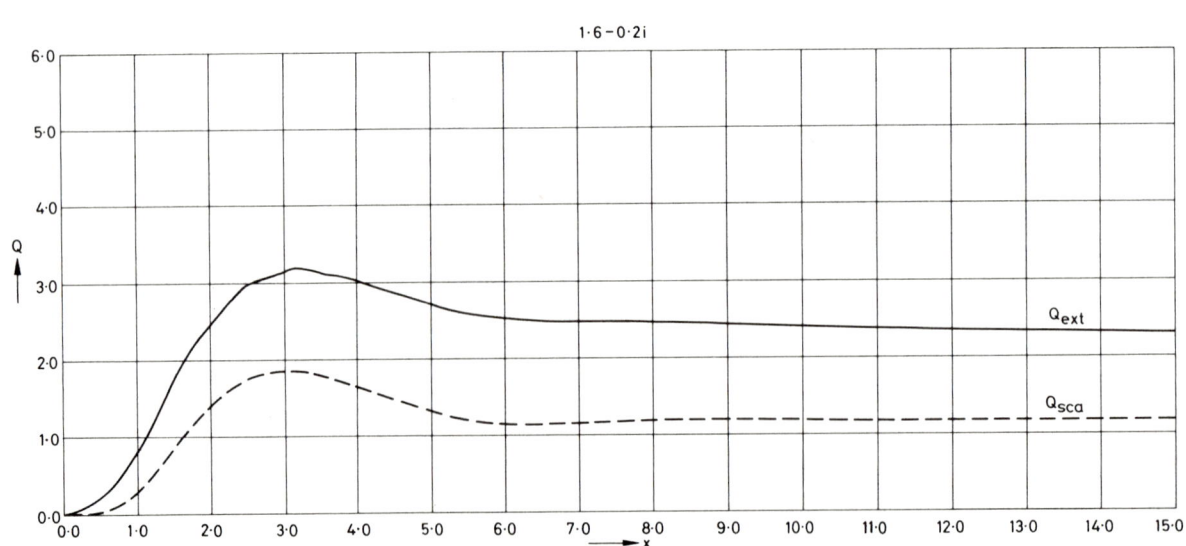

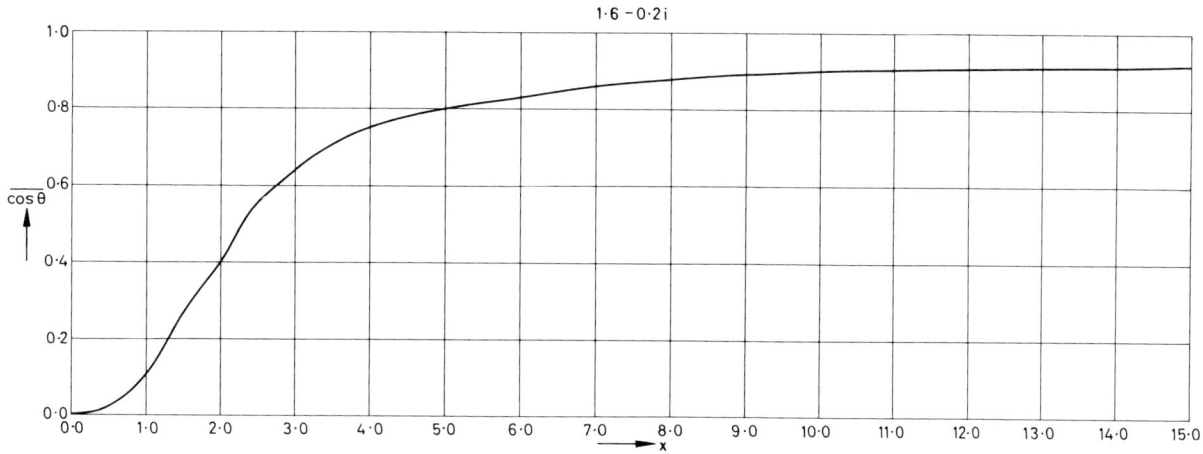
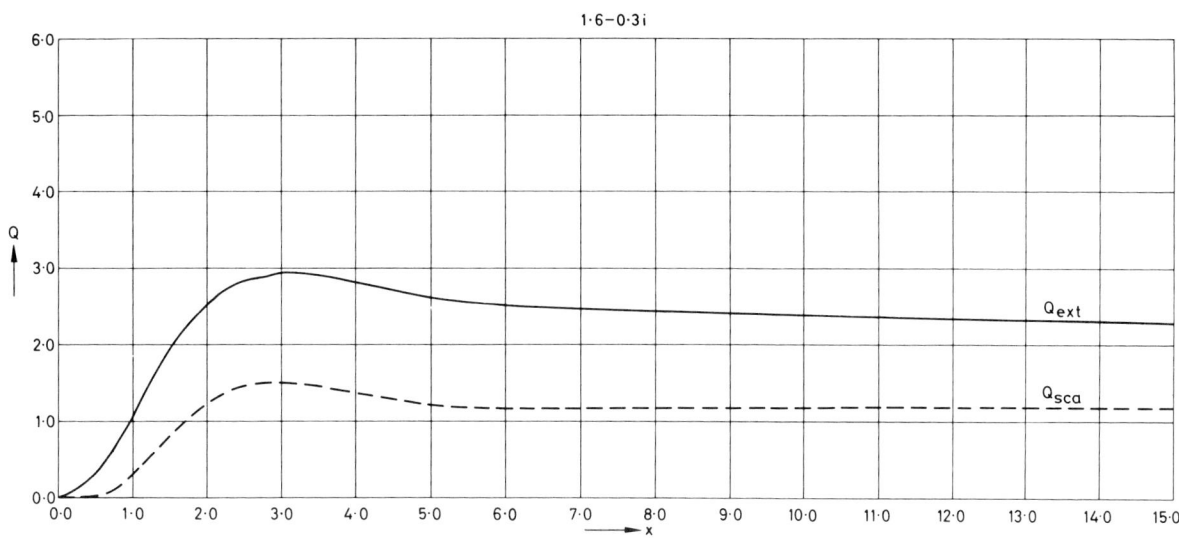
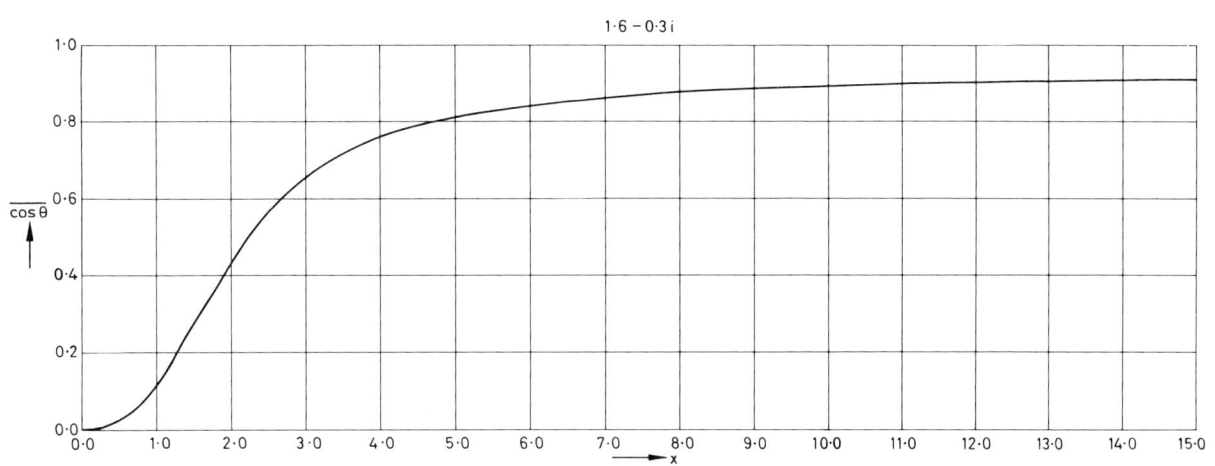

Figs. A40–A42

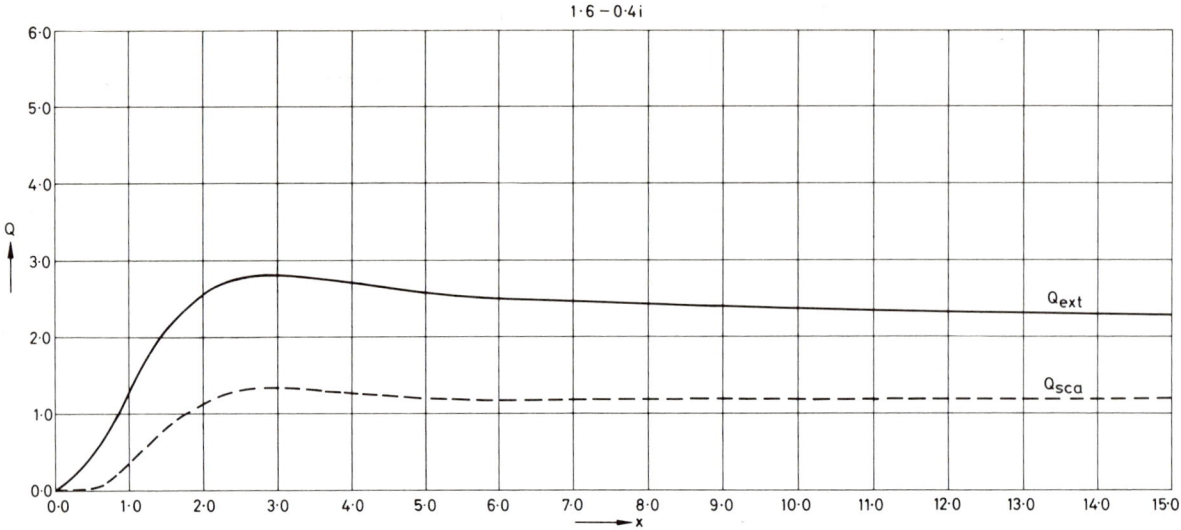

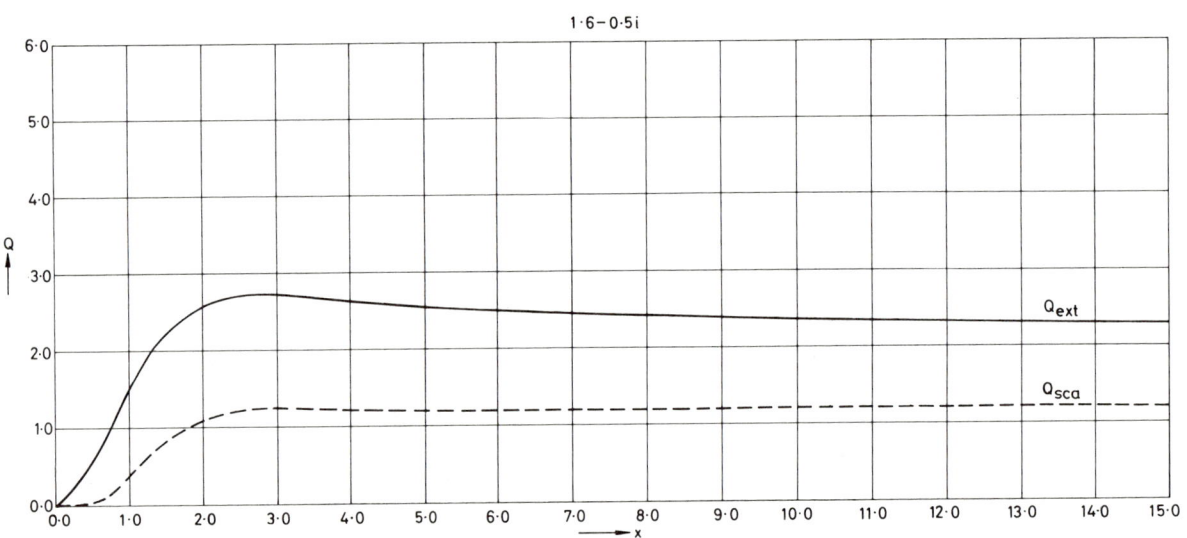

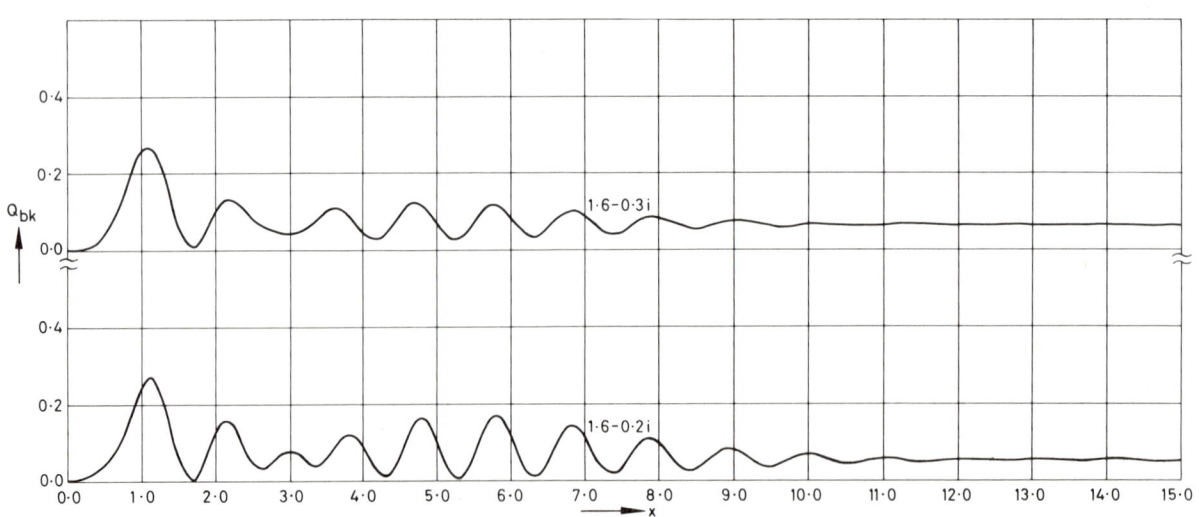

Figs. A43–A45

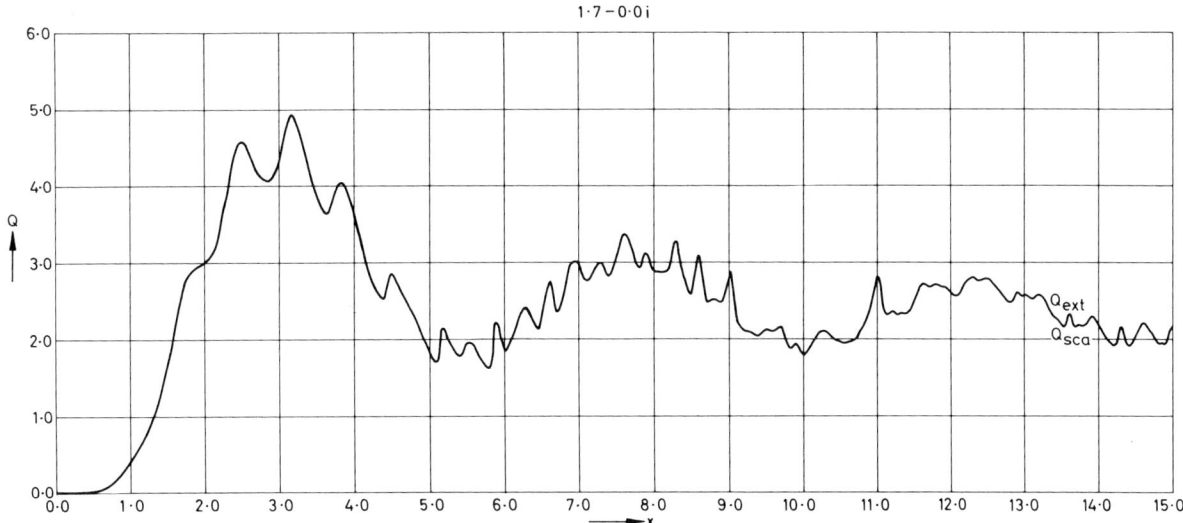

1·7 − 0·0i

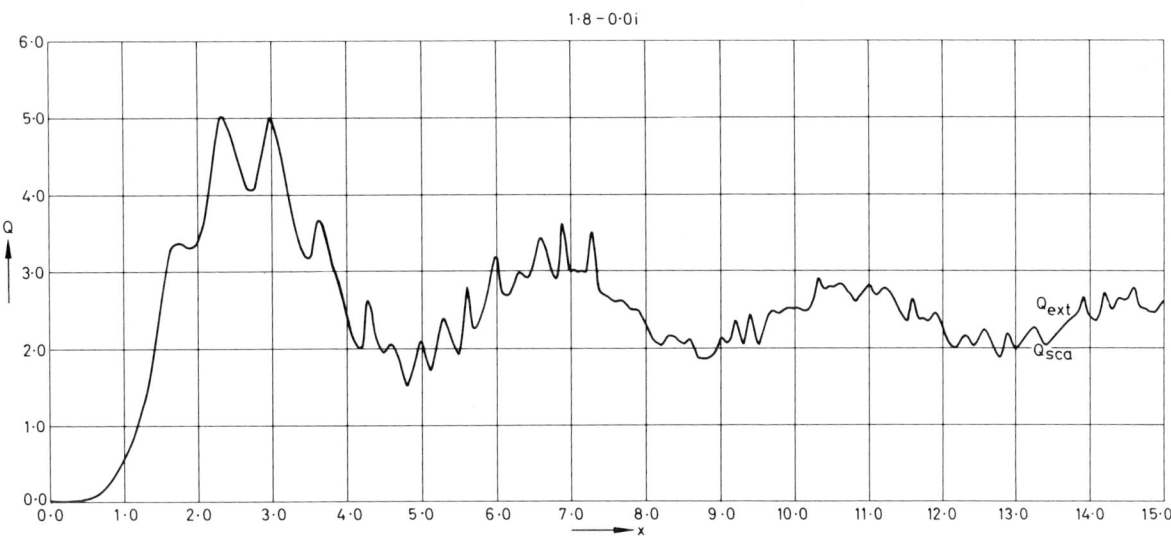

1·8 − 0·0i

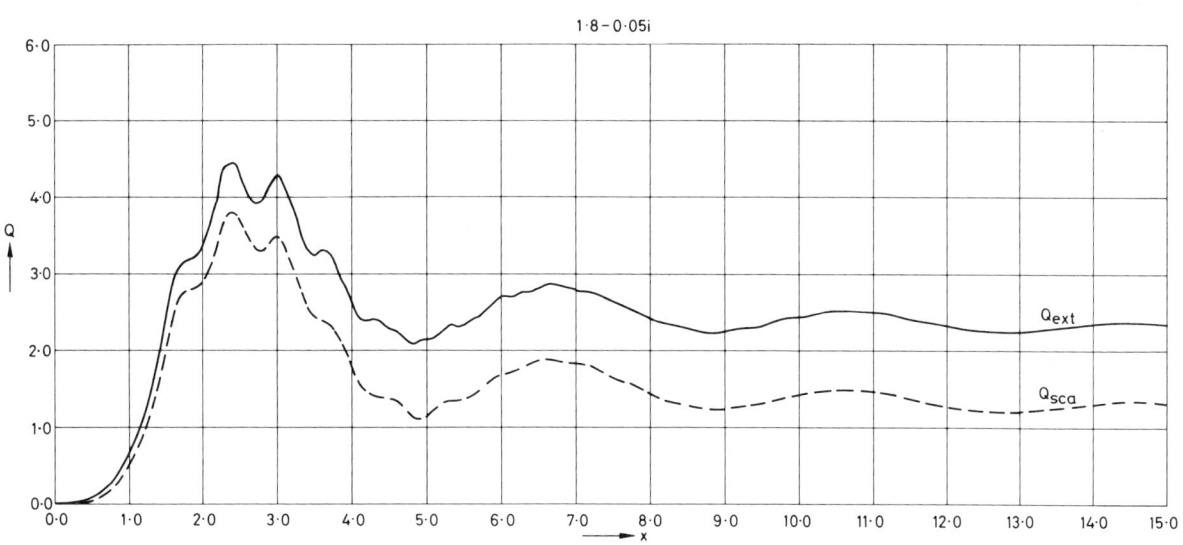

1·8 − 0·05i

Figs. A46–A48

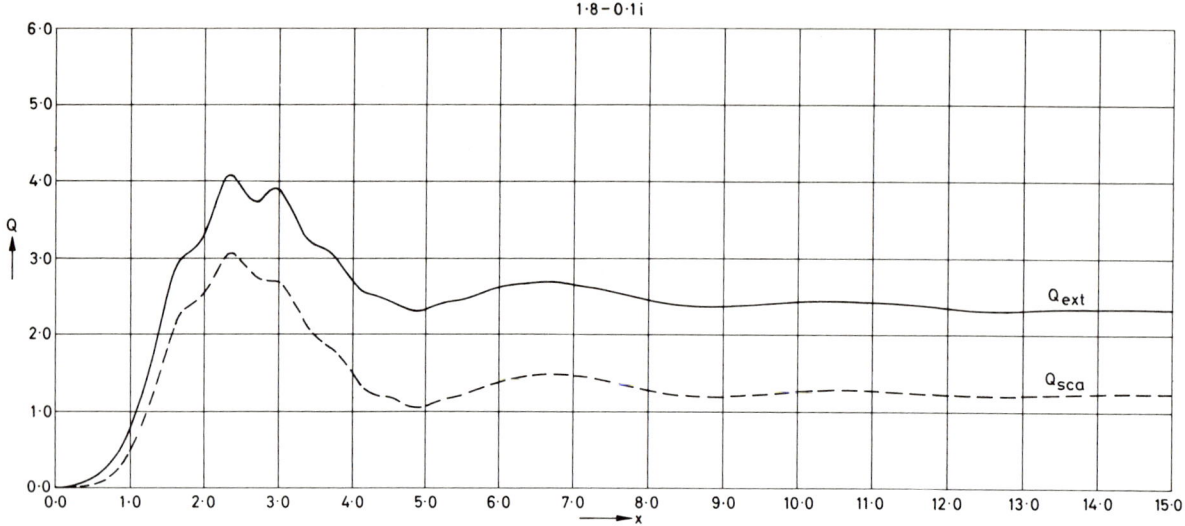
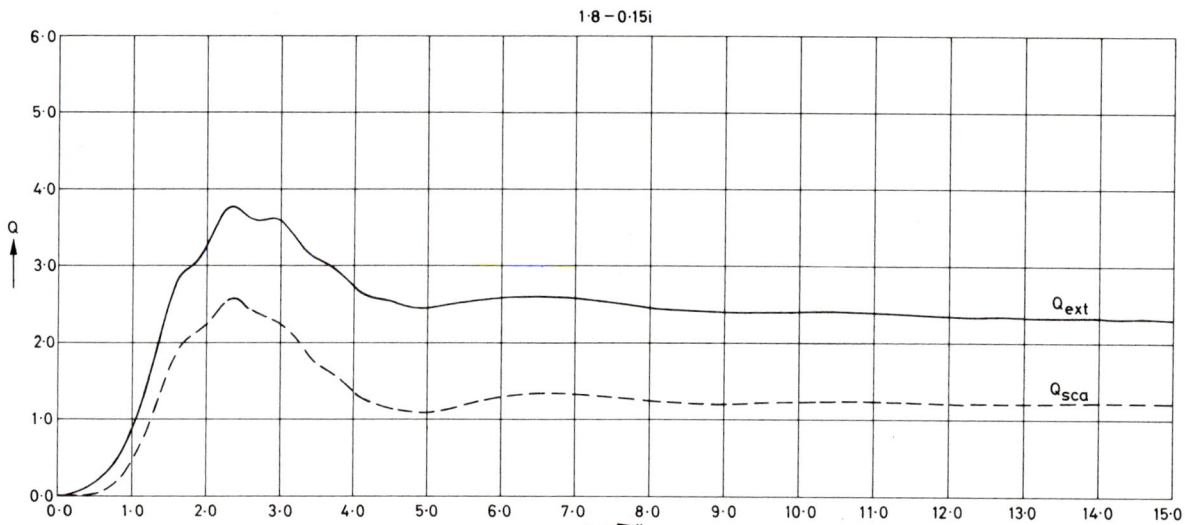
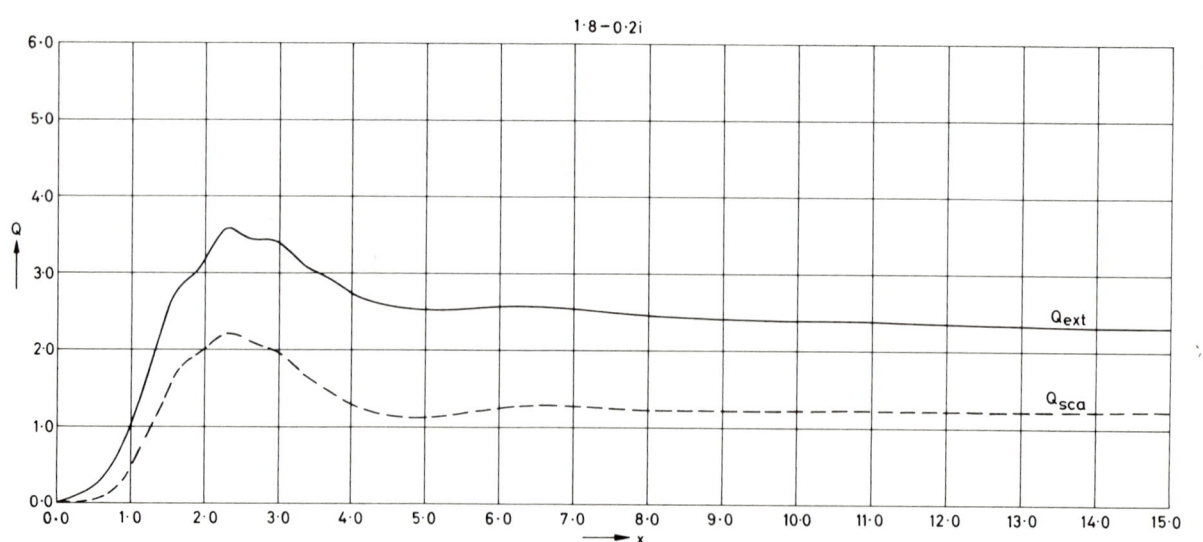

Figs. A49–A51

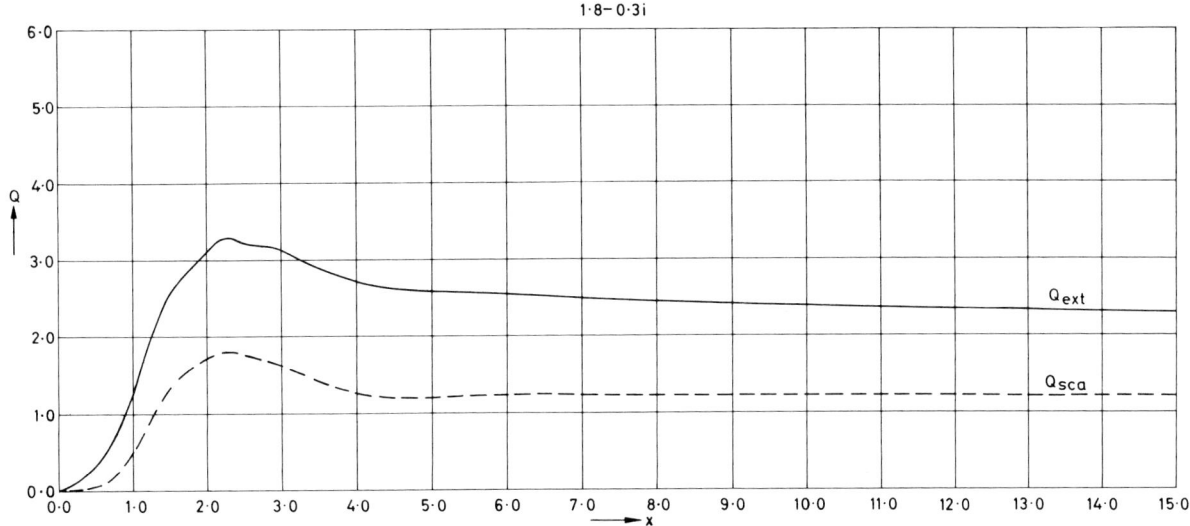

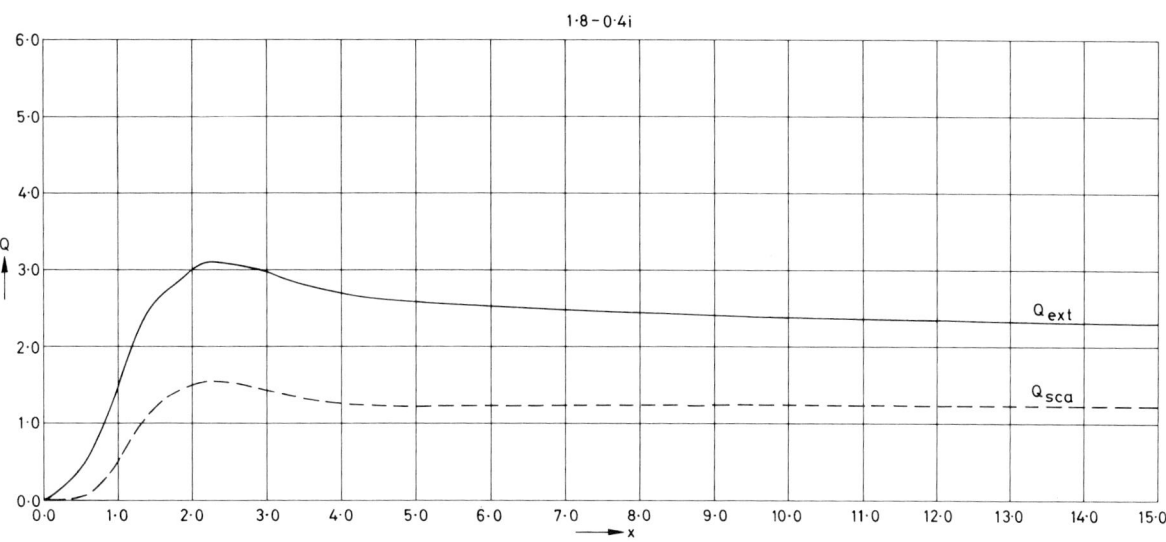

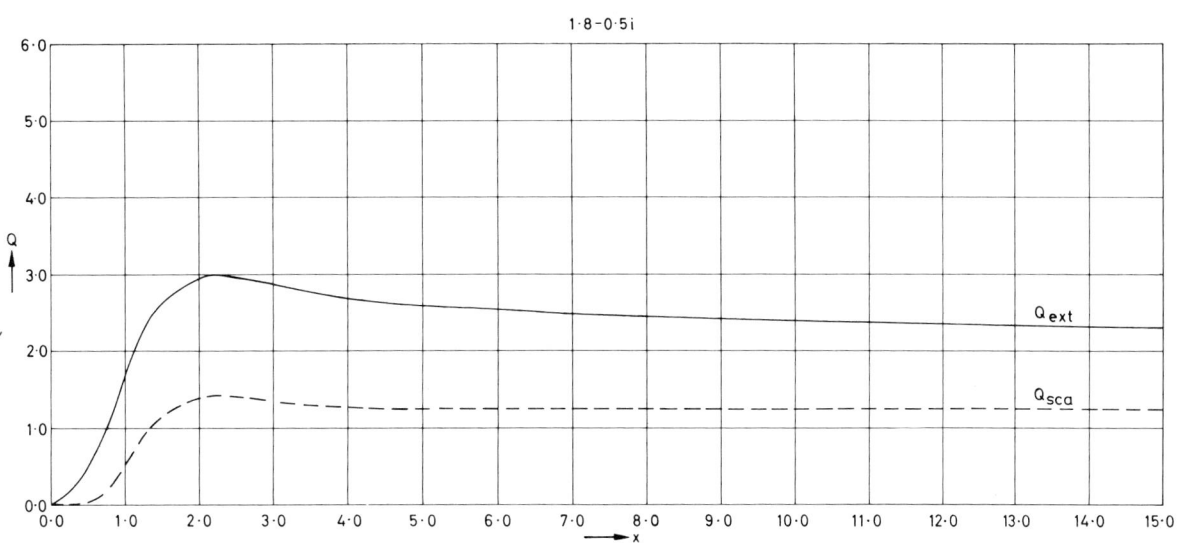

Figs. A52–A54

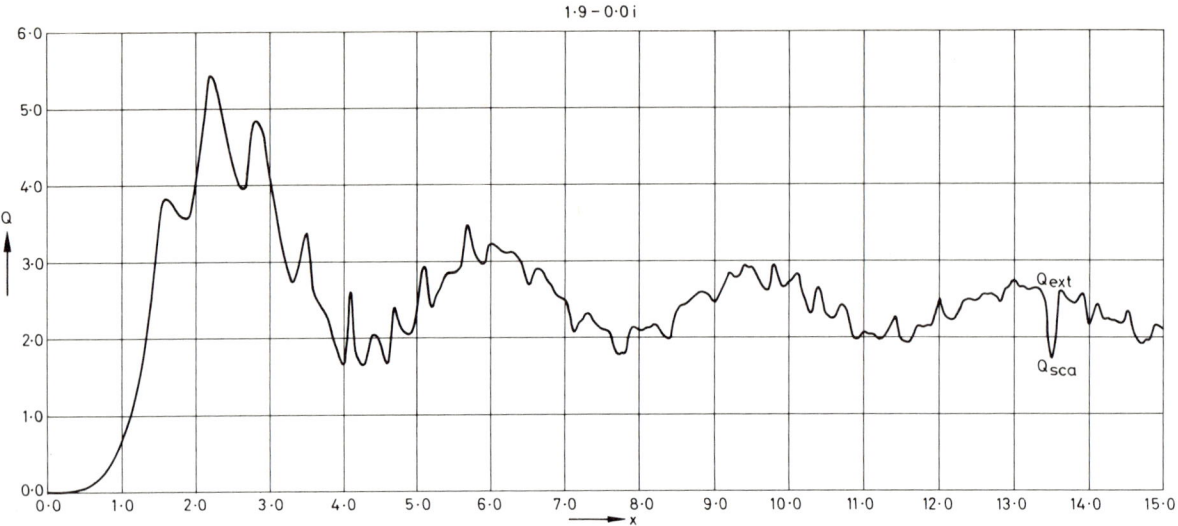

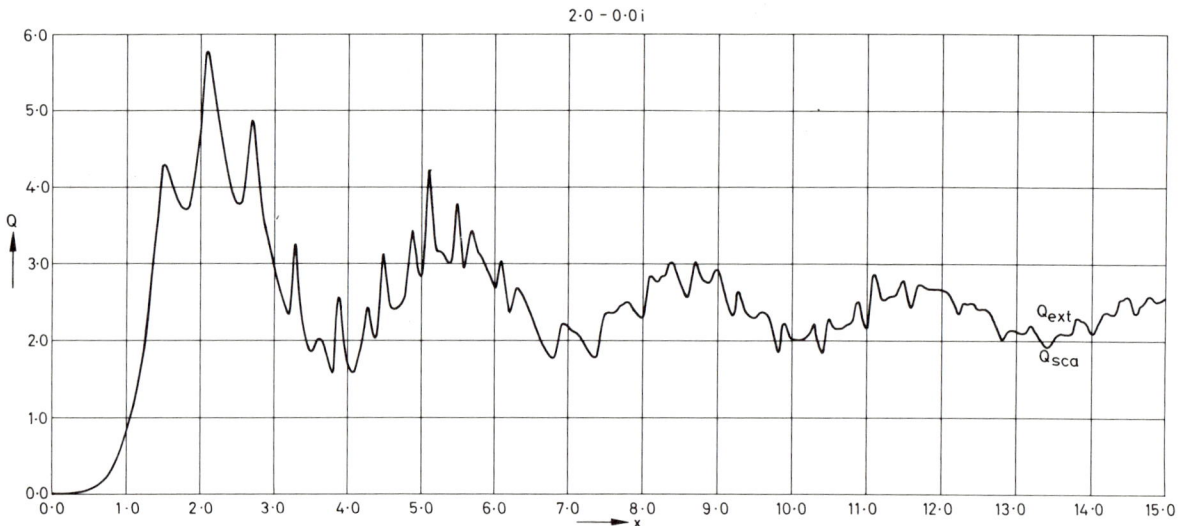

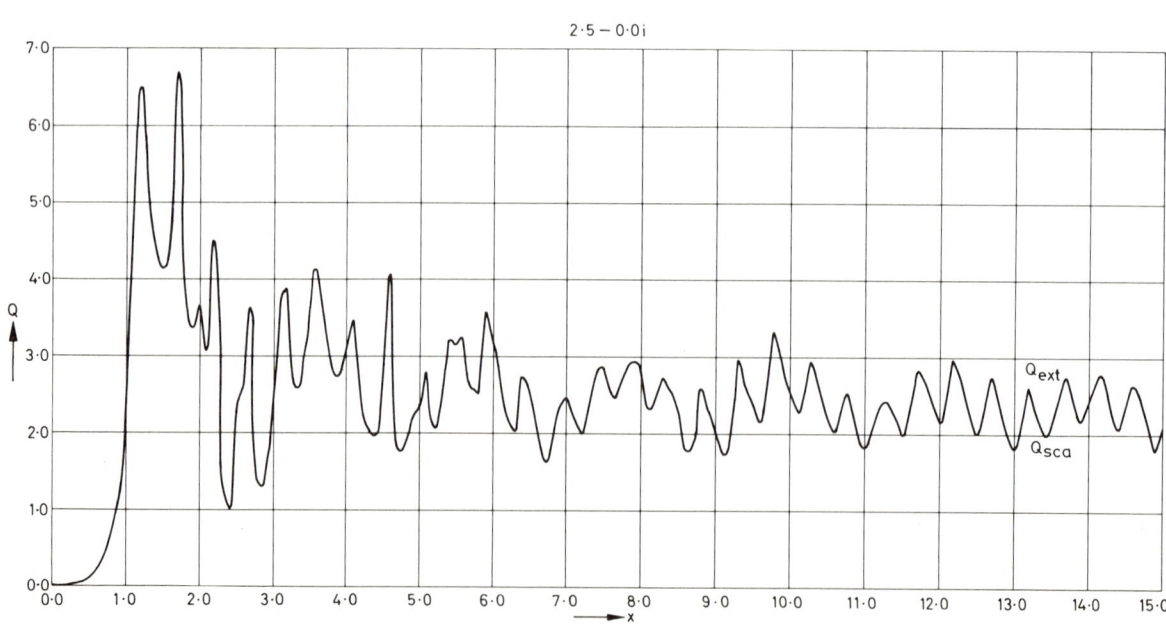

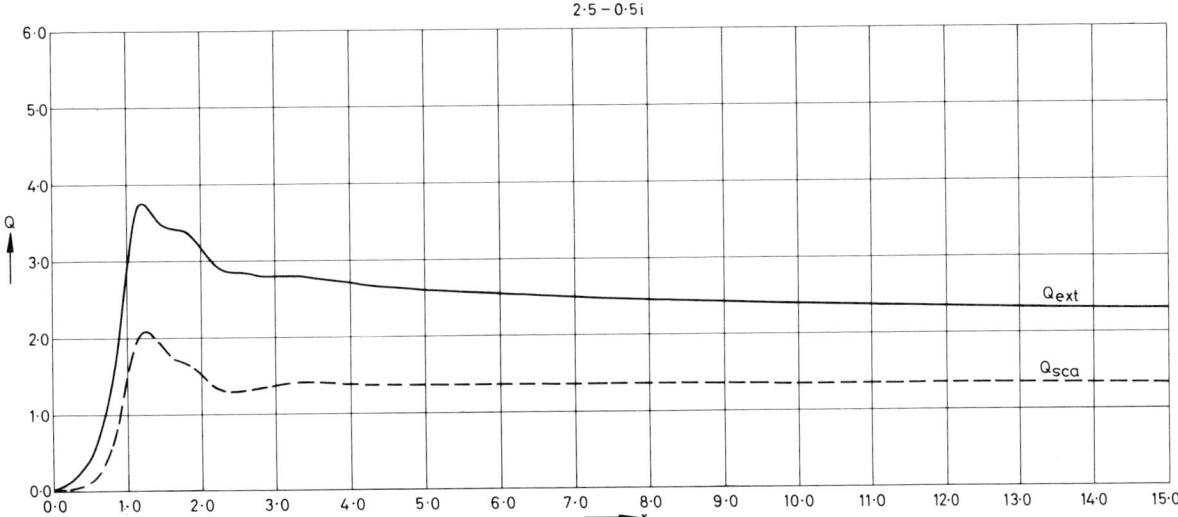
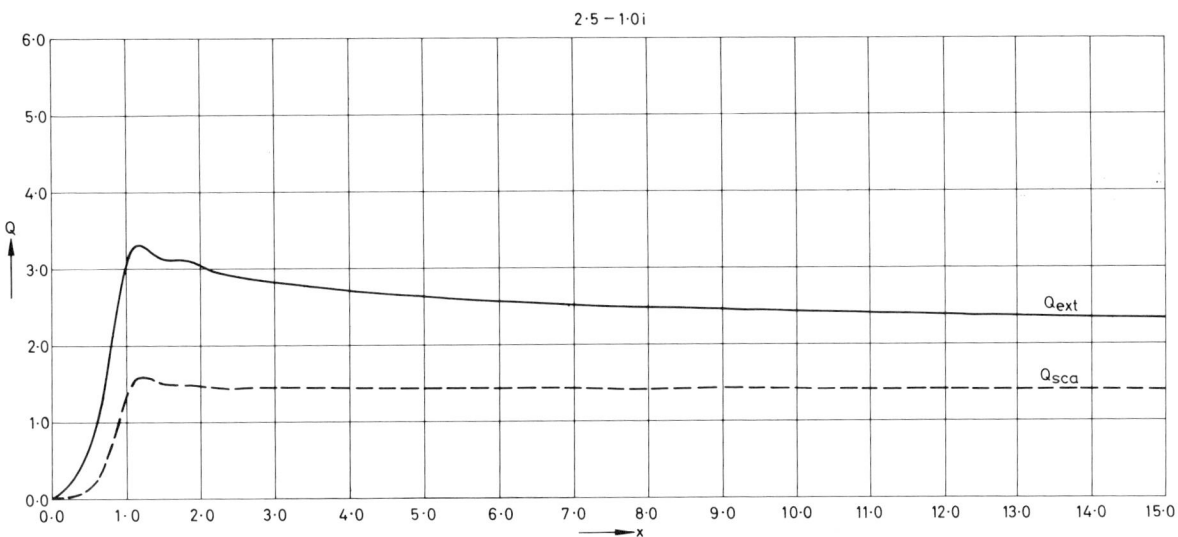
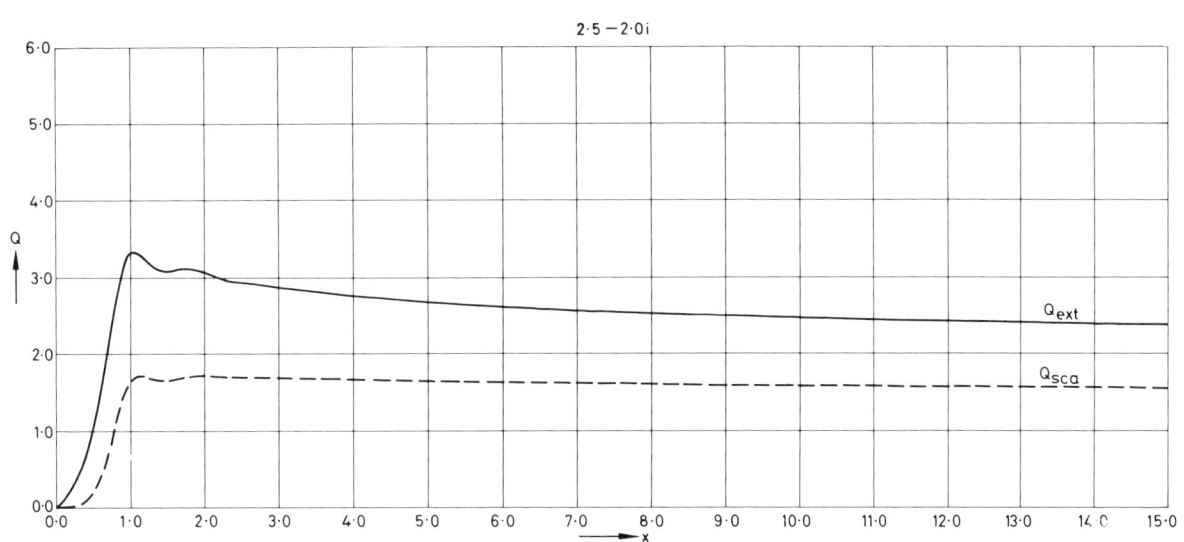

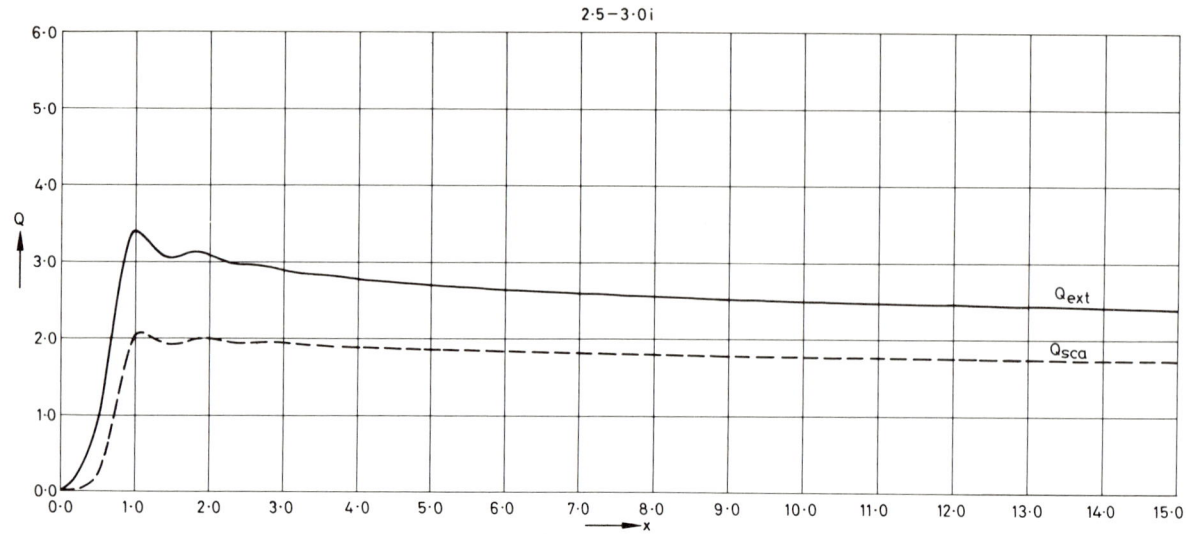
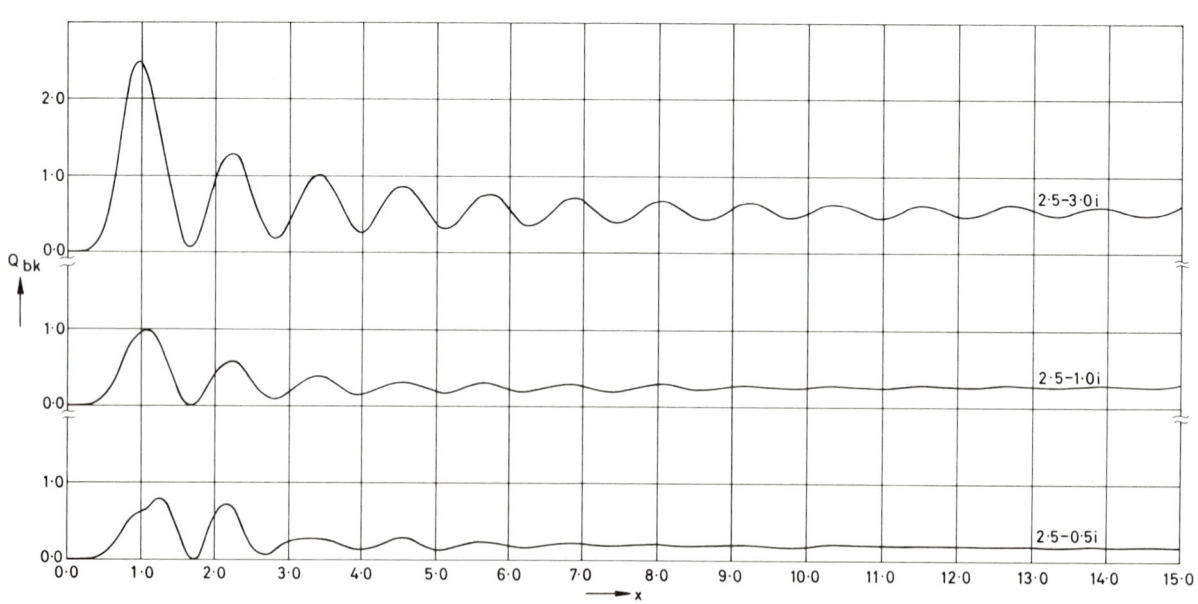

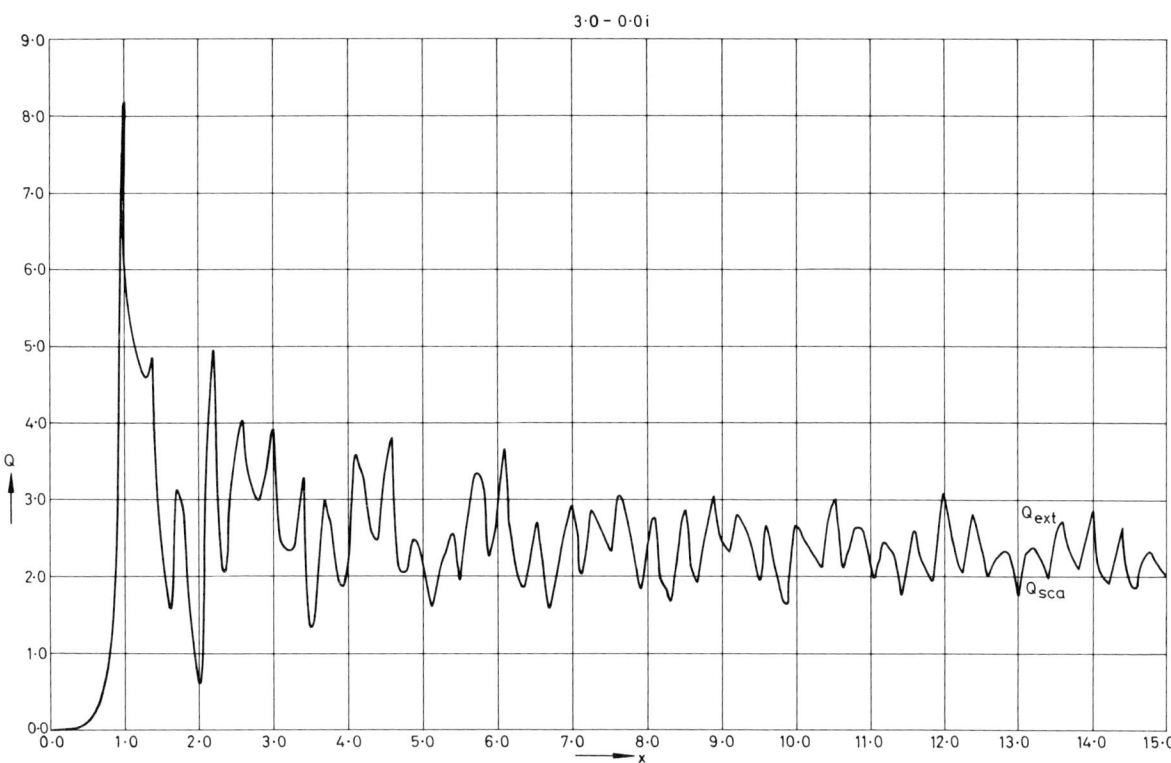

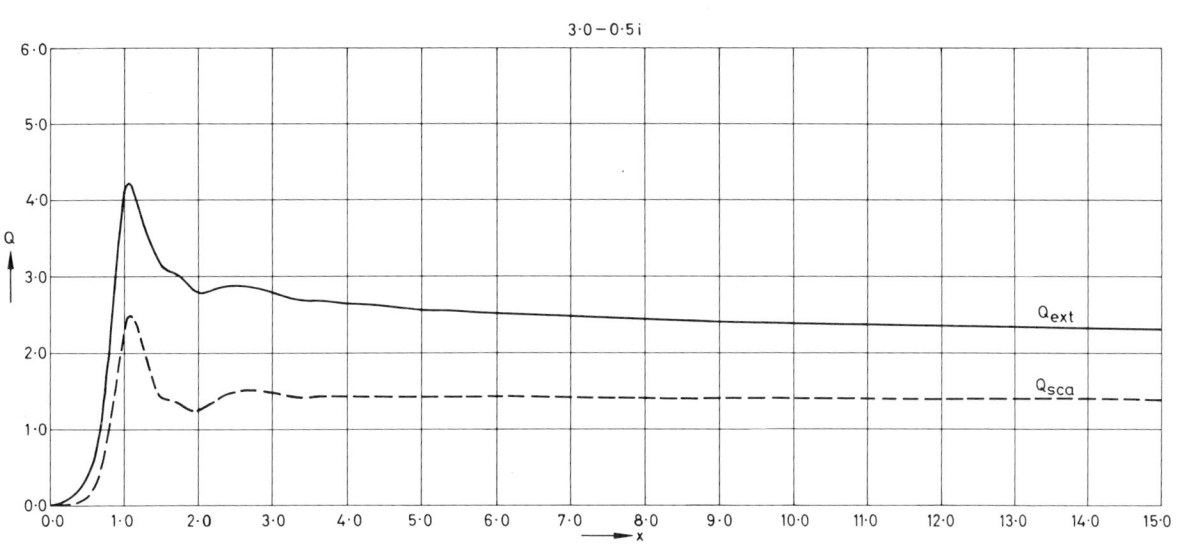

Figs. A62–A64

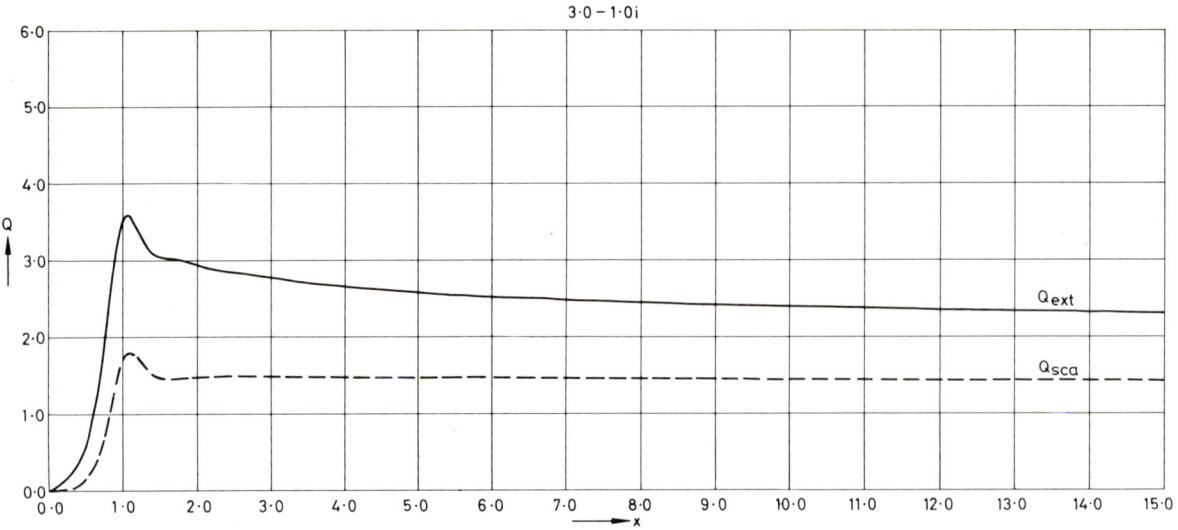

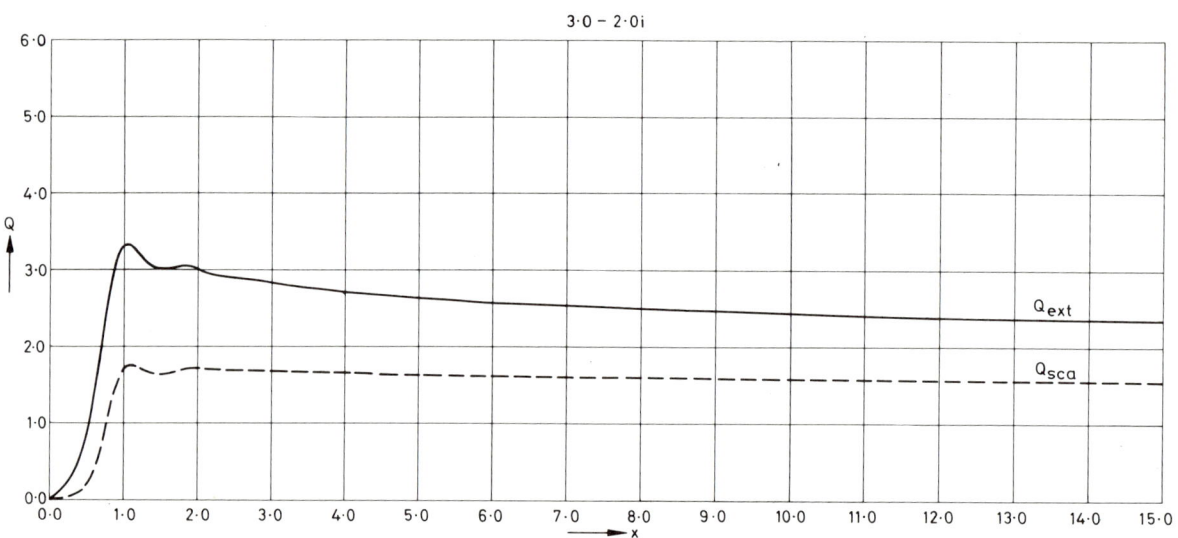

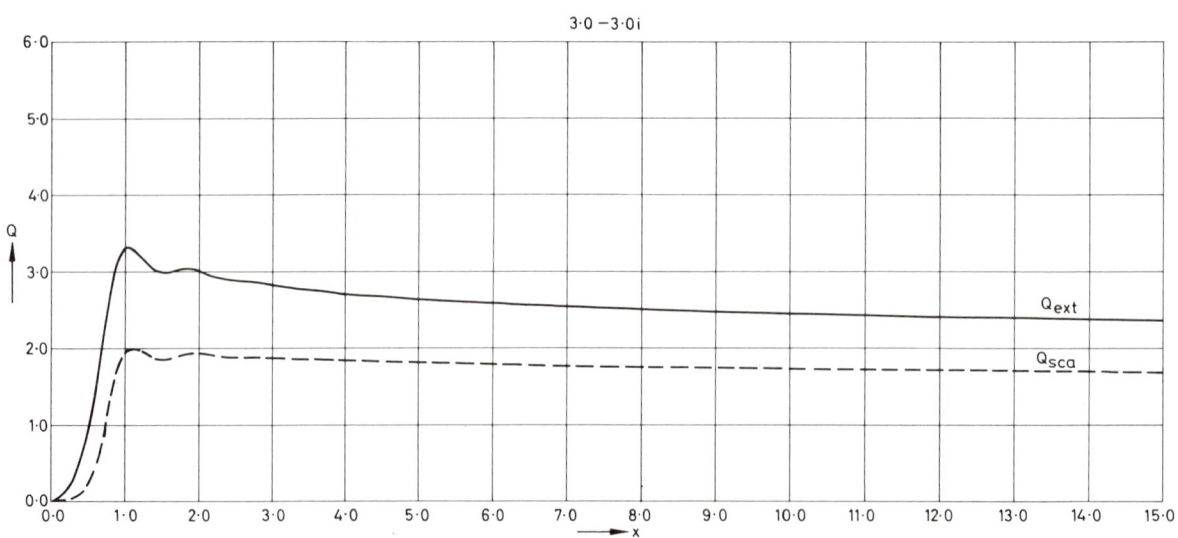

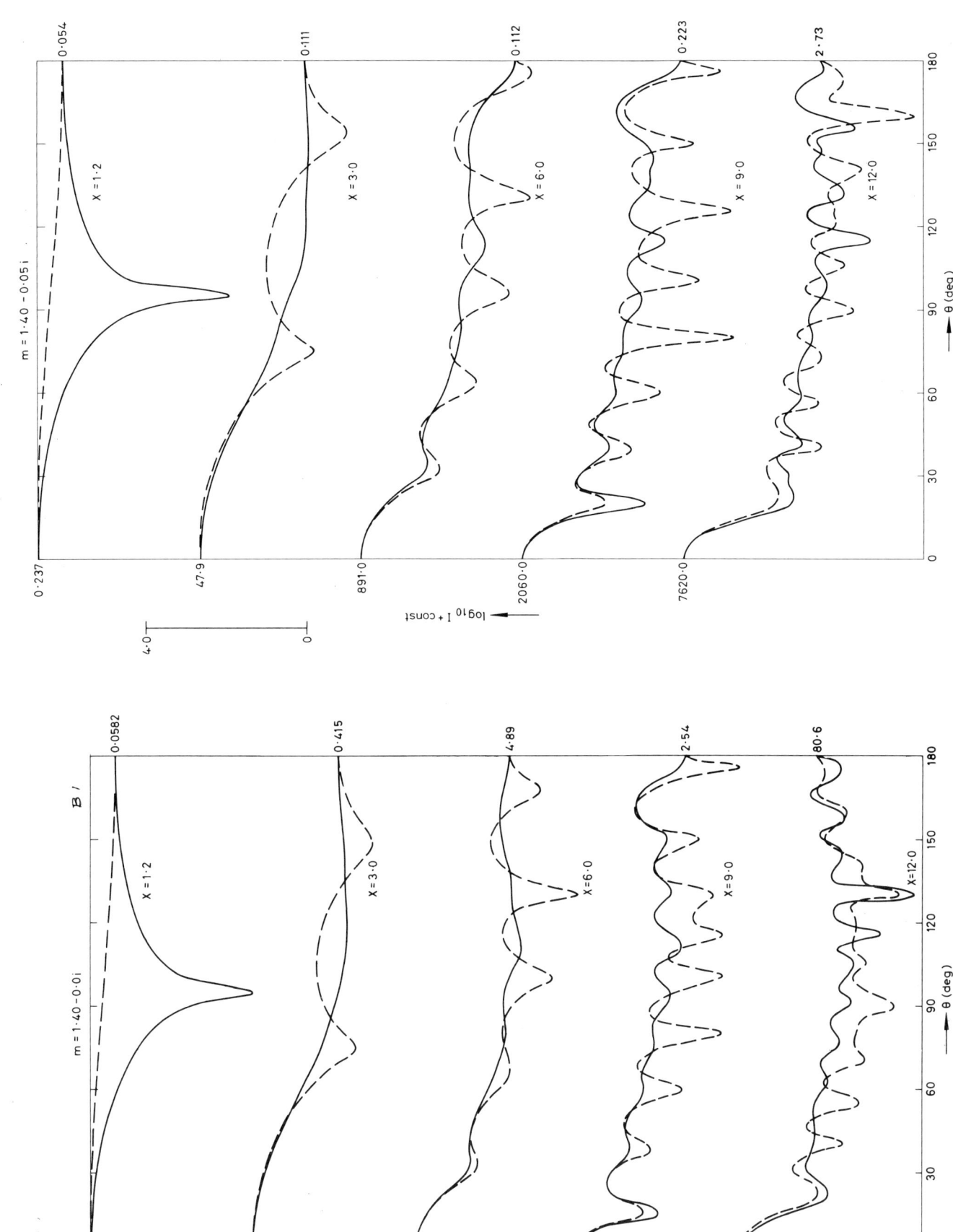

Figs. B1 and B2

m = 1·40 − 1·00i
X = 1·2
X = 3·0
X = 6·0
X = 9·0
X = 12·0
0·819
37·5
533·0
2480·0
7420·0
0·164
0·317
1·51
3·65
6·04
0 30 60 90 120 150 180
θ (deg)
log₁₀ I + const
4·0
0

m = 1·40 − 0·30i
X = 1·2
X = 3·0
X = 6·0
X = 9·0
X = 12·0
0·294
31·3
508·0
2320·0
6990·0
0·058
0·0443
0·501
0·845
1·47
0 30 60 90 120 150 180
θ (deg)
log₁₀ I + const
4·0
0

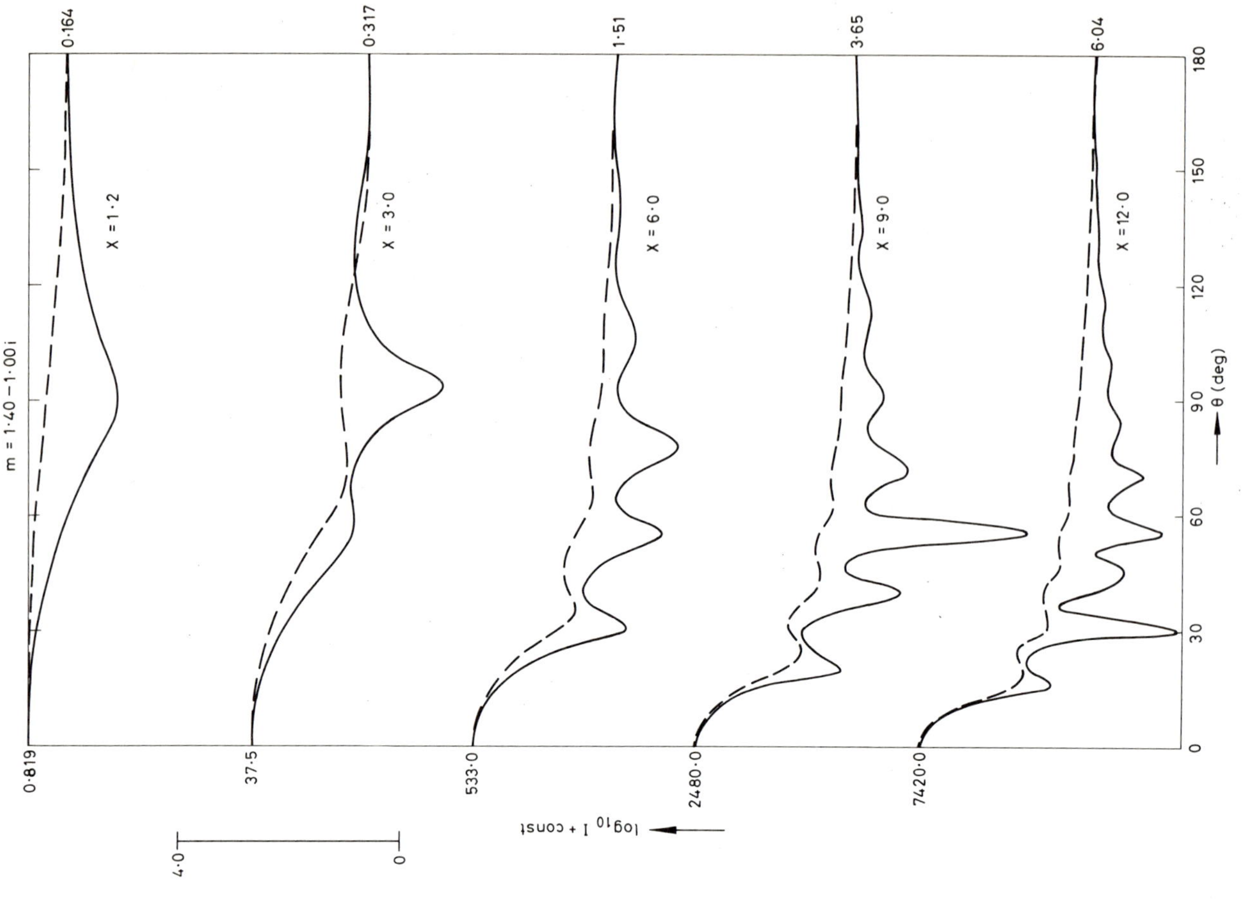

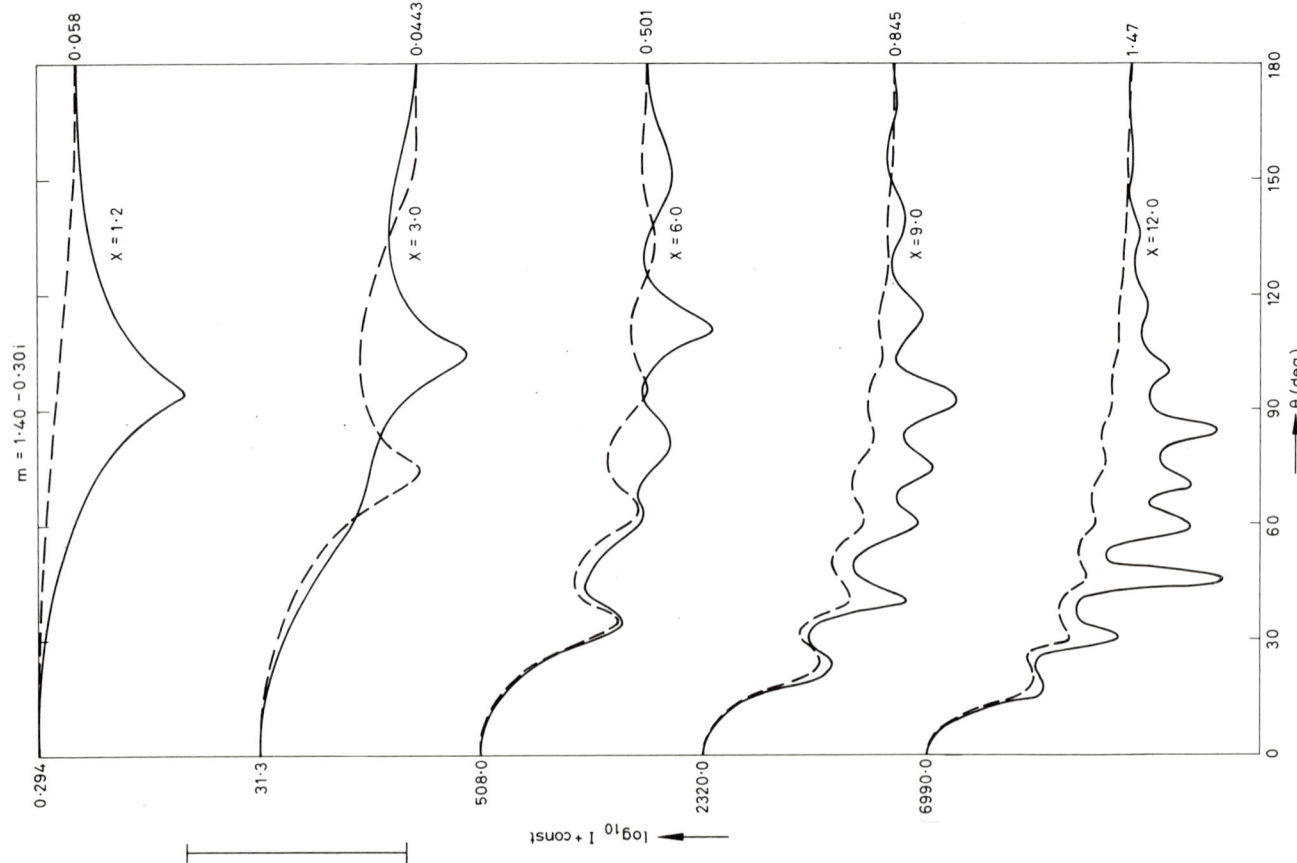

Figs. B5 and B6

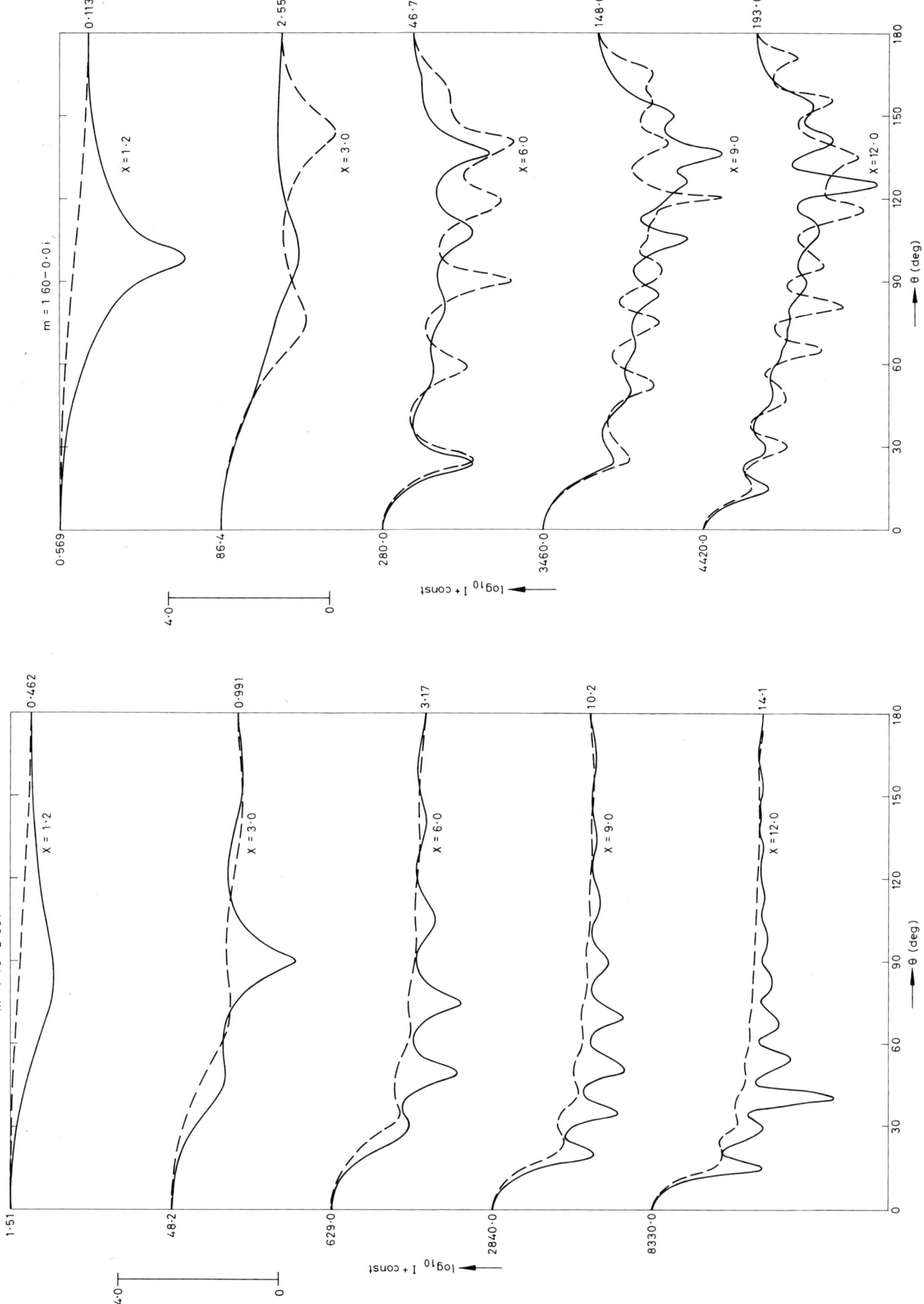

Figs. B7 and B8

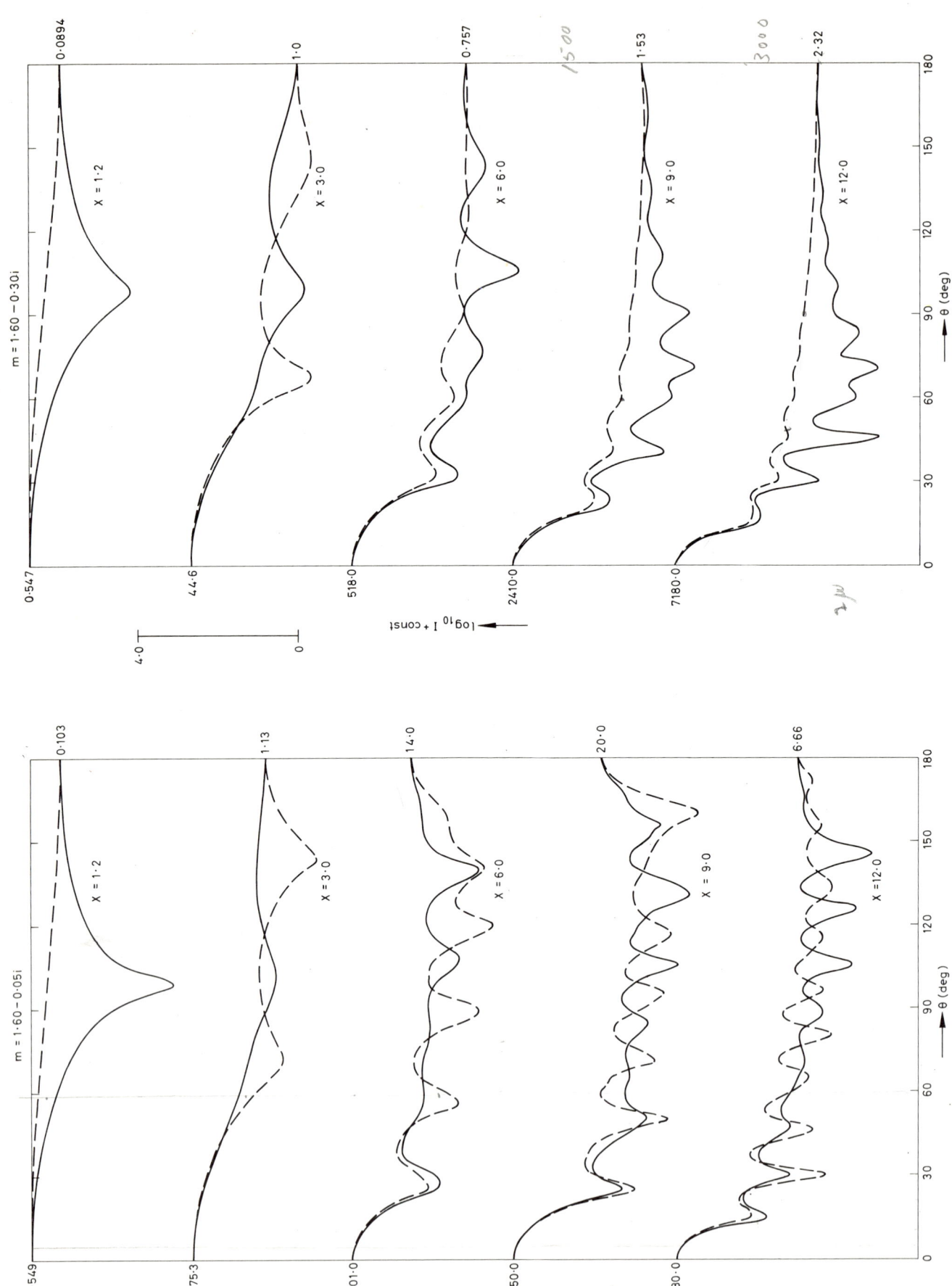

m = 1·60 − 2·00 i
X = 1·2
X = 3·0
X = 6·0
X = 9·0
X = 12·0
1·47
46·4
609·0
2770·0
8160·0
0·45
0·878
3·17
9·54
13·4
θ (deg)
log10 I + const
4·0
0

m = 1·60 − 1·00 i
X = 1·2
X = 3·0
X = 6·0
X = 9·0
X = 12·0
0·92
38·8
536·0
2490·0
7430·0
0·18
0·309
1·54
3·76
6·13
θ (deg)
log10 I + const
4·0
0

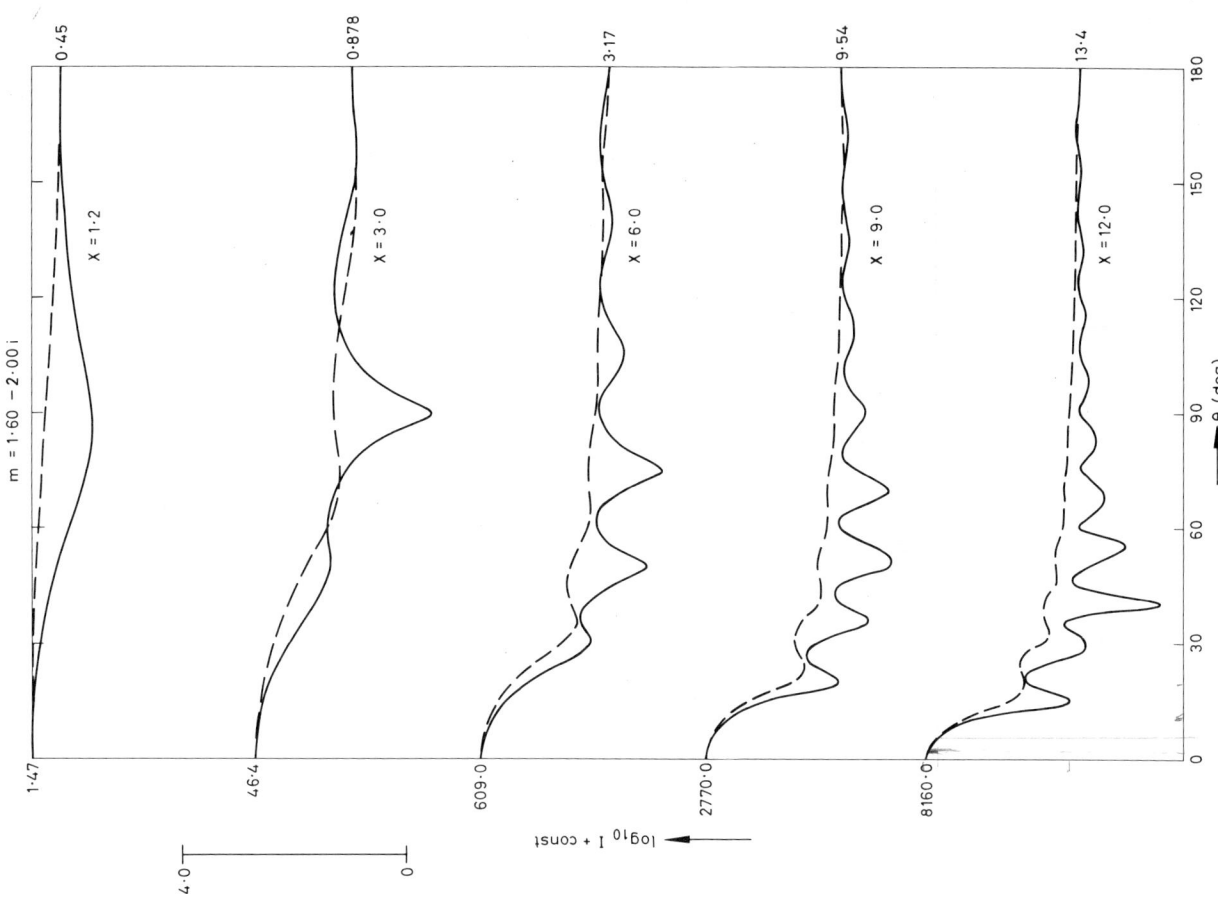

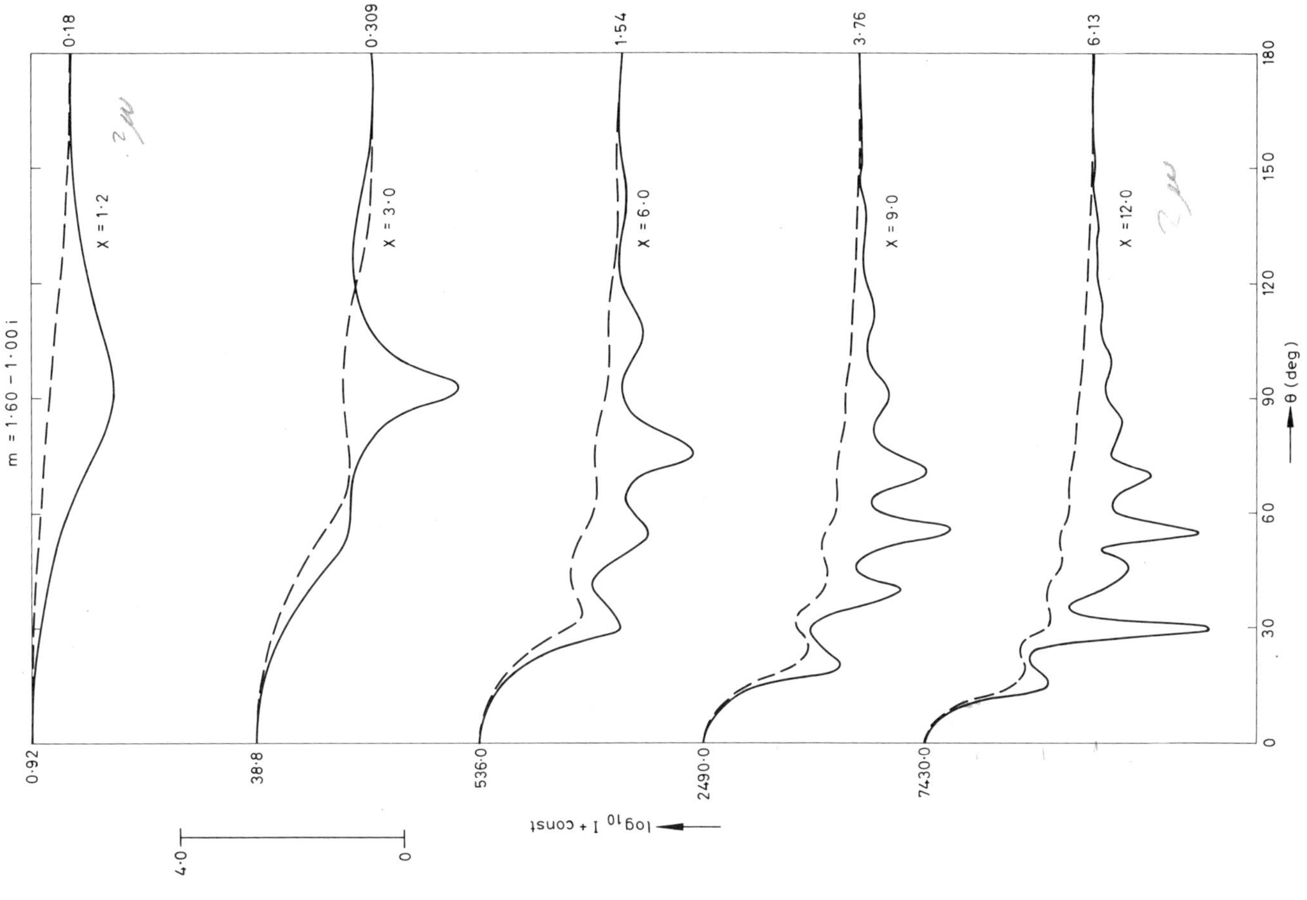

Figs. B11 and B12

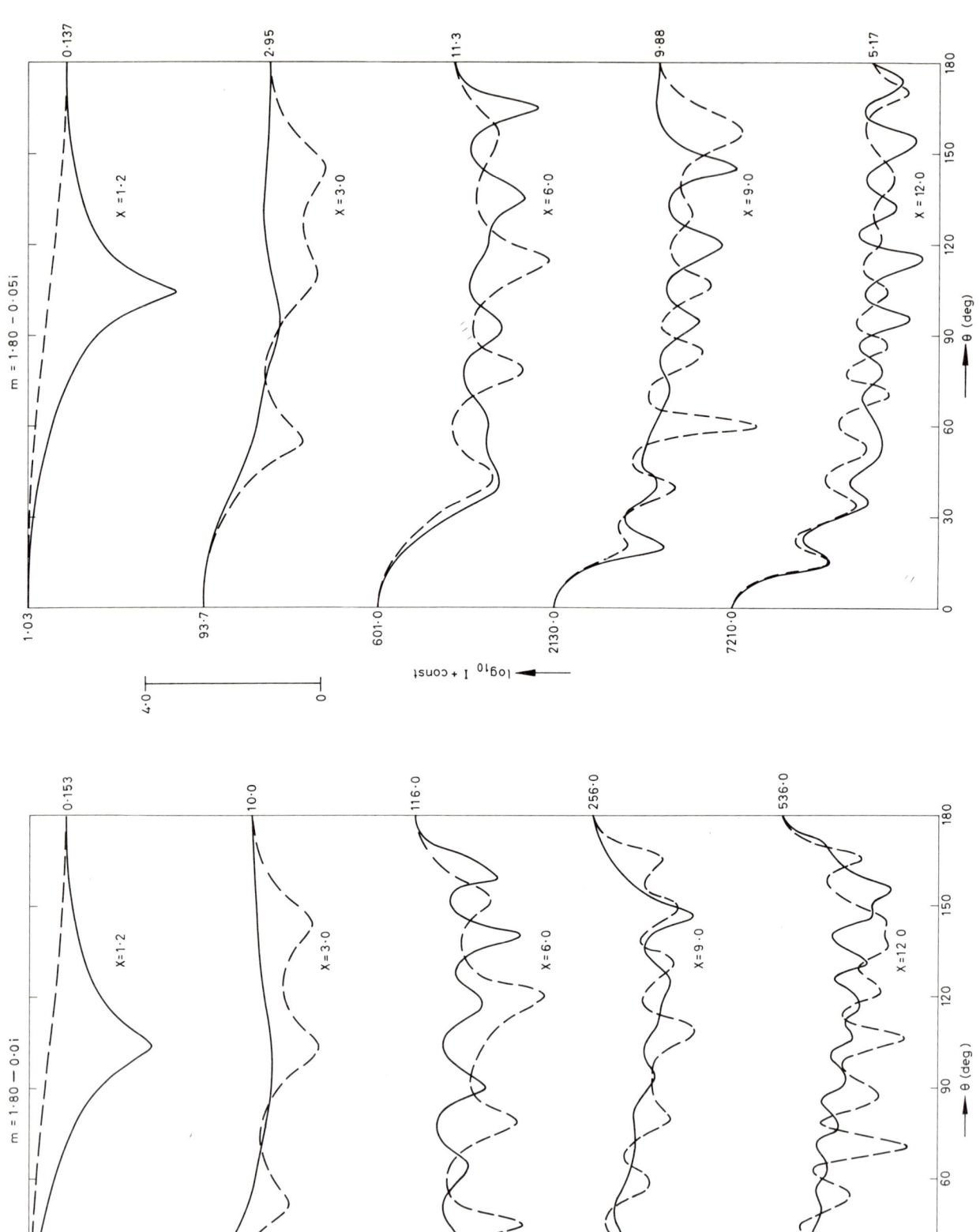

Figs. B13 and B14   239

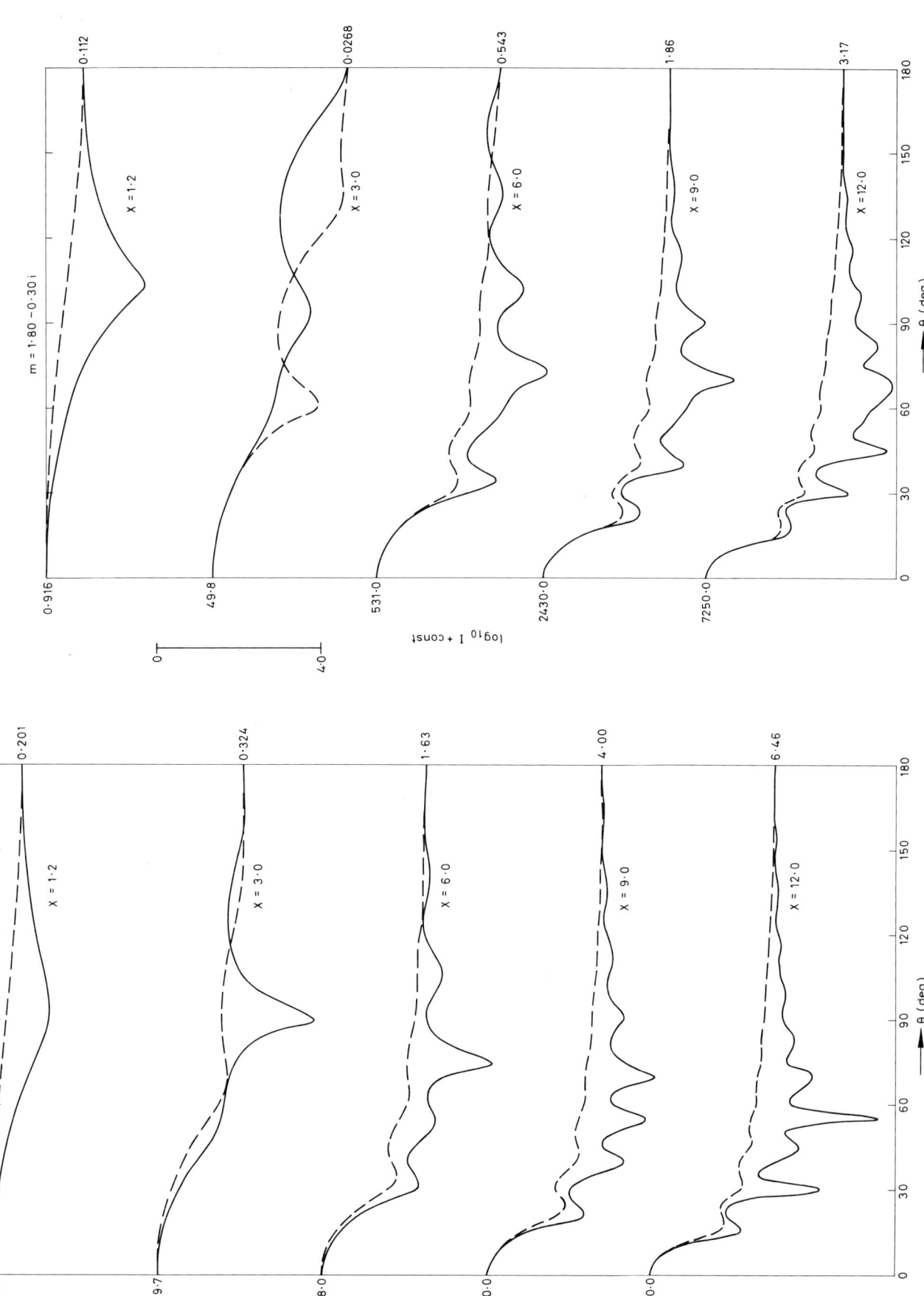

Figs. B15 and B16

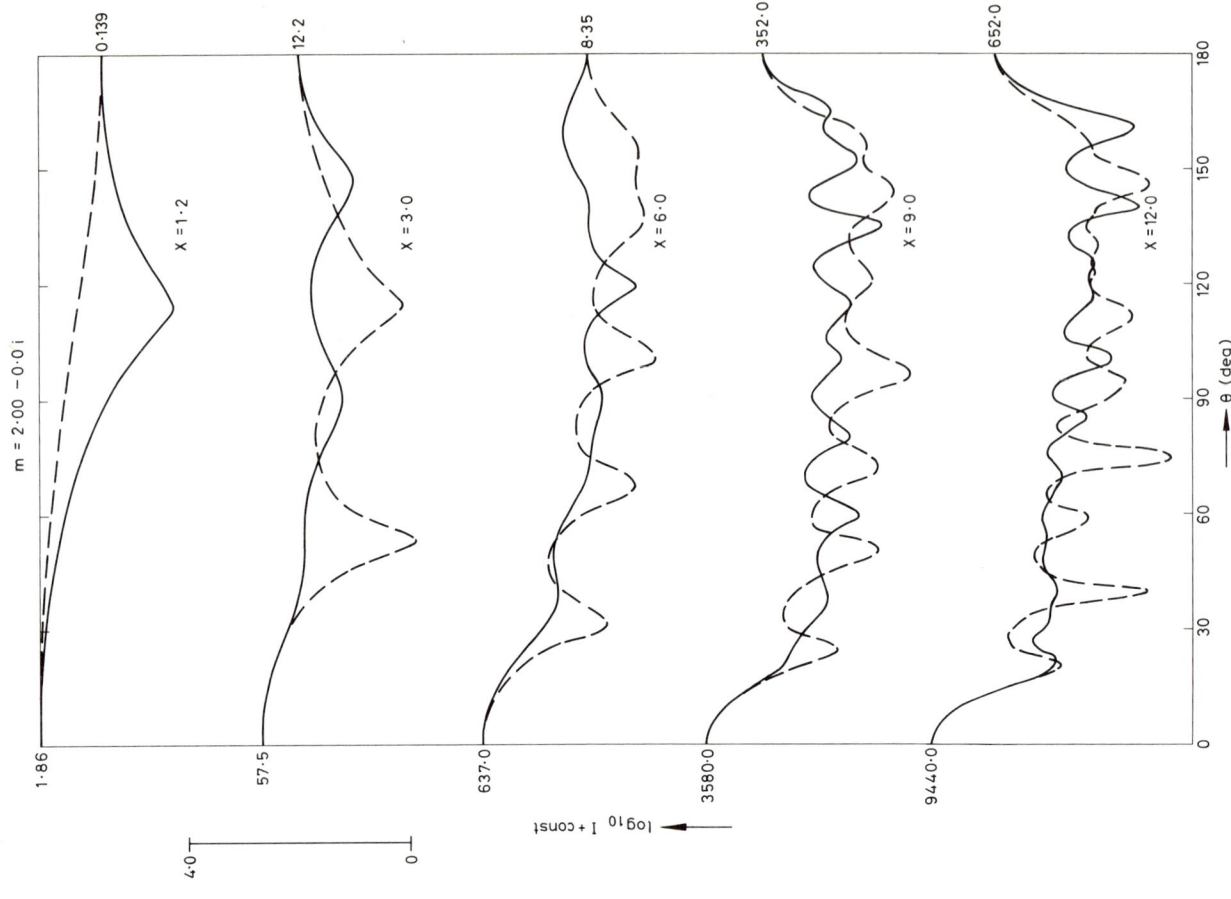

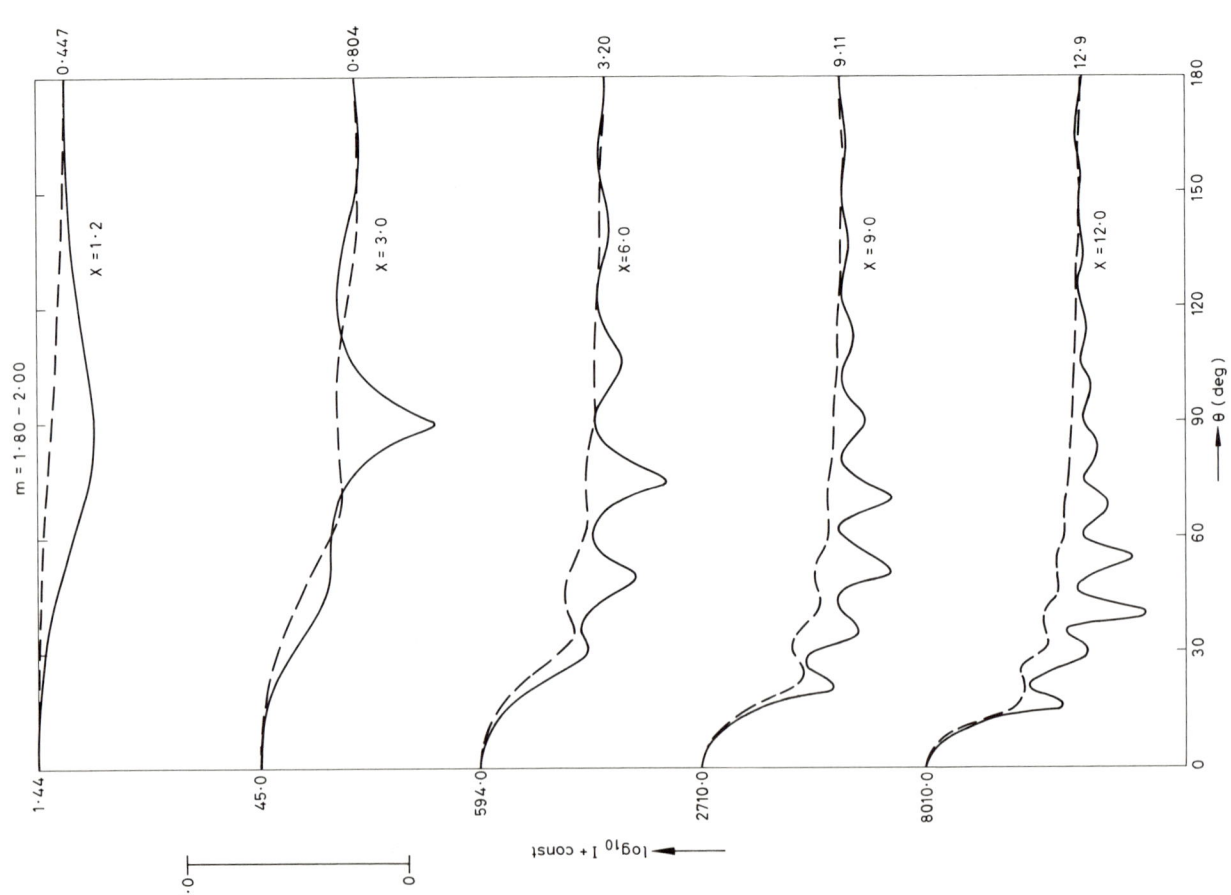

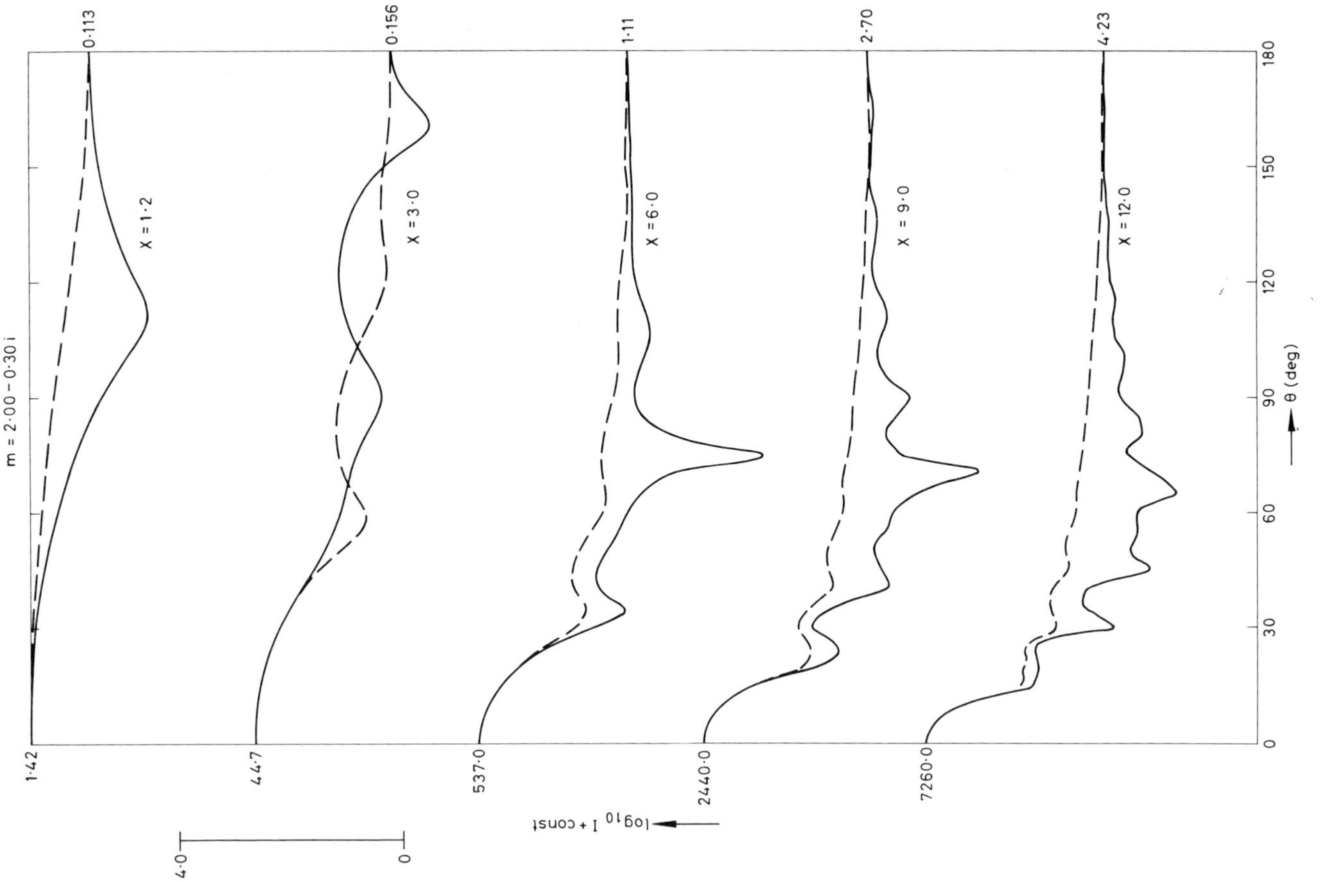

Figs. B17 and B18 241

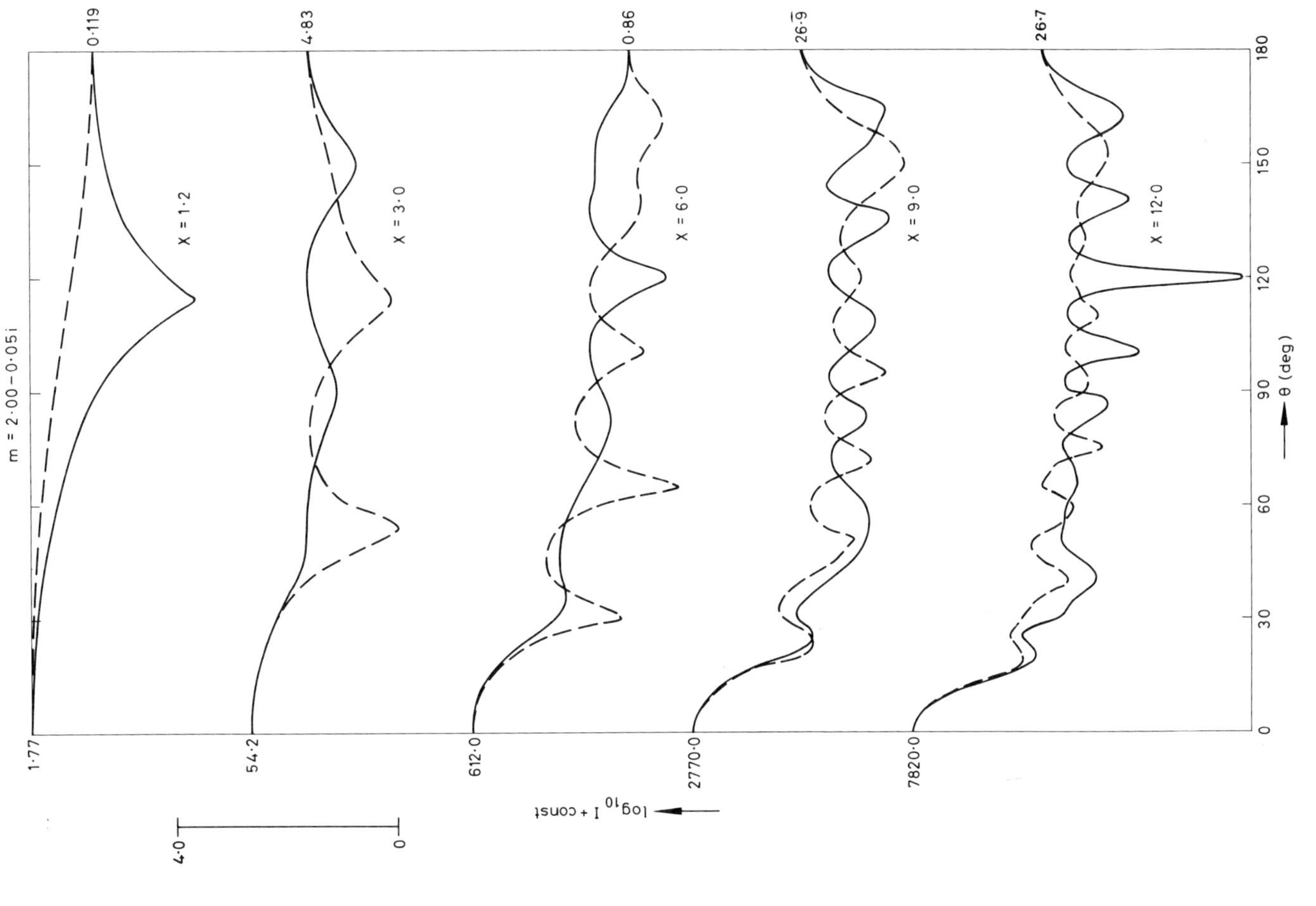

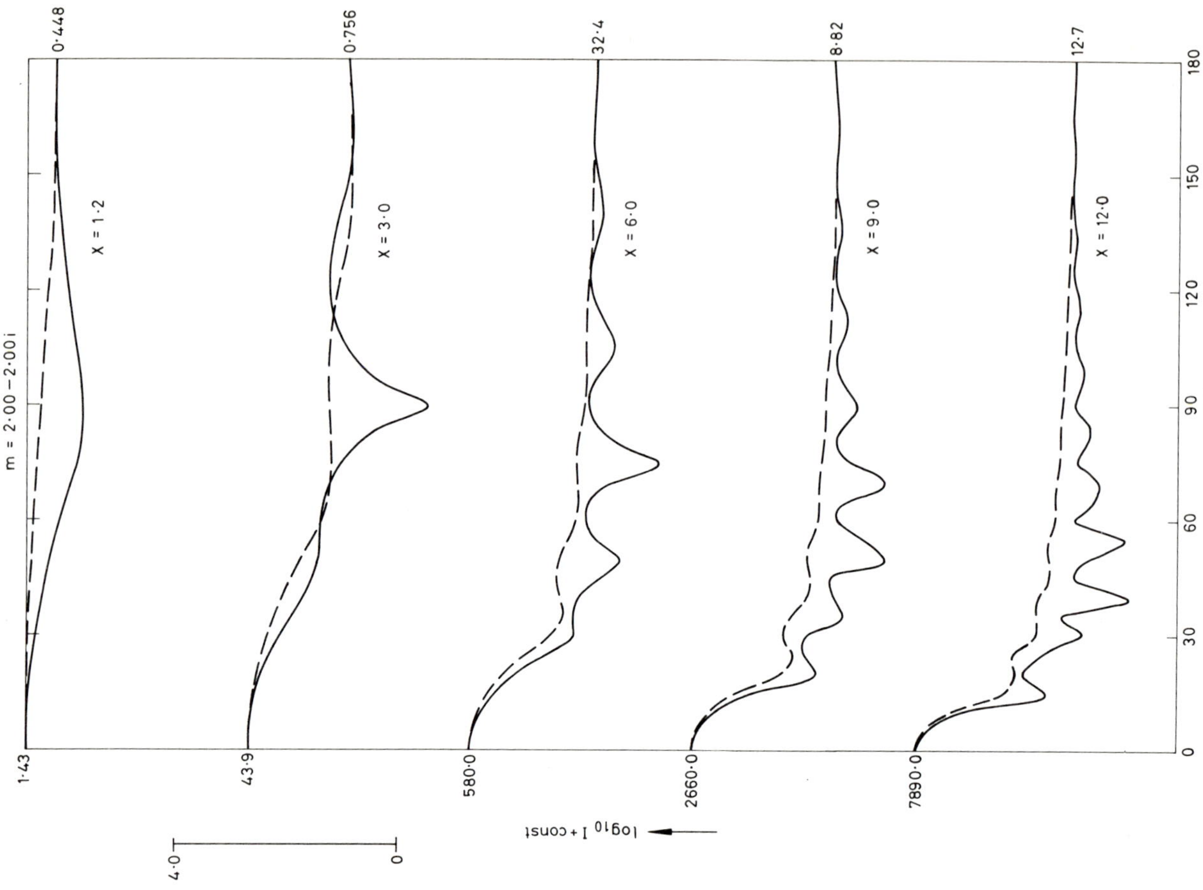
m = 2·00 − 2·00i
X = 1·2
X = 3·0
X = 6·0
X = 9·0
X = 12·0
1·43
43·9
580·0
2660·0
7890·0
0·448
0·756
32·4
8·82
12·7
0
30
60
90
120
150
180
θ (deg)
log10 I + const
4·0
0

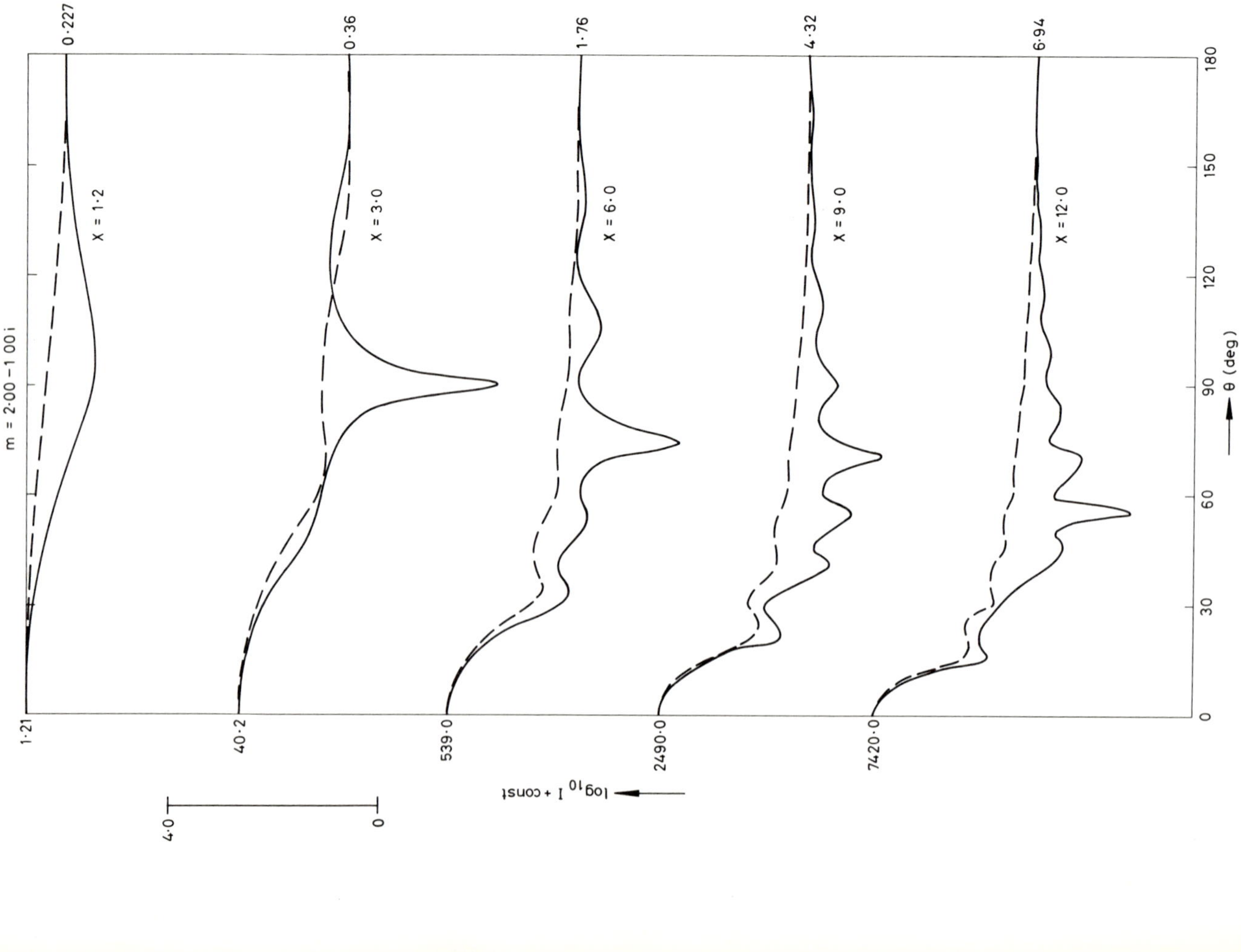
m = 2·00 − 1·00i
X = 1·2
X = 3·0
X = 6·0
X = 9·0
X = 12·0
1·21
40·2
539·0
2490·0
7420·0
0·227
0·36
1·76
4·32
6·94
0
30
60
90
120
150
180
θ (deg)
log10 I + const
4·0
0

6 Light Scattering Functions for Infinite Cylinders

Tables T2.1–T2.104: Numerical values of $Q_{eE}(x)$, $Q_{eH}(x)$, $Q_{sE}(x)$, $Q_{sH}(x)$ for infinite cylinders at normal incidence characterized by a complex refractive index $m = n - ik$ spanning the ranges

$$n = 1 \cdot 1\ (0 \cdot 1)\ 2 \cdot 0;\ 2 \cdot 5\ (0 \cdot 5)\ 3 \cdot 5$$

$$k = 0,\ 0 \cdot 05;\ 0 \cdot 1\ (0 \cdot 1)\ 0 \cdot 5;\ 1 \cdot 0$$

$$x = 2\pi a/\lambda = 0 \cdot 1\ (0 \cdot 1)\ 5 \cdot 0;\ 5 \cdot 2\ (0 \cdot 2)\ 15 \cdot 0$$

Figs. C1–C22: Q_{eE}, Q_{eH}, Q_{sE}, Q_{sH} and $(Q_{eE} - Q_{eH})$ for infinite cylinders as functions of x for selected cases of normal incidence ($\theta = 90°$).

Tables T2.105–T2.164: Numerical values of $Q_{eE}(x)$, $Q_{eH}(x)$, $Q_{sE}(x)$, $Q_{sH}(x)$ for infinite cylinders at oblique incidence θ. The refractive index $m = n - ik$, x and θ span the ranges

$$n = 1 \cdot 2,\ 1 \cdot 4,\ 1 \cdot 6$$

$$k = 0 \cdot 0,\ 0 \cdot 05,\ 0 \cdot 2,\ 0 \cdot 3$$

$$x = 0 \cdot 1\ (0 \cdot 1)\ 5 \cdot 0;\ 5 \cdot 2\ (0 \cdot 2)\ 15 \cdot 0$$

$$\theta = 15 \cdot 0\ (15 \cdot 0)\ 75 \cdot 0\ \text{degrees}$$

Figs. D1–D33: Q_{eE}, Q_{eH} and $(Q_{eE} - Q_{eH})$ for infinite cylinders as functions of x for selected cases of oblique incidence.

Table T2.1

N = 1.100 K = 0.0

X	QEE	QEH	QSE	QSH	X	QEE	QEH	QSE	QSH
0.1	0.0001	0.0000	0.0001	0.0000	5.2	0.7157	0.6616	0.7157	0.6616
0.2	0.0004	0.0002	0.0004	0.0002	5.4	0.7668	0.7119	0.7668	0.7119
0.3	0.0014	0.0006	0.0014	0.0006	5.6	0.8181	0.7630	0.8181	0.7630
0.4	0.0033	0.0013	0.0033	0.0013	5.8	0.8698	0.8151	0.8698	0.8151
0.5	0.0063	0.0025	0.0063	0.0025	6.0	0.9239	0.8692	0.9239	0.8692
0.6	0.0104	0.0042	0.0104	0.0042	6.2	0.9802	0.9253	0.9802	0.9253
0.7	0.0156	0.0063	0.0156	0.0063	6.4	1.0382	0.9828	1.0382	0.9828
0.8	0.0216	0.0088	0.0216	0.0088	6.6	1.0963	1.0408	1.0963	1.0408
0.9	0.0282	0.0117	0.0282	0.0117	6.8	1.1539	1.0987	1.1539	1.0987
1.0	0.0351	0.0149	0.0351	0.0149	7.0	1.2119	1.1570	1.2119	1.1570
1.1	0.0421	0.0184	0.0421	0.0184	7.2	1.2709	1.2159	1.2709	1.2159
1.2	0.0489	0.0223	0.0489	0.0223	7.4	1.3315	1.2764	1.3315	1.2764
1.3	0.0557	0.0267	0.0557	0.0267	7.6	1.3932	1.3383	1.3932	1.3383
1.4	0.0624	0.0315	0.0624	0.0315	7.8	1.4553	1.4008	1.4553	1.4008
1.5	0.0694	0.0371	0.0694	0.0371	8.0	1.5175	1.4634	1.5175	1.4634
1.6	0.0769	0.0434	0.0769	0.0434	8.2	1.5792	1.5252	1.5792	1.5252
1.7	0.0852	0.0508	0.0852	0.0508	8.4	1.6407	1.5867	1.6407	1.5867
1.8	0.0945	0.0592	0.0945	0.0592	8.6	1.7025	1.6488	1.7025	1.6488
1.9	0.1050	0.0687	0.1050	0.0687	8.8	1.7648	1.7117	1.7648	1.7117
2.0	0.1165	0.0791	0.1165	0.0791	9.0	1.8279	1.7754	1.8279	1.7754
2.1	0.1288	0.0904	0.1288	0.0904	9.2	1.8914	1.8392	1.8914	1.8392
2.2	0.1418	0.1023	0.1418	0.1023	9.4	1.9543	1.9023	1.9543	1.9023
2.3	0.1553	0.1147	0.1553	0.1147	9.6	2.0162	1.9645	2.0162	1.9645
2.4	0.1690	0.1275	0.1690	0.1275	9.8	2.0771	2.0260	2.0771	2.0260
2.5	0.1825	0.1401	0.1825	0.1401	10.0	2.1377	2.0872	2.1377	2.0872
2.6	0.1962	0.1531	0.1962	0.1531	10.2	2.2034	2.1535	2.2034	2.1535
2.7	0.2100	0.1661	0.2100	0.1661	10.4	2.2614	2.2120	2.2614	2.2120
2.8	0.2241	0.1795	0.2241	0.1795	10.6	2.3220	2.2730	2.3220	2.2730
2.9	0.2388	0.1934	0.2388	0.1934	10.8	2.3814	2.3330	2.3814	2.3330
3.0	0.2540	0.2079	0.2540	0.2079	11.0	2.4395	2.3916	2.4395	2.3916
3.1	0.2700	0.2231	0.2700	0.2231	11.2	2.4964	2.4491	2.4964	2.4491
3.2	0.2868	0.2393	0.2868	0.2393	11.4	2.5527	2.5061	2.5527	2.5061
3.3	0.3043	0.2562	0.3043	0.2562	11.6	2.6088	2.5629	2.6088	2.5629
3.4	0.3225	0.2740	0.3225	0.2740	11.8	2.6646	2.6192	2.6646	2.6192
3.5	0.3412	0.2925	0.3412	0.2925	12.0	2.7193	2.6745	2.7193	2.6745
3.6	0.3604	0.3115	0.3604	0.3115	12.2	2.7721	2.7279	2.7721	2.7279
3.7	0.3799	0.3308	0.3799	0.3308	12.4	2.8229	2.7796	2.8229	2.7796
3.8	0.3998	0.3503	0.3998	0.3503	12.6	2.8724	2.8298	2.8724	2.8298
3.9	0.4199	0.3699	0.4199	0.3699	12.8	2.9213	2.8792	2.9213	2.8792
4.0	0.4403	0.3896	0.4403	0.3896	13.0	2.9695	2.9280	2.9695	2.9280
4.1	0.4609	0.4096	0.4609	0.4096	13.2	3.0163	2.9755	3.0163	2.9755
4.2	0.4818	0.4298	0.4818	0.4298	13.4	3.0620	3.0221	3.0620	3.0221
4.3	0.5029	0.4504	0.5029	0.4504	13.6	3.1047	3.0657	3.1047	3.0657
4.4	0.5244	0.4716	0.5244	0.4716	13.8	3.1459	3.1074	3.1459	3.1074
4.5	0.5464	0.4934	0.5464	0.4934	14.0	3.1856	3.1475	3.1856	3.1475
4.6	0.5688	0.5159	0.5688	0.5159	14.2	3.2238	3.1864	3.2238	3.1864
4.7	0.5920	0.5391	0.5920	0.5391	14.4	3.2606	3.2243	3.2606	3.2243
4.8	0.6157	0.5629	0.6157	0.5629	14.6	3.2959	3.2606	3.2959	3.2606
4.9	0.6400	0.5871	0.6400	0.5871	14.8	3.3298	3.2950	3.3298	3.2950
5.0	0.6650	0.6118	0.6650	0.6118	15.0	3.3614	3.3269	3.3614	3.3269

Table T2.2   245

N = 1.100 K = 0.050

X	QEE	QEH	QSE	QSH
0.1	0.0174	0.0142	0.0001	0.0000
0.2	0.0354	0.0287	0.0005	0.0002
0.3	0.0543	0.0436	0.0018	0.0007
0.4	0.0741	0.0589	0.0041	0.0017
0.5	0.0946	0.0748	0.0076	0.0031
0.6	0.1157	0.0911	0.0123	0.0051
0.7	0.1371	0.1079	0.0180	0.0076
0.8	0.1583	0.1250	0.0245	0.0105
0.9	0.1792	0.1425	0.0315	0.0139
1.0	0.1997	0.1603	0.0386	0.0176
1.1	0.2199	0.1784	0.0457	0.0217
1.2	0.2398	0.1971	0.0526	0.0261
1.3	0.2598	0.2163	0.0595	0.0310
1.4	0.2802	0.2362	0.0664	0.0364
1.5	0.3011	0.2568	0.0736	0.0425
1.6	0.3226	0.2782	0.0814	0.0494
1.7	0.3448	0.3002	0.0898	0.0571
1.8	0.3676	0.3228	0.0991	0.0658
1.9	0.3908	0.3458	0.1091	0.0753
2.0	0.4141	0.3690	0.1199	0.0855
2.1	0.4374	0.3923	0.1311	0.0963
2.2	0.4606	0.4155	0.1427	0.1076
2.3	0.4837	0.4385	0.1545	0.1191
2.4	0.5068	0.4616	0.1666	0.1309
2.5	0.5294	0.4842	0.1784	0.1425
2.6	0.5522	0.5071	0.1905	0.1544
2.7	0.5752	0.5300	0.2026	0.1663
2.8	0.5984	0.5532	0.2150	0.1784
2.9	0.6217	0.5767	0.2276	0.1907
3.0	0.6453	0.6004	0.2405	0.2034
3.1	0.6690	0.6244	0.2537	0.2164
3.2	0.6928	0.6486	0.2672	0.2299
3.3	0.7167	0.6729	0.2810	0.2438
3.4	0.7406	0.6972	0.2951	0.2581
3.5	0.7645	0.7215	0.3094	0.2726
3.6	0.7884	0.7456	0.3239	0.2874
3.7	0.8122	0.7696	0.3386	0.3022
3.8	0.8359	0.7935	0.3534	0.3171
3.9	0.8595	0.8172	0.3683	0.3321
4.0	0.8829	0.8409	0.3832	0.3470
4.1	0.9063	0.8646	0.3982	0.3620
4.2	0.9296	0.8883	0.4131	0.3769
4.3	0.9529	0.9120	0.4280	0.3920
4.4	0.9762	0.9358	0.4430	0.4072
4.5	0.9996	0.9596	0.4580	0.4225
4.6	1.0229	0.9833	0.4732	0.4379
4.7	1.0463	1.0071	0.4885	0.4535
4.8	1.0696	1.0307	0.5039	0.4692
4.9	1.0928	1.0542	0.5194	0.4850
5.0	1.1159	1.0776	0.5351	0.5009

X	QEE	QEH	QSE	QSH
5.2	1.1612	1.1236	0.5663	0.5325
5.4	1.2057	1.1689	0.5973	0.5639
5.6	1.2499	1.2141	0.6282	0.5953
5.8	1.2936	1.2584	0.6584	0.6261
6.0	1.3370	1.3026	0.6888	0.6570
6.2	1.3797	1.3460	0.7189	0.6877
6.4	1.4215	1.3887	0.7490	0.7183
6.6	1.4624	1.4304	0.7787	0.7486
6.8	1.5024	1.4712	0.8078	0.7784
7.0	1.5419	1.5114	0.8366	0.8076
7.2	1.5804	1.5507	0.8646	0.8362
7.4	1.6184	1.5894	0.8923	0.8644
7.6	1.6554	1.6272	0.9194	0.8922
7.8	1.6913	1.6639	0.9459	0.9192
8.0	1.7264	1.6998	0.9721	0.9460
8.2	1.7604	1.7344	0.9974	0.9718
8.4	1.7934	1.7681	1.0220	0.9969
8.6	1.8255	1.8009	1.0458	1.0213
8.8	1.8567	1.8329	1.0689	1.0449
9.0	1.8870	1.8639	1.0913	1.0678
9.2	1.9163	1.8938	1.1130	1.0901
9.4	1.9445	1.9227	1.1341	1.1117
9.6	1.9717	1.9506	1.1544	1.1325
9.8	1.9980	1.9774	1.1740	1.1525
10.0	2.0231	2.0032	1.1925	1.1715
10.2	2.0504	2.0312	1.2133	1.1927
10.4	2.0715	2.0529	1.2282	1.2081
10.6	2.0938	2.0757	1.2444	1.2248
10.8	2.1150	2.0975	1.2600	1.2408
11.0	2.1353	2.1184	1.2748	1.2560
11.2	2.1547	2.1383	1.2888	1.2705
11.4	2.1731	2.1573	1.3020	1.2840
11.6	2.1907	2.1753	1.3144	1.2968
11.8	2.2073	2.1924	1.3260	1.3088
12.0	2.2229	2.2086	1.3369	1.3200
12.2	2.2377	2.2238	1.3471	1.3306
12.4	2.2515	2.2381	1.3565	1.3404
12.6	2.2645	2.2516	1.3653	1.3494
12.8	2.2767	2.2642	1.3732	1.3577
13.0	2.2880	2.2760	1.3805	1.3652
13.2	2.2984	2.2868	1.3868	1.3719
13.4	2.3086	2.2974	1.3933	1.3787
13.6	2.3173	2.3065	1.3983	1.3840
13.8	2.3254	2.3150	1.4029	1.3888
14.0	2.3328	2.3227	1.4069	1.3931
14.2	2.3394	2.3297	1.4102	1.3966
14.4	2.3454	2.3361	1.4129	1.3995
14.6	2.3506	2.3417	1.4150	1.4019
14.8	2.3552	2.3466	1.4165	1.4036
15.0	2.3592	2.3508	1.4175	1.4049

Table T2.3

N = 1.100 K = 0.100

X	QEE	QEH	QSE	QSH
0.1	0.0347	0.0284	0.0001	0.0000
0.2	0.0701	0.0571	0.0009	0.0004
0.3	0.1061	0.0863	0.0028	0.0012
0.4	0.1425	0.1160	0.0063	0.0026
0.5	0.1788	0.1461	0.0116	0.0049
0.6	0.2145	0.1765	0.0185	0.0080
0.7	0.2492	0.2070	0.0268	0.0118
0.8	0.2828	0.2377	0.0358	0.0163
0.9	0.3152	0.2685	0.0453	0.0213
1.0	0.3468	0.2995	0.0548	0.0268
1.1	0.3778	0.3307	0.0642	0.0328
1.2	0.4087	0.3623	0.0733	0.0392
1.3	0.4397	0.3943	0.0824	0.0462
1.4	0.4711	0.4267	0.0916	0.0538
1.5	0.5027	0.4594	0.1013	0.0624
1.6	0.5346	0.4923	0.1116	0.0718
1.7	0.5664	0.5252	0.1226	0.0823
1.8	0.5981	0.5579	0.1344	0.0937
1.9	0.6293	0.5902	0.1469	0.1060
2.0	0.6600	0.6219	0.1599	0.1190
2.1	0.6901	0.6530	0.1733	0.1325
2.2	0.7196	0.6835	0.1869	0.1464
2.3	0.7487	0.7135	0.2006	0.1603
2.4	0.7777	0.7432	0.2145	0.1745
2.5	0.8057	0.7719	0.2281	0.1883
2.6	0.8338	0.8008	0.2420	0.2023
2.7	0.8617	0.8294	0.2558	0.2162
2.8	0.8893	0.8578	0.2697	0.2302
2.9	0.9167	0.8861	0.2837	0.2443
3.0	0.9437	0.9141	0.2978	0.2585
3.1	0.9704	0.9419	0.3120	0.2730
3.2	0.9969	0.9692	0.3262	0.2877
3.3	1.0229	0.9962	0.3405	0.3025
3.4	1.0486	1.0227	0.3550	0.3175
3.5	1.0739	1.0487	0.3695	0.3326
3.6	1.0988	1.0743	0.3840	0.3477
3.7	1.1232	1.0994	0.3986	0.3627
3.8	1.1473	1.1241	0.4132	0.3777
3.9	1.1709	1.1484	0.4276	0.3925
4.0	1.1941	1.1723	0.4420	0.4072
4.1	1.2170	1.1960	0.4561	0.4217
4.2	1.2395	1.2193	0.4701	0.4361
4.3	1.2618	1.2422	0.4840	0.4504
4.4	1.2837	1.2649	0.4977	0.4646
4.5	1.3053	1.2871	0.5113	0.4786
4.6	1.3266	1.3090	0.5248	0.4926
4.7	1.3475	1.3305	0.5383	0.5066
4.8	1.3679	1.3516	0.5517	0.5204
4.9	1.3880	1.3722	0.5650	0.5341
5.0	1.4078	1.3926	0.5782	0.5478
5.2	1.4459	1.4318	0.6041	0.5745
5.4	1.4826	1.4697	0.6293	0.6005
5.6	1.5183	1.5065	0.6540	0.6259
5.8	1.5523	1.5414	0.6774	0.6501
6.0	1.5851	1.5753	0.7003	0.6738
6.2	1.6165	1.6076	0.7225	0.6967
6.4	1.6465	1.6385	0.7441	0.7189
6.6	1.6753	1.6681	0.7649	0.7405
6.8	1.7027	1.6963	0.7850	0.7611
7.0	1.7290	1.7234	0.8042	0.7810
7.2	1.7540	1.7491	0.8225	0.7998
7.4	1.7779	1.7738	0.8401	0.8180
7.6	1.8007	1.7972	0.8571	0.8355
7.8	1.8222	1.8193	0.8731	0.8520
8.0	1.8428	1.8406	0.8886	0.8680
8.2	1.8622	1.8605	0.9032	0.8831
8.4	1.8805	1.8794	0.9171	0.8973
8.6	1.8978	1.8973	0.9301	0.9108
8.8	1.9143	1.9142	0.9425	0.9236
9.0	1.9298	1.9302	0.9542	0.9357
9.2	1.9444	1.9452	0.9653	0.9471
9.4	1.9581	1.9594	0.9758	0.9579
9.6	1.9711	1.9727	0.9856	0.9681
9.8	1.9832	1.9852	0.9949	0.9776
10.0	1.9944	1.9968	1.0033	0.9863
10.2	2.0078	2.0106	1.0139	0.9972
10.4	2.0157	2.0188	1.0195	1.0030
10.6	2.0248	2.0282	1.0264	1.0101
10.8	2.0334	2.0371	1.0329	1.0168
11.0	2.0413	2.0453	1.0388	1.0230
11.2	2.0487	2.0529	1.0444	1.0287
11.4	2.0555	2.0600	1.0494	1.0339
11.6	2.0618	2.0665	1.0540	1.0387
11.8	2.0675	2.0725	1.0582	1.0430
12.0	2.0728	2.0779	1.0620	1.0470
12.2	2.0776	2.0829	1.0655	1.0506
12.4	2.0820	2.0875	1.0686	1.0538
12.6	2.0860	2.0916	1.0714	1.0567
12.8	2.0896	2.0954	1.0739	1.0592
13.0	2.0928	2.0987	1.0760	1.0615
13.2	2.0955	2.1016	1.0777	1.0633
13.4	2.0986	2.1048	1.0799	1.0655
13.6	2.1006	2.1070	1.0811	1.0667
13.8	2.1025	2.1090	1.0822	1.0679
14.0	2.1042	2.1107	1.0831	1.0689
14.2	2.1056	2.1122	1.0838	1.0696
14.4	2.1067	2.1134	1.0843	1.0701
14.6	2.1076	2.1144	1.0846	1.0705
14.8	2.1084	2.1152	1.0847	1.0707
15.0	2.1089	2.1158	1.0847	1.0707

Table T2.4

N = 1.100 K = 0.200

x	QEE	QEH	QSE	QSH	x	QEE	QEH	QSE	QSH
0.1	0.0692	0.0565	0.0003	0.0001	5.2	1.7547	1.7915	0.7653	0.7349
0.2	0.1384	0.1135	0.0021	0.0009	5.4	1.7775	1.8147	0.7838	0.7543
0.3	0.2065	0.1709	0.0068	0.0029	5.6	1.7990	1.8367	0.8016	0.7727
0.4	0.2722	0.2284	0.0150	0.0065	5.8	1.8183	1.8564	0.8176	0.7893
0.5	0.3347	0.2857	0.0268	0.0119	6.0	1.8365	1.8748	0.8328	0.8051
0.6	0.3934	0.3423	0.0415	0.0191	6.2	1.8532	1.8917	0.8469	0.8197
0.7	0.4485	0.3981	0.0581	0.0280	6.4	1.8686	1.9072	0.8602	0.8334
0.8	0.5005	0.4530	0.0756	0.0380	6.6	1.8829	1.9215	0.8725	0.8461
0.9	0.5504	0.5071	0.0933	0.0491	6.8	1.8960	1.9347	0.8840	0.8579
1.0	0.5989	0.5605	0.1105	0.0609	7.0	1.9081	1.9468	0.8947	0.8689
1.1	0.6466	0.6133	0.1272	0.0733	7.2	1.9192	1.9579	0.9046	0.8790
1.2	0.6938	0.6654	0.1435	0.0865	7.4	1.9296	1.9681	0.9139	0.8884
1.3	0.7406	0.7168	0.1597	0.1006	7.6	1.9391	1.9776	0.9225	0.8972
1.4	0.7867	0.7673	0.1762	0.1156	7.8	1.9477	1.9860	0.9303	0.9052
1.5	0.8318	0.8166	0.1932	0.1319	8.0	1.9559	1.9940	0.9379	0.9128
1.6	0.8756	0.8644	0.2110	0.1494	8.2	1.9631	2.0011	0.9446	0.9197
1.7	0.9178	0.9105	0.2294	0.1680	8.4	1.9698	2.0076	0.9509	0.9260
1.8	0.9585	0.9547	0.2484	0.1877	8.6	1.9759	2.0135	0.9567	0.9318
1.9	0.9975	0.9971	0.2677	0.2081	8.8	1.9816	2.0189	0.9621	0.9372
2.0	1.0351	1.0377	0.2872	0.2289	9.0	1.9867	2.0239	0.9671	0.9422
2.1	1.0714	1.0765	0.3067	0.2500	9.2	1.9915	2.0284	0.9717	0.9469
2.2	1.1066	1.1139	0.3261	0.2709	9.4	1.9959	2.0325	0.9760	0.9511
2.3	1.1406	1.1499	0.3454	0.2916	9.6	1.9999	2.0362	0.9800	0.9551
2.4	1.1740	1.1851	0.3646	0.3121	9.8	2.0035	2.0396	0.9837	0.9587
2.5	1.2055	1.2183	0.3830	0.3317	10.0	2.0067	2.0425	0.9870	0.9620
2.6	1.2364	1.2510	0.4015	0.3511	10.2	2.0126	2.0482	0.9927	0.9677
2.7	1.2663	1.2827	0.4196	0.3701	10.4	2.0133	2.0487	0.9938	0.9687
2.8	1.2952	1.3134	0.4374	0.3888	10.6	2.0158	2.0508	0.9965	0.9713
2.9	1.3232	1.3430	0.4548	0.4071	10.8	2.0182	2.0529	0.9990	0.9737
3.0	1.3503	1.3716	0.4719	0.4252	11.0	2.0203	2.0548	1.0014	0.9760
3.1	1.3765	1.3992	0.4887	0.4431	11.2	2.0223	2.0565	1.0036	0.9781
3.2	1.4018	1.4257	0.5052	0.4607	11.4	2.0241	2.0580	1.0057	0.9801
3.3	1.4262	1.4513	0.5214	0.4781	11.6	2.0257	2.0593	1.0076	0.9819
3.4	1.4498	1.4758	0.5374	0.4951	11.8	2.0272	2.0606	1.0094	0.9836
3.5	1.4725	1.4995	0.5531	0.5119	12.0	2.0286	2.0617	1.0111	0.9852
3.6	1.4943	1.5223	0.5685	0.5282	12.2	2.0299	2.0626	1.0126	0.9867
3.7	1.5154	1.5443	0.5836	0.5442	12.4	2.0310	2.0635	1.0141	0.9880
3.8	1.5358	1.5655	0.5984	0.5597	12.6	2.0321	2.0643	1.0155	0.9893
3.9	1.5554	1.5859	0.6127	0.5748	12.8	2.0331	2.0650	1.0168	0.9905
4.0	1.5743	1.6056	0.6266	0.5894	13.0	2.0339	2.0656	1.0180	0.9917
4.1	1.5926	1.6246	0.6401	0.6037	13.2	2.0346	2.0661	1.0191	0.9926
4.2	1.6102	1.6428	0.6532	0.6174	13.4	2.0353	2.0667	1.0202	0.9937
4.3	1.6273	1.6604	0.6659	0.6308	13.6	2.0360	2.0671	1.0207	0.9942
4.4	1.6437	1.6773	0.6782	0.6438	13.8	2.0364	2.0677	1.0216	0.9949
4.5	1.6595	1.6937	0.6902	0.6564	14.0	2.0370	2.0680	1.0225	0.9958
4.6	1.6747	1.7093	0.7019	0.6686	14.2	2.0376	2.0683	1.0235	0.9966
4.7	1.6894	1.7244	0.7133	0.6805	14.4	2.0381	2.0685	1.0244	0.9974
4.8	1.7034	1.7389	0.7243	0.6921	14.6	2.0386	2.0687	1.0252	0.9981
4.9	1.7170	1.7529	0.7350	0.7033	14.8	2.0391	2.0689	1.0260	0.9989
5.0	1.7301	1.7663	0.7455	0.7143	15.0	2.0399	2.0690	1.0276	1.0002

Table T2.5

N = 1.100 K = 0.300

X	QEE	QEH	QSE	QSH
0.1	0.1035	0.0843	0.0005	0.0002
0.2	0.2050	0.1692	0.0042	0.0018
0.3	0.3020	0.2542	0.0133	0.0057
0.4	0.3923	0.3386	0.0286	0.0128
0.5	0.4749	0.4214	0.0496	0.0233
0.6	0.5503	0.5021	0.0748	0.0370
0.7	0.6196	0.5802	0.1021	0.0533
0.8	0.6846	0.6558	0.1298	0.0715
0.9	0.7467	0.7289	0.1569	0.0910
1.0	0.8071	0.7997	0.1829	0.1113
1.1	0.8662	0.8684	0.2078	0.1322
1.2	0.9238	0.9347	0.2320	0.1538
1.3	0.9796	0.9986	0.2560	0.1764
1.4	1.0331	1.0597	0.2802	0.1999
1.5	1.0840	1.1179	0.3048	0.2247
1.6	1.1322	1.1728	0.3298	0.2505
1.7	1.1777	1.2244	0.3549	0.2773
1.8	1.2207	1.2728	0.3801	0.3046
1.9	1.2615	1.3182	0.4049	0.3322
2.0	1.3003	1.3608	0.4294	0.3595
2.1	1.3373	1.4009	0.4534	0.3864
2.2	1.3725	1.4387	0.4767	0.4124
2.3	1.4060	1.4746	0.4995	0.4376
2.4	1.4382	1.5090	0.5218	0.4620
2.5	1.4679	1.5407	0.5428	0.4848
2.6	1.4966	1.5714	0.5635	0.5071
2.7	1.5239	1.6005	0.5834	0.5284
2.8	1.5498	1.6280	0.6025	0.5490
2.9	1.5745	1.6540	0.6209	0.5688
3.0	1.5980	1.6786	0.6387	0.5879
3.1	1.6203	1.7018	0.6558	0.6063
3.2	1.6415	1.7237	0.6723	0.6241
3.3	1.6616	1.7445	0.6882	0.6412
3.4	1.6807	1.7641	0.7036	0.6577
3.5	1.6988	1.7827	0.7184	0.6735
3.6	1.7160	1.8003	0.7327	0.6887
3.7	1.7323	1.8169	0.7463	0.7032
3.8	1.7478	1.8326	0.7595	0.7171
3.9	1.7625	1.8475	0.7720	0.7303
4.0	1.7765	1.8615	0.7840	0.7430
4.1	1.7898	1.8748	0.7955	0.7550
4.2	1.8024	1.8874	0.8065	0.7665
4.3	1.8143	1.8993	0.8170	0.7775
4.4	1.8257	1.9105	0.8271	0.7880
4.5	1.8365	1.9212	0.8368	0.7980
4.6	1.8467	1.9312	0.8460	0.8075
4.7	1.8565	1.9407	0.8548	0.8167
4.8	1.8657	1.9496	0.8633	0.8254
4.9	1.8744	1.9581	0.8714	0.8338
5.0	1.8828	1.9662	0.8792	0.8418
5.2	1.8981	1.9807	0.8936	0.8565
5.4	1.9119	1.9938	0.9068	0.8699
5.6	1.9249	2.0060	0.9194	0.8826
5.8	1.9359	2.0161	0.9301	0.8935
6.0	1.9462	2.0255	0.9404	0.9037
6.2	1.9553	2.0337	0.9497	0.9130
6.4	1.9637	2.0411	0.9582	0.9214
6.6	1.9712	2.0477	0.9661	0.9291
6.8	1.9780	2.0535	0.9732	0.9361
7.0	1.9843	2.0588	0.9799	0.9426
7.2	1.9898	2.0634	0.9859	0.9485
7.4	1.9949	2.0675	0.9916	0.9539
7.6	1.9996	2.0713	0.9969	0.9590
7.8	2.0036	2.0744	1.0015	0.9634
8.0	2.0077	2.0775	1.0062	0.9677
8.2	2.0111	2.0799	1.0102	0.9715
8.4	2.0141	2.0821	1.0139	0.9750
8.6	2.0169	2.0840	1.0174	0.9782
8.8	2.0195	2.0856	1.0207	0.9812
9.0	2.0218	2.0871	1.0237	0.9839
9.2	2.0240	2.0884	1.0265	0.9865
9.4	2.0259	2.0895	1.0292	0.9889
9.6	2.0277	2.0905	1.0317	0.9912
9.8	2.0294	2.0914	1.0340	0.9932
10.0	2.0307	2.0919	1.0360	0.9950
10.2	2.0350	2.0955	1.0408	0.9995
10.4	2.0342	2.0939	1.0408	0.9993
10.6	2.0353	2.0943	1.0426	1.0008
10.8	2.0363	2.0946	1.0443	1.0023
11.0	2.0373	2.0949	1.0460	1.0038
11.2	2.0383	2.0951	1.0475	1.0051
11.4	2.0391	2.0953	1.0490	1.0064
11.6	2.0399	2.0954	1.0504	1.0076
11.8	2.0406	2.0955	1.0518	1.0088
12.0	2.0413	2.0956	1.0531	1.0099
12.2	2.0419	2.0956	1.0543	1.0109
12.4	2.0425	2.0956	1.0555	1.0119
12.6	2.0431	2.0955	1.0566	1.0129
12.8	2.0436	2.0953	1.0577	1.0138
13.0	2.0440	2.0951	1.0588	1.0146
13.2	2.0444	2.0951	1.0597	1.0154
13.4	2.0454	2.0952	1.0612	1.0167
13.6	2.0455	2.0952	1.0619	1.0173
13.8	2.0459	2.0950	1.0628	1.0180
14.0	2.0462	2.0948	1.0636	1.0187
14.2	2.0465	2.0946	1.0645	1.0194
14.4	2.0468	2.0944	1.0653	1.0200
14.6	2.0470	2.0942	1.0660	1.0207
14.8	2.0473	2.0940	1.0668	1.0213
15.0	2.0475	2.0937	1.0675	1.0219

Table T2.6

N = 1.100 K = 0.400

X	QEE	QEH	QSE	QSH	X	QEE	QEH	QSE	QSH
0.1	0.1375	0.1114	0.0009	0.0004	5.2	1.9730	2.0947	0.9865	0.9331
0.2	0.2699	0.2236	0.0071	0.0030	5.4	1.9815	2.1012	0.9961	0.9472
0.3	0.3926	0.3356	0.0221	0.0097	5.6	1.9898	2.1074	1.0053	0.9560
0.4	0.5029	0.4459	0.0464	0.0216	5.8	1.9962	2.1118	1.0129	0.9631
0.5	0.6008	0.5531	0.0785	0.0389	6.0	2.0024	2.1160	1.0201	0.9699
0.6	0.6881	0.6558	0.1153	0.0611	6.2	2.0078	2.1195	1.0267	0.9759
0.7	0.7676	0.7537	0.1540	0.0868	6.4	2.0127	2.1224	1.0327	0.9814
0.8	0.8421	0.8467	0.1921	0.1149	6.6	2.0170	2.1248	1.0381	0.9863
0.9	0.9132	0.9349	0.2285	0.1441	6.8	2.0209	2.1268	1.0431	0.9908
1.0	0.9819	1.0187	0.2628	0.1738	7.0	2.0244	2.1286	1.0478	0.9950
1.1	1.0481	1.0984	0.2955	0.2037	7.2	2.0275	2.1299	1.0520	0.9987
1.2	1.1115	1.1737	0.3271	0.2339	7.4	2.0304	2.1311	1.0560	1.0022
1.3	1.1714	1.2447	0.3581	0.2646	7.6	2.0331	2.1321	1.0598	1.0054
1.4	1.2274	1.3112	0.3889	0.2960	7.8	2.0352	2.1326	1.0630	1.0082
1.5	1.2796	1.3729	0.4196	0.3280	8.0	2.0376	2.1334	1.0664	1.0111
1.6	1.3281	1.4299	0.4499	0.3606	8.2	2.0394	2.1337	1.0692	1.0135
1.7	1.3733	1.4824	0.4797	0.3935	8.4	2.0410	2.1338	1.0719	1.0157
1.8	1.4155	1.5307	0.5088	0.4261	8.6	2.0425	2.1338	1.0744	1.0177
1.9	1.4550	1.5750	0.5369	0.4581	8.8	2.0439	2.1336	1.0767	1.0197
2.0	1.4921	1.6158	0.5640	0.4890	9.0	2.0451	2.1334	1.0789	1.0215
2.1	1.5269	1.6535	0.5900	0.5187	9.2	2.0462	2.1332	1.0810	1.0231
2.2	1.5595	1.6885	0.6150	0.5468	9.4	2.0473	2.1329	1.0830	1.0247
2.3	1.5899	1.7211	0.6389	0.5733	9.6	2.0482	2.1325	1.0848	1.0262
2.4	1.6188	1.7519	0.6620	0.5987	9.8	2.0491	2.1319	1.0865	1.0276
2.5	1.6449	1.7795	0.6832	0.6219	10.0	2.0497	2.1313	1.0880	1.0288
2.6	1.6698	1.8057	0.7038	0.6442	10.2	2.0533	2.1345	1.0923	1.0319
2.7	1.6932	1.8301	0.7233	0.6653	10.4	2.0519	2.1319	1.0918	1.0327
2.8	1.7151	1.8526	0.7418	0.6852	10.6	2.0524	2.1313	1.0932	1.0329
2.9	1.7356	1.8735	0.7593	0.7041	10.8	2.0529	2.1307	1.0945	1.0340
3.0	1.7548	1.8929	0.7759	0.7219	11.0	2.0534	2.1302	1.0958	1.0350
3.1	1.7728	1.9109	0.7917	0.7388	11.2	2.0539	2.1296	1.0970	1.0359
3.2	1.7897	1.9276	0.8067	0.7548	11.4	2.0543	2.1291	1.0981	1.0368
3.3	1.8054	1.9431	0.8210	0.7698	11.6	2.0547	2.1285	1.0992	1.0376
3.4	1.8202	1.9576	0.8346	0.7841	11.8	2.0550	2.1279	1.1003	1.0384
3.5	1.8340	1.9710	0.8474	0.7976	12.0	2.0553	2.1273	1.1013	1.0392
3.6	1.8469	1.9834	0.8596	0.8103	12.2	2.0556	2.1267	1.1022	1.0399
3.7	1.8591	1.9949	0.8712	0.8223	12.4	2.0559	2.1261	1.1032	1.0407
3.8	1.8705	2.0056	0.8821	0.8336	12.6	2.0561	2.1255	1.1041	1.0413
3.9	1.8812	2.0155	0.8924	0.8442	12.8	2.0563	2.1249	1.1049	1.0420
4.0	1.8912	2.0247	0.9022	0.8543	13.0	2.0565	2.1242	1.1057	1.0426
4.1	1.9007	2.0333	0.9115	0.8637	13.2	2.0566	2.1235	1.1064	1.0431
4.2	1.9095	2.0412	0.9203	0.8726	13.4	2.0572	2.1235	1.1077	1.0442
4.3	1.9178	2.0486	0.9286	0.8809	13.6	2.0572	2.1227	1.1082	1.0445
4.4	1.9255	2.0554	0.9365	0.8888	13.8	2.0573	2.1220	1.1089	1.0450
4.5	1.9329	2.0618	0.9440	0.8963	14.0	2.0574	2.1214	1.1096	1.0455
4.6	1.9397	2.0676	0.9510	0.9034	14.2	2.0575	2.1208	1.1102	1.0460
4.7	1.9462	2.0731	0.9578	0.9100	14.4	2.0576	2.1202	1.1108	1.0465
4.8	1.9522	2.0781	0.9641	0.9163	14.6	2.0577	2.1196	1.1114	1.0469
4.9	1.9579	2.0828	0.9702	0.9222	14.8	2.0577	2.1190	1.1120	1.0474
5.0	1.9633	2.0872	0.9760	0.9279	15.0	2.0578	2.1184	1.1126	1.0478

Table T2.7

N = 1.100 K = 0.500

x	QEE	QEH	QSE	QSH	x	QEE	QEH	QSE	QSH
0.1	0.1711	0.1373	0.0015	0.0006	5.2	2.0173	2.1729	1.0598	0.9979
0.2	0.3327	0.2759	0.0109	0.0046	5.4	2.0228	2.1752	1.0671	1.0043
0.3	0.4780	0.4141	0.0330	0.0148	5.6	2.0284	2.1776	1.0742	1.0105
0.4	0.6045	0.5496	0.0679	0.0328	5.8	2.0323	2.1785	1.0798	1.0153
0.5	0.7138	0.6799	0.1121	0.0586	6.0	2.0362	2.1795	1.0854	1.0200
0.6	0.8099	0.8031	0.1611	0.0909	6.2	2.0396	2.1800	1.0903	1.0241
0.7	0.8970	0.9183	0.2110	0.1276	6.4	2.0426	2.1802	1.0948	1.0278
0.8	0.9785	1.0257	0.2589	0.1666	6.6	2.0453	2.1799	1.0990	1.0312
0.9	1.0561	1.1256	0.3038	0.2062	6.8	2.0476	2.1796	1.1028	1.0343
1.0	1.1303	1.2187	0.3457	0.2454	7.0	2.0498	2.1790	1.1064	1.0371
1.1	1.2005	1.3053	0.3852	0.2839	7.2	2.0516	2.1784	1.1096	1.0397
1.2	1.2662	1.3856	0.4231	0.3217	7.4	2.0533	2.1778	1.1127	1.0421
1.3	1.3269	1.4599	0.4599	0.3593	7.6	2.0550	2.1768	1.1156	1.0443
1.4	1.3826	1.5279	0.4958	0.3968	7.8	2.0561	2.1762	1.1180	1.0462
1.5	1.4335	1.5900	0.5307	0.4343	8.0	2.0576	2.1751	1.1207	1.0482
1.6	1.4803	1.6461	0.5645	0.4715	8.2	2.0586	2.1740	1.1229	1.0499
1.7	1.5233	1.6966	0.5970	0.5081	8.4	2.0595	2.1729	1.1249	1.0514
1.8	1.5631	1.7421	0.6280	0.5435	8.6	2.0603	2.1718	1.1269	1.0528
1.9	1.5999	1.7830	0.6574	0.5774	8.8	2.0610	2.1707	1.1287	1.0541
2.0	1.6339	1.8200	0.6853	0.6093	9.0	2.0617	2.1695	1.1304	1.0553
2.1	1.6653	1.8536	0.7116	0.6391	9.2	2.0622	2.1684	1.1320	1.0565
2.2	1.6942	1.8843	0.7365	0.6669	9.4	2.0628	2.1672	1.1335	1.0576
2.3	1.7208	1.9123	0.7599	0.6927	9.6	2.0632	2.1660	1.1350	1.0586
2.4	1.7459	1.9385	0.7823	0.7170	9.8	2.0636	2.1647	1.1363	1.0596
2.5	1.7679	1.9611	0.8024	0.7388	10.0	2.0638	2.1666	1.1374	1.0603
2.6	1.7889	1.9823	0.8217	0.7595	10.2	2.0671	2.1632	1.1414	1.0640
2.7	1.8083	2.0015	0.8397	0.7788	10.4	2.0652	2.1632	1.1406	1.0627
2.8	1.8263	2.0189	0.8566	0.7968	10.6	2.0654	2.1620	1.1416	1.0634
2.9	1.8429	2.0347	0.8725	0.8135	10.8	2.0656	2.1608	1.1426	1.0641
3.0	1.8583	2.0491	0.8873	0.8290	11.0	2.0658	2.1597	1.1436	1.0648
3.1	1.8725	2.0622	0.9012	0.8435	11.2	2.0659	2.1585	1.1445	1.0654
3.2	1.8856	2.0741	0.9143	0.8570	11.4	2.0661	2.1574	1.1454	1.0660
3.3	1.8978	2.0850	0.9266	0.8695	11.6	2.0662	2.1563	1.1462	1.0666
3.4	1.9090	2.0949	0.9382	0.8812	11.8	2.0663	2.1552	1.1471	1.0672
3.5	1.9195	2.1039	0.9490	0.8922	12.0	2.0663	2.1541	1.1478	1.0677
3.6	1.9291	2.1120	0.9591	0.9024	12.2	2.0664	2.1531	1.1486	1.0682
3.7	1.9381	2.1194	0.9687	0.9119	12.4	2.0664	2.1520	1.1493	1.0686
3.8	1.9465	2.1260	0.9776	0.9207	12.6	2.0664	2.1510	1.1499	1.0691
3.9	1.9542	2.1320	0.9860	0.9289	12.8	2.0664	2.1499	1.1506	1.0695
4.0	1.9614	2.1375	0.9939	0.9366	13.0	2.0664	2.1489	1.1512	1.0699
4.1	1.9681	2.1425	1.0014	0.9438	13.2	2.0663	2.1478	1.1517	1.0702
4.2	1.9743	2.1470	1.0084	0.9504	13.4	2.0669	2.1474	1.1528	1.0712
4.3	1.9801	2.1510	1.0150	0.9567	13.6	2.0666	2.1462	1.1532	1.0713
4.4	1.9855	2.1547	1.0212	0.9625	13.8	2.0665	2.1452	1.1537	1.0716
4.5	1.9905	2.1580	1.0270	0.9681	14.0	2.0665	2.1442	1.1542	1.0719
4.6	1.9952	2.1609	1.0325	0.9732	14.2	2.0663	2.1433	1.1546	1.0722
4.7	1.9996	2.1636	1.0378	0.9780	14.4	2.0662	2.1424	1.1551	1.0725
4.8	2.0036	2.1659	1.0427	0.9825	14.6	2.0661	2.1414	1.1555	1.0728
4.9	2.0074	2.1680	1.0473	0.9867	14.8	2.0661	2.1405	1.1559	1.0731
5.0	2.0111	2.1699	1.0518	0.9908	15.0	2.0660	2.1396	1.1564	1.0734

Table T2.8   251

N = 1.100 K = 1.000

X	QEE	QEH	QSE	QSH
0.1	0.3334	0.2227	0.0063	0.0021
0.2	0.6149	0.4577	0.0436	0.0168
0.3	0.8335	0.7032	0.1188	0.0541
0.4	1.0021	0.9489	0.2195	0.1181
0.5	1.1389	1.1812	0.3287	0.2052
0.6	1.2572	1.3889	0.4343	0.3055
0.7	1.3639	1.5663	0.5300	0.4077
0.8	1.4606	1.7142	0.6144	0.5030
0.9	1.5470	1.8369	0.6884	0.5868
1.0	1.6226	1.9402	0.7538	0.6585
1.1	1.6876	2.0293	0.8123	0.7201
1.2	1.7430	2.1073	0.8649	0.7745
1.3	1.7905	2.1752	0.9122	0.8241
1.4	1.8313	2.2330	0.9548	0.8702
1.5	1.8667	2.2805	0.9929	0.9127
1.6	1.8976	2.3183	1.0268	0.9512
1.7	1.9243	2.3479	1.0569	0.9849
1.8	1.9476	2.3713	1.0837	1.0138
1.9	1.9678	2.3904	1.1076	1.0383
2.0	1.9852	2.4066	1.1289	1.0593
2.1	2.0004	2.4203	1.1479	1.0775
2.2	2.0137	2.4317	1.1650	1.0938
2.3	2.0253	2.4406	1.1803	1.1084
2.4	2.0362	2.4477	1.1946	1.1219
2.5	2.0444	2.4513	1.2063	1.1327
2.6	2.0523	2.4541	1.2175	1.1427
2.7	2.0593	2.4558	1.2276	1.1513
2.8	2.0654	2.4568	1.2367	1.1587
2.9	2.0708	2.4574	1.2450	1.1652
3.0	2.0756	2.4574	1.2526	1.1710
3.1	2.0798	2.4569	1.2595	1.1763
3.2	2.0836	2.4558	1.2659	1.1812
3.3	2.0869	2.4541	1.2717	1.1855
3.4	2.0898	2.4519	1.2770	1.1894
3.5	2.0925	2.4494	1.2819	1.1928
3.6	2.0948	2.4468	1.2865	1.1958
3.7	2.0969	2.4442	1.2907	1.1984
3.8	2.0987	2.4415	1.2946	1.2008
3.9	2.1004	2.4387	1.2982	1.2030
4.0	2.1018	2.4357	1.3015	1.2050
4.1	2.1031	2.4327	1.3047	1.2069
4.2	2.1043	2.4295	1.3076	1.2086
4.3	2.1053	2.4262	1.3103	1.2101
4.4	2.1062	2.4229	1.3128	1.2114
4.5	2.1070	2.4197	1.3152	1.2127
4.6	2.1077	2.4164	1.3174	1.2137
4.7	2.1084	2.4133	1.3196	1.2147
4.8	2.1088	2.4101	1.3215	1.2156
4.9	2.1093	2.4068	1.3233	1.2164
5.0	2.1098	2.4037	1.3251	1.2173
5.2	2.1102	2.3971	1.3282	1.2185
5.4	2.1106	2.3908	1.3309	1.2195
5.6	2.1115	2.3853	1.3340	1.2209
5.8	2.1111	2.3790	1.3359	1.2213
6.0	2.1113	2.3732	1.3380	1.2220
6.2	2.1110	2.3675	1.3398	1.2225
6.4	2.1108	2.3620	1.3415	1.2229
6.6	2.1105	2.3567	1.3430	1.2232
6.8	2.1102	2.3514	1.3443	1.2234
7.0	2.1098	2.3464	1.3456	1.2237
7.2	2.1094	2.3414	1.3466	1.2238
7.4	2.1091	2.3367	1.3477	1.2239
7.6	2.1085	2.3322	1.3488	1.2237
7.8	2.1083	2.3274	1.3494	1.2239
8.0	2.1077	2.3233	1.3504	1.2238
8.2	2.1071	2.3189	1.3511	1.2236
8.4	2.1065	2.3147	1.3516	1.2234
8.6	2.1059	2.3106	1.3521	1.2232
8.8	2.1053	2.3065	1.3526	1.2230
9.0	2.1047	2.3027	1.3530	1.2228
9.2	2.1041	2.2989	1.3533	1.2226
9.4	2.1036	2.2952	1.3537	1.2223
9.6	2.1030	2.2916	1.3540	1.2221
9.8	2.1022	2.2882	1.3543	1.2217
10.0	2.1046	2.2845	1.3544	1.2244
10.2	2.1019	2.2789	1.3575	1.2220
10.4	2.1012	2.2757	1.3556	1.2217
10.6	2.1006	2.2726	1.3557	1.2214
10.8	2.1000	2.2696	1.3558	1.2211
11.0	2.0995	2.2667	1.3560	1.2209
11.2	2.0989	2.2639	1.3561	1.2206
11.4	2.0984	2.2611	1.3563	1.2203
11.6	2.0978	2.2584	1.3563	1.2200
11.8	2.0972	2.2557	1.3564	1.2198
12.0	2.0967	2.2531	1.3564	1.2195
12.2	2.0962	2.2506	1.3564	1.2192
12.4	2.0956	2.2481	1.3565	1.2190
12.6	2.0951	2.2457	1.3565	1.2187
12.8	2.0946	2.2433	1.3565	1.2185
13.0	2.0940	2.2409	1.3564	1.2181
13.2	2.0941	2.2393	1.3570	1.2184
13.4	2.0933	2.2368	1.3568	1.2179
13.6	2.0928	2.2346	1.3567	1.2177
13.8	2.0923	2.2325	1.3566	1.2174
14.0	2.0918	2.2304	1.3566	1.2171
14.2	2.0914	2.2284	1.3566	1.2169
14.4	2.0909	2.2263	1.3566	1.2166
14.6	2.0904	2.2244	1.3565	1.2164
14.8	2.0900	2.2225	1.3564	1.2161
15.0	2.0900	2.2225	1.3564	1.2161

Table T2.9

N = 1.200 K = 0.0

X	QEE	QEH	QSE	QSH	X	QEE	QEH	QSE	QSH
0.1	0.0002	0.0001	0.0002	0.0001	5.2	2.3717	2.2120	2.3717	2.2120
0.2	0.0019	0.0006	0.0019	0.0006	5.4	2.4913	2.3398	2.4913	2.3398
0.3	0.0066	0.0021	0.0066	0.0021	5.6	2.6198	2.4681	2.6198	2.4681
0.4	0.0154	0.0049	0.0154	0.0049	5.8	2.7468	2.5928	2.7468	2.5928
0.5	0.0292	0.0093	0.0292	0.0093	6.0	2.8569	2.7086	2.8569	2.7086
0.6	0.0483	0.0154	0.0483	0.0154	6.2	2.9527	2.8158	2.9527	2.8158
0.7	0.0718	0.0231	0.0718	0.0231	6.4	3.0496	2.9189	3.0496	2.9189
0.8	0.0983	0.0324	0.0983	0.0324	6.6	3.1532	3.0206	3.1532	3.0206
0.9	0.1259	0.0431	0.1259	0.0431	6.8	3.2514	3.1197	3.2514	3.1197
1.0	0.1528	0.0552	0.1528	0.0552	7.0	3.3335	3.2118	3.3335	3.2118
1.1	0.1782	0.0686	0.1782	0.0686	7.2	3.4036	3.2931	3.4036	3.2931
1.2	0.2018	0.0837	0.2018	0.0837	7.4	3.4721	3.3638	3.4721	3.3638
1.3	0.2250	0.1010	0.2250	0.1010	7.6	3.5382	3.4273	3.5382	3.4273
1.4	0.2493	0.1214	0.2493	0.1214	7.8	3.5925	3.4868	3.5925	3.4868
1.5	0.2768	0.1456	0.2768	0.1456	8.0	3.6342	3.5413	3.6342	3.5413
1.6	0.3091	0.1744	0.3091	0.1744	8.2	3.6727	3.5878	3.6727	3.5878
1.7	0.3471	0.2079	0.3471	0.2079	8.4	3.7096	3.6228	3.7096	3.6228
1.8	0.3904	0.2457	0.3904	0.2457	8.6	3.7334	3.6458	3.7334	3.6458
1.9	0.4375	0.2871	0.4375	0.2871	8.8	3.7382	3.6599	3.7382	3.6599
2.0	0.4864	0.3308	0.4864	0.3308	9.0	3.7354	3.6693	3.7354	3.6693
2.1	0.5350	0.3754	0.5350	0.3754	9.2	3.7377	3.6742	3.7377	3.6742
2.2	0.5820	0.4201	0.5820	0.4201	9.4	3.7385	3.6713	3.7385	3.6713
2.3	0.6274	0.4644	0.6274	0.4644	9.6	3.7200	3.6563	3.7200	3.6563
2.4	0.6724	0.5088	0.6724	0.5088	9.8	3.6812	3.6293	3.6812	3.6293
2.5	0.7173	0.5529	0.7173	0.5529	10.0	3.6394	3.5949	3.6394	3.5949
2.6	0.7651	0.5989	0.7651	0.5989	10.2	3.6070	3.5597	3.6070	3.5597
2.7	0.8164	0.6473	0.8164	0.6473	10.4	3.5660	3.5169	3.5660	3.5169
2.8	0.8714	0.6988	0.8714	0.6988	10.6	3.5081	3.4676	3.5081	3.4676
2.9	0.9297	0.7538	0.9297	0.7538	10.8	3.4388	3.4084	3.4388	3.4084
3.0	0.9899	0.8120	0.9899	0.8120	11.0	3.3719	3.3415	3.3719	3.3415
3.1	1.0509	0.8727	1.0509	0.8727	11.2	3.3056	3.2700	3.3056	3.2700
3.2	1.1116	0.9348	1.1116	0.9348	11.4	3.2271	3.1952	3.2271	3.1952
3.3	1.1718	0.9971	1.1718	0.9971	11.6	3.1381	3.1172	3.1381	3.1172
3.4	1.2318	1.0589	1.2318	1.0589	11.8	3.0526	3.0356	3.0526	3.0356
3.5	1.2920	1.1198	1.2920	1.1198	12.0	2.9735	2.9502	2.9735	2.9502
3.6	1.3531	1.1799	1.3531	1.1799	12.2	2.8845	2.8591	2.8845	2.8591
3.7	1.4154	1.2399	1.4154	1.2399	12.4	2.7787	2.7627	2.7787	2.7627
3.8	1.4786	1.3003	1.4786	1.3003	12.6	2.6736	2.6654	2.6736	2.6654
3.9	1.5421	1.3619	1.5421	1.3619	12.8	2.5849	2.5720	2.5849	2.5720
4.0	1.6056	1.4253	1.6056	1.4253	13.0	2.5012	2.4809	2.5012	2.4809
4.1	1.6688	1.4906	1.6688	1.4906	13.2	2.4004	2.3856	2.4004	2.3856
4.2	1.7321	1.5577	1.7321	1.5577	13.4	2.2890	2.2850	2.2890	2.2850
4.3	1.7962	1.6260	1.7962	1.6260	13.6	2.1885	2.1837	2.1885	2.1837
4.4	1.8618	1.6949	1.8618	1.6949	13.8	2.1064	2.0905	2.1064	2.0905
4.5	1.9290	1.7633	1.9290	1.7633	14.0	2.0207	2.0039	2.0207	2.0039
4.6	1.9971	1.8307	1.9971	1.8307	14.2	1.9209	1.9164	1.9209	1.9164
4.7	2.0652	1.8966	2.0652	1.8966	14.4	1.8256	1.8262	1.8256	1.8262
4.8	2.1316	1.9610	2.1316	1.9610	14.6	1.7503	1.7396	1.7503	1.7396
4.9	2.1952	2.0242	2.1952	2.0242	14.8	1.6815	1.6610	1.6815	1.6610
5.0	2.2559	2.0868	2.2559	2.0868	15.0	1.5979	1.5874	1.5979	1.5874

Table T2.10

N = 1.200   K = 0.050

X	QEE	QEH	QSE	QSH	X	QEE	QEH	QSE	QSH
0.1	0.0193	0.0128	0.0003	0.0001	5.2	2.2414	2.1361	1.6025	1.5144
0.2	0.0407	0.0264	0.0020	0.0007	5.4	2.3155	2.2140	1.6600	1.5760
0.3	0.0658	0.0412	0.0068	0.0022	5.6	2.3864	2.2879	1.7154	1.6341
0.4	0.0952	0.0576	0.0158	0.0052	5.8	2.4508	2.3565	1.7663	1.6880
0.5	0.1289	0.0758	0.0296	0.0097	6.0	2.5083	2.4196	1.8121	1.7380
0.6	0.1660	0.0958	0.0479	0.0160	6.2	2.5616	2.4777	1.8534	1.7835
0.7	0.2050	0.1176	0.0699	0.0239	6.4	2.6122	2.5314	1.8915	1.8247
0.8	0.2442	0.1409	0.0938	0.0333	6.6	2.6584	2.5808	1.9254	1.8611
0.9	0.2823	0.1656	0.1181	0.0440	6.8	2.6984	2.6254	1.9537	1.8927
1.0	0.3186	0.1919	0.1415	0.0558	7.0	2.7331	2.6649	1.9770	1.9199
1.1	0.3533	0.2198	0.1635	0.0690	7.2	2.7636	2.6989	1.9967	1.9428
1.2	0.3876	0.2498	0.1844	0.0836	7.4	2.7900	2.7279	2.0131	1.9616
1.3	0.4228	0.2824	0.2053	0.1003	7.6	2.8110	2.7522	2.0251	1.9760
1.4	0.4604	0.3181	0.2274	0.1195	7.8	2.8267	2.7722	2.0317	1.9857
1.5	0.5015	0.3572	0.2521	0.1417	8.0	2.8391	2.7882	2.0343	1.9912
1.6	0.5461	0.3995	0.2802	0.1674	8.2	2.8479	2.7994	2.0332	1.9922
1.7	0.5939	0.4447	0.3120	0.1965	8.4	2.8521	2.8059	2.0286	1.9894
1.8	0.6435	0.4919	0.3467	0.2285	8.6	2.8510	2.8080	2.0200	1.9831
1.9	0.6936	0.5403	0.3832	0.2626	8.8	2.8462	2.8065	2.0079	1.9734
2.0	0.7430	0.5889	0.4203	0.2981	9.0	2.8392	2.8019	1.9931	1.9606
2.1	0.7911	0.6372	0.4570	0.3341	9.2	2.8295	2.7939	1.9756	1.9443
2.2	0.8382	0.6850	0.4929	0.3701	9.4	2.8157	2.7824	1.9545	1.9245
2.3	0.8846	0.7324	0.5282	0.4058	9.6	2.7981	2.7675	1.9299	1.9018
2.4	0.9318	0.7802	0.5636	0.4417	9.8	2.7784	2.7499	1.9034	1.8770
2.5	0.9793	0.8277	0.5988	0.4770	10.0	2.7570	2.7298	1.8756	1.8503
2.6	1.0286	0.8767	0.6356	0.5133	10.2	2.7362	2.7106	1.8497	1.8252
2.7	1.0793	0.9270	0.6737	0.5505	10.4	2.7081	2.6844	1.8157	1.7920
2.8	1.1310	0.9786	0.7129	0.5889	10.6	2.6801	2.6582	1.7816	1.7592
2.9	1.1828	1.0313	0.7529	0.6287	10.8	2.6514	2.6306	1.7466	1.7251
3.0	1.2345	1.0847	0.7932	0.6696	11.0	2.6217	2.6018	1.7113	1.6902
3.1	1.2856	1.1383	0.8334	0.7113	11.2	2.5904	2.5717	1.6755	1.6547
3.2	1.3362	1.1914	0.8733	0.7535	11.4	2.5579	2.5407	1.6387	1.6186
3.3	1.3863	1.2439	0.9132	0.7956	11.6	2.5256	2.5094	1.6014	1.5820
3.4	1.4363	1.2955	0.9530	0.8373	11.8	2.4936	2.4778	1.5643	1.5450
3.5	1.4861	1.3462	0.9929	0.8785	12.0	2.4610	2.4459	1.5272	1.5078
3.6	1.5357	1.3963	1.0329	0.9190	12.2	2.4276	2.4136	1.4899	1.4707
3.7	1.5848	1.4460	1.0727	0.9590	12.4	2.3947	2.3815	1.4529	1.4340
3.8	1.6333	1.4957	1.1120	0.9987	12.6	2.3631	2.3501	1.4171	1.3983
3.9	1.6810	1.5453	1.1507	1.0382	12.8	2.3323	2.3195	1.3826	1.3635
4.0	1.7281	1.5951	1.1885	1.0776	13.0	2.3015	2.2893	1.3485	1.3292
4.1	1.7746	1.6448	1.2256	1.1169	13.2	2.2710	2.2595	1.3147	1.2954
4.2	1.8210	1.6942	1.2623	1.1562	13.4	2.2427	2.2316	1.2827	1.2633
4.3	1.8673	1.7430	1.2988	1.1952	13.6	2.2154	2.2041	1.2516	1.2320
4.4	1.9133	1.7910	1.3353	1.2339	13.8	2.1892	2.1781	1.2225	1.2024
4.5	1.9589	1.8378	1.3718	1.2719	14.0	2.1637	2.1532	1.1946	1.1743
4.6	2.0035	1.8835	1.4079	1.3092	14.2	2.1398	2.1295	1.1680	1.1474
4.7	2.0466	1.9279	1.4434	1.3457	14.4	2.1179	2.1075	1.1429	1.1220
4.8	2.0879	1.9712	1.4777	1.3812	14.6	2.0977	2.0871	1.1197	1.0982
4.9	2.1277	2.0136	1.5107	1.4158	14.8	2.0783	2.0681	1.0979	1.0761
5.0	2.1663	2.0552	1.5425	1.4496	15.0	2.0603	2.0504	1.0778	1.0557

Table T2.11

N = 1.200 K = 0.100

X	QEE	QEH	QSE	QSH
0.1	0.0383	0.0255	0.0003	0.0001
0.2	0.0792	0.0520	0.0024	0.0008
0.3	0.1237	0.0800	0.0079	0.0026
0.4	0.1719	0.1098	0.0180	0.0060
0.5	0.2228	0.1415	0.0332	0.0113
0.6	0.2747	0.1750	0.0528	0.0184
0.7	0.3258	0.2101	0.0756	0.0273
0.8	0.3750	0.2465	0.0997	0.0378
0.9	0.4215	0.2843	0.1238	0.0497
1.0	0.4660	0.3235	0.1467	0.0627
1.1	0.5094	0.3644	0.1682	0.0769
1.2	0.5531	0.4074	0.1889	0.0926
1.3	0.5984	0.4527	0.2098	0.1102
1.4	0.6460	0.5004	0.2321	0.1302
1.5	0.6960	0.5504	0.2565	0.1528
1.6	0.7478	0.6021	0.2836	0.1783
1.7	0.8002	0.6548	0.3132	0.2065
1.8	0.8522	0.7077	0.3444	0.2368
1.9	0.9030	0.7601	0.3766	0.2685
2.0	0.9522	0.8117	0.4088	0.3011
2.1	1.0001	0.8622	0.4406	0.3338
2.2	1.0471	0.9117	0.4717	0.3663
2.3	1.0938	0.9606	0.5025	0.3985
2.4	1.1410	1.0095	0.5334	0.4304
2.5	1.1876	1.0575	0.5638	0.4616
2.6	1.2347	1.1062	0.5950	0.4931
2.7	1.2816	1.1549	0.6263	0.5248
2.8	1.3278	1.2036	0.6578	0.5568
2.9	1.3732	1.2520	0.6891	0.5893
3.0	1.4176	1.2998	0.7201	0.6220
3.1	1.4612	1.3466	0.7508	0.6549
3.2	1.5040	1.3923	0.7812	0.6876
3.3	1.5460	1.4369	0.8113	0.7200
3.4	1.5873	1.4803	0.8412	0.7519
3.5	1.6277	1.5226	0.8708	0.7831
3.6	1.6671	1.5640	0.9000	0.8135
3.7	1.7054	1.6047	0.9286	0.8431
3.8	1.7426	1.6446	0.9563	0.8721
3.9	1.7788	1.6837	0.9830	0.9003
4.0	1.8141	1.7221	1.0088	0.9280
4.1	1.8488	1.7596	1.0339	0.9550
4.2	1.8827	1.7961	1.0583	0.9815
4.3	1.9158	1.8315	1.0822	1.0074
4.4	1.9479	1.8656	1.1057	1.0326
4.5	1.9789	1.8986	1.1288	1.0572
4.6	2.0085	1.9303	1.1511	1.0810
4.7	2.0368	1.9609	1.1728	1.1040
4.8	2.0638	1.9904	1.1935	1.1262
4.9	2.0898	2.0189	1.2132	1.1475
5.0	2.1149	2.0465	1.2321	1.1679
5.2	2.1626	2.0985	1.2668	1.2059
5.4	2.2069	2.1464	1.2985	1.2404
5.6	2.2470	2.1902	1.3275	1.2718
5.8	2.2821	2.2295	1.3528	1.2996
6.0	2.3137	2.2648	1.3753	1.3248
6.2	2.3418	2.2961	1.3948	1.3466
6.4	2.3665	2.3238	1.4114	1.3652
6.6	2.3875	2.3479	1.4248	1.3804
6.8	2.4050	2.3685	1.4350	1.3926
7.0	2.4196	2.3859	1.4428	1.4022
7.2	2.4313	2.3999	1.4484	1.4094
7.4	2.4401	2.4110	1.4519	1.4142
7.6	2.4462	2.4195	1.4529	1.4166
7.8	2.4497	2.4252	1.4515	1.4165
8.0	2.4515	2.4288	1.4485	1.4146
8.2	2.4508	2.4299	1.4435	1.4105
8.4	2.4480	2.4288	1.4369	1.4047
8.6	2.4435	2.4260	1.4289	1.3976
8.8	2.4376	2.4215	1.4197	1.3891
9.0	2.4304	2.4156	1.4094	1.3794
9.2	2.4219	2.4083	1.3980	1.3684
9.4	2.4121	2.3998	1.3856	1.3565
9.6	2.4015	2.3903	1.3725	1.3438
9.8	2.3903	2.3799	1.3590	1.3306
10.0	2.3782	2.3687	1.3450	1.3168
10.2	2.3685	2.3599	1.3337	1.3057
10.4	2.3535	2.3457	1.3169	1.2890
10.6	2.3403	2.3331	1.3020	1.2743
10.8	2.3271	2.3205	1.2873	1.2595
11.0	2.3137	2.3076	1.2727	1.2449
11.2	2.3003	2.2948	1.2582	1.2303
11.4	2.2870	2.2820	1.2439	1.2160
11.6	2.2741	2.2694	1.2299	1.2019
11.8	2.2613	2.2570	1.2163	1.1882
12.0	2.2487	2.2448	1.2030	1.1747
12.2	2.2366	2.2330	1.1902	1.1617
12.4	2.2249	2.2216	1.1779	1.1493
12.6	2.2137	2.2106	1.1662	1.1374
12.8	2.2029	2.2000	1.1550	1.1260
13.0	2.1926	2.1899	1.1444	1.1151
13.2	2.1827	2.1803	1.1342	1.1047
13.4	2.1742	2.1719	1.1253	1.0956
13.6	2.1653	2.1632	1.1163	1.0863
13.8	2.1572	2.1552	1.1080	1.0778
14.0	2.1496	2.1477	1.1004	1.0700
14.2	2.1427	2.1409	1.0934	1.0627
14.4	2.1363	2.1346	1.0870	1.0561
14.6	2.1304	2.1288	1.0811	1.0500
14.8	2.1250	2.1235	1.0758	1.0444
15.0	2.1202	2.1188	1.0710	1.0395

Table T2.12   255

N = 1.200 K = 0.200

X	QEE	QEH	QSE	QSH
0.1	0.0761	0.0507	0.0005	0.0002
0.2	0.1546	0.1028	0.0038	0.0013
0.3	0.2352	0.1568	0.0122	0.0042
0.4	0.3158	0.2127	0.0272	0.0095
0.5	0.3941	0.2704	0.0484	0.0176
0.6	0.4679	0.3293	0.0745	0.0284
0.7	0.5364	0.3890	0.1033	0.0416
0.8	0.5998	0.4493	0.1324	0.0568
0.9	0.6595	0.5101	0.1606	0.0735
1.0	0.7174	0.5716	0.1870	0.0915
1.1	0.7748	0.6338	0.2119	0.1108
1.2	0.8329	0.6969	0.2363	0.1316
1.3	0.8918	0.7605	0.2610	0.1542
1.4	0.9509	0.8242	0.2870	0.1790
1.5	1.0092	0.8874	0.3146	0.2062
1.6	1.0657	0.9493	0.3438	0.2354
1.7	1.1199	1.0093	0.3741	0.2664
1.8	1.1715	1.0670	0.4047	0.2987
1.9	1.2208	1.1223	0.4352	0.3315
2.0	1.2681	1.1754	0.4652	0.3643
2.1	1.3139	1.2262	0.4944	0.3965
2.2	1.3585	1.2752	0.5230	0.4280
2.3	1.4018	1.3225	0.5509	0.4584
2.4	1.4443	1.3688	0.5785	0.4881
2.5	1.4844	1.4129	0.6050	0.5163
2.6	1.5234	1.4561	0.6312	0.5441
2.7	1.5607	1.4978	0.6566	0.5712
2.8	1.5965	1.5380	0.6813	0.5979
2.9	1.6309	1.5765	0.7052	0.6240
3.0	1.6638	1.6134	0.7283	0.6496
3.1	1.6955	1.6485	0.7508	0.6746
3.2	1.7258	1.6819	0.7727	0.6989
3.3	1.7548	1.7138	0.7940	0.7223
3.4	1.7823	1.7442	0.8146	0.7449
3.5	1.8084	1.7732	0.8345	0.7664
3.6	1.8332	1.8009	0.8535	0.7870
3.7	1.8568	1.8274	0.8716	0.8066
3.8	1.8792	1.8526	0.8887	0.8253
3.9	1.9005	1.8765	0.9049	0.8431
4.0	1.9209	1.8992	0.9203	0.8600
4.1	1.9402	1.9207	0.9349	0.8762
4.2	1.9584	1.9410	0.9489	0.8915
4.3	1.9756	1.9602	0.9622	0.9061
4.4	1.9917	1.9782	0.9748	0.9199
4.5	2.0068	1.9952	0.9869	0.9331
4.6	2.0209	2.0112	0.9982	0.9455
4.7	2.0343	2.0263	1.0090	0.9573
4.8	2.0467	2.0405	1.0190	0.9683
4.9	2.0584	2.0537	1.0284	0.9787
5.0	2.0694	2.0661	1.0372	0.9884
5.2	2.0890	2.0883	1.0528	1.0056
5.4	2.1057	2.1075	1.0662	1.0204
5.6	2.1204	2.1245	1.0782	1.0336
5.8	2.1322	2.1383	1.0877	1.0442
6.0	2.1423	2.1501	1.0960	1.0534
6.2	2.1504	2.1598	1.1027	1.0609
6.4	2.1568	2.1676	1.1080	1.0668
6.6	2.1618	2.1739	1.1120	1.0714
6.8	2.1655	2.1786	1.1149	1.0748
7.0	2.1681	2.1822	1.1170	1.0773
7.2	2.1695	2.1845	1.1182	1.0787
7.4	2.1702	2.1860	1.1188	1.0795
7.6	2.1702	2.1866	1.1188	1.0797
7.8	2.1693	2.1863	1.1180	1.0790
8.0	2.1682	2.1857	1.1172	1.0782
8.2	2.1663	2.1842	1.1157	1.0767
8.4	2.1641	2.1824	1.1139	1.0749
8.6	2.1617	2.1802	1.1119	1.0729
8.8	2.1590	2.1778	1.1098	1.0707
9.0	2.1561	2.1751	1.1075	1.0683
9.2	2.1531	2.1723	1.1052	1.0658
9.4	2.1501	2.1694	1.1028	1.0633
9.6	2.1470	2.1664	1.1005	1.0608
9.8	2.1439	2.1634	1.0981	1.0583
10.0	2.1406	2.1602	1.0957	1.0557
10.2	2.1405	2.1602	1.0962	1.0561
10.4	2.1355	2.1551	1.0920	1.0517
10.6	2.1325	2.1522	1.0899	1.0494
10.8	2.1297	2.1493	1.0879	1.0473
11.0	2.1270	2.1466	1.0861	1.0452
11.2	2.1245	2.1440	1.0843	1.0433
11.4	2.1220	2.1415	1.0827	1.0415
11.6	2.1197	2.1391	1.0812	1.0398
11.8	2.1174	2.1368	1.0798	1.0383
12.0	2.1153	2.1347	1.0785	1.0368
12.2	2.1133	2.1326	1.0774	1.0355
12.4	2.1115	2.1307	1.0763	1.0343
12.6	2.1097	2.1288	1.0754	1.0333
12.8	2.1080	2.1271	1.0746	1.0323
13.0	2.1065	2.1255	1.0738	1.0314
13.2	2.1049	2.1238	1.0731	1.0305
13.4	2.1041	2.1229	1.0730	1.0304
13.6	2.1026	2.1213	1.0723	1.0295
13.8	2.1014	2.1200	1.0719	1.0290
14.0	2.1003	2.1188	1.0715	1.0285
14.2	2.0992	2.1177	1.0713	1.0281
14.4	2.0982	2.1166	1.0710	1.0278
14.6	2.0973	2.1156	1.0708	1.0275
14.8	2.0964	2.1146	1.0707	1.0272
15.0	2.0956	2.1137	1.0706	1.0271

Table T2.13

N = 1.200   K = 0.300

X	QEE	QEH	QSE	QSH
0.1	0.1136	0.0754	0.0008	0.0003
0.2	0.2281	0.1526	0.0061	0.0021
0.3	0.3406	0.2320	0.0193	0.0067
0.4	0.4473	0.3132	0.0417	0.0152
0.5	0.5453	0.3955	0.0721	0.0279
0.6	0.6336	0.4780	0.1077	0.0446
0.7	0.7132	0.5599	0.1453	0.0645
0.8	0.7864	0.6408	0.1822	0.0869
0.9	0.8559	0.7206	0.2169	0.1110
1.0	0.9236	0.7994	0.2492	0.1363
1.1	0.9908	0.8771	0.2798	0.1628
1.2	1.0572	0.9534	0.3097	0.1906
1.3	1.1221	1.0278	0.3399	0.2201
1.4	1.1845	1.0996	0.3710	0.2513
1.5	1.2436	1.1683	0.4030	0.2843
1.6	1.2989	1.2335	0.4356	0.3188
1.7	1.3506	1.2949	0.4681	0.3542
1.8	1.3992	1.3524	0.5001	0.3899
1.9	1.4450	1.4064	0.5311	0.4253
2.0	1.4886	1.4569	0.5611	0.4597
2.1	1.5301	1.5044	0.5900	0.4928
2.2	1.5695	1.5492	0.6177	0.5243
2.3	1.6068	1.5915	0.6445	0.5542
2.4	1.6422	1.6320	0.6704	0.5829
2.5	1.6746	1.6693	0.6945	0.6093
2.6	1.7056	1.7051	0.7179	0.6350
2.7	1.7346	1.7388	0.7401	0.6595
2.8	1.7620	1.7704	0.7612	0.6830
2.9	1.7878	1.7999	0.7812	0.7055
3.0	1.8120	1.8274	0.8003	0.7270
3.1	1.8347	1.8530	0.8185	0.7475
3.2	1.8559	1.8770	0.8359	0.7669
3.3	1.8757	1.8993	0.8525	0.7852
3.4	1.8941	1.9202	0.8681	0.8025
3.5	1.9112	1.9398	0.8829	0.8187
3.6	1.9272	1.9580	0.8967	0.8339
3.7	1.9421	1.9749	0.9097	0.8481
3.8	1.9560	1.9906	0.9218	0.8614
3.9	1.9689	2.0052	0.9331	0.8739
4.0	1.9810	2.0187	0.9437	0.8856
4.1	1.9921	2.0311	0.9537	0.8964
4.2	2.0024	2.0427	0.9630	0.9066
4.3	2.0118	2.0533	0.9718	0.9161
4.4	2.0206	2.0631	0.9800	0.9249
4.5	2.0286	2.0722	0.9876	0.9332
4.6	2.0360	2.0805	0.9947	0.9409
4.7	2.0429	2.0882	1.0014	0.9480
4.8	2.0492	2.0951	1.0075	0.9546
4.9	2.0549	2.1015	1.0132	0.9607
5.0	2.0602	2.1073	1.0185	0.9664

X	QEE	QEH	QSE	QSH
5.2	2.0692	2.1173	1.0278	0.9763
5.4	2.0767	2.1255	1.0358	0.9846
5.6	2.0834	2.1328	1.0432	0.9923
5.8	2.0880	2.1378	1.0487	0.9980
6.0	2.0921	2.1421	1.0537	1.0032
6.2	2.0951	2.1453	1.0579	1.0073
6.4	2.0975	2.1477	1.0614	1.0108
6.6	2.0993	2.1494	1.0644	1.0137
6.8	2.1005	2.1505	1.0669	1.0160
7.0	2.1014	2.1512	1.0690	1.0180
7.2	2.1018	2.1514	1.0708	1.0195
7.4	2.1020	2.1514	1.0723	1.0209
7.6	2.1021	2.1511	1.0737	1.0220
7.8	2.1016	2.1503	1.0746	1.0227
8.0	2.1015	2.1498	1.0758	1.0236
8.2	2.1009	2.1488	1.0765	1.0240
8.4	2.1002	2.1477	1.0772	1.0244
8.6	2.0995	2.1466	1.0777	1.0247
8.8	2.0987	2.1454	1.0782	1.0250
9.0	2.0979	2.1442	1.0787	1.0252
9.2	2.0971	2.1430	1.0792	1.0254
9.4	2.0963	2.1418	1.0796	1.0256
9.6	2.0956	2.1406	1.0801	1.0258
9.8	2.0948	2.1393	1.0805	1.0260
10.0	2.0939	2.1380	1.0807	1.0260
10.2	2.0932	2.1399	1.0839	1.0290
10.4	2.0924	2.1365	1.0823	1.0272
10.6	2.0917	2.1353	1.0826	1.0273
10.8	2.0911	2.1342	1.0830	1.0275
11.0	2.0905	2.1332	1.0835	1.0277
11.2	2.0899	2.1322	1.0839	1.0280
11.4	2.0893	2.1312	1.0843	1.0282
11.6	2.0887	2.1302	1.0847	1.0285
11.8	2.0882	2.1292	1.0851	1.0287
12.0	2.0876	2.1283	1.0855	1.0290
12.2	2.0871	2.1274	1.0860	1.0293
12.4	2.0867	2.1265	1.0864	1.0295
12.6	2.0862	2.1257	1.0868	1.0298
12.8	2.0857	2.1249	1.0872	1.0301
13.0	2.0852	2.1241	1.0876	1.0304
13.2	2.0853	2.1232	1.0879	1.0306
13.4	2.0847	2.1230	1.0889	1.0314
13.6	2.0842	2.1220	1.0891	1.0315
13.8	2.0847	2.1212	1.0894	1.0318
14.0	2.0838	2.1205	1.0898	1.0321
14.2	2.0834	2.1198	1.0902	1.0323
14.4	2.0830	2.1191	1.0905	1.0326
14.6	2.0827	2.1184	1.0909	1.0329
14.8	2.0823	2.1177	1.0913	1.0331
15.0	2.0819	2.1171	1.0916	1.0334

Table T2.14   257

N = 1.200   K = 0.400

x	QEE	QEH	QSE	QSH
0.1	0.1508	0.0992	0.0012	0.0004
0.2	0.2993	0.2008	0.0093	0.0032
0.3	0.4397	0.3050	0.0289	0.0103
0.4	0.5669	0.4107	0.0607	0.0232
0.5	0.6788	0.5164	0.1022	0.0421
0.6	0.7766	0.6207	0.1487	0.0665
0.7	0.8637	0.7224	0.1960	0.0950
0.8	0.9441	0.8209	0.2412	0.1264
0.9	1.0208	0.9160	0.2830	0.1593
1.0	1.0954	1.0076	0.3217	0.1930
1.1	1.1680	1.0956	0.3582	0.2274
1.2	1.2379	1.1797	0.3938	0.2626
1.3	1.3038	1.2594	0.4293	0.2987
1.4	1.3651	1.3343	0.4649	0.3360
1.5	1.4215	1.4042	0.5006	0.3742
1.6	1.4733	1.4688	0.5357	0.4131
1.7	1.5211	1.5283	0.5698	0.4518
1.8	1.5655	1.5828	0.6026	0.4899
1.9	1.6070	1.6328	0.6338	0.5267
2.0	1.6457	1.6787	0.6634	0.5616
2.1	1.6818	1.7210	0.6915	0.5943
2.2	1.7152	1.7600	0.7181	0.6249
2.3	1.7461	1.7961	0.7432	0.6533
2.4	1.7750	1.8301	0.7672	0.6801
2.5	1.8007	1.8605	0.7889	0.7044
2.6	1.8250	1.8891	0.8097	0.7276
2.7	1.8475	1.9153	0.8292	0.7494
2.8	1.8683	1.9393	0.8473	0.7698
2.9	1.8875	1.9613	0.8644	0.7890
3.0	1.9052	1.9813	0.8804	0.8069
3.1	1.9215	1.9996	0.8954	0.8236
3.2	1.9365	2.0164	0.9095	0.8392
3.3	1.9501	2.0318	0.9227	0.8536
3.4	1.9627	2.0459	0.9350	0.8669
3.5	1.9742	2.0588	0.9464	0.8793
3.6	1.9848	2.0705	0.9570	0.8908
3.7	1.9946	2.0811	0.9668	0.9015
3.8	2.0035	2.0908	0.9760	0.9113
3.9	2.0117	2.0995	0.9845	0.9204
4.0	2.0191	2.1074	0.9924	0.9287
4.1	2.0259	2.1146	0.9997	0.9365
4.2	2.0321	2.1211	1.0066	0.9436
4.3	2.0378	2.1269	1.0129	0.9502
4.4	2.0429	2.1322	1.0189	0.9563
4.5	2.0476	2.1370	1.0244	0.9620
4.6	2.0519	2.1412	1.0295	0.9672
4.7	2.0558	2.1450	1.0343	0.9721
4.8	2.0593	2.1483	1.0387	0.9765
4.9	2.0625	2.1513	1.0428	0.9806
5.0	2.0654	2.1540	1.0467	0.9844
5.2	2.0703	2.1583	1.0534	0.9910
5.4	2.0742	2.1616	1.0594	0.9967
5.6	2.0781	2.1646	1.0651	1.0022
5.8	2.0803	2.1659	1.0694	1.0061
6.0	2.0825	2.1672	1.0736	1.0099
6.2	2.0842	2.1679	1.0771	1.0131
6.4	2.0855	2.1682	1.0804	1.0159
6.6	2.0865	2.1682	1.0833	1.0183
6.8	2.0873	2.1679	1.0858	1.0205
7.0	2.0879	2.1675	1.0883	1.0225
7.2	2.0883	2.1669	1.0904	1.0242
7.4	2.0886	2.1662	1.0925	1.0258
7.6	2.0889	2.1655	1.0944	1.0274
7.8	2.0888	2.1643	1.0960	1.0285
8.0	2.0891	2.1636	1.0978	1.0300
8.2	2.0890	2.1625	1.0992	1.0310
8.4	2.0888	2.1614	1.1006	1.0320
8.6	2.0886	2.1602	1.1018	1.0330
8.8	2.0884	2.1591	1.1030	1.0338
9.0	2.0882	2.1579	1.1042	1.0347
9.2	2.0879	2.1568	1.1053	1.0355
9.4	2.0877	2.1557	1.1063	1.0363
9.6	2.0874	2.1546	1.1074	1.0370
9.8	2.0871	2.1534	1.1083	1.0377
10.0	2.0866	2.1522	1.1091	1.0382
10.2	2.0893	2.1541	1.1116	1.0416
10.4	2.0869	2.1508	1.1127	1.0402
10.6	2.0865	2.1497	1.1123	1.0408
10.8	2.0861	2.1486	1.1131	1.0413
11.0	2.0858	2.1476	1.1138	1.0419
11.2	2.0855	2.1465	1.1145	1.0424
11.4	2.0852	2.1455	1.1152	1.0429
11.6	2.0849	2.1445	1.1159	1.0434
11.8	2.0846	2.1435	1.1165	1.0439
12.0	2.0843	2.1426	1.1172	1.0444
12.2	2.0839	2.1416	1.1178	1.0448
12.4	2.0836	2.1407	1.1183	1.0452
12.6	2.0833	2.1398	1.1189	1.0457
12.8	2.0830	2.1388	1.1194	1.0461
13.0	2.0827	2.1379	1.1199	1.0464
13.2	2.0822	2.1369	1.1203	1.0467
13.4	2.0825	2.1367	1.1214	1.0476
13.6	2.0820	2.1356	1.1216	1.0478
13.8	2.0816	2.1347	1.1220	1.0481
14.0	2.0813	2.1338	1.1224	1.0484
14.2	2.0810	2.1330	1.1229	1.0487
14.4	2.0807	2.1322	1.1232	1.0490
14.6	2.0804	2.1314	1.1236	1.0493
14.8	2.0801	2.1306	1.1240	1.0496
15.0	2.0798	2.1298	1.1243	1.0499

Table T2.15

N = 1.200 K = 0.500

X	QEE	QEH	QSE	QSH
0.1	0.1877	0.1218	0.0018	0.0006
0.2	0.3681	0.2468	0.0134	0.0046
0.3	0.5326	0.3748	0.0407	0.0149
0.4	0.6755	0.5042	0.0836	0.0332
0.5	0.7969	0.6323	0.1371	0.0598
0.6	0.9011	0.7569	0.1950	0.0936
0.7	0.9936	0.8762	0.2521	0.1323
0.8	1.0793	0.9894	0.3053	0.1737
0.9	1.1611	1.0963	0.3540	0.2161
1.0	1.2398	1.1968	0.3986	0.2584
1.1	1.3146	1.2911	0.4407	0.3004
1.2	1.3845	1.3789	0.4813	0.3422
1.3	1.4486	1.4603	0.5211	0.3840
1.4	1.5066	1.5352	0.5601	0.4261
1.5	1.5590	1.6035	0.5981	0.4681
1.6	1.6065	1.6655	0.6346	0.5097
1.7	1.6499	1.7212	0.6692	0.5502
1.8	1.6898	1.7713	0.7018	0.5890
1.9	1.7264	1.8161	0.7324	0.6256
2.0	1.7600	1.8564	0.7609	0.6595
2.1	1.7906	1.8928	0.7876	0.6906
2.2	1.8185	1.9258	0.8124	0.7191
2.3	1.8437	1.9558	0.8356	0.7452
2.4	1.8671	1.9836	0.8574	0.7695
2.5	1.8874	2.0076	0.8767	0.7911
2.6	1.9065	2.0298	0.8951	0.8116
2.7	1.9239	2.0497	0.9120	0.8305
2.8	1.9398	2.0675	0.9277	0.8480
2.9	1.9542	2.0833	0.9422	0.8640
3.0	1.9672	2.0975	0.9557	0.8787
3.1	1.9790	2.1103	0.9682	0.8922
3.2	1.9897	2.1218	0.9798	0.9046
3.3	1.9994	2.1321	0.9905	0.9159
3.4	2.0082	2.1414	1.0004	0.9264
3.5	2.0163	2.1496	1.0096	0.9360
3.6	2.0235	2.1568	1.0180	0.9448
3.7	2.0301	2.1632	1.0258	0.9529
3.8	2.0361	2.1688	1.0331	0.9603
3.9	2.0415	2.1738	1.0398	0.9671
4.0	2.0464	2.1782	1.0460	0.9733
4.1	2.0508	2.1821	1.0518	0.9790
4.2	2.0548	2.1855	1.0572	0.9842
4.3	2.0584	2.1884	1.0622	0.9891
4.4	2.0617	2.1910	1.0669	0.9936
4.5	2.0647	2.1932	1.0712	0.9978
4.6	2.0673	2.1950	1.0753	1.0016
4.7	2.0698	2.1966	1.0791	1.0051
4.8	2.0719	2.1979	1.0826	1.0084
4.9	2.0739	2.1989	1.0859	1.0114
5.0	2.0757	2.1999	1.0891	1.0142
5.2	2.0786	2.2010	1.0946	1.0191
5.4	2.0810	2.2015	1.0996	1.0234
5.6	2.0837	2.2022	1.1046	1.0278
5.8	2.0849	2.2015	1.1082	1.0308
6.0	2.0863	2.2010	1.1120	1.0338
6.2	2.0873	2.2002	1.1152	1.0364
6.4	2.0882	2.1992	1.1182	1.0388
6.6	2.0889	2.1981	1.1210	1.0410
6.8	2.0894	2.1968	1.1235	1.0429
7.0	2.0899	2.1956	1.1259	1.0448
7.2	2.0901	2.1942	1.1280	1.0464
7.4	2.0904	2.1928	1.1301	1.0480
7.6	2.0907	2.1915	1.1321	1.0495
7.8	2.0905	2.1898	1.1337	1.0506
8.0	2.0908	2.1886	1.1356	1.0520
8.2	2.0907	2.1870	1.1371	1.0531
8.4	2.0906	2.1855	1.1385	1.0541
8.6	2.0904	2.1839	1.1398	1.0550
8.8	2.0903	2.1824	1.1410	1.0559
9.0	2.0900	2.1808	1.1422	1.0567
9.2	2.0898	2.1793	1.1433	1.0575
9.4	2.0896	2.1779	1.1444	1.0583
9.6	2.0894	2.1764	1.1454	1.0590
9.8	2.0891	2.1749	1.1464	1.0597
10.0	2.0887	2.1733	1.1471	1.0602
10.2	2.0913	2.1750	1.1508	1.0636
10.4	2.0889	2.1714	1.1496	1.0621
10.6	2.0885	2.1699	1.1503	1.0626
10.8	2.0882	2.1686	1.1510	1.0631
11.0	2.0879	2.1672	1.1517	1.0636
11.2	2.0875	2.1659	1.1524	1.0641
11.4	2.0872	2.1646	1.1530	1.0645
11.6	2.0869	2.1634	1.1536	1.0650
11.8	2.0865	2.1621	1.1542	1.0654
12.0	2.0862	2.1609	1.1547	1.0658
12.2	2.0859	2.1597	1.1553	1.0661
12.4	2.0855	2.1585	1.1558	1.0665
12.6	2.0852	2.1573	1.1562	1.0668
12.8	2.0849	2.1562	1.1567	1.0672
13.0	2.0845	2.1550	1.1571	1.0675
13.2	2.0841	2.1538	1.1575	1.0677
13.4	2.0843	2.1533	1.1584	1.0685
13.6	2.0838	2.1520	1.1586	1.0686
13.8	2.0834	2.1509	1.1590	1.0688
14.0	2.0831	2.1499	1.1593	1.0691
14.2	2.0827	2.1488	1.1596	1.0693
14.4	2.0824	2.1478	1.1600	1.0696
14.6	2.0821	2.1468	1.1603	1.0698
14.8	2.0817	2.1458	1.1606	1.0700
15.0	2.0814	2.1448	1.1609	1.0702

Table T2.16

N = 1.200 K = 1.000

X	QEE	QEH	QSE	QSH
0.1	0.3648	0.1960	0.0071	0.0019
0.2	0.6739	0.4055	0.0486	0.0151
0.3	0.9107	0.6297	0.1319	0.0491
0.4	1.0877	0.8608	0.2415	0.1084
0.5	1.2268	1.0868	0.3577	0.1903
0.6	1.3446	1.2952	0.4672	0.2865
0.7	1.4502	1.4782	0.5641	0.3863
0.8	1.5458	1.6334	0.6480	0.4807
0.9	1.6309	1.7630	0.7207	0.5648
1.0	1.7047	1.8718	0.7846	0.6372
1.1	1.7673	1.9650	0.8417	0.6997
1.2	1.8197	2.0464	0.8931	0.7549
1.3	1.8639	2.1178	0.9392	0.8052
1.4	1.9014	2.1793	0.9805	0.8520
1.5	1.9336	2.2306	1.0170	0.8953
1.6	1.9613	2.2719	1.0493	0.9345
1.7	1.9851	2.3043	1.0778	0.9687
1.8	2.0055	2.3296	1.1029	0.9979
1.9	2.0228	2.3502	1.1251	1.0223
2.0	2.0376	2.3674	1.1448	1.0429
2.1	2.0502	2.3823	1.1624	1.0606
2.2	2.0611	2.3951	1.1779	1.0763
2.3	2.0705	2.4054	1.1919	1.0905
2.4	2.0792	2.4138	2.2048	1.1037
2.5	2.0854	2.4185	1.2152	1.1143
2.6	2.0915	2.4222	1.2252	1.1240
2.7	2.0967	2.4245	1.2342	1.1323
2.8	2.1012	2.4261	1.2424	1.1393
2.9	2.1051	2.4273	1.2498	1.1455
3.0	2.1084	2.4280	1.2564	1.1510
3.1	2.1113	2.4283	1.2626	1.1560
3.2	2.1138	2.4279	1.2681	1.1606
3.3	2.1160	2.4269	1.2732	1.1648
3.4	2.1179	2.4253	1.2779	1.1686
3.5	2.1195	2.4233	1.2822	1.1719
3.6	2.1209	2.4212	1.2862	1.1747
3.7	2.1221	2.4190	1.2899	1.1773
3.8	2.1231	2.4168	1.2933	1.1795
3.9	2.1239	2.4145	1.2964	1.1816
4.0	2.1247	2.4122	1.2993	1.1836
4.1	2.1253	2.4096	1.3021	1.1854
4.2	2.1258	2.4069	1.3046	1.1871
4.3	2.1262	2.4041	1.3070	1.1886
4.4	2.1265	2.4012	1.3092	1.1900
4.5	2.1268	2.3983	1.3113	1.1912
4.6	2.1269	2.3955	1.3132	1.1923
4.7	2.1271	2.3928	1.3151	1.1933
4.8	2.1271	2.3900	1.3168	1.1942
4.9	2.1271	2.3872	1.3184	1.1951
5.0	2.1272	2.3845	1.3200	1.1960
5.2	2.1268	2.3786	1.3226	1.1973
5.4	2.1264	2.3729	1.3250	1.1984
5.6	2.1267	2.3681	1.3278	1.1999
5.8	2.1258	2.3624	1.3293	1.2004
6.0	2.1253	2.3573	1.3312	1.2012
6.2	2.1247	2.3521	1.3328	1.2018
6.4	2.1241	2.3471	1.3342	1.2023
6.6	2.1234	2.3423	1.3355	1.2028
6.8	2.1227	2.3375	1.3366	1.2031
7.0	2.1220	2.3329	1.3377	1.2034
7.2	2.1212	2.3284	1.3386	1.2036
7.4	2.1205	2.3241	1.3396	1.2039
7.6	2.1199	2.3200	1.3405	1.2041
7.8	2.1190	2.3156	1.3410	1.2041
8.0	2.1185	2.3118	1.3419	1.2044
8.2	2.1176	2.3078	1.3424	1.2043
8.4	2.1168	2.3039	1.3428	1.2042
8.6	2.1159	2.3001	1.3432	1.2041
8.8	2.1151	2.2964	1.3436	1.2041
9.0	2.1143	2.2928	1.3439	1.2040
9.2	2.1135	2.2893	1.3442	1.2039
9.4	2.1127	2.2859	1.3445	1.2037
9.6	2.1119	2.2825	1.3447	1.2036
9.8	2.1111	2.2793	1.3449	1.2035
10.0	2.1102	2.2759	1.3449	1.2031
10.2	2.1124	2.2760	1.3480	1.2059
10.4	2.1095	2.2707	1.3460	1.2036
10.6	2.1087	2.2677	1.3460	1.2034
10.8	2.1080	2.2648	1.3461	1.2032
11.0	2.1073	2.2620	1.3462	1.2030
11.2	2.1066	2.2593	1.3463	1.2028
11.4	2.1059	2.2566	1.3463	1.2026
11.6	2.1052	2.2540	1.3464	1.2024
11.8	2.1045	2.2515	1.3464	1.2022
12.0	2.1038	2.2490	1.3464	1.2020
12.2	2.1032	2.2465	1.3464	1.2018
12.4	2.1025	2.2442	1.3464	1.2016
12.6	2.1019	2.2418	1.3464	1.2014
12.8	2.1013	2.2396	1.3464	1.2012
13.0	2.1006	2.2373	1.3463	1.2010
13.2	2.0999	2.2350	1.3462	1.2007
13.4	2.0991	2.2335	1.3467	1.2011
13.6	2.0985	2.2312	1.3465	1.2007
13.8	2.0979	2.2291	1.3464	1.2005
14.0	2.0973	2.2271	1.3463	1.2003
14.2	2.0968	2.2251	1.3462	1.2001
14.4	2.0962	2.2232	1.3462	1.1999
14.6	2.0957	2.2213	1.3461	1.1997
14.8	2.0957	2.2194	1.3460	1.1995
15.0	2.0951	2.2176	1.3460	1.1993

Table T2.17

N = 1.300 K = 0.0

X	QEE	QEH	QSE	QSH
0.1	0.0006	0.0002	0.0006	0.0002
0.2	0.0049	0.0013	0.0049	0.0013
0.3	0.0167	0.0043	0.0167	0.0043
0.4	0.0396	0.0101	0.0396	0.0101
0.5	0.0758	0.0192	0.0758	0.0192
0.6	0.1250	0.0318	0.1250	0.0318
0.7	0.1836	0.0479	0.1836	0.0479
0.8	0.2456	0.0673	0.2456	0.0673
0.9	0.3049	0.0896	0.3049	0.0896
1.0	0.3576	0.1151	0.3576	0.1151
1.1	0.4037	0.1441	0.4037	0.1441
1.2	0.4467	0.1782	0.4467	0.1782
1.3	0.4927	0.2194	0.4927	0.2194
1.4	0.5483	0.2702	0.5483	0.2702
1.5	0.6186	0.3322	0.6186	0.3322
1.6	0.7049	0.4057	0.7049	0.4057
1.7	0.8032	0.4886	0.8032	0.4886
1.8	0.9061	0.5769	0.9061	0.5769
1.9	1.0051	0.6663	1.0051	0.6663
2.0	1.0952	0.7535	1.0952	0.7535
2.1	1.1758	0.8377	1.1758	0.8377
2.2	1.2515	0.9198	1.2515	0.9198
2.3	1.3292	1.0025	1.3292	1.0025
2.4	1.4158	1.0891	1.4158	1.0891
2.5	1.5137	1.1807	1.5137	1.1807
2.6	1.6231	1.2803	1.6231	1.2803
2.7	1.7378	1.3866	1.7378	1.3866
2.8	1.8505	1.4974	1.8505	1.4974
2.9	1.9559	1.6091	1.9559	1.6091
3.0	2.0525	1.7182	2.0525	1.7182
3.1	2.1428	1.8225	2.1428	1.8225
3.2	2.2315	1.9219	2.2315	1.9219
3.3	2.3237	2.0175	2.3237	2.0175
3.4	2.4221	2.1116	2.4221	2.1116
3.5	2.5250	2.2063	2.5250	2.2063
3.6	2.6272	2.3030	2.6272	2.3030
3.7	2.7233	2.4020	2.7233	2.4020
3.8	2.8110	2.5026	2.8110	2.5026
3.9	2.8919	2.6031	2.8919	2.6031
4.0	2.9706	2.7013	2.9706	2.7013
4.1	3.0512	2.7951	3.0512	2.7951
4.2	3.1360	2.8827	3.1360	2.8827
4.3	3.2230	2.9637	3.2230	2.9637
4.4	3.3067	3.0386	3.3067	3.0386
4.5	3.3801	3.1088	3.3801	3.1088
4.6	3.4392	3.1759	3.4392	3.1759
4.7	3.4858	3.2416	3.4858	3.2416
4.8	3.5263	3.3064	3.5263	3.3064
4.9	3.5689	3.3704	3.5689	3.3704
5.0	3.6197	3.4325	3.6197	3.4325
5.2	3.7425	3.5439	3.7425	3.5439
5.4	3.8332	3.6249	3.8332	3.6249
5.6	3.8428	3.6733	3.8428	3.6733
5.8	3.8290	3.7052	3.8290	3.7052
6.0	3.8610	3.7334	3.8610	3.7334
6.2	3.9036	3.7513	3.9036	3.7513
6.4	3.8646	3.7400	3.8646	3.7400
6.6	3.7631	3.6924	3.7631	3.6924
6.8	3.6903	3.6264	3.6903	3.6264
7.0	3.6627	3.5613	3.6627	3.5613
7.2	3.5824	3.4911	3.5824	3.4911
7.4	3.4291	3.3964	3.4291	3.3964
7.6	3.2875	3.2742	3.2875	3.2742
7.8	3.2006	3.1419	3.2006	3.1419
8.0	3.0863	3.0148	3.0863	3.0148
8.2	2.8960	2.8830	2.8960	2.8830
8.4	2.7163	2.7374	2.7163	2.7374
8.6	2.6114	2.5862	2.6114	2.5862
8.8	2.5033	2.4391	2.5033	2.4391
9.0	2.3006	2.2897	2.3006	2.2897
9.2	2.0965	2.1344	2.0965	2.1344
9.4	1.9904	1.9894	1.9904	1.9894
9.6	1.9334	1.8675	1.9334	1.8675
9.8	1.7735	1.7504	1.7735	1.7504
10.0	1.5752	1.6146	1.5752	1.6146
10.2	1.4723	1.4867	1.4723	1.4867
10.4	1.4694	1.3979	1.4694	1.3979
10.6	1.3923	1.3457	1.3923	1.3457
10.8	1.2458	1.2759	1.2458	1.2759
11.0	1.1640	1.1867	1.1640	1.1867
11.2	1.2079	1.1328	1.2079	1.1328
11.4	1.2161	1.1390	1.2161	1.1390
11.6	1.1373	1.1511	1.1373	1.1511
11.8	1.1050	1.1311	1.1050	1.1311
12.0	1.1962	1.1249	1.1962	1.1249
12.2	1.2877	1.1779	1.2877	1.1779
12.4	1.2604	1.2543	1.2604	1.2543
12.6	1.2690	1.2959	1.2690	1.2959
12.8	1.3984	1.3399	1.3984	1.3399
13.0	1.5757	1.4376	1.5757	1.4376
13.2	1.5938	1.5666	1.5938	1.5666
13.4	1.6179	1.6456	1.6179	1.6456
13.6	1.7476	1.7084	1.7476	1.7084
13.8	1.9830	1.8281	1.9830	1.8281
14.0	2.0489	1.9992	2.0489	1.9992
14.2	2.0761	2.1073	2.0761	2.1073
14.4	2.1768	2.1596	2.1768	2.1596
14.6	2.4102	2.2567	2.4102	2.2567
14.8	2.5041	2.4301	2.5041	2.4301
15.0	2.5254	2.5632	2.5254	2.5632

Table T2.18

N = 1.300 K = 0.050

X	QEE	QEH	QSE	QSH
0.1	0.0214	0.0115	0.0006	0.0002
0.2	0.0477	0.0244	0.0050	0.0013
0.3	0.0827	0.0396	0.0168	0.0044
0.4	0.1289	0.0580	0.0393	0.0103
0.5	0.1862	0.0801	0.0737	0.0194
0.6	0.2522	0.1058	0.1189	0.0320
0.7	0.3218	0.1352	0.1709	0.0480
0.8	0.3897	0.1680	0.2244	0.0669
0.9	0.4523	0.2041	0.2747	0.0887
1.0	0.5088	0.2436	0.3195	0.1131
1.1	0.5617	0.2875	0.3596	0.1408
1.2	0.6154	0.3371	0.3982	0.1729
1.3	0.6748	0.3937	0.4399	0.2108
1.4	0.7438	0.4585	0.4891	0.2562
1.5	0.8233	0.5315	0.5482	0.3098
1.6	0.9111	0.6113	0.6169	0.3710
1.7	1.0024	0.6952	0.6916	0.4381
1.8	1.0918	0.7803	0.7676	0.5084
1.9	1.1755	0.8641	0.8404	0.5792
2.0	1.2530	0.9458	0.9080	0.6488
2.1	1.3263	1.0254	0.9709	0.7167
2.2	1.3993	1.1044	1.0318	0.7833
2.3	1.4757	1.1841	1.0941	0.8496
2.4	1.5579	1.2663	1.1608	0.9173
2.5	1.6440	1.3505	1.2311	0.9860
2.6	1.7325	1.4378	1.3049	1.0575
2.7	1.8194	1.5267	1.3786	1.1310
2.8	1.9021	1.6155	1.4496	1.2054
2.9	1.9796	1.7026	1.5165	1.2795
3.0	2.0531	1.7867	1.5795	1.3520
3.1	2.1247	1.8674	1.6403	1.4223
3.2	2.1964	1.9449	1.7007	1.4900
3.3	2.2691	2.0199	1.7618	1.5551
3.4	2.3418	2.0933	1.8236	1.6180
3.5	2.4125	2.1655	1.8843	1.6792
3.6	2.4793	2.2370	1.9418	1.7387
3.7	2.5411	2.3075	1.9946	1.7968
3.8	2.5987	2.3764	2.0426	1.8533
3.9	2.6537	2.4430	2.0869	1.9077
4.0	2.7080	2.5066	2.1293	1.9598
4.1	2.7621	2.5665	2.1712	2.0092
4.2	2.8153	2.6221	2.2130	2.0554
4.3	2.8654	2.6737	2.2537	2.0982
4.4	2.9102	2.7214	2.2913	2.1378
4.5	2.9485	2.7659	2.3242	2.1743
4.6	2.9807	2.8075	2.3514	2.2076
4.7	3.0089	2.8470	2.3736	2.2381
4.8	3.0358	2.8842	2.3922	2.2658
4.9	3.0631	2.9190	2.4092	2.2906
5.0	3.0911	2.9509	2.4256	2.3125

X	QEE	QEH	QSE	QSH
5.2	3.1407	3.0036	2.4540	2.3459
5.4	3.1658	3.0393	2.4669	2.3654
5.6	3.1679	3.0603	2.4611	2.3731
5.8	3.1664	3.0712	2.4461	2.3705
6.0	3.1675	3.0743	2.4296	2.3585
6.2	3.1536	3.0659	2.4018	2.3341
6.4	3.1165	3.0438	2.3552	2.2968
6.6	3.0713	3.0104	2.2989	2.2504
6.8	3.0308	2.9710	2.2445	2.1996
7.0	2.9852	2.9267	2.1884	2.1444
7.2	2.9227	2.8747	2.1194	2.0808
7.4	2.8525	2.8150	2.0401	2.0086
7.6	2.7884	2.7514	1.9619	1.9323
7.8	2.7251	2.6860	1.8867	1.8558
8.0	2.6516	2.6187	1.8083	1.7798
8.2	2.5720	2.5480	1.7247	1.7011
8.4	2.5010	2.4772	1.6438	1.6208
8.6	2.4375	2.4094	1.5682	1.5419
8.8	2.3683	2.3428	1.4920	1.4653
9.0	2.2939	2.2757	1.4140	1.3905
9.2	2.2289	2.2111	1.3426	1.3193
9.4	2.1771	2.1536	1.2817	1.2542
9.6	2.1254	2.1020	1.2242	1.1942
9.8	2.0691	2.0516	1.1648	1.1364
10.0	2.0199	2.0032	1.1096	1.0814
10.2	1.9889	1.9663	1.0694	1.0371
10.4	1.9582	1.9334	1.0336	0.9975
10.6	1.9265	1.9067	1.0011	0.9654
10.8	1.8993	1.8813	0.9708	0.9356
11.0	1.8857	1.8622	0.9493	0.9104
11.2	1.8802	1.8531	0.9370	0.8938
11.4	1.8731	1.8500	0.9283	0.8848
11.6	1.8677	1.8476	0.9221	0.8794
11.8	1.8731	1.8486	0.9224	0.8772
12.0	1.8871	1.8581	0.9302	0.8810
12.2	1.8997	1.8737	0.9407	0.8905
12.4	1.9112	1.8894	0.9516	0.9024
12.6	1.9301	1.9056	0.9665	0.9160
12.8	1.9569	1.9275	0.9878	0.9340
13.0	1.9825	1.9550	1.0116	0.9565
13.2	2.0040	1.9815	1.0339	0.9799
13.4	2.0297	2.0062	1.0569	1.0027
13.6	2.0607	2.0325	1.0823	1.0257
13.8	2.0911	2.0636	1.1098	1.0519
14.0	2.1159	2.0938	1.1357	1.0789
14.2	2.1402	2.1189	1.1596	1.1033
14.4	2.1683	2.1429	1.1836	1.1258
14.6	2.1958	2.1699	1.2077	1.1487
14.8	2.2173	2.1964	1.2293	1.1713
15.0	2.2356	2.2171	1.2478	1.1908

Table T2.19

N = 1.300 K = 0.100

x	QEE	QEH	QSE	QSH
0.1	0.0421	0.0229	0.0007	0.0002
0.2	0.0900	0.0474	0.0053	0.0014
0.3	0.1470	0.0747	0.0178	0.0048
0.4	0.2140	0.1056	0.0410	0.0110
0.5	0.2891	0.1404	0.0755	0.0207
0.6	0.3679	0.1789	0.1193	0.0340
0.7	0.4455	0.2211	0.1682	0.0506
0.8	0.5179	0.2666	0.2173	0.0702
0.9	0.5839	0.3155	0.2628	0.0923
1.0	0.6450	0.3680	0.3035	0.1171
1.1	0.7049	0.4249	0.3405	0.1448
1.2	0.7678	0.4873	0.3771	0.1763
1.3	0.8368	0.5557	0.4166	0.2130
1.4	0.9133	0.6302	0.4620	0.2556
1.5	0.9956	0.7097	0.5143	0.3045
1.6	1.0805	0.7921	0.5725	0.3589
1.7	1.1639	0.8753	0.6337	0.4170
1.8	1.2430	0.9573	0.6946	0.4771
1.9	1.3168	1.0370	0.7529	0.5373
2.0	1.3865	1.1144	0.8076	0.5965
2.1	1.4546	1.1900	0.8596	0.6542
2.2	1.5234	1.2647	0.9105	0.7105
2.3	1.5941	1.3393	0.9620	0.7658
2.4	1.6670	1.4147	1.0151	0.8210
2.5	1.7391	1.4894	1.0685	0.8752
2.6	1.8099	1.5646	1.1222	0.9302
2.7	1.8773	1.6387	1.1744	0.9851
2.8	1.9407	1.7110	1.2241	1.0398
2.9	2.0008	1.7806	1.2711	1.0936
3.0	2.0587	1.8473	1.3159	1.1461
3.1	2.1153	1.9110	1.3594	1.1967
3.2	2.1711	1.9718	1.4022	1.2452
3.3	2.2254	2.0302	1.4443	1.2913
3.4	2.2774	2.0863	1.4852	1.3350
3.5	2.3260	2.1405	1.5238	1.3763
3.6	2.3710	2.1927	1.5593	1.4154
3.7	2.4127	2.2429	1.5913	1.4523
3.8	2.4520	2.2907	1.6202	1.4872
3.9	2.4896	2.3360	1.6467	1.5200
4.0	2.5259	2.3783	1.6716	1.5509
4.1	2.5605	2.4175	1.6954	1.5797
4.2	2.5925	2.4535	1.7181	1.6062
4.3	2.6212	2.4864	1.7393	1.6304
4.4	2.6459	2.5165	1.7580	1.6522
4.5	2.6671	2.5440	1.7740	1.6716
4.6	2.6854	2.5693	1.7868	1.6885
4.7	2.7019	2.5924	1.7968	1.7032
4.8	2.7173	2.6134	1.8046	1.7155
4.9	2.7317	2.6322	1.8106	1.7255
5.0	2.7446	2.6485	1.8153	1.7335
5.2	2.7623	2.6732	1.8195	1.7427
5.4	2.7673	2.6877	1.8159	1.7442
5.6	2.7647	2.6946	1.8054	1.7397
5.8	2.7584	2.6946	1.7889	1.7285
6.0	2.7477	2.6886	1.7685	1.7114
6.2	2.7283	2.6755	1.7418	1.6875
6.4	2.7025	2.6564	1.7095	1.6585
6.6	2.6748	2.6333	1.6745	1.6265
6.8	2.6456	2.6070	1.6386	1.5924
7.0	2.6123	2.5774	1.6008	1.5559
7.2	2.5750	2.5445	1.5598	1.5163
7.4	2.5377	2.5102	1.5173	1.4749
7.6	2.5015	2.4755	1.4754	1.4334
7.8	2.4639	2.4398	1.4341	1.3922
8.0	2.4254	2.4040	1.3937	1.3519
8.2	2.3878	2.3681	1.3535	1.3117
8.4	2.3530	2.3339	1.3150	1.2727
8.6	2.3196	2.3013	1.2786	1.2355
8.8	2.2864	2.2695	1.2438	1.2001
9.0	2.2551	2.2392	1.2111	1.1667
9.2	2.2275	2.2116	1.1814	1.1361
9.4	2.2027	2.1870	1.1548	1.1084
9.6	2.1792	2.1644	1.1306	1.0832
9.8	2.1577	2.1435	1.1084	1.0601
10.0	2.1396	2.1251	1.0889	1.0395
10.2	2.1279	2.1133	1.0757	1.0252
10.4	2.1128	2.0986	1.0605	1.0090
10.6	2.1015	2.0851	1.0494	0.9970
10.8	2.0930	2.0791	1.0405	0.9871
11.0	2.0875	2.0733	1.0342	0.9797
11.2	2.0837	2.0699	1.0302	0.9748
11.4	2.0811	2.0677	1.0280	0.9720
11.6	2.0803	2.0669	1.0274	0.9706
11.8	2.0816	2.0679	1.0286	0.9710
12.0	2.0842	2.0708	1.0313	0.9730
12.2	2.0874	2.0746	1.0350	0.9762
12.4	2.0915	2.0788	1.0396	0.9803
12.6	2.0967	2.0839	1.0450	0.9852
12.8	2.1027	2.0901	1.0513	0.9910
13.0	2.1087	2.0968	1.0580	0.9974
13.2	2.1146	2.1031	1.0647	1.0039
13.4	2.1217	2.1101	1.0722	1.0111
13.6	2.1281	2.1167	1.0790	1.0176
13.8	2.1343	2.1236	1.0859	1.0243
14.0	2.1401	2.1299	1.0926	1.0310
14.2	2.1457	2.1355	1.0988	1.0371
14.4	2.1510	2.1410	1.1047	1.0429
14.6	2.1558	2.1463	1.1102	1.0483
14.8	2.1598	2.1509	1.1151	1.0532
15.0	2.1632	2.1546	1.1194	1.0575

Table T2.20

N = 1.300 K = 0.200

x	QEE	QEH	QSE	QSH
0.1	0.0833	0.0453	0.0009	0.0002
0.2	0.1729	0.0929	0.0068	0.0019
0.3	0.2701	0.1441	0.0223	0.0062
0.4	0.3720	0.1994	0.0497	0.0141
0.5	0.4737	0.2588	0.0884	0.0263
0.6	0.5699	0.3218	0.1348	0.0426
0.7	0.6575	0.3880	0.1838	0.0627
0.8	0.7365	0.4569	0.2311	0.0859
0.9	0.8094	0.5284	0.2743	0.1116
1.0	0.8800	0.6029	0.3131	0.1396
1.1	0.9519	0.6806	0.3495	0.1703
1.2	1.0271	0.7615	0.3859	0.2042
1.3	1.1056	0.8449	0.4248	0.2420
1.4	1.1855	0.9296	0.4674	0.2840
1.5	1.2640	1.0139	0.5134	0.3298
1.6	1.3387	1.0963	0.5615	0.3786
1.7	1.4084	1.1757	0.6097	0.4291
1.8	1.4732	1.2516	0.6564	0.4800
1.9	1.5344	1.3241	0.7008	0.5301
2.0	1.5934	1.3934	0.7430	0.5788
2.1	1.6511	1.4599	0.7833	0.6254
2.2	1.7079	1.5241	0.8224	0.6700
2.3	1.7631	1.5861	0.8606	0.7124
2.4	1.8162	1.6463	0.8983	0.7533
2.5	1.8653	1.7033	0.9337	0.7919
2.6	1.9115	1.7583	0.9678	0.8296
2.7	1.9546	1.8105	0.9999	0.8660
2.8	1.9951	1.8599	1.0300	0.9013
2.9	2.0334	1.9062	1.0583	0.9352
3.0	2.0697	1.9496	1.0852	0.9675
3.1	2.1040	1.9900	1.1109	0.9980
3.2	2.1360	2.0276	1.1352	1.0263
3.3	2.1653	2.0627	1.1581	1.0525
3.4	2.1920	2.0954	1.1791	1.0765
3.5	2.2162	2.1258	1.1980	1.0984
3.6	2.2382	2.1541	1.2149	1.1183
3.7	2.2585	2.1803	1.2298	1.1365
3.8	2.2771	2.2043	1.2430	1.1532
3.9	2.2942	2.2260	1.2549	1.1683
4.0	2.3096	2.2456	1.2656	1.1819
4.1	2.3230	2.2631	1.2753	1.1941
4.2	2.3345	2.2786	1.2838	1.2048
4.3	2.3442	2.2922	1.2912	1.2141
4.4	2.3523	2.3043	1.2972	1.2220
4.5	2.3590	2.3150	1.3020	1.2286
4.6	2.3646	2.3241	1.3054	1.2339
4.7	2.3693	2.3320	1.3079	1.2381
4.8	2.3729	2.3385	1.3092	1.2411
4.9	2.3754	2.3437	1.3098	1.2431
5.0	2.3769	2.3476	1.3096	1.2442
5.2	2.3762	2.3518	1.3069	1.2434
5.4	2.3723	2.3525	1.3016	1.2398
5.6	2.3669	2.3509	1.2948	1.2345
5.8	2.3585	2.3458	1.2855	1.2265
6.0	2.3486	2.3387	1.2752	1.2170
6.2	2.3371	2.3297	1.2637	1.2059
6.4	2.3249	2.3198	1.2515	1.1941
6.6	2.3123	2.3091	1.2392	1.1820
6.8	2.2992	2.2975	1.2267	1.1696
7.0	2.2859	2.2857	1.2144	1.1571
7.2	2.2727	2.2737	1.2022	1.1446
7.4	2.2602	2.2622	1.1905	1.1327
7.6	2.2480	2.2509	1.1794	1.1213
7.8	2.2360	2.2396	1.1687	1.1102
8.0	2.2251	2.2293	1.1592	1.1001
8.2	2.2146	2.2195	1.1500	1.0905
8.4	2.2049	2.2103	1.1417	1.0818
8.6	2.1959	2.2016	1.1341	1.0737
8.8	2.1876	2.1936	1.1273	1.0665
9.0	2.1801	2.1865	1.1214	1.0600
9.2	2.1734	2.1801	1.1161	1.0544
9.4	2.1674	2.1744	1.1117	1.0495
9.6	2.1620	2.1692	1.1078	1.0453
9.8	2.1573	2.1646	1.1046	1.0416
10.0	2.1530	2.1605	1.1018	1.0385
10.2	2.1524	2.1601	1.1025	1.0389
10.4	2.1470	2.1549	1.0988	1.0349
10.6	2.1442	2.1522	1.0975	1.0333
10.8	2.1419	2.1500	1.0966	1.0321
11.0	2.1399	2.1482	1.0960	1.0314
11.2	2.1382	2.1466	1.0957	1.0309
11.4	2.1367	2.1452	1.0957	1.0307
11.6	2.1354	2.1441	1.0958	1.0306
11.8	2.1344	2.1431	1.0961	1.0308
12.0	2.1334	2.1423	1.0965	1.0310
12.2	2.1326	2.1416	1.0970	1.0314
12.4	2.1318	2.1409	1.0975	1.0319
12.6	2.1311	2.1403	1.0981	1.0324
12.8	2.1305	2.1398	1.0987	1.0329
13.0	2.1299	2.1393	1.0993	1.0335
13.2	2.1291	2.1386	1.0998	1.0339
13.4	2.1283	2.1379	1.1004	1.0346
13.6	2.1276	2.1374	1.1010	1.0350
13.8	2.1270	2.1368	1.1013	1.0353
14.0	2.1263	2.1361	1.1017	1.0358
14.2	2.1256	2.1355	1.1022	1.0363
14.4	2.1248	2.1348	1.1026	1.0367
14.6	2.1241	2.1341	1.1030	1.0370
14.8	2.1237	2.1336	1.1033	1.0374
15.0	2.1233	2.1333	1.1038	1.0379

Table T2.21

N = 1.300 K = 0.300

X	QEE	QEH	QSE	QSH
0.1	0.1241	0.0672	0.0012	0.0003
0.2	0.2534	0.1374	0.0093	0.0026
0.3	0.3855	0.2119	0.0298	0.0085
0.4	0.5143	0.2909	0.0645	0.0193
0.5	0.6335	0.3739	0.1110	0.0355
0.6	0.7395	0.4598	0.1640	0.0570
0.7	0.8328	0.5477	0.2176	0.0829
0.8	0.9167	0.6371	0.2679	0.1122
0.9	0.9959	0.7275	0.3132	0.1440
1.0	1.0742	0.8188	0.3543	0.1778
1.1	1.1536	0.9106	0.3932	0.2138
1.2	1.2337	1.0023	0.4322	0.2524
1.3	1.3128	1.0925	0.4729	0.2938
1.4	1.3884	1.1800	0.5157	0.3379
1.5	1.4587	1.2636	0.5598	0.3844
1.6	1.5231	1.3426	0.6038	0.4322
1.7	1.5822	1.4168	0.6465	0.4804
1.8	1.6372	1.4862	0.6872	0.5278
1.9	1.6891	1.5510	0.7254	0.5735
2.0	1.7385	1.6116	0.7615	0.6169
2.1	1.7856	1.6684	0.7957	0.6576
2.2	1.8298	1.7215	0.8281	0.6954
2.3	1.8708	1.7713	0.8589	0.7306
2.4	1.9089	1.8184	0.8883	0.7638
2.5	1.9428	1.8613	0.9148	0.7941
2.6	1.9734	1.9018	0.9399	0.8232
2.7	2.0034	1.9393	0.9630	0.8506
2.8	2.0303	1.9737	0.9844	0.8765
2.9	2.0551	2.0051	1.0043	0.9008
3.0	2.0778	2.0337	1.0228	0.9232
3.1	2.0983	2.0596	1.0400	0.9438
3.2	2.1167	2.0832	1.0559	0.9625
3.3	2.1330	2.1046	1.0702	0.9793
3.4	2.1474	2.1240	1.0831	0.9944
3.5	2.1603	2.1417	1.0945	1.0080
3.6	2.1718	2.1575	1.1045	1.0202
3.7	2.1820	2.1717	1.1134	1.0311
3.8	2.1910	2.1842	1.1211	1.0408
3.9	2.1988	2.1951	1.1280	1.0494
4.0	2.2053	2.2045	1.1340	1.0569
4.1	2.2107	2.2126	1.1393	1.0634
4.2	2.2150	2.2196	1.1438	1.0690
4.3	2.2185	2.2256	1.1476	1.0737
4.4	2.2212	2.2306	1.1507	1.0776
4.5	2.2233	2.2349	1.1531	1.0809
4.6	2.2247	2.2382	1.1549	1.0835
4.7	2.2257	2.2409	1.1563	1.0855
4.8	2.2259	2.2427	1.1571	1.0869
4.9	2.2257	2.2438	1.1576	1.0879
5.0	2.2251	2.2445	1.1578	1.0884
5.2	2.2225	2.2443	1.1570	1.0880
5.4	2.2189	2.2427	1.1552	1.0866
5.6	2.2152	2.2406	1.1534	1.0850
5.8	2.2098	2.2365	1.1502	1.0818
6.0	2.2046	2.2323	1.1471	1.0786
6.2	2.1990	2.2276	1.1437	1.0750
6.4	2.1934	2.2228	1.1403	1.0713
6.6	2.1879	2.2177	1.1370	1.0678
6.8	2.1824	2.2126	1.1338	1.0642
7.0	2.1772	2.2078	1.1308	1.0608
7.2	2.1722	2.2030	1.1280	1.0576
7.4	2.1676	2.1986	1.1255	1.0548
7.6	2.1633	2.1944	1.1233	1.0523
7.8	2.1589	2.1901	1.1211	1.0497
8.0	2.1554	2.1866	1.1196	1.0478
8.2	2.1518	2.1830	1.1180	1.0459
8.4	2.1485	2.1796	1.1167	1.0443
8.6	2.1454	2.1765	1.1156	1.0428
8.8	2.1427	2.1736	1.1147	1.0417
9.0	2.1401	2.1710	1.1140	1.0407
9.2	2.1378	2.1685	1.1134	1.0399
9.4	2.1356	2.1663	1.1130	1.0393
9.6	2.1337	2.1642	1.1128	1.0389
9.8	2.1319	2.1622	1.1126	1.0385
10.0	2.1300	2.1603	1.1124	1.0382
10.2	2.1315	2.1616	1.1153	1.0408
10.4	2.1279	2.1578	1.1133	1.0388
10.6	2.1264	2.1562	1.1134	1.0387
10.8	2.1251	2.1548	1.1136	1.0388
11.0	2.1239	2.1534	1.1138	1.0389
11.2	2.1228	2.1521	1.1140	1.0390
11.4	2.1217	2.1508	1.1143	1.0392
11.6	2.1206	2.1496	1.1146	1.0394
11.8	2.1196	2.1484	1.1148	1.0396
12.0	2.1186	2.1473	1.1151	1.0398
12.2	2.1177	2.1462	1.1154	1.0400
12.4	2.1168	2.1451	1.1157	1.0403
12.6	2.1159	2.1440	1.1159	1.0405
12.8	2.1150	2.1430	1.1162	1.0407
13.0	2.1141	2.1420	1.1164	1.0409
13.2	2.1131	2.1408	1.1165	1.0410
13.4	2.1129	2.1404	1.1174	1.0418
13.6	2.1119	2.1392	1.1173	1.0418
13.8	2.1110	2.1382	1.1175	1.0420
14.0	2.1102	2.1373	1.1177	1.0421
14.2	2.1095	2.1363	1.1179	1.0423
14.4	2.1087	2.1354	1.1181	1.0425
14.6	2.1079	2.1345	1.1182	1.0427
14.8	2.1072	2.1336	1.1184	1.0428
15.0	2.1065	2.1327	1.1185	1.0430

Table T2.22   265

N = 1.300 K = 0.400

x	QEE	QEH	QSE	QSH
0.1	0.1646	0.0882	0.0017	0.0004
0.2	0.3312	0.1803	0.0128	0.0036
0.3	0.4932	0.2774	0.0400	0.0117
0.4	0.6420	0.3794	0.0842	0.0264
0.5	0.7722	0.4848	0.1406	0.0483
0.6	0.8835	0.5922	0.2021	0.0767
0.7	0.9803	0.6998	0.2623	0.1103
0.8	1.0683	0.8067	0.3174	0.1475
0.9	1.1526	0.9121	0.3667	0.1869
1.0	1.2359	1.0154	0.4115	0.2277
1.1	1.3182	1.1160	0.4541	0.2699
1.2	1.3979	1.2127	0.4964	0.3137
1.3	1.4729	1.3047	0.5394	0.3592
1.4	1.5414	1.3911	0.5830	0.4061
1.5	1.6032	1.4715	0.6263	0.4539
1.6	1.6589	1.5458	0.6681	0.5017
1.7	1.7096	1.6140	0.7077	0.5488
1.8	1.7566	1.6764	0.7447	0.5940
1.9	1.8003	1.7333	0.7792	0.6366
2.0	1.8409	1.7851	0.8112	0.6761
2.1	1.8781	1.8324	0.8411	0.7123
2.2	1.9120	1.8756	0.8690	0.7452
2.3	1.9424	1.9152	0.8948	0.7752
2.4	1.9702	1.9519	0.9189	0.8031
2.5	1.9941	1.9843	0.9401	0.8280
2.6	2.0164	2.0143	0.9599	0.8515
2.7	2.0365	2.0413	0.9779	0.8733
2.8	2.0547	2.0655	0.9944	0.8934
2.9	2.0709	2.0869	1.0095	0.9117
3.0	2.0853	2.1059	1.0234	0.9283
3.1	2.0979	2.1227	1.0360	0.9432
3.2	2.1089	2.1377	1.0473	0.9564
3.3	2.1184	2.1511	1.0575	0.9682
3.4	2.1268	2.1629	1.0666	0.9788
3.5	2.1341	2.1734	1.0746	0.9882
3.6	2.1404	2.1825	1.0817	0.9965
3.7	2.1458	2.1903	1.0879	1.0040
3.8	2.1503	2.1969	1.0935	1.0105
3.9	2.1541	2.2024	1.0984	1.0163
4.0	2.1571	2.2070	1.1027	1.0212
4.1	2.1595	2.2110	1.1066	1.0255
4.2	2.1613	2.2142	1.1099	1.0292
4.3	2.1627	2.2169	1.1127	1.0324
4.4	2.1637	2.2190	1.1152	1.0351
4.5	2.1644	2.2206	1.1173	1.0375
4.6	2.1646	2.2217	1.1191	1.0395
4.7	2.1647	2.2223	1.1207	1.0412
4.8	2.1644	2.2226	1.1219	1.0425
4.9	2.1639	2.2225	1.1230	1.0435
5.0	2.1633	2.2223	1.1239	1.0444
5.2	2.1614	2.2211	1.1251	1.0454
5.4	2.1592	2.2194	1.1259	1.0459
5.6	2.1574	2.2176	1.1270	1.0467
5.8	2.1544	2.2146	1.1270	1.0463
6.0	2.1518	2.2120	1.1273	1.0462
6.2	2.1491	2.2092	1.1274	1.0459
6.4	2.1466	2.2063	1.1275	1.0456
6.6	2.1441	2.2035	1.1277	1.0453
6.8	2.1416	2.2006	1.1278	1.0450
7.0	2.1394	2.1980	1.1280	1.0448
7.2	2.1372	2.1954	1.1282	1.0446
7.4	2.1353	2.1929	1.1286	1.0446
7.6	2.1335	2.1906	1.1290	1.0447
7.8	2.1315	2.1882	1.1292	1.0446
8.0	2.1301	2.1862	1.1299	1.0449
8.2	2.1285	2.1841	1.1303	1.0451
8.4	2.1269	2.1820	1.1307	1.0452
8.6	2.1255	2.1800	1.1311	1.0454
8.8	2.1241	2.1781	1.1315	1.0456
9.0	2.1228	2.1763	1.1320	1.0459
9.2	2.1215	2.1745	1.1325	1.0462
9.4	2.1204	2.1728	1.1330	1.0465
9.6	2.1193	2.1712	1.1335	1.0469
9.8	2.1182	2.1697	1.1340	1.0472
10.0	2.1170	2.1680	1.1343	1.0474
10.2	2.1189	2.1695	1.1376	1.0505
10.4	2.1158	2.1659	1.1360	1.0489
10.6	2.1148	2.1644	1.1364	1.0491
10.8	2.1139	2.1630	1.1368	1.0494
11.0	2.1130	2.1616	1.1372	1.0498
11.2	2.1121	2.1603	1.1376	1.0501
11.4	2.1113	2.1590	1.1380	1.0504
11.6	2.1104	2.1577	1.1384	1.0507
11.8	2.1096	2.1565	1.1388	1.0510
12.0	2.1088	2.1553	1.1391	1.0513
12.2	2.1080	2.1541	1.1394	1.0516
12.4	2.1073	2.1529	1.1398	1.0518
12.6	2.1065	2.1517	1.1401	1.0521
12.8	2.1058	2.1506	1.1404	1.0524
13.0	2.1051	2.1495	1.1406	1.0526
13.2	2.1043	2.1483	1.1408	1.0527
13.4	2.1042	2.1478	1.1416	1.0535
13.6	2.1033	2.1465	1.1418	1.0537
13.8	2.1026	2.1455	1.1421	1.0539
14.0	2.1019	2.1444	1.1423	1.0541
14.2	2.1013	2.1434	1.1425	1.0543
14.4	2.1006	2.1424	1.1427	1.0545
14.6	2.1000	2.1415	1.1428	1.0547
14.8	2.0994	2.1405	1.1428	1.0547
15.0	2.0988	2.1396	1.1430	1.0549

Table T2.23

N = 1.300 K = 0.500

X	QEE	QEH	QSE	QSH
0.1	0.2047	0.1080	0.0023	0.0006
0.2	0.4061	0.2209	0.0173	0.0048
0.3	0.5932	0.3398	0.0528	0.0157
0.4	0.7565	0.4638	0.1079	0.0354
0.5	0.8931	0.5909	0.1754	0.0642
0.6	1.0072	0.7182	0.2462	0.1012
0.7	1.1064	0.8435	0.3135	0.1440
0.8	1.1977	0.9652	0.3740	0.1902
0.9	1.2855	1.0820	0.4279	0.2379
1.0	1.3710	1.1934	0.4768	0.2861
1.1	1.4528	1.2984	0.5231	0.3345
1.2	1.5290	1.3965	0.5685	0.3831
1.3	1.5979	1.4873	0.6134	0.4320
1.4	1.6590	1.5707	0.6575	0.4811
1.5	1.7131	1.6467	0.7000	0.5297
1.6	1.7615	1.7156	0.7401	0.5774
1.7	1.8053	1.7774	0.7772	0.6231
1.8	1.8452	1.8327	0.8114	0.6660
1.9	1.8816	1.8818	0.8428	0.7056
2.0	1.9144	1.9255	0.8716	0.7414
2.1	1.9437	1.9644	0.8981	0.7735
2.2	1.9696	1.9992	0.9223	0.8022
2.3	1.9925	2.0306	0.9444	0.8280
2.4	2.0132	2.0593	0.9648	0.8518
2.5	2.0305	2.0838	0.9823	0.8725
2.6	2.0465	2.1061	0.9987	0.8920
2.7	2.0607	2.1256	1.0134	0.9098
2.8	2.0732	2.1424	1.0267	0.9258
2.9	2.0841	2.1570	1.0388	0.9401
3.0	2.0935	2.1696	1.0498	0.9528
3.1	2.1016	2.1807	1.0597	0.9640
3.2	2.1085	2.1903	1.0686	0.9740
3.3	2.1145	2.1988	1.0765	0.9828
3.4	2.1196	2.2061	1.0836	0.9907
3.5	2.1240	2.2122	1.0899	0.9978
3.6	2.1277	2.2174	1.0955	1.0041
3.7	2.1308	2.2215	1.1006	1.0097
3.8	2.1333	2.2249	1.1051	1.0146
3.9	2.1354	2.2276	1.1092	1.0189
4.0	2.1370	2.2298	1.1129	1.0226
4.1	2.1382	2.2315	1.1162	1.0259
4.2	2.1391	2.2329	1.1192	1.0288
4.3	2.1398	2.2339	1.1219	1.0315
4.4	2.1402	2.2345	1.1243	1.0338
4.5	2.1405	2.2348	1.1265	1.0359
4.6	2.1405	2.2348	1.1284	1.0378
4.7	2.1405	2.2346	1.1303	1.0394
4.8	2.1402	2.2341	1.1319	1.0408
4.9	2.1399	2.2335	1.1334	1.0420
5.0	2.1396	2.2330	1.1349	1.0432
5.2	2.1384	2.2312	1.1372	1.0451
5.4	2.1371	2.2292	1.1393	1.0467
5.6	2.1364	2.2275	1.1418	1.0486
5.8	2.1346	2.2248	1.1432	1.0494
6.0	2.1333	2.2201	1.1449	1.0505
6.2	2.1319	2.2201	1.1463	1.0515
6.4	2.1306	2.2177	1.1478	1.0524
6.6	2.1292	2.2153	1.1491	1.0533
6.8	2.1279	2.2130	1.1503	1.0541
7.0	2.1268	2.2108	1.1516	1.0549
7.2	2.1255	2.2085	1.1527	1.0557
7.4	2.1245	2.2064	1.1539	1.0565
7.6	2.1235	2.2044	1.1551	1.0573
7.8	2.1222	2.2021	1.1559	1.0578
8.0	2.1215	2.2004	1.1571	1.0588
8.2	2.1204	2.1983	1.1580	1.0594
8.4	2.1193	2.1963	1.1588	1.0599
8.6	2.1183	2.1944	1.1596	1.0605
8.8	2.1173	2.1925	1.1603	1.0610
9.0	2.1164	2.1906	1.1611	1.0615
9.2	2.1155	2.1888	1.1618	1.0620
9.4	2.1146	2.1870	1.1624	1.0625
9.6	2.1137	2.1853	1.1631	1.0630
9.8	2.1129	2.1836	1.1637	1.0635
10.0	2.1118	2.1818	1.1641	1.0638
10.2	2.1110	2.1833	1.1674	1.0670
10.4	2.1110	2.1794	1.1659	1.0653
10.6	2.1101	2.1778	1.1663	1.0656
10.8	2.1094	2.1763	1.1668	1.0660
11.0	2.1086	2.1747	1.1672	1.0663
11.2	2.1078	2.1733	1.1676	1.0667
11.4	2.1071	2.1718	1.1680	1.0670
11.6	2.1064	2.1704	1.1684	1.0673
11.8	2.1057	2.1690	1.1687	1.0676
12.0	2.1049	2.1676	1.1691	1.0679
12.2	2.1043	2.1663	1.1694	1.0681
12.4	2.1036	2.1650	1.1697	1.0684
12.6	2.1029	2.1637	1.1700	1.0686
12.8	2.1023	2.1625	1.1703	1.0689
13.0	2.1016	2.1612	1.1705	1.0691
13.2	2.1009	2.1599	1.1707	1.0692
13.4	2.1008	2.1593	1.1715	1.0700
13.6	2.1000	2.1579	1.1715	1.0700
13.8	2.0994	2.1567	1.1717	1.0701
14.0	2.0988	2.1555	1.1719	1.0703
14.2	2.0982	2.1544	1.1721	1.0705
14.4	2.0976	2.1533	1.1723	1.0707
14.6	2.0970	2.1522	1.1724	1.0708
14.8	2.0965	2.1512	1.1726	1.0710
15.0	2.0959	2.1501	1.1728	1.0711

Table T2.24 267

N = 1.300 K = 1.000

X	QEE	QEH	QSE	QSH		X	QEE	QEH	QSE	QSH
0.1	0.3968	0.1734	0.0080	0.0018		5.2	2.1441	2.3624	1.3231	1.1821
0.2	0.7354	0.3613	0.0551	0.0140		5.4	2.1430	2.3572	1.3251	1.1832
0.3	0.9922	0.5671	0.1488	0.0458		5.6	2.1426	2.3529	1.3275	1.1848
0.4	1.1786	0.7857	0.2698	0.1018		5.8	2.1410	2.3478	1.3287	1.1853
0.5	1.3201	1.0062	0.3949	0.1806		6.0	2.1399	2.3431	1.3303	1.1862
0.6	1.4377	1.2162	0.5094	0.2747		6.2	2.1388	2.3384	1.3315	1.1868
0.7	1.5426	1.4055	0.6082	0.3739		6.4	2.1376	2.3338	1.3327	1.1874
0.8	1.6378	1.5689	0.6919	0.4691		6.6	2.1365	2.3294	1.3338	1.1879
0.9	1.7223	1.7062	0.7636	0.5548		6.8	2.1353	2.3250	1.3347	1.1883
1.0	1.7947	1.8211	0.8266	0.6292		7.0	2.1343	2.3208	1.3356	1.1887
1.1	1.8548	1.9186	0.8828	0.6934		7.2	2.1331	2.3166	1.3363	1.1890
1.2	1.9042	2.0032	0.9333	0.7500		7.4	2.1321	2.3127	1.3371	1.1893
1.3	1.9448	2.0775	0.9784	0.8013		7.6	2.1311	2.3089	1.3378	1.1896
1.4	1.9787	2.1421	1.0183	0.8489		7.8	2.1298	2.3049	1.3382	1.1897
1.5	2.0074	2.1967	1.0533	0.8928		8.0	2.1290	2.3014	1.3389	1.1900
1.6	2.0317	2.2408	1.0837	0.9325		8.2	2.1279	2.2977	1.3393	1.1901
1.7	2.0522	2.2753	1.1102	0.9669		8.4	2.1268	2.2940	1.3396	1.1901
1.8	2.0692	2.3020	1.1333	0.9959		8.6	2.1257	2.2905	1.3398	1.1901
1.9	2.0834	2.3232	1.1535	1.0196		8.8	2.1246	2.2870	1.3401	1.1900
2.0	2.0950	2.3409	1.1713	1.0393		9.0	2.1236	2.2837	1.3403	1.1900
2.1	2.1047	2.3562	1.1869	1.0559		9.2	2.1225	2.2804	1.3405	1.1900
2.2	2.1128	2.3695	1.2007	1.0706		9.4	2.1215	2.2772	1.3406	1.1899
2.3	2.1196	2.3805	1.2129	1.0839		9.6	2.1206	2.2741	1.3408	1.1899
2.4	2.1259	2.3896	1.2242	1.0963		9.8	2.1196	2.2711	1.3409	1.1898
2.5	2.1298	2.3949	1.2331	1.1063		10.0	2.1185	2.2680	1.3408	1.1895
2.6	2.1338	2.3988	1.2416	1.1153		10.2	2.1205	2.2682	1.3438	1.1923
2.7	2.1370	2.4013	1.2493	1.1229		10.4	2.1174	2.2632	1.3418	1.1901
2.8	2.1396	2.4030	1.2562	1.1293		10.6	2.1165	2.2603	1.3418	1.1899
2.9	2.1418	2.4042	1.2624	1.1348		10.8	2.1156	2.2576	1.3417	1.1898
3.0	2.1435	2.4052	1.2680	1.1396		11.0	2.1147	2.2550	1.3418	1.1897
3.1	2.1449	2.4059	1.2732	1.1441		11.2	2.1139	2.2524	1.3418	1.1896
3.2	2.1460	2.4059	1.2778	1.1483		11.4	2.1130	2.2499	1.3418	1.1894
3.3	2.1469	2.4052	1.2821	1.1521		11.6	2.1122	2.2474	1.3417	1.1893
3.4	2.1476	2.4039	1.2860	1.1556		11.8	2.1114	2.2450	1.3417	1.1891
3.5	2.1481	2.4022	1.2895	1.1586		12.0	2.1106	2.2427	1.3416	1.1890
3.6	2.1484	2.4002	1.2928	1.1611		12.2	2.1098	2.2404	1.3416	1.1888
3.7	2.1486	2.3983	1.2959	1.1634		12.4	2.1091	2.2381	1.3415	1.1887
3.8	2.1487	2.3964	1.2987	1.1654		12.6	2.1083	2.2359	1.3415	1.1886
3.9	2.1487	2.3944	1.3013	1.1673		12.8	2.1076	2.2338	1.3414	1.1884
4.0	2.1487	2.3924	1.3038	1.1691		13.0	2.1069	2.2317	1.3413	1.1883
4.1	2.1485	2.3902	1.3061	1.1708		13.2	2.1060	2.2295	1.3411	1.1880
4.2	2.1483	2.3878	1.3082	1.1724		13.4	2.1059	2.2281	1.3416	1.1884
4.3	2.1481	2.3853	1.3102	1.1738		13.6	2.1050	2.2259	1.3413	1.1881
4.4	2.1478	2.3827	1.3120	1.1751		13.8	2.1043	2.2239	1.3412	1.1879
4.5	2.1474	2.3801	1.3153	1.1763		14.0	2.1037	2.2220	1.3411	1.1877
4.6	2.1470	2.3776	1.3153	1.1772		14.2	2.1030	2.2201	1.3410	1.1876
4.7	2.1467	2.3751	1.3169	1.1782		14.4	2.1024	2.2183	1.3409	1.1874
4.8	2.1462	2.3726	1.3183	1.1791		14.6	2.1017	2.2165	1.3408	1.1873
4.9	2.1457	2.3702	1.3196	1.1799		14.8	2.1011	2.2147	1.3407	1.1871
5.0	2.1453	2.3677	1.3210	1.1808		15.0	2.1005	2.2129	1.3406	1.1870

Table T2.25

N = 1.400 K = 0.0

X	QEE	QEH	QSE	QSH
0.1	0.0012	0.0003	0.0012	0.0003
0.2	0.0096	0.0021	0.0096	0.0021
0.3	0.0335	0.0070	0.0335	0.0070
0.4	0.0804	0.0164	0.0804	0.0164
0.5	0.1546	0.0311	0.1546	0.0311
0.6	0.2527	0.0518	0.2527	0.0518
0.7	0.3628	0.0782	0.3628	0.0782
0.8	0.4690	0.1101	0.4690	0.1101
0.9	0.5593	0.1473	0.5593	0.1473
1.0	0.6316	0.1905	0.6316	0.1905
1.1	0.6932	0.2420	0.6932	0.2420
1.2	0.7585	0.3059	0.7585	0.3059
1.3	0.8438	0.3874	0.8438	0.3874
1.4	0.9616	0.4909	0.9616	0.4909
1.5	1.1132	0.6161	1.1132	0.6161
1.6	1.2853	0.7564	1.2853	0.7564
1.7	1.4546	0.9003	1.4546	0.9003
1.8	1.6009	1.0379	1.6009	1.0379
1.9	1.7178	1.1651	1.7178	1.1651
2.0	1.8139	1.2846	1.8139	1.2846
2.1	1.9076	1.4030	1.9076	1.4030
2.2	2.0186	1.5271	2.0186	1.5271
2.3	2.1597	1.6623	2.1597	1.6623
2.4	2.3288	1.8108	2.3288	1.8108
2.5	2.5060	1.9682	2.5060	1.9682
2.6	2.6683	2.1284	2.6683	2.1284
2.7	2.8001	2.2815	2.8001	2.2815
2.8	2.9016	2.4210	2.9016	2.4210
2.9	2.9852	2.5458	2.9852	2.5458
3.0	3.0695	2.6601	3.0695	2.6601
3.1	3.1718	2.7699	3.1718	2.7699
3.2	3.2973	2.8801	3.2973	2.8801
3.3	3.4321	2.9929	3.4321	2.9929
3.4	3.5512	3.1071	3.5512	3.1071
3.5	3.6383	3.2191	3.6383	3.2191
3.6	3.6952	3.3240	3.6952	3.3240
3.7	3.7356	3.4176	3.7356	3.4176
3.8	3.7754	3.4969	3.7754	3.4969
3.9	3.8279	3.5614	3.8279	3.5614
4.0	3.8972	3.6133	3.8972	3.6133
4.1	3.9694	3.6562	3.9694	3.6562
4.2	4.0179	3.6935	4.0179	3.6935
4.3	4.0257	3.7267	4.0257	3.7267
4.4	4.0004	3.7556	4.0004	3.7556
4.5	3.9631	3.7786	3.9631	3.7786
4.6	3.9346	3.7938	3.9346	3.7938
4.7	3.9292	3.7993	3.9292	3.7993
4.8	3.9485	3.7927	3.9485	3.7927
4.9	3.9717	3.7728	3.9717	3.7728
5.0	3.9602	3.7400	3.9602	3.7400
5.2	3.7791	3.6455	3.7791	3.6455
5.4	3.5553	3.5314	3.5553	3.5315
5.6	3.4684	3.4099	3.4684	3.4099
5.8	3.4249	3.2708	3.4249	3.2708
6.0	3.1502	3.0938	3.1502	3.0938
6.2	2.8189	2.8752	2.8189	2.8752
6.4	2.6629	2.6609	2.6629	2.6609
6.6	2.6207	2.4862	2.6207	2.4862
6.8	2.3361	2.3182	2.3361	2.3182
7.0	1.9982	2.0961	1.9982	2.0961
7.2	1.8407	1.8548	1.8407	1.8548
7.4	1.8457	1.6909	1.8457	1.6909
7.6	1.6113	1.6000	1.6113	1.6000
7.8	1.3544	1.4638	1.3544	1.4638
8.0	1.2801	1.2810	1.2801	1.2810
8.2	1.3756	1.1743	1.3756	1.1743
8.4	1.2103	1.1883	1.2103	1.1883
8.6	1.0748	1.1787	1.0748	1.1787
8.8	1.1299	1.1034	1.1299	1.1034
9.0	1.3500	1.0937	1.3500	1.0937
9.2	1.2492	1.2153	1.2492	1.2153
9.4	1.2157	1.3115	1.2157	1.3115
9.6	1.3885	1.3350	1.3885	1.3350
9.8	1.7275	1.4229	1.7275	1.4229
10.0	1.6720	1.6369	1.6720	1.6369
10.2	1.7017	1.7956	1.7017	1.7956
10.4	1.9209	1.8504	1.9209	1.8504
10.6	2.3243	1.9897	2.3243	1.9897
10.8	2.2787	2.2571	2.2787	2.2571
11.0	2.3167	2.4211	2.3167	2.4211
11.2	2.5167	2.4422	2.5167	2.4422
11.4	2.8969	2.5548	2.8969	2.5548
11.6	2.8088	2.8139	2.8088	2.8139
11.8	2.8237	2.9461	2.8237	2.9461
12.0	2.9549	2.8864	2.9549	2.8864
12.2	3.2412	2.9141	3.2412	2.9141
12.4	3.0609	3.0988	3.0609	3.0988
12.6	3.0217	3.1629	3.0217	3.1629
12.8	3.0771	3.0188	3.0771	3.0188
13.0	3.2421	2.9486	3.2421	2.9486
13.2	2.9602	3.0294	2.9602	3.0294
13.4	2.8509	3.0027	2.8509	3.0027
13.6	2.8434	2.7927	2.8434	2.7927
13.8	2.9075	2.6612	2.9075	2.6612
14.0	2.5690	2.6606	2.5690	2.6606
14.2	2.4021	2.5502	2.4021	2.5502
14.4	2.3590	2.3083	2.3590	2.3083
14.6	2.3588	2.1654	2.3588	2.1654
14.8	2.0450	2.1474	2.0450	2.1474
15.0	1.8697	1.9980	1.8697	1.9980

Table T2.26

N = 1.400 K = 0.050

X	QEE	QEH	QSE	QSH
0.1	0.0237	0.0104	0.0012	0.0003
0.2	0.0566	0.0228	0.0097	0.0021
0.3	0.1067	0.0388	0.0333	0.0071
0.4	0.1793	0.0599	0.0785	0.0165
0.5	0.2742	0.0868	0.1475	0.0312
0.6	0.3840	0.1198	0.2354	0.0517
0.7	0.4959	0.1590	0.3306	0.0776
0.8	0.5978	0.2039	0.4205	0.1086
0.9	0.6842	0.2547	0.4970	0.1445
1.0	0.7581	0.3126	0.5599	0.1858
1.1	0.8289	0.3797	0.6161	0.2343
1.2	0.9091	0.4594	0.6766	0.2932
1.3	1.0090	0.5546	0.7526	0.3659
1.4	1.1326	0.6658	0.8506	0.4544
1.5	1.2740	0.7898	0.9686	0.5571
1.6	1.4195	0.9196	1.0961	0.6686
1.7	1.5542	1.0477	1.2188	0.7819
1.8	1.6700	1.1695	1.3269	0.8916
1.9	1.7686	1.2847	1.4184	0.9956
2.0	1.8593	1.3961	1.4993	1.0952
2.1	1.9543	1.5077	1.5797	1.1930
2.2	2.0626	1.6228	1.6690	1.2921
2.3	2.1853	1.7430	1.7710	1.3942
2.4	2.3154	1.8676	1.8818	1.4998
2.5	2.4393	1.9921	1.9903	1.6057
2.6	2.5482	2.1137	2.0881	1.7105
2.7	2.6388	2.2279	2.1701	1.8106
2.8	2.7158	2.3331	2.2384	1.9042
2.9	2.7878	2.4300	2.2997	1.9910
3.0	2.8632	2.5207	2.3618	2.0720
3.1	2.9458	2.6074	2.4296	2.1483
3.2	3.0315	2.6913	2.5013	2.2205
3.3	3.1110	2.7726	2.5698	2.2886
3.4	3.1758	2.8500	2.6267	2.3517
3.5	3.2239	2.9220	2.6677	2.4090
3.6	3.2597	2.9870	2.6945	2.4594
3.7	3.2904	3.0440	2.7128	2.5028
3.8	3.3225	3.0926	2.7294	2.5392
3.9	3.3582	3.1331	2.7488	2.5691
4.0	3.3936	3.1663	2.7706	2.5933
4.1	3.4202	3.1932	2.7892	2.6119
4.2	3.4309	3.2142	2.7973	2.6249
4.3	3.4251	3.2298	2.7912	2.6317
4.4	3.4087	3.2399	2.7725	2.6320
4.5	3.3900	3.2445	2.7460	2.6257
4.6	3.3757	3.2438	2.7176	2.6128
4.7	3.3676	3.2375	2.6912	2.5940
4.8	3.3606	3.2254	2.6666	2.5697
4.9	3.3452	3.2071	2.6391	2.5406
5.0	3.3134	3.1826	2.6030	2.5073
5.2	3.2064	3.1163	2.4997	2.4282
5.4	3.0975	3.0351	2.3818	2.3347
5.6	3.0241	2.9494	2.2787	2.2310
5.8	2.9319	2.8552	2.1670	2.1152
6.0	2.7878	2.7454	2.0229	1.9881
6.2	2.6470	2.6230	1.8755	1.8548
6.4	2.5518	2.5072	1.7576	1.7286
6.6	2.4574	2.4054	1.6493	1.6120
6.8	2.3235	2.3013	1.5180	1.4926
7.0	2.1982	2.1874	1.3855	1.3663
7.2	2.1215	2.0840	1.2846	1.2511
7.4	2.0564	2.0083	1.2067	1.1628
7.6	1.9651	1.9444	1.1231	1.0890
7.8	1.8867	1.8733	1.0437	1.0113
8.0	1.8555	1.8125	0.9902	0.9403
8.2	1.8372	1.7827	0.9559	0.8950
8.4	1.7991	1.7714	0.9237	0.8721
8.6	1.7765	1.7544	0.9037	0.8529
8.8	1.7952	1.7435	0.9069	0.8386
9.0	1.8234	1.7612	0.9219	0.8435
9.2	1.8320	1.7966	0.9339	0.8651
9.4	1.8529	1.8232	0.9552	0.8879
9.6	1.9074	1.8504	0.9967	0.9142
9.8	1.9660	1.9003	1.0462	0.9556
10.0	2.0020	1.9632	1.0876	1.0071
10.2	2.0472	2.0147	1.1330	1.0551
10.4	2.1104	2.0539	1.1834	1.0937
10.6	2.1748	2.1118	1.2388	1.1431
10.8	2.2151	2.1780	1.2848	1.1991
11.0	2.2541	2.2244	1.3265	1.2451
11.2	2.3077	2.2575	1.3704	1.2802
11.4	2.3559	2.3009	1.4102	1.3158
11.6	2.3806	2.3495	1.4381	1.3528
11.8	2.4004	2.3766	1.4596	1.3791
12.0	2.4277	2.3868	1.4801	1.3937
12.2	2.4473	2.4028	1.4947	1.4052
12.4	2.4594	2.4229	1.4969	1.4148
12.6	2.4466	2.4238	1.4912	1.4137
12.8	2.4408	2.4082	1.4832	1.4016
13.0	2.4395	2.3965	1.4709	1.3871
13.2	2.4308	2.3891	1.4501	1.3717
13.4	2.4063	2.3683	1.4245	1.3497
13.6	2.3801	2.3338	1.3961	1.3184
13.8	2.3575	2.3040	1.3653	1.2856
14.0	2.3303	2.2800	1.3305	1.2544
14.2	2.2931	2.2474	1.2949	1.2212
14.4	2.2566	2.2071	1.2608	1.1848
14.6	2.2263	2.1731	1.2268	1.1490
14.8	2.1947	2.1466	1.1919	1.1159
15.0	2.1257	2.1163	1.1589	1.0842

Table T2.27

N = 1.400 K = 0.100

x	QEE	QEH	QSE	QSH
0.1	0.0461	0.0205	0.0012	0.0003
0.2	0.1030	0.0434	0.0100	0.0022
0.3	0.1777	0.0705	0.0340	0.0074
0.4	0.2727	0.1031	0.0789	0.0171
0.5	0.3841	0.1419	0.1452	0.0323
0.6	0.5018	0.1872	0.2267	0.0531
0.7	0.6141	0.2386	0.3124	0.0793
0.8	0.7130	0.2960	0.3918	0.1104
0.9	0.7980	0.3597	0.4594	0.1460
1.0	0.8753	0.4307	0.5164	0.1865
1.1	0.9545	0.5111	0.5689	0.2335
1.2	1.0451	0.6027	0.6259	0.2893
1.3	1.1521	0.7066	0.6949	0.3561
1.4	1.2738	0.8208	0.7791	0.4345
1.5	1.4019	0.9410	0.8752	0.5224
1.6	1.5254	1.0616	0.9752	0.6158
1.7	1.6362	1.1781	1.0703	0.7100
1.8	1.7329	1.2888	1.1551	0.8016
1.9	1.8199	1.3947	1.2296	0.8894
2.0	1.9049	1.4979	1.2980	0.9736
2.1	1.9944	1.6005	1.3658	1.0553
2.2	2.0910	1.7038	1.4375	1.1356
2.3	2.1918	1.8077	1.5134	1.2149
2.4	2.2905	1.9111	1.5908	1.2937
2.5	2.3795	2.0105	1.6631	1.3699
2.6	2.4570	2.1054	1.7277	1.4441
2.7	2.5238	2.1937	1.7832	1.5147
2.8	2.5843	2.2754	1.8314	1.5812
2.9	2.6432	2.3512	1.8761	1.6433
3.0	2.7030	2.4218	1.9203	1.7008
3.1	2.7628	2.4881	1.9649	1.7535
3.2	2.8186	2.5501	2.0077	1.8012
3.3	2.8663	2.6076	2.0454	1.8436
3.4	2.9037	2.6602	2.0748	1.8804
3.5	2.9324	2.7075	2.0950	1.9119
3.6	2.9556	2.7491	2.1075	1.9383
3.7	2.9767	2.7851	2.1155	1.9602
3.8	2.9974	2.8156	2.1217	1.9780
3.9	3.0166	2.8406	2.1277	1.9919
4.0	3.0313	2.8604	2.1326	2.0019
4.1	3.0384	2.8750	2.1342	2.0077
4.2	3.0367	2.8848	2.1300	2.0088
4.3	3.0280	2.8901	2.1191	2.0052
4.4	3.0156	2.8914	2.1020	1.9968
4.5	3.0026	2.8892	2.0807	1.9841
4.6	2.9906	2.8836	2.0571	1.9676
4.7	2.9785	2.8748	2.0328	1.9482
4.8	2.9635	2.8626	2.0076	1.9260
4.9	2.9427	2.8467	1.9807	1.9015
5.0	2.9152	2.8271	1.9510	1.8748
5.2	2.8474	2.7781	1.8820	1.8143
5.4	2.7822	2.7222	1.8070	1.7466
5.6	2.7241	2.6650	1.7332	1.6750
5.8	2.6537	2.6024	1.6551	1.5983
6.0	2.5730	2.5335	1.5728	1.5189
6.2	2.4993	2.4629	1.4928	1.4400
6.4	2.4373	2.3982	1.4210	1.3664
6.6	2.3737	2.3386	1.3535	1.2976
6.8	2.3061	2.2783	1.2860	1.2299
7.0	2.2482	2.2198	1.2233	1.1649
7.2	2.2037	2.1707	1.1707	1.1083
7.4	2.1626	2.1318	1.1274	1.0625
7.6	2.1221	2.0962	1.0891	1.0230
7.8	2.0908	2.0629	1.0562	0.9867
8.0	2.0726	2.0396	1.0320	0.9580
8.2	2.0583	2.0266	1.0153	0.9387
8.4	2.0454	2.0178	1.0045	0.9267
8.6	2.0401	2.0107	0.9995	0.9189
8.8	2.0443	2.0103	1.0007	0.9162
9.0	2.0514	2.0188	1.0065	0.9202
9.2	2.0587	2.0300	1.0154	0.9286
9.4	2.0704	2.0407	1.0276	0.9390
9.6	2.0878	2.0546	1.0433	0.9522
9.8	2.1058	2.0740	1.0612	0.9689
10.0	2.1218	2.0940	1.0792	0.9873
10.2	2.1425	2.1145	1.1004	1.0077
10.4	2.1597	2.1294	1.1169	1.0229
10.6	2.1778	2.1490	1.1351	1.0407
10.8	2.1929	2.1679	1.1521	1.0585
11.0	2.2068	2.1824	1.1674	1.0741
11.2	2.2204	2.1947	1.1811	1.0872
11.4	2.2318	2.2074	1.1927	1.0989
11.6	2.2396	2.2184	1.2020	1.1091
11.8	2.2452	2.2251	1.2091	1.1168
12.0	2.2497	2.2287	1.2141	1.1218
12.2	2.2517	2.2318	1.2169	1.1249
12.4	2.2508	2.2335	1.2174	1.1262
12.6	2.2480	2.2317	1.2158	1.1253
12.8	2.2441	2.2274	1.2126	1.1223
13.0	2.2386	2.2225	1.2080	1.1180
13.2	2.2311	2.2169	1.2019	1.1125
13.4	2.2233	2.2100	1.1953	1.1065
13.6	2.2143	2.2007	1.1872	1.0985
13.8	2.2050	2.1917	1.1787	1.0902
14.0	2.1950	2.1830	1.1700	1.0819
14.2	2.1850	2.1736	1.1612	1.0734
14.4	2.1755	2.1639	1.1526	1.0650
14.6	2.1663	2.1548	1.1444	1.0569
14.8	2.1575	2.1467	1.1366	1.0493
15.0	2.1494	2.1390	1.1296	1.0424

Table T2.28   271

N = 1.400   K = 0.200

X	QEE	QEH	QSE	QSH	X	QEE	QEH	QSE	QSH
0.1	0.0908	0.0405	0.0014	0.0003	5.2	2.4635	2.4306	1.3774	1.2989
0.2	0.1937	0.0842	0.0116	0.0026	5.4	2.4334	2.4048	1.3465	1.2689
0.3	0.3126	0.1331	0.0384	0.0086	5.6	2.4041	2.3793	1.3170	1.2398
0.4	0.4439	0.1884	0.0860	0.0198	5.8	2.3729	2.3517	1.2874	1.2098
0.5	0.5781	0.2506	0.1520	0.0371	6.0	2.3436	2.3248	1.2597	1.1812
0.6	0.7040	0.3193	0.2284	0.0604	6.2	2.3169	2.2999	1.2340	1.1546
0.7	0.8148	0.3940	0.3048	0.0892	6.4	2.2925	2.2774	1.2109	1.1307
0.8	0.9107	0.4744	0.3737	0.1228	6.6	2.2696	2.2562	1.1903	1.1091
0.9	0.9973	0.5608	0.4326	0.1604	6.8	2.2489	2.2364	1.1720	1.0894
1.0	1.0828	0.6536	0.4841	0.2023	7.0	2.2314	2.2195	1.1562	1.0722
1.1	1.1741	0.7534	0.5334	0.2493	7.2	2.2164	2.2055	1.1431	1.0580
1.2	1.2741	0.8599	0.5864	0.3027	7.4	2.2034	2.1936	1.1326	1.0466
1.3	1.3810	0.9711	0.6467	0.3633	7.6	2.1926	2.1832	1.1244	1.0372
1.4	1.4888	1.0837	0.7143	0.4304	7.8	2.1838	2.1746	1.1178	1.0295
1.5	1.5908	1.1942	0.7858	0.5021	8.0	2.1775	2.1690	1.1136	1.0244
1.6	1.6828	1.2999	0.8565	0.5758	8.2	2.1723	2.1646	1.1108	1.0209
1.7	1.7644	1.3999	0.9225	0.6489	8.4	2.1683	2.1610	1.1094	1.0188
1.8	1.8385	1.4946	0.9823	0.7197	8.6	2.1658	2.1587	1.1092	1.0179
1.9	1.9093	1.5847	1.0367	0.7873	8.8	2.1644	2.1578	1.1099	1.0181
2.0	1.9796	1.6712	1.0875	0.8511	9.0	2.1636	2.1578	1.1115	1.0193
2.1	2.0500	1.7543	1.1367	0.9110	9.2	2.1634	2.1580	1.1136	1.0211
2.2	2.1188	1.8339	1.1849	0.9671	9.4	2.1637	2.1586	1.1161	1.0234
2.3	2.1831	1.9095	1.2316	1.0197	9.6	2.1643	2.1598	1.1188	1.0259
2.4	2.2411	1.9810	1.2757	1.0694	9.8	2.1650	2.1612	1.1217	1.0287
2.5	2.2909	2.0466	1.3144	1.1153	10.0	2.1656	2.1622	1.1244	1.0314
2.6	2.3350	2.1077	1.3490	1.1589	10.2	2.1664	2.1636	1.1300	1.0367
2.7	2.3749	2.1638	1.3793	1.1998	10.4	2.1677	2.1651	1.1304	1.0374
2.8	2.4120	2.2150	1.4063	1.2377	10.6	2.1679	2.1660	1.1327	1.0397
2.9	2.4470	2.2615	1.4311	1.2724	10.8	2.1680	2.1666	1.1347	1.0419
3.0	2.4791	2.3033	1.4540	1.3033	11.0	2.1679	2.1668	1.1364	1.0438
3.1	2.5071	2.3407	1.4746	1.3301	11.2	2.1675	2.1668	1.1378	1.0453
3.2	2.5302	2.3736	1.4921	1.3527	11.4	2.1668	2.1666	1.1389	1.0466
3.3	2.5481	2.4025	1.5058	1.3712	11.6	2.1659	2.1661	1.1398	1.0476
3.4	2.5619	2.4275	1.5153	1.3860	11.8	2.1648	2.1653	1.1403	1.0483
3.5	2.5727	2.4491	1.5211	1.3977	12.0	2.1634	2.1643	1.1406	1.0488
3.6	2.5815	2.4674	1.5240	1.4067	12.2	2.1619	2.1631	1.1407	1.0490
3.7	2.5885	2.4824	1.5250	1.4135	12.4	2.1602	2.1617	1.1405	1.0491
3.8	2.5935	2.4942	1.5247	1.4181	12.6	2.1584	2.1602	1.1402	1.0490
3.9	2.5958	2.5028	1.5231	1.4206	12.8	2.1565	2.1586	1.1398	1.0488
4.0	2.5948	2.5082	1.5201	1.4208	13.0	2.1545	2.1568	1.1393	1.0484
4.1	2.5908	2.5108	1.5152	1.4187	13.2	2.1524	2.1550	1.1386	1.0479
4.2	2.5843	2.5109	1.5082	1.4142	13.4	2.1510	2.1538	1.1385	1.0480
4.3	2.5763	2.5091	1.4992	1.4078	13.6	2.1488	2.1517	1.1376	1.0473
4.4	2.5675	2.5057	1.4885	1.3996	13.8	2.1465	2.1499	1.1369	1.0468
4.5	2.5582	2.5010	1.4765	1.3901	14.0	2.1449	2.1482	1.1363	1.0463
4.6	2.5480	2.4948	1.4637	1.3794	14.2	2.1430	2.1465	1.1357	1.0458
4.7	2.5367	2.4873	1.4505	1.3679	14.4	2.1412	2.1449	1.1351	1.0454
4.8	2.5239	2.4781	1.4367	1.3555	14.6	2.1395	2.1433	1.1345	1.0450
4.9	2.5097	2.4676	1.4226	1.3423	14.8	2.1379	2.1418	1.1341	1.0447
5.0	2.4946	2.4559	1.4080	1.3284	15.0	2.1363	2.1404	1.1336	1.0444

Table T2.29

N = 1.400 K = 0.300

x	QEE	QEH	QSE	QSH	x	QEE	QEH	QSE	QSH
0.1	0.1350	0.0599	0.0018	0.0004	5.2	2.2953	2.2981	1.2184	1.1286
0.2	0.2814	0.1239	0.0143	0.0032	5.4	2.2804	2.2858	1.2065	1.1165
0.3	0.4381	0.1942	0.0461	0.0107	5.6	2.2667	2.2740	1.1961	1.1058
0.4	0.5958	0.2716	0.0998	0.0244	5.8	2.2526	2.2614	1.1857	1.0947
0.5	0.7427	0.3562	0.1704	0.0453	6.0	2.2403	2.2504	1.1767	1.0849
0.6	0.8707	0.4471	0.2478	0.0731	6.2	2.2291	2.2405	1.1687	1.0763
0.7	0.9796	0.5433	0.3223	0.1068	6.4	2.2190	2.2314	1.1619	1.0689
0.8	1.0752	0.6440	0.3882	0.1453	6.6	2.2100	2.2230	1.1561	1.0625
0.9	1.1654	0.7488	0.4448	0.1874	6.8	2.2020	2.2155	1.1513	1.0570
1.0	1.2572	0.8574	0.4954	0.2332	7.0	2.1951	2.2094	1.1475	1.0526
1.1	1.3534	0.9689	0.5446	0.2829	7.2	2.1891	2.2039	1.1444	1.0491
1.2	1.4526	1.0815	0.5964	0.3371	7.4	2.1839	2.1992	1.1423	1.0465
1.3	1.5501	1.1924	0.6523	0.3957	7.6	2.1796	2.1951	1.1407	1.0445
1.4	1.6410	1.2991	0.7113	0.4578	7.8	2.1755	2.1915	1.1395	1.0429
1.5	1.7224	1.3998	0.7705	0.5218	8.0	2.1725	2.1888	1.1391	1.0422
1.6	1.7943	1.4940	0.8270	0.5858	8.2	2.1696	2.1862	1.1388	1.0417
1.7	1.8588	1.5817	0.8791	0.6483	8.4	2.1670	2.1838	1.1387	1.0414
1.8	1.9186	1.6635	0.9264	0.7079	8.6	2.1647	2.1818	1.1389	1.0414
1.9	1.9757	1.7397	0.9695	0.7637	8.8	2.1627	2.1800	1.1392	1.0417
2.0	2.0304	1.8104	1.0095	0.8150	9.0	2.1609	2.1785	1.1397	1.0421
2.1	2.0818	1.8759	1.0470	0.8618	9.2	2.1592	2.1769	1.1402	1.0426
2.2	2.1284	1.9360	1.0820	0.9042	9.4	2.1576	2.1755	1.1408	1.0431
2.3	2.1694	1.9912	1.1142	0.9425	9.6	2.1561	2.1742	1.1414	1.0437
2.4	2.2053	2.0419	1.1435	0.9779	9.8	2.1546	2.1730	1.1419	1.0443
2.5	2.2355	2.0870	1.1683	1.0094	10.0	2.1530	2.1715	1.1423	1.0447
2.6	2.2627	2.1283	1.1905	1.0389	10.2	2.1546	2.1733	1.1456	1.0480
2.7	2.2871	2.1653	1.2099	1.0660	10.4	2.1511	2.1697	1.1440	1.0465
2.8	2.3090	2.1981	1.2270	1.0904	10.6	2.1495	2.1684	1.1443	1.0469
2.9	2.3280	2.2268	1.2421	1.1119	10.8	2.1481	2.1670	1.1446	1.0472
3.0	2.3440	2.2515	1.2553	1.1303	11.0	2.1467	2.1657	1.1448	1.0476
3.1	2.3566	2.2725	1.2664	1.1456	11.2	2.1453	2.1643	1.1450	1.0479
3.2	2.3661	2.2904	1.2752	1.1579	11.4	2.1439	2.1630	1.1452	1.0482
3.3	2.3731	2.3055	1.2817	1.1677	11.6	2.1425	2.1616	1.1453	1.0484
3.4	2.3781	2.3182	1.2860	1.1752	11.8	2.1411	2.1603	1.1454	1.0486
3.5	2.3816	2.3287	1.2885	1.1810	12.0	2.1397	2.1589	1.1455	1.0487
3.6	2.3838	2.3371	1.2896	1.1852	12.2	2.1384	2.1576	1.1455	1.0489
3.7	2.3845	2.3433	1.2897	1.1881	12.4	2.1370	2.1562	1.1455	1.0490
3.8	2.3838	2.3475	1.2889	1.1897	12.6	2.1357	2.1549	1.1455	1.0491
3.9	2.3815	2.3497	1.2872	1.1900	12.8	2.1344	2.1536	1.1455	1.0492
4.0	2.3778	2.3503	1.2847	1.1889	13.0	2.1331	2.1523	1.1455	1.0493
4.1	2.3731	2.3496	1.2814	1.1867	13.2	2.1318	2.1509	1.1453	1.0493
4.2	2.3677	2.3479	1.2772	1.1836	13.4	2.1312	2.1503	1.1459	1.0499
4.3	2.3618	2.3454	1.2724	1.1796	13.6	2.1297	2.1489	1.1456	1.0498
4.4	2.3556	2.3423	1.2671	1.1752	13.8	2.1286	2.1477	1.1456	1.0499
4.5	2.3490	2.3386	1.2614	1.1703	14.0	2.1274	2.1465	1.1455	1.0499
4.6	2.3420	2.3341	1.2554	1.1650	14.2	2.1263	2.1454	1.1455	1.0500
4.7	2.3346	2.3290	1.2494	1.1595	14.4	2.1242	2.1432	1.1454	1.0501
4.8	2.3268	2.3232	1.2432	1.1536	14.6	2.1232	2.1421	1.1455	1.0502
4.9	2.3189	2.3170	1.2370	1.1474	14.8	2.1222	2.1411	1.1454	1.0503
5.0	2.3110	2.3108	1.2309	1.1412	15.0	2.1222	2.1411	1.1454	1.0503

Table T2.30

N = 1.400 K = 0.400

X	QEE	QEH	QSE	QSH	X	QEE	QEH	QSE	QSH
0.1	0.1788	0.0785	0.0023	0.0005	5.2	2.2191	2.2552	1.1739	1.0729
0.2	0.3659	0.1621	0.0181	0.0041	5.4	2.2113	2.2486	1.1702	1.0688
0.3	0.5542	0.2530	0.0568	0.0135	5.6	2.2047	2.2427	1.1675	1.0657
0.4	0.7303	0.3520	0.1191	0.0308	5.8	2.1977	2.2362	1.1644	1.0620
0.5	0.8832	0.4581	0.1969	0.0567	6.0	2.1918	2.2309	1.1622	1.0593
0.6	1.0105	0.5699	0.2786	0.0906	6.2	2.1864	2.2260	1.1603	1.0570
0.7	1.1178	0.6856	0.3548	0.1311	6.4	2.1816	2.2213	1.1589	1.0552
0.8	1.2143	0.8037	0.4213	0.1762	6.6	2.1772	2.2171	1.1579	1.0537
0.9	1.3079	0.9229	0.4787	0.2246	6.8	2.1733	2.2133	1.1571	1.0526
1.0	1.4026	1.0421	0.5306	0.2756	7.0	2.1699	2.2100	1.1567	1.0519
1.1	1.4982	1.1593	0.5811	0.3291	7.2	2.1667	2.2068	1.1565	1.0514
1.2	1.5908	1.2725	0.6328	0.3853	7.4	2.1639	2.2040	1.1565	1.0512
1.3	1.6764	1.3795	0.6864	0.4437	7.6	2.1614	2.2014	1.1568	1.0511
1.4	1.7523	1.4792	0.7402	0.5033	7.8	2.1588	2.1988	1.1574	1.0512
1.5	1.8185	1.5712	0.7923	0.5630	8.0	2.1569	2.1968	1.1577	1.0516
1.6	1.8767	1.6557	0.8408	0.6214	8.2	2.1548	2.1946	1.1580	1.0518
1.7	1.9292	1.7330	0.8848	0.6773	8.4	2.1528	2.1924	1.1584	1.0520
1.8	1.9778	1.8033	0.9245	0.7295	8.6	2.1509	2.1904	1.1584	1.0523
1.9	2.0229	1.8670	0.9605	0.7773	8.8	2.1491	2.1885	1.1587	1.0527
2.0	2.0641	1.9242	0.9933	0.8203	9.0	2.1474	2.1866	1.1591	1.0530
2.1	2.1007	1.9753	1.0232	0.8583	9.2	2.1458	2.1848	1.1595	1.0534
2.2	2.1323	2.0210	1.0502	0.8919	9.4	2.1442	2.1831	1.1599	1.0538
2.3	2.1593	2.0619	1.0744	0.9217	9.6	2.1427	2.1814	1.1602	1.0541
2.4	2.1827	2.0989	1.0960	0.9488	9.8	2.1412	2.1797	1.1605	1.0545
2.5	2.2018	2.1309	1.1138	0.9723	10.0	2.1396	2.1778	1.1607	1.0547
2.6	2.2190	2.1597	1.1298	0.9940	10.2	2.1411	2.1793	1.1638	1.0578
2.7	2.2339	2.1846	1.1436	1.0135	10.4	2.1376	2.1755	1.1620	1.0560
2.8	2.2464	2.2060	1.1556	1.0306	10.6	2.1361	2.1738	1.1621	1.0562
2.9	2.2566	2.2238	1.1660	1.0452	10.8	2.1348	2.1723	1.1623	1.0565
3.0	2.2644	2.2386	1.1748	1.0574	11.0	2.1335	2.1707	1.1625	1.0567
3.1	2.2701	2.2508	1.1820	1.0672	11.2	2.1323	2.1693	1.1627	1.0570
3.2	2.2740	2.2609	1.1877	1.0751	11.4	2.1310	2.1678	1.1629	1.0572
3.3	2.2765	2.2693	1.1919	1.0813	11.6	2.1298	2.1664	1.1630	1.0574
3.4	2.2780	2.2762	1.1950	1.0862	11.8	2.1286	2.1650	1.1632	1.0576
3.5	2.2786	2.2816	1.1970	1.0901	12.0	2.1275	2.1636	1.1633	1.0578
3.6	2.2783	2.2854	1.1982	1.0930	12.2	2.1264	2.1622	1.1634	1.0580
3.7	2.2771	2.2879	1.1988	1.0951	12.4	2.1253	2.1609	1.1635	1.0582
3.8	2.2751	2.2890	1.1989	1.0962	12.6	2.1242	2.1596	1.1636	1.0584
3.9	2.2724	2.2891	1.1985	1.0966	12.8	2.1231	2.1583	1.1637	1.0586
4.0	2.2691	2.2884	1.1976	1.0962	13.0	2.1221	2.1571	1.1638	1.0587
4.1	2.2655	2.2872	1.1964	1.0953	13.2	2.1210	2.1557	1.1638	1.0588
4.2	2.2617	2.2856	1.1948	1.0940	13.4	2.1206	2.1551	1.1644	1.0595
4.3	2.2577	2.2837	1.1930	1.0924	13.6	2.1194	2.1537	1.1643	1.0594
4.4	2.2536	2.2814	1.1909	1.0907	13.8	2.1185	2.1525	1.1643	1.0595
4.5	2.2494	2.2788	1.1889	1.0888	14.0	2.1176	2.1514	1.1644	1.0597
4.6	2.2450	2.2757	1.1867	1.0867	14.2	2.1167	2.1503	1.1644	1.0598
4.7	2.2406	2.2724	1.1845	1.0845	14.4	2.1158	2.1492	1.1645	1.0600
4.8	2.2361	2.2689	1.1823	1.0822	14.6	2.1149	2.1481	1.1645	1.0601
4.9	2.2317	2.2653	1.1801	1.0798	14.8	2.1141	2.1471	1.1645	1.0602
5.0	2.2275	2.2620	1.1781	1.0775	15.0	2.1133	2.1460	1.1646	1.0603

Table T2.31

N = 1.400 K = 0.500

X	QEE	QEH	QSE	QSH
0.1	0.2221	0.0960	0.0030	0.0007
0.2	0.4470	0.1981	0.0230	0.0052
0.3	0.6613	0.3089	0.0701	0.0171
0.4	0.8493	0.4285	0.1427	0.0388
0.5	1.0040	0.5554	0.2294	0.0710
0.6	1.1294	0.6868	0.3170	0.1125
0.7	1.2358	0.8200	0.3966	0.1612
0.8	1.3335	0.9527	0.4654	0.2142
0.9	1.4290	1.0826	0.5249	0.2697
1.0	1.5236	1.2080	0.5789	0.3264
1.1	1.6147	1.3268	0.6311	0.3840
1.2	1.6987	1.4375	0.6831	0.4423
1.3	1.7726	1.5392	0.7350	0.5007
1.4	1.8363	1.6320	0.7854	0.5587
1.5	1.8911	1.7161	0.8326	0.6154
1.6	1.9392	1.7920	0.8757	0.6696
1.7	1.9824	1.8600	0.9143	0.7205
1.8	2.0216	1.9203	0.9488	0.7671
1.9	2.0567	1.9731	0.9796	0.8088
2.0	2.0874	2.0191	1.0073	0.8454
2.1	2.1136	2.0592	1.0320	0.8771
2.2	2.1355	2.0944	1.0540	0.9046
2.3	2.1538	2.1253	1.0732	0.9287
2.4	2.1697	2.1531	1.0904	0.9504
2.5	2.1821	2.1763	1.1042	0.9689
2.6	2.1931	2.1967	1.1167	0.9859
2.7	2.2022	2.2138	1.1274	1.0008
2.8	2.2095	2.2278	1.1367	1.0136
2.9	2.2149	2.2390	1.1447	1.0243
3.0	2.2188	2.2481	1.1514	1.0331
3.1	2.2214	2.2555	1.1570	1.0402
3.2	2.2229	2.2615	1.1616	1.0460
3.3	2.2237	2.2665	1.1652	1.0508
3.4	2.2239	2.2703	1.1681	1.0548
3.5	2.2234	2.2731	1.1704	1.0581
3.6	2.2224	2.2747	1.1721	1.0607
3.7	2.2210	2.2754	1.1735	1.0627
3.8	2.2191	2.2753	1.1745	1.0640
3.9	2.2169	2.2746	1.1752	1.0649
4.0	2.2146	2.2737	1.1757	1.0654
4.1	2.2121	2.2727	1.1760	1.0656
4.2	2.2095	2.2714	1.1761	1.0657
4.3	2.2069	2.2699	1.1761	1.0656
4.4	2.2043	2.2681	1.1759	1.0655
4.5	2.2016	2.2661	1.1758	1.0653
4.6	2.1989	2.2638	1.1756	1.0649
4.7	2.1963	2.2616	1.1754	1.0645
4.8	2.1936	2.2592	1.1752	1.0640
4.9	2.1911	2.2570	1.1749	1.0635
5.0	2.1887	2.2549	1.1748	1.0631
5.2	2.1839	2.2506	1.1743	1.0622
5.4	2.1794	2.2462	1.1741	1.0615
5.6	2.1760	2.2426	1.1746	1.0615
5.8	2.1719	2.2384	1.1743	1.0608
6.0	2.1686	2.2349	1.1747	1.0607
6.2	2.1655	2.2315	1.1750	1.0607
6.4	2.1626	2.2283	1.1755	1.0609
6.6	2.1600	2.2252	1.1760	1.0611
6.8	2.1576	2.2224	1.1765	1.0614
7.0	2.1554	2.2198	1.1772	1.0619
7.2	2.1532	2.2171	1.1778	1.0623
7.4	2.1513	2.2147	1.1785	1.0628
7.6	2.1496	2.2124	1.1793	1.0634
7.8	2.1476	2.2100	1.1798	1.0638
8.0	2.1461	2.2080	1.1806	1.0645
8.2	2.1444	2.2058	1.1811	1.0650
8.4	2.1428	2.2036	1.1816	1.0654
8.6	2.1412	2.2014	1.1821	1.0658
8.8	2.1397	2.1994	1.1825	1.0662
9.0	2.1382	2.1974	1.1830	1.0666
9.2	2.1368	2.1954	1.1834	1.0670
9.4	2.1354	2.1935	1.1838	1.0674
9.6	2.1340	2.1917	1.1841	1.0678
9.8	2.1327	2.1898	1.1845	1.0681
10.0	2.1313	2.1879	1.1846	1.0683
10.2	2.1330	2.1892	1.1878	1.0714
10.4	2.1296	2.1853	1.1860	1.0697
10.6	2.1283	2.1835	1.1861	1.0699
10.8	2.1272	2.1818	1.1864	1.0701
11.0	2.1260	2.1802	1.1866	1.0704
11.2	2.1249	2.1786	1.1868	1.0707
11.4	2.1239	2.1771	1.1870	1.0709
11.6	2.1228	2.1755	1.1871	1.0711
11.8	2.1218	2.1741	1.1873	1.0713
12.0	2.1208	2.1726	1.1874	1.0715
12.2	2.1198	2.1712	1.1876	1.0717
12.4	2.1188	2.1698	1.1877	1.0719
12.6	2.1179	2.1684	1.1878	1.0721
12.8	2.1170	2.1671	1.1880	1.0723
13.0	2.1161	2.1657	1.1880	1.0724
13.2	2.1151	2.1643	1.1880	1.0725
13.4	2.1148	2.1637	1.1887	1.0732
13.6	2.1137	2.1622	1.1886	1.0733
13.8	2.1129	2.1609	1.1887	1.0734
14.0	2.1121	2.1597	1.1887	1.0735
14.2	2.1113	2.1585	1.1888	1.0736
14.4	2.1105	2.1574	1.1888	1.0738
14.6	2.1097	2.1562	1.1889	1.0739
14.8	2.1090	2.1551	1.1889	1.0739
15.0	2.1082	2.1540	1.1889	1.0740

Table T2.32

N = 1.400 K = 1.000

x	QEE	QEH	QSE	QSH		x	QEE	QEH	QSE	QSH
0.1	0.4294	0.1542	0.0092	0.0017		5.2	2.1613	2.3480	1.3284	1.1714
0.2	0.7998	0.3236	0.0634	0.0133		5.4	2.1594	2.3432	1.3299	1.1725
0.3	1.0787	0.5135	0.1702	0.0436		5.6	2.1583	2.3393	1.3320	1.1740
0.4	1.2753	0.7213	0.3053	0.0978		5.8	2.1561	2.3345	1.3328	1.1745
0.5	1.4192	0.9376	0.4409	0.1749		6.0	2.1545	2.3303	1.3340	1.1754
0.6	1.5365	1.1499	0.5612	0.2685		6.2	2.1528	2.3259	1.3350	1.1761
0.7	1.6411	1.3463	0.6621	0.3686		6.4	2.1511	2.3217	1.3359	1.1767
0.8	1.7366	1.5188	0.7458	0.4661		6.6	2.1496	2.3177	1.3367	1.1772
0.9	1.8210	1.6648	0.8169	0.5547		6.8	2.1480	2.3137	1.3374	1.1777
1.0	1.8921	1.7863	0.8792	0.6321		7.0	2.1465	2.3098	1.3381	1.1782
1.1	1.9496	1.8883	0.9349	0.6989		7.2	2.1449	2.3059	1.3386	1.1785
1.2	1.9953	1.9758	0.9847	0.7573		7.4	2.1435	2.3022	1.3391	1.1789
1.3	2.0319	2.0524	1.0287	0.8098		7.6	2.1422	2.2987	1.3397	1.1792
1.4	2.0617	2.1195	1.0670	0.8580		7.8	2.1406	2.2950	1.3399	1.1793
1.5	2.0865	2.1765	1.0998	0.9023		8.0	2.1395	2.2918	1.3404	1.1798
1.6	2.1069	2.2228	1.1279	0.9421		8.2	2.1381	2.2883	1.3406	1.1798
1.7	2.1236	2.2588	1.1520	0.9762		8.4	2.1368	2.2849	1.3408	1.1799
1.8	2.1369	2.2861	1.1726	1.0043		8.6	2.1354	2.2816	1.3409	1.1799
1.9	2.1473	2.3072	1.1904	1.0269		8.8	2.1341	2.2784	1.3411	1.1800
2.0	2.1554	2.3244	1.2058	1.0450		9.0	2.1328	2.2752	1.3412	1.1800
2.1	2.1617	2.3393	1.2191	1.0601		9.2	2.1315	2.2722	1.3413	1.1800
2.2	2.1666	2.3524	1.2307	1.0732		9.4	2.1303	2.2692	1.3413	1.1800
2.3	2.1705	2.3635	1.2408	1.0852		9.6	2.1292	2.2663	1.3413	1.1800
2.4	2.1741	2.3728	1.2502	1.0965		9.8	2.1280	2.2634	1.3413	1.1798
2.5	2.1755	2.3780	1.2573	1.1054		10.0	2.1267	2.2605	1.3412	1.1826
2.6	2.1770	2.3818	1.2642	1.1135		10.2	2.1285	2.2609	1.3440	1.1805
2.7	2.1781	2.3839	1.2703	1.1201		10.4	2.1253	2.2560	1.3419	1.1805
2.8	2.1786	2.3851	1.2758	1.1255		10.6	2.1242	2.2533	1.3418	1.1803
2.9	2.1789	2.3862	1.2807	1.1300		10.8	2.1231	2.2508	1.3417	1.1803
3.0	2.1789	2.3870	1.2851	1.1341		11.0	2.1221	2.2483	1.3417	1.1802
3.1	2.1787	2.3877	1.2891	1.1378		11.2	2.1211	2.2459	1.3416	1.1801
3.2	2.1783	2.3879	1.2928	1.1414		11.4	2.1202	2.2435	1.3415	1.1800
3.3	2.1779	2.3873	1.2961	1.1448		11.6	2.1192	2.2412	1.3414	1.1799
3.4	2.1773	2.3861	1.2991	1.1478		11.8	2.1183	2.2389	1.3413	1.1798
3.5	2.1766	2.3844	1.3019	1.1503		12.0	2.1174	2.2367	1.3412	1.1797
3.6	2.1758	2.3825	1.3045	1.1525		12.2	2.1165	2.2345	1.3411	1.1796
3.7	2.1751	2.3806	1.3069	1.1544		12.4	2.1156	2.2324	1.3410	1.1795
3.8	2.1742	2.3788	1.3091	1.1561		12.6	2.1147	2.2303	1.3409	1.1794
3.9	2.1733	2.3770	1.3112	1.1577		12.8	2.1139	2.2283	1.3407	1.1793
4.0	2.1725	2.3753	1.3131	1.1593		13.0	2.1131	2.2262	1.3406	1.1792
4.1	2.1716	2.3733	1.3149	1.1609		13.2	2.1121	2.2242	1.3404	1.1790
4.2	2.1707	2.3712	1.3166	1.1623		13.4	2.1119	2.2229	1.3408	1.1794
4.3	2.1698	2.3688	1.3181	1.1636		13.6	2.1109	2.2208	1.3405	1.1791
4.4	2.1688	2.3664	1.3196	1.1648		13.8	2.1101	2.2189	1.3403	1.1790
4.5	2.1679	2.3640	1.3210	1.1658		14.0	2.1094	2.2171	1.3401	1.1789
4.6	2.1670	2.3617	1.3223	1.1667		14.2	2.1086	2.2153	1.3400	1.1787
4.7	2.1661	2.3595	1.3235	1.1676		14.4	2.1079	2.2135	1.3399	1.1786
4.8	2.1651	2.3572	1.3246	1.1684		14.6	2.1072	2.2118	1.3397	1.1785
4.9	2.1642	2.3550	1.3257	1.1692		14.8	2.1065	2.2101	1.3395	1.1784
5.0	2.1633	2.3528	1.3267	1.1701		15.0	2.1058	2.2085	1.3394	1.1783

Table T2.33

N = 1.500 K = 0.0

X	QEE	QEH	QSE	QSH
0.1	0.0020	0.0004	0.0020	0.0004
0.2	0.0167	0.0030	0.0167	0.0030
0.3	0.0590	0.0099	0.0590	0.0099
0.4	0.1434	0.0233	0.1434	0.0233
0.5	0.2755	0.0445	0.2755	0.0445
0.6	0.4422	0.0741	0.4422	0.0741
0.7	0.6133	0.1122	0.6133	0.1122
0.8	0.7581	0.1586	0.7581	0.1586
0.9	0.8645	0.2136	0.8645	0.2136
1.0	0.9429	0.2799	0.9429	0.2799
1.1	1.0193	0.3637	1.0193	0.3637
1.2	1.1262	0.4745	1.1262	0.4745
1.3	1.2911	0.6217	1.2911	0.6217
1.4	1.5196	0.8063	1.5196	0.8063
1.5	1.7808	1.0128	1.7808	1.0129
1.6	2.0206	1.2155	2.0206	1.2155
1.7	2.1997	1.3955	2.1997	1.3955
1.8	2.3175	1.5523	2.3175	1.5523
1.9	2.4047	1.6985	2.4047	1.6985
2.0	2.5041	1.8498	2.5041	1.8498
2.1	2.6544	2.0179	2.6544	2.0179
2.2	2.8697	2.2076	2.8697	2.2076
2.3	3.1195	2.4131	3.1195	2.4131
2.4	3.3410	2.6183	3.3410	2.6183
2.5	3.4895	2.8020	3.4895	2.8020
2.6	3.5650	2.9525	3.5650	2.9525
2.7	3.5983	3.0726	3.5983	3.0726
2.8	3.6331	3.1763	3.6331	3.1763
2.9	3.7133	3.2780	3.7133	3.2780
3.0	3.8564	3.3858	3.8564	3.3858
3.1	4.0219	3.4983	4.0219	3.4983
3.2	4.1350	3.6072	4.1350	3.6072
3.3	4.1629	3.7008	4.1629	3.7008
3.4	4.1288	3.7691	4.1288	3.7691
3.5	4.0701	3.8072	4.0701	3.8072
3.6	4.0212	3.8168	4.0212	3.8168
3.7	4.0169	3.8064	4.0169	3.8064
3.8	4.0684	3.7880	4.0684	3.7880
3.9	4.1164	3.7703	4.1164	3.7703
4.0	4.0797	3.7539	4.0797	3.7539
4.1	3.9591	3.7321	3.9591	3.7321
4.2	3.8071	3.6957	3.8071	3.6957
4.3	3.6641	3.6370	3.6641	3.6370
4.4	3.5558	3.5532	3.5558	3.5532
4.5	3.5065	3.4468	3.5065	3.4468
4.6	3.5049	3.3276	3.5049	3.3276
4.7	3.4504	3.2098	3.4504	3.2098
4.8	3.2758	3.1029	3.2758	3.1029
4.9	3.0460	3.0045	3.0460	3.0045
5.0	2.8334	2.9024	2.8334	2.9024

X	QEE	QEH	QSE	QSH
5.2	2.5570	2.6478	2.5570	2.6478
5.4	2.5404	2.3524	2.5404	2.3524
5.6	2.1837	2.1080	2.1837	2.1080
5.8	1.7417	1.8996	1.7417	1.8996
6.0	1.5844	1.6540	1.5844	1.6540
6.2	1.7156	1.4377	1.7156	1.4377
6.4	1.3586	1.3441	1.3586	1.3441
6.6	1.0858	1.2517	1.0858	1.2517
6.8	1.1322	1.0966	1.1322	1.0966
7.0	1.4223	1.0617	1.4223	1.0617
7.2	1.1769	1.2081	1.1769	1.2081
7.4	1.1390	1.2619	1.1390	1.2619
7.6	1.3933	1.2143	1.3933	1.2143
7.8	1.6411	1.3575	1.6411	1.3575
8.0	1.7070	1.7204	1.7070	1.7204
8.2	1.7792	1.8360	1.7792	1.8360
8.4	2.1779	1.8535	2.1779	1.8535
8.6	2.3251	2.0819	2.3251	2.0819
8.8	2.3992	2.5368	2.3992	2.5368
9.0	2.5897	2.5800	2.5897	2.5800
9.2	3.0360	2.5871	3.0360	2.5871
9.4	2.8930	2.7823	2.8930	2.7823
9.6	2.9786	3.1640	2.9786	3.1640
9.8	3.1018	3.0424	3.1018	3.0424
10.0	3.3919	2.9798	3.3919	2.9798
10.2	3.0599	3.0661	3.0599	3.0661
10.4	3.0559	3.2278	3.0559	3.2278
10.6	3.0604	2.9682	3.0604	2.9682
10.8	3.0060	2.8278	3.0060	2.8278
11.0	2.7174	2.8198	2.7174	2.8198
11.2	2.6188	2.7033	2.6188	2.7033
11.4	2.5745	2.4258	2.5745	2.4258
11.6	2.2959	2.2553	2.2959	2.2553
11.8	2.0845	2.2789	2.0845	2.2789
12.0	1.9575	1.9495	1.9575	1.9495
12.2	2.0908	1.7443	2.0908	1.7443
12.4	1.6239	1.6293	1.6239	1.6293
12.6	1.5397	1.7943	1.5397	1.7943
12.8	1.4737	1.4065	1.4737	1.4065
13.0	1.4215	1.3178	1.4215	1.3178
13.2	1.3134	1.3242	1.3134	1.3242
13.4	1.4028	1.4516	1.4028	1.4516
13.6	1.4434	1.3406	1.4434	1.3406
13.8	1.4151	1.3784	1.4151	1.3784
14.0	1.5029	1.5125	1.5029	1.5125
14.2	1.6239	1.6425	1.6239	1.6425
14.4	1.7383	1.7452	1.7383	1.7452
14.6	2.0223	1.8614	2.0223	1.8614
14.8	1.8796	2.1486	1.8796	2.1486
15.0	2.3284	2.1922	2.3284	2.1922

Table T2.34

N = 1.500 K = 0.050

x	QEE	QEH	QSE	QSH	x	QEE	QEH	QSE	QSH
0.1	0.0263	0.0094	0.0020	0.0004	5.2	2.5401	2.5089	1.8121	1.7979
0.2	0.0681	0.0215	0.0167	0.0030	5.4	2.4376	2.3461	1.6621	1.6085
0.3	0.1398	0.0386	0.0582	0.0100	5.6	2.2526	2.2124	1.4858	1.4477
0.4	0.2513	0.0627	0.1385	0.0234	5.8	2.0610	2.0735	1.3083	1.2991
0.5	0.4008	0.0952	0.2593	0.0444	6.0	1.9729	1.9317	1.1902	1.1554
0.6	0.5692	0.1367	0.4060	0.0737	6.2	1.9282	1.8329	1.1137	1.0400
0.7	0.7289	0.1871	0.5519	0.1110	6.4	1.8118	1.7809	1.0136	0.9606
0.8	0.8598	0.2464	0.6745	0.1560	6.6	1.7230	1.7195	0.9284	0.8864
0.9	0.9600	0.3156	0.7669	0.2089	6.8	1.7364	1.6599	0.9050	0.8255
1.0	1.0447	0.3977	0.8394	0.2721	7.0	1.7697	1.6612	0.9205	0.8146
1.1	1.1379	0.4981	0.9126	0.3502	7.2	1.7468	1.7097	0.9235	0.8423
1.2	1.2631	0.6232	1.0101	0.4499	7.4	1.7628	1.7310	0.9398	0.8577
1.3	1.4332	0.7763	1.1481	0.5763	7.6	1.8564	1.7499	0.9930	0.8746
1.4	1.6391	0.9517	1.3245	0.7268	7.8	1.9394	1.8296	1.0644	0.9366
1.5	1.8503	1.1345	1.5152	0.8895	8.0	1.9819	1.9414	1.1322	1.0296
1.6	2.0326	1.3081	1.6880	1.0488	8.2	2.0567	2.0044	1.2073	1.0979
1.7	2.1707	1.4650	1.8233	1.1952	8.4	2.1735	2.0586	1.2911	1.1553
1.8	2.2738	1.6082	1.9235	1.3285	8.6	2.2551	2.1618	1.3679	1.2369
1.9	2.3668	1.7468	2.0070	1.4550	8.8	2.3087	2.2738	1.4375	1.3278
2.0	2.4764	1.8894	2.0978	1.5817	9.0	2.3824	2.3246	1.5063	1.3883
2.1	2.6190	2.0408	2.2138	1.7131	9.2	2.4651	2.3640	1.5671	1.4352
2.2	2.7890	2.2001	2.3559	1.8498	9.4	2.5026	2.4373	1.6089	1.4893
2.3	2.9591	2.3605	2.5041	1.9873	9.6	2.5232	2.4993	1.6383	1.5333
2.4	3.0979	2.5123	2.6308	2.1188	9.8	2.5538	2.5020	1.6573	1.5447
2.5	3.1911	2.6454	2.7187	2.2359	10.0	2.5727	2.4974	1.6613	1.5443
2.6	3.2480	2.7586	2.7719	2.3373	10.2	2.5560	2.5188	1.6534	1.5495
2.7	3.2900	2.8551	2.8063	2.4247	10.4	2.5277	2.5133	1.6313	1.5349
2.8	3.3410	2.9421	2.8428	2.5026	10.6	2.5076	2.4659	1.5993	1.4965
2.9	3.4153	3.0251	2.8968	2.5747	10.8	2.4712	2.4214	1.5523	1.4502
3.0	3.5060	3.1058	2.9670	2.6420	11.0	2.4122	2.3942	1.4989	1.4067
3.1	3.5860	3.1817	3.0333	2.7023	11.2	2.3572	2.3461	1.4475	1.3566
3.2	3.6298	3.2481	3.0717	2.7516	11.4	2.3093	2.2754	1.3920	1.2960
3.3	3.6335	3.3001	3.0730	2.7864	11.6	2.2510	2.2181	1.3288	1.2347
3.4	3.6109	3.3349	3.0446	2.8048	11.8	2.1880	2.1766	1.2670	1.1779
3.5	3.5821	3.3526	3.0024	2.8081	12.0	2.1361	2.1212	1.2142	1.1226
3.6	3.5643	3.3563	2.9641	2.7997	12.2	2.0932	2.0624	1.1670	1.0717
3.7	3.5647	3.3506	2.9306	2.7840	12.4	2.0497	2.0237	1.1231	1.0292
3.8	3.5711	3.3395	2.9123	2.7642	12.6	2.0133	1.9989	1.0868	0.9940
3.9	3.5573	3.3244	2.8684	2.7406	12.8	1.9902	1.9680	1.0604	0.9639
4.0	3.5074	3.3035	2.8035	2.7106	13.0	1.9757	1.9444	1.0423	0.9433
4.1	3.4282	3.2735	2.7063	2.6702	13.2	1.9666	1.9407	1.0334	0.9351
4.2	3.3388	3.2317	2.7063	2.6166	13.4	1.9688	1.9475	1.0357	0.9368
4.3	3.2572	3.1779	2.6109	2.5493	13.6	1.9799	1.9513	1.0448	0.9429
4.4	3.1945	3.1142	2.5226	2.4714	13.8	1.9963	1.9643	1.0588	0.9556
4.5	3.1497	3.0451	2.4480	2.3880	14.0	2.0185	1.9911	1.0793	0.9766
4.6	3.1031	2.9746	2.3809	2.3047	14.2	2.0479	2.0212	1.1076	1.0041
4.7	3.0302	2.9053	2.3054	2.2252	14.4	2.0798	2.0489	1.1393	1.0345
4.8	2.9262	2.8359	2.2130	2.1484	14.6	2.1116	2.0810	1.1707	1.0658
4.9	2.8081	2.7628	2.1085	2.0702	14.8	2.1455	2.1181	1.2022	1.0979
5.0	2.6965	2.6833	2.0018	1.9863	15.0	2.1798	2.1523	1.2342	1.1300

Table T2.35

N = 1.500 K = 0.100

X	QEE	QEH	QSE	QSH
0.1	0.0505	0.0184	0.0021	0.0004
0.2	0.1187	0.0399	0.0170	0.0031
0.3	0.2176	0.0671	0.0585	0.0103
0.4	0.3524	0.1020	0.1364	0.0239
0.5	0.5144	0.1457	0.2495	0.0452
0.6	0.6820	0.1988	0.3818	0.0746
0.7	0.8318	0.2612	0.5102	0.1119
0.8	0.9528	0.3330	0.6173	0.1564
0.9	1.0506	0.4154	0.6999	0.2083
1.0	1.1421	0.5111	0.7679	0.2694
1.1	1.2475	0.6245	0.8379	0.3435
1.2	1.3821	0.7585	0.9272	0.4349
1.3	1.5476	0.9120	1.0451	0.5459
1.4	1.7289	1.0767	1.1862	0.6730
1.5	1.9010	1.2404	1.3327	0.8070
1.6	2.0448	1.3936	1.4644	0.9382
1.7	2.1573	1.5340	1.5713	1.0609
1.8	2.2504	1.6656	1.6563	1.1751
1.9	2.3426	1.7943	1.7311	1.2835
2.0	2.4484	1.9242	1.8091	1.3889
2.1	2.5715	2.0564	1.8985	1.4928
2.2	2.7010	2.1882	1.9965	1.5945
2.3	2.8183	2.3144	2.0912	1.6919
2.4	2.9098	2.4300	2.1701	1.7825
2.5	2.9731	2.5307	2.2262	1.8629
2.6	3.0185	2.6183	2.2642	1.9344
2.7	3.0594	2.6952	2.2926	1.9975
2.8	3.1063	2.7647	2.3212	2.0535
2.9	3.1609	2.8288	2.3546	2.1026
3.0	3.2138	2.8870	2.3895	2.1441
3.1	3.2515	2.9375	2.4162	2.1766
3.2	3.2666	2.9780	2.4260	2.1984
3.3	3.2616	3.0071	2.4165	2.2091
3.4	3.2458	3.0248	2.3922	2.2097
3.5	3.2294	3.0325	2.3610	2.2021
3.6	3.2181	3.0327	2.3308	2.1889
3.7	3.2104	3.0273	2.3053	2.1718
3.8	3.1973	3.0171	2.2814	2.1513
3.9	3.1699	3.0017	2.2521	2.1262
4.0	3.1260	2.9798	2.2118	2.0947
4.1	3.0713	2.9506	2.1594	2.0552
4.2	3.0146	2.9142	2.0984	2.0077
4.3	2.9630	2.8724	2.0341	1.9538
4.4	2.9188	2.8275	1.9716	1.8963
4.5	2.8777	2.7819	1.9133	1.8382
4.6	2.8314	2.7361	1.8575	1.7814
4.7	2.7746	2.6896	1.8008	1.7261
4.8	2.7085	2.6406	1.7408	1.6707
4.9	2.6400	2.5882	1.6777	1.6137
5.0	2.5765	2.5330	1.6139	1.5541
5.2	2.4769	2.4228	1.4932	1.4309
5.4	2.3902	2.3283	1.3871	1.3164
5.6	2.2858	2.2458	1.2873	1.2175
5.8	2.1906	2.1592	1.1953	1.1255
6.0	2.1339	2.0826	1.1248	1.0443
6.2	2.0900	2.0330	1.0719	0.9819
6.4	2.0386	1.9999	1.0265	0.9358
6.6	2.0049	1.9657	0.9925	0.8973
6.8	2.0024	1.9428	0.9783	0.8718
7.0	2.0073	1.9472	0.9805	0.8674
7.2	2.0083	1.9641	0.9895	0.8765
7.4	2.0238	1.9756	1.0046	0.8875
7.6	2.0578	1.9939	1.0293	0.9041
7.8	2.0909	2.0315	1.0614	0.9338
8.0	2.1193	2.0736	1.0968	0.9709
8.2	2.1542	2.1042	1.1323	1.0044
8.4	2.1948	2.1353	1.1677	1.0360
8.6	2.2284	2.1764	1.2016	1.0705
8.8	2.2550	2.2139	1.2325	1.1042
9.0	2.2817	2.2373	1.2596	1.1313
9.2	2.3062	2.2574	1.2821	1.1531
9.4	2.3213	2.2804	1.2990	1.1721
9.6	2.3294	2.2963	1.3099	1.1857
9.8	2.3349	2.2994	1.3151	1.1918
10.0	2.3354	2.2986	1.3151	1.1926
10.2	2.3319	2.3015	1.3138	1.1932
10.4	2.3183	2.2927	1.3026	1.1842
10.6	2.3051	2.2777	1.2894	1.1718
10.8	2.2889	2.2614	1.2733	1.1565
11.0	2.2693	2.2462	1.2555	1.1401
11.2	2.2487	2.2279	1.2369	1.1225
11.4	2.2287	2.2065	1.2175	1.1036
11.6	2.2088	2.1866	1.1981	1.0846
11.8	2.1891	2.1694	1.1798	1.0668
12.0	2.1713	2.1523	1.1633	1.0506
12.2	2.1561	2.1360	1.1490	1.0363
12.4	2.1429	2.1230	1.1368	1.0243
12.6	2.1322	2.1133	1.1273	1.0148
12.8	2.1243	2.1055	1.1204	1.0078
13.0	2.1193	2.0998	1.1162	1.0036
13.2	2.1166	2.0973	1.1145	1.0019
13.4	2.1169	2.0982	1.1160	1.0034
13.6	2.1186	2.0999	1.1187	1.0061
13.8	2.1223	2.1034	1.1231	1.0106
14.0	2.1273	2.1088	1.1291	1.0167
14.2	2.1333	2.1153	1.1361	1.0239
14.4	2.1400	2.1221	1.1438	1.0318
14.6	2.1469	2.1292	1.1515	1.0398
14.8	2.1536	2.1365	1.1591	1.0477
15.0	2.1599	2.1433	1.1663	1.0552

Table T2.36

N = 1.500 K = 0.200

x	QEE	QEH	QSE	QSH	x	QEE	QEH	QSE	QSH
0.1	0.0987	0.0362	0.0023	0.0004	5.2	2.3620	2.3215	1.2714	1.1698
0.2	0.2175	0.0764	0.0186	0.0034	5.4	2.3208	2.2848	1.2315	1.1281
0.3	0.3647	0.1236	0.0622	0.0113	5.6	2.2832	2.2511	1.1982	1.0926
0.4	0.5353	0.1796	0.1395	0.0262	5.8	2.2514	2.2191	1.1695	1.0608
0.5	0.7117	0.2453	0.2445	0.0493	6.0	2.2281	2.1953	1.1478	1.0359
0.6	0.8729	0.3210	0.3600	0.0807	6.2	2.2093	2.1791	1.1319	1.0178
0.7	1.0073	0.4062	0.4673	0.1197	6.4	2.1940	2.1659	1.1208	1.0048
0.8	1.1175	0.5010	0.5563	0.1655	6.6	2.1843	2.1553	1.1142	0.9958
0.9	1.2161	0.6063	0.6276	0.2178	6.8	2.1795	2.1502	1.1119	0.9912
1.0	1.3189	0.7234	0.6899	0.2777	7.0	2.1776	2.1504	1.1133	0.9913
1.1	1.4370	0.8533	0.7550	0.3472	7.2	2.1773	2.1519	1.1170	0.9942
1.2	1.5722	0.9941	0.8321	0.4280	7.4	2.1798	2.1541	1.1226	0.9988
1.3	1.7156	1.1402	0.9235	0.5196	7.6	2.1841	2.1587	1.1296	1.0048
1.4	1.8527	1.2842	1.0230	0.6184	7.8	2.1885	2.1651	1.1372	1.0122
1.5	1.9718	1.4201	1.1206	0.7190	8.0	2.1934	2.1717	1.1455	1.0206
1.6	2.0699	1.5460	1.2076	0.8170	8.2	2.1980	2.1768	1.1532	1.0284
1.7	2.1529	1.6632	1.2813	0.9097	8.4	2.2025	2.1820	1.1604	1.0356
1.8	2.2301	1.7742	1.3440	0.9963	8.6	2.2061	2.1874	1.1668	1.0424
1.9	2.3089	1.8808	1.4009	1.0770	8.8	2.2086	2.1915	1.1723	1.0485
2.0	2.3912	1.9832	1.4563	1.1516	9.0	2.2104	2.1940	1.1768	1.0535
2.1	2.4725	2.0803	1.5115	1.2202	9.2	2.2112	2.1957	1.1802	1.0574
2.2	2.5454	2.1700	1.5642	1.2824	9.4	2.2110	2.1969	1.1825	1.0604
2.3	2.6046	2.2509	1.6104	1.3384	9.6	2.2097	2.1969	1.1838	1.0624
2.4	2.6497	2.3227	1.6479	1.3887	9.8	2.2077	2.1957	1.1842	1.0634
2.5	2.6834	2.3845	1.6750	1.4324	10.0	2.2048	2.1935	1.1836	1.0634
2.6	2.7122	2.4392	1.6955	1.4716	10.2	2.2046	2.1943	1.1855	1.0657
2.7	2.7394	2.4873	1.7117	1.5058	10.4	2.1986	2.1891	1.1818	1.0627
2.8	2.7654	2.5293	1.7257	1.5346	10.6	2.1944	2.1856	1.1797	1.0611
2.9	2.7876	2.5649	1.7375	1.5574	10.8	2.1901	2.1819	1.1775	1.0594
3.0	2.8022	2.5937	1.7455	1.5736	11.0	2.1858	2.1782	1.1751	1.0575
3.1	2.8075	2.6154	1.7475	1.5829	11.2	2.1816	2.1745	1.1728	1.0556
3.2	2.8045	2.6302	1.7425	1.5857	11.4	2.1774	2.1709	1.1705	1.0537
3.3	2.7961	2.6390	1.7310	1.5829	11.6	2.1735	2.1673	1.1684	1.0520
3.4	2.7855	2.6429	1.7150	1.5760	11.8	2.1699	2.1641	1.1665	1.0504
3.5	2.7744	2.6430	1.6968	1.5662	12.0	2.1665	2.1612	1.1648	1.0491
3.6	2.7624	2.6399	1.6780	1.5544	12.2	2.1635	2.1585	1.1634	1.0480
3.7	2.7478	2.6335	1.6589	1.5406	12.4	2.1608	2.1561	1.1623	1.0472
3.8	2.7288	2.6235	1.6387	1.5245	12.6	2.1584	2.1540	1.1614	1.0467
3.9	2.7051	2.6096	1.6164	1.5054	12.8	2.1563	2.1523	1.1608	1.0464
4.0	2.6781	2.5922	1.5913	1.4832	13.0	2.1545	2.1507	1.1604	1.0463
4.1	2.6499	2.5721	1.5636	1.4582	13.2	2.1528	2.1493	1.1601	1.0463
4.2	2.6223	2.5505	1.5343	1.4312	13.4	2.1521	2.1488	1.1607	1.0472
4.3	2.5961	2.5284	1.5046	1.4035	13.6	2.1506	2.1477	1.1606	1.0474
4.4	2.5705	2.5064	1.4756	1.3758	13.8	2.1495	2.1468	1.1608	1.0479
4.5	2.5445	2.4845	1.4476	1.3488	14.0	2.1485	2.1461	1.1611	1.0484
4.6	2.5170	2.4619	1.4205	1.3223	14.2	2.1476	2.1454	1.1614	1.0490
4.7	2.4885	2.4384	1.3941	1.2962	14.4	2.1468	2.1448	1.1617	1.0496
4.8	2.4597	2.4139	1.3680	1.2700	14.6	2.1459	2.1441	1.1620	1.0502
4.9	2.4322	2.3890	1.3423	1.2438	14.8	2.1450	2.1435	1.1622	1.0507
5.0	2.4069	2.3649	1.3175	1.2182	15.0	2.1441	2.1428	1.1624	1.0512

Table T2.37

N = 1.500 K = 0.300

x	QEE	QEH	QSE	QSH
0.1	0.1464	0.0534	0.0027	0.0005
0.2	0.3127	0.1119	0.0215	0.0039
0.3	0.5002	0.1786	0.0697	0.0132
0.4	0.6948	0.2552	0.1506	0.0303
0.5	0.8758	0.3424	0.2542	0.0565
0.6	1.0286	0.4395	0.3624	0.0916
0.7	1.1526	0.5459	0.4599	0.1347
0.8	1.2585	0.6608	0.5404	0.1842
0.9	1.3604	0.7842	0.6067	0.2394
1.0	1.4692	0.9154	0.6666	0.3007
1.1	1.5879	1.0525	0.7287	0.3689
1.2	1.7113	1.1911	0.7980	0.4441
1.3	1.8293	1.3260	0.8740	0.5249
1.4	1.9333	1.4527	0.9516	0.6084
1.5	2.0204	1.5696	1.0248	0.6913
1.6	2.0936	1.6772	1.0896	0.7710
1.7	2.1588	1.7769	1.1453	0.8458
1.8	2.2210	1.8697	1.1937	0.9148
1.9	2.2817	1.9557	1.2372	0.9773
2.0	2.3392	2.0343	1.2773	1.0329
2.1	2.3900	2.1048	1.3142	1.0816
2.2	2.4315	2.1670	1.3467	1.1239
2.3	2.4635	2.2212	1.3738	1.1605
2.4	2.4884	2.2687	1.3956	1.1928
2.5	2.5073	2.3090	1.4112	1.2198
2.6	2.5239	2.3444	1.4233	1.2439
2.7	2.5380	2.3744	1.4326	1.2641
2.8	2.5488	2.3991	1.4393	1.2801
2.9	2.5551	2.4183	1.4436	1.2917
3.0	2.5565	2.4321	1.4448	1.2987
3.1	2.5534	2.4412	1.4428	1.3013
3.2	2.5473	2.4464	1.4375	1.3004
3.3	2.5393	2.4488	1.4297	1.2968
3.4	2.5304	2.4489	1.4202	1.2914
3.5	2.5206	2.4472	1.4096	1.2847
3.6	2.5096	2.4434	1.3986	1.2771
3.7	2.4969	2.4374	1.3871	1.2682
3.8	2.4825	2.4292	1.3750	1.2581
3.9	2.4670	2.4191	1.3623	1.2465
4.0	2.4510	2.4078	1.3489	1.2339
4.1	2.4351	2.3960	1.3351	1.2205
4.2	2.4198	2.3842	1.3212	1.2070
4.3	2.4048	2.3728	1.3075	1.1937
4.4	2.3901	2.3614	1.2943	1.1809
4.5	2.3754	2.3499	1.2817	1.1686
4.6	2.3608	2.3380	1.2696	1.1565
4.7	2.3465	2.3259	1.2582	1.1447
4.8	2.3328	2.3138	1.2472	1.1331
4.9	2.3200	2.3022	1.2369	1.1220
5.0	2.3082	2.2917	1.2272	1.1116
5.2	2.2866	2.2731	1.2098	1.0930
5.4	2.2675	2.2568	1.1954	1.0777
5.6	2.2517	2.2425	1.1845	1.0655
5.8	2.2378	2.2295	1.1752	1.0547
6.0	2.2272	2.2204	1.1688	1.0471
6.2	2.2184	2.2133	1.1643	1.0419
6.4	2.2114	2.2072	1.1616	1.0385
6.6	2.2061	2.2025	1.1603	1.0365
6.8	2.2021	2.1996	1.1601	1.0358
7.0	2.1991	2.1979	1.1609	1.0363
7.2	2.1967	2.1963	1.1621	1.0375
7.4	2.1949	2.1952	1.1638	1.0391
7.6	2.1936	2.1947	1.1658	1.0410
7.8	2.1921	2.1942	1.1675	1.0429
8.0	2.1911	2.1940	1.1696	1.0452
8.2	2.1897	2.1932	1.1712	1.0470
8.4	2.1882	2.1925	1.1726	1.0486
8.6	2.1866	2.1916	1.1737	1.0501
8.8	2.1849	2.1906	1.1746	1.0514
9.0	2.1830	2.1892	1.1753	1.0524
9.2	2.1811	2.1878	1.1758	1.0532
9.4	2.1790	2.1862	1.1761	1.0538
9.6	2.1768	2.1845	1.1762	1.0543
9.8	2.1745	2.1827	1.1761	1.0545
10.0	2.1721	2.1806	1.1758	1.0545
10.2	2.1728	2.1818	1.1784	1.0574
10.4	2.1683	2.1776	1.1760	1.0554
10.6	2.1660	2.1755	1.1755	1.0552
10.8	2.1638	2.1736	1.1751	1.0552
11.0	2.1616	2.1717	1.1748	1.0551
11.2	2.1596	2.1699	1.1744	1.0550
11.4	2.1576	2.1681	1.1740	1.0549
11.6	2.1556	2.1664	1.1737	1.0549
11.8	2.1538	2.1647	1.1734	1.0549
12.0	2.1520	2.1631	1.1732	1.0549
12.2	2.1504	2.1616	1.1730	1.0550
12.4	2.1487	2.1601	1.1728	1.0550
12.6	2.1472	2.1587	1.1726	1.0551
12.8	2.1457	2.1574	1.1725	1.0552
13.0	2.1443	2.1561	1.1724	1.0553
13.2	2.1428	2.1561	1.1721	1.0553
13.4	2.1421	2.1541	1.1726	1.0561
13.6	2.1406	2.1526	1.1723	1.0560
13.8	2.1393	2.1515	1.1722	1.0561
14.0	2.1381	2.1503	1.1721	1.0562
14.2	2.1369	2.1492	1.1720	1.0564
14.4	2.1358	2.1481	1.1720	1.0565
14.6	2.1346	2.1470	1.1719	1.0566
14.8	2.1335	2.1460	1.1718	1.0568
15.0	2.1324	2.1449	1.1717	1.0569

Table T2.38   281

N = 1.500 K = 0.400

X	QEE	QEH	QSE	QSH	X	QEE	QEH	QSE	QSH
0.1	0.1936	0.0699	0.0033	0.0006	5.2	2.2401	2.2553	1.1953	1.0688
0.2	0.4040	0.1460	0.0255	0.0047	5.4	2.2302	2.2470	1.1905	1.0635
0.3	0.6244	0.2316	0.0804	0.0157	5.6	2.2225	2.2401	1.1876	1.0599
0.4	0.8341	0.3283	0.1680	0.0359	5.8	2.2149	2.2336	1.1847	1.0564
0.5	1.0138	0.4360	0.2742	0.0666	6.0	2.2090	2.2289	1.1831	1.0544
0.6	1.1581	0.5536	0.3805	0.1071	6.2	2.2038	2.2246	1.1822	1.0533
0.7	1.2754	0.6792	0.4739	0.1559	6.4	2.1994	2.2208	1.1818	1.0527
0.8	1.3800	0.8113	0.5510	0.2109	6.6	2.1956	2.2176	1.1818	1.0525
0.9	1.4844	0.9481	0.6157	0.2707	6.8	2.1922	2.2149	1.1821	1.0527
1.0	1.5939	1.0874	0.6752	0.3350	7.0	2.1893	2.2127	1.1827	1.0534
1.1	1.7062	1.2254	0.7356	0.4036	7.2	2.1865	2.2104	1.1832	1.0540
1.2	1.8138	1.3579	0.7998	0.4758	7.4	2.1840	2.2083	1.1840	1.0548
1.3	1.9095	1.4814	0.8662	0.5502	7.6	2.1818	2.2065	1.1848	1.0557
1.4	1.9899	1.5943	0.9308	0.6244	7.8	2.1793	2.2044	1.1852	1.0564
1.5	2.0566	1.6970	0.9901	0.6965	8.0	2.1774	2.2028	1.1860	1.0574
1.6	2.1139	1.7905	1.0421	0.7646	8.2	2.1751	2.2008	1.1865	1.0580
1.7	2.1658	1.8758	1.0869	0.8277	8.4	2.1729	2.1988	1.1868	1.0586
1.8	2.2142	1.9529	1.1258	0.8847	8.6	2.1707	2.1969	1.1871	1.0591
1.9	2.2586	2.0216	1.1600	0.9350	8.8	2.1685	2.1950	1.1873	1.0596
2.0	2.2972	2.0816	1.1904	0.9784	9.0	2.1664	2.1930	1.1875	1.0600
2.1	2.3287	2.1334	1.2170	1.0152	9.2	2.1644	2.1911	1.1876	1.0603
2.2	2.3530	2.1777	1.2395	1.0462	9.4	2.1624	2.1892	1.1877	1.0607
2.3	2.3713	2.2156	1.2578	1.0723	9.6	2.1604	2.1873	1.1878	1.0610
2.4	2.3857	2.2487	1.2726	1.0951	9.8	2.1584	2.1854	1.1876	1.0612
2.5	2.3960	2.2760	1.2828	1.1137	10.0	2.1564	2.1834	1.1876	1.0613
2.6	2.4045	2.2996	1.2910	1.1301	10.2	2.1575	2.1847	1.1905	1.0643
2.7	2.4105	2.3186	1.2970	1.1434	10.4	2.1536	2.1807	1.1884	1.0625
2.8	2.4135	2.3331	1.3010	1.1535	10.6	2.1517	2.1789	1.1882	1.0626
2.9	2.4136	2.3434	1.3031	1.1604	10.8	2.1500	2.1772	1.1881	1.0627
3.0	2.4108	2.3500	1.3033	1.1641	11.0	2.1484	2.1755	1.1881	1.0629
3.1	2.4061	2.3538	1.3017	1.1652	11.2	2.1468	2.1739	1.1880	1.0631
3.2	2.4002	2.3557	1.2986	1.1644	11.4	2.1453	2.1723	1.1879	1.0632
3.3	2.3934	2.3562	1.2942	1.1622	11.6	2.1438	2.1708	1.1879	1.0634
3.4	2.3861	2.3556	1.2891	1.1593	11.8	2.1423	2.1693	1.1878	1.0635
3.5	2.3782	2.3536	1.2836	1.1558	12.0	2.1409	2.1678	1.1878	1.0637
3.6	2.3697	2.3503	1.2777	1.1516	12.2	2.1395	2.1664	1.1878	1.0638
3.7	2.3604	2.3455	1.2717	1.1468	12.4	2.1382	2.1650	1.1877	1.0640
3.8	2.3507	2.3396	1.2654	1.1412	12.6	2.1369	2.1636	1.1877	1.0641
3.9	2.3409	2.3329	1.2590	1.1351	12.8	2.1357	2.1623	1.1876	1.0643
4.0	2.3312	2.3261	1.2526	1.1287	13.0	2.1344	2.1610	1.1875	1.0644
4.1	2.3218	2.3195	1.2462	1.1222	13.2	2.1331	2.1596	1.1874	1.0645
4.2	2.3127	2.3131	1.2399	1.1159	13.4	2.1326	2.1589	1.1879	1.0652
4.3	2.3039	2.3069	1.2339	1.1099	13.6	2.1312	2.1575	1.1876	1.0651
4.4	2.2954	2.3006	1.2282	1.1043	13.8	2.1300	2.1563	1.1875	1.0652
4.5	2.2871	2.2942	1.2229	1.0990	14.0	2.1290	2.1551	1.1875	1.0653
4.6	2.2791	2.2877	1.2179	1.0937	14.2	2.1279	2.1539	1.1874	1.0654
4.7	2.2715	2.2812	1.2133	1.0888	14.4	2.1269	2.1528	1.1873	1.0655
4.8	2.2643	2.2751	1.2090	1.0840	14.6	2.1258	2.1517	1.1873	1.0656
4.9	2.2576	2.2694	1.2050	1.0795	14.8	2.1248	2.1506	1.1872	1.0657
5.0	2.2515	2.2644	1.2016	1.0756	15.0	2.1239	2.1495	1.1871	1.0658

Table T2.39

N = 1.500   K = 0.500

x	QEE	QEH	QSE	QSH	x	QEE	QEH	QSE	QSH
0.1	0.2402	0.0854	0.0040	0.0007	5.2	2.2120	2.2551	1.2019	1.0666
0.2	0.4914	0.1780	0.0307	0.0057	5.4	2.2061	2.2499	1.2008	1.0653
0.3	0.7379	0.2818	0.0940	0.0189	5.6	2.2016	2.2458	1.2009	1.0649
0.4	0.9556	0.3979	0.1902	0.0431	5.8	2.1965	2.2414	1.2003	1.0641
0.5	1.1309	0.5255	0.3015	0.0793	6.0	2.1926	2.2381	1.2005	1.0642
0.6	1.2677	0.6622	0.4089	0.1266	6.2	2.1889	2.2347	1.2007	1.0644
0.7	1.3808	0.8052	0.5015	0.1825	6.4	2.1856	2.2316	1.2011	1.0648
0.8	1.4853	0.9515	0.5779	0.2443	6.6	2.1826	2.2287	1.2016	1.0653
0.9	1.5902	1.0978	0.6428	0.3097	6.8	2.1797	2.2261	1.2021	1.0658
1.0	1.6963	1.2405	0.7026	0.3776	7.0	2.1771	2.2236	1.2028	1.0665
1.1	1.7987	1.3758	0.7621	0.4473	7.2	2.1745	2.2210	1.2033	1.0671
1.2	1.8906	1.5006	0.8226	0.5178	7.4	2.1722	2.2187	1.2038	1.0678
1.3	1.9682	1.6136	0.8825	0.5877	7.6	2.1700	2.2165	1.2044	1.0685
1.4	2.0319	1.7152	0.9388	0.6555	7.8	2.1676	2.2141	1.2047	1.0690
1.5	2.0848	1.8066	0.9892	0.7200	8.0	2.1657	2.2121	1.2054	1.0698
1.6	2.1306	1.8887	1.0329	0.7800	8.2	2.1636	2.2098	1.2056	1.0702
1.7	2.1717	1.9618	1.0703	0.8347	8.4	2.1615	2.2075	1.2059	1.0706
1.8	2.2085	2.0258	1.1025	0.8831	8.6	2.1594	2.2054	1.2061	1.0710
1.9	2.2401	2.0806	1.1304	0.9249	8.8	2.1575	2.2032	1.2063	1.0714
2.0	2.2659	2.1268	1.1546	0.9599	9.0	2.1556	2.2011	1.2064	1.0717
2.1	2.2857	2.1655	1.1751	0.9889	9.2	2.1537	2.1991	1.2066	1.0721
2.2	2.3003	2.1980	1.1921	1.0128	9.4	2.1519	2.1971	1.2067	1.0724
2.3	2.3111	2.2257	1.2059	1.0328	9.6	2.1502	2.1951	1.2068	1.0727
2.4	2.3196	2.2498	1.2171	1.0503	9.8	2.1485	2.1932	1.2069	1.0730
2.5	2.3247	2.2690	1.2248	1.0642	10.0	2.1467	2.1912	1.2068	1.0731
2.6	2.3285	2.2852	1.2312	1.0764	10.2	2.1481	2.1924	1.2097	1.0761
2.7	2.3302	2.2974	1.2359	1.0863	10.4	2.1444	2.1884	1.2077	1.0743
2.8	2.3299	2.3060	1.2391	1.0936	10.6	2.1428	2.1866	1.2077	1.0745
2.9	2.3278	2.3116	1.2411	1.0984	10.8	2.1413	2.1848	1.2077	1.0747
3.0	2.3243	2.3149	1.2418	1.1012	11.0	2.1399	2.1831	1.2077	1.0749
3.1	2.3198	2.3167	1.2415	1.1023	11.2	2.1385	2.1815	1.2077	1.0751
3.2	2.3148	2.3175	1.2404	1.1024	11.4	2.1372	2.1799	1.2077	1.0753
3.3	2.3095	2.3177	1.2386	1.1019	11.6	2.1359	2.1783	1.2077	1.0754
3.4	2.3038	2.3169	1.2365	1.1011	11.8	2.1346	2.1768	1.2077	1.0756
3.5	2.2979	2.3152	1.2341	1.0998	12.0	2.1334	2.1753	1.2077	1.0758
3.6	2.2917	2.3125	1.2316	1.0982	12.2	2.1321	2.1738	1.2077	1.0759
3.7	2.2853	2.3089	1.2290	1.0961	12.4	2.1310	2.1724	1.2077	1.0761
3.8	2.2789	2.3048	1.2264	1.0935	12.6	2.1298	2.1709	1.2077	1.0763
3.9	2.2726	2.3006	1.2237	1.0908	12.8	2.1287	2.1696	1.2076	1.0764
4.0	2.2665	2.2965	1.2211	1.0880	13.0	2.1276	2.1682	1.2075	1.0765
4.1	2.2607	2.2927	1.2186	1.0853	13.2	2.1264	2.1668	1.2080	1.0766
4.2	2.2551	2.2890	1.2162	1.0828	13.4	2.1260	2.1661	1.2078	1.0773
4.3	2.2497	2.2853	1.2140	1.0805	13.6	2.1247	2.1646	1.2077	1.0772
4.4	2.2445	2.2815	1.2120	1.0785	13.8	2.1237	2.1633	1.2076	1.0773
4.5	2.2396	2.2777	1.2101	1.0765	14.0	2.1227	2.1620	1.2075	1.0774
4.6	2.2349	2.2737	1.2084	1.0746	14.2	2.1218	2.1608	1.2075	1.0775
4.7	2.2305	2.2700	1.2070	1.0728	14.4	2.1208	2.1596	1.2074	1.0776
4.8	2.2263	2.2665	1.2056	1.0711	14.6	2.1199	2.1585	1.2075	1.0777
4.9	2.2224	2.2633	1.2045	1.0697	14.8	2.1190	2.1573	1.2074	1.0778
5.0	2.2188	2.2605	1.2036	1.0685	15.0	2.1181	2.1562	1.2073	1.0779

Table T2.40

N = 1.500 K = 1.000

X	QEE	QEH	QSE	QSH	X	QEE	QEH	QSE	QSH
0.1	0.4627	0.1376	0.0107	0.0016	5.2	2.1778	2.3346	1.3373	1.1637
0.2	0.8674	0.2911	0.0737	0.0128	5.4	2.1752	2.3301	1.3384	1.1648
0.3	1.1707	0.4673	0.1968	0.0423	5.6	2.1734	2.3266	1.3400	1.1663
0.4	1.3781	0.6659	0.3488	0.0955	5.8	2.1706	2.3223	1.3405	1.1669
0.5	1.5242	0.8791	0.4965	0.1723	6.0	2.1684	2.3184	1.3414	1.1678
0.6	1.6410	1.0947	0.6229	0.2666	6.2	2.1662	2.3143	1.3421	1.1685
0.7	1.7456	1.2991	0.7256	0.3691	6.4	2.1641	2.3104	1.3427	1.1692
0.8	1.8418	1.4818	0.8091	0.4701	6.6	2.1621	2.3067	1.3433	1.1697
0.9	1.9264	1.6373	0.8797	0.5630	6.8	2.1601	2.3030	1.3437	1.1702
1.0	1.9961	1.7658	0.9416	0.6444	7.0	2.1563	2.2994	1.3441	1.1707
1.1	2.0503	1.8721	0.9969	0.7144	7.2	2.1562	2.2958	1.3444	1.1711
1.2	2.0916	1.9621	1.0459	0.7748	7.4	2.1546	2.2924	1.3448	1.1715
1.3	2.1234	2.0404	1.0884	0.8282	7.6	2.1529	2.2891	1.3451	1.1719
1.4	2.1485	2.1090	1.1244	0.8768	7.8	2.1510	2.2856	1.3451	1.1721
1.5	2.1687	2.1677	1.1545	0.9209	8.0	2.1497	2.2826	1.3456	1.1726
1.6	2.1848	2.2154	1.1796	0.9602	8.2	2.1480	2.2794	1.3456	1.1727
1.7	2.1970	2.2521	1.2005	0.9934	8.4	2.1463	2.2762	1.3456	1.1728
1.8	2.2059	2.2792	1.2181	1.0200	8.6	2.1447	2.2731	1.3456	1.1729
1.9	2.2120	2.2992	1.2329	1.0407	8.8	2.1432	2.2701	1.3456	1.1730
2.0	2.2160	2.3151	1.2455	1.0567	9.0	2.1417	2.2671	1.3455	1.1731
2.1	2.2185	2.3288	1.2562	1.0696	9.2	2.1402	2.2643	1.3454	1.1731
2.2	2.2200	2.3411	1.2652	1.0808	9.4	2.1388	2.2615	1.3454	1.1732
2.3	2.2206	2.3517	1.2730	1.0910	9.6	2.1374	2.2588	1.3454	1.1732
2.4	2.2212	2.3605	1.2802	1.1009	9.8	2.1361	2.2561	1.3453	1.1730
2.5	2.2199	2.3653	1.2852	1.1085	10.0	2.1346	2.2533	1.3450	1.1759
2.6	2.2189	2.3684	1.2852	1.1154	10.2	2.1363	2.2539	1.3478	1.1738
2.7	2.2176	2.3698	1.2903	1.1208	10.4	2.1329	2.2491	1.3456	1.1737
2.8	2.2161	2.3704	1.2947	1.1250	10.6	2.1316	2.2466	1.3453	1.1736
2.9	2.2144	2.3708	1.2987	1.1284	10.8	2.1304	2.2442	1.3452	1.1736
3.0	2.2126	2.3713	1.3022	1.1315	11.0	2.1293	2.2418	1.3451	1.1735
3.1	2.2108	2.3719	1.3054	1.1345	11.2	2.1281	2.2396	1.3449	1.1735
3.2	2.2090	2.3720	1.3083	1.1374	11.4	2.1270	2.2373	1.3447	1.1734
3.3	2.2072	2.3715	1.3109	1.1403	11.6	2.1260	2.2351	1.3446	1.1734
3.4	2.2054	2.3702	1.3133	1.1428	11.8	2.1249	2.2330	1.3444	1.1734
3.5	2.2036	2.3684	1.3155	1.1450	12.0	2.1239	2.2309	1.3442	1.1733
3.6	2.2018	2.3664	1.3175	1.1468	12.2	2.1228	2.2288	1.3440	1.1733
3.7	2.2001	2.3645	1.3194	1.1483	12.4	2.1219	2.2268	1.3439	1.1732
3.8	2.1984	2.3628	1.3212	1.1497	12.6	2.1209	2.2248	1.3437	1.1732
3.9	2.1967	2.3612	1.3228	1.1511	12.8	2.1200	2.2229	1.3435	1.1731
4.0	2.1951	2.3596	1.3244	1.1525	13.0	2.1190	2.2210	1.3433	1.1730
4.1	2.1935	2.3579	1.3272	1.1539	13.2	2.1180	2.2190	1.3430	1.1733
4.2	2.1919	2.3559	1.3284	1.1552	13.4	2.1177	2.2178	1.3434	1.1730
4.3	2.1904	2.3537	1.3296	1.1564	13.6	2.1166	2.2158	1.3430	1.1729
4.4	2.1889	2.3515	1.3307	1.1575	13.8	2.1157	2.2140	1.3428	1.1729
4.5	2.1874	2.3492	1.3317	1.1584	14.0	2.1149	2.2123	1.3426	1.1728
4.6	2.1860	2.3470	1.3327	1.1593	14.2	2.1141	2.2106	1.3424	1.1727
4.7	2.1846	2.3450	1.3336	1.1601	14.4	2.1133	2.2089	1.3422	1.1726
4.8	2.1832	2.3430	1.3345	1.1609	14.6	2.1125	2.2073	1.3420	1.1725
4.9	2.1818	2.3410	1.3352	1.1616	14.8	2.1117	2.2057	1.3418	1.1725
5.0	2.1805	2.3390	1.3361	1.1625	15.0	2.1109	2.2041	1.3416	1.1724

Table T2.41

N = 1.600 K = 0.0

x	QEE	QEH	QSE	QSH
0.1	0.0031	0.0005	0.0031	0.0005
0.2	0.0266	0.0038	0.0266	0.0038
0.3	0.0958	0.0130	0.0958	0.0130
0.4	0.2351	0.0306	0.2351	0.0306
0.5	0.4481	0.0585	0.4482	0.0585
0.6	0.6988	0.0978	0.6988	0.0978
0.7	0.9254	0.1486	0.9254	0.1486
0.8	1.0866	0.2111	1.0866	0.2111
0.9	1.1869	0.2875	1.1869	0.2875
1.0	1.2647	0.3848	1.2647	0.3848
1.1	1.3744	0.5167	1.3744	0.5167
1.2	1.5702	0.7015	1.5702	0.7015
1.3	1.8756	0.9468	1.8756	0.9468
1.4	2.2411	1.2278	2.2411	1.2278
1.5	2.5588	1.4925	2.5588	1.4925
1.6	2.7567	1.7075	2.7567	1.7075
1.7	2.8494	1.8815	2.8494	1.8815
1.8	2.9036	2.0446	2.9036	2.0446
1.9	2.9962	2.2249	2.9962	2.2249
2.0	3.1915	2.4382	3.1915	2.4382
2.1	3.4983	2.6828	3.4983	2.6828
2.2	3.8192	2.9352	3.8192	2.9352
2.3	4.0218	3.1556	4.0218	3.1556
2.4	4.0723	3.3142	4.0723	3.3142
2.5	4.0258	3.4137	4.0258	3.4137
2.6	3.9601	3.4842	3.9601	3.4842
2.7	3.9595	3.5556	3.9595	3.5556
2.8	4.0882	3.6417	4.0882	3.6417
2.9	4.3015	3.7374	4.3015	3.7374
3.0	4.4224	3.8243	4.4224	3.8243
3.1	4.3663	3.8801	4.3663	3.8801
3.2	4.2028	3.8890	4.2028	3.8890
3.3	4.0063	3.8466	4.0063	3.8466
3.4	3.8316	3.7623	3.8316	3.7623
3.5	3.7562	3.6587	3.7562	3.6587
3.6	3.8249	3.5610	3.8249	3.5610
3.7	3.8725	3.4816	3.8725	3.4816
3.8	3.7171	3.4153	3.7171	3.4153
3.9	3.4510	3.3431	3.4510	3.3431
4.0	3.1810	3.2406	3.1810	3.2406
4.1	2.9384	3.0895	2.9384	3.0895
4.2	2.7606	2.8896	2.7606	2.8896
4.3	2.7291	2.6667	2.7291	2.6667
4.4	2.7727	2.4657	2.7727	2.4657
4.5	2.5932	2.3239	2.5932	2.3239
4.6	2.2898	2.2399	2.2898	2.2399
4.7	2.0302	2.1700	2.0302	2.1700
4.8	1.8258	2.0583	1.8258	2.0583
4.9	1.6739	1.8830	1.6739	1.8830
5.0	1.6400	1.6685	1.6400	1.6685

x	QEE	QEH	QSE	QSH
5.2	1.6871	1.3226	1.6871	1.3226
5.4	1.2174	1.3188	1.2174	1.3188
5.6	1.0898	1.2801	1.0898	1.2801
5.8	1.3642	1.0418	1.3642	1.0418
6.0	1.2646	1.0134	1.2646	1.0134
6.2	1.1803	1.3398	1.1803	1.3398
6.4	1.3815	1.3843	1.3815	1.3843
6.6	2.0022	1.3992	2.0022	1.3992
6.8	1.8054	1.6927	1.8054	1.6927
7.0	1.9890	2.1273	1.9890	2.1273
7.2	2.3741	2.1473	2.3741	2.1473
7.4	2.6717	2.3278	2.6717	2.3278
7.6	2.7208	2.7745	2.7208	2.7745
7.8	2.8636	2.8819	2.8636	2.8819
8.0	3.4298	2.8744	3.4298	2.8744
8.2	3.1607	3.0165	3.1607	3.0165
8.4	3.1638	3.3988	3.1638	3.3988
8.6	3.0987	3.0323	3.0987	3.0323
8.8	3.1130	2.9431	3.1130	2.9431
9.0	2.9875	2.9653	2.9875	2.9653
9.2	2.7920	2.8855	2.7920	2.8855
9.4	2.7672	2.4967	2.7672	2.4967
9.6	2.3575	2.3235	2.3575	2.3235
9.8	2.2495	2.4537	2.2495	2.4537
10.0	1.9666	1.9589	1.9666	1.9589
10.2	1.7285	1.6975	1.7285	1.6975
10.4	1.6294	1.5737	1.6294	1.5737
10.6	1.5596	1.5982	1.5596	1.5982
10.8	1.4943	1.3642	1.4943	1.3642
11.0	1.2918	1.2718	1.2918	1.2718
11.2	1.4353	1.3948	1.4353	1.3948
11.4	1.4641	1.4018	1.4641	1.4018
11.6	1.4871	1.4620	1.4871	1.4620
11.8	1.6432	1.5446	1.6432	1.5446
12.0	1.8677	1.7726	1.8677	1.7726
12.2	2.1110	1.9474	2.1110	1.9474
12.4	2.1381	2.1063	2.1381	2.1063
12.6	2.4335	2.2762	2.4335	2.2762
12.8	2.5281	2.4565	2.5281	2.4565
13.0	2.6437	2.6395	2.6437	2.6395
13.2	2.7916	2.7285	2.7916	2.7285
13.4	2.9567	2.8023	2.9567	2.8023
13.6	2.8973	2.8837	2.8973	2.8837
13.8	2.8647	2.8815	2.8647	2.8815
14.0	2.9509	2.8305	2.9509	2.8305
14.2	2.7918	2.7604	2.7918	2.7604
14.4	2.5958	2.6700	2.5958	2.6700
14.6	2.4832	2.4851	2.4832	2.4851
14.8	2.5075	2.3267	2.5075	2.3267
15.0	2.1545	2.2328	2.1545	2.2328

Table T2.42

N = 1.600   K = 0.050

X	QEE	QEH	QSE	QSH
0.1	0.0293	0.0085	0.0031	0.0005
0.2	0.0827	0.0204	0.0265	0.0039
0.3	0.1843	0.0388	0.0939	0.0130
0.4	0.3509	0.0664	0.2250	0.0306
0.5	0.5737	0.1050	0.4173	0.0583
0.6	0.8109	0.1556	0.6348	0.0971
0.7	1.0122	0.2185	0.8273	0.1468
0.8	1.1554	0.2944	0.9663	0.2075
0.9	1.2555	0.3861	1.0590	0.2811
1.0	1.3504	0.5007	1.1368	0.3731
1.1	1.4844	0.6491	1.2414	0.4940
1.2	1.6909	0.8410	1.4088	0.6549
1.3	1.9663	1.0720	1.6457	0.8559
1.4	2.2571	1.3153	1.9109	1.0761
1.5	2.4926	1.5374	2.1391	1.2843
1.6	2.6430	1.7246	2.2934	1.4634
1.7	2.7315	1.8875	2.3850	1.6184
1.8	2.8081	2.0463	2.4534	1.7650
1.9	2.9223	2.2165	2.5432	1.9165
2.0	3.1010	2.4033	2.6848	2.0784
2.1	3.3228	2.5991	2.8696	2.2462
2.2	3.5196	2.7854	3.0441	2.4059
2.3	3.6341	2.9417	3.1538	2.5416
2.4	3.6645	3.0585	3.1881	2.6454
2.5	3.6484	3.1416	3.1733	2.7204
2.6	3.6356	3.2080	3.1512	2.7797
2.7	3.6678	3.2708	3.1596	2.8326
2.8	3.7529	3.3346	3.2129	2.8820
2.9	3.8420	3.3945	3.2784	2.9235
3.0	3.8665	3.4401	3.2979	2.9486
3.1	3.8094	3.4609	3.2462	2.9490
3.2	3.7023	3.4512	3.1406	2.9209
3.3	3.5859	3.4124	3.0136	2.8670
3.4	3.4963	3.3530	2.9000	2.7963
3.5	3.4568	3.2855	2.8275	2.7203
3.6	3.4458	3.2205	2.7906	2.6473
3.7	3.3976	3.1610	2.7411	2.5784
3.8	3.2796	3.1010	2.6414	2.5067
3.9	3.1195	3.0294	2.4981	2.4214
4.0	2.9559	2.9365	2.3346	2.3136
4.1	2.8169	2.8205	2.1738	2.1826
4.2	2.7231	2.6904	2.0395	2.0381
4.3	2.6707	2.5628	1.9445	1.8976
4.4	2.6080	2.4539	1.8654	1.7775
4.5	2.4909	2.3692	1.7668	1.6831
4.6	2.3404	2.2983	1.6471	1.6040
4.7	2.1957	2.2216	1.5218	1.5211
4.8	2.0790	2.1256	1.4016	1.4203
4.9	2.0047	2.0134	1.2983	1.3023
5.0	1.9763	1.9018	1.2237	1.1814

X	QEE	QEH	QSE	QSH
5.2	1.8982	1.7558	1.1130	1.0026
5.4	1.7252	1.7225	0.9893	0.9393
5.6	1.6588	1.6534	0.9195	0.8743
5.8	1.7312	1.5684	0.9242	0.7931
6.0	1.7344	1.6040	0.9393	0.7931
6.2	1.7288	1.7127	0.9621	0.8646
6.4	1.8369	1.7459	1.0369	0.9104
6.6	1.9983	1.8002	1.1577	1.0369
6.8	2.0602	1.9623	1.2607	0.9737
7.0	2.1514	2.1099	1.3593	1.1000
7.2	2.3136	2.1727	1.4685	1.2242
7.4	2.4345	2.2746	1.5811	1.3028
7.6	2.4866	2.4328	1.6729	1.4006
7.8	2.5587	2.5018	1.7384	1.5239
8.0	2.6491	2.5188	1.7833	1.5967
8.2	2.6645	2.5740	1.8083	1.6285
8.4	2.6482	2.6278	1.8125	1.6614
8.6	2.6397	2.5825	1.7885	1.6862
8.8	2.6151	2.5303	1.7446	1.6636
9.0	2.5454	2.5112	1.6868	1.6206
9.2	2.4676	2.4560	1.6105	1.5708
9.4	2.3975	2.3486	1.5216	1.5011
9.6	2.3136	2.2668	1.4380	1.4143
9.8	2.2248	2.2122	1.3593	1.3332
10.0	2.1447	2.1230	1.2713	1.2543
10.2	2.0802	2.0375	1.1908	1.1656
10.4	2.0188	1.9860	1.1331	1.0871
10.6	1.9739	1.9531	1.0959	1.0271
10.8	1.9455	1.9091	1.0601	0.9845
11.0	1.9331	1.8891	1.0371	0.9472
11.2	1.9382	1.9023	1.0423	0.9243
11.4	1.9564	1.9199	1.0643	0.9243
11.6	1.9867	1.9409	1.0907	0.9417
11.8	2.0288	1.9822	1.1267	0.9684
12.0	2.0779	2.0367	1.1748	1.0036
12.2	2.1288	2.0858	1.2255	1.0480
12.4	2.1815	2.1355	1.2746	1.0976
12.6	2.2338	2.1905	1.3243	1.1486
12.8	2.2777	2.2391	1.3694	1.1984
13.0	2.3134	2.2752	1.4029	1.2430
13.2	2.3432	2.3047	1.4268	1.2779
13.4	2.3623	2.3283	1.4454	1.3040
13.6	2.3656	2.3364	1.4522	1.3239
13.8	2.3605	2.3313	1.4447	1.3320
14.0	2.3485	2.3197	1.4261	1.3258
14.2	2.3239	2.3003	1.4014	1.3088
14.4	2.2900	2.2694	1.3709	1.2857
14.6	2.2551	2.2321	1.3337	1.2559
14.8	2.2180	2.1958	1.2923	1.2185
15.0	2.1759	2.1584	1.2507	1.1777

Table T2.43

N = 1.600 K = 0.100

x	QEE	QEH	QSE	QSH	x	QEE	QEH	QSE	QSH
0.1	0.0553	0.0165	0.0032	0.0005	5.2	2.0654	1.9789	1.0662	0.9508
0.2	0.1378	0.0369	0.0268	0.0039	5.4	1.9853	1.9442	1.0073	0.8987
0.3	0.2692	0.0645	0.0933	0.0133	5.6	1.9537	1.8976	0.9724	0.8554
0.4	0.4583	0.1020	0.2185	0.0310	5.8	1.9707	1.8673	0.9667	0.8233
0.5	0.6861	0.1512	0.3951	0.0589	6.0	1.9801	1.8943	0.9803	0.8283
0.6	0.9098	0.2130	0.5879	0.0976	6.2	1.9937	1.9375	1.0045	0.8573
0.7	1.0911	0.2877	0.7556	0.1470	6.4	2.0453	1.9612	1.0454	0.8881
0.8	1.2221	0.3764	0.8784	0.2067	6.6	2.1108	2.0037	1.1023	0.9311
0.9	1.3243	0.4821	0.9648	0.2783	6.8	2.1582	2.0805	1.1612	0.9919
1.0	1.4330	0.6110	1.0413	0.3663	7.0	2.2091	2.1451	1.2154	1.0506
1.1	1.5816	0.7704	1.1401	0.4784	7.2	2.2734	2.1862	1.2679	1.0986
1.2	1.7861	0.9629	1.2850	0.6209	7.4	2.3259	2.2384	1.3196	1.1481
1.3	2.0285	1.1777	1.4742	0.7902	7.6	2.3589	2.2985	1.3631	1.1979
1.4	2.2613	1.3914	1.6754	0.9700	7.8	2.3885	2.3308	1.3929	1.2325
1.5	2.4418	1.5836	1.8477	1.1406	8.0	2.4145	2.3446	1.4116	1.2518
1.6	2.5622	1.7505	1.9715	1.2926	8.2	2.4219	2.3623	1.4209	1.2639
1.7	2.6470	1.9023	2.0554	1.4286	8.4	2.4153	2.3728	1.4201	1.2688
1.8	2.7325	2.0517	2.1238	1.5564	8.6	2.4043	2.3594	1.4084	1.2610
1.9	2.8473	2.2064	2.2030	1.6822	8.8	2.3862	2.3375	1.3882	1.2429
2.0	2.9965	2.3661	2.3063	1.8071	9.0	2.3571	2.3186	1.3618	1.2189
2.1	3.1536	2.5225	2.4235	1.9269	9.2	2.3236	2.2921	1.3300	1.1903
2.2	3.2775	2.6633	2.5256	2.0349	9.4	2.2902	2.2551	1.2958	1.1580
2.3	3.3455	2.7790	2.5889	2.1251	9.6	2.2555	2.2203	1.2620	1.1251
2.4	3.3660	2.8681	2.6115	2.1966	9.8	2.2203	2.1908	1.2294	1.0931
2.5	3.3652	2.9355	2.6074	2.2509	10.0	2.1886	2.1600	1.1980	1.0623
2.6	3.3727	2.9917	2.5995	2.2944	10.2	2.1651	2.1337	1.1736	1.0382
2.7	3.4040	3.0421	2.6036	2.3297	10.4	2.1408	2.1100	1.1510	1.0152
2.8	3.4504	3.0877	2.6209	2.3564	10.6	2.1239	2.0950	1.1362	0.9998
2.9	3.4812	3.1247	2.6336	2.3715	10.8	2.1134	2.0835	1.1261	0.9894
3.0	3.4709	3.1472	2.6198	2.3713	11.0	2.1091	2.0777	1.1216	0.9845
3.1	3.4197	3.1506	2.5713	2.3530	11.2	2.1096	2.0789	1.1233	0.9856
3.2	3.3466	3.1339	2.4962	2.3171	11.4	2.1148	2.0846	1.1300	0.9918
3.3	3.2742	3.1004	2.4110	2.2678	11.6	2.1241	2.0932	1.1400	1.0016
3.4	3.2188	3.0567	2.3325	2.2112	11.8	2.1362	2.1053	1.1527	1.0143
3.5	3.1818	3.0096	2.2700	2.1528	12.0	2.1499	2.1199	1.1673	1.0288
3.6	3.1445	2.9631	2.2175	2.0953	12.2	2.1642	2.1348	1.1826	1.0443
3.7	3.0841	2.9165	2.1587	2.0370	12.4	2.1785	2.1494	1.1976	1.0598
3.8	2.9951	2.8651	2.0815	1.9732	12.6	2.1915	2.1634	1.2116	1.0743
3.9	2.8910	2.8034	1.9863	1.8989	12.8	2.2025	2.1756	1.2235	1.0868
4.0	2.7895	2.7296	1.8814	1.8124	13.0	2.2110	2.1850	1.2328	1.0967
4.1	2.7044	2.6468	1.7780	1.7171	13.2	2.2167	2.1917	1.2392	1.1039
4.2	2.6396	2.5625	1.6864	1.6205	13.4	2.2201	2.1963	1.2436	1.1091
4.3	2.5850	2.4851	1.6096	1.5309	13.6	2.2195	2.1968	1.2441	1.1103
4.4	2.5225	2.4190	1.5415	1.4533	13.8	2.2165	2.1946	1.2418	1.1087
4.5	2.4435	2.3621	1.4734	1.3864	14.0	2.2110	2.1901	1.2371	1.1046
4.6	2.3561	2.3068	1.4019	1.3240	14.2	2.2034	2.1835	1.2304	1.0986
4.7	2.2741	2.2465	1.3288	1.2592	14.4	2.1943	2.1750	1.2223	1.0909
4.8	2.2080	2.1795	1.2582	1.1890	14.6	2.1843	2.1656	1.2132	1.0822
4.9	2.1624	2.1117	1.1953	1.1166	14.8	2.1739	2.1558	1.2036	1.0729
5.0	2.1319	2.0519	1.1437	1.0489	15.0	2.1636	2.1460	1.1942	1.0637

Table T2.44   287

N = 1.600 K = 0.200

X	QEE	QEH	QSE	QSH
0.1	0.1071	0.0324	0.0034	0.0005
0.2	0.2449	0.0696	0.0284	0.0042
0.3	0.4284	0.1154	0.0957	0.0142
0.4	0.6499	0.1726	0.2146	0.0330
0.5	0.8780	0.2426	0.3708	0.0623
0.6	1.0765	0.3262	0.5314	0.1025
0.7	1.2294	0.4236	0.6674	0.1528
0.8	1.3476	0.5358	0.7694	0.2127
0.9	1.4566	0.6649	0.8472	0.2828
1.0	1.5824	0.8138	0.9201	0.3659
1.1	1.7392	0.9831	1.0082	0.4655
1.2	1.9208	1.1663	1.1210	0.5826
1.3	2.1023	1.3503	1.2517	0.7119
1.4	2.2565	1.5217	1.3811	0.8434
1.5	2.3725	1.6750	1.4916	0.9684
1.6	2.4587	1.8133	1.5771	1.0829
1.7	2.5337	1.9427	1.6426	1.1873
1.8	2.6139	2.0678	1.6988	1.2830
1.9	2.7045	2.1888	1.7549	1.3706
2.0	2.7967	2.3025	1.8128	1.4493
2.1	2.8746	2.4039	1.8669	1.5178
2.2	2.9268	2.4893	1.9086	1.5752
2.3	2.9536	2.5579	1.9334	1.6217
2.4	2.9649	2.6126	1.9434	1.6589
2.5	2.9710	2.6555	1.9426	1.6867
2.6	2.9806	2.6914	1.9389	1.7079
2.7	2.9917	2.7208	1.9345	1.7219
2.8	2.9968	2.7427	1.9278	1.7278
2.9	2.9880	2.7552	1.9143	1.7246
3.0	2.9636	2.7569	1.8905	1.7116
3.1	2.9283	2.7481	1.8564	1.6896
3.2	2.8894	2.7309	1.8152	1.6607
3.3	2.8528	2.7083	1.7717	1.6276
3.4	2.8197	2.6833	1.7297	1.5931
3.5	2.7869	2.6575	1.6901	1.5584
3.6	2.7497	2.6304	1.6515	1.5233
3.7	2.7058	2.6006	1.6113	1.4865
3.8	2.6573	2.5665	1.5680	1.4466
3.9	2.6082	2.5281	1.5221	1.4033
4.0	2.5627	2.4875	1.4756	1.3577
4.1	2.5225	2.4476	1.4309	1.3124
4.2	2.4863	2.4108	1.3899	1.2696
4.3	2.4515	2.3781	1.3530	1.2308
4.4	2.4159	2.3486	1.3194	1.1962
4.5	2.3797	2.3202	1.2882	1.1644
4.6	2.3449	2.2911	1.2585	1.1339
4.7	2.3139	2.2616	1.2307	1.1041
4.8	2.2880	2.2332	1.2052	1.0754
4.9	2.2669	2.2083	1.1829	1.0491
5.0	2.2492	2.1887	1.1641	1.0266
5.2	2.2175	2.1629	1.1360	0.9940
5.4	2.1925	2.1437	1.1185	0.9738
5.6	2.1812	2.1276	1.1108	0.9608
5.8	2.1788	2.1223	1.1104	0.9554
6.0	2.1806	2.1297	1.1171	0.9600
6.2	2.1860	2.1384	1.1280	0.9700
6.4	2.1968	2.1466	1.1421	0.9822
6.6	2.2096	2.1600	1.1584	0.9971
6.8	2.2213	2.1769	1.1748	1.0140
7.0	2.2324	2.1907	1.1901	1.0304
7.2	2.2428	2.2011	1.2037	1.0445
7.4	2.2510	2.2116	1.2155	1.0571
7.6	2.2562	2.2210	1.2248	1.0680
7.8	2.2587	2.2258	1.2308	1.0758
8.0	2.2595	2.2277	1.2346	1.0809
8.2	2.2573	2.2278	1.2356	1.0833
8.4	2.2530	2.2262	1.2345	1.0838
8.6	2.2471	2.2219	1.2316	1.0823
8.8	2.2400	2.2160	1.2273	1.0793
9.0	2.2321	2.2096	1.2221	1.0752
9.2	2.2237	2.2028	1.2164	1.0705
9.4	2.2154	2.1955	1.2107	1.0657
9.6	2.2075	2.1884	1.2052	1.0610
9.8	2.2001	2.1819	1.2001	1.0566
10.0	2.1932	2.1759	1.1955	1.0526
10.2	2.1905	2.1738	1.1948	1.0524
10.4	2.1834	2.1673	1.1899	1.0481
10.6	2.1793	2.1638	1.1879	1.0466
10.8	2.1762	2.1612	1.1867	1.0459
11.0	2.1739	2.1594	1.1863	1.0465
11.2	2.1722	2.1583	1.1864	1.0476
11.4	2.1710	2.1576	1.1870	1.0490
11.6	2.1703	2.1573	1.1879	1.0505
11.8	2.1697	2.1574	1.1891	1.0522
12.0	2.1693	2.1574	1.1903	1.0539
12.2	2.1689	2.1575	1.1914	1.0554
12.4	2.1685	2.1576	1.1925	1.0568
12.6	2.1679	2.1575	1.1934	1.0579
12.8	2.1671	2.1572	1.1940	1.0587
13.0	2.1661	2.1567	1.1944	1.0592
13.2	2.1648	2.1558	1.1945	1.0595
13.4	2.1641	2.1555	1.1950	1.0602
13.6	2.1623	2.1541	1.1945	1.0601
13.8	2.1605	2.1527	1.1940	1.0600
14.0	2.1587	2.1513	1.1934	1.0598
14.2	2.1568	2.1497	1.1927	1.0595
14.4	2.1549	2.1481	1.1920	1.0591
14.6	2.1530	2.1465	1.1912	1.0587
14.8	2.1511	2.1449	1.1904	1.0582
15.0	2.1493	2.1434	1.1897	1.0578

Table T2.45

N = 1.600 K = 0.300

X	QEE	QEH	QSE	QSH	X	QEE	QEH	QSE	QSH
0.1	0.1583	0.0477	0.0039	0.0006	5.2	2.2495	2.2188	1.1832	1.0321
0.2	0.3478	0.1014	0.0313	0.0047	5.4	2.2378	2.2091	1.1778	1.0254
0.3	0.5735	0.1651	0.1023	0.0158	5.6	2.2311	2.2025	1.1765	1.0223
0.4	0.8142	0.2415	0.2204	0.0366	5.8	2.2264	2.1995	1.1769	1.0215
0.5	1.0350	0.3319	0.3661	0.0686	6.0	2.2240	2.2001	1.1797	1.0241
0.6	1.2122	0.4365	0.5088	0.1119	6.2	2.2228	2.2006	1.1836	1.0280
0.7	1.3476	0.5549	0.6275	0.1653	6.4	2.2227	2.2015	1.1882	1.0325
0.8	1.4610	0.6872	0.7183	0.2277	6.6	2.2230	2.2036	1.1930	1.0375
0.9	1.5757	0.8337	0.7912	0.2988	6.8	2.2232	2.2061	1.1975	1.0426
1.0	1.7069	0.9935	0.8611	0.3799	7.0	2.2231	2.2077	1.2015	1.0474
1.1	1.8551	1.1621	0.9407	0.4720	7.2	2.2225	2.2083	1.2048	1.0515
1.2	2.0061	1.3306	1.0333	0.5736	7.4	2.2215	2.2089	1.2075	1.0549
1.3	2.1409	1.4892	1.1319	0.6799	7.6	2.2199	2.2090	1.2095	1.0577
1.4	2.2482	1.6326	1.2251	0.7848	7.8	2.2174	2.2079	1.2105	1.0596
1.5	2.3300	1.7612	1.3044	0.8837	8.0	2.2150	2.2066	1.2112	1.0612
1.6	2.3965	1.8783	1.3678	0.9744	8.2	2.2117	2.2045	1.2111	1.0618
1.7	2.4588	1.9872	1.4185	1.0564	8.4	2.2082	2.2021	1.2105	1.0620
1.8	2.5220	2.0884	1.4618	1.1295	8.6	2.2045	2.1994	1.2096	1.0619
1.9	2.5838	2.1806	1.5010	1.1931	8.8	2.2007	2.1964	1.2086	1.0616
2.0	2.6372	2.2614	1.5364	1.2470	9.0	2.1969	2.1935	1.2074	1.0610
2.1	2.6759	2.3292	1.5657	1.2911	9.2	2.1932	2.1905	1.2062	1.0605
2.2	2.6989	2.3840	1.5865	1.3262	9.4	2.1896	2.1877	1.2050	1.0599
2.3	2.7101	2.4276	1.5984	1.3536	9.6	2.1863	2.1849	1.2039	1.0594
2.4	2.7156	2.4629	1.6032	1.3751	9.8	2.1831	2.1823	1.2030	1.0590
2.5	2.7179	2.4902	1.6017	1.3901	10.0	2.1800	2.1797	1.2020	1.0585
2.6	2.7195	2.5126	1.5978	1.4009	10.2	2.1755	2.1763	1.2042	1.0611
2.7	2.7176	2.5289	1.5914	1.4065	10.4	2.1731	2.1743	1.2015	1.0590
2.8	2.7096	2.5385	1.5819	1.4064	10.6	2.1709	2.1725	1.2010	1.0590
2.9	2.6944	2.5409	1.5685	1.4004	10.8	2.1689	2.1709	1.2007	1.0591
3.0	2.6734	2.5365	1.5508	1.3888	11.0	2.1670	2.1694	1.2004	1.0593
3.1	2.6495	2.5269	1.5295	1.3728	11.2	2.1652	2.1679	1.2002	1.0595
3.2	2.6253	2.5141	1.5062	1.3540	11.4	2.1635	2.1666	1.2001	1.0598
3.3	2.6018	2.5000	1.4822	1.3340	11.6	2.1618	2.1652	1.2000	1.0601
3.4	2.5786	2.4853	1.4587	1.3139	11.8	2.1602	2.1639	1.1999	1.0605
3.5	2.5546	2.4699	1.4358	1.2940	12.0	2.1587	2.1627	1.1998	1.0608
3.6	2.5290	2.4530	1.4133	1.2737	12.2	2.1571	2.1614	1.1997	1.0611
3.7	2.5022	2.4340	1.3909	1.2527	12.4	2.1556	2.1602	1.1996	1.0613
3.8	2.4752	2.4131	1.3683	1.2307	12.6	2.1541	2.1589	1.1994	1.0616
3.9	2.4494	2.3914	1.3460	1.2079	12.8	2.1526	2.1577	1.1993	1.0618
4.0	2.4256	2.3702	1.3244	1.1855	13.0	2.1511	2.1563	1.1991	1.0620
4.1	2.4038	2.3508	1.3042	1.1643	13.2	2.1502	2.1557	1.1988	1.0620
4.2	2.3835	2.3336	1.2857	1.1449	13.4	2.1486	2.1543	1.1992	1.0627
4.3	2.3641	2.3180	1.2691	1.1277	13.6	2.1472	2.1530	1.1987	1.0626
4.4	2.3455	2.3033	1.2540	1.1122	13.8	2.1458	2.1518	1.1985	1.0627
4.5	2.3279	2.2887	1.2405	1.0980	14.0	2.1444	2.1507	1.1982	1.0628
4.6	2.3118	2.2742	1.2282	1.0846	14.2	2.1431	2.1495	1.1980	1.0628
4.7	2.2975	2.2605	1.2173	1.0722	14.4	2.1418	2.1484	1.1977	1.0629
4.8	2.2852	2.2483	1.2077	1.0609	14.6	2.1406	2.1473	1.1975	1.0630
4.9	2.2745	2.2382	1.1996	1.0511	14.8	2.1393	2.1462	1.1973	1.0631
5.0	2.2653	2.2304	1.1929	1.0432	15.0	2.1393	2.1462	1.1970	1.0631

Table T2.46

N = 1.600 K = 0.400

X	QEE	QEH	QSE	QSH
0.1	0.2089	0.0624	0.0045	0.0007
0.2	0.4462	0.1318	0.0355	0.0054
0.3	0.7053	0.2128	0.1125	0.0181
0.4	0.9554	0.3080	0.2336	0.0416
0.5	1.1650	0.4182	0.3749	0.0775
0.6	1.3251	0.5427	0.5082	0.1255
0.7	1.4499	0.6802	0.6174	0.1837
0.8	1.5619	0.8292	0.7024	0.2503
0.9	1.6792	0.9878	0.7728	0.3241
1.0	1.8075	1.1517	0.8406	0.4051
1.1	1.9398	1.3141	0.9140	0.4926
1.2	2.0619	1.4673	0.9933	0.5843
1.3	2.1631	1.6060	1.0728	0.6762
1.4	2.2413	1.7295	1.1454	0.7645
1.5	2.3026	1.8401	1.2067	0.8466
1.6	2.3549	1.9404	1.2562	0.9213
1.7	2.4038	2.0315	1.2964	0.9878
1.8	2.4497	2.1127	1.3299	1.0456
1.9	2.4894	2.1828	1.3584	1.0942
2.0	2.5194	2.2410	1.3822	1.1336
2.1	2.5384	2.2878	1.4005	1.1645
2.2	2.5483	2.3247	1.4129	1.1882
2.3	2.5523	2.3540	1.4199	1.2062
2.4	2.5536	2.3780	1.4228	1.2201
2.5	2.5517	2.3961	1.4214	1.2294
2.6	2.5483	2.4102	1.4182	1.2359
2.7	2.5414	2.4193	1.4129	1.2388
2.8	2.5308	2.4229	1.4056	1.2378
2.9	2.5169	2.4215	1.3963	1.2330
3.0	2.5010	2.4164	1.3851	1.2250
3.1	2.4844	2.4090	1.3727	1.2148
3.2	2.4679	2.4007	1.3595	1.2036
3.3	2.4518	2.3922	1.3463	1.1923
3.4	2.4357	2.3835	1.3333	1.1812
3.5	2.4193	2.3740	1.3208	1.1704
3.6	2.4028	2.3632	1.3087	1.1594
3.7	2.3864	2.3514	1.2970	1.1481
3.8	2.3706	2.3389	1.2857	1.1366
3.9	2.3558	2.3268	1.2750	1.1251
4.0	2.3422	2.3157	1.2650	1.1144
4.1	2.3297	2.3060	1.2558	1.1046
4.2	2.3179	2.2973	1.2476	1.0960
4.3	2.3070	2.2893	1.2403	1.0885
4.4	2.2967	2.2814	1.2338	1.0818
4.5	2.2873	2.2737	1.2282	1.0758
4.6	2.2787	2.2661	1.2232	1.0702
4.7	2.2710	2.2535	1.2190	1.0652
4.8	2.2642	2.2488	1.2154	1.0609
4.9	2.2582	2.2450	1.2125	1.0573
5.0	2.2528	2.2450	1.2102	1.0547

X	QEE	QEH	QSE	QSH
5.2	2.2434	2.2385	1.2070	1.0511
5.4	2.2360	2.2328	1.2054	1.0492
5.6	2.2310	2.2289	1.2058	1.0491
5.8	2.2260	2.2259	1.2059	1.0492
6.0	2.2223	2.2242	1.2072	1.0507
6.2	2.2191	2.2223	1.2086	1.0525
6.4	2.2162	2.2206	1.2101	1.0543
6.6	2.2135	2.2192	1.2116	1.0562
6.8	2.2108	2.2179	1.2128	1.0580
7.0	2.2082	2.2164	1.2140	1.0598
7.2	2.2054	2.2146	1.2148	1.0611
7.4	2.2027	2.2128	1.2155	1.0624
7.6	2.2000	2.2110	1.2160	1.0635
7.8	2.1969	2.2088	1.2160	1.0641
8.0	2.1943	2.2068	1.2163	1.0649
8.2	2.1913	2.2045	1.2161	1.0653
8.4	2.1884	2.2021	1.2159	1.0656
8.6	2.1855	2.1998	1.2156	1.0658
8.8	2.1827	2.1975	1.2152	1.0660
9.0	2.1800	2.1952	1.2149	1.0661
9.2	2.1774	2.1930	1.2146	1.0663
9.4	2.1749	2.1909	1.2142	1.0664
9.6	2.1725	2.1888	1.2140	1.0666
9.8	2.1702	2.1868	1.2137	1.0667
10.0	2.1678	2.1847	1.2133	1.0668
10.2	2.1687	2.1860	1.2159	1.0697
10.4	2.1645	2.1819	1.2136	1.0679
10.6	2.1625	2.1801	1.2133	1.0680
10.8	2.1606	2.1784	1.2131	1.0682
11.0	2.1588	2.1768	1.2130	1.0684
11.2	2.1571	2.1752	1.2128	1.0686
11.4	2.1554	2.1736	1.2126	1.0688
11.6	2.1537	2.1721	1.2125	1.0690
11.8	2.1522	2.1706	1.2123	1.0692
12.0	2.1506	2.1692	1.2121	1.0693
12.2	2.1491	2.1678	1.2120	1.0695
12.4	2.1476	2.1664	1.2118	1.0697
12.6	2.1462	2.1650	1.2116	1.0698
12.8	2.1448	2.1637	1.2115	1.0700
13.0	2.1434	2.1624	1.2113	1.0701
13.2	2.1420	2.1610	1.2114	1.0701
13.4	2.1413	2.1603	1.2110	1.0708
13.6	2.1398	2.1588	1.2110	1.0708
13.8	2.1385	2.1576	1.2108	1.0708
14.0	2.1373	2.1564	1.2106	1.0710
14.2	2.1361	2.1552	1.2105	1.0711
14.4	2.1350	2.1541	1.2103	1.0712
14.6	2.1338	2.1530	1.2101	1.0713
14.8	2.1327	2.1518	1.2100	1.0713
15.0	2.1316	2.1507	1.2098	1.0714

Table T2.47

N = 1.600 K = 0.500

X	QEE	QEH	QSE	QSH
0.1	0.2588	0.0761	0.0053	0.0008
0.2	0.5399	0.1605	0.0410	0.0063
0.3	0.8247	0.2582	0.1259	0.0209
0.4	1.0770	0.3715	0.2526	0.0480
0.5	1.2742	0.5007	0.3935	0.0889
0.6	1.4211	0.6439	0.5221	0.1427
0.7	1.5394	0.7986	0.6264	0.2071
0.8	1.6509	0.9612	0.7087	0.2792
0.9	1.7672	1.1272	0.7781	0.3568
1.0	1.8876	1.2906	0.8444	0.4388
1.1	2.0020	1.4443	0.9131	0.5234
1.2	2.1001	1.5834	0.9833	0.6080
1.3	2.1773	1.7064	1.0505	0.6899
1.4	2.2365	1.8149	1.1101	0.7668
1.5	2.2840	1.9116	1.1600	0.8372
1.6	2.3251	1.9981	1.2003	0.9006
1.7	2.3620	2.0745	1.2329	0.9562
1.8	2.3938	2.1398	1.2597	1.0035
1.9	2.4185	2.1936	1.2816	1.0422
2.0	2.4349	2.2364	1.2990	1.0726
2.1	2.4440	2.2697	1.3121	1.0957
2.2	2.4475	2.2958	1.3209	1.1130
2.3	2.4478	2.3167	1.3260	1.1260
2.4	2.4465	2.3341	1.3286	1.1364
2.5	2.4440	2.3467	1.3278	1.1433
2.6	2.4367	2.3560	1.3260	1.1484
2.7	2.4289	2.3611	1.3228	1.1507
2.8	2.4191	2.3620	1.3184	1.1504
2.9	2.4080	2.3597	1.3129	1.1475
3.0	2.3962	2.3556	1.3066	1.1427
3.1	2.3844	2.3507	1.2997	1.1369
3.2	2.3728	2.3457	1.2927	1.1309
3.3	2.3615	2.3408	1.2858	1.1251
3.4	2.3504	2.3355	1.2790	1.1196
3.5	2.3393	2.3294	1.2727	1.1142
3.6	2.3286	2.3225	1.2666	1.1087
3.7	2.3182	2.3150	1.2610	1.1031
3.8	2.3085	2.3076	1.2557	1.0974
3.9	2.2994	2.3008	1.2508	1.0920
4.0	2.2910	2.2948	1.2464	1.0872
4.1	2.2833	2.2896	1.2425	1.0830
4.2	2.2761	2.2849	1.2391	1.0795
4.3	2.2694	2.2803	1.2361	1.0765
4.4	2.2632	2.2757	1.2336	1.0740
4.5	2.2576	2.2712	1.2315	1.0717
4.6	2.2523	2.2669	1.2297	1.0696
4.7	2.2476	2.2631	1.2283	1.0679
4.8	2.2433	2.2598	1.2272	1.0664
4.9	2.2393	2.2571	1.2263	1.0654
5.0	2.2358	2.2548	1.2257	1.0647
5.2	2.2292	2.2502	1.2249	1.0641
5.4	2.2236	2.2459	1.2247	1.0640
5.6	2.2195	2.2429	1.2256	1.0649
5.8	2.2148	2.2397	1.2258	1.0653
6.0	2.2111	2.2373	1.2266	1.0665
6.2	2.2075	2.2346	1.2273	1.0676
6.4	2.2042	2.2321	1.2279	1.0687
6.6	2.2010	2.2297	1.2286	1.0697
6.8	2.1979	2.2274	1.2291	1.0707
7.0	2.1950	2.2251	1.2295	1.0716
7.2	2.1920	2.2226	1.2298	1.0724
7.4	2.1892	2.2203	1.2301	1.0732
7.6	2.1865	2.2181	1.2304	1.0739
7.8	2.1836	2.2155	1.2304	1.0743
8.0	2.1813	2.2135	1.2307	1.0750
8.2	2.1786	2.2111	1.2306	1.0754
8.4	2.1761	2.2087	1.2305	1.0757
8.6	2.1736	2.2065	1.2304	1.0760
8.8	2.1713	2.2042	1.2303	1.0763
9.0	2.1690	2.2020	1.2302	1.0766
9.2	2.1668	2.1999	1.2301	1.0769
9.4	2.1647	2.1979	1.2299	1.0772
9.6	2.1626	2.1959	1.2298	1.0774
9.8	2.1607	2.1940	1.2297	1.0777
10.0	2.1586	2.1919	1.2294	1.0778
10.2	2.1598	2.1932	1.2322	1.0808
10.4	2.1558	2.1891	1.2300	1.0790
10.6	2.1540	2.1873	1.2298	1.0791
10.8	2.1523	2.1855	1.2296	1.0793
11.0	2.1507	2.1838	1.2295	1.0795
11.2	2.1491	2.1822	1.2294	1.0797
11.4	2.1476	2.1806	1.2292	1.0799
11.6	2.1461	2.1790	1.2291	1.0801
11.8	2.1446	2.1775	1.2290	1.0803
12.0	2.1432	2.1760	1.2288	1.0804
12.2	2.1418	2.1745	1.2287	1.0806
12.4	2.1405	2.1731	1.2285	1.0807
12.6	2.1392	2.1716	1.2284	1.0809
12.8	2.1379	2.1703	1.2283	1.0810
13.0	2.1366	2.1689	1.2281	1.0811
13.2	2.1353	2.1674	1.2278	1.0811
13.4	2.1347	2.1668	1.2283	1.0818
13.6	2.1333	2.1652	1.2277	1.0817
13.8	2.1322	2.1639	1.2276	1.0818
14.0	2.1311	2.1627	1.2274	1.0819
14.2	2.1300	2.1615	1.2273	1.0820
14.4	2.1289	2.1603	1.2272	1.0821
14.6	2.1279	2.1591	1.2271	1.0822
14.8	2.1269	2.1580	1.2270	1.0823
15.0	2.1259	2.1569	1.2268	1.0824

Table T2.48

N = 1.600 K = 1.000

x	QEE	QEH	QSE	QSH
0.1	0.4969	0.1233	0.0125	0.0016
0.2	0.9387	0.2629	0.0864	0.0125
0.3	1.2689	0.4274	0.2292	0.0416
0.4	1.4874	0.6182	0.4010	0.0946
0.5	1.6348	0.8294	0.5618	0.1719
0.6	1.7506	1.0492	0.6941	0.2682
0.7	1.8555	1.2628	0.7980	0.3741
0.8	1.9529	1.4567	0.8810	0.4800
0.9	2.0378	1.6223	0.9510	0.5783
1.0	2.1055	1.7581	1.0127	0.6646
1.1	2.1554	1.8683	1.0675	0.7380
1.2	2.1912	1.9600	1.1151	0.8003
1.3	2.2172	2.0390	1.1553	0.8543
1.4	2.2368	2.1083	1.1882	0.9025
1.5	2.2517	2.1677	1.2147	0.9458
1.6	2.2626	2.2160	1.2359	0.9837
1.7	2.2697	2.2524	1.2530	1.0152
1.8	2.2735	2.2783	1.2669	1.0397
1.9	2.2747	2.2964	1.2783	1.0578
2.0	2.2742	2.3101	1.2876	1.0710
2.1	2.2726	2.3219	1.2952	1.0812
2.2	2.2703	2.3327	1.3014	1.0901
2.3	2.2676	2.3423	1.3066	1.0984
2.4	2.2651	2.3503	1.3114	1.1066
2.5	2.2609	2.3543	1.3144	1.1128
2.6	2.2574	2.3565	1.3176	1.1183
2.7	2.2538	2.3568	1.3203	1.1223
2.8	2.2502	2.3562	1.3228	1.1253
2.9	2.2466	2.3550	1.3250	1.1276
3.0	2.2432	2.3564	1.3270	1.1297
3.1	2.2400	2.3567	1.3288	1.1320
3.2	2.2368	2.3568	1.3305	1.1345
3.3	2.2338	2.3562	1.3320	1.1368
3.4	2.2309	2.3549	1.3335	1.1390
3.5	2.2281	2.3530	1.3349	1.1409
3.6	2.2254	2.3510	1.3362	1.1424
3.7	2.2229	2.3491	1.3374	1.1436
3.8	2.2204	2.3474	1.3385	1.1448
3.9	2.2180	2.3460	1.3396	1.1460
4.0	2.2157	2.3446	1.3406	1.1473
4.1	2.2136	2.3431	1.3416	1.1486
4.2	2.2114	2.3413	1.3425	1.1499
4.3	2.2094	2.3393	1.3434	1.1511
4.4	2.2074	2.3372	1.3442	1.1521
4.5	2.2054	2.3351	1.3449	1.1531
4.6	2.2035	2.3331	1.3456	1.1539
4.7	2.2017	2.3313	1.3463	1.1547
4.8	2.1999	2.3295	1.3469	1.1554
4.9	2.1981	2.3277	1.3474	1.1562
5.0	2.1965	2.3259	1.3480	1.1570
5.2	2.1931	2.3218	1.3488	1.1583
5.4	2.1898	2.3177	1.3495	1.1594
5.6	2.1875	2.3145	1.3508	1.1609
5.8	2.1841	2.3105	1.3509	1.1615
6.0	2.1815	2.3070	1.3515	1.1625
6.2	2.1788	2.3032	1.3519	1.1633
6.4	2.1763	2.2996	1.3522	1.1639
6.6	2.1738	2.2962	1.3525	1.1646
6.8	2.1714	2.2927	1.3527	1.1651
7.0	2.1692	2.2894	1.3529	1.1657
7.2	2.1669	2.2860	1.3530	1.1661
7.4	2.1649	2.2829	1.3532	1.1665
7.6	2.1630	2.2799	1.3533	1.1670
7.8	2.1608	2.2766	1.3532	1.1672
8.0	2.1591	2.2738	1.3534	1.1677
8.2	2.1572	2.2708	1.3533	1.1679
8.4	2.1553	2.2678	1.3532	1.1680
8.6	2.1535	2.2649	1.3530	1.1682
8.8	2.1517	2.2621	1.3529	1.1683
9.0	2.1500	2.2593	1.3527	1.1684
9.2	2.1484	2.2566	1.3525	1.1685
9.4	2.1468	2.2540	1.3523	1.1686
9.6	2.1452	2.2514	1.3522	1.1687
9.8	2.1437	2.2489	1.3519	1.1686
10.0	2.1421	2.2463	1.3516	1.1715
10.2	2.1436	2.2470	1.3543	1.1715
10.4	2.1401	2.2424	1.3520	1.1695
10.6	2.1386	2.2400	1.3516	1.1694
10.8	2.1373	2.2377	1.3514	1.1694
11.0	2.1360	2.2355	1.3512	1.1694
11.2	2.1347	2.2333	1.3509	1.1694
11.4	2.1335	2.2312	1.3507	1.1694
11.6	2.1323	2.2291	1.3505	1.1693
11.8	2.1311	2.2271	1.3502	1.1693
12.0	2.1300	2.2251	1.3500	1.1693
12.2	2.1289	2.2232	1.3497	1.1693
12.4	2.1278	2.2212	1.3495	1.1693
12.6	2.1267	2.2194	1.3492	1.1692
12.8	2.1257	2.2175	1.3490	1.1692
13.0	2.1246	2.2157	1.3488	1.1691
13.2	2.1235	2.2138	1.3484	1.1690
13.4	2.1231	2.2127	1.3487	1.1695
13.6	2.1220	2.2108	1.3483	1.1692
13.8	2.1210	2.2091	1.3480	1.1691
14.0	2.1201	2.2075	1.3478	1.1690
14.2	2.1192	2.2058	1.3475	1.1691
14.4	2.1183	2.2043	1.3473	1.1691
14.6	2.1174	2.2027	1.3471	1.1690
14.8	2.1166	2.2012	1.3468	1.1689
15.0	2.1158	2.1997	1.3466	1.1688

Table T2.49

N = 1.700 K = 0.0

X	QEE	QEH	QSE	QSH	X	QEE	QEH	QSE	QSH
0.1	0.0046	0.0006	0.0046	0.0006	5.2	1.1982	1.3749	1.1982	1.3749
0.2	0.0401	0.0047	0.0401	0.0047	5.4	1.2655	1.3252	1.2655	1.3252
0.3	0.1469	0.0161	0.1469	0.0161	5.6	1.8966	1.2075	1.8966	1.2075
0.4	0.3628	0.0380	0.3628	0.0380	5.8	1.8022	1.6325	1.8022	1.6325
0.5	0.6807	0.0729	0.6807	0.0729	6.0	2.0828	2.2383	2.0828	2.2383
0.6	1.0183	0.1222	1.0183	0.1222	6.2	2.6280	2.1294	2.6280	2.1294
0.7	1.2752	0.1864	1.2752	0.1864	6.4	2.6505	2.3067	2.6505	2.3067
0.8	1.4210	0.2671	1.4210	0.2671	6.6	2.8744	3.0390	2.8744	3.0390
0.9	1.4995	0.3700	1.4995	0.3700	6.8	3.0500	2.9758	3.0500	2.9758
1.0	1.5893	0.5106	1.5893	0.5106	7.0	3.2423	2.9373	3.2423	2.9373
1.1	1.7802	0.7165	1.7802	0.7165	7.2	3.2009	3.0653	3.2009	3.0653
1.2	2.1393	1.0127	2.1393	1.0127	7.4	3.1509	3.2551	3.1509	3.2551
1.3	2.6216	1.3749	2.6216	1.3749	7.6	3.5025	2.9901	3.5025	2.9901
1.4	3.0412	1.7130	3.0412	1.7130	7.8	2.9389	2.7857	2.9389	2.7857
1.5	3.2578	1.9613	3.2578	1.9613	8.0	2.6602	3.0335	2.6602	3.0335
1.6	3.3063	2.1413	3.3063	2.1413	8.2	2.4315	2.4216	2.4315	2.4216
1.7	3.3045	2.3105	3.3045	2.3105	8.4	2.2408	2.1747	2.2408	2.1747
1.8	3.3707	2.5133	3.3707	2.5133	8.6	1.9856	1.9413	1.9856	1.9413
1.9	3.6059	2.7689	3.6059	2.7689	8.8	1.6607	1.6878	1.6607	1.6878
2.0	4.0151	3.0636	4.0151	3.0636	9.0	1.5383	1.5325	1.5383	1.5325
2.1	4.3842	3.3437	4.3842	3.3437	9.2	1.5607	1.4078	1.5607	1.4078
2.2	4.4940	3.5397	4.4940	3.5397	9.4	1.3443	1.3877	1.3443	1.3877
2.3	4.3830	3.6291	4.3830	3.6291	9.6	1.4332	1.2829	1.4332	1.2829
2.4	4.1870	3.6555	4.1870	3.6555	9.8	1.5508	1.3905	1.5508	1.3905
2.5	4.0313	3.6756	4.0313	3.6756	10.0	1.6450	1.6651	1.6450	1.6651
2.6	4.0438	3.7197	4.0438	3.7197	10.2	1.6721	1.6389	1.6721	1.6389
2.7	4.2848	3.7821	4.2848	3.7821	10.4	1.8969	1.8172	1.8969	1.8172
2.8	4.5075	3.8359	4.5075	3.8359	10.6	2.3239	2.1016	2.3239	2.1016
2.9	4.4064	3.8496	4.4064	3.8496	10.8	2.3729	2.3373	2.3729	2.3373
3.0	4.1033	3.8025	4.1033	3.8025	11.0	2.4791	2.4559	2.4791	2.4559
3.1	3.7544	3.6895	3.7544	3.6895	11.2	2.8689	2.6203	2.8689	2.6203
3.2	3.4297	3.5219	3.4297	3.5219	11.4	2.9253	2.8684	2.9253	2.8684
3.3	3.2467	3.3311	3.2467	3.3311	11.6	2.8775	2.9139	2.8775	2.9139
3.4	3.3500	3.1526	3.3500	3.1526	11.8	2.8816	2.8104	2.8816	2.8104
3.5	3.4830	3.0049	3.4830	3.0049	12.0	2.9687	2.9579	2.9687	2.9579
3.6	3.2174	2.8902	3.2174	2.8902	12.2	2.8133	2.8809	2.8133	2.8809
3.7	2.8249	2.7912	2.8249	2.7912	12.4	2.5615	2.5986	2.5615	2.5986
3.8	2.4646	2.6631	2.4646	2.6631	12.6	2.5861	2.3419	2.5861	2.3419
3.9	2.1403	2.4563	2.1403	2.4563	12.8	2.2734	2.3152	2.2734	2.3152
4.0	1.9218	2.1708	1.9218	2.1708	13.0	2.0435	2.1392	2.0435	2.1392
4.1	2.0103	1.8760	2.0103	1.8760	13.2	1.8403	1.7741	1.8403	1.7741
4.2	2.1700	1.6593	2.1700	1.6593	13.4	1.6850	1.6177	1.6850	1.6177
4.3	1.8597	1.5645	1.8597	1.5645	13.6	1.5986	1.7229	1.5986	1.7229
4.4	1.5635	1.5743	1.5635	1.5743	13.8	1.4708	1.4757	1.4708	1.4757
4.5	1.3540	1.5960	1.3540	1.5960	14.0	1.5567	1.3470	1.5567	1.3470
4.6	1.1778	1.4997	1.1778	1.4997	14.2	1.4995	1.5004	1.4995	1.5004
4.7	1.0763	1.2757	1.0763	1.2757	14.4	1.5946	1.6197	1.5946	1.6197
4.8	1.2824	1.0378	1.2824	1.0378	14.6	1.7586	1.6127	1.7586	1.6127
4.9	1.5405	0.8959	1.5405	0.8959	14.8	1.8364	1.7356	1.8364	1.7356
5.0	1.2716	0.9144	1.2716	0.9144	15.0	2.0448	2.1461	2.0448	2.1461

Table T2.50   293

N = 1.700 K = 0.050

x	QEE	QEH	QSE	QSH	x	QEE	QEH	QSE	QSH
0.1	0.0326	0.0078	0.0046	0.0006	5.2	1.6595	1.6603	0.9623	0.8656
0.2	0.1010	0.0196	0.0398	0.0048	5.4	1.7607	1.6637	1.0190	0.8894
0.3	0.2433	0.0394	0.1433	0.0161	5.6	1.9674	1.6842	1.1627	0.9147
0.4	0.4844	0.0705	0.3446	0.0379	5.8	2.0436	1.9156	1.2951	1.0852
0.5	0.7987	0.1155	0.6280	0.0726	6.0	2.1765	2.1289	1.4270	1.2730
0.6	1.1042	0.1757	0.9183	0.1212	6.2	2.3936	2.1769	1.5789	1.3677
0.7	1.3269	0.2522	1.1383	0.1841	6.4	2.5115	2.3093	1.7295	1.4924
0.8	1.4597	0.3472	1.2701	0.2625	6.6	2.5896	2.5414	1.8310	1.6550
0.9	1.5510	0.4672	1.3510	0.3614	6.8	2.6939	2.5925	1.8862	1.7221
1.0	1.6703	0.6266	1.4438	0.4931	7.0	2.7663	2.5936	1.9376	1.7505
1.1	1.8844	0.8448	1.6145	0.6769	7.2	2.7407	2.6633	1.9605	1.7887
1.2	2.2190	1.1279	1.8991	0.9237	7.4	2.7085	2.6848	1.9198	1.7861
1.3	2.6058	1.4411	2.2498	1.2080	7.6	2.6819	2.5847	1.8412	1.7102
1.4	2.9131	1.7206	2.5490	1.4726	7.8	2.6080	2.5038	1.7601	1.6207
1.5	3.0747	1.9364	2.7221	1.6834	8.0	2.4629	2.4557	1.6608	1.5389
1.6	3.1321	2.1104	2.7911	1.8526	8.2	2.3626	2.3251	1.5362	1.4298
1.7	3.1713	2.2806	2.8259	2.0110	8.4	2.2592	2.1952	1.4180	1.3051
1.8	3.2735	2.4727	2.8990	2.1818	8.6	2.1385	2.1089	1.3098	1.1878
1.9	3.4848	2.6917	3.0604	2.3706	8.8	2.0391	2.0191	1.2056	1.0922
2.0	3.7618	2.9189	3.2885	2.5636	9.0	1.9810	1.9274	1.1308	1.0191
2.1	3.9681	3.1174	3.4734	2.7319	9.2	1.9343	1.8805	1.0914	0.9637
2.2	4.0170	3.2547	3.5285	2.8497	9.4	1.8993	1.8651	1.0591	0.9262
2.3	3.9442	3.3288	3.4706	2.9151	9.6	1.9048	1.8519	1.0454	0.9164
2.4	3.8338	3.3657	3.3666	2.9481	9.8	1.9433	1.8756	1.0787	0.9418
2.5	3.7657	3.3925	3.2841	2.9683	10.0	1.9861	1.9308	1.1351	0.9875
2.6	3.7985	3.4243	3.2778	2.9872	10.2	2.0428	1.9879	1.1871	1.0413
2.7	3.9071	3.4568	3.3405	3.0002	10.4	2.1195	2.0507	1.2448	1.1000
2.8	3.9552	3.4763	3.3709	2.9957	10.6	2.2007	2.1353	1.3263	1.1749
2.9	3.8551	3.4668	3.2831	2.9614	10.8	2.2634	2.2110	1.4001	1.2492
3.0	3.6563	3.4176	3.1088	2.8898	11.0	2.3245	2.2670	1.4537	1.3080
3.1	3.4349	3.3273	2.8765	2.7820	11.2	2.3843	2.3232	1.5010	1.3551
3.2	3.2511	3.2057	2.6724	2.6494	11.4	2.4166	2.3710	1.5372	1.3918
3.3	3.1593	3.0719	2.5400	2.5099	11.6	2.4254	2.3856	1.5484	1.4084
3.4	3.1538	2.9460	2.4904	2.3792	11.8	2.4273	2.3804	1.5418	1.4049
3.5	3.1073	2.8396	2.4372	2.2641	12.0	2.4118	2.3726	1.5250	1.3884
3.6	2.9372	2.7502	2.2995	2.1598	12.2	2.3710	2.3453	1.4880	1.3544
3.7	2.7069	2.6600	2.0987	2.0497	12.4	2.3224	2.2919	1.4326	1.3019
3.8	2.4826	2.5436	1.8777	1.9125	12.6	2.2731	2.2381	1.3775	1.2462
3.9	2.3054	2.3888	1.6709	1.7403	12.8	2.2134	2.1908	1.3249	1.1932
4.0	2.2055	2.2112	1.5200	1.5511	13.0	2.1525	2.1320	1.2643	1.1333
4.1	2.1930	2.0466	1.4495	1.3800	13.2	2.1032	2.0715	1.2042	1.0720
4.2	2.1548	1.9286	1.4029	1.2565	13.4	2.0622	2.0329	1.1626	1.0275
4.3	2.0252	1.8684	1.3180	1.1868	13.6	2.0270	2.0058	1.1349	0.9981
4.4	1.8721	1.8445	1.2100	1.1482	13.8	2.0081	1.9788	1.1128	0.9747
4.5	1.7442	1.8087	1.0991	1.0989	14.0	2.0055	1.9688	1.1027	0.9619
4.6	1.6610	1.7277	1.0107	1.0107	14.2	2.0120	1.9826	1.1115	0.9679
4.7	1.6477	1.6164	0.9984	0.8962	14.4	2.0015	2.0236	1.1324	0.9876
4.8	1.7040	1.5184	0.9334	0.7931	14.6	2.0302	2.0236	1.1595	1.0142
4.9	1.7362	1.4731	0.9402	0.7364	14.8	2.0614	2.0609	1.1945	1.0476
5.0	1.7022	1.4995	0.9435	0.7433	15.0	2.1352	2.1053	1.2339	1.0861

Table T2.51

N = 1.700 K = 0.100

X	QEE	QEH	QSE	QSH	X	QEE	QEH	QSE	QSH
0.1	0.0605	0.0149	0.0047	0.0006	5.2	1.9355	1.8741	0.9877	0.8204
0.2	0.1608	0.0344	0.0400	0.0048	5.4	1.9968	1.8884	1.0311	0.8477
0.3	0.3352	0.0626	0.1412	0.0163	5.6	2.0912	1.9281	1.1056	0.8871
0.4	0.5958	0.1029	0.3311	0.0383	5.8	2.1541	2.0455	1.1861	0.9725
0.5	0.9032	0.1579	0.5874	0.0730	6.0	2.2297	2.1447	1.2640	1.0641
0.6	1.1805	0.2291	0.8419	0.1214	6.2	2.3265	2.1946	1.3453	1.1346
0.7	1.3769	0.3176	1.0343	0.1837	6.4	2.3952	2.2706	1.4214	1.2052
0.8	1.5019	0.4260	1.1548	0.2606	6.6	2.4387	2.3620	1.4733	1.2730
0.9	1.6048	0.5611	1.2360	0.3562	6.8	2.4806	2.3968	1.5041	1.3133
1.0	1.7449	0.7347	1.3288	0.4805	7.0	2.5053	2.4061	1.5254	1.3340
1.1	1.9672	0.9576	1.4816	0.6463	7.2	2.5296	2.4263	1.5296	1.3449
1.2	2.2690	1.2237	1.7118	0.8564	7.4	2.4976	2.4248	1.5090	1.3366
1.3	2.5796	1.4971	1.9770	1.0878	7.6	2.4771	2.3864	1.4727	1.3056
1.4	2.8111	1.7355	2.2008	1.3035	7.8	2.4499	2.3457	1.4307	1.2649
1.5	2.9372	1.9276	2.3414	1.4843	8.0	2.4050	2.3089	1.3822	1.2217
1.6	2.9993	2.0928	2.4140	1.6372	8.2	2.3505	2.2562	1.3278	1.1723
1.7	3.0604	2.2560	2.4620	1.7789	8.4	2.2984	2.2002	1.2751	1.1195
1.8	3.1715	2.4311	2.5299	1.9206	8.6	2.2480	2.1562	1.2276	1.0710
1.9	3.3445	2.6155	2.6413	2.0626	8.8	2.1978	2.1182	1.1868	1.0314
2.0	3.5294	2.7922	2.7746	2.1951	9.0	2.1565	2.0841	1.1569	1.0012
2.1	3.6468	2.9381	2.8724	2.3040	9.2	2.1275	2.0628	1.1385	0.9800
2.2	3.6654	3.0391	2.8983	2.3804	9.4	2.1073	2.0542	1.1287	0.9684
2.3	3.6163	3.0990	2.8627	2.4266	9.6	2.0964	2.0536	1.1286	0.9677
2.4	3.5539	3.1342	2.8016	2.4523	9.8	2.0978	2.0623	1.1400	0.9777
2.5	3.5235	3.1583	2.7496	2.4641	10.0	2.1087	2.0795	1.1588	0.9948
2.6	3.5443	3.1800	2.7295	2.4673	10.2	2.1247	2.1045	1.1833	1.0187
2.7	3.5802	3.1961	2.7277	2.4589	10.4	2.1491	2.1268	1.2053	1.0409
2.8	3.5657	3.1990	2.7011	2.4340	10.6	2.1721	2.1531	1.2313	1.0668
2.9	3.4753	3.1797	2.6201	2.3872	10.8	2.1970	2.1774	1.2556	1.0916
3.0	3.3374	3.1328	2.4924	2.3166	11.0	2.2192	2.1977	1.2753	1.1124
3.1	3.1942	3.0593	2.3458	2.2256	11.2	2.2386	2.2144	1.2903	1.1284
3.2	3.0805	2.9680	2.2108	2.1226	11.4	2.2536	2.2256	1.3000	1.1393
3.3	3.0122	2.8719	2.1085	2.0181	11.6	2.2620	2.2297	1.3035	1.1441
3.4	2.9657	2.7828	2.0350	1.9200	11.8	2.2643	2.2282	1.3012	1.1431
3.5	2.8905	2.7057	1.9596	1.8299	12.0	2.2614	2.2223	1.2939	1.1370
3.6	2.7679	2.6352	1.8577	1.7423	12.2	2.2532	2.2112	1.2820	1.1261
3.7	2.6220	2.5588	1.7301	1.6473	12.4	2.2401	2.1960	1.2668	1.1117
3.8	2.4841	2.4652	1.5925	1.5374	12.6	2.2243	2.1797	1.2504	1.0958
3.9	2.3775	2.3551	1.4645	1.4150	12.8	2.2070	2.1632	1.2338	1.0796
4.0	2.3119	2.2420	1.3636	1.2932	13.0	2.1889	2.1462	1.2174	1.0635
4.1	2.2706	2.1444	1.2939	1.1881	13.2	2.1716	2.1307	1.2027	1.0487
4.2	2.2175	2.0753	1.2400	1.1096	13.4	2.1564	2.1195	1.1919	1.0377
4.3	2.1399	2.0336	1.1853	1.0557	13.6	2.1446	2.1105	1.1837	1.0295
4.4	2.0557	2.0033	1.1257	1.0130	13.8	2.1350	2.1044	1.1789	1.0247
4.5	1.9859	1.9642	1.0652	0.9659	14.0	2.1293	2.1023	1.1776	1.0232
4.6	1.9442	1.9096	1.0120	0.9085	14.2	2.1274	2.1039	1.1798	1.0253
4.7	1.9350	1.8510	0.9755	0.8487	14.4	2.1324	2.1080	1.1848	1.0303
4.8	1.9451	1.8073	0.9597	0.8006	14.6	2.1385	2.1139	1.1917	1.0375
4.9	1.9501	1.7931	0.9588	0.7759	14.8	2.1458	2.1216	1.2000	1.0459
5.0	1.9423	1.8106	0.9649	0.7778	15.0	2.1536	2.1301	1.2087	1.0551

Table T2.52   295

N = 1.700 K = 0.200

x	QEE	QEH	QSE	QSH	x	QEE	QEH	QSE	QSH
0.1	0.1159	0.0290	0.0050	0.0006	5.2	2.1762	2.1039	1.1201	0.9287
0.2	0.2766	0.0637	0.0414	0.0051	5.4	2.1932	2.1129	1.1405	0.9444
0.3	0.5060	0.1085	0.1411	0.0171	5.6	2.2173	2.1331	1.1671	0.9662
0.4	0.7917	0.1672	0.3156	0.0400	5.8	2.2381	2.1650	1.1945	0.9945
0.5	1.0790	0.2421	0.5343	0.0758	6.0	2.2594	2.1917	1.2213	1.0239
0.6	1.3105	0.3346	0.7403	0.1252	6.2	2.2802	2.2103	1.2457	1.0490
0.7	1.4714	0.4459	0.8957	0.1877	6.4	2.2958	2.2300	1.2659	1.0708
0.8	1.5900	0.5786	1.0002	0.2636	6.6	2.3051	2.2479	1.2802	1.0888
0.9	1.7109	0.7376	1.0796	0.3554	6.8	2.3099	2.2561	1.2887	1.1009
1.0	1.8717	0.9277	1.1683	0.4686	7.0	2.3100	2.2578	1.2924	1.1072
1.1	2.0832	1.1465	1.2926	0.6080	7.2	2.3045	2.2571	1.2912	1.1089
1.2	2.3167	1.3765	1.4530	0.7692	7.4	2.2953	2.2526	1.2858	1.1065
1.3	2.5206	1.5920	1.6204	0.9364	7.6	2.2838	2.2432	1.2773	1.1006
1.4	2.6619	1.7774	1.7603	1.0922	7.8	2.2700	2.2313	1.2668	1.0920
1.5	2.7479	1.9357	1.8577	1.2293	8.0	2.2558	2.2198	1.2560	1.0829
1.6	2.8103	2.0798	1.9209	1.3495	8.2	2.2415	2.2076	1.2447	1.0732
1.7	2.8809	2.2197	1.9686	1.4576	8.4	2.2283	2.1955	1.2343	1.0639
1.8	2.9736	2.3572	2.0180	1.5555	8.6	2.2165	2.1849	1.2253	1.0558
1.9	3.0755	2.4863	2.0736	1.6417	8.8	2.2067	2.1763	1.2182	1.0495
2.0	3.1563	2.5972	2.1246	1.7130	9.0	2.1991	2.1695	1.2131	1.0451
2.1	3.1936	2.6825	2.1548	1.7669	9.2	2.1935	2.1647	1.2100	1.0425
2.2	3.1898	2.7412	2.1575	1.8034	9.4	2.1898	2.1619	1.2088	1.0418
2.3	3.1646	2.7785	2.1383	1.8250	9.6	2.1879	2.1607	1.2091	1.0426
2.4	3.1404	2.8025	2.1092	1.8351	9.8	2.1872	2.1608	1.2107	1.0447
2.5	3.1266	2.8171	2.0783	1.8341	10.0	2.1873	2.1617	1.2129	1.0476
2.6	3.1200	2.8264	2.0507	1.8251	10.2	2.1877	2.1665	1.2187	1.0539
2.7	3.1027	2.8282	2.0201	1.8066	10.4	2.1900	2.1662	1.2196	1.0556
2.8	3.0616	2.8189	1.9780	1.7774	10.6	2.1909	2.1679	1.2224	1.0590
2.9	2.9982	2.7955	1.9208	1.7366	10.8	2.1914	2.1693	1.2248	1.0622
3.0	2.9248	2.7579	1.8521	1.6854	11.0	2.1914	2.1703	1.2267	1.0647
3.1	2.8552	2.7097	1.7800	1.6270	11.2	2.1909	2.1706	1.2279	1.0667
3.2	2.7967	2.6570	1.7121	1.5660	11.4	2.1897	2.1702	1.2284	1.0679
3.3	2.7469	2.6060	1.6518	1.5067	11.6	2.1878	2.1692	1.2282	1.0684
3.4	2.6968	2.5597	1.5971	1.4511	11.8	2.1855	2.1676	1.2275	1.0683
3.5	2.6386	2.5169	1.5431	1.3983	12.0	2.1827	2.1655	1.2263	1.0678
3.6	2.5729	2.4733	1.4863	1.3455	12.2	2.1797	2.1631	1.2248	1.0669
3.7	2.5067	2.4251	1.4272	1.2902	12.4	2.1765	2.1606	1.2231	1.0657
3.8	2.4475	2.3720	1.3692	1.2325	12.6	2.1733	2.1579	1.2213	1.0645
3.9	2.3995	2.3182	1.3165	1.1753	12.8	2.1701	2.1554	1.2196	1.0633
4.0	2.3615	2.2698	1.2719	1.1231	13.0	2.1672	2.1529	1.2180	1.0622
4.1	2.3281	2.2313	1.2358	1.0794	13.2	2.1644	2.1506	1.2166	1.0613
4.2	2.2948	2.2031	1.2059	1.0449	13.4	2.1626	2.1492	1.2161	1.0612
4.3	2.2612	2.1813	1.1800	1.0176	13.6	2.1603	2.1473	1.2150	1.0606
4.4	2.2305	2.1608	1.1570	0.9941	13.8	2.1585	2.1459	1.2145	1.0605
4.5	2.2063	2.1386	1.1371	0.9718	14.0	2.1570	2.1448	1.2141	1.0606
4.6	2.1904	2.1161	1.1213	0.9508	14.2	2.1557	2.1439	1.2140	1.0609
4.7	2.1820	2.0975	1.1107	0.9331	14.4	2.1546	2.1431	1.2142	1.0613
4.8	2.1778	2.0868	1.1053	0.9209	14.6	2.1536	2.1425	1.2143	1.0619
4.9	2.1752	2.0851	1.1046	0.9156	14.8	2.1527	2.1419	1.2143	1.0625
5.0	2.1734	2.0903	1.1074	0.9167	15.0	2.1518	2.1414	1.2145	1.0631

Table T2.53

N = 1.700   K = 0.300

X	QEE	QEH	QSE	QSH
0.1	0.1707	0.0427	0.0054	0.0007
0.2	0.3874	0.0922	0.0444	0.0055
0.3	0.6602	0.1534	0.1459	0.0185
0.4	0.9567	0.2301	0.3124	0.0431
0.5	1.2206	0.3244	0.5081	0.0812
0.6	1.4180	0.4374	0.6853	0.1332
0.7	1.5582	0.5698	0.8189	0.1980
0.8	1.6761	0.7228	0.9134	0.2750
0.9	1.8071	0.8980	0.9903	0.3654
1.0	1.9691	1.0932	1.0738	0.4715
1.1	2.1534	1.2985	1.1779	0.5934
1.2	2.3291	1.4968	1.2981	0.7253
1.3	2.4672	1.6738	1.4155	0.8563
1.4	2.5612	1.8262	1.5129	0.9775
1.5	2.6253	1.9601	1.5843	1.0853
1.6	2.6806	2.0829	1.6347	1.1798
1.7	2.7403	2.1979	1.6734	1.2623
1.8	2.8037	2.3034	1.7073	1.3326
1.9	2.8588	2.3946	1.7376	1.3902
2.0	2.8924	2.4674	1.7600	1.4342
2.1	2.9011	2.5205	1.7700	1.4652
2.2	2.8918	2.5564	1.7669	1.4845
2.3	2.8753	2.5793	1.7538	1.4942
2.4	2.8598	2.5946	1.7355	1.4968
2.5	2.8446	2.6029	1.7133	1.4920
2.6	2.8272	2.6068	1.6900	1.4823
2.7	2.8013	2.6038	1.6633	1.4667
2.8	2.7655	2.5924	1.6319	1.4446
2.9	2.7232	2.5722	1.5958	1.4162
3.0	2.6797	2.5450	1.5568	1.3831
3.1	2.6391	2.5145	1.5177	1.3475
3.2	2.6023	2.4843	1.4805	1.3121
3.3	2.5677	2.4565	1.4460	1.2788
3.4	2.5327	2.4311	1.4139	1.2479
3.5	2.4965	2.4062	1.3831	1.2186
3.6	2.4602	2.3797	1.3533	1.1896
3.7	2.4262	2.3515	1.3248	1.1605
3.8	2.3962	2.3228	1.2984	1.1319
3.9	2.3706	2.2964	1.2749	1.1052
4.0	2.3486	2.2744	1.2549	1.0819
4.1	2.3289	2.2573	1.2382	1.0628
4.2	2.3107	2.2441	1.2245	1.0476
4.3	2.2943	2.2326	1.2132	1.0355
4.4	2.2800	2.2215	1.2041	1.0252
4.5	2.2687	2.2105	1.1970	1.0163
4.6	2.2602	2.2006	1.1918	1.0088
4.7	2.2542	2.1935	1.1886	1.0032
4.8	2.2498	2.1896	1.1872	0.9999
4.9	2.2466	2.1888	1.1874	0.9990
5.0	2.2445	2.1898	1.1890	1.0002
5.2	2.2426	2.1923	1.1948	1.0058
5.4	2.2446	2.1945	1.2030	1.0132
5.6	2.2489	2.2008	1.2130	1.0228
5.8	2.2520	2.2086	1.2220	1.0330
6.0	2.2550	2.2151	1.2307	1.0433
6.2	2.2571	2.2191	1.2378	1.0518
6.4	2.2577	2.2225	1.2433	1.0588
6.6	2.2567	2.2249	1.2469	1.0643
6.8	2.2541	2.2250	1.2488	1.0680
7.0	2.2504	2.2234	1.2492	1.0701
7.2	2.2456	2.2207	1.2483	1.0707
7.4	2.2401	2.2175	1.2466	1.0705
7.6	2.2343	2.2135	1.2443	1.0696
7.8	2.2280	2.2087	1.2414	1.0680
8.0	2.2224	2.2044	1.2389	1.0665
8.2	2.2166	2.2000	1.2362	1.0649
8.4	2.2113	2.1959	1.2338	1.0634
8.6	2.2065	2.1921	1.2318	1.0623
8.8	2.2022	2.1888	1.2302	1.0615
9.0	2.1985	2.1860	1.2291	1.0611
9.2	2.1952	2.1836	1.2283	1.0610
9.4	2.1924	2.1816	1.2278	1.0612
9.6	2.1899	2.1799	1.2275	1.0617
9.8	2.1877	2.1783	1.2273	1.0623
10.0	2.1854	2.1768	1.2273	1.0628
10.2	2.1865	2.1787	1.2303	1.0663
10.4	2.1824	2.1752	1.2283	1.0650
10.6	2.1805	2.1739	1.2282	1.0656
10.8	2.1786	2.1726	1.2282	1.0662
11.0	2.1767	2.1713	1.2280	1.0666
11.2	2.1748	2.1699	1.2278	1.0670
11.4	2.1729	2.1685	1.2275	1.0673
11.6	2.1709	2.1670	1.2272	1.0675
11.8	2.1690	2.1656	1.2268	1.0676
12.0	2.1671	2.1641	1.2263	1.0677
12.2	2.1651	2.1626	1.2259	1.0678
12.4	2.1633	2.1611	1.2254	1.0678
12.6	2.1615	2.1597	1.2250	1.0678
12.8	2.1597	2.1583	1.2245	1.0679
13.0	2.1580	2.1569	1.2241	1.0679
13.2	2.1562	2.1555	1.2236	1.0679
13.4	2.1553	2.1548	1.2238	1.0685
13.6	2.1535	2.1534	1.2233	1.0684
13.8	2.1521	2.1521	1.2229	1.0685
14.0	2.1506	2.1510	1.2226	1.0686
14.2	2.1493	2.1499	1.2224	1.0688
14.4	2.1479	2.1488	1.2221	1.0689
14.6	2.1466	2.1477	1.2218	1.0690
14.8	2.1454	2.1467	1.2216	1.0692
15.0	2.1441	2.1457	1.2213	1.0693

Table T2.54   297

N = 1.700 K = 0.400

x	QEE	QEH	QSE	QSH
0.1	0.2249	0.0558	0.0061	0.0008
0.2	0.4930	0.1195	0.0487	0.0061
0.3	0.7987	0.1966	0.1548	0.0205
0.4	1.0962	0.2909	0.3186	0.0475
0.5	1.3367	0.4041	0.5007	0.0891
0.6	1.5089	0.5367	0.6603	0.1450
0.7	1.6372	0.6881	0.7809	0.2136
0.8	1.7560	0.8574	0.8695	0.2936
0.9	1.8896	1.0422	0.9444	0.3844
1.0	2.0417	1.2352	1.0229	0.4860
1.1	2.1954	1.4242	1.1128	0.5962
1.2	2.3270	1.5967	1.2083	0.7091
1.3	2.4240	1.7466	1.2974	0.8174
1.4	2.4905	1.8762	1.3704	0.9162
1.5	2.5401	1.9909	1.4253	1.0036
1.6	2.5850	2.0948	1.4652	1.0796
1.7	2.6292	2.1885	1.4954	1.1443
1.8	2.6687	2.2696	1.5193	1.1975
1.9	2.6964	2.3354	1.5376	1.2391
2.0	2.7082	2.3848	1.5490	1.2692
2.1	2.7061	2.4194	1.5526	1.2890
2.2	2.6957	2.4422	1.5490	1.3002
2.3	2.6821	2.4571	1.5397	1.3048
2.4	2.6687	2.4677	1.5274	1.3053
2.5	2.6525	2.4729	1.5116	1.3010
2.6	2.6338	2.4745	1.4947	1.2940
2.7	2.6106	2.4703	1.4760	1.2832
2.8	2.5835	2.4600	1.4555	1.2684
2.9	2.5549	2.4445	1.4335	1.2500
3.0	2.5269	2.4262	1.4111	1.2295
3.1	2.5008	2.4076	1.3892	1.2085
3.2	2.4765	2.3904	1.3685	1.1885
3.3	2.4531	2.3750	1.3492	1.1702
3.4	2.4303	2.3605	1.3315	1.1535
3.5	2.4080	2.3456	1.3150	1.1379
3.6	2.3869	2.3298	1.2997	1.1227
3.7	2.3676	2.3135	1.2859	1.1079
3.8	2.3506	2.2980	1.2734	1.0939
3.9	2.3356	2.2846	1.2627	1.0814
4.0	2.3225	2.2740	1.2536	1.0709
4.1	2.3108	2.2657	1.2461	1.0626
4.2	2.3003	2.2589	1.2401	1.0562
4.3	2.2910	2.2526	1.2354	1.0512
4.4	2.2829	2.2464	1.2318	1.0472
4.5	2.2761	2.2406	1.2291	1.0438
4.6	2.2706	2.2356	1.2274	1.0412
4.7	2.2660	2.2320	1.2264	1.0412
4.8	2.2622	2.2298	1.2261	1.0395
4.9	2.2590	2.2288	1.2264	1.0388
5.0	2.2564	2.2284	1.2273	1.0400

x	QEE	QEH	QSE	QSH
5.2	2.2519	2.2272	1.2297	1.0430
5.4	2.2489	2.2260	1.2328	1.0465
5.6	2.2471	2.2266	1.2367	1.0509
5.8	2.2443	2.2270	1.2394	1.0548
6.0	2.2419	2.2272	1.2421	1.0588
6.2	2.2391	2.2263	1.2442	1.0620
6.4	2.2359	2.2252	1.2456	1.0645
6.6	2.2324	2.2238	1.2464	1.0665
6.8	2.2286	2.2218	1.2466	1.0679
7.0	2.2247	2.2194	1.2465	1.0690
7.2	2.2205	2.2167	1.2460	1.0695
7.4	2.2165	2.2140	1.2454	1.0699
7.6	2.2125	2.2113	1.2447	1.0702
7.8	2.2083	2.2083	1.2437	1.0701
8.0	2.2048	2.2057	1.2431	1.0703
8.2	2.2012	2.2029	1.2423	1.0703
8.4	2.1977	2.2003	1.2416	1.0703
8.6	2.1944	2.1978	1.2409	1.0704
8.8	2.1914	2.1955	1.2403	1.0705
9.0	2.1885	2.1933	1.2398	1.0707
9.2	2.1858	2.1912	1.2394	1.0710
9.4	2.1833	2.1893	1.2391	1.0713
9.6	2.1809	2.1874	1.2388	1.0716
9.8	2.1786	2.1856	1.2385	1.0719
10.0	2.1762	2.1837	1.2381	1.0721
10.2	2.1771	2.1851	1.2408	1.0752
10.4	2.1728	2.1812	1.2384	1.0735
10.6	2.1707	2.1795	1.2380	1.0737
10.8	2.1687	2.1779	1.2377	1.0740
11.0	2.1649	2.1763	1.2375	1.0742
11.2	2.1649	2.1747	1.2372	1.0744
11.4	2.1631	2.1732	1.2369	1.0746
11.6	2.1613	2.1717	1.2366	1.0748
11.8	2.1596	2.1702	1.2363	1.0750
12.0	2.1579	2.1687	1.2360	1.0751
12.2	2.1562	2.1673	1.2357	1.0753
12.4	2.1546	2.1659	1.2354	1.0754
12.6	2.1531	2.1646	1.2351	1.0756
12.8	2.1515	2.1633	1.2348	1.0757
13.0	2.1501	2.1619	1.2345	1.0758
13.2	2.1485	2.1605	1.2341	1.0759
13.4	2.1477	2.1599	1.2344	1.0766
13.6	2.1461	2.1585	1.2339	1.0765
13.8	2.1448	2.1572	1.2337	1.0766
14.0	2.1435	2.1561	1.2334	1.0767
14.2	2.1422	2.1549	1.2331	1.0768
14.4	2.1409	2.1538	1.2329	1.0769
14.6	2.1397	2.1527	1.2326	1.0770
14.8	2.1385	2.1516	1.2324	1.0771
15.0	2.1374	2.1505	1.2322	1.0772

Table T2.55

N = 1.700 K = 0.500

X	QEE	QEH	QSE	QSH
0.1	0.2782	0.0680	0.0070	0.0009
0.2	0.5931	0.1452	0.0544	0.0069
0.3	0.9229	0.2376	0.1672	0.0230
0.4	1.2147	0.3489	0.3319	0.0532
0.5	1.4335	0.4805	0.5064	0.0991
0.6	1.5874	0.6315	0.6554	0.1602
0.7	1.7086	0.7997	0.7683	0.2340
0.8	1.8275	0.9816	0.8535	0.3181
0.9	1.9583	1.1709	0.9268	0.4105
1.0	2.0952	1.3577	1.0013	0.5094
1.1	2.2207	1.5306	1.0808	0.6112
1.2	2.3199	1.6823	1.1603	0.7109
1.3	2.3901	1.8122	1.2317	0.8036
1.4	2.4393	1.9246	1.2896	0.8868
1.5	2.4778	2.0239	1.3334	0.9596
1.6	2.5121	2.1122	1.3656	1.0224
1.7	2.5425	2.1889	1.3895	1.0751
1.8	2.5655	2.2520	1.4073	1.1174
1.9	2.5778	2.3006	1.4198	1.1494
2.0	2.5795	2.3352	1.4269	1.1715
2.1	2.5733	2.3586	1.4287	1.1853
2.2	2.5629	2.3742	1.4260	1.1927
2.3	2.5510	2.3851	1.4199	1.1958
2.4	2.5387	2.3934	1.4120	1.1966
2.5	2.5235	2.3973	1.4012	1.1942
2.6	2.5070	2.3980	1.3901	1.1902
2.7	2.4883	2.3940	1.3781	1.1836
2.8	2.4684	2.3858	1.3655	1.1744
2.9	2.4486	2.3748	1.3527	1.1632
3.0	2.4297	2.3630	1.3399	1.1511
3.1	2.4120	2.3520	1.3277	1.1391
3.2	2.3954	2.3424	1.3164	1.1283
3.3	2.3797	2.3338	1.3060	1.1187
3.4	2.3647	2.3253	1.2965	1.1102
3.5	2.3505	2.3162	1.2881	1.1024
3.6	2.3373	2.3066	1.2805	1.0948
3.7	2.3254	2.2970	1.2739	1.0875
3.8	2.3148	2.2884	1.2681	1.0809
3.9	2.3054	2.2813	1.2632	1.0752
4.0	2.2970	2.2758	1.2592	1.0707
4.1	2.2895	2.2714	1.2561	1.0674
4.2	2.2827	2.2675	1.2536	1.0650
4.3	2.2766	2.2637	1.2517	1.0633
4.4	2.2712	2.2599	1.2504	1.0620
4.5	2.2665	2.2564	1.2495	1.0611
4.6	2.2623	2.2533	1.2490	1.0604
4.7	2.2586	2.2509	1.2489	1.0601
4.8	2.2552	2.2492	1.2488	1.0602
4.9	2.2522	2.2480	1.2492	1.0607
5.0	2.2495	2.2470	1.2497	1.0616

X	QEE	QEH	QSE	QSH
5.2	2.2443	2.2445	1.2507	1.0635
5.4	2.2397	2.2419	1.2519	1.0655
5.6	2.2363	2.2405	1.2537	1.0680
5.8	2.2319	2.2385	1.2544	1.0697
6.0	2.2281	2.2366	1.2554	1.0717
6.2	2.2243	2.2342	1.2560	1.0732
6.4	2.2205	2.2318	1.2563	1.0745
6.6	2.2167	2.2295	1.2565	1.0756
6.8	2.2129	2.2270	1.2564	1.0764
7.0	2.2093	2.2244	1.2561	1.0772
7.2	2.2057	2.2217	1.2559	1.0778
7.4	2.2023	2.2192	1.2557	1.0784
7.6	2.1991	2.2168	1.2552	1.0789
7.8	2.1957	2.2142	1.2552	1.0792
8.0	2.1929	2.2120	1.2548	1.0798
8.2	2.1899	2.2096	1.2544	1.0801
8.4	2.1870	2.2072	1.2541	1.0804
8.6	2.1842	2.2049	1.2538	1.0807
8.8	2.1816	2.2027	1.2535	1.0810
9.0	2.1791	2.2006	1.2532	1.0813
9.2	2.1767	2.1986	1.2529	1.0816
9.4	2.1744	2.1966	1.2527	1.0819
9.6	2.1722	2.1947	1.2524	1.0822
9.8	2.1700	2.1928	1.2520	1.0825
10.0	2.1678	2.1908	1.2520	1.0826
10.2	2.1688	2.1921	1.2546	1.0857
10.4	2.1647	2.1881	1.2523	1.0839
10.6	2.1627	2.1862	1.2519	1.0841
10.8	2.1608	2.1845	1.2516	1.0843
11.0	2.1590	2.1829	1.2514	1.0845
11.2	2.1573	2.1813	1.2511	1.0847
11.4	2.1556	2.1797	1.2509	1.0848
11.6	2.1540	2.1781	1.2506	1.0850
11.8	2.1524	2.1766	1.2503	1.0852
12.0	2.1508	2.1751	1.2501	1.0853
12.2	2.1493	2.1737	1.2498	1.0855
12.4	2.1479	2.1723	1.2496	1.0857
12.6	2.1464	2.1709	1.2493	1.0858
12.8	2.1451	2.1695	1.2491	1.0860
13.0	2.1437	2.1682	1.2488	1.0861
13.2	2.1422	2.1667	1.2485	1.0861
13.4	2.1416	2.1666	1.2488	1.0868
13.6	2.1401	2.1646	1.2484	1.0867
13.8	2.1388	2.1633	1.2481	1.0868
14.0	2.1376	2.1621	1.2479	1.0869
14.2	2.1364	2.1609	1.2476	1.0870
14.4	2.1353	2.1597	1.2474	1.0871
14.6	2.1342	2.1586	1.2472	1.0872
14.8	2.1330	2.1574	1.2469	1.0873
15.0	2.1320	2.1563	1.2467	1.0874

Table T2.56   299

N = 1.700 K = 1.000

x	QEE	QEH	QSE	QSH		x	QEE	QEH	QSE	QSH
0.1	0.5320	0.1108	0.0147	0.0015		5.2	2.2070	2.3095	1.3622	1.1546
0.2	1.0142	0.2385	0.1019	0.0124		5.4	2.2032	2.3057	1.3625	1.1557
0.3	1.3737	0.3928	0.2684	0.0414		5.6	2.2004	2.3028	1.3635	1.1573
0.4	1.6032	0.5771	0.4626	0.0946		5.8	2.1965	2.2991	1.3633	1.1579
0.5	1.7507	0.7874	0.6370	0.1732		6.0	2.1934	2.2959	1.3636	1.1590
0.6	1.8648	1.0125	0.7743	0.2724		6.2	2.1903	2.2924	1.3637	1.1598
0.7	1.9702	1.2364	0.8785	0.3830		6.4	2.1874	2.2891	1.3638	1.1605
0.8	2.0693	1.4425	0.9604	0.4949		6.6	2.1846	2.2859	1.3637	1.1612
0.9	2.1543	1.6187	1.0297	0.5995		6.8	2.1818	2.2827	1.3638	1.1617
1.0	2.2188	1.7615	1.0910	0.6914		7.0	2.1793	2.2797	1.3636	1.1624
1.1	2.2629	1.8750	1.1448	0.7684		7.2	2.1767	2.2765	1.3636	1.1628
1.2	2.2916	1.9674	1.1903	0.8321		7.4	2.1744	2.2736	1.3636	1.1633
1.3	2.3107	2.0460	1.2271	0.8857		7.6	2.1722	2.2708	1.3636	1.1639
1.4	2.3240	2.1148	1.2556	0.9325		7.8	2.1697	2.2678	1.3636	1.1641
1.5	2.3329	2.1739	1.2774	0.9739		8.0	2.1679	2.2652	1.3633	1.1647
1.6	2.3379	2.2216	1.2939	1.0098		8.2	2.1657	2.2623	1.3631	1.1649
1.7	2.3390	2.2568	1.3065	1.0388		8.4	2.1636	2.2595	1.3628	1.1651
1.8	2.3370	2.2804	1.3162	1.0604		8.6	2.1615	2.2568	1.3625	1.1653
1.9	2.3329	2.2958	1.3236	1.0752		8.8	2.1596	2.2542	1.3622	1.1654
2.0	2.3275	2.3065	1.3293	1.0851		9.0	2.1577	2.2516	1.3619	1.1656
2.1	2.3216	2.3157	1.3336	1.0923		9.2	2.1558	2.2490	1.3616	1.1657
2.2	2.3155	2.3246	1.3368	1.0986		9.4	2.1541	2.2466	1.3613	1.1659
2.3	2.3093	2.3329	1.3393	1.1048		9.6	2.1524	2.2442	1.3610	1.1660
2.4	2.3038	2.3399	1.3418	1.1113		9.8	2.1507	2.2418	1.3607	1.1661
2.5	2.2969	2.3429	1.3427	1.1160		10.0	2.1489	2.2393	1.3602	1.1660
2.6	2.2910	2.3439	1.3441	1.1201		10.2	2.1503	2.2402	1.3602	1.1689
2.7	2.2852	2.3432	1.3453	1.1229		10.4	2.1466	2.2357	1.3604	1.1669
2.8	2.2798	2.3419	1.3465	1.1246		10.6	2.1450	2.2334	1.3600	1.1669
2.9	2.2747	2.3410	1.3475	1.1260		10.8	2.1436	2.2313	1.3597	1.1670
3.0	2.2698	2.3408	1.3485	1.1275		11.0	2.1422	2.2292	1.3594	1.1670
3.1	2.2653	2.3411	1.3494	1.1293		11.2	2.1408	2.2271	1.3591	1.1670
3.2	2.2611	2.3412	1.3504	1.1313		11.4	2.1394	2.2251	1.3588	1.1670
3.3	2.2571	2.3406	1.3513	1.1335		11.6	2.1381	2.2232	1.3584	1.1671
3.4	2.2533	2.3394	1.3522	1.1355		11.8	2.1369	2.2212	1.3581	1.1671
3.5	2.2497	2.3375	1.3530	1.1371		12.0	2.1356	2.2193	1.3578	1.1671
3.6	2.2463	2.3355	1.3539	1.1385		12.2	2.1344	2.2175	1.3575	1.1671
3.7	2.2431	2.3336	1.3547	1.1396		12.4	2.1332	2.2157	1.3572	1.1671
3.8	2.2400	2.3321	1.3555	1.1407		12.6	2.1320	2.2139	1.3569	1.1671
3.9	2.2371	2.3309	1.3562	1.1419		12.8	2.1309	2.2122	1.3566	1.1671
4.0	2.2343	2.3298	1.3569	1.1432		13.0	2.1298	2.2105	1.3563	1.1669
4.1	2.2316	2.3286	1.3576	1.1446		13.2	2.1286	2.2087	1.3559	1.1675
4.2	2.2290	2.3270	1.3582	1.1459		13.4	2.1282	2.2077	1.3562	1.1672
4.3	2.2265	2.3252	1.3588	1.1471		13.6	2.1269	2.2058	1.3556	1.1672
4.4	2.2241	2.3233	1.3593	1.1482		13.8	2.1259	2.2042	1.3553	1.1672
4.5	2.2218	2.3214	1.3598	1.1491		14.0	2.1249	2.2026	1.3550	1.1671
4.6	2.2195	2.3196	1.3603	1.1499		14.2	2.1239	2.2011	1.3547	1.1671
4.7	2.2173	2.3179	1.3607	1.1508		14.4	2.1230	2.1996	1.3545	1.1671
4.8	2.2151	2.3163	1.3611	1.1515		14.6	2.1220	2.1981	1.3542	1.1670
4.9	2.2130	2.3148	1.3614	1.1523		14.8	2.1211	2.1966	1.3539	1.1670
5.0	2.2111	2.3132	1.3618	1.1532		15.0	2.1202	2.1952	1.3536	1.1670

Table T2.57

N = 1.800 K = 0.0

X	QEE	QEH	QSE	QSH
0.1	0.0065	0.0007	0.0065	0.0007
0.2	0.0580	0.0056	0.0580	0.0056
0.3	0.2160	0.0191	0.2160	0.0191
0.4	0.5345	0.0453	0.5345	0.0453
0.5	0.9765	0.0872	0.9765	0.0872
0.6	1.3842	0.1467	1.3842	0.1467
0.7	1.6309	0.2252	1.6309	0.2252
0.8	1.7332	0.3266	1.7332	0.3266
0.9	1.7919	0.4638	1.7919	0.4638
1.0	1.9332	0.6683	1.9332	0.6683
1.1	2.2868	0.9876	2.2868	0.9876
1.2	2.8746	1.4271	2.8746	1.4271
1.3	3.4438	1.8622	3.4438	1.8622
1.4	3.7087	2.1565	3.7087	2.1565
1.5	3.7062	2.3360	3.7062	2.3360
1.6	3.6267	2.4987	3.6267	2.4987
1.7	3.6361	2.7129	3.6361	2.7129
1.8	3.8835	3.0033	3.8835	3.0033
1.9	4.4003	3.3407	4.4003	3.3407
2.0	4.8060	3.6295	4.8060	3.6295
2.1	4.7696	3.7682	4.7696	3.7682
2.2	4.4682	3.7673	4.4682	3.7673
2.3	4.1260	3.7251	4.1260	3.7251
2.4	3.9078	3.7114	3.9078	3.7114
2.5	3.9795	3.7279	3.9795	3.7279
2.6	4.3641	3.7404	4.3641	3.7404
2.7	4.4276	3.7066	4.4276	3.7066
2.8	4.0141	3.6095	4.0141	3.6095
2.9	3.5116	3.4535	3.5116	3.4535
3.0	3.0331	3.2445	3.0331	3.2445
3.1	2.6920	3.0024	2.6920	3.0024
3.2	2.7204	2.7558	2.7204	2.7558
3.3	3.0886	2.5253	3.0886	2.5253
3.4	2.8101	2.3375	2.8101	2.3375
3.5	2.3041	2.2147	2.3041	2.2147
3.6	1.8815	2.1239	1.8815	2.1239
3.7	1.5077	1.9543	1.5077	1.9543
3.8	1.2754	1.6535	1.2753	1.6535
3.9	1.5040	1.3397	1.5040	1.3397
4.0	1.8831	1.1416	1.8831	1.1416
4.1	1.4902	1.0905	1.4902	1.0905
4.2	1.2599	1.1879	1.2599	1.1879
4.3	1.0993	1.3636	1.0993	1.3636
4.4	0.9634	1.3436	0.9634	1.3436
4.5	0.9818	1.1064	0.9818	1.1064
4.6	1.6097	0.9398	1.6097	0.9398
4.7	1.6562	0.9598	1.6562	0.9598
4.8	1.5696	1.1500	1.5696	1.1500
4.9	1.6480	1.5085	1.6480	1.5085
5.0	1.6922	1.9440	1.6922	1.9440

X	QEE	QEH	QSE	QSH
5.2	1.9449	1.7573	1.9449	1.7573
5.4	2.4677	1.9466	2.4677	1.9466
5.6	2.7592	2.6815	2.7592	2.6815
5.8	2.8250	2.8415	2.8250	2.8415
6.0	2.7852	2.7852	2.7852	2.7852
6.2	3.2279	3.0531	3.2279	3.0531
6.4	3.3057	3.4030	3.3057	3.4030
6.6	3.2059	2.9478	3.2059	2.9478
6.8	3.3342	2.8037	3.3342	2.8037
7.0	3.0075	3.2074	3.0075	3.2074
7.2	2.7335	2.4000	2.7335	2.4000
7.4	2.6929	2.0232	2.6929	2.0232
7.6	2.1910	1.9920	2.1910	1.9920
7.8	1.8794	1.6510	1.8794	1.6510
8.0	1.5919	1.3837	1.5919	1.3837
8.2	1.5723	1.2963	1.5723	1.2963
8.4	1.3760	1.3697	1.3760	1.3697
8.6	1.3580	1.3826	1.3580	1.3826
8.8	1.5541	1.4841	1.5541	1.4841
9.0	1.6557	1.7615	1.6557	1.7615
9.2	1.7953	2.0040	1.7953	2.0040
9.4	2.0851	2.1899	2.0851	2.1899
9.6	2.4545	2.4955	2.4545	2.4955
9.8	2.5154	2.6971	2.5154	2.6971
10.0	2.7084	2.7934	2.7084	2.7934
10.2	3.1336	2.9264	3.1336	2.9264
10.4	2.9235	2.9230	2.9235	2.9230
10.6	2.8671	2.7897	2.8671	2.7897
10.8	3.0520	2.6833	3.0520	2.6833
11.0	2.7261	2.5477	2.7261	2.5477
11.2	2.4095	2.2191	2.4095	2.2191
11.4	2.2370	2.0036	2.2370	2.0036
11.6	2.1215	1.9490	2.1215	1.9490
11.8	1.7725	1.5771	1.7725	1.5771
12.0	1.5421	1.5015	1.5421	1.5015
12.2	1.6473	1.5319	1.6473	1.5319
12.4	1.5028	1.4349	1.5028	1.4349
12.6	1.4067	1.4742	1.4067	1.4742
12.8	1.7907	1.6855	1.7907	1.6855
13.0	1.8263	1.9450	1.8263	1.9450
13.2	1.8752	1.9815	1.8752	1.9815
13.4	2.0978	2.2621	2.0978	2.2621
13.6	2.4485	2.7341	2.4485	2.7341
13.8	2.5483	2.5549	2.5483	2.5549
14.0	2.5831	2.6785	2.5831	2.6785
14.2	2.8300	2.8572	2.8300	2.8572
14.4	2.8751	2.7294	2.8751	2.7294
14.6	2.7197	2.5798	2.7197	2.5798
14.8	2.6340	2.5403	2.6340	2.5403
15.0	2.6104	2.3989	2.6104	2.3989
	2.3521		2.3521	

Table T2.58   301

N = 1.800 K = 0.050

x	QEE	QEH	QSE	QSH	x	QEE	QEH	QSE	QSH
0.1	0.0365	0.0071	0.0065	0.0007	5.2	2.1835	1.9708	1.4305	1.2078
0.2	0.1239	0.0190	0.0574	0.0056	5.4	2.4255	2.0996	1.6671	1.3405
0.3	0.3201	0.0402	0.2097	0.0192	5.6	2.5366	2.4338	1.8225	1.5918
0.4	0.6582	0.0749	0.5040	0.0452	5.8	2.6655	2.5650	1.9171	1.7355
0.5	1.0775	0.1264	0.8938	0.0868	6.0	2.8230	2.5739	2.0461	1.7979
0.6	1.4354	0.1968	1.2435	0.1455	6.2	2.8289	2.6959	2.0985	1.8749
0.7	1.6483	0.2880	1.4601	0.2225	6.4	2.7951	2.7741	2.0340	1.8935
0.8	1.7513	0.4051	1.5626	0.3211	6.6	2.7741	2.6389	1.9674	1.8123
0.9	1.8389	0.5618	1.6326	0.4524	6.8	2.6594	2.5532	1.9053	1.7340
1.0	2.0175	0.7849	1.7701	0.6406	7.0	2.5096	2.5110	1.7538	1.6341
1.1	2.3699	1.1017	2.0624	0.9150	7.2	2.3831	2.3257	1.5698	1.4642
1.2	2.8583	1.4890	2.4970	1.2642	7.4	2.2407	2.1603	1.4421	1.3059
1.3	3.2766	1.8458	2.8988	1.6015	7.6	2.0920	2.0713	1.3195	1.1928
1.4	3.4688	2.0987	3.1089	1.8518	7.8	1.9900	1.9527	1.1879	1.0794
1.5	3.4866	2.2778	3.1501	2.0307	8.0	1.9301	1.8503	1.1115	0.9753
1.6	3.4664	2.4486	3.1337	2.1922	8.2	1.8794	1.8229	1.0763	0.9247
1.7	3.5299	2.6536	3.1673	2.3743	8.4	1.8779	1.8259	1.0662	0.9266
1.8	3.7580	2.8993	3.3319	2.5845	8.6	1.9333	1.8425	1.1059	0.9523
1.9	4.0960	3.1526	3.6040	2.7966	8.8	1.9936	1.9100	1.1775	1.0032
2.0	4.3043	3.3512	3.7907	2.9609	9.0	2.0685	2.0023	1.2455	1.0794
2.1	4.2569	3.4512	3.7633	3.0432	9.2	2.1804	2.0891	1.3356	1.1700
2.2	4.0578	3.4694	3.5913	3.0576	9.4	2.2827	2.1915	1.4488	1.2688
2.3	3.8461	3.4563	3.3913	3.0436	9.6	2.3530	2.2908	1.5296	1.3578
2.4	3.7336	3.4459	3.2580	3.0261	9.8	2.4266	2.3545	1.5790	1.4170
2.5	3.7875	3.4390	3.2517	3.0023	10.0	2.4847	2.4040	1.6268	1.4580
2.6	3.9187	3.4224	3.3234	2.9610	10.2	2.4909	2.4431	1.6535	1.4903
2.7	3.8645	3.3791	3.2692	2.8892	10.4	2.4716	2.4288	1.6298	1.4802
2.8	3.5993	3.3001	3.0353	2.7819	10.6	2.4498	2.3890	1.5869	1.4350
2.9	3.2696	3.1816	2.7223	2.6393	10.8	2.3876	2.3489	1.5311	1.3778
3.0	2.9726	3.0243	2.4188	2.4668	11.0	2.3042	2.2826	1.4544	1.3118
3.1	2.7902	2.8407	2.2034	2.2786	11.2	2.2351	2.1927	1.3737	1.2312
3.2	2.7793	2.6533	2.1292	2.0924	11.4	2.1630	2.1212	1.3006	1.1493
3.3	2.8016	2.4862	2.1144	1.9233	11.6	2.0833	2.0635	1.2253	1.0769
3.4	2.6277	2.3581	1.9810	1.7819	11.8	2.0307	1.9968	1.1636	1.0171
3.5	2.3461	2.2668	1.7481	1.6640	12.0	2.0050	1.9553	1.1360	0.9799
3.6	2.0785	2.1745	1.4925	1.5388	12.2	1.9851	1.9513	1.1250	0.9641
3.7	1.8733	2.0333	1.2627	1.3720	12.4	1.9877	1.9533	1.1206	0.9624
3.8	1.7882	1.8454	1.1194	1.1747	12.6	2.0216	1.9682	1.1441	0.9817
3.9	1.8525	1.6669	1.1060	1.0012	12.8	2.0629	2.0150	1.1940	1.0247
4.0	1.8873	1.5520	1.1319	0.8938	13.0	2.1083	2.0704	1.2428	1.0759
4.1	1.7761	1.5239	1.0907	0.8606	13.2	2.1670	2.1176	1.2904	1.1258
4.2	1.6489	1.5700	1.0181	0.8818	13.4	2.2251	2.1743	1.3470	1.1788
4.3	1.5595	1.6201	0.9405	0.9005	13.6	2.2674	2.2295	1.3954	1.2287
4.4	1.5313	1.5924	0.8830	0.8587	13.8	2.3018	2.2625	1.4265	1.2657
4.5	1.6081	1.5108	0.8909	0.7806	14.0	2.3264	2.2835	1.4471	1.2869
4.6	1.7736	1.4584	0.9820	0.7342	14.2	2.3295	2.2964	1.4523	1.2924
4.7	1.8552	1.4826	1.0800	0.7574	14.4	2.3157	2.2869	1.4366	1.2819
4.8	1.8688	1.5940	1.1547	0.8527	14.6	2.2929	2.2605	1.4110	1.2591
4.9	1.8944	1.7724	1.2198	0.9970	14.8	2.2573	2.2295	1.3785	1.2255
5.0	1.9409	1.9256	1.2743	1.1243	15.0	2.2116	2.1888	1.3317	1.1805

Table T2.59

N = 1.800   K = 0.100

X	QEE	QEH	QSE	QSH
0.1	0.0663	0.0135	0.0066	0.0007
0.2	0.1885	0.0322	0.0573	0.0057
0.3	0.4188	0.0612	0.2052	0.0193
0.4	0.7703	0.1045	0.4798	0.0455
0.5	1.1660	0.1656	0.8282	0.0870
0.6	1.4825	0.2467	1.1335	0.1454
0.7	1.6700	0.3503	1.3265	0.2215
0.8	1.7758	0.4821	1.4273	0.3179
0.9	1.8865	0.6551	1.5039	0.4442
1.0	2.0878	0.8899	1.6353	0.6185
1.1	2.4230	1.1965	1.8797	0.8576
1.2	2.8255	1.5385	2.2112	1.1437
1.3	3.1394	1.8394	2.5081	1.4162
1.4	3.2840	2.0623	2.6776	1.6314
1.5	3.3140	2.2358	2.7348	1.7984
1.6	3.3302	2.4044	2.7487	1.9479
1.7	3.4166	2.5928	2.7887	2.0999
1.8	3.6051	2.7981	2.8973	2.2548
1.9	3.8223	2.9913	3.0447	2.3948
2.0	3.9277	3.1346	3.1314	2.4961
2.1	3.8774	3.2101	3.1032	2.5484
2.2	3.7407	3.2321	2.9944	2.5612
2.3	3.6067	3.2282	2.8673	2.5510
2.4	3.5424	3.2172	2.7735	2.5273
2.5	3.5599	3.2005	2.7318	2.4882
2.6	3.5807	3.1752	2.7071	2.4326
2.7	3.4953	3.1330	2.6224	2.3567
2.8	3.3068	3.0670	2.4579	2.2587
2.9	3.0865	2.9719	2.2522	2.1386
3.0	2.8963	2.8485	2.0545	2.0009
3.1	2.7786	2.7085	1.9042	1.8559
3.2	2.7306	2.5703	1.8120	1.7156
3.3	2.6744	2.4522	1.7393	1.5896
3.4	2.5448	2.3622	1.6344	1.4808
3.5	2.3718	2.2900	1.4922	1.3810
3.6	2.2082	2.2095	1.3377	1.2736
3.7	2.0902	2.1030	1.2011	1.1505
3.8	2.0381	1.9811	1.1090	1.0247
3.9	2.0349	1.8740	1.0681	0.9205
4.0	2.0186	1.8080	1.0517	0.8541
4.1	1.9639	1.7918	1.0303	0.8263
4.2	1.9012	1.8087	0.9990	0.8216
4.3	1.8601	1.8206	0.9667	0.8147
4.4	1.8583	1.8031	0.9476	0.7915
4.5	1.9010	1.7715	0.9556	0.7641
4.6	1.9642	1.7572	0.9918	0.7540
4.7	2.0103	1.7813	1.0417	0.7746
4.8	2.0367	1.8471	1.0920	0.8256
4.9	2.0624	1.9355	1.1387	0.8937
5.0	2.1011	2.0090	1.1835	0.9569
5.2	2.2359	2.0729	1.2875	1.0414
5.4	2.3623	2.1613	1.4075	1.1318
5.6	2.4355	2.3180	1.4989	1.2507
5.8	2.5095	2.4004	1.5649	1.3380
6.0	2.5722	2.4241	1.6216	1.3862
6.2	2.5788	2.4709	1.6394	1.4155
6.4	2.5603	2.4911	1.6138	1.4162
6.6	2.5317	2.4428	1.5772	1.3852
6.8	2.4722	2.3917	1.5295	1.3391
7.0	2.3965	2.3452	1.4546	1.2777
7.2	2.3252	2.2687	1.3719	1.2015
7.4	2.2536	2.1911	1.3029	1.1286
7.6	2.1852	2.1344	1.2414	1.0680
7.8	2.1351	2.0837	1.1871	1.0156
8.0	2.1035	2.0435	1.1523	0.9755
8.2	2.0843	2.0261	1.1363	0.9547
8.4	2.0844	2.0263	1.1363	0.9537
8.6	2.1027	2.0391	1.1535	0.9675
8.8	2.1290	2.0659	1.1820	0.9920
9.0	2.1624	2.1011	1.2148	1.0243
9.2	2.2020	2.1392	1.2528	1.0620
9.4	2.2389	2.1785	1.2924	1.1011
9.6	2.2686	2.2127	1.3242	1.1344
9.8	2.2926	2.2376	1.3461	1.1583
10.0	2.3071	2.2551	1.3607	1.1742
10.2	2.3122	2.2660	1.3691	1.1848
10.4	2.3023	2.2584	1.3600	1.1786
10.6	2.2876	2.2447	1.3443	1.1641
10.8	2.2587	2.2265	1.3230	1.1442
11.0	2.2374	2.2017	1.2975	1.1205
11.2	2.2102	2.1735	1.2707	1.0942
11.4	2.1839	2.1486	1.2453	1.0685
11.6	2.1601	2.1271	1.2229	1.0464
11.8	2.1424	2.1081	1.2058	1.0293
12.0	2.1314	2.0959	1.1959	1.0185
12.2	2.1261	2.0920	1.1922	1.0143
12.4	2.1272	2.0931	1.1939	1.0161
12.6	2.1343	2.0988	1.2015	1.0234
12.8	2.1450	2.1101	1.2138	1.0354
13.0	2.1579	2.1242	1.2279	1.0501
13.2	2.1717	2.1380	1.2422	1.0651
13.4	2.1854	2.1522	1.2567	1.0802
13.6	2.1956	2.1641	1.2682	1.0927
13.8	2.2029	2.1725	1.2765	1.1022
14.0	2.2066	2.1769	1.2808	1.1077
14.2	2.2059	2.1777	1.2811	1.1091
14.4	2.2015	2.1746	1.2776	1.1067
14.6	2.1941	2.1679	1.2710	1.1012
14.8	2.1842	2.1590	1.2621	1.0930
15.0	2.1731	2.1486	1.2517	1.0833

Table T2.60

N = 1.800 K = 0.200

X	QEE	QEH	QSE	QSH	X	QEE	QEH	QSE	QSH
0.1	0.1254	0.0261	0.0069	0.0007	5.2	2.2771	2.1706	1.2448	1.0065
0.2	0.3135	0.0585	0.0585	0.0059	5.4	2.3125	2.2044	1.2837	1.0445
0.3	0.6005	0.1027	0.2012	0.0200	5.6	2.3375	2.2457	1.3157	1.0825
0.4	0.9642	0.1632	0.4468	0.0470	5.8	2.3546	2.2712	1.3380	1.1117
0.5	1.3136	0.2433	0.7359	0.0894	6.0	2.3640	2.2813	1.3516	1.1294
0.6	1.5665	0.3455	0.9799	0.1483	6.2	2.3620	2.2873	1.3543	1.1374
0.7	1.7212	0.4725	1.1395	0.2239	6.4	2.3517	2.2864	1.3481	1.1373
0.8	1.8349	0.6299	1.2355	0.3181	6.6	2.3359	2.2742	1.3361	1.1299
0.9	1.9762	0.8267	1.3170	0.4367	6.8	2.3154	2.2570	1.3199	1.1170
1.0	2.1912	1.0694	1.4344	0.5893	7.0	2.2926	2.2392	1.3008	1.1011
1.1	2.4717	1.3458	1.6121	0.7784	7.2	2.2701	2.2197	1.2813	1.0841
1.2	2.7441	1.6173	1.8217	0.9856	7.4	2.2494	2.2005	1.2640	1.0682
1.3	2.9307	1.8459	2.0024	1.1797	7.6	2.2317	2.1846	1.2497	1.0550
1.4	3.0210	2.0272	2.1179	1.3432	7.8	2.2176	2.1721	1.2386	1.0447
1.5	3.0615	2.1824	2.2079	1.4789	8.0	2.2081	2.1635	1.2320	1.0385
1.6	3.1077	2.3319	2.2079	1.5966	8.2	2.2023	2.1586	1.2290	1.0358
1.7	3.1914	2.4822	2.2416	1.7019	8.4	2.2000	2.1573	1.2294	1.0366
1.8	3.3014	2.6250	2.2890	1.7928	8.6	2.2005	2.1589	1.2326	1.0403
1.9	3.3869	2.7440	2.3336	1.8636	8.8	2.2029	2.1623	1.2376	1.0458
2.0	3.4053	2.8266	2.3474	1.9101	9.0	2.2063	2.1670	1.2434	1.0523
2.1	3.3607	2.8712	2.3203	1.9324	9.2	2.2099	2.1721	1.2494	1.0592
2.2	3.2887	2.8864	2.2645	1.9342	9.4	2.2130	2.1766	1.2549	1.0656
2.3	3.2253	2.8837	2.1994	1.9195	9.6	2.2151	2.1800	1.2591	1.0709
2.4	3.1883	2.8721	2.1403	1.8921	9.8	2.2157	2.1822	1.2619	1.0748
2.5	3.1630	2.8536	2.0864	1.8521	10.0	2.2147	2.1827	1.2631	1.0770
2.6	3.1205	2.8300	2.0291	1.8034	10.2	2.2156	2.1849	1.2659	1.0807
2.7	3.0411	2.7965	1.9542	1.7449	10.4	2.2098	2.1804	1.2622	1.0782
2.8	2.9350	2.7483	1.8610	1.6762	10.6	2.2053	2.1771	1.2596	1.0765
2.9	2.8259	2.6834	1.7600	1.5977	10.8	2.2003	2.1732	1.2564	1.0743
3.0	2.7337	2.6060	1.6643	1.5132	11.0	2.1950	2.1689	1.2529	1.0716
3.1	2.6645	2.5255	1.5828	1.4285	11.2	2.1898	2.1645	1.2495	1.0690
3.2	2.6078	2.4525	1.5150	1.3496	11.4	2.1850	2.1606	1.2464	1.0665
3.3	2.5461	2.3929	1.4534	1.2797	11.6	2.1808	2.1571	1.2438	1.0646
3.4	2.4727	2.3449	1.3906	1.2178	11.8	2.1772	2.1541	1.2419	1.0633
3.5	2.3957	2.2995	1.3258	1.1593	12.0	2.1744	2.1519	1.2406	1.0626
3.6	2.3279	2.2488	1.2635	1.1002	12.2	2.1723	2.1504	1.2400	1.0626
3.7	2.2780	2.1924	1.2105	1.0414	12.4	2.1707	2.1494	1.2399	1.0631
3.8	2.2461	2.1382	1.1710	0.9881	12.6	2.1696	2.1489	1.2402	1.0641
3.9	2.2245	2.0963	1.1448	0.9460	12.8	2.1689	2.1487	1.2408	1.0653
4.0	2.2042	2.0727	1.1281	0.9181	13.0	2.1683	2.1487	1.2416	1.0666
4.1	2.1828	2.0652	1.1166	0.9031	13.2	2.1676	2.1486	1.2422	1.0679
4.2	2.1644	2.0649	1.1082	0.8956	13.4	2.1675	2.1491	1.2433	1.0697
4.3	2.1544	2.0627	1.1037	0.8907	13.6	2.1664	2.1486	1.2435	1.0705
4.4	2.1553	2.0564	1.1044	0.8864	13.8	2.1653	2.1480	1.2434	1.0712
4.5	2.1655	2.0508	1.1117	0.8849	14.0	2.1640	2.1472	1.2436	1.0717
4.6	2.1799	2.0527	1.1249	0.8892	14.2	2.1625	2.1462	1.2430	1.0719
4.7	2.1943	2.0661	1.1423	0.9012	14.4	2.1608	2.1450	1.2424	1.0718
4.8	2.2076	2.0891	1.1618	0.9200	14.6	2.1589	2.1436	1.2416	1.0716
4.9	2.2215	2.1155	1.1822	0.9426	14.8	2.1570	2.1421	1.2408	1.0713
5.0	2.2380	2.1386	1.2031	0.9657	15.0	2.1551	2.1406	1.2399	1.0709

Table T2.61

N = 1.800 K = 0.300

X	QEE	QEH	QSE	QSH
0.1	0.1839	0.0383	0.0074	0.0008
0.2	0.4324	0.0841	0.0613	0.0063
0.3	0.7625	0.1434	0.2028	0.0213
0.4	1.1245	0.2207	0.4300	0.0497
0.5	1.4314	0.3195	0.6809	0.0940
0.6	1.6399	0.4420	0.8868	0.1550
0.7	1.7766	0.5904	1.0254	0.2321
0.8	1.8981	0.7683	1.1168	0.3260
0.9	2.0527	0.9785	1.1982	0.4397
1.0	2.2562	1.2162	1.3025	0.5770
1.1	2.4786	1.4604	1.4387	0.7341
1.2	2.6647	1.6824	1.5843	0.8960
1.3	2.7829	1.8668	1.7067	1.0453
1.4	2.8453	2.0191	1.7899	1.1733
1.5	2.8856	2.1535	1.8388	1.2810
1.6	2.9325	2.2792	1.8685	1.3716
1.7	2.9926	2.3962	1.8921	1.4469
1.8	3.0492	2.4978	1.9133	1.5064
1.9	3.0780	2.5760	1.9257	1.5488
2.0	3.0691	2.6270	1.9213	1.5740
2.1	3.0330	2.6531	1.8989	1.5832
2.2	2.9884	2.6606	1.8639	1.5785
2.3	2.9487	2.6567	1.8233	1.5628
2.4	2.9168	2.6476	1.7822	1.5398
2.5	2.8818	2.6338	1.7389	1.5097
2.6	2.8366	2.6163	1.6933	1.4756
2.7	2.7784	2.5911	1.6426	1.4364
2.8	2.7140	2.5558	1.5879	1.3917
2.9	2.6523	2.5119	1.5328	1.3426
3.0	2.5987	2.4640	1.4813	1.2918
3.1	2.5532	2.4184	1.4353	1.2431
3.2	2.5116	2.3797	1.3947	1.1993
3.3	2.4700	2.3484	1.3580	1.1613
3.4	2.4282	2.3211	1.3239	1.1278
3.5	2.3888	2.2937	1.2925	1.0968
3.6	2.3552	2.2643	1.2647	1.0670
3.7	2.3289	2.2350	1.2417	1.0394
3.8	2.3091	2.2096	1.2242	1.0157
3.9	2.2936	2.1916	1.2117	0.9977
4.0	2.2806	2.1818	1.2035	0.9861
4.1	2.2695	2.1776	1.1986	0.9797
4.2	2.2610	2.1755	1.1962	0.9768
4.3	2.2559	2.1730	1.1962	0.9758
4.4	2.2542	2.1700	1.1984	0.9761
4.5	2.2554	2.1684	1.2027	0.9780
4.6	2.2580	2.1699	1.2086	0.9819
4.7	2.2615	2.1753	1.2159	0.9881
4.8	2.2651	2.1833	1.2239	0.9963
4.9	2.2690	2.1920	1.2322	1.0056
5.0	2.2735	2.1998	1.2406	1.0152
5.2	2.2824	2.2110	1.2563	1.0326
5.4	2.2897	2.2213	1.2698	1.0479
5.6	2.2944	2.2324	1.2807	1.0619
5.8	2.2948	2.2384	1.2871	1.0719
6.0	2.2928	2.2399	1.2904	1.0784
6.2	2.2877	2.2357	1.2880	1.0813
6.4	2.2805	2.2304	1.2839	1.0817
6.6	2.2719	2.2235	1.2787	1.0801
6.8	2.2624	2.2166	1.2733	1.0771
7.0	2.2530	2.2098	1.2681	1.0735
7.2	2.2440	2.2036	1.2636	1.0699
7.4	2.2359	2.1983	1.2600	1.0668
7.6	2.2289	2.1937	1.2571	1.0644
7.8	2.2227	2.1905	1.2556	1.0627
8.0	2.2181	2.1879	1.2547	1.0622
8.2	2.2142	2.1860	1.2543	1.0628
8.4	2.2110	2.1846	1.2545	1.0639
8.6	2.2085	2.1837	1.2550	1.0653
8.8	2.2063	2.1829	1.2555	1.0668
9.0	2.2044	2.1821	1.2561	1.0683
9.2	2.2025	2.1813	1.2564	1.0696
9.4	2.2006	2.1803	1.2566	1.0706
9.6	2.1985	2.1791	1.2565	1.0715
9.8	2.1963	2.1775	1.2561	1.0718
10.0	2.1937	2.1789	1.2585	1.0750
10.2	2.1943	2.1749	1.2557	1.0731
10.4	2.1895	2.1730	1.2548	1.0730
10.6	2.1867	2.1711	1.2540	1.0729
10.8	2.1841	2.1693	1.2531	1.0728
11.0	2.1815	2.1674	1.2523	1.0727
11.2	2.1791	2.1657	1.2516	1.0726
11.4	2.1767	2.1641	1.2509	1.0727
11.6	2.1745	2.1625	1.2503	1.0728
11.8	2.1724	2.1611	1.2498	1.0730
12.0	2.1704	2.1597	1.2494	1.0732
12.2	2.1685	2.1585	1.2490	1.0735
12.4	2.1668	2.1572	1.2487	1.0737
12.6	2.1651	2.1561	1.2484	1.0740
12.8	2.1635	2.1549	1.2481	1.0741
13.0	2.1619	2.1537	1.2479	1.0749
13.2	2.1602	2.1532	1.2476	1.0749
13.4	2.1593	2.1519	1.2474	1.0751
13.6	2.1576	2.1508	1.2470	1.0752
13.8	2.1561	2.1497	1.2466	1.0754
14.0	2.1547	2.1486	1.2463	1.0755
14.2	2.1532	2.1475	1.2459	1.0756
14.4	2.1518	2.1464	1.2455	1.0757
14.6	2.1504	2.1453	1.2451	1.0758
14.8	2.1491	2.1443	1.2448	
15.0	2.1477			

N = 1.800 K = 0.400

X	QEE	QEH	QSE	QSH	X	QEE	QEH	QSE	QSH
0.1	0.2416	0.0500	0.0081	0.0009	5.2	2.2738	2.2301	1.2692	1.0536
0.2	0.5452	0.1087	0.0656	0.0068	5.4	2.2720	2.2317	1.2737	1.0600
0.3	0.9065	0.1826	0.2092	0.0230	5.6	2.2699	2.2337	1.2774	1.0658
0.4	1.2578	0.2765	0.4254	0.0536	5.8	2.2657	2.2334	1.2788	1.0695
0.5	1.5275	0.3935	0.6516	0.1009	6.0	2.2612	2.2319	1.2794	1.0723
0.6	1.7051	0.5352	0.8333	0.1652	6.2	2.2559	2.2293	1.2790	1.0737
0.7	1.8320	0.7027	0.9584	0.2453	6.4	2.2502	2.2263	1.2778	1.0743
0.8	1.9584	0.8961	1.0462	0.3405	6.6	2.2443	2.2229	1.2762	1.0744
0.9	2.1142	1.1120	1.1259	0.4516	6.8	2.2364	2.2191	1.2744	1.0741
1.0	2.2949	1.3381	1.2193	0.5780	7.0	2.2328	2.2154	1.2726	1.0738
1.1	2.4671	1.5534	1.3286	0.7137	7.2	2.2275	2.2118	1.2709	1.0733
1.2	2.5964	1.7400	1.4374	0.8470	7.4	2.2227	2.2086	1.2695	1.0732
1.3	2.6753	1.8944	1.5269	0.9674	7.6	2.2184	2.2057	1.2684	1.0731
1.4	2.7209	2.0245	1.5896	1.0704	7.8	2.2141	2.2028	1.2673	1.0737
1.5	2.7558	2.1397	1.6289	1.1565	8.0	2.2107	2.2006	1.2668	1.0740
1.6	2.7930	2.2439	1.6532	1.2274	8.2	2.2073	2.1983	1.2662	1.0745
1.7	2.8303	2.3356	1.6694	1.2843	8.4	2.2041	2.1962	1.2658	1.0745
1.8	2.8558	2.4101	1.6795	1.3272	8.6	2.2011	2.1942	1.2654	1.0750
1.9	2.8598	2.4638	1.6815	1.3560	8.8	2.1983	2.1924	1.2650	1.0756
2.0	2.8429	2.4964	1.6737	1.3714	9.0	2.1956	2.1906	1.2647	1.0762
2.1	2.8139	2.5116	1.6567	1.3747	9.2	2.1930	2.1889	1.2644	1.0767
2.2	2.7820	2.5148	1.6330	1.3683	9.4	2.1905	2.1872	1.2641	1.0772
2.3	2.7521	2.5117	1.6056	1.3553	9.6	2.1880	2.1854	1.2637	1.0776
2.4	2.7240	2.5062	1.5773	1.3388	9.8	2.1856	2.1837	1.2633	1.0780
2.5	2.6916	2.4971	1.5465	1.3185	10.0	2.1830	2.1818	1.2627	1.0782
2.6	2.6548	2.4847	1.5153	1.2965	10.2	2.1838	2.1832	1.2652	1.0812
2.7	2.6139	2.4661	1.4831	1.2714	10.4	2.1793	2.1793	1.2626	1.0795
2.8	2.5725	2.4411	1.4506	1.2433	10.6	2.1770	2.1775	1.2620	1.0796
2.9	2.5340	2.4120	1.4193	1.2131	10.8	2.1748	2.1759	1.2615	1.0798
3.0	2.4999	2.3829	1.3903	1.1832	11.0	2.1727	2.1743	1.2610	1.0800
3.1	2.4695	2.3573	1.3643	1.1556	11.2	2.1707	2.1727	1.2606	1.0801
3.2	2.4415	2.3365	1.3413	1.1316	11.4	2.1687	2.1712	1.2601	1.0803
3.3	2.4149	2.3195	1.3209	1.1114	11.6	2.1668	2.1697	1.2597	1.0805
3.4	2.3900	2.3037	1.3030	1.0940	11.8	2.1650	2.1683	1.2593	1.0807
3.5	2.3675	2.2875	1.2874	1.0781	12.0	2.1632	2.1669	1.2589	1.0809
3.6	2.3483	2.2706	1.2744	1.0635	12.2	2.1615	2.1655	1.2585	1.0810
3.7	2.3326	2.2550	1.2639	1.0505	12.4	2.1598	2.1642	1.2581	1.0812
3.8	2.3200	2.2424	1.2559	1.0399	12.6	2.1582	2.1626	1.2578	1.0814
3.9	2.3096	2.2339	1.2503	1.0322	12.8	2.1566	2.1616	1.2574	1.0816
4.0	2.3010	2.2291	1.2467	1.0275	13.0	2.1550	2.1603	1.2571	1.0817
4.1	2.2937	2.2266	1.2447	1.0253	13.2	2.1534	2.1590	1.2566	1.0818
4.2	2.2880	2.2247	1.2441	1.0248	13.4	2.1526	2.1584	1.2569	1.0825
4.3	2.2836	2.2227	1.2446	1.0253	13.6	2.1509	2.1570	1.2563	1.0825
4.4	2.2806	2.2206	1.2459	1.0263	13.8	2.1495	2.1558	1.2559	1.0826
4.5	2.2787	2.2193	1.2481	1.0281	14.0	2.1481	2.1546	1.2556	1.0827
4.6	2.2774	2.2193	1.2507	1.0305	14.2	2.1468	2.1535	1.2553	1.0828
4.7	2.2766	2.2208	1.2538	1.0337	14.4	2.1455	2.1524	1.2550	1.0829
4.8	2.2759	2.2231	1.2570	1.0375	14.6	2.1442	2.1513	1.2546	1.0831
4.9	2.2754	2.2256	1.2603	1.0417	14.8	2.1430	2.1502	1.2543	1.0832
5.0	2.2750	2.2278	1.2636	1.0460	15.0	2.1417	2.1492	1.2540	1.0833

Table T2.63

N = 1.800 K = 0.500

X	QEE	QEH	QSE	QSH
0.1	0.2984	0.0610	0.0090	0.0009
0.2	0.6517	0.1319	0.0715	0.0075
0.3	1.0342	0.2198	0.2196	0.0253
0.4	1.3694	0.3298	0.4300	0.0586
0.5	1.6075	0.4644	0.6402	0.1097
0.6	1.7633	0.6243	0.8062	0.1785
0.7	1.8849	0.8083	0.9227	0.2629
0.8	2.0130	1.0128	1.0079	0.3607
0.9	2.1619	1.2290	1.0855	0.4706
1.0	2.3167	1.4412	1.1703	0.5893
1.1	2.4487	1.6319	1.2615	0.7099
1.2	2.5403	1.7922	1.3473	0.8234
1.3	2.5951	1.9246	1.4166	0.9236
1.4	2.6292	2.0371	1.4658	1.0085
1.5	2.6567	2.1360	1.4974	1.0789
1.6	2.6827	2.2230	1.5170	1.1363
1.7	2.7031	2.2961	1.5286	1.1816
1.8	2.7113	2.3524	1.5341	1.2150
1.9	2.7047	2.3904	1.5334	1.2365
2.0	2.6866	2.4119	1.5265	1.2469
2.1	2.6628	2.4211	1.5141	1.2480
2.2	2.6380	2.4230	1.4979	1.2425
2.3	2.6139	2.4218	1.4795	1.2333
2.4	2.5902	2.4197	1.4605	1.2229
2.5	2.5632	2.4142	1.4397	1.2103
2.6	2.5352	2.4057	1.4196	1.1969
2.7	2.5064	2.3923	1.3997	1.1816
2.8	2.4785	2.3749	1.3804	1.1643
2.9	2.4529	2.3562	1.3624	1.1463
3.0	2.4300	2.3388	1.3460	1.1289
3.1	2.4094	2.3245	1.3314	1.1137
3.2	2.3906	2.3133	1.3187	1.1010
3.3	2.3731	2.3038	1.3078	1.0907
3.4	2.3572	2.2946	1.2986	1.0821
3.5	2.3431	2.2848	1.2908	1.0744
3.6	2.3309	2.2750	1.2846	1.0675
3.7	2.3206	2.2663	1.2797	1.0616
3.8	2.3120	2.2595	1.2761	1.0569
3.9	2.3045	2.2551	1.2737	1.0538
4.0	2.2982	2.2525	1.2722	1.0523
4.1	2.2926	2.2508	1.2714	1.0520
4.2	2.2879	2.2492	1.2718	1.0525
4.3	2.2838	2.2474	1.2725	1.0533
4.4	2.2803	2.2456	1.2736	1.0545
4.5	2.2774	2.2441	1.2747	1.0558
4.6	2.2747	2.2432	1.2760	1.0573
4.7	2.2723	2.2430	1.2773	1.0591
4.8	2.2700	2.2431	1.2786	1.0611
4.9	2.2678	2.2432	1.2786	1.0632
5.0	2.2657	2.2433	1.2798	1.0654

X	QEE	QEH	QSE	QSH
5.2	2.2612	2.2421	1.2817	1.0691
5.4	2.2567	2.2405	1.2831	1.0722
5.6	2.2528	2.2396	1.2845	1.0752
5.8	2.2475	2.2374	1.2845	1.0768
6.0	2.2428	2.2350	1.2845	1.0785
6.2	2.2378	2.2322	1.2840	1.0795
6.4	2.2330	2.2293	1.2834	1.0803
6.6	2.2282	2.2264	1.2827	1.0809
6.8	2.2237	2.2235	1.2819	1.0813
7.0	2.2194	2.2207	1.2812	1.0818
7.2	2.2153	2.2179	1.2805	1.0822
7.4	2.2115	2.2153	1.2799	1.0826
7.6	2.2080	2.2130	1.2795	1.0832
7.8	2.2044	2.2104	1.2788	1.0835
8.0	2.2015	2.2084	1.2786	1.0842
8.2	2.1983	2.2061	1.2781	1.0846
8.4	2.1953	2.2039	1.2777	1.0851
8.6	2.1925	2.2018	1.2772	1.0855
8.8	2.1897	2.1998	1.2768	1.0859
9.0	2.1871	2.1978	1.2764	1.0863
9.2	2.1846	2.1959	1.2760	1.0866
9.4	2.1821	2.1940	1.2756	1.0870
9.6	2.1797	2.1921	1.2752	1.0873
9.8	2.1774	2.1903	1.2748	1.0876
10.0	2.1750	2.1883	1.2743	1.0878
10.2	2.1759	2.1897	1.2768	1.0908
10.4	2.1716	2.1857	1.2743	1.0890
10.6	2.1695	2.1840	1.2738	1.0892
10.8	2.1675	2.1823	1.2734	1.0894
11.0	2.1656	2.1807	1.2730	1.0896
11.2	2.1637	2.1791	1.2726	1.0898
11.4	2.1619	2.1776	1.2722	1.0900
11.6	2.1602	2.1761	1.2719	1.0902
11.8	2.1585	2.1746	1.2715	1.0904
12.0	2.1568	2.1731	1.2711	1.0906
12.2	2.1552	2.1717	1.2708	1.0907
12.4	2.1537	2.1704	1.2704	1.0909
12.6	2.1521	2.1690	1.2701	1.0911
12.8	2.1507	2.1677	1.2698	1.0912
13.0	2.1492	2.1664	1.2694	1.0914
13.2	2.1477	2.1650	1.2690	1.0914
13.4	2.1469	2.1643	1.2693	1.0921
13.6	2.1454	2.1629	1.2687	1.0920
13.8	2.1440	2.1616	1.2684	1.0921
14.0	2.1427	2.1605	1.2681	1.0923
14.2	2.1415	2.1593	1.2678	1.0924
14.4	2.1403	2.1581	1.2675	1.0925
14.6	2.1391	2.1570	1.2672	1.0926
14.8	2.1379	2.1559	1.2669	1.0927
15.0	2.1368	2.1548	1.2666	1.0928

Table T2.64   307

N = 1.800 K = 1.000

x	QEE	QEH	QSE	QSH		x	QEE	QEH	QSE	QSH
0.1	0.5681	0.1000	0.0173	0.0015		5.2	2.2196	2.2974	1.3769	1.1521
0.2	1.0945	0.2172	0.1206	0.0124		5.4	2.2153	2.2939	1.3769	1.1533
0.3	1.4857	0.3627	0.3150	0.0416		5.6	2.2120	2.2913	1.3775	1.1549
0.4	1.7253	0.5417	0.5340	0.0955		5.8	2.2077	2.2880	1.3770	1.1557
0.5	1.8712	0.7522	0.7217	0.1759		6.0	2.2042	2.2850	1.3770	1.1568
0.6	1.9828	0.9837	0.8626	0.2787		6.2	2.2007	2.2818	1.3769	1.1577
0.7	2.0890	1.2190	0.9657	0.3949		6.4	1.9974	2.2787	1.3767	1.1584
0.8	2.1901	1.4382	1.0460	0.5139		6.6	2.1942	2.2758	1.3765	1.1591
0.9	2.2745	1.6253	1.1144	0.6259		6.8	2.1912	2.2729	1.3762	1.1598
1.0	2.3341	1.7745	1.1750	0.7236		7.0	2.1884	2.2700	1.3760	1.1605
1.1	2.3703	1.8902	1.2271	0.8039		7.2	2.1855	2.2671	1.3757	1.1610
1.2	2.3904	1.9819	1.2691	0.8681		7.4	2.1829	2.2644	1.3755	1.1616
1.3	2.4015	2.0588	1.3010	0.9201		7.6	2.1805	2.2618	1.3753	1.1621
1.4	2.4076	2.1259	1.3239	0.9643		7.8	2.1778	2.2590	1.3748	1.1624
1.5	2.4097	2.1835	1.3398	1.0028		8.0	2.1757	2.2566	1.3747	1.1630
1.6	2.4079	2.2296	1.3507	1.0357		8.2	2.1733	2.2539	1.3743	1.1633
1.7	2.4024	2.2625	1.3582	1.0614		8.4	2.1710	2.2513	1.3739	1.1635
1.8	2.3940	2.2830	1.3632	1.0794		8.6	2.1688	2.2488	1.3735	1.1638
1.9	2.3841	2.2946	1.3664	1.0904		8.8	2.1667	2.2463	1.3731	1.1640
2.0	2.3738	2.3017	1.3683	1.0966		9.0	2.1646	2.2438	1.3726	1.1642
2.1	2.3637	2.3080	1.3692	1.1005		9.2	2.1626	2.2415	1.3722	1.1644
2.2	2.3539	2.3149	1.3695	1.1042		9.4	2.1607	2.2392	1.3718	1.1646
2.3	2.3446	2.3217	1.3694	1.1084		9.6	2.1588	2.2369	1.3714	1.1647
2.4	2.3363	2.3276	1.3698	1.1134		9.8	2.1570	2.2347	1.3710	1.1649
2.5	2.3269	2.3295	1.3688	1.1168		10.0	2.1551	2.2323	1.3704	1.1678
2.6	2.3189	2.3278	1.3688	1.1197		10.2	2.1564	2.2333	1.3729	1.1659
2.7	2.3114	2.3258	1.3689	1.1214		10.4	2.1526	2.2290	1.3704	1.1659
2.8	2.3045	2.3245	1.3691	1.1223		10.6	2.1509	2.2268	1.3700	1.1659
2.9	2.2982	2.3242	1.3694	1.1230		10.8	2.1493	2.2248	1.3696	1.1660
3.0	2.2923	2.3246	1.3697	1.1241		11.0	2.1478	2.2229	1.3692	1.1661
3.1	2.2869	2.3249	1.3701	1.1257		11.2	2.1463	2.2209	1.3688	1.1661
3.2	2.2818	2.3245	1.3706	1.1277		11.4	2.1448	2.2190	1.3684	1.1662
3.3	2.2771	2.3234	1.3711	1.1299		11.6	2.1434	2.2172	1.3680	1.1662
3.4	2.2727	2.3217	1.3717	1.1319		11.8	2.1421	2.2153	1.3676	1.1663
3.5	2.2685	2.3198	1.3722	1.1335		12.0	2.1407	2.2136	1.3672	1.1663
3.6	2.2646	2.3182	1.3727	1.1349		12.2	2.1394	2.2118	1.3668	1.1663
3.7	2.2609	2.3170	1.3732	1.1361		12.4	2.1381	2.2101	1.3665	1.1664
3.8	2.2573	2.3160	1.3737	1.1373		12.6	2.1369	2.2084	1.3661	1.1664
3.9	2.2540	2.3152	1.3742	1.1386		12.8	2.1357	2.2068	1.3658	1.1664
4.0	2.2508	2.3143	1.3746	1.1400		13.0	2.1345	2.2052	1.3654	1.1664
4.1	2.2477	2.3130	1.3750	1.1415		13.2	2.1332	2.2034	1.3652	1.1669
4.2	2.2447	2.3114	1.3753	1.1429		13.4	2.1327	2.2025	1.3649	1.1667
4.3	2.2419	2.3097	1.3756	1.1442		13.6	2.1314	2.2007	1.3646	1.1667
4.4	2.2391	2.3080	1.3760	1.1453		13.8	2.1303	2.1992	1.3642	1.1667
4.5	2.2364	2.3063	1.3762	1.1463		14.0	2.1292	2.1977	1.3639	1.1666
4.6	2.2338	2.3049	1.3764	1.1472		14.2	2.1282	2.1963	1.3635	1.1666
4.7	2.2313	2.3035	1.3766	1.1481		14.4	2.1272	2.1948	1.3632	1.1666
4.8	2.2288	2.3021	1.3767	1.1489		14.6	2.1262	2.1934	1.3629	1.1666
4.9	2.2264	2.3008	1.3769	1.1497		14.8	2.1252	2.1920	1.3625	1.1666
5.0	2.2242	2.3008	1.3769	1.1507		15.0	2.1243	2.1907	1.3622	1.1666

Table T2.65

N = 1.900 K = 0.0

X	QEE	QEH	QSE	QSH	X	QEE	QEH	QSE	QSH
0.1	0.0090	0.0008	0.0090	0.0008	5.2	3.2126	2.7267	3.2126	2.7267
0.2	0.0810	0.0065	0.0810	0.0065	5.4	3.1715	3.3532	3.1715	3.3532
0.3	0.3073	0.0221	0.3073	0.0221	5.6	3.1961	3.0118	3.1961	3.0118
0.4	0.7579	0.0524	0.7579	0.0524	5.8	3.3633	3.0363	3.3633	3.0363
0.5	1.3312	0.1013	1.3312	0.1013	6.0	3.0701	3.0842	3.0701	3.0842
0.6	1.7696	0.1711	1.7696	0.1711	6.2	2.6006	2.6471	2.6006	2.6471
0.7	1.9625	0.2649	1.9625	0.2649	6.4	2.5769	2.3565	2.5769	2.3565
0.8	2.0091	0.3908	2.0091	0.3908	6.6	2.1855	2.1703	2.1855	2.1703
0.9	2.0725	0.5751	2.0725	0.5751	6.8	1.6450	1.7730	1.6449	1.7730
1.0	2.3372	0.8766	2.3372	0.8766	7.0	1.6875	1.4422	1.6875	1.4422
1.1	2.9541	1.3574	2.9541	1.3574	7.2	1.5065	1.4420	1.5065	1.4420
1.2	3.7227	1.9159	3.7227	1.9159	7.4	1.2532	1.3416	1.2532	1.3416
1.3	4.1173	2.2958	4.1173	2.2958	7.6	1.6020	1.2449	1.6020	1.2449
1.4	4.0796	2.4788	4.0796	2.4788	7.8	1.6768	1.5475	1.6768	1.5475
1.5	3.9046	2.6216	3.9046	2.6216	8.0	1.7924	1.8217	1.7924	1.8217
1.6	3.8210	2.8310	3.8210	2.8310	8.2	2.3103	1.8890	2.3103	1.8890
1.7	4.0237	3.1434	4.0237	3.1434	8.4	2.4464	2.2852	2.4464	2.2852
1.8	4.6353	3.5174	4.6353	3.5174	8.6	2.6641	2.7052	2.6641	2.7052
1.9	5.1094	3.8058	5.1094	3.8058	8.8	2.9667	2.6693	2.9667	2.6693
2.0	4.9077	3.8690	4.9077	3.8690	9.0	2.9739	2.8075	2.9739	2.8075
2.1	4.4108	3.7753	4.4108	3.7753	9.2	2.9779	3.0977	2.9779	3.0977
2.2	3.9381	3.6847	3.9381	3.6847	9.4	2.8767	2.8151	2.8767	2.8151
2.3	3.6726	3.6532	3.6726	3.6532	9.6	2.7107	2.5407	2.7107	2.5407
2.4	3.8255	3.6374	3.8255	3.6374	9.8	2.4794	2.6735	2.4794	2.6735
2.5	4.3418	3.5611	4.3418	3.5611	10.0	2.1528	2.2260	2.1528	2.2260
2.6	4.0872	3.3978	4.0872	3.3978	10.2	1.9890	1.8079	1.9890	1.8079
2.7	3.4198	3.1869	3.4198	3.1869	10.4	1.7068	1.8610	1.7068	1.8610
2.8	2.7903	2.9693	2.7903	2.9693	10.6	1.5050	1.5919	1.5050	1.5919
2.9	2.2789	2.7439	2.2789	2.7439	10.8	1.5718	1.3590	1.5718	1.3590
3.0	2.0824	2.4894	2.0824	2.4894	11.0	1.4584	1.4300	1.4584	1.4300
3.1	2.5210	2.1922	2.5210	2.1922	11.2	1.5439	1.5870	1.5439	1.5870
3.2	2.6483	1.8985	2.6483	1.8985	11.4	1.8949	1.6516	1.8949	1.6516
3.3	1.9987	1.6912	1.9987	1.6912	11.6	1.9569	1.8256	1.9569	1.8256
3.4	1.5246	1.6240	1.5246	1.6240	11.8	2.1660	2.1812	2.1660	2.1812
3.5	1.1317	1.6128	1.1317	1.6128	12.0	2.6097	2.3847	2.6097	2.3847
3.6	0.9044	1.4255	0.9044	1.4255	12.2	2.6417	2.5132	2.6417	2.5132
3.7	1.1400	1.1271	1.1400	1.1271	12.4	2.7114	2.7525	2.7114	2.7525
3.8	1.9493	0.9455	1.9493	0.9455	12.6	2.9395	2.7906	2.9395	2.7906
3.9	1.4744	0.9040	1.4744	0.9040	12.8	2.8326	2.7385	2.8326	2.7385
4.0	1.2933	1.0080	1.2933	1.0080	13.0	2.6078	2.7255	2.6078	2.7255
4.1	1.1722	1.3327	1.1722	1.3327	13.2	2.5656	2.4830	2.5656	2.4830
4.2	1.1054	1.5474	1.1054	1.5474	13.4	2.3832	2.2937	2.3832	2.2937
4.3	1.2853	1.3281	1.2853	1.3281	13.6	1.9896	2.2790	1.9896	2.2790
4.4	2.3165	1.2710	2.3165	1.2710	13.8	2.0015	1.8095	2.0015	1.8095
4.5	2.1300	1.4317	2.1300	1.4317	14.0	1.8156	1.6724	1.8156	1.6724
4.6	1.9510	1.6714	1.9510	1.6714	14.2	1.5337	1.6918	1.5337	1.6918
4.7	2.0143	2.0143	2.0143	2.0143	14.4	1.5254	1.4565	1.5254	1.4565
4.8	2.2460	2.6156	2.2460	2.6156	14.6	1.7705	1.5424	1.7705	1.5424
4.9	2.3460	2.4378	2.3460	2.4378	14.8	1.7082	1.7594	1.7082	1.7594
5.0	2.9357	2.3562	2.9357	2.3562	15.0	1.7902	1.7796	1.7902	1.7796

Table T2.66

N = 1.900 K = 0.050

x	QEE	QEH	QSE	QSH	x	QEE	QEH	QSE	QSH
0.1	0.0409	0.0065	0.0090	0.0008	5.2	2.8296	2.5181	2.1191	1.7747
0.2	0.1524	0.0185	0.0801	0.0065	5.4	2.8333	2.7795	2.1391	1.9435
0.3	0.4187	0.0412	0.2970	0.0221	5.6	2.9001	2.7487	2.1536	1.9648
0.4	0.8785	0.0795	0.7096	0.0523	5.8	2.8884	2.6899	2.1727	1.9368
0.5	1.4052	0.1376	1.2109	0.1008	6.0	2.7196	2.6828	2.0010	1.8516
0.6	1.7829	0.2183	1.5894	0.1698	6.2	2.5693	2.5187	1.7953	1.6859
0.7	1.9531	0.3256	1.7682	0.2618	6.4	2.4343	2.3181	1.6921	1.5311
0.8	2.0187	0.4694	1.8301	0.3842	6.6	2.2209	2.1883	1.4995	1.3707
0.9	2.1260	0.6757	1.9076	0.5590	6.8	2.0520	2.0222	1.2711	1.1722
1.0	2.4224	0.9903	2.1429	0.8292	7.0	1.9686	1.8671	1.1833	1.0293
1.1	2.9711	1.4335	2.6171	1.2232	7.2	1.8773	1.8164	1.1316	0.9761
1.2	3.5515	1.8945	3.1586	1.6532	7.4	1.8443	1.7851	1.0696	0.9326
1.3	3.8313	2.2123	3.4564	1.9681	7.6	1.9099	1.7861	1.1077	0.9232
1.4	3.8182	2.3982	3.4808	2.1599	7.8	1.9755	1.8827	1.1952	1.0014
1.5	3.7198	2.5587	3.4001	2.3159	8.0	2.0689	1.9856	1.2808	1.1072
1.6	3.7097	2.7641	3.3669	2.4993	8.2	2.2172	2.0822	1.4100	1.2065
1.7	3.9174	3.0283	3.5017	2.7238	8.4	2.3313	2.2317	1.5384	1.3298
1.8	4.3205	3.3044	3.8143	2.9510	8.6	2.4201	2.3481	1.6143	1.4351
1.9	4.5494	3.4971	4.0150	3.1038	8.8	2.5131	2.4000	1.6885	1.4977
2.0	4.3941	3.5494	3.8946	3.1397	9.0	2.5479	2.4643	1.7465	1.5501
2.1	4.0584	3.5093	3.6003	3.1008	9.2	2.5291	2.4902	1.7232	1.5599
2.2	3.7466	3.4549	3.3077	3.0479	9.4	2.5008	2.4275	1.6632	1.4994
2.3	3.5929	3.4121	3.1281	2.9959	9.6	2.4314	2.3647	1.6086	1.4309
2.4	3.6830	3.3608	3.1327	2.9239	9.8	2.3238	2.3065	1.5158	1.3623
2.5	3.8248	3.2721	3.2021	2.8070	10.0	2.2304	2.1864	1.3974	1.2478
2.6	3.6203	3.1474	3.0245	2.6510	10.2	2.1439	2.0810	1.3056	1.1341
2.7	3.1996	3.0034	2.6485	2.4754	10.4	2.0475	2.0237	1.2241	1.0610
2.8	2.7818	2.8460	2.2454	2.2910	10.6	1.9947	1.9565	1.1627	1.0055
2.9	2.4720	2.6617	2.0941	2.0941	10.8	1.9776	1.9082	1.1387	0.9604
3.0	2.3711	2.4445	1.9805	1.8805	11.0	2.0043	1.9251	1.1375	0.9555
3.1	2.4823	2.2149	1.7745	1.6604	11.2	2.0697	1.9587	1.1627	0.9891
3.2	2.4237	2.0164	1.7973	1.4619	11.4	2.1311	1.9964	1.2268	1.0408
3.3	2.1184	1.8916	1.7483	1.3146	11.6	2.2017	2.0703	1.2964	1.1045
3.4	1.8182	1.8419	1.5190	1.2189	11.8	2.2189	2.1526	1.3558	1.1744
3.5	1.5975	1.7895	1.2493	1.1184	12.0	2.2791	2.2137	1.4257	1.2424
3.6	1.5188	1.6546	1.0125	0.9654	12.2	2.3288	2.2713	1.4879	1.3013
3.7	1.6508	1.4860	0.8849	0.8132	12.4	2.3576	2.3155	1.5139	1.3379
3.8	1.8149	1.3731	0.9285	0.7282	12.6	2.3758	2.3264	1.5188	1.3467
3.9	1.7477	1.3537	1.0545	0.7204	12.8	2.3612	2.3171	1.5093	1.3353
4.0	1.6519	1.4425	1.0775	0.7833	13.0	2.3202	2.2890	1.4727	1.3061
4.1	1.6045	1.6043	1.0477	0.8864	13.2	2.2751	2.2390	1.4197	1.2567
4.2	1.6362	1.6845	1.0090	0.9305	13.4	2.2180	2.1833	1.3619	1.1950
4.3	1.8023	1.6541	1.0060	0.9112	13.6	2.1506	2.1242	1.2959	1.1316
4.4	2.0670	1.6519	1.0972	0.9321	13.8	2.0987	2.0659	1.2402	1.0766
4.5	2.1826	1.7281	1.2817	1.0235	14.0	2.0601	2.0246	1.2031	1.0334
4.6	2.2233	1.8754	1.4415	1.1656	14.2	2.0293	1.9867	1.1730	1.0022
4.7	2.2669	2.0947	1.5518	1.3419	14.4	2.0395	1.9977	1.1602	0.9890
4.8	2.3319	2.3005	1.6862	1.4989	14.6	2.0637	1.9867	1.1776	1.0003
4.9	2.4603	2.3504	1.7734	1.5669	14.8	2.0284	2.0284	1.2071	1.0281
5.0	2.6629	2.3642	1.9104	1.6165	15.0	2.1013	2.0628	1.2392	1.0617

310 Table T2.67

N = 1.900 K = 0.100

X	QEE	QEH	QSE	QSH	X	QEE	QEH	QSE	QSH
0.1	0.0726	0.0122	0.0090	0.0008	5.2	2.6096	2.4006	1.6877	1.3895
0.2	0.2220	0.0304	0.0797	0.0065	5.4	2.6290	2.5169	1.7178	1.4693
0.3	0.5235	0.0602	0.2890	0.0222	5.6	2.6490	2.5291	1.7270	1.4963
0.4	0.9865	0.1066	0.6700	0.0525	5.8	2.6234	2.4898	1.7065	1.4736
0.5	1.4698	0.1739	1.1141	0.1009	6.0	2.5387	2.4585	1.6207	1.4158
0.6	1.7983	0.2654	1.4458	0.1694	6.2	2.4527	2.3824	1.5220	1.3342
0.7	1.9521	0.3858	1.6122	0.2602	6.4	2.3621	2.2772	1.4403	1.2465
0.8	2.0347	0.5458	1.6836	0.3797	6.6	2.2564	2.1915	1.3403	1.1531
0.9	2.1749	0.7693	1.7694	0.5461	6.8	2.1733	2.1121	1.2425	1.0603
1.0	2.4827	1.0874	1.9784	0.7899	7.0	2.1181	2.0425	1.1868	0.9936
1.1	2.9601	1.4920	2.3504	1.1199	7.2	2.0772	2.0057	1.1560	0.9579
1.2	3.4036	1.8806	2.7480	1.4648	7.4	1.9939	1.9939	1.1410	0.9410
1.3	3.6074	2.1546	2.9795	1.7314	7.6	2.0885	2.0049	1.1566	0.9468
1.4	3.6091	2.3370	3.0293	1.9156	7.8	2.1210	2.0405	1.1937	0.9791
1.5	3.5615	2.5019	2.9993	2.0677	8.0	2.1679	2.0868	1.2407	1.0257
1.6	3.5930	2.6945	2.9914	2.2238	8.2	2.2250	2.1397	1.2960	1.0768
1.7	3.7748	2.9152	3.0772	2.3872	8.4	2.2741	2.1970	1.3475	1.1286
1.8	4.0326	3.1229	3.2372	2.5312	8.6	2.3136	2.2411	1.3858	1.1712
1.9	4.1371	3.2598	3.3170	2.6191	8.8	2.3443	2.2705	1.4155	1.2016
2.0	4.0095	3.3041	3.2277	2.6409	9.0	2.3555	2.2916	1.4311	1.2199
2.1	3.7747	3.3298	3.0381	2.6188	9.2	2.3484	2.2928	1.4242	1.2193
2.2	3.5645	3.2866	3.0381	2.5756	9.4	2.3303	2.2731	1.4033	1.2005
2.3	3.4649	3.2472	2.8440	2.5141	9.6	2.2996	2.2478	1.3756	1.1738
2.4	3.4891	3.1996	2.7081	2.4277	9.8	2.2599	2.2161	1.3391	1.1414
2.5	3.4897	3.1390	2.6511	2.3119	10.0	2.2207	2.1744	1.2984	1.1018
2.6	3.3172	3.0577	2.5984	2.1785	10.2	2.1876	2.1405	1.2654	1.0669
2.7	3.0340	2.9626	2.4441	2.0357	10.4	2.1538	2.1116	1.2345	1.0368
2.8	2.7554	2.8567	2.1977	1.8847	10.6	2.1332	2.0892	1.2148	1.0172
2.9	2.5556	2.7329	1.9359	1.7227	10.8	2.1240	2.0765	1.2059	1.0061
3.0	2.4744	2.5813	1.7245	1.5533	11.0	2.1340	2.0785	1.2071	1.0064
3.1	2.4626	2.4080	1.5982	1.3894	11.2	2.1515	2.0887	1.2178	1.0175
3.2	2.3764	2.2384	1.5365	1.2475	11.4	2.1719	2.1040	1.2366	1.0356
3.3	2.1991	2.1042	1.4583	1.1379	11.6	2.1931	2.1255	1.2584	1.0573
3.4	2.0234	1.9796	1.3246	1.0509	11.8	2.2126	2.1488	1.2798	1.0801
3.5	1.8928	1.8432	1.1680	0.9599	12.0	2.1686	2.1686	1.3000	1.1014
3.6	1.8537	1.8284	1.0331	0.8574	12.2	2.2267	2.1843	1.3159	1.1186
3.7	1.8979	1.7259	0.9582	0.7698	12.4	2.2344	2.1947	1.3244	1.1292
3.8	1.9429	1.6601	0.9556	0.7219	12.6	2.2356	2.1975	1.3259	1.1324
3.9	1.9277	1.6563	0.9904	0.7185	12.8	2.2298	2.1933	1.3212	1.1292
4.0	1.8940	1.7153	1.0141	0.7514	13.0	2.2181	2.1836	1.3108	1.1204
4.1	1.8855	1.7978	1.0185	0.7959	13.2	2.2028	2.1696	1.2962	1.1069
4.2	1.9250	1.8432	1.0195	0.8230	13.4	2.1862	2.1539	1.2803	1.0917
4.3	2.0188	1.8507	1.0394	0.8385	13.6	2.1686	2.1371	1.2637	1.0756
4.4	2.0184	1.8657	1.0949	0.8698	13.8	2.1536	2.1224	1.2496	1.0617
4.5	2.1306	1.9160	1.1799	0.9293	14.0	2.1422	2.1112	1.2391	1.0511
4.6	2.2085	1.9904	1.2690	1.0141	14.2	2.1349	2.1042	1.2327	1.0446
4.7	2.2553	2.0077	1.3451	1.0129	14.4	2.1325	2.1016	1.2309	1.0427
4.8	2.2979	2.1279	1.4070	1.1079	14.6	2.1346	2.1037	1.2340	1.0456
4.9	2.3534	2.2315	1.4628	1.1921	14.8	2.1400	2.1095	1.2405	1.0522
4.9	2.4299	2.2860	1.5227	1.2525	15.0	2.1479	2.1175	1.2490	1.0609
5.0	2.5149	2.3163	1.5880	1.2996					

Table T2.68   311

N = 1.900 K = 0.200

x	QEE	QEH	QSE	QSH	x	QEE	QEH	QSE	QSH
0.1	0.1356	0.0235	0.0093	0.0008	5.2	2.4102	2.2858	1.4030	1.1380
0.2	0.3563	0.0541	0.0804	0.0067	5.4	2.4168	2.3126	1.4165	1.1630
0.3	0.7146	0.0979	0.2789	0.0229	5.6	2.4124	2.3186	1.4169	1.1730
0.4	1.1702	0.1604	0.6120	0.0538	5.8	2.3941	2.3046	1.4030	1.1657
0.5	1.5774	0.2461	0.9731	0.1028	6.0	2.3656	2.2856	1.3783	1.1481
0.6	1.8329	0.3587	1.2389	0.1715	6.2	2.3331	2.2606	1.3496	1.1248
0.7	1.9671	0.5036	1.3851	0.2612	6.4	2.3000	2.2304	1.3210	1.0991
0.8	2.0769	0.6909	1.4659	0.3766	6.6	2.2688	2.2025	1.2936	1.0739
0.9	2.2557	0.9358	1.5577	0.5293	6.8	2.2433	2.1797	1.2709	1.0524
1.0	2.5490	1.2436	1.7243	0.7327	7.0	2.2247	2.1622	1.2558	1.0375
1.1	2.8985	1.5782	1.9675	0.9781	7.2	2.2130	2.1514	1.2478	1.0292
1.2	3.1660	1.8700	2.2047	1.2208	7.4	2.2085	2.1480	1.2462	1.0276
1.3	3.2821	2.0863	2.3547	1.4205	7.6	2.2097	2.1504	1.2503	1.0316
1.4	3.2985	2.2526	2.4131	1.5750	7.8	2.2144	2.1563	1.2581	1.0397
1.5	3.3036	2.4062	2.4229	1.7013	8.0	2.2219	2.1654	1.2685	1.0505
1.6	3.3600	2.5641	2.4305	1.8113	8.2	2.2296	2.1751	1.2789	1.0620
1.7	3.4717	2.7180	2.4612	1.9042	8.4	2.2360	2.1838	1.2881	1.0725
1.8	3.5687	2.8444	2.4974	1.9717	8.6	2.2404	2.1902	1.2950	1.0808
1.9	3.5717	2.9234	2.4937	2.0078	8.8	2.2420	2.1942	1.2992	1.0865
2.0	3.4807	2.9530	2.4327	2.0142	9.0	2.2406	2.1953	1.3003	1.0894
2.1	3.3533	2.9459	2.3355	1.9957	9.2	2.2366	2.1933	1.2986	1.0894
2.2	3.2452	2.9159	2.2322	1.9558	9.4	2.2304	2.1889	1.2947	1.0869
2.3	3.1817	2.8720	2.1416	1.8964	9.6	2.2228	2.1832	1.2894	1.0830
2.4	3.1429	2.8213	2.0643	1.8223	9.8	2.2146	2.1765	1.2834	1.0782
2.5	3.0745	2.7657	1.9787	1.7375	10.0	2.2063	2.1694	1.2772	1.0731
2.6	2.9557	2.7080	1.8708	1.6494	10.2	2.2022	2.1663	1.2749	1.0715
2.7	2.8096	2.6410	1.7448	1.5576	10.4	2.1938	2.1591	1.2687	1.0662
2.8	2.6737	2.5577	1.6203	1.4603	10.6	2.1891	2.1552	1.2658	1.0642
2.9	2.5723	2.4589	1.5146	1.3584	10.8	2.1859	2.1528	1.2645	1.0636
3.0	2.5062	2.3568	1.4333	1.2580	11.0	2.1840	2.1517	1.2644	1.0642
3.1	2.4518	2.2681	1.3689	1.1673	11.2	2.1832	2.1518	1.2653	1.0659
3.2	2.3851	2.2046	1.3082	1.0922	11.4	2.1831	2.1524	1.2668	1.0682
3.3	2.3069	2.1643	1.2454	1.0324	11.6	2.1833	2.1545	1.2686	1.0709
3.4	2.2352	2.1322	1.1855	0.9816	11.8	2.1834	2.1552	1.2702	1.0734
3.5	2.1857	2.0930	1.1378	0.9338	12.0	2.1833	2.1554	1.2716	1.0757
3.6	2.1635	2.0464	1.1090	0.8899	12.2	2.1826	2.1551	1.2724	1.0774
3.7	2.1603	2.0053	1.0991	0.8565	12.4	2.1814	2.1541	1.2726	1.0785
3.8	2.1613	1.9836	1.1018	0.8390	12.6	2.1797	2.1526	1.2722	1.0790
3.9	2.1590	1.9873	1.1099	0.8383	12.8	2.1774	2.1507	1.2713	1.0788
4.0	2.1576	2.0101	1.1203	0.8502	13.0	2.1748	2.1485	1.2699	1.0783
4.1	2.1644	2.0369	1.1340	0.8675	13.2	2.1718	2.1469	1.2682	1.0770
4.2	2.1834	2.0557	1.1531	0.8851	13.4	2.1696	2.1445	1.2672	1.0759
4.3	2.2121	2.0680	1.1786	0.9032	13.6	2.1667	2.1426	1.2655	1.0751
4.4	2.2437	2.0825	1.2090	0.9250	13.8	2.1641	2.1409	1.2641	1.0747
4.5	2.2721	2.1064	1.2411	0.9525	14.0	2.1620	2.1396	1.2630	1.0745
4.6	2.2961	2.1409	1.2721	0.9850	14.2	2.1601	2.1385	1.2623	1.0746
4.7	2.3183	2.1801	1.3010	1.0195	14.4	2.1586	2.1377	1.2618	1.0750
4.8	2.3406	2.2145	1.3275	1.0518	14.6	2.1573	2.1371	1.2616	1.0755
4.9	2.3633	2.2395	1.3515	1.0794	14.8	2.1563	2.1371	1.2616	1.0755
5.0	2.3841	2.2569	1.3728	1.1023	15.0	2.1554	2.1367	1.2616	1.0761

Table T2.69

N = 1.900 K = 0.300

x	QEE	QEH	QSE	QSH
0.1	0.1978	0.0345	0.0099	0.0009
0.2	0.4835	0.0771	0.0829	0.0071
0.3	0.8828	0.1348	0.2756	0.0240
0.4	1.3190	0.2132	0.5758	0.0562
0.5	1.6634	0.3170	0.8825	0.1068
0.6	1.8701	0.4499	1.1059	0.1770
0.7	1.9954	0.6167	1.2376	0.2675
0.8	2.1233	0.8244	1.3212	0.3808
0.9	2.3139	1.0776	1.4122	0.5233
1.0	2.5691	1.3635	1.5480	0.6985
1.1	2.8204	1.6428	1.7193	0.8931
1.2	2.9882	1.8749	1.8765	1.0785
1.3	3.0597	2.0537	1.9808	1.2342
1.4	3.0805	2.1997	2.0314	1.3584
1.5	3.1021	2.3326	2.0491	1.4574
1.6	3.1491	2.4580	2.0567	1.5362
1.7	3.2065	2.5686	2.0643	1.5956
1.8	3.2341	2.6525	2.0644	1.6346
1.9	3.2081	2.7027	2.0436	1.6531
2.0	3.1409	2.7201	1.9992	1.6520
2.1	3.0622	2.7119	1.9393	1.6327
2.2	2.9948	2.6868	1.8745	1.5976
2.3	2.9428	2.6537	1.8111	1.5510
2.4	2.8936	2.6195	1.7498	1.4988
2.5	2.8287	2.5842	1.6843	1.4431
2.6	2.7489	2.5468	1.6150	1.3874
2.7	2.6644	2.5008	1.5442	1.3294
2.8	2.5884	2.4445	1.4775	1.2686
2.9	2.5276	2.3827	1.4194	1.2070
3.0	2.4796	2.3245	1.3709	1.1492
3.1	2.4370	2.2783	1.3302	1.0995
3.2	2.3947	2.2464	1.2948	1.0597
3.3	2.3539	2.2240	1.2635	1.0284
3.4	2.3191	2.2034	1.2375	1.0025
3.5	2.2941	2.1804	1.2181	0.9799
3.6	2.2790	2.1571	1.2061	0.9608
3.7	2.2711	2.1391	1.2012	0.9475
3.8	2.2667	2.1311	1.2015	0.9413
3.9	2.2642	2.1337	1.2055	0.9422
4.0	2.2666	2.1429	1.2121	0.9486
4.1	2.2727	2.1531	1.2207	0.9580
4.2	2.2811	2.1612	1.2312	0.9684
4.3	2.2905	2.1677	1.2432	0.9794
4.4	2.2996	2.1749	1.2562	0.9912
4.5	2.2849	2.1849	1.2693	1.0043
4.6	2.3076	2.1976	1.2820	1.0182
4.7	2.3148	2.2113	1.2938	1.0325
4.8	2.3210	2.2234	1.3043	1.0458
4.9	2.3265	2.2327	1.3134	1.0576
5.0	2.3308	2.2393	1.3210	1.0677

x	QEE	QEH	QSE	QSH
5.2	2.3343	2.2478	1.3310	1.0824
5.4	2.3316	2.2532	1.3348	1.0916
5.6	2.3247	2.2534	1.3340	1.0958
5.8	2.3131	2.2467	1.3279	1.0940
6.0	2.2997	2.2379	1.3195	1.0893
6.2	2.2853	2.2279	1.3101	1.0828
6.4	2.2716	2.2175	1.3009	1.0761
6.6	2.2592	2.2079	1.2929	1.0699
6.8	2.2488	2.1999	1.2865	1.0651
7.0	2.2407	2.1939	1.2823	1.0622
7.2	2.2345	2.1898	1.2799	1.0610
7.4	2.2304	2.1875	1.2792	1.0615
7.6	2.2277	2.1866	1.2799	1.0633
7.8	2.2256	2.1862	1.2810	1.0656
8.0	2.2245	2.1869	1.2828	1.0687
8.2	2.2230	2.1872	1.2843	1.0714
8.4	2.2213	2.1871	1.2855	1.0738
8.6	2.2193	2.1867	1.2861	1.0757
8.8	2.2167	2.1858	1.2861	1.0770
9.0	2.2138	2.1843	1.2856	1.0778
9.2	2.2105	2.1824	1.2847	1.0780
9.4	2.2070	2.1802	1.2835	1.0779
9.6	2.2033	2.1778	1.2821	1.0776
9.8	2.1998	2.1754	1.2806	1.0771
10.0	2.1962	2.1728	1.2791	1.0766
10.2	2.1961	2.1737	1.2808	1.0790
10.4	2.1909	2.1695	1.2776	1.0769
10.6	2.1881	2.1676	1.2767	1.0769
10.8	2.1857	2.1660	1.2760	1.0771
11.0	2.1835	2.1646	1.2755	1.0774
11.2	2.1815	2.1633	1.2751	1.0778
11.4	2.1796	2.1622	1.2748	1.0783
11.6	2.1778	2.1610	1.2745	1.0788
11.8	2.1760	2.1599	1.2742	1.0793
12.0	2.1742	2.1588	1.2738	1.0797
12.2	2.1724	2.1576	1.2735	1.0800
12.4	2.1706	2.1565	1.2730	1.0803
12.6	2.1688	2.1552	1.2725	1.0805
12.8	2.1670	2.1540	1.2720	1.0807
13.0	2.1652	2.1528	1.2715	1.0807
13.2	2.1634	2.1514	1.2708	1.0808
13.4	2.1623	2.1508	1.2709	1.0815
13.6	2.1604	2.1494	1.2701	1.0814
13.8	2.1588	2.1482	1.2696	1.0815
14.0	2.1572	2.1471	1.2691	1.0816
14.2	2.1558	2.1461	1.2687	1.0817
14.4	2.1543	2.1450	1.2683	1.0819
14.6	2.1529	2.1440	1.2679	1.0820
14.8	2.1516	2.1430	1.2675	1.0822
15.0	2.1503	2.1421	1.2671	1.0823

Table T2.70   313

N = 1.900 K = 0.400

X	QEE	QEH	QSE	QSH	X	QEE	QEH	QSE	QSH
0.1	0.2592	0.0450	0.0106	0.0009	5.2	2.2986	2.2390	1.3133	1.0736
0.2	0.6036	0.0993	0.0870	0.0076	5.4	2.2929	2.2384	1.3139	1.0775
0.3	1.0305	0.1704	0.2779	0.0255	5.6	2.2865	2.2368	1.3132	1.0799
0.4	1.4408	0.2645	0.5559	0.0596	5.8	2.2780	2.2325	1.3103	1.0799
0.5	1.7340	0.3859	0.8261	0.1128	6.0	2.2698	2.2277	1.3071	1.0792
0.6	1.9079	0.5380	1.0217	0.1858	6.2	2.2615	2.2227	1.3036	1.0779
0.7	2.0295	0.7239	1.1430	0.2783	6.4	2.2539	2.2178	1.3004	1.0766
0.8	2.1671	0.9457	1.2268	0.3912	6.6	2.2469	2.2133	1.2976	1.0756
0.9	2.3527	1.1983	1.3145	0.5265	6.8	2.2407	2.2094	1.2954	1.0749
1.0	2.5647	1.4596	1.4282	0.6818	7.0	2.2354	2.2062	1.2939	1.0749
1.1	2.7447	1.6965	1.5566	0.8436	7.2	2.2307	2.2035	1.2928	1.0752
1.2	2.8534	1.8886	1.6692	0.9927	7.4	2.2268	2.2013	1.2922	1.0759
1.3	2.9001	2.0399	1.7458	1.1176	7.6	2.2233	2.1995	1.2920	1.0770
1.4	2.9199	2.1662	1.7867	1.2171	7.8	2.2198	2.1977	1.2916	1.0778
1.5	2.9418	2.2786	1.8036	1.2947	8.0	2.2170	2.1964	1.2917	1.0792
1.6	2.9721	2.3787	1.8088	1.3539	8.2	2.2140	2.1948	1.2914	1.0792
1.7	2.9959	2.4615	1.8077	1.3966	8.4	2.2109	2.1931	1.2911	1.0801
1.8	2.9937	2.5209	1.7983	1.4234	8.6	2.2079	2.1914	1.2906	1.0809
1.9	2.9614	2.5541	1.7772	1.4345	8.8	2.2049	2.1896	1.2901	1.0816
2.0	2.9104	2.5631	1.7446	1.4304	9.0	2.2019	2.1878	1.2894	1.0822
2.1	2.8561	2.5540	1.7044	1.4128	9.2	2.1990	2.1859	1.2887	1.0826
2.2	2.8077	2.5347	1.6610	1.3850	9.4	2.1961	2.1840	1.2880	1.0830
2.3	2.7645	2.5124	1.6175	1.3517	9.6	2.1933	2.1822	1.2873	1.0832
2.4	2.7210	2.4916	1.5739	1.3175	9.8	2.1906	2.1803	1.2866	1.0835
2.5	2.6702	2.4693	1.5294	1.2823	10.0	2.1878	2.1784	1.2857	1.0837
2.6	2.6162	2.4442	1.4861	1.2477	10.2	2.1884	2.1798	1.2880	1.0838
2.7	2.5632	2.4125	1.4446	1.2117	10.4	2.1838	2.1759	1.2853	1.0868
2.8	2.5162	2.3752	1.4067	1.1744	10.6	2.1814	2.1742	1.2846	1.0850
2.9	2.4770	2.3372	1.3736	1.1379	10.8	2.1792	2.1726	1.2841	1.0852
3.0	2.4440	2.3043	1.3456	1.1050	11.0	2.1770	2.1711	1.2836	1.0854
3.1	2.4147	2.2799	1.3222	1.0780	11.2	2.1750	2.1697	1.2831	1.0857
3.2	2.3879	2.2632	1.3028	1.0573	11.4	2.1730	2.1683	1.2826	1.0860
3.3	2.3640	2.2505	1.2869	1.0415	11.6	2.1711	2.1669	1.2821	1.0862
3.4	2.3440	2.2381	1.2747	1.0290	11.8	2.1692	2.1656	1.2817	1.0865
3.5	2.3288	2.2249	1.2661	1.0187	12.0	2.1674	2.1642	1.2812	1.0867
3.6	2.3181	2.2126	1.2610	1.0105	12.2	2.1656	2.1629	1.2807	1.0870
3.7	2.3108	2.2039	1.2589	1.0052	12.4	2.1639	2.1616	1.2803	1.0872
3.8	2.3056	2.2003	1.2592	1.0034	12.6	2.1622	2.1604	1.2798	1.0874
3.9	2.3021	2.2014	1.2614	1.0049	12.8	2.1605	2.1592	1.2794	1.0876
4.0	2.2998	2.2051	1.2649	1.0088	13.0	2.1589	2.1579	1.2790	1.0878
4.1	2.2988	2.2091	1.2693	1.0143	13.2	2.1572	2.1566	1.2786	1.0879
4.2	2.2990	2.2122	1.2744	1.0202	13.4	2.1563	2.1561	1.2784	1.0880
4.3	2.2999	2.2147	1.2799	1.0264	13.6	2.1546	2.1547	1.2780	1.0887
4.4	2.3011	2.2172	1.2854	1.0325	13.8	2.1531	2.1535	1.2775	1.0887
4.5	2.3023	2.2207	1.2909	1.0389	14.0	2.1517	2.1524	1.2771	1.0888
4.6	2.3032	2.2249	1.2960	1.0452	14.2	2.1503	2.1513	1.2767	1.0889
4.7	2.3037	2.2294	1.3006	1.0515	14.4	2.1490	2.1503	1.2763	1.0891
4.8	2.3037	2.2333	1.3045	1.0574	14.6	2.1476	2.1492	1.2760	1.0892
4.9	2.3032	2.2362	1.3078	1.0626	14.8	2.1464	2.1482	1.2756	1.0894
5.0	2.3023	2.2380	1.3104	1.0671	15.0	2.1451	2.1472	1.2752	1.0896

Table T2.71

N = 1.900 K = 0.500

x	QEE	QEH	QSE	QSH	x	QEE	QEH	QSE	QSH
0.1	0.3196	0.0548	0.0116	0.0010	5.2	2.2774	2.2410	1.3140	1.0784
0.2	0.7166	0.1202	0.0928	0.0082	5.4	2.2712	2.2386	1.3137	1.0805
0.3	1.1600	0.2044	0.2850	0.0275	5.6	2.2655	2.2366	1.3133	1.0824
0.4	1.5414	0.3136	0.5482	0.0640	5.8	2.2586	2.2331	1.3116	1.0830
0.5	1.7934	0.4520	0.7936	0.1206	6.0	2.2524	2.2298	1.3102	1.0836
0.6	1.9450	0.6221	0.9705	0.1974	6.2	2.2464	2.2263	1.3087	1.0838
0.7	2.0651	0.8242	1.0846	0.2933	6.4	2.2408	2.2231	1.3073	1.0841
0.8	2.2055	1.0551	1.1677	0.4070	6.6	2.2356	2.2200	1.3061	1.0845
0.9	2.3769	1.3016	1.2514	0.5372	6.8	2.2308	2.2172	1.3051	1.0849
1.0	2.5483	1.5393	1.3490	0.6782	7.0	2.2264	2.2147	1.3043	1.0855
1.1	2.6776	1.7437	1.4503	0.8173	7.2	2.2223	2.2122	1.3035	1.0861
1.2	2.7498	1.9068	1.5358	0.9414	7.4	2.2186	2.2100	1.3030	1.0869
1.3	2.7813	2.0369	1.5945	1.0437	7.6	2.2151	2.2080	1.3026	1.0877
1.4	2.7975	2.1459	1.6273	1.1244	7.8	2.2115	2.2058	1.3020	1.0883
1.5	2.8138	2.2411	1.6417	1.1867	8.0	2.2086	2.2040	1.3018	1.0892
1.6	2.8295	2.3227	1.6452	1.2338	8.2	2.2054	2.2020	1.3012	1.0897
1.7	2.8342	2.3873	1.6416	1.2676	8.4	2.2023	2.2000	1.3006	1.0903
1.8	2.8199	2.4313	1.6313	1.2884	8.6	2.1993	2.1980	1.3001	1.0907
1.9	2.7886	2.4538	1.6139	1.2962	8.8	2.1964	2.1960	1.2995	1.0911
2.0	2.7487	2.4579	1.5903	1.2917	9.0	2.1936	2.1941	1.2989	1.0915
2.1	2.7084	2.4498	1.5626	1.2774	9.2	2.1908	2.1922	1.2983	1.0919
2.2	2.6713	2.4364	1.5330	1.2571	9.4	2.1882	2.1904	1.2977	1.0922
2.3	2.6362	2.4229	1.5030	1.2348	9.6	2.1857	2.1886	1.2972	1.0926
2.4	2.6012	2.4113	1.4742	1.2136	9.8	2.1832	2.1868	1.2966	1.0929
2.5	2.5631	2.3974	1.4450	1.1920	10.0	2.1807	2.1849	1.2959	1.0930
2.6	2.5256	2.3806	1.4182	1.1711	10.2	2.1815	2.1863	1.2983	1.0961
2.7	2.4904	2.3589	1.3935	1.1491	10.4	2.1771	2.1824	1.2957	1.0944
2.8	2.4594	2.3347	1.3715	1.1267	10.6	2.1748	2.1807	1.2951	1.0945
2.9	2.4329	2.3115	1.3525	1.1054	10.8	2.1728	2.1791	1.2946	1.0948
3.0	2.4101	2.2929	1.3366	1.0870	11.0	2.1708	2.1776	1.2941	1.0950
3.1	2.3900	2.2799	1.3235	1.0727	11.2	2.1688	2.1761	1.2936	1.0953
3.2	2.3722	2.2711	1.3130	1.0623	11.4	2.1669	2.1746	1.2932	1.0955
3.3	2.3567	2.2639	1.3049	1.0549	11.6	2.1651	2.1732	1.2927	1.0957
3.4	2.3436	2.2566	1.2990	1.0493	11.8	2.1633	2.1717	1.2923	1.0959
3.5	2.3331	2.2489	1.2950	1.0450	12.0	2.1616	2.1703	1.2918	1.0961
3.6	2.3249	2.2419	1.2928	1.0418	12.2	2.1599	2.1690	1.2914	1.0963
3.7	2.3185	2.2371	1.2919	1.0400	12.4	2.1583	2.1677	1.2910	1.0965
3.8	2.3133	2.2350	1.2922	1.0398	12.6	2.1567	2.1664	1.2905	1.0967
3.9	2.3091	2.2365	1.2934	1.0413	12.8	2.1551	2.1651	1.2901	1.0969
4.0	2.3057	2.2378	1.2951	1.0440	13.0	2.1536	2.1638	1.2897	1.0970
4.1	2.3028	2.2386	1.2973	1.0474	13.2	2.1520	2.1625	1.2892	1.0971
4.2	2.3004	2.2390	1.2996	1.0509	13.4	2.1512	2.1619	1.2894	1.0978
4.3	2.2983	2.2392	1.3020	1.0545	13.6	2.1496	2.1605	1.2888	1.0977
4.4	2.2964	2.2398	1.3043	1.0579	13.8	2.1482	2.1593	1.2884	1.0978
4.5	2.2946	2.2406	1.3065	1.0612	14.0	2.1468	2.1581	1.2880	1.0980
4.6	2.2926	2.2406	1.3085	1.0643	14.2	2.1455	2.1570	1.2876	1.0981
4.7	2.2905	2.2416	1.3102	1.0674	14.4	2.1442	2.1559	1.2873	1.0982
4.8	2.2882	2.2423	1.3115	1.0702	14.6	2.1430	2.1548	1.2869	1.0983
4.9	2.2857	2.2426	1.3126	1.0728	14.8	2.1418	2.1537	1.2866	1.0985
5.0	2.2833	2.2426	1.3135	1.0751	15.0	2.1406	2.1527	1.2862	1.0986

Table T2.72

N = 1.900   K = 1.000

x	QEE	QEH	QSE	QSH		x	QEE	QEH	QSE	QSH
0.1	0.6053	0.0904	0.0205	0.0015		5.2	2.2308	2.2855	1.3925	1.1507
0.2	1.1799	0.1985	0.1429	0.0125		5.4	2.2260	2.2823	1.3921	1.1520
0.3	1.6053	0.3364	0.3697	0.0420		5.6	2.2223	2.2799	1.3924	1.1536
0.4	1.8535	0.5113	0.6156	0.0969		5.8	2.2176	2.2769	1.3917	1.1545
0.5	1.9954	0.7229	0.8154	0.1797		6.0	2.2137	2.2742	1.3914	1.1556
0.6	2.1038	0.9620	0.9578	0.2867		6.2	2.2099	2.2713	1.3910	1.1566
0.7	2.2111	1.2101	1.0583	0.4094		6.4	2.2063	2.2684	1.3906	1.1574
0.8	2.3144	1.4431	1.1363	0.5366		6.6	2.2029	2.2657	1.3902	1.1582
0.9	2.3969	1.6408	1.2037	0.6567		6.8	2.1996	2.2631	1.3897	1.1589
1.0	2.4493	1.7954	1.2630	0.7604		7.0	2.1965	2.2605	1.3893	1.1597
1.1	2.4753	1.9118	1.3120	0.8431		7.2	2.1934	2.2577	1.3888	1.1603
1.2	2.4851	2.0014	1.3489	0.9064		7.4	2.1906	2.2552	1.3884	1.1609
1.3	2.4871	2.0751	1.3742	0.9553		7.6	2.1879	2.2529	1.3881	1.1615
1.4	2.4853	2.1391	1.3900	0.9954		7.8	2.1851	2.2502	1.3874	1.1619
1.5	2.4798	2.1941	1.3991	1.0300		8.0	2.1828	2.2480	1.3872	1.1625
1.6	2.4704	2.2375	1.4038	1.0590		8.2	2.1802	2.2455	1.3867	1.1629
1.7	2.4575	2.2671	1.4058	1.0809		8.4	2.1777	2.2431	1.3861	1.1632
1.8	2.4425	2.2834	1.4059	1.0947		8.6	2.1754	2.2408	1.3855	1.1634
1.9	2.4270	2.2907	1.4048	1.1015		8.8	2.1731	2.2384	1.3850	1.1637
2.0	2.4120	2.2938	1.4029	1.1037		9.0	2.1708	2.2362	1.3845	1.1640
2.1	2.3979	2.2971	1.4006	1.1045		9.2	2.1687	2.2339	1.3839	1.1642
2.2	2.3849	2.3020	1.3982	1.1058		9.4	2.1666	2.2318	1.3834	1.1644
2.3	2.3728	2.3076	1.3960	1.1084		9.6	2.1646	2.2297	1.3829	1.1646
2.4	2.3622	2.3125	1.3947	1.1121		9.8	2.1627	2.2276	1.3824	1.1648
2.5	2.3508	2.3136	1.3924	1.1145		10.0	2.1607	2.2254	1.3818	1.1678
2.6	2.3413	2.3127	1.3913	1.1166		10.2	2.1618	2.2265	1.3842	1.1659
2.7	2.3326	2.3103	1.3905	1.1176		10.4	2.1579	2.2223	1.3816	1.1660
2.8	2.3247	2.3080	1.3899	1.1181		10.6	2.1561	2.2203	1.3810	1.1661
2.9	2.3176	2.3067	1.3895	1.1187		10.8	2.1544	2.2184	1.3805	1.1662
3.0	2.3110	2.3066	1.3896	1.1198		11.0	2.1528	2.2165	1.3801	1.1663
3.1	2.3051	2.3073	1.3898	1.1216		11.2	2.1512	2.2147	1.3796	1.1664
3.2	2.2995	2.3080	1.3900	1.1239		11.4	2.1497	2.2129	1.3791	1.1665
3.3	2.2943	2.3080	1.3900	1.1262		11.6	2.1482	2.2111	1.3787	1.1666
3.4	2.2895	2.3072	1.3904	1.1284		11.8	2.1467	2.2094	1.3782	1.1666
3.5	2.2849	2.3058	1.3907	1.1303		12.0	2.1453	2.2077	1.3778	1.1667
3.6	2.2807	2.3042	1.3910	1.1319		12.2	2.1439	2.2061	1.3773	1.1667
3.7	2.2766	2.3029	1.3914	1.1333		12.4	2.1426	2.2045	1.3769	1.1669
3.8	2.2727	2.3020	1.3914	1.1346		12.6	2.1413	2.2029	1.3765	1.1669
3.9	2.2690	2.3014	1.3917	1.1361		12.8	2.1400	2.2013	1.3761	1.1669
4.0	2.2655	2.3009	1.3920	1.1377		13.0	2.1387	2.1998	1.3756	1.1668
4.1	2.2621	2.3002	1.3922	1.1393		13.2	2.1374	2.1982	1.3751	1.1673
4.2	2.2588	2.2992	1.3924	1.1408		13.4	2.1368	2.1973	1.3753	1.1673
4.3	2.2556	2.2978	1.3926	1.1422		13.6	2.1354	2.1956	1.3747	1.1675
4.4	2.2525	2.2963	1.3927	1.1434		13.8	2.1343	2.1942	1.3743	1.1673
4.5	2.2495	2.2948	1.3928	1.1445		14.0	2.1331	2.1928	1.3739	1.1673
4.6	2.2466	2.2934	1.3929	1.1454		14.2	2.1320	2.1914	1.3735	1.1673
4.7	2.2438	2.2921	1.3929	1.1464		14.4	2.1310	2.1900	1.3731	1.1673
4.8	2.2411	2.2909	1.3929	1.1472		14.6	2.1299	2.1887	1.3728	1.1674
4.9	2.2384	2.2897	1.3928	1.1482		14.8	2.1289	2.1874	1.3724	1.1674
5.0	2.2359	2.2885	1.3928	1.1491		15.0	2.1279	2.1861	1.3720	1.1674

Table T2.73

X	QEE	QEH	QSE	QSH
5.2	2.9855	3.4800	2.9855	3.4800
5.4	3.7051	2.9049	3.7051	2.9049
5.6	2.9351	2.7548	2.9351	2.7548
5.8	2.1409	2.7156	2.1409	2.7156
6.0	2.2025	1.9243	2.2025	1.9243
6.2	1.8716	1.7555	1.8716	1.7555
6.4	1.2686	2.0366	1.2686	2.0366
6.6	1.5655	1.1954	1.5655	1.1954
6.8	1.6033	1.4335	1.6033	1.4335
7.0	1.4255	1.5467	1.4255	1.5467
7.2	2.0805	1.5661	2.0805	1.5661
7.4	2.3353	2.1195	2.3353	2.1195
7.6	2.3613	2.4667	2.3613	2.4667
7.8	2.9976	2.4549	2.9976	2.4549
8.0	3.0617	2.8613	3.0617	2.8613
8.2	2.9121	3.1212	2.9121	3.1212
8.4	3.1553	2.7047	3.1553	2.7047
8.6	2.8668	2.7023	2.8668	2.7023
8.8	2.4522	2.7721	2.4522	2.7721
9.0	2.3970	2.0500	2.3970	2.0500
9.2	2.0079	1.8478	2.0079	1.8478
9.4	1.6420	1.9981	1.6420	1.9981
9.6	1.6914	1.3743	1.6914	1.3743
9.8	1.5336	1.3401	1.5336	1.3401
10.0	1.5220	1.8573	1.5220	1.8573
10.2	1.8815	1.5300	1.8815	1.5300
10.4	1.9739	1.7613	1.9739	1.7613
10.6	2.2080	2.5347	2.2080	2.5347
10.8	2.7287	2.3006	2.7287	2.3006
11.0	2.7004	2.5310	2.7004	2.5310
11.2	2.8036	3.1642	2.8036	3.1642
11.4	3.1501	2.7307	3.1501	2.7307
11.6	2.7636	2.6731	2.7636	2.6731
11.8	2.5846	2.9907	2.5846	2.9907
12.0	2.4911	2.3188	2.4911	2.3188
12.2	2.0922	2.0420	2.0922	2.0420
12.4	1.8564	2.0562	1.8564	2.0562
12.6	1.7889	1.6287	1.7889	1.6287
12.8	1.5429	1.4592	1.5429	1.4592
13.0	1.5270	1.6337	1.5270	1.6337
13.2	1.7231	1.5537	1.7231	1.5537
13.4	1.7745	1.6296	1.7745	1.6296
13.6	1.9676	2.0628	1.9676	2.0628
13.8	2.3327	2.1780	2.3327	2.1780
14.0	2.4543	2.2935	2.4543	2.2935
14.2	2.5865	2.7207	2.5865	2.7207
14.4	2.8065	2.6989	2.8065	2.6989
14.6	2.7246	2.6024	2.7246	2.6024
14.8	2.5834	2.7866	2.5834	2.7866
15.0	2.5414	2.4797	2.5414	2.4797

N = 2.000   K = 0.0

X	QEE	QEH	QSE	QSH
0.1	0.0120	0.0009	0.0120	0.0009
0.2	0.1105	0.0073	0.1105	0.0073
0.3	0.4258	0.0250	0.4258	0.0250
0.4	1.0386	0.0594	1.0386	0.0594
0.5	1.7308	0.1150	1.7308	0.1150
0.6	2.1439	0.1953	2.1439	0.1953
0.7	2.2504	0.3056	2.2504	0.3056
0.8	2.2491	0.4621	2.2491	0.4621
0.9	2.3665	0.7142	2.3665	0.7142
1.0	2.8630	1.1633	2.8630	1.1633
1.1	3.7926	1.8284	3.7926	1.8284
1.2	4.4660	2.3692	4.4660	2.3692
1.3	4.4592	2.5859	4.4592	2.5859
1.4	4.1798	2.6975	4.1798	2.6975
1.5	3.9709	2.8815	3.9709	2.8815
1.6	4.0545	3.1975	4.0545	3.1975
1.7	4.6922	3.6041	4.6922	3.6041
1.8	5.3301	3.8996	5.3301	3.8996
1.9	4.9854	3.8838	4.9854	3.8838
2.0	4.2931	3.6988	4.2931	3.6988
2.1	3.7020	3.5794	3.7020	3.5794
2.2	3.3902	3.5505	3.3902	3.5505
2.3	3.5950	3.4962	3.5950	3.4962
2.4	4.2340	3.3005	4.2340	3.3005
2.5	4.6132	2.9802	4.6132	2.9802
2.6	2.7871	2.6777	2.7871	2.6777
2.7	2.1018	2.4779	2.1018	2.4779
2.8	1.6820	2.2325	1.6820	2.2325
2.9	1.7269	2.0762	1.7269	2.0762
3.0	2.5831	1.6957	2.5831	1.6957
3.1	1.9845	1.3495	1.9845	1.3495
3.2	1.4002	1.1679	1.4002	1.1679
3.3	0.9956	1.2418	0.9956	1.2418
3.4	0.7719	1.3971	0.7719	1.3971
3.5	0.9529	1.9983	0.9529	1.9983
3.6	2.0758	1.2054	2.0758	1.2054
3.7	1.7166	1.0056	1.7166	1.0056
3.8	1.5306	0.9557	1.5306	0.9557
3.9	1.4390	1.0132	1.4390	1.0132
4.0	1.4451	1.2934	1.4451	1.2934
4.1	1.7688	1.9199	1.7688	1.9199
4.2	2.9419	1.8001	2.9419	1.8001
4.3	2.7231	1.7853	2.7231	1.7853
4.4	2.7571	1.9983	2.7571	1.9983
4.5	2.7039	2.1867	2.7039	2.1867
4.6	2.6777	2.3977	2.6777	2.3977
4.7	2.9199	3.1198	2.9199	3.1198
4.8	4.0022	2.8883	4.0022	2.8883
4.9	3.5427	2.8749	3.5427	2.8749
5.0	3.4988	3.0288	3.4988	3.0288
		3.1127		3.1127

Table T2.74   317

N = 2.000 K = 0.050

x	QEE	QEH	QSE	QSH	x	QEE	QEH	QSE	QSH
0.1	0.0459	0.0060	0.0120	0.0009	5.2	2.8407	2.8285	2.1591	2.0188
0.2	0.1874	0.0181	0.1090	0.0073	5.4	2.8447	2.6706	2.1225	1.9281
0.3	0.5435	0.0423	0.4098	0.0250	5.6	2.6299	2.5049	1.9471	1.7623
0.4	1.1493	0.0842	0.9659	0.0592	5.8	2.3290	2.3441	1.6040	1.5178
0.5	1.7695	0.1489	1.5681	0.1145	6.0	2.2150	2.1037	1.4636	1.3198
0.6	2.1225	0.2403	1.9314	0.1939	6.2	2.0274	1.9405	1.3349	1.1731
0.7	2.2252	0.3654	2.0451	0.3022	6.4	1.8433	1.8198	1.1104	0.9970
0.8	2.2619	0.5426	2.0706	0.4539	6.6	1.8685	1.7298	1.0845	0.9012
0.9	2.4330	0.8182	2.1940	0.6896	6.8	1.8882	1.7744	1.1605	0.9549
1.0	2.9260	1.2612	2.6019	1.0769	7.0	1.9203	1.8429	1.3174	1.0124
1.1	3.6724	1.8306	3.2726	1.5966	7.2	2.1058	1.9300	1.3174	1.0844
1.2	4.1505	2.2695	3.7513	2.0237	7.4	2.2544	2.1249	1.4915	1.2533
1.3	4.1528	2.4832	3.8039	2.2492	7.6	2.3560	2.2728	1.5965	1.4057
1.4	3.9668	2.6245	3.6556	2.3945	7.8	2.5156	2.3526	1.7290	1.4961
1.5	3.8491	2.8147	3.5311	2.5670	8.0	2.5896	2.4834	1.8174	1.5906
1.6	3.9766	3.0862	3.5877	2.7972	8.2	2.5754	2.5318	1.7910	1.6221
1.7	4.4239	3.3848	3.9154	3.0390	8.4	2.5717	2.4579	1.7721	1.5753
1.8	4.7307	3.5752	4.1715	3.1812	8.6	2.4935	2.4196	1.7198	1.5215
1.9	4.4805	3.5759	3.9704	3.1653	8.8	2.3559	2.3460	1.5657	1.4172
2.0	4.0038	3.4786	3.5518	3.0739	9.0	2.2521	2.1756	1.4358	1.2629
2.1	3.5921	3.3963	3.1708	2.9949	9.2	2.1352	2.0693	1.3480	1.1583
2.2	3.3923	3.3344	2.9457	2.9210	9.4	2.0203	2.0054	1.2307	1.0723
2.3	3.5108	3.2329	2.9523	2.7951	9.6	1.9753	1.9025	1.1572	0.9765
2.4	3.6669	3.0553	3.0195	2.5884	9.8	1.9591	1.8791	1.1537	0.9500
2.5	3.2988	2.8341	2.7084	2.3363	10.0	1.9698	1.9270	1.1698	0.9853
2.6	2.7602	2.6423	2.2216	2.1093	10.2	2.0438	1.9616	1.2291	1.0307
2.7	2.3068	2.4955	1.7817	1.9301	10.4	2.1255	2.0370	1.3140	1.0992
2.8	2.0482	2.3329	1.5132	1.7558	10.6	2.2085	2.1498	1.3926	1.1955
2.9	2.0795	2.0965	1.4711	1.5328	10.8	2.3043	2.2256	1.4840	1.2835
3.0	2.2720	1.8246	1.5640	1.2807	11.0	2.3709	2.2955	1.5599	1.3537
3.1	2.0529	1.6075	1.4232	1.0651	11.2	2.4019	2.3513	1.5800	1.3920
3.2	1.7163	1.5182	1.1562	0.9399	11.4	2.4148	2.3543	1.5826	1.3957
3.3	1.4766	1.5644	0.9158	0.9128	11.6	2.3853	2.3334	1.5681	1.3796
3.4	1.3916	1.5937	0.7960	0.8836	11.8	2.3240	2.2893	1.5032	1.3289
3.5	1.5353	1.4878	0.8719	0.7896	12.0	2.2589	2.2127	1.4222	1.2452
3.6	1.8525	1.3754	1.0954	0.7286	12.2	2.1789	2.1397	1.3504	1.1687
3.7	1.8812	1.3448	1.2089	0.7379	12.4	2.1015	2.0714	1.2769	1.1030
3.8	1.8054	1.4204	1.2210	0.8096	12.6	2.0528	2.0058	1.2182	1.0365
3.9	1.7884	1.6373	1.2155	0.9579	12.8	2.0200	1.9763	1.1860	0.9955
4.0	1.8676	1.8873	1.2592	1.1203	13.0	2.0107	1.9739	1.1776	0.9920
4.1	2.0939	1.9398	1.4176	1.1771	13.2	2.0382	1.9835	1.2024	1.0092
4.2	2.4270	1.9654	1.6631	1.2470	13.4	2.0806	2.0281	1.2473	1.0459
4.3	2.5843	2.0559	1.8484	1.3722	13.6	2.0894	2.0714	1.2939	1.0991
4.4	2.5589	2.1864	1.9468	1.5153	13.8	2.1315	2.1410	1.3543	1.1572
4.5	2.5843	2.3799	1.9928	1.6717	14.0	2.2484	2.1965	1.4137	1.2124
4.6	2.6061	2.6185	2.0383	1.8304	14.2	2.2831	2.2452	1.4464	1.2539
4.7	2.6682	2.6750	2.1381	1.9006	14.4	2.3068	2.2621	1.4621	1.2718
4.8	2.8151	2.6752	2.2698	1.9441	14.6	2.3039	2.2616	1.4639	1.2720
4.9	3.0452	2.7059	2.3380	1.9885	14.8	2.2770	2.2473	1.4395	1.2551
5.0	2.9958	2.7366	2.3179	2.0126	15.0	2.2413	2.2075	1.3980	1.2158

Table T2.75

N = 2.000 K = 0.100

X	QEE	QEH	QSE	QSH
0.1	0.0797	0.0112	0.0120	0.0009
0.2	0.2623	0.0289	0.1081	0.0074
0.3	0.6535	0.0596	0.3966	0.0251
0.4	1.2470	0.1091	0.9054	0.0594
0.5	1.8038	0.1827	1.4358	0.1145
0.6	2.1085	0.2852	1.7591	0.1933
0.7	2.2100	0.4245	1.8759	0.3001
0.8	2.2784	0.6198	1.9200	0.4476
0.9	2.4865	0.9115	2.0448	0.6686
1.0	2.9550	1.3387	2.3827	1.0063
1.1	3.5532	1.8300	2.8820	1.4264
1.2	3.9001	2.1980	3.2369	1.7765
1.3	3.9059	2.4044	3.3108	1.9933
1.4	3.7839	2.5590	3.2359	2.1464
1.5	3.7274	2.7441	3.1615	2.3003
1.6	3.8596	2.9734	3.1941	2.4683
1.7	4.1571	3.1961	3.3563	2.6156
1.8	4.2963	3.3277	3.4485	2.6880
1.9	4.0989	3.3382	3.3039	2.6748
2.0	3.7597	3.2834	3.0312	2.6196
2.1	3.4683	3.2180	2.7706	2.5522
2.2	3.3287	3.1419	2.5936	2.4602
2.3	3.3592	3.0307	2.5186	2.3207
2.4	3.3478	2.8832	2.4426	2.1378
2.5	3.0860	2.7272	2.2175	1.9415
2.6	2.7268	2.5956	1.9053	1.7674
2.7	2.4221	2.4747	1.6199	1.6141
2.8	2.2490	2.3231	1.4336	1.4549
2.9	2.2313	2.1296	1.3575	1.2762
3.0	2.2471	1.9358	1.3263	1.0979
3.1	2.1190	1.7980	1.2352	0.9528
3.2	1.9311	1.7506	1.0918	0.8629
3.3	1.7941	1.7684	0.9613	0.8178
3.4	1.7563	1.7617	0.9001	0.7741
3.5	1.8320	1.6971	0.9314	0.7235
3.6	1.9522	1.6341	1.0203	0.6995
3.7	1.9949	1.6245	1.0963	0.7164
3.8	1.9902	1.6909	1.1376	0.7717
3.9	2.0077	1.8277	1.1680	0.8574
4.0	2.0784	1.9591	1.2201	0.9413
4.1	2.2079	2.0199	1.3127	1.0023
4.2	2.3545	2.0565	1.4306	1.0664
4.3	2.4478	2.1133	1.5375	1.1482
4.4	2.4936	2.2009	1.6147	1.2413
4.5	2.5308	2.3200	1.6684	1.3373
4.6	2.5827	2.4351	1.7157	1.4211
4.7	2.6538	2.4919	1.7681	1.4765
4.8	2.7191	2.5092	1.8163	1.5106
4.9	2.7430	2.5202	1.8408	1.5327
5.0	2.7273	2.5335	1.8341	1.5448
5.2	2.6634	2.5613	1.7732	1.5431
5.4	2.6121	2.4916	1.7153	1.4893
5.6	2.4911	2.3818	1.6000	1.3825
5.8	2.3469	2.2777	1.4417	1.2513
6.0	2.2478	2.1609	1.3399	1.1409
6.2	2.1465	2.0601	1.2545	1.0476
6.4	2.0723	1.9934	1.1676	0.9634
6.6	2.0616	1.9624	1.1453	0.9239
6.8	2.0712	1.9732	1.1696	0.9378
7.0	2.1064	2.0081	1.2038	0.9705
7.2	2.1791	2.0665	1.2655	1.0194
7.4	2.2481	2.1472	1.3397	1.0922
7.6	2.3083	2.2139	1.4029	1.1618
7.8	2.3663	2.2643	1.4576	1.2126
8.0	2.3953	2.3111	1.4885	1.2489
8.2	2.3956	2.3244	1.4883	1.2602
8.4	2.3813	2.3040	1.4739	1.2460
8.6	2.3433	2.2785	1.4404	1.2161
8.8	2.2902	2.2374	1.3858	1.1701
9.0	2.2390	2.1786	1.3327	1.1158
9.2	2.1893	2.1315	1.2878	1.0694
9.4	2.1479	2.0971	1.2477	1.0322
9.6	2.1253	2.0673	1.2228	1.0045
9.8	2.1179	2.0575	1.2174	0.9956
10.0	2.1246	2.0679	1.2265	1.0054
10.2	2.1495	2.0895	1.2512	1.0286
10.4	2.1759	2.1147	1.2783	1.0546
10.6	2.2059	2.1484	1.3091	1.0873
10.8	2.2345	2.1779	1.3389	1.1185
11.0	2.2549	2.2001	1.3608	1.1420
11.2	2.2647	2.2139	1.3705	1.1548
11.4	2.2643	2.2162	1.3706	1.1573
11.6	2.2530	2.2075	1.3615	1.1502
11.8	2.2334	2.1905	1.3426	1.1334
12.0	2.2098	2.1682	1.3188	1.1107
12.2	2.1848	2.1448	1.2953	1.0877
12.4	2.1621	2.1226	1.2740	1.0669
12.6	2.1455	2.1055	1.2578	1.0500
12.8	2.1356	2.0962	1.2487	1.0404
13.0	2.1333	2.0938	1.2476	1.0391
13.2	2.1384	2.0980	1.2537	1.0446
13.4	2.1494	2.1095	1.2655	1.0562
13.6	2.1623	2.1234	1.2792	1.0705
13.8	2.1763	2.1373	1.2940	1.0858
14.0	2.1881	2.1504	1.3070	1.0997
14.2	2.1960	2.1600	1.3157	1.1098
14.4	2.1992	2.1641	1.3194	1.1149
14.6	2.1970	2.1631	1.3183	1.1150
14.8	2.1901	2.1578	1.3123	1.1104
15.0	2.1798	2.1485	1.3028	1.1020

Table T2.76   319

N = 2.000 K = 0.200

X	QEE	QEH	QSE	QSH		X	QEE	QEH	QSE	QSH
0.1	0.1466	0.0213	0.0123	0.0009		5.2	2.4463	2.3337	1.4658	1.2012
0.2	0.4061	0.0502	0.1080	0.0075		5.4	2.4111	2.3096	1.4356	1.1804
0.3	0.8516	0.0939	0.3775	0.0256		5.6	2.3663	2.2709	1.3945	1.1457
0.4	1.4105	0.1586	0.8134	0.0604		5.8	2.3187	2.2312	1.3499	1.1066
0.5	1.8621	0.2501	1.2395	0.1160		6.0	2.2781	2.1945	1.3137	1.0723
0.6	2.0970	0.3741	1.5041	0.1947		6.2	2.2452	2.1631	1.2855	1.0440
0.7	2.2007	0.5395	1.6209	0.2997		6.4	2.2238	2.1431	1.2668	1.0247
0.8	2.3157	0.7637	1.6866	0.4406		6.6	2.2147	2.1350	1.2607	1.0174
0.9	2.5586	1.0700	1.8065	0.6372		6.8	2.2150	2.1361	1.2653	1.0209
1.0	2.9508	1.4528	2.0461	0.9032		7.0	2.2230	2.1450	1.2766	1.0316
1.1	3.3370	1.8297	2.3465	1.2006		7.2	2.2355	2.1597	1.2919	1.0469
1.2	3.5291	2.1079	2.5610	1.4541		7.4	2.2485	2.1757	1.3083	1.0645
1.3	3.5366	2.2941	2.6362	1.6376		7.6	2.2598	2.1894	1.3228	1.0806
1.4	3.4883	2.4484	2.6250	1.7749		7.8	2.2670	2.1999	1.3329	1.0926
1.5	3.4917	2.6079	2.5966	1.8890		8.0	2.2694	2.2065	1.3382	1.1005
1.6	3.5870	2.7697	2.5978	1.9825		8.2	2.2664	2.2066	1.3380	1.1029
1.7	3.7035	2.9031	2.6225	2.0445		8.4	2.2591	2.2019	1.3335	1.1005
1.8	3.7060	2.9785	2.6053	2.0673		8.6	2.2486	2.1945	1.3256	1.0948
1.9	3.5700	2.9940	2.5107	2.0565		8.8	2.2364	2.1849	1.3160	1.0871
2.0	3.3810	2.9682	2.3701	2.0206		9.0	2.2243	2.1742	1.3063	1.0788
2.1	3.2217	2.9157	2.2274	1.9597		9.2	2.2135	2.1649	1.2979	1.0716
2.2	3.1297	2.8410	2.1061	1.8702		9.4	2.2048	2.1578	1.2915	1.0663
2.3	3.0787	2.7505	2.0044	1.7563		9.6	2.1989	2.1528	1.2877	1.0634
2.4	2.9924	2.6586	1.8957	1.6335		9.8	2.1955	2.1503	1.2864	1.0630
2.5	2.8364	2.5749	1.7567	1.5150		10.0	2.1943	2.1502	1.2873	1.0648
2.6	2.6578	2.4987	1.6055	1.4082		10.2	2.1980	2.1550	1.2928	1.0711
2.7	2.5072	2.4115	1.4704	1.3045		10.4	2.1972	2.1553	1.2940	1.0735
2.8	2.4106	2.3036	1.3696	1.1974		10.6	2.1987	2.1580	1.2972	1.0779
2.9	2.3595	2.1877	1.3010	1.0908		10.8	2.1997	2.1603	1.3000	1.0819
3.0	2.3147	2.0899	1.2481	0.9965		11.0	2.1986	2.1616	1.3018	1.0849
3.1	2.2504	2.0309	1.1952	0.9252		11.2	2.1963	2.1606	1.3023	1.0866
3.2	2.1809	2.0111	1.1427	0.8791		11.4	2.1930	2.1585	1.3015	1.0871
3.3	2.1319	2.0068	1.1026	0.8499		11.6	2.1891	2.1556	1.2998	1.0864
3.4	2.1172	1.9917	1.0861	0.8273		11.8	2.1849	2.1524	1.2974	1.0850
3.5	2.1325	1.9651	1.0945	0.8113		12.0	2.1808	2.1491	1.2946	1.0832
3.6	2.1591	1.9459	1.1193	0.8082		12.2	2.1771	2.1462	1.2919	1.0813
3.7	2.1804	1.9516	1.1493	0.8214		12.4	2.1740	2.1438	1.2896	1.0798
3.8	2.1974	1.9871	1.1790	0.8499		12.6	2.1715	2.1421	1.2878	1.0787
3.9	2.2198	2.0407	1.2096	0.8877		12.8	2.1698	2.1410	1.2867	1.0783
4.0	2.2535	2.0904	1.2443	0.9272		13.0	2.1684	2.1403	1.2861	1.0785
4.1	2.2964	2.1250	1.2841	0.9644		13.2	2.1682	2.1407	1.2860	1.0791
4.2	2.3397	2.1510	1.3261	1.0010		13.4	2.1673	2.1405	1.2870	1.0807
4.3	2.3755	2.1792	1.3657	1.0390		13.6	2.1667	2.1404	1.2877	1.0817
4.4	2.4025	2.2152	1.4000	1.0780		13.8	2.1659	2.1400	1.2880	1.0829
4.5	2.4243	2.2563	1.4283	1.1155		14.0	2.1649	2.1400	1.2880	1.0840
4.6	2.4435	2.2931	1.4511	1.1478		14.2	2.1635	2.1393	1.2878	1.0848
4.7	2.4602	2.3176	1.4688	1.1723		14.4	2.1620	2.1383	1.2872	1.0852
4.8	2.4714	2.3297	1.4804	1.1888		14.6	2.1602	2.1371	1.2864	1.0852
4.9	2.4746	2.3345	1.4851	1.1988		14.8	2.1583	2.1357	1.2854	1.0850
5.0	2.4702	2.3365	1.4834	1.2039		15.0				

Table T2.77

N = 2.000 K = 0.300

X	QEE	QEH	QSE	QSH
0.1	0.2126	0.0311	0.0129	0.0010
0.2	0.5418	0.0710	0.1099	0.0078
0.3	1.0236	0.1275	0.3668	0.0266
0.4	1.5404	0.2073	0.7514	0.0625
0.5	1.9104	0.3164	1.1080	0.1194
0.6	2.0999	0.4609	1.3332	0.1992
0.7	2.2088	0.6491	1.4467	0.3041
0.8	2.3516	0.8928	1.5222	0.4403
0.9	2.5945	1.1975	1.6332	0.6183
1.0	2.9052	1.5340	1.8113	0.8374
1.1	3.1579	1.8351	2.0095	1.0654
1.2	3.2695	2.0590	2.1517	1.2610
1.3	3.2766	2.2229	2.2140	1.4101
1.4	3.2610	2.3616	2.2210	1.5214
1.5	3.2784	2.4919	2.2075	1.6044
1.6	3.3302	2.6091	2.1955	1.6621
1.7	3.3631	2.6981	2.1810	1.6951
1.8	3.3262	2.7483	2.1437	1.7051
1.9	3.2272	2.7601	2.0760	1.6946
2.0	3.1094	2.7399	1.9896	1.6633
2.1	3.0093	2.6957	1.8997	1.6108
2.2	2.9366	2.6368	1.8144	1.5402
2.3	2.8731	2.5751	1.7333	1.4608
2.4	2.7944	2.5203	1.6518	1.3833
2.5	2.6945	2.4709	1.5654	1.3110
2.6	2.5937	2.4206	1.4826	1.2445
2.7	2.5090	2.3598	1.4103	1.1785
2.8	2.4475	2.2902	1.3526	1.1124
2.9	2.4036	2.2237	1.3082	1.0511
3.0	2.3659	2.1736	1.2732	1.0005
3.1	2.3289	2.1459	1.2446	0.9644
3.2	2.2959	2.1350	1.2282	0.9418
3.3	2.2731	2.1287	1.2208	0.9280
3.4	2.2631	2.1188	1.2036	0.9193
3.5	2.2638	2.1070	1.2079	0.9150
3.6	2.2701	2.1009	1.2184	0.9168
3.7	2.2781	2.1062	1.2326	0.9256
3.8	2.2869	2.1230	1.2487	0.9408
3.9	2.2975	2.1457	1.2658	0.9601
4.0	2.3104	2.1671	1.2838	0.9806
4.1	2.3248	2.1838	1.3022	1.0007
4.2	2.3388	2.1971	1.3199	1.0197
4.3	2.3509	2.2098	1.3363	1.0379
4.4	2.3603	2.2237	1.3505	1.0552
4.5	2.3673	2.2382	1.3622	1.0710
4.6	2.3719	2.2508	1.3712	1.0846
4.7	2.3745	2.2599	1.3775	1.0953
4.8	2.3746	2.2646	1.3810	1.1029
4.9	2.3724	2.2661	1.3820	1.1078
5.0	2.3679	2.2655	1.3809	1.1104
5.2	2.3535	2.2601	1.3731	1.1096
5.4	2.3347	2.2493	1.3605	1.1026
5.6	2.3149	2.2350	1.3461	1.0925
5.8	2.2946	2.2194	1.3310	1.0807
6.0	2.2774	2.2061	1.3189	1.0709
6.2	2.2636	2.1954	1.3098	1.0635
6.4	2.2538	2.1883	1.3043	1.0594
6.6	2.2476	2.1845	1.3023	1.0586
6.8	2.2442	2.1834	1.3030	1.0604
7.0	2.2429	2.1846	1.3055	1.0642
7.2	2.2424	2.1867	1.3086	1.0688
7.4	2.2422	2.1889	1.3119	1.0737
7.6	2.2415	2.1905	1.3145	1.0780
7.8	2.2396	2.1911	1.3157	1.0810
8.0	2.2371	2.1910	1.3163	1.0832
8.2	2.2333	2.1893	1.3154	1.0840
8.4	2.2288	2.1868	1.3136	1.0839
8.6	2.2239	2.1838	1.3114	1.0832
8.8	2.2189	2.1806	1.3089	1.0822
9.0	2.2141	2.1773	1.3066	1.0811
9.2	2.2098	2.1743	1.3045	1.0803
9.4	2.2059	2.1718	1.3029	1.0799
9.6	2.2026	2.1698	1.3017	1.0799
9.8	2.1997	2.1681	1.3010	1.0802
10.0	2.1971	2.1666	1.3003	1.0807
10.2	2.1980	2.1687	1.3031	1.0843
10.4	2.1938	2.1655	1.3008	1.0832
10.6	2.1917	2.1645	1.3005	1.0840
10.8	2.1898	2.1635	1.3002	1.0848
11.0	2.1877	2.1624	1.2998	1.0854
11.2	2.1856	2.1612	1.2993	1.0858
11.4	2.1834	2.1599	1.2986	1.0861
11.6	2.1811	2.1585	1.2979	1.0863
11.8	2.1789	2.1570	1.2971	1.0863
12.0	2.1767	2.1556	1.2963	1.0864
12.2	2.1746	2.1542	1.2955	1.0864
12.4	2.1725	2.1528	1.2948	1.0865
12.6	2.1706	2.1516	1.2942	1.0865
12.8	2.1688	2.1504	1.2936	1.0867
13.0	2.1671	2.1493	1.2931	1.0868
13.2	2.1653	2.1481	1.2925	1.0871
13.4	2.1643	2.1477	1.2926	1.0872
13.6	2.1626	2.1465	1.2920	1.0880
13.8	2.1610	2.1454	1.2915	1.0881
14.0	2.1595	2.1445	1.2911	1.0883
14.2	2.1581	2.1435	1.2906	1.0885
14.4	2.1566	2.1425	1.2902	1.0887
14.6	2.1552	2.1416	1.2897	1.0889
14.8	2.1538	2.1406	1.2892	1.0891
15.0	2.1524	2.1396	1.2888	1.0894

Table T2.78   321

N = 2.000 K = 0.400

X	QEE	QEH	QSE	QSH
0.1	0.2777	0.0406	0.0137	0.0010
0.2	0.6692	0.0911	0.1137	0.0082
0.3	1.1726	0.1600	0.3631	0.0279
0.4	1.6449	0.2546	0.7112	0.0655
0.5	1.9517	0.3810	1.0205	0.1246
0.6	2.1115	0.5447	1.2187	0.2067
0.7	2.2258	0.7520	1.3283	0.3127
0.8	2.3816	1.0075	1.4078	0.4461
0.9	2.6060	1.3017	1.5094	0.6102
1.0	2.8454	1.5970	1.6477	0.7974
1.1	3.0129	1.8459	1.7885	0.9820
1.2	3.0798	2.0328	1.8894	1.1387
1.3	3.0854	2.1753	1.9385	1.2591
1.4	3.0820	2.2950	1.9493	1.3472
1.5	3.0957	2.4009	1.9408	1.4091
1.6	3.1161	2.4899	1.9252	1.4496
1.7	3.1120	2.5548	1.9023	1.4722
1.8	3.0666	2.5908	1.8665	1.4787
1.9	2.9919	2.5975	1.8171	1.4669
2.0	2.9115	2.5792	1.7592	1.4421
2.1	2.8414	2.5439	1.6987	1.4002
2.2	2.7830	2.5020	1.6392	1.3492
2.3	2.7271	2.4628	1.5819	1.2966
2.4	2.6665	2.4307	1.5270	1.2487
2.5	2.5999	2.3998	1.4732	1.2045
2.6	2.5375	2.3658	1.4251	1.1634
2.7	2.4850	2.3249	1.3838	1.1227
2.8	2.4440	2.2814	1.3502	1.0833
2.9	2.4121	2.2434	1.3239	1.0484
3.0	2.3853	2.2171	1.3035	1.0213
3.1	2.3619	2.2033	1.2884	1.0032
3.2	2.3427	2.1973	1.2781	0.9927
3.3	2.3288	2.1928	1.2725	0.9871
3.4	2.3206	2.1870	1.2714	0.9846
3.5	2.3172	2.1812	1.2739	0.9844
3.6	2.3167	2.1787	1.2793	0.9870
3.7	2.3177	2.1814	1.2864	0.9927
3.8	2.3196	2.1891	1.2944	1.0012
3.9	2.3222	2.1991	1.3030	1.0116
4.0	2.3254	2.2086	1.3116	1.0225
4.1	2.3287	2.2161	1.3199	1.0332
4.2	2.3317	2.2219	1.3276	1.0430
4.3	2.3339	2.2269	1.3344	1.0520
4.4	2.3351	2.2317	1.3400	1.0601
4.5	2.3353	2.2365	1.3445	1.0673
4.6	2.3343	2.2405	1.3478	1.0733
4.7	2.3324	2.2433	1.3498	1.0783
4.8	2.3296	2.2445	1.3507	1.0820
4.9	2.3259	2.2443	1.3506	1.0845
5.0	2.3216	2.2432	1.3497	1.0861
5.2	2.3111	2.2388	1.3458	1.0865
5.4	2.2995	2.2328	1.3403	1.0848
5.6	2.2887	2.2266	1.3350	1.0826
5.8	2.2774	2.2195	1.3291	1.0795
6.0	2.2680	2.2136	1.3247	1.0773
6.2	2.2600	2.2088	1.3213	1.0759
6.4	2.2535	2.2051	1.3191	1.0756
6.6	2.2482	2.2025	1.3180	1.0762
6.8	2.2438	2.2006	1.3175	1.0774
7.0	2.2402	2.1994	1.3176	1.0791
7.2	2.2367	2.1983	1.3177	1.0809
7.4	2.2336	2.1973	1.3179	1.0827
7.6	2.2304	2.1962	1.3179	1.0843
7.8	2.2268	2.1946	1.3174	1.0853
8.0	2.2236	2.1932	1.3170	1.0864
8.2	2.2200	2.1912	1.3161	1.0870
8.4	2.2163	2.1892	1.3151	1.0873
8.6	2.2126	2.1871	1.3140	1.0876
8.8	2.2091	2.1850	1.3129	1.0878
9.0	2.2058	2.1829	1.3119	1.0880
9.2	2.2026	2.1810	1.3109	1.0882
9.4	2.1996	2.1791	1.3101	1.0885
9.6	2.1968	2.1774	1.3093	1.0888
9.8	2.1941	2.1758	1.3086	1.0892
10.0	2.1914	2.1741	1.3078	1.0895
10.2	2.1920	2.1757	1.3101	1.0911
10.4	2.1875	2.1720	1.3074	1.0914
10.6	2.1851	2.1705	1.3068	1.0917
10.8	2.1829	2.1691	1.3062	1.0920
11.0	2.1807	2.1677	1.3056	1.0923
11.2	2.1786	2.1663	1.3050	1.0926
11.4	2.1766	2.1650	1.3044	1.0928
11.6	2.1745	2.1636	1.3038	1.0931
11.8	2.1726	2.1623	1.3032	1.0933
12.0	2.1707	2.1610	1.3027	1.0935
12.2	2.1688	2.1597	1.3021	1.0937
12.4	2.1670	2.1585	1.3016	1.0939
12.6	2.1653	2.1573	1.3010	1.0941
12.8	2.1636	2.1561	1.3005	1.0944
13.0	2.1619	2.1549	1.3000	1.0943
13.2	2.1602	2.1537	1.2994	1.0944
13.4	2.1592	2.1532	1.2996	1.0952
13.6	2.1575	2.1518	1.2989	1.0951
13.8	2.1560	2.1507	1.2984	1.0953
14.0	2.1545	2.1497	1.2979	1.0955
14.2	2.1531	2.1486	1.2975	1.0956
14.4	2.1517	2.1476	1.2970	1.0958
14.6	2.1504	2.1466	1.2966	1.0959
14.8	2.1490	2.1456	1.2962	1.0961
15.0	2.1477	2.1446	1.2958	1.0962

Table T2.79

N = 2.000 K = 0.500

x	QEE	QEH	QSE	QSH
0.1	0.3417	0.0494	0.0148	0.0011
0.2	0.7885	0.1101	0.1192	0.0088
0.3	1.3017	0.1910	0.3651	0.0297
0.4	1.7299	0.3000	0.6874	0.0694
0.5	1.9877	0.4430	0.9638	0.1315
0.6	2.1281	0.6246	1.1432	0.2168
0.7	2.2465	0.8476	1.2492	0.3251
0.8	2.4045	1.1088	1.3298	0.4570
0.9	2.6022	1.3884	1.4229	0.6109
1.0	2.7841	1.6491	1.5346	0.7755
1.1	2.8963	1.8603	1.6406	0.9305
1.2	2.9368	2.0196	1.7160	1.0593
1.3	2.9401	2.1431	1.7546	1.1571
1.4	2.9393	2.2456	1.7650	1.2274
1.5	2.9450	2.3330	1.7588	1.2759
1.6	2.9460	2.4041	1.7438	1.3079
1.7	2.9263	2.4546	1.7221	1.3267
1.8	2.8825	2.4814	1.6928	1.3324
1.9	2.8247	2.4845	1.6568	1.3242
2.0	2.7661	2.4686	1.6165	1.3026
2.1	2.7138	2.4421	1.5749	1.2712
2.2	2.6673	2.4142	1.5340	1.2359
2.3	2.6224	2.3907	1.4950	1.2023
2.4	2.5775	2.3724	1.4593	1.1734
2.5	2.5314	2.3529	1.4256	1.1466
2.6	2.4902	2.3301	1.3968	1.1219
2.7	2.4553	2.3033	1.3726	1.0974
2.8	2.4270	2.2764	1.3530	1.0743
2.9	2.4042	2.2544	1.3378	1.0548
3.0	2.3851	2.2404	1.3263	1.0405
3.1	2.3690	2.2335	1.3183	1.0317
3.2	2.3559	2.2304	1.3133	1.0274
3.3	2.3457	2.2277	1.3109	1.0260
3.4	2.3385	2.2244	1.3107	1.0261
3.5	2.3336	2.2210	1.3122	1.0273
3.6	2.3302	2.2194	1.3149	1.0298
3.7	2.3279	2.2203	1.3185	1.0335
3.8	2.3261	2.2235	1.3224	1.0385
3.9	2.3246	2.2278	1.3264	1.0443
4.0	2.3233	2.2319	1.3303	1.0504
4.1	2.3221	2.2351	1.3340	1.0563
4.2	2.3206	2.2371	1.3371	1.0617
4.3	2.3189	2.2386	1.3398	1.0664
4.4	2.3167	2.2397	1.3420	1.0705
4.5	2.3142	2.2407	1.3436	1.0741
4.6	2.3113	2.2415	1.3445	1.0772
4.7	2.3080	2.2418	1.3450	1.0797
4.8	2.3044	2.2416	1.3450	1.0818
4.9	2.3005	2.2408	1.3446	1.0833
5.0	2.2966	2.2396	1.3440	1.0845

x	QEE	QEH	QSE	QSH
5.2	2.2880	2.2360	1.3417	1.0856
5.4	2.2795	2.2320	1.3390	1.0858
5.6	2.2721	2.2285	1.3370	1.0863
5.8	2.2642	2.2243	1.3341	1.0859
6.0	2.2575	2.2208	1.3322	1.0861
6.2	2.2514	2.2177	1.3306	1.0864
6.4	2.2412	2.2149	1.3294	1.0871
6.6	2.2367	2.2125	1.3285	1.0880
6.8	2.2326	2.2104	1.3278	1.0890
7.0	2.2287	2.2085	1.3273	1.0901
7.2	2.2250	2.2065	1.3267	1.0911
7.4	2.2215	2.2047	1.3262	1.0921
7.6	2.2178	2.2030	1.3257	1.0931
7.8	2.2146	2.2009	1.3249	1.0937
8.0	2.2112	2.1993	1.3244	1.0947
8.2	2.2078	2.1972	1.3236	1.0952
8.4	2.2046	2.1952	1.3228	1.0956
8.6	2.2015	2.1933	1.3220	1.0960
8.8	2.1985	2.1913	1.3212	1.0964
9.0	2.1957	2.1894	1.3204	1.0968
9.2	2.1930	2.1876	1.3197	1.0972
9.4	2.1904	2.1859	1.3190	1.0976
9.6	2.1878	2.1842	1.3183	1.0980
9.8	2.1852	2.1825	1.3177	1.0983
10.0	2.1859	2.1807	1.3169	1.0985
10.2	2.1815	2.1822	1.3192	1.1017
10.4	2.1792	2.1785	1.3165	1.1000
10.6	2.1770	2.1768	1.3158	1.1002
10.8	2.1749	2.1753	1.3152	1.1005
11.0	2.1729	2.1739	1.3147	1.1008
11.2	2.1710	2.1724	1.3141	1.1010
11.4	2.1691	2.1710	1.3136	1.1013
11.6	2.1672	2.1697	1.3130	1.1015
11.8	2.1654	2.1683	1.3125	1.1017
12.0	2.1637	2.1670	1.3120	1.1020
12.2	2.1620	2.1657	1.3115	1.1022
12.4	2.1603	2.1644	1.3110	1.1024
12.6	2.1587	2.1632	1.3105	1.1026
12.8	2.1572	2.1619	1.3100	1.1028
13.0	2.1555	2.1607	1.3095	1.1030
13.2	2.1540	2.1594	1.3089	1.1030
13.4	2.1529	2.1589	1.3091	1.1038
13.6	2.1515	2.1575	1.3084	1.1037
13.8	2.1501	2.1564	1.3079	1.1039
14.0	2.1488	2.1553	1.3075	1.1040
14.2	2.1474	2.1542	1.3071	1.1042
14.4	2.1462	2.1531	1.3067	1.1043
14.6	2.1449	2.1521	1.3062	1.1044
14.8	2.1436	2.1511	1.3058	1.1046
15.0	2.1436	2.1501	1.3054	1.1047

Table T2.80   323

N = 2.000 K = 1.000

X	QEE	QEH	QSE	QSH		X	QEE	QEH	QSE	QSH
0.1	0.6437	0.0821	0.0242	0.0016		5.2	2.2407	2.2736	1.4085	1.1501
0.2	1.2710	0.1821	0.1693	0.0126		5.4	2.2355	2.2707	1.4079	1.1515
0.3	1.7326	0.3135	0.4334	0.0426		5.6	2.2314	2.2687	1.4079	1.1532
0.4	1.9870	0.4851	0.7072	0.0988		5.8	2.2264	2.2659	1.4069	1.1541
0.5	2.1222	0.6990	0.9171	0.1842		6.0	2.2222	2.2635	1.4064	1.1554
0.6	2.2266	0.9469	1.0583	0.2960		6.2	2.2181	2.2608	1.4057	1.1564
0.7	2.3358	1.2089	1.1547	0.4261		6.4	2.2143	2.2582	1.4051	1.1573
0.8	2.4411	1.4562	1.2301	0.5625		6.6	2.2106	2.2558	1.4045	1.1582
0.9	2.5197	1.6639	1.2962	0.6912		6.8	2.2070	2.2533	1.4038	1.1590
1.0	2.5618	1.8223	1.3532	0.8004		7.0	2.2037	2.2510	1.4033	1.1598
1.1	2.5750	1.9376	1.3973	0.8843		7.2	2.2004	2.2485	1.4026	1.1605
1.2	2.5731	2.0234	1.4271	0.9449		7.4	2.1974	2.2462	1.4020	1.1611
1.3	2.5655	2.0924	1.4440	0.9888		7.6	2.1946	2.2440	1.4015	1.1618
1.4	2.5550	2.1520	1.4516	1.0236		7.8	2.1915	2.2416	1.4007	1.1622
1.5	2.5412	2.2033	1.4531	1.0532		8.0	2.1890	2.2395	1.4004	1.1630
1.6	2.5235	2.2430	1.4512	1.0778		8.2	2.1863	2.2372	1.3997	1.1634
1.7	2.5029	2.2683	1.4475	1.0953		8.4	2.1837	2.2350	1.3990	1.1637
1.8	2.4813	2.2799	1.4427	1.1047		8.6	2.1812	2.2328	1.3983	1.1640
1.9	2.4605	2.2823	1.4375	1.1070		8.8	2.1787	2.2306	1.3977	1.1644
2.0	2.4415	2.2815	1.4322	1.1055		9.0	2.1764	2.2285	1.3970	1.1647
2.1	2.4242	2.2821	1.4272	1.1034		9.2	2.1741	2.2264	1.3964	1.1649
2.2	2.4085	2.2854	1.4227	1.1029		9.4	2.1719	2.2244	1.3958	1.1652
2.3	2.3943	2.2902	1.4190	1.1044		9.6	2.1698	2.2224	1.3952	1.1655
2.4	2.3820	2.2945	1.4166	1.1076		9.8	2.1678	2.2205	1.3946	1.1657
2.5	2.3694	2.2950	1.4136	1.1095		10.0	2.1656	2.2184	1.3938	1.1658
2.6	2.3589	2.2937	1.4119	1.1113		10.2	2.1627	2.2156	1.3962	1.1669
2.7	2.3496	2.2889	1.4108	1.1122		10.4	2.1608	2.2137	1.3935	1.1670
2.8	2.3413	2.2880	1.4100	1.1128		10.6	2.1590	2.2119	1.3929	1.1672
2.9	2.3338	2.2886	1.4096	1.1137		10.8	2.1573	2.2101	1.3923	1.1673
3.0	2.3270	2.2899	1.4095	1.1153		11.0	2.1556	2.2084	1.3918	1.1675
3.1	2.3207	2.2911	1.4095	1.1176		11.2	2.1540	2.2067	1.3912	1.1676
3.2	2.3149	2.2916	1.4098	1.1203		11.4	2.1525	2.2051	1.3907	1.1677
3.3	2.3095	2.2901	1.4100	1.1231		11.6	2.1509	2.2035	1.3902	1.1678
3.4	2.3044	2.2890	1.4102	1.1257		11.8	2.1494	2.2019	1.3896	1.1679
3.5	2.2996	2.2881	1.4104	1.1278		12.0	2.1480	2.2003	1.3891	1.1680
3.6	2.2950	2.2875	1.4106	1.1297		12.2	2.1466	2.1988	1.3886	1.1681
3.7	2.2907	2.2872	1.4107	1.1313		12.4	2.1452	2.1973	1.3882	1.1682
3.8	2.2865	2.2869	1.4107	1.1329		12.6	2.1438	2.1958	1.3877	1.1683
3.9	2.2825	2.2864	1.4108	1.1346		12.8	2.1425	2.1944	1.3872	1.1684
4.0	2.2786	2.2856	1.4108	1.1363		13.0	2.1411	2.1928	1.3867	1.1683
4.1	2.2749	2.2845	1.4107	1.1380		13.2	2.1405	2.1921	1.3862	1.1690
4.2	2.2713	2.2832	1.4106	1.1396		13.4	2.1390	2.1904	1.3863	1.1688
4.3	2.2678	2.2819	1.4105	1.1411		13.6	2.1378	2.1891	1.3856	1.1688
4.4	2.2644	2.2812	1.4103	1.1424		13.8	2.1366	2.1877	1.3852	1.1689
4.5	2.2612	2.2806	1.4101	1.1436		14.0	2.1355	2.1864	1.3847	1.1689
4.6	2.2579	2.2795	1.4099	1.1445		14.2	2.1344	2.1851	1.3843	1.1690
4.7	2.2549	2.2784	1.4097	1.1455		14.4	2.1333	2.1839	1.3839	1.1690
4.8	2.2519	2.2773	1.4094	1.1465		14.6	2.1322	2.1826	1.3835	1.1690
4.9	2.2490	2.2763	1.4094	1.1474		14.8	2.1312	2.1814	1.3831	1.1691
5.0	2.2463	2.2763	1.4092	1.1484		15.0	2.1312	2.1814	1.3827	1.1691

Table T2.81

N = 2.500 K = 0.0

X	QEE	QEH	QSE	QSH
0.1	0.0390	0.0013	0.0390	0.0013
0.2	0.4049	0.0108	0.4049	0.0108
0.3	1.6268	0.0371	1.6268	0.0371
0.4	3.1481	0.0894	3.1481	0.0894
0.5	3.5370	0.1772	3.5370	0.1772
0.6	3.2803	0.3176	3.2803	0.3176
0.7	3.1058	0.5727	3.1058	0.5727
0.8	3.6971	1.2070	3.6971	1.2070
0.9	5.7326	2.5545	5.7326	2.5545
1.0	5.9392	2.9952	5.9392	2.9952
1.1	4.8826	2.8477	4.8826	2.8477
1.2	4.1950	2.9883	4.1950	2.9883
1.3	3.9892	3.4870	3.9892	3.4870
1.4	5.1721	4.0384	5.1721	4.0384
1.5	5.0902	3.5066	5.0902	3.5066
1.6	3.2848	2.6349	3.2848	2.6349
1.7	2.4320	2.5563	2.4320	2.5563
1.8	2.1470	2.9777	2.1470	2.9777
1.9	2.4418	2.7741	2.4418	2.7741
2.0	2.6148	1.5826	2.6148	1.5826
2.1	1.1690	0.7221	1.1690	0.7221
2.2	0.7911	0.6648	0.7911	0.6648
2.3	1.2246	1.7559	1.2246	1.7559
2.4	1.6177	1.6445	1.6177	1.6445
2.5	1.8944	0.8463	1.8944	0.8463
2.6	1.4050	0.6951	1.4050	0.6951
2.7	1.5726	0.9916	1.5726	0.9916
2.8	2.5972	2.2001	2.5972	2.2001
2.9	3.1117	2.4700	3.1117	2.4700
3.0	3.0599	2.1873	3.0599	2.1873
3.1	2.8501	2.2987	2.8501	2.2987
3.2	2.9871	2.6533	2.9871	2.6533
3.3	3.8980	3.2924	3.8980	3.2924
3.4	3.9643	3.3305	3.9643	3.3305
3.5	3.2892	2.9198	3.2892	2.9198
3.6	2.7401	2.7075	2.7401	2.7075
3.7	2.6047	2.7464	2.6047	2.7464
3.8	3.2566	2.8079	3.2566	2.8079
3.9	1.9287	2.4357	1.9287	2.4357
4.0	1.9288	1.8878	1.9288	1.8878
4.1	1.3342	1.5708	1.3342	1.5708
4.2	1.4095	1.6357	1.4095	1.6357
4.3	2.2223	2.4167	2.2223	2.4167
4.4	1.8096	1.2778	1.8096	1.2778
4.5	1.2591	1.1023	1.2591	1.1023
4.6	1.0981	1.2730	1.0981	1.2730
4.7	1.6727	1.7132	1.6727	1.7132
4.8	2.6904	1.8247	2.6904	1.8247
4.9	2.4355	1.7462	2.4355	1.7462
5.0	2.1684	1.8385	2.1684	1.8385

X	QEE	QEH	QSE	QSH
5.2	2.9573	2.9792	2.9573	2.9792
5.4	3.1917	2.7032	3.1917	2.7032
5.6	2.6800	2.8094	2.6800	2.8094
5.8	3.1963	2.7953	3.1963	2.7953
6.0	1.8489	1.9005	1.8489	1.9005
6.2	2.2583	2.4575	2.2583	2.4575
6.4	1.4840	1.3825	1.4840	1.3825
6.6	1.3429	1.3563	1.3429	1.3563
6.8	2.1150	1.6594	2.1150	1.6594
7.0	1.7286	1.7955	1.7286	1.7955
7.2	2.5724	2.7168	2.5724	2.7168
7.4	3.2576	2.5593	3.2576	2.5593
7.6	2.9296	2.8786	2.9296	2.8786
7.8	2.8985	2.6252	2.8985	2.6252
8.0	2.0909	2.4773	2.0909	2.4773
8.2	2.7721	2.0874	2.7721	2.0874
8.4	1.3191	1.3899	1.3191	1.3899
8.6	1.8878	1.7288	1.8878	1.7288
8.8	1.6066	1.4438	1.6066	1.4438
9.0	1.7282	1.7794	1.7282	1.7794
9.2	2.8281	2.2574	2.8281	2.2574
9.4	2.2400	2.2925	2.2400	2.2925
9.6	3.2958	2.8885	3.2958	2.8885
9.8	2.4961	2.5762	2.4961	2.5762
10.0	2.5125	2.4764	2.5125	2.4764
10.2	2.3799	2.2081	2.3799	2.2081
10.4	1.5242	1.7576	1.5242	1.7576
10.6	2.2317	1.6871	2.2317	1.6871
10.8	1.2849	1.4478	1.2849	1.4478
11.0	2.0325	1.8129	2.0325	1.8129
11.2	2.0622	1.9017	2.0622	1.9017
11.4	2.2353	2.4484	2.2353	2.4484
11.6	3.2232	2.6848	3.2232	2.6848
11.8	2.3433	2.4387	2.3433	2.4387
12.0	2.9640	2.6808	2.9640	2.6808
12.2	2.1033	2.1916	2.1033	2.1916
12.4	1.9887	2.0127	1.9887	2.0127
12.6	1.9810	1.7988	1.9810	1.7988
12.8	1.3098	1.4259	1.3098	1.4259
13.0	2.1821	1.7683	2.1821	1.7683
13.2	1.6308	1.8089	1.6308	1.8089
13.4	2.1840	2.1840	2.1840	2.1840
13.6	2.4000	2.4030	2.4000	2.4030
13.8	2.4974	2.5773	2.4974	2.5773
14.0	2.4828	2.6788	2.4828	2.6788
14.2	3.0256	2.2473	3.0256	2.2473
14.4	2.0412	2.1916	2.0412	2.1916
14.6	2.4400	1.7586	2.4400	1.7586
14.6	1.6922	1.8045	1.6922	1.8045
14.8	1.6816	1.7187	1.6816	1.7187
15.0	1.8999			

Table T2.82   325

N = 2.500   K = 0.050

x	QEE	QEH	QSE	QSH
0.1	0.0840	0.0044	0.0389	0.0013
0.2	0.5121	0.0175	0.3959	0.0108
0.3	1.7326	0.0484	1.5289	0.0371
0.4	3.0983	0.1070	2.8734	0.0892
0.5	3.4319	0.2044	3.2505	0.1766
0.6	3.2249	0.3613	3.0684	0.3156
0.7	3.1348	0.6470	2.9442	0.5633
0.8	3.7753	1.2986	3.4447	1.1298
0.9	5.3802	2.4266	4.8761	2.1583
1.0	5.5130	2.8270	5.1008	2.5907
1.1	4.6936	2.7895	4.4108	2.5986
1.2	4.1219	2.9517	3.8775	2.7506
1.3	4.0018	3.3576	3.6747	3.0840
1.4	4.8105	3.6761	4.1750	3.2859
1.5	4.6018	3.2601	3.9772	2.8348
1.6	3.3226	2.6823	2.8796	2.3131
1.7	2.6010	2.6221	2.2569	2.2651
1.8	2.3286	2.8250	1.9936	2.4008
1.9	2.5749	2.5265	1.9976	2.0396
2.0	2.4948	1.6972	1.8195	1.2270
2.1	1.5802	1.1025	1.0619	0.6404
2.2	1.3006	1.7166	0.8117	0.6106
2.3	1.4985	1.7166	1.0706	1.0973
2.4	1.8600	1.6355	1.3462	1.0290
2.5	2.0381	1.1915	1.4417	0.7126
2.6	1.7750	1.1018	1.2879	0.6450
2.7	1.9603	1.3759	1.4059	0.8466
2.8	2.4895	2.1194	1.9295	1.3957
2.9	2.8941	2.3693	2.3365	1.6738
3.0	2.9674	2.2459	2.4429	1.7376
3.1	2.8661	2.3384	2.4035	1.8698
3.2	3.0161	2.5831	2.4678	2.0656
3.3	3.3544	2.9657	2.7378	2.2849
3.4	3.4117	3.0062	2.7858	2.3071
3.5	3.1042	2.7729	2.5448	2.1866
3.6	2.7960	2.6383	2.2954	2.0999
3.7	2.7133	2.5959	2.1646	2.0474
3.8	2.7885	2.5698	2.1617	1.9362
3.9	2.5853	2.3452	1.9602	1.6901
4.0	2.1589	2.0520	1.5503	1.3914
4.1	1.8685	1.8650	1.2825	1.2086
4.2	1.8568	1.7884	1.2665	1.1519
4.3	2.0080	1.7163	1.3653	1.0767
4.4	1.9290	1.5988	1.3210	0.9592
4.5	1.7451	1.5642	1.1423	0.8816
4.6	1.7385	1.6591	1.1079	0.9178
4.7	1.9707	1.7992	1.3207	1.0489
4.8	2.2839	1.8759	1.6036	1.1720
4.9	2.3614	1.9252	1.7420	1.2624
5.0	2.3437	2.0666	1.7519	1.3815

x	QEE	QEH	QSE	QSH
5.2	2.6867	2.5276	2.0234	1.7171
5.4	2.8383	2.5108	2.1769	1.7870
5.6	2.6765	2.5980	2.0506	1.8430
5.8	2.6633	2.4894	1.9746	1.6951
6.0	2.2277	2.1305	1.5652	1.3731
6.2	2.1336	2.0523	1.4780	1.2564
6.4	1.9146	1.7846	1.2407	1.0046
6.6	1.8969	1.7645	1.1936	0.9574
6.8	2.0855	1.8927	1.4222	1.1068
7.0	2.1554	2.0246	1.4763	1.2197
7.2	2.4851	2.2653	1.7563	1.4244
7.4	2.5131	2.4851	1.8434	1.5845
7.6	2.5882	2.3987	1.8891	1.6312
7.8	2.5219	2.4647	1.7999	1.5270
8.0	2.3054	2.3815	1.6145	1.4220
8.2	2.2135	2.2791	1.5043	1.2442
8.4	2.0861	2.0861	1.2662	1.0416
8.6	1.9887	1.9183	1.2651	1.0303
8.8	1.9945	1.9060	1.2847	1.0279
9.0	2.0051	1.8747	1.3010	1.1118
9.2	2.1095	2.0093	1.3746	1.2816
9.4	2.2915	2.1577	1.5724	1.3930
9.6	2.3583	2.2556	1.6492	1.4648
9.8	2.4776	2.3681	1.7370	1.4520
10.0	2.4128	2.3400	1.6877	1.3832
10.2	2.3437	2.2642	1.6221	1.2487
10.4	2.2279	2.1556	1.4905	1.1201
10.6	2.0772	2.0275	1.3417	1.0560
10.8	2.0459	1.9483	1.3176	1.0192
11.0	1.9994	1.9374	1.2623	1.0752
11.2	2.1738	2.0748	1.3420	1.1728
11.4	2.2692	2.1976	1.4443	1.2707
11.6	2.3594	2.2660	1.5280	1.3435
11.8	2.3470	2.2816	1.6113	1.3674
12.0	2.3309	2.2659	1.5876	1.3389
12.2	2.2282	2.1706	1.4788	1.2434
12.4	2.1420	2.0856	1.3998	1.1609
12.6	2.0728	2.0137	1.3300	1.0865
12.8	2.0292	1.9700	1.2768	1.0353
13.0	2.0705	1.9957	1.3237	1.0640
13.2	2.1130	2.0521	1.3694	1.1195
13.4	2.2050	2.1290	1.4499	1.1888
13.6	2.2665	2.2000	1.5177	1.2613
13.8	2.2947	2.2396	1.5483	1.3013
14.0	2.2935	2.2296	1.5382	1.2870
14.2	2.2301	2.1860	1.4784	1.2403
14.4	2.1728	2.1219	1.4243	1.1815
14.6	2.0990	2.0490	1.3444	1.1042
14.8	2.0625	2.0140	1.3075	1.0641
15.0	2.0631	2.0072	1.3136	1.0656

Table T2.83

N = 2.500 K = 0.100

x	QEE	QEH	QSE	QSH	x	QEE	QEH	QSE	QSH
0.1	0.1286	0.0075	0.0389	0.0013	5.2	2.5364	2.3479	1.7180	1.3506
0.2	0.6149	0.0242	0.3880	0.0108	5.4	2.6097	2.3788	1.7955	1.4211
0.3	1.8263	0.0598	1.4429	0.0371	5.6	2.5514	2.4127	1.7549	1.4416
0.4	3.0539	0.1247	2.6408	0.0892	5.8	2.4745	2.3368	1.6570	1.3470
0.5	3.3409	0.2316	3.0038	0.1763	6.0	2.2976	2.1702	1.4850	1.1993
0.6	3.1771	0.4044	2.8801	0.3141	6.2	2.1903	2.0778	1.3867	1.0987
0.7	3.1583	0.7162	2.7962	0.5546	6.4	2.0990	1.9718	1.2879	0.9903
0.8	3.8114	1.3675	3.2194	1.0628	6.6	2.0925	1.9544	1.2742	0.9677
0.9	5.0797	2.3229	4.2554	1.8778	6.8	2.1597	2.0139	1.3549	1.0308
1.0	5.1584	2.6916	4.4669	2.2866	7.0	2.2359	2.0937	1.4261	1.1049
1.1	4.5127	2.7293	4.0074	2.3822	7.2	2.3477	2.1967	1.5285	1.1977
1.2	4.0411	2.9010	3.5900	2.5317	7.4	2.3947	2.2722	1.5902	1.2766
1.3	3.9708	3.2225	3.5893	2.7432	7.6	2.4105	2.2919	1.6005	1.2934
1.4	4.4830	3.3963	3.5503	2.7681	7.8	2.3710	2.2608	1.5561	1.2544
1.5	4.2342	3.0742	3.3075	2.4043	8.0	2.2897	2.2046	1.4842	1.1982
1.6	3.3062	2.6858	2.5899	2.0698	8.2	2.2170	2.1186	1.4096	1.1171
1.7	2.7070	2.6360	2.1201	2.0228	8.4	2.1470	2.0552	1.3362	1.0457
1.8	2.4592	2.6982	1.8751	2.0066	8.6	2.1268	2.0342	1.3212	1.0260
1.9	2.5660	2.3881	1.7517	1.6376	8.8	2.1396	2.0358	1.3357	1.0347
2.0	2.4162	2.0509	1.5106	1.0746	9.0	2.1840	2.0838	1.3759	1.0746
2.1	1.8558	1.3770	1.0645	0.6439	9.2	2.2425	2.1423	1.4385	1.1366
2.2	1.6405	1.4017	0.9052	0.6176	9.4	2.2848	2.1884	1.4832	1.1866
2.3	1.7312	1.7322	1.0531	0.8413	9.6	2.3094	2.2200	1.5043	1.2121
2.4	1.9625	1.6796	1.2282	0.8120	9.8	2.2962	2.2149	1.4942	1.2095
2.5	2.0739	1.4331	1.2900	0.6731	10.0	2.2617	2.1834	1.4617	1.1800
2.6	2.0090	1.3920	1.2618	0.6561	10.2	2.2171	2.1440	1.4155	1.1359
2.7	2.1564	1.6100	1.3719	0.8064	10.4	2.1691	2.0975	1.3691	1.0908
2.8	2.4616	1.9775	1.6775	1.1119	10.6	2.1445	2.0687	1.3468	1.0644
2.9	2.7187	2.2570	1.9529	1.3357	10.8	2.1395	2.0662	1.3412	1.0585
3.0	2.8122	2.2563	2.0768	1.4619	11.0	2.1593	2.0829	1.3616	1.0765
3.1	2.8192	2.3341	2.1037	1.5818	11.2	2.1900	2.1130	1.3948	1.1092
3.2	2.9188	2.4946	2.1487	1.7031	11.4	2.2209	2.1484	1.4255	1.1426
3.3	3.0563	2.6893	2.2416	1.8001	11.6	2.2417	2.1704	1.4467	1.1661
3.4	3.0631	2.7300	2.2503	1.8166	11.8	2.2434	2.1764	1.4506	1.1740
3.5	2.9168	2.6275	2.1441	1.7739	12.0	2.2292	2.1663	1.4367	1.1634
3.6	2.7522	2.5381	2.0104	1.7222	12.2	2.2020	2.1409	1.4096	1.1389
3.7	2.6706	2.4784	1.9035	1.6564	12.4	2.1732	2.1136	1.3826	1.1128
3.8	2.6203	2.4123	1.8144	1.5461	12.6	2.1511	2.0920	1.3612	1.0916
3.9	2.4761	2.2816	1.6629	1.3831	12.8	2.1415	2.0816	1.3517	1.0815
4.0	2.2644	2.1202	1.4600	1.2123	13.0	2.1469	2.0866	1.3585	1.0873
4.1	2.1095	1.9951	1.3183	1.0919	13.2	2.1619	2.1023	1.3744	1.1036
4.2	2.0678	1.9128	1.2749	1.0214	13.4	2.1822	2.1226	1.3948	1.1242
4.3	2.0802	1.8512	1.2752	0.9610	13.6	2.1976	2.1403	1.4115	1.1424
4.4	2.0470	1.8068	1.2476	0.9028	13.8	2.2041	2.1491	1.4190	1.1522
4.5	1.9975	1.8068	1.1983	0.8717	14.0	2.1998	2.1462	1.4149	1.1499
4.6	2.0170	1.8524	1.2074	0.8887	14.2	2.1859	2.1348	1.4020	1.1390
4.7	2.1221	1.9112	1.3031	0.9475	14.4	2.1681	2.1181	1.3852	1.1234
4.8	2.2498	1.9629	1.4303	1.0226	14.6	2.1515	2.1018	1.3690	1.1078
4.9	2.3251	2.0266	1.5245	1.1011	14.8	2.1415	2.0923	1.3597	1.0988
5.0	2.3707	2.1305	1.5805	1.1876	15.0	2.1401	2.0908	1.3594	1.0985

Table T2.84   327

N = 2.500 K = 0.200

X	QEE	QEH	QSE	QSH
0.1	0.2168	0.0136	0.0391	0.0013
0.2	0.8076	0.0375	0.3754	0.0109
0.3	1.9826	0.0823	1.3007	0.0374
0.4	2.9783	0.1600	2.2732	0.0896
0.5	3.1927	0.2855	2.6065	0.1765
0.6	3.1001	0.4877	2.5645	0.3125
0.7	3.1880	0.8386	2.5382	0.5397
0.8	3.7988	1.4578	2.8433	0.9562
0.9	4.5981	2.1698	3.4266	1.5167
1.0	4.6075	2.4914	3.5888	1.8684
1.1	4.1869	2.6111	3.3710	2.0321
1.2	3.8664	2.7771	3.1038	2.1560
1.3	3.8263	2.9682	2.9143	2.2221
1.4	3.9865	3.0025	2.8199	2.1248
1.5	3.7423	2.8124	2.5818	1.8953
1.6	3.2079	2.6304	2.2107	1.7311
1.7	2.8016	2.5855	1.9203	1.6686
1.8	2.5999	2.5186	1.7170	1.5472
1.9	2.5497	2.2614	1.5460	1.2619
2.0	2.4081	1.9243	1.3503	0.9312
2.1	2.1692	1.7199	1.1582	0.7209
2.2	2.0443	1.7346	1.0894	0.6907
2.3	2.0544	1.8378	1.1377	0.7428
2.4	2.1376	1.8173	1.2109	0.7415
2.5	2.2030	1.7405	1.2570	0.7182
2.6	2.2459	1.7454	1.2968	0.7411
2.7	2.3333	1.8655	1.3820	0.8317
2.8	2.4561	2.0480	1.5151	0.9688
2.9	2.5662	2.1730	1.6420	1.0972
3.0	2.6361	2.2313	1.7246	1.1965
3.1	2.6786	2.2860	1.7678	1.2745
3.2	2.7170	2.3537	1.7937	1.3332
3.3	2.7396	2.4150	1.8082	1.3692
3.4	2.7242	2.4357	1.7982	1.3797
3.5	2.6735	2.4136	1.7607	1.3689
3.6	2.6111	2.3743	1.7066	1.3419
3.7	2.5526	2.3311	1.6457	1.2988
3.8	2.4916	2.2825	1.5794	1.2394
3.9	2.4195	2.2246	1.5070	1.1704
4.0	2.3455	2.1624	1.4375	1.1038
4.1	2.2877	2.1063	1.3849	1.0493
4.2	2.2531	2.0634	1.3532	1.0088
4.3	2.2340	2.0365	1.3358	0.9804
4.4	2.2219	2.0262	1.3260	0.9637
4.5	2.2192	2.0300	1.3254	0.9599
4.6	2.2321	2.0429	1.3396	0.9692
4.7	2.2598	2.0612	1.3688	0.9899
4.8	2.2931	2.0858	1.4053	1.0188
4.9	2.3240	2.1192	1.4408	1.0528
5.0	2.3513	2.1591	1.4716	1.0884

X	QEE	QEH	QSE	QSH
5.2	2.3973	2.2228	1.5194	1.1471
5.4	2.4134	2.2435	1.5403	1.1773
5.6	2.3947	2.2465	1.5282	1.1803
5.8	2.3538	2.2186	1.4895	1.1525
6.0	2.3031	2.1727	1.4426	1.1126
6.2	2.2604	2.1359	1.4048	1.0779
6.4	2.2341	2.1109	1.3812	1.0543
6.6	2.2292	2.1057	1.3790	1.0513
6.8	2.2409	2.1193	1.3949	1.0669
7.0	2.2606	2.1412	1.4172	1.0901
7.2	2.2796	2.1646	1.4387	1.1142
7.4	2.2893	2.1807	1.4520	1.1321
7.6	2.2874	2.1837	1.4527	1.1368
7.8	2.2743	2.1763	1.4420	1.1302
8.0	2.2554	2.1623	1.4260	1.1180
8.2	2.2360	2.1450	1.4090	1.1030
8.4	2.2211	2.1323	1.396³	1.0918
8.6	2.2137	2.1268	1.391	1.0882
8.8	2.2186	2.1277	1.3936	1.0914
9.0	2.2249	2.1345	1.4005	1.0998
9.2	2.2292	2.1431	1.4089	1.1103
9.4	2.2294	2.1499	1.4152	1.1189
9.6	2.2294	2.1530	1.4172	1.1235
9.8	2.2251	2.1514	1.4147	1.1235
10.0	2.2172	2.1459	1.4086	1.1195
10.2	2.2114	2.1421	1.4044	1.1168
10.4	2.2012	2.1335	1.3959	1.1099
10.6	2.1956	2.1293	1.3919	1.1071
10.8	2.1932	2.1281	1.3909	1.1072
11.0	2.1932	2.1293	1.3924	1.1099
11.2	2.1945	2.1320	1.3952	1.1139
11.4	2.1956	2.1347	1.3977	1.1180
11.6	2.1955	2.1362	1.3989	1.1208
11.8	2.1937	2.1359	1.3984	1.1218
12.0	2.1902	2.1340	1.3962	1.1212
12.2	2.1859	2.1310	1.3931	1.1195
12.4	2.1816	2.1278	1.3899	1.1175
12.6	2.1780	2.1253	1.3875	1.1162
12.8	2.1755	2.1239	1.3861	1.1159
13.0	2.1742	2.1235	1.3859	1.1167
13.2	2.1736	2.1239	1.3863	1.1182
13.4	2.1739	2.1252	1.3877	1.1205
13.6	2.1731	2.1254	1.3879	1.1218
13.8	2.1719	2.1252	1.3876	1.1227
14.0	2.1701	2.1244	1.3867	1.1228
14.2	2.1677	2.1229	1.3852	1.1224
14.4	2.1652	2.1213	1.3836	1.1218
14.6	2.1628	2.1198	1.3821	1.1213
14.8	2.1609	2.1186	1.3810	1.1210
15.0	2.1595	2.1179	1.3804	1.1213

Table T2.85

N = 2.500   K = 0.300

X	QEE	QEH	QSE	QSH
0.1	0.3035	0.0196	0.0397	0.0013
0.2	0.9837	0.0505	0.3665	0.0110
0.3	2.1054	0.1046	1.1908	0.0379
0.4	2.9167	0.1948	2.0020	0.0906
0.5	3.0800	0.3384	2.3074	0.1780
0.6	3.0422	0.5664	2.3161	0.3128
0.7	3.1961	0.9408	2.3260	0.5285
0.8	3.7228	1.5091	2.5509	0.8795
0.9	4.2318	2.0666	2.9063	1.3019
1.0	4.2035	2.3534	3.0230	1.6008
1.1	3.9124	2.5026	2.7251	1.7690
1.2	3.6886	2.6461	2.5566	1.8610
1.3	3.6402	2.7555	2.4096	1.8626
1.4	3.6449	2.7453	2.2128	1.7554
1.5	3.4343	2.6358	1.9832	1.6090
1.6	3.0924	2.5469	1.7878	1.5121
1.7	2.8126	2.5023	1.6291	1.4442
1.8	2.6491	2.4064	1.4877	1.3192
1.9	2.5601	2.2156	1.3566	1.1199
2.0	2.4522	2.0147	1.2588	0.9231
2.1	2.3282	1.9057	1.2242	0.8050
2.2	2.2537	1.9095	1.2413	0.7790
2.3	2.2432	1.9463	1.2769	0.7933
2.4	2.2739	1.9407	1.3113	0.8001
2.5	2.3119	1.9180	1.3522	0.8055
2.6	2.3520	1.9326	1.4091	0.8336
2.7	2.4020	1.9977	1.4776	0.8909
2.8	2.4587	2.0874	1.5410	0.9665
2.9	2.5099	2.1609	1.5872	1.0409
3.0	2.5479	2.2083	1.6152	1.1026
3.1	2.5725	2.2435	1.6294	1.1497
3.2	2.5854	2.2744	1.6321	1.1826
3.3	2.5856	2.2978	1.6233	1.2018
3.4	2.5704	2.3066	1.6038	1.2086
3.5	2.5437	2.2995	1.5765	1.2044
3.6	2.5109	2.2818	1.5444	1.1907
3.7	2.4755	2.2586	1.5101	1.1691
3.8	2.4385	2.2323	1.4765	1.1417
3.9	2.4012	2.2041	1.4468	1.1119
4.0	2.3671	2.1760	1.4237	1.0837
4.1	2.3395	2.1514	1.4078	1.0600
4.2	2.3196	2.1330	1.3984	1.0424
4.3	2.3066	2.1223	1.3947	1.0314
4.4	2.2993	2.1185	1.3964	1.0267
4.5	2.2974	2.1197	1.4030	1.0276
4.6	2.3006	2.1241	1.4136	1.0331
4.7	2.3080	2.1315	1.4262	1.0424
4.8	2.3171	2.1421	1.4389	1.0547
4.9	2.3264	2.1556	1.4504	1.0688
5.0	2.3346	2.1700	1.4504	1.0832
5.2	2.3451	2.1911	1.4666	1.1065
5.4	2.3445	2.1982	1.4716	1.1186
5.6	2.3334	2.1974	1.4659	1.1203
5.8	2.3143	2.1870	1.4516	1.1128
6.0	2.2942	2.1724	1.4360	1.1020
6.2	2.2769	2.1599	1.4232	1.0927
6.4	2.2655	2.1524	1.4157	1.0877
6.6	2.2602	2.1504	1.4142	1.0885
6.8	2.2595	2.1530	1.4171	1.0937
7.0	2.2608	2.1580	1.4218	1.1009
7.2	2.2615	2.1628	1.4258	1.1078
7.4	2.2602	2.1654	1.4276	1.1127
7.6	2.2562	2.1652	1.4265	1.1147
7.8	2.2497	2.1624	1.4229	1.1139
8.0	2.2428	2.1586	1.4186	1.1122
8.2	2.2357	2.1542	1.4140	1.1099
8.4	2.2297	2.1508	1.4105	1.1085
8.6	2.2254	2.1488	1.4086	1.1085
8.8	2.2225	2.1481	1.4079	1.1098
9.0	2.2206	2.1483	1.4081	1.1119
9.2	2.2189	2.1488	1.4084	1.1142
9.4	2.2168	2.1489	1.4084	1.1162
9.6	2.2143	2.1484	1.4077	1.1174
9.8	2.2111	2.1472	1.4063	1.1179
10.0	2.2074	2.1454	1.4044	1.1177
10.2	2.2069	2.1466	1.4055	1.1202
10.4	2.2013	2.1427	1.4016	1.1180
10.6	2.1983	2.1412	1.4002	1.1181
10.8	2.1958	2.1402	1.3992	1.1185
11.0	2.1937	2.1395	1.3965	1.1193
11.2	2.1917	2.1389	1.3980	1.1201
11.4	2.1898	2.1384	1.3974	1.1209
11.6	2.1878	2.1377	1.3967	1.1216
11.8	2.1857	2.1368	1.3959	1.1221
12.0	2.1835	2.1358	1.3949	1.1224
12.2	2.1812	2.1347	1.3938	1.1226
12.4	2.1790	2.1337	1.3928	1.1227
12.6	2.1770	2.1327	1.3919	1.1230
12.8	2.1751	2.1318	1.3911	1.1233
13.0	2.1733	2.1310	1.3903	1.1236
13.2	2.1715	2.1302	1.3896	1.1239
13.4	2.1705	2.1301	1.3896	1.1249
13.6	2.1687	2.1291	1.3887	1.1251
13.8	2.1670	2.1284	1.3880	1.1254
14.0	2.1654	2.1276	1.3873	1.1257
14.2	2.1638	2.1268	1.3866	1.1259
14.4	2.1622	2.1260	1.3859	1.1261
14.6	2.1607	2.1252	1.3852	1.1264
14.8	2.1592	2.1245	1.3845	1.1266
15.0	2.1578	2.1238	1.3839	1.1268

Table T2.86   329

N = 2.500 K = 0.400

x	QEE	QEH	QSE	QSH	x	QEE	QEH	QSE	QSH
0.1	0.3885	0.0253	0.0407	0.0014	5.2	2.3219	2.1853	1.4519	1.1007
0.2	1.1441	0.0632	0.3610	0.0113	5.4	2.3163	2.1869	1.4519	1.1062
0.3	2.2024	0.1263	1.1062	0.0386	5.6	2.3080	2.1858	1.4488	1.1082
0.4	2.8660	0.2290	1.7995	0.0922	5.8	2.2968	2.1813	1.4425	1.1068
0.5	2.9935	0.3899	2.0804	0.1805	6.0	2.2861	2.1760	1.4363	1.1048
0.6	2.9976	0.6398	2.1209	0.3150	6.2	2.2766	2.1713	1.4312	1.1031
0.7	3.1863	1.0252	2.1533	0.5210	6.4	2.2693	2.1683	1.4278	1.1029
0.8	3.6202	1.5399	2.3239	0.8252	6.6	2.2639	2.1669	1.4263	1.1042
0.9	3.9455	1.9956	2.5548	1.1645	6.8	2.2599	2.1667	1.4258	1.1066
1.0	3.8968	2.2539	2.6373	1.4190	7.0	2.2566	2.1671	1.4259	1.1095
1.1	3.6842	2.4066	2.5684	1.5703	7.2	2.2531	2.1673	1.4256	1.1120
1.2	3.5196	2.5240	2.4352	1.6351	7.4	2.2494	2.1669	1.4249	1.1141
1.3	3.4580	2.5866	2.2918	1.6125	7.6	2.2452	2.1660	1.4236	1.1154
1.4	3.3991	2.5682	2.1508	1.5235	7.8	2.2403	2.1642	1.4215	1.1158
1.5	3.2234	2.5082	1.9958	1.4287	8.0	2.2360	2.1627	1.4198	1.1164
1.6	2.9872	2.4637	1.8385	1.3648	8.2	2.2314	2.1607	1.4177	1.1166
1.7	2.7882	2.4225	1.7001	1.3030	8.4	2.2273	2.1590	1.4160	1.1170
1.8	2.6574	2.3332	1.5812	1.2002	8.6	2.2236	2.1577	1.4145	1.1176
1.9	2.5708	2.1969	1.4773	1.0645	8.8	2.2202	2.1566	1.4134	1.1184
2.0	2.4897	2.0725	1.3922	0.9433	9.0	2.2171	2.1556	1.4124	1.1194
2.1	2.4143	2.0109	1.3370	0.8736	9.2	2.2142	2.1547	1.4114	1.1203
2.2	2.3661	2.0114	1.3174	0.8557	9.4	2.2113	2.1537	1.4105	1.1212
2.3	2.3515	2.0282	1.3244	0.8621	9.6	2.2084	2.1527	1.4094	1.1219
2.4	2.3615	2.0296	1.3445	0.8718	9.8	2.2055	2.1516	1.4083	1.1224
2.5	2.3806	2.0249	1.3684	0.8840	10.0	2.2027	2.1502	1.4069	1.1227
2.6	2.4044	2.0382	1.3983	0.9080	10.2	2.1978	2.1521	1.4088	1.1259
2.7	2.4307	2.0748	1.4339	0.9452	10.4	2.1952	2.1487	1.4055	1.1244
2.8	2.4572	2.1231	1.4714	0.9902	10.6	2.1928	2.1475	1.4044	1.1247
2.9	2.4803	2.1663	1.5047	1.0346	10.8	2.1904	2.1465	1.4034	1.1252
3.0	2.4971	2.1974	1.5294	1.0721	11.0	2.1882	2.1455	1.4025	1.1257
3.1	2.5065	2.2190	1.5447	1.1006	11.2	2.1860	2.1445	1.4017	1.1262
3.2	2.5082	2.2344	1.5517	1.1201	11.4	2.1839	2.1436	1.4008	1.1266
3.3	2.5022	2.2444	1.5515	1.1317	11.6	2.1818	2.1427	1.4000	1.1270
3.4	2.4896	2.2479	1.5453	1.1364	11.8	2.1798	2.1417	1.3991	1.1274
3.5	2.4722	2.2448	1.5340	1.1352	12.0	2.1778	2.1408	1.3983	1.1278
3.6	2.4518	2.2365	1.5192	1.1293	12.2	2.1758	2.1398	1.3974	1.1282
3.7	2.4301	2.2248	1.5024	1.1196	12.4	2.1740	2.1389	1.3966	1.1285
3.8	2.4082	2.2113	1.4851	1.1076	12.6	2.1722	2.1380	1.3958	1.1288
3.9	2.3873	2.1973	1.4688	1.0949	12.8	2.1704	2.1371	1.3951	1.1292
4.0	2.3686	2.1843	1.4549	1.0832	13.0	2.1685	2.1363	1.3943	1.1295
4.1	2.3532	2.1735	1.4439	1.0736	13.2	2.1675	2.1353	1.3935	1.1297
4.2	2.3412	2.1659	1.4361	1.0670	13.4	2.1656	2.1351	1.3934	1.1306
4.3	2.3324	2.1615	1.4314	1.0635	13.6	2.1640	2.1341	1.3925	1.1307
4.4	2.3264	2.1597	1.4294	1.0628	13.8	2.1624	2.1332	1.3918	1.1309
4.5	2.3231	2.1598	1.4298	1.0644	14.0	2.1609	2.1324	1.3911	1.1312
4.6	2.3217	2.1613	1.4321	1.0677	14.2	2.1594	2.1316	1.3905	1.1314
4.7	2.3216	2.1642	1.4357	1.0725	14.4	2.1580	2.1308	1.3898	1.1317
4.8	2.3224	2.1684	1.4398	1.0781	14.6	2.1565	2.1301	1.3892	1.1319
4.9	2.3232	2.1735	1.4439	1.0844	14.8	2.1551	2.1293	1.3885	1.1322
5.0	2.3236	2.1786	1.4476	1.0906	15.0	2.1551	2.1286	1.3879	1.1324

Table T2.87

N = 2.500 K = 0.500

X	QEE	QEH	QSE	QSH	X	QEE	QEH	QSE	QSH
0.1	0.4718	0.0308	0.0420	0.0014	5.2	2.3090	2.1878	1.4500	1.1047
0.2	1.2897	0.0754	0.3586	0.0115	5.4	2.3020	2.1874	1.4485	1.1079
0.3	2.2790	0.1474	1.0414	0.0396	5.6	2.2949	2.1864	1.4464	1.1101
0.4	2.8239	0.2621	1.6468	0.0943	5.8	2.2864	2.1839	1.4427	1.1106
0.5	2.9266	0.4393	1.9070	0.1840	6.0	2.2789	2.1815	1.4396	1.1112
0.6	2.9620	0.7074	1.9678	0.3188	6.2	2.2719	2.1791	1.4368	1.1118
0.7	3.1632	1.0949	2.0138	0.5170	6.4	2.2658	2.1772	1.4346	1.1128
0.8	3.5106	1.5601	2.1475	0.7872	6.6	2.2605	2.1759	1.4330	1.1142
0.9	3.7169	1.9459	2.3057	1.0722	6.8	2.2557	2.1749	1.4317	1.1158
1.0	3.6579	2.1795	2.3637	1.2902	7.0	2.2513	2.1741	1.4306	1.1175
1.1	3.4947	2.3235	2.3169	1.4194	7.2	2.2470	2.1731	1.4294	1.1190
1.2	3.3663	2.4173	2.2153	1.4644	7.4	2.2428	2.1721	1.4282	1.1203
1.3	3.2962	2.4551	2.0967	1.4362	7.6	2.2387	2.1710	1.4269	1.1215
1.4	3.2150	2.4415	1.9767	1.3691	7.8	2.2344	2.1695	1.4252	1.1222
1.5	3.0696	2.4124	1.8565	1.3076	8.0	2.2307	2.1683	1.4240	1.1233
1.6	2.8975	2.3908	1.7429	1.2639	8.2	2.2267	2.1669	1.4225	1.1240
1.7	2.7510	2.3561	1.6423	1.2133	8.4	2.2230	2.1655	1.4211	1.1246
1.8	2.6474	2.2834	1.5552	1.1357	8.6	2.2195	2.1642	1.4198	1.1253
1.9	2.5736	2.1876	1.4819	1.0439	8.8	2.2162	2.1629	1.4186	1.1260
2.0	2.5118	2.1087	1.4265	0.9677	9.0	2.2130	2.1617	1.4174	1.1268
2.1	2.4603	2.0729	1.3931	0.9258	9.2	2.2099	2.1605	1.4163	1.1274
2.2	2.4261	2.0739	1.3811	0.9154	9.4	2.2070	2.1594	1.4152	1.1281
2.3	2.4113	2.0846	1.3845	0.9210	9.6	2.2041	2.1583	1.4142	1.1287
2.4	2.4117	2.0893	1.3968	0.9315	9.8	2.2013	2.1571	1.4131	1.1293
2.5	2.4185	2.0906	1.4124	0.9441	10.0	2.1984	2.1558	1.4119	1.1297
2.6	2.4294	2.1007	1.4320	0.9628	10.2	2.1989	2.1577	1.4138	1.1329
2.7	2.4409	2.1220	1.4534	0.9875	10.4	2.1942	2.1544	1.4107	1.1314
2.8	2.4516	2.1494	1.4743	1.0155	10.6	2.1916	2.1532	1.4096	1.1318
2.9	2.4591	2.1749	1.4919	1.0427	10.8	2.1893	2.1521	1.4087	1.1322
3.0	2.4647	2.1944	1.5047	1.0659	11.0	2.1870	2.1511	1.4078	1.1327
3.1	2.4654	2.2076	1.5124	1.0836	11.2	2.1848	2.1500	1.4069	1.1331
3.2	2.4617	2.2160	1.5152	1.0959	11.4	2.1826	2.1490	1.4060	1.1335
3.3	2.4540	2.2208	1.5141	1.1034	11.6	2.1805	2.1480	1.4052	1.1339
3.4	2.4433	2.2222	1.5097	1.1071	11.8	2.1785	2.1470	1.4044	1.1342
3.5	2.4305	2.2207	1.5028	1.1077	12.0	2.1765	2.1460	1.4036	1.1346
3.6	2.4164	2.2166	1.4944	1.1058	12.2	2.1746	2.1451	1.4028	1.1350
3.7	2.4020	2.2107	1.4853	1.1022	12.4	2.1727	2.1441	1.4020	1.1353
3.8	2.3879	2.2039	1.4762	1.0975	12.6	2.1709	2.1432	1.4012	1.1356
3.9	2.3747	2.1971	1.4679	1.0925	12.8	2.1692	2.1423	1.4005	1.1359
4.0	2.3630	2.1910	1.4608	1.0882	13.0	2.1674	2.1414	1.3998	1.1362
4.1	2.3529	2.1863	1.4552	1.0849	13.2	2.1656	2.1404	1.3990	1.1364
4.2	2.3445	2.1831	1.4510	1.0831	13.4	2.1646	2.1402	1.3989	1.1373
4.3	2.3377	2.1812	1.4483	1.0827	13.6	2.1628	2.1391	1.3980	1.1373
4.4	2.3323	2.1803	1.4469	1.0835	13.8	2.1612	2.1382	1.3973	1.1376
4.5	2.3281	2.1800	1.4465	1.0852	14.0	2.1597	2.1374	1.3966	1.1378
4.6	2.3248	2.1802	1.4467	1.0874	14.2	2.1582	2.1365	1.3960	1.1381
4.7	2.3221	2.1812	1.4475	1.0901	14.4	2.1568	2.1357	1.3954	1.1383
4.8	2.3196	2.1826	1.4484	1.0931	14.6	2.1554	2.1349	1.3947	1.1386
4.9	2.3172	2.1844	1.4492	1.0963	14.8	2.1540	2.1341	1.3941	1.1388
5.0	2.3148	2.1861	1.4500	1.0995	15.0	2.1526	2.1334	1.3935	1.1390

Table T2.88   331

N = 2.500   K = 1.000

x	QEE	QEH	QSE	QSH		x	QEE	QEH	QSE	QSH
0.1	0.8593	0.0526	0.0542	0.0017		5.2	2.2751	2.2169	1.4895	1.1558
0.2	1.8311	0.1249	0.3833	0.0137		5.4	2.2686	2.2155	1.4876	1.1578
0.3	2.4812	0.2357	0.9028	0.0469		5.6	2.2633	2.2146	1.4865	1.1600
0.4	2.6950	0.4037	1.2942	0.1112		5.8	2.2572	2.2132	1.4844	1.1614
0.5	2.7531	0.6445	1.4937	0.2137		6.0	2.2519	2.2121	1.4829	1.1632
0.6	2.8427	0.9574	1.5868	0.3577		6.2	2.2468	2.2107	1.4813	1.1647
0.7	2.9742	1.3034	1.6496	0.5375		6.4	2.2420	2.2092	1.4798	1.1661
0.8	3.0618	1.6124	1.7091	0.7290		6.6	2.2375	2.2078	1.4784	1.1673
0.9	3.0588	1.8391	1.7518	0.8950		6.8	2.2331	2.2065	1.4769	1.1685
1.0	2.9980	1.9835	1.7641	1.0079		7.0	2.2291	2.2052	1.4756	1.1697
1.1	2.9256	2.0643	1.7483	1.0633		7.2	2.2251	2.2036	1.4743	1.1707
1.2	2.8613	2.1043	1.7152	1.0771		7.4	2.2214	2.2023	1.4731	1.1717
1.3	2.8023	2.1280	1.6763	1.0737		7.6	2.2179	2.2010	1.4719	1.1728
1.4	2.7426	2.1517	1.6389	1.0720		7.8	2.2142	2.1994	1.4705	1.1735
1.5	2.6829	2.1763	1.6063	1.0759		8.0	2.2112	2.1983	1.4696	1.1745
1.6	2.6283	2.1918	1.5791	1.0793		8.2	2.2079	2.1968	1.4684	1.1752
1.7	2.5827	2.1918	1.5571	1.0762		8.4	2.2047	2.1953	1.4672	1.1758
1.8	2.5463	2.1803	1.5400	1.0674		8.6	2.2017	2.1938	1.4660	1.1764
1.9	2.5175	2.1673	1.5278	1.0577		8.8	2.1988	2.1924	1.4649	1.1770
2.0	2.4945	2.1610	1.5198	1.0519		9.0	2.1960	2.1910	1.4638	1.1776
2.1	2.4758	2.1635	1.5152	1.0521		9.2	2.1933	2.1896	1.4627	1.1781
2.2	2.4605	2.1718	1.5132	1.0573		9.4	2.1907	2.1882	1.4617	1.1786
2.3	2.4480	2.1814	1.5128	1.0654		9.6	2.1882	2.1869	1.4607	1.1791
2.4	2.4381	2.1897	1.5138	1.0745		9.8	2.1857	2.1856	1.4597	1.1796
2.5	2.4279	2.1942	1.5147	1.0820		10.0	2.1832	2.1841	1.4586	1.1799
2.6	2.4195	2.1977	1.5152	1.0890		10.2	2.1840	2.1859	1.4606	1.1830
2.7	2.4114	2.2006	1.5152	1.0952		10.4	2.1796	2.1824	1.4576	1.1814
2.8	2.4036	2.2036	1.5154	1.1006		10.6	2.1774	2.1811	1.4566	1.1817
2.9	2.3959	2.2070	1.5152	1.1056		10.8	2.1753	2.1798	1.4557	1.1820
3.0	2.3883	2.2105	1.5146	1.1102		11.0	2.1733	2.1786	1.4549	1.1824
3.1	2.3808	2.2138	1.5137	1.1146		11.2	2.1713	2.1773	1.4540	1.1827
3.2	2.3735	2.2165	1.5126	1.1188		11.4	2.1694	2.1762	1.4532	1.1830
3.3	2.3664	2.2183	1.5112	1.1225		11.6	2.1676	2.1750	1.4524	1.1833
3.4	2.3595	2.2193	1.5098	1.1257		11.8	2.1658	2.1738	1.4516	1.1836
3.5	2.3528	2.2196	1.5084	1.1284		12.0	2.1640	2.1727	1.4509	1.1838
3.6	2.3464	2.2194	1.5069	1.1307		12.2	2.1623	2.1716	1.4501	1.1841
3.7	2.3404	2.2192	1.5055	1.1326		12.4	2.1607	2.1705	1.4494	1.1843
3.8	2.3346	2.2195	1.5041	1.1344		12.6	2.1591	2.1694	1.4487	1.1846
3.9	2.3290	2.2199	1.5028	1.1362		12.8	2.1575	2.1683	1.4480	1.1848
4.0	2.3238	2.2203	1.5016	1.1381		13.0	2.1560	2.1673	1.4473	1.1850
4.1	2.3188	2.2205	1.5004	1.1401		13.2	2.1544	2.1661	1.4465	1.1851
4.2	2.3140	2.2203	1.4993	1.1420		13.4	2.1535	2.1657	1.4464	1.1859
4.3	2.3095	2.2199	1.4982	1.1438		13.6	2.1519	2.1644	1.4456	1.1859
4.4	2.3051	2.2195	1.4972	1.1455		13.8	2.1505	2.1634	1.4449	1.1860
4.5	2.3009	2.2189	1.4962	1.1470		14.0	2.1491	2.1624	1.4443	1.1862
4.6	2.2968	2.2186	1.4952	1.1483		14.2	2.1478	2.1615	1.4437	1.1864
4.7	2.2929	2.2183	1.4942	1.1496		14.4	2.1465	2.1605	1.4431	1.1865
4.8	2.2891	2.2181	1.4932	1.1509		14.6	2.1452	2.1596	1.4425	1.1867
4.9	2.2855	2.2181	1.4923	1.1521		14.8	2.1440	2.1586	1.4419	1.1868
5.0	2.2820	2.2179	1.4914	1.1535		15.0	2.1428	2.1577	1.4413	1.1870

N = 3.000 K = 0.0

X	QEE	QEH	QSE	QSH		X	QEE	QEH	QSE	QSH
0.1	0.0979	0.0016	0.0979	0.0016		5.2	2.3862	1.6483	2.3862	1.6483
0.2	1.1588	0.0132	1.1588	0.0132		5.4	2.5279	2.4153	2.5279	2.4153
0.3	4.0218	0.0460	4.0218	0.0460		5.6	3.4791	2.5287	3.4791	2.5287
0.4	4.7720	0.1128	4.7720	0.1128		5.8	2.7734	2.6802	2.7734	2.6802
0.5	4.0450	0.2359	4.0450	0.2359		6.0	2.4588	2.2364	2.4588	2.2364
0.6	3.6103	0.5086	3.6103	0.5086		6.2	1.7994	1.8497	1.7994	1.8497
0.7	4.9196	1.5993	4.9196	1.5993		6.4	1.6223	1.4798	1.6223	1.4798
0.8	7.4384	3.2829	7.4384	3.2829		6.6	1.7162	1.6503	1.7162	1.6503
0.9	5.1875	2.6284	5.1875	2.6284		6.8	2.1164	2.0667	2.1164	2.0667
1.0	4.0689	2.7087	4.0689	2.7087		7.0	2.6755	2.5692	2.6755	2.5692
1.1	3.6183	3.5325	3.6183	3.5325		7.2	2.7919	2.4204	2.7919	2.4204
1.2	5.5967	4.1203	5.5967	4.1203		7.4	2.8765	2.9283	2.8765	2.9283
1.3	2.8982	1.9163	2.8982	1.9163		7.6	2.2503	1.9207	2.2503	1.9207
1.4	1.7749	1.3196	1.7749	1.3196		7.8	2.0860	2.0677	2.0860	2.0677
1.5	1.7086	1.9366	1.7086	1.9366		8.0	1.8725	1.2603	1.8725	1.2603
1.6	1.6574	2.7870	1.6574	2.7870		8.2	1.9215	1.7880	1.9215	1.7880
1.7	1.3521	0.5607	1.3521	0.5607		8.4	1.9191	1.7365	1.9191	1.7365
1.8	0.7926	0.1257	0.7926	0.1257		8.6	2.7666	2.6371	2.7666	2.6371
1.9	2.0524	0.9063	2.0524	0.9063		8.8	2.5327	2.4025	2.5327	2.4025
2.0	2.3881	2.8300	2.3881	2.8300		9.0	2.8724	2.8173	2.8724	2.8173
2.1	2.4427	1.2742	2.4427	1.2742		9.2	1.9512	2.1319	1.9512	2.1319
2.2	2.3136	1.5548	2.3136	1.5548		9.4	2.1467	2.1545	2.1467	2.1545
2.3	3.8451	2.6130	3.8451	2.6130		9.6	1.3585	1.1712	1.3585	1.1712
2.4	4.0206	2.9790	4.0206	2.9790		9.8	2.2127	2.1243	2.2127	2.1243
2.5	3.3670	2.6300	3.3670	2.6300		10.0	1.9484	1.6848	1.9484	1.6848
2.6	3.0081	2.7611	3.0081	2.7611		10.2	2.9731	2.7336	2.9731	2.7336
2.7	3.4244	3.2069	3.4244	3.2069		10.4	2.3930	2.2912	2.3930	2.2912
2.8	3.6368	2.9331	3.6368	2.9331		10.6	2.8356	2.7325	2.8356	2.7325
2.9	2.1181	1.9582	2.1181	1.9582		10.8	1.7868	1.8126	1.7868	1.8126
3.0	1.7690	1.9132	1.7690	1.9132		11.0	2.1414	2.0300	2.1414	2.0300
3.1	1.7980	2.1123	1.7980	2.1123		11.2	1.2949	1.2509	1.2949	1.2509
3.2	2.5821	1.5345	2.5821	1.5345		11.4	2.2250	2.0881	2.2250	2.0881
3.3	1.1471	0.7288	1.1471	0.7288		11.6	1.8490	1.9545	1.8490	1.9545
3.4	1.2406	1.0345	1.2406	1.0345		11.8	2.9925	2.8980	2.9925	2.8980
3.5	2.0034	2.0977	2.0034	2.0977		12.0	2.2978	2.2275	2.2978	2.2275
3.6	2.6767	1.7188	2.6767	1.7188		12.2	2.9628	2.7634	2.9628	2.7634
3.7	2.0923	1.3885	2.0923	1.3885		12.4	1.8669	1.7775	1.8669	1.7775
3.8	2.2751	1.8109	2.2751	1.8109		12.6	2.1304	1.9549	2.1304	1.9549
3.9	3.4703	3.0706	3.4703	3.0706		12.8	1.3043	1.3616	1.3043	1.3616
4.0	3.2724	2.9725	3.2724	2.9725		13.0	2.2068	2.0022	2.2068	2.0022
4.1	2.8735	2.4450	2.8735	2.4450		13.2	2.8470	1.8752	2.8470	1.8752
4.2	2.6911	2.6185	2.6911	2.6185		13.4	2.2707	2.6707	2.2707	2.6707
4.3	3.5194	2.9750	3.5194	2.9750		13.6	2.7469	2.2637	2.7469	2.2637
4.4	2.8646	3.2066	2.8646	3.2066		13.8	1.7760	2.6700	1.7760	2.6700
4.5	1.9042	1.8141	1.9042	1.8141		14.0	2.1765	1.7923	2.1765	1.7923
4.6	1.7650	1.8677	1.7650	1.8677		14.2	1.4774	2.0678	1.4774	2.0678
4.7	2.2989	1.9263	2.2989	1.9263		14.4	2.2814	1.4886	2.2814	1.4886
4.8	1.9139	1.5521	1.9139	1.5521		14.6	2.1275	1.9793	2.1275	1.9793
4.9	1.0757	0.9811	1.0757	0.9811		14.8	2.1275	2.0394	2.1275	2.0394
5.0	1.5403	1.5029	1.5403	1.5029		15.0	2.6909	2.4964	2.6909	2.4964

Table T2.90   333

N = 3.000 K = 0.050

X	QEE	QEH	QSE	QSH	X	QEE	QEH	QSE	QSH
0.1	0.1558	0.0036	0.0974	0.0016	5.2	2.2698	1.8671	1.6912	1.2165
0.2	1.2897	0.0177	1.1199	0.0132	5.4	2.4749	2.2833	1.8493	1.5111
0.3	3.9706	0.0543	3.7141	0.0459	5.6	2.7485	2.4143	2.1418	1.7168
0.4	4.6228	0.1277	4.4366	0.1127	5.8	2.6297	2.4750	2.0303	1.7490
0.5	3.9768	0.2648	3.8435	0.2352	6.0	2.4266	2.2686	1.7748	1.4749
0.6	3.6497	0.5733	3.4751	0.5018	6.2	2.1153	1.9696	1.5281	1.2779
0.7	4.9617	1.6586	4.5248	1.4420	6.4	1.9644	1.8284	1.3291	1.0251
0.8	6.8238	3.0125	6.2655	2.7228	6.6	2.2078	2.0011	1.6045	1.2407
0.9	5.0623	2.6032	4.7826	2.4353	6.8	2.4412	2.2610	1.7885	1.4581
1.0	4.0453	2.7189	3.8518	2.5581	7.0	2.5623	2.3543	1.9457	1.5949
1.1	3.6676	3.4121	3.4041	3.1373	7.2	2.4160	2.4160	1.8808	1.6115
1.2	4.8566	3.6390	4.0053	3.1522	7.4	2.3076	2.1468	1.6447	1.3413
1.3	3.0598	2.0491	2.5346	1.6681	7.6	2.1135	2.0294	1.4965	1.2344
1.4	2.0318	1.5210	1.7089	1.2526	7.8	1.9834	1.8365	1.3172	1.0085
1.5	1.8606	2.0196	1.6143	1.6653	8.0	2.0630	1.9079	1.4195	1.1043
1.6	1.9254	2.3551	1.5011	1.7497	8.2	2.1954	2.0458	1.5590	1.2291
1.7	1.7277	0.9187	1.1444	0.4675	8.4	2.4039	2.2389	1.7309	1.4069
1.8	1.3218	0.5661	0.8050	0.1552	8.6	2.4465	2.3267	1.8139	1.5097
1.9	2.0411	1.0813	1.6402	0.7029	8.8	2.4188	2.3058	1.7594	1.4735
2.0	2.3847	2.0885	2.0617	1.3817	9.0	2.2297	2.1282	1.5666	1.2849
2.1	2.5966	1.5664	2.1183	1.1399	9.2	2.1034	2.0178	1.4640	1.1883
2.2	2.5764	1.7621	2.1103	1.3588	9.4	2.0059	1.8775	1.3279	1.0228
2.3	3.4117	2.4075	2.8030	1.9152	9.6	2.0924	1.9868	1.4418	1.1366
2.4	3.6062	2.8161	3.1346	2.2505	9.8	2.1970	2.0589	1.5365	1.2157
2.5	3.3025	2.6584	2.8934	2.2252	10.0	2.2252	2.2431	1.6856	1.3733
2.6	3.0395	2.6924	2.6665	2.2994	10.2	2.3628	2.2732	1.7244	1.4291
2.7	3.2534	2.8662	2.6667	2.3821	10.4	2.3450	2.2425	1.6681	1.3792
2.8	3.1708	2.6745	2.5535	2.0897	10.6	2.1850	2.1117	1.5189	1.2456
2.9	2.4020	2.1782	1.8746	1.6299	10.8	2.0286	2.0005	1.3470	1.0568
3.0	2.0459	2.0270	1.6403	1.5461	11.0	2.0957	1.9390	1.4356	1.1462
3.1	2.0506	1.9840	1.5901	1.4780	11.2	2.1095	2.0073	1.4496	1.2162
3.2	2.1677	1.6338	1.5422	1.0825	11.4	2.1981	2.0882	1.5243	1.3402
3.3	1.6792	1.2692	1.0938	0.6740	11.6	2.2268	2.1965	1.6413	1.3651
3.4	1.6490	1.4496	1.1331	0.8108	11.8	2.3182	2.2279	1.6587	1.3159
3.5	2.0490	1.8765	1.5791	1.2358	12.0	2.2838	2.2075	1.6011	1.2101
3.6	2.3744	1.8102	1.8164	1.2298	12.2	2.1583	2.0854	1.4878	1.0895
3.7	2.3270	1.7286	1.8000	1.1838	12.4	2.0889	2.0064	1.4161	1.0815
3.8	2.5066	2.0244	1.9089	1.4044	12.6	2.0496	1.9742	1.3669	1.1293
3.9	2.9306	2.6035	2.3393	1.8510	12.8	2.1196	2.0245	1.4507	1.1507
4.0	3.0012	2.6786	2.4564	1.9697	13.0	2.1961	2.1141	1.5156	1.2214
4.1	2.8581	2.4777	2.3541	1.9135	13.2	2.2827	2.1965	1.6044	1.3085
4.2	2.7792	2.5091	2.2439	1.9471	13.4	2.3182	2.2268	1.6413	1.3402
4.3	2.8904	2.5984	2.2783	1.9383	13.6	2.3224	2.2054	1.6085	1.3217
4.4	2.6366	2.4985	2.0218	1.7136	13.8	2.2810	2.2075	1.6011	1.3159
4.5	2.2598	2.1103	1.6915	1.4474	14.0	2.2365	2.1703	1.5521	1.2702
4.6	2.0897	1.9771	1.5765	1.3846	14.2	2.1405	2.0708	1.4660	1.1859
4.7	2.1392	1.8986	1.5564	1.2885	14.4	2.0843	2.0183	1.4054	1.1220
4.8	1.9961	1.7542	1.3973	1.0561	14.6	2.0675	1.9944	1.3844	1.0985
4.9	1.7853	1.6108	1.1593	0.8787	14.8	2.1254	2.0473	1.4508	1.1577
5.0	1.8836	1.7136	1.2997	1.0086	15.0	2.1926	2.1207	1.5088	1.2206
						2.2521	2.1761	1.5724	1.2823

Table T2.91

N = 3.000 K = 0.100

X	QEE	QEH	QSE	QSH	X	QEE	QEH	QSE	QSH
0.1	0.2131	0.0056	0.0971	0.0016	5.2	2.2676	1.9754	1.5445	1.0974
0.2	1.4120	0.0222	1.0840	0.0132	5.4	2.4227	2.2044	1.6778	1.2642
0.3	3.9218	0.0626	3.4462	0.0459	5.6	2.5459	2.2979	1.8166	1.3928
0.4	4.4877	0.1426	4.1394	0.1126	5.8	2.4992	2.3211	1.7704	1.3994
0.5	3.9172	0.2934	3.6577	0.2346	6.0	2.3677	2.2108	1.6239	1.2661
0.6	3.6619	0.6334	3.3465	0.4952	6.2	2.2067	2.0445	1.4847	1.1397
0.7	4.9449	1.6878	4.1871	1.3117	6.4	2.1186	1.9648	1.3810	1.0218
0.8	6.3307	2.8018	5.4257	2.3280	6.6	2.1385	1.9575	1.4049	1.0332
0.9	4.9259	2.5690	4.4223	2.2625	6.8	2.2413	2.0591	1.5160	1.1325
1.0	4.0112	2.7130	3.6463	2.4109	7.0	2.3546	2.1795	1.6154	1.2370
1.1	3.6897	3.2792	3.6463	2.7979	7.2	2.4117	2.2447	1.6846	1.3135
1.2	4.3802	3.3031	3.2637	2.5617	7.4	2.3797	2.2480	1.6500	1.3023
1.3	3.1223	2.1183	2.2943	1.5020	7.6	2.2854	2.1469	1.5499	1.2026
1.4	2.2254	1.6759	1.6754	1.1976	7.8	2.1863	2.0671	1.4633	1.1236
1.5	2.0008	1.5542	1.5542	1.4489	8.0	2.1348	2.0018	1.4016	1.0515
1.6	2.0507	1.4449	1.4004	1.2944	8.2	2.1263	2.0189	1.4317	1.0756
1.7	1.9010	1.1722	1.0745	0.4577	8.4	2.2263	2.0896	1.5019	1.1436
1.8	1.6616	0.8852	0.9046	0.2409	8.6	2.3015	2.1633	1.5704	1.2158
1.9	2.0931	1.2447	1.4664	0.6242	8.8	2.3281	2.2061	1.6060	1.2620
2.0	2.3897	1.8705	1.8469	1.0346	9.0	2.3025	2.1875	1.5762	1.2404
2.1	2.5690	1.7322	1.9337	1.0512	9.2	2.2347	2.1277	1.5090	1.1784
2.2	2.6859	1.8832	1.9837	1.2332	9.4	2.1723	2.0685	1.4519	1.1219
2.3	3.1702	2.2986	2.3666	1.5819	9.6	2.1435	2.0318	1.4178	1.0813
2.4	3.3191	2.5959	2.6276	1.8427	9.8	2.1646	2.0558	1.4444	1.1059
2.5	3.1531	2.5398	2.5531	1.9145	10.0	2.2119	2.0985	1.4913	1.1509
2.6	3.0065	2.6001	2.4009	1.9564	10.2	2.2621	2.1545	1.5401	1.2036
2.7	3.0619	2.6492	2.2986	1.9259	10.4	2.2727	2.1725	1.5555	1.2259
2.8	2.9220	2.5045	2.1187	1.7027	10.6	2.2504	2.1543	1.5305	1.2064
2.9	2.4856	2.2300	1.7659	1.4451	10.8	2.2028	2.1133	1.4852	1.1655
3.0	2.2192	2.0779	1.5882	1.3389	11.0	2.1628	2.0714	1.4463	1.1261
3.1	2.1701	1.9637	1.5004	1.2112	11.2	2.1473	2.0562	1.4297	1.1076
3.2	2.1445	1.7406	1.3802	0.9494	11.4	2.1649	2.0719	1.4507	1.1264
3.3	1.9524	1.5739	1.1843	0.7371	11.6	2.1932	2.1051	1.4833	1.1587
3.4	1.9544	1.6752	1.2202	0.8025	11.8	2.2274	2.1392	1.5132	1.1918
3.5	2.1365	1.8652	1.4567	0.9967	12.0	2.2327	2.1469	1.5206	1.2029
3.6	2.3187	1.8797	1.6188	1.0574	12.2	2.2137	2.1332	1.5007	1.1871
3.7	2.3917	1.8977	1.6729	1.0938	12.4	2.1808	2.1023	1.4697	1.1585
3.8	2.5234	2.0915	1.7700	1.2343	12.6	2.1547	2.0761	1.4442	1.1331
3.9	2.7101	2.3780	1.9625	1.4472	12.8	2.1472	2.0689	1.4367	1.1252
4.0	2.7744	2.4644	2.0623	1.5610	13.0	2.1612	2.0815	1.4525	1.1401
4.1	2.7330	2.4091	2.0426	1.5848	13.2	2.1842	2.1064	1.4753	1.1640
4.2	2.6911	2.4009	1.9790	1.5314	13.4	2.2027	2.1266	1.4948	1.1853
4.3	2.6631	2.4052	1.9126	1.4055	13.6	2.2035	2.1304	1.4967	1.1899
4.4	2.5239	2.3276	1.7717	1.2801	13.8	2.1880	2.1180	1.4812	1.1770
4.5	2.3396	2.1618	1.6173	1.2026	14.0	2.1651	2.0959	1.4596	1.1567
4.6	2.2256	2.0431	1.5240	1.1129	14.2	2.1482	2.0799	1.4431	1.1407
4.7	2.1803	1.9606	1.4573	1.0038	14.4	2.1451	2.0763	1.4404	1.1379
4.8	2.1074	1.8855	1.3650	0.9957	14.6	2.1559	2.0872	1.4524	1.1499
4.9	2.0445	1.8425	1.2959	0.9274	14.8	2.1717	2.1043	1.4684	1.1670
5.0	2.0825	1.8680	1.3498	0.9652	15.0	2.1825	2.1165	1.4800	1.1802

Table T2.92

N = 3.000 K = 0.200

X	QEE	QEH	QSE	QSH
0.1	0.3258	0.0095	0.0967	0.0016
0.2	1.6330	0.0312	1.0208	0.0133
0.3	3.8308	0.0792	3.0065	0.0461
0.4	4.2541	0.1723	3.6412	0.1127
0.5	3.8072	0.3491	3.3292	0.2340
0.6	3.7237	0.7389	3.1099	0.4825
0.7	4.8137	1.6954	3.6520	1.1158
0.8	5.5901	2.4881	4.3230	1.8227
0.9	4.6471	2.4999	3.8257	1.9735
1.0	3.9196	2.6654	3.2769	2.1369
1.1	3.6640	3.0187	2.8676	2.2737
1.2	3.8348	2.8716	2.5818	1.9121
1.3	3.1190	2.0232	2.0232	1.3033
1.4	2.4754	1.8759	1.6654	1.1153
1.5	2.2276	2.0568	1.5007	1.1744
1.6	2.1971	1.9871	1.3367	0.9543
1.7	2.1177	1.4946	1.1310	0.5346
1.8	2.0557	1.3116	1.1080	0.4260
1.9	2.2337	1.4969	1.3871	0.6224
2.0	2.4193	1.8028	1.6341	0.8491
2.1	2.5647	1.8844	1.7427	0.9646
2.2	2.7126	1.9988	1.8262	1.1013
2.3	2.9052	2.1955	1.9887	1.2816
2.4	2.9775	2.3557	2.1174	1.4362
2.5	2.9288	2.4151	2.1215	1.5161
2.6	2.8658	2.4257	2.0419	1.5312
2.7	2.8176	2.4069	1.9419	1.4774
2.8	2.6993	2.3267	1.8069	1.3647
2.9	2.5180	2.2129	1.6653	1.2501
3.0	2.3774	2.1087	1.5596	1.1581
3.1	2.3053	2.0084	1.4789	1.0549
3.2	2.2557	1.9132	1.4032	0.9412
3.3	2.2102	1.8719	1.3541	0.8752
3.4	2.2150	1.9053	1.3770	0.8927
3.5	2.2726	1.9580	1.4540	0.9506
3.6	2.3456	1.9903	1.5286	1.0005
3.7	2.4101	2.0350	1.5853	1.0504
3.8	2.4727	2.1194	1.6430	1.1190
3.9	2.5268	2.2128	1.7035	1.1960
4.0	2.5527	2.2620	1.7416	1.2522
4.1	2.5489	2.2669	1.7441	1.2765
4.2	2.5261	2.2564	1.7182	1.2723
4.3	2.4868	2.2374	1.6744	1.2441
4.4	2.4294	2.2021	1.6196	1.2010
4.5	2.3670	2.1515	1.5651	1.1556
4.6	2.3154	2.1009	1.5186	1.1134
4.7	2.2778	2.0610	1.4804	1.0736
4.8	2.2510	2.0350	1.4520	1.0410
4.9	2.2395	2.0244	1.4420	1.0260
5.0	2.2485	2.0290	1.4554	1.0325

X	QEE	QEH	QSE	QSH
5.2	2.3010	2.0755	1.5136	1.0816
5.4	2.3567	2.1481	1.5705	1.1453
5.6	2.3865	2.1847	1.6062	1.1890
5.8	2.3636	2.1877	1.5919	1.1902
6.0	2.3206	2.1536	1.5463	1.1559
6.2	2.2695	2.1054	1.5002	1.1150
6.4	2.2402	2.0802	1.4729	1.0882
6.6	2.2423	2.0813	1.4782	1.0927
6.8	2.2654	2.1070	1.5048	1.1202
7.0	2.2900	2.1367	1.5312	1.1500
7.2	2.2992	2.1540	1.5438	1.1688
7.4	2.2876	2.1508	1.5346	1.1663
7.6	2.2628	2.1307	1.5120	1.1477
7.8	2.2377	2.1105	1.4898	1.1286
8.0	2.2247	2.0989	1.4786	1.1186
8.2	2.2260	2.1014	1.4823	1.1233
8.4	2.2363	2.1146	1.4948	1.1379
8.6	2.2463	2.1280	1.5065	1.1530
8.8	2.2481	2.1343	1.5106	1.1610
9.0	2.2402	2.1306	1.5043	1.1585
9.2	2.2265	2.1205	1.4925	1.1496
9.4	2.2138	2.1102	1.4816	1.1407
9.6	2.2072	2.1052	1.4766	1.1368
9.8	2.2076	2.1075	1.4786	1.1404
10.0	2.2110	2.1136	1.4843	1.1479
10.2	2.2183	2.1227	1.4923	1.1579
10.4	2.2154	2.1226	1.4909	1.1595
10.6	2.2100	2.1197	1.4868	1.1579
10.8	2.2022	2.1141	1.4803	1.1535
11.0	2.1953	2.1091	1.4748	1.1496
11.2	2.1917	2.1069	1.4724	1.1486
11.4	2.1914	2.1081	1.4733	1.1509
11.6	2.1928	2.1111	1.4758	1.1550
11.8	2.1935	2.1137	1.4777	1.1586
12.0	2.1920	2.1140	1.4773	1.1601
12.2	2.1883	2.1121	1.4747	1.1592
12.4	2.1836	2.1090	1.4710	1.1572
12.6	2.1796	2.1064	1.4681	1.1556
12.8	2.1774	2.1054	1.4667	1.1571
13.0	2.1767	2.1059	1.4670	1.1592
13.2	2.1766	2.1071	1.4678	1.1616
13.4	2.1768	2.1086	1.4689	1.1616
13.6	2.1749	2.1082	1.4679	1.1621
13.8	2.1723	2.1068	1.4661	1.1617
14.0	2.1693	2.1050	1.4640	1.1608
14.2	2.1668	2.1036	1.4622	1.1604
14.4	2.1652	2.1030	1.4614	1.1614
14.6	2.1643	2.1031	1.4613	1.1627
14.8	2.1637	2.1036	1.4614	1.1614
15.0	2.1628	2.1037	1.4613	1.1637

Table T2.93

X	QEE	QEH	QSE	QSH
5.2	2.3149	2.1129	1.5238	1.1027
5.4	2.3293	2.1371	1.5429	1.1275
5.6	2.3339	2.1501	1.5523	1.1437
5.8	2.3227	2.1501	1.5455	1.1452
6.0	2.3029	2.1394	1.5297	1.1367
6.2	2.2832	2.1251	1.5140	1.1257
6.4	2.2707	2.1180	1.5050	1.1200
6.6	2.2673	2.1244	1.5104	1.1230
6.8	2.2693	2.1318	1.5157	1.1315
7.0	2.2716	2.1356	1.5169	1.1406
7.2	2.2699	2.1342	1.5132	1.1461
7.4	2.2635	2.1295	1.5067	1.1466
7.6	2.2544	2.1245	1.5003	1.1437
7.8	2.2454	2.1220	1.4969	1.1404
8.0	2.2397	2.1220	1.4963	1.1397
8.2	2.2368	2.1241	1.4973	1.1416
8.4	2.2356	2.1260	1.4981	1.1452
8.6	2.2343	2.1265	1.4973	1.1489
8.8	2.2316	2.1232	1.4949	1.1510
9.0	2.2273	2.1210	1.4917	1.1514
9.2	2.2223	2.1198	1.4888	1.1507
9.4	2.2176	2.1196	1.4869	1.1500
9.6	2.2140	2.1198	1.4860	1.1502
9.8	2.2115	2.1151	1.4855	1.1514
10.0	2.2095	2.1144	1.4880	1.1530
10.2	2.2106	2.1137	1.4846	1.1573
10.4	2.2059	2.1206	1.4831	1.1564
10.6	2.2028	2.1197	1.4813	1.1567
10.8	2.1996	2.1184	1.4796	1.1568
11.0	2.1967	2.1173	1.4783	1.1573
11.2	2.1942	2.1166	1.4774	1.1580
11.4	2.1921	2.1162	1.4767	1.1590
11.6	2.1902	2.1159	1.4759	1.1598
11.8	2.1883	2.1156	1.4749	1.1604
12.0	2.1862	2.1151	1.4738	1.1608
12.2	2.1840	2.1144	1.4726	1.1610
12.4	2.1818	2.1137	1.4714	1.1614
12.6	2.1796	2.1129	1.4705	1.1618
12.8	2.1777	2.1123	1.4697	1.1623
13.0	2.1760	2.1119	1.4688	1.1628
13.2	2.1742	2.1113	1.4686	1.1638
13.4	2.1731	2.1115	1.4675	1.1641
13.6	2.1712	2.1108	1.4666	1.1644
13.8	2.1694	2.1102	1.4657	1.1647
14.0	2.1677	2.1095	1.4648	1.1650
14.2	2.1661	2.1090	1.4640	1.1653
14.4	2.1645	2.1085	1.4633	1.1657
14.6	2.1630	2.1080	1.4626	1.1661
14.8	2.1616	2.1075	1.4619	1.1665
15.0	2.1602	2.1071	1.4619	1.1665

N = 3.000 K = 0.300

X	QEE	QEH	QSE	QSH
0.1	0.4361	0.0134	0.0969	0.0016
0.2	1.8253	0.0401	0.9676	0.0134
0.3	3.7480	0.0956	2.6655	0.0464
0.4	4.0609	0.2016	3.2457	0.1132
0.5	3.7125	0.4023	3.0523	0.2340
0.6	3.7371	0.8255	2.9006	0.4712
0.7	4.6277	1.6721	3.6431	0.9823
0.8	5.0604	2.2983	3.6675	1.5234
0.9	4.3852	2.4036	3.3675	1.7481
1.0	3.8095	2.5884	2.9658	1.8994
1.1	3.5821	2.7938	2.7012	1.9102
1.2	3.5388	2.6013	2.2712	1.5807
1.3	3.0670	2.6105	1.8913	1.1934
1.4	2.6090	2.1620	1.6350	1.0606
1.5	2.3857	1.9775	1.4961	1.0418
1.6	2.3183	1.9582	1.3607	0.8688
1.7	2.2734	1.6843	1.2449	0.6373
1.8	2.2641	1.5712	1.2604	0.5798
1.9	2.3508	1.6718	1.4151	0.6895
2.0	2.4625	1.8486	1.5677	0.8345
2.1	2.5691	1.9528	1.6612	0.9436
2.2	2.6731	2.0434	1.7358	1.0479
2.3	2.7632	2.1514	1.8223	1.1585
2.4	2.7965	2.2433	1.8858	1.2522
2.5	2.7763	2.2918	1.8917	1.3053
2.6	2.7366	2.3027	1.8500	1.3135
2.7	2.6834	2.2840	1.7814	1.2811
2.8	2.6034	2.2389	1.7017	1.2240
2.9	2.5090	2.1790	1.6252	1.1623
3.0	2.4300	2.1158	1.5618	1.1022
3.1	2.3772	2.0569	1.5108	1.0420
3.2	2.3425	2.0144	1.4727	0.9913
3.3	2.3231	2.0017	1.4563	0.9679
3.4	2.3247	2.0149	1.4679	0.9756
3.5	2.3458	2.0361	1.4986	1.0003
3.6	2.3763	2.0573	1.5334	1.0289
3.7	2.4069	2.0858	1.5654	1.0604
3.8	2.4333	2.1245	1.5945	1.0959
3.9	2.4519	2.1627	1.6184	1.1309
4.0	2.4593	2.1862	1.6320	1.1571
4.1	2.4550	2.1927	1.6372	1.1698
4.2	2.4406	2.1881	1.6200	1.1692
4.3	2.4183	2.1770	1.5999	1.1587
4.4	2.3910	2.1609	1.5762	1.1425
4.5	2.3633	2.1415	1.5527	1.1248
4.6	2.3390	2.1221	1.5318	1.1077
4.7	2.3200	2.1063	1.5154	1.0933
4.8	2.3072	2.0961	1.5050	1.0833
4.9	2.3013	2.0922	1.5017	1.0797
5.0	2.3020	2.0942	1.5055	1.0828

Table T2.94 337

N = 3.000 K = 0.400

x	QEE	QEH	QSE	QSH
0.1	0.5437	0.0171	0.0977	0.0016
0.2	1.9921	0.0488	0.9233	0.0135
0.3	2.6727	0.1118	2.3979	0.0468
0.4	3.9000	0.2303	2.9296	0.1141
0.5	3.6308	0.4526	2.8196	0.2347
0.6	3.7267	0.8951	2.7176	0.4618
0.7	4.4321	1.6401	2.9547	0.8897
0.8	4.6621	2.1569	3.1876	1.3311
0.9	4.1519	2.3230	3.0153	1.5720
1.0	3.6924	2.4991	2.7101	1.7012
1.1	3.4800	2.6106	2.3960	1.6561
1.2	3.3525	2.4375	2.0973	1.3873
1.3	3.0111	2.1415	1.8199	1.1252
1.4	2.6780	2.0239	1.6322	1.0255
1.5	2.4906	2.0462	1.5126	0.9835
1.6	2.4160	1.9672	1.4109	0.8618
1.7	2.3842	1.9053	1.3469	0.7285
1.8	2.3857	1.7360	1.3689	0.6981
1.9	2.4323	1.7946	1.4614	0.7655
2.0	2.4993	1.9063	1.5573	0.8634
2.1	2.5691	1.9939	1.6274	0.9504
2.2	2.6326	2.0636	1.6834	1.0288
2.3	2.6769	2.1298	1.7337	1.1018
2.4	2.6904	2.1851	1.7661	1.1608
2.5	2.6754	2.2175	1.7670	1.1944
2.6	2.6455	2.2268	1.7412	1.2012
2.7	2.6034	2.2160	1.6992	1.1852
2.8	2.5504	2.1904	1.6520	1.1559
2.9	2.4946	2.1563	1.6074	1.1216
3.0	2.4469	2.1200	1.5696	1.0866
3.1	2.4118	2.0887	1.5398	1.0546
3.2	2.3884	2.0697	1.5200	1.0320
3.3	2.3756	2.0658	1.5127	1.0240
3.4	2.3734	2.0725	1.5175	1.0294
3.5	2.3797	2.0830	1.5310	1.0425
3.6	2.3906	2.0951	1.5470	1.0588
3.7	2.4019	2.1106	1.5624	1.0768
3.8	2.4107	2.1291	1.5756	1.0956
3.9	2.4153	2.1464	1.5851	1.1129
4.0	2.4148	2.1577	1.5894	1.1260
4.1	2.4092	2.1616	1.5880	1.1330
4.2	2.3991	2.1599	1.5816	1.1341
4.3	2.3859	2.1548	1.5719	1.1308
4.4	2.3711	2.1478	1.5608	1.1253
4.5	2.3566	2.1401	1.5498	1.1190
4.6	2.3436	2.1326	1.5402	1.1131
4.7	2.3331	2.1266	1.5328	1.1086
4.8	2.3253	2.1227	1.5280	1.1060
4.9	2.3204	2.1213	1.5260	1.1058
5.0	2.3180	2.1224	1.5264	1.1080

x	QEE	QEH	QSE	QSH
5.2	2.3171	2.1298	1.5310	1.1172
5.4	2.3169	2.1380	1.5358	1.1278
5.6	2.3137	2.1426	1.5373	1.1350
5.8	2.3048	2.1421	1.5328	1.1368
6.0	2.2941	2.1387	1.5262	1.1357
6.2	2.2838	2.1343	1.5198	1.1339
6.4	2.2760	2.1318	1.5156	1.1337
6.6	2.2710	2.1318	1.5140	1.1359
6.8	2.2675	2.1332	1.5138	1.1394
7.0	2.2643	2.1348	1.5136	1.1430
7.2	2.2601	2.1353	1.5123	1.1454
7.4	2.2551	2.1346	1.5099	1.1467
7.6	2.2497	2.1332	1.5071	1.1471
7.8	2.2442	2.1315	1.5041	1.1473
8.0	2.2400	2.1308	1.5023	1.1483
8.2	2.2363	2.1301	1.5008	1.1496
8.4	2.2329	2.1299	1.4996	1.1511
8.6	2.2297	2.1295	1.4983	1.1526
8.8	2.2263	2.1287	1.4969	1.1537
9.0	2.2227	2.1278	1.4952	1.1545
9.2	2.2191	2.1269	1.4934	1.1551
9.4	2.2157	2.1262	1.4917	1.1557
9.6	2.2126	2.1256	1.4903	1.1565
9.8	2.2097	2.1249	1.4890	1.1573
10.0	2.2069	2.1246	1.4876	1.1580
10.2	2.2073	2.1274	1.4895	1.1616
10.4	2.2024	2.1246	1.4861	1.1603
10.6	2.1997	2.1238	1.4847	1.1609
10.8	2.1971	2.1231	1.4834	1.1614
11.0	2.1947	2.1224	1.4822	1.1619
11.2	2.1923	2.1218	1.4811	1.1625
11.4	2.1901	2.1212	1.4800	1.1631
11.6	2.1879	2.1206	1.4790	1.1637
11.8	2.1857	2.1200	1.4779	1.1642
12.0	2.1837	2.1194	1.4769	1.1647
12.2	2.1816	2.1188	1.4759	1.1652
12.4	2.1796	2.1181	1.4749	1.1657
12.6	2.1777	2.1175	1.4740	1.1661
12.8	2.1758	2.1170	1.4730	1.1666
13.0	2.1740	2.1164	1.4721	1.1670
13.2	2.1721	2.1157	1.4712	1.1673
13.4	2.1710	2.1158	1.4709	1.1683
13.6	2.1691	2.1150	1.4698	1.1685
13.8	2.1675	2.1144	1.4690	1.1688
14.0	2.1658	2.1138	1.4682	1.1692
14.2	2.1643	2.1133	1.4674	1.1695
14.4	2.1628	2.1127	1.4666	1.1699
14.6	2.1613	2.1122	1.4658	1.1702
14.8	2.1598	2.1117	1.4651	1.1705
15.0	2.1584	2.1111	1.4643	1.1709

Table T2.95

N = 3.000 K = 0.500

X	QEE	QEH	QSE	QSH
0.1	0.6485	0.0207	0.0989	0.0017
0.2	2.1365	0.0572	0.8868	0.0137
0.3	3.6041	0.1275	2.1858	0.0473
0.4	3.7651	0.2582	2.6753	0.1152
0.5	3.5595	0.4995	2.6246	0.2360
0.6	3.6979	0.9502	2.5592	0.4543
0.7	4.2451	1.6082	2.7210	0.8243
0.8	4.3516	2.0538	2.8638	1.1999
0.9	3.9487	2.2489	2.7428	1.4333
1.0	3.5761	2.4086	2.5033	1.5399
1.1	3.3767	2.4638	2.2384	1.4750
1.2	3.2219	2.3154	1.9871	1.2637
1.3	2.9602	2.1157	1.7769	1.0796
1.4	2.7110	2.0412	1.6336	1.0037
1.5	2.5579	2.0441	1.5362	0.9615
1.6	2.4876	1.9850	1.4625	0.8800
1.7	2.4601	1.8859	1.4266	0.8021
1.8	2.4602	1.8437	1.4462	0.7874
1.9	2.4853	1.8608	1.5041	0.8326
2.0	2.5241	1.9553	1.5657	0.9011
2.1	2.5657	2.0222	1.6149	0.9671
2.2	2.6008	2.0748	1.6536	1.0254
2.3	2.6210	2.1186	1.6835	1.0756
2.4	2.6234	2.1538	1.7002	1.1144
2.5	2.6088	2.1749	1.6978	1.1366
2.6	2.5846	2.1825	1.6809	1.1431
2.7	2.5529	2.1775	1.6548	1.1366
2.8	2.5166	2.1632	1.6262	1.1219
2.9	2.4807	2.1438	1.5993	1.1034
3.0	2.4497	2.1239	1.5765	1.0846
3.1	2.4258	2.1083	1.5590	1.0688
3.2	2.4089	2.1004	1.5479	1.0594
3.3	2.3985	2.1000	1.5436	1.0578
3.4	2.3937	2.1042	1.5452	1.0624
3.5	2.3930	2.1101	1.5505	1.0706
3.6	2.3945	2.1169	1.5573	1.0804
3.7	2.3962	2.1251	1.5638	1.0908
3.8	2.3967	2.1342	1.5691	1.1012
3.9	2.3952	2.1426	1.5722	1.1105
4.0	2.3913	2.1484	1.5728	1.1177
4.1	2.3853	2.1508	1.5709	1.1222
4.2	2.3774	2.1504	1.5669	1.1239
4.3	2.3684	2.1484	1.5616	1.1238
4.4	2.3590	2.1455	1.5558	1.1226
4.5	2.3499	2.1425	1.5502	1.1211
4.6	2.3416	2.1396	1.5452	1.1198
4.7	2.3346	2.1375	1.5413	1.1191
4.8	2.3287	2.1360	1.5385	1.1191
4.9	2.3240	2.1357	1.5367	1.1200
5.0	2.3205	2.1364	1.5360	1.1219
5.2	2.3148	2.1393	1.5357	1.1272
5.4	2.3095	2.1421	1.5354	1.1326
5.6	2.3040	2.1438	1.5344	1.1369
5.8	2.2961	2.1433	1.5308	1.1387
6.0	2.2883	2.1423	1.5271	1.1400
6.2	2.2809	2.1407	1.5234	1.1409
6.4	2.2744	2.1397	1.5206	1.1422
6.6	2.2691	2.1394	1.5185	1.1441
6.8	2.2643	2.1396	1.5169	1.1462
7.0	2.2597	2.1392	1.5154	1.1483
7.2	2.2550	2.1387	1.5135	1.1500
7.4	2.2504	2.1380	1.5115	1.1514
7.6	2.2459	2.1371	1.5096	1.1526
7.8	2.2413	2.1367	1.5074	1.1535
8.0	2.2375	2.1360	1.5059	1.1549
8.2	2.2336	2.1354	1.5042	1.1560
8.4	2.2299	2.1348	1.5026	1.1571
8.6	2.2264	2.1341	1.5010	1.1581
8.8	2.2229	2.1334	1.4995	1.1591
9.0	2.2195	2.1326	1.4979	1.1599
9.2	2.2162	2.1319	1.4964	1.1607
9.4	2.2131	2.1312	1.4949	1.1615
9.6	2.2101	2.1306	1.4936	1.1623
9.8	2.2072	2.1297	1.4922	1.1631
10.0	2.2043	2.1321	1.4908	1.1637
10.2	2.2046	2.1293	1.4925	1.1671
10.4	2.1998	2.1285	1.4891	1.1658
10.6	2.1972	2.1278	1.4878	1.1663
10.8	2.1947	2.1271	1.4867	1.1669
11.0	2.1924	2.1264	1.4855	1.1675
11.2	2.1900	2.1258	1.4844	1.1681
11.4	2.1878	2.1251	1.4833	1.1686
11.6	2.1856	2.1245	1.4823	1.1691
11.8	2.1835	2.1238	1.4812	1.1696
12.0	2.1815	2.1232	1.4802	1.1701
12.2	2.1795	2.1226	1.4793	1.1706
12.4	2.1776	2.1220	1.4783	1.1711
12.6	2.1757	2.1214	1.4774	1.1715
12.8	2.1738	2.1207	1.4765	1.1719
13.0	2.1721	2.1200	1.4756	1.1723
13.2	2.1702	2.1192	1.4746	1.1726
13.4	2.1691	2.1186	1.4744	1.1736
13.6	2.1672	2.1180	1.4733	1.1738
13.8	2.1656	2.1175	1.4725	1.1741
14.0	2.1640	2.1169	1.4717	1.1745
14.2	2.1625	2.1163	1.4709	1.1748
14.4	2.1610	2.1158	1.4701	1.1751
14.6	2.1595	2.1163	1.4693	1.1755
14.8	2.1581	2.1158	1.4686	1.1758
15.0	2.1567	2.1152	1.4679	1.1761

Table T2.96

N = 3.000 K = 1.000

x	QEE	QEH	QSE	QSH	x	QEE	QEH	QSE	QSH
0.1	1.1279	0.0359	0.1124	0.0018	5.2	2.2938	2.1662	1.5638	1.1706
0.2	2.6093	0.0934	0.7914	0.0149	5.4	2.2867	2.1661	1.5611	1.1732
0.3	3.3400	0.1971	1.6111	0.0517	5.6	2.2808	2.1664	1.5592	1.1760
0.4	3.3389	0.3793	1.9657	0.1251	5.8	2.2740	2.1660	1.5563	1.1778
0.5	3.3024	0.6784	2.0389	0.2504	6.0	2.2683	2.1660	1.5541	1.1801
0.6	3.4361	1.0923	2.0557	0.4430	6.2	2.2626	2.1656	1.5519	1.1820
0.7	3.5508	1.5026	2.0911	0.6872	6.4	2.2574	2.1651	1.5497	1.1838
0.8	3.4679	1.7966	2.0983	0.9153	6.6	2.2524	2.1646	1.5477	1.1854
0.9	3.2845	1.9799	2.0461	1.0644	6.8	2.2476	2.1642	1.5457	1.1870
1.0	3.1171	2.0645	1.9542	1.1104	7.0	2.2431	2.1637	1.5439	1.1885
1.1	2.9892	2.0621	1.8532	1.0773	7.2	2.2387	2.1631	1.5420	1.1899
1.2	2.8794	2.0232	1.7662	1.0226	7.4	2.2346	2.1625	1.5403	1.1913
1.3	2.7784	2.0029	1.7019	0.9890	7.6	2.2308	2.1619	1.5387	1.1926
1.4	2.6950	2.0129	1.6582	0.9812	7.8	2.2268	2.1611	1.5369	1.1936
1.5	2.6354	2.0293	1.6301	0.9832	8.0	2.2235	2.1607	1.5356	1.1949
1.6	2.5967	2.0344	1.6147	0.9852	8.2	2.2199	2.1598	1.5339	1.1959
1.7	2.5723	2.0325	1.6100	0.9889	8.4	2.2165	2.1590	1.5324	1.1968
1.8	2.5563	2.0346	1.6124	0.9979	8.6	2.2132	2.1582	1.5303	1.1976
1.9	2.5449	2.0452	1.6181	1.0124	8.8	2.2100	2.1574	1.5293	1.1985
2.0	2.5354	2.0621	1.6240	1.0298	9.0	2.2069	2.1566	1.5279	1.1993
2.1	2.5262	2.0805	1.6284	0.0474	9.2	2.2040	2.1557	1.5265	1.2000
2.2	2.5162	2.0972	1.6307	1.0635	9.4	2.2012	2.1549	1.5252	1.2007
2.3	2.5049	2.1110	1.6307	1.0772	9.6	2.1984	2.1542	1.5239	1.2014
2.4	2.4933	2.1222	1.6294	1.0890	9.8	2.1958	2.1534	1.5226	1.2021
2.5	2.4794	2.1292	1.6253	1.0973	10.0	2.1931	2.1524	1.5213	1.2026
2.6	2.4662	2.1341	1.6211	1.1040	10.2	2.1936	2.1547	1.5230	1.2059
2.7	2.4533	2.1366	1.6164	1.1086	10.4	2.1891	2.1516	1.5197	1.2045
2.8	2.4410	2.1379	1.6119	1.1118	10.6	2.1867	2.1507	1.5185	1.2050
2.9	2.4296	2.1390	1.6078	1.1143	10.8	2.1844	2.1499	1.5174	1.2055
3.0	2.4191	2.1409	1.6041	1.1168	11.0	2.1823	2.1491	1.5163	1.2060
3.1	2.4096	2.1436	1.6009	1.1199	11.2	2.1801	2.1483	1.5153	1.2065
3.2	2.4009	2.1468	1.5982	1.1237	11.4	2.1781	2.1476	1.5142	1.2069
3.3	2.3930	2.1498	1.5959	1.1277	11.6	2.1761	2.1468	1.5132	1.2074
3.4	2.3856	2.1522	1.5938	1.1316	11.8	2.1741	2.1460	1.5122	1.2078
3.5	2.3787	2.1539	1.5920	1.1352	12.0	2.1723	2.1453	1.5113	1.2082
3.6	2.3721	2.1551	1.5901	1.1384	12.2	2.1704	2.1445	1.5104	1.2086
3.7	2.3658	2.1562	1.5884	1.1412	12.4	2.1687	2.1438	1.5094	1.2090
3.8	2.3598	2.1574	1.5866	1.1438	12.6	2.1669	2.1430	1.5086	1.2094
3.9	2.3539	2.1588	1.5848	1.1463	12.8	2.1652	2.1423	1.5077	1.2097
4.0	2.3482	2.1603	1.5829	1.1488	13.0	2.1636	2.1416	1.5068	1.2101
4.1	2.3427	2.1617	1.5811	1.1513	13.2	2.1619	2.1408	1.5059	1.2103
4.2	2.3374	2.1627	1.5793	1.1537	13.4	2.1609	2.1407	1.5057	1.2112
4.3	2.3322	2.1635	1.5776	1.1559	13.6	2.1592	2.1398	1.5047	1.2113
4.4	2.3273	2.1639	1.5758	1.1580	13.8	2.1576	2.1390	1.5038	1.2115
4.5	2.3226	2.1642	1.5742	1.1598	14.0	2.1562	2.1383	1.5031	1.2118
4.6	2.3180	2.1643	1.5726	1.1615	14.2	2.1548	2.1377	1.5023	1.2121
4.7	2.3137	2.1649	1.5711	1.1631	14.4	2.1534	2.1370	1.5016	1.2124
4.8	2.3094	2.1653	1.5695	1.1646	14.6	2.1520	2.1363	1.5009	1.2126
4.9	2.3053	2.1653	1.5680	1.1661	14.8	2.1507	2.1356	1.5001	1.2129
5.0	2.3015	2.1658	1.5667	1.1678	15.0	2.1494	2.1350	1.4994	1.2131

Table T2.97

N = 3.500 K = 0.0

x	QEE	QEH	QSE	QSH	x	QEE	QEH	QSE	QSH
0.1	0.2126	0.0018	0.2126	0.0018	5.2	1.5640	1.3527	1.5640	1.3527
0.2	2.8083	0.0150	2.8083	0.0150	5.4	2.3355	1.6059	2.3355	1.6059
0.3	6.1629	0.0526	6.1629	0.0526	5.6	3.0358	2.7903	3.0358	2.7903
0.4	4.9835	0.1335	4.9835	0.1335	5.8	2.6383	2.2085	2.6383	2.2085
0.5	4.0049	0.3237	4.0049	0.3237	6.0	3.0722	3.0387	3.0722	3.0387
0.6	5.0511	1.3651	5.0511	1.3651	6.2	1.8278	1.7247	1.8278	1.7247
0.7	7.6619	3.1501	7.6619	3.1501	6.4	1.6689	1.6120	1.6689	1.6120
0.8	4.5372	2.1455	4.5372	2.1455	6.6	2.0357	1.9017	2.0357	1.9017
0.9	3.5620	2.5757	3.5620	2.5757	6.8	1.9444	1.8884	1.9444	1.8884
1.0	3.2835	4.3931	3.2835	4.3931	7.0	2.9085	2.8169	2.9085	2.8169
1.1	2.5822	1.6065	2.5822	1.6065	7.2	2.3249	2.4882	2.3249	2.4882
1.2	1.5038	0.7109	1.5038	0.7109	7.4	1.8850	1.8890	1.8850	1.8890
1.3	1.7143	1.0572	1.7143	1.0572	7.6	1.9412	1.7866	1.9412	1.7866
1.4	1.5737	2.5425	1.5737	2.5425	7.8	1.3260	1.1858	1.3260	1.1858
1.5	0.9402	0.1274	0.9402	0.1274	8.0	2.6707	2.1326	2.6707	2.1326
1.6	2.8107	1.1431	2.8107	1.1431	8.2	2.6610	2.3698	2.6610	2.3698
1.7	3.1328	1.5442	3.1328	1.5442	8.4	2.8006	2.3022	2.8006	2.3022
1.8	3.0589	1.6693	3.0589	1.6693	8.6	2.6479	2.5694	2.6479	2.5694
1.9	3.0095	2.3025	3.0095	2.3025	8.8	1.6539	1.3799	1.6539	1.3799
2.0	4.8952	3.3998	4.8952	3.3998	9.0	2.1083	1.9790	2.1083	1.9790
2.1	3.2914	2.5881	3.2914	2.5881	9.2	2.1227	1.8800	2.1227	1.8800
2.2	2.7463	2.4842	2.7463	2.4842	9.4	2.4693	2.3722	2.4693	2.3722
2.3	2.6481	2.9623	2.6481	2.9623	9.6	3.0215	2.8842	3.0215	2.8842
2.4	2.6848	1.9406	2.6848	1.9406	9.8	2.1077	1.9917	2.1077	1.9917
2.5	1.2366	0.9209	1.2366	0.9209	10.0	2.1385	2.0948	2.1385	2.0948
2.6	1.6820	1.6166	1.6880	1.6166	10.2	1.6404	1.8708	1.6404	1.8708
2.7	1.8039	1.8995	1.8039	1.8995	10.4	1.6863	1.6235	1.6863	1.6235
2.8	1.4509	0.6616	1.4509	0.6616	10.6	2.5179	2.4389	2.5179	2.4389
2.9	2.2347	1.3028	2.2347	1.3028	10.8	2.2363	2.3930	2.2363	2.3930
3.0	3.0151	2.3409	3.0151	2.3409	11.0	2.5758	2.0125	2.5758	2.0125
3.1	2.9178	2.2421	2.9178	2.2421	11.2	2.0292	2.0114	2.0292	2.0114
3.2	2.6778	2.2419	2.6778	2.2419	11.4	1.7046	1.3171	1.7046	1.3171
3.3	3.0127	3.1593	3.0127	3.1593	11.6	2.4692	2.0114	2.4692	2.0114
3.4	4.0454	2.6153	4.0454	2.6153	11.8	2.0630	1.7276	2.0630	1.7276
3.5	3.0127	2.1733	3.0127	2.1733	12.0	2.7285	2.5894	2.7285	2.5894
3.6	2.4266	2.3923	2.4266	2.3923	12.2	2.6218	2.4494	2.6218	2.4494
3.7	2.2390	2.0785	2.2390	2.0785	12.4	2.0326	2.0084	2.0326	2.0084
3.8	2.7442	1.1145	2.7442	1.1145	12.6	2.1583	2.0086	2.1583	2.0086
3.9	1.1381	1.5077	1.1381	1.5077	12.8	1.6431	1.6325	1.6431	1.6325
4.0	1.6448	1.8412	1.6448	1.8412	13.0	2.2249	2.0682	2.2249	2.0682
4.1	1.8776	1.1756	1.8776	1.1756	13.2	2.5931	2.6081	2.5931	2.6081
4.2	1.9301	1.3937	1.9301	1.3937	13.4	2.3031	2.2820	2.3031	2.2820
4.3	1.8674	2.7720	1.8674	2.7720	13.6	3.0612	2.7537	3.0612	2.7537
4.4	3.0612	2.5548	3.0612	2.5548	13.8	2.5129	1.7180	2.5129	1.7180
4.5	2.8438	2.1915	2.8438	2.1915	14.0	1.6554	1.6768	1.6554	1.6768
4.6	2.6108	2.8140	2.6108	2.8140	14.2	1.7504	2.0436	1.7504	2.0436
4.7	3.3237	2.9120	3.3237	2.9120	14.4	2.0694	1.9450	2.0694	1.9450
4.8	2.0338	1.9814	3.0338	1.9814	14.6	2.1236	2.6920	2.1236	2.6920
4.9	2.2441	2.0075	2.2441	2.0075	14.8	2.7818	2.0722	2.7818	2.0722
5.0	2.6180	2.0286	2.6160	2.0286	15.0	2.0524	1.9379	2.0524	1.9379

Table T2.98

N = 3.500 K = 0.050

X	QEE	QEH	QSE	QSH	X	QEE	QEH	QSE	QSH
0.1	0.2858	0.0032	0.2111	0.0018	5.2	1.9051	1.7013	1.3598	1.0140
0.2	2.9130	0.0183	2.6738	0.0150	5.4	2.2218	1.8289	1.6723	1.1990
0.3	5.9670	0.0595	5.7310	0.0525	5.6	2.5558	2.3194	1.9689	1.5692
0.4	4.8900	0.1489	4.7599	0.1333	5.8	2.6082	2.2968	2.0803	1.6624
0.5	4.0181	0.3665	3.8859	0.3218	6.0	2.5418	2.4104	1.9365	1.6151
0.6	5.1672	1.4515	4.7401	1.2454	6.2	2.1344	1.9488	1.6087	1.2974
0.7	7.1817	2.9386	6.6217	2.6548	6.4	1.9847	1.8183	1.3853	1.0376
0.8	4.5290	2.1755	4.3223	2.0502	6.6	2.1209	1.8911	1.5728	1.2022
0.9	3.5786	2.6034	3.4205	2.4456	6.8	2.3081	2.0894	1.7250	1.3422
1.0	3.4435	3.9508	3.0240	3.4847	7.0	2.5725	2.3601	1.9890	1.6184
1.1	2.8441	1.8044	2.2190	1.3702	7.2	2.4468	2.2937	1.8782	1.5634
1.2	1.7370	0.9051	1.4400	0.6976	7.4	2.2191	2.0787	1.6077	1.2885
1.3	1.8091	1.2266	1.6139	0.9777	7.6	2.0619	1.8947	1.4987	1.1726
1.4	1.8712	2.0738	1.4429	1.3211	7.8	2.0173	1.6532	1.3975	1.0429
1.5	1.4453	0.5482	0.9593	0.1600	8.0	2.2810	2.0591	1.7119	1.3326
1.6	2.6222	1.1632	2.1561	0.8308	8.2	2.4234	2.2655	1.8113	1.4630
1.7	3.0105	1.6430	2.7508	1.3431	8.4	2.4406	2.2626	1.8562	1.5132
1.8	3.0678	1.9095	2.6871	1.5244	8.6	2.2916	2.1851	1.6932	1.3909
1.9	3.1865	2.3320	2.7175	1.9540	8.8	2.0649	1.9108	1.4615	1.1327
2.0	4.1350	2.9500	3.5113	2.4672	9.0	2.0590	1.9307	1.4721	1.1368
2.1	3.2836	2.6304	2.9246	2.2087	9.2	2.1703	1.9942	1.5519	1.1932
2.2	2.8043	2.4872	2.5298	2.1653	9.4	2.3373	2.1946	1.7553	1.4043
2.3	2.7696	2.6355	2.2965	2.1874	9.6	2.4167	2.2735	1.7925	1.4597
2.4	2.5745	1.9517	1.9332	1.4045	9.8	2.2772	2.1702	1.6918	1.3816
2.5	1.7212	1.3498	1.2420	0.8750	10.0	2.1361	2.0178	1.5155	1.1999
2.6	1.8343	1.6880	1.5171	1.2417	10.2	2.0500	1.9320	1.4538	1.1325
2.7	2.0297	1.7258	1.5735	1.1764	10.4	2.1143	1.9780	1.5024	1.1599
2.8	1.8973	1.1596	1.3466	0.6371	10.6	2.2820	2.1431	1.6716	1.3291
2.9	2.2792	1.4989	1.6969	0.9427	10.8	2.3415	2.2255	1.7388	1.4095
3.0	2.7724	2.2224	2.3753	1.6568	11.0	2.3074	2.1903	1.6848	1.3652
3.1	2.8725	2.3212	2.4390	1.7544	11.2	2.1623	2.0709	1.5646	1.2579
3.2	2.8418	2.3224	2.3622	1.8355	11.4	2.0615	1.9445	1.4336	1.1122
3.3	2.8821	2.6760	2.6564	2.0891	11.6	2.1010	1.9934	1.5024	1.1775
3.4	2.9273	2.5825	2.4286	1.9600	11.8	2.2031	2.0743	1.5775	1.2404
3.5	2.5440	2.3108	2.1362	1.8031	12.0	2.3085	2.2050	1.7034	1.3781
3.6	2.4070	2.2422	1.9453	1.7446	12.2	2.2957	2.1885	1.6767	1.3576
3.7	2.3667	1.9689	1.7579	1.3787	12.4	2.1841	2.0988	1.5698	1.2609
3.8	1.8125	1.5817	1.2330	0.9138	12.6	2.0949	1.9958	1.4829	1.1686
3.9	1.8617	1.6636	1.4215	1.1024	12.8	2.1650	1.9778	1.4520	1.1331
4.0	2.0636	1.7479	1.5981	1.1951	13.0	2.2602	2.0565	1.5571	1.2300
4.1	2.1230	1.5715	1.5680	0.9877	13.2	2.1811	2.1610	1.6338	1.3124
4.2	2.2302	1.7906	1.6228	1.1167	13.4	2.1250	2.1811	1.6659	1.3506
4.3	2.6519	2.3470	2.1355	1.6581	13.6	2.2109	2.1250	1.5851	1.2763
4.4	2.0636	1.5715	1.5981	1.7685	13.8	2.1076	2.0261	1.4960	1.1882
4.5	2.7046	2.3020	2.2019	1.7338	14.0	2.0763	1.9851	1.4564	1.1405
4.6	2.8435	2.4823	2.4452	1.8329	14.2	2.1317	2.0422	1.5145	1.1970
4.7	2.7152	2.5256	2.1345	1.7667	14.4	2.2138	2.1172	1.5964	1.2765
4.8	2.3856	2.1123	1.8815	1.5559	14.6	2.2587	2.1769	1.6363	1.3256
4.9	2.2263	2.0476	1.7420	1.4745	14.8	2.2122	2.1292	1.5979	1.2901
5.0	2.2077	1.9224	1.6315	1.2912	15.0	2.1312	2.0581	1.5060	1.2023

Table T2.99

N = 3.500 K = 0.100

x	QEE	QEH	QSE	QSH	x	QEE	QEH	QSE	QSH
0.1	0.3579	0.0045	0.2098	0.0018	5.2	2.0948	1.8660	1.4290	1.0085
0.2	3.0063	0.0216	2.5506	0.0150	5.4	2.2472	1.9469	1.5830	1.1143
0.3	5.7881	0.0664	5.3477	0.0525	5.6	2.4335	2.1878	1.7536	1.3007
0.4	4.8008	0.1643	4.5509	0.1332	5.8	2.4956	2.2379	1.8409	1.3977
0.5	4.0285	0.4075	3.7711	0.3198	6.0	2.4117	2.2330	1.7290	1.3296
0.6	5.2143	1.5033	4.4607	1.1404	6.2	2.2245	2.0306	1.5708	1.1803
0.7	6.7584	2.7550	5.8348	2.2853	6.4	2.1319	1.9425	1.5300	1.0514
0.8	4.5023	2.1934	4.1159	1.9570	6.6	2.1896	1.9754	1.5300	1.1112
0.9	3.5888	2.6120	3.2856	2.3147	6.8	2.3126	2.1028	1.6440	1.2228
1.0	3.5000	3.5930	2.8017	2.8597	7.0	2.4097	2.2116	1.7428	1.3311
1.1	2.9463	3.0990	1.9943	2.2245	7.2	2.3657	2.1969	1.7046	1.3171
1.2	1.9353	1.0726	1.4257	0.6950	7.4	2.2479	2.0909	1.5774	1.1960
1.3	1.9085	1.3502	1.5465	0.9040	7.6	2.1584	1.9937	1.5013	1.1156
1.4	1.9779	1.8523	1.3665	0.9172	7.8	2.1578	1.9924	1.4862	1.0927
1.5	1.7833	0.8604	1.0387	0.2340	8.0	2.2522	2.0727	1.5955	1.1950
1.6	2.5539	1.2347	1.8667	0.7070	8.2	2.3272	2.1667	1.6615	1.2711
1.7	2.9182	1.6882	2.4638	1.1901	8.4	2.3288	2.1748	1.6703	1.2915
1.8	2.9909	1.9889	2.4870	1.4033	8.6	2.2543	2.1202	1.5936	1.2268
1.9	3.2046	2.3100	2.5118	1.7118	8.8	2.1711	2.0293	1.5107	1.1394
2.0	3.6978	2.6882	2.8807	2.0065	9.0	2.1546	2.0165	1.4984	1.1229
2.1	3.2090	2.5366	2.6417	1.9449	9.2	2.2046	2.0553	1.5437	1.1620
2.2	2.8262	2.4487	2.3504	1.9043	9.4	2.2700	2.1305	1.6165	1.2396
2.3	2.7468	2.4348	2.0819	1.7659	9.6	2.2906	2.1574	1.6311	1.2632
2.4	2.5076	1.9687	1.6942	1.2074	9.8	2.2460	2.1240	1.5935	1.2349
2.5	1.9958	1.5986	1.3283	0.8935	10.0	2.1832	2.0623	1.5262	1.1687
2.6	1.9821	1.7430	1.4582	1.0522	10.2	2.1559	2.0343	1.5034	1.1430
2.7	2.1016	1.7149	1.4840	0.9561	10.4	2.1780	2.0529	1.5243	1.1598
2.8	2.1072	1.4496	1.3784	0.6953	10.6	2.2288	2.1051	1.5762	1.2126
2.9	2.3396	1.6558	1.6101	0.8894	10.8	2.2544	2.1383	1.6038	1.2462
3.0	2.6443	2.1146	2.0494	1.3329	11.0	2.2353	2.1236	1.5831	1.2317
3.1	2.7554	2.2634	2.1721	1.4945	11.2	2.1877	2.0820	1.5393	1.1918
3.2	2.8175	2.3059	2.1562	1.5781	11.4	2.1552	2.0470	1.5042	1.1555
3.3	2.9649	2.4545	2.2207	1.6716	11.6	2.1626	2.0545	1.5155	1.1652
3.4	2.7968	2.4296	2.1331	1.6332	11.8	2.1970	2.0875	1.5479	1.1968
3.5	2.5148	2.2902	1.9666	1.5533	12.0	2.2246	2.1209	1.5783	1.2311
3.6	2.4304	2.1705	1.7957	1.4394	12.2	2.2194	2.1187	1.5725	1.2294
3.7	2.3080	1.9778	1.5844	1.1809	12.4	2.1871	2.0915	1.5413	1.2019
3.8	2.0684	1.7898	1.3643	0.9590	12.6	2.1572	2.0611	1.5124	1.1733
3.9	2.0434	1.7868	1.4208	0.9996	12.8	2.1532	2.0570	1.5082	1.1685
4.0	2.1418	1.8009	1.5146	1.0280	13.0	2.1752	2.0785	1.5321	1.1921
4.1	2.2126	1.7752	1.5265	0.9744	13.2	2.1994	2.1053	1.5555	1.2177
4.2	2.3236	1.9286	1.6130	1.0737	13.4	2.2034	2.1126	1.5616	1.2269
4.3	2.5148	2.1919	1.8520	1.3249	13.6	2.1833	2.0956	1.5409	1.2090
4.4	2.5540	2.2705	1.9766	1.4475	13.8	2.1577	2.0715	1.5168	1.1862
4.5	2.6071	2.2687	1.9718	1.4718	14.0	2.1483	2.0614	1.5074	1.1764
4.6	2.6258	2.3244	1.9467	1.4842	14.2	2.1601	2.0737	1.5201	1.1893
4.7	2.5612	2.3251	1.8729	1.4392	14.4	2.1795	2.0939	1.5401	1.2105
4.8	2.4022	2.1970	1.7567	1.3528	14.6	2.1874	2.1049	1.5483	1.2214
4.9	2.2919	2.0696	1.6503	1.2678	14.8	2.1764	2.0960	1.5384	1.2136
5.0	2.2142	1.9659	1.5344	1.1377	15.0	2.1566	2.0781	1.5185	1.1953

Table T2.100   343

N = 3.500 K = 0.200

X	QEE	QEH	QSE	QSH
0.1	0.4993	0.0072	0.2078	0.0018
0.2	3.1632	0.0282	2.3340	0.0150
0.3	5.4737	0.0802	4.7014	0.0526
0.4	4.6353	0.1946	4.1741	0.1332
0.5	4.0403	0.4835	3.5551	0.3158
0.6	5.1757	1.5397	3.9932	0.9730
0.7	6.0670	2.4635	4.7505	1.7880
0.8	4.4097	2.2006	3.7382	1.7824
0.9	3.5901	2.5849	3.0391	2.0646
1.0	3.4609	3.0809	2.4814	2.1089
1.1	2.9809	1.9870	1.7947	1.0719
1.2	2.2325	1.3313	1.4549	0.7088
1.3	2.0994	1.5045	1.4839	0.8013
1.4	2.1225	1.7014	1.3379	0.6866
1.5	2.1563	1.2599	1.2157	0.3976
1.6	2.5398	1.4066	1.6727	0.6623
1.7	2.8022	1.7312	2.1054	1.0152
1.8	2.9144	2.0056	2.2052	1.2303
1.9	3.0925	2.2313	2.3321	1.4195
2.0	3.2369	2.4057	2.3321	1.5634
2.1	3.0319	2.3836	2.2657	1.5907
2.2	2.8024	2.2314	2.0933	1.5444
2.3	2.6741	2.2317	1.8695	1.3741
2.4	2.4890	2.0007	1.6185	1.0928
2.5	2.2671	1.8414	1.4676	0.9455
2.6	2.2052	1.8433	1.4770	0.9469
2.7	2.2403	1.8046	1.4834	0.8892
2.8	2.2967	1.7469	1.4874	0.8296
2.9	2.4102	1.8468	1.6101	0.9287
3.0	2.5402	2.0438	1.7930	1.1195
3.1	2.6229	2.1644	1.8887	1.2467
3.2	2.6737	2.2173	1.9077	1.3106
3.3	2.6875	2.2540	1.9024	1.3401
3.4	2.6205	2.2468	1.8625	1.3331
3.5	2.5181	2.1945	1.7859	1.2928
3.6	2.4297	2.1165	1.6854	1.2137
3.7	2.3448	2.0285	1.5799	1.1077
3.8	2.2687	1.9626	1.5119	1.0327
3.9	2.2444	1.9381	1.5097	1.0157
4.0	2.2672	1.9354	1.5352	1.0176
4.1	2.3092	1.9583	1.5652	1.0306
4.2	2.3646	2.0267	1.6183	1.0835
4.3	2.4241	2.1088	1.6905	1.1627
4.4	2.4646	2.1558	1.7406	1.2212
4.5	2.4792	2.1734	1.7518	1.2460
4.6	2.4638	2.1812	1.7359	1.2469
4.7	2.4316	2.1715	1.7031	1.2307
4.8	2.3788	2.1351	1.6595	1.2008
4.9	2.3284	2.0864	1.6112	1.1605
5.0	2.2868	2.0437	1.5659	1.1160
5.2	2.2518	2.0101	1.5367	1.0791
5.4	2.2934	2.0454	1.5821	1.1169
5.6	2.3511	2.1162	1.6414	1.1812
5.8	2.3687	2.1444	1.6651	1.2157
6.0	2.3325	2.1313	1.6293	1.1959
6.2	2.2761	2.0799	1.5785	1.1523
6.4	2.2448	2.0513	1.5482	1.1224
6.6	2.2555	2.0622	1.5629	1.1366
6.8	2.2863	2.0973	1.5957	1.1723
7.0	2.3036	2.1230	1.6158	1.1988
7.2	2.2904	2.1205	1.6051	1.1967
7.4	2.2589	2.0953	1.5754	1.1722
7.6	2.2347	2.0737	1.5541	1.1526
7.8	2.2326	2.0741	1.5535	1.1532
8.0	2.2478	2.0911	1.5712	1.1731
8.2	2.2600	2.1089	1.5850	1.1914
8.4	2.2565	2.1114	1.5836	1.1956
8.6	2.2394	2.0995	1.5682	1.1845
8.8	2.2222	2.0851	1.5527	1.1712
9.0	2.2163	2.0816	1.5486	1.1686
9.2	2.2218	2.0859	1.5556	1.1772
9.4	2.2293	2.0999	1.5648	1.1894
9.6	2.2293	2.1039	1.5661	1.1946
9.8	2.2204	2.0987	1.5588	1.1907
10.0	2.2038	2.0899	1.5485	1.1829
10.2	2.2056	2.0886	1.5466	1.1823
10.4	2.2042	2.0890	1.5465	1.1840
10.6	2.2079	2.0951	1.5514	1.1910
10.8	2.2086	2.0987	1.5534	1.1957
11.0	2.2041	2.0968	1.5499	1.1949
11.2	2.1968	2.0919	1.5438	1.1910
11.4	2.1913	2.0882	1.5393	1.1883
11.6	2.1900	2.0886	1.5391	1.1896
11.8	2.1913	2.0917	1.5414	1.1936
12.0	2.1919	2.0944	1.5430	1.1971
12.2	2.1894	2.0940	1.5415	1.1977
12.4	2.1848	2.0913	1.5378	1.1958
12.6	2.1805	2.0886	1.5344	1.1941
12.8	2.1785	2.0880	1.5332	1.1943
13.0	2.1784	2.0895	1.5340	1.1966
13.2	2.1783	2.0910	1.5347	1.1990
13.4	2.1775	2.0918	1.5347	1.2005
13.6	2.1743	2.0902	1.5322	1.1996
13.8	2.1710	2.0874	1.5297	1.1986
14.0	2.1689	2.0873	1.5283	1.1985
14.2	2.1681	2.0879	1.5282	1.1997
14.4	2.1677	2.0888	1.5285	1.2013
14.6	2.1667	2.0891	1.5281	1.2023
14.8	2.1646	2.0883	1.5267	1.2023
15.0	2.1622	2.0871	1.5249	1.2018

344 Table T2.101

N = 3.500 K = 0.300

X	QEE	QEH	QSE	QSH	X	QEE	QEH	QSE	QSH
0.1	0.6366	0.0098	0.2065	0.0018	5.2	2.3008	2.0649	1.5825	1.1223
0.2	3.2867	0.0347	2.1514	0.0150	5.4	2.3095	2.0793	1.5957	1.1380
0.3	5.2073	0.0940	4.1834	0.0528	5.6	2.3242	2.1027	1.6143	1.1622
0.4	4.4865	0.2243	3.8475	0.1334	5.8	2.3243	2.1128	1.6186	1.1744
0.5	4.0395	0.5506	3.3576	0.3120	6.0	2.3081	2.1085	1.6060	1.1705
0.6	5.0436	1.5280	3.6277	0.8520	6.2	2.2868	2.0941	1.5883	1.1591
0.7	5.5385	2.2505	4.0558	1.4817	6.4	2.2737	2.0860	1.5783	1.1528
0.8	4.2871	2.1817	3.4131	1.6276	6.6	2.2725	2.0897	1.5802	1.1583
0.9	3.5688	2.5202	2.8261	1.8437	6.8	2.2765	2.0990	1.5871	1.1694
1.0	3.3734	2.7487	2.2843	1.7053	7.0	2.2769	2.1058	1.5902	1.1775
1.1	2.9668	1.9954	1.7411	1.0037	7.2	2.2697	2.1052	1.5857	1.1783
1.2	2.4263	1.5067	1.5044	0.7340	7.4	2.2587	2.0994	1.5771	1.1740
1.3	2.2624	1.5973	1.4810	0.7581	7.6	2.2498	2.0948	1.5707	1.1709
1.4	2.2614	1.6892	1.3810	0.6633	7.8	2.2458	2.0948	1.5689	1.1723
1.5	2.3438	1.4864	1.3573	0.5350	8.0	2.2459	2.0986	1.5711	1.1778
1.6	2.5665	1.5555	1.6385	0.7004	8.2	2.2450	2.1020	1.5722	1.1826
1.7	2.7436	1.7756	1.9234	0.9463	8.4	2.2411	2.1024	1.5702	1.1843
1.8	2.8504	1.9939	2.0283	1.1270	8.6	2.2348	2.1000	1.5658	1.1832
1.9	2.9616	2.1598	2.0616	1.2621	8.8	2.2288	2.0973	1.5616	1.1819
2.0	3.0021	2.2601	2.0901	1.3534	9.0	2.2249	2.0966	1.5594	1.1824
2.1	2.8909	2.2667	2.0503	1.3808	9.2	2.2230	2.0977	1.5591	1.1847
2.2	2.7476	2.2285	1.9384	1.3384	9.4	2.2214	2.0992	1.5591	1.1875
2.3	2.6318	2.1432	1.7855	1.2177	9.6	2.2187	2.0996	1.5579	1.1891
2.4	2.5055	2.0220	1.6377	1.0699	9.8	2.2146	2.0986	1.5555	1.1893
2.5	2.3867	1.9428	1.5534	0.9873	10.0	2.2106	2.0971	1.5526	1.1889
2.6	2.3368	1.9207	1.5375	0.9626	10.2	2.2104	2.0993	1.5537	1.1919
2.7	2.3447	1.8959	1.5404	0.9346	10.4	2.2059	2.0972	1.5505	1.1912
2.8	2.3827	1.8869	1.5632	0.9272	10.6	2.2039	2.0977	1.5499	1.1927
2.9	2.4416	1.9436	1.6307	0.9843	10.8	2.2018	2.0978	1.5488	1.1939
3.0	2.5033	2.0401	1.7148	1.0786	11.0	2.1990	2.0973	1.5472	1.1945
3.1	2.5483	2.1137	1.7682	1.1549	11.2	2.1961	2.0965	1.5454	1.1947
3.2	2.5713	2.1512	1.7847	1.1978	11.4	2.1934	2.0959	1.5438	1.1950
3.3	2.5658	2.1660	1.7781	2.1153	11.6	2.1913	2.0957	1.5427	1.1958
3.4	2.5295	2.1608	1.7531	1.2124	11.8	2.1894	2.0957	1.5418	1.1968
3.5	2.4775	2.1361	1.7112	1.1903	12.0	2.1875	2.0953	1.5409	1.1976
3.6	2.4254	2.0981	1.6592	1.1514	12.2	2.1854	2.0948	1.5397	1.1982
3.7	2.3783	2.0585	1.6106	1.1077	12.4	2.1831	2.0943	1.5384	1.1986
3.8	2.3432	2.0292	1.5807	1.0767	12.6	2.1810	2.0940	1.5371	1.1990
3.9	2.3284	2.0148	1.5740	1.0644	12.8	2.1791	2.0938	1.5361	1.1996
4.0	2.3331	2.0149	1.5823	1.0655	13.0	2.1773	2.0938	1.5352	1.2002
4.1	2.3497	2.0312	1.5993	1.0788	13.2	2.1755	2.0935	1.5342	1.2008
4.2	2.3715	2.0618	1.6237	1.1054	13.4	2.1744	2.0939	1.5338	1.2019
4.3	2.3924	2.0940	1.6499	1.1376	13.6	2.1724	2.0932	1.5325	1.2021
4.4	2.4060	2.1155	1.6680	1.1629	13.8	2.1706	2.0928	1.5315	1.2024
4.5	2.4069	2.1255	1.6728	1.1761	14.0	2.1689	2.0924	1.5305	1.2029
4.6	2.4002	2.1277	1.6658	1.1784	14.2	2.1673	2.0922	1.5296	1.2033
4.7	2.3823	2.1225	1.6511	1.1729	14.4	2.1658	2.0919	1.5288	1.2039
4.8	2.3594	2.1094	1.6319	1.1627	14.6	2.1643	2.0917	1.5280	1.2043
4.9	2.3367	2.0922	1.6118	1.1470	14.8	2.1628	2.0913	1.5271	1.2047
5.0	2.3179	2.0768	1.5947	1.1329	15.0	2.1613	2.0910	1.5262	1.2051

Table T2.102

N = 3.500 K = 0.400

X	QEE	QEH	QSE	QSH	X	QEE	QEH	QSE	QSH
0.1	0.7697	0.0124	0.2059	0.0018	5.2	2.3154	2.0877	1.6003	1.1428
0.2	3.3834	0.0411	1.9973	0.0151	5.4	2.3131	2.0937	1.6026	1.1505
0.3	4.9795	0.1075	3.7640	0.0530	5.6	2.3134	2.1022	1.6070	1.1609
0.4	4.3532	0.2531	3.5652	0.1338	5.8	2.3081	2.1058	1.6058	1.1663
0.5	4.0263	0.6085	3.1787	0.3086	6.0	2.2964	2.1050	1.5998	1.1670
0.6	4.8758	1.4965	3.3390	0.7648	6.2	2.2875	2.1011	1.5924	1.1653
0.7	5.1262	2.0923	3.5803	1.2811	6.4	2.2795	2.0991	1.5876	1.1652
0.8	4.1533	2.1472	3.1397	1.4941	6.6	2.2750	2.1031	1.5863	1.1683
0.9	3.5302	2.4383	2.6463	1.6579	6.8	2.2720	2.1050	1.5862	1.1726
1.0	3.2941	2.5229	2.1600	1.4673	7.0	2.2682	2.1037	1.5851	1.1762
1.1	2.9506	1.9819	1.7354	0.9697	7.2	2.2627	2.1028	1.5821	1.1777
1.2	2.5514	1.6225	1.5531	0.7616	7.4	2.2565	2.1037	1.5785	1.1780
1.3	2.3915	1.6632	1.5072	0.7532	7.6	2.2511	2.1028	1.5754	1.1786
1.4	2.3789	1.7162	1.4438	0.6927	7.8	2.2467	2.1027	1.5732	1.1800
1.5	2.4544	1.6253	1.4610	0.6412	8.0	2.2437	2.1043	1.5723	1.1825
1.6	2.5942	1.6687	1.6447	0.7543	8.2	2.2402	2.1037	1.5709	1.1845
1.7	2.7126	1.8203	1.8314	0.9273	8.4	2.2363	2.1042	1.5689	1.1858
1.8	2.7947	1.9846	1.9182	1.0693	8.6	2.2321	2.1036	1.5665	1.1865
1.9	2.8580	2.1070	1.9481	1.1716	8.8	2.2281	2.1030	1.5642	1.1872
2.0	2.8624	2.1738	1.9556	1.2358	9.0	2.2245	2.1026	1.5624	1.1882
2.1	2.7905	2.1842	1.9233	1.2547	9.2	2.2214	2.1027	1.5609	1.1895
2.2	2.6948	2.1566	1.8473	1.2221	9.4	2.2185	2.1025	1.5595	1.1908
2.3	2.6054	2.0991	1.7480	1.1463	9.6	2.2155	2.1022	1.5580	1.1918
2.4	2.5190	2.0341	1.6593	1.0661	9.8	2.2124	2.1016	1.5563	1.1927
2.5	2.4463	1.9919	1.6065	1.0183	10.0	2.2092	2.1012	1.5544	1.1932
2.6	2.4104	1.9731	1.5895	0.9979	10.2	2.2094	2.1043	1.5559	1.1967
2.7	2.4083	1.9597	1.5910	0.9858	10.4	2.2045	2.1018	1.5524	1.1956
2.8	2.4271	1.9623	1.6095	0.9913	10.6	2.2019	2.1015	1.5510	1.1964
2.9	2.4559	1.9962	1.6464	1.0262	10.8	2.1994	2.1013	1.5496	1.1972
3.0	2.4847	2.0480	1.6873	1.0773	11.0	2.1969	2.1009	1.5483	1.1979
3.1	2.5050	2.0909	1.7147	1.1216	11.2	2.1945	2.1006	1.5470	1.1986
3.2	2.5121	2.1147	1.7239	1.1491	11.4	2.1922	2.1002	1.5457	1.1992
3.3	2.5032	2.1232	1.7189	1.1609	11.6	2.1899	2.0999	1.5445	1.1999
3.4	2.4805	2.1204	1.7032	1.1605	11.8	2.1878	2.0996	1.5433	1.2006
3.5	2.4506	2.1086	1.6795	1.1500	12.0	2.1857	2.0993	1.5422	1.2012
3.6	2.4199	2.0913	1.6524	1.1328	12.2	2.1836	2.0989	1.5410	1.2018
3.7	2.3930	2.0736	1.6287	1.1148	12.4	2.1816	2.0986	1.5399	1.2024
3.8	2.3734	2.0603	1.6136	1.1021	12.6	2.1796	2.0982	1.5388	1.2029
3.9	2.3631	2.0538	1.6084	1.0968	12.8	2.1778	2.0979	1.5378	1.2035
4.0	2.3615	2.0552	1.6106	1.0988	13.0	2.1759	2.0976	1.5368	1.2040
4.1	2.3655	2.0646	1.6178	1.1075	13.2	2.1740	2.0972	1.5357	1.2044
4.2	2.3718	2.0789	1.6276	1.1212	13.4	2.1729	2.0974	1.5353	1.2054
4.3	2.3773	2.0930	1.6370	1.1360	13.6	2.1709	2.0969	1.5341	1.2057
4.4	2.3796	2.1028	1.6428	1.1478	13.8	2.1693	2.0965	1.5331	1.2061
4.5	2.3774	2.1077	1.6436	1.1548	14.0	2.1676	2.0962	1.5322	1.2066
4.6	2.3706	2.1088	1.6396	1.1571	14.2	2.1660	2.0958	1.5313	1.2070
4.7	2.3604	2.1069	1.6323	1.1560	14.4	2.1645	2.0955	1.5305	1.2075
4.8	2.3484	2.1023	1.6234	1.1526	14.6	2.1630	2.0952	1.5296	1.2079
4.9	2.3369	2.0964	1.6144	1.1482	14.8	2.1615	2.0948	1.5287	1.2083
5.0	2.3270	2.0913	1.6071	1.1443	15.0	2.1600	2.0945	1.5279	1.2087

Table T2.103

N = 3.500   K = 0.500

X	QEE	QEH	QSE	QSH	X	QEE	QEH	QSE	QSH
0.1	0.8984	0.0150	0.2061	0.0018	5.2	2.3181	2.0988	1.6078	1.1538
0.2	3.4562	0.0474	1.8670	0.0152	5.4	2.3121	2.1016	1.6063	1.1586
0.3	4.7830	0.1208	3.4215	0.0533	5.6	2.3076	2.1053	1.6059	1.1643
0.4	4.2340	0.2807	3.3216	0.1343	5.8	2.3007	2.1067	1.6030	1.1676
0.5	4.0021	0.6575	3.0177	0.3056	6.0	2.2932	2.1070	1.5992	1.1696
0.6	4.7004	1.4591	3.1073	0.7012	6.2	2.2855	2.1063	1.5949	1.1708
0.7	4.7972	1.9722	3.2373	1.1428	6.4	2.2789	2.1060	1.5916	1.1724
0.8	4.0197	2.1043	3.9127	1.3804	6.6	2.2736	2.1065	1.5893	1.1747
0.9	3.4804	2.3519	2.4969	1.5058	6.8	2.2688	2.1074	1.5874	1.1773
1.0	3.2269	2.3619	2.0775	1.3156	7.0	2.2641	2.1082	1.5853	1.1796
1.1	2.9366	1.9620	1.7438	0.9509	7.2	2.2590	2.1080	1.5828	1.1813
1.2	2.6325	1.6979	1.5960	0.7880	7.4	2.2540	2.1078	1.5803	1.1827
1.3	2.4895	1.7135	1.5446	0.7678	7.6	2.2495	2.1078	1.5780	1.1842
1.4	2.4701	1.7514	1.5061	0.7349	7.8	2.2450	2.1079	1.5757	1.1855
1.5	2.5257	1.7163	1.5366	0.7224	8.0	2.2414	2.1082	1.5742	1.1873
1.6	2.6156	1.7515	1.6608	0.8059	8.2	2.2375	2.1081	1.5723	1.1888
1.7	2.6935	1.8590	1.7845	0.9304	8.4	2.2336	2.1079	1.5703	1.1900
1.8	2.7493	1.9802	1.8499	1.0394	8.6	2.2298	2.1076	1.5683	1.1910
1.9	2.7818	2.0709	1.8732	1.1182	8.8	2.2262	2.1074	1.5664	1.1921
2.0	2.7721	2.1189	1.8731	1.1654	9.0	2.2228	2.1071	1.5646	1.1931
2.1	2.7201	2.1283	1.8462	1.1783	9.2	2.2195	2.1069	1.5630	1.1942
2.2	2.6523	2.1100	1.7935	1.1562	9.4	2.2164	2.1067	1.5614	1.1952
2.3	2.5858	2.0750	1.7292	1.1110	9.6	2.2134	2.1064	1.5598	1.1962
2.4	2.5254	2.0408	1.6743	1.0676	9.8	2.2104	2.1062	1.5582	1.1971
2.5	2.4767	2.0185	1.6396	1.0408	10.0	2.2074	2.1057	1.5566	1.1978
2.6	2.4502	2.0070	1.6261	1.0288	10.2	2.2077	2.1084	1.5581	1.2013
2.7	2.4435	2.0008	1.6262	1.0250	10.4	2.2028	2.1059	1.5545	1.2002
2.8	2.4497	2.0057	1.6375	1.0329	10.6	2.2001	2.1055	1.5531	1.2009
2.9	2.4614	2.0267	1.6569	1.0552	10.8	2.1976	2.1051	1.5517	1.2016
3.0	2.4727	2.0563	1.6769	1.0848	11.0	2.1952	2.1048	1.5504	1.2024
3.1	2.4791	2.0818	1.6900	1.1112	11.2	2.1929	2.1044	1.5492	1.2030
3.2	2.4780	2.0969	1.6938	1.1288	11.4	2.1906	2.1041	1.5479	1.2037
3.3	2.4686	2.1028	1.6896	1.1374	11.6	2.1864	2.1037	1.5467	1.2043
3.4	2.4527	2.1022	1.6795	1.1388	11.8	2.1862	2.1034	1.5455	1.2049
3.5	2.4334	2.0972	1.6656	1.1351	12.0	2.1841	2.1030	1.5444	1.2055
3.6	2.4141	2.0898	1.6508	1.1285	12.2	2.1821	2.1027	1.5433	1.2061
3.7	2.3973	2.0823	1.6382	1.1218	12.4	2.1801	2.1023	1.5422	1.2067
3.8	2.3843	2.0767	1.6297	1.1173	12.6	2.1782	2.1020	1.5411	1.2072
3.9	2.3761	2.0744	1.6257	1.1162	12.8	2.1763	2.1016	1.5401	1.2078
4.0	2.3718	2.0762	1.6254	1.1186	13.0	2.1745	2.1013	1.5391	1.2083
4.1	2.3702	2.0817	1.6275	1.1243	13.2	2.1726	2.1008	1.5380	1.2087
4.2	2.3696	2.0890	1.6305	1.1320	13.4	2.1715	2.1011	1.5376	1.2097
4.3	2.3686	2.0957	1.6330	1.1398	13.6	2.1696	2.1005	1.5364	1.2100
4.4	2.3663	2.1005	1.6341	1.1461	13.8	2.1679	2.1001	1.5355	1.2104
4.5	2.3622	2.1031	1.6331	1.1503	14.0	2.1663	2.0997	1.5346	1.2108
4.6	2.3563	2.1039	1.6301	1.1524	14.2	2.1648	2.0994	1.5337	1.2113
4.7	2.3492	2.1036	1.6260	1.1532	14.4	2.1632	2.0990	1.5328	1.2117
4.8	2.3416	2.1022	1.6212	1.1524	14.6	2.1617	2.0987	1.5320	1.2121
4.9	2.3342	2.1006	1.6165	1.1524	14.8	2.1603	2.0983	1.5311	1.2125
5.0	2.3279	2.0992	1.6127	1.1522	15.0	2.1588	2.0979	1.5303	1.2128

Table T2.104   347

N = 3.500 K = 1.000

X	QEE	QEH	QSE	QSH	X	QEE	QEH	QSE	QSH
0.1	1.4749	0.0259	0.2165	0.0019	5.2	2.3048	2.1224	1.6288	1.1899
0.2	3.6243	0.0756	1.4614	0.0160	5.4	2.2973	2.1233	1.6254	1.1930
0.3	4.1117	0.1810	2.4131	0.0560	5.6	2.2910	2.1246	1.6229	1.1962
0.4	3.7991	0.3970	2.5264	0.1399	5.8	2.2839	2.1250	1.6195	1.1985
0.5	3.7803	0.7987	2.4460	0.2988	6.0	2.2778	2.1259	1.6168	1.2011
0.6	3.9717	1.3052	2.4265	0.5570	6.2	2.2719	2.1265	1.6140	1.2034
0.7	3.8250	1.6542	2.3900	0.8355	6.4	2.2664	2.1268	1.6114	1.2056
0.8	3.4810	1.8801	2.2549	1.0337	6.6	2.2611	2.1270	1.6089	1.2076
0.9	3.2033	2.0042	2.0713	1.0905	6.8	2.2561	2.1272	1.6065	1.2094
1.0	3.0162	1.9718	1.9017	1.0174	7.0	2.2514	2.1276	1.6043	1.2113
1.1	2.8692	1.8689	1.7873	0.9236	7.2	2.2468	2.1276	1.6020	1.2129
1.2	2.7557	1.8153	1.7274	0.8794	7.4	2.2425	2.1276	1.6000	1.2146
1.3	2.6863	1.8281	1.7009	0.8788	7.6	2.2385	2.1277	1.5981	1.2162
1.4	2.6548	1.8616	1.6964	0.8975	7.8	2.2343	2.1275	1.5959	1.2174
1.5	2.6447	1.8914	1.7083	0.9260	8.0	2.2303	2.1276	1.5942	1.2190
1.6	2.6414	1.9216	1.7274	0.9620	8.2	2.2270	2.1274	1.5923	1.2202
1.7	2.6370	1.9550	1.7431	0.9997	8.4	2.2234	2.1270	1.5905	1.2213
1.8	2.6279	1.9865	1.7509	1.0327	8.6	2.2200	2.1267	1.5887	1.2224
1.9	2.6130	2.0106	1.7450	1.0571	8.8	2.2166	2.1265	1.5869	1.2234
2.0	2.5931	2.0256	1.7353	1.0722	9.0	2.2134	2.1261	1.5852	1.2244
2.1	2.5703	2.0341	1.7239	1.0801	9.2	2.2104	2.1258	1.5836	1.2254
2.2	2.5472	2.0400	1.7130	1.0841	9.4	2.2074	2.1254	1.5820	1.2263
2.3	2.5256	2.0460	1.7044	1.0877	9.6	2.2046	2.1251	1.5805	1.2272
2.4	2.5071	2.0529	1.7083	1.0928	9.8	2.2018	2.1247	1.5791	1.2280
2.5	2.4900	2.0580	1.6967	1.0978	10.0	2.1990	2.1242	1.5775	1.2287
2.6	2.4765	2.0625	1.6918	1.1036	10.2	2.1994	2.1268	1.5791	1.2321
2.7	2.4652	2.0662	1.6884	1.1091	10.4	2.1947	2.1242	1.5756	1.2309
2.8	2.4553	2.0700	1.6859	1.1147	10.6	2.1922	2.1237	1.5741	1.2315
2.9	2.4462	2.0747	1.6837	1.1204	10.8	2.1899	2.1233	1.5729	1.2322
3.0	2.4375	2.0801	1.6814	1.1263	11.0	2.1876	2.1228	1.5716	1.2328
3.1	2.4289	2.0856	1.6788	1.1320	11.2	2.1854	2.1224	1.5704	1.2334
3.2	2.4203	2.0906	1.6759	1.1374	11.4	2.1833	2.1220	1.5692	1.2340
3.3	2.4118	2.0947	1.6727	1.1422	11.6	2.1812	2.1215	1.5680	1.2346
3.4	2.4036	2.0979	1.6695	1.1465	11.8	2.1791	2.1211	1.5669	1.2352
3.5	2.3956	2.1002	1.6662	1.1502	12.0	2.1772	2.1206	1.5658	1.2357
3.6	2.3880	2.1019	1.6631	1.1533	12.2	2.1753	2.1202	1.5647	1.2362
3.7	2.3808	2.1033	1.6602	1.1561	12.4	2.1734	2.1197	1.5637	1.2367
3.8	2.3741	2.1048	1.6575	1.1588	12.6	2.1716	2.1193	1.5627	1.2372
3.9	2.3677	2.1066	1.6550	1.1614	12.8	2.1699	2.1189	1.5617	1.2377
4.0	2.3617	2.1086	1.6526	1.1642	13.0	2.1681	2.1184	1.5607	1.2381
4.1	2.3560	2.1107	1.6504	1.1670	13.2	2.1663	2.1180	1.5596	1.2384
4.2	2.3505	2.1127	1.6482	1.1698	13.4	2.1653	2.1174	1.5593	1.2394
4.3	2.3452	2.1143	1.6461	1.1725	13.6	2.1635	2.1169	1.5582	1.2396
4.4	2.3401	2.1156	1.6440	1.1750	13.8	2.1619	2.1165	1.5572	1.2400
4.5	2.3352	2.1166	1.6420	1.1773	14.0	2.1604	2.1160	1.5564	1.2404
4.6	2.3304	2.1174	1.6399	1.1793	14.2	2.1589	2.1156	1.5555	1.2408
4.7	2.3258	2.1182	1.6380	1.1812	14.4	2.1575	2.1152	1.5547	1.2411
4.8	2.3213	2.1190	1.6360	1.1829	14.6	2.1561	2.1147	1.5538	1.2415
4.9	2.3169	2.1199	1.6341	1.1847	14.8	2.1547	2.1147	1.5530	1.2418
5.0	2.3129	2.1209	1.6324	1.1866	15.0	2.1533	2.1143	1.5522	1.2421

Figs. C1–C3

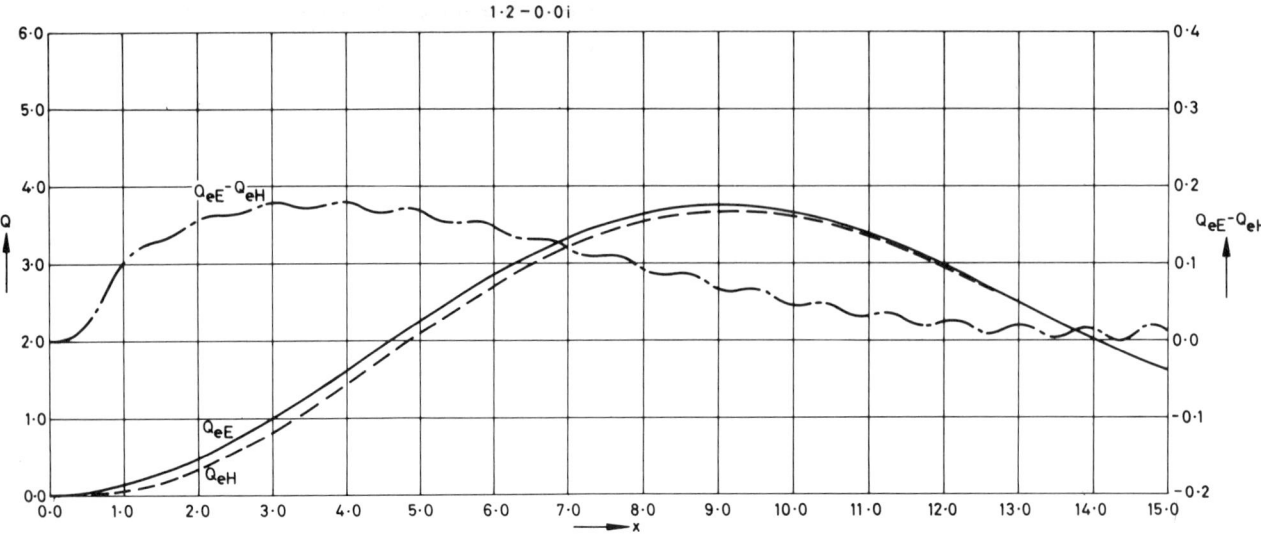

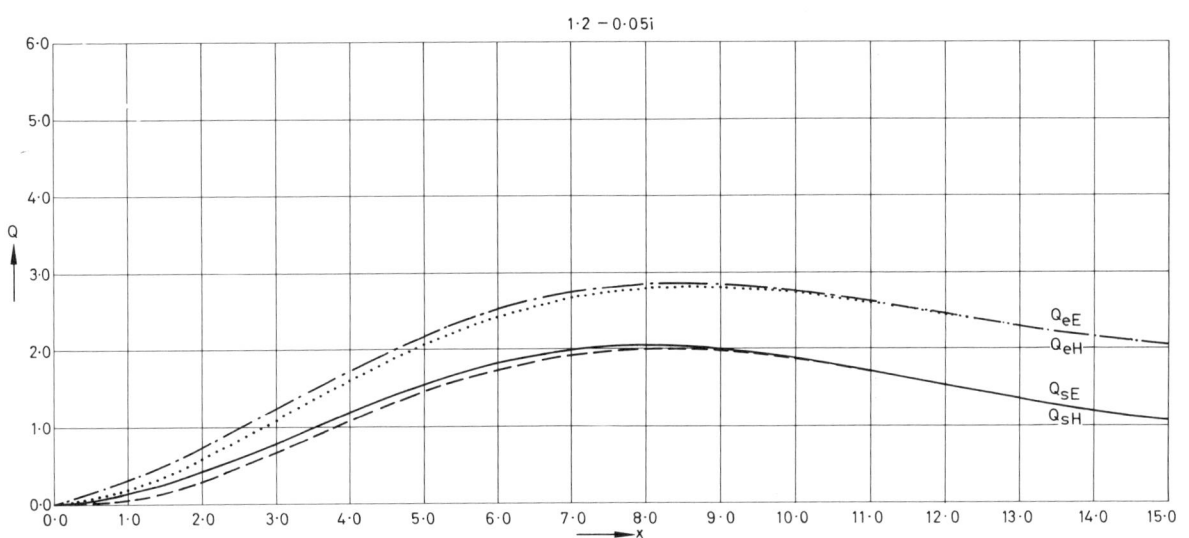

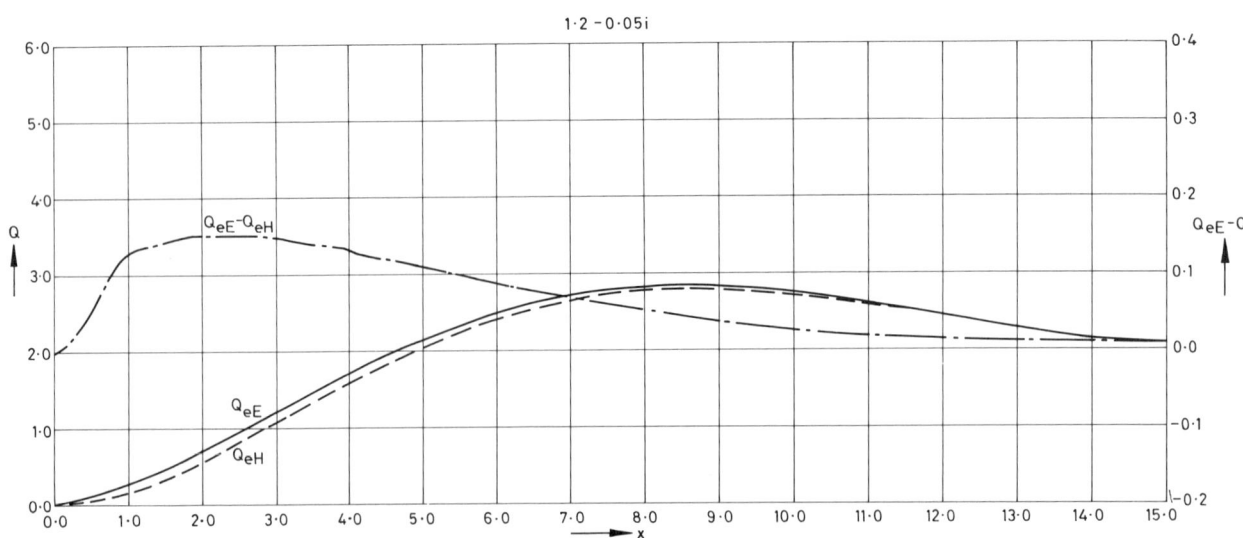

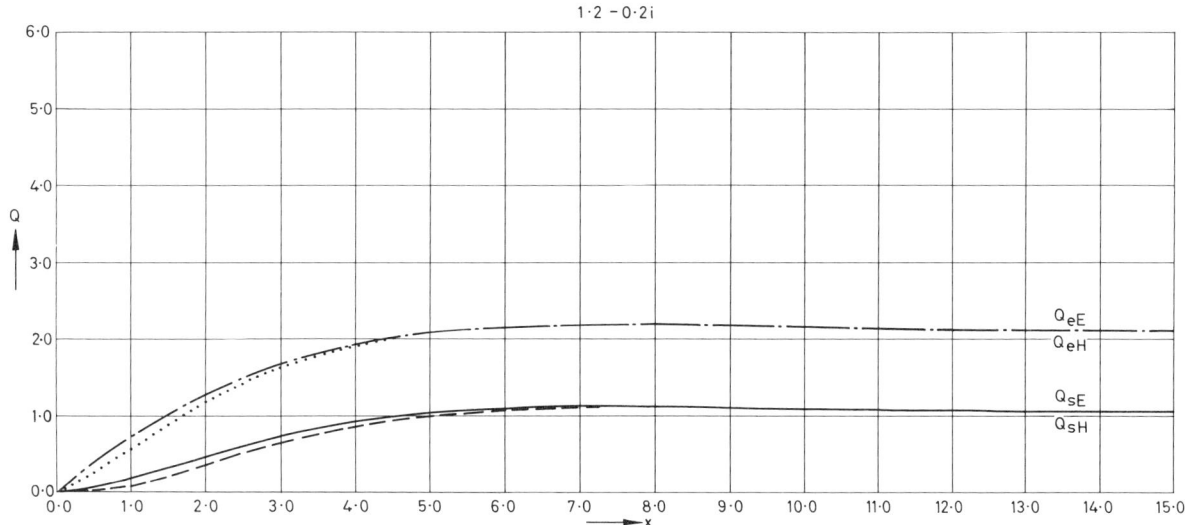
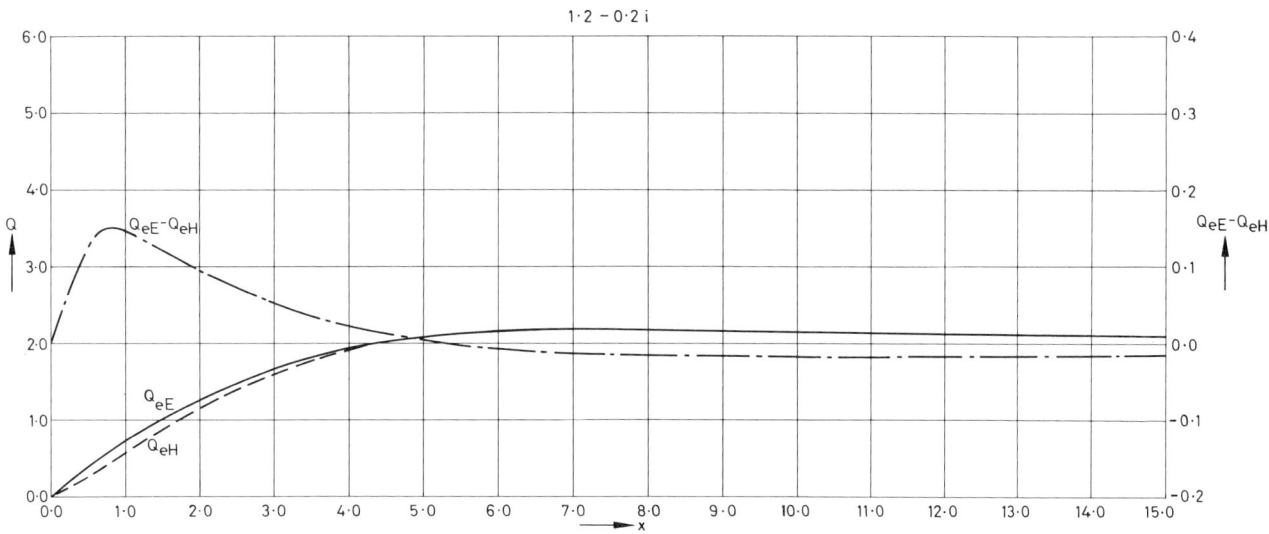
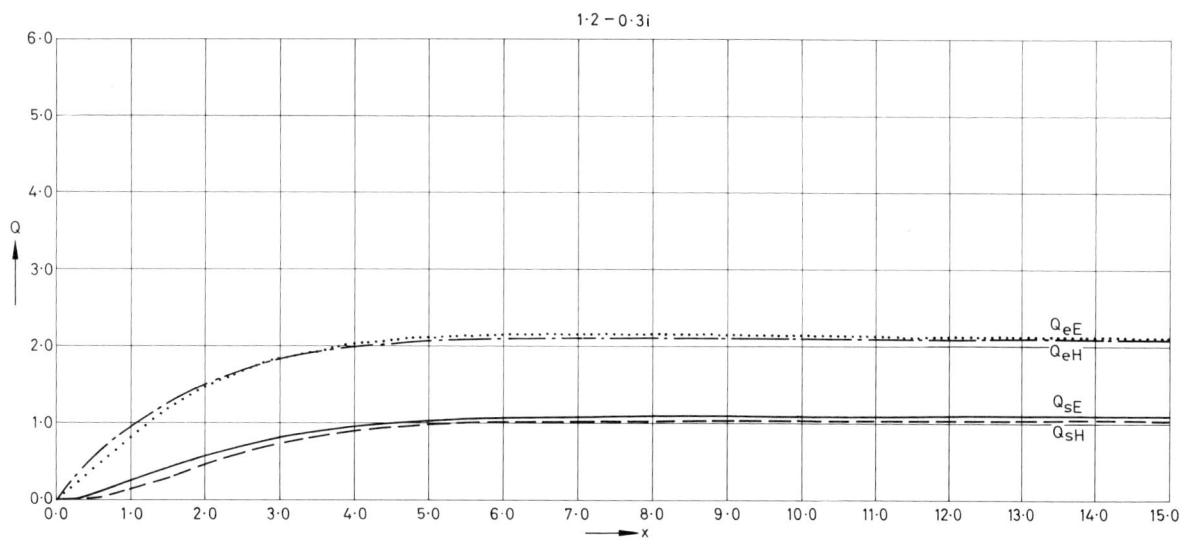

350 Figs. C7–C9

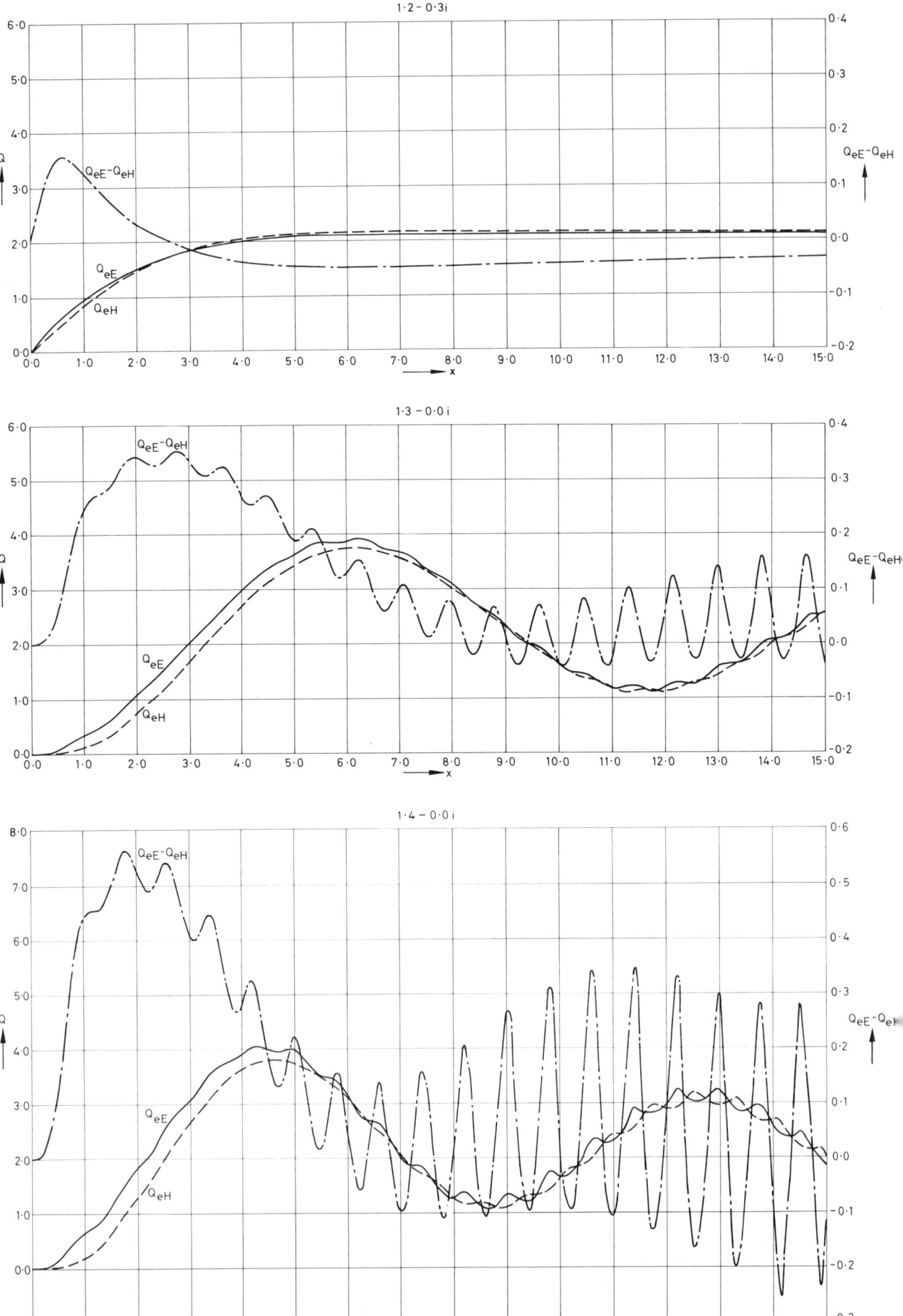

Figs. C10–C12

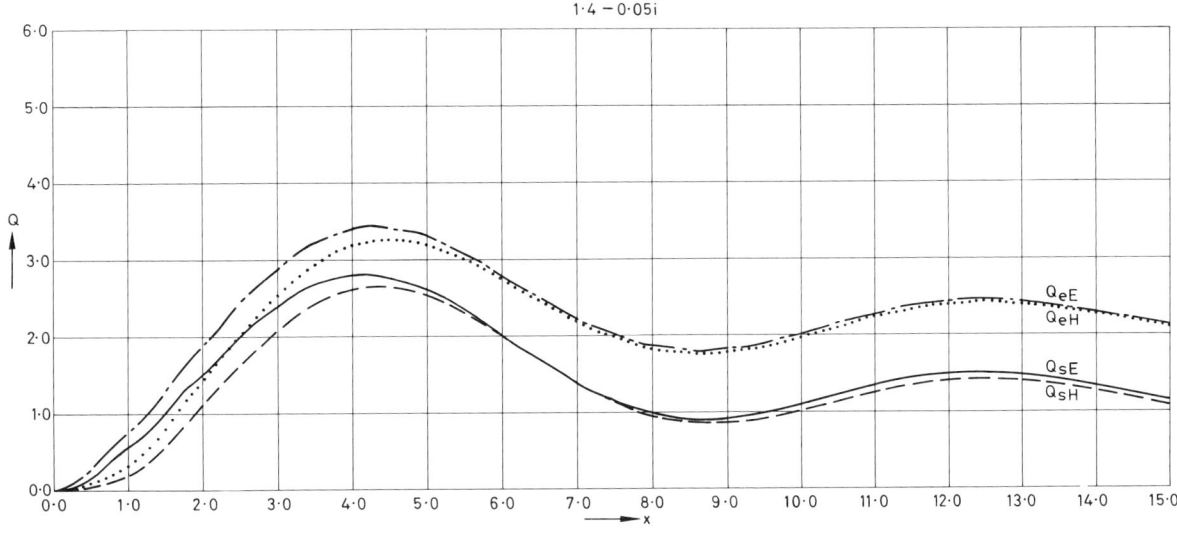

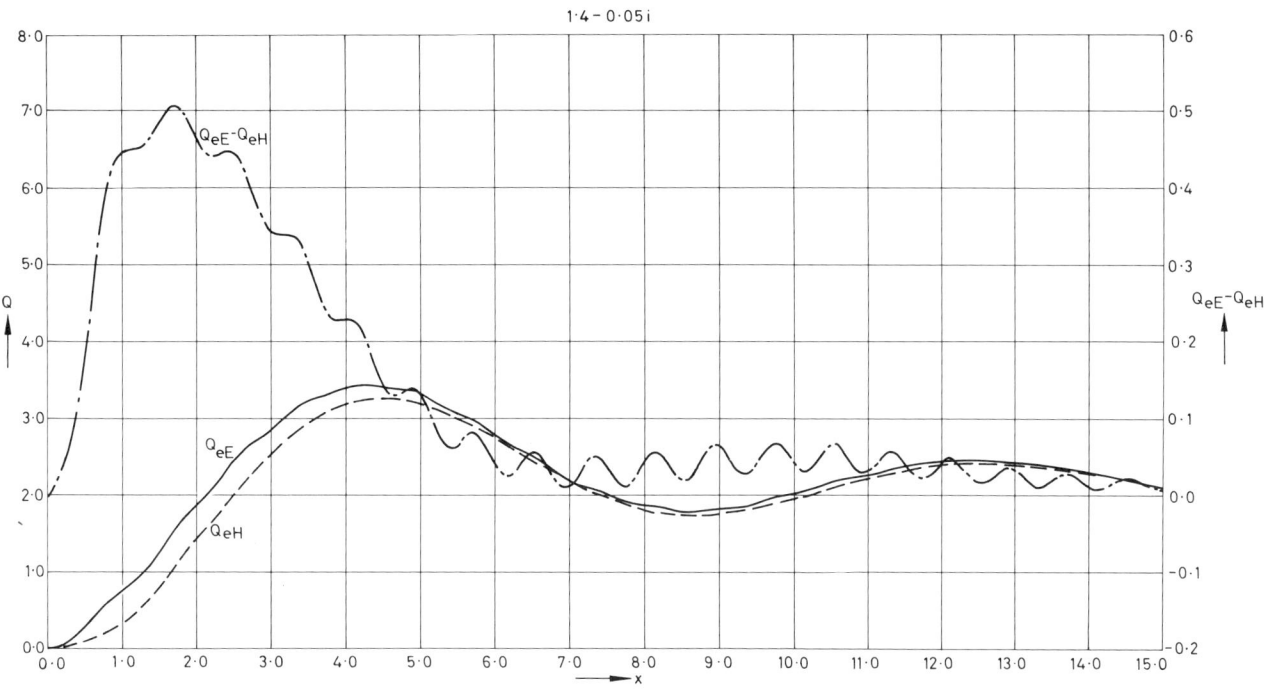

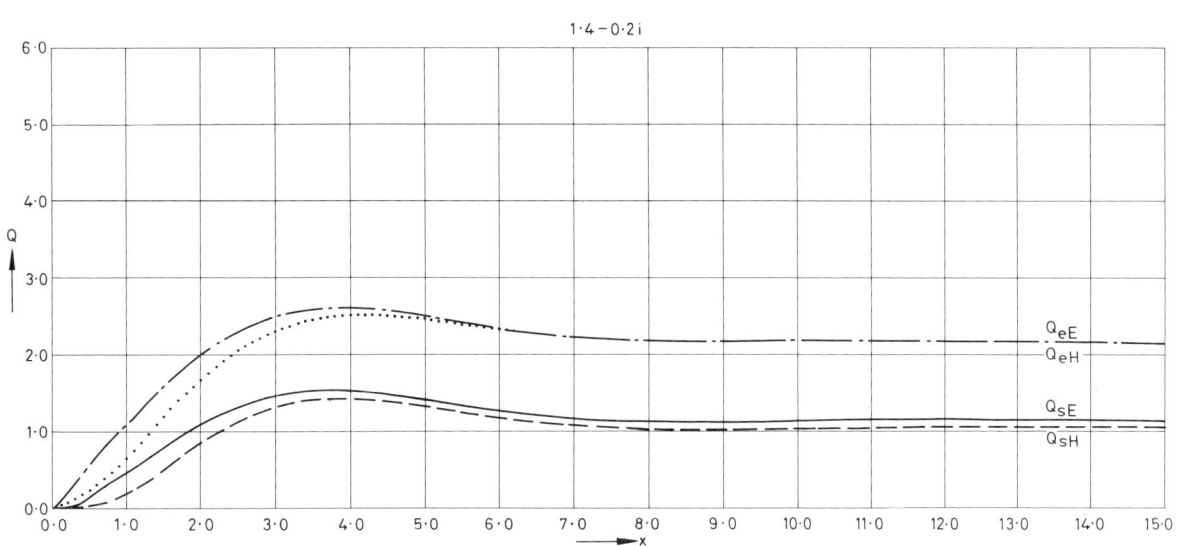

352 Figs. C13–C15

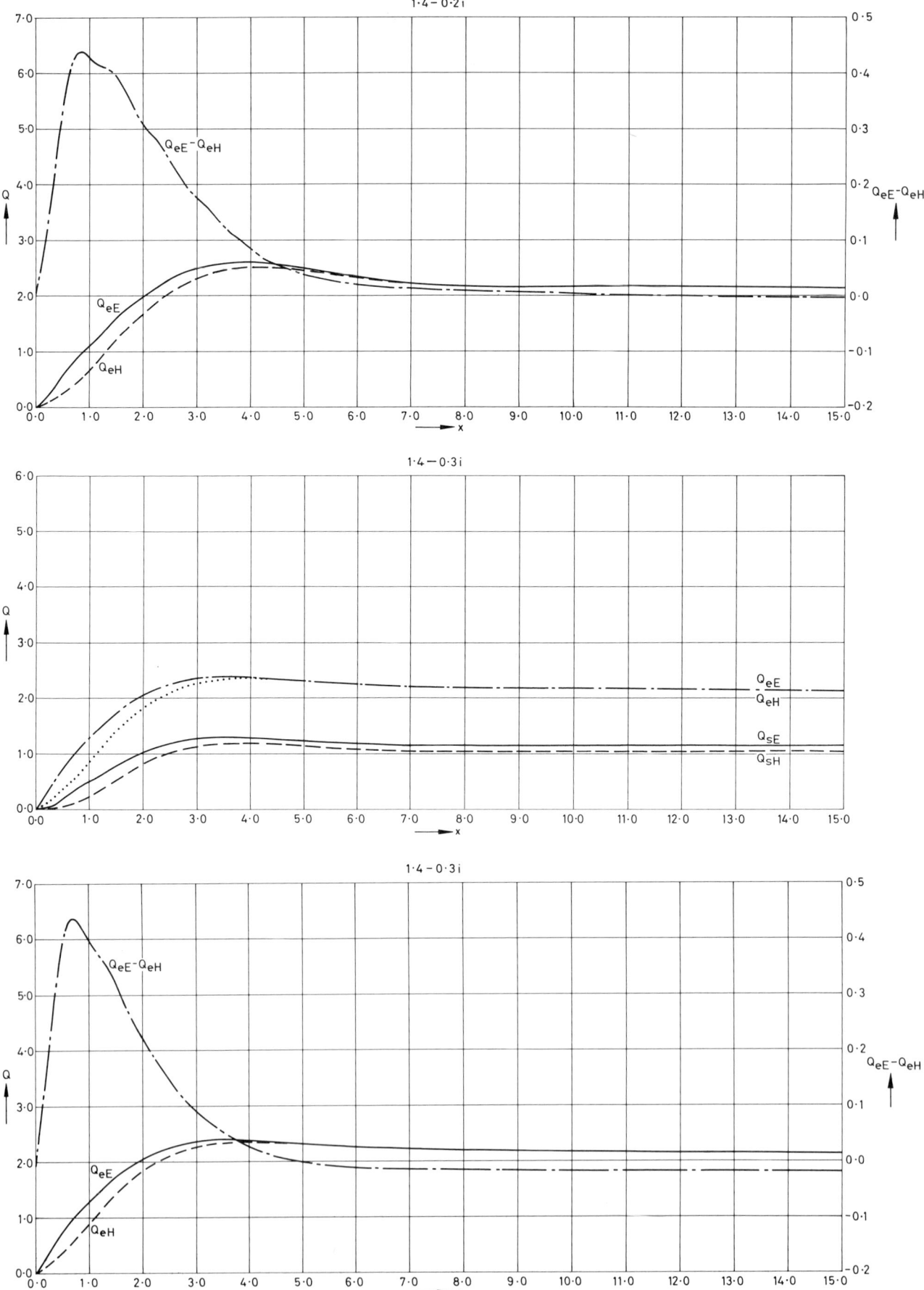

Figs. C16–C18 353

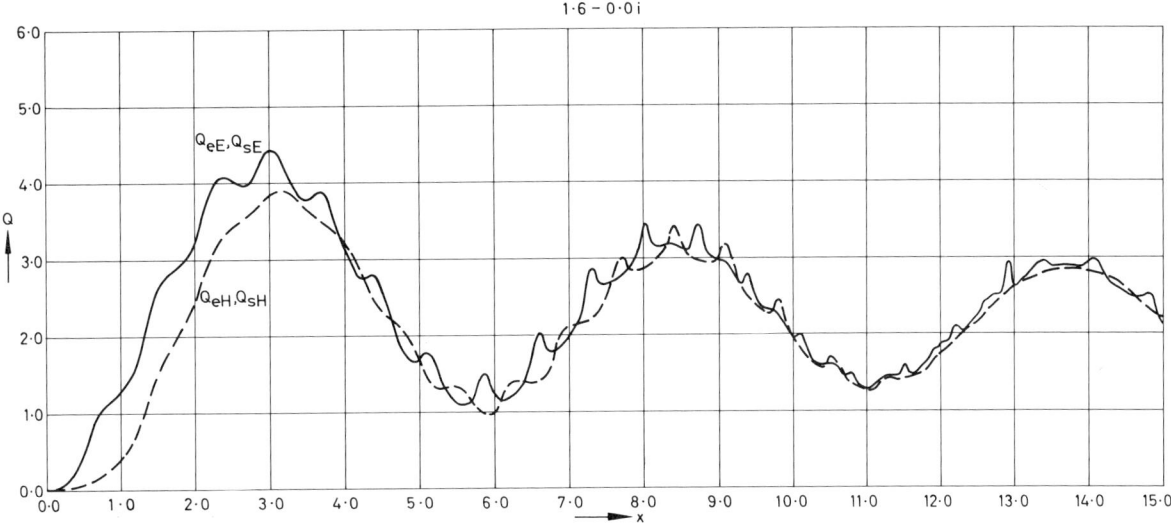

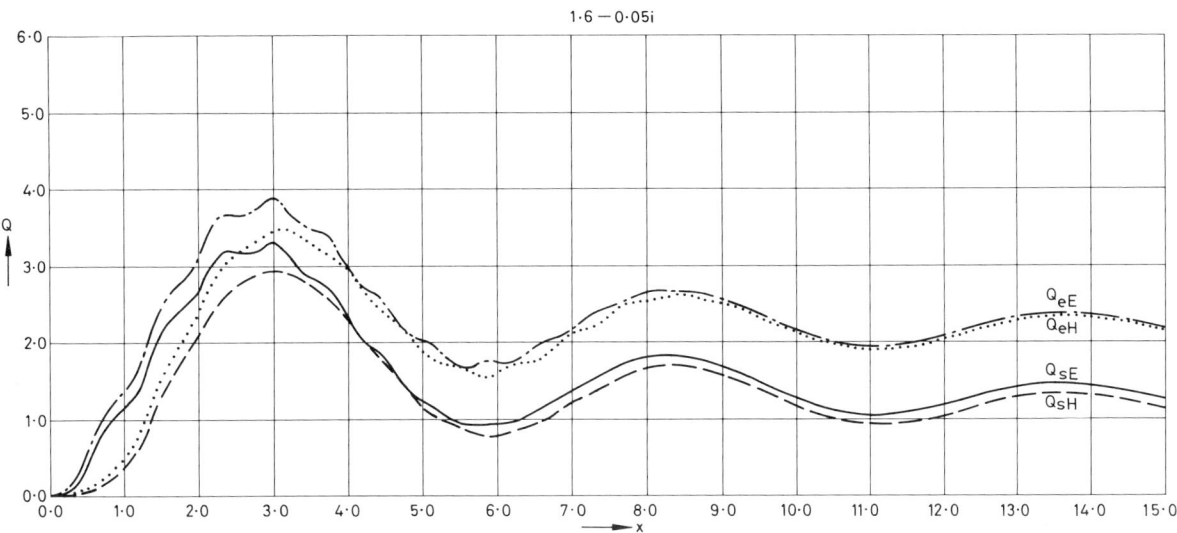

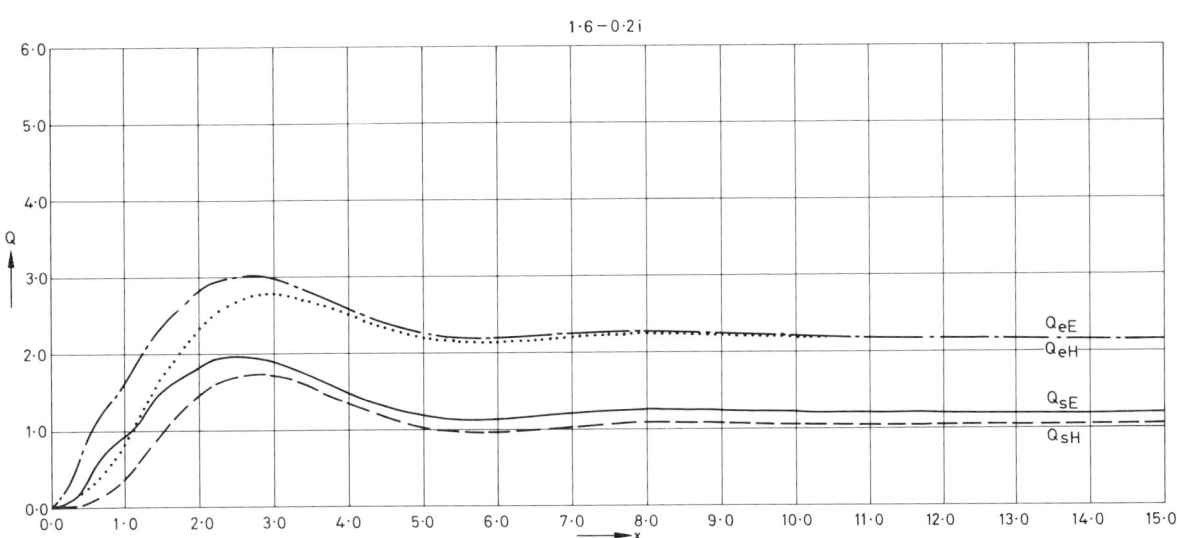

Figs. C19–C21

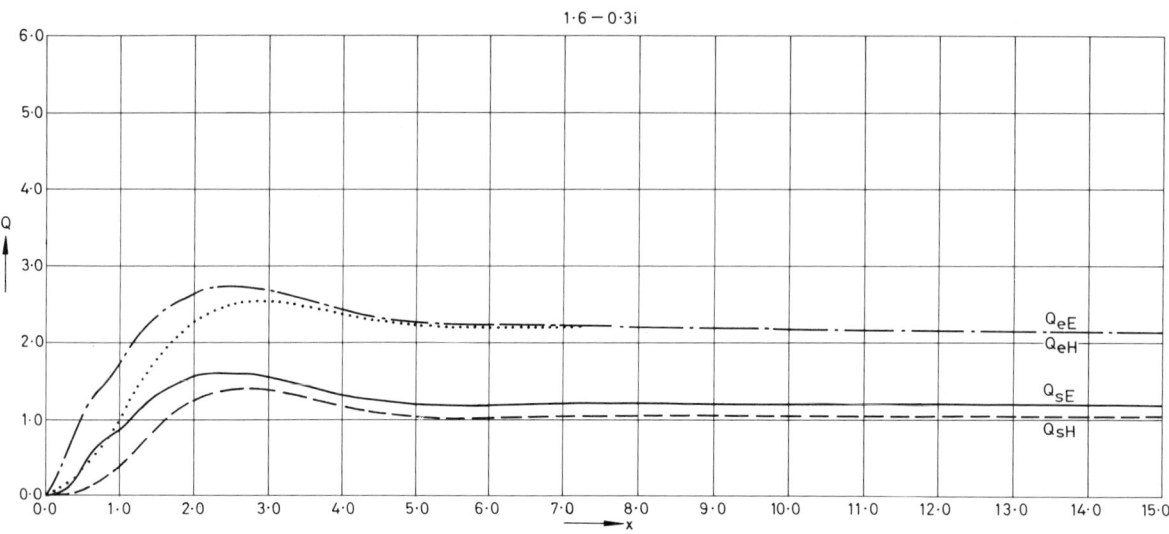

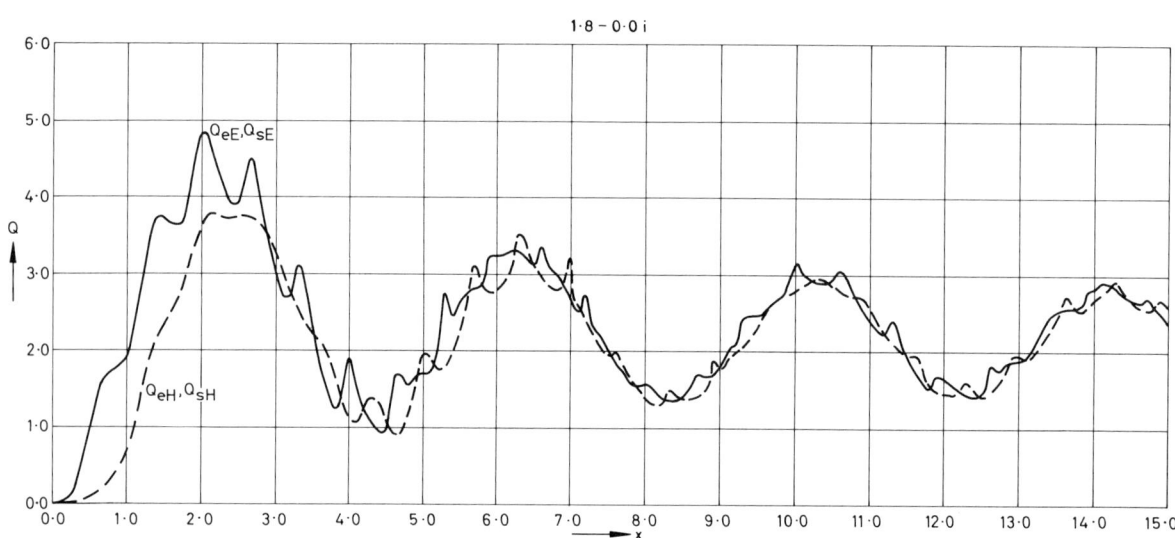

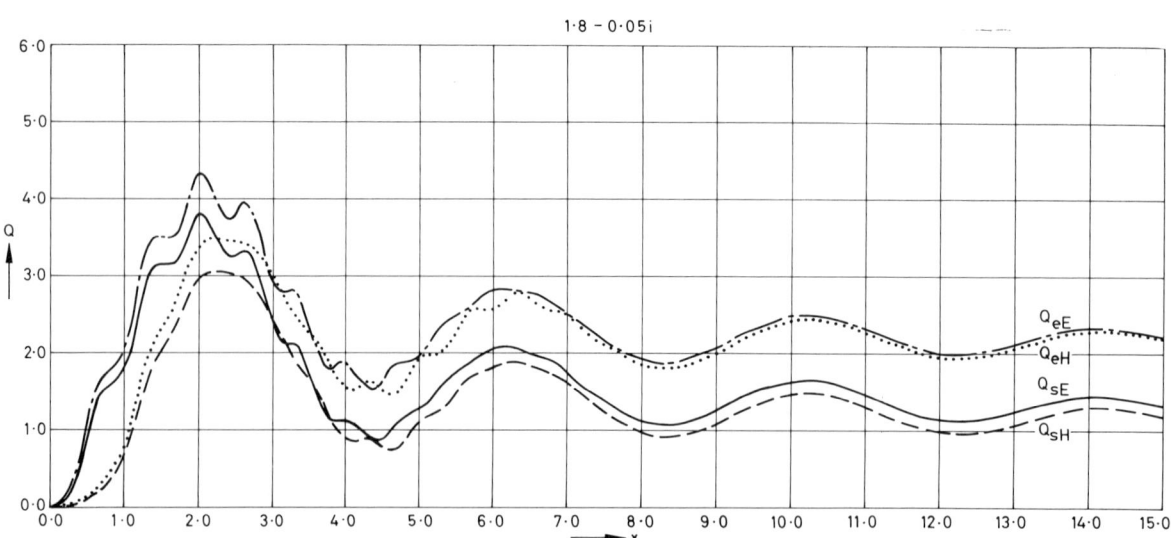

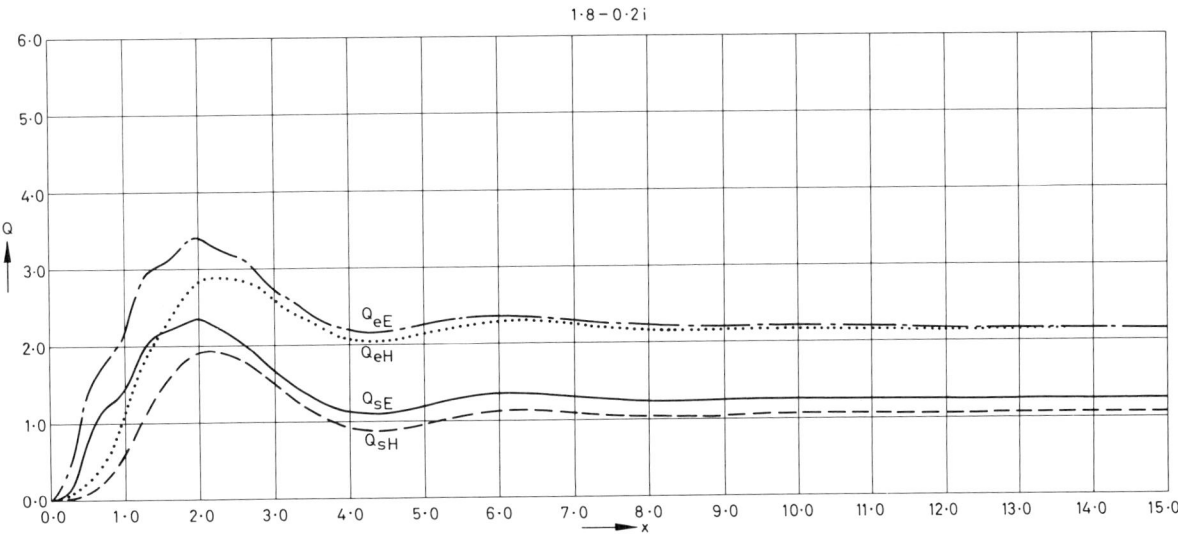

Fig. C22

Table T2.105

N = 1.200 K = 0.0 THETA = 15.0

X	QEE	QEH	QSE	QSH
0.1	0.0001	0.0002	0.0001	0.0002
0.2	0.0012	0.0013	0.0012	0.0013
0.3	0.0043	0.0046	0.0043	0.0046
0.4	0.0108	0.0115	0.0108	0.0115
0.5	0.0226	0.0240	0.0226	0.0240
0.6	0.0419	0.0445	0.0419	0.0445
0.7	0.0717	0.0761	0.0717	0.0761
0.8	0.1153	0.1222	0.1153	0.1222
0.9	0.1760	0.1862	0.1760	0.1862
1.0	0.2561	0.2704	0.2561	0.2704
1.1	0.3553	0.3744	0.3553	0.3744
1.2	0.4693	0.4933	0.4693	0.4933
1.3	0.5892	0.6175	0.5892	0.6175
1.4	0.7032	0.7343	0.7032	0.7343
1.5	0.8000	0.8318	0.8000	0.8318
1.6	0.8728	0.9028	0.8728	0.9028
1.7	0.9204	0.9460	0.9204	0.9460
1.8	0.9459	0.9646	0.9459	0.9646
1.9	0.9550	0.9644	0.9550	0.9644
2.0	0.9537	0.9515	0.9537	0.9515
2.1	0.9477	0.9313	0.9477	0.9313
2.2	0.9417	0.9079	0.9417	0.9079
2.3	0.9398	0.8851	0.9398	0.8851
2.4	0.9459	0.8661	0.9459	0.8661
2.5	0.9639	0.8542	0.9639	0.8542
2.6	0.9975	0.8541	0.9975	0.8541
2.7	1.0496	0.8719	1.0496	0.8719
2.8	1.1216	0.9164	1.1216	0.9164
2.9	1.2110	0.9979	1.2110	0.9979
3.0	1.3117	1.1234	1.3117	1.1233
3.1	1.4156	1.2842	1.4156	1.2842
3.2	1.5154	1.4475	1.5154	1.4475
3.3	1.6033	1.5723	1.6033	1.5723
3.4	1.6648	1.6360	1.6648	1.6360
3.5	1.6828	1.6360	1.6828	1.6360
3.6	1.6528	1.5826	1.6528	1.5826
3.7	1.5880	1.4968	1.5880	1.4968
3.8	1.5078	1.3999	1.5078	1.3999
3.9	1.4269	1.3059	1.4269	1.3059
4.0	1.3526	1.2212	1.3526	1.2212
4.1	1.2877	1.1474	1.2877	1.1474
4.2	1.2329	1.0845	1.2329	1.0845
4.3	1.1881	1.0316	1.1881	1.0316
4.4	1.1531	0.9890	1.1531	0.9890
4.5	1.1288	0.9579	1.1288	0.9579
4.6	1.1175	0.9429	1.1175	0.9429
4.7	1.1235	0.9536	1.1235	0.9536
4.8	1.1523	1.0073	1.1523	1.0073
4.9	1.2015	1.1172	1.2015	1.1172
5.0	1.2392	1.2442	1.2392	1.2442

X	QEE	QEH	QSE	QSH
5.2	1.2087	1.2673	1.2087	1.2673
5.4	1.1824	1.1670	1.1824	1.1670
5.6	0.9142	0.8506	0.9142	0.8506
5.8	0.6934	0.6252	0.6934	0.6252
6.0	0.5698	0.5184	0.5698	0.5184
6.2	0.5003	0.4680	0.5003	0.4680
6.4	0.4573	0.4402	0.4573	0.4402
6.6	0.4390	0.4402	0.4390	0.4402
6.8	0.5320	0.6432	0.5320	0.6432
7.0	0.4201	0.5345	0.4201	0.5345
7.2	0.4959	0.5347	0.4959	0.5347
7.4	0.3037	0.2951	0.3037	0.2951
7.6	0.2148	0.1877	0.2148	0.1877
7.8	0.2400	0.2422	0.2400	0.2422
8.0	0.3124	0.3499	0.3124	0.3499
8.2	0.3830	0.4311	0.3830	0.4311
8.4	0.4355	0.4772	0.4355	0.4772
8.6	0.5596	0.6543	0.5596	0.6543
8.8	0.4938	0.5197	0.4938	0.5197
9.0	0.6187	0.5988	0.6187	0.5988
9.2	0.5400	0.4823	0.5400	0.4823
9.4	0.5897	0.5107	0.5897	0.5107
9.6	0.7045	0.6541	0.7045	0.6541
9.8	0.8373	0.8424	0.8373	0.8424
10.0	0.9266	0.9445	0.9266	0.9445
10.2	0.9526	0.9431	0.9526	0.9431
10.4	0.9992	1.0177	0.9992	1.0177
10.6	0.9098	0.8421	0.9098	0.8421
10.8	1.0107	0.9214	1.0107	0.9214
11.0	0.8764	0.7733	0.8764	0.7733
11.2	0.8978	0.7957	0.8978	0.7957
11.4	0.9617	0.9041	0.9617	0.9041
11.6	1.0234	1.0318	1.0234	1.0318
11.8	1.0203	1.0473	1.0203	1.0473
12.0	0.9318	0.9297	0.9318	0.9297
12.2	0.8100	0.7642	0.8100	0.7642
12.4	0.7029	0.6374	0.7029	0.6374
12.6	0.6264	0.5660	0.6264	0.5660
12.8	0.5794	0.5320	0.5794	0.5320
13.0	0.5636	0.5349	0.5636	0.5349
13.2	0.5948	0.6157	0.5948	0.6157
13.4	0.6132	0.6924	0.6132	0.6924
13.6	0.5913	0.6675	0.5913	0.6675
13.8	0.4722	0.5128	0.4722	0.5128
14.0	0.3568	0.3519	0.3568	0.3519
14.2	0.2896	0.2582	0.2896	0.2582
14.4	0.2784	0.2636	0.2784	0.2636
14.6	0.3071	0.3229	0.3071	0.3229
14.8	0.3528	0.3861	0.3528	0.3861
15.0	0.4300	0.4890	0.4300	0.4890

Table T2.106

N = 1.200 K = 0.0 THETA = 30.0

X	QEE	QEH	QSE	QSH
0.1	0.0001	0.0001	0.0001	0.0001
0.2	0.0010	0.0012	0.0010	0.0012
0.3	0.0034	0.0040	0.0034	0.0040
0.4	0.0084	0.0098	0.0084	0.0098
0.5	0.0169	0.0196	0.0169	0.0196
0.6	0.0302	0.0348	0.0302	0.0348
0.7	0.0494	0.0565	0.0494	0.0565
0.8	0.0755	0.0856	0.0755	0.0856
0.9	0.1092	0.1224	0.1092	0.1224
1.0	0.1507	0.1666	0.1507	0.1666
1.1	0.1996	0.2168	0.1996	0.2168
1.2	0.2546	0.2708	0.2546	0.2708
1.3	0.3142	0.3261	0.3142	0.3261
1.4	0.3762	0.3795	0.3762	0.3795
1.5	0.4389	0.4288	0.4389	0.4288
1.6	0.5010	0.4725	0.5010	0.4725
1.7	0.5617	0.5103	0.5617	0.5103
1.8	0.6209	0.5429	0.6209	0.5429
1.9	0.6788	0.5724	0.6788	0.5724
2.0	0.7361	0.6016	0.7361	0.6016
2.1	0.7933	0.6341	0.7933	0.6341
2.2	0.8513	0.6735	0.8513	0.6735
2.3	0.9107	0.7234	0.9107	0.7234
2.4	0.9720	0.7864	0.9720	0.7864
2.5	1.0360	0.8628	1.0360	0.8628
2.6	1.1028	0.9502	1.1028	0.9502
2.7	1.1722	1.0436	1.1722	1.0436
2.8	1.2435	1.1360	1.2435	1.1360
2.9	1.3149	1.2209	1.3149	1.2209
3.0	1.3843	1.2934	1.3843	1.2934
3.1	1.4499	1.3514	1.4499	1.3514
3.2	1.5103	1.3953	1.5103	1.3953
3.3	1.5655	1.4278	1.5655	1.4278
3.4	1.6161	1.4529	1.6161	1.4529
3.5	1.6636	1.4756	1.6636	1.4756
3.6	1.7095	1.5009	1.7095	1.5009
3.7	1.7549	1.5331	1.7549	1.5331
3.8	1.8006	1.5755	1.8006	1.5755
3.9	1.8464	1.6293	1.8464	1.6293
4.0	1.8921	1.6936	1.8921	1.6936
4.1	1.9374	1.7653	1.9374	1.7653
4.2	1.9821	1.8395	1.9821	1.8395
4.3	2.0259	1.9101	2.0259	1.9101
4.4	2.0672	1.9708	2.0672	1.9708
4.5	2.1038	2.0162	2.1038	2.0162
4.6	2.1331	2.0426	2.1331	2.0426
4.7	2.1536	2.0500	2.1536	2.0500
4.8	2.1657	2.0419	2.1657	2.0419
4.9	2.1714	2.0242	2.1714	2.0242
5.0	2.1736	2.0046	2.1736	2.0046
5.2	2.1768	1.9854	2.1768	1.9854
5.4	2.1816	2.0124	2.1816	2.0124
5.6	2.1795	2.0647	2.1795	2.0647
5.8	2.1724	2.1063	2.1724	2.1063
6.0	2.1551	2.1082	2.1551	2.1082
6.2	2.1000	2.0410	2.1000	2.0410
6.4	2.0124	1.9225	2.0124	1.9225
6.6	1.9263	1.8114	1.9263	1.8114
6.8	1.8563	1.7536	1.8563	1.7536
7.0	1.7810	1.7250	1.7810	1.7250
7.2	1.7009	1.6837	1.7009	1.6837
7.4	1.6356	1.6339	1.6356	1.6339
7.6	1.5390	1.5344	1.5390	1.5344
7.8	1.4023	1.3831	1.4023	1.3831
8.0	1.2781	1.2436	1.2781	1.2436
8.2	1.1934	1.1664	1.1934	1.1664
8.4	1.1130	1.1182	1.1130	1.1182
8.6	1.0183	1.0372	1.0183	1.0372
8.8	0.9689	0.9899	0.9689	0.9899
9.0	0.9053	0.9272	0.9058	0.9272
9.2	0.7884	0.8060	0.7884	0.8060
9.4	0.6941	0.7048	0.6941	0.7048
9.6	0.6584	0.6782	0.6584	0.6782
9.8	0.6411	0.6900	0.6411	0.6900
10.0	0.5875	0.6197	0.5875	0.6197
10.2	0.6017	0.6115	0.6017	0.6115
10.4	0.6246	0.6311	0.6246	0.6311
10.6	0.5670	0.5792	0.5670	0.5792
10.8	0.5420	0.5564	0.5420	0.5564
11.0	0.5805	0.6052	0.5805	0.6052
11.2	0.6495	0.7077	0.6495	0.7077
11.4	0.6491	0.6684	0.6491	0.6684
11.6	0.7268	0.7080	0.7268	0.7080
11.8	0.8342	0.8026	0.8342	0.8026
12.0	0.8239	0.7979	0.8239	0.7979
12.2	0.8549	0.8396	0.8549	0.8396
12.4	0.9392	0.9411	0.9392	0.9411
12.6	1.0606	1.0788	1.0606	1.0788
12.8	1.0788	1.0701	1.0788	1.0701
13.0	1.1758	1.1277	1.1758	1.1277
13.2	1.3150	1.2514	1.3150	1.2514
13.4	1.3021	1.2410	1.3021	1.2410
13.6	1.3398	1.2879	1.3398	1.2879
13.8	1.4124	1.3822	1.4124	1.3822
14.0	1.5223	1.5545	1.5223	1.5545
14.2	1.5081	1.4814	1.5081	1.4814
14.4	1.5715	1.5155	1.5715	1.5155
14.6	1.6748	1.6036	1.6748	1.6036
14.8	1.6167	1.5458	1.6167	1.5458
15.0	1.6147	1.5496	1.6147	1.5496

Table T2.107

N = 1.200 K = 0.0 THETA = 45.0

X	QEE	QEH	QSE	QSH
0.1	0.0001	0.0001	0.0001	0.0001
0.2	0.0010	0.0010	0.0010	0.0010
0.3	0.0034	0.0033	0.0034	0.0033
0.4	0.0081	0.0080	0.0081	0.0080
0.5	0.0160	0.0156	0.0160	0.0156
0.6	0.0280	0.0269	0.0280	0.0269
0.7	0.0448	0.0422	0.0448	0.0422
0.8	0.0670	0.0616	0.0670	0.0616
0.9	0.0948	0.0849	0.0948	0.0849
1.0	0.1281	0.1114	0.1281	0.1114
1.1	0.1666	0.1403	0.1666	0.1403
1.2	0.2094	0.1704	0.2094	0.1704
1.3	0.2555	0.2009	0.2555	0.2009
1.4	0.3038	0.2312	0.3038	0.2312
1.5	0.3532	0.2610	0.3532	0.2610
1.6	0.4029	0.2910	0.4029	0.2910
1.7	0.4523	0.3223	0.4523	0.3223
1.8	0.5014	0.3564	0.5014	0.3564
1.9	0.5505	0.3951	0.5505	0.3951
2.0	0.6000	0.4400	0.6000	0.4400
2.1	0.6507	0.4917	0.6507	0.4917
2.2	0.7036	0.5502	0.7036	0.5502
2.3	0.7591	0.6139	0.7591	0.6139
2.4	0.8179	0.6807	0.8179	0.6807
2.5	0.8798	0.7481	0.8798	0.7481
2.6	0.9445	0.8138	0.9445	0.8138
2.7	1.0113	0.8764	1.0113	0.8764
2.8	1.0790	0.9355	1.0790	0.9355
2.9	1.1466	0.9915	1.1466	0.9915
3.0	1.2133	1.0456	1.2133	1.0456
3.1	1.2782	1.0992	1.2782	1.0992
3.2	1.3414	1.1541	1.3414	1.1541
3.3	1.4030	1.2120	1.4030	1.2120
3.4	1.4667	1.2770	1.4667	1.2770
3.5	1.5243	1.3398	1.5243	1.3398
3.6	1.5857	1.4098	1.5857	1.4098
3.7	1.6486	1.4824	1.6486	1.4824
3.8	1.7132	1.5557	1.7132	1.5557
3.9	1.7791	1.6275	1.7791	1.6275
4.0	1.8455	1.6958	1.8455	1.6958
4.1	1.9112	1.7596	1.9112	1.7596
4.2	1.9750	1.8185	1.9750	1.8185
4.3	2.0356	1.8730	2.0356	1.8730
4.4	2.0926	1.9241	2.0926	1.9241
4.5	2.1459	1.9733	2.1459	1.9733
4.6	2.1959	2.0220	2.1959	2.0220
4.7	2.2437	2.0712	2.2437	2.0712
4.8	2.2904	2.1219	2.2904	2.1219
4.9	2.3372	2.1743	2.3372	2.1743
5.0	2.3846	2.2281	2.3846	2.2281
5.2	2.4803	2.3355	2.4803	2.3355
5.4	2.5695	2.4326	2.5695	2.4326
5.6	2.6416	2.5095	2.6416	2.5095
5.8	2.6934	2.5638	2.6934	2.5638
6.0	2.7325	2.6034	2.7325	2.6034
6.2	2.7699	2.6412	2.7699	2.6412
6.4	2.8080	2.6827	2.8080	2.6827
6.6	2.8365	2.7216	2.8365	2.7216
6.8	2.8437	2.7468	2.8437	2.7468
7.0	2.8279	2.7478	2.8279	2.7478
7.2	2.8008	2.7251	2.8008	2.7251
7.4	2.7765	2.6929	2.7765	2.6929
7.6	2.7552	2.6632	2.7552	2.6632
7.8	2.7084	2.6222	2.7084	2.6222
8.0	2.6670	2.6014	2.6670	2.6014
8.2	2.5886	2.5478	2.5886	2.5478
8.4	2.5053	2.4753	2.5053	2.4753
8.6	2.4348	2.3975	2.4348	2.3975
8.8	2.3724	2.3210	2.3724	2.3210
9.0	2.2978	2.2443	2.2978	2.2443
9.2	2.1984	2.1624	2.1984	2.1624
9.4	2.0808	2.0670	2.0808	2.0670
9.6	1.9695	1.9662	1.9695	1.9662
9.8	1.8828	1.8754	1.8828	1.8754
10.0	1.8091	1.7917	1.8091	1.7917
10.2	1.7219	1.7041	1.7219	1.7041
10.4	1.6105	1.6043	1.6105	1.6043
10.6	1.4879	1.4913	1.4879	1.4913
10.8	1.3847	1.3894	1.3847	1.3894
11.0	1.3171	1.3177	1.3171	1.3177
11.2	1.2636	1.2620	1.2636	1.2620
11.4	1.1935	1.2018	1.1935	1.2018
11.6	1.1009	1.1206	1.1009	1.1206
11.8	1.0059	1.0207	1.0059	1.0207
12.0	0.9436	0.9445	0.9436	0.9445
12.2	0.9244	0.9152	0.9244	0.9152
12.4	0.9119	0.9074	0.9119	0.9074
12.6	0.8789	0.8976	0.8789	0.8976
12.8	0.8255	0.8575	0.8255	0.8575
13.0	0.7796	0.7980	0.7796	0.7980
13.2	0.7778	0.7715	0.7778	0.7715
13.4	0.8189	0.7943	0.8189	0.7943
13.6	0.8519	0.8340	0.8519	0.8340
13.8	0.8607	0.8746	0.8607	0.8746
14.0	0.8502	0.8766	0.8502	0.8766
14.2	0.8578	0.8680	0.8578	0.8680
14.4	0.9244	0.9081	0.9244	0.9081
14.6	1.0099	0.9734	1.0099	0.9734
14.8	1.0749	1.0474	1.0749	1.0474
15.0	1.1135	1.1157	1.1135	1.1157

Table T2.108

N = 1.200   K = 0.0   THETA = 60.0

X	QEE	QEH	QSE	QSH
0.1	0.0002	0.0001	0.0002	0.0001
0.2	0.0013	0.0008	0.0013	0.0008
0.3	0.0044	0.0027	0.0044	0.0027
0.4	0.0105	0.0064	0.0105	0.0064
0.5	0.0205	0.0123	0.0205	0.0123
0.6	0.0351	0.0206	0.0351	0.0206
0.7	0.0545	0.0317	0.0545	0.0317
0.8	0.0786	0.0452	0.0786	0.0452
0.9	0.1068	0.0609	0.1068	0.0609
1.0	0.1382	0.0784	0.1382	0.0784
1.1	0.1717	0.0972	0.1717	0.0972
1.2	0.2062	0.1172	0.2062	0.1172
1.3	0.2412	0.1383	0.2412	0.1383
1.4	0.2763	0.1609	0.2763	0.1609
1.5	0.3119	0.1857	0.3119	0.1857
1.6	0.3485	0.2137	0.3485	0.2137
1.7	0.3870	0.2458	0.3870	0.2458
1.8	0.4282	0.2830	0.4282	0.2830
1.9	0.4726	0.3254	0.4726	0.3254
2.0	0.5204	0.3727	0.5204	0.3727
2.1	0.5713	0.4238	0.5713	0.4238
2.2	0.6248	0.4771	0.6248	0.4771
2.3	0.6799	0.5313	0.6799	0.5313
2.4	0.7360	0.5850	0.7360	0.5850
2.5	0.7922	0.6376	0.7922	0.6376
2.6	0.8484	0.6892	0.8484	0.6892
2.7	0.9046	0.7402	0.9046	0.7402
2.8	0.9606	0.7911	0.9606	0.7911
2.9	1.0183	0.8443	1.0183	0.8443
3.0	1.0771	0.8998	1.0771	0.8998
3.1	1.1376	0.9589	1.1376	0.9589
3.2	1.2001	1.0217	1.2001	1.0217
3.3	1.2644	1.0880	1.2644	1.0880
3.4	1.3300	1.1567	1.3300	1.1567
3.5	1.3964	1.2264	1.3964	1.2264
3.6	1.4629	1.2956	1.4629	1.2956
3.7	1.5289	1.3631	1.5289	1.3631
3.8	1.5941	1.4281	1.5941	1.4281
3.9	1.6583	1.4906	1.6583	1.4906
4.0	1.7217	1.5513	1.7217	1.5513
4.1	1.7846	1.6112	1.7846	1.6112
4.2	1.8474	1.6716	1.8474	1.6716
4.3	1.9104	1.7336	1.9104	1.7336
4.4	1.9739	1.7978	1.9739	1.7978
4.5	2.0379	1.8645	2.0379	1.8645
4.6	2.1020	1.9329	2.1020	1.9329
4.7	2.1658	2.0018	2.1658	2.0018
4.8	2.2288	2.0698	2.2288	2.0698
4.9	2.2903	2.1354	2.2903	2.1354
5.0	2.3501	2.1975	2.3500	2.1975
5.2	2.4637	2.3110	2.4637	2.3110
5.4	2.5712	2.4158	2.5712	2.4158
5.6	2.6748	2.5210	2.6748	2.5210
5.8	2.7748	2.6286	2.7748	2.6286
6.0	2.8683	2.7320	2.8683	2.7320
6.2	2.9528	2.8239	2.9528	2.8239
6.4	3.0276	2.9022	3.0276	2.9022
6.6	3.0966	2.9731	3.0966	2.9731
6.8	3.1574	3.0378	3.1574	3.0378
7.0	3.2081	3.0942	3.2081	3.0942
7.2	3.2480	3.1402	3.2480	3.1402
7.4	3.2796	3.1782	3.2796	3.1782
7.6	3.3054	3.2118	3.3054	3.2118
7.8	3.3238	3.2377	3.3238	3.2377
8.0	3.3292	3.2474	3.3292	3.2474
8.2	3.3196	3.2384	3.3196	3.2384
8.4	3.3006	3.2210	3.3006	3.2210
8.6	3.2796	3.2074	3.2796	3.2074
8.8	3.2562	3.1961	3.2562	3.1961
9.0	3.2216	3.1709	3.2216	3.1709
9.2	3.1698	3.1199	3.1698	3.1199
9.4	3.1062	3.0526	3.1062	3.0526
9.6	3.0425	2.9900	3.0425	2.9900
9.8	2.9820	2.9393	2.9820	2.9393
10.0	2.9151	2.8842	2.9151	2.8842
10.2	2.8325	2.8065	2.8325	2.8065
10.4	2.7390	2.7106	2.7390	2.7106
10.6	2.6475	2.6171	2.6475	2.6171
10.8	2.5631	2.5372	2.5631	2.5372
11.0	2.4758	2.4578	2.4758	2.4578
11.2	2.3753	2.3613	2.3753	2.3613
11.4	2.2676	2.2531	2.2676	2.2531
11.6	2.1670	2.1529	2.1670	2.1529
11.8	2.0814	2.0723	2.0814	2.0723
12.0	1.9909	1.9862	1.9909	1.9862
12.2	1.8877	1.8812	1.8877	1.8812
12.4	1.7800	1.7692	1.7800	1.7692
12.6	1.6867	1.6769	1.6867	1.6769
12.8	1.6136	1.6123	1.6136	1.6123
13.0	1.5426	1.5483	1.5426	1.5483
13.2	1.4552	1.4570	1.4552	1.4570
13.4	1.3625	1.3542	1.3625	1.3542
13.6	1.2887	1.2765	1.2887	1.2765
13.8	1.2427	1.2387	1.2427	1.2387
14.0	1.2033	1.2095	1.2033	1.2095
14.2	1.1461	1.1508	1.1461	1.1508
14.4	1.0824	1.0768	1.0824	1.0768
14.6	1.0395	1.0266	1.0395	1.0266
14.8	1.0283	1.0196	1.0283	1.0196
15.0	1.0258	1.0252	1.0258	1.0252

Table T2.109

N = 1.200   K = 0.0   THETA = 75.0

x	QEE	QEH	QSE	QSH
0.1	0.0002	0.0001	0.0002	0.0001
0.2	0.0017	0.0007	0.0017	0.0007
0.3	0.0059	0.0023	0.0059	0.0023
0.4	0.0138	0.0053	0.0138	0.0053
0.5	0.0265	0.0101	0.0265	0.0101
0.6	0.0443	0.0167	0.0443	0.0167
0.7	0.0667	0.0253	0.0667	0.0253
0.8	0.0927	0.0356	0.0927	0.0356
0.9	0.1207	0.0474	0.1207	0.0474
1.0	0.1492	0.0607	0.1492	0.0607
1.1	0.1770	0.0753	0.1770	0.0753
1.2	0.2037	0.0913	0.2037	0.0913
1.3	0.2298	0.1094	0.2298	0.1094
1.4	0.2565	0.1300	0.2565	0.1300
1.5	0.2853	0.1542	0.2853	0.1542
1.6	0.3179	0.1826	0.3179	0.1826
1.7	0.3551	0.2159	0.3551	0.2159
1.8	0.3973	0.2538	0.3973	0.2538
1.9	0.4437	0.2958	0.4437	0.2958
2.0	0.4928	0.3408	0.4928	0.3408
2.1	0.5430	0.3874	0.5430	0.3874
2.2	0.5927	0.4344	0.5927	0.4344
2.3	0.6414	0.4811	0.6414	0.4811
2.4	0.6891	0.5272	0.6891	0.5272
2.5	0.7361	0.5727	0.7361	0.5727
2.6	0.7855	0.6199	0.7855	0.6199
2.7	0.8367	0.6683	0.8367	0.6683
2.8	0.8911	0.7194	0.8911	0.7194
2.9	0.9487	0.7738	0.9487	0.7738
3.0	1.0090	0.8318	1.0090	0.8318
3.1	1.0708	0.8929	1.0708	0.8929
3.2	1.1332	0.9562	1.1332	0.9562
3.3	1.1955	1.0206	1.1955	1.0206
3.4	1.2574	1.0848	1.2574	1.0848
3.5	1.3190	1.1480	1.3190	1.1480
3.6	1.3808	1.2100	1.3808	1.2100
3.7	1.4431	1.2709	1.4431	1.2709
3.8	1.5062	1.3314	1.5062	1.3314
3.9	1.5700	1.3923	1.5700	1.3923
4.0	1.6341	1.4546	1.6341	1.4546
4.1	1.6984	1.5189	1.6984	1.5189
4.2	1.7625	1.5852	1.7625	1.5852
4.3	1.8268	1.6533	1.8268	1.6533
4.4	1.8915	1.7225	1.8915	1.7225
4.5	1.9570	1.7918	1.9570	1.7918
4.6	2.0234	1.8602	2.0234	1.8602
4.7	2.0901	1.9270	2.0901	1.9270
4.8	2.1564	1.9918	2.1564	1.9918
4.9	2.2212	2.0548	2.2212	2.0548
5.0	2.2839	2.1165	2.2839	2.1165
5.2	2.4020	2.2388	2.4020	2.2388
5.4	2.5163	2.3624	2.5163	2.3624
5.6	2.6346	2.4869	2.6346	2.4869
5.8	2.7560	2.6082	2.7560	2.6082
6.0	2.8691	2.7220	2.8691	2.7220
6.2	2.9672	2.8274	2.9672	2.8274
6.4	3.0552	2.9250	3.0552	2.9250
6.6	3.1438	3.0173	3.1438	3.0173
6.8	3.2342	3.1068	3.2342	3.1068
7.0	3.3164	3.1928	3.3164	3.1928
7.2	3.3834	3.2711	3.3834	3.2711
7.4	3.4396	3.3368	3.4396	3.3368
7.6	3.4919	3.3899	3.4919	3.3899
7.8	3.5396	3.4353	3.5396	3.4353
8.0	3.5767	3.4784	3.5767	3.4784
8.2	3.6027	3.5176	3.6027	3.5176
8.4	3.6231	3.5466	3.6231	3.5466
8.6	3.6382	3.5601	3.6382	3.5601
8.8	3.6416	3.5616	3.6416	3.5616
9.0	3.6301	3.5579	3.6301	3.5579
9.2	3.6109	3.5511	3.6109	3.5511
9.4	3.5922	3.5372	3.5922	3.5372
9.6	3.5703	3.5124	3.5703	3.5124
9.8	3.5341	3.4775	3.5341	3.4775
10.0	3.4814	3.4347	3.4814	3.4347
10.2	3.4228	3.3848	3.4228	3.3848
10.4	3.3670	3.3282	3.3670	3.3282
10.6	3.3109	3.2688	3.3109	3.2688
10.8	3.2410	3.2045	3.2410	3.2045
11.0	3.1603	3.1351	3.1603	3.1351
11.2	3.0771	3.0556	3.0771	3.0556
11.4	2.9948	2.9673	2.9948	2.9673
11.6	2.9080	2.8785	2.9080	2.8785
11.8	2.8142	2.7938	2.8142	2.7938
12.0	2.7191	2.7084	2.7191	2.7084
12.2	2.6274	2.6149	2.6274	2.6149
12.4	2.5335	2.5135	2.5335	2.5135
12.6	2.4312	2.4127	2.4312	2.4127
12.8	2.3261	2.3178	2.3261	2.3178
13.0	2.2296	2.2255	2.2296	2.2255
13.2	2.1418	2.1307	2.1417	2.1307
13.4	2.0505	2.0346	2.0505	2.0346
13.6	1.9509	1.9422	1.9509	1.9422
13.8	1.8582	1.8579	1.8582	1.8579
14.0	1.7693	1.7645	1.7693	1.7645
14.2	1.6934	1.6784	1.6934	1.6784
14.4	1.6145	1.6011	1.6145	1.6011
14.6	1.5340	1.5322	1.5340	1.5322
14.8	1.4628	1.4640	1.4628	1.4640
15.0	1.4040	1.3931	1.4040	1.3931

Table T2.110   361

N = 1.200 K = 0.050 THETA = 15.0

x	QEE	QEH	QSE	QSH
0.1	0.0134	0.0130	0.0002	0.0002
0.2	0.0285	0.0278	0.0013	0.0014
0.3	0.0470	0.0461	0.0045	0.0048
0.4	0.0706	0.0698	0.0113	0.0120
0.5	0.1011	0.1008	0.0231	0.0246
0.6	0.1407	0.1413	0.0420	0.0446
0.7	0.1912	0.1930	0.0700	0.0742
0.8	0.2536	0.2571	0.1087	0.1151
0.9	0.3279	0.3333	0.1591	0.1681
1.0	0.4119	0.4193	0.2205	0.2326
1.1	0.5013	0.5103	0.2903	0.3055
1.2	0.5900	0.5997	0.3640	0.3818
1.3	0.6715	0.6806	0.4358	0.4555
1.4	0.7405	0.7474	0.5006	0.5211
1.5	0.7945	0.7974	0.5549	0.5746
1.6	0.8336	0.8305	0.5971	0.6146
1.7	0.8597	0.8490	0.6279	0.6415
1.8	0.8762	0.8562	0.6489	0.6572
1.9	0.8865	0.8558	0.6626	0.6640
2.0	0.8940	0.8511	0.6714	0.6644
2.1	0.9014	0.8451	0.6774	0.6606
2.2	0.9111	0.8406	0.6828	0.6548
2.3	0.9248	0.8399	0.6891	0.6486
2.4	0.9436	0.8450	0.6976	0.6439
2.5	0.9682	0.8578	0.7091	0.6422
2.6	0.9984	0.8798	0.7242	0.6450
2.7	1.0334	0.9116	0.7428	0.6536
2.8	1.0717	0.9524	0.7643	0.6685
2.9	1.1110	0.9993	0.7878	0.6893
3.0	1.1487	1.0476	0.8119	0.7143
3.1	1.1817	1.0915	0.8348	0.7405
3.2	1.2069	1.1254	0.8546	0.7644
3.3	1.2218	1.1455	0.8694	0.7830
3.4	1.2248	1.1505	0.8777	0.7941
3.5	1.2164	1.1417	0.8789	0.7970
3.6	1.1986	1.1220	0.8733	0.7924
3.7	1.1742	1.0952	0.8622	0.7818
3.8	1.1461	1.0648	0.8467	0.7667
3.9	1.1167	1.0335	0.8283	0.7488
4.0	1.0879	1.0036	0.8079	0.7293
4.1	1.0610	0.9765	0.7865	0.7093
4.2	1.0367	0.9532	0.7645	0.6894
4.3	1.0155	0.9345	0.7422	0.6702
4.4	0.9975	0.9205	0.7200	0.6521
4.5	0.9826	0.9114	0.6981	0.6353
4.6	0.9703	0.9064	0.6765	0.6198
4.7	0.9599	0.9044	0.6555	0.6052
4.8	0.9503	0.9035	0.6353	0.5910
4.9	0.9404	0.9016	0.6151	0.5767
5.0	0.9290	0.8969	0.5955	0.5617
5.2	0.8977	0.8738	0.5569	0.5289
5.4	0.8523	0.8315	0.5178	0.4934
5.6	0.7978	0.7787	0.4789	0.4585
5.8	0.7443	0.7278	0.4428	0.4277
6.0	0.6988	0.6862	0.4108	0.4018
6.2	0.6635	0.6560	0.3828	0.3800
6.4	0.6384	0.6365	0.3580	0.3609
6.6	0.6216	0.6248	0.3361	0.3435
6.8	0.6104	0.6169	0.3175	0.3273
7.0	0.6023	0.6093	0.3034	0.3129
7.2	0.5952	0.6010	0.2945	0.3020
7.4	0.5892	0.5932	0.2913	0.2968
7.6	0.5858	0.5883	0.2938	0.2981
7.8	0.5863	0.5878	0.3011	0.3051
8.0	0.5910	0.5915	0.3115	0.3155
8.2	0.5989	0.5982	0.3233	0.3270
8.4	0.6094	0.6071	0.3352	0.3380
8.6	0.6213	0.6169	0.3468	0.3478
8.8	0.6340	0.6272	0.3581	0.3567
9.0	0.6466	0.6375	0.3694	0.3652
9.2	0.6586	0.6477	0.3809	0.3743
9.4	0.6696	0.6573	0.3926	0.3840
9.6	0.6795	0.6663	0.4042	0.3942
9.8	0.6877	0.6738	0.4147	0.4041
10.0	0.6941	0.6796	0.4235	0.4126
10.2	0.6985	0.6835	0.4300	0.4191
10.4	0.7011	0.6858	0.4339	0.4233
10.6	0.7021	0.6868	0.4355	0.4253
10.8	0.7016	0.6867	0.4351	0.4254
11.0	0.6997	0.6856	0.4330	0.4240
11.2	0.6964	0.6833	0.4296	0.4214
11.4	0.6915	0.6798	0.4251	0.4177
11.6	0.6853	0.6748	0.4197	0.4132
11.8	0.6780	0.6686	0.4135	0.4080
12.0	0.6698	0.6615	0.4067	0.4023
12.2	0.6612	0.6540	0.3995	0.3963
12.4	0.6528	0.6466	0.3920	0.3903
12.6	0.6447	0.6397	0.3846	0.3843
12.8	0.6371	0.6332	0.3775	0.3784
13.0	0.6302	0.6273	0.3709	0.3728
13.2	0.6239	0.6218	0.3648	0.3676
13.4	0.6181	0.6168	0.3596	0.3629
13.6	0.6131	0.6122	0.3553	0.3588
13.8	0.6089	0.6082	0.3519	0.3556
14.0	0.6056	0.6050	0.3496	0.3533
14.2	0.6033	0.6027	0.3482	0.3520
14.4	0.6018	0.6010	0.3478	0.3519
14.6	0.6021	0.6013	0.3482	0.3520
14.8	0.6023	0.6013	0.3492	0.3529
15.0	0.6035	0.6021	0.3509	0.3543

Table T2.111

N = 1.200 K = 0.050 THETA = 30.0

X	QEE	QEH	QSE	QSH
0.1	0.0145	0.0129	0.0001	0.0002
0.2	0.0302	0.0273	0.0010	0.0012
0.3	0.0485	0.0444	0.0036	0.0042
0.4	0.0702	0.0654	0.0088	0.0102
0.5	0.0965	0.0912	0.0175	0.0202
0.6	0.1282	0.1227	0.0308	0.0353
0.7	0.1658	0.1602	0.0494	0.0563
0.8	0.2097	0.2036	0.0739	0.0833
0.9	0.2593	0.2520	0.1045	0.1162
1.0	0.3139	0.3038	0.1407	0.1539
1.1	0.3721	0.3571	0.1816	0.1948
1.2	0.4322	0.4096	0.2260	0.2370
1.3	0.4926	0.4596	0.2724	0.2783
1.4	0.5521	0.5055	0.3194	0.3170
1.5	0.6098	0.5470	0.3659	0.3519
1.6	0.6651	0.5844	0.4113	0.3827
1.7	0.7182	0.6188	0.4552	0.4097
1.8	0.7692	0.6518	0.4975	0.4338
1.9	0.8186	0.6854	0.5384	0.4565
2.0	0.8670	0.7216	0.5782	0.4795
2.1	0.9149	0.7621	0.6173	0.5047
2.2	0.9628	0.8078	0.6561	0.5335
2.3	1.0110	0.8590	0.6948	0.5669
2.4	1.0597	0.9148	0.7338	0.6052
2.5	1.1088	0.9731	0.7731	0.6475
2.6	1.1578	1.0316	0.8125	0.6923
2.7	1.2061	1.0875	0.8517	0.7377
2.8	1.2527	1.1386	0.8899	0.7815
2.9	1.2969	1.1837	0.9265	0.8221
3.0	1.3380	1.2224	0.9608	0.8582
3.1	1.3757	1.2553	0.9923	0.8897
3.2	1.4101	1.2837	1.0211	0.9168
3.3	1.4418	1.3092	1.0471	0.9402
3.4	1.4710	1.3336	1.0707	0.9610
3.5	1.4984	1.3583	1.0923	0.9804
3.6	1.5245	1.3844	1.1123	0.9991
3.7	1.5494	1.4124	1.1310	1.0178
3.8	1.5733	1.4420	1.1487	1.0369
3.9	1.5962	1.4725	1.1655	1.0561
4.0	1.6180	1.5027	1.1813	1.0750
4.1	1.6382	1.5311	1.1959	1.0930
4.2	1.6564	1.5563	1.2089	1.1092
4.3	1.6720	1.5771	1.2200	1.1230
4.4	1.6846	1.5928	1.2286	1.1336
4.5	1.6939	1.6033	1.2344	1.1410
4.6	1.6999	1.6091	1.2373	1.1450
4.7	1.7031	1.6114	1.2374	1.1464
4.8	1.7042	1.6118	1.2354	1.1460
4.9	1.7028	1.6105	1.2304	1.1433
5.0	1.7005	1.6097	1.2244	1.1405

X	QEE	QEH	QSE	QSH
5.2	1.6932	1.6100	1.2089	1.1338
5.4	1.6830	1.6115	1.1906	1.1253
5.6	1.6690	1.6091	1.1697	1.1123
5.8	1.6490	1.5972	1.1449	1.0919
6.0	1.6209	1.5731	1.1141	1.0623
6.2	1.5857	1.5399	1.0767	1.0254
6.4	1.5472	1.5044	1.0347	0.9862
6.6	1.5086	1.4713	0.9911	0.9486
6.8	1.4712	1.4411	0.9482	0.9138
7.0	1.4347	1.4113	0.9069	0.8802
7.2	1.3976	1.3790	0.8669	0.8453
7.4	1.3582	1.3425	0.8268	0.8076
7.6	1.3169	1.3025	0.7858	0.7670
7.8	1.2763	1.2639	0.7446	0.7260
8.0	1.2390	1.2296	0.7050	0.6877
8.2	1.2060	1.2000	0.6688	0.6537
8.4	1.1770	1.1736	0.6366	0.6244
8.6	1.1510	1.1489	0.6086	0.5988
8.8	1.1265	1.1246	0.5839	0.5756
9.0	1.1029	1.1010	0.5615	0.5539
9.2	1.0816	1.0801	0.5413	0.5339
9.4	1.0645	1.0638	0.5239	0.5164
9.6	1.0521	1.0522	0.5101	0.5024
9.8	1.0440	1.0442	0.5003	0.4919
10.0	1.0391	1.0386	0.4942	0.4850
10.2	1.0363	1.0346	0.4914	0.4814
10.4	1.0347	1.0319	0.4909	0.4803
10.6	1.0346	1.0311	0.4922	0.4814
10.8	1.0373	1.0335	0.4957	0.4847
11.0	1.0429	1.0389	0.5012	0.4899
11.2	1.0509	1.0462	0.5086	0.4967
11.4	1.0602	1.0544	0.5175	0.5044
11.6	1.0706	1.0634	0.5280	0.5135
11.8	1.0807	1.0724	0.5390	0.5233
12.0	1.0908	1.0818	0.5504	0.5337
12.2	1.1012	1.0919	0.5618	0.5447
12.4	1.1122	1.1027	0.5733	0.5561
12.6	1.1234	1.1135	0.5846	0.5674
12.8	1.1345	1.1240	0.5957	0.5785
13.0	1.1448	1.1336	0.6063	0.5888
13.2	1.1539	1.1423	0.6163	0.5982
13.4	1.1617	1.1499	0.6251	0.6067
13.6	1.1683	1.1567	0.6327	0.6141
13.8	1.1743	1.1630	0.6393	0.6208
14.0	1.1792	1.1682	0.6447	0.6265
14.2	1.1833	1.1725	0.6491	0.6314
14.4	1.1861	1.1753	0.6524	0.6351
14.6	1.1875	1.1769	0.6545	0.6377
14.8	1.1876	1.1774	0.6554	0.6391
15.0	1.1865	1.1768	0.6551	0.6393

Table T2.112   363

N = 1.200   K = 0.050   THETA = 45.0

X	QEE	QEH	QSE	QSH		X	QEE	QEH	QSE	QSH
0.1	0.0160	0.0129	0.0001	0.0001		5.2	2.0732	1.9795	1.5051	1.4219
0.2	0.0333	0.0269	0.0010	0.0010		5.4	2.1055	2.0175	1.5275	1.4478
0.3	0.0528	0.0431	0.0035	0.0035		5.6	2.1293	2.0463	1.5423	1.4664
0.4	0.0755	0.0621	0.0085	0.0083		5.8	2.1468	2.0682	1.5506	1.4791
0.5	0.1020	0.0845	0.0166	0.0162		6.0	2.1601	2.0856	1.5541	1.4875
0.6	0.1330	0.1106	0.0287	0.0275		6.2	2.1695	2.0994	1.5538	1.4920
0.7	0.1686	0.1403	0.0452	0.0426		6.4	2.1730	2.1081	1.5489	1.4916
0.8	0.2088	0.1732	0.0665	0.0612		6.6	2.1692	2.1102	1.5382	1.4844
0.9	0.2532	0.2086	0.0925	0.0830		6.8	2.1587	2.1054	1.5216	1.4705
1.0	0.3010	0.2455	0.1228	0.1070		7.0	2.1439	2.0949	1.5001	1.4513
1.1	0.3512	0.2832	0.1566	0.1324		7.2	2.1269	2.0811	1.4755	1.4294
1.2	0.4030	0.3208	0.1932	0.1583		7.4	2.1078	2.0647	1.4488	1.4062
1.3	0.4551	0.3580	0.2315	0.1838		7.6	2.0846	2.0450	1.4193	1.3809
1.4	0.5069	0.3947	0.2706	0.2088		7.8	2.0459	2.0114	1.3754	1.3415
1.5	0.5579	0.4317	0.3098	0.2333		8.0	2.0250	1.9942	1.3510	1.3197
1.6	0.6078	0.4697	0.3486	0.2580		8.2	1.9917	1.9644	1.3131	1.2834
1.7	0.6568	0.5098	0.3867	0.2836		8.4	1.9587	1.9337	1.2744	1.2455
1.8	0.7052	0.5529	0.4241	0.3113		8.6	1.9259	1.9027	1.2359	1.2080
1.9	0.7534	0.5957	0.4613	0.3421		8.8	1.8914	1.8703	1.1967	1.1707
2.0	0.8021	0.6502	0.4985	0.3765		9.0	1.8544	1.8360	1.1566	1.1331
2.1	0.8516	0.7038	0.5362	0.4147		9.2	1.8164	1.8007	1.1161	1.0950
2.2	0.9023	0.7596	0.5748	0.4561		9.4	1.7796	1.7657	1.0759	1.0565
2.3	0.9541	0.8161	0.6145	0.4997		9.6	1.7453	1.7328	1.0374	1.0188
2.4	1.0069	0.8721	0.6552	0.5445		9.8	1.7129	1.7015	1.0008	0.9825
2.5	1.0602	0.9264	0.6970	0.5891		10.0	1.6804	1.6704	0.9653	0.9473
2.6	1.1134	0.9785	0.7392	0.6328		10.2	1.6479	1.6392	0.9308	0.9132
2.7	1.1658	1.0283	0.7815	0.6747		10.4	1.6162	1.6086	0.8975	0.8803
2.8	1.2171	1.0760	0.8234	0.7147		10.6	1.5876	1.5804	0.8665	0.8497
2.9	1.2668	1.1222	0.8643	0.7529		10.8	1.5625	1.5557	0.8382	0.8219
3.0	1.3149	1.1677	0.9041	0.7897		11.0	1.5397	1.5335	0.8125	0.7967
3.1	1.3614	1.2131	0.9426	0.8256		11.2	1.5183	1.5129	0.7892	0.7737
3.2	1.4066	1.2590	0.9799	0.8611		11.4	1.4978	1.4929	0.7677	0.7520
3.3	1.4509	1.3057	1.0161	0.8966		11.6	1.4792	1.4743	0.7481	0.7317
3.4	1.4974	1.3561	1.0546	0.9358		11.8	1.4640	1.4587	0.7312	0.7138
3.5	1.5379	1.4009	1.0861	0.9689		12.0	1.4523	1.4468	0.7173	0.6993
3.6	1.5809	1.4486	1.1204	1.0056		12.2	1.4431	1.4377	0.7060	0.6880
3.7	1.6234	1.4952	1.1541	1.0422		12.4	1.4350	1.4300	0.6969	0.6792
3.8	1.6651	1.5402	1.1873	1.0781		12.6	1.4281	1.4231	0.6896	0.6719
3.9	1.7054	1.5828	1.2195	1.1128		12.8	1.4232	1.4178	0.6843	0.6658
4.0	1.7441	1.6229	1.2506	1.1460		13.0	1.4212	1.4151	0.6812	0.6618
4.1	1.7807	1.6604	1.2802	1.1773		13.2	1.4221	1.4154	0.6804	0.6600
4.2	1.8150	1.6955	1.3081	1.2066		13.4	1.4244	1.4177	0.6815	0.6605
4.3	1.8472	1.7287	1.3342	1.2341		13.6	1.4274	1.4208	0.6840	0.6628
4.4	1.8775	1.7603	1.3585	1.2599		13.8	1.4311	1.4243	0.6877	0.6663
4.5	1.9061	1.7909	1.3811	1.2841		14.0	1.4361	1.4289	0.6926	0.6708
4.6	1.9334	1.8207	1.4023	1.3072		14.2	1.4430	1.4351	0.6987	0.6763
4.7	1.9596	1.8498	1.4223	1.3291		14.4	1.4579	1.4495	0.7118	0.6886
4.8	1.9849	1.8784	1.4412	1.3501		14.6	1.4614	1.4530	0.7153	0.6918
4.9	2.0092	1.9060	1.4590	1.3701		14.8	1.4701	1.4618	0.7240	0.7002
5.0	2.0323	1.9323	1.4757	1.3888		15.0	1.4789	1.4704	0.7331	0.7089

364 Table T2.113

N = 1.200 K = 0.050 THETA = 60.0

X	QEE	QEH	QSE	QSH
0.1	0.0176	0.0128	0.0002	0.0001
0.2	0.0368	0.0266	0.0014	0.0009
0.3	0.0587	0.0421	0.0046	0.0029
0.4	0.0841	0.0597	0.0109	0.0067
0.5	0.1137	0.0797	0.0211	0.0128
0.6	0.1473	0.1023	0.0355	0.0213
0.7	0.1846	0.1273	0.0542	0.0323
0.8	0.2249	0.1544	0.0768	0.0456
0.9	0.2672	0.1831	0.1026	0.0608
1.0	0.3104	0.2131	0.1305	0.0773
1.1	0.3538	0.2441	0.1597	0.0949
1.2	0.3969	0.2761	0.1893	0.1132
1.3	0.4396	0.3093	0.2190	0.1323
1.4	0.4823	0.3443	0.2487	0.1526
1.5	0.5255	0.3818	0.2786	0.1746
1.6	0.5697	0.4223	0.3091	0.1990
1.7	0.6154	0.4661	0.3409	0.2266
1.8	0.6627	0.5131	0.3742	0.2575
1.9	0.7118	0.5629	0.4093	0.2918
2.0	0.7622	0.6146	0.4462	0.3291
2.1	0.8136	0.6672	0.4845	0.3684
2.2	0.8653	0.7197	0.5239	0.4088
2.3	0.9170	0.7715	0.5639	0.4495
2.4	0.9682	0.8221	0.6041	0.4897
2.5	1.0188	0.8717	0.6441	0.5292
2.6	1.0689	0.9206	0.6838	0.5677
2.7	1.1188	0.9693	0.7233	0.6057
2.8	1.1682	1.0179	0.7622	0.6430
2.9	1.2184	1.0681	0.8018	0.6813
3.0	1.2686	1.1192	0.8412	0.7200
3.1	1.3191	1.1714	0.8809	0.7598
3.2	1.3696	1.2244	0.9208	0.8007
3.3	1.4199	1.2777	0.9608	0.8424
3.4	1.4697	1.3306	1.0007	0.8846
3.5	1.5187	1.3824	1.0402	0.9266
3.6	1.5667	1.4327	1.0792	0.9679
3.7	1.6136	1.4812	1.1174	1.0081
3.8	1.6594	1.5280	1.1548	1.0470
3.9	1.7042	1.5736	1.1914	1.0847
4.0	1.7480	1.6182	1.2271	1.1212
4.1	1.7912	1.6624	1.2620	1.1569
4.2	1.8336	1.7065	1.2963	1.1920
4.3	1.8754	1.7505	1.3299	1.2268
4.4	1.9163	1.7942	1.3627	1.2612
4.5	1.9563	1.8374	1.3947	1.2951
4.6	1.9950	1.8794	1.4257	1.3283
4.7	2.0325	1.9200	1.4556	1.3604
4.8	2.0685	1.9587	1.4844	1.3913
4.9	2.1031	1.9956	1.5118	1.4208
5.0	2.1362	2.0307	1.5381	1.4489
5.2	2.1987	2.0965	1.5872	1.5015
5.4	2.2564	2.1581	1.6322	1.5502
5.6	2.3091	2.2158	1.6727	1.5948
5.8	2.3561	2.2682	1.7079	1.6340
6.0	2.3971	2.3140	1.7373	1.6667
6.2	2.4326	2.3539	1.7614	1.6938
6.4	2.4634	2.3889	1.7814	1.7172
6.6	2.4887	2.4184	1.7963	1.7359
6.8	2.5083	2.4421	1.8068	1.7504
7.0	2.5221	2.4596	1.8119	1.7588
7.2	2.5312	2.4725	1.8120	1.7617
7.4	2.5363	2.4818	1.8078	1.7601
7.6	2.5374	2.4870	1.8000	1.7550
7.8	2.5335	2.4865	1.7883	1.7460
8.0	2.5246	2.4804	1.7726	1.7327
8.2	2.5118	2.4702	1.7529	1.7155
8.4	2.4964	2.4578	1.7303	1.6954
8.6	2.4788	2.4436	1.7056	1.6731
8.8	2.4577	2.4255	1.6779	1.6474
9.0	2.4330	2.4031	1.6475	1.6182
9.2	2.4056	2.3774	1.6144	1.5860
9.4	2.3772	2.3510	1.5801	1.5532
9.6	2.3479	2.3240	1.5450	1.5201
9.8	2.3169	2.2952	1.5090	1.4859
10.0	2.2838	2.2638	1.4716	1.4495
10.2	2.2496	2.2309	1.4330	1.4112
10.4	2.2157	2.1983	1.3941	1.3727
10.6	2.1824	2.1664	1.3558	1.3351
10.8	2.1488	2.1342	1.3181	1.2984
11.0	2.1146	2.1009	1.2806	1.2615
11.2	2.0805	2.0676	1.2433	1.2245
11.4	2.0479	2.0358	1.2069	1.1883
11.6	2.0168	2.0057	1.1717	1.1534
11.8	1.9886	1.9783	1.1401	1.1218
12.0	1.9578	1.9479	1.1066	1.0881
12.2	1.9289	1.9192	1.0752	1.0564
12.4	1.9024	1.8931	1.0457	1.0269
12.6	1.8784	1.8696	1.0185	1.0000
12.8	1.8558	1.8476	1.0185	0.9748
13.0	1.8341	1.8259	0.9695	0.9505
13.2	1.8138	1.8055	0.9473	0.9275
13.4	1.7960	1.7877	0.9271	0.9068
13.6	1.7810	1.7729	0.9094	0.8889
13.8	1.7676	1.7598	0.8939	0.8734
14.0	1.7553	1.7475	0.8802	0.8593
14.2	1.7444	1.7363	0.8681	0.8466
14.4	1.7360	1.7277	0.8578	0.8356
14.6	1.7300	1.7219	0.8496	0.8271
14.8	1.7257	1.7176	0.8435	0.8206
15.0	1.7222	1.7140	0.8390	0.8155

Table T2.114

N = 1.200 K = 0.050 THETA = 75.0

x	QEE	QEH	QSE	QSH	x	QEE	QEH	QSE	QSH
0.1	0.0188	0.0128	0.0002	0.0001	5.2	2.2352	2.1299	1.6030	1.5151
0.2	0.0397	0.0264	0.0018	0.0007	5.4	2.3042	2.2041	1.6572	1.5738
0.3	0.0638	0.0414	0.0061	0.0024	5.6	2.3706	2.2741	1.7083	1.6283
0.4	0.0920	0.0581	0.0143	0.0056	5.8	2.4321	2.3392	1.7558	1.6786
0.5	0.1245	0.0768	0.0270	0.0105	6.0	2.4869	2.3988	1.7984	1.7247
0.6	0.1607	0.0974	0.0442	0.0173	6.2	2.5359	2.4530	1.8361	1.7666
0.7	0.1994	0.1200	0.0652	0.0260	6.4	2.5807	2.5019	1.8695	1.8040
0.8	0.2391	0.1441	0.0890	0.0363	6.6	2.6216	2.5459	1.8987	1.8361
0.9	0.2786	0.1698	0.1139	0.0481	6.8	2.6576	2.5856	1.9233	1.8633
1.0	0.3169	0.1968	0.1388	0.0610	7.0	2.6880	2.6206	1.9427	1.8860
1.1	0.3540	0.2253	0.1629	0.0751	7.2	2.7130	2.6502	1.9573	1.9041
1.2	0.3905	0.2556	0.1862	0.0905	7.4	2.7336	2.6740	1.9681	1.9178
1.3	0.4274	0.2882	0.2093	0.1075	7.6	2.7498	2.6927	1.9751	1.9273
1.4	0.4658	0.3236	0.2330	0.1268	7.8	2.7612	2.7074	1.9779	1.9325
1.5	0.5068	0.3622	0.2585	0.1489	8.0	2.7679	2.7182	1.9760	1.9336
1.6	0.5508	0.4042	0.2867	0.1742	8.2	2.7710	2.7248	1.9702	1.9304
1.7	0.5978	0.4492	0.3179	0.2030	8.4	2.7704	2.7266	1.9608	1.9229
1.8	0.6468	0.4967	0.3520	0.2349	8.6	2.7656	2.7239	1.9479	1.9116
1.9	0.6971	0.5457	0.3882	0.2694	8.8	2.7564	2.7177	1.9316	1.8974
2.0	0.7473	0.5954	0.4256	0.3057	9.0	2.7440	2.7084	1.9123	1.8806
2.1	0.7969	0.6449	0.4633	0.3428	9.2	2.7291	2.6958	1.8905	1.8606
2.2	0.8455	0.6939	0.5007	0.3800	9.4	2.7117	2.6801	1.8661	1.8373
2.3	0.8933	0.7422	0.5375	0.4170	9.6	2.6913	2.6616	1.8388	1.8112
2.4	0.9410	0.7902	0.5739	0.4536	9.8	2.6679	2.6406	1.8090	1.7828
2.5	0.9886	0.8377	0.6099	0.4895	10.0	2.6424	2.6173	1.7775	1.7528
2.6	1.0381	0.8868	0.6475	0.5264	10.2	2.6156	2.5918	1.7450	1.7213
2.7	1.0883	0.9366	0.6855	0.5635	10.4	2.5871	2.5644	1.7111	1.6882
2.8	1.1394	0.9876	0.7245	0.6016	10.6	2.5587	2.5377	1.6778	1.6557
2.9	1.1911	1.0399	0.7643	0.6410	10.8	2.5268	2.5076	1.6405	1.6194
3.0	1.2429	1.0932	0.8046	0.6816	11.0	2.4948	2.4768	1.6031	1.5827
3.1	1.2944	1.1470	0.8451	0.7233	11.2	2.4625	2.4451	1.5657	1.5455
3.2	1.3453	1.2006	0.8855	0.7656	11.4	2.4296	2.4131	1.5284	1.5083
3.3	1.3956	1.2535	0.9256	0.8080	11.6	2.3962	2.3810	1.4911	1.4715
3.4	1.4454	1.3055	0.9654	0.8501	11.8	2.3631	2.3490	1.4538	1.4349
3.5	1.4948	1.3564	1.0051	0.8916	12.0	2.3305	2.3169	1.4169	1.3982
3.6	1.5439	1.4063	1.0447	0.9323	12.2	2.2983	2.2850	1.3806	1.3616
3.7	1.5925	1.4554	1.0840	0.9723	12.4	2.2663	2.2537	1.3448	1.3257
3.8	1.6406	1.5042	1.1231	1.0117	12.6	2.2349	2.2232	1.3099	1.2909
3.9	1.6881	1.5529	1.1616	1.0507	12.8	2.2048	2.1935	1.2762	1.2574
4.0	1.7348	1.6017	1.1995	1.0894	13.0	2.1760	2.1647	1.2441	1.2250
4.1	1.7809	1.6504	1.2366	1.1281	13.2	2.1481	2.1371	1.2132	1.1938
4.2	1.8263	1.6990	1.2730	1.1666	13.4	2.1212	2.1107	1.1834	1.1637
4.3	1.8713	1.7471	1.3088	1.2048	13.6	2.0957	2.0857	1.1548	1.1350
4.4	1.9158	1.7943	1.3441	1.2426	13.8	2.0763	2.0664	1.1322	1.1122
4.5	1.9598	1.8404	1.3791	1.2798	14.0	2.0502	2.0400	1.1033	1.0827
4.6	2.0030	1.8852	1.4137	1.3162	14.2	2.0293	2.0194	1.0801	1.0591
4.7	2.0452	1.9287	1.4478	1.3516	14.4	2.0100	2.0005	1.0586	1.0374
4.8	2.0860	1.9709	1.4811	1.3862	14.6	1.9926	1.9831	1.0387	1.0172
4.9	2.1253	2.0120	1.5134	1.4198	14.8	1.9770	1.9673	1.0206	0.9986
5.0	2.1632	2.0522	1.5446	1.4525	15.0	1.9629	1.9531	1.0042	0.9816

Table T2.115

N = 1.200 K = 0.200 THETA = 15.0

X	QEE	QEH	QSE	QSH
0.1	0.0528	0.0512	0.0003	0.0003
0.2	0.1096	0.1065	0.0024	0.0026
0.3	0.1728	0.1684	0.0083	0.0088
0.4	0.2436	0.2384	0.0200	0.0213
0.5	0.3222	0.3161	0.0393	0.0417
0.6	0.4065	0.3996	0.0673	0.0714
0.7	0.4929	0.4849	0.1040	0.1101
0.8	0.5765	0.5666	0.1475	0.1559
0.9	0.6520	0.6392	0.1951	0.2057
1.0	0.7156	0.6990	0.2431	0.2555
1.1	0.7658	0.7439	0.2884	0.3020
1.2	0.8027	0.7747	0.3286	0.3426
1.3	0.8284	0.7934	0.3627	0.3762
1.4	0.8454	0.8030	0.3906	0.4026
1.5	0.8564	0.8063	0.4127	0.4224
1.6	0.8636	0.8062	0.4300	0.4366
1.7	0.8688	0.8046	0.4434	0.4462
1.8	0.8732	0.8031	0.4538	0.4522
1.9	0.8775	0.8028	0.4619	0.4556
2.0	0.8822	0.8043	0.4685	0.4573
2.1	0.8872	0.8076	0.4739	0.4578
2.2	0.8923	0.8126	0.4785	0.4577
2.3	0.8973	0.8188	0.4826	0.4574
2.4	0.9018	0.8256	0.4861	0.4572
2.5	0.9051	0.8320	0.4892	0.4574
2.6	0.9068	0.8374	0.4917	0.4574
2.7	0.9067	0.8410	0.4937	0.4577
2.8	0.9045	0.8426	0.4950	0.4580
2.9	0.9001	0.8419	0.4956	0.4582
3.0	0.8938	0.8390	0.4953	0.4580
3.1	0.8858	0.8342	0.4941	0.4574
3.2	0.8765	0.8280	0.4921	0.4564
3.3	0.8662	0.8207	0.4892	0.4549
3.4	0.8554	0.8128	0.4857	0.4530
3.5	0.8445	0.8046	0.4815	0.4507
3.6	0.8336	0.7964	0.4767	0.4481
3.7	0.8230	0.7885	0.4716	0.4452
3.8	0.8128	0.7810	0.4663	0.4421
3.9	0.8032	0.7739	0.4607	0.4390
4.0	0.7941	0.7673	0.4552	0.4358
4.1	0.7856	0.7611	0.4497	0.4325
4.2	0.7776	0.7554	0.4444	0.4293
4.3	0.7701	0.7499	0.4392	0.4262
4.4	0.7630	0.7448	0.4344	0.4232
4.5	0.7563	0.7399	0.4298	0.4203
4.6	0.7499	0.7351	0.4256	0.4175
4.7	0.7438	0.7305	0.4216	0.4149
4.8	0.7380	0.7259	0.4181	0.4125
4.9	0.7324	0.7215	0.4148	0.4103
5.0	0.7270	0.7172	0.4118	0.4082
5.2	0.7171	0.7089	0.4067	0.4045
5.4	0.7081	0.7013	0.4027	0.4015
5.6	0.7002	0.6945	0.3995	0.3990
5.8	0.6935	0.6886	0.3970	0.3971
6.0	0.6877	0.6835	0.3951	0.3956
6.2	0.6828	0.6791	0.3938	0.3946
6.4	0.6787	0.6754	0.3929	0.3940
6.6	0.6752	0.6722	0.3923	0.3936
6.8	0.6721	0.6694	0.3920	0.3935
7.0	0.6694	0.6669	0.3919	0.3935
7.2	0.6669	0.6646	0.3920	0.3937
7.4	0.6646	0.6625	0.3921	0.3939
7.6	0.6624	0.6605	0.3922	0.3942
7.8	0.6604	0.6586	0.3922	0.3944
8.0	0.6583	0.6568	0.3922	0.3946
8.2	0.6564	0.6551	0.3922	0.3948
8.4	0.6544	0.6533	0.3921	0.3949
8.6	0.6525	0.6516	0.3920	0.3950
8.8	0.6506	0.6500	0.3918	0.3950
9.0	0.6488	0.6483	0.3916	0.3949
9.2	0.6469	0.6467	0.3913	0.3947
9.4	0.6449	0.6449	0.3908	0.3946
9.6	0.6434	0.6434	0.3905	0.3944
9.8	0.6418	0.6418	0.3901	0.3942
10.0	0.6403	0.6403	0.3897	0.3939
10.2	0.6397	0.6388	0.3893	0.3937
10.4	0.6381	0.6373	0.3888	0.3934
10.6	0.6364	0.6358	0.3884	0.3932
10.8	0.6348	0.6344	0.3880	0.3930
11.0	0.6333	0.6330	0.3876	0.3927
11.2	0.6318	0.6317	0.3872	0.3925
11.4	0.6303	0.6304	0.3868	0.3922
11.6	0.6289	0.6292	0.3865	0.3920
11.8	0.6276	0.6280	0.3861	0.3918
12.0	0.6263	0.6268	0.3858	0.3916
12.2	0.6250	0.6256	0.3854	0.3914
12.4	0.6238	0.6245	0.3851	0.3912
12.6	0.6226	0.6235	0.3848	0.3910
12.8	0.6215	0.6224	0.3845	0.3908
13.0	0.6204	0.6214	0.3843	0.3907
13.2	0.6193	0.6204	0.3840	0.3905
13.4	0.6183	0.6195	0.3837	0.3903
13.6	0.6173	0.6185	0.3835	0.3902
13.8	0.6163	0.6176	0.3832	0.3900
14.0	0.6153	0.6167	0.3830	0.3900
14.2	0.6144	0.6159	0.3827	0.3898
14.4	0.6135	0.6150	0.3825	0.3897
14.6	0.6126	0.6142	0.3822	0.3895
14.8	0.6118	0.6134	0.3820	0.3894
15.0	0.6109	0.6126	0.3818	0.3892

Table T2.116

N = 1.200 K = 0.200 THETA = 30.0

X	QEE	QEH	QSE	QSH
0.1	0.0572	0.0510	0.0002	0.0003
0.2	0.1171	0.1050	0.0020	0.0023
0.3	0.1812	0.1635	0.0067	0.0077
0.4	0.2501	0.2270	0.0157	0.0182
0.5	0.3235	0.2949	0.0304	0.0350
0.6	0.4001	0.3655	0.0513	0.0585
0.7	0.4782	0.4364	0.0783	0.0882
0.8	0.5554	0.5051	0.1108	0.1230
0.9	0.6295	0.5690	0.1475	0.1607
1.0	0.6986	0.6265	0.1866	0.1991
1.1	0.7618	0.6772	0.2266	0.2361
1.2	0.8186	0.7214	0.2661	0.2702
1.3	0.8692	0.7603	0.3041	0.3005
1.4	0.9144	0.7955	0.3399	0.3267
1.5	0.9550	0.8285	0.3734	0.3493
1.6	0.9918	0.8606	0.4044	0.3688
1.7	1.0256	0.8929	0.4330	0.3863
1.8	1.0571	0.9258	0.4595	0.4026
1.9	1.0866	0.9591	0.4841	0.4186
2.0	1.1145	0.9924	0.5069	0.4348
2.1	1.1406	1.0249	0.5282	0.4517
2.2	1.1649	1.0558	0.5481	0.4692
2.3	1.1871	1.0844	0.5666	0.4872
2.4	1.2069	1.1101	0.5836	0.5052
2.5	1.2243	1.1326	0.5991	0.5229
2.6	1.2393	1.1521	0.6130	0.5399
2.7	1.2519	1.1689	0.6252	0.5557
2.8	1.2624	1.1833	0.6358	0.5702
2.9	1.2710	1.1959	0.6450	0.5831
3.0	1.2781	1.2069	0.6527	0.5945
3.1	1.2840	1.2168	0.6592	0.6044
3.2	1.2888	1.2257	0.6646	0.6128
3.3	1.2927	1.2338	0.6691	0.6200
3.4	1.2957	1.2410	0.6729	0.6259
3.5	1.2980	1.2474	0.6759	0.6309
3.6	1.2994	1.2528	0.6782	0.6350
3.7	1.3001	1.2572	0.6800	0.6384
3.8	1.2999	1.2605	0.6812	0.6411
3.9	1.2989	1.2627	0.6818	0.6432
4.0	1.2970	1.2639	0.6818	0.6449
4.1	1.2945	1.2642	0.6813	0.6460
4.2	1.2914	1.2637	0.6802	0.6468
4.3	1.2878	1.2626	0.6787	0.6471
4.4	1.2838	1.2610	0.6767	0.6470
4.5	1.2796	1.2590	0.6745	0.6466
4.6	1.2752	1.2568	0.6719	0.6458
4.7	1.2707	1.2544	0.6692	0.6447
4.8	1.2666	1.2521	0.6667	0.6438
4.9	1.2614	1.2488	0.6633	0.6417
5.0	1.2568	1.2458	0.6603	0.6400
5.2	1.2474	1.2394	0.6543	0.6360
5.4	1.2378	1.2324	0.6484	0.6316
5.6	1.2281	1.2249	0.6425	0.6271
5.8	1.2186	1.2174	0.6367	0.6226
6.0	1.2096	1.2100	0.6312	0.6183
6.2	1.2012	1.2029	0.6261	0.6142
6.4	1.1935	1.1963	0.6214	0.6104
6.6	1.1863	1.1901	0.6172	0.6069
6.8	1.1798	1.1843	0.6136	0.6038
7.0	1.1737	1.1789	0.6104	0.6011
7.2	1.1681	1.1738	0.6077	0.5987
7.4	1.1630	1.1692	0.6054	0.5966
7.6	1.1585	1.1650	0.6034	0.5950
7.8	1.1544	1.1612	0.6018	0.5936
8.0	1.1508	1.1578	0.6005	0.5925
8.2	1.1475	1.1547	0.5995	0.5917
8.4	1.1446	1.1519	0.5988	0.5911
8.6	1.1419	1.1494	0.5983	0.5907
8.8	1.1395	1.1471	0.5979	0.5905
9.0	1.1373	1.1450	0.5977	0.5904
9.2	1.1353	1.1431	0.5977	0.5905
9.4	1.1335	1.1413	0.5977	0.5906
9.6	1.1317	1.1397	0.5978	0.5908
9.8	1.1302	1.1381	0.5980	0.5910
10.0	1.1286	1.1367	0.5982	0.5913
10.2	1.1272	1.1353	0.5983	0.5916
10.4	1.1258	1.1340	0.5984	0.5919
10.6	1.1244	1.1326	0.5986	0.5921
10.8	1.1232	1.1314	0.5990	0.5924
11.0	1.1222	1.1304	0.5992	0.5929
11.2	1.1211	1.1293	0.5991	0.5932
11.4	1.1196	1.1279	0.5993	0.5933
11.6	1.1186	1.1269	0.5993	0.5936
11.8	1.1174	1.1258	0.5994	0.5938
12.0	1.1163	1.1247	0.5994	0.5940
12.2	1.1153	1.1235	0.5994	0.5941
12.4	1.1141	1.1225	0.5994	0.5943
12.6	1.1129	1.1214	0.5994	0.5944
12.8	1.1119	1.1204	0.5994	0.5945
13.0	1.1108	1.1193	0.5993	0.5946
13.2	1.1098	1.1183	0.5993	0.5947
13.4	1.1088	1.1173	0.5993	0.5948
13.6	1.1077	1.1163	0.5992	0.5948
13.8	1.1068	1.1153	0.5992	0.5948
14.0	1.1058	1.1143	0.5990	0.5949
14.2	1.1049	1.1135	0.5991	0.5949
14.4	1.1040	1.1125	0.5989	0.5950
14.6	1.1031	1.1116	0.5988	0.5950
14.8	1.1022	1.1107	0.5988	0.5950
15.0	1.1014	1.1099	0.5988	0.5950

Table T2.117

N = 1.200 K = 0.200 THETA = 45.0

X	QEE	QEH	QSE	QSH	X	QEE	QEH	QSE	QSH
0.1	0.0634	0.0509	0.0002	0.0002	5.2	1.6451	1.6387	0.8489	0.8168
0.2	0.1290	0.1040	0.0019	0.0019	5.4	1.6438	1.6401	0.8486	0.8181
0.3	0.1978	0.1604	0.0065	0.0065	5.6	1.6413	1.6401	0.8474	0.8183
0.4	0.2700	0.2202	0.0152	0.0150	5.8	1.6379	1.6388	0.8454	0.8176
0.5	0.3449	0.2828	0.0291	0.0284	6.0	1.6336	1.6364	0.8427	0.8162
0.6	0.4214	0.3469	0.0485	0.0467	6.2	1.6287	1.6331	0.8396	0.8140
0.7	0.4981	0.4110	0.0734	0.0695	6.4	1.6234	1.6292	0.8361	0.8113
0.8	0.5732	0.4737	0.1032	0.0956	6.6	1.6178	1.6249	0.8323	0.8081
0.9	0.6454	0.5338	0.1368	0.1237	6.8	1.6122	1.6204	0.8285	0.8048
1.0	0.7136	0.5908	0.1730	0.1523	7.0	1.6065	1.6157	0.8246	0.8015
1.1	0.7771	0.6448	0.2103	0.1801	7.2	1.6008	1.6107	0.8208	0.7981
1.2	0.8360	0.6963	0.2476	0.2066	7.4	0.5952	1.6058	0.8171	0.7947
1.3	0.8906	0.7463	0.2840	0.2314	7.6	1.5895	1.6007	0.8134	0.7913
1.4	0.9414	0.7956	0.3188	0.2549	7.8	1.5749	1.5918	0.8017	0.7802
1.5	0.9893	0.8450	0.3519	0.2777	8.0	1.5796	1.5918	0.8071	0.7853
1.6	1.0348	0.8945	0.3832	0.3005	8.2	1.5750	1.5875	0.8042	0.7826
1.7	1.0784	0.9442	0.4129	0.3240	8.4	1.5704	1.5832	0.8015	0.7800
1.8	1.1206	0.9935	0.4411	0.3488	8.6	1.5663	1.5793	0.7991	0.7777
1.9	1.1614	1.0417	0.4683	0.3748	8.8	1.5624	1.5755	0.7969	0.7755
2.0	1.2006	1.0880	0.4946	0.4021	9.0	1.5587	1.5720	0.7949	0.7735
2.1	1.2381	1.1320	0.5201	0.4302	9.2	1.5553	1.5688	0.7932	0.7719
2.2	1.2736	1.1732	0.5449	0.4585	9.4	1.5522	1.5658	0.7917	0.7704
2.3	1.3069	1.2114	0.5690	0.4863	9.6	1.5493	1.5630	0.7904	0.7691
2.4	1.3378	1.2468	0.5921	0.5133	9.8	1.5467	1.5604	0.7893	0.7681
2.5	1.3666	1.2797	0.6143	0.5388	10.0	1.5442	1.5579	0.7883	0.7671
2.6	1.3931	1.3103	0.6353	0.5627	10.2	1.5420	1.5558	0.7877	0.7664
2.7	1.4178	1.3389	0.6551	0.5849	10.4	1.5399	1.5537	0.7870	0.7658
2.8	1.4407	1.3660	0.6737	0.6054	10.6	1.5381	1.5519	0.7866	0.7654
2.9	1.4621	1.3917	0.6910	0.6245	10.8	1.5364	1.5502	0.7863	0.7650
3.0	1.4821	1.4161	0.7072	0.6421	11.0	1.5347	1.5484	0.7859	0.7647
3.1	1.5009	1.4392	0.7222	0.6587	11.2	1.5332	1.5470	0.7858	0.7646
3.2	1.5183	1.4609	0.7362	0.6743	11.4	1.5319	1.5456	0.7857	0.7645
3.3	1.5345	1.4810	0.7492	0.6890	11.6	1.5305	1.5442	0.7856	0.7644
3.4	1.5528	1.5032	0.7646	0.7060	11.8	1.5293	1.5429	0.7856	0.7644
3.5	1.5625	1.5164	0.7722	0.7158	12.0	1.5281	1.5417	0.7856	0.7644
3.6	1.5745	1.5318	0.7824	0.7280	12.2	1.5270	1.5405	0.7857	0.7645
3.7	1.5852	1.5456	0.7917	0.7392	12.4	1.5259	1.5394	0.7858	0.7646
3.8	1.5947	1.5581	0.8001	0.7496	12.6	1.5249	1.5384	0.7858	0.7646
3.9	1.6031	1.5694	0.8077	0.7590	12.8	1.5240	1.5374	0.7859	0.7648
4.0	1.6106	1.5796	0.8144	0.7675	13.0	1.5231	1.5364	0.7860	0.7649
4.1	1.6172	1.5888	0.8204	0.7751	13.2	1.5222	1.5355	0.7862	0.7651
4.2	1.6230	1.5972	0.8257	0.7820	13.4	1.5213	1.5346	0.7863	0.7653
4.3	1.6282	1.6048	0.8303	0.7882	13.6	1.5205	1.5337	0.7865	0.7655
4.4	1.6326	1.6116	0.8344	0.7936	13.8	1.5197	1.5329	0.7866	0.7657
4.5	1.6363	1.6175	0.8378	0.7985	14.0	1.5188	1.5320	0.7868	0.7659
4.6	1.6394	1.6227	0.8408	0.8027	14.2	1.5179	1.5310	0.7869	0.7661
4.7	1.6417	1.6270	0.8432	0.8064	14.4	1.5230	1.5361	0.7926	0.7717
4.8	1.6434	1.6306	0.8452	0.8095	14.6	1.5171	1.5302	0.7879	0.7672
4.9	1.6446	1.6335	0.8467	0.8120	14.8	1.5163	1.5293	0.7879	0.7672
5.0	1.6452	1.6357	0.8478	0.8140	15.0	1.5155	1.5284	0.7880	0.7674

Table T2.118   369

N = 1.200   K = 0.200   THETA = 60.0

X	QEE	QEH	QSE	QSH
0.1	0.0697	0.0508	0.0003	0.0002
0.2	0.1416	0.1033	0.0026	0.0016
0.3	0.2162	0.1584	0.0084	0.0053
0.4	0.2927	0.2159	0.0193	0.0122
0.5	0.3699	0.2755	0.0358	0.0227
0.6	0.4462	0.3363	0.0579	0.0370
0.7	0.5201	0.3974	0.0845	0.0545
0.8	0.5906	0.4580	0.1145	0.0745
0.9	0.6572	0.5176	0.1465	0.0960
1.0	0.7202	0.5763	0.1791	0.1182
1.1	0.7801	0.6343	0.2114	0.1405
1.2	0.8374	0.6919	0.2429	0.1630
1.3	0.8929	0.7497	0.2734	0.1856
1.4	0.9470	0.8078	0.3031	0.2091
1.5	0.9999	0.8661	0.3322	0.2338
1.6	1.0517	0.9242	0.3611	0.2602
1.7	1.1022	0.9814	0.3899	0.2885
1.8	1.1511	1.0370	0.4189	0.3185
1.9	1.1981	1.0905	0.4478	0.3498
2.0	1.2430	1.1414	0.4767	0.3817
2.1	1.2859	1.1896	0.5053	0.4136
2.2	1.3267	1.2352	0.5333	0.4449
2.3	1.3655	1.2784	0.5606	0.4750
2.4	1.4025	1.3196	0.5869	0.5039
2.5	1.4379	1.3589	0.6122	0.5313
2.6	1.4717	1.3968	0.6365	0.5574
2.7	1.5042	1.4334	0.6598	0.5823
2.8	1.5347	1.4682	0.6818	0.6059
2.9	1.5645	1.5023	0.7035	0.6293
3.0	1.5925	1.5345	0.7241	0.6516
3.1	1.6189	1.5650	0.7438	0.6733
3.2	1.6438	1.5937	0.7627	0.6941
3.3	1.6671	1.6206	0.7806	0.7142
3.4	1.6891	1.6458	0.7977	0.7333
3.5	1.7097	1.6694	0.8138	0.7514
3.6	1.7290	1.6917	0.8290	0.7686
3.7	1.7472	1.7127	0.8434	0.7848
3.8	1.7643	1.7325	0.8569	0.8001
3.9	1.7803	1.7511	0.8697	0.8145
4.0	1.7952	1.7686	0.8816	0.8280
4.1	1.8090	1.7850	0.8928	0.8406
4.2	1.8217	1.8001	0.9032	0.8524
4.3	1.8335	1.8141	0.9128	0.8633
4.4	1.8443	1.8270	0.9217	0.8733
4.5	1.8542	1.8389	0.9299	0.8826
4.6	1.8633	1.8499	0.9374	0.8911
4.7	1.8716	1.8600	0.9442	0.8990
4.8	1.8792	1.8694	0.9505	0.9063
4.9	1.8861	1.8780	0.9562	0.9131
5.0	1.8924	1.8858	0.9615	0.9192

X	QEE	QEH	QSE	QSH
5.2	1.9029	1.8992	0.9704	0.9300
5.4	1.9110	1.9099	0.9776	0.9387
5.6	1.9170	1.9182	0.9829	0.9453
5.8	1.9214	1.9247	0.9868	0.9501
6.0	1.9242	1.9293	0.9892	0.9536
6.2	1.9257	1.9325	0.9908	0.9560
6.4	1.9268	1.9350	0.9922	0.9580
6.6	1.9253	1.9349	0.9913	0.9578
6.8	1.9238	1.9344	0.9903	0.9573
7.0	1.9216	1.9333	0.9887	0.9562
7.2	1.9189	1.9315	0.9868	0.9546
7.4	1.9157	1.9290	0.9845	0.9525
7.6	1.9122	1.9262	0.9820	0.9502
7.8	1.9085	1.9231	0.9793	0.9477
8.0	1.9048	1.9199	0.9767	0.9451
8.2	1.9009	1.9164	0.9738	0.9424
8.4	1.8968	1.9126	0.9708	0.9394
8.6	1.8929	1.9090	0.9681	0.9367
8.8	1.8889	1.9053	0.9653	0.9339
9.0	1.8853	1.9019	0.9628	0.9313
9.2	1.8814	1.8982	0.9601	0.9286
9.4	1.8779	1.8948	0.9578	0.9262
9.6	1.8744	1.8914	0.9555	0.9238
9.8	1.8710	1.8881	0.9533	0.9215
10.0	1.8679	1.8850	0.9513	0.9194
10.2	1.8648	1.8820	0.9495	0.9175
10.4	1.8620	1.8791	0.9478	0.9157
10.6	1.8593	1.8765	0.9463	0.9141
10.8	1.8568	1.8740	0.9449	0.9126
11.0	1.8545	1.8716	0.9437	0.9113
11.2	1.8523	1.8694	0.9426	0.9101
11.4	1.8502	1.8673	0.9416	0.9091
11.6	1.8481	1.8651	0.9406	0.9079
11.8	1.8481	1.8651	0.9416	0.9088
12.0	1.8455	1.8624	0.9400	0.9072
12.2	1.8438	1.8607	0.9395	0.9066
12.4	1.8424	1.8592	0.9390	0.9061
12.6	1.8410	1.8578	0.9387	0.9057
12.8	1.8398	1.8565	0.9384	0.9053
13.0	1.8386	1.8552	0.9382	0.9051
13.2	1.8375	1.8541	0.9381	0.9049
13.4	1.8365	1.8530	0.9380	0.9047
13.6	1.8355	1.8519	0.9380	0.9046
13.8	1.8346	1.8510	0.9380	0.9046
14.0	1.8338	1.8500	0.9380	0.9046
14.2	1.8330	1.8492	0.9380	0.9047
14.4	1.8322	1.8483	0.9381	0.9047
14.6	1.8315	1.8475	0.9382	0.9048
14.8	1.8307	1.8467	0.9384	0.9048
15.0	1.8301	1.8460	0.9385	0.9049

Table T2.119

N = 1.200   K = 0.200   THETA = 75.0

X	QEE	QEH	QSE	QSH	X	QEE	QEH	QSE	QSH
0.1	0.0744	0.0507	0.0004	0.0002	5.2	2.0441	2.0427	1.0336	0.9882
0.2	0.1511	0.1029	0.0034	0.0014	5.4	2.0587	2.0597	1.0454	1.0014
0.3	0.2301	0.1572	0.0111	0.0045	5.6	2.0710	2.0742	1.0554	1.0125
0.4	0.3097	0.2135	0.0247	0.0102	5.8	2.0811	2.0864	1.0637	1.0219
0.5	0.3878	0.2716	0.0446	0.0189	6.0	2.0892	2.0964	1.0705	1.0297
0.6	0.4625	0.3309	0.0695	0.0306	6.2	2.0955	2.1042	1.0757	1.0357
0.7	0.5327	0.3909	0.0978	0.0449	6.4	2.1004	2.1105	1.0798	1.0404
0.8	0.5981	0.4511	0.1274	0.0613	6.6	2.1038	2.1151	1.0827	1.0438
0.9	0.6597	0.5115	0.1568	0.0791	6.8	2.1059	2.1185	1.0845	1.0461
1.0	0.7188	0.5722	0.1851	0.0981	7.0	2.1072	2.1207	1.0855	1.0475
1.1	0.7767	0.6333	0.2122	0.1180	7.2	2.1075	2.1222	1.0858	1.0481
1.2	0.8342	0.6950	0.2384	0.1390	7.4	2.1071	2.1218	1.0856	1.0481
1.3	0.8919	0.7572	0.2645	0.1615	7.6	2.1060	2.1206	1.0848	1.0474
1.4	0.9496	0.8197	0.2911	0.1859	7.8	2.1042	2.1190	1.0834	1.0462
1.5	1.0065	0.8819	0.3188	0.2124	8.0	2.1021	2.1172	1.0818	1.0446
1.6	1.0621	0.9431	0.3477	0.2410	8.2	2.0999	2.1149	1.0801	1.0430
1.7	1.1156	1.0026	0.3774	0.2716	8.4	2.0973	2.1122	1.0780	1.0409
1.8	1.1669	1.0601	0.4077	0.3035	8.6	2.0943	2.1093	1.0757	1.0385
1.9	1.2158	1.1150	0.4380	0.3361	8.8	2.0911	2.1063	1.0733	1.0360
2.0	1.2626	1.1675	0.4679	0.3689	9.0	2.0879	2.1032	1.0708	1.0335
2.1	1.3076	1.2177	0.4972	0.4012	9.2	2.0846	2.1000	1.0683	1.0308
2.2	1.3511	1.2658	0.5257	0.4327	9.4	2.0813	2.0968	1.0658	1.0282
2.3	1.3933	1.3120	0.5536	0.4631	9.6	2.0780	2.0937	1.0634	1.0257
2.4	1.4341	1.3567	0.5807	0.4924	9.8	2.0748	2.0906	1.0610	1.0232
2.5	1.4729	1.3994	0.6066	0.5202	10.0	2.0716	2.0875	1.0587	1.0207
2.6	1.5113	1.4420	0.6328	0.5479	10.2	2.0685	2.0843	1.0565	1.0184
2.7	1.5476	1.4826	0.6578	0.5745	10.4	2.0652	2.0830	1.0542	1.0159
2.8	1.5823	1.5217	0.6820	0.6005	10.6	2.0639	2.0795	1.0537	1.0152
2.9	1.6155	1.5591	0.7054	0.6259	10.8	2.0605	2.0768	1.0512	1.0126
3.0	1.6472	1.5949	0.7280	0.6508	11.0	2.0577	2.0742	1.0494	1.0106
3.1	1.6775	1.6288	0.7499	0.6750	11.2	2.0552	2.0718	1.0478	1.0088
3.2	1.7065	1.6611	0.7710	0.6985	11.4	2.0528	2.0695	1.0463	1.0072
3.3	1.7340	1.6918	0.7914	0.7211	11.6	2.0506	2.0673	1.0449	1.0057
3.4	1.7603	1.7209	0.8111	0.7429	11.8	2.0485	2.0652	1.0437	1.0043
3.5	1.7852	1.7486	0.8300	0.7637	12.0	2.0464	2.0633	1.0426	1.0031
3.6	1.8088	1.7751	0.8482	0.7835	12.2	2.0445	2.0614	1.0416	1.0020
3.7	1.8311	1.8002	0.8655	0.8024	12.4	2.0428	2.0597	1.0407	1.0009
3.8	1.8522	1.8241	0.8819	0.8203	12.6	2.0411	2.0580	1.0399	1.0000
3.9	1.8722	1.8468	0.8974	0.8373	12.8	2.0396	2.0565	1.0393	0.9992
4.0	1.8911	1.8682	0.9120	0.8534	13.0	2.0381	2.0551	1.0387	0.9985
4.1	1.9090	1.8884	0.9258	0.8686	13.2	2.0368	2.0537	1.0381	0.9979
4.2	1.9258	1.9074	0.9388	0.8830	13.4	2.0355	2.0524	1.0377	0.9973
4.3	1.9417	1.9253	0.9511	0.8967	13.6	2.0343	2.0556	1.0373	0.9968
4.4	1.9565	1.9421	0.9628	0.9096	13.8	2.0375	2.0537	1.0411	1.0005
4.5	1.9704	1.9579	0.9738	0.9217	14.0	2.0324	2.0504	1.0371	0.9964
4.6	1.9834	1.9726	0.9842	0.9332	14.2	2.0314	2.0493	1.0369	0.9961
4.7	1.9954	1.9865	0.9940	0.9441	14.4	2.0305	2.0483	1.0367	0.9959
4.8	2.0067	1.9994	1.0032	0.9542	14.6	2.0296	2.0473	1.0366	0.9957
4.9	2.0171	2.0115	1.0117	0.9637	14.8	2.0288	2.0464	1.0366	0.9956
5.0	2.0268	2.0227	1.0196	0.9725	15.0	2.0280	2.0456	1.0366	0.9955

Table T2.120

N = 1.200 K = 0.300 THETA = 15.0

X	QEE	QEH	QSE	QSH		X	QEE	QEH	QSE	QSH
0.1	0.0787	0.0762	0.0005	0.0005		5.2	0.7033	0.7009	0.4166	0.4190
0.2	0.1628	0.1580	0.0039	0.0041		5.4	0.6977	0.6961	0.4152	0.4183
0.3	0.2548	0.2481	0.0133	0.0141		5.6	0.6927	0.6918	0.4141	0.4177
0.4	0.3546	0.3463	0.0315	0.0334		5.8	0.6881	0.6879	0.4133	0.4173
0.5	0.4591	0.4489	0.0601	0.0638		6.0	0.6840	0.6843	0.4126	0.4169
0.6	0.5622	0.5498	0.0992	0.1052		6.2	0.6803	0.6811	0.4120	0.4167
0.7	0.6567	0.6413	0.1464	0.1549		6.4	0.6768	0.6780	0.4115	0.4165
0.8	0.7366	0.7169	0.1974	0.2084		6.6	0.6736	0.6752	0.4110	0.4164
0.9	0.7983	0.7732	0.2478	0.2609		6.8	0.6706	0.6725	0.4105	0.4162
1.0	0.8419	0.8103	0.2940	0.3083		7.0	0.6677	0.6699	0.4101	0.4161
1.1	0.8701	0.8312	0.3337	0.3485		7.2	0.6649	0.6675	0.4096	0.4160
1.2	0.8864	0.8401	0.3664	0.3806		7.4	0.6623	0.6651	0.4092	0.4158
1.3	0.8946	0.8410	0.3923	0.4051		7.6	0.6598	0.6629	0.4087	0.4156
1.4	0.8977	0.8374	0.4124	0.4229		7.8	0.6574	0.6607	0.4083	0.4154
1.5	0.8980	0.8320	0.4278	0.4353		8.0	0.6550	0.6586	0.4078	0.4152
1.6	0.8971	0.8266	0.4394	0.4435		8.2	0.6528	0.6566	0.4073	0.4150
1.7	0.8957	0.8222	0.4483	0.4485		8.4	0.6506	0.6546	0.4068	0.4148
1.8	0.8944	0.8193	0.4549	0.4512		8.6	0.6485	0.6527	0.4064	0.4145
1.9	0.8932	0.8181	0.4600	0.4522		8.8	0.6465	0.6509	0.4059	0.4143
2.0	0.8921	0.8182	0.4639	0.4523		9.0	0.6445	0.6491	0.4054	0.4140
2.1	0.8907	0.8192	0.4668	0.4517		9.2	0.6427	0.6474	0.4050	0.4138
2.2	0.8889	0.8206	0.4690	0.4509		9.4	0.6407	0.6455	0.4044	0.4134
2.3	0.8863	0.8216	0.4706	0.4500		9.6	0.6391	0.6440	0.4040	0.4132
2.4	0.8826	0.8219	0.4716	0.4490		9.8	0.6374	0.6424	0.4036	0.4130
2.5	0.8777	0.8210	0.4721	0.4481		10.0	0.6358	0.6409	0.4032	0.4127
2.6	0.8715	0.8189	0.4721	0.4472		10.2	0.6342	0.6394	0.4028	0.4125
2.7	0.8641	0.8154	0.4715	0.4463		10.4	0.6327	0.6380	0.4024	0.4122
2.8	0.8558	0.8108	0.4704	0.4453		10.6	0.6312	0.6366	0.4020	0.4120
2.9	0.8467	0.8053	0.4688	0.4443		10.8	0.6298	0.6353	0.4016	0.4117
3.0	0.8371	0.7991	0.4668	0.4431		11.0	0.6285	0.6340	0.4012	0.4115
3.1	0.8274	0.7925	0.4643	0.4419		11.2	0.6271	0.6327	0.4008	0.4113
3.2	0.8176	0.7858	0.4616	0.4405		11.4	0.6259	0.6315	0.4005	0.4110
3.3	0.8081	0.7791	0.4586	0.4391		11.6	0.6246	0.6303	0.4001	0.4108
3.4	0.7989	0.7726	0.4554	0.4377		11.8	0.6234	0.6291	0.3998	0.4106
3.5	0.7901	0.7663	0.4522	0.4362		12.0	0.6222	0.6280	0.3994	0.4103
3.6	0.7819	0.7604	0.4489	0.4347		12.2	0.6211	0.6268	0.3991	0.4101
3.7	0.7741	0.7549	0.4456	0.4332		12.4	0.6200	0.6258	0.3988	0.4099
3.8	0.7669	0.7497	0.4425	0.4318		12.6	0.6189	0.6247	0.3984	0.4097
3.9	0.7602	0.7449	0.4394	0.4304		12.8	0.6179	0.6237	0.3981	0.4095
4.0	0.7540	0.7403	0.4366	0.4291		13.0	0.6168	0.6227	0.3978	0.4092
4.1	0.7481	0.7361	0.4339	0.4278		13.2	0.6158	0.6217	0.3975	0.4090
4.2	0.7427	0.7321	0.4314	0.4267		13.4	0.6149	0.6207	0.3972	0.4088
4.3	0.7376	0.7283	0.4291	0.4256		13.6	0.6139	0.6198	0.3969	0.4086
4.4	0.7329	0.7247	0.4270	0.4245		13.8	0.6130	0.6189	0.3966	0.4084
4.5	0.7284	0.7212	0.4251	0.4236		14.0	0.6121	0.6180	0.3963	0.4082
4.6	0.7242	0.7179	0.4235	0.4227		14.2	0.6112	0.6171	0.3960	0.4080
4.7	0.7202	0.7148	0.4219	0.4219		14.4	0.6104	0.6163	0.3958	0.4078
4.8	0.7164	0.7117	0.4206	0.4212		14.6	0.6095	0.6154	0.3955	0.4076
4.9	0.7129	0.7088	0.4194	0.4206		14.8	0.6087	0.6146	0.3952	0.4074
5.0	0.7095	0.7061	0.4183	0.4200		15.0	0.6079	0.6138	0.3950	0.4072

Table T2.121

N = 1.200 K = 0.300 THETA = 30.0

X	QEE	QEH	QSE	QSH	X	QEE	QEH	QSE	QSH
0.1	0.0853	0.0759	0.0004	0.0005	5.2	1.1940	1.2072	0.6285	0.6190
0.2	0.1741	0.1557	0.0032	0.0037	5.4	1.1877	1.2022	0.6265	0.6180
0.3	0.2676	0.2410	0.0107	0.0124	5.6	1.1818	1.1974	0.6248	0.6171
0.4	0.3654	0.3307	0.0249	0.0288	5.8	1.1764	1.1928	0.6233	0.6163
0.5	0.4654	0.4225	0.0471	0.0540	6.0	1.1715	1.1885	0.6220	0.6156
0.6	0.5644	0.5124	0.0773	0.0878	6.2	1.1670	1.1846	0.6209	0.6151
0.7	0.6587	0.5965	0.1145	0.1282	6.4	1.1629	1.1809	0.6200	0.6147
0.8	0.7452	0.6715	0.1567	0.1725	6.6	1.1591	1.1774	0.6193	0.6144
0.9	0.8220	0.7358	0.2014	0.2173	6.8	1.1556	1.1742	0.6188	0.6142
1.0	0.8882	0.7897	0.2464	0.2598	7.0	1.1524	1.1712	0.6184	0.6141
1.1	0.9444	0.8344	0.2899	0.2981	7.2	1.1494	1.1683	0.6181	0.6141
1.2	0.9917	0.8724	0.3308	0.3313	7.4	1.1467	1.1655	0.6179	0.6142
1.3	1.0317	0.9057	0.3683	0.3594	7.6	1.1441	1.1632	0.6177	0.6143
1.4	1.0658	0.9365	0.4024	0.3828	7.8	1.1418	1.1608	0.6177	0.6145
1.5	1.0956	0.9662	0.4331	0.4024	8.0	1.1395	1.1586	0.6176	0.6147
1.6	1.1219	0.9955	0.4606	0.4194	8.2	1.1374	1.1565	0.6177	0.6149
1.7	1.1457	1.0246	0.4853	0.4348	8.4	1.1354	1.1545	0.6177	0.6151
1.8	1.1672	1.0531	0.5074	0.4494	8.6	1.1335	1.1526	0.6177	0.6154
1.9	1.1867	1.0805	0.5274	0.4637	8.8	1.1317	1.1508	0.6178	0.6156
2.0	1.2039	1.1061	0.5453	0.4782	9.0	1.1300	1.1490	0.6178	0.6158
2.1	1.2190	1.1292	0.5615	0.4928	9.2	1.1283	1.1473	0.6179	0.6161
2.2	1.2316	1.1494	0.5758	0.5074	9.4	1.1267	1.1456	0.6179	0.6163
2.3	1.2417	1.1667	0.5884	0.5217	9.6	1.1252	1.1440	0.6180	0.6165
2.4	1.2496	1.1811	0.5993	0.5354	9.8	1.1237	1.1424	0.6180	0.6167
2.5	1.2554	1.1930	0.6086	0.5483	10.0	1.1222	1.1409	0.6180	0.6169
2.6	1.2595	1.2027	0.6164	0.5600	10.2	1.1208	1.1394	0.6180	0.6171
2.7	1.2620	1.2107	0.6228	0.5705	10.4	1.1195	1.1380	0.6180	0.6172
2.8	1.2635	1.2173	0.6280	0.5797	10.6	1.1180	1.1364	0.6179	0.6175
2.9	1.2640	1.2228	0.6322	0.5876	10.8	1.1168	1.1351	0.6179	0.6177
3.0	1.2639	1.2274	0.6355	0.5943	11.0	1.1158	1.1340	0.6181	0.6179
3.1	1.2633	1.2312	0.6381	0.5999	11.2	1.1146	1.1328	0.6181	0.6178
3.2	1.2622	1.2344	0.6401	0.6045	11.4	1.1132	1.1313	0.6179	0.6180
3.3	1.2606	1.2369	0.6416	0.6083	11.6	1.1122	1.1301	0.6180	0.6181
3.4	1.2586	1.2387	0.6427	0.6114	11.8	1.1110	1.1289	0.6179	0.6180
3.5	1.2563	1.2398	0.6434	0.6139	12.0	1.1099	1.1277	0.6178	0.6181
3.6	1.2535	1.2402	0.6438	0.6160	12.2	1.1088	1.1265	0.6178	0.6182
3.7	1.2503	1.2400	0.6439	0.6177	12.4	1.1079	1.1254	0.6178	0.6183
3.8	1.2468	1.2392	0.6437	0.6190	12.6	1.1068	1.1242	0.6176	0.6183
3.9	1.2430	1.2379	0.6432	0.6201	12.8	1.1058	1.1231	0.6175	0.6184
4.0	1.2391	1.2362	0.6425	0.6209	13.0	1.1048	1.1220	0.6175	0.6185
4.1	1.2350	1.2343	0.6416	0.6215	13.2	1.1039	1.1210	0.6174	0.6184
4.2	1.2309	1.2321	0.6406	0.6219	13.4	1.1030	1.1199	0.6173	0.6185
4.3	1.2268	1.2298	0.6394	0.6221	13.6	1.1021	1.1190	0.6172	0.6185
4.4	1.2228	1.2274	0.6382	0.6221	13.8	1.1012	1.1180	0.6171	0.6186
4.5	1.2189	1.2249	0.6369	0.6220	14.0	1.1003	1.1170	0.6171	0.6186
4.6	1.2151	1.2224	0.6356	0.6218	14.2	1.0996	1.1162	0.6170	0.6186
4.7	1.2114	1.2200	0.6343	0.6214	14.4	1.0987	1.1152	0.6170	0.6186
4.8	1.2082	1.2179	0.6335	0.6210	14.6	1.0979	1.1143	0.6169	0.6186
4.9	1.2041	1.2148	0.6317	0.6204	14.8	1.0972	1.1134	0.6169	0.6186
5.0	1.2007	1.2123	0.6306	0.6200	15.0	1.0964	1.1126	0.6169	0.6186

Table T2.122   373

N = 1.200 K = 0.300 THETA = 45.0

X	QEE	QEH	QSE	QSH		X	QEE	QEH	QSE	QSH
0.1	0.0946	0.0756	0.0004	0.0004		5.2	1.5834	1.6108	0.8047	0.7780
0.2	0.1916	0.1543	0.0031	0.0031		5.4	1.5807	1.6093	0.8050	0.7791
0.3	0.2913	0.2367	0.0104	0.0104		5.6	1.5777	1.6073	0.8050	0.7798
0.4	0.3927	0.3220	0.0241	0.0239		5.8	1.5745	1.6049	0.8048	0.7802
0.5	0.4938	0.4083	0.0451	0.0443		6.0	1.5712	1.6022	0.8045	0.7803
0.6	0.5923	0.4932	0.0735	0.0712		6.2	1.5679	1.5994	0.8040	0.7802
0.7	0.6856	0.5742	0.1085	0.1033		6.4	1.5648	1.5966	0.8036	0.7801
0.8	0.7720	0.6496	0.1485	0.1384		6.6	1.5617	1.5938	0.8031	0.7798
0.9	0.8503	0.7188	0.1914	0.1742		6.8	1.5588	1.5910	0.8027	0.7797
1.0	0.9203	0.7822	0.2354	0.2089		7.0	1.5560	1.5882	0.8023	0.7794
1.1	0.9827	0.8410	0.2787	0.2411		7.2	1.5532	1.5855	0.8020	0.7792
1.2	1.0384	0.8964	0.3202	0.2706		7.4	1.5506	1.5829	0.8017	0.7790
1.3	1.0886	0.9497	0.3591	0.2977		7.6	1.5481	1.5803	0.8013	0.7788
1.4	1.1347	1.0018	0.3951	0.3229		7.8	1.5363	1.5689	0.7929	0.7709
1.5	1.1774	1.0528	0.4282	0.3473		8.0	1.5440	1.5759	0.8013	0.7789
1.6	1.2175	1.1027	0.4588	0.3718		8.2	1.5420	1.5738	0.8014	0.7790
1.7	1.2552	1.1507	0.4871	0.3967		8.4	1.5401	1.5717	0.8013	0.7791
1.8	1.2907	1.1964	0.5136	0.4225		8.6	1.5384	1.5698	0.8015	0.7793
1.9	1.3236	1.2389	0.5385	0.4488		8.8	1.5367	1.5679	0.8016	0.7794
2.0	1.3539	1.2781	0.5619	0.4754		9.0	1.5351	1.5661	0.8017	0.7795
2.1	1.3815	1.3135	0.5841	0.5017		9.2	1.5337	1.5645	0.8020	0.7798
2.2	1.4064	1.3455	0.6050	0.5270		9.4	1.5322	1.5628	0.8021	0.7800
2.3	1.4287	1.3743	0.6246	0.5510		9.6	1.5309	1.5613	0.8024	0.7803
2.4	1.4486	1.4002	0.6429	0.5733		9.8	1.5297	1.5598	0.8027	0.7807
2.5	1.4665	1.4238	0.6597	0.5937		10.0	1.5284	1.5583	0.8029	0.7807
2.6	1.4827	1.4454	0.6753	0.6122		10.2	1.5274	1.5570	0.8032	0.7813
2.7	1.4973	1.4652	0.6895	0.6290		10.4	1.5262	1.5556	0.8035	0.7815
2.8	1.5106	1.4835	0.7024	0.6443		10.6	1.5252	1.5544	0.8038	0.7819
2.9	1.5226	1.5003	0.7142	0.6583		10.8	1.5243	1.5532	0.8041	0.7823
3.0	1.5334	1.5157	0.7249	0.6711		11.0	1.5232	1.5519	0.8043	0.7825
3.1	1.5430	1.5295	0.7347	0.6829		11.2	1.5223	1.5507	0.8046	0.7828
3.2	1.5514	1.5418	0.7435	0.6938		11.4	1.5214	1.5496	0.8049	0.7831
3.3	1.5587	1.5527	0.7515	0.7038		11.6	1.5204	1.5484	0.8051	0.7834
3.4	1.5662	1.5662	0.7623	0.7163		11.8	1.5195	1.5473	0.8053	0.7836
3.5	1.5700	1.5703	0.7650	0.7212		12.0	1.5186	1.5462	0.8054	0.7839
3.6	1.5744	1.5775	0.7708	0.7287		12.2	1.5177	1.5451	0.8056	0.7841
3.7	1.5780	1.5837	0.7759	0.7354		12.4	1.5169	1.5440	0.8058	0.7843
3.8	1.5811	1.5891	0.7804	0.7414		12.6	1.5160	1.5429	0.8060	0.7845
3.9	1.5836	1.5939	0.7844	0.7467		12.8	1.5152	1.5419	0.8061	0.7847
4.0	1.5856	1.5980	0.7878	0.7514		13.0	1.5144	1.5409	0.8063	0.7849
4.1	1.5872	1.6015	0.7909	0.7556		13.2	1.5137	1.5399	0.8064	0.7851
4.2	1.5883	1.6044	0.7935	0.7594		13.4	1.5129	1.5390	0.8066	0.7853
4.3	1.5891	1.6069	0.7957	0.7627		13.6	1.5122	1.5380	0.8067	0.7856
4.4	1.5894	1.6087	0.7977	0.7656		13.8	1.5114	1.5371	0.8068	0.7858
4.5	1.5895	1.6101	0.7993	0.7682		14.0	1.5107	1.5361	0.8069	0.7858
4.6	1.5892	1.6111	0.8007	0.7704		14.2	1.5098	1.5351	0.8069	0.7853
4.7	1.5886	1.6117	0.8018	0.7723		14.4	1.5092	1.5341	0.8126	0.7914
4.8	1.5879	1.6119	0.8027	0.7739		14.6	1.5085	1.5331	0.8078	0.7868
4.9	1.5869	1.6119	0.8035	0.7752		14.8	1.5078	1.5323	0.8078	0.7868
5.0	1.5859	1.6117	0.8040	0.7763		15.0	1.5078	1.5323	0.8078	0.7869

Table T2.123

N = 1.200 K = 0.300 THETA = 60.0

X	QEE	QEH	QSE	QSH
0.1	0.1041	0.0755	0.0005	0.0003
0.2	0.2098	0.1533	0.0041	0.0026
0.3	0.3161	0.2340	0.0135	0.0085
0.4	0.4210	0.3168	0.0302	0.0194
0.5	0.5219	0.4005	0.0546	0.0358
0.6	0.6170	0.4834	0.0860	0.0572
0.7	0.7049	0.5641	0.1224	0.0827
0.8	0.7856	0.6417	0.1618	0.1108
0.9	0.8596	0.7161	0.2021	0.1399
1.0	0.9280	0.7875	0.2419	0.1688
1.1	0.9919	0.8565	0.2802	0.1972
1.2	1.0521	0.9239	0.3166	0.2249
1.3	1.1094	0.9899	0.3510	0.2525
1.4	1.1641	1.0544	0.3839	0.2806
1.5	1.2163	1.1170	0.4155	0.3098
1.6	1.2659	1.1772	0.4462	0.3402
1.7	1.3126	1.2342	0.4762	0.3719
1.8	1.3564	1.2876	0.5055	0.4044
1.9	1.3973	1.3372	0.5342	0.4370
2.0	1.4353	1.3830	0.5620	0.4692
2.1	1.4705	1.4252	0.5887	0.5002
2.2	1.5033	1.4643	0.6142	0.5297
2.3	1.5338	1.5006	0.6384	0.5574
2.4	1.5624	1.5345	0.6611	0.5833
2.5	1.5891	1.5664	0.6826	0.6074
2.6	1.6140	1.5963	0.7027	0.6300
2.7	1.6373	1.6244	0.7216	0.6513
2.8	1.6583	1.6501	0.7390	0.6709
2.9	1.6785	1.6746	0.7560	0.6901
3.0	1.6967	1.6968	0.7717	0.7079
3.1	1.7135	1.7171	0.7864	0.7246
3.2	1.7288	1.7358	0.8001	0.7402
3.3	1.7429	1.7528	0.8129	0.7549
3.4	1.7558	1.7685	0.8247	0.7684
3.5	1.7676	1.7829	0.8357	0.7811
3.6	1.7785	1.7962	0.8459	0.7928
3.7	1.7884	1.8085	0.8553	0.8037
3.8	1.7974	1.8196	0.8640	0.8137
3.9	1.8056	1.8297	0.8720	0.8230
4.0	1.8129	1.8389	0.8795	0.8316
4.1	1.8195	1.8471	0.8863	0.8394
4.2	1.8254	1.8544	0.8925	0.8465
4.3	1.8306	1.8610	0.8982	0.8530
4.4	1.8353	1.8670	0.9034	0.8589
4.5	1.8395	1.8723	0.9081	0.8643
4.6	1.8432	1.8771	0.9124	0.8692
4.7	1.8465	1.8814	0.9163	0.8737
4.8	1.8494	1.8851	0.9198	0.8778
4.9	1.8518	1.8884	0.9231	0.8815
5.0	1.8539	1.8912	0.9260	0.8849
5.2	1.8572	1.8957	0.9310	0.8907
5.4	1.8593	1.8988	0.9350	0.8953
5.6	1.8607	1.9009	0.9382	0.8989
5.8	1.8613	1.9022	0.9408	0.9018
6.0	1.8613	1.9026	0.9427	0.9040
6.2	1.8611	1.9026	0.9443	0.9058
6.4	1.8611	1.9029	0.9463	0.9079
6.6	1.8593	1.9013	0.9466	0.9082
6.8	1.8581	1.9000	0.9472	0.9089
7.0	1.8567	1.8986	0.9477	0.9094
7.2	1.8552	1.8970	0.9481	0.9098
7.4	1.8536	1.8953	0.9484	0.9100
7.6	1.8522	1.8936	0.9487	0.9102
7.8	1.8506	1.8919	0.9489	0.9103
8.0	1.8493	1.8903	0.9493	0.9105
8.2	1.8478	1.8885	0.9495	0.9106
8.4	1.8462	1.8866	0.9495	0.9106
8.6	1.8449	1.8851	0.9499	0.9108
8.8	1.8435	1.8834	0.9500	0.9108
9.0	1.8424	1.8819	0.9505	0.9111
9.2	1.8411	1.8802	0.9506	0.9111
9.4	1.8400	1.8788	0.9510	0.9114
9.6	1.8388	1.8773	0.9512	0.9115
9.8	1.8377	1.8759	0.9515	0.9117
10.0	1.8366	1.8744	0.9517	0.9118
10.2	1.8356	1.8731	0.9520	0.9120
10.4	1.8346	1.8718	0.9523	0.9123
10.6	1.8337	1.8705	0.9526	0.9125
10.8	1.8328	1.8693	0.9530	0.9127
11.0	1.8320	1.8682	0.9533	0.9130
11.2	1.8312	1.8670	0.9537	0.9133
11.4	1.8304	1.8659	0.9540	0.9135
11.6	1.8294	1.8646	0.9541	0.9136
11.8	1.8305	1.8654	0.9562	0.9149
12.0	1.8288	1.8634	0.9556	0.9149
12.2	1.8280	1.8623	0.9558	0.9151
12.4	1.8274	1.8613	0.9561	0.9154
12.6	1.8267	1.8604	0.9565	0.9157
12.8	1.8261	1.8595	0.9568	0.9160
13.0	1.8255	1.8586	0.9571	0.9162
13.2	1.8249	1.8577	0.9574	0.9165
13.4	1.8243	1.8568	0.9577	0.9168
13.6	1.8237	1.8560	0.9580	0.9170
13.8	1.8231	1.8551	0.9583	0.9173
14.0	1.8226	1.8543	0.9585	0.9175
14.2	1.8221	1.8535	0.9588	0.9178
14.4	1.8215	1.8527	0.9591	0.9180
14.6	1.8210	1.8519	0.9593	0.9183
14.8	1.8205	1.8512	0.9596	0.9185
15.0	1.8200	1.8504	0.9598	0.9187

Table T2.124

N = 1.200   K = 0.300   THETA = 75.0

X	QEE	QEH	QSE	QSH
0.1	0.1111	0.0754	0.0007	0.0003
0.2	0.2232	0.1527	0.0055	0.0022
0.3	0.3341	0.2325	0.0175	0.0072
0.4	0.4405	0.3141	0.0381	0.0163
0.5	0.5396	0.3967	0.0668	0.0300
0.6	0.6300	0.4791	0.1013	0.0479
0.7	0.7120	0.5606	0.1387	0.0692
0.8	0.7872	0.6405	0.1765	0.0930
0.9	0.8578	0.7189	0.2130	0.1183
1.0	0.9255	0.7958	0.2475	0.1444
1.1	0.9915	0.8713	0.2803	0.1712
1.2	1.0560	0.9454	0.3119	0.1989
1.3	1.1189	1.0179	0.3430	0.2277
1.4	1.1795	1.0882	0.3743	0.2582
1.5	1.2370	1.1557	0.4059	0.2903
1.6	1.2911	1.2199	0.4379	0.3239
1.7	1.3418	1.2804	0.4697	0.3585
1.8	1.3893	1.3370	0.5012	0.3936
1.9	1.4339	1.3898	0.5318	0.4285
2.0	1.4760	1.4391	0.5614	0.4625
2.1	1.5159	1.4853	0.5899	0.4952
2.2	1.5536	1.5287	0.6172	0.5263
2.3	1.5893	1.5695	0.6432	0.5556
2.4	1.6229	1.6082	0.6682	0.5834
2.5	1.6537	1.6439	0.6914	0.6091
2.6	1.6838	1.6789	0.7145	0.6345
2.7	1.7115	1.7113	0.7360	0.6582
2.8	1.7373	1.7415	0.7564	0.6808
2.9	1.7616	1.7696	0.7757	0.7024
3.0	1.7842	1.7958	0.7939	0.7230
3.1	1.8054	1.8201	0.8113	0.7425
3.2	1.8252	1.8427	0.8277	0.7610
3.3	1.8436	1.8638	0.8432	0.7784
3.4	1.8607	1.8834	0.8579	0.7948
3.5	1.8766	1.9017	0.8717	0.8102
3.6	1.8913	1.9187	0.8847	0.8245
3.7	1.9049	1.9345	0.8969	0.8380
3.8	1.9175	1.9490	0.9082	0.8505
3.9	1.9292	1.9624	0.9187	0.8621
4.0	1.9400	1.9748	0.9285	0.8730
4.1	1.9500	1.9861	0.9377	0.8831
4.2	1.9592	1.9966	0.9462	0.8924
4.3	1.9676	2.0062	0.9541	0.9011
4.4	1.9753	2.0151	0.9615	0.9092
4.5	1.9824	2.0232	0.9684	0.9167
4.6	1.9888	2.0306	0.9748	0.9237
4.7	1.9947	2.0373	0.9807	0.9301
4.8	2.0001	2.0435	0.9862	0.9361
4.9	2.0050	2.0490	0.9913	0.9416
5.0	2.0094	2.0540	0.9960	0.9467
5.2	2.0170	2.0626	1.0042	0.9555
5.4	2.0230	2.0694	1.0111	0.9628
5.6	2.0279	2.0750	1.0170	0.9691
5.8	2.0318	2.0793	1.0220	0.9743
6.0	2.0348	2.0826	1.0263	0.9787
6.2	2.0368	2.0848	1.0296	0.9821
6.4	2.0384	2.0864	1.0325	0.9850
6.6	2.0393	2.0874	1.0349	0.9873
6.8	2.0398	2.0877	1.0368	0.9891
7.0	2.0400	2.0878	1.0385	0.9906
7.2	2.0398	2.0875	1.0398	0.9918
7.4	2.0396	2.0869	1.0410	0.9928
7.6	2.0391	2.0862	1.0419	0.9935
7.8	2.0383	2.0851	1.0427	0.9941
8.0	2.0376	2.0840	1.0433	0.9945
8.2	2.0370	2.0831	1.0442	0.9951
8.4	2.0362	2.0819	1.0448	0.9955
8.6	2.0352	2.0806	1.0452	0.9957
8.8	2.0343	2.0792	1.0456	0.9958
9.0	2.0333	2.0779	1.0460	0.9960
9.2	2.0323	2.0765	1.0463	0.9961
9.4	2.0314	2.0752	1.0467	0.9963
9.6	2.0305	2.0739	1.0470	0.9964
9.8	2.0296	2.0726	1.0474	0.9966
10.0	2.0288	2.0713	1.0478	0.9968
10.2	2.0279	2.0701	1.0481	0.9970
10.4	2.0269	2.0686	1.0483	0.9969
10.6	2.0263	2.0691	1.0501	0.9986
10.8	2.0255	2.0672	1.0499	0.9982
11.0	2.0248	2.0661	1.0502	0.9983
11.2	2.0241	2.0650	1.0506	0.9986
11.4	2.0235	2.0640	1.0510	0.9988
11.6	2.0229	2.0630	1.0514	0.9991
11.8	2.0223	2.0620	1.0518	0.9993
12.0	2.0217	2.0611	1.0522	0.9996
12.2	2.0212	2.0601	1.0526	0.9999
12.4	2.0207	2.0592	1.0530	1.0002
12.6	2.0201	2.0584	1.0534	1.0005
12.8	2.0197	2.0575	1.0538	1.0007
13.0	2.0221	2.0567	1.0541	1.0010
13.2	2.0192	2.0559	1.0545	1.0013
13.4	2.0187	2.0551	1.0549	1.0016
13.6	2.0182	2.0543	1.0552	1.0019
13.8	2.0221	2.0579	1.0597	1.0062
14.0	2.0176	2.0530	1.0562	1.0027
14.2	2.0171	2.0523	1.0566	1.0030
14.4	2.0167	2.0515	1.0569	1.0032
14.6	2.0163	2.0508	1.0572	1.0035
14.8	2.0159	2.0501	1.0576	1.0037
15.0	2.0155	2.0494	1.0579	1.0040

Table T2.125

N = 1.400   K = 0.0   THETA = 15.0

x	QEE	QEH	QSE	QSH	x	QEE	QEH	QSE	QSH
0.1	0.0005	0.0005	0.0005	0.0005	5.2	0.3909	0.2972	0.3909	0.2972
0.2	0.0041	0.0044	0.0041	0.0044	5.4	0.7225	0.6998	0.7225	0.6998
0.3	0.0152	0.0161	0.0152	0.0161	5.6	0.8368	0.9053	0.8368	0.9053
0.4	0.0403	0.0427	0.0403	0.0427	5.8	0.9533	0.9542	0.9533	0.9542
0.5	0.0894	0.0946	0.0894	0.0946	6.0	0.9615	0.8899	0.9615	0.8899
0.6	0.1774	0.1875	0.1774	0.1875	6.2	0.9706	0.8730	0.9706	0.8730
0.7	0.3230	0.3406	0.3230	0.3406	6.4	0.9806	0.7679	0.9806	0.7679
0.8	0.5407	0.5687	0.5407	0.5687	6.6	1.0698	0.8337	1.0698	0.8337
0.9	0.8218	0.8615	0.8218	0.8615	6.8	1.1487	1.1586	1.1487	1.1586
1.0	1.1148	1.1633	1.1148	1.1633	7.0	1.1802	1.1507	1.1802	1.1507
1.1	1.3429	1.3927	1.3429	1.3927	7.2	0.9877	0.8662	0.9877	0.8662
1.2	1.4608	1.5022	1.4608	1.5022	7.4	0.8001	0.6963	0.8001	0.6963
1.3	1.4808	1.5049	1.4808	1.5049	7.6	0.6873	0.6020	0.6873	0.6020
1.4	1.4440	1.4432	1.4440	1.4432	7.8	0.6130	0.5492	0.6130	0.5492
1.5	1.3885	1.3544	1.3885	1.3544	8.0	0.5878	0.6084	0.5878	0.6084
1.6	1.3406	1.2616	1.3406	1.2616	8.2	0.4748	0.6440	0.4748	0.6440
1.7	1.3190	1.1769	1.3190	1.1769	8.4	0.4920	0.4965	0.4920	0.4965
1.8	1.3408	1.1079	1.3408	1.1079	8.6	0.3119	0.3036	0.3119	0.3036
1.9	1.4228	1.0642	1.4228	1.0642	8.8	0.3332	0.4129	0.3332	0.4129
2.0	1.5687	1.0677	1.5687	1.0677	9.0	0.3962	0.4834	0.3962	0.4834
2.1	1.7319	1.1762	1.7319	1.1762	9.2	0.4365	0.4970	0.4365	0.4970
2.2	1.8155	1.4847	1.8155	1.4847	9.4	0.5157	0.6111	0.5157	0.6111
2.3	1.7928	1.7673	1.7928	1.7673	9.6	0.4933	0.4628	0.4933	0.4628
2.4	1.7667	1.6875	1.7667	1.6875	9.8	0.7692	0.6482	0.7692	0.6482
2.5	1.8517	1.6771	1.8517	1.6771	10.0	0.7536	0.7457	0.7536	0.7457
2.6	1.9496	1.7411	1.9496	1.7411	10.2	0.9070	0.9382	0.9070	0.9382
2.7	1.7964	1.5776	1.7964	1.5776	10.4	0.9319	0.8762	0.9319	0.8762
2.8	1.5385	1.3167	1.5385	1.3167	10.6	0.9023	0.7933	0.9023	0.7933
2.9	1.3336	1.1112	1.3336	1.1112	10.8	0.8838	0.7702	0.8838	0.7702
3.0	1.1880	0.9637	1.1880	0.9637	11.0	0.8683	0.6978	0.8683	0.6978
3.1	1.0811	0.8520	1.0811	0.8520	11.2	0.9169	0.8046	0.9169	0.8046
3.2	0.9980	0.7612	0.9980	0.7612	11.4	0.9155	0.9794	0.9155	0.9794
3.3	0.9310	0.6855	0.9310	0.6855	11.6	0.8449	0.8311	0.8449	0.8311
3.4	0.8801	0.6352	0.8801	0.6352	11.8	0.6563	0.5706	0.6563	0.5706
3.5	0.8687	0.6974	0.8687	0.6974	12.0	0.5448	0.5026	0.5448	0.5026
3.6	0.9201	1.2017	0.9201	1.2017	12.2	0.4884	0.4799	0.4884	0.4799
3.7	0.6461	0.8216	0.6461	0.8216	12.4	0.4575	0.4710	0.4575	0.4710
3.8	0.4791	0.4501	0.4791	0.4501	12.6	0.4731	0.6126	0.4731	0.6126
3.9	0.4166	0.3507	0.4166	0.3507	12.8	0.4036	0.5201	0.4036	0.5201
4.0	0.6451	0.6097	0.6451	0.6097	13.0	0.3694	0.3448	0.3694	0.3448
4.1	0.5272	0.5377	0.5272	0.5377	13.2	0.3420	0.3456	0.3420	0.3456
4.2	0.3527	0.4034	0.3527	0.4034	13.4	0.4374	0.5152	0.4374	0.5152
4.3	0.3271	0.4042	0.3271	0.4042	13.6	0.5178	0.5707	0.5178	0.5707
4.4	0.3276	0.4187	0.3276	0.4187	13.8	0.5690	0.5801	0.5690	0.5801
4.5	0.3302	0.4262	0.3302	0.4262	14.0	0.6453	0.7209	0.6453	0.7209
4.6	0.3294	0.4240	0.3294	0.4240	14.2	0.6657	0.5777	0.6657	0.5777
4.7	0.3255	0.4134	0.3255	0.4134	14.4	0.7435	0.6053	0.7435	0.6053
4.8	0.3233	0.4006	0.3233	0.4006	14.6	0.8509	0.8543	0.8509	0.8543
4.9	0.3839	0.5476	0.3839	0.5476	14.8	0.9205	0.9215	0.9205	0.9215
5.0	0.3281	0.3977	0.3281	0.3977	15.0	0.8785	0.7914	0.8785	0.7914

Table T2.126   377

N = 1.400 K = 0.0 THETA = 30.0

X	QEE	QEH	QSE	QSH	X	QEE	QEH	QSE	QSH
0.1	0.0004	0.0005	0.0004	0.0005	5.2	0.6675	0.5989	0.6675	0.5989
0.2	0.0035	0.0039	0.0035	0.0039	5.4	0.6603	0.9944	0.6603	0.9944
0.3	0.0124	0.0137	0.0124	0.0137	5.6	0.4873	0.7136	0.4873	0.7136
0.4	0.0315	0.0346	0.0315	0.0346	5.8	0.4995	0.5576	0.4995	0.5576
0.5	0.0658	0.0721	0.0658	0.0721	6.0	0.7772	0.6801	0.7772	0.6801
0.6	0.1217	0.1323	0.1217	0.1323	6.2	0.6142	0.4649	0.6142	0.4649
0.7	0.2054	0.2205	0.2054	0.2205	6.4	0.7013	0.6960	0.7013	0.6960
0.8	0.3211	0.3384	0.3211	0.3384	6.6	0.8592	1.0992	0.8592	1.0992
0.9	0.4683	0.4812	0.4683	0.4812	6.8	0.9504	0.9819	0.9504	0.9819
1.0	0.6402	0.6358	0.6402	0.6358	7.0	1.1537	1.0327	1.1537	1.0327
1.1	0.8247	0.7837	0.8247	0.7837	7.2	1.3357	1.1005	1.3357	1.1005
1.2	1.0090	0.9079	1.0090	0.9079	7.4	1.4010	1.1942	1.4010	1.1942
1.3	1.1843	0.9992	1.1843	0.9992	7.6	1.6032	1.6876	1.6032	1.6876
1.4	1.3465	1.0592	1.3465	1.0592	7.8	1.6500	1.6569	1.6500	1.6569
1.5	1.4943	1.0982	1.4943	1.0982	8.0	1.7325	1.6229	1.7325	1.6229
1.6	1.6267	1.1331	1.6267	1.1331	8.2	1.9956	1.7399	1.7325	1.7399
1.7	1.7425	1.1863	1.7425	1.1863	8.4	1.7866	1.5287	1.7866	1.5287
1.8	1.8415	1.2840	1.8415	1.2840	8.6	1.7547	1.6264	1.7547	1.6264
1.9	1.9276	1.4457	1.9276	1.4457	8.8	1.7122	1.7318	1.7122	1.7318
2.0	2.0093	1.6572	2.0093	1.6572	9.0	1.6550	1.6722	1.6550	1.6722
2.1	2.0986	1.8591	2.0986	1.8591	9.2	1.5467	1.4434	1.5467	1.4434
2.2	2.2054	2.0017	2.2054	2.0017	9.4	1.4127	1.2168	1.4127	1.2168
2.3	2.3277	2.0863	2.3277	2.0863	9.6	1.2793	1.1823	1.2793	1.1823
2.4	2.4452	2.1268	2.4452	2.1268	9.8	1.1578	1.3018	1.1578	1.3018
2.5	2.5313	2.1230	2.5313	2.1230	10.0	1.0267	1.1586	1.0267	1.1586
2.6	2.5750	2.0811	2.5750	2.0811	10.2	0.9355	1.0148	0.9355	1.0148
2.7	2.5860	2.0263	2.5860	2.0263	10.4	0.8121	0.7559	0.8121	0.7559
2.8	2.5811	1.9935	2.5811	1.9935	10.6	0.7168	0.6213	0.7168	0.6213
2.9	2.5691	2.0149	2.5691	2.0149	10.8	0.6736	0.7465	0.6736	0.7465
3.0	2.5457	2.1040	2.5457	2.1040	11.0	0.6258	0.7863	0.6258	0.7863
3.1	2.4982	2.2303	2.4982	2.2303	11.2	0.6962	0.8412	0.6962	0.8412
3.2	2.4236	2.3186	2.4236	2.3186	11.4	0.7328	0.7533	0.7328	0.7533
3.3	2.3439	2.3152	2.3439	2.3152	11.6	0.7403	0.6327	0.7403	0.6327
3.4	2.2431	2.2431	2.2431	2.2431	11.8	0.8402	0.7710	0.8402	0.7710
3.5	2.2911	2.1616	2.2911	2.1616	12.0	0.9271	1.0052	0.9271	1.0052
3.6	2.3043	2.0821	2.3043	2.0821	12.2	1.0259	1.1180	1.0259	1.1180
3.7	2.2566	1.9547	2.2566	1.9547	12.4	1.2355	1.2555	1.2355	1.2555
3.8	2.1286	1.7762	2.1286	1.7762	12.6	1.2815	1.1487	1.2815	1.1487
3.9	1.9728	1.6091	1.9728	1.6091	12.8	1.3540	1.1528	1.3540	1.1528
4.0	1.8348	1.5092	1.8348	1.5092	13.0	1.4884	1.4439	1.4884	1.4439
4.1	1.7310	1.5165	1.7310	1.5165	13.2	1.5120	1.5199	1.5120	1.5199
4.2	1.6436	1.6285	1.6436	1.6285	13.4	1.5776	1.5871	1.5776	1.5871
4.3	1.5171	1.6942	1.5171	1.6942	13.6	1.6709	1.5836	1.6709	1.5836
4.4	1.3497	1.5759	1.3497	1.5759	13.8	1.5841	1.3790	1.5841	1.3790
4.5	1.2046	1.3774	1.2046	1.3774	14.0	1.5465	1.3730	1.5465	1.3730
4.6	1.1194	1.2120	1.1194	1.2120	14.2	1.5221	1.5513	1.5221	1.5513
4.7	1.1206	1.1300	1.1206	1.1300	14.4	1.4197	1.4587	1.4197	1.4587
4.8	1.1656	1.0928	1.1656	1.0928	14.6	1.3731	1.3980	1.3731	1.3980
4.9	1.0668	1.0928	1.0668	0.9269	14.8	1.2559	1.1746	1.2559	1.1746
5.0	0.8867	0.7198	0.8866	0.7198	15.0	1.1221	0.9872	1.1221	0.9872

Table T2.127

N = 1.400 K = 0.0 THETA = 45.0

X	QEE	QEH	QSE	QSH	X	QEE	QEH	QSE	QSH
0.1	0.0005	0.0004	0.0005	0.0004	5.2	1.8676	1.8339	1.8676	1.8339
0.2	0.0040	0.0032	0.0040	0.0032	5.4	1.8250	1.7652	1.8250	1.7652
0.3	0.0141	0.0113	0.0141	0.0113	5.6	1.6480	1.6612	1.6480	1.6612
0.4	0.0349	0.0275	0.0349	0.0275	5.8	1.3277	1.3956	1.3277	1.3956
0.5	0.0712	0.0551	0.0712	0.0551	6.0	1.0536	1.0802	1.0536	1.0802
0.6	0.1277	0.0967	0.1277	0.0967	6.2	0.9492	0.9511	0.9492	0.9511
0.7	0.2086	0.1539	0.2086	0.1539	6.4	1.0406	1.0245	1.0406	1.0245
0.8	0.3158	0.2261	0.3158	0.2261	6.6	0.9637	1.0568	0.9637	1.0568
0.9	0.4478	0.3104	0.4478	0.3104	6.8	0.7816	0.8522	0.7816	0.8522
1.0	0.5989	0.4013	0.5989	0.4013	7.0	0.6893	0.6592	0.6893	0.6592
1.1	0.7603	0.4927	0.7603	0.4927	7.2	0.7596	0.7145	0.7596	0.7145
1.2	0.9222	0.5799	0.9222	0.5799	7.4	0.9361	0.9874	0.9361	0.9874
1.3	1.0761	0.6619	1.0761	0.6619	7.6	1.0819	1.1861	1.0819	1.1861
1.4	1.2174	0.7428	1.2174	0.7428	7.8	1.0490	1.0398	1.0490	1.0398
1.5	1.3457	0.8325	1.3457	0.8325	8.0	1.1342	1.0201	1.1342	1.0201
1.6	1.4640	0.9433	1.4640	0.9433	8.2	1.3237	1.2018	1.3237	1.2018
1.7	1.5777	1.0835	1.5777	1.0835	8.4	1.6784	1.5728	1.6784	1.5728
1.8	1.6935	1.2489	1.6935	1.2489	8.6	1.7614	1.8570	1.7614	1.8570
1.9	1.8177	1.4204	1.8177	1.4204	8.8	1.7954	1.7012	1.7954	1.7012
2.0	1.9544	1.5772	1.9544	1.5772	9.0	1.8978	1.7341	1.8978	1.7341
2.1	2.1041	1.7107	2.1041	1.7107	9.2	2.0642	1.9018	2.0642	1.9018
2.2	2.2614	1.8254	2.2614	1.8254	9.4	2.2991	2.1731	2.2991	2.1731
2.3	2.4162	1.9285	2.4162	1.9285	9.6	2.3177	2.3774	2.3177	2.3774
2.4	2.5561	2.0263	2.5561	2.0263	9.8	2.2931	2.1861	2.2931	2.1861
2.5	2.6716	2.1238	2.6716	2.1238	10.0	2.2896	2.1414	2.2896	2.1414
2.6	2.7589	2.2254	2.7589	2.2254	10.2	2.3344	2.1888	2.3344	2.1888
2.7	2.8206	2.3328	2.8206	2.3328	10.4	2.3442	2.2634	2.3442	2.2634
2.8	2.8644	2.4426	2.8644	2.4426	10.6	2.2548	2.2594	2.2548	2.2594
2.9	2.9010	2.5456	2.9010	2.5456	10.8	2.1366	2.0853	2.1366	2.0853
3.0	2.9422	2.6320	2.9422	2.6320	11.0	2.0077	1.9290	2.0077	1.9290
3.1	2.9973	2.6978	2.9973	2.6978	11.2	1.9796	1.8805	1.9796	1.8805
3.2	3.0682	2.7466	3.0682	2.7466	11.4	1.8263	1.8364	1.8263	1.8364
3.3	3.1457	2.7846	3.1457	2.7846	11.6	1.6699	1.6829	1.6699	1.6829
3.4	3.2117	2.8185	3.2117	2.8185	11.8	1.5119	1.5301	1.5119	1.5301
3.5	3.2427	2.8418	3.2427	2.8418	12.0	1.3551	1.3493	1.3551	1.3493
3.6	3.2327	2.8633	3.2327	2.8633	12.2	1.3972	1.3332	1.3972	1.3332
3.7	3.1829	2.8745	3.1829	2.8745	12.4	1.2276	1.3949	1.2276	1.3949
3.8	3.1052	2.8663	3.1052	2.8663	12.6	1.0873	1.1226	1.0873	1.1226
3.9	3.0163	2.8341	3.0163	2.8341	12.8	1.0498	1.0498	1.0498	1.0498
4.0	2.9339	2.7840	2.9339	2.7840	13.0	0.9952	0.9494	0.9952	0.9494
4.1	2.8732	2.7302	2.8732	2.7302	13.2	0.9275	0.9171	0.9275	0.9171
4.2	2.8429	2.6869	2.8429	2.6869	13.4	0.9359	0.9586	0.9359	0.9586
4.3	2.8363	2.6563	2.8363	2.6563	13.6	0.9700	1.0209	0.9700	1.0209
4.4	2.8258	2.6251	2.8258	2.6251	13.8	1.0009	1.0628	1.0009	1.0628
4.5	2.7786	2.5814	2.7786	2.5814	14.0	1.0228	1.0812	1.0228	1.0812
4.6	2.6812	2.5236	2.6812	2.5236	14.2	1.0802	1.1590	1.0802	1.1590
4.7	2.5398	2.4432	2.5398	2.4432	14.4	1.1957	1.2855	1.1957	1.2855
4.8	2.3731	2.3285	2.3731	2.3285	14.6	1.3434	1.4246	1.3434	1.4246
4.9	2.2044	2.1870	2.2045	2.1870	14.8	1.5226	1.5138	1.5226	1.5138
5.0	2.0541	2.0422	2.0541	2.0422	15.0	1.6642	1.6192	1.6642	1.6192

Table T2.128   379

N = 1.400 K = 0.0 THETA = 60.0

X	QEE	QEH	QSE	QSH
0.1	0.0007	0.0003	0.0007	0.0003
0.2	0.0061	0.0027	0.0061	0.0027
0.3	0.0212	0.0091	0.0212	0.0091
0.4	0.0519	0.0216	0.0519	0.0216
0.5	0.1033	0.0421	0.1033	0.0421
0.6	0.1784	0.0718	0.1784	0.0718
0.7	0.2759	0.1110	0.2759	0.1110
0.8	0.3897	0.1590	0.3897	0.1590
0.9	0.5104	0.2143	0.5104	0.2143
1.0	0.6295	0.2750	0.6295	0.2750
1.1	0.7421	0.3401	0.7421	0.3401
1.2	0.8487	0.4103	0.8487	0.4103
1.3	0.9538	0.4890	0.9538	0.4890
1.4	1.0641	0.5821	1.0641	0.5821
1.5	1.1853	0.6955	1.1853	0.6955
1.6	1.3205	0.8309	1.3205	0.8309
1.7	1.4681	0.9820	1.4681	0.9820
1.8	1.6224	1.1367	1.6224	1.1367
1.9	1.7756	1.2841	1.7756	1.2841
2.0	1.9213	1.4206	1.9213	1.4206
2.1	2.0569	1.5489	2.0569	1.5489
2.2	2.1838	1.6733	2.1838	1.6733
2.3	2.3057	1.7973	2.3057	1.7973
2.4	2.4264	1.9233	2.4264	1.9233
2.5	2.5483	2.0529	2.5483	2.0529
2.6	2.6717	2.1867	2.6717	2.1867
2.7	2.7947	2.3231	2.7948	2.3231
2.8	2.9143	2.4580	2.9143	2.4580
2.9	3.0271	2.5874	3.0271	2.5874
3.0	3.1305	2.7078	3.1305	2.7078
3.1	3.2229	2.8176	3.2229	2.8176
3.2	3.3036	2.9144	3.3036	2.9144
3.3	3.3718	2.9955	3.3718	2.9955
3.4	3.4275	3.0599	3.4275	3.0599
3.5	3.4724	3.1106	3.4724	3.1106
3.6	3.5093	3.1545	3.5093	3.1545
3.7	3.5418	3.1998	3.5418	3.1998
3.8	3.5723	3.2530	3.5723	3.2530
3.9	3.6012	3.3149	3.6012	3.3149
4.0	3.6255	3.3768	3.6255	3.3768
4.1	3.6388	3.4218	3.6388	3.4218
4.2	3.6323	3.4328	3.6323	3.4328
4.3	3.6008	3.4034	3.6008	3.4034
4.4	3.5472	3.3426	3.5472	3.3426
4.5	3.4813	3.2691	3.4813	3.2691
4.6	3.4145	3.2036	3.4145	3.2036
4.7	3.3557	3.1624	3.3557	3.1624
4.8	3.3086	3.1516	3.3086	3.1516
4.9	3.2701	3.1610	3.2701	3.1610
5.0	3.2277	3.1617	3.2277	3.1617
5.2	3.0645	3.0162	3.0645	3.0162
5.4	2.7969	2.7011	2.7969	2.7011
5.6	2.5522	2.4492	2.5522	2.4492
5.8	2.4075	2.3914	2.4075	2.3914
6.0	2.2743	2.3205	2.2743	2.3205
6.2	2.0046	2.0079	2.0046	2.0079
6.4	1.7171	1.6593	1.7171	1.6593
6.6	1.5439	1.5126	1.5439	1.5126
6.8	1.5008	1.5628	1.5008	1.5628
7.0	1.3572	1.3999	1.3572	1.3999
7.2	1.1320	1.1053	1.1320	1.1053
7.4	1.0035	0.9465	1.0035	0.9465
7.6	1.0448	1.0654	1.0448	1.0654
7.8	1.1024	1.1318	1.1024	1.1318
8.0	0.9977	0.9647	0.9977	0.9647
8.2	0.9636	0.8856	0.9636	0.8856
8.4	1.0684	1.0272	1.0684	1.0272
8.6	1.3061	1.3168	1.3061	1.3168
8.8	1.3224	1.2553	1.3224	1.2553
9.0	1.3631	1.2602	1.3631	1.2602
9.2	1.5085	1.4138	1.5085	1.4138
9.4	1.8016	1.8087	1.8016	1.8087
9.6	1.9453	1.8640	1.9453	1.8640
9.8	1.9750	1.8471	1.9750	1.8471
10.0	2.1076	1.9830	2.1076	1.9830
10.2	2.3332	2.3065	2.3332	2.3065
10.4	2.5828	2.5298	2.5828	2.5298
10.6	2.5197	2.3977	2.5197	2.3977
10.8	2.5684	2.4397	2.5684	2.4397
11.0	2.6695	2.5910	2.6695	2.5910
11.2	2.9060	2.9259	2.9060	2.9259
11.4	2.7642	2.6807	2.7642	2.6807
11.6	2.6922	2.5919	2.6922	2.5919
11.8	2.6624	2.5759	2.6624	2.5759
12.0	2.7279	2.8003	2.7279	2.8003
12.2	2.6198	2.5765	2.6198	2.5765
12.4	2.4443	2.3936	2.4443	2.3936
12.6	2.3188	2.2636	2.3188	2.2636
12.8	2.2327	2.2436	2.2327	2.2436
13.0	2.1978	2.1728	2.1978	2.1728
13.2	1.9475	1.9289	1.9475	1.9289
13.4	1.8051	1.7936	1.8051	1.7936
13.6	1.6747	1.6626	1.6747	1.6626
13.8	1.7268	1.7259	1.7268	1.7259
14.0	1.4400	1.4214	1.4400	1.4214
14.2	1.3496	1.3558	1.3496	1.3558
14.4	1.2748	1.2772	1.2748	1.2772
14.6	1.2904	1.4184	1.2903	1.4184
14.8	1.1643	1.1283	1.1643	1.1283
15.0	1.1530	1.1422	1.1530	1.1422

Table T2.129

N = 1.400   K = 0.0   THETA = 75.0

X	QEE	QEH	QSE	QSH
0.1	0.0010	0.0003	0.0010	0.0003
0.2	0.0085	0.0022	0.0085	0.0022
0.3	0.0297	0.0075	0.0297	0.0075
0.4	0.0718	0.0177	0.0718	0.0177
0.5	0.1394	0.0339	0.1394	0.0339
0.6	0.2314	0.0568	0.2314	0.0568
0.7	0.3392	0.0863	0.3392	0.0863
0.8	0.4491	0.1220	0.4491	0.1220
0.9	0.5491	0.1633	0.5491	0.1633
1.0	0.6344	0.2104	0.6344	0.2104
1.1	0.7087	0.2647	0.7087	0.2647
1.2	0.7828	0.3296	0.7828	0.3296
1.3	0.8700	0.4099	0.8700	0.4099
1.4	0.9820	0.5107	0.9820	0.5107
1.5	1.1230	0.6334	1.1230	0.6334
1.6	1.2860	0.7734	1.2860	0.7734
1.7	1.4541	0.9203	1.4541	0.9203
1.8	1.6090	1.0631	1.6090	1.0631
1.9	1.7406	1.1963	1.7406	1.1963
2.0	1.8510	1.3208	1.8510	1.3208
2.1	1.9526	1.4417	1.9526	1.4417
2.2	2.0611	1.5649	2.0611	1.5649
2.3	2.1894	1.6953	2.1894	1.6953
2.4	2.3407	1.8358	2.3407	1.8358
2.5	2.5055	1.9853	2.5055	1.9853
2.6	2.6674	2.1416	2.6674	2.1416
2.7	2.8089	2.2952	2.8089	2.2952
2.8	2.9239	2.4393	2.9239	2.4393
2.9	3.0172	2.5697	3.0172	2.5697
3.0	3.1008	2.6869	3.1008	2.6869
3.1	3.1890	2.7940	3.1890	2.7940
3.2	3.2908	2.8945	3.2908	2.8945
3.3	3.4038	2.9920	3.4038	2.9920
3.4	3.5145	3.0893	3.5145	3.0893
3.5	3.6068	3.1882	3.6068	3.1882
3.6	3.6739	3.2873	3.6739	3.2873
3.7	3.7197	3.3823	3.7197	3.3823
3.8	3.7548	3.4668	3.7548	3.4668
3.9	3.7899	3.5346	3.7899	3.5346
4.0	3.8313	3.5819	3.8313	3.5819
4.1	3.8766	3.6089	3.8766	3.6089
4.2	3.9136	3.6217	3.9136	3.6217
4.3	3.9279	3.6301	3.9279	3.6301
4.4	3.9144	3.6422	3.9144	3.6422
4.5	3.8809	3.6595	3.8809	3.6595
4.6	3.8419	3.6775	3.8419	3.6775
4.7	3.8109	3.6880	3.8109	3.6888
4.8	3.7942	3.6840	3.7942	3.6840
4.9	3.7858	3.6547	3.7858	3.6547
5.0	3.7662	3.5990	3.7662	3.5990
5.2	3.6260	3.4530	3.6260	3.4530
5.4	3.3999	3.3350	3.3999	3.3350
5.6	3.2350	3.2294	3.2350	3.2294
5.8	3.1474	3.0664	3.1474	3.0664
6.0	2.9493	2.8394	2.9493	2.8394
6.2	2.6386	2.6366	2.6386	2.6366
6.4	2.4005	2.4590	2.4005	2.4590
6.6	2.3055	2.2650	2.3055	2.2650
6.8	2.1315	2.0367	2.1315	2.0367
7.0	1.8413	1.8631	1.8413	1.8631
7.2	1.6145	1.7025	1.6145	1.7025
7.4	1.5620	1.5261	1.5620	1.5261
7.6	1.4682	1.3495	1.4682	1.3495
7.8	1.2710	1.2800	1.2710	1.2800
8.0	1.1394	1.2325	1.1394	1.2325
8.2	1.1816	1.1331	1.1816	1.1331
8.4	1.1893	1.0274	1.1893	1.0274
8.6	1.0998	1.0728	1.0998	1.0728
8.8	1.0960	1.1807	1.0960	1.1807
9.0	1.2551	1.1914	1.2551	1.1914
9.2	1.3713	1.1699	1.3713	1.1699
9.4	1.3547	1.2877	1.3547	1.2877
9.6	1.4446	1.5197	1.4446	1.5197
9.8	1.6915	1.6200	1.6915	1.6200
10.0	1.8985	1.6722	1.8985	1.6722
10.2	1.9081	1.8150	1.9081	1.8150
10.4	2.0220	2.0977	2.0220	2.0977
10.6	2.2781	2.2104	2.2781	2.2104
10.8	2.5266	2.2927	2.5266	2.2927
11.0	2.5157	2.4158	2.5157	2.4158
11.2	2.5943	2.6867	2.5943	2.6867
11.4	2.7731	2.7236	2.7731	2.7236
11.6	2.9915	2.7638	2.9915	2.7638
11.8	2.9191	2.8281	2.9191	2.8281
12.0	2.9322	3.0521	2.9322	3.0521
12.2	2.9965	2.9750	2.9965	2.9750
12.4	3.1302	2.9196	3.1302	2.9196
12.6	2.9626	2.8875	2.9626	2.8875
12.8	2.9046	3.0501	2.9046	3.0501
13.0	2.8709	2.8788	2.8709	2.8788
13.2	2.9164	2.7280	2.9164	2.7280
13.4	2.6547	2.5974	2.6547	2.5974
13.6	2.5358	2.6929	2.5358	2.6929
13.8	2.4540	2.4809	2.4540	2.4809
14.0	2.4546	2.2874	2.4546	2.2874
14.2	2.1452	2.1027	2.1452	2.1027
14.4	1.9959	2.1472	1.9959	2.1472
14.6	1.9020	1.9323	1.9020	1.9323
14.8	1.9246	1.7710	1.9246	1.7710
15.0	1.6461	1.6117	1.6461	1.6117

Table T2.130   381

N = 1.400 K = 0.050 THETA = 15.0

X	QEE	QEH	QSE	QSH
0.1	0.0116	0.0108	0.0005	0.0005
0.2	0.0276	0.0263	0.0042	0.0044
0.3	0.0534	0.0520	0.0153	0.0162
0.4	0.0961	0.0954	0.0401	0.0424
0.5	0.1658	0.1672	0.0875	0.0926
0.6	0.2751	0.2802	0.1695	0.1791
0.7	0.4355	0.4460	0.2981	0.3142
0.8	0.6478	0.6650	0.4772	0.5015
0.9	0.8895	0.9125	0.6905	0.7229
1.0	1.1137	1.1380	0.8976	0.9350
1.1	1.2737	1.2922	1.0543	1.0907
1.2	1.3536	1.3583	1.1412	1.1697
1.3	1.3702	1.3536	1.1684	1.1826
1.4	1.3521	1.3071	1.1590	1.1529
1.5	1.3247	1.2437	1.1348	1.1021
1.6	1.3057	1.1796	1.1117	1.0447
1.7	1.3066	1.1254	1.1001	0.9895
1.8	1.3337	1.0895	1.1065	0.9429
1.9	1.3859	1.0815	1.1319	0.9110
2.0	1.4507	1.1151	1.1691	0.9020
2.1	1.5060	1.1963	1.2024	0.9235
2.2	1.5361	1.3025	1.2186	0.9685
2.3	1.5481	1.3788	1.2196	1.0092
2.4	1.5625	1.4111	1.2193	1.0314
2.5	1.5766	1.4195	1.2206	1.0417
2.6	1.5509	1.3861	1.2017	1.0274
2.7	1.4644	1.2953	1.1460	0.9751
2.8	1.3465	1.1762	1.0666	0.8990
2.9	1.2306	1.0615	0.9833	0.8189
3.0	1.1301	0.9642	0.9046	0.7441
3.1	1.0460	0.8861	0.8317	0.6764
3.2	0.9759	0.8269	0.7627	0.6159
3.3	0.9173	0.7882	0.6951	0.5634
3.4	0.8676	0.7718	0.6270	0.5203
3.5	0.8219	0.7712	0.5580	0.4850
3.6	0.7725	0.7611	0.4903	0.4474
3.7	0.7198	0.7238	0.4284	0.4005
3.8	0.6769	0.6800	0.3771	0.3555
3.9	0.6528	0.6545	0.3404	0.3272
4.0	0.6369	0.6424	0.3177	0.3178
4.1	0.6109	0.6238	0.3036	0.3192
4.2	0.5786	0.5994	0.2953	0.3253
4.3	0.5523	0.5796	0.2919	0.3333
4.4	0.5353	0.5668	0.2918	0.3405
4.5	0.5264	0.5596	0.2930	0.3449
4.6	0.5238	0.5568	0.2943	0.3457
4.7	0.5269	0.5583	0.2981	0.3433
4.8	0.5354	0.5639	0.2981	0.3388
4.9	0.5489	0.5714	0.3030	0.3333
5.0	0.5672	0.5797	0.3123	0.3290
5.2	0.6224	0.6144	0.3505	0.3390
5.4	0.6956	0.6807	0.4155	0.3932
5.6	0.7588	0.7385	0.4917	0.4695
5.8	0.8029	0.7681	0.5547	0.5269
6.0	0.8298	0.7764	0.5927	0.5524
6.2	0.8471	0.7783	0.6089	0.5552
6.4	0.8608	0.7854	0.6109	0.5484
6.6	0.8701	0.8014	0.6048	0.5416
6.8	0.8673	0.8112	0.5930	0.5354
7.0	0.8447	0.7967	0.5741	0.5243
7.2	0.8036	0.7597	0.5459	0.5056
7.4	0.7549	0.7170	0.5102	0.4813
7.6	0.7093	0.6814	0.4699	0.4538
7.8	0.6713	0.6567	0.4280	0.4246
8.0	0.6407	0.6395	0.3877	0.3946
8.2	0.6164	0.6235	0.3549	0.3664
8.4	0.5977	0.6076	0.3345	0.3474
8.6	0.5853	0.5959	0.3286	0.3441
8.8	0.5816	0.5921	0.3345	0.3534
9.0	0.5872	0.5959	0.3471	0.3669
9.2	0.6006	0.6051	0.3618	0.3782
9.4	0.6051	0.6180	0.3773	0.3866
9.6	0.6196	0.6341	0.3952	0.3953
9.8	0.6428	0.6523	0.4165	0.4085
10.0	0.6671	0.6696	0.4398	0.4267
10.2	0.6889	0.6821	0.4612	0.4454
10.4	0.7056	0.6885	0.4746	0.4591
10.6	0.7159	0.6901	0.4834	0.4649
10.8	0.7203	0.6890	0.4822	0.4637
11.0	0.7197	0.6865	0.4746	0.4574
11.2	0.7150	0.6816	0.4629	0.4481
11.4	0.7058	0.6725	0.4485	0.4373
11.6	0.6920	0.6590	0.4328	0.4259
11.8	0.6742	0.6435	0.4166	0.4149
12.0	0.6547	0.6289	0.4006	0.4045
12.2	0.6360	0.6174	0.3857	0.3947
12.4	0.6203	0.6092	0.3728	0.3855
12.6	0.6084	0.6037	0.3630	0.3774
12.8	0.6004	0.6002	0.3578	0.3720
13.0	0.5954	0.5989	0.3578	0.3709
13.2	0.5982	0.6002	0.3627	0.3747
13.4	0.6043	0.6042	0.3711	0.3818
13.6	0.6102	0.6102	0.3812	0.3902
13.8	0.6173	0.6173	0.3915	0.3979
14.0	0.6230	0.6174	0.4013	0.4045
14.2	0.6334	0.6247	0.4102	0.4102
14.4	0.6430	0.6317	0.4179	0.4155
14.6	0.6507	0.6374	0.4241	0.4202
14.8	0.6581	0.6428	0.4278	0.4235
15.0	0.6574	0.6421	0.4264	0.4247

Table T2.131

N = 1.400 K = 0.050 THETA = 30.0

x	QEE	QEH	QSE	QSH	x	QEE	QEH	QSE	QSH
0.1	0.0137	0.0107	0.0004	0.0005	5.2	0.9916	0.9993	0.5195	0.4958
0.2	0.0310	0.0253	0.0035	0.0039	5.4	0.9390	0.9917	0.4650	0.4914
0.3	0.0559	0.0478	0.0125	0.0138	5.6	0.9109	0.9556	0.4389	0.4685
0.4	0.0928	0.0829	0.0314	0.0346	5.8	0.9249	0.9319	0.4413	0.4370
0.5	0.1469	0.1358	0.0651	0.0712	6.0	0.9574	0.9346	0.4636	0.4213
0.6	0.2234	0.2111	0.1186	0.1285	6.2	0.9785	0.9523	0.4925	0.4348
0.7	0.3261	0.3112	0.1964	0.2098	6.4	1.0077	0.9773	0.5330	0.4878
0.8	0.4559	0.4340	0.3002	0.3144	6.6	1.0675	1.0077	0.5857	0.5554
0.9	0.6083	0.5713	0.4272	0.4355	6.8	1.1280	1.0649	0.6459	0.6094
1.0	0.7743	0.7093	0.5700	0.5609	7.0	1.1982	1.1018	0.7080	0.6514
1.1	0.9424	0.8337	0.7182	0.6764	7.2	1.2590	1.1440	0.7660	0.6904
1.2	1.1028	0.9341	0.8625	0.7709	7.4	1.3050	1.1911	0.8163	0.7333
1.3	1.2495	1.0085	0.9966	0.8400	7.6	1.3461	1.2424	0.8589	0.7791
1.4	1.3801	1.0622	1.1176	0.8866	7.8	1.3790	1.2951	0.8922	0.8163
1.5	1.4944	1.1064	1.2246	0.9189	8.0	1.4023	1.3271	0.9134	0.8380
1.6	1.5932	1.1550	1.3177	0.9487	8.2	1.3454	1.3398	0.9215	0.8470
1.7	1.6781	1.2224	1.3974	0.9888	8.4	1.4145	1.3454	0.9169	0.8477
1.8	1.7523	1.3183	1.4659	1.0505	8.6	1.3974	1.3468	0.9018	0.8407
1.9	1.8210	1.4409	1.5267	1.1367	8.8	1.3943	1.3449	0.8781	0.8233
2.0	1.8903	1.5726	1.5852	1.2376	9.0	1.3702	1.3325	0.8464	0.7943
2.1	1.9652	1.6906	1.6461	1.3358	9.2	1.3387	1.3046	0.8075	0.7586
2.2	2.0456	1.7812	1.7104	1.4179	9.4	1.3015	1.2680	0.7641	0.7238
2.3	2.1238	1.8414	1.7735	1.4779	9.6	1.2598	1.2312	0.7199	0.6927
2.4	2.1877	1.8715	1.8257	1.5133	9.8	1.2164	1.1983	0.6783	0.6622
2.5	2.2283	1.8753	1.8587	1.5246	10.0	1.1750	1.1679	0.6408	0.6290
2.6	2.2430	1.8633	1.8702	1.5183	10.2	1.1376	1.1360	0.6078	0.5943
2.7	2.2284	1.8505	1.8636	1.5056	10.4	1.1046	1.1034	0.5798	0.5641
2.8	2.2042	1.8503	1.8438	1.4972	10.6	1.0771	1.0755	0.5583	0.5447
2.9	2.1708	1.8681	1.8144	1.4982	10.8	1.0564	1.0570	0.5413	0.5370
3.0	2.1297	1.8975	1.7770	1.5046	11.0	1.0443	1.0484	0.5413	0.5366
3.1	2.0856	1.9227	1.7331	1.5052	11.2	1.0410	1.0467	0.5452	0.5388
3.2	2.0461	1.9291	1.6855	1.4894	11.4	1.0449	1.0507	0.5452	0.5427
3.3	2.0156	1.9136	1.6387	1.4557	11.6	1.0539	1.0611	0.5548	0.5512
3.4	1.9890	1.8824	1.5962	1.4108	11.8	1.0682	1.0778	0.5693	0.5661
3.5	1.9523	1.8402	1.5559	1.3608	12.0	1.0868	1.0981	0.5876	0.5861
3.6	1.9523	1.7844	1.5097	1.3056	12.2	1.1088	1.1186	0.6091	0.6079
3.7	1.8952	1.7136	1.4498	1.2438	12.4	1.1326	1.1372	0.6324	0.6286
3.8	1.8201	1.6377	1.3763	1.1795	12.6	1.1559	1.1540	0.6559	0.6469
3.9	1.7376	1.5719	1.2950	1.1212	12.8	1.1765	1.1701	0.6772	0.6630
4.0	1.6564	1.5260	1.2121	1.0752	13.0	1.1941	1.1845	0.6955	0.6766
4.1	1.5790	1.4980	1.1309	1.0400	13.2	1.2084	1.1953	0.7100	0.6866
4.2	1.5031	1.4729	1.0525	1.0058	13.4	1.2190	1.2009	0.7204	0.6924
4.3	1.4276	1.4340	0.9771	0.9602	13.6	1.2250	1.2013	0.7262	0.6940
4.4	1.3567	1.3778	0.9064	0.8992	13.8	1.2257	1.1980	0.7271	0.6923
4.5	1.2976	1.3146	0.8432	0.8286	14.0	1.2212	1.1919	0.7233	0.6875
4.6	1.2535	1.2559	0.7891	0.7576	14.2	1.2124	1.1833	0.7152	0.6794
4.7	1.2190	1.2037	0.7426	0.6919	14.4	1.2005	1.1716	0.7037	0.6676
4.8	1.1820	1.1520	0.6986	0.6324	14.6	1.1860	1.1574	0.6894	0.6531
4.9	1.1325	1.0957	0.6506	0.5780	14.8	1.1699	1.1422	0.6733	0.6380
5.0	1.0791	1.0461	0.6026	0.5353	15.0	1.1350	1.1272	0.6393	0.6238

Table T2.132   383

N = 1.400 K = 0.050 THETA = 45.0

x	QEE	QEH	QSE	QSH
0.1	0.0168	0.0106	0.0005	0.0004
0.2	0.0377	0.0243	0.0041	0.0033
0.3	0.0669	0.0442	0.0142	0.0114
0.4	0.1086	0.0734	0.0348	0.0275
0.5	0.1669	0.1145	0.0702	0.0547
0.6	0.2454	0.1694	0.1243	0.0949
0.7	0.3458	0.2385	0.1995	0.1490
0.8	0.4671	0.3197	0.2962	0.2156
0.9	0.6051	0.4091	0.4114	0.2909
1.0	0.7527	0.5013	0.5392	0.3698
1.1	0.9017	0.5915	0.6717	0.4470
1.2	1.0447	0.6772	0.8017	0.5190
1.3	1.1769	0.7598	0.9233	0.5858
1.4	1.2969	0.8444	1.0341	0.6514
1.5	1.4062	0.9383	1.1342	0.7224
1.6	1.5086	1.0473	1.2261	0.8059
1.7	1.6086	1.1719	1.3137	0.9047
1.8	1.7109	1.3051	1.4012	1.0152
1.9	1.8187	1.4360	1.4921	1.1290
2.0	1.9328	1.5569	1.5880	1.2382
2.1	2.0505	1.6655	1.6878	1.3389
2.2	2.1661	1.7631	1.7874	1.4303
2.3	2.2724	1.8522	1.8809	1.5127
2.4	2.3630	1.9348	1.9626	1.5868
2.5	2.4349	2.0130	2.0288	1.6536
2.6	2.4888	2.0880	2.0789	1.7139
2.7	2.5286	2.1596	2.1148	1.7678
2.8	2.5602	2.2262	2.1405	1.8149
2.9	2.5900	2.2858	2.1610	2.8549
3.0	2.6227	2.3376	2.1805	1.8885
3.1	2.6598	2.3819	2.2014	1.9174
3.2	2.6980	2.4194	2.2224	1.9430
3.3	2.7297	2.4496	2.2391	1.9649
3.4	2.7496	2.4747	2.2494	1.9858
3.5	2.7434	2.4831	2.2365	1.9896
3.6	2.7198	2.4841	2.2119	1.9875
3.7	2.6801	2.4732	2.1732	1.9727
3.8	2.6312	2.4514	2.1249	1.9450
3.9	2.5811	2.4220	2.0789	1.9065
4.0	2.5364	2.3903	2.0197	1.8619
4.1	2.5006	2.3567	1.9711	1.8161
4.2	2.4718	2.3357	1.9264	1.7722
4.3	2.4427	2.3111	1.8819	1.7304
4.4	2.4041	2.2818	1.8319	1.6881
4.5	2.3498	2.2432	1.7720	1.6425
4.6	2.2794	2.1925	1.7015	1.5909
4.7	2.1975	2.1294	1.6231	1.5314
4.8	2.1117	2.0573	1.5411	1.4644
4.9	2.0296	1.9828	1.4601	1.3930
5.0	1.9579	1.9137	1.3844	1.3218

x	QEE	QEH	QSE	QSH
5.2	1.8548	1.8114	1.2578	1.1955
5.4	1.7720	1.7407	1.1505	1.0904
5.6	1.6563	1.6495	1.0318	0.9832
5.8	1.5217	1.5233	0.9072	0.8656
6.0	1.4171	1.4092	0.8028	0.7617
6.2	1.3705	1.3547	0.7363	0.6955
6.4	1.3526	1.3437	0.6977	0.6592
6.6	1.3161	1.3209	0.6616	0.6247
6.8	1.2734	1.2714	0.6302	0.5824
7.0	1.2606	1.2400	0.6186	0.5570
7.2	1.2944	1.2635	0.6356	0.5697
7.4	1.3478	1.3216	0.6724	0.6103
7.6	1.3837	1.3650	0.7107	0.6514
7.8	1.4032	1.3749	0.7419	0.6745
8.0	1.4584	1.4119	0.7975	0.7143
8.2	1.5291	1.4756	0.8548	0.7646
8.4	1.6023	1.5551	0.9159	0.8275
8.6	1.6540	1.6132	0.9705	0.8865
8.8	1.6924	1.6441	1.0173	0.9318
9.0	1.7335	1.6756	1.0589	0.9696
9.2	1.7810	1.7222	1.0969	1.0060
9.4	1.8193	1.7692	1.1276	1.0387
9.6	1.8358	1.7929	1.1467	1.0612
9.8	1.8383	1.7934	1.1543	1.0714
10.0	1.8372	1.7896	1.1527	1.0734
10.2	1.8353	1.7911	1.1443	1.0702
10.4	1.8233	1.7882	1.1284	1.0595
10.6	1.7969	1.7687	1.1042	1.0387
10.8	1.7627	1.7355	1.0725	1.0090
11.0	1.7278	1.7012	1.0361	0.9761
11.2	1.6944	1.6718	0.9984	0.9440
11.4	1.6578	1.6418	0.9600	0.9117
11.6	1.6171	1.6056	0.9211	0.8766
11.8	1.5773	1.5666	0.8824	0.8391
12.0	1.5429	1.5325	0.8462	0.8032
12.2	1.5144	1.5059	0.8148	0.7731
12.4	1.4893	1.4835	0.7889	0.7497
12.6	1.4673	1.4627	0.7681	0.7311
12.8	1.4510	1.4456	0.7523	0.7157
13.0	1.4424	1.4357	0.7422	0.7044
13.2	1.4407	1.4335	0.7386	0.6990
13.4	1.4435	1.4361	0.7410	0.7001
13.6	1.4501	1.4416	0.7483	0.7065
13.8	1.4612	1.4507	0.7594	0.7168
14.0	1.4770	1.4646	0.7741	0.7303
14.2	1.4959	1.4822	0.7919	0.7466
14.4	1.5222	1.5073	0.8176	0.7702
14.6	1.5370	1.5209	0.8333	0.7842
14.8	1.5569	1.5394	0.8533	0.8027
15.0	1.5770	1.5583	0.8724	0.8212

Table T2.133

N = 1.400   K = 0.050   THETA = 60.0

X	QEE	QEH	QSE	QSH	X	QEE	QEH	QSE	QSH
0.1	0.0201	0.0105	0.0007	0.0003	5.2	2.6390	2.5727	1.9710	1.8990
0.2	0.0463	0.0235	0.0061	0.0027	5.4	2.4961	2.4257	1.8234	1.7453
0.3	0.0842	0.0414	0.0212	0.0091	5.6	2.3719	2.3151	1.6856	1.6205
0.4	0.1386	0.0661	0.0512	0.0217	5.8	2.2720	2.2428	1.5668	1.5281
0.5	0.2129	0.0992	0.1003	0.0420	6.0	2.1600	2.1411	1.4461	1.4148
0.6	0.3070	0.1416	0.1698	0.0711	6.2	2.0251	1.9961	1.3110	1.2645
0.7	0.4168	0.1930	0.2573	0.1088	6.4	1.9065	1.8724	1.1842	1.1274
0.8	0.5351	0.2523	0.3564	0.1543	6.6	1.8257	1.8060	1.0845	1.0392
0.9	0.6540	0.3178	0.4594	0.2055	6.8	1.7644	1.7564	1.0100	0.9775
1.0	0.7681	0.3878	0.5599	0.2608	7.0	1.6870	1.6704	0.9362	0.8959
1.1	0.8760	0.4620	0.6551	0.3188	7.2	1.6130	1.5835	0.8647	0.8083
1.2	0.9799	0.5417	0.7457	0.3804	7.4	1.5765	1.5490	0.8146	0.7538
1.3	1.0840	0.6298	0.8347	0.4481	7.6	1.5756	1.5577	0.7937	0.7388
1.4	1.1927	0.7302	0.9263	0.5260	7.8	1.5710	1.5483	0.7860	0.7279
1.5	1.3086	0.8448	1.0236	0.6172	8.0	1.5576	1.5215	0.7813	0.7113
1.6	1.4319	0.9714	1.1279	0.7216	8.2	1.5666	1.5259	0.7884	0.7115
1.7	1.5598	1.1039	1.2377	0.8351	8.4	1.6099	1.5764	0.8149	0.7405
1.8	1.6878	1.2352	1.3496	0.9514	8.6	1.6612	1.6276	0.8545	0.7789
1.9	1.8116	1.3607	1.4596	1.0651	8.8	1.6949	1.6504	0.8937	0.8080
2.0	1.9284	1.4794	1.5646	1.1738	9.0	1.7322	1.6812	0.9356	0.8425
2.1	2.0378	1.5926	1.6634	1.2768	9.2	1.7915	1.7457	0.9861	0.8952
2.2	2.1408	1.7015	1.7560	1.3744	9.4	1.8628	1.8221	1.0439	0.9575
2.3	2.2392	1.8073	1.8435	1.4669	9.6	1.9158	1.8689	1.0976	1.0071
2.4	2.3346	1.9111	1.9268	1.5550	9.8	1.9552	1.9020	1.1437	1.0465
2.5	2.4275	2.0137	2.0067	1.6398	10.0	1.9552	1.9522	1.1877	1.0898
2.6	2.5179	2.1156	2.0831	1.7227	10.2	2.0023	2.0167	1.2317	1.1393
2.7	2.6049	2.2162	2.1558	1.8045	10.4	2.0585	2.0600	1.2707	1.1808
2.8	2.6869	2.3140	2.2237	1.8850	10.6	2.1019	2.0767	1.2988	1.2073
2.9	2.7631	2.4077	2.2867	1.9643	10.8	2.1233	2.0946	1.3180	1.2263
3.0	2.8316	2.4942	2.3434	2.0391	11.0	2.1401	2.1239	1.3313	1.2431
3.1	2.8914	2.5709	2.3932	2.1068	11.2	2.1614	2.1442	1.3384	1.2541
3.2	2.9415	2.6354	2.4350	2.1641	11.4	2.1769	2.1378	1.3364	1.2532
3.3	2.9819	2.6870	2.4682	2.2088	11.6	2.1725	2.1218	1.3256	1.2438
3.4	3.0132	2.7273	2.4927	2.2413	11.8	2.1568	2.1149	1.3111	1.2326
3.5	3.0374	2.7601	2.5094	2.2642	12.0	2.1445	2.1058	1.2884	1.2141
3.6	3.0566	2.7902	2.5194	2.2816	12.2	2.1292	2.0810	1.2612	1.1887
3.7	3.0725	2.8214	2.5243	2.2973	12.4	2.1037	2.0445	1.2287	1.1570
3.8	3.0858	2.8543	2.5250	2.3133	12.6	2.0678	2.0114	1.1935	1.1235
3.9	3.0952	2.8860	2.5214	2.3282	12.8	2.0323	1.9846	1.1575	1.0908
4.0	3.0980	2.9098	2.5125	2.3377	13.0	2.0007	1.9530	1.1213	1.0571
4.1	3.0909	2.9190	2.4963	2.3364	13.2	1.9673	1.9288	1.0846	1.0214
4.2	3.0718	2.9097	2.4711	2.3221	13.4	1.9288	1.8770	1.0485	0.9855
4.3	3.0415	2.8841	2.4370	2.2921	13.6	1.8915	1.8482	1.0147	0.9522
4.4	3.0032	2.8486	2.3955	2.2538	13.8	1.8603	1.8230	0.9847	0.9233
4.5	2.9616	2.8116	2.3495	2.2121	14.0	1.8336	1.7961	0.9589	0.8984
4.6	2.9205	2.7803	2.3015	2.1725	14.2	1.8074	1.7720	0.9372	0.8771
4.7	2.8821	2.7574	2.2534	2.1377	14.4	1.7803	1.7556	0.9195	0.8591
4.8	2.8454	2.7401	2.2053	2.1059	14.6	1.7671	1.7458	0.9064	0.8453
4.9	2.8067	2.7203	2.1556	2.0717	14.8	1.7567	1.7383	0.8985	0.8368
5.0	2.7610	2.6883	2.1012	2.0277	15.0	1.7464	1.7336	0.8959	0.8339

Table T2.134

N = 1.400 K = 0.050 THETA = 75.0

X	QEE	QEH	QSE	QSH
0.1	0.0227	0.0104	0.0010	0.0003
0.2	0.0537	0.0230	0.0086	0.0023
0.3	0.1002	0.0395	0.0296	0.0076
0.4	0.1675	0.0615	0.0702	0.0178
0.5	0.2567	0.0899	0.1336	0.0340
0.6	0.3627	0.1253	0.2167	0.0565
0.7	0.4752	0.1673	0.3107	0.0854
0.8	0.5828	0.2156	0.4044	0.1198
0.9	0.6788	0.2698	0.4891	0.1592
1.0	0.7633	0.3302	0.5624	0.2036
1.1	0.8429	0.3986	0.6284	0.2540
1.2	0.9273	0.4778	0.6953	0.3130
1.3	1.0258	0.5710	0.7723	0.3841
1.4	1.1431	0.6796	0.8660	0.4699
1.5	1.2772	0.8018	0.9770	0.5701
1.6	1.4186	0.9317	1.0990	0.6808
1.7	1.5552	1.0620	1.2212	0.7953
1.8	1.6781	1.1871	1.3340	0.9078
1.9	1.7855	1.3057	1.4334	1.0152
2.0	1.8827	1.4192	1.5216	1.1176
2.1	1.9786	1.5307	1.6053	1.2165
2.2	2.0813	1.6431	1.6921	1.3141
2.3	2.1942	1.7583	1.7866	1.4120
2.4	2.3145	1.8767	1.8882	1.5120
2.5	2.4336	1.9962	1.9905	1.6125
2.6	2.5441	2.1157	2.0877	1.7142
2.7	2.6395	2.2300	2.1726	1.8128
2.8	2.7208	2.3365	2.2446	1.9065
2.9	2.7928	2.4341	2.3071	1.9935
3.0	2.8621	2.5230	2.3653	2.0731
3.1	2.9332	2.6043	2.4239	2.1452
3.2	3.0063	2.6797	2.4841	2.2105
3.3	3.0769	2.7509	2.5430	2.2701
3.4	3.1389	2.8193	2.5951	2.3251
3.5	3.1882	2.8852	2.6359	2.3762
3.6	3.2250	2.9473	2.6640	2.4229
3.7	3.2530	3.0033	2.6816	2.4641
3.8	3.2768	3.0505	2.6928	2.4979
3.9	3.2996	3.0870	2.7017	2.5232
4.0	3.3210	3.1120	2.7100	2.5393
4.1	3.3376	3.1275	2.7171	2.5473
4.2	3.3446	3.1365	2.7164	2.5492
4.3	3.3395	3.1423	2.7087	2.5472
4.4	3.3236	3.1467	2.6900	2.5423
4.5	3.3011	3.1490	2.6627	2.5337
4.6	3.2768	3.1471	2.6298	2.5198
4.7	3.2551	3.1380	2.5946	2.4985
4.8	3.2339	3.1196	2.5584	2.4684
4.9	3.2093	3.0914	2.5203	2.4298
5.0	3.1759	3.0556	2.4776	2.3849
5.2	3.0761	2.9755	2.3725	2.2900
5.4	2.9581	2.8950	2.2506	2.1963
5.6	2.8579	2.8050	2.1323	2.0916
5.8	2.7609	2.6949	2.0138	1.9647
6.0	2.6333	2.5777	1.8768	1.8285
6.2	2.4925	2.4662	1.7312	1.7005
6.4	2.3786	2.3561	1.6041	1.5801
6.6	2.2846	2.2424	1.4950	1.4586
6.8	2.1750	2.1358	1.3802	1.3395
7.0	2.0597	2.0448	1.2611	1.2314
7.2	2.0036	1.9586	1.1604	1.1313
7.4	1.9149	1.8760	1.0862	1.0408
7.6	1.8520	1.8106	1.0210	0.9684
7.8	1.7892	1.7695	0.9600	0.9164
8.0	1.7539	1.7347	0.9153	0.8711
8.2	1.7468	1.7021	0.8917	0.8300
8.4	1.7378	1.6865	0.8774	0.8057
8.6	1.7298	1.6991	0.8714	0.8074
8.8	1.7452	1.7176	0.8823	0.8200
9.0	1.7836	1.7325	0.9090	0.8322
9.2	1.8174	1.7584	0.9383	0.8514
9.4	1.8475	1.8075	0.9687	0.8880
9.6	1.8942	1.8608	1.0104	0.9333
9.8	1.9574	1.9044	1.0640	0.9765
10.0	2.0118	1.9506	1.1164	1.0211
10.2	2.0553	2.0118	1.1625	1.0731
10.4	2.1066	2.0726	1.2096	1.1255
10.6	2.1697	2.1206	1.2626	1.1715
10.8	2.2187	2.1620	1.3087	1.2118
11.0	2.2528	2.2117	1.3463	1.2550
11.2	2.2873	2.2576	1.3796	1.2950
11.4	2.3259	2.2854	1.4107	1.3227
11.6	2.3530	2.3053	1.4340	1.3416
11.8	2.3633	2.3287	1.4462	1.3582
12.0	2.3703	2.3476	1.4522	1.3708
12.2	2.3783	2.3481	1.4550	1.3727
12.4	2.3766	2.3396	1.4512	1.3659
12.6	2.3608	2.3338	1.4373	1.3551
12.8	2.3419	2.3257	1.4169	1.3400
13.0	2.3240	2.3029	1.3939	1.3171
13.2	2.2998	2.2724	1.3679	1.2888
13.4	2.2662	2.2455	1.3368	1.2596
13.6	2.2320	2.2203	1.3024	1.2292
13.8	2.2057	2.1906	1.2719	1.1987
14.0	2.1686	2.1477	1.2322	1.1571
14.2	2.1311	2.1142	1.1961	1.1215
14.4	2.0959	2.0857	1.1613	1.0892
14.6	2.0666	2.0542	1.1295	1.0576
14.8	2.0392	2.0216	1.1003	1.0267
15.0	2.0111	1.9954	1.0728	0.9988

Table T2.135

N = 1.400 K = 0.200 THETA = 15.0

X	QEE	QEH	QSE	QSH
0.1	0.0446	0.0414	0.0006	0.0006
0.2	0.0974	0.0914	0.0051	0.0054
0.3	0.1661	0.1578	0.0183	0.0194
0.4	0.2585	0.2487	0.0466	0.0493
0.5	0.3813	0.3708	0.0971	0.1027
0.6	0.5357	0.5249	0.1755	0.1852
0.7	0.7121	0.7006	0.2811	0.2958
0.8	0.8882	0.8737	0.4031	0.4225
0.9	1.0366	1.0152	0.5221	0.5445
1.0	1.1393	1.1060	0.6198	0.6422
1.1	1.1952	1.1453	0.6876	0.7063
1.2	1.2159	1.1457	0.7271	0.7386
1.3	1.2164	1.1230	0.7457	0.7468
1.4	1.2086	1.0910	0.7511	0.7392
1.5	1.2001	1.0591	0.7495	0.7225
1.6	1.1945	1.0332	0.7451	0.7016
1.7	1.1921	1.0164	0.7399	0.6799
1.8	1.1917	1.0097	0.7345	0.6594
1.9	1.1915	1.0118	0.7288	0.6415
2.0	1.1902	1.0197	0.7223	0.6268
2.1	1.1868	1.0292	0.7148	0.6150
2.2	1.1802	1.0361	0.7059	0.6052
2.3	1.1686	1.0365	0.6954	0.5961
2.4	1.1498	1.0279	0.6827	0.5863
2.5	1.1227	1.0096	0.6670	0.5747
2.6	1.0884	0.9832	0.6483	0.5608
2.7	1.0498	0.9521	0.6269	0.5448
2.8	1.0097	0.9197	0.6035	0.5277
2.9	0.9706	0.8886	0.5790	0.5102
3.0	0.9341	0.8604	0.5541	0.4930
3.1	0.9010	0.8359	0.5297	0.4769
3.2	0.8715	0.8150	0.5064	0.4621
3.3	0.8457	0.7975	0.4848	0.4489
3.4	0.8235	0.7828	0.4653	0.4373
3.5	0.8046	0.7705	0.4484	0.4276
3.6	0.7887	0.7601	0.4342	0.4196
3.7	0.7754	0.7512	0.4227	0.4134
3.8	0.7641	0.7434	0.4137	0.4087
3.9	0.7547	0.7364	0.4071	0.4054
4.0	0.7466	0.7301	0.4025	0.4032
4.1	0.7398	0.7245	0.3996	0.4019
4.2	0.7343	0.7195	0.3981	0.4012
4.3	0.7299	0.7153	0.3978	0.4011
4.4	0.7266	0.7120	0.3984	0.4014
4.5	0.7244	0.7094	0.3998	0.4021
4.6	0.7232	0.7077	0.4019	0.4032
4.7	0.7228	0.7067	0.4045	0.4045
4.8	0.7231	0.7063	0.4075	0.4063
4.9	0.7238	0.7063	0.4109	0.4083
5.0	0.7249	0.7067	0.4144	0.4105

X	QEE	QEH	QSE	QSH
5.2	0.7274	0.7078	0.4215	0.4155
5.4	0.7293	0.7087	0.4279	0.4205
5.6	0.7301	0.7089	0.4328	0.4247
5.8	0.7294	0.7081	0.4359	0.4276
6.0	0.7273	0.7064	0.4372	0.4292
6.2	0.7238	0.7039	0.4369	0.4296
6.4	0.7192	0.7006	0.4354	0.4290
6.6	0.7137	0.6967	0.4329	0.4277
6.8	0.7077	0.6923	0.4298	0.4260
7.0	0.7015	0.6877	0.4265	0.4240
7.2	0.6954	0.6831	0.4231	0.4219
7.4	0.6896	0.6787	0.4198	0.4199
7.6	0.6844	0.6746	0.4170	0.4181
7.8	0.6799	0.6710	0.4145	0.4166
8.0	0.6759	0.6678	0.4127	0.4153
8.2	0.6726	0.6650	0.4113	0.4145
8.4	0.6698	0.6625	0.4104	0.4139
8.6	0.6674	0.6604	0.4099	0.4136
8.8	0.6653	0.6585	0.4096	0.4135
9.0	0.6635	0.6568	0.4095	0.4135
9.2	0.6618	0.6553	0.4093	0.4135
9.4	0.6601	0.6537	0.4091	0.4136
9.6	0.6586	0.6524	0.4091	0.4136
9.8	0.6570	0.6510	0.4088	0.4136
10.0	0.6553	0.6495	0.4088	0.4135
10.2	0.6536	0.6480	0.4083	0.4135
10.4	0.6518	0.6465	0.4078	0.4133
10.6	0.6499	0.6449	0.4071	0.4130
10.8	0.6480	0.6434	0.4064	0.4127
11.0	0.6462	0.6418	0.4057	0.4123
11.2	0.6444	0.6403	0.4050	0.4119
11.4	0.6426	0.6387	0.4042	0.4115
11.6	0.6409	0.6373	0.4035	0.4110
11.8	0.6392	0.6359	0.4029	0.4106
12.0	0.6377	0.6345	0.4023	0.4102
12.2	0.6362	0.6332	0.4017	0.4098
12.4	0.6348	0.6320	0.4012	0.4095
12.6	0.6335	0.6308	0.4008	0.4092
12.8	0.6323	0.6297	0.4004	0.4089
13.0	0.6311	0.6286	0.4000	0.4086
13.2	0.6299	0.6276	0.3996	0.4084
13.4	0.6288	0.6265	0.3992	0.4082
13.6	0.6277	0.6256	0.3989	0.4080
13.8	0.6266	0.6246	0.3985	0.4077
14.0	0.6255	0.6236	0.3981	0.4075
14.2	0.6245	0.6227	0.3978	0.4073
14.4	0.6234	0.6218	0.3974	0.4071
14.6	0.6224	0.6208	0.3970	0.4069
14.8	0.6214	0.6199	0.3966	0.4066
15.0	0.6205	0.6191	0.3962	0.4062

Table T2.136   387

N = 1.400 K = 0.200 THETA = 30.0

X	QEE	QEH	QSE	QSH		X	QEE	QEH	QSE	QSH
0.1	0.0531	0.0411	0.0005	0.0006		5.2	1.2138	1.2001	0.6133	0.5894
0.2	0.1127	0.0888	0.0043	0.0047		5.4	1.2048	1.1916	0.6102	0.5869
0.3	0.1840	0.1484	0.0151	0.0166		5.6	1.2002	1.1865	0.6104	0.5867
0.4	0.2715	0.2241	0.0370	0.0406		5.8	1.1985	1.1842	0.6133	0.5885
0.5	0.3781	0.3184	0.0741	0.0807		6.0	1.1986	1.1838	0.6179	0.5921
0.6	0.5041	0.4302	0.1293	0.1391		6.2	1.1995	1.1845	0.6235	0.5970
0.7	0.6457	0.5538	0.2029	0.2144		6.4	1.2009	1.1858	0.6294	0.6026
0.8	0.7951	0.6794	0.2916	0.3009		6.6	1.2024	1.1874	0.6350	0.6083
0.9	0.9421	0.7959	0.3891	0.3894		6.8	1.2037	1.1889	0.6402	0.6136
1.0	1.0776	0.8946	0.4879	0.4706		7.0	1.2046	1.1901	0.6446	0.6182
1.1	1.1957	0.9726	0.5816	0.5378		7.2	1.2047	1.1907	0.6480	0.6221
1.2	1.2944	1.0323	0.6660	0.5886		7.4	1.2039	1.1907	0.6504	0.6252
1.3	1.3746	1.0797	0.7394	0.6244		7.6	1.2022	1.1899	0.6519	0.6274
1.4	1.4389	1.1221	0.8015	0.6489		7.8	1.1997	1.1885	0.6524	0.6288
1.5	1.4908	1.1655	0.8531	0.6672		8.0	1.1966	1.1864	0.6521	0.6295
1.6	1.5339	1.2136	0.8954	0.6840		8.2	1.1930	1.1839	0.6511	0.6296
1.7	1.5716	1.2665	0.9303	0.7028		8.4	1.1891	1.1809	0.6496	0.6291
1.8	1.6065	1.3217	0.9593	0.7251		8.6	1.1849	1.1777	0.6478	0.6282
1.9	1.6398	1.3750	0.9841	0.7509		8.8	1.1806	1.1743	0.6458	0.6271
2.0	1.6708	1.4225	1.0054	0.7784		9.0	1.1763	1.1708	0.6438	0.6259
2.1	1.6971	1.4609	1.0228	0.8053		9.2	1.1722	1.1674	0.6418	0.6246
2.2	1.7161	1.4886	1.0355	0.8292		9.4	1.1683	1.1642	0.6399	0.6234
2.3	1.7258	1.5057	1.0423	0.8484		9.6	1.1647	1.1611	0.6382	0.6223
2.4	1.7260	1.5141	1.0426	0.8618		9.8	1.1614	1.1583	0.6368	0.6214
2.5	1.7178	1.5164	1.0368	0.8696		10.0	1.1583	1.1556	0.6356	0.6207
2.6	1.7032	1.5151	1.0257	0.8721		10.2	1.1557	1.1533	0.6347	0.6201
2.7	1.6842	1.5116	1.0105	0.8700		10.4	1.1532	1.1512	0.6339	0.6197
2.8	1.6626	1.5067	0.9925	0.8638		10.6	1.1510	1.1491	0.6333	0.6194
2.9	1.6399	1.5004	0.9726	0.8539		10.8	1.1492	1.1475	0.6330	0.6196
3.0	1.6172	1.4925	0.9518	0.8411		11.0	1.1477	1.1462	0.6330	0.6198
3.1	1.5949	1.4831	0.9305	0.8263		11.2	1.1462	1.1449	0.6327	0.6198
3.2	1.5731	1.4719	0.9091	0.8106		11.4	1.1444	1.1433	0.6328	0.6201
3.3	1.5511	1.4589	0.8877	0.7947		11.6	1.1432	1.1422	0.6327	0.6203
3.4	1.5281	1.4438	0.8661	0.7791		11.8	1.1418	1.1410	0.6326	0.6205
3.5	1.5036	1.4269	0.8443	0.7640		12.0	1.1405	1.1398	0.6325	0.6207
3.6	1.4778	1.4085	0.8222	0.7493		12.2	1.1391	1.1386	0.6322	0.6209
3.7	1.4512	1.3895	0.8001	0.7351		12.4	1.1378	1.1375	0.6320	0.6209
3.8	1.4245	1.3704	0.7782	0.7211		12.6	1.1364	1.1363	0.6318	0.6210
3.9	1.3986	1.3517	0.7569	0.7073		12.8	1.1351	1.1351	0.6315	0.6210
4.0	1.3741	1.3338	0.7367	0.6936		13.0	1.1337	1.1339	0.6312	0.6209
4.1	1.3516	1.3168	0.7178	0.6799		13.2	1.1324	1.1327	0.6307	0.6208
4.2	1.3311	1.3008	0.7006	0.6664		13.4	1.1310	1.1315	0.6304	0.6207
4.3	1.3129	1.2860	0.6851	0.6533		13.6	1.1296	1.1302	0.6300	0.6205
4.4	1.2967	1.2723	0.6713	0.6411		13.8	1.1283	1.1290	0.6297	0.6203
4.5	1.2822	1.2598	0.6593	0.6299		14.0	1.1269	1.1278	0.6293	0.6202
4.6	1.2692	1.2484	0.6488	0.6201		14.2	1.1257	1.1267	0.6289	0.6201
4.7	1.2573	1.2380	0.6398	0.6117		14.4	1.1244	1.1255	0.6286	0.6200
4.8	1.2470	1.2290	0.6327	0.6052		14.6	1.1231	1.1244		
4.9	1.2364	1.2198	0.6256	0.5991		14.8	1.1219	1.1234		
5.0	1.2277	1.2123	0.6205	0.5949		15.0	1.1208	1.1223		

Table T2.137

N = 1.400 K = 0.200 THETA = 45.0

X	QEE	QEH	QSE	QSH	X	QEE	QEH	QSE	QSH
0.1	0.0653	0.0408	0.0006	0.0005	5.2	1.7107	1.6904	0.8860	0.8317
0.2	0.1374	0.0869	0.0049	0.0040	5.4	1.6847	1.6680	0.8640	0.8113
0.3	0.2210	0.1418	0.0170	0.0137	5.6	1.6612	1.6466	0.8458	0.7939
0.4	0.3190	0.2082	0.0407	0.0326	5.8	1.6420	1.6283	0.8316	0.7796
0.5	0.4324	0.2870	0.0794	0.0630	6.0	1.6277	1.6148	0.8210	0.7689
0.6	0.5595	0.3770	0.1348	0.1058	6.2	1.6175	1.6055	0.8140	0.7617
0.7	0.6961	0.4748	0.2063	0.1596	6.4	1.6098	1.5987	0.8100	0.7576
0.8	0.8358	0.5754	0.2907	0.2207	6.6	1.6038	1.5931	0.8083	0.7558
0.9	0.9717	0.6738	0.3829	0.2842	6.8	1.6000	1.5893	0.8087	0.7557
1.0	1.0981	0.7665	0.4768	0.3451	7.0	1.5983	1.5876	0.8106	0.7571
1.1	1.2115	0.8526	0.5673	0.4003	7.2	1.5981	1.5877	0.8136	0.7600
1.2	1.3112	0.9341	0.6506	0.4490	7.4	1.5987	1.5887	0.8174	0.7638
1.3	1.3985	1.0141	0.7249	0.4929	7.6	1.5992	1.5897	0.8215	0.7680
1.4	1.4763	1.0954	0.7901	0.5351	7.8	1.5992	1.5902	0.8257	0.7723
1.5	1.5477	1.1794	0.8473	0.5790	8.0	1.5992	1.5902	0.8257	0.7723
1.5	1.5477	1.1794	0.8473	0.5790	8.0	1.5992	1.5902	0.8257	0.7723

Table T2.138

N = 1.400 K = 0.200 THETA = 60.0

X	QEE	QEH	QSE	QSH
0.1	0.0779	0.0406	0.0009	0.0004
0.2	0.1646	0.0854	0.0074	0.0033
0.3	0.2647	0.1370	0.0250	0.0111
0.4	0.3789	0.1972	0.0581	0.0259
0.5	0.5039	0.2664	0.1084	0.0492
0.6	0.6338	0.3438	0.1741	0.0811
0.7	0.7619	0.4276	0.2504	0.1208
0.8	0.8831	0.5154	0.3311	0.1659
0.9	0.9953	0.6053	0.4110	0.2139
1.0	1.0993	0.6963	0.4868	0.2626
1.1	1.1974	0.7888	0.5574	0.3113
1.2	1.2919	0.8838	0.6235	0.3607
1.3	1.3848	0.9821	0.6865	0.4125
1.4	1.4765	1.0833	0.7479	0.4685
1.5	1.5664	1.1857	0.8085	0.5297
1.6	1.6533	1.2868	0.8687	0.5954
1.7	1.7357	1.3843	0.9281	0.6638
1.8	1.8124	1.4768	0.9858	0.7327
1.9	1.8829	1.5629	1.0407	0.7995
2.0	1.9470	1.6423	1.0920	0.8620
2.1	2.0051	1.7149	1.1389	0.9186
2.2	2.0575	1.7810	1.1809	0.9685
2.3	2.1050	1.8416	1.2180	1.0120
2.4	2.1481	1.8979	1.2504	1.0501
2.5	2.1873	1.9507	1.2786	1.0845
2.6	2.2226	2.0003	1.3031	1.1163
2.7	2.2539	2.0465	1.3245	1.1463
2.8	2.2804	2.0877	1.3424	1.1739
2.9	2.3029	2.1241	1.3584	1.1996
3.0	2.3201	2.1538	1.3708	1.2213
3.1	2.3325	2.1773	1.3799	1.2385
3.2	2.3407	2.1953	1.3856	1.2510
3.3	2.3455	2.2092	1.3879	1.2591
3.4	2.3476	2.2203	1.3871	1.2635
3.5	2.3477	2.2296	1.3837	1.2653
3.6	2.3459	2.2373	1.3781	1.2650
3.7	2.3421	2.2453	1.3707	1.2630
3.8	2.3360	2.2443	1.3619	1.2593
3.9	2.3273	2.2396	1.3516	1.2535
4.0	2.3160	2.2319	1.3398	1.2455
4.1	2.3027	2.2222	1.3267	1.2356
4.2	2.2878	2.2114	1.3122	1.2239
4.3	2.2722	2.2005	1.2968	1.2110
4.4	2.2564	2.1895	1.2807	1.1975
4.5	2.2406	2.1783	1.2642	1.1837
4.6	2.2246	2.1663	1.2475	1.1696
4.7	2.2083	2.1532	1.2309	1.1551
4.8	2.1914	2.1388	1.2142	1.1402
4.9	2.1738	2.1234	1.1976	1.1247
5.0	2.1559	2.1234	1.1810	1.1088
5.2	2.1204	2.0924	1.1483	1.0769
5.4	2.0881	2.0642	1.1175	1.0472
5.6	2.0589	2.0388	1.0896	1.0206
5.8	2.0316	2.0142	1.0649	0.9963
6.0	2.0058	1.9902	1.0428	0.9736
6.2	1.9835	1.9694	1.0236	0.9536
6.4	1.9665	1.9537	1.0086	0.9380
6.6	1.9504	1.9389	0.9951	0.9243
6.8	1.9373	1.9265	0.9853	0.9139
7.0	1.9265	1.9161	0.9781	0.9057
7.2	1.9185	1.9088	0.9731	0.9000
7.4	1.9130	1.9039	0.9701	0.8965
7.6	1.9092	1.9005	0.9690	0.8951
7.8	1.9065	1.8981	0.9694	0.8950
8.0	1.9050	1.8970	0.9711	0.8962
8.2	1.9046	1.8971	0.9733	0.8983
8.4	1.9049	1.8978	0.9761	0.9010
8.6	1.9056	1.8990	0.9795	0.9043
8.8	1.9063	1.9001	0.9828	0.9077
9.0	1.9073	1.9016	0.9864	0.9114
9.2	1.9080	1.9029	0.9895	0.9147
9.4	1.9088	1.9042	0.9926	0.9181
9.6	1.9091	1.9050	0.9952	0.9210
9.8	1.9090	1.9055	0.9975	0.9235
10.0	1.9087	1.9057	0.9993	0.9257
10.2	1.9081	1.9055	1.0008	0.9275
10.4	1.9071	1.9051	1.0018	0.9289
10.6	1.9058	1.9042	1.0025	0.9300
10.8	1.9041	1.9030	1.0028	0.9307
11.0	1.9023	1.9017	1.0028	0.9311
11.2	1.9001	1.9001	1.0026	0.9313
11.4	1.8981	1.8982	1.0021	0.9312
11.6	1.8955	1.8960	1.0013	0.9307
11.8	1.8950	1.8959	1.0023	0.9320
12.0	1.8916	1.8928	1.0005	0.9306
12.2	1.8891	1.8905	0.9996	0.9300
12.4	1.8867	1.8884	0.9987	0.9294
12.6	1.8844	1.8863	0.9978	0.9288
12.8	1.8821	1.8843	0.9970	0.9282
13.0	1.8800	1.8824	0.9962	0.9277
13.2	1.8779	1.8805	0.9955	0.9273
13.4	1.8760	1.8788	0.9949	0.9269
13.6	1.8742	1.8771	0.9944	0.9266
13.8	1.8725	1.8756	0.9939	0.9263
14.0	1.8709	1.8742	0.9935	0.9262
14.2	1.8695	1.8728	0.9932	0.9261
14.4	1.8681	1.8716	0.9930	0.9260
14.6	1.8668	1.8704	0.9928	0.9260
14.8	1.8656	1.8693	0.9927	0.9261
15.0	1.8645	1.8683	0.9926	0.9262

Table T2.139

N = 1.400 K = 0.200 THETA = 75.0

X	QEE	QEH	QSE	QSH
0.1	0.0873	0.0405	0.0013	0.0003
0.2	0.1858	0.0845	0.0103	0.0028
0.3	0.2995	0.1341	0.0343	0.0092
0.4	0.4262	0.1906	0.0776	0.0214
0.5	0.5584	0.2545	0.1393	0.0402
0.6	0.6861	0.3253	0.2131	0.0657
0.7	0.8023	0.4021	0.2901	0.0972
0.8	0.9053	0.4841	0.3630	0.1335
0.9	0.9986	0.5710	0.4281	0.1735
1.0	1.0883	0.6631	0.4863	0.2168
1.1	1.1802	0.7608	0.5409	0.2639
1.2	1.2777	0.8643	0.5965	0.3160
1.3	1.3802	0.9725	0.6563	0.3742
1.4	1.4840	1.0828	0.7212	0.4387
1.5	1.5840	1.1920	0.7895	0.5082
1.6	1.6762	1.2973	0.8579	0.5807
1.7	1.7593	1.3974	0.9234	0.6535
1.8	1.8347	1.4918	0.9840	0.7246
1.9	1.9050	1.5809	1.0395	0.7922
2.0	1.9728	1.6652	1.0907	0.8556
2.1	2.0391	1.7451	1.1390	0.9143
2.2	2.1034	1.8211	1.1849	0.9684
2.3	2.1639	1.8931	1.2286	1.0184
2.4	2.2192	1.9612	1.2694	1.0651
2.5	2.2675	2.0244	1.3058	1.1083
2.6	2.3109	2.0841	1.3393	1.1503
2.7	2.3487	2.1381	1.3682	1.1890
2.8	2.3826	2.1867	1.3935	1.2247
2.9	2.4133	2.2299	1.4159	1.2569
3.0	2.4410	2.2680	1.4356	1.2851
3.1	2.4650	2.3014	1.4528	1.3092
3.2	2.4850	2.3308	1.4670	1.3291
3.3	2.5007	2.3566	1.4780	1.3452
3.4	2.5125	2.3791	1.4855	1.3578
3.5	2.5209	2.3982	1.4896	1.3675
3.6	2.5266	2.4139	1.4909	1.3743
3.7	2.5300	2.4259	1.4897	1.3786
3.8	2.5313	2.4345	1.4868	1.3806
3.9	2.5303	2.4399	1.4824	1.3803
4.0	2.5268	2.4424	1.4765	1.3780
4.1	2.5210	2.4426	1.4692	1.3738
4.2	2.5130	2.4408	1.4604	1.3677
4.3	2.5033	2.4373	1.4500	1.3600
4.4	2.4925	2.4321	1.4381	1.3507
4.5	2.4808	2.4254	1.4251	1.3400
4.6	2.4684	2.4172	1.4112	1.3280
4.7	2.4551	2.4075	1.3966	1.3150
4.8	2.4409	2.3968	1.3816	1.3013
4.9	2.4259	2.3850	1.3662	1.2870
5.0	2.4103	2.3726	1.3507	1.2724

X	QEE	QEH	QSE	QSH
5.2	2.3781	2.3465	1.3194	1.2425
5.4	2.3465	2.3192	1.2883	1.2123
5.6	2.3157	2.2919	1.2583	1.1824
5.8	2.2857	2.2651	1.2296	1.1536
6.0	2.2573	2.2394	1.2029	1.1264
6.2	2.2311	2.2150	1.1784	1.1012
6.4	2.2076	2.1930	1.1569	1.0787
6.6	2.1864	2.1733	1.1380	1.0588
6.8	2.1675	2.1557	1.1216	1.0414
7.0	2.1516	2.1404	1.1079	1.0266
7.2	2.1382	2.1276	1.0968	1.0143
7.4	2.1271	2.1173	1.0882	1.0047
7.6	2.1181	2.1091	1.0818	0.9975
7.8	2.1110	2.1024	1.0772	0.9921
8.0	2.1059	2.0975	1.0744	0.9885
8.2	2.1024	2.0946	1.0734	0.9868
8.4	2.0999	2.0928	1.0735	0.9864
8.6	2.0984	2.0917	1.0744	0.9869
8.8	2.0978	2.0918	1.0761	0.9882
9.0	2.0977	2.0918	1.0784	0.9902
9.2	2.0980	2.0928	1.0811	0.9927
9.4	2.0986	2.0939	1.0840	0.9955
9.6	2.0994	2.0951	1.0869	0.9985
9.8	2.1002	2.0963	1.0899	1.0014
10.0	2.1008	2.0975	1.0927	1.0043
10.2	2.1013	2.0985	1.0952	1.0069
10.4	2.1030	2.0990	1.0973	1.0091
10.6	2.1020	2.1011	1.1008	1.0128
10.8	2.1014	2.1006	1.1018	1.0140
11.0	2.1005	2.1001	1.1031	1.0155
11.2	2.0995	2.0984	1.1041	1.0167
11.4	2.0982	2.0973	1.1048	1.0177
11.6	2.0967	2.0959	1.1052	1.0183
11.8	2.0949	2.0944	1.1054	1.0187
12.0	2.0931	2.0927	1.1053	1.0189
12.2	2.0911	2.0910	1.1050	1.0188
12.4	2.0891	2.0891	1.1046	1.0187
12.6	2.0870	2.0892	1.1041	1.0184
12.8	2.0849	2.0873	1.1035	1.0180
13.0	2.0828	2.0854	1.1028	1.0175
13.2	2.0808	2.0835	1.1021	1.0170
13.4	2.0787	2.0817	1.1014	1.0165
13.6	2.0752	2.0844	1.1006	1.0159
13.8	2.0752	2.0785	1.1042	1.0196
14.0	2.0734	2.0768	1.0996	1.0153
14.2	2.0716	2.0753	1.0990	1.0149
14.4	2.0700	2.0738	1.0985	1.0145
14.6	2.0685	2.0724	1.0980	1.0142
14.8	2.0670	2.0711	1.0976	1.0140
15.0	2.0670	2.0711	1.0973	1.0138

Table T2.140   391

N = 1.400   K = 0.300   THETA = 15.0

X	QEE	QEH	QSE	QSH	X	QEE	QEH	QSE	QSH
0.1	0.0660	0.0612	0.0008	0.0008	5.2	0.7296	0.7144	0.4339	0.4308
0.2	0.1429	0.1337	0.0063	0.0067	5.4	0.7257	0.7112	0.4344	0.4316
0.3	0.2395	0.2265	0.0225	0.0238	5.6	0.7215	0.7078	0.4344	0.4320
0.4	0.3627	0.3467	0.0563	0.0596	5.8	0.7172	0.7044	0.4338	0.4321
0.5	0.5143	0.4959	0.1138	0.1203	6.0	0.7126	0.7009	0.4328	0.4319
0.6	0.6860	0.6648	0.1970	0.2077	6.2	0.7080	0.6973	0.4314	0.4314
0.7	0.8576	0.8318	0.2989	0.3142	6.4	0.7033	0.6937	0.4299	0.4307
0.8	1.0034	0.9698	0.4044	0.4232	6.6	0.6987	0.6901	0.4284	0.4300
0.9	1.1060	1.0606	0.4967	0.5169	6.8	0.6943	0.6866	0.4268	0.4292
1.0	1.1635	1.1027	0.5659	0.5846	7.0	0.6902	0.6833	0.4253	0.4284
1.1	1.1860	1.1073	0.6111	0.6252	7.2	0.6862	0.6801	0.4239	0.4276
1.2	1.1869	1.0892	0.6367	0.6438	7.4	0.6826	0.6771	0.4226	0.4269
1.3	1.1772	1.0613	0.6487	0.6466	7.6	0.6792	0.6743	0.4214	0.4263
1.4	1.1640	1.0321	0.6523	0.6396	7.8	0.6761	0.6716	0.4204	0.4257
1.5	1.1508	1.0066	0.6510	0.6270	8.0	0.6732	0.6692	0.4195	0.4252
1.6	1.1386	0.9874	0.6469	0.6118	8.2	0.6704	0.6668	0.4186	0.4248
1.7	1.1275	0.9748	0.6414	0.5959	8.4	0.6678	0.6646	0.4179	0.4244
1.8	1.1170	0.9679	0.6347	0.5807	8.6	0.6654	0.6625	0.4172	0.4240
1.9	1.1066	0.9649	0.6273	0.5667	8.8	0.6631	0.6604	0.4165	0.4237
2.0	1.0957	0.9635	0.6192	0.5543	9.0	0.6608	0.6585	0.4159	0.4233
2.1	1.0832	0.9613	0.6103	0.5432	9.2	0.6587	0.6566	0.4153	0.4230
2.2	1.0681	0.9562	0.6007	0.5332	9.4	0.6564	0.6546	0.4145	0.4225
2.3	1.0494	0.9469	0.5902	0.5237	9.6	0.6545	0.6529	0.4140	0.4223
2.4	1.0271	0.9333	0.5785	0.5143	9.8	0.6526	0.6512	0.4134	0.4219
2.5	1.0018	0.9162	0.5659	0.5049	10.0	0.6507	0.6496	0.4128	0.4216
2.6	0.9749	0.8969	0.5524	0.4953	10.2	0.6488	0.6479	0.4122	0.4213
2.7	0.9478	0.8770	0.5383	0.4859	10.4	0.6470	0.6463	0.4116	0.4209
2.8	0.9215	0.8577	0.5241	0.4768	10.6	0.6453	0.6448	0.4110	0.4206
2.9	0.8969	0.8397	0.5102	0.4682	10.8	0.6436	0.6433	0.4104	0.4202
3.0	0.8745	0.8235	0.4969	0.4604	11.0	0.6419	0.6419	0.4098	0.4199
3.1	0.8544	0.8093	0.4846	0.4535	11.2	0.6404	0.6404	0.4093	0.4196
3.2	0.8369	0.7969	0.4734	0.4475	11.4	0.6388	0.6391	0.4087	0.4192
3.3	0.8216	0.7863	0.4635	0.4424	11.6	0.6374	0.6377	0.4082	0.4189
3.4	0.8085	0.7772	0.4551	0.4382	11.8	0.6359	0.6364	0.4077	0.4186
3.5	0.7974	0.7694	0.4480	0.4348	12.0	0.6345	0.6352	0.4072	0.4183
3.6	0.7878	0.7626	0.4422	0.4321	12.2	0.6332	0.6340	0.4067	0.4180
3.7	0.7797	0.7567	0.4377	0.4301	12.4	0.6319	0.6328	0.4063	0.4177
3.8	0.7727	0.7514	0.4343	0.4286	12.6	0.6306	0.6316	0.4058	0.4174
3.9	0.7667	0.7467	0.4318	0.4275	12.8	0.6294	0.6305	0.4054	0.4172
4.0	0.7614	0.7425	0.4302	0.4268	13.0	0.6282	0.6294	0.4049	0.4169
4.1	0.7569	0.7387	0.4292	0.4264	13.2	0.6270	0.6283	0.4045	0.4166
4.2	0.7530	0.7354	0.4287	0.4263	13.4	0.6259	0.6272	0.4041	0.4163
4.3	0.7495	0.7323	0.4286	0.4263	13.6	0.6248	0.6262	0.4037	0.4161
4.4	0.7465	0.7296	0.4289	0.4265	13.8	0.6237	0.6252	0.4032	0.4158
4.5	0.7438	0.7271	0.4294	0.4269	14.0	0.6226	0.6242	0.4028	0.4156
4.6	0.7414	0.7249	0.4300	0.4273	14.2	0.6216	0.6233	0.4025	0.4153
4.7	0.7392	0.7229	0.4307	0.4279	14.4	0.6206	0.6223	0.4021	0.4151
4.8	0.7372	0.7211	0.4315	0.4285	14.6	0.6196	0.6214	0.4017	0.4148
4.9	0.7352	0.7193	0.4322	0.4291	14.8	0.6187	0.6205	0.4013	0.4146
5.0	0.7333	0.7176	0.4329	0.4297	15.0	0.6177	0.6196	0.4010	0.4143

Table T2.141

N = 1.400 K = 0.300 THETA = 30.0

X	QEE	QEH	QSE	QSH
0.1	0.0789	0.0608	0.0007	0.0007
0.2	0.1661	0.1300	0.0054	0.0059
0.3	0.2671	0.2136	0.0186	0.0204
0.4	0.3856	0.3148	0.0449	0.0492
0.5	0.5218	0.4331	0.0881	0.0957
0.6	0.6715	0.5630	0.1496	0.1602
0.7	0.8260	0.6942	0.2269	0.2384
0.8	0.9743	0.8148	0.3144	0.3219
0.9	1.1067	0.9161	0.4044	0.4012
1.0	1.2174	0.9947	0.4902	0.4689
1.1	1.3053	1.0534	0.5673	0.5213
1.2	1.3725	1.0980	0.6336	0.5588
1.3	1.4230	1.1354	0.6888	0.5842
1.4	1.4610	1.1707	0.7338	0.6016
1.5	1.4907	1.2073	0.7697	0.6147
1.6	1.5154	1.2457	0.7983	0.6269
1.7	1.5370	1.2847	0.8210	0.6401
1.8	1.5564	1.3222	0.8390	0.6552
1.9	1.5729	1.3555	0.8532	0.6719
2.0	1.5850	1.3826	0.8637	0.6891
2.1	1.5912	1.4024	0.8703	0.7054
2.2	1.5908	1.4148	0.8728	0.7195
2.3	1.5842	1.4207	0.8712	0.7306
2.4	1.5724	1.4218	0.8659	0.7381
2.5	1.5569	1.4195	0.8576	0.7420
2.6	1.5392	1.4150	0.8470	0.7425
2.7	1.5206	1.4090	0.8349	0.7401
2.8	1.5018	1.4022	0.8220	0.7352
2.9	1.4836	1.3948	0.8087	0.7286
3.0	1.4661	1.3870	0.7955	0.7210
3.1	1.4492	1.3787	0.7826	0.7129
3.2	1.4326	1.3700	0.7700	0.7048
3.3	1.4160	1.3601	0.7577	0.6969
3.4	1.3993	1.3499	0.7459	0.6895
3.5	1.3826	1.3390	0.7344	0.6825
3.6	1.3661	1.3280	0.7233	0.6758
3.7	1.3502	1.3169	0.7127	0.6695
3.8	1.3350	1.3061	0.7028	0.6634
3.9	1.3209	1.2958	0.6937	0.6576
4.0	1.3081	1.2862	0.6853	0.6520
4.1	1.2965	1.2773	0.6779	0.6468
4.2	1.2861	1.2691	0.6713	0.6419
4.3	1.2768	1.2617	0.6656	0.6375
4.4	1.2685	1.2550	0.6608	0.6336
4.5	1.2610	1.2490	0.6567	0.6303
4.6	1.2543	1.2435	0.6534	0.6275
4.7	1.2481	1.2384	0.6507	0.6254
4.8	1.2431	1.2343	0.6489	0.6241
4.9	1.2373	1.2295	0.6467	0.6223
5.0	1.2329	1.2257	0.6455	0.6215
5.2	1.2253	1.2193	0.6440	0.6209
5.4	1.2193	1.2142	0.6437	0.6211
5.6	1.2147	1.2102	0.6442	0.6220
5.8	1.2109	1.2071	0.6451	0.6234
6.0	1.2077	1.2044	0.6463	0.6250
6.2	1.2046	1.2020	0.6476	0.6267
6.4	1.2016	1.1997	0.6486	0.6283
6.6	1.1987	1.1975	0.6495	0.6298
6.8	1.1957	1.1952	0.6501	0.6311
7.0	1.1927	1.1929	0.6505	0.6322
7.2	1.1896	1.1905	0.6505	0.6329
7.4	1.1864	1.1880	0.6504	0.6335
7.6	1.1833	1.1854	0.6500	0.6339
7.8	1.1801	1.1828	0.6496	0.6341
8.0	1.1769	1.1802	0.6490	0.6342
8.2	1.1738	1.1776	0.6483	0.6341
8.4	1.1707	1.1751	0.6476	0.6340
8.6	1.1678	1.1725	0.6469	0.6339
8.8	1.1649	1.1701	0.6463	0.6338
9.0	1.1622	1.1677	0.6456	0.6336
9.2	1.1597	1.1655	0.6450	0.6335
9.4	1.1572	1.1633	0.6445	0.6333
9.6	1.1549	1.1612	0.6439	0.6332
9.8	1.1527	1.1592	0.6435	0.6331
10.0	1.1505	1.1573	0.6430	0.6331
10.2	1.1485	1.1554	0.6426	0.6330
10.4	1.1465	1.1536	0.6422	0.6330
10.6	1.1445	1.1518	0.6417	0.6329
10.8	1.1429	1.1502	0.6415	0.6329
11.0	1.1413	1.1488	0.6413	0.6330
11.2	1.1398	1.1473	0.6411	0.6331
11.4	1.1379	1.1456	0.6405	0.6328
11.6	1.1365	1.1442	0.6404	0.6329
11.8	1.1349	1.1428	0.6400	0.6328
12.0	1.1334	1.1413	0.6397	0.6327
12.2	1.1319	1.1399	0.6393	0.6326
12.4	1.1305	1.1387	0.6391	0.6326
12.6	1.1291	1.1373	0.6387	0.6325
12.8	1.1278	1.1360	0.6384	0.6324
13.0	1.1264	1.1347	0.6381	0.6323
13.2	1.1252	1.1335	0.6379	0.6323
13.4	1.1239	1.1323	0.6376	0.6322
13.6	1.1227	1.1311	0.6372	0.6321
13.8	1.1215	1.1300	0.6370	0.6322
14.0	1.1203	1.1288	0.6367	0.6321
14.2	1.1193	1.1278	0.6365	0.6320
14.4	1.1181	1.1267	0.6362	0.6320
14.6	1.1171	1.1256	0.6359	0.6320
14.8	1.1160	1.1246	0.6357	0.6320
15.0	1.1150	1.1236	0.6354	0.6319

Table T2.142

N = 1.400 K = 0.300 THETA = 45.0

X	QEE	QEH	QSE	QSH	X	QEE	QEH	QSE	QSH
0.1	0.0972	0.0604	0.0008	0.0006	5.2	1.6621	1.6614	0.8590	0.8058
0.2	0.2024	0.1274	0.0062	0.0050	5.4	1.6501	1.6511	0.8523	0.7999
0.3	0.3195	0.2050	0.0209	0.0169	5.6	1.6397	1.6420	0.8473	0.7954
0.4	0.4497	0.2950	0.0492	0.0397	5.8	1.6313	1.6345	0.8437	0.7920
0.5	0.5911	0.3966	0.0939	0.0755	6.0	1.6245	1.6287	0.8413	0.7899
0.6	0.7389	0.5062	0.1552	0.1241	6.2	1.6190	1.6239	0.8400	0.7888
0.7	0.8860	0.6181	0.2308	0.1824	6.4	1.6143	1.6200	0.8394	0.7885
0.8	1.0252	0.7263	0.3155	0.2453	6.6	1.6103	1.6165	0.8394	0.7888
0.9	1.1510	0.8263	0.4035	0.3072	6.8	1.6069	1.6136	0.8398	0.7896
1.0	1.2603	0.9167	0.4888	0.3635	7.0	1.6040	1.6112	0.8405	0.7905
1.1	1.3531	0.9990	0.5675	0.4123	7.2	1.6014	1.6091	0.8413	0.7916
1.2	1.4315	1.0761	0.6371	0.4541	7.4	1.5990	1.6072	0.8421	0.7929
1.3	1.4987	1.1509	0.6972	0.4915	7.6	1.5966	1.6052	0.8427	0.7940
1.4	1.5583	1.2250	0.7485	0.5273	7.8	1.5944	1.6019	0.8348	0.7874
1.5	1.6130	1.2986	0.7927	0.5643	8.0	1.5925	1.6019	0.8444	0.7965
1.6	1.6644	1.3704	0.8313	0.6037	8.2	1.5904	1.6002	0.8450	0.7975
1.7	1.7129	1.4388	0.8661	0.6455	8.4	1.5881	1.5983	0.8453	0.7983
1.8	1.7575	1.5020	0.8978	0.6887	8.6	1.5860	1.5966	0.8456	0.7991
1.9	1.7969	1.5585	0.9268	0.7313	8.8	1.5837	1.5946	0.8457	0.7996
2.0	1.8295	1.6072	0.9528	0.7711	9.0	1.5814	1.5926	0.8457	0.8000
2.1	1.8546	1.6479	0.9753	0.8062	9.2	1.5792	1.5907	0.8455	0.8005
2.2	1.8727	1.6811	0.9940	0.8354	9.4	1.5769	1.5887	0.8455	0.8007
2.3	1.8846	1.7078	1.0085	0.8584	9.6	1.5748	1.5868	0.8454	0.8009
2.4	1.8920	1.7294	1.0189	0.8755	9.8	1.5727	1.5849	0.8452	0.8011
2.5	1.8962	1.7474	1.0256	0.8878	10.0	1.5705	1.5829	0.8449	0.8012
2.6	1.8985	1.7627	1.0292	0.8965	10.2	1.5685	1.5811	0.8447	0.8014
2.7	1.8993	1.7759	1.0302	0.9030	10.4	1.5665	1.5792	0.8444	0.8015
2.8	1.8988	1.7870	1.0292	0.9080	10.6	1.5646	1.5775	0.8442	0.8016
2.9	1.8965	1.7958	1.0266	0.9121	10.8	1.5628	1.5758	0.8440	0.8016
3.0	1.8920	1.8016	1.0226	0.9152	11.0	1.5609	1.5739	0.8436	0.8017
3.1	1.8851	1.8042	1.0174	0.9170	11.2	1.5592	1.5724	0.8434	0.8018
3.2	1.8759	1.8037	1.0112	0.9172	11.4	1.5575	1.5708	0.8432	0.8017
3.3	1.8647	1.8004	1.0040	0.9156	11.6	1.5559	1.5692	0.8429	0.8018
3.4	1.8572	1.7994	1.0004	0.9162	11.8	1.5543	1.5676	0.8427	0.8018
3.5	1.8393	1.7883	0.9870	0.9070	12.0	1.5527	1.5661	0.8425	0.8019
3.6	1.8265	1.7811	0.9777	0.9009	12.2	1.5512	1.5647	0.8423	0.8019
3.7	1.8139	1.7738	0.9681	0.8940	12.4	1.5498	1.5632	0.8420	0.8019
3.8	1.8018	1.7666	0.9585	0.8869	12.6	1.5484	1.5619	0.8419	0.8019
3.9	1.7899	1.7594	0.9489	0.8798	12.8	1.5470	1.5605	0.8417	0.8020
4.0	1.7782	1.7519	0.9396	0.8728	13.0	1.5457	1.5592	0.8415	0.8020
4.1	1.7664	1.7441	0.9305	0.8661	13.2	1.5444	1.5580	0.8413	0.8021
4.2	1.7546	1.7357	0.9218	0.8595	13.4	1.5432	1.5567	0.8412	0.8022
4.3	1.7429	1.7270	0.9134	0.8530	13.6	1.5420	1.5555	0.8410	0.8022
4.4	1.7314	1.7180	0.9055	0.8466	13.8	1.5408	1.5532	0.8408	0.8023
4.5	1.7203	1.7092	0.8980	0.8403	14.0	1.5396	1.5519	0.8406	0.8023
4.6	1.7099	1.7007	0.8909	0.8342	14.2	1.5383	1.5567	0.8403	0.8021
4.7	1.7003	1.6928	0.8843	0.8283	14.4	1.5432	1.5544	0.8459	0.8077
4.8	1.6914	1.6855	0.8782	0.8229	14.6	1.5369	1.5504	0.8408	0.8028
4.9	1.6833	1.6788	0.8726	0.8179	14.8	1.5357	1.5492	0.8407	0.8028
5.0	1.6757	1.6727	0.8676	0.8134	15.0	1.5346	1.5481	0.8403	0.8028

Table T2.143

N = 1.400   K = 0.300   THETA = 60.0

X	QEE	QEH	QSE	QSH
0.1	0.1160	0.0601	0.0011	0.0005
0.2	0.2411	0.1255	0.0092	0.0041
0.3	0.3776	0.1990	0.0304	0.0137
0.4	0.5225	0.2819	0.0688	0.0317
0.5	0.6694	0.3735	0.1248	0.0595
0.6	0.8112	0.4718	0.1945	0.0966
0.7	0.9425	0.5737	0.2721	0.1411
0.8	1.0613	0.6763	0.3512	0.1900
0.9	1.1685	0.7774	0.4273	0.2400
1.0	1.2664	0.8767	0.4980	0.2891
1.1	1.3574	0.9746	0.5626	0.3367
1.2	1.4433	1.0718	0.6218	0.3838
1.3	1.5251	1.1685	0.6768	0.4321
1.4	1.6028	1.2638	0.7287	0.4831
1.5	1.6759	1.3562	0.7785	0.5371
1.6	1.7436	1.4442	0.8264	0.5936
1.7	1.8054	1.5265	0.8723	0.6508
1.8	1.8608	1.6019	0.9158	0.7066
1.9	1.9099	1.6698	0.9561	0.7589
2.0	1.9528	1.7300	0.9926	0.8061
2.1	1.9903	1.7832	1.0248	0.8472
2.2	2.0228	1.8304	1.0527	0.8825
2.3	2.0513	1.8728	1.0764	0.9126
2.4	2.0762	1.9115	1.0963	0.9387
2.5	2.0978	1.9469	1.1131	0.9619
2.6	2.1162	1.9788	1.1272	0.9830
2.7	2.1313	2.0069	1.1391	1.0020
2.8	2.1423	2.0300	1.1483	1.0184
2.9	2.1508	2.0492	1.1563	1.0329
3.0	2.1557	2.0638	1.1618	1.0442
3.1	2.1579	2.0746	1.1652	1.0525
3.2	2.1581	2.0827	1.1665	1.0581
3.3	2.1568	2.0888	1.1660	1.0615
3.4	2.1543	2.0934	1.1639	1.0631
3.5	2.1507	2.0967	1.1607	1.0634
3.6	2.1459	2.0985	1.1566	1.0625
3.7	2.1400	2.0985	1.1517	1.0606
3.8	2.1329	2.0967	1.1462	1.0577
3.9	2.1247	2.0931	1.1401	1.0537
4.0	2.1157	2.0882	1.1335	1.0489
4.1	2.1063	2.0825	1.1265	1.0434
4.2	2.0967	2.0764	1.1191	1.0374
4.3	2.0872	2.0701	1.1116	1.0312
4.4	2.0779	2.0637	1.1040	1.0248
4.5	2.0686	2.0572	1.0965	1.0184
4.6	2.0593	2.0504	1.0891	1.0120
4.7	2.0500	2.0434	1.0820	1.0056
4.8	2.0407	2.0360	1.0751	0.9992
4.9	2.0315	2.0285	1.0684	0.9928
5.0	2.0226	2.0211	1.0619	0.9866
5.2	2.0060	2.0071	1.0497	0.9748
5.4	1.9912	1.9947	1.0390	0.9643
5.6	1.9780	1.9832	1.0297	0.9553
5.8	1.9659	1.9726	1.0220	0.9475
6.0	1.9551	1.9630	1.0155	0.9408
6.2	1.9461	1.9549	1.0103	0.9354
6.4	1.9395	1.9491	1.0072	0.9321
6.6	1.9320	1.9424	1.0034	0.9283
6.8	1.9262	1.9372	1.0013	0.9260
7.0	1.9213	1.9328	0.9999	0.9245
7.2	1.9173	1.9293	0.9991	0.9237
7.4	1.9139	1.9263	0.9987	0.9233
7.6	1.9110	1.9238	0.9989	0.9235
7.8	1.9084	1.9215	0.9992	0.9239
8.0	1.9062	1.9197	0.9999	0.9247
8.2	1.9041	1.9180	1.0005	0.9255
8.4	1.9021	1.9162	1.0011	0.9262
8.6	1.9004	1.9148	1.0019	0.9272
8.8	1.8986	1.9133	1.0025	0.9280
9.0	1.8971	1.9120	1.0033	0.9290
9.2	1.8953	1.9104	1.0037	0.9297
9.4	1.8937	1.9090	1.0043	0.9305
9.6	1.8919	1.9075	1.0046	0.9310
9.8	1.8901	1.9059	1.0049	0.9315
10.0	1.8884	1.9043	1.0051	0.9319
10.2	1.8866	1.9027	1.0052	0.9323
10.4	1.8849	1.9011	1.0052	0.9326
10.6	1.8831	1.8994	1.0052	0.9329
10.8	1.8814	1.8978	1.0052	0.9331
11.0	1.8797	1.8962	1.0051	0.9333
11.2	1.8780	1.8946	1.0050	0.9334
11.4	1.8764	1.8930	1.0046	0.9335
11.6	1.8748	1.8916	1.0063	0.9334
11.8	1.8723	1.8891	1.0052	0.9352
12.0	1.8707	1.8875	1.0050	0.9343
12.2	1.8692	1.8861	1.0048	0.9343
12.4	1.8678	1.8847	1.0047	0.9344
12.6	1.8665	1.8833	1.0046	0.9345
12.8	1.8652	1.8820	1.0044	0.9346
13.0	1.8639	1.8807	1.0043	0.9347
13.2	1.8626	1.8795	1.0041	0.9348
13.4	1.8614	1.8782	1.0041	0.9349
13.6	1.8602	1.8770	1.0040	0.9349
13.8	1.8591	1.8759	1.0040	0.9350
14.0	1.8580	1.8747	1.0039	0.9351
14.2	1.8569	1.8736	1.0038	0.9352
14.4	1.8559	1.8726	1.0037	0.9352
14.6	1.8549	1.8715	1.0037	0.9353
14.8	1.8549	1.8715	1.0037	0.9353
15.0	1.8538	1.8705	1.0036	0.9353

Table T2.144

N = 1.400 K = 0.300 THETA = 75.0

X	QEE	QEH	QSE	QSH	X	QEE	QEH	QSE	QSH
0.1	0.1299	0.0600	0.0016	0.0004	5.2	2.2224	2.2248	1.1753	1.0891
0.2	0.2705	0.1243	0.0127	0.0034	5.4	2.2071	2.2119	1.1636	1.0771
0.3	0.4218	0.1954	0.0413	0.0114	5.6	2.1928	2.1996	1.1529	1.0662
0.4	0.5764	0.2742	0.0906	0.0263	5.8	2.1796	2.1880	1.1433	1.0562
0.5	0.7239	0.3605	0.1571	0.0489	6.0	2.1677	2.1773	1.1349	1.0472
0.6	0.8563	0.4531	0.2328	0.0791	6.2	2.1568	2.1674	1.1274	1.0392
0.7	0.9716	0.5505	0.3088	0.1155	6.4	2.1472	2.1589	1.1213	1.0326
0.8	1.0733	0.6514	0.3789	0.1565	6.6	2.1387	2.1511	1.1161	1.0269
0.9	1.1676	0.7550	0.4413	0.2004	6.8	2.1312	2.1443	1.1120	1.0223
1.0	1.2603	0.8610	0.4974	0.2467	7.0	2.1249	2.1384	1.1088	1.0186
1.1	1.3543	0.9690	0.5504	0.2955	7.2	2.1194	2.1335	1.1063	1.0158
1.2	1.4494	1.0778	0.6034	0.3477	7.4	2.1147	2.1293	1.1047	1.0138
1.3	1.5429	1.1856	0.6582	0.4037	7.6	2.1106	2.1256	1.1035	1.0124
1.4	1.6311	1.2901	0.7147	0.4633	7.8	2.1071	2.1224	1.1028	1.0115
1.5	1.7114	1.3895	0.7713	0.5254	8.0	2.1041	2.1197	1.1025	1.0110
1.6	1.7832	1.4827	0.8261	0.5882	8.2	2.1018	2.1177	1.1028	1.0111
1.7	1.8474	1.5694	0.8774	0.6499	8.4	2.0996	2.1158	1.1032	1.0114
1.8	1.9060	1.6495	0.9246	0.7089	8.6	2.0975	2.1139	1.1035	1.0117
1.9	1.9605	1.7232	0.9675	0.7638	8.8	2.0956	2.1122	1.1040	1.0122
2.0	2.0117	1.7910	1.0067	0.8140	9.0	2.0938	2.1107	1.1045	1.0127
2.1	2.0593	1.8533	1.0426	0.8591	9.2	2.0921	2.1093	1.1051	1.0133
2.2	2.1027	1.9104	1.0755	0.8995	9.4	2.0905	2.1079	1.1057	1.0140
2.3	2.1413	1.9628	1.1053	0.9359	9.6	2.0890	2.1065	1.1063	1.0146
2.4	2.1748	2.0107	1.1320	0.9689	9.8	2.0875	2.1052	1.1068	1.0152
2.5	2.2030	2.0535	1.1549	0.9984	10.0	2.0860	2.1039	1.1073	1.0158
2.6	2.2287	2.0933	1.1761	1.0266	10.2	2.0845	2.1025	1.1076	1.0163
2.7	2.2503	2.1278	1.1939	1.0516	10.4	2.0828	2.1009	1.1077	1.0165
2.8	2.2691	2.1579	1.2092	1.0740	10.6	2.0807	2.1011	1.1096	1.0181
2.9	2.2850	2.1837	1.2223	1.0934	10.8	2.0791	2.0990	1.1091	1.0184
3.0	2.2981	2.2057	1.2333	1.1099	11.0	2.0776	2.0975	1.1092	1.0184
3.1	2.3084	2.2244	1.2422	1.1234	11.2	2.0762	2.0961	1.1094	1.0186
3.2	2.3160	2.2401	1.2490	1.1341	11.4	2.0747	2.0947	1.1094	1.0188
3.3	2.3212	2.2533	1.2538	1.1424	11.6	2.0733	2.0933	1.1095	1.0190
3.4	2.3244	2.2640	1.2567	1.1486	11.8	2.0718	2.0919	1.1095	1.0192
3.5	2.3259	2.2726	1.2579	1.1529	12.0	2.0704	2.0904	1.1095	1.0193
3.6	2.3259	2.2789	1.2578	1.1557	12.2	2.0690	2.0890	1.1095	1.0194
3.7	2.3245	2.2832	1.2565	1.1571	12.4	2.0677	2.0877	1.1094	1.0195
3.8	2.3219	2.2855	1.2542	1.1572	12.6	2.0664	2.0863	1.1094	1.0196
3.9	2.3181	2.2862	1.2512	1.1562	12.8	2.0651	2.0850	1.1093	1.0197
4.0	2.3132	2.2855	1.2474	1.1541	13.0	2.0638	2.0837	1.1093	1.0198
4.1	2.3074	2.2837	1.2429	1.1511	13.2	2.0626	2.0824	1.1092	1.0199
4.2	2.3010	2.2809	1.2379	1.1472	13.4	2.0613	2.0812	1.1091	1.0200
4.3	2.2940	2.2774	1.2324	1.1427	13.6	2.0599	2.0799	1.1091	1.0200
4.4	2.2867	2.2732	1.2265	1.1376	13.8	2.0646	2.0832	1.1133	1.0242
4.5	2.2791	2.2683	1.2203	1.1322	14.0	2.0594	2.0787	1.1093	1.0203
4.6	2.2712	2.2630	1.2138	1.1264	14.2	2.0582	2.0767	1.1092	1.0205
4.7	2.2631	2.2571	1.2073	1.1203	14.4	2.0571	2.0756	1.1093	1.0205
4.8	2.2549	2.2510	1.2007	1.1141	14.6	2.0561	2.0745	1.1092	1.0206
4.9	2.2467	2.2445	1.1942	1.1078	14.8	2.0551	2.0734	1.1091	1.0207
5.0	2.2385	2.2379	1.1878	1.1015	15.0	2.0541	2.0724	1.1091	1.0208

Table T2.145

N = 1.600   K = 0.0   THETA = 15.0

X	QEE	QEH	QSE	QSH		X	QEE	QEH	QSE	QSH
0.1	0.0009	0.0009	0.0009	0.0009		5.2	1.1029	0.7504	1.1029	0.7504
0.2	0.0078	0.0083	0.0078	0.0083		5.4	1.0457	1.1794	1.0457	1.1794
0.3	0.0300	0.0316	0.0300	0.0316		5.6	0.8635	0.7398	0.8635	0.7398
0.4	0.0833	0.0878	0.0833	0.0878		5.8	0.6865	0.6277	0.6865	0.6277
0.5	0.1959	0.2062	0.1959	0.2062		6.0	0.4913	0.5051	0.4913	0.5051
0.6	0.4110	0.4318	0.4110	0.4318		6.2	0.4026	0.4518	0.4026	0.4518
0.7	0.7712	0.8075	0.7712	0.8075		6.4	0.3491	0.4513	0.3491	0.4513
0.8	1.2469	1.2990	1.2469	1.2990		6.6	0.2598	0.2816	0.2598	0.2816
0.9	1.6665	1.7227	1.6665	1.7227		6.8	0.4440	0.4703	0.4440	0.4703
1.0	1.8559	1.8960	1.8559	1.8960		7.0	0.5754	0.7018	0.5754	0.7018
1.1	1.8347	1.8394	1.8347	1.8394		7.2	0.6938	0.7340	0.6938	0.7340
1.2	1.7276	1.6787	1.7276	1.6787		7.4	0.7547	0.6901	0.7547	0.6901
1.3	1.6304	1.5019	1.6304	1.5019		7.6	0.8347	0.6587	0.8347	0.6587
1.4	1.6025	1.3454	1.6025	1.3454		7.8	0.9774	0.7278	0.9774	0.7278
1.5	1.6963	1.2235	1.6963	1.2235		8.0	1.0866	1.1043	1.0866	1.1043
1.6	1.9368	1.1581	1.9368	1.1581		8.2	1.0620	0.9271	1.0620	0.9271
1.7	2.1478	1.2563	2.1478	1.2563		8.4	0.8891	0.7332	0.8891	0.7332
1.8	2.0342	1.8785	2.0342	1.8785		8.6	0.7931	0.7471	0.7931	0.7471
1.9	1.7509	1.6369	1.7509	1.6369		8.8	0.6919	0.5845	0.6919	0.5845
2.0	1.5683	1.2674	1.5683	1.2674		9.0	0.5993	0.8176	0.5993	0.8176
2.1	1.6778	1.3788	1.6778	1.3788		9.2	0.4922	0.4657	0.4922	0.4657
2.2	1.9657	1.6944	1.9657	1.6944		9.4	0.3676	0.4195	0.3676	0.4195
2.3	1.5308	1.2713	1.5308	1.2713		9.6	0.3717	0.4852	0.3717	0.4852
2.4	1.1799	0.9276	1.1799	0.9276		9.8	0.4025	0.4938	0.4025	0.4938
2.5	0.9847	0.7342	0.9847	0.7342		10.0	0.4505	0.5208	0.4505	0.5208
2.6	0.8502	0.5964	0.8502	0.5964		10.2	0.4834	0.4116	0.4834	0.4116
2.7	0.7384	0.4819	0.7384	0.4819		10.4	0.8004	0.7581	0.8004	0.7581
2.8	0.6431	0.4231	0.6431	0.4231		10.6	0.8426	0.8834	0.8426	0.8834
2.9	0.6707	1.3268	0.6707	1.3268		10.8	0.8922	0.8099	0.8922	0.8099
3.0	0.3138	0.3179	0.3138	0.3179		11.0	0.8795	0.7275	0.8795	0.7275
3.1	0.1946	0.1509	0.1946	0.1509		11.2	0.8766	0.6931	0.8766	0.6931
3.2	0.1755	0.2189	0.1755	0.2189		11.4	0.9001	0.7307	0.9001	0.7307
3.3	0.3064	0.4326	0.3064	0.4326		11.6	0.8575	0.9332	0.8575	0.9332
3.4	0.4689	0.6344	0.4689	0.6344		11.8	0.7357	0.6385	0.7357	0.6385
3.5	0.3821	0.5550	0.3821	0.5550		12.0	0.5647	0.5227	0.5647	0.5227
3.6	0.4062	0.5667	0.4062	0.5667		12.2	0.4877	0.5065	0.4877	0.5065
3.7	0.4271	0.5621	0.4271	0.5621		12.4	0.4348	0.4728	0.4348	0.4728
3.8	0.4491	0.5435	0.4491	0.5435		12.6	0.4577	0.6900	0.4577	0.6900
3.9	0.4878	0.5219	0.4878	0.5219		12.8	0.4049	0.3938	0.4049	0.3938
4.0	0.5526	0.4977	0.5526	0.4977		13.0	0.4110	0.4787	0.4110	0.4787
4.1	0.6603	0.4621	0.6603	0.4621		13.2	0.5283	0.6158	0.5283	0.6158
4.2	0.7937	0.5544	0.7937	0.5544		13.4	0.6061	0.6163	0.6061	0.6163
4.3	0.9287	0.9003	0.9287	0.9003		13.6	0.6750	0.6305	0.6750	0.6305
4.4	1.0976	1.1244	1.0976	1.1244		13.8	0.7247	0.5651	0.7247	0.5651
4.5	1.2358	1.2083	1.2358	1.2083		14.0	0.9139	0.8156	0.9139	0.8156
4.6	1.2720	1.1809	1.2720	1.1809		14.2	0.9306	0.9364	0.9306	0.9364
4.7	1.2311	1.0833	1.2311	1.0833		14.4	0.8624	0.7366	0.8624	0.7366
4.8	1.1781	0.9837	1.1781	0.9837		14.6	0.7683	0.6409	0.7683	0.6409
4.9	1.1359	0.8988	1.1359	0.8988		14.8	0.7027	0.6119	0.7027	0.6119
5.0	1.1087	0.8270	1.1087	0.8270		15.0	0.6583	0.6168	0.6583	0.6168

Table T2.146

N = 1.600   K = 0.0   THETA = 30.0

X	QEE	QEH	QSE	QSH	X	QEE	QEH	QSE	QSH
0.1	0.0008	0.0009	0.0008	0.0009	5.2	1.4492	1.3825	1.4492	1.3825
0.2	0.0070	0.0072	0.0070	0.0072	5.4	1.6910	1.7062	1.6910	1.7062
0.3	0.0257	0.0264	0.0257	0.0264	5.6	1.8459	1.5538	1.8459	1.5538
0.4	0.0670	0.0686	0.0670	0.0686	5.8	1.9257	1.4884	1.9257	1.4884
0.5	0.1451	0.1475	0.1451	0.1475	6.0	2.2549	1.9836	2.2549	1.9836
0.6	0.2776	0.2785	0.2776	0.2785	6.2	1.8093	1.8261	1.8093	1.8261
0.7	0.4810	0.4719	0.4810	0.4719	6.4	1.7573	1.6743	1.7573	1.6743
0.8	0.7602	0.7201	0.7602	0.7201	6.6	1.5927	1.3005	1.5927	1.3005
0.9	1.0974	0.9870	1.0974	0.9870	6.8	1.3609	1.1611	1.3609	1.1611
1.0	1.4547	1.2180	1.4547	1.2180	7.0	1.1268	1.3059	1.1268	1.3059
1.1	1.7931	1.3726	1.7931	1.3726	7.2	0.8853	1.0847	0.8853	1.0847
1.2	2.0860	1.4474	2.0860	1.4474	7.4	0.8586	0.8477	0.8586	0.8477
1.3	2.3158	1.4727	2.3158	1.4727	7.6	0.7080	0.5641	0.7080	0.5641
1.4	2.4703	1.5023	2.4703	1.5023	7.8	0.6362	0.7294	0.6362	0.7294
1.5	2.5498	1.6169	2.5498	1.6169	8.0	0.6371	0.9776	0.6371	0.9776
1.6	2.5729	1.8994	2.5729	1.8994	8.2	0.6889	0.7478	0.6889	0.7478
1.7	2.5730	2.2241	2.5730	2.2241	8.4	0.9964	0.8342	0.9964	0.8342
1.8	2.5930	2.2904	2.5930	2.2904	8.6	1.0317	0.8652	1.0317	0.8652
1.9	2.6782	2.2257	2.6782	2.2257	8.8	1.2105	1.3253	1.2105	1.3253
2.0	2.8405	2.2301	2.8405	2.2301	9.0	1.3622	1.4041	1.3622	1.4041
2.1	2.9871	2.2480	2.9871	2.2480	9.2	1.5067	1.2493	1.5067	1.2493
2.2	2.9932	2.1567	2.9932	2.1567	9.4	1.7975	1.4832	1.7975	1.4832
2.3	2.8814	2.0101	2.8814	2.0101	9.6	1.6619	1.5302	1.6619	1.5302
2.4	2.7360	1.9597	2.7360	1.9597	9.8	1.7090	1.8737	1.7090	1.8737
2.5	2.5795	2.1240	2.5795	2.1240	10.0	1.6194	1.4619	1.6194	1.4619
2.6	2.3690	2.3926	2.3690	2.3926	10.2	1.5088	1.2144	1.5088	1.2144
2.7	2.0996	2.3049	2.0996	2.3049	10.4	1.4242	1.3101	1.4242	1.3101
2.8	1.8580	1.8668	1.8580	1.8668	10.6	1.1683	1.2871	1.1683	1.2871
2.9	1.6903	1.4717	1.6903	1.4717	10.8	1.0644	1.2842	1.0644	1.2842
3.0	1.6488	1.3153	1.6488	1.3153	11.0	0.9046	0.7816	0.9046	0.7816
3.1	1.7526	1.3995	1.7526	1.3995	11.2	0.7774	0.6776	0.7774	0.6776
3.2	1.5869	1.2686	1.5869	1.2686	11.4	0.7014	0.8952	0.7014	0.8952
3.3	1.2566	1.0207	1.2566	1.0207	11.6	0.6539	0.8742	0.6539	0.8742
3.4	1.0389	0.9523	1.0389	0.9523	11.8	0.7642	0.8084	0.7642	0.8084
3.5	0.9432	1.2441	0.9432	1.2441	12.0	0.8180	0.6416	0.8180	0.6416
3.6	0.7931	1.4538	0.7931	1.4538	12.2	0.9280	0.9090	0.9280	0.9090
3.7	0.5951	0.9252	0.5951	0.9252	12.4	1.0540	1.2563	1.0540	1.2563
3.8	0.4970	0.5800	0.4970	0.5800	12.6	1.1963	1.2047	1.1963	1.2047
3.9	0.4530	0.3752	0.4530	0.3752	12.8	1.4284	1.2127	1.4284	1.2127
4.0	0.4899	0.3318	0.4899	0.3318	13.0	1.4683	1.2087	1.4683	1.2087
4.1	0.6279	0.6964	0.6279	0.6964	13.2	1.5491	1.5701	1.5491	1.5701
4.2	0.6471	0.6238	0.6471	0.6238	13.4	1.5585	1.6193	1.5585	1.6193
4.3	0.5485	0.6194	0.5485	0.6194	13.6	1.5429	1.3312	1.5429	1.3312
4.4	0.6025	0.7427	0.6025	0.7427	13.8	1.5607	1.3048	1.5607	1.3048
4.5	0.7945	1.3872	0.7945	1.3872	14.0	1.3662	1.2813	1.3662	1.2813
4.6	0.7782	0.9404	0.7782	0.9404	14.2	1.2744	1.5041	1.2744	1.5041
4.7	0.8717	0.7980	0.8717	0.7980	14.4	1.1086	1.1628	1.1086	1.1628
4.8	0.9874	0.7664	0.9874	0.7664	14.6	0.9724	0.7922	0.9724	0.7922
4.9	1.1074	0.7935	1.1074	0.7935	14.8	0.8852	0.8502	0.8852	0.8502
5.0	1.2578	0.9426	1.2578	0.9426	15.0	0.7432	0.9170	0.7432	0.9170

Table T2.147

N = 1.600 K = 0.0 THETA = 45.0

X	QEE	QEH	QSE	QSH
0.1	0.0011	0.0007	0.0011	0.0007
0.2	0.0095	0.0060	0.0095	0.0060
0.3	0.0344	0.0213	0.0344	0.0213
0.4	0.0877	0.0532	0.0877	0.0532
0.5	0.1840	0.1088	0.1840	0.1088
0.6	0.3378	0.1945	0.3378	0.1945
0.7	0.5573	0.3132	0.5573	0.3132
0.8	0.8363	0.4612	0.8363	0.4612
0.9	1.1502	0.6260	1.1502	0.6260
1.0	1.4637	0.7905	1.4637	0.7904
1.1	1.7457	0.9409	1.7457	0.9409
1.2	1.9809	1.0788	1.9809	1.0788
1.3	2.1706	1.2281	2.1706	1.2281
1.4	2.3267	1.4308	2.3267	1.4308
1.5	2.4656	1.7023	2.4656	1.7023
1.6	2.6040	1.9663	2.6040	1.9663
1.7	2.7576	2.1265	2.7576	2.1265
1.8	2.9373	2.2083	2.9373	2.2083
1.9	3.1408	2.2960	3.1408	2.2960
2.0	3.3406	2.4259	3.3406	2.4259
2.1	3.4889	2.5841	3.4889	2.5841
2.2	3.5491	2.7500	3.5491	2.7500
2.3	3.5216	2.9097	3.5216	2.9097
2.4	3.4344	3.0250	3.4344	3.0250
2.5	3.3231	3.0307	3.3231	3.0307
2.6	3.2204	2.9035	3.2204	2.9035
2.7	3.1548	2.7192	3.1548	2.7192
2.8	3.1500	2.5999	3.1500	2.5999
2.9	3.1925	2.6069	3.1924	2.6069
3.0	3.1841	2.6868	3.1841	2.6868
3.1	3.0370	2.7604	3.0370	2.7604
3.2	2.7803	2.7555	2.7803	2.7555
3.3	2.4891	2.5934	2.4891	2.5934
3.4	2.2312	2.3118	2.2312	2.3118
3.5	1.9923	1.9754	1.9923	1.9754
3.6	1.8254	1.6892	1.8254	1.6892
3.7	1.7535	1.5155	1.7535	1.5155
3.8	1.7969	1.5214	1.7969	1.5214
3.9	1.7634	1.6102	1.7634	1.6102
4.0	1.5390	1.6934	1.5390	1.6934
4.1	1.2586	1.5890	1.2586	1.5890
4.2	1.0240	1.2895	1.0240	1.2895
4.3	0.8643	1.0088	0.8643	1.0088
4.4	0.7649	0.7967	0.7649	0.7967
4.5	0.7243	0.6526	0.7243	0.6526
4.6	0.7898	0.6257	0.7898	0.6257
4.7	1.0296	0.8130	1.0296	0.8130
4.8	0.0297	0.9870	0.0297	0.9870
4.9	0.9072	1.2004	0.9072	1.2004
5.0	0.8103	1.0145	0.8103	1.0145

X	QEE	QEH	QSE	QSH
5.2	0.8693	0.8513	0.8693	0.8513
5.4	1.0895	0.8917	1.0895	0.8917
5.6	1.6736	1.3599	1.6736	1.3599
5.8	1.6143	1.6583	1.6143	1.6583
6.0	1.7900	1.6751	1.7900	1.6751
6.2	2.0434	1.8134	2.0434	1.8134
6.4	2.4953	2.1239	2.4953	2.1239
6.6	2.4134	2.4385	2.4134	2.4385
6.8	2.3982	2.2549	2.3982	2.2549
7.0	2.4406	2.2990	2.4406	2.2990
7.2	2.4625	2.2241	2.4625	2.2241
7.4	2.3337	2.5277	2.3337	2.5277
7.6	2.0481	1.9886	2.0481	1.9886
7.8	1.8629	1.8519	1.8629	1.8519
8.0	1.7455	1.6894	1.7455	1.6894
8.2	1.5450	1.7704	1.5450	1.7704
8.4	1.2255	1.2514	1.2255	1.2514
8.6	1.0705	1.1352	1.0705	1.1352
8.8	1.0652	1.0960	1.0652	1.0960
9.0	1.0137	1.1282	1.0137	1.1282
9.2	0.8984	0.9054	0.8984	0.9054
9.4	0.9238	0.9511	0.9238	0.9511
9.6	1.1449	1.1412	1.1449	1.1412
9.8	1.3431	1.4022	1.3431	1.4022
10.0	1.3936	1.3310	1.3936	1.3310
10.2	1.5254	1.4367	1.5254	1.4367
10.4	1.7827	1.7080	1.7827	1.7080
10.6	2.0619	1.9816	2.0619	1.9816
10.8	2.0827	1.9875	2.0827	1.9875
11.0	2.1005	1.9515	2.1005	1.9515
11.2	2.1700	2.0660	2.1700	2.0660
11.4	2.3322	2.2297	2.3322	2.2297
11.6	2.1728	2.1497	2.1728	2.1497
11.8	1.9754	1.8598	1.9754	1.8598
12.0	1.8420	1.7923	1.8420	1.7923
12.2	1.8430	1.8255	1.8430	1.8255
12.4	1.6220	1.7452	1.6220	1.7452
12.6	1.3425	1.2893	1.3425	1.2893
12.8	1.1897	1.1981	1.1897	1.1981
13.0	1.1488	1.1988	1.1488	1.1988
13.2	1.1033	1.2049	1.1033	1.2049
13.4	0.9762	0.9582	0.9762	0.9582
13.6	0.9643	0.9447	0.9643	0.9447
13.8	1.0867	1.1263	1.0867	1.1263
14.0	1.2430	1.2707	1.2430	1.2707
14.2	1.2962	1.2530	1.2962	1.2530
14.4	1.4074	1.3075	1.4074	1.3075
14.6	1.6122	1.5661	1.6122	1.5661
14.8	1.8525	1.8332	1.8525	1.8332
15.0	1.9024	1.8310	1.9024	1.8310

Table T2.148   399

N = 1.600   K = 0.0   THETA = 60.0

X	QEE	QEH	QSE	QSH
0.1	0.0019	0.0006	0.0019	0.0006
0.2	0.0161	0.0049	0.0161	0.0049
0.3	0.0580	0.0170	0.0580	0.0170
0.4	0.1459	0.0411	0.1459	0.0411
0.5	0.2947	0.0812	0.2947	0.0812
0.6	0.5043	0.1401	0.5043	0.1401
0.7	0.7505	0.2186	0.7505	0.2186
0.8	0.9951	0.3150	0.9951	0.3150
0.9	1.2104	0.4260	1.2104	0.4260
1.0	1.3940	0.5490	1.3940	0.5490
1.1	1.5641	0.6867	1.5641	0.6867
1.2	1.7453	0.8512	1.7453	0.8512
1.3	1.9563	1.0616	1.9563	1.0616
1.4	2.2002	1.3215	2.2002	1.3215
1.5	2.4588	1.5908	2.4588	1.5908
1.6	2.7000	1.8134	2.7000	1.8134
1.7	2.8989	1.9837	2.8989	1.9837
1.8	3.0555	2.1415	3.0555	2.1415
1.9	3.1913	2.3197	3.1913	2.3197
2.0	3.3290	2.5227	3.3290	2.5227
2.1	3.4748	2.7325	3.4748	2.7325
2.2	3.6160	2.9246	3.6160	2.9246
2.3	3.7326	3.0751	3.7326	3.0751
2.4	3.8098	3.1665	3.8098	3.1665
2.5	3.8441	3.2056	3.8441	3.2056
2.6	3.8453	3.2350	3.8453	3.2350
2.7	3.8359	3.3012	3.8359	3.3012
2.8	3.8362	3.4047	3.8362	3.4047
2.9	3.8375	3.4909	3.8375	3.4909
3.0	3.7999	3.4944	3.7999	3.4944
3.1	3.7055	3.4043	3.7055	3.4043
3.2	3.5713	3.2572	3.5713	3.2572
3.3	3.4212	3.1055	3.4212	3.1055
3.4	3.2718	2.9991	3.2718	2.9991
3.5	3.1413	2.9670	3.1413	2.9670
3.6	3.0475	2.9853	3.0475	2.9853
3.7	2.9586	2.9521	2.9586	2.9521
3.8	2.7936	2.7746	2.7936	2.7746
3.9	2.5593	2.4965	2.5593	2.4965
4.0	2.3221	2.2124	2.3221	2.2124
4.1	2.1145	1.9828	2.1145	1.9828
4.2	1.9435	1.8498	1.9435	1.8498
4.3	1.8208	1.8432	1.8208	1.8432
4.4	1.7697	1.9163	1.7697	1.9163
4.5	1.7340	1.8774	1.7340	1.8774
4.6	1.5582	1.6087	1.5582	1.6087
4.7	1.3292	1.2945	1.3292	1.2945
4.8	1.1604	1.0664	1.1604	1.0664
4.9	1.0569	0.9367	1.0569	0.9367
5.0	1.0039	0.9158	1.0039	0.9158
5.2	1.1097	1.2913	1.1097	1.2913
5.4	1.1010	1.0594	1.1010	1.0594
5.6	0.9823	0.7886	0.9823	0.7886
5.8	1.1355	0.9692	1.1355	0.9692
6.0	1.5272	1.6693	1.5272	1.6693
6.2	1.6343	1.4704	1.6343	1.4704
6.4	1.7470	1.4695	1.7470	1.4695
6.6	2.0301	1.8067	2.0301	1.8067
6.8	2.5126	2.6192	2.5126	2.6192
7.0	2.5023	2.2977	2.5023	2.2977
7.2	2.6057	2.3328	2.6057	2.3328
7.4	2.7608	2.5617	2.7608	2.5617
7.6	3.1462	3.1580	3.1462	3.1580
7.8	2.8338	2.6905	2.8338	2.6905
8.0	2.7386	2.5407	2.7386	2.5407
8.2	2.6604	2.5500	2.6604	2.5500
8.4	2.7546	2.7143	2.7546	2.7143
8.6	2.3374	2.2937	2.3374	2.2937
8.8	2.0844	1.9681	2.0844	1.9681
9.0	1.8934	1.8719	1.8934	1.8719
9.2	1.7603	1.8098	1.7603	1.8098
9.4	1.5318	1.5431	1.5318	1.5431
9.6	1.3210	1.2404	1.3210	1.2404
9.8	1.2372	1.3168	1.2372	1.3168
10.0	1.2274	1.2884	1.2274	1.2884
10.2	1.1947	1.1918	1.1947	1.1918
10.4	1.1686	1.0647	1.1686	1.0647
10.6	1.3053	1.2840	1.3053	1.2840
10.8	1.4746	1.4964	1.4746	1.4964
11.0	1.6039	1.5519	1.6039	1.5519
11.2	1.7170	1.5705	1.7170	1.5705
11.4	1.9248	1.8354	1.9248	1.8354
11.6	2.1885	2.1690	2.1885	2.1690
11.8	2.3080	2.2209	2.3080	2.2209
12.0	2.3893	2.2350	2.3893	2.2350
12.2	2.5114	2.4396	2.5114	2.4396
12.4	2.6524	2.6258	2.6524	2.6258
12.6	2.5983	2.5164	2.5983	2.5164
12.8	2.5304	2.4169	2.5304	2.4169
13.0	2.4783	2.4679	2.4783	2.4679
13.2	2.4270	2.4188	2.4270	2.4188
13.4	2.2119	2.1658	2.2119	2.1658
13.6	2.0301	1.9630	2.0301	1.9630
13.8	1.8958	1.9625	1.8958	1.9625
14.0	1.7535	1.7581	1.7535	1.7581
14.2	1.5435	1.5246	1.5435	1.5246
14.4	1.4099	1.3710	1.4099	1.3710
14.6	1.3629	1.4786	1.3629	1.4786
14.8	1.2874	1.2831	1.2874	1.2831
15.0	1.2382	1.2072	1.2382	1.2072

Table T2.149

N = 1.600   K = 0.0   THETA = 75.0

X	QEE	QEH	QSE	QSH
0.1	0.0027	0.0005	0.0027	0.0005
0.2	0.0234	0.0041	0.0234	0.0041
0.3	0.0843	0.0140	0.0843	0.0140
0.4	0.2085	0.0333	0.2085	0.0333
0.5	0.4043	0.0642	0.4043	0.0642
0.6	0.6469	0.1083	0.6469	0.1083
0.7	0.8833	0.1658	0.8833	0.1658
0.8	1.0694	0.2363	1.0694	0.2363
0.9	1.1995	0.3208	1.1995	0.3208
1.0	1.3021	0.4238	1.3021	0.4238
1.1	1.4227	0.5566	1.4227	0.5566
1.2	1.6075	0.7359	1.6075	0.7359
1.3	1.8810	0.9726	1.8810	0.9726
1.4	2.2158	1.2484	2.2158	1.2484
1.5	2.5316	1.5144	2.5316	1.5144
1.6	2.7565	1.7333	2.7565	1.7333
1.7	2.8838	1.9116	2.8838	1.9116
1.8	2.9619	2.0790	2.9619	2.0790
1.9	3.0553	2.2615	3.0553	2.2615
2.0	3.2185	2.4695	3.2185	2.4695
2.1	3.4666	2.6969	3.4666	2.6969
2.2	3.7446	2.9238	3.7446	2.9238
2.3	3.9539	3.1240	3.9539	3.1240
2.4	4.0406	3.2756	4.0406	3.2756
2.5	4.0263	3.3783	4.0263	3.3783
2.6	3.9719	3.4569	3.9719	3.4569
2.7	3.9483	3.5349	3.9483	3.5349
2.8	4.0098	3.6151	4.0098	3.6151
2.9	4.1422	3.6777	4.1422	3.6777
3.0	4.2423	3.7201	4.2423	3.7201
3.1	4.2233	3.7182	4.2233	3.7182
3.2	4.0976	3.6956	4.0976	3.6956
3.3	3.9187	3.6443	3.9187	3.6443
3.4	3.7375	3.5664	3.7375	3.5664
3.5	3.6131	3.4611	3.6131	3.4611
3.6	3.5868	3.3171	3.5868	3.3171
3.7	3.5832	3.1600	3.5832	3.1600
3.8	3.4714	3.0388	3.4714	3.0388
3.9	3.2588	2.9561	3.2588	2.9561
4.0	3.0146	2.8717	3.0146	2.8717
4.1	2.7762	2.7466	2.7762	2.7466
4.2	2.5757	2.5718	2.5757	2.5718
4.3	2.4692	2.3465	2.4692	2.3465
4.4	2.4462	2.0879	2.4462	2.0879
4.5	2.3249	1.8920	2.3249	1.8920
4.6	2.0910	1.8100	2.0910	1.8100
4.7	1.8661	1.7961	1.8661	1.7961
4.8	1.6793	1.7546	1.6793	1.7546
4.9	1.5266	1.6371	1.5266	1.6371
5.0	1.4429		1.4429	

X	QEE	QEH	QSE	QSH
5.2	1.5033	1.2521	1.5033	1.2521
5.4	1.1531	0.9883	1.1531	0.9883
5.6	1.0565	1.2266	1.0565	1.2266
5.8	1.1951	1.2007	1.1951	1.2007
6.0	1.3420	1.0000	1.3420	1.0000
6.2	1.2672	1.1125	1.2672	1.1125
6.4	1.4640	1.6146	1.4640	1.6146
6.6	1.9759	1.6851	1.9759	1.6851
6.8	1.9752	1.6694	1.9752	1.6694
7.0	2.1427	2.0524	2.1427	2.0524
7.2	2.4081	2.4558	2.4081	2.4558
7.4	2.9357	2.5360	2.5360	2.5360
7.6	2.8125	2.5816	2.8125	2.5816
7.8	2.9332	3.0209	2.9332	3.0209
8.0	3.0718	2.9864	3.0718	2.9864
8.2	3.1448	2.9665	3.1448	2.9665
8.4	3.0773	2.9370	3.0773	2.9370
8.6	2.9698	3.1871	2.9698	3.1871
8.8	3.1335	2.8518	3.1335	2.8518
9.0	2.7219	2.6577	2.7219	2.6577
9.2	2.5622	2.5185	2.5622	2.5185
9.4	2.2825	2.3222	2.2825	2.3222
9.6	2.0983	2.0552	2.0983	2.0552
9.8	1.9254	1.8791	1.9254	1.8791
10.0	1.7588	1.9311	1.7588	1.9311
10.2	1.5493	1.5093	1.5493	1.5093
10.4	1.3755	1.3743	1.3755	1.3743
10.6	1.4021	1.3161	1.4021	1.3161
10.8	1.3473	1.3522	1.3473	1.3522
11.0	1.3099	1.2774	1.3099	1.2774
11.2	1.3762	1.3219	1.3762	1.3219
11.4	1.5556	1.4481	1.5556	1.4481
11.6	1.6582	1.5955	1.6582	1.5955
11.8	1.7610	1.7422	1.7610	1.7422
12.0	2.0098	1.8831	2.0098	1.8831
12.2	2.1995	2.1124	2.1995	2.1124
12.4	2.3578	2.3207	2.3579	2.3207
12.6	2.4975	2.4643	2.4975	2.4643
12.8	2.6877	2.5310	2.6877	2.5310
13.0	2.7460	2.6653	2.7460	2.6653
13.2	2.8023	2.8194	2.8023	2.8194
13.4	2.8709	2.8138	2.8709	2.8138
13.6	2.8190	2.7090	2.8190	2.7090
13.8	2.7242	2.7252	2.7242	2.7252
14.0	2.6322	2.6760	2.6322	2.6760
14.2	2.6016	2.5096	2.6016	2.5096
14.4	2.3284	2.2667	2.3284	2.2667
14.6	2.1524	2.2236	2.1524	2.2236
14.8	2.0201	2.0461	2.0201	2.0461
15.0	1.9251	1.8319	1.9251	1.8319

Table T2.150   401

N = 1.600 K = 0.050 THETA = 15.0

X	QEE	QEH	QSE	QSH
0.1	0.0103	0.0092	0.0009	0.0010
0.2	0.0281	0.0263	0.0079	0.0083
0.3	0.0640	0.0622	0.0299	0.0316
0.4	0.1351	0.1348	0.0823	0.0868
0.5	0.2685	0.2724	0.1903	0.2003
0.6	0.5003	0.5120	0.3885	0.4079
0.7	0.8513	0.8735	0.7003	0.7326
0.8	1.2676	1.2975	1.0825	1.1262
0.9	1.6019	1.6270	1.4014	1.4459
1.0	1.7467	1.7486	1.5502	1.5794
1.1	1.7364	1.6970	1.5509	1.5493
1.2	1.6658	1.5672	1.4862	1.4392
1.3	1.6072	1.4253	1.4213	1.3098
1.4	1.6021	1.3033	1.3942	1.1900
1.5	1.6680	1.2195	1.4223	1.0929
1.6	1.7759	1.2010	1.4888	1.0330
1.7	1.8268	1.2969	1.5214	1.0390
1.8	1.7519	1.4547	1.4614	1.0986
1.9	1.6191	1.4024	1.3494	1.0662
2.0	1.5419	1.3003	1.2644	1.0000
2.1	1.5785	1.3344	1.2524	1.0071
2.2	1.5791	1.3465	1.2330	1.0059
2.3	1.3858	1.1647	1.0988	0.8847
2.4	1.1700	0.9597	0.9422	0.7380
2.5	1.0065	0.8084	0.8102	0.6152
2.6	0.8825	0.7031	0.6957	0.5132
2.7	0.7824	0.6412	0.5868	0.4295
2.8	0.6984	0.6379	0.4758	0.3722
2.9	0.6156	0.6505	0.3656	0.3297
3.0	0.5267	0.5683	0.2762	0.2611
3.1	0.4696	0.4999	0.2209	0.2225
3.2	0.4658	0.5099	0.2077	0.2440
3.3	0.5133	0.5781	0.2326	0.3046
3.4	0.5464	0.6242	0.2709	0.3667
3.5	0.5432	0.6220	0.3041	0.4087
3.6	0.5497	0.6187	0.3333	0.4338
3.7	0.5682	0.6189	0.3593	0.4444
3.8	0.5969	0.6235	0.3847	0.4440
3.9	0.6369	0.6355	0.4138	0.4376
4.0	0.6873	0.6518	0.4508	0.4311
4.1	0.7469	0.6811	0.4979	0.4352
4.2	0.8141	0.7391	0.5536	0.4654
4.3	0.8851	0.8163	0.6152	0.5244
4.4	0.9511	0.8854	0.6785	0.5940
4.5	0.9975	0.9228	0.7347	0.6510
4.6	1.0189	0.9267	0.7740	0.6827
4.7	1.0205	0.9081	0.7927	0.6891
4.8	1.0104	0.8794	0.7939	0.6771
4.9	0.9950	0.8499	0.7826	0.6546
5.0	0.9779	0.8255	0.7619	0.6276
5.2	0.9391	0.8080	0.6987	0.5768
5.4	0.8809	0.8060	0.6142	0.5287
5.6	0.8071	0.7586	0.5302	0.4731
5.8	0.7166	0.6884	0.4617	0.4408
6.0	0.6288	0.6244	0.4026	0.4155
6.2	0.5716	0.5886	0.3517	0.3853
6.4	0.5454	0.5785	0.3117	0.3511
6.6	0.5505	0.5790	0.3002	0.3255
6.8	0.5914	0.6106	0.3338	0.3501
7.0	0.6429	0.6527	0.3994	0.4171
7.2	0.6902	0.6775	0.4640	0.4687
7.4	0.7338	0.6933	0.5106	0.4893
7.6	0.7744	0.7128	0.5411	0.4936
7.8	0.8079	0.7412	0.5620	0.5000
8.0	0.8225	0.7607	0.5733	0.5122
8.2	0.8074	0.7469	0.5686	0.5155
8.4	0.7700	0.7131	0.5432	0.5014
8.6	0.7253	0.6809	0.5008	0.4741
8.8	0.6817	0.6578	0.4492	0.4399
9.0	0.6422	0.6383	0.3995	0.4038
9.2	0.6096	0.6171	0.3642	0.3776
9.4	0.5868	0.6006	0.3493	0.3734
9.6	0.5783	0.5946	0.3509	0.3829
9.8	0.5849	0.5981	0.3608	0.3915
10.0	0.6048	0.6096	0.3761	0.3961
10.2	0.6345	0.6281	0.3990	0.4036
10.4	0.6681	0.6516	0.4305	0.4229
10.6	0.6964	0.6707	0.4638	0.4497
10.8	0.7143	0.6791	0.4884	0.4692
11.0	0.7218	0.6802	0.4983	0.4747
11.2	0.7202	0.6786	0.4938	0.4690
11.4	0.7101	0.6748	0.4789	0.4571
11.6	0.6910	0.6646	0.4584	0.4433
11.8	0.6648	0.6465	0.4356	0.4300
12.0	0.6369	0.6268	0.4125	0.4183
12.2	0.6132	0.6114	0.3908	0.4068
12.4	0.5972	0.6022	0.3726	0.3949
12.6	0.5898	0.5982	0.3618	0.3853
12.8	0.5909	0.5987	0.3618	0.3831
13.0	0.5993	0.6036	0.3727	0.3913
13.2	0.6131	0.6118	0.3903	0.4054
13.4	0.6299	0.6214	0.4091	0.4185
13.6	0.6472	0.6316	0.4253	0.4273
13.8	0.6622	0.6412	0.4381	0.4332
14.0	0.6720	0.6481	0.4471	0.4380
14.2	0.6745	0.6496	0.4511	0.4416
14.4	0.6694	0.6453	0.4487	0.4415
14.6	0.6586	0.6376	0.4394	0.4273
14.8	0.6445	0.6288	0.4249	0.4273
15.0	0.6293	0.6199	0.4081	0.4159

Table T2.151

N = 1.600 K = 0.050 THETA = 30.0

X	QEE	QEH	QSE	QSH	X	QEE	QEH	QSE	QSH
0.1	0.0133	0.0090	0.0008	0.0009	5.2	1.4044	1.2980	0.9615	0.8056
0.2	0.0335	0.0246	0.0071	0.0072	5.4	1.4975	1.4012	1.0613	0.9243
0.3	0.0684	0.0548	0.0257	0.0264	5.6	1.5653	1.4207	1.1333	0.9796
0.4	0.1290	0.1101	0.0665	0.0680	5.8	1.5951	1.4265	1.1618	0.9937
0.5	0.2289	0.2032	0.1424	0.1446	6.0	1.5910	1.4596	1.1479	0.9957
0.6	0.3835	0.3465	0.2684	0.2687	6.2	1.5471	1.4610	1.1014	0.9693
0.7	0.6033	0.5440	0.4556	0.4456	6.4	1.4839	1.4046	1.0349	0.9096
0.8	0.8844	0.7809	0.7028	0.6632	6.6	1.3959	1.3116	0.9465	0.8404
0.9	1.2026	1.0195	0.9893	0.8867	6.8	1.2936	1.2425	0.8418	0.7833
1.0	1.5204	1.2153	1.2810	1.0728	7.0	1.1922	1.1900	0.7383	0.7233
1.1	1.8047	1.3433	1.5468	1.1942	7.2	1.1085	1.1224	0.6512	0.6366
1.2	2.0359	1.4104	1.7676	1.2530	7.4	1.0514	1.0530	0.5888	0.5514
1.3	2.2052	1.4483	1.9338	1.2744	7.6	1.0087	1.0083	0.5462	0.5114
1.4	2.3121	1.5024	2.0431	1.2968	7.8	0.9878	1.0080	0.5250	0.5237
1.5	2.3657	1.6204	2.1010	1.3634	8.0	0.9945	1.0203	0.5317	0.5457
1.6	2.3854	1.8080	2.1226	1.4913	8.2	1.0308	1.0300	0.5649	0.5514
1.7	2.3975	1.9716	2.1297	1.6191	8.4	1.0878	1.0591	0.6173	0.5647
1.8	2.4310	2.0303	2.1475	1.6760	8.6	1.1454	1.1098	0.6761	0.6081
1.9	2.5048	2.0413	2.1946	1.6932	8.8	1.2029	1.1714	0.7350	0.6748
2.0	2.6020	2.0592	2.2617	1.7111	9.0	1.2581	1.2136	0.7907	0.7312
2.1	2.6601	2.0531	2.2998	1.7067	9.2	1.3065	1.2391	0.8368	0.7630
2.2	2.6341	1.9962	2.2679	1.6555	9.4	1.3402	1.2661	0.8673	0.7819
2.3	2.5420	1.9315	2.1754	1.5891	9.6	1.3501	1.2874	0.8785	0.7936
2.4	2.4191	1.9196	2.0503	1.5559	9.8	1.3411	1.2901	0.8710	0.7936
2.5	2.2769	1.9668	1.9075	1.5622	10.0	1.3167	1.2660	0.8468	0.7780
2.6	2.1130	1.9858	1.7512	1.5421	10.2	1.2804	1.2325	0.8088	0.7529
2.7	1.9402	1.8824	1.5903	1.4256	10.4	1.2351	1.2025	0.7618	0.7227
2.8	1.7878	1.6919	1.4394	1.2433	10.6	1.1845	1.1702	0.7118	0.6845
2.9	1.6819	1.5206	1.3137	1.0777	10.8	1.1366	1.1314	0.6647	0.6403
3.0	1.6316	1.4300	1.2235	0.9765	11.0	1.0958	1.0920	0.6240	0.6018
3.1	1.5882	1.3826	1.1464	0.9195	11.2	1.0655	1.0664	0.5924	0.5810
3.2	1.4742	1.2987	1.0347	0.8514	11.4	1.0477	1.0557	0.5737	0.5740
3.3	1.3202	1.2098	0.8991	0.7802	11.6	1.0446	1.0530	0.5705	0.5707
3.4	1.1863	1.1796	0.7735	0.7401	11.8	1.0548	1.0555	0.5810	0.5696
3.5	1.0802	1.1938	0.6669	0.7247	12.0	1.0751	1.0677	0.6016	0.5790
3.6	0.9827	1.1497	0.5774	0.6735	12.2	1.1030	1.0916	0.6290	0.6034
3.7	0.8969	1.0218	0.5068	0.5660	12.4	1.1354	1.1194	0.6608	0.6347
3.8	0.8405	0.8925	0.4564	0.4500	12.6	1.1686	1.1438	0.6935	0.6618
3.9	0.8232	0.8163	0.4270	0.3652	12.8	1.1981	1.1647	0.7231	0.6823
4.0	0.8500	0.8130	0.4214	0.3342	13.0	1.2195	1.1834	0.7451	0.6985
4.1	0.8558	0.8558	0.4336	0.3550	13.2	1.2317	1.1973	0.7576	0.7107
4.2	0.8934	0.8840	0.4457	0.3977	13.4	1.2344	1.2008	0.7601	0.7156
4.3	0.9008	0.9139	0.4634	0.4504	13.6	1.2279	1.1943	0.7530	0.7120
4.4	0.9001	0.9705	0.4960	0.5099	13.8	1.2124	1.1824	0.7376	0.7018
4.5	0.9240	0.9705	0.4960	0.5099	14.0	1.1894	1.1671	0.7152	0.6862
4.6	0.9664	1.0251	0.5412	0.5620	14.2	1.1625	1.1480	0.6890	0.6656
4.7	1.0137	1.0343	0.5890	0.5993	14.4	1.1352	1.1252	0.6618	0.6424
4.8	1.0669	1.0352	0.6563	0.6109	14.6	1.1103	1.1036	0.6366	0.6221
4.9	1.2014	1.0762	0.7200	0.6346	14.8	1.0897	1.0873	0.6159	0.6078
5.0	1.2816	1.1489	0.8463	0.6779	15.0	1.0751	1.0767	0.6018	0.5984

Table T2.152   403

N = 1.600 K = 0.050 THETA = 45.0

X	QEE	QEH	QSE	QSH
0.1	0.0181	0.0088	0.0011	0.0007
0.2	0.0453	0.0231	0.0096	0.0060
0.3	0.0919	0.0485	0.0342	0.0213
0.4	0.1695	0.0918	0.0865	0.0529
0.5	0.2909	0.1596	0.1789	0.1073
0.6	0.4658	0.2569	0.3224	0.1898
0.7	0.6954	0.3842	0.5206	0.3015
0.8	0.9668	0.5352	0.7639	0.4366
0.9	1.2547	0.6968	1.0295	0.5824
1.0	1.5297	0.8538	1.2890	0.7229
1.1	1.7702	0.9975	1.5199	0.8478
1.2	1.9682	1.1338	1.7115	0.9595
1.3	2.1280	1.2833	1.8652	1.0761
1.4	2.2607	1.4674	1.9900	1.2205
1.5	2.3802	1.6768	2.0977	1.3931
1.6	2.5002	1.8623	2.2009	1.5567
1.7	2.6316	1.9929	2.3104	1.6805
1.8	2.7785	2.0930	2.4318	1.7783
1.9	2.9314	2.1992	2.5596	1.8786
2.0	3.0652	2.3207	2.6742	1.9885
2.1	3.1501	2.4447	2.7498	2.0957
2.2	3.1717	2.5563	2.7716	2.1851
2.3	3.1374	2.6401	2.7429	2.2426
2.4	3.0681	2.6751	2.6786	2.2513
2.5	2.9876	2.6467	2.5966	2.2023
2.6	2.9174	2.5700	2.5140	2.1121
2.7	2.8733	2.4906	2.4451	2.0204
2.8	2.8575	2.4526	2.3956	1.9694
2.9	2.8434	2.4609	2.3504	1.9607
3.0	2.7849	2.4804	2.2769	1.9664
3.1	2.6610	2.4704	2.1572	1.9491
3.2	2.4900	2.4008	2.0027	1.8791
3.3	2.3045	2.2644	1.8349	1.7468
3.4	2.1406	2.0941	1.6801	1.5785
3.5	1.9862	1.9071	1.5218	1.3842
3.6	1.8840	1.7663	1.3975	1.2210
3.7	1.8277	1.6914	1.3034	1.1088
3.8	1.7898	1.6762	1.2277	1.0538
3.9	1.7173	1.6746	1.1392	1.0298
4.0	1.5974	1.6389	1.0285	0.9983
4.1	1.4607	1.5434	0.9141	0.9297
4.2	1.3380	1.4081	0.8134	0.8281
4.3	1.2457	1.2750	0.7336	0.7183
4.4	1.1904	1.1731	0.6766	0.6195
4.5	1.1773	1.1212	0.6445	0.5456
4.6	1.2067	1.1314	0.6385	0.5095
4.7	1.1904	1.1886	0.6470	0.5133
4.8	1.2588	1.2477	0.6492	0.5414
4.9	1.2431	1.2704	0.6466	0.5711
5.0	1.2296	1.2508	0.6530	0.5885

X	QEE	QEH	QSE	QSH
5.2	1.2648	1.2118	0.7124	0.6193
5.4	1.3942	1.2770	0.8228	0.6768
5.6	1.5737	1.4640	0.9578	0.7837
5.8	1.6700	1.5999	1.0673	0.9047
6.0	1.7602	1.6560	1.1753	1.0096
6.2	1.8728	1.7326	1.2835	1.1084
6.4	1.9886	1.8472	1.3734	1.1932
6.6	2.0333	1.9311	1.4200	1.2531
6.8	2.0360	1.9374	1.4315	1.2737
7.0	2.0302	1.9278	1.4214	1.2686
7.2	2.0089	1.9132	1.3868	1.2453
7.4	1.9437	1.8781	1.3210	1.2045
7.6	1.8506	1.8022	1.2325	1.1381
7.8	1.7502	1.7116	1.1283	1.0433
8.0	1.6802	1.6487	1.0474	0.9636
8.2	1.5882	1.5708	0.9544	0.8803
8.4	1.4994	1.4902	0.8684	0.8107
8.6	1.4396	1.4332	0.8034	0.7551
8.8	1.4069	1.4014	0.7633	0.7113
9.0	1.3849	1.3790	0.7407	0.6793
9.2	1.3764	1.3649	0.7345	0.6671
9.4	1.3971	1.3784	0.7509	0.6826
9.6	1.4440	1.4203	0.7905	0.7199
9.8	1.4955	1.4671	0.8413	0.7631
10.0	1.5441	1.5068	0.8934	0.8036
10.2	1.6000	1.5536	0.9472	0.8479
10.4	1.6627	1.6130	1.0027	0.9002
10.6	1.7150	1.6660	1.0523	0.9514
10.8	1.7457	1.6951	1.0868	0.9869
11.0	1.7630	1.7096	1.1054	1.0042
11.2	1.7719	1.7230	1.1115	1.0097
11.4	1.7741	1.7283	1.1047	1.0065
11.6	1.7481	1.7108	1.0825	0.9926
11.8	1.7106	1.6764	1.0477	0.9668
12.0	1.6707	1.6413	1.0063	0.9318
12.2	1.6302	1.6086	0.9617	0.8909
12.4	1.5843	1.5699	0.9153	0.8481
12.6	1.5377	1.5262	0.8706	0.8090
12.8	1.5004	1.4904	0.8332	0.7781
13.0	1.4752	1.4680	0.8061	0.7542
13.2	1.4584	1.4531	0.7884	0.7355
13.4	1.4492	1.4426	0.7799	0.7242
13.6	1.4521	1.4424	0.7827	0.7255
13.8	1.4674	1.4555	0.7969	0.7394
14.0	1.4899	1.4757	0.8190	0.7598
14.2	1.5154	1.4974	0.8450	0.7816
14.4	1.5502	1.5281	0.8792	0.8109
14.6	1.5761	1.5514	0.9043	0.8332
14.8	1.6044	1.5783	0.9322	0.8600
15.0	1.6262	1.5984	0.9547	0.8820

404 Table T2.153

N = 1.600 K = 0.050 THETA = 60.0

X	QEE	QEH	QSE	QSH	X	QEE	QEH	QSE	QSH
0.1	0.0234	0.0087	0.0019	0.0006	5.2	1.4991	1.5016	0.8023	0.7448
0.2	0.0618	0.0217	0.0160	0.0049	5.4	1.4951	1.4381	0.7958	0.6818
0.3	0.1311	0.0434	0.0573	0.0170	5.6	1.4783	1.3662	0.8090	0.6381
0.4	0.2468	0.0781	0.1417	0.0410	5.8	1.5567	1.4657	0.8788	0.7200
0.5	0.4169	0.1294	0.2800	0.0805	6.0	1.7162	1.6643	0.9909	0.8683
0.6	0.6330	0.1996	0.4676	0.1379	6.2	1.8163	1.7098	1.0983	0.9355
0.7	0.8682	0.2888	0.6812	0.2131	6.4	1.8956	1.7531	1.2010	0.9993
0.8	1.0920	0.3946	0.8904	0.3038	6.6	2.0235	1.9103	1.3148	1.1250
0.9	1.2882	0.5137	1.0759	0.4059	6.8	2.1789	2.1001	1.4312	1.2732
1.0	1.4610	0.6441	1.2376	0.5162	7.0	2.2543	2.1402	1.5210	1.3496
1.1	1.6266	0.7888	1.3881	0.6363	7.2	2.2976	2.1695	1.5838	1.4004
1.2	1.8021	0.9572	1.5434	0.7744	7.4	2.3535	2.2600	1.6248	1.4579
1.3	1.9966	1.1576	1.7138	0.9412	7.6	2.4016	2.3373	1.6420	1.4987
1.4	2.2064	1.3818	1.8986	1.1344	7.8	2.3770	2.2950	1.6287	1.4851
1.5	2.4151	1.5991	2.0856	1.3308	8.0	2.3272	2.2435	1.5924	1.4520
1.6	2.6034	1.7848	2.2577	1.5059	8.2	2.2823	2.2299	1.5371	1.4163
1.7	2.7611	1.9448	2.4044	1.6599	8.4	2.2274	2.1947	1.4632	1.3594
1.8	2.8931	2.1012	2.5274	1.8079	8.6	2.1324	2.0897	1.3732	1.2676
1.9	3.0120	2.2661	2.6360	1.9587	8.8	2.0345	1.9915	1.2795	1.1742
2.0	3.1262	2.4343	2.7375	2.1071	9.0	1.9549	1.9328	1.1922	1.1018
2.1	3.2340	2.5909	2.8309	2.2391	9.2	1.8814	1.8675	1.1113	1.0322
2.2	3.3264	2.7211	2.9084	2.3425	9.4	1.8016	1.7778	1.0346	0.9496
2.3	3.3949	2.8167	2.9621	2.4126	9.6	1.7391	1.7115	0.9696	0.8765
2.4	3.4362	2.8791	2.9888	2.4543	9.8	1.7055	1.6876	0.9272	0.8384
2.5	3.4536	2.9237	2.9914	2.4834	10.0	1.6882	1.6705	0.9080	0.8242
2.6	3.4560	2.9718	2.9785	2.5192	10.2	1.6794	1.6507	0.9034	0.8126
2.7	3.4532	3.0332	2.9606	2.5685	10.4	1.6906	1.6560	0.9114	0.8106
2.8	3.4454	3.0911	2.9403	2.6142	10.6	1.7251	1.6943	0.9368	0.8343
2.9	3.4214	3.1152	2.9097	2.6282	10.8	1.7692	1.7363	0.9788	0.8761
3.0	3.3662	3.0849	2.8536	2.5896	11.0	1.8153	1.7733	1.0285	0.9196
3.1	3.2808	3.0085	2.7685	2.5042	11.2	1.8682	1.8223	1.0799	0.9656
3.2	3.1774	2.9123	2.6607	2.3948	11.4	1.9274	1.8853	1.1325	1.0188
3.3	3.0697	2.8261	2.5404	2.2885	11.6	1.9807	1.9384	1.1833	1.0693
3.4	2.9689	2.7699	2.4185	2.2056	11.8	2.0244	1.9773	1.2284	1.1099
3.5	2.8816	2.7425	2.3052	2.1494	12.0	2.0576	2.0111	1.2603	1.1412
3.6	2.8016	2.7135	2.2029	2.0985	12.2	2.0851	2.0448	1.2838	1.1701
3.7	2.7056	2.6399	2.0991	2.0186	12.4	2.0978	2.0599	1.2955	1.1851
3.8	2.5772	2.5070	1.9790	1.8939	12.6	2.0934	2.0547	1.2921	1.1802
3.9	2.4276	2.3409	1.8439	1.7403	12.8	2.0793	2.0441	1.2756	1.1646
4.0	2.2792	2.1806	1.7047	1.5853	13.0	2.0584	2.0303	1.2509	1.1464
4.1	2.1485	2.0566	1.5701	1.4518	13.2	2.0265	2.0013	1.2193	1.1200
4.2	2.0442	1.9850	1.4470	1.3535	13.4	1.9850	1.9598	1.1799	1.0812
4.3	1.9698	1.9578	1.3415	1.2878	13.6	1.9426	1.9208	1.1353	1.0373
4.4	1.9142	1.9334	1.2547	1.2281	13.8	1.9026	1.8863	1.0911	0.9968
4.5	1.8464	1.8603	1.1736	1.1412	14.0	1.8627	1.8472	1.0512	0.9596
4.6	1.7494	1.7333	1.0863	1.0246	14.2	1.8247	1.8079	1.0159	0.9245
4.7	1.6437	1.5943	1.0001	0.9066	14.4	1.7956	1.7802	0.9860	0.8946
4.8	1.5549	1.4834	0.9265	0.8120	14.6	1.7770	1.7640	0.9639	0.8732
4.9	1.4948	1.4219	0.8695	0.7519	14.8	1.7652	1.7506	0.9514	0.8600
5.0	1.4677	1.4181	0.8295	0.7292	15.0	1.7606	1.7431	0.9485	0.8552

Table T2.154   405

N = 1.600 K = 0.050 THETA = 75.0

X	QEE	QEH	QSE	QSH
0.1	0.0276	0.0086	0.0028	0.0005
0.2	0.0767	0.0208	0.0233	0.0041
0.3	0.1688	0.0400	0.0828	0.0141
0.4	0.3209	0.0693	0.2004	0.0333
0.5	0.5301	0.1111	0.3784	0.0639
0.6	0.7645	0.1665	0.5903	0.1072
0.7	0.9784	0.2357	0.7919	0.1631
0.8	1.1445	0.3187	0.9516	0.2310
0.9	1.2690	0.4167	1.0686	0.3111
1.0	1.3816	0.5347	1.1664	0.4072
1.1	1.5196	0.6816	1.2794	0.5272
1.2	1.7123	0.8672	1.4382	0.6818
1.3	1.9629	1.0906	1.6528	0.8740
1.4	2.2357	1.3295	1.8979	1.0881
1.5	2.4744	1.5516	2.1234	1.2949
1.6	2.6444	1.7412	2.2920	1.4760
1.7	2.7547	1.9075	2.4034	1.6348
1.8	2.8428	2.0689	2.4859	1.7848
1.9	2.9498	2.2380	2.5750	1.9364
2.0	3.1003	2.4163	2.6965	2.0912
2.1	3.2856	2.5957	2.8493	2.2433
2.2	3.4621	2.7631	3.0007	2.3836
2.3	3.5822	2.9060	3.1085	2.5041
2.4	3.6307	3.0183	3.1543	2.6008
2.5	3.6283	3.1038	3.1510	2.6760
2.6	3.6226	3.1748	3.1306	2.7390
2.7	3.6660	3.2369	3.1233	2.7915
2.8	3.7189	3.2873	3.1437	2.8297
2.9	3.7357	3.3191	3.1755	2.8466
3.0	3.7321	3.3321	3.1813	2.8421
3.1	3.6927	3.3320	3.1360	2.7900
3.2	3.6009	3.3204	3.0424	2.7440
3.3	3.4884	3.2939	2.9214	2.6834
3.4	3.3855	3.2494	2.8004	2.6087
3.5	3.3133	3.1858	2.7036	2.5192
3.6	3.2650	3.1023	2.6339	2.4172
3.7	3.2028	3.0038	2.5649	2.3140
3.8	3.0984	2.9064	2.4686	2.2186
3.9	2.9588	2.8225	2.3401	2.1260
4.0	2.8072	2.7471	2.1908	2.0233
4.1	2.6662	2.6644	2.0367	1.9028
4.2	2.5547	2.5634	1.8966	1.7669
4.3	2.4767	2.4426	1.7841	1.6247
4.4	2.4043	2.3082	1.6907	1.4933
4.5	2.3040	2.1790	1.5946	1.3910
4.6	2.1797	2.0798	1.4893	1.3194
4.7	2.0553	2.0159	1.3818	1.2590
4.8	1.9476	1.9668	1.2781	1.1873
4.9	1.8687	1.9065	1.1845	1.1098
5.0	1.8264	1.8272	1.1107	1.0970
5.2	1.7684	1.6447	1.0095	0.8976
5.4	1.6484	1.5622	0.9171	0.7948
5.6	1.5974	1.6010	0.8744	0.8117
5.8	1.6606	1.5829	0.8925	0.7955
6.0	1.7143	1.5534	0.9364	0.7654
6.2	1.7387	1.6475	0.9842	0.8253
6.4	1.8385	1.7972	1.0695	0.9473
6.6	2.0024	1.8643	1.1920	1.0307
6.8	2.0975	1.9380	1.3075	1.1138
7.0	2.1850	2.1061	1.4127	1.2446
7.2	2.3146	2.2439	1.5129	1.3634
7.4	2.4429	2.3030	1.6101	1.4384
7.6	2.4918	2.3731	1.6864	1.5108
7.8	2.5349	2.4849	1.7404	1.5916
8.0	2.5895	2.5187	1.7656	1.6269
8.2	2.6042	2.5039	1.7663	1.6224
8.4	2.5679	2.5028	1.7463	1.6069
8.6	2.5265	2.5016	1.7060	1.5851
8.8	2.4856	2.4328	1.6456	1.5324
9.0	2.4106	2.3528	1.5710	1.4582
9.2	2.3210	2.2937	1.4865	1.3754
9.4	2.2372	2.2201	1.3941	1.2907
9.6	2.1587	2.1211	1.3058	1.2073
9.8	2.0758	2.0401	1.2290	1.1283
10.0	2.0028	1.9848	1.1574	1.0538
10.2	1.9465	1.9223	1.0895	0.9873
10.4	1.9043	1.8679	1.0408	0.9388
10.6	1.8792	1.8450	1.0201	0.9125
10.8	1.8686	1.8406	1.0112	0.8996
11.0	1.8754	1.8390	1.0100	0.8986
11.2	1.8971	1.8539	1.0257	0.9114
11.4	1.9321	1.8913	1.0612	0.9410
11.6	1.9756	1.9363	1.1057	0.9840
11.8	2.0254	1.9814	1.1520	1.0316
12.0	2.0794	2.0328	1.2020	1.0792
12.2	2.1326	2.0898	1.2537	1.1279
12.4	2.1814	2.1407	1.3012	1.1769
12.6	2.2246	2.1825	1.3421	1.2201
12.8	2.2595	2.2182	1.3758	1.2535
13.0	2.2827	2.2468	1.3988	1.2770
13.2	2.2953	2.2623	1.4085	1.2894
13.4	2.2976	2.2642	1.4071	1.2899
13.6	2.2873	2.2567	1.3972	1.2809
13.8	2.2710	2.2457	1.3826	1.2680
14.0	2.2390	2.2153	1.3478	1.2357
14.2	2.2054	2.1808	1.3101	1.1985
14.4	2.1653	2.1439	1.2701	1.1589
14.6	2.1237	2.1061	1.2302	1.1202
14.8	2.0852	2.0660	1.1899	1.0804
15.0	2.0485	2.0279	1.1508	1.0405

Table T2.155

N = 1.600 K = 0.200 THETA = 15.0

X	QEE	QEH	QSE	QSH	X	QEE	QEH	QSE	QSH
0.1	0.0382	0.0336	0.0010	0.0010	5.2	0.7755	0.7344	0.4726	0.4523
0.2	0.0885	0.0797	0.0086	0.0090	5.4	0.7582	0.7238	0.4585	0.4444
0.3	0.1651	0.1528	0.0322	0.0339	5.6	0.7411	0.7129	0.4455	0.4371
0.4	0.2864	0.2719	0.0860	0.0907	5.8	0.7256	0.7025	0.4349	0.4310
0.5	0.4737	0.4585	0.1893	0.1991	6.0	0.7132	0.6938	0.4271	0.4264
0.6	0.7367	0.7216	0.3572	0.3745	6.2	0.7047	0.6875	0.4223	0.4236
0.7	1.0463	1.0290	0.5796	0.6049	6.4	0.6998	0.6837	0.4207	0.4225
0.8	1.3244	1.2970	0.8034	0.8328	6.6	0.6979	0.6818	0.4216	0.4233
0.9	1.4967	1.4472	0.9643	0.9895	6.8	0.6979	0.6810	0.4243	0.4252
1.0	1.5561	1.4720	1.0398	1.0516	7.0	0.6986	0.6807	0.4277	0.4276
1.1	1.5467	1.4177	1.0521	1.0420	7.2	0.6991	0.6804	0.4309	0.4298
1.2	1.5153	1.3339	1.0334	0.9945	7.4	0.6990	0.6798	0.4332	0.4315
1.3	1.4880	1.2520	1.0066	0.9332	7.6	0.6978	0.6786	0.4343	0.4323
1.4	1.4716	1.1881	0.9821	0.8714	7.8	0.6954	0.6767	0.4341	0.4325
1.5	1.4588	1.1490	0.9606	0.8156	8.0	0.6920	0.6742	0.4328	0.4319
1.6	1.4380	1.1331	0.9373	0.7688	8.2	0.6878	0.6712	0.4306	0.4309
1.7	1.4038	1.1292	0.9080	0.7307	8.4	0.6831	0.6679	0.4278	0.4294
1.8	1.3620	1.1238	0.8726	0.6985	8.6	0.6784	0.6646	0.4249	0.4278
1.9	1.3229	1.1140	0.8346	0.6698	8.8	0.6740	0.6615	0.4222	0.4263
2.0	1.2885	1.1011	0.7971	0.6435	9.0	0.6702	0.6586	0.4200	0.4251
2.1	1.2472	1.0770	0.7586	0.6164	9.2	0.6669	0.6561	0.4184	0.4242
2.2	1.1873	1.0326	0.7153	0.5846	9.4	0.6642	0.6539	0.4172	0.4234
2.3	1.1122	0.9727	0.6665	0.5477	9.6	0.6622	0.6522	0.4167	0.4232
2.4	1.0342	0.9107	0.6149	0.5092	9.8	0.6606	0.6508	0.4166	0.4232
2.5	0.9624	0.8563	0.5637	0.4729	10.0	0.6593	0.6495	0.4166	0.4233
2.6	0.9005	0.8132	0.5151	0.4413	10.2	0.6581	0.6483	0.4167	0.4234
2.7	0.8492	0.7810	0.4713	0.4158	10.4	0.6568	0.6472	0.4167	0.4235
2.8	0.8082	0.7576	0.4342	0.3968	10.6	0.6554	0.6459	0.4165	0.4235
2.9	0.7771	0.7410	0.4053	0.3844	10.8	0.6539	0.6446	0.4161	0.4233
3.0	0.7555	0.7299	0.3855	0.3784	11.0	0.6521	0.6432	0.4155	0.4230
3.1	0.7425	0.7238	0.3745	0.3781	11.2	0.6502	0.6417	0.4147	0.4226
3.2	0.7365	0.7215	0.3709	0.3823	11.4	0.6483	0.6402	0.4138	0.4222
3.3	0.7355	0.7215	0.3732	0.3892	11.6	0.6463	0.6387	0.4128	0.4216
3.4	0.7375	0.7223	0.3795	0.3970	11.8	0.6444	0.6371	0.4119	0.4211
3.5	0.7416	0.7235	0.3884	0.4046	12.0	0.6426	0.6357	0.4110	0.4207
3.6	0.7475	0.7252	0.3989	0.4113	12.2	0.6410	0.6343	0.4103	0.4202
3.7	0.7549	0.7279	0.4103	0.4172	12.4	0.6394	0.6331	0.4096	0.4199
3.8	0.7637	0.7316	0.4223	0.4226	12.6	0.6381	0.6319	0.4091	0.4196
3.9	0.7731	0.7365	0.4346	0.4279	12.8	0.6368	0.6308	0.4086	0.4193
4.0	0.7828	0.7421	0.4468	0.4335	13.0	0.6356	0.6298	0.4083	0.4191
4.1	0.7920	0.7478	0.4587	0.4395	13.2	0.6345	0.6288	0.4079	0.4190
4.2	0.7999	0.7530	0.4696	0.4458	13.4	0.6334	0.6278	0.4076	0.4188
4.3	0.8061	0.7569	0.4792	0.4518	13.6	0.6323	0.6268	0.4072	0.4186
4.4	0.8102	0.7593	0.4869	0.4571	13.8	0.6311	0.6259	0.4068	0.4184
4.5	0.8119	0.7598	0.4923	0.4611	14.0	0.6300	0.6249	0.4063	0.4181
4.6	0.8113	0.7588	0.4954	0.4637	14.2	0.6289	0.6239	0.4059	0.4179
4.7	0.8086	0.7563	0.4960	0.4647	14.4	0.6277	0.6230	0.4054	0.4176
4.8	0.8042	0.7529	0.4943	0.4642	14.6	0.6266	0.6220	0.4049	0.4173
4.9	0.7984	0.7488	0.4907	0.4624	14.8	0.6255	0.6211	0.4044	0.4170
5.0	0.7915	0.7443	0.4856	0.4597	15.0	0.6244	0.6201	0.4039	0.4168

Table T2.156

N = 1.600 K = 0.200 THETA = 30.0

X	QEE	QEH	QSE	QSH
0.1	0.0507	0.0332	0.0009	0.0009
0.2	0.1120	0.0763	0.0077	0.0079
0.3	0.1945	0.1392	0.0277	0.0284
0.4	0.3092	0.2321	0.0702	0.0717
0.5	0.4667	0.3640	0.1457	0.1475
0.6	0.6718	0.5366	0.2621	0.2612
0.7	0.9172	0.7374	0.4195	0.4074
0.8	1.1802	0.9391	0.6054	0.5664
0.9	1.4298	1.1102	0.7971	0.7101
1.0	1.6399	1.2326	0.9725	0.8166
1.1	1.7983	1.3093	1.1173	0.8799
1.2	1.9055	1.3587	1.2267	0.9085
1.3	1.9694	1.4024	1.3021	0.9176
1.4	2.0018	1.4553	1.3482	0.9225
1.5	2.0161	1.5180	1.3717	0.9326
1.6	2.0251	1.5790	1.3805	0.9492
1.7	2.0382	1.6285	1.3821	0.9684
1.8	2.0574	1.6658	1.3809	0.9875
1.9	2.0744	1.6913	1.3761	1.0040
2.0	2.0747	1.7013	1.3616	1.0135
2.1	2.0489	1.6939	1.3318	1.0126
2.2	1.9985	1.6745	1.2858	1.0014
2.3	1.9311	1.6498	1.2275	0.9818
2.4	1.8551	1.6218	1.1626	0.9544
2.5	1.7770	1.5876	1.0954	0.9183
2.6	1.7020	1.5459	1.0294	0.8743
2.7	1.6348	1.5002	0.9666	0.8264
2.8	1.5776	1.4564	0.9086	0.7801
2.9	1.5291	1.4182	0.8560	0.7397
3.0	1.4848	1.3849	0.8085	0.7062
3.1	1.4406	1.3538	0.7651	0.6787
3.2	1.3953	1.3238	0.7251	0.6555
3.3	1.3511	1.2953	0.6890	0.6351
3.4	1.3109	1.2686	0.6576	0.6162
3.5	1.2765	1.2436	0.6316	0.5982
3.6	1.2491	1.2207	0.6114	0.5811
3.7	1.2292	1.2011	0.5970	0.5661
3.8	1.2167	1.1865	0.5881	0.5547
3.9	1.2107	1.1776	0.5842	0.5480
4.0	1.2094	1.1738	0.5847	0.5462
4.1	1.2113	1.1736	0.5889	0.5490
4.2	1.2150	1.1760	0.5960	0.5552
4.3	1.2200	1.1797	0.6054	0.5636
4.4	1.2262	1.1845	0.6164	0.5731
4.5	1.2336	1.1898	0.6285	0.5830
4.6	1.2419	1.1957	0.6412	0.5928
4.7	1.2508	1.2022	0.6539	0.6024
4.8	1.2606	1.2095	0.6669	0.6122
4.9	1.2690	1.2162	0.6782	0.6211
5.0	1.2775	1.2235	0.6892	0.6303
5.2	1.2907	1.2362	0.7074	0.6475
5.4	1.2977	1.2445	0.7197	0.6612
5.6	1.2982	1.2478	0.7255	0.6696
5.8	1.2933	1.2468	0.7253	0.6724
6.0	1.2840	1.2421	0.7202	0.6708
6.2	1.2714	1.2345	0.7116	0.6663
6.4	1.2569	1.2247	0.7010	0.6602
6.6	1.2419	1.2140	0.6897	0.6532
6.8	1.2277	1.2035	0.6789	0.6460
7.0	1.2152	1.1940	0.6698	0.6393
7.2	1.2050	1.1859	0.6627	0.6339
7.4	1.1972	1.1796	0.6580	0.6304
7.6	1.1918	1.1750	0.6556	0.6287
7.8	1.1885	1.1720	0.6551	0.6287
8.0	1.1869	1.1705	0.6562	0.6298
8.2	1.1864	1.1699	0.6583	0.6317
8.4	1.1866	1.1700	0.6609	0.6342
8.6	1.1868	1.1703	0.6636	0.6368
8.8	1.1867	1.1704	0.6658	0.6393
9.0	1.1861	1.1701	0.6674	0.6413
9.2	1.1848	1.1694	0.6682	0.6427
9.4	1.1828	1.1681	0.6683	0.6435
9.6	1.1802	1.1663	0.6676	0.6437
9.8	1.1770	1.1640	0.6663	0.6434
10.0	1.1735	1.1614	0.6646	0.6426
10.2	1.1699	1.1587	0.6627	0.6417
10.4	1.1662	1.1559	0.6608	0.6407
10.6	1.1627	1.1531	0.6588	0.6396
10.8	1.1597	1.1507	0.6574	0.6388
11.0	1.1572	1.1487	0.6563	0.6383
11.2	1.1549	1.1468	0.6555	0.6380
11.4	1.1526	1.1449	0.6546	0.6376
11.6	1.1511	1.1436	0.6544	0.6377
11.8	1.1496	1.1423	0.6542	0.6378
12.0	1.1482	1.1412	0.6542	0.6381
12.2	1.1470	1.1401	0.6541	0.6383
12.4	1.1458	1.1392	0.6542	0.6387
12.6	1.1445	1.1381	0.6540	0.6389
12.8	1.1433	1.1371	0.6539	0.6391
13.0	1.1419	1.1359	0.6535	0.6392
13.2	1.1405	1.1348	0.6532	0.6392
13.4	1.1390	1.1336	0.6527	0.6391
13.6	1.1374	1.1323	0.6521	0.6389
13.8	1.1359	1.1311	0.6516	0.6388
14.0	1.1343	1.1297	0.6509	0.6385
14.2	1.1328	1.1285	0.6504	0.6384
14.4	1.1314	1.1273	0.6498	0.6382
14.6	1.1300	1.1261	0.6493	0.6380
14.8	1.1287	1.1251	0.6488	0.6379
15.0	1.1275	1.1240	0.6485	0.6378

Table T2.157

N = 1.600　K = 0.200　THETA = 45.0

X	QEE	QEH	QSE	QSH
0.1	0.0687	0.0329	0.0013	0.0008
0.2	0.1511	0.0736	0.0104	0.0066
0.3	0.2584	0.1292	0.0366	0.0231
0.4	0.3995	0.2060	0.0896	0.0563
0.5	0.5789	0.3083	0.1778	0.1114
0.6	0.7929	0.4363	0.3047	0.1906
0.7	1.0287	0.5838	0.4649	0.2904
0.8	1.2667	0.7392	0.6449	0.4012
0.9	1.4867	0.8892	0.8264	0.5096
1.0	1.6751	1.0259	0.9929	0.6046
1.1	1.8272	1.1499	1.1340	0.6825
1.2	1.9466	1.2686	1.2470	0.7479
1.3	2.0415	1.3889	1.3342	0.8102
1.4	2.1218	1.5094	1.4014	0.8762
1.5	2.1963	1.6229	1.4555	0.9469
1.6	2.2706	1.7252	1.5027	1.0198
1.7	2.3451	1.8188	1.5467	1.0930
1.8	2.4140	1.9067	1.5877	1.1648
1.9	2.4674	1.9864	1.6215	1.2303
2.0	2.4964	2.0517	1.6428	1.2821
2.1	2.4985	2.0973	1.6475	1.3142
2.2	2.4777	2.1211	1.6353	1.3240
2.3	2.4423	2.1250	1.6085	1.3136
2.4	2.4014	2.1145	1.5711	1.2886
2.5	2.3621	2.0979	1.5274	1.2574
2.6	2.3277	2.0829	1.4813	1.2278
2.7	2.2964	2.0726	1.4352	1.2039
2.8	2.2624	2.0636	1.3889	1.1849
2.9	2.2198	2.0490	1.3413	1.1656
3.0	2.1661	2.0230	1.2912	1.1404
3.1	2.1041	1.9841	1.2387	1.1059
3.2	2.0393	1.9355	1.1850	1.0623
3.3	1.9772	1.8835	1.1318	1.0131
3.4	1.9288	1.8402	1.0864	0.9680
3.5	1.8761	1.7939	1.0331	0.9171
3.6	1.8382	1.7629	0.9903	0.8783
3.7	1.8050	1.7386	0.9523	0.8473
3.8	1.7731	1.7165	0.9188	0.8224
3.9	1.7408	1.6928	0.8894	0.8009
4.0	1.7089	1.6663	0.8639	0.7808
4.1	1.6793	1.6386	0.8423	0.7611
4.2	1.6545	1.6128	0.8246	0.7424
4.3	1.6358	1.5920	0.8110	0.7259
4.4	1.6237	1.5781	0.8014	0.7130
4.5	1.6173	1.5710	0.7954	0.7044
4.6	1.6148	1.5691	0.7929	0.7005
4.7	1.6145	1.5699	0.7934	0.7005
4.8	1.6151	1.5714	0.7964	0.7037
4.9	1.6163	1.5726	0.8016	0.7089
5.0	1.6186	1.5737	0.8086	0.7153
5.2	1.6280	1.5794	0.8266	0.7307
5.4	1.6437	1.5930	0.8473	0.7487
5.6	1.6611	1.6111	0.8683	0.7686
5.8	1.6755	1.6270	0.8876	0.7885
6.0	1.6860	1.6386	0.9039	0.8061
6.2	1.6932	1.6473	0.9162	0.8203
6.4	1.6970	1.6537	0.9241	0.8304
6.6	1.6966	1.6567	0.9275	0.8365
6.8	1.6921	1.6556	0.9271	0.8390
7.0	1.6845	1.6511	0.9234	0.8383
7.2	1.6747	1.6444	0.9173	0.8351
7.4	1.6637	1.6364	0.9096	0.8302
7.6	1.6520	1.6274	0.9010	0.8240
7.8	1.6302	1.6091	0.8836	0.8099
8.0	1.6302	1.6098	0.8853	0.8119
8.2	1.6210	1.6020	0.8788	0.8068
8.4	1.6131	1.5953	0.8736	0.8026
8.6	1.6070	1.5902	0.8701	0.7999
8.8	1.6023	1.5862	0.8679	0.7982
9.0	1.5990	1.5834	0.8670	0.7977
9.2	1.5970	1.5818	0.8673	0.7983
9.4	1.5958	1.5810	0.8684	0.7996
9.6	1.5953	1.5808	0.8700	0.8016
9.8	1.5951	1.5810	0.8719	0.8038
10.0	1.5949	1.5811	0.8736	0.8059
10.2	1.5947	1.5813	0.8753	0.8080
10.4	1.5941	1.5812	0.8766	0.8098
10.6	1.5932	1.5809	0.8775	0.8113
10.8	1.5918	1.5801	0.8779	0.8123
11.0	1.5899	1.5788	0.8777	0.8128
11.2	1.5878	1.5773	0.8772	0.8130
11.4	1.5854	1.5755	0.8763	0.8128
11.6	1.5827	1.5734	0.8752	0.8124
11.8	1.5799	1.5712	0.8739	0.8118
12.0	1.5772	1.5689	0.8726	0.8111
12.2	1.5745	1.5667	0.8713	0.8104
12.4	1.5719	1.5646	0.8701	0.8097
12.6	1.5696	1.5627	0.8691	0.8092
12.8	1.5675	1.5609	0.8682	0.8088
13.0	1.5655	1.5593	0.8676	0.8086
13.2	1.5638	1.5579	0.8671	0.8085
13.4	1.5623	1.5566	0.8667	0.8087
13.6	1.5610	1.5555	0.8665	0.8089
13.8	1.5597	1.5545	0.8663	0.8090
14.0	1.5585	1.5535	0.8662	0.8092
14.2	1.5572	1.5524	0.8660	0.8093
14.4	1.5622	1.5575	0.8718	0.8150
14.6	1.5558	1.5514	0.8666	0.8105
14.8	1.5546	1.5504	0.8663	0.8106
15.0	1.5534	1.5494	0.8660	0.8107

Table T2.158   409

N = 1.600   K = 0.200   THETA = 60.0

X	QEE	QEH	QSE	QSH	X	QEE	QEH	QSE	QSH
0.1	0.0875	0.0326	0.0021	0.0007	5.2	1.9225	1.8746	0.9623	0.8370
0.2	0.1957	0.0715	0.0173	0.0054	5.4	1.9207	1.8705	0.9667	0.8372
0.3	0.3380	0.1218	0.0598	0.0185	5.6	1.9237	1.8728	0.9773	0.8443
0.4	0.5184	0.1876	0.1408	0.0439	5.8	1.9343	1.8852	0.9922	0.8586
0.5	0.7275	0.2715	0.2619	0.0848	6.0	1.9490	1.9012	1.0097	0.8766
0.6	0.9448	0.3736	0.4116	0.1419	6.2	1.9627	1.9149	1.0282	0.8948
0.7	1.1491	0.4913	0.5701	0.2132	6.4	1.9754	1.9287	1.0464	0.9128
0.8	1.3302	0.6204	0.7204	0.2942	6.6	1.9855	1.9416	1.0609	0.9287
0.9	1.4899	0.7568	0.8546	0.3794	6.8	1.9946	1.9534	1.0734	0.9433
1.0	1.6369	0.8988	0.9734	0.4652	7.0	2.0001	1.9609	1.0828	0.9547
1.1	1.7791	1.0472	1.0816	0.5521	7.2	2.0018	1.9650	1.0888	0.9627
1.2	1.9200	1.2026	1.1840	0.6437	7.4	2.0006	1.9667	1.0914	0.9675
1.3	2.0578	1.3609	1.2829	0.7432	7.6	1.9972	1.9660	1.0911	0.9695
1.4	2.1873	1.5139	1.3778	0.8494	7.8	1.9913	1.9624	1.0885	0.9691
1.5	2.3036	1.6561	1.4664	0.9579	8.0	1.9835	1.9567	1.0841	0.9667
1.6	2.4045	1.7877	1.5466	1.0647	8.2	1.9745	1.9498	1.0782	0.9627
1.7	2.4911	1.9116	1.6174	1.1669	8.4	1.9649	1.9421	1.0715	0.9575
1.8	2.5651	2.0272	1.6785	1.2604	8.6	1.9555	1.9343	1.0648	0.9523
1.9	2.6269	2.1301	1.7289	1.3397	8.8	1.9463	1.9263	1.0582	0.9470
2.0	2.6757	2.2157	1.7672	1.4004	9.0	1.9380	1.9192	1.0526	0.9423
2.1	2.7106	2.2823	1.7922	1.4416	9.2	1.9304	1.9126	1.0474	0.9380
2.2	2.7323	2.3324	1.8037	1.4669	9.4	1.9242	1.9072	1.0436	0.9349
2.3	2.7432	2.3716	1.8034	1.4827	9.6	1.9190	1.9027	1.0406	0.9325
2.4	2.7462	2.4054	1.7943	1.4950	9.8	1.9149	1.8992	1.0388	0.9312
2.5	2.7432	2.4361	1.7794	1.5069	10.0	1.9119	1.8968	1.0379	0.9307
2.6	2.7355	2.4617	1.7609	1.5172	10.2	1.9097	1.8951	1.0378	0.9311
2.7	2.7184	2.4766	1.7389	1.5210	10.4	1.9083	1.8942	1.0384	0.9321
2.8	2.6919	2.4752	1.7114	1.5125	10.6	1.9075	1.8938	1.0394	0.9335
2.9	2.6565	2.4589	1.6786	1.4915	10.8	1.9070	1.8939	1.0407	0.9353
3.0	2.6129	2.4309	1.6380	1.4584	11.0	1.9066	1.8940	1.0422	0.9371
3.1	2.5657	2.3986	1.5915	1.4184	11.2	1.9063	1.8941	1.0436	0.9390
3.2	2.5186	2.3681	1.5414	1.3769	11.4	1.9058	1.8937	1.0447	0.9406
3.3	2.4738	2.3414	1.4904	1.3372	11.6	1.9049	1.8952	1.0455	0.9419
3.4	2.4312	2.3164	1.4408	1.3000	11.8	1.9059	1.8952	1.0480	0.9448
3.5	2.3885	2.2885	1.3936	1.2635	12.0	1.9036	1.8934	1.0473	0.9447
3.6	2.3435	2.2538	1.3487	1.2254	12.2	1.9020	1.8924	1.0472	0.9452
3.7	2.2955	2.2120	1.3051	1.1846	12.4	1.9003	1.8911	1.0469	0.9454
3.8	2.2462	2.1669	1.2622	1.1420	12.6	1.8983	1.8896	1.0464	0.9453
3.9	2.1986	2.1234	1.2234	1.0996	12.8	1.8962	1.8880	1.0456	0.9451
4.0	2.1555	2.0857	1.1795	1.0599	13.0	1.8940	1.8862	1.0447	0.9447
4.1	2.1185	2.0551	1.1417	1.0243	13.2	1.8918	1.8843	1.0438	0.9442
4.2	2.0871	2.0300	1.1075	0.9929	13.4	1.8895	1.8825	1.0428	0.9437
4.3	2.0595	2.0068	1.0777	0.9648	13.6	1.8873	1.8807	1.0418	0.9432
4.4	2.0337	2.0068	1.0522	0.9391	13.8	1.8852	1.8789	1.0409	0.9427
4.5	2.0087	1.9830	1.0304	0.9153	14.0	1.8833	1.8772	1.0401	0.9423
4.6	1.9849	1.9578	1.0119	0.8938	14.2	1.8815	1.8757	1.0394	0.9420
4.7	1.9639	1.9331	0.9963	0.8753	14.4	1.8798	1.8743	1.0389	0.9418
4.8	1.9472	1.9116	0.9837	0.8607	14.6	1.8783	1.8731	1.0384	0.9417
4.9	1.9355	1.8955	0.9739	0.8502	14.8	1.8769	1.8719	1.0381	0.9417
5.0	1.9283	1.8853	0.9672	0.8432	15.0	1.8756	1.8709	1.0378	0.9418

Table T2.159

N = 1.600 K = 0.200 THETA = 75.0

x	QEE	QEH	QSE	QSH
0.1	0.1017	0.0324	0.0030	0.0006
0.2	0.2313	0.0701	0.0250	0.0045
0.3	0.4033	0.1170	0.0849	0.0153
0.4	0.6140	0.1763	0.1931	0.0358
0.5	0.8386	0.2498	0.3403	0.0681
0.6	1.0442	0.3379	0.4996	0.1124
0.7	1.2120	0.4401	0.6434	0.1679
0.8	1.3466	0.5562	0.7594	0.2328
0.9	1.4676	0.6867	0.8523	0.3063
1.0	1.5968	0.8334	0.9366	0.3895
1.1	1.7472	0.9970	1.0279	0.4852
1.2	1.9165	1.1732	1.1352	0.5954
1.3	2.0875	1.3512	1.2557	0.7175
1.4	2.2389	1.5194	1.3766	0.8440
1.5	2.3591	1.6719	1.4841	0.9669
1.6	2.4516	1.8106	1.5716	1.0817
1.7	2.5294	1.9397	1.6412	1.1869
1.8	2.6054	2.0619	1.6996	1.2819
1.9	2.6851	2.1764	1.7529	1.3658
2.0	2.7641	2.2807	1.8034	1.4377
2.1	2.8322	2.3723	1.8481	1.4977
2.2	2.8806	2.4503	1.8822	1.5474
2.3	2.9077	2.5150	1.9024	1.5884
2.4	2.9189	2.5677	1.9097	1.6220
2.5	2.9216	2.6089	1.9068	1.6475
2.6	2.9244	2.6416	1.9005	1.6666
2.7	2.9244	2.6633	1.8905	1.6756
2.8	2.9195	2.6751	1.8766	1.6746
2.9	2.9048	2.6782	1.8566	1.6643
3.0	2.8786	2.6740	1.8282	1.6462
3.1	2.8431	2.6634	1.7918	1.6217
3.2	2.8032	2.6469	1.7494	1.5923
3.3	2.7632	2.6246	1.7046	1.5590
3.4	2.7245	2.5971	1.6602	1.5227
3.5	2.6860	2.5655	1.6173	1.4845
3.6	2.6451	2.5314	1.5754	1.4450
3.7	2.6006	2.4964	1.5330	1.4048
3.8	2.5534	2.4614	1.4892	1.3643
3.9	2.5061	2.4260	1.4443	1.3232
4.0	2.4613	2.3898	1.3996	1.2814
4.1	2.4206	2.3527	1.3566	1.2392
4.2	2.3835	2.3158	1.3168	1.1980
4.3	2.3485	2.2804	1.2807	1.1590
4.4	2.3144	2.2480	1.2480	1.1236
4.5	2.2811	2.2192	1.2183	1.0922
4.6	2.2497	2.1937	1.1910	1.0644
4.7	2.2218	2.1701	1.1662	1.0394
4.8	2.1983	2.1478	1.1441	1.0162
4.9	2.1791	2.1268	1.1251	0.9947
5.0	2.1632	2.1081	1.1093	0.9754
5.2	2.1374	2.0811	1.0868	0.9460
5.4	2.1189	2.0683	1.0747	0.9310
5.6	2.1116	2.0622	1.0717	0.9261
5.8	2.1135	2.0602	1.0766	0.9270
6.0	2.1192	2.0665	1.0870	0.9340
6.2	2.1275	2.0794	1.1005	0.9469
6.4	2.1396	2.0928	1.1163	0.9628
6.6	2.1529	2.1053	1.1332	0.9791
6.8	2.1647	2.1194	1.1496	0.9955
7.0	2.1749	2.1338	1.1642	1.0114
7.2	2.1836	2.1446	1.1763	1.0251
7.4	2.1900	2.1521	1.1861	1.0362
7.6	2.1932	2.1580	1.1931	1.0447
7.8	2.1935	2.1615	1.1971	1.0506
8.0	2.1916	2.1618	1.1984	1.0537
8.2	2.1879	2.1595	1.1976	1.0545
8.4	2.1819	2.1556	1.1948	1.0531
8.6	2.1745	2.1503	1.1904	1.0503
8.8	2.1663	2.1436	1.1850	1.0462
9.0	2.1577	2.1362	1.1791	1.0414
9.2	2.1491	2.1288	1.1731	1.0364
9.4	2.1408	2.1217	1.1673	1.0315
9.6	2.1332	2.1149	1.1620	1.0271
9.8	2.1264	2.1089	1.1575	1.0233
10.0	2.1204	2.1037	1.1538	1.0202
10.2	2.1155	2.0994	1.1510	1.0179
10.4	2.1113	2.0957	1.1489	1.0163
10.6	2.1098	2.0949	1.1494	1.0172
10.8	2.1068	2.0924	1.1483	1.0166
11.0	2.1052	2.0912	1.1485	1.0173
11.2	2.1041	2.0906	1.1492	1.0184
11.4	2.1034	2.0904	1.1503	1.0199
11.6	2.1029	2.0905	1.1515	1.0216
11.8	2.1025	2.0906	1.1527	1.0233
12.0	2.1021	2.0907	1.1539	1.0250
12.2	2.1016	2.0907	1.1550	1.0265
12.4	2.1010	2.0905	1.1558	1.0278
12.6	2.1001	2.0901	1.1564	1.0288
12.8	2.0990	2.0895	1.1567	1.0296
13.0	2.0977	2.0886	1.1566	1.0301
13.2	2.0961	2.0875	1.1561	1.0304
13.4	2.0944	2.0863	1.1555	1.0303
13.6	2.0926	2.0848	1.1550	1.0299
13.8	2.0951	2.0877	1.1592	1.0341
14.0	2.0890	2.0819	1.1544	1.0299
14.2	2.0869	2.0802	1.1535	1.0294
14.4	2.0849	2.0786	1.1527	1.0289
14.6	2.0830	2.0769	1.1519	1.0285
14.8	2.0812	2.0754	1.1512	1.0281
15.0	2.0795	2.0740	1.1505	1.0278

Table T2.160

N = 1.600 K = 0.300 THETA = 15.0

X	QEE	QEH	QSE	QSH
0.1	0.0563	0.0494	0.0011	0.0012
0.2	0.1279	0.1145	0.0096	0.0101
0.3	0.2309	0.2117	0.0355	0.0375
0.4	0.3837	0.3599	0.0934	0.0984
0.5	0.6002	0.5727	0.1992	0.2093
0.6	0.8715	0.8396	0.3582	0.3752
0.7	1.1477	1.1070	0.5473	0.5704
0.8	1.3576	1.2996	0.7172	0.7418
0.9	1.4655	1.3804	0.8287	0.8477
1.0	1.4903	1.3701	0.8787	0.8851
1.1	1.4716	1.3121	0.8871	0.8753
1.2	1.4392	1.2412	0.8747	0.8407
1.3	1.4065	1.1767	0.8545	0.7965
1.4	1.3755	1.1269	0.8322	0.7511
1.5	1.3433	1.0928	0.8088	0.7086
1.6	1.3080	1.0707	0.7835	0.6708
1.7	1.2711	1.0552	0.7561	0.6378
1.8	1.2355	1.0426	0.7274	0.6089
1.9	1.2020	1.0299	0.6983	0.5835
2.0	1.1670	1.0131	0.6691	0.5603
2.1	1.1260	0.9883	0.6391	0.5379
2.2	1.0784	0.9555	0.6080	0.5155
2.3	1.0275	0.9188	0.5763	0.4935
2.4	0.9780	0.8830	0.5452	0.4730
2.5	0.9332	0.8514	0.5160	0.4553
2.6	0.8947	0.8254	0.4900	0.4409
2.7	0.8631	0.8049	0.4680	0.4301
2.8	0.8381	0.7892	0.4505	0.4230
2.9	0.8192	0.7777	0.4378	0.4190
3.0	0.8057	0.7694	0.4294	0.4177
3.1	0.7965	0.7637	0.4250	0.4184
3.2	0.7908	0.7598	0.4238	0.4205
3.3	0.7876	0.7571	0.4250	0.4232
3.4	0.7861	0.7552	0.4280	0.4263
3.5	0.7859	0.7539	0.4321	0.4293
3.6	0.7864	0.7531	0.4369	0.4323
3.7	0.7873	0.7526	0.4420	0.4351
3.8	0.7884	0.7524	0.4472	0.4377
3.9	0.7894	0.7523	0.4522	0.4403
4.0	0.7901	0.7521	0.4567	0.4427
4.1	0.7905	0.7516	0.4606	0.4449
4.2	0.7895	0.7508	0.4637	0.4468
4.3	0.7881	0.7495	0.4659	0.4484
4.4	0.7864	0.7477	0.4672	0.4496
4.5	0.7860	0.7456	0.4676	0.4503
4.6	0.7831	0.7430	0.4672	0.4505
4.7	0.7796	0.7402	0.4660	0.4503
4.8	0.7756	0.7372	0.4642	0.4497
4.9	0.7712	0.7340	0.4619	0.4488
5.0	0.7615	0.7307	0.4593	0.4477

X	QEE	QEH	QSE	QSH
5.2	0.7514	0.7240	0.4537	0.4450
5.4	0.7416	0.7174	0.4483	0.4423
5.6	0.7326	0.7112	0.4435	0.4399
5.8	0.7247	0.7055	0.4398	0.4379
6.0	0.7181	0.7006	0.4371	0.4365
6.2	0.7128	0.6965	0.4353	0.4356
6.4	0.7085	0.6930	0.4343	0.4351
6.6	0.7049	0.6900	0.4337	0.4350
6.8	0.7018	0.6874	0.4334	0.4351
7.0	0.6989	0.6849	0.4331	0.4351
7.2	0.6959	0.6825	0.4327	0.4349
7.4	0.6929	0.6800	0.4321	0.4346
7.6	0.6898	0.6775	0.4313	0.4342
7.8	0.6866	0.6750	0.4303	0.4337
8.0	0.6834	0.6725	0.4291	0.4331
8.2	0.6802	0.6700	0.4279	0.4325
8.4	0.6771	0.6676	0.4266	0.4319
8.6	0.6741	0.6652	0.4254	0.4314
8.8	0.6713	0.6630	0.4244	0.4309
9.0	0.6687	0.6609	0.4234	0.4304
9.2	0.6663	0.6589	0.4225	0.4299
9.4	0.6638	0.6569	0.4216	0.4296
9.6	0.6617	0.6551	0.4209	0.4293
9.8	0.6597	0.6534	0.4203	0.4289
10.0	0.6577	0.6518	0.4196	0.4286
10.2	0.6558	0.6501	0.4190	0.4283
10.4	0.6539	0.6486	0.4183	0.4280
10.6	0.6521	0.6470	0.4177	0.4280
10.8	0.6503	0.6455	0.4170	0.4276
11.0	0.6486	0.6440	0.4164	0.4273
11.2	0.6469	0.6426	0.4157	0.4269
11.4	0.6452	0.6412	0.4151	0.4266
11.6	0.6436	0.6398	0.4144	0.4263
11.8	0.6421	0.6385	0.4138	0.4259
12.0	0.6406	0.6372	0.4132	0.4256
12.2	0.6391	0.6360	0.4127	0.4253
12.4	0.6377	0.6348	0.4121	0.4250
12.6	0.6364	0.6336	0.4116	0.4247
12.8	0.6351	0.6324	0.4111	0.4244
13.0	0.6338	0.6313	0.4106	0.4241
13.2	0.6325	0.6302	0.4101	0.4238
13.4	0.6313	0.6292	0.4096	0.4236
13.6	0.6301	0.6281	0.4091	0.4233
13.8	0.6290	0.6271	0.4086	0.4230
14.0	0.6279	0.6261	0.4082	0.4227
14.2	0.6267	0.6251	0.4077	0.4225
14.4	0.6257	0.6242	0.4073	0.4222
14.6	0.6246	0.6232	0.4068	0.4220
14.8	0.6236	0.6223	0.4064	0.4217
15.0	0.6226	0.6214	0.4060	0.4215

Table T2.161

N = 1.600 K = 0.300 THETA = 30.0

x	QEE	QEH	QSE	QSH
0.1	0.0751	0.0488	0.0010	0.0011
0.2	0.1633	0.1099	0.0086	0.0088
0.3	0.2761	0.1940	0.0307	0.0314
0.4	0.4238	0.3109	0.0767	0.0783
0.5	0.6128	0.4656	0.1557	0.1575
0.6	0.8398	0.6520	0.2719	0.2704
0.7	1.0868	0.8492	0.4196	0.4063
0.8	1.3252	1.0277	0.5820	0.5427
0.9	1.5279	1.1646	0.7382	0.6565
1.0	1.6800	1.2550	0.8722	0.7345
1.1	1.7812	1.3105	0.9768	0.7776
1.2	1.8399	1.3486	1.0518	0.7949
1.3	1.8680	1.3835	1.1006	0.7985
1.4	1.8777	1.4212	1.1285	0.7981
1.5	1.8797	1.4603	1.1411	0.7995
1.6	1.8814	1.4971	1.1437	0.8048
1.7	1.8852	1.5293	1.1402	0.8137
1.8	1.8877	1.5546	1.1322	0.8246
1.9	1.8815	1.5697	1.1185	0.8345
2.0	1.8607	1.5723	1.0971	0.8404
2.1	1.8248	1.5635	1.0675	0.8402
2.2	1.7774	1.5464	1.0310	0.8334
2.3	1.7237	1.5240	0.9902	0.8203
2.4	1.6685	1.4981	0.9480	0.8016
2.5	1.6155	1.4700	0.9065	0.7786
2.6	1.5674	1.4415	0.8672	0.7533
2.7	1.5252	1.4145	0.8310	0.7282
2.8	1.4887	1.3904	0.7984	0.7051
2.9	1.4564	1.3690	0.7696	0.6851
3.0	1.4267	1.3494	0.7441	0.6684
3.1	1.3986	1.3309	0.7218	0.6546
3.2	1.3721	1.3132	0.7025	0.6431
3.3	1.3478	1.2966	0.6861	0.6333
3.4	1.3265	1.2812	0.6727	0.6249
3.5	1.3086	1.2675	0.6623	0.6178
3.6	1.2944	1.2558	0.6547	0.6121
3.7	1.2837	1.2464	0.6498	0.6079
3.8	1.2762	1.2394	0.6473	0.6054
3.9	1.2713	1.2346	0.6468	0.6046
4.0	1.2684	1.2316	0.6481	0.6053
4.1	1.2668	1.2300	0.6507	0.6074
4.2	1.2661	1.2293	0.6543	0.6104
4.3	1.2659	1.2292	0.6585	0.6141
4.4	1.2661	1.2295	0.6631	0.6181
4.5	1.2666	1.2301	0.6677	0.6223
4.6	1.2672	1.2309	0.6724	0.6265
4.7	1.2678	1.2318	0.6767	0.6307
4.8	1.2683	1.2330	0.6812	0.6349
4.9	1.2688	1.2332	0.6842	0.6382
5.0	1.2683	1.2338	0.6873	0.6416
5.2	1.2667	1.2341	0.6917	0.6473
5.4	1.2633	1.2329	0.6939	0.6512
5.6	1.2581	1.2304	0.6939	0.6534
5.8	1.2516	1.2267	0.6924	0.6541
6.0	1.2443	1.2222	0.6896	0.6536
6.2	1.2366	1.2171	0.6863	0.6525
6.4	1.2290	1.2117	0.6827	0.6510
6.6	1.2217	1.2065	0.6792	0.6494
6.8	1.2151	1.2016	0.6762	0.6479
7.0	1.2092	1.1972	0.6737	0.6467
7.2	1.2040	1.1932	0.6718	0.6458
7.4	1.1996	1.1897	0.6704	0.6454
7.6	1.1958	1.1866	0.6695	0.6453
7.8	1.1924	1.1840	0.6690	0.6454
8.0	1.1895	1.1816	0.6687	0.6457
8.2	1.1867	1.1795	0.6685	0.6461
8.4	1.1841	1.1774	0.6683	0.6466
8.6	1.1816	1.1754	0.6680	0.6470
8.8	1.1790	1.1734	0.6677	0.6473
9.0	1.1765	1.1714	0.6673	0.6475
9.2	1.1740	1.1694	0.6668	0.6477
9.4	1.1714	1.1674	0.6662	0.6477
9.6	1.1688	1.1654	0.6655	0.6476
9.8	1.1664	1.1634	0.6648	0.6475
10.0	1.1639	1.1613	0.6640	0.6473
10.2	1.1615	1.1594	0.6633	0.6472
10.4	1.1592	1.1575	0.6626	0.6469
10.6	1.1568	1.1555	0.6618	0.6469
10.8	1.1548	1.1539	0.6612	0.6470
11.0	1.1531	1.1524	0.6609	0.6469
11.2	1.1513	1.1508	0.6604	0.6467
11.4	1.1491	1.1490	0.6597	0.6467
11.6	1.1475	1.1476	0.6593	0.6467
11.8	1.1458	1.1461	0.6588	0.6466
12.0	1.1441	1.1447	0.6584	0.6465
12.2	1.1425	1.1433	0.6579	0.6465
12.4	1.1410	1.1420	0.6575	0.6464
12.6	1.1394	1.1406	0.6570	0.6464
12.8	1.1379	1.1393	0.6566	0.6463
13.0	1.1364	1.1380	0.6562	0.6462
13.2	1.1350	1.1367	0.6558	0.6462
13.4	1.1337	1.1355	0.6554	0.6460
13.6	1.1322	1.1343	0.6549	0.6460
13.8	1.1310	1.1331	0.6545	0.6459
14.0	1.1296	1.1319	0.6541	0.6457
14.2	1.1284	1.1309	0.6537	0.6457
14.4	1.1272	1.1297	0.6533	0.6456
14.6	1.1260	1.1287	0.6530	0.6456
14.8	1.1249	1.1276	0.6526	0.6456
15.0	1.1237	1.1266	0.6523	0.6455

Table T2.162

N = 1.600 K = 0.300 THETA = 45.0

X	QEE	QEH	QSE	QSH
0.1	0.1019	0.0484	0.0014	0.0009
0.2	0.2197	0.1064	0.0116	0.0074
0.3	0.3638	0.1816	0.0403	0.0256
0.4	0.5395	0.2799	0.0967	0.0617
0.5	0.7452	0.4035	0.1869	0.1202
0.6	0.9707	0.5487	0.3106	0.2013
0.7	1.1990	0.7054	0.4589	0.2986
0.8	1.4115	0.8600	0.6172	0.4006
0.9	1.5940	1.0011	0.7694	0.4944
1.0	1.7404	1.1249	0.9032	0.5721
1.1	1.8525	1.2351	1.0127	0.6330
1.2	1.9374	1.3378	1.0973	0.6828
1.3	2.0042	1.4364	1.1606	0.7290
1.4	2.0613	1.5302	1.2077	0.7770
1.5	2.1144	1.6181	1.2441	0.8288
1.6	2.1653	1.7001	1.2740	0.8841
1.7	2.2114	1.7762	1.2996	0.9405
1.8	2.2468	1.8433	1.3203	0.9936
1.9	2.2661	1.8971	1.3341	1.0376
2.0	2.2673	1.9341	1.3388	1.0679
2.1	2.2525	1.9541	1.3335	1.0824
2.2	2.2268	1.9598	1.3191	1.0825
2.3	2.1960	1.9558	1.2972	1.0718
2.4	2.1648	1.9475	1.2702	1.0555
2.5	2.1357	1.9390	1.2404	1.0381
2.6	2.1084	1.9318	1.2096	1.0224
2.7	2.0810	1.9245	1.1789	1.0089
2.8	2.0508	1.9142	1.1484	0.9959
2.9	2.0166	1.8982	1.1182	0.9814
3.0	1.9790	1.8762	1.0883	0.9636
3.1	1.9402	1.8496	1.0588	0.9423
3.2	1.9026	1.8212	1.0302	0.9187
3.3	1.8684	1.7941	1.0031	0.8946
3.4	1.8443	1.7753	0.9829	0.8760
3.5	1.8127	1.7504	0.9550	0.8514
3.6	1.7906	1.7342	0.9349	0.8345
3.7	1.7708	1.7200	0.9174	0.8207
3.8	1.7523	1.7064	0.9026	0.8093
3.9	1.7349	1.6929	0.8901	0.7996
4.0	1.7189	1.6794	0.8800	0.7911
4.1	1.7048	1.6669	0.8729	0.7837
4.2	1.6931	1.6560	0.8657	0.7773
4.3	1.6840	1.6475	0.8613	0.7724
4.4	1.6773	1.6415	0.8585	0.7690
4.5	1.6726	1.6377	0.8571	0.7673
4.6	1.6693	1.6354	0.8570	0.7671
4.7	1.6670	1.6341	0.8579	0.7681
4.8	1.6653	1.6333	0.8597	0.7701
4.9	1.6641	1.6327	0.8621	0.7728
5.0	1.6632	1.6323	0.8651	0.7759
5.2	1.6627	1.6327	0.8718	0.7829
5.4	1.6634	1.6347	0.8787	0.7902
5.6	1.6643	1.6372	0.8850	0.7974
5.8	1.6643	1.6392	0.8903	0.8041
6.0	1.6630	1.6399	0.8943	0.8096
6.2	1.6607	1.6395	0.8968	0.8138
6.4	1.6574	1.6383	0.8980	0.8167
6.6	1.6531	1.6360	0.8979	0.8183
6.8	1.6482	1.6331	0.8970	0.8191
7.0	1.6427	1.6294	0.8953	0.8190
7.2	1.6371	1.6254	0.8932	0.8185
7.4	1.6314	1.6213	0.8910	0.8176
7.6	1.6258	1.6170	0.8886	0.8164
7.8	1.6204	1.6140	0.8875	0.8149
8.0	1.6162	1.6096	0.8850	0.8143
8.2	1.6120	1.6062	0.8835	0.8138
8.4	1.6080	1.6031	0.8822	0.8137
8.6	1.6047	1.6004	0.8814	0.8139
8.8	1.6016	1.5979	0.8807	0.8142
9.0	1.5987	1.5957	0.8802	0.8146
9.2	1.5962	1.5937	0.8799	0.8150
9.4	1.5938	1.5918	0.8797	0.8155
9.6	1.5916	1.5901	0.8795	0.8158
9.8	1.5895	1.5884	0.8794	0.8163
10.0	1.5874	1.5867	0.8792	0.8166
10.2	1.5854	1.5852	0.8790	0.8169
10.4	1.5834	1.5835	0.8788	0.8171
10.6	1.5814	1.5820	0.8785	0.8171
10.8	1.5795	1.5804	0.8782	0.8173
11.0	1.5773	1.5786	0.8777	0.8174
11.2	1.5754	1.5770	0.8773	0.8174
11.4	1.5735	1.5754	0.8769	0.8173
11.6	1.5716	1.5738	0.8764	0.8173
11.8	1.5697	1.5722	0.8759	0.8173
12.0	1.5679	1.5706	0.8754	0.8173
12.2	1.5661	1.5691	0.8749	0.8173
12.4	1.5644	1.5676	0.8745	0.8173
12.6	1.5627	1.5662	0.8741	0.8173
12.8	1.5611	1.5648	0.8737	0.8173
13.0	1.5596	1.5634	0.8733	0.8173
13.2	1.5581	1.5621	0.8729	0.8174
13.4	1.5566	1.5608	0.8726	0.8174
13.6	1.5552	1.5596	0.8723	0.8174
13.8	1.5539	1.5584	0.8719	0.8175
14.0	1.5525	1.5572	0.8716	0.8175
14.2	1.5510	1.5558	0.8711	0.8173
14.4	1.5558	1.5607	0.8766	0.8228
14.6	1.5493	1.5544	0.8712	0.8181
14.8	1.5480	1.5531	0.8708	0.8180
15.0	1.5467	1.5520	0.8704	0.8180

Table T2.163

N = 1.600 K = 0.300 THETA = 60.0

x	QEE	QEH	QSE	QSH	x	QEE	QEH	QSE	QSH
0.1	0.1297	0.0480	0.0024	0.0007	5.2	1.9725	1.9428	1.0275	0.9024
0.2	0.2817	0.1037	0.0193	0.0060	5.4	1.9685	1.9401	1.0300	0.9044
0.3	0.4650	0.1726	0.0649	0.0205	5.6	1.9664	1.9396	1.0343	0.9085
0.4	0.6753	0.2586	0.1480	0.0484	5.8	1.9662	1.9413	1.0396	0.9142
0.5	0.8958	0.3631	0.2659	0.0923	6.0	1.9668	1.9436	1.0450	0.9204
0.6	1.1062	0.4845	0.4045	0.1522	6.2	1.9672	1.9456	1.0504	0.9267
0.7	1.2932	0.6182	0.5461	0.2245	6.4	1.9681	1.9481	1.0560	0.9331
0.8	1.4554	0.7586	0.6779	0.3034	6.6	1.9665	1.9486	1.0591	0.9374
0.9	1.5985	0.9010	0.7947	0.3829	6.8	1.9651	1.9490	1.0618	0.9415
1.0	1.7293	1.0435	0.8969	0.4599	7.0	1.9629	1.9485	1.0636	0.9446
1.1	1.8520	1.1856	0.9874	0.5349	7.2	1.9600	1.9471	1.0645	0.9468
1.2	1.9672	1.3258	1.0690	0.6114	7.4	1.9564	1.9451	1.0645	0.9481
1.3	2.0731	1.4608	1.1436	0.6916	7.6	1.9524	1.9426	1.0640	0.9487
1.4	2.1674	1.5877	1.2118	0.7756	7.8	1.9482	1.9396	1.0630	0.9489
1.5	2.2493	1.7057	1.2737	0.8611	8.0	1.9439	1.9365	1.0618	0.9487
1.6	2.3189	1.8151	1.3290	0.9449	8.2	1.9394	1.9331	1.0603	0.9482
1.7	2.3769	1.9147	1.3772	1.0227	8.4	1.9348	1.9296	1.0585	0.9474
1.8	2.4234	2.0015	1.4173	1.0897	8.6	1.9308	1.9264	1.0572	0.9468
1.9	2.4580	2.0725	1.4480	1.1423	8.8	1.9267	1.9232	1.0557	0.9462
2.0	2.4809	2.1274	1.4684	1.1795	9.0	1.9232	1.9204	1.0547	0.9459
2.1	2.4936	2.1685	1.4787	1.2035	9.2	1.9197	1.9175	1.0535	0.9454
2.2	2.4984	2.2003	1.4801	1.2182	9.4	1.9167	1.9151	1.0528	0.9453
2.3	2.4975	2.2265	1.4747	1.2282	9.6	1.9138	1.9128	1.0521	0.9452
2.4	2.4926	2.2490	1.4648	1.2359	9.8	1.9112	1.9106	1.0516	0.9453
2.5	2.4837	2.2669	1.4520	1.2417	10.0	1.9088	1.9087	1.0512	0.9453
2.6	2.4701	2.2778	1.4371	1.2440	10.2	1.9065	1.9069	1.0509	0.9456
2.7	2.4510	2.2796	1.4199	1.2407	10.4	1.9044	1.9052	1.0507	0.9459
2.8	2.4256	2.2716	1.3992	1.2301	10.6	1.9024	1.9036	1.0505	0.9462
2.9	2.3971	2.2575	1.3763	1.2144	10.8	1.9005	1.9021	1.0504	0.9466
3.0	2.3661	2.2395	1.3502	1.1939	11.0	1.8987	1.9007	1.0502	0.9469
3.1	2.3352	2.2210	1.3222	1.1715	11.2	1.8969	1.8992	1.0501	0.9473
3.2	2.3056	2.2036	1.2937	1.1491	11.4	1.8951	1.8977	1.0499	0.9475
3.3	2.2775	2.1869	1.2658	1.1274	11.6	1.8931	1.8961	1.0496	0.9476
3.4	2.2502	2.1695	1.2392	1.1064	11.8	1.8905	1.8941	1.0494	0.9485
3.5	2.2228	2.1502	1.2144	1.0857	12.0	1.8905	1.8941	1.0510	0.9487
3.6	2.1950	2.1286	1.1911	1.0648	12.2	1.8888	1.8926	1.0497	0.9487
3.7	2.1672	2.1058	1.1690	1.0439	12.4	1.8871	1.8912	1.0493	0.9488
3.8	2.1406	2.0835	1.1481	1.0234	12.6	1.8854	1.8897	1.0490	0.9489
3.9	2.1160	2.0630	1.1284	1.0042	12.8	1.8838	1.8884	1.0487	0.9490
4.0	2.0943	2.0453	1.1103	0.9868	13.0	1.8822	1.8870	1.0483	0.9490
4.1	2.0754	2.0301	1.0939	0.9713	13.2	1.8807	1.8857	1.0480	0.9491
4.2	2.0590	2.0167	1.0797	0.9578	13.4	1.8792	1.8844	1.0477	0.9491
4.3	2.0442	2.0041	1.0675	0.9459	13.6	1.8777	1.8831	1.0473	0.9492
4.4	2.0306	1.9921	1.0574	0.9356	13.8	1.8763	1.8818	1.0470	0.9493
4.5	2.0180	1.9808	1.0491	0.9265	14.0	1.8749	1.8806	1.0467	0.9493
4.6	2.0067	1.9706	1.0423	0.9189	14.2	1.8736	1.8794	1.0464	0.9494
4.7	1.9970	1.9621	1.0368	0.9128	14.4	1.8723	1.8783	1.0461	0.9494
4.8	1.9891	1.9555	1.0328	0.9082	14.6	1.8710	1.8771	1.0458	0.9495
4.9	1.9831	1.9508	1.0299	0.9051	14.8	1.8698	1.8760	1.0456	0.9495
5.0	1.9785	1.9473	1.0281	0.9032	15.0	1.8686	1.8750	1.0451	0.9496

Table T2.164   415

N = 1.600   K = 0.300   THETA = 75.0

x	QEE	QEH	QSE	QSH
0.1	0.1505	0.0478	0.0034	0.0006
0.2	0.3297	0.1020	0.0277	0.0051
0.3	0.5439	0.1670	0.0911	0.0170
0.4	0.7773	0.2458	0.1994	0.0397
0.5	0.9995	0.3396	0.3381	0.0747
0.6	1.1869	0.4482	0.4811	0.1221
0.7	1.3365	0.5702	0.6072	0.1802
0.8	1.4622	0.7042	0.7099	0.2465
0.9	1.5831	0.8493	0.7947	0.3193
1.0	1.7124	1.0043	0.8726	0.3987
1.1	1.8524	1.1660	0.9535	0.4859
1.2	1.9939	1.3276	1.0413	0.5811
1.3	2.1227	1.4813	1.1325	0.6814
1.4	2.2294	1.6221	1.2196	0.7824
1.5	2.3134	1.7496	1.2961	0.8796
1.6	2.3816	1.8659	1.3596	0.9699
1.7	2.4419	1.9723	1.4114	1.0512
1.8	2.4989	2.0687	1.4544	1.1221
1.9	2.5522	2.1541	1.4908	1.1816
2.0	2.5976	2.2275	1.5216	1.2301
2.1	2.6311	2.2891	1.5446	1.2689
2.2	2.6517	2.3400	1.5603	1.2997
2.3	2.6616	2.3812	1.5686	1.3241
2.4	2.6644	2.4140	1.5704	1.3430
2.5	2.6624	2.4382	1.5666	1.3555
2.6	2.6591	2.4564	1.5608	1.3639
2.7	2.6514	2.4669	1.5510	1.3657
2.8	2.6387	2.4708	1.5379	1.3618
2.9	2.6207	2.4693	1.5212	1.3528
3.0	2.5984	2.4631	1.5009	1.3394
3.1	2.5735	2.4530	1.4781	1.3228
3.2	2.5478	2.4398	1.4537	1.3036
3.3	2.5222	2.4241	1.4289	1.2830
3.4	2.4966	2.4066	1.4044	1.2616
3.5	2.4706	2.3881	1.3805	1.2400
3.6	2.4439	2.3689	1.3571	1.2185
3.7	2.4170	2.3493	1.3341	1.1971
3.8	2.3905	2.3293	1.3115	1.1758
3.9	2.3652	2.3092	1.2896	1.1547
4.0	2.3418	2.2892	1.2689	1.1339
4.1	2.3202	2.2700	1.2496	1.1139
4.2	2.3001	2.2521	1.2321	1.0953
4.3	2.2813	2.2358	1.2163	1.0785
4.4	2.2636	2.2211	1.2022	1.0636
4.5	2.2473	2.2078	1.1897	1.0505
4.6	2.2325	2.1955	1.1786	1.0389
4.7	2.2196	2.1841	1.1690	1.0286
4.8	2.2085	2.1736	1.1608	1.0195
4.9	2.1989	2.1644	1.1541	1.0115
5.0	2.1907	2.1567	1.1487	1.0049
5.2	2.1773	2.1459	1.1415	0.9958
5.4	2.1677	2.1393	1.1382	0.9917
5.6	2.1622	2.1350	1.1382	0.9909
5.8	2.1594	2.1330	1.1405	0.9925
6.0	2.1581	2.1338	1.1445	0.9961
6.2	2.1574	2.1356	1.1490	1.0009
6.4	2.1577	2.1374	1.1539	1.0063
6.6	2.1580	2.1390	1.1587	1.0116
6.8	2.1580	2.1408	1.1629	1.0165
7.0	2.1575	2.1423	1.1666	1.0211
7.2	2.1564	2.1428	1.1694	1.0249
7.4	2.1548	2.1426	1.1715	1.0279
7.6	2.1525	2.1418	1.1727	1.0301
7.8	2.1496	2.1403	1.1732	1.0315
8.0	2.1463	2.1383	1.1731	1.0324
8.2	2.1430	2.1361	1.1728	1.0330
8.4	2.1393	2.1334	1.1720	1.0330
8.6	2.1353	2.1304	1.1709	1.0326
8.8	2.1313	2.1273	1.1696	1.0321
9.0	2.1274	2.1242	1.1683	1.0315
9.2	2.1237	2.1212	1.1670	1.0309
9.4	2.1202	2.1183	1.1658	1.0303
9.6	2.1169	2.1156	1.1648	1.0299
9.8	2.1138	2.1132	1.1639	1.0296
10.0	2.1110	2.1109	1.1632	1.0294
10.2	2.1084	2.1087	1.1626	1.0293
10.4	2.1057	2.1065	1.1619	1.0291
10.6	2.1051	2.1064	1.1631	1.0307
10.8	2.1023	2.1040	1.1622	1.0303
11.0	2.1003	2.1023	1.1619	1.0305
11.2	2.0984	2.1009	1.1618	1.0308
11.4	2.0967	2.0995	1.1617	1.0311
11.6	2.0950	2.0981	1.1616	1.0314
11.8	2.0934	2.0968	1.1614	1.0318
12.0	2.0917	2.0954	1.1613	1.0320
12.2	2.0901	2.0941	1.1612	1.0323
12.4	2.0886	2.0928	1.1610	1.0325
12.6	2.0870	2.0916	1.1608	1.0327
12.8	2.0855	2.0903	1.1606	1.0329
13.0	2.0840	2.0890	1.1604	1.0331
13.2	2.0825	2.0877	1.1602	1.0332
13.4	2.0810	2.0865	1.1599	1.0333
13.6	2.0796	2.0852	1.1596	1.0334
13.8	2.0826	2.0884	1.1636	1.0376
14.0	2.0771	2.0831	1.1594	1.0338
14.2	2.0757	2.0819	1.1591	1.0338
14.4	2.0744	2.0807	1.1588	1.0339
14.6	2.0731	2.0795	1.1586	1.0339
14.8	2.0718	2.0784	1.1583	1.0340
15.0	2.0706	2.0773	1.1581	1.0341

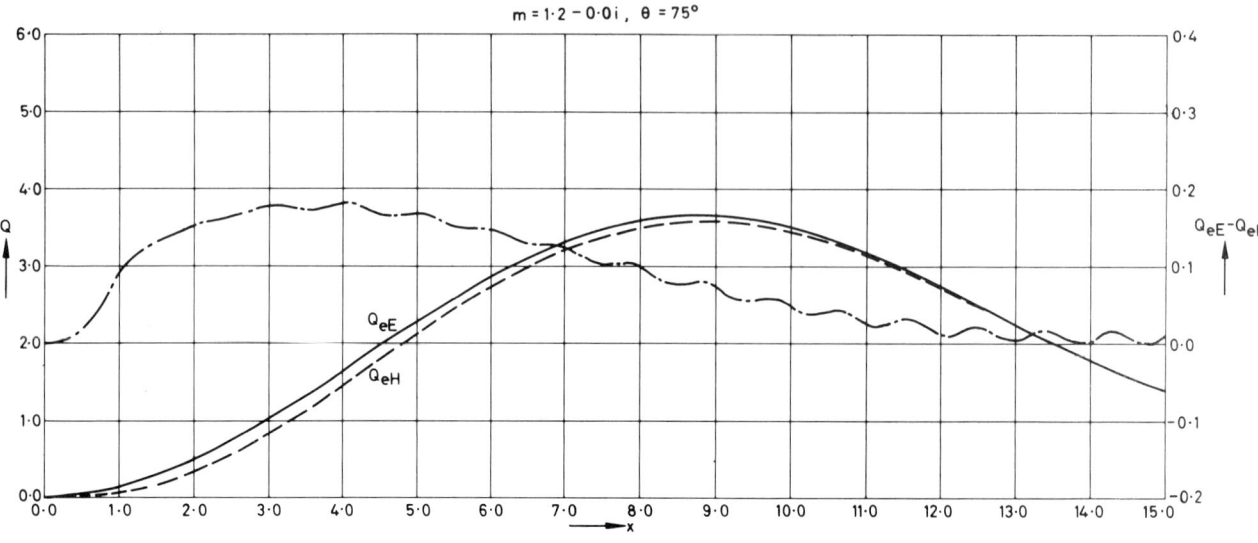
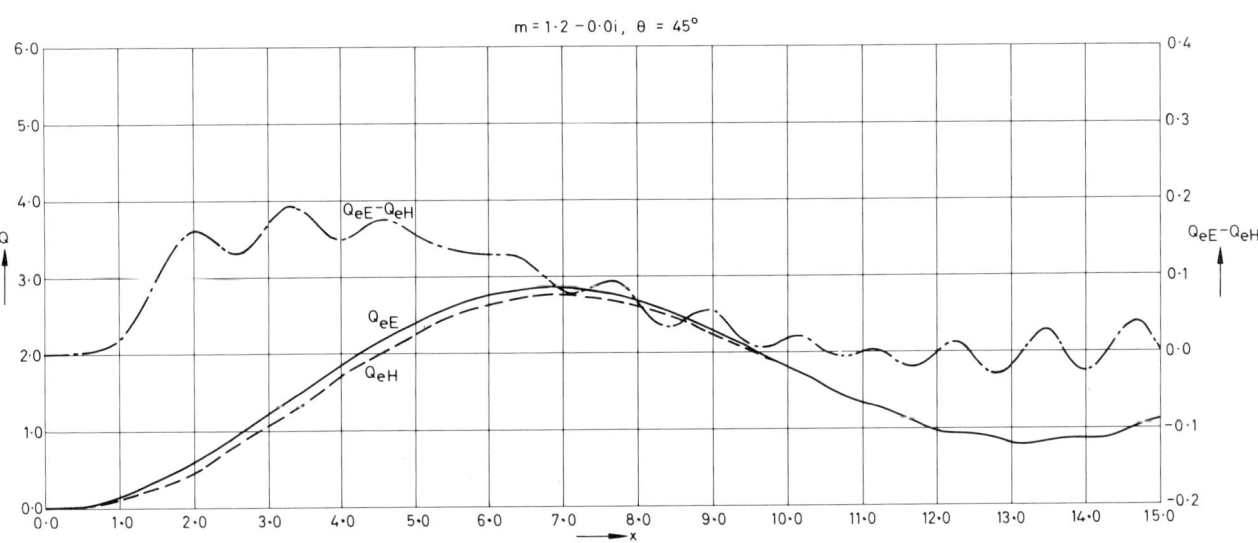
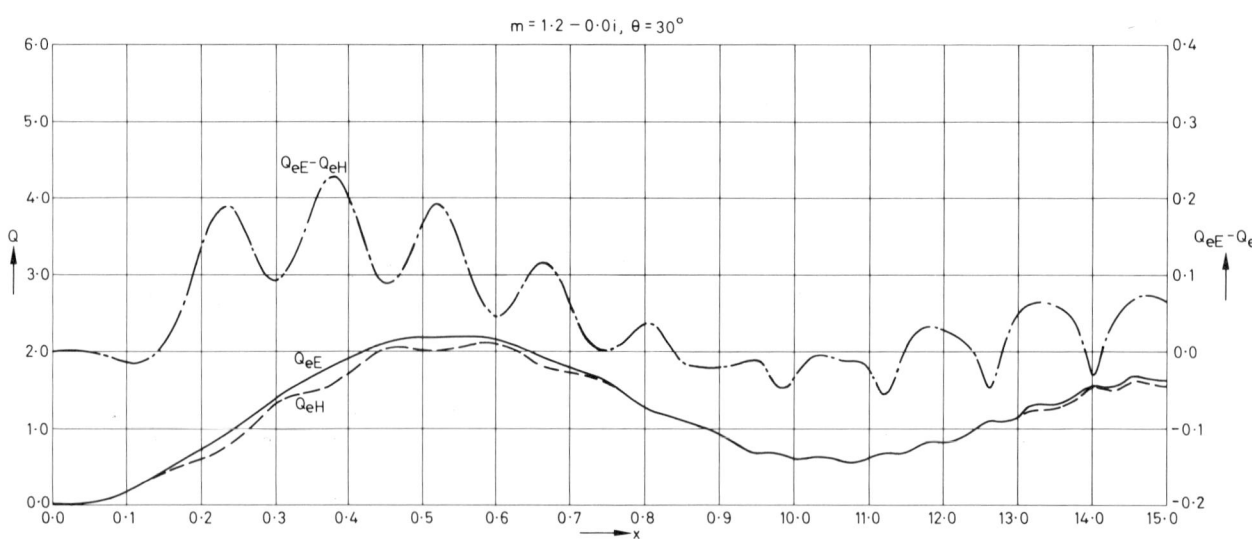

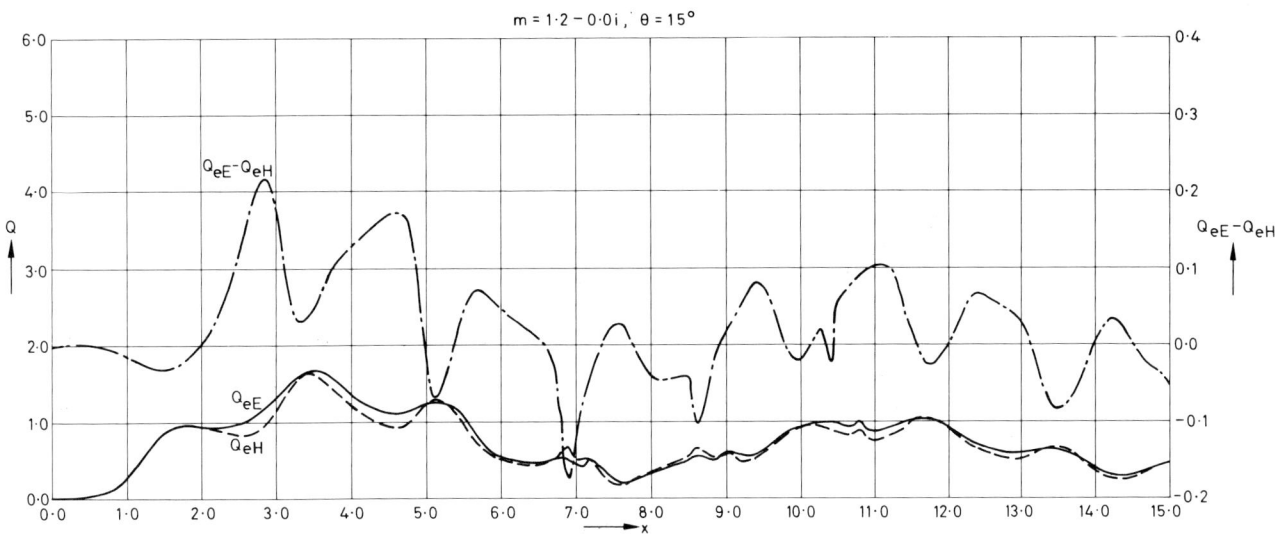
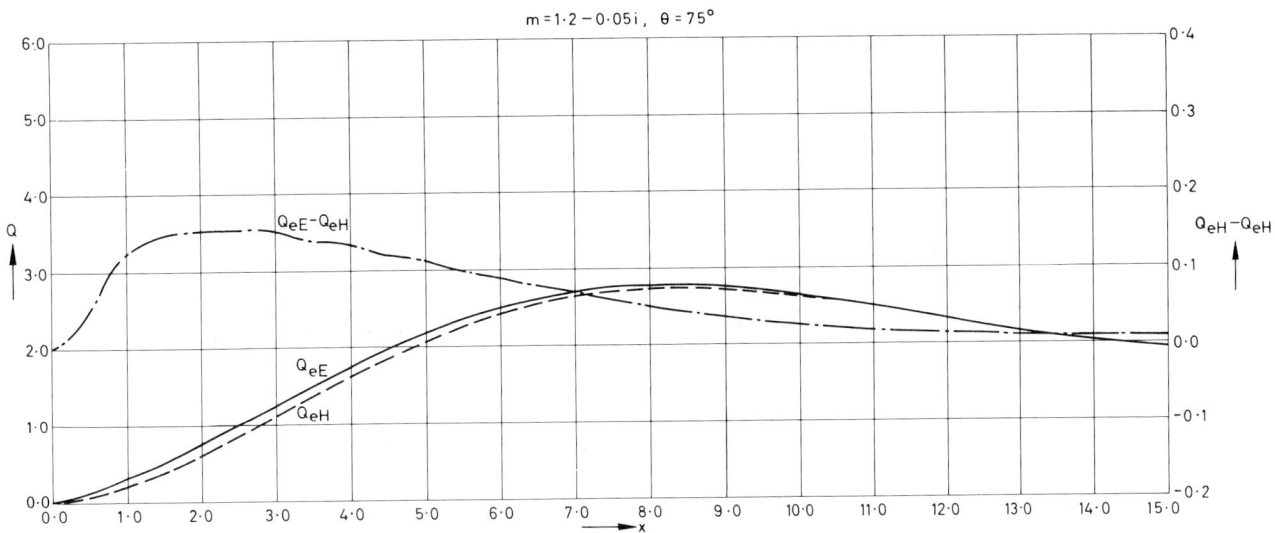
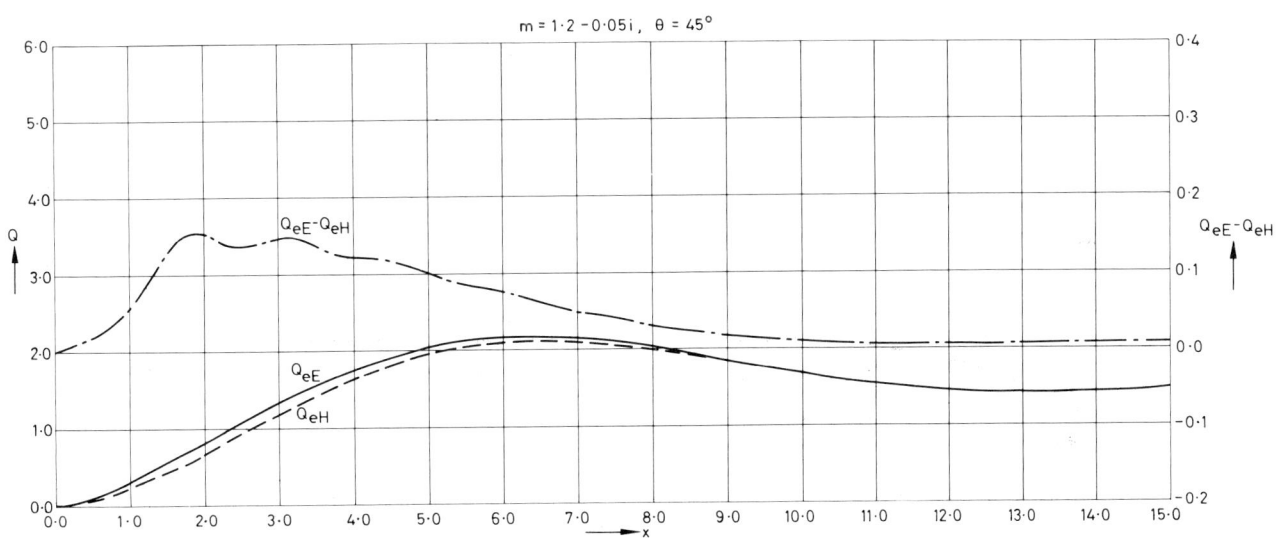

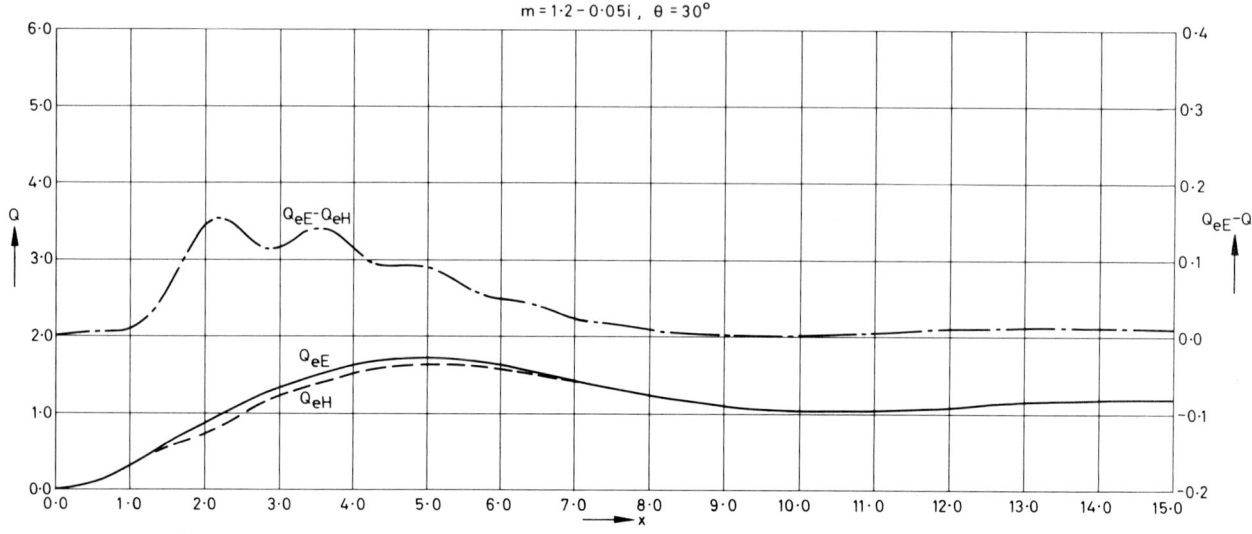
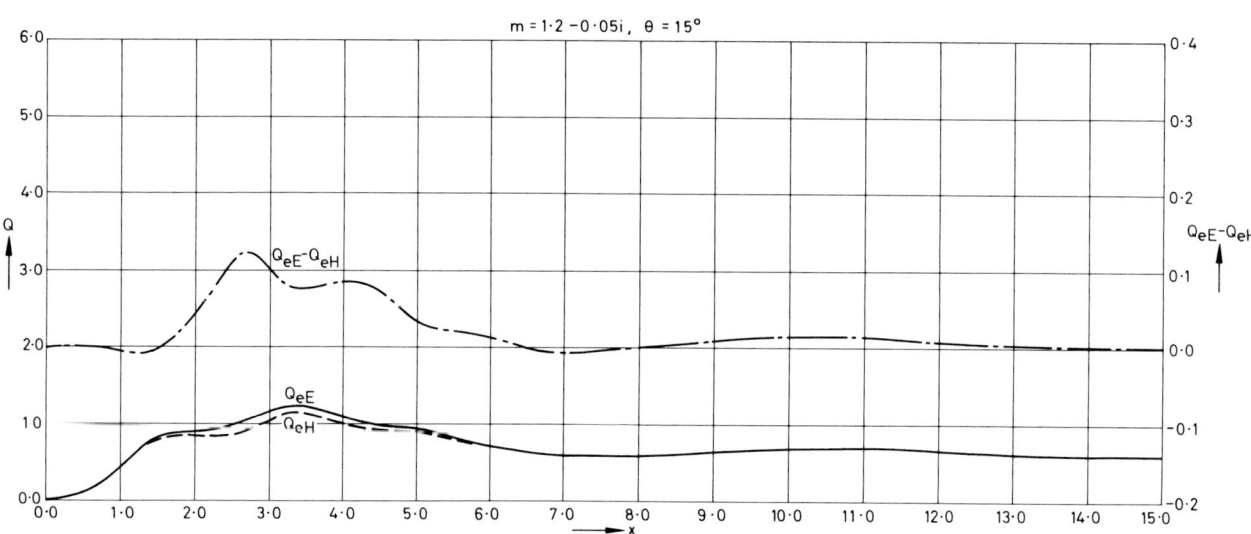
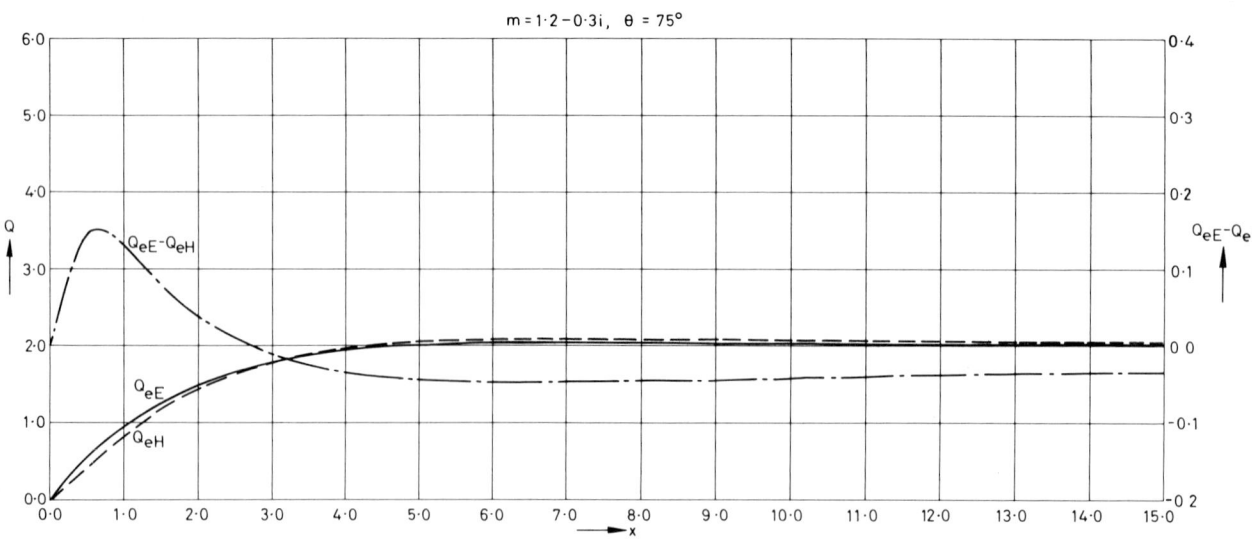

Figs. D10–D12

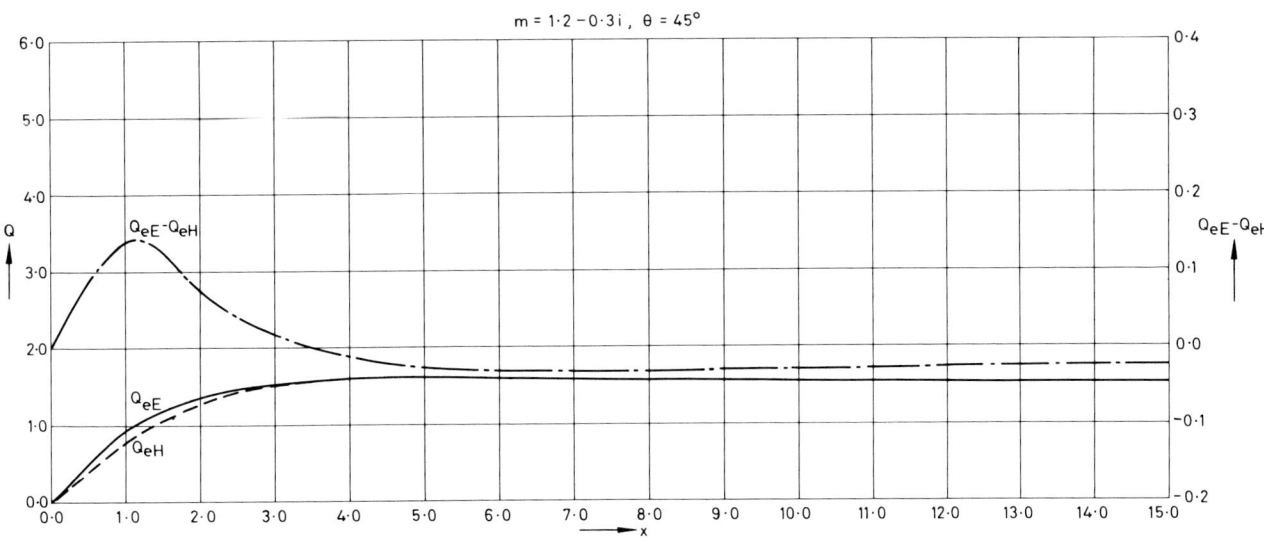

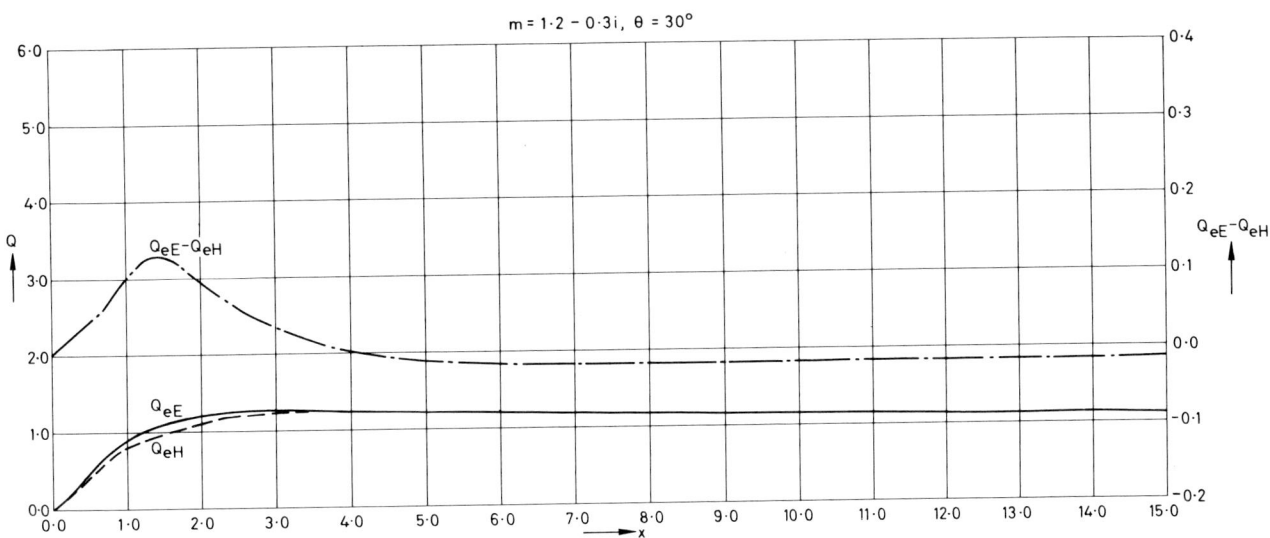

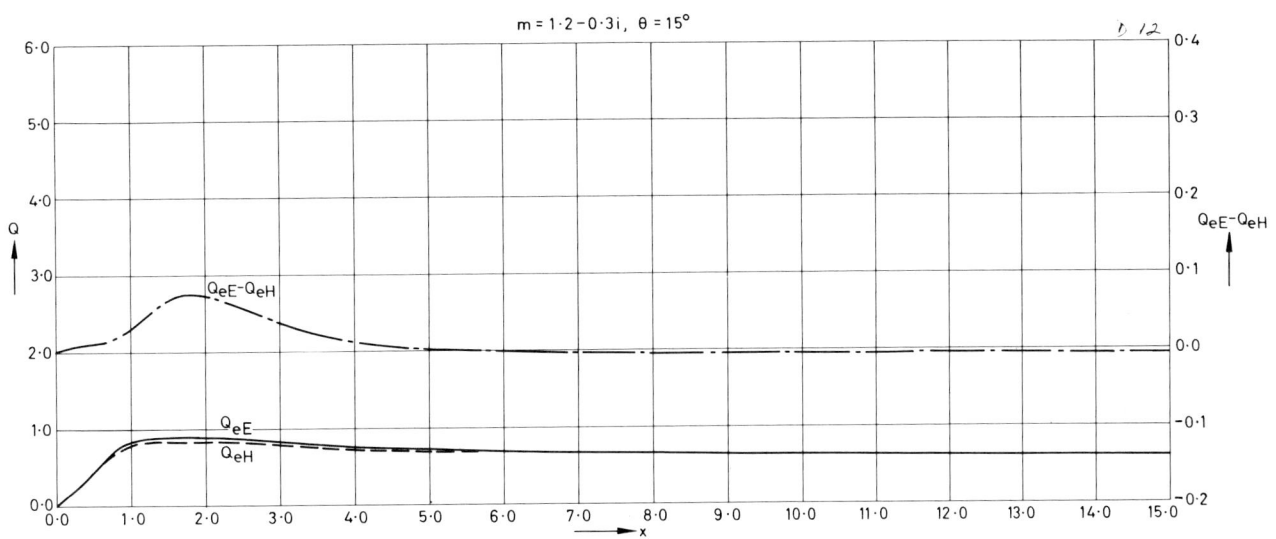

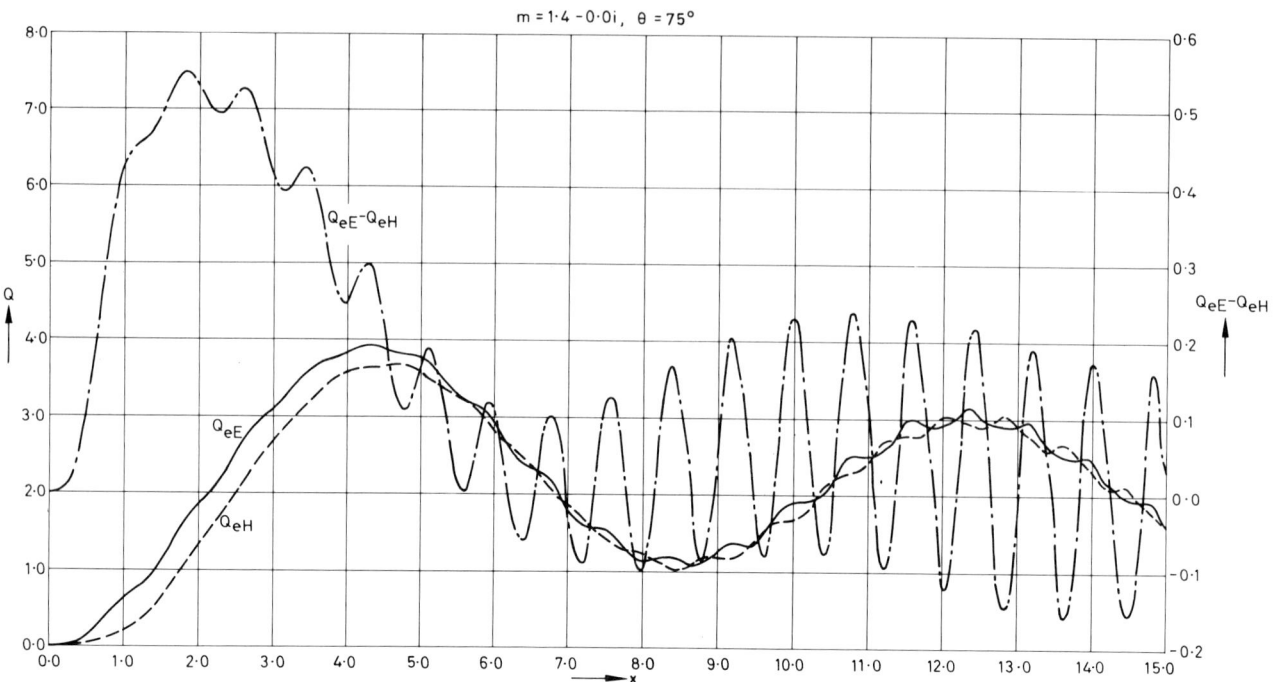
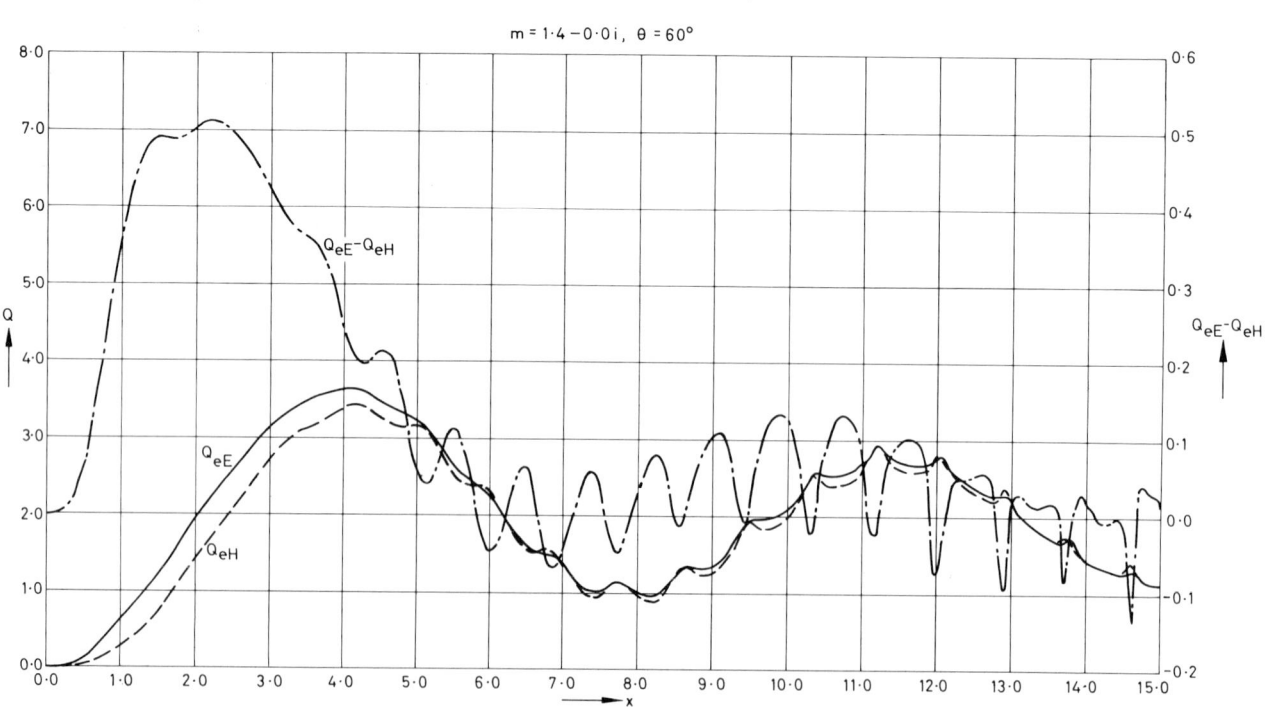

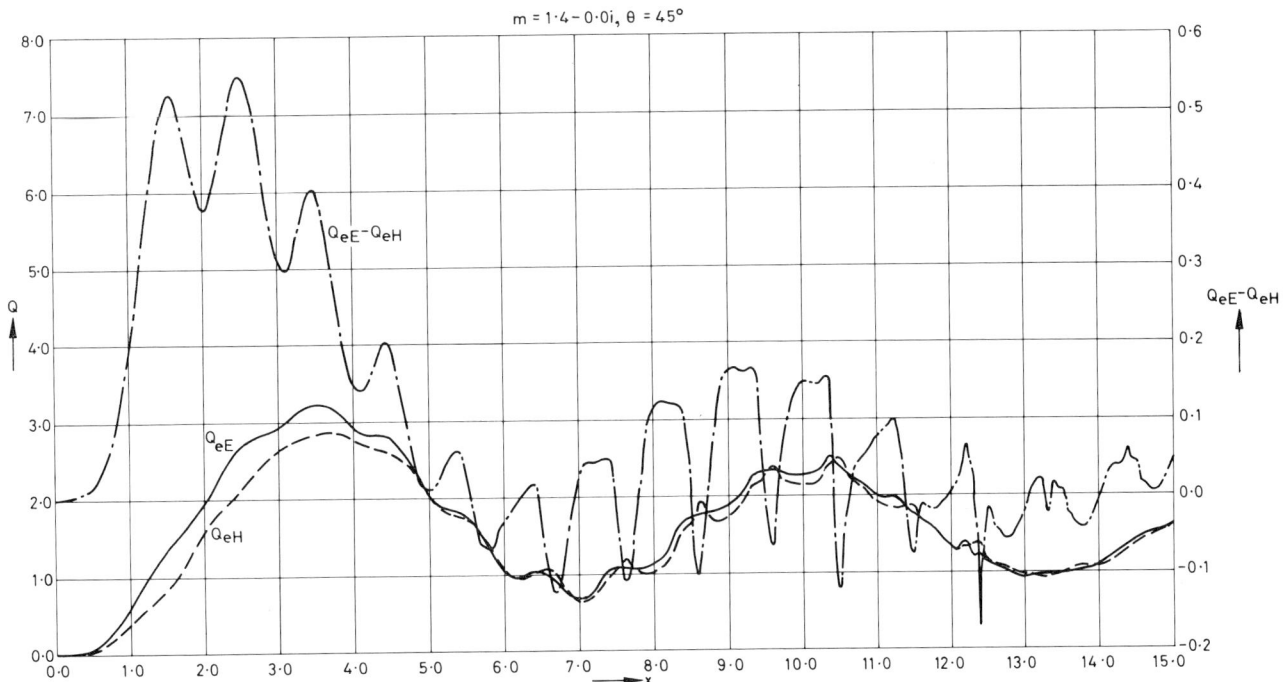

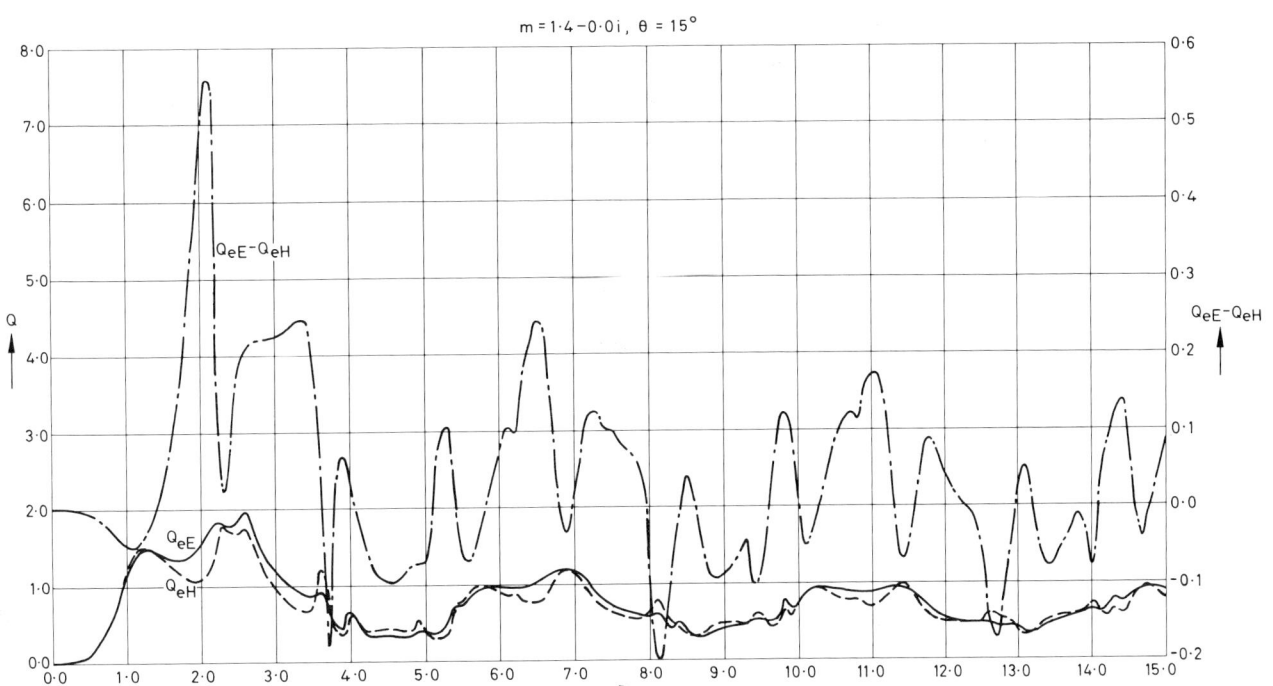

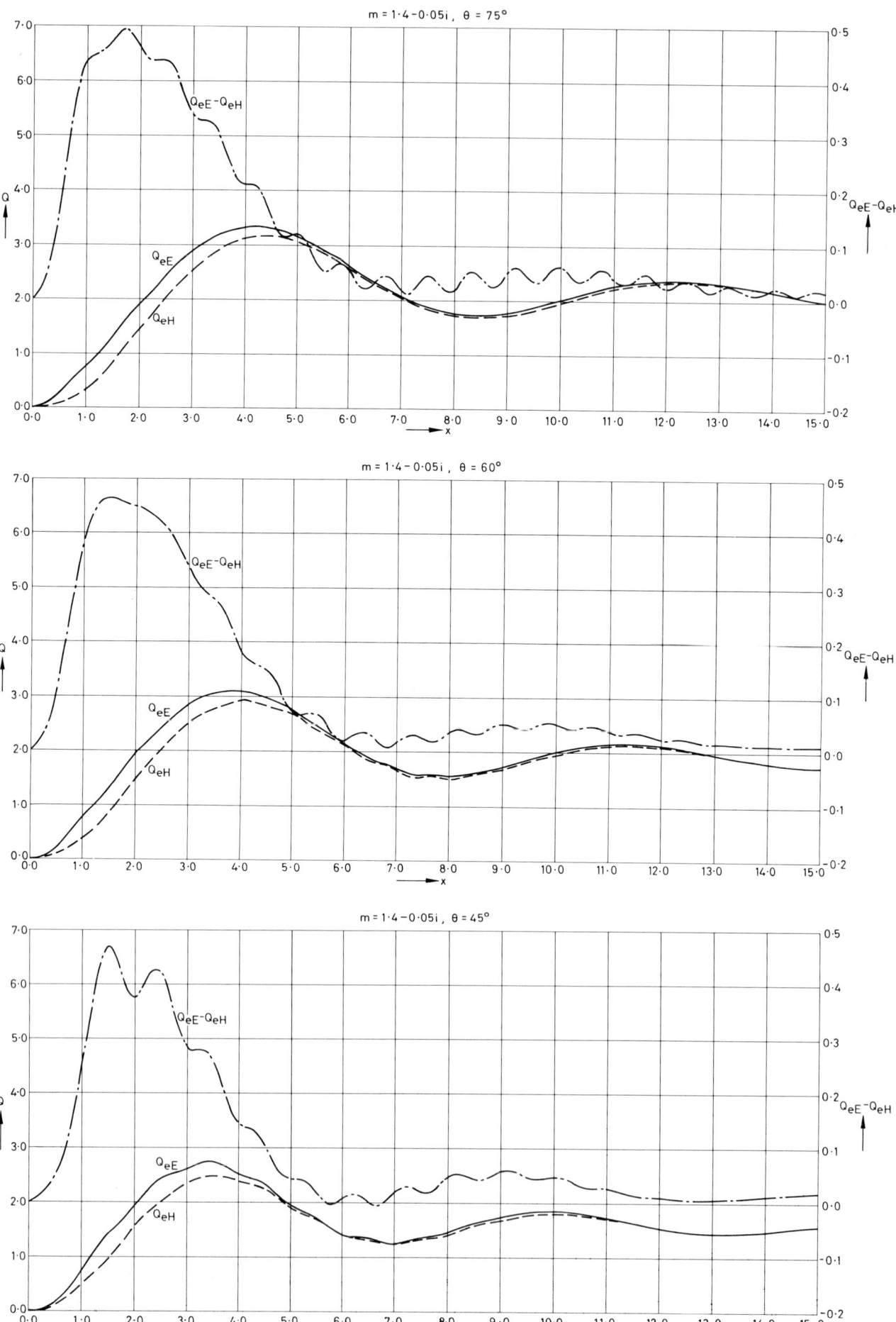

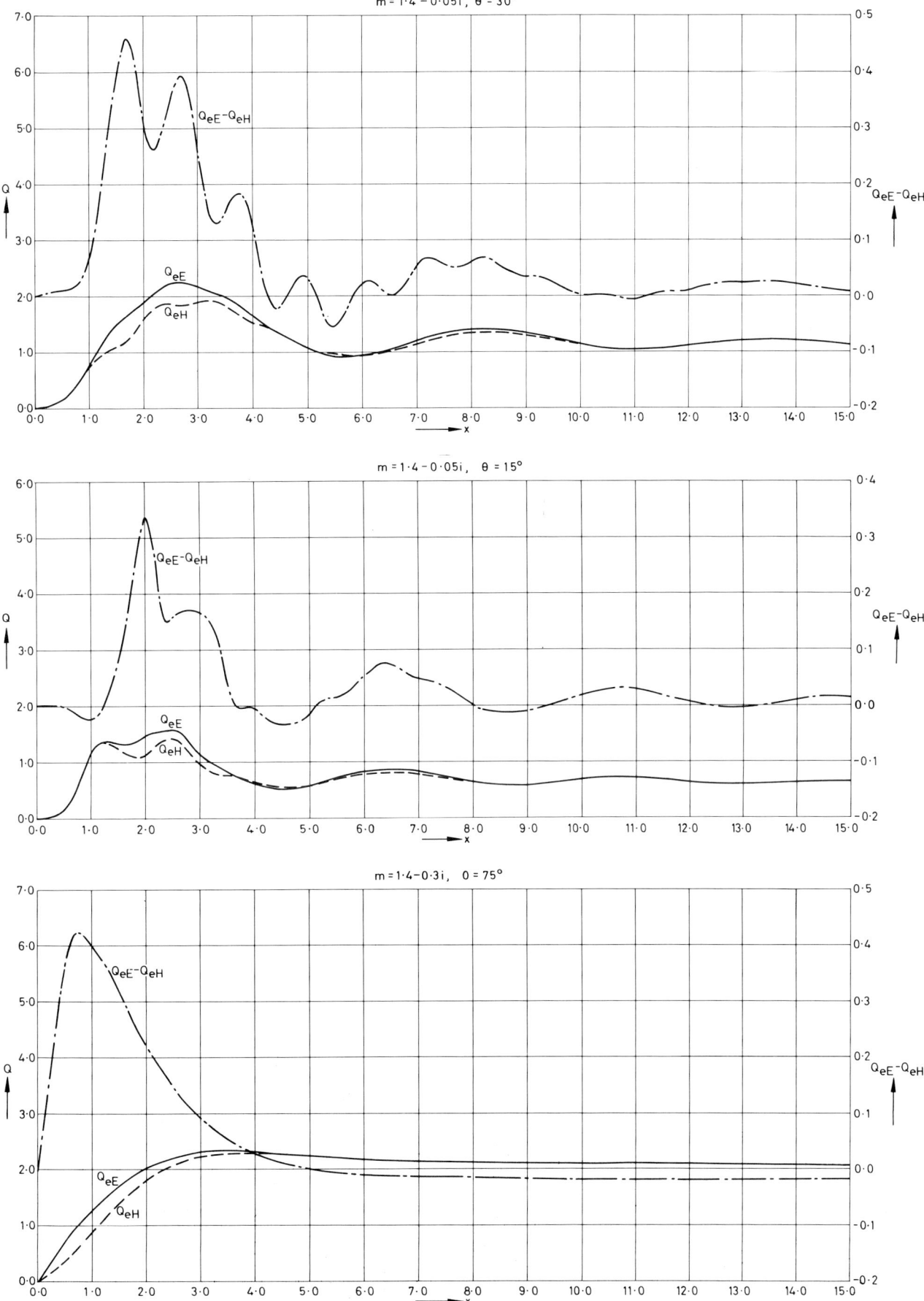

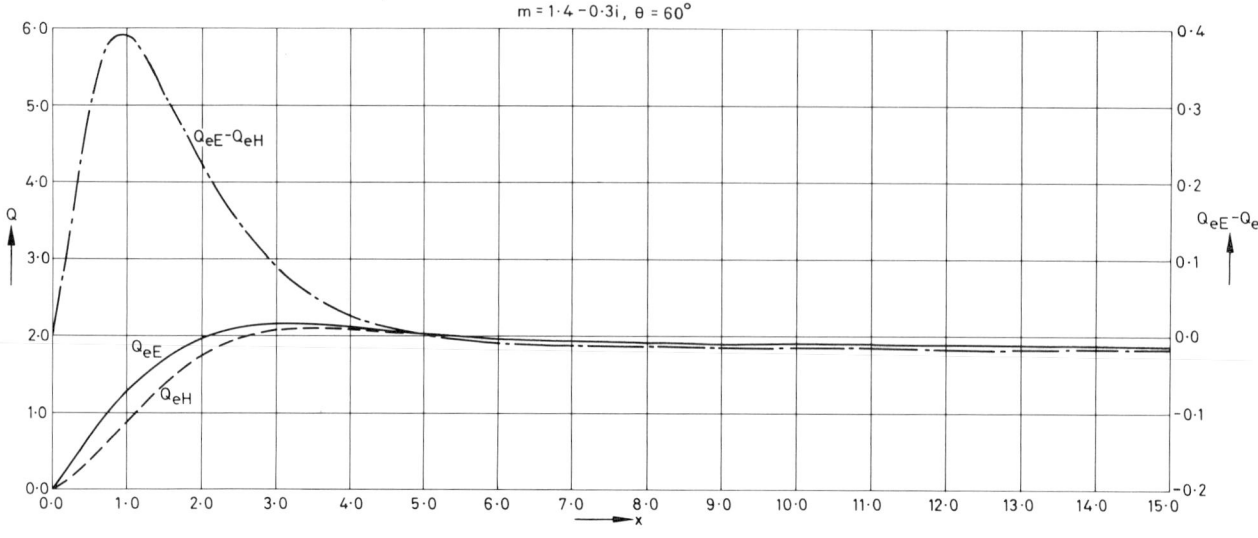
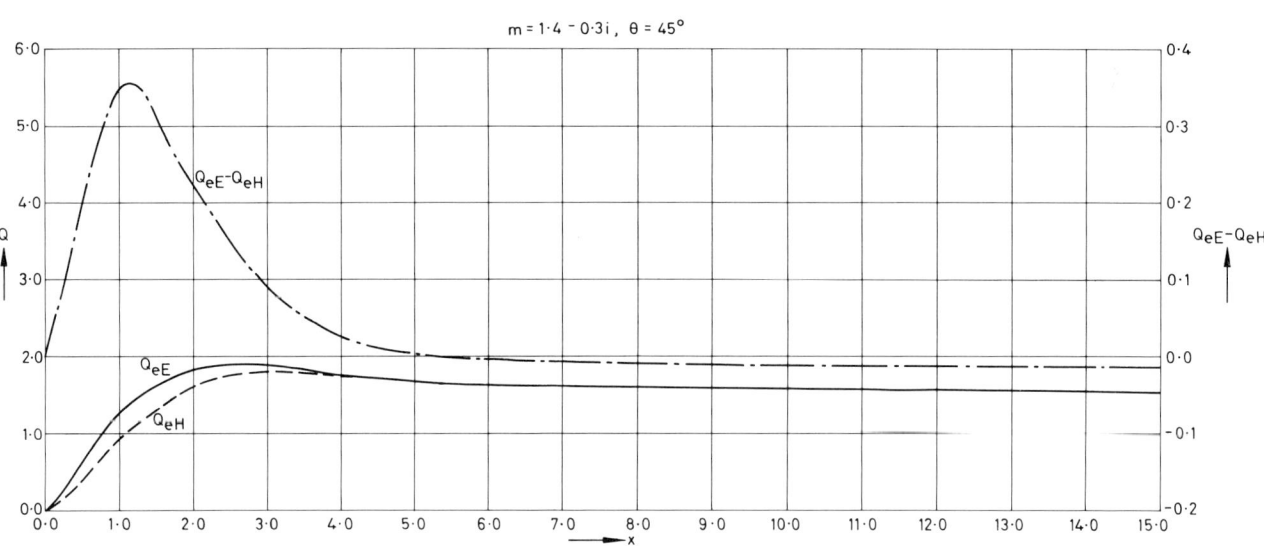
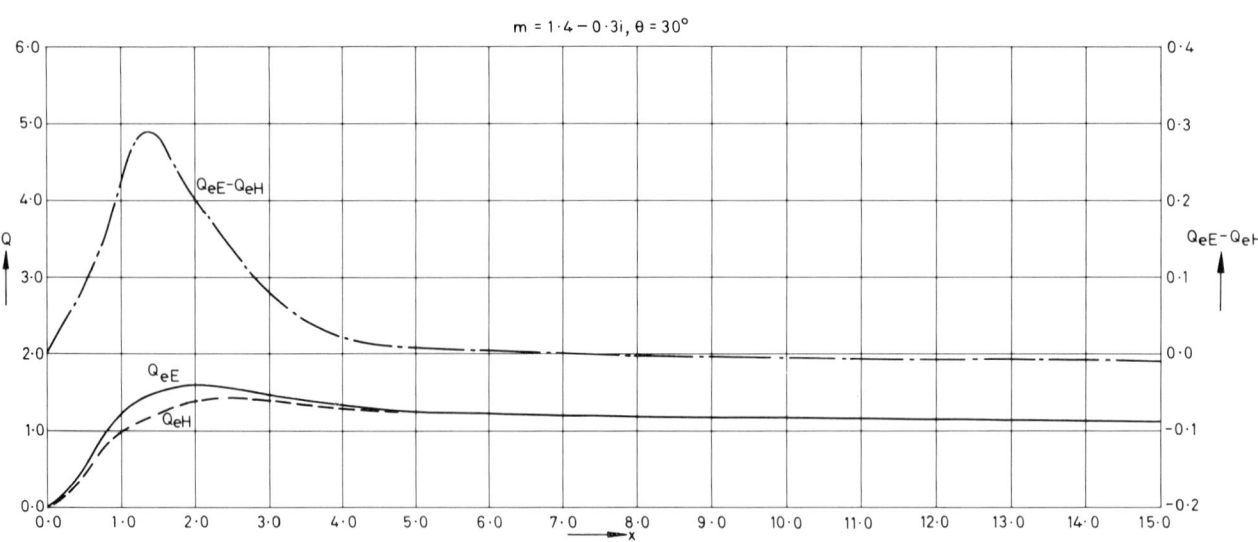

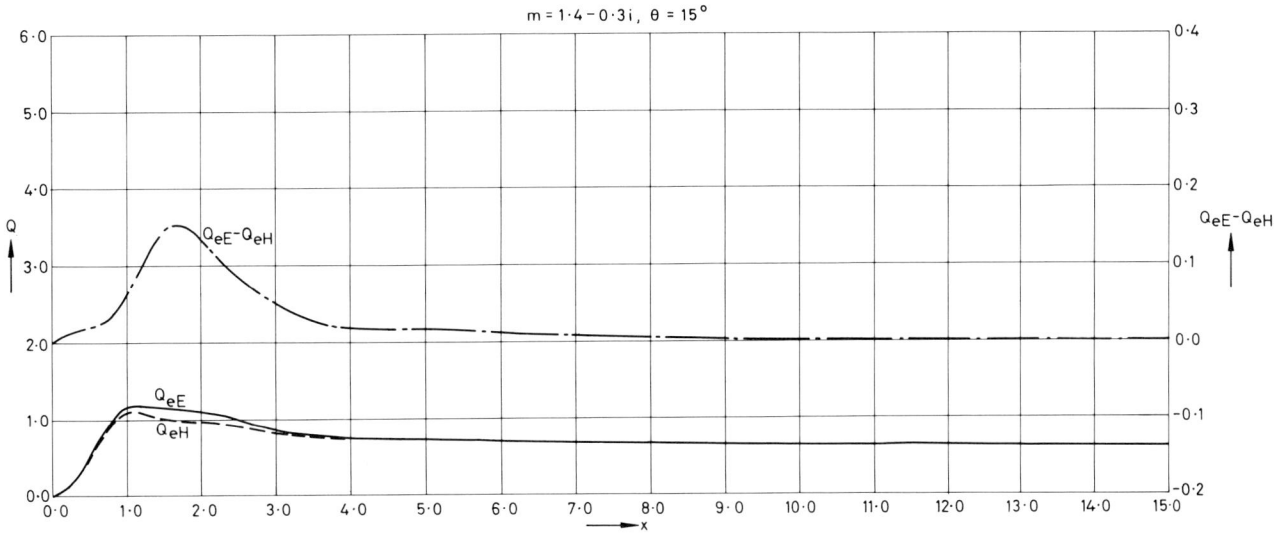

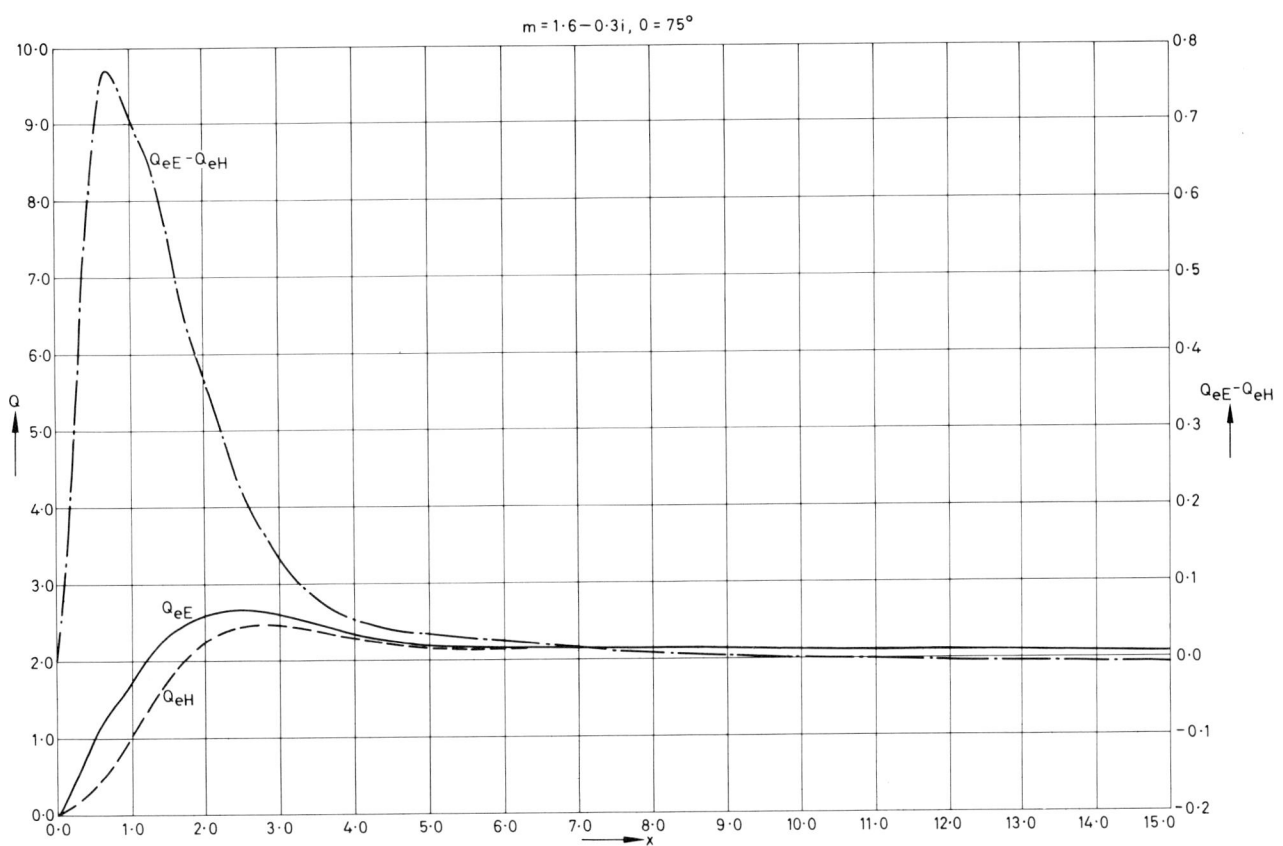

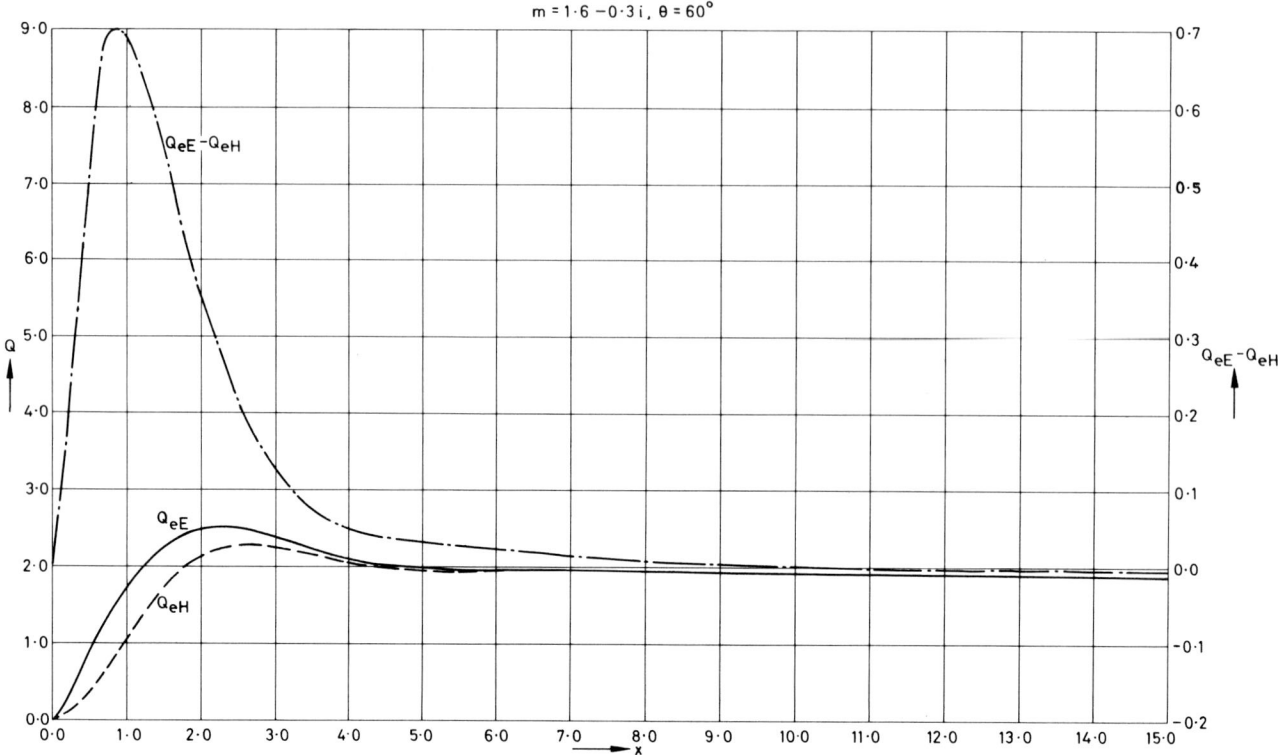

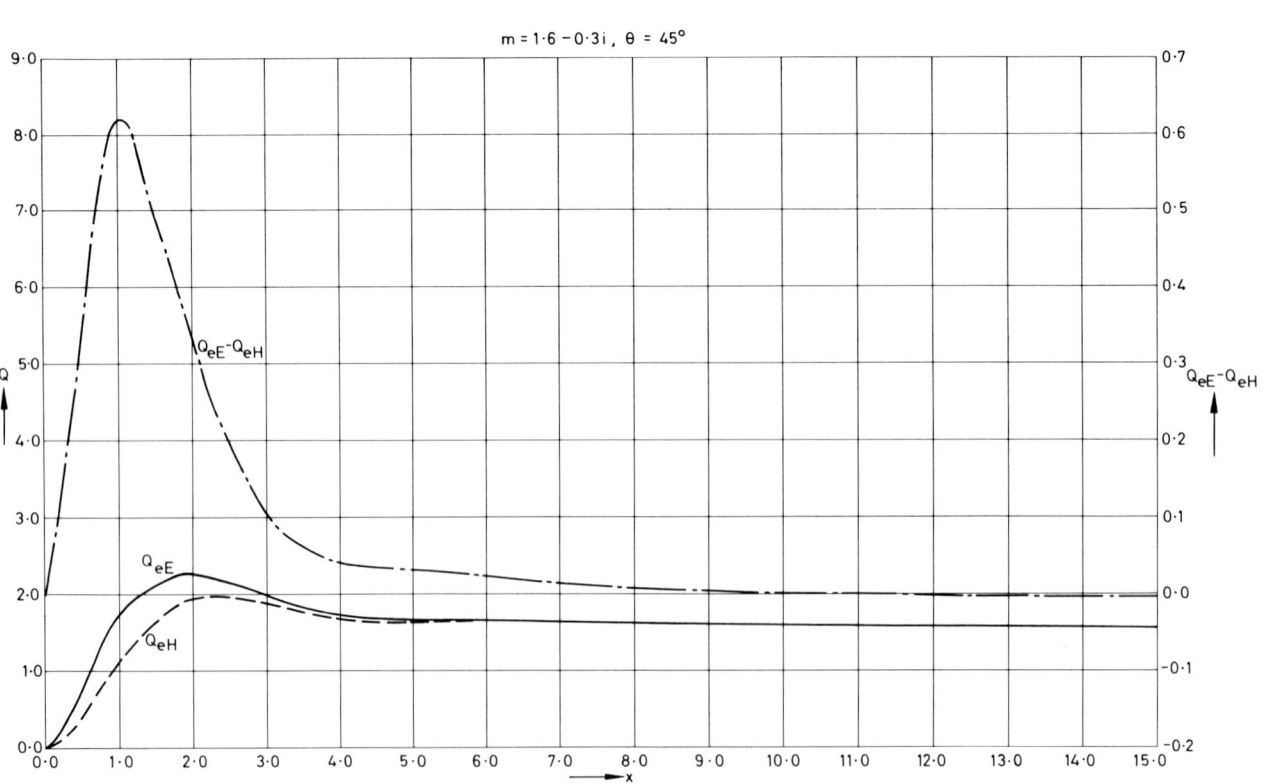

Figs. D30 and D31   427

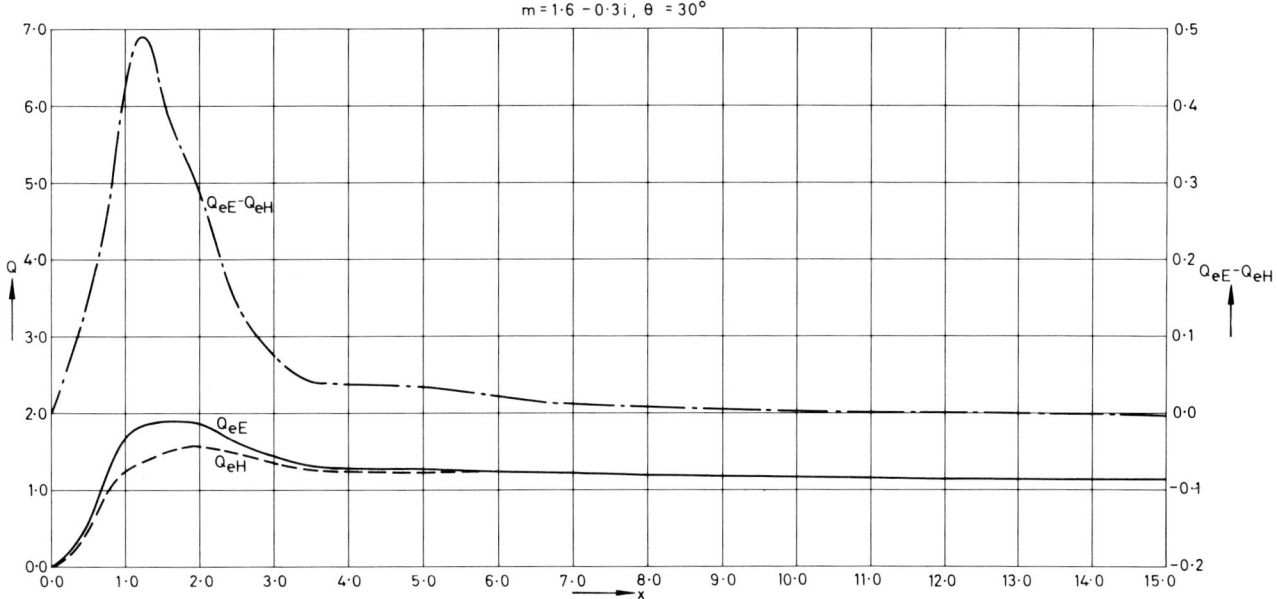

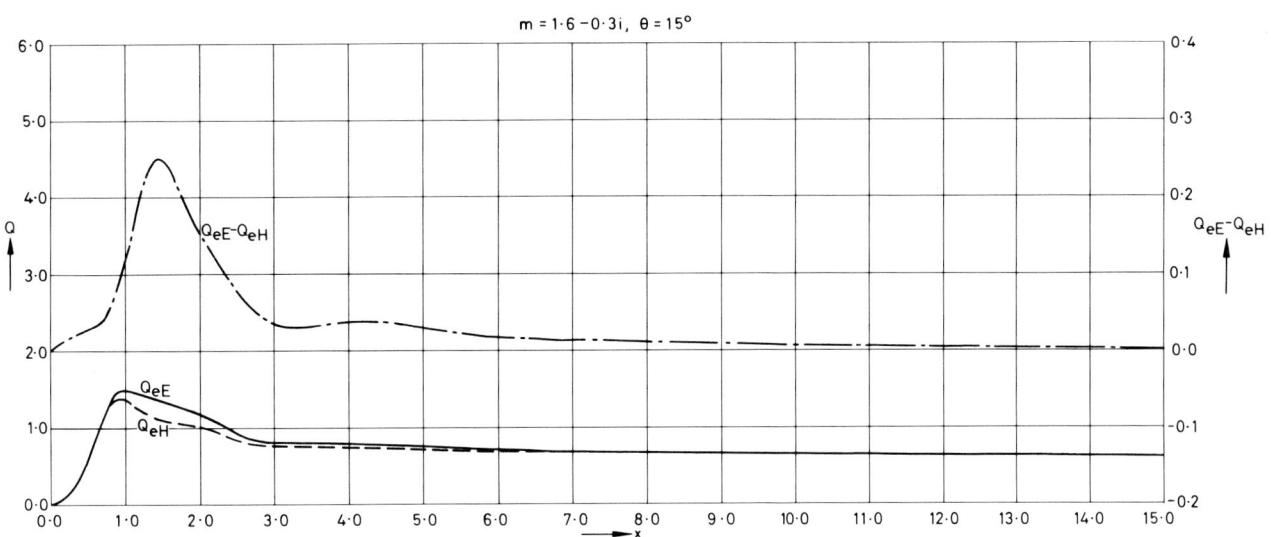

m = 1·6 − 0·05i, θ = 30°
Q
$Q_{eE}-Q_{eH}$
Q_{eE}
Q_{eH}
x
0·0
1·0
2·0
3·0
4·0
5·0
6·0
7·0
8·0
9·0
10·0
11·0
12·0
13·0
14·0
15·0
0·9
0·8
0·7
0·6
0·5
0·4
0·3
0·2
0·1
0·0
−0·1
−0·2

m = 1·6 − 0 05i, θ = 15°
Q
$Q_{eE}-Q_{eH}$
Q_{eE}
Q_{eH}
x
0·0
1·0
2·0
3·0
4·0
5·0
6·0
7·0
8·0
9·0
10·0
11·0
12·0
13·0
14·0
15·0
0·6
0·5
0·4
0·3
0·2
0·1
0·0
−0·1
−0·2

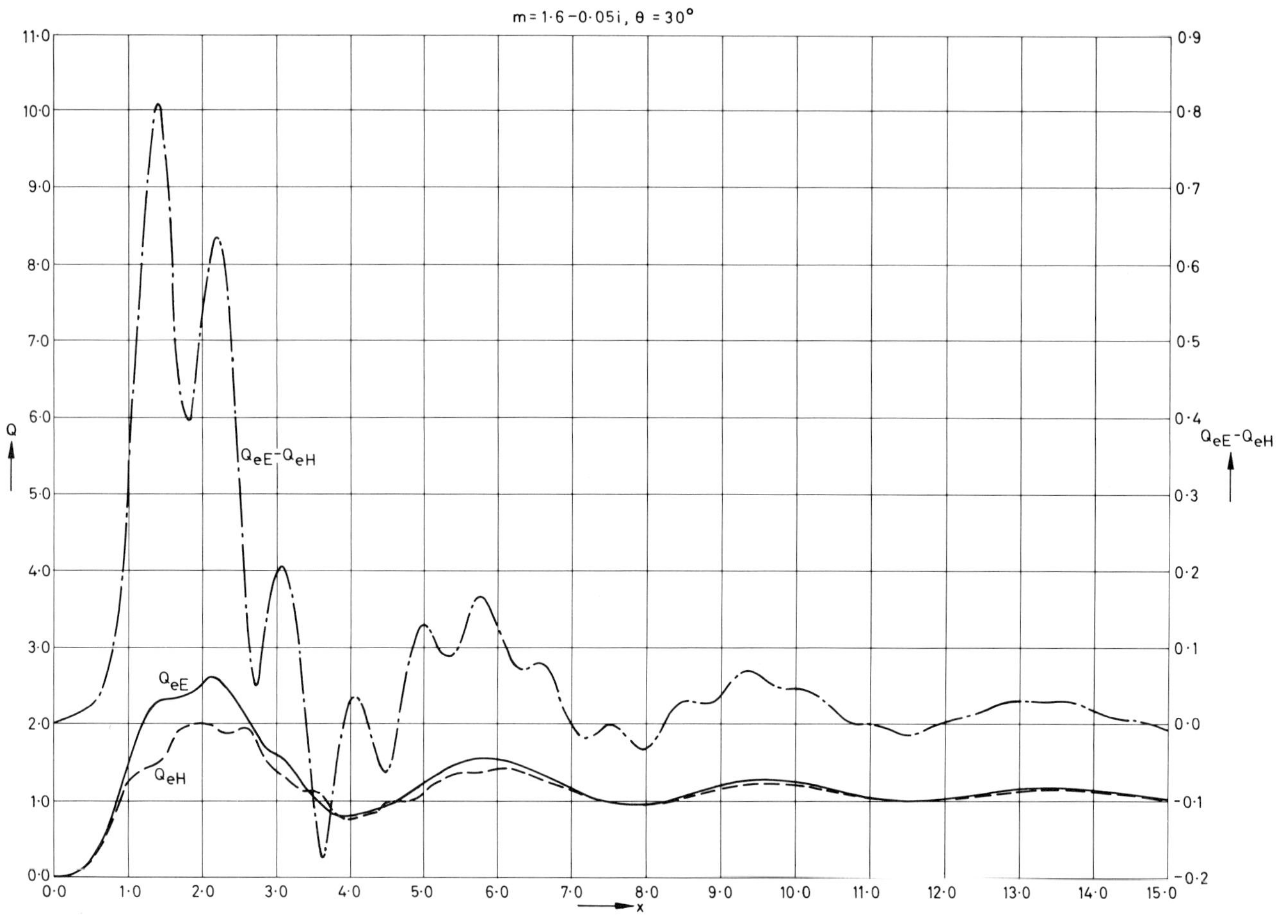

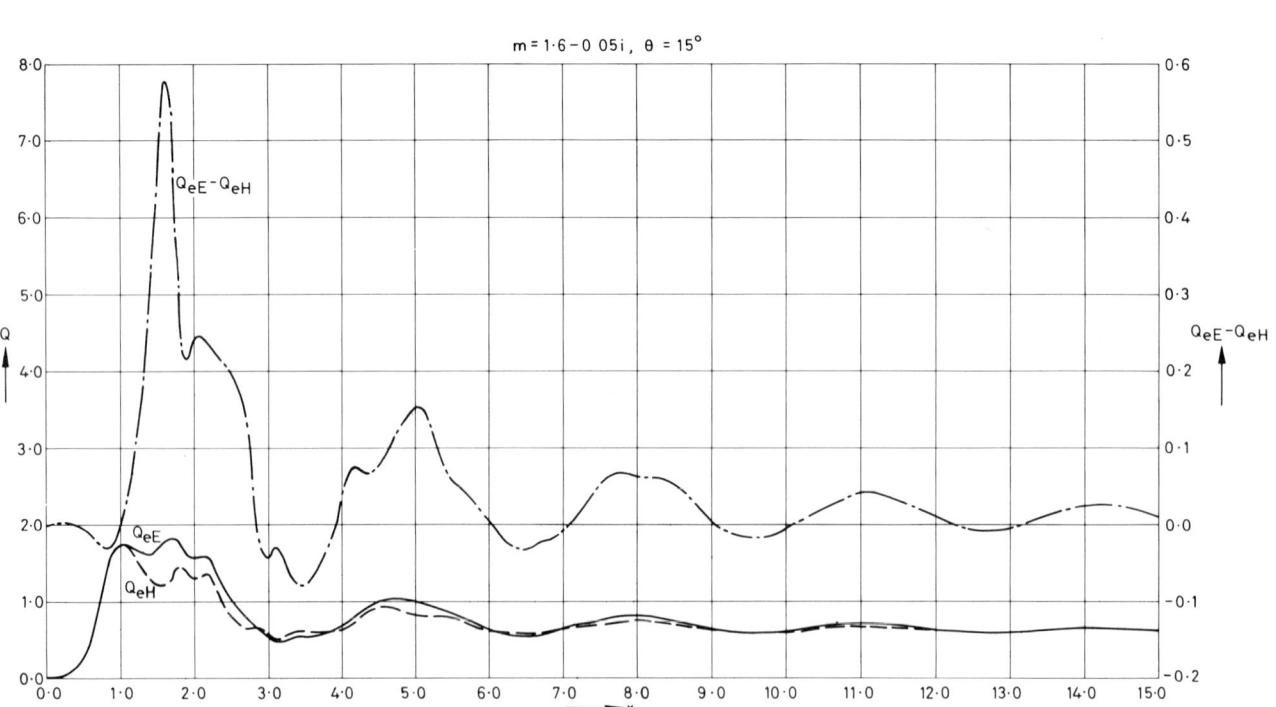

7 Light Scattering Functions for Spheres of Ice, Iron and Graphite

Fig. E1: Complex refractive indices of ice, iron and graphite used in the present calculations (see Wickramasinghe, N. C., and Nandy, K., 1971. *Mon. Not. R. astr. Soc.*, **153**, 205 for source references).

Tables T3.1–T3.20: Numerical values of Q_{ext}, Q_{sca}, Q_{bk}, g, Q_{pr} as functions of wavenumber ($X = \lambda^{-1}$ (μ^{-1})) for ice spheres of radii $a = 0.05$ (0.05) 1.0 μ, $\lambda^{-1} = 0.6$ (0.1) 10.0 μ^{-1}.

Tables T3.21–T3.45: Numerical values of Q_{ext}, Q_{sca}, Q_{bk}, g, Q_{pr} as functions of wavenumber ($X = \lambda^{-1}$ (μ^{-1})) for iron spheres of radii $a = 0.01$ (0.01) 0.7 μ, $\lambda^{-1} = 0.3$ (0.1) 3.8 μ^{-1}.

Tables T3.46–T3.69: Numerical values of Q_{ext}, Q_{sca}, Q_{bk}, g, Q_{pr} as functions of wavenumber ($X = \lambda^{-1}$ (μ^{-1})) for graphite spheres of radii $a = 0.01$ (0.01) 0.7 μ, $\lambda^{-1} = 0.4$ (0.1) 8.4 μ^{-1}.

Figs. E2–E11: $Q_{ext}(\lambda^{-1})$, $Q_{sca}(\lambda^{-1})$ for ice spheres.

Figs. E12–E16: $Q_{ext}(\lambda^{-1})$, $Q_{sca}(\lambda^{-1})$ for iron spheres.

Figs. E17–E26: $Q_{ext}(\lambda^{-1})$, $Q_{sca}(\lambda^{-1})$ for graphite spheres.

Fig. E1

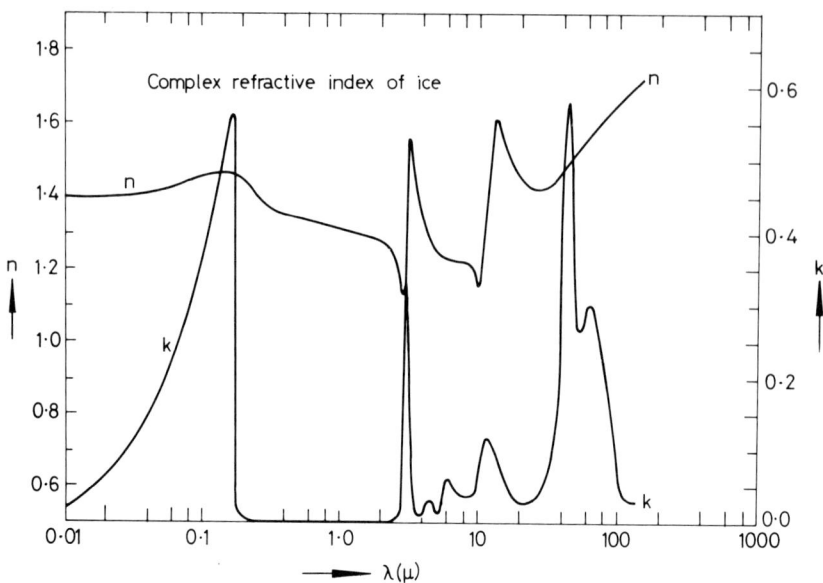

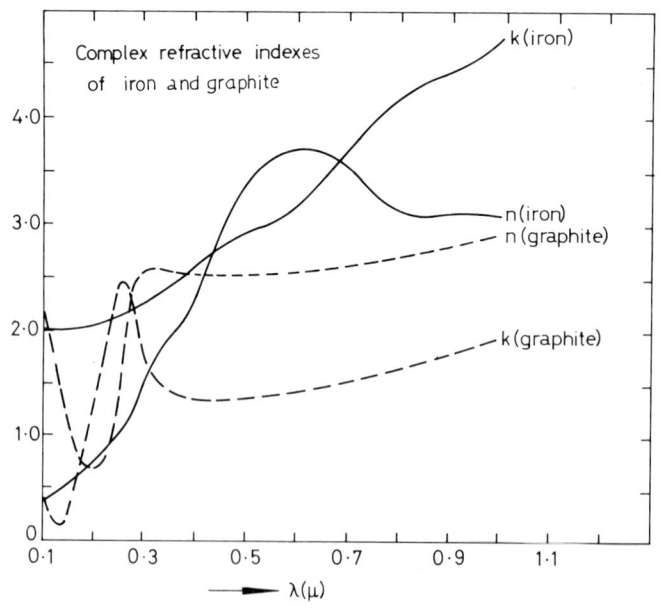

Table T3.1—Ice

ICE

RADIUS = 0.050 MICRON

X	QEXT	QSCA	QBK	G	QPR	X	QEXT	QSCA	QBK	G	QPR
0.6	0.0001	0.0001	0.0002	0.0036	0.0001	5.6	0.8097	0.8097	0.0301	0.3183	0.5520
0.7	0.0002	0.0002	0.0003	0.0049	0.0002	5.7	0.8367	0.8367	0.0296	0.3251	0.5647
0.8	0.0004	0.0004	0.0005	0.0063	0.0004	5.8	0.8644	0.8644	0.0322	0.3315	0.5779
0.9	0.0006	0.0006	0.0009	0.0079	0.0006	5.9	0.9005	0.8886	0.0367	0.3377	0.6004
1.0	0.0009	0.0009	0.0013	0.0097	0.0009	6.0	0.9718	0.8942	0.0397	0.3455	0.6628
1.1	0.0013	0.0013	0.0019	0.0118	0.0013	6.1	1.0391	0.8987	0.0450	0.3532	0.7217
1.2	0.0019	0.0019	0.0027	0.0140	0.0019	6.2	1.1023	0.9022	0.0523	0.3608	0.7768
1.3	0.0026	0.0026	0.0037	0.0164	0.0026	6.3	1.3574	0.7943	0.0401	0.3835	1.0528
1.4	0.0035	0.0035	0.0049	0.0190	0.0035	6.4	1.6924	0.7131	0.0381	0.4161	1.3956
1.5	0.0047	0.0047	0.0063	0.0218	0.0046	6.5	1.9381	0.7235	0.0508	0.4428	1.6178
1.6	0.0060	0.0060	0.0081	0.0248	0.0059	6.6	2.1279	0.7732	0.0722	0.4638	1.7693
1.7	0.0077	0.0077	0.0101	0.0280	0.0075	6.7	2.2352	0.8195	0.0937	0.4773	1.8440
1.8	0.0096	0.0096	0.0125	0.0313	0.0093	6.8	2.2444	0.8278	0.1011	0.4847	1.8431
1.9	0.0119	0.0119	0.0152	0.0349	0.0115	6.9	2.2531	0.8359	0.1077	0.4919	1.8419
2.0	0.0146	0.0146	0.0182	0.0386	0.0140	7.0	2.2614	0.8437	0.1132	0.4990	1.8403
2.1	0.0177	0.0177	0.0217	0.0426	0.0169	7.1	2.2692	0.8513	0.1176	0.5059	1.8385
2.2	0.0213	0.0213	0.0257	0.0468	0.0203	7.2	2.2724	0.8566	0.1200	0.5126	1.8334
2.3	0.0257	0.0257	0.0302	0.0511	0.0243	7.3	2.2726	0.8604	0.1205	0.5190	1.8260
2.4	0.0310	0.0310	0.0356	0.0557	0.0293	7.4	2.2728	0.8641	0.1198	0.5254	1.8188
2.5	0.0371	0.0371	0.0416	0.0605	0.0349	7.5	2.2730	0.8678	0.1180	0.5317	1.8116
2.6	0.0430	0.0430	0.0469	0.0655	0.0402	7.6	2.2733	0.8715	0.1152	0.5380	1.8045
2.7	0.0495	0.0495	0.0525	0.0707	0.0460	7.7	2.2738	0.8751	0.1113	0.5442	1.7975
2.8	0.0565	0.0565	0.0582	0.0761	0.0522	7.8	2.2752	0.8794	0.1067	0.5505	1.7911
2.9	0.0642	0.0642	0.0641	0.0817	0.0590	7.9	2.2767	0.8837	0.1014	0.5566	1.7848
3.0	0.0730	0.0730	0.0704	0.0876	0.0666	8.0	2.2783	0.8879	0.0954	0.5628	1.7786
3.1	0.0828	0.0828	0.0771	0.0937	0.0751	8.1	2.2799	0.8922	0.0889	0.5688	1.7724
3.2	0.0934	0.0934	0.0837	0.1001	0.0841	8.2	2.2816	0.8964	0.0822	0.5748	1.7664
3.3	0.1048	0.1048	0.0901	0.1068	0.0936	8.3	2.2835	0.9006	0.0753	0.5808	1.7604
3.4	0.1175	0.1175	0.0967	0.1137	0.1041	8.4	2.2853	0.9048	0.0684	0.5867	1.7545
3.5	0.1314	0.1314	0.1032	0.1210	0.1155	8.5	2.2872	0.9090	0.0616	0.5925	1.7487
3.6	0.1464	0.1464	0.1092	0.1285	0.1276	8.6	2.2892	0.9132	0.0552	0.5982	1.7430
3.7	0.1627	0.1627	0.1149	0.1363	0.1405	8.7	2.2912	0.9174	0.0491	0.6038	1.7374
3.8	0.1800	0.1800	0.1197	0.1445	0.1540	8.8	2.2934	0.9215	0.0436	0.6093	1.7319
3.9	0.1981	0.1981	0.1236	0.1529	0.1678	8.9	2.2955	0.9257	0.0387	0.6147	1.7265
4.0	0.2170	0.2170	0.1262	0.1617	0.1819	9.0	2.2978	0.9299	0.0346	0.6201	1.7211
4.1	0.2386	0.2386	0.1285	0.1708	0.1978	9.1	2.3001	0.9341	0.0312	0.6253	1.7159
4.2	0.2612	0.2612	0.1293	0.1803	0.2141	9.2	2.3024	0.9383	0.0286	0.6304	1.7108
4.3	0.2847	0.2847	0.1284	0.1901	0.2306	9.3	2.3047	0.9425	0.0268	0.6355	1.7058
4.4	0.3091	0.3091	0.1259	0.2001	0.2473	9.4	2.3071	0.9467	0.0258	0.6404	1.7009
4.5	0.3345	0.3345	0.1217	0.2104	0.2641	9.5	2.3096	0.9509	0.0257	0.6453	1.6960
4.6	0.3647	0.3647	0.1165	0.2210	0.2841	9.6	2.3120	0.9550	0.0263	0.6500	1.6912
4.7	0.3996	0.3996	0.1102	0.2319	0.3070	9.7	2.3144	0.9592	0.0276	0.6546	1.6865
4.8	0.4365	0.4365	0.1022	0.2428	0.3305	9.8	2.3169	0.9634	0.0295	0.6592	1.6818
4.9	0.4756	0.4756	0.0925	0.2537	0.3549	9.9	2.3193	0.9675	0.0319	0.6637	1.6773
5.0	0.5171	0.5171	0.0816	0.2645	0.3803	10.0	2.3218	0.9716	0.0347	0.6680	1.6727
5.1	0.5613	0.5613	0.0701	0.2749	0.4070						
5.2	0.6088	0.6088	0.0587	0.2850	0.4353						
5.3	0.6586	0.6586	0.0482	0.2944	0.4647						
5.4	0.7101	0.7101	0.0394	0.3031	0.4948						
5.5	0.7654	0.7654	0.0332	0.3111	0.5273						

Table T3.2—Ice

ICE

RADIUS = 0.100 MICRON

x	QEXT	QSCA	QBK	G	QPR	x	QEXT	QSCA	QBK	G	QPR
0.6	0.0018	0.0018	0.0025	0.0140	0.0018	5.6	3.2151	3.2151	0.7122	0.6427	1.1488
0.7	0.0034	0.0034	0.0046	0.0190	0.0033	5.7	3.2693	3.2693	0.6621	0.6532	1.1337
0.8	0.0057	0.0057	0.0077	0.0248	0.0056	5.8	3.3230	3.3230	0.5910	0.6632	1.1192
0.9	0.0092	0.0092	0.0119	0.0313	0.0089	5.9	3.3344	3.3344	0.4872	0.6735	1.1163
1.0	0.0140	0.0140	0.0175	0.0386	0.0134	6.0	3.3620	3.3620	0.3135	0.6875	1.1626
1.1	0.0203	0.0203	0.0245	0.0467	0.0194	6.1	3.1711	3.1711	0.1897	0.6992	1.2021
1.2	0.0286	0.0286	0.0329	0.0556	0.0270	6.2	3.3086	3.0127	0.1097	0.7095	1.2358
1.3	0.0389	0.0389	0.0425	0.0653	0.0363	6.3	3.2669	2.8629	0.0021	0.7395	1.4590
1.4	0.0511	0.0511	0.0527	0.0759	0.0472	6.4	2.9535	2.0208	0.0172	0.7639	1.5975
1.5	0.0656	0.0656	0.0634	0.0874	0.0598	6.5	2.6526	1.3812	0.0283	0.7706	1.6206
1.6	0.0826	0.0826	0.0742	0.0999	0.0743	6.6	2.5279	1.1773	0.0390	0.7683	1.6223
1.7	0.1019	0.1019	0.0843	0.1134	0.0903	6.7	2.4856	1.1218	0.0517	0.7696	1.6196
1.8	0.1234	0.1234	0.0928	0.1280	0.1076	6.8	2.4807	1.1207	0.0570	0.7722	1.6116
1.9	0.1469	0.1469	0.0990	0.1437	0.1258	6.9	2.4774	1.1213	0.0636	0.7759	1.6038
2.0	0.1721	0.1721	0.1022	0.1606	0.1445	7.0	2.4742	1.1218	0.0705	0.7796	1.5962
2.1	0.1992	0.1992	0.1019	0.1786	0.1636	7.1	2.4711	1.1224	0.0769	0.7831	1.5888
2.2	0.2293	0.2293	0.0983	0.1978	0.1839	7.2	2.4681	1.1229	0.0814	0.7868	1.5813
2.3	0.2626	0.2626	0.0909	0.2179	0.2053	7.3	2.4649	1.1230	0.0837	0.7906	1.5739
2.4	0.3022	0.3022	0.0806	0.2389	0.2300	7.4	2.4616	1.1227	0.0841	0.7943	1.5667
2.5	0.3449	0.3449	0.0668	0.2602	0.2552	7.5	2.4583	1.1225	0.0825	0.7979	1.5596
2.6	0.3819	0.3819	0.0505	0.2809	0.2746	7.6	2.4552	1.1223	0.0791	0.8014	1.5528
2.7	0.4218	0.4218	0.0352	0.3008	0.2950	7.7	2.4521	1.1222	0.0743	0.8047	1.5461
2.8	0.4656	0.4656	0.0230	0.3193	0.3169	7.8	2.4491	1.1221	0.0686	0.8079	1.5398
2.9	0.5136	0.5136	0.0161	0.3358	0.3411	7.9	2.4465	1.1223	0.0625	0.8110	1.5336
3.0	0.5703	0.5703	0.0164	0.3502	0.3706	8.0	2.4440	1.1225	0.0565	0.8141	1.5276
3.1	0.6352	0.6352	0.0258	0.3624	0.4050	8.1	2.4416	1.1227	0.0512	0.8170	1.5218
3.2	0.7052	0.7052	0.0448	0.3726	0.4424	8.2	2.4392	1.1229	0.0469	0.8198	1.5162
3.3	0.7788	0.7788	0.0728	0.3815	0.4817	8.3	2.4369	1.1230	0.0441	0.8225	1.5107
3.4	0.8592	0.8592	0.1088	0.3897	0.5244	8.4	2.4346	1.1232	0.0429	0.8252	1.5054
3.5	0.9421	0.9421	0.1497	0.3979	0.5672	8.5	2.4324	1.1233	0.0431	0.8278	1.5003
3.6	1.0244	1.0244	0.1912	0.4070	0.6074	8.6	2.4303	1.1235	0.0447	0.8304	1.4953
3.7	1.1070	1.1070	0.2295	0.4176	0.6447	8.7	2.4283	1.1237	0.0473	0.8328	1.4904
3.8	1.1861	1.1861	0.2595	0.4302	0.6759	8.8	2.4264	1.1238	0.0506	0.8353	1.4856
3.9	1.2626	1.2626	0.2772	0.4448	0.7009	8.9	2.4245	1.1240	0.0540	0.8376	1.4810
4.0	1.3384	1.3384	0.2820	0.4616	0.7207	9.0	2.4226	1.1242	0.0572	0.8399	1.4764
4.1	1.4269	1.4269	0.2745	0.4801	0.7418	9.1	2.4207	1.1244	0.0597	0.8421	1.4719
4.2	1.5208	1.5208	0.2531	0.4999	0.7606	9.2	2.4189	1.1245	0.0612	0.8443	1.4675
4.3	1.6227	1.6227	0.2211	0.5200	0.7790	9.3	2.4171	1.1247	0.0616	0.8464	1.4632
4.4	1.7340	1.7340	0.1843	0.5393	0.7989	9.4	2.4153	1.1249	0.0608	0.8484	1.4590
4.5	1.8539	1.8539	0.1502	0.5568	0.8218	9.5	2.4135	1.1250	0.0589	0.8504	1.4548
4.6	1.9992	1.9992	0.1282	0.5718	0.8560	9.6	2.4117	1.1252	0.0560	0.8524	1.4508
4.7	2.1622	2.1622	0.1281	0.5837	0.9001	9.7	2.4100	1.1253	0.0524	0.8543	1.4468
4.8	2.3186	2.3186	0.1566	0.5923	0.9452	9.8	2.4083	1.1254	0.0486	0.8561	1.4430
4.9	2.4613	2.4613	0.2144	0.5984	0.9884	9.9	2.4066	1.1255	0.0448	0.8579	1.4392
5.0	2.5877	2.5877	0.2970	0.6029	1.0275	10.0	2.4049	1.1256	0.0414	0.8597	1.4356
5.1	2.6998	2.6998	0.3958	0.6069	1.0613		2.4033	1.1257			
5.2	2.8033	2.8033	0.5002	0.6112	1.0899						
5.3	2.9031	2.9031	0.5966	0.6167	1.1128						
5.4	3.0052	3.0052	0.6746	0.6238	1.1304						
5.5	3.1211	3.1211	0.7191	0.6325	1.1468						

Table T3.3—Ice

ICE

RADIUS = 0.150 MICRON

X	QEXT	QSCA	QBK	G	QPR	X	QEXT	QSCA	QBK	G	QPR
0.6	0.0088	0.0088	0.0115	0.0313	0.0086	5.6	4.1260	4.1260	1.0057	0.7446	1.0537
0.7	0.0164	0.0164	0.0201	0.0425	0.0157	5.7	4.1407	4.1407	1.0857	0.7509	1.0313
0.8	0.0276	0.0276	0.0317	0.0556	0.0260	5.8	4.1073	4.1073	1.0613	0.7552	1.0055
0.9	0.0432	0.0432	0.0459	0.0705	0.0402	5.9	4.0139	3.9719	0.9151	0.7592	0.9986
1.0	0.0638	0.0638	0.0617	0.0874	0.0582	6.0	3.8156	3.5673	0.5911	0.7702	1.0680
1.1	0.0897	0.0897	0.0775	0.1065	0.0802	6.1	3.6591	3.2422	0.3632	0.7800	1.1303
1.2	0.1210	0.1210	0.0911	0.1280	0.1055	6.2	3.5439	2.9814	0.1964	0.7903	1.1876
1.3	0.1567	0.1567	0.0995	0.1519	0.1329	6.3	3.0544	1.9280	0.0133	0.8393	1.4362
1.4	0.1949	0.1949	0.1000	0.1785	0.1601	6.4	2.6183	1.3125	0.0432	0.8614	1.4876
1.5	0.2363	0.2363	0.0920	0.2075	0.1873	6.5	2.4692	1.1669	0.0487	0.8590	1.4669
1.6	0.2814	0.2814	0.0766	0.2383	0.2143	6.6	2.4249	1.1439	0.0522	0.8511	1.4512
1.7	0.3302	0.3302	0.0557	0.2697	0.2411	6.7	2.4181	1.1536	0.0572	0.8455	1.4427
1.8	0.3843	0.3843	0.0341	0.3001	0.2689	6.8	2.4143	1.1537	0.0565	0.8475	1.4365
1.9	0.4458	0.4458	0.0180	0.3277	0.2997	6.9	2.4105	1.1538	0.0587	0.8495	1.4304
2.0	0.5166	0.5166	0.0137	0.3510	0.3353	7.0	2.4068	1.1540	0.0630	0.8513	1.4244
2.1	0.5981	0.5981	0.0261	0.3696	0.3770	7.1	2.4032	1.1542	0.0682	0.8531	1.4186
2.2	0.6932	0.6932	0.0570	0.3844	0.4267	7.2	2.3995	1.1535	0.0722	0.8553	1.4130
2.3	0.7983	0.7983	0.1036	0.3972	0.4812	7.3	2.3957	1.1522	0.0742	0.8576	1.4076
2.4	0.9175	0.9175	0.1603	0.4101	0.5413	7.4	2.3921	1.1510	0.0740	0.8599	1.4023
2.5	1.0325	1.0325	0.2120	0.4257	0.5930	7.5	2.3886	1.1498	0.0715	0.8622	1.3972
2.6	1.1158	1.1158	0.2384	0.4457	0.6185	7.6	2.3851	1.1486	0.0673	0.8644	1.3923
2.7	1.1961	1.1961	0.2424	0.4693	0.6347	7.7	2.3818	1.1475	0.0622	0.8665	1.3875
2.8	1.2784	1.2784	0.2229	0.4958	0.6446	7.8	2.3788	1.1466	0.0572	0.8685	1.3829
2.9	1.3680	1.3680	0.1852	0.5234	0.6519	7.9	2.3758	1.1457	0.0534	0.8705	1.3785
3.0	1.4765	1.4765	0.1403	0.5503	0.6640	8.0	2.3730	1.1449	0.0513	0.8724	1.3741
3.1	1.6020	1.6020	0.1026	0.5741	0.6840	8.1	2.3702	1.1440	0.0511	0.8743	1.3699
3.2	1.7335	1.7335	0.0881	0.5933	0.7050	8.2	2.3674	1.1432	0.0525	0.8761	1.3658
3.3	1.8627	1.8627	0.1072	0.6079	0.7304	8.3	2.3647	1.1425	0.0550	0.8778	1.3618
3.4	1.9921	1.9921	0.1625	0.6189	0.7592	8.4	2.3621	1.1417	0.0577	0.8795	1.3580
3.5	2.1141	2.1141	0.2449	0.6280	0.7865	8.5	2.3596	1.1410	0.0597	0.8812	1.3542
3.6	2.2292	2.2292	0.3367	0.6368	0.8096	8.6	2.3571	1.1402	0.0605	0.8828	1.3505
3.7	2.3483	2.3483	0.4193	0.6467	0.8297	8.7	2.3547	1.1396	0.0597	0.8844	1.3469
3.8	2.4744	2.4744	0.4675	0.6582	0.8457	8.8	2.3524	1.1389	0.0575	0.8859	1.3434
3.9	2.6129	2.6129	0.4658	0.6710	0.8597	8.9	2.3501	1.1382	0.0543	0.8874	1.3400
4.0	2.7611	2.7611	0.4134	0.6837	0.8732	9.0	2.3478	1.1376	0.0508	0.8888	1.3367
4.1	2.9251	2.9251	0.3302	0.6950	0.8921	9.1	2.3456	1.1370	0.0476	0.8902	1.3334
4.2	3.0704	3.0704	0.2508	0.7040	0.9088	9.2	2.3434	1.1364	0.0454	0.8916	1.3302
4.3	3.1886	3.1886	0.2124	0.7109	0.9217	9.3	2.3413	1.1359	0.0445	0.8929	1.3271
4.4	3.2847	3.2847	0.2367	0.7165	0.9311	9.4	2.3392	1.1353	0.0449	0.8942	1.3240
4.5	3.3727	3.3727	0.3274	0.7215	0.9393	9.5	2.3372	1.1348	0.0464	0.8954	1.3211
4.6	3.4866	3.4866	0.4840	0.7258	0.9560	9.6	2.3352	1.1342	0.0483	0.8967	1.3182
4.7	3.6337	3.6337	0.6815	0.7299	0.9816	9.7	2.3333	1.1337	0.0501	0.8979	1.3153
4.8	3.7925	3.7925	0.8197	0.7341	1.0086	9.8	2.3314	1.1332	0.0512	0.8990	1.3125
4.9	3.9289	3.9289	0.8278	0.7377	1.0307	9.9	2.3295	1.1328	0.0513	0.9002	1.3098
5.0	4.0052	4.0052	0.5477	0.7398	1.0421	10.0	2.3277	1.1323	0.0502	0.9013	1.3071
5.1	4.0184	4.0184	0.5477	0.7404	1.0430						
5.2	3.9987	3.9988	0.4277	0.7401	1.0392						
5.3	3.9835	3.9835	0.4052	0.7395	1.0376						
5.4	4.0028	4.0028	0.5142	0.7394	1.0431						
5.5	4.0652	4.0652	0.7617	0.7403	1.0556						

Table T3.4—Ice

ICE

RADIUS = 0.200 MICRON

X	QEXT	QSCA	QBK	G	QPR	X	QEXT	QSCA	QBK	G	QPR
0.6	0.0267	0.0267	0.0308	0.0555	0.0253	5.6	3.0332	3.0332	0.6642	0.6988	0.9137
0.7	0.0482	0.0482	0.0498	0.0759	0.0446	5.7	2.8952	2.8952	0.5101	0.7067	0.8490
0.8	0.0785	0.0785	0.0707	0.0998	0.0707	5.8	2.7426	2.7426	0.4924	0.7046	0.8102
0.9	0.1177	0.1177	0.0887	0.1279	0.1026	5.9	2.6212	2.5673	0.5607	0.6986	0.8277
1.0	0.1646	0.1646	0.0981	0.1604	0.1382	6.0	2.5949	2.5673	0.5619	0.7138	0.9753
1.1	0.2182	0.2182	0.0943	0.1975	0.1751	6.1	2.6257	2.2690	0.4458	0.7388	1.0944
1.2	0.2779	0.2779	0.0759	0.2381	0.2117	6.2	2.6342	2.0728	0.2274	0.7679	1.1683
1.3	0.3439	0.3439	0.0480	0.2800	0.2476	6.3	2.5467	1.9091	0.0068	0.8649	1.3851
1.4	0.4181	0.4181	0.0222	0.3189	0.2848	6.4	2.4396	1.3430	0.0381	0.8957	1.3948
1.5	0.5075	0.5075	0.0133	0.3511	0.3293	6.5	2.3842	1.1664	0.0524	0.8923	1.3671
1.6	0.6154	0.6154	0.0327	0.3752	0.3845	6.6	2.3658	1.1398	0.0617	0.8831	1.3499
1.7	0.7354	0.7354	0.0809	0.3939	0.4457	6.7	2.3640	1.1504	0.0670	0.8762	1.3412
1.8	0.8572	0.8572	0.1436	0.4119	0.5042	6.8	2.3607	1.1674	0.0631	0.8775	1.3361
1.9	0.9719	0.9719	0.1978	0.4335	0.5506	6.9	2.3574	1.1676	0.0615	0.8787	1.3312
2.0	1.0782	1.0782	0.2220	0.4611	0.5810	7.0	2.3542	1.1678	0.0624	0.8799	1.3265
2.1	1.1849	1.1849	0.2088	0.4945	0.5990	7.1	2.3511	1.1680	0.0653	0.8810	1.3218
2.2	1.3096	1.3096	0.1644	0.5307	0.6146	7.2	2.3478	1.1683	0.0680	0.8825	1.3174
2.3	1.4601	1.4601	0.1104	0.5650	0.6351	7.3	2.3444	1.1675	0.0694	0.8844	1.3132
2.4	1.6491	1.6491	0.0822	0.5929	0.6714	7.4	2.3410	1.1660	0.0689	0.8861	1.3091
2.5	1.8397	1.8397	0.1107	0.6123	0.7133	7.5	2.3378	1.1645	0.0664	0.8878	1.3052
2.6	1.9728	1.9728	0.1870	0.6264	0.7371	7.6	2.3347	1.1631	0.0627	0.8895	1.3013
2.7	2.0907	2.0907	0.2873	0.6388	0.7551	7.7	2.3316	1.1618	0.0590	0.8911	1.2975
2.8	2.2042	2.2042	0.3742	0.6524	0.7661	7.8	2.3288	1.1605	0.0565	0.8926	1.2940
2.9	2.3264	2.3264	0.4108	0.6680	0.7723	7.9	2.3261	1.1593	0.0556	0.8941	1.2905
3.0	2.4755	2.4755	0.3804	0.6846	0.7807	8.0	2.3235	1.1582	0.0564	0.8956	1.2871
3.1	2.6400	2.6400	0.2951	0.7000	0.7919	8.1	2.3209	1.1571	0.0580	0.8970	1.2838
3.2	2.7909	2.7909	0.2052	0.7126	0.8020	8.2	2.3184	1.1561	0.0593	0.8984	1.2806
3.3	2.9160	2.9160	0.1672	0.7226	0.8088	8.3	2.3159	1.1551	0.0595	0.8997	1.2775
3.4	3.0325	3.0325	0.2117	0.7311	0.8155	8.4	2.3135	1.1541	0.0583	0.9011	1.2744
3.5	3.1531	3.1531	0.3356	0.7389	0.8231	8.5	2.3112	1.1532	0.0560	0.9023	1.2714
3.6	3.2923	3.2923	0.4896	0.7466	0.8343	8.6	2.3089	1.1523	0.0532	0.9036	1.2685
3.7	3.4507	3.4507	0.5920	0.7535	0.8505	8.7	2.3066	1.1514	0.0509	0.9048	1.2657
3.8	3.5912	3.5912	0.5717	0.7590	0.8655	8.8	2.3045	1.1505	0.0498	0.9059	1.2629
3.9	3.6830	3.6830	0.4514	0.7629	0.8733	8.9	2.3024	1.1497	0.0499	0.9071	1.2603
4.0	3.7322	3.7322	0.3176	0.7662	0.8725	9.0	2.3003	1.1488	0.0509	0.9082	1.2576
4.1	3.7825	3.7825	0.2497	0.7697	0.8710	9.1	2.2982	1.1480	0.0520	0.9093	1.2551
4.2	3.8582	3.8582	0.3060	0.7743	0.8708	9.2	2.2963	1.1473	0.0525	0.9103	1.2525
4.3	3.9652	3.9652	0.4764	0.7793	0.8751	9.3	2.2943	1.1465	0.0520	0.9113	1.2501
4.4	4.0508	4.0508	0.6494	0.7828	0.8800	9.4	2.2924	1.1458	0.0506	0.9123	1.2477
4.5	4.0519	4.0519	0.6986	0.7825	0.8812	9.5	2.2906	1.1451	0.0485	0.9133	1.2453
4.6	3.9753	3.9753	0.6348	0.7774	0.8850	9.6	2.2888	1.1444	0.0466	0.9143	1.2430
4.7	3.8801	3.8801	0.5219	0.7693	0.8951	9.7	2.2870	1.1438	0.0454	0.9152	1.2408
4.8	3.8437	3.8437	0.4293	0.7627	0.9121	9.8	2.2852	1.1431	0.0451	0.9161	1.2386
4.9	3.8757	3.8757	0.4579	0.7613	0.9252	9.9	2.2835	1.1425	0.0456	0.9170	1.2364
5.0	3.8392	3.8392	0.6077	0.7595	0.9080	10.0	2.2818	1.1419	0.0464	0.9178	1.2343
5.1	3.6393	3.6393	0.7387	0.7595	0.8753			1.1413			
5.2	3.3755	3.3755	0.8362	0.7440	0.8642						
5.3	3.1707	3.1707	0.9657	0.7192	0.8902						
5.4	3.1089	3.1089	1.0622	0.6952	0.9476						
5.5	3.1266	3.1266	0.9382	0.6887	0.9732						

Table T3.5—Ice

ICE

RADIUS = 0.250 MICRON

x	QEXT	QSCA	QBK	G	QPR
0.6	0.0607	0.0607	0.0588	0.0873	0.0554
0.7	0.1048	0.1048	0.0830	0.1204	0.0922
0.8	0.1616	0.1616	0.0964	0.1603	0.1357
0.9	0.2279	0.2279	0.0893	0.2072	0.1807
1.0	0.3027	0.3027	0.0616	0.2589	0.2243
1.1	0.3913	0.3913	0.0275	0.3095	0.2702
1.2	0.5030	0.5030	0.0131	0.3511	0.3264
1.3	0.6401	0.6401	0.0417	0.3804	0.3966
1.4	0.7876	0.7876	0.1095	0.4030	0.4702
1.5	0.9316	0.9316	0.1827	0.4278	0.5330
1.6	1.0656	1.0656	0.2189	0.4611	0.5742
1.7	1.1975	1.1975	0.1979	0.5031	0.5950
1.8	1.3463	1.3463	0.1350	0.5477	0.6089
1.9	1.5188	1.5188	0.0810	0.5859	0.6290
2.0	1.6989	1.6989	0.0899	0.6128	0.6578
2.1	1.8662	1.8662	0.1737	0.6312	0.6883
2.2	2.0263	2.0263	0.2928	0.6470	0.7154
2.3	2.1953	2.1953	0.3782	0.6647	0.7361
2.4	2.4117	2.4117	0.3710	0.6848	0.7601
2.5	2.6410	2.6410	0.2695	0.7037	0.7826
2.6	2.7960	2.7960	0.1739	0.7185	0.7871
2.7	2.9188	2.9188	0.1733	0.7303	0.7872
2.8	3.0332	3.0332	0.2810	0.7411	0.7853
2.9	3.1662	3.1662	0.4352	0.7515	0.7867
3.0	3.3280	3.3280	0.5248	0.7606	0.7966
3.1	3.4731	3.4731	0.4678	0.7673	0.8080
3.2	3.5627	3.5627	0.3220	0.7725	0.8104
3.3	3.6241	3.6241	0.2117	0.7783	0.8033
3.4	3.7139	3.7139	0.2280	0.7855	0.7966
3.5	3.8421	3.8421	0.3761	0.7929	0.7958
3.6	3.9447	3.9447	0.5204	0.7972	0.7999
3.7	3.9562	3.9562	0.5293	0.7965	0.8051
3.8	3.9106	3.9106	0.4261	0.7933	0.8083
3.9	3.8962	3.8962	0.2908	0.7919	0.8109
4.0	3.9489	3.9489	0.2292	0.7949	0.8099
4.1	3.9738	3.9738	0.3061	0.7990	0.7987
4.2	3.8561	3.8561	0.4160	0.7974	0.7811
4.3	3.6697	3.6697	0.4902	0.7874	0.7803
4.4	3.5472	3.5472	0.5010	0.7734	0.8038
4.5	3.5393	3.5393	0.3649	0.7660	0.8282
4.6	3.4547	3.4547	0.2105	0.7662	0.8078
4.7	3.1564	3.1564	0.2437	0.7566	0.7684
4.8	2.8392	2.8392	0.4394	0.7280	0.7722
4.9	2.6949	2.6949	0.8389	0.6886	0.8392
5.0	2.6823	2.6823	0.8160	0.6709	0.8722
5.1	2.4373	2.4373	0.3072	0.6375	0.8021
5.2	2.1175	2.1175	0.1882	0.5772	0.7676
5.3	1.9265	1.9265	0.5285	0.5403	0.8146
5.4	2.0219	2.0219	1.7014	0.5688	0.9295
5.5	1.9910	1.9910	1.5155	0.5688	0.8585
5.6	1.8363	1.8363	0.5113	0.5767	0.7774
5.7	1.7148	1.7148	0.1844	0.5649	0.7461
5.8	1.6583	1.6583	0.2348	0.5302	0.7791
5.9	1.7957	1.7216	0.6775	0.5154	0.9084
6.0	1.9820	1.5592	0.8235	0.6126	1.0268
6.1	2.0253	1.3805	0.5375	0.6872	1.0765
6.2	2.0444	1.2501	0.2672	0.7346	1.1261
6.3	2.3113	1.0959	0.0211	0.8835	1.3430
6.4	2.3610	1.1292	0.0260	0.9151	1.3277
6.5	2.3358	1.1387	0.0444	0.9095	1.3001
6.6	2.3254	1.1578	0.0603	0.8992	1.2843
6.7	2.3220	1.1761	0.0704	0.8917	1.2763
6.8	2.3250	1.1763	0.0680	0.8926	1.2720
6.9	2.3190	1.1764	0.0653	0.8935	1.2679
7.0	2.3162	1.1766	0.0639	0.8944	1.2639
7.1	2.3134	1.1767	0.0647	0.8952	1.2600
7.2	2.3104	1.1758	0.0661	0.8964	1.2564
7.3	2.3073	1.1742	0.0670	0.8979	1.2529
7.4	2.3042	1.1727	0.0665	0.8994	1.2495
7.5	2.3013	1.1712	0.0644	0.9009	1.2462
7.6	2.2984	1.1697	0.0616	0.9023	1.2430
7.7	2.2957	1.1683	0.0592	0.9036	1.2400
7.8	2.2931	1.1671	0.0582	0.9049	1.2370
7.9	2.2906	1.1658	0.0584	0.9062	1.2341
8.0	2.2881	1.1646	0.0591	0.9074	1.2313
8.1	2.2858	1.1635	0.0594	0.9086	1.2286
8.2	2.2834	1.1624	0.0585	0.9098	1.2260
8.3	2.2812	1.1613	0.0566	0.9109	1.2234
8.4	2.2790	1.1602	0.0545	0.9120	1.2209
8.5	2.2768	1.1592	0.0531	0.9131	1.2184
8.6	2.2747	1.1582	0.0527	0.9141	1.2160
8.7	2.2727	1.1572	0.0531	0.9151	1.2137
8.8	2.2707	1.1563	0.0535	0.9161	1.2114
8.9	2.2687	1.1554	0.0533	0.9171	1.2092
9.0	2.2668	1.1545	0.0522	0.9180	1.2070
9.1	2.2650	1.1536	0.0506	0.9189	1.2049
9.2	2.2631	1.1528	0.0492	0.9198	1.2028
9.3	2.2613	1.1519	0.0484	0.9207	1.2007
9.4	2.2596	1.1512	0.0484	0.9215	1.1988
9.5	2.2579	1.1504	0.0488	0.9223	1.1968
9.6	2.2562	1.1496	0.0489	0.9231	1.1949
9.7	2.2545	1.1489	0.0483	0.9239	1.1931
9.8	2.2529	1.1482	0.0472	0.9247	1.1912
9.9	2.2514	1.1475	0.0460	0.9254	1.1894
10.0	2.2498	1.1468	0.0451	0.9262	1.1877

Table T3.6—Ice

ICE

RADIUS = 0.300 MICRON

X	QEXT	QSCA	QBK	G	QPR	X	QEXT	QSCA	QBK	G	QPR
0.6	0.1129	0.1129	0.0852	0.1278	0.0985	5.6	2.0077	2.0077	0.3174	0.6611	0.6804
0.7	0.1838	0.1838	0.0948	0.1782	0.1510	5.7	2.0327	2.0327	0.7139	0.6410	0.7298
0.8	0.2675	0.2675	0.0738	0.2378	0.2039	5.8	2.3162	2.3162	0.4237	0.6148	0.8921
0.9	0.3661	0.3661	0.0335	0.2998	0.2564	5.9	2.2859	2.1979	1.5610	0.6704	0.8124
1.0	0.4925	0.4925	0.0127	0.3512	0.3195	6.0	2.2851	1.8314	0.5626	0.7426	0.9252
1.1	0.6565	0.6565	0.0507	0.3856	0.4034	6.1	2.2747	1.5907	0.3731	0.7870	1.0228
1.2	0.8398	0.8398	0.1388	0.4124	0.4935	6.2	2.3311	1.4672	0.4631	0.8171	1.1323
1.3	1.0094	1.0094	0.2097	0.4467	0.5585	6.3	2.3598	1.5525	0.0594	0.9165	1.3036
1.4	1.1611	1.1611	0.2050	0.4941	0.5874	6.4	2.3274	1.4672	0.0291	0.9275	1.2764
1.5	1.3323	1.3323	0.1344	0.5474	0.6029	6.5	2.3028	1.1331	0.0409	0.9196	1.2525
1.6	1.5397	1.5397	0.0757	0.5920	0.6281	6.6	2.2951	1.1421	0.0563	0.9087	1.2383
1.7	1.7518	1.7518	0.1128	0.6210	0.6640	6.7	2.2952	1.1629	0.0687	0.9008	1.2311
1.8	1.9377	1.9377	0.2374	0.6409	0.6958	6.8	2.2924	1.1813	0.0690	0.9015	1.2274
1.9	2.1094	2.1094	0.3514	0.6613	0.7143	6.9	2.2897	1.1814	0.0676	0.9021	1.2239
2.0	2.2995	2.2995	0.3528	0.6852	0.7240	7.0	2.2871	1.1815	0.0658	0.9028	1.2204
2.1	2.5094	2.5094	0.2414	0.7077	0.7335	7.1	2.2845	1.1816	0.0652	0.9034	1.2171
2.2	2.7086	2.7086	0.1479	0.7249	0.7451	7.2	2.2817	1.1806	0.0654	0.9045	1.2139
2.3	2.8817	2.8817	0.1941	0.7384	0.7539	7.3	2.2788	1.1789	0.0658	0.9058	1.2109
2.4	3.0863	3.0863	0.3805	0.7503	0.7705	7.4	2.2761	1.1773	0.0653	0.9072	1.2081
2.5	3.3154	3.3154	0.5200	0.7609	0.7928	7.5	2.2734	1.1758	0.0636	0.9085	1.2052
2.6	3.4624	3.4624	0.4384	0.7693	0.7989	7.6	2.2708	1.1743	0.0614	0.9097	1.2025
2.7	3.5436	3.5436	0.2679	0.7761	0.7935	7.7	2.2682	1.1728	0.0598	0.9109	1.1999
2.8	3.6127	3.6127	0.1852	0.7845	0.7787	7.8	2.2659	1.1715	0.0593	0.9121	1.1974
2.9	3.7259	3.7259	0.2759	0.7946	0.7655	7.9	2.2635	1.1702	0.0595	0.9132	1.1949
3.0	3.8564	3.8564	0.4387	0.8021	0.7633	8.0	2.2613	1.1689	0.0593	0.9143	1.1925
3.1	3.9009	3.9009	0.4721	0.8035	0.7666	8.1	2.2591	1.1677	0.0583	0.9154	1.1902
3.2	3.8750	3.8750	0.3615	0.8020	0.7674	8.2	2.2569	1.1665	0.0567	0.9164	1.1879
3.3	3.8877	3.8877	0.2156	0.8034	0.7645	8.3	2.2548	1.1654	0.0553	0.9174	1.1857
3.4	3.9649	3.9649	0.1779	0.8091	0.7570	8.4	2.2528	1.1643	0.0546	0.9184	1.1836
3.5	3.9613	3.9613	0.2750	0.8131	0.7405	8.5	2.2508	1.1632	0.0545	0.9193	1.1815
3.6	3.8250	3.8250	0.3608	0.8086	0.7321	8.6	2.2489	1.1621	0.0545	0.9203	1.1794
3.7	3.6987	3.6987	0.3693	0.7984	0.7457	8.7	2.2469	1.1611	0.0539	0.9212	1.1774
3.8	3.6881	3.6881	0.2261	0.7931	0.7629	8.8	2.2451	1.1601	0.0527	0.9220	1.1755
3.9	3.6314	3.6314	0.0987	0.7956	0.7423	8.9	2.2433	1.1591	0.0515	0.9229	1.1736
4.0	3.4023	3.4023	0.1411	0.7906	0.7230	9.0	2.2415	1.1581	0.0507	0.9237	1.1717
4.1	3.1524	3.1524	0.2896	0.7706	0.7508	9.1	2.2398	1.1572	0.0505	0.9246	1.1699
4.2	3.0730	3.0730	0.4114	0.7508	0.7659	9.2	2.2381	1.1563	0.0505	0.9253	1.1681
4.3	2.9837	2.9837	0.1668	0.7488	0.7494	9.3	2.2365	1.1554	0.0501	0.9261	1.1664
4.4	2.6879	2.6879	0.0474	0.7369	0.7071	9.4	2.2348	1.1546	0.0493	0.9269	1.1647
4.5	2.4126	2.4126	0.1331	0.7003	0.7231	9.5	2.2333	1.1537	0.0482	0.9276	1.1630
4.6	2.3478	2.3478	0.5943	0.6582	0.8025	9.6	2.2317	1.1529	0.0474	0.9283	1.1614
4.7	2.2471	2.2471	0.5314	0.6602	0.7635	9.7	2.2302	1.1521	0.0471	0.9290	1.1598
4.8	1.9335	1.9335	0.0888	0.6363	0.7032	9.8	2.2287	1.1514	0.0470	0.9297	1.1583
4.9	1.7441	1.7441	0.1307	0.5633	0.7617	9.9	2.2272	1.1506	0.0468	0.9304	1.1567
5.0	1.9093	1.9093	0.1927	0.5322	0.8932	10.0	2.2258	1.1499	0.0463	0.9310	1.1552
5.1	1.8319	1.8319	0.1006	0.5796	0.7701						
5.2	1.6932	1.6932	0.2363	0.5874	0.6986						
5.3	1.7541	1.7541	0.6131	0.5421	0.8031						
5.4	2.0556	2.0556	1.8691	0.5651	0.8940						
5.5	2.0590	2.0590	1.2815	0.6239	0.7744						

Table T3.7—Ice

ICE

RADIUS = 0.350 MICRON

x	QEXT	QSCA	QBK	G	QPR
0.6	0.1805	0.1805	0.0933	0.1781	0.1484
0.7	0.2783	0.2783	0.0669	0.2481	0.2093
0.8	0.3989	0.3989	0.0219	0.3187	0.2718
0.9	0.5623	0.5623	0.0225	0.3705	0.3540
1.0	0.7652	0.7652	0.1040	0.4037	0.4563
1.1	0.9669	0.9669	0.1983	0.4403	0.5412
1.2	1.1534	1.1534	0.2038	0.4941	0.5836
1.3	1.3622	1.3622	0.1209	0.5558	0.6051
1.4	1.6017	1.6017	0.0744	0.6033	0.6354
1.5	1.8330	1.8330	0.1652	0.6316	0.6753
1.6	2.0367	2.0367	0.3168	0.6543	0.7041
1.7	2.2507	2.2507	0.3593	0.6811	0.7176
1.8	2.4909	2.4909	0.2407	0.7078	0.7279
1.9	2.7010	2.7010	0.1408	0.7277	0.7355
2.0	2.8717	2.8717	0.2204	0.7436	0.7364
2.1	3.0631	3.0631	0.4083	0.7582	0.7408
2.2	3.2829	3.2829	0.4555	0.7696	0.7563
2.3	3.4430	3.4430	0.2945	0.7774	0.7665
2.4	3.5741	3.5741	0.1771	0.7856	0.7662
2.5	3.7483	3.7483	0.3031	0.7962	0.7640
2.6	3.8726	3.8726	0.4610	0.8038	0.7596
2.7	3.8777	3.8777	0.4221	0.8046	0.7578
2.8	3.8602	3.8602	0.2575	0.8052	0.7521
2.9	3.9283	3.9283	0.1502	0.8117	0.7399
3.0	3.9712	3.9712	0.2215	0.8186	0.7205
3.1	3.8607	3.8607	0.3140	0.8165	0.7085
3.2	3.7520	3.7520	0.3038	0.8089	0.7170
3.3	3.7603	3.7603	0.1378	0.8075	0.7238
3.4	3.6728	3.6728	0.0654	0.8100	0.6978
3.5	3.4276	3.4276	0.1463	0.8012	0.6814
3.6	3.2693	3.2693	0.2665	0.7842	0.7056
3.7	3.2210	3.2210	0.1421	0.7785	0.7134
3.8	2.9687	2.9687	0.0239	0.7727	0.6748
3.9	2.6738	2.6738	0.0905	0.7442	0.6840
4.0	2.6003	2.6003	0.3717	0.7162	0.7381
4.1	2.4705	2.4705	0.2421	0.7182	0.6961
4.2	2.1391	2.1391	0.0358	0.6925	0.6578
4.3	1.9785	1.9785	0.1549	0.6279	0.7361
4.4	2.0526	2.0526	0.9092	0.6211	0.7778
4.5	1.8416	1.8416	0.4580	0.6359	0.6705
4.6	1.6485	1.6485	0.1025	0.5870	0.6807
4.7	1.8743	1.8743	0.9145	0.5482	0.8467
4.8	1.8517	1.8517	1.3322	0.6075	0.7268
4.9	1.7692	1.7692	0.3131	0.6266	0.6606
5.0	2.1175	2.1175	1.6486	0.5932	0.8615
5.1	2.2441	2.2441	1.6389	0.6637	0.7547
5.2	2.2489	2.2489	0.4067	0.7143	0.6425
5.3	2.5437	2.5437	2.0078	0.6805	0.8127
5.4	2.6699	2.6699	2.6228	0.7305	0.7196
5.5	2.7178	2.7178	0.4050	0.7693	0.6270
5.6	2.7189	2.7189	0.2031	0.7678	0.6313
5.7	2.9237	2.9237	4.4762	0.7467	0.7407
5.8	2.8857	2.8857	3.5380	0.7589	0.6958
5.9	2.8000	2.7056	0.5685	0.8019	0.6303
6.0	2.6949	2.1982	0.2144	0.8397	0.8491
6.1	2.6750	1.9113	0.5383	0.8632	1.0251
6.2	2.6101	1.6964	0.5363	0.8865	1.1062
6.3	2.3738	1.1896	0.0678	0.9370	1.2592
6.4	2.2987	1.1352	0.0356	0.9349	1.2374
6.5	2.2769	1.1446	0.0430	0.9260	1.2171
6.6	2.2711	1.1661	0.0555	0.9147	1.2044
6.7	2.2714	1.1844	0.0666	0.9066	1.1977
6.8	2.2689	1.1843	0.0678	0.9071	1.1945
6.9	2.2633	1.1843	0.0670	0.9077	1.1913
7.0	2.2615	1.1843	0.0680	0.9082	1.1883
7.1	2.2590	1.1833	0.0660	0.9087	1.1853
7.2	2.2563	1.1816	0.0653	0.9096	1.1826
7.3	2.2538	1.1800	0.0651	0.9109	1.1800
7.4	2.2512	1.1784	0.0647	0.9121	1.1774
7.5	2.2488	1.1769	0.0634	0.9133	1.1750
7.6	2.2465	1.1754	0.0616	0.9145	1.1726
7.7	2.2443	1.1740	0.0603	0.9156	1.1703
7.8	2.2421	1.1727	0.0599	0.9167	1.1681
7.9	2.2400	1.1714	0.0597	0.9177	1.1659
8.0	2.2380	1.1701	0.0589	0.9187	1.1639
8.1	2.2360	1.1689	0.0575	0.9197	1.1618
8.2	2.2340	1.1677	0.0563	0.9206	1.1598
8.3	2.2321	1.1665	0.0557	0.9216	1.1579
8.4	2.2303	1.1654	0.0554	0.9225	1.1560
8.5	2.2285	1.1643	0.0550	0.9233	1.1542
8.6	2.2267	1.1632	0.0540	0.9242	1.1524
8.7	2.2250	1.1622	0.0529	0.9250	1.1506
8.8	2.2233	1.1612	0.0522	0.9259	1.1490
8.9	2.2216	1.1602	0.0519	0.9266	1.1473
9.0	2.2200	1.1592	0.0516	0.9274	1.1457
9.1	2.2185	1.1583	0.0509	0.9282	1.1441
9.2	2.2169	1.1574	0.0500	0.9289	1.1425
9.3	2.2154	1.1565	0.0493	0.9296	1.1410
9.4	2.2139	1.1556	0.0489	0.9303	1.1395
9.5	2.2125	1.1547	0.0486	0.9310	1.1381
9.6	2.2111	1.1539	0.0482	0.9317	1.1366
9.7	2.2097	1.1531	0.0475	0.9323	1.1353
9.8	2.2083	1.1523	0.0467	0.9329	1.1339
9.9	2.2070	1.1516	0.0462	0.9336	1.1325
10.0	2.2070	1.1516	0.0460	0.9342	1.1312

438 Table T3.8—Ice

ICE

RADIUS = 0.400 MICRON

X	QEXT	QSCA	QBK	G	QPR	X	QEXT	QSCA	QBK	G	QPR
0.6	0.2592	0.2592	0.0720	0.2375	0.1976	5.6	2.7441	2.7441	3.6626	0.7917	0.5715
0.7	0.3935	0.3935	0.0218	0.3186	0.2681	5.7	2.7068	2.7068	3.9323	0.7662	0.6329
0.8	0.5822	0.5822	0.0287	0.3762	0.3632	5.8	2.5396	2.5396	0.8221	0.8119	0.4776
0.9	0.8155	0.8155	0.1323	0.4131	0.4786	5.9	2.5895	2.4689	1.7077	0.7969	0.6221
1.0	1.0331	1.0331	0.2110	0.4612	0.5566	6.0	2.4861	1.9451	1.3788	0.8538	0.8253
1.1	1.2501	1.2501	0.1599	0.5295	0.5882	6.1	2.4322	1.6419	0.2501	0.8840	0.9808
1.2	1.5212	1.5212	0.0747	0.5919	0.6208	6.2	2.3713	1.4446	0.1677	0.9078	1.0599
1.3	1.8005	1.8005	0.1446	0.6282	0.6693	6.3	2.3123	1.1513	0.0433	0.9443	1.2252
1.4	2.0276	2.0276	0.3138	0.6544	0.7008	6.4	2.2733	1.1345	0.0353	0.9394	1.2077
1.5	2.2689	2.2689	0.3476	0.6852	0.7141	6.5	2.2561	1.1462	0.0443	0.9303	1.1898
1.6	2.5411	2.5411	0.1994	0.7143	0.7261	6.6	2.2516	1.1682	0.0569	0.9189	1.1782
1.7	2.7620	2.7620	0.1488	0.7349	0.7323	6.7	2.2520	1.1861	0.0666	0.9106	1.1720
1.8	2.9614	2.9614	0.3232	0.7523	0.7335	6.8	2.2496	1.1861	0.0667	0.9110	1.1691
1.9	3.1956	3.1956	0.4600	0.7673	0.7436	6.9	2.2473	1.1860	0.0675	0.9115	1.1663
2.0	3.3771	3.3771	0.3206	0.7775	0.7514	7.0	2.2450	1.1859	0.0673	0.9119	1.1635
2.1	3.4902	3.4902	0.1643	0.7879	0.7403	7.1	2.2428	1.1859	0.0665	0.9123	1.1609
2.2	3.6593	3.6593	0.2604	0.8009	0.7285	7.2	2.2404	1.1849	0.0654	0.9132	1.1584
2.3	3.8228	3.8228	0.4275	0.8084	0.7324	7.3	2.2379	1.1831	0.0648	0.9144	1.1561
2.4	3.8492	3.8492	0.3542	0.8066	0.7443	7.4	2.2355	1.1815	0.0643	0.9155	1.1538
2.5	3.8899	3.8899	0.1763	0.8082	0.7462	7.5	2.2332	1.1799	0.0631	0.9167	1.1516
2.6	3.9736	3.9736	0.1864	0.8176	0.7249	7.6	2.2309	1.1783	0.0616	0.9178	1.1495
2.7	3.8911	3.8911	0.2930	0.8192	0.7036	7.7	2.2288	1.1768	0.0606	0.9188	1.1475
2.8	3.7714	3.7714	0.2926	0.8129	0.7057	7.8	2.2267	1.1754	0.0601	0.9198	1.1455
2.9	3.7846	3.7846	0.1154	0.8130	0.7078	7.9	2.2246	1.1741	0.0596	0.9208	1.1436
3.0	3.6895	3.6895	0.0587	0.8163	0.6667	8.0	2.2227	1.1727	0.0584	0.9217	1.1417
3.1	3.4493	3.4493	0.1528	0.8067	0.7714	8.1	2.2208	1.1714	0.0573	0.9227	1.1399
3.2	3.3539	3.3539	0.2086	0.7945	0.6892	8.2	2.2189	1.1702	0.0566	0.9236	1.1382
3.3	3.2569	3.2569	0.0315	0.7950	0.6677	8.3	2.2171	1.1690	0.0562	0.9244	1.1364
3.4	2.9446	2.9446	0.0413	0.7799	0.6480	8.4	2.2153	1.1678	0.0556	0.9253	1.1347
3.5	2.7608	2.7608	0.2179	0.7501	0.6900	8.5	2.2136	1.1666	0.0546	0.9261	1.1331
3.6	2.6858	2.6858	0.2289	0.7481	0.6767	8.6	2.2119	1.1655	0.0537	0.9269	1.1316
3.7	2.3492	2.3492	0.0416	0.7317	0.6303	8.7	2.2102	1.1644	0.0531	0.9277	1.1300
3.8	2.1481	2.1481	0.1648	0.6754	0.6973	8.8	2.2086	1.1633	0.0527	0.9285	1.1285
3.9	2.1693	2.1693	0.7641	0.6686	0.7189	8.9	2.2070	1.1623	0.0521	0.9292	1.1270
4.0	1.8992	1.8992	0.2989	0.6691	0.6285	9.0	2.2055	1.1613	0.0512	0.9300	1.1256
4.1	1.7346	1.7346	0.1503	0.6026	0.6892	9.1	2.2040	1.1603	0.0505	0.9307	1.1241
4.2	1.8963	1.8963	1.2176	0.5990	0.7604	9.2	2.2025	1.1593	0.0500	0.9314	1.1228
4.3	1.7293	1.7293	0.9217	0.6264	0.6461	9.3	2.2011	1.1584	0.0496	0.9320	1.1214
4.4	1.6772	1.6772	0.4440	0.5899	0.6878	9.4	2.1996	1.1575	0.0490	0.9327	1.1201
4.5	1.9794	1.9794	1.7068	0.6089	0.7741	9.5	2.1982	1.1566	0.0483	0.9333	1.1188
4.6	1.9442	1.9442	1.2766	0.6666	0.6482	9.6	2.1969	1.1557	0.0477	0.9340	1.1175
4.7	2.0543	2.0543	0.8688	0.6549	0.7090	9.7	2.1956	1.1549	0.0474	0.9346	1.1163
4.8	2.4017	2.4017	2.9060	0.6957	0.7308	9.8	2.1943	1.1540	0.0470	0.9352	1.1151
4.9	2.4389	2.4389	0.6940	0.7530	0.5899	9.9	2.1930	1.1532	0.0464	0.9357	1.1139
5.0	2.7156	2.7156	1.8574	0.7163	0.7704	10.0	2.1918	1.1524	0.0458	0.9363	1.1127
5.1	2.8358	2.8358	1.7578	0.7557	0.6929						
5.2	2.7565	2.7565	0.1188	0.8085	0.5278						
5.3	3.0129	3.0129	3.9874	0.7230	0.7230						
5.4	2.9277	2.9277	4.0026	0.7650	0.6880						
5.5	2.6716	2.6716	0.0947	0.8206	0.4792						

Table T3.9—Ice 439

ICE

RADIUS = 0.450 MICRON

X	QEXT	QSCA	QBK	G	QPR	X	QEXT	QSCA	QBK	G	QPR
0.6	0.3509	0.3509	0.0329	0.2995	0.2458	5.6	2.0591	2.0591	4.2615	0.7418	0.5316
0.7	0.5480	0.5480	0.0211	0.3708	0.3448	5.7	1.9583	1.9583	0.1744	0.7695	0.4513
0.8	0.8066	0.8066	0.1299	0.4134	0.4731	5.8	2.1851	2.1851	4.7097	0.7039	0.6470
0.9	1.0495	1.0495	0.2099	0.4689	0.5574	5.9	1.9693	1.8551	3.1969	0.7804	0.5215
1.0	1.2973	1.2973	0.1327	0.5467	0.5880	6.0	2.0566	1.4893	0.6052	0.8339	0.8147
1.1	1.6099	1.6099	0.0759	0.6082	0.6307	6.1	2.1163	1.3057	0.2885	0.8782	0.9696
1.2	1.9058	1.9058	0.2276	0.6413	0.6836	6.2	2.1593	1.2105	0.0607	0.9039	1.0652
1.3	2.1716	2.1716	0.3623	0.6732	0.7098	6.3	2.2671	1.1261	0.0245	0.9468	1.2008
1.4	2.4665	2.4665	0.2398	0.7079	0.7205	6.4	2.2532	1.1343	0.0334	0.9425	1.1842
1.5	2.7235	2.7235	0.1395	0.7327	0.7279	6.5	2.2389	1.1473	0.0435	0.9333	1.1681
1.6	2.9482	2.9482	0.3175	0.7525	0.7297	6.6	2.2353	1.1694	0.0572	0.9218	1.1573
1.7	3.2108	3.2108	0.4529	0.7690	0.7416	6.7	2.2358	1.1871	0.0672	0.9134	1.1515
1.8	3.3968	3.3968	0.2682	0.7801	0.7471	6.8	2.2335	1.1870	0.0666	0.9138	1.1489
1.9	3.5283	3.5283	0.1635	0.7931	0.7301	6.9	2.2314	1.1868	0.0671	0.9142	1.1463
2.0	3.7225	3.7225	0.3431	0.8071	0.7182	7.0	2.2292	1.1867	0.0668	0.9146	1.1438
2.1	3.8132	3.8132	0.3920	0.8111	0.7204	7.1	2.2271	1.1856	0.0668	0.9149	1.1414
2.2	3.8274	3.8274	0.2089	0.8121	0.7191	7.2	2.2249	1.1839	0.0658	0.9158	1.1392
2.3	3.9412	3.9412	0.1374	0.8207	0.7067	7.3	2.2226	1.1822	0.0648	0.9169	1.1371
2.4	3.9046	3.9046	0.2722	0.8222	0.6943	7.4	2.2203	1.1806	0.0641	0.9180	1.1350
2.5	3.7663	3.7663	0.2781	0.8123	0.7071	7.5	2.2182	1.1791	0.0631	0.9191	1.1331
2.6	3.7849	3.7849	0.0765	0.8145	0.7022	7.6	2.2160	1.1775	0.0617	0.9201	1.1312
2.7	3.6179	3.6179	0.0804	0.8160	0.6656	7.7	2.2139	1.1761	0.0608	0.9211	1.1293
2.8	3.4125	3.4125	0.1890	0.8043	0.6680	7.8	2.2120	1.1747	0.0603	0.9221	1.1275
2.9	3.3804	3.3804	0.0942	0.8011	0.6723	7.9	2.2101	1.1734	0.0594	0.9230	1.1258
3.0	3.1349	3.1349	0.0200	0.7970	0.6365	8.0	2.2083	1.1721	0.0582	0.9239	1.1241
3.1	2.8724	2.8724	0.1333	0.7706	0.6588	8.1	2.2064	1.1708	0.0574	0.9248	1.1225
3.2	2.8182	2.8182	0.2302	0.7637	0.6660	8.2	2.2047	1.1696	0.0567	0.9257	1.1209
3.3	2.5127	2.5127	0.0463	0.7564	0.6121	8.3	2.2030	1.1684	0.0562	0.9265	1.1193
3.4	2.2793	2.2793	0.1779	0.7064	0.6692	8.4	2.2013	1.1672	0.0552	0.9273	1.1178
3.5	2.2578	2.2578	0.6776	0.6998	0.6777	8.5	2.1997	1.1661	0.0544	0.9281	1.1164
3.6	1.9369	1.9369	0.2106	0.6874	0.6054	8.6	2.1981	1.1650	0.0538	0.9289	1.1149
3.7	1.8520	1.8520	0.3240	0.6197	0.7042	8.7	2.1965	1.1639	0.0533	0.9296	1.1135
3.8	1.8815	1.8815	1.3136	0.6393	0.6786	8.8	2.1950	1.1628	0.0525	0.9304	1.1121
3.9	1.6512	1.6512	0.5534	0.6276	0.6148	8.9	2.1935	1.1618	0.0518	0.9311	1.1108
4.0	1.8165	1.8165	0.0138	0.5853	0.7533	9.0	2.1921	1.1608	0.0513	0.9318	1.1095
4.1	1.8579	1.8579	1.6522	0.6558	0.6340	9.1	2.1906	1.1598	0.0508	0.9325	1.1082
4.2	1.7864	1.7864	0.8145	0.6451	0.6470	9.2	2.1893	1.1589	0.0502	0.9331	1.1070
4.3	2.1592	2.1592	2.9242	0.6488	0.7582	9.3	2.1879	1.1579	0.0495	0.9338	1.1058
4.4	2.1697	2.1697	1.3076	0.7179	0.6121	9.4	2.1865	1.1570	0.0490	0.9344	1.1046
4.5	2.2862	2.2862	1.1559	0.7026	0.6799	9.5	2.1853	1.1561	0.0484	0.9350	1.1034
4.6	2.5906	2.5906	4.1872	0.7350	0.6866	9.6	2.1840	1.1553	0.0479	0.9356	1.1023
4.7	2.5809	2.5809	0.3978	0.7910	0.5394	9.7	2.1827	1.1544	0.0473	0.9362	1.1012
4.8	2.9052	2.9052	5.1155	0.7629	0.6887	9.8	2.1815	1.1536	0.0468	0.9368	1.1000
4.9	2.8684	2.8684	2.3244	0.7940	0.5908	9.9	2.1803	1.1528	0.0464	0.9373	1.0990
5.0	2.8593	2.8593	1.8306	0.7830	0.6205	10.0	2.1791	1.1528	0.0459	0.9379	1.0980
5.1	2.7978	2.7978	4.4505	0.7802	0.6151						
5.2	2.5205	2.5205	0.3059	0.8203	0.4529						
5.3	2.4280	2.4280	3.5751	0.8049	0.4736						
5.4	2.2820	2.2820	1.1581	0.7785	0.5056						
5.5	2.3611	2.3611	4.9018	0.7112	0.6819						

Table T3.10—Ice

ICE

RADIUS = 0.500 MICRON

x	QEXT	QSCA	QBK	G	QPR	x	QEXT	QSCA	QBK	G	QPR
0.6	0.4670	0.4670	0.0117	0.3515	0.3029	5.6	1.9093	1.9093	0.5869	0.7504	0.4765
0.7	0.7393	0.7393	0.0978	0.4046	0.4402	5.7	2.1917	2.1917	7.4549	0.6941	0.6705
0.8	1.0148	1.0148	0.2065	0.4613	0.5467	5.8	1.9882	1.9882	2.4587	0.7850	0.4473
0.9	1.2872	1.2872	0.1322	0.5465	0.5837	5.9	1.9995	1.8783	0.0854	0.7854	0.5242
1.0	1.6291	1.6291	0.0810	0.6129	0.6306	6.0	2.1700	1.5664	0.7421	0.8518	0.8357
1.1	1.9445	1.9445	0.2657	0.6480	0.6845	6.1	2.2066	1.3721	0.3440	0.8893	0.9864
1.2	2.2534	2.2534	0.3449	0.6853	0.7092	6.2	2.2324	1.2701	0.0335	0.9132	1.0726
1.3	2.5901	2.5901	0.1655	0.7202	0.7248	6.3	2.2579	1.1340	0.0236	0.9494	1.1812
1.4	2.8380	2.8380	0.2095	0.7440	0.7265	6.4	2.2370	1.1345	0.0336	0.9448	1.1651
1.5	3.1102	3.1102	0.4407	0.7644	0.7327	6.5	2.2245	1.1480	0.0432	0.9356	1.1504
1.6	3.3553	3.3553	0.3198	0.7780	0.7448	6.6	2.2215	1.1701	0.0567	0.9241	1.1402
1.7	3.5014	3.5014	0.1568	0.7916	0.7296	6.7	2.2220	1.1875	0.0675	0.9156	1.1348
1.8	3.7139	3.7139	0.3377	0.8073	0.7156	6.8	2.2199	1.1874	0.0658	0.9159	1.1324
1.9	3.8072	3.8072	0.3764	0.8116	0.7173	6.9	2.2178	1.1872	0.0670	0.9162	1.1300
2.0	3.8325	3.8325	0.1684	0.8147	0.7101	7.0	2.2158	1.1871	0.0670	0.9166	1.1277
2.1	3.9470	3.9470	0.1540	0.8256	0.6883	7.1	2.2138	1.1870	0.0669	0.9169	1.1255
2.2	3.8611	3.8611	0.2676	0.8252	0.6748	7.2	2.2117	1.1859	0.0658	0.9177	1.1234
2.3	3.8004	3.8004	0.1670	0.8194	0.6865	7.3	2.2095	1.1842	0.0648	0.9188	1.1215
2.4	3.7366	3.7366	0.0470	0.8210	0.6690	7.4	2.2074	1.1825	0.0639	0.9198	1.1197
2.5	3.4408	3.4408	0.1669	0.8072	0.6635	7.5	2.2053	1.1809	0.0629	0.9209	1.1179
2.6	3.3876	3.3876	0.1188	0.8007	0.6753	7.6	2.2033	1.1793	0.0618	0.9219	1.1161
2.7	3.1522	3.1522	0.0191	0.7986	0.6348	7.7	2.2014	1.1778	0.0608	0.9229	1.1144
2.8	2.9013	2.9013	0.1424	0.7742	0.6552	7.8	1.9996	1.1764	0.0600	0.9238	1.1128
2.9	2.8448	2.8448	0.1794	0.7730	0.6459	7.9	1.9978	1.1750	0.0592	0.9247	1.1113
3.0	2.4981	2.4981	0.0533	0.7580	0.6047	8.0	2.1960	1.1737	0.0583	0.9256	1.1097
3.1	2.3571	2.3571	0.3553	0.7120	0.6788	8.1	2.1943	1.1723	0.0576	0.9264	1.1082
3.2	2.2181	2.2181	0.4905	0.7199	0.6212	8.2	2.1926	1.1711	0.0570	0.9272	1.1068
3.3	1.9112	1.9112	0.1511	0.6790	0.6136	8.3	2.1910	1.1698	0.0560	0.9280	1.1054
3.4	1.9837	1.9837	0.9749	0.6480	0.6983	8.4	2.1894	1.1686	0.0552	0.9288	1.1040
3.5	1.7544	1.7544	0.8367	0.6572	0.6015	8.5	2.1879	1.1674	0.0547	0.9296	1.1026
3.6	1.7200	1.7200	0.6672	0.5983	0.6909	8.6	2.1864	1.1663	0.0540	0.9303	1.1014
3.7	1.8338	1.8338	1.6488	0.6435	0.6538	8.7	2.1849	1.1651	0.0531	0.9311	1.1001
3.8	1.7009	1.7009	0.9518	0.6403	0.6118	8.8	2.1834	1.1640	0.0525	0.9318	1.0988
3.9	2.0294	2.0294	2.5978	0.6368	0.7371	8.9	2.1821	1.1630	0.0518	0.9325	1.0976
4.0	2.0058	2.0058	1.2790	0.7055	0.5908	9.0	2.1807	1.1619	0.0513	0.9331	1.0964
4.1	2.2172	2.2172	2.2210	0.6751	0.7205	9.1	2.1793	1.1609	0.0506	0.9338	1.0952
4.2	2.4396	2.4396	2.9306	0.7338	0.6493	9.2	2.1780	1.1599	0.0502	0.9344	1.0942
4.3	2.4271	2.4271	0.5461	0.7677	0.5639	9.3	2.1767	1.1590	0.0494	0.9351	1.0930
4.4	2.7495	2.7495	5.6799	0.7615	0.6558	9.4	2.1755	1.1580	0.0490	0.9357	1.0919
4.5	2.6975	2.6975	1.1014	0.8059	0.5235	9.5	2.1742	1.1571	0.0484	0.9363	1.0909
4.6	2.9607	2.9607	5.1738	0.7733	0.6710	9.6	2.1730	1.1562	0.0480	0.9369	1.0898
4.7	2.8280	2.8280	2.4908	0.8081	0.5428	9.7	2.1718	1.1553	0.0475	0.9374	1.0888
4.8	2.8617	2.8617	5.3567	0.7672	0.6661	9.8	2.1707	1.1545	0.0470	0.9380	1.0878
4.9	2.6789	2.6789	3.4694	0.7626	0.6028	9.9	2.1696	1.1536	0.0464	0.9385	1.0869
5.0	2.3929	2.3929	1.4040	0.7864	0.5112	10.0	2.1684	1.1528	0.0461	0.9390	1.0859
5.1	2.2813	2.2813	5.4992	0.7439	0.5843						
5.2	1.9938	1.9938	0.2612	0.7820	0.4347						
5.3	1.9167	1.9167	3.5326	0.7626	0.4551						
5.4	1.8407	1.8407	0.2844	0.7550	0.4510						
5.5	1.8911	1.8911	1.5586	0.7744	0.4265						

Table T3.11—Ice

ICE

RADIUS = 0.550 MICRON

X	QEXT	QSCA	QBK	G	QPR	X	QEXT	QSCA	QBK	G	QPR
0.6	0.6152	0.6152	0.0441	0.3869	0.3772	5.6	2.4175	2.4175	1.3456	0.7854	0.5187
0.7	0.9278	0.9278	0.1874	0.4409	0.5187	5.7	2.4469	2.4469	1.7656	0.8188	0.4434
0.8	1.2174	1.2174	0.1573	0.5288	0.5736	5.8	2.3921	2.3921	0.2770	0.8120	0.4496
0.9	1.5829	1.5829	0.0732	0.6082	0.6202	5.9	2.5320	2.3890	1.3872	0.8198	0.5735
1.0	1.9290	1.9290	0.2607	0.6482	0.6787	6.0	2.4459	1.8212	0.2221	0.8793	0.8446
1.1	2.2674	2.2674	0.3301	0.6894	0.7044	6.1	2.3858	1.5303	0.1748	0.9094	0.9942
1.2	2.6316	2.6316	0.1428	0.7256	0.7221	6.2	2.3526	1.3773	0.0700	0.9277	1.0749
1.3	2.9117	2.9117	0.2857	0.7505	0.7264	6.3	2.2502	1.1405	0.0276	0.9518	1.1647
1.4	3.2191	3.2191	0.4403	0.7708	0.7378	6.4	2.2231	1.1345	0.0339	0.9466	1.1493
1.5	3.4178	3.4178	0.2013	0.7843	0.7372	6.5	2.2121	1.1484	0.0435	0.9374	1.1356
1.6	3.6156	3.6156	0.2373	0.8020	0.7159	6.6	2.2096	1.1705	0.0565	0.9258	1.1260
1.7	3.7956	3.7956	0.4020	0.8118	0.7143	6.7	2.2101	1.1876	0.0671	0.9172	1.1209
1.8	3.8131	3.8131	0.2088	0.8136	0.7107	6.8	2.2081	1.1875	0.0673	0.9175	1.1186
1.9	3.9378	3.9378	0.1379	0.8251	0.6887	6.9	2.2042	1.1871	0.0666	0.9178	1.1164
2.0	3.8666	3.8667	0.2586	0.8269	0.6694	7.0	2.2023	1.1870	0.0668	0.9181	1.1143
2.1	3.8135	3.8135	0.1442	0.8229	0.6753	7.1	2.2003	1.1859	0.0659	0.9184	1.1122
2.2	3.7513	3.7513	0.0435	0.8269	0.6492	7.2	2.1983	1.1842	0.0647	0.9191	1.1103
2.3	3.4947	3.4947	0.1555	0.8150	0.6466	7.3	2.1963	1.1825	0.0640	0.9202	1.1086
2.4	3.3875	3.3875	0.0374	0.8076	0.6517	7.4	2.1943	1.1809	0.0629	0.9212	1.1069
2.5	2.9914	2.9914	0.0575	0.7875	0.6357	7.5	2.1924	1.1793	0.0618	0.9223	1.1053
2.6	2.8898	2.8898	0.2450	0.7691	0.6672	7.6	2.1905	1.1778	0.0610	0.9232	1.1036
2.7	2.6226	2.6226	0.0497	0.7698	0.6036	7.7	2.1888	1.1764	0.0598	0.9242	1.1020
2.8	2.3788	2.3788	0.2134	0.7252	0.6537	7.8	2.1871	1.1750	0.0591	0.9251	1.1006
2.9	2.3187	2.3187	0.5585	0.7284	0.6297	7.9	2.1855	1.1736	0.0583	0.9260	1.0991
3.0	1.9725	1.9725	0.1576	0.6970	0.5977	8.0	2.1838	1.1723	0.0575	0.9268	1.0978
3.1	2.0165	2.0165	0.9395	0.6616	0.6824	8.1	2.1823	1.1710	0.0568	0.9276	1.0964
3.2	1.7680	1.7680	0.7735	0.6107	0.5891	8.2	2.1807	1.1698	0.0559	0.9284	1.0950
3.3	1.7705	1.7705	0.7856	0.6559	0.6893	8.3	2.1792	1.1686	0.0553	0.9292	1.0937
3.4	1.7807	1.7807	1.5253	0.6209	0.6127	8.4	2.1777	1.1674	0.0546	0.9300	1.0925
3.5	1.7036	1.7036	1.1421	0.6645	0.6458	8.5	2.1763	1.1662	0.0540	0.9307	1.0912
3.6	1.9651	1.9651	2.0575	0.6944	0.6593	8.6	2.1749	1.1651	0.0532	0.9315	1.0901
3.7	1.8988	1.8988	1.0050	0.6903	0.5803	8.7	2.1735	1.1640	0.0526	0.9322	1.0889
3.8	2.2764	2.2764	4.2157	0.7554	0.7049	8.8	2.1722	1.1629	0.0522	0.9329	1.0877
3.9	2.2582	2.2582	0.9236	0.7254	0.5524	8.9	2.1709	1.1619	0.0517	0.9335	1.0866
4.0	2.6069	2.6069	4.3590	0.7866	0.7158	9.0	2.1696	1.1608	0.0507	0.9342	1.0855
4.1	2.6386	2.6386	2.0369	0.7605	0.6789	9.1	2.1683	1.1598	0.0503	0.9348	1.0844
4.2	2.8351	2.8351	3.2663	0.7991	0.5784	9.2	2.1671	1.1589	0.0503	0.9355	1.0834
4.3	2.8784	2.8784	3.4369	0.7965	0.5688	9.3	2.1659	1.1579	0.0495	0.9361	1.0824
4.4	2.7953	2.7953	2.4549	0.7935	0.5901	9.4	2.1648	1.1570	0.0489	0.9367	1.0813
4.5	2.8581	2.8581	3.9974	0.8173	0.4688	9.5	2.1636	1.1561	0.0483	0.9372	1.0804
4.6	2.5653	2.5653	1.0774	0.7726	0.5790	9.6	2.1625	1.1552	0.0479	0.9378	1.0794
4.7	2.5463	2.5463	5.0704	0.7941	0.4529	9.7	2.1614	1.1543	0.0471	0.9384	1.0786
4.8	2.1992	2.1992	0.9170	0.7343	0.5764	9.8	2.1603	1.1535	0.0469	0.9389	1.0776
4.9	2.1692	2.1692	6.1947	0.7542	0.4765	9.9	2.1603	1.1526	0.0464	0.9394	1.0767
5.0	1.9390	1.9390	1.9123	0.7053	0.5926	10.0	2.1593	1.1526	0.0461	0.9399	1.0758
5.1	2.0112	2.0112	5.5827	0.7332	0.5316						
5.2	1.9929	1.9929	3.1729	0.7099	0.6259						
5.3	2.1578	2.1578	5.2495	0.7443	0.5824						
5.4	2.2773	2.2773	3.5432	0.7443	0.5824						
5.5	2.4046	2.4046	6.3893	0.7488	0.6041						

Table T3.12—Ice

ICE

RADIUS = 0.600 MICRON

x	QEXT	QSCA	QBK	G	QPR	x	QEXT	QSCA	QBK	G	QPR
0.6	0.7802	0.7802	0.1229	0.4142	0.4570	5.6	2.6109	2.6109	2.0069	0.8148	0.4834
0.7	1.0988	1.0988	0.1948	0.4934	0.5567	5.7	2.4717	2.4717	2.0217	0.8231	0.4373
0.8	1.4662	1.4662	0.0719	0.5913	0.5992	5.8	2.5441	2.5441	1.0871	0.8024	0.5027
0.9	1.8608	1.8608	0.2142	0.6419	0.6664	5.9	2.3557	2.3557	1.6902	0.8257	0.5848
1.0	2.2176	2.2176	0.3385	0.6854	0.6976	6.0	2.3649	2.3649	0.0786	0.8817	0.8492
1.1	2.6119	2.6119	0.1416	0.7258	0.7163	6.1	2.3240	2.3240	0.0775	0.9140	1.0006
1.2	2.9240	2.9240	0.3073	0.7528	0.7227	6.2	2.2790	2.2790	0.0680	0.9320	1.0756
1.3	3.2678	3.2678	0.4119	0.7735	0.7402	6.3	2.2322	2.2322	0.0284	0.9480	1.1507
1.4	3.4562	3.4562	0.1605	0.7887	0.7303	6.4	2.2112	2.2112	0.0336	0.9388	1.1359
1.5	3.6964	3.6964	0.3271	0.8078	0.7103	6.5	2.2014	2.2014	0.0435	0.9271	1.1231
1.6	3.7977	3.7977	0.3406	0.8124	0.7125	6.6	2.1993	2.1993	0.0568	0.9185	1.1140
1.7	3.8742	3.8742	0.1174	0.8196	0.6988	6.7	2.1997	2.1997	0.0670	0.9090	1.1069
1.8	3.9197	3.9197	0.2248	0.8287	0.6713	6.8	2.1978	2.1978	0.0671	0.9188	1.1049
1.9	3.8059	3.8059	0.2068	0.8234	0.6719	6.9	2.1960	2.1960	0.0665	0.9191	1.1029
2.0	3.8016	3.8016	0.0316	0.8284	0.6522	7.0	2.1941	2.1941	0.0663	0.9193	1.1010
2.1	3.5490	3.5490	0.1312	0.8211	0.6349	7.1	2.1924	2.1924	0.0658	0.9196	1.0993
2.2	3.4671	3.4671	0.0430	0.8159	0.6384	7.2	2.1904	2.1904	0.0646	0.9203	1.0976
2.3	3.1125	3.1125	0.0535	0.8018	0.6169	7.3	2.1885	2.1885	0.0639	0.9213	1.0961
2.4	2.9331	2.9331	0.2175	0.781	0.6509	7.4	2.1866	2.1866	0.0628	0.9224	1.0945
2.5	2.5176	2.5176	0.0531	0.7607	0.6024	7.5	2.1847	2.1847	0.0617	0.9233	1.0929
2.6	2.3975	2.3975	0.4506	0.7183	0.6753	7.6	2.1828	2.1828	0.0606	0.9243	1.0916
2.7	2.1558	2.1558	0.3111	0.7263	0.5901	7.7	2.1811	2.1811	0.0602	0.9252	1.0902
2.8	1.9751	1.9751	0.3337	0.6679	0.6558	7.8	2.1794	2.1794	0.0588	0.9261	1.0889
2.9	1.9283	1.9283	1.1130	0.6825	0.6123	7.9	2.1779	2.1779	0.0581	0.9270	1.0875
3.0	1.7034	1.7034	0.5269	0.6334	0.6245	8.0	2.1762	2.1762	0.0571	0.9278	1.0863
3.1	1.8313	1.8313	1.5091	0.6522	0.6369	8.1	2.1747	2.1747	0.0567	0.9286	1.0850
3.2	1.6526	1.6526	1.0450	0.6366	0.6006	8.2	2.1732	2.1732	0.0559	0.9294	1.0838
3.3	1.9185	1.9185	2.0808	0.6504	0.6707	8.3	2.1717	2.1717	0.0554	0.9302	1.0827
3.4	1.8228	1.8228	1.0714	0.6887	0.5674	8.4	2.1703	2.1703	0.0545	0.9309	1.0816
3.5	2.1797	2.1797	3.8698	0.6813	0.6947	8.5	2.1689	2.1689	0.0539	0.9316	1.0805
3.6	2.1512	2.1512	0.8607	0.7460	0.5464	8.6	2.1676	2.1676	0.0537	0.9324	1.0794
3.7	2.5301	2.5301	4.9169	0.7295	0.6845	8.7	2.1662	2.1662	0.0539	0.9331	1.0782
3.8	2.5076	2.5076	1.1919	0.7894	0.5282	8.8	2.1647	2.1647	0.0520	0.9337	1.0773
3.9	2.8170	2.8170	4.8462	0.7666	0.6575	8.9	2.1636	2.1636	0.0520	0.9344	1.0762
4.0	2.7386	2.7386	1.5355	0.8175	0.4997	9.0	2.1623	2.1623	0.0513	0.9350	1.0752
4.1	2.9164	2.9164	5.9733	0.7898	0.6132	9.1	2.1611	2.1611	0.0509	0.9357	1.0743
4.2	2.7293	2.7293	0.9557	0.8309	0.4614	9.2	2.1600	2.1600	0.0503	0.9363	1.0734
4.3	2.7456	2.7456	7.0149	0.8049	0.5357	9.3	2.1588	2.1588	0.0494	0.9369	1.0725
4.4	2.4828	2.4828	0.3529	0.8253	0.4336	9.4	2.1577	2.1577	0.0484	0.9374	1.0716
4.5	2.3983	2.3983	5.6481	0.8080	0.4605	9.5	2.1566	2.1566	0.0471	0.9380	1.0706
4.6	2.1026	2.1026	0.2374	0.8070	0.4057	9.6	2.1554	2.1554	0.0480	0.9386	1.0698
4.7	1.9904	1.9904	3.1097	0.7930	0.4120	9.7	2.1544	2.1544	0.0474	0.9391	1.0689
4.8	1.8263	1.8263	0.5112	0.7778	0.4059	9.8	2.1533	2.1533	0.0469	0.9396	1.0682
4.9	1.9266	1.9266	3.2935	0.7577	0.4667	9.9	2.1523	2.1523	0.0458	0.9401	1.0673
5.0	1.9916	1.9916	1.6189	0.7614	0.4752	10.0	2.1513	2.1513	0.0457	0.9406	1.0673
5.1	2.3137	2.3137	4.5908	0.7874	0.6423						
5.2	2.3845	2.3845	2.6758	0.8110	0.5070						
5.3	2.4062	2.4062	0.1798	0.8154	0.4547						
5.4	2.5995	2.5995	1.3540	0.8154	0.4798						
5.5	2.4971	2.4971	0.1970	0.8202	0.4490						

Table T3.13—Ice

ICE

RADIUS = 0.650 MICRON

X	QEXT	QSCA	QBK	G	QPR	X	QEXT	QSCA	QBK	G	QPR
0.6	0.9360	0.9360	0.1898	0.4476	0.5171	5.6	2.1800	2.1800	0.4566	0.7989	0.4384
0.7	1.2881	1.2881	0.1179	0.5543	0.5741	5.7	2.2015	2.2015	3.0892	0.7412	0.5698
0.8	1.7282	1.7282	0.1288	0.6289	0.6413	5.8	2.1511	2.1511	0.2612	0.7870	0.4582
0.9	2.1106	2.1106	0.3465	0.6735	0.6891	5.9	2.0200	1.8684	0.2445	0.8011	0.5232
1.0	2.5376	2.5376	0.1637	0.7205	0.7093	6.0	2.1427	1.4678	0.1518	0.8705	0.8650
1.1	2.8788	2.8788	0.2726	0.7510	0.7169	6.1	2.1445	1.2524	0.0152	0.9093	1.0057
1.2	3.2541	3.2541	0.4096	0.7738	0.7362	6.2	2.1738	1.1736	0.0747	0.9312	1.0809
1.3	3.4711	3.4711	0.1546	0.7903	0.7279	6.3	2.2163	1.1291	0.0274	0.9544	1.1387
1.4	3.7312	3.7312	0.3641	0.8099	0.7092	6.4	2.2008	1.1340	0.0337	0.9492	1.1245
1.5	3.7947	3.7947	0.2775	0.8131	0.7091	6.5	2.1920	1.1487	0.0434	0.9399	1.1123
1.6	3.9224	3.9224	0.1228	0.8247	0.6876	6.6	2.1901	1.1705	0.0567	0.9282	1.1036
1.7	3.8565	3.8565	0.2564	0.8273	0.6659	6.7	2.1906	1.1872	0.0669	0.9195	1.0989
1.8	3.8305	3.8305	0.0810	0.8255	0.6684	6.8	2.1888	1.1870	0.0668	0.9198	1.0969
1.9	3.6595	3.6595	0.0784	0.8271	0.6326	6.9	2.1870	1.1868	0.0666	0.9201	1.0950
2.0	3.5098	3.5098	0.1154	0.8172	0.6416	7.0	2.1852	1.1866	0.0678	0.9203	1.0932
2.1	3.2673	3.2673	0.0252	0.8141	0.6075	7.1	2.1836	1.1864	0.0655	0.9205	1.0914
2.2	3.0279	3.0279	0.1940	0.7896	0.6148	7.2	2.1817	1.1853	0.0658	0.9212	1.0897
2.3	2.7245	2.7245	0.0499	0.7849	0.6369	7.3	2.1798	1.1836	0.0650	0.9223	1.0882
2.4	2.4441	2.4441	0.3936	0.7297	0.5860	7.4	2.1780	1.1820	0.0640	0.9232	1.0867
2.5	2.1221	2.1221	0.2682	0.7237	0.6606	7.5	2.1762	1.1803	0.0630	0.9242	1.0853
2.6	2.0041	2.0041	0.5139	0.6640	0.5863	7.6	2.1744	1.1788	0.0616	0.9252	1.0838
2.7	1.8443	1.8443	0.9124	0.6803	0.6734	7.7	2.1728	1.1772	0.0595	0.9261	1.0826
2.8	1.7779	1.7779	0.7430	0.6228	0.5896	7.8	2.1712	1.1758	0.0601	0.9269	1.0813
2.9	1.7516	1.7516	1.4114	0.6645	0.6706	7.9	2.1697	1.1744	0.0602	0.9278	1.0801
3.0	1.7549	1.7549	1.5347	0.6148	0.5876	8.0	2.1681	1.1731	0.0586	0.9286	1.0788
3.1	1.8452	1.8452	1.4130	0.6835	0.6759	8.1	2.1667	1.1717	0.0578	0.9294	1.0777
3.2	1.9558	1.9558	2.2778	0.6529	0.5840	8.2	2.1652	1.1704	0.0588	0.9302	1.0765
3.3	2.1090	2.1090	1.6250	0.7238	0.6788	8.3	2.1638	1.1692	0.0555	0.9309	1.0754
3.4	2.3014	2.3014	2.4668	0.7073	0.5825	8.4	2.1624	1.1680	0.0552	0.9316	1.0742
3.5	2.4553	2.4553	2.0630	0.7489	0.6736	8.5	2.1611	1.1668	0.0544	0.9324	1.0732
3.6	2.6896	2.6896	3.3488	0.7708	0.6753	8.6	2.1598	1.1656	0.0578	0.9331	1.0722
3.7	2.7202	2.7202	1.8691	0.8095	0.5181	8.7	2.1585	1.1645	0.0536	0.9338	1.0712
3.8	2.9099	2.9099	5.4686	0.7803	0.6393	8.8	2.1573	1.1634	0.0534	0.9344	1.0703
3.9	2.7596	2.7596	0.9480	0.8316	0.4646	8.9	2.1560	1.1623	0.0526	0.9350	1.0692
4.0	2.8101	2.8101	6.4080	0.8078	0.5400	9.0	2.1549	1.1612	0.0512	0.9357	1.0683
4.1	2.5393	2.5393	0.1910	0.8361	0.4163	9.1	2.1537	1.1602	0.0505	0.9363	1.0674
4.2	2.4736	2.4736	5.2252	0.8128	0.4631	9.2	2.1525	1.1592	0.0503	0.9369	1.0664
4.3	2.1788	2.1788	0.4652	0.8177	0.3972	9.3	2.1515	1.1582	0.0489	0.9375	1.0657
4.4	2.1784	2.1784	4.2884	0.7710	0.4989	9.4	2.1502	1.1572	0.0488	0.9381	1.0647
4.5	1.9377	1.9377	2.0790	0.7744	0.4372	9.5	2.1493	1.1563	0.0487	0.9386	1.0639
4.6	2.0212	2.0212	2.0060	0.7340	0.5377	9.6	2.1483	1.1554	0.0476	0.9392	1.0632
4.7	1.9508	1.9508	3.4424	0.7746	0.4397	9.7	2.1470	1.1545	0.0469	0.9397	1.0622
4.8	1.9529	1.9529	0.1110	0.7885	0.4131	9.8	2.1461	1.1536	0.0471	0.9402	1.0614
4.9	2.2145	2.2145	2.1758	0.8086	0.4239	9.9	2.1452	1.1528	0.0466	0.9407	1.0608
5.0	2.3756	2.3756	2.7611	0.7920	0.4942	10.0	2.1442	1.1520	0.0461	0.9412	1.0600
5.1	2.5445	2.5445	0.7884	0.8084	0.4874						
5.2	2.6210	2.6210	1.5975	0.8088	0.4748						
5.3	2.4560	2.4560	0.2017	0.8202	0.4416						
5.4	2.4642	2.4642	1.9195	0.8159	0.4537						
5.5	2.3920	2.3920	3.9318	0.7437	0.6131						

Table T3.14—Ice

ICE

RADIUS = 0.700 MICRON

X	QEXT	QSCA	QBK	G	QPR	X	QEXT	QSCA	QBK	G	QPR
0.6	1.0803	1.0803	0.1916	0.4932	0.5475	5.6	1.8835	1.8835	0.0992	0.7723	0.4289
0.7	1.5142	1.5142	0.0673	0.6029	0.6013	5.7	2.0558	2.0558	1.8701	0.7528	0.5083
0.8	1.9530	1.9530	0.2893	0.6552	0.6734	5.8	1.9190	1.9190	0.0282	0.7825	0.4175
0.9	2.3982	2.3982	0.2370	0.7081	0.7000	5.9	2.0848	1.9154	0.7023	0.7794	0.5919
1.0	2.7877	2.7877	0.1940	0.7447	0.7117	6.0	2.1019	1.4161	0.1542	0.8758	0.8617
1.1	3.1849	3.1849	0.4319	0.7714	0.7280	6.1	2.1681	1.2523	0.0025	0.9158	1.0212
1.2	3.4449	3.4449	0.1594	0.7890	0.7270	6.2	2.1899	1.1841	0.0679	0.9364	1.0811
1.3	3.7312	3.7312	0.3641	0.8099	0.7092	6.3	2.2071	1.1292	0.0275	0.9555	1.1281
1.4	3.7956	3.7956	0.2546	0.8136	0.7077	6.4	2.1916	1.1337	0.0338	0.9501	1.1145
1.5	3.9357	3.9357	0.1410	0.8270	0.6808	6.5	2.1836	1.1486	0.0433	0.9409	1.1029
1.6	3.8255	3.8255	0.2496	0.8261	0.6652	6.6	2.1820	1.1703	0.0567	0.9291	1.0946
1.7	3.8285	3.8285	0.0333	0.8285	0.6566	6.7	2.1824	1.1868	0.0671	0.9204	1.0901
1.8	3.5634	3.5634	0.1258	0.8228	0.6314	6.8	2.1806	1.1866	0.0669	0.9206	1.0882
1.9	3.4663	3.4663	0.0195	0.8194	0.6260	6.9	2.1789	1.1864	0.0670	0.9209	1.0864
2.0	3.1001	3.1001	0.0912	0.8017	0.6149	7.0	2.1773	1.1815	0.0664	0.9211	1.0847
2.1	2.9602	2.9602	0.1046	0.7964	0.6027	7.1	2.1756	1.1860	0.0666	0.9213	1.0830
2.2	2.5412	2.5412	0.1545	0.7604	0.6089	7.2	2.1739	1.1849	0.0655	0.9220	1.0815
2.3	2.3837	2.3837	0.4642	0.7492	0.5977	7.3	2.1720	1.1832	0.0651	0.9230	1.0799
2.4	2.0082	2.0082	0.2865	0.6818	0.6349	7.4	2.1703	1.1815	0.0640	0.9240	1.0786
2.5	1.8726	1.8726	0.9877	0.6818	0.5958	7.5	2.1686	1.1799	0.0630	0.9249	1.0772
2.6	1.7779	1.7779	0.7430	0.6228	0.6706	7.6	2.1670	1.1783	0.0614	0.9259	1.0760
2.7	1.7311	1.7311	1.3582	0.6643	0.5812	7.7	2.1651	1.1769	0.0599	0.9267	1.0745
2.8	1.8103	1.8103	1.7911	0.6178	0.6919	7.8	2.1638	1.1754	0.0596	0.9276	1.0735
2.9	1.7953	1.7953	1.2278	0.6870	0.6979	7.9	2.1624	1.1740	0.0605	0.9284	1.0724
3.0	2.0425	2.0425	3.2933	0.6583	0.6349	8.0	2.1609	1.1726	0.0600	0.9292	1.0713
3.1	2.0340	2.0340	0.9240	0.7326	0.5439	8.1	2.1595	1.1713	0.0575	0.9300	1.0701
3.2	2.3895	2.3895	4.4506	0.7231	0.6616	8.2	2.1579	1.1701	0.0562	0.9308	1.0689
3.3	2.3491	2.3491	0.8950	0.7482	0.5238	8.3	2.1568	1.1688	0.0529	0.9315	1.0680
3.4	2.6990	2.6990	4.1790	0.7762	0.6041	8.4	2.1553	1.1676	0.0548	0.9323	1.0668
3.5	2.6367	2.6367	1.3509	0.8038	0.5174	8.5	2.1542	1.1663	0.0557	0.9330	1.0661
3.6	2.8797	2.8797	2.7381	0.8051	0.5611	8.6	2.1527	1.1652	0.0551	0.9336	1.0648
3.7	2.8247	2.8247	3.6931	0.7935	0.5832	8.7	2.1517	1.1641	0.0492	0.9343	1.0641
3.8	2.7375	2.7375	0.8222	0.8259	0.4765	8.8	2.1508	1.1629	0.0499	0.9350	1.0634
3.9	2.6656	2.6656	5.9198	0.8055	0.5184	8.9	2.1493	1.1619	0.0472	0.9356	1.0623
4.0	2.3538	2.3538	0.1308	0.8324	0.3946	9.0	2.1482	1.1608	0.0564	0.9362	1.0614
4.1	2.2670	2.2670	3.7612	0.7993	0.4549	9.1	2.1470	1.1598	0.0506	0.9369	1.0606
4.2	1.9980	1.9980	1.3729	0.7940	0.4115	9.2	2.1450	1.1588	0.0526	0.9374	1.0598
4.3	2.0680	2.0680	1.9602	0.7482	0.5207	9.3	2.1449	1.1579	0.0407	0.9379	1.0589
4.4	1.9570	1.9570	4.3896	0.7595	0.4706	9.4	2.1429	1.1572	0.0280	0.9383	1.0572
4.5	1.8518	1.8518	0.0624	0.7909	0.3871	9.5	2.1427	1.1559	0.0452	0.9391	1.0572
4.6	2.0348	2.0348	0.0746	0.7972	0.4126	9.6	2.1416	1.1551	0.0478	0.9396	1.0563
4.7	2.2677	2.2677	4.6435	0.7610	0.5419	9.7	2.1409	1.1541	0.0471	0.9402	1.0558
4.8	2.3532	2.3532	0.0221	0.8248	0.4122	9.8	2.1399	1.1532	0.0468	0.9407	1.0551
4.9	2.5584	2.5584	1.0321	0.8297	0.4358	9.9	2.1390	1.1524	0.0434	0.9412	1.0544
5.0	2.5702	2.5702	2.6281	0.8028	0.5068	10.0	2.1377	1.1517	0.0531	0.9415	1.0533
5.1	2.4531	2.4531	0.0564	0.8286	0.4204						
5.2	2.4199	2.4199	0.9647	0.8049	0.4721						
5.3	2.1481	2.1481	3.0629	0.7755	0.4821						
5.4	2.0308	2.0308	0.0817	0.7851	0.4364						
5.5	2.0601	2.0601	2.3480	0.7481	0.5190						

Table T3.15—Ice

ICE

RADIUS = 0.750 MICRON

x	QEXT	QSCA	QBK	G	QPR	x	QEXT	QSCA	QBK	G	QPR
0.6	1.2372	1.2372	0.1295	0.5455	0.5624	5.6	2.1746	2.1746	1.1359	0.7879	0.4612
0.7	1.7372	1.7372	0.1423	0.6325	0.6384	5.7	2.2803	2.2803	0.8008	0.7983	0.4600
0.8	2.1841	2.1841	0.3324	0.6855	0.6869	5.8	2.2600	2.2600	0.6090	0.7950	0.4634
0.9	2.6541	2.6541	0.1303	0.7335	0.7074	5.9	2.3373	2.1695	0.5280	0.8310	0.5344
1.0	3.0540	3.0540	0.4192	0.7653	0.7168	6.0	2.2936	1.5758	0.2337	0.8946	0.8839
1.1	3.3876	3.3876	0.2008	0.7850	0.7283	6.1	2.2716	1.3456	0.0518	0.9294	1.0210
1.2	3.6829	3.6829	0.3192	0.8082	0.7063	6.2	2.2491	1.2366	0.0309	0.9445	1.0812
1.3	3.7937	3.7937	0.2774	0.8132	0.7085	6.3	2.1993	1.1298	0.0287	0.9565	1.1186
1.4	3.9349	3.9349	0.1402	0.8271	0.6803	6.4	2.1835	1.1334	0.0337	0.9509	1.1057
1.5	3.8196	3.8196	0.2408	0.8261	0.6642	6.5	2.1761	1.1484	0.0435	0.9416	1.0948
1.6	3.8121	3.8121	0.0292	0.8299	0.6485	6.6	2.1746	1.1700	0.0567	0.9298	1.0867
1.7	3.5344	3.5344	0.1459	0.8206	0.6340	6.7	2.1751	1.1864	0.0659	0.9211	1.0824
1.8	3.3788	3.3788	0.0084	0.8192	0.6110	6.8	2.1734	1.1861	0.0666	0.9213	1.0806
1.9	3.0625	3.0625	0.1709	0.7949	0.6280	6.9	2.1716	1.1859	0.0661	0.9215	1.0787
2.0	2.7821	2.7821	0.0510	0.7927	0.5767	7.0	2.1702	1.1857	0.0666	0.9217	1.0773
2.1	2.5548	2.5548	0.4490	0.7513	0.6353	7.1	2.1686	1.1855	0.0665	0.9219	1.0756
2.2	2.1742	2.1742	0.1915	0.7402	0.5650	7.2	2.1663	1.1844	0.0609	0.9226	1.0736
2.3	2.0953	2.0953	1.0081	0.6966	0.6357	7.3	2.1652	1.1827	0.0653	0.9236	1.0729
2.4	1.7280	1.7280	0.5183	0.6523	0.6009	7.4	2.1636	1.1810	0.0607	0.9246	1.0716
2.5	1.7917	1.7917	1.4828	0.6625	0.6046	7.5	2.1612	1.1794	0.0558	0.9255	1.0696
2.6	1.7436	1.7436	1.4901	0.6858	0.6698	7.6	2.1601	1.1780	0.0595	0.9263	1.0689
2.7	1.8088	1.8088	1.2896	0.6564	0.5683	7.7	2.1586	1.1763	0.0613	0.9273	1.0678
2.8	2.0253	2.0253	3.1993	0.7296	0.6958	7.8	2.1572	1.1749	0.0542	0.9282	1.0666
2.9	2.0026	2.0026	0.8948	0.7271	0.5415	7.9	2.1557	1.1735	0.0605	0.9290	1.0655
3.0	2.3563	2.3563	4.2372	0.7677	0.6430	8.0	2.1542	1.1722	0.0616	0.9298	1.0643
3.1	2.3341	2.3341	0.9379	0.7849	0.5421	8.1	2.1532	1.1708	0.0500	0.9305	1.0637
3.2	2.6694	2.6694	3.1788	0.7747	0.5741	8.2	2.1517	1.1695	0.0569	0.9313	1.0625
3.3	2.7365	2.7365	3.0330	0.7747	0.6166	8.3	2.1501	1.1683	0.0589	0.9320	1.0612
3.4	2.7768	2.7768	1.1283	0.8258	0.4838	8.4	2.1482	1.1672	0.0628	0.9327	1.0596
3.5	2.8585	2.8585	5.3435	0.8076	0.5500	8.5	2.1480	1.1659	0.0550	0.9335	1.0597
3.6	2.6246	2.6246	0.2307	0.8388	0.4232	8.6	2.1460	1.1648	0.0624	0.9341	1.0580
3.7	2.6897	2.6897	3.2768	0.8046	0.5256	8.7	2.1455	1.1636	0.0541	0.9348	1.0578
3.8	2.5139	2.5139	3.9872	0.7725	0.5718	8.8	2.1446	1.1627	0.0603	0.9353	1.0572
3.9	2.1955	2.1955	0.2430	0.8224	0.3898	8.9	2.1430	1.1614	0.0473	0.9360	1.0559
4.0	2.0746	2.0746	2.3639	0.7988	0.4173	9.0	2.1419	1.1603	0.0533	0.9367	1.0550
4.1	1.8693	1.8693	0.7649	0.7876	0.3971	9.1	2.1395	1.1598	0.0354	0.9368	1.0529
4.2	1.9670	1.9670	0.7912	0.7643	0.4637	9.2	2.1399	1.1583	0.0506	0.9379	1.0535
4.3	1.9169	1.9169	1.5519	0.7928	0.3972	9.3	2.1344	1.1578	0.0660	0.9380	1.0484
4.4	1.9498	1.9498	0.4393	0.8037	0.3827	9.4	2.1371	1.1567	0.0275	0.9386	1.0513
4.5	2.3512	2.3512	3.8320	0.7558	0.5742	9.5	2.1368	1.1556	0.0504	0.9394	1.0508
4.6	2.3639	2.3639	0.4632	0.8211	0.4230	9.6	2.1361	1.1545	0.0472	0.9401	1.0429
4.7	2.4363	2.4363	0.1830	0.8317	0.4099	9.7	2.1279	1.1540	0.0484	0.9402	1.0492
4.8	2.5841	2.5841	0.3796	0.8289	0.4423	9.8	2.1341	1.1528	0.0490	0.9410	1.0514
4.9	2.5422	2.5422	0.5783	0.8222	0.4520	9.9	2.1318	1.1522	0.0631	0.9412	1.0473
5.0	2.4593	2.4593	5.2265	0.7442	0.6290	10.0	2.1324	1.1510	0.0467	0.9421	1.0481
5.1	2.0986	2.0986	0.0113	0.8039	0.4116						
5.2	2.0738	2.0738	0.5595	0.7771	0.4621						
5.3	1.9528	1.9528	0.6719	0.7474	0.4932						
5.4	1.9370	1.9370	0.0560	0.7825	0.4212						
5.5	2.1707	2.1707	1.2473	0.7772	0.4836						

Table T1.16—Ice

ICE

RADIUS = 0.800 MICRON

X	QEXT	QSCA	QBK	G	QPR	X	QEXT	QSCA	QBK	G	QPR
0.6	1.4225	1.4225	0.0698	0.5909	0.5820	5.6	2.5135	2.5135	3.4444	0.8103	0.4768
0.7	1.9313	1.9313	0.2824	0.6555	0.6654	5.7	2.3641	2.3641	0.1051	0.8336	0.3934
0.8	2.4414	2.4414	0.1967	0.7147	0.6965	5.8	2.4803	2.4803	3.5756	0.8186	0.4499
0.9	2.8706	2.8706	0.2856	0.7536	0.7073	5.9	2.1613	2.1613	0.0392	0.8492	0.4984
1.0	3.2974	3.2974	0.3174	0.7793	0.7278	6.0	2.3338	2.3197	0.2456	0.9065	0.8875
1.1	3.5781	3.5781	0.2192	0.8029	0.7054	6.1	2.2510	2.1579	0.1434	0.9351	1.0219
1.2	3.7867	3.7867	0.3377	0.8133	0.7069	6.2	2.2242	2.2085	0.0023	0.9483	1.0781
1.3	3.9184	3.9184	0.1200	0.8250	0.6855	6.3	2.1904	2.1284	0.0287	0.9572	1.1102
1.4	3.8275	3.8275	0.2472	0.8268	0.6631	6.4	2.1761	2.1330	0.0337	0.9516	1.0980
1.5	3.8153	3.8153	0.0285	0.8303	0.6473	6.5	2.1680	2.1482	0.0434	0.9423	1.0875
1.6	3.5332	3.5332	0.1453	0.8206	0.6339	6.6	2.1683	2.1697	0.0566	0.9304	1.0797
1.7	3.3280	3.3280	0.0171	0.8181	0.6054	6.7	2.1669	2.1859	0.0661	0.9217	1.0753
1.8	3.0616	3.0616	0.1909	0.7951	0.6275	6.8	2.1651	2.1856	0.0680	0.9219	1.0739
1.9	2.6653	2.6653	0.0779	0.7826	0.5794	6.9	2.1632	2.1852	0.0664	0.9223	1.0721
2.0	2.5157	2.5157	0.5323	0.8303	0.6103	7.0	2.1680	2.1851	0.0741	0.9224	1.0702
2.1	2.1037	2.1037	0.2257	0.7171	0.5728	7.1	2.1622	2.1839	0.0578	0.9231	1.0691
2.2	1.9718	1.9718	0.9510	0.7078	0.6220	7.2	2.1599	2.1825	0.0596	0.9238	1.0671
2.3	1.8530	1.8530	0.8827	0.6466	0.6497	7.3	2.1572	2.1758	0.0602	0.9251	1.0648
2.4	1.6517	1.6517	1.0889	0.6532	0.5592	7.4	2.1527	2.1745	0.0647	0.9260	1.0617
2.5	1.8707	1.8707	1.7074	0.6675	0.6695	7.5	2.1503	2.1789	0.0613	0.9265	1.0597
2.6	1.8740	1.8740	1.8978	0.6533	0.5261	7.6	2.1557	2.1779	0.0887	0.9278	1.0563
2.7	2.0286	2.0286	1.2410	0.7243	0.5808	7.7	2.1543	2.1758	0.0601	0.9285	1.0510
2.8	2.3251	2.3251	4.0722	0.7121	0.6178	7.8	2.1527	2.1745	0.0691	0.9293	1.0570
2.9	2.2845	2.2845	0.8747	0.7697	0.4723	7.9	2.1503	2.1731	0.0690	0.9299	1.0568
3.0	2.6345	2.6345	3.3293	0.7795	0.5428	8.0	2.1465	2.1721	0.1408	0.9306	1.0554
3.1	2.7166	2.7166	2.9761	0.7726	0.4602	8.1	2.1408	2.1707	0.0463	0.9318	1.0547
3.2	2.7436	2.7436	0.9324	0.8279	0.4669	8.2	2.1465	2.1690	0.0585	0.9323	1.0536
3.3	2.8570	2.8570	4.3790	0.8100	0.4677	8.3	2.1460	2.1679	0.0667	0.9331	1.0575
3.4	2.6630	2.6630	0.6640	0.8272	0.3777	8.4	2.1443	2.1666	0.0585	0.9338	1.0509
3.5	2.6649	2.6649	0.0129	0.8248	0.4889	8.5	2.1433	2.1654	0.0601	0.9340	1.0521
3.6	2.4846	2.4846	3.8630	0.8117	0.4151	8.6	2.1419	2.1648	0.0488	0.9349	1.0484
3.7	2.1592	2.1592	0.3935	0.8251	0.3637	8.7	2.1455	2.1634	0.0526	0.9354	1.0484
3.8	2.1861	2.1861	1.8825	0.7764	0.5103	8.8	2.1386	2.1621	0.0510	0.9357	1.0491
3.9	1.9612	1.9612	2.9036	0.7884	0.3982	8.9	2.1395	2.1619	0.1726	0.9354	1.0482
4.0	1.8078	1.8078	0.1076	0.7988	0.0676	9.0	2.1352	2.1600	0.0460	0.9369	1.0446
4.1	2.0546	2.0546	1.9336	0.7517	0.4432	9.1	2.1357	2.1588	0.0509	0.9377	1.0426
4.2	2.0116	2.0116	0.6858	0.8021	0.4099	9.2	2.1344	2.1579	0.0596	0.9382	1.0482
4.3	0.8607	0.8607	0.3946	0.9215	0.4929	9.3	2.1305	2.1573	0.0373	0.9383	1.0348
4.4	2.3922	2.3922	1.2880	0.8147	0.3884	9.4	2.1283	2.1562	0.0515	0.9391	1.0343
4.5	2.4926	2.4926	0.5246	0.8356	0.5871	9.5	2.1203	2.1561	0.0775	0.9389	1.0423
4.6	2.5615	2.5615	1.9340	0.8076	0.4682	9.6	2.1191	2.1567	0.1243	0.9379	1.0480
4.7	2.4545	2.4545	0.0256	0.8418	0.4399	9.7	2.1272	2.1537	0.0217	0.9404	1.0425
4.8	2.5548	2.5548	5.9106	0.7702	0.0263	9.8	2.1328	2.1530	0.0244	0.9409	1.0223
4.9	2.2173	2.2173	0.6487	0.7888	0.4624	9.9	2.1270	2.1526	0.1020	0.9410	
5.0	1.9442	1.9442	0.0921	0.7737	0.5242	10.0	2.1064	2.1531	0.1175	0.9401	
5.1	0.1511	0.1511	0.6422	0.8260	0.4196						
5.2	2.0751	2.0751	1.0716	0.7772	0.4365						
5.3	2.2407	2.2407	1.8315	0.7660							
5.4	2.2230	2.2230	0.0140	0.8112							
5.5	2.4083	2.4083	0.4389	0.8188							

Table T3.17—Ice

ICE RADIUS = 0.850 MICRON

X	QEXT	QSCA	QBK	G	QPR	X	QEXT	QSCA	QBK	G	QPR
0.6	1.6177	1.6177	0.0905	0.6217	0.6120	5.6	2.3243	2.3243	3.3111	0.7972	0.4714
0.7	2.1295	2.1295	0.3341	0.6816	0.6780	5.7	2.2292	2.2292	1.0980	0.7979	0.4506
0.8	2.6586	2.6586	0.1320	0.7360	0.7018	5.8	2.1494	2.1494	1.4983	0.8161	0.3952
0.9	3.1226	3.1226	0.4277	0.7705	0.7165	5.9	1.9850	1.9850	3.4924	0.8252	0.5452
1.0	3.4443	3.4443	0.1460	0.7929	0.7133	6.0	2.1832	2.1832	0.0551	0.9046	0.8801
1.1	3.7643	3.7643	0.3865	0.8135	0.7019	6.1	2.1326	2.1326	0.1475	0.9348	1.0265
1.2	3.8605	3.8605	0.1139	0.8207	0.6923	6.2	2.1585	2.1209	0.0177	0.9487	1.0758
1.3	3.8595	3.8595	0.2511	0.8283	0.6625	6.3	2.1652	2.1483	0.0281	0.9578	1.1027
1.4	3.8337	3.8337	0.0327	0.8295	0.6536	6.4	2.1821	2.1270	0.0337	0.9521	1.0911
1.5	3.5452	3.5452	0.1380	0.8220	0.6309	6.5	2.1695	2.1327	0.0435	0.9428	1.0810
1.6	3.3366	3.3366	0.0166	0.8189	0.6044	6.6	2.1633	2.1479	0.0569	0.9310	1.0735
1.7	3.0636	3.0636	0.1864	0.7963	0.6242	6.7	2.1621	2.1693	0.0669	0.9222	1.0693
1.8	2.6254	2.6254	0.1042	0.7767	0.5864	6.8	2.1624	2.1853	0.0671	0.9224	1.0678
1.9	2.4463	2.4463	0.4441	0.7603	0.6261	6.9	2.1592	2.1849	0.0638	0.9226	1.0661
2.0	2.1265	2.1265	0.4428	0.7056	0.5592	7.0	2.1577	2.1846	0.0661	0.9228	1.0647
2.1	1.8608	1.8608	0.6624	0.6995	0.6149	7.1	2.1560	2.1844	0.0615	0.9229	1.0630
2.2	1.8716	1.8716	1.2938	0.6715	0.6277	7.2	2.1543	2.1833	0.0613	0.9236	1.0614
2.3	1.6978	1.6978	1.2986	0.6321	0.5527	7.3	2.1520	2.1816	0.0754	0.9245	1.0596
2.4	1.7573	1.7573	1.1629	0.6855	0.6440	7.4	2.1513	2.1800	0.0694	0.9254	1.0592
2.5	2.0753	2.0753	2.9626	0.6897	0.6164	7.5	2.1484	2.1784	0.0702	0.9264	1.0567
2.6	2.1054	2.1054	1.4847	0.7072	0.5412	7.6	2.1488	2.1770	0.0744	0.9272	1.0575
2.7	2.3118	2.3118	1.5225	0.7659	0.5214	7.7	2.1470	2.1753	0.0666	0.9282	1.0561
2.8	2.6051	2.6051	3.9764	0.7959	0.5152	7.8	2.1446	2.1751	0.1109	0.9280	1.0540
2.9	2.5541	2.5541	1.2880	0.8152	0.5672	7.9	2.1425	2.1726	0.0697	0.9297	1.0523
3.0	2.7875	2.7875	1.5780	0.8026	0.4411	8.0	2.1403	2.1719	0.1177	0.9296	1.0510
3.1	2.8733	2.8733	4.9481	0.8024	0.4770	8.1	2.1419	2.1698	0.0578	0.9314	1.0502
3.2	2.6692	2.6692	0.3515	0.8249	0.4735	8.2	2.1394	2.1686	0.0450	0.9320	1.0502
3.3	2.7243	2.7243	1.2340	0.8139	0.3926	8.3	2.1313	2.1688	0.0625	0.9310	1.0488
3.4	2.5449	2.5449	3.8195	0.8238	0.4212	8.4	2.1374	2.1682	0.0347	0.9319	1.0431
3.5	2.2288	2.2288	0.5806	0.8053	0.4018	8.5	2.1323	2.1664	0.0140	0.9330	1.0440
3.6	2.1636	2.1636	0.9983	0.7964	0.4540	8.6	2.1319	2.1642	0.0693	0.9343	1.0441
3.7	1.9739	1.9739	2.1803	0.7599	0.3604	8.7	2.1351	2.1628	0.0432	0.9353	1.0475
3.8	1.8908	1.8908	1.3339	0.8068	0.4459	8.8	2.1228	2.1653	0.0248	0.9328	1.0358
3.9	1.8657	1.8657	0.1449	0.7810	0.3604	8.9	2.1314	2.1608	0.0355	0.9363	1.0446
4.0	2.0361	2.0361	2.3773	0.8024	0.4459	9.0	2.1284	2.1600	0.0933	0.9366	1.0419
4.1	2.1486	2.1486	1.1276	0.8328	0.4245	9.1	2.1372	2.2360	3.2810	0.8852	1.0431
4.2	2.2438	2.2438	0.0265	0.8312	0.3753	9.2	2.1121	2.1603	0.0225	0.9359	1.0262
4.3	2.5069	2.5069	0.9654	0.8396	0.4231	9.3	2.1245	2.1575	0.0078	0.9375	1.0393
4.4	2.5648	2.5648	0.6841	0.8179	0.4114	9.4	2.1260	2.1568	0.0950	0.9384	1.0404
4.5	2.5368	2.5368	1.2873	0.8372	0.4619	9.5	2.1268	2.1544	0.0515	0.9402	1.0414
4.6	2.3645	2.3645	0.0227	0.8212	0.3848	9.6	2.1083	2.1623	0.1935	0.9328	1.0240
4.7	2.2369	2.2369	0.2691	0.8212	0.3999	9.7	2.1101	2.1546	0.1418	0.9394	1.0255
4.8	2.1148	2.1148	1.7583	0.7884	0.4476	9.8	2.1242	2.1517	0.0448	0.9417	1.0397
4.9	1.9855	1.9855	0.2502	0.7552	0.4734	9.9	2.1118	2.1538	0.0894	0.9390	1.0284
5.0	1.9192	1.9192	0.0521	0.7823	0.4177	10.0	2.1107	2.1515	0.0035	0.9413	1.0267
5.1	2.0941	2.0941	0.4857	0.8041	0.4103						
5.2	2.3634	2.3634	1.1468	0.8095	0.4503						
5.3	2.4913	2.4913	3.4855	0.8100	0.4734						
5.4	2.4127	2.4127	0.5525	0.8158	0.4444						
5.5	2.2771	2.2771	0.0809	0.8285	0.3906						

448 Table T3.18—Ice

ICE

RADIUS = 0.900 MICRON

X	QEXT	QSCA	QBK	G	QPR	X	QEXT	QSCA	QBK	G	QPR
0.6	1.7945	1.7945	0.1952	0.6427	0.6412	5.6	1.9337	1.9337	0.4074	0.8012	0.3845
0.7	2.3526	2.3526	0.2349	0.7082	0.6864	5.7	2.0105	2.0105	4.0371	0.7999	0.4023
0.8	2.8508	2.8508	0.2779	0.7539	0.7017	5.8	1.9277	1.9277	0.2353	0.7965	0.3923
0.9	3.3152	3.3152	0.2674	0.7819	0.7229	5.9	2.0404	2.0404	2.3211	0.8171	0.5391
1.0	3.6509	3.6509	0.3010	0.8091	0.6970	6.0	1.8374	1.8374	0.3307	0.9038	0.8988
1.1	3.7900	3.7900	0.2087	0.8158	0.6982	6.1	1.3370	1.3370	0.0452	0.9370	1.0281
1.2	3.9194	3.9194	0.2115	0.8305	0.6643	6.2	2.1443	1.1913	0.0466	0.9503	1.0752
1.3	3.8338	3.8338	0.0821	0.8269	0.6636	6.3	2.1668	1.1488	0.0279	0.9583	1.0960
1.4	3.5819	3.5819	0.1190	0.8250	0.6268	6.4	2.1755	1.1265	0.0338	0.9526	1.0849
1.5	3.4028	3.4028	0.0075	0.8213	0.6082	6.5	2.1635	1.1323	0.0434	0.9433	1.0751
1.6	3.0747	3.0747	0.1878	0.7968	0.6248	6.6	2.1577	1.1476	0.0566	0.9314	1.0679
1.7	2.6344	2.6344	0.1034	0.7780	0.5849	6.7	2.1566	1.1689	0.0708	0.9226	1.0631
1.8	2.4240	2.4240	0.4052	0.7612	0.5789	6.8	2.1562	1.1848	0.0706	0.9228	1.0623
1.9	2.1467	2.1467	0.6158	0.7052	0.6329	6.9	2.1554	1.1845	0.0617	0.9229	1.0605
2.0	1.8128	1.8128	0.5472	0.6870	0.5673	7.0	2.1535	1.1843	0.0599	0.9231	1.0592
2.1	1.8156	1.8156	1.3431	0.6823	0.5769	7.1	2.1522	1.1841	0.1003	0.9227	1.0594
2.2	1.8088	1.8088	1.6884	0.6345	0.6611	7.2	2.1524	1.1846	0.0279	0.9236	1.0526
2.3	1.7148	1.7148	1.1872	0.6698	0.5663	7.3	2.1454	1.1832	0.0671	0.9249	1.0555
2.4	1.9943	1.9943	1.3743	0.7168	0.5649	7.4	2.1479	1.1806	0.1075	0.9249	1.0548
2.5	2.3424	2.3424	4.2042	0.7246	0.6452	7.5	2.1467	1.1781	0.0459	0.9264	1.0523
2.6	2.3633	2.3633	1.3169	0.7529	0.5840	7.6	2.1437	1.1829	0.1049	0.9229	1.0448
2.7	2.5701	2.5701	1.5246	0.8020	0.5089	7.7	2.1364	1.1750	0.0500	0.9283	1.0504
2.8	2.7971	2.7971	3.4332	0.7923	0.5810	7.8	2.1411	1.1743	0.1011	0.9285	1.0415
2.9	2.7569	2.7569	2.2095	0.8014	0.5476	7.9	2.1318	1.1728	0.0705	0.9294	1.0479
3.0	2.7400	2.7400	0.3256	0.8392	0.4405	8.0	2.1379	1.1718	0.0184	0.9299	1.0443
3.1	2.7897	2.7897	3.4250	0.8157	0.5142	8.1	2.1339	1.1904	0.2683	0.9173	1.0379
3.2	2.6707	2.6707	3.4993	0.7880	0.5661	8.2	2.1299	1.1688	0.0224	0.9315	1.0426
3.3	2.3115	2.3115	0.0726	0.8410	0.3676	8.3	2.1313	1.1742	0.7456	0.9264	1.0076
3.4	2.3019	2.3019	2.0195	0.7943	0.4736	8.4	2.0954	1.1664	0.1499	0.9328	1.0441
3.5	2.0244	2.0244	2.4251	0.8019	0.4010	8.5	2.1320	1.1729	0.3207	0.9281	1.0499
3.6	1.8908	1.8908	0.8125	0.7730	0.4292	8.6	2.1384	1.1647	0.1915	0.9336	1.0300
3.7	1.8430	1.8430	0.1476	0.8107	0.3488	8.7	2.1174	1.1633	0.0284	0.9345	1.0367
3.8	2.0989	2.0989	4.0355	0.7497	0.5253	8.8	2.1238	1.1651	0.0436	0.9316	1.0296
3.9	2.0646	2.0646	0.6282	0.8144	0.3832	8.9	2.1150	1.1625	0.0610	0.9346	1.0210
4.0	2.1962	2.1962	0.4370	0.8183	0.3990	9.0	2.1075	1.1614	0.4153	0.9355	1.0356
4.1	2.3805	2.3805	0.2377	0.8462	0.3661	9.1	2.1221	1.1600	0.1689	0.9364	1.0229
4.2	2.7234	2.7234	4.7382	0.7931	0.5633	9.2	2.1091	1.1600	0.0166	0.9351	1.0322
4.3	2.5481	2.5481	0.3589	0.8398	0.4082	9.3	2.1170	1.2942	9.5831	0.8370	0.9239
4.4	2.4268	2.4268	0.9774	0.8250	0.4246	9.4	2.0071	1.1572	0.1118	0.9377	1.0180
4.5	2.2629	2.2629	0.1808	0.8328	0.3784	9.5	2.1032	1.1617	0.0416	0.9326	1.0201
4.6	2.1375	2.1375	0.1751	0.8184	0.3881	9.6	2.1036	1.1539	0.0664	0.9402	1.0339
4.7	2.0387	2.0387	1.1264	0.7900	0.4282	9.7	2.1188	1.1551	0.0053	0.9389	1.0164
4.8	2.0370	2.0370	0.7574	0.7645	0.4797	9.8	2.1010	1.1524	0.0915	0.9409	1.0291
4.9	2.0584	2.0584	0.3931	0.7759	0.4613	9.9	2.1134	1.1537	0.1234	0.9398	1.0247
5.0	2.1809	2.1809	0.1590	0.8150	0.4035	10.0	2.0840	1.1556	0.0002	0.9379	1.0001
5.1	2.3545	2.3545	0.3931	0.8342	0.3904						
5.2	2.4678	2.4678	2.5981	0.8231	0.4366						
5.3	2.3880	2.3880	3.3948	0.8155	0.4406						
5.4	2.2861	2.2861	5.1050	0.7917	0.4763						
5.5	2.0291	2.0291	0.0525	0.7973	0.4114						

Table T3.19—Ice   449

ICE
RADIUS = 0.950 MICRON

x	QEXT	QSCA	QBK	G	QPR	x	QEXT	QSCA	QBK	G	QPR
0.6	1.9561	1.9561	0.3034	0.6627	0.6597	5.6	2.0579	2.0579	0.2719	0.7992	0.4133
0.7	2.5582	2.5582	0.1296	0.7290	0.6934	5.7	2.1199	2.1199	1.7053	0.8070	0.4091
0.8	3.0740	3.0740	0.4209	0.7693	0.7092	5.8	2.2052	2.2052	4.5688	0.8214	0.3939
0.9	3.4479	3.4479	0.1446	0.7949	0.7072	5.9	1.9627	1.9627	0.1992	0.8395	0.5161
1.0	3.7657	3.7657	0.3612	0.8146	0.6982	6.0	2.1639	2.1639	0.3239	0.9146	0.9043
1.1	3.9154	3.9154	0.1197	0.8272	0.6764	6.1	2.2190	2.2084	0.0001	0.9425	1.0319
1.2	3.8124	3.8124	0.2029	0.8262	0.6626	6.2	2.1958	1.1778	0.0522	0.9533	1.0729
1.3	3.6817	3.6817	0.0719	0.8294	0.6280	6.3	2.1696	1.1262	0.0280	0.9587	1.0899
1.4	3.4925	3.4925	0.0208	0.8220	0.6216	6.4	2.1581	1.1319	0.0337	0.9530	1.0793
1.5	3.0895	3.0895	0.1619	0.7988	0.6217	6.5	2.1526	1.1473	0.0434	0.9437	1.0699
1.6	2.6940	2.6940	0.0762	0.7863	0.5756	6.6	2.1516	1.1684	0.0563	0.9318	1.0628
1.7	2.4636	2.4636	0.4477	0.7623	0.5856	6.7	2.1470	1.1848	0.0906	0.9224	1.0541
1.8	2.1507	2.1507	0.6059	0.7065	0.6312	6.8	2.1496	1.1844	0.0514	0.9228	1.0567
1.9	1.8064	1.8064	0.5289	0.6835	0.5725	6.9	2.1390	1.1845	0.1366	0.9224	1.0462
2.0	1.7777	1.7777	1.3003	0.6505	0.5627	7.0	2.1432	1.1852	0.1537	0.9226	1.0506
2.1	1.8355	1.8355	1.6783	0.6529	0.6416	7.1	2.1420	1.1831	0.0991	0.9221	1.0491
2.2	1.7635	1.7635	1.6447	0.7196	0.6122	7.2	2.1334	1.1829	0.0955	0.9234	1.0409
2.3	1.9108	1.9108	0.8838	0.7458	0.5358	7.3	2.1263	1.1953	1.5727	0.9225	1.0351
2.4	2.2941	2.2941	2.6930	0.7541	0.5831	7.4	2.1049	1.1794	0.0228	0.9140	1.0125
2.5	2.5999	2.5999	3.9155	0.7898	0.6394	7.5	2.1380	1.1824	0.0251	0.9254	1.0466
2.6	2.5784	2.5784	1.5541	0.8256	0.5420	7.6	2.1393	1.1763	0.1375	0.9221	1.0491
2.7	2.7289	2.7289	0.9554	0.8107	0.4759	7.7	2.1168	1.1712	0.1712	0.9269	1.0265
2.8	2.8686	2.8686	3.0195	0.7947	0.5432	7.8	2.1300	1.1715	0.0583	0.9273	1.0409
2.9	2.8433	2.8433	3.8567	0.8436	0.5838	7.9	2.1355	1.1729	0.0424	0.9304	1.0456
3.0	2.5616	2.5616	0.0967	0.8263	0.4005	8.0	2.1181	1.1690	0.0797	0.9278	1.0299
3.1	2.5349	2.5349	1.1986	0.8081	0.4402	8.1	2.1300	1.1707	0.1059	0.9318	1.0408
3.2	2.3240	2.3240	2.6766	0.7588	0.4460	8.2	2.1252	1.1689	0.0668	0.9299	1.0366
3.3	2.2020	2.2020	3.7220	0.8164	0.5312	8.3	2.1178	1.1877	1.5105	0.9304	1.0301
3.4	1.8868	1.8868	0.0459	0.7922	0.3464	8.4	2.1226	1.1733	0.8551	0.9094	1.0425
3.5	1.9326	1.9326	0.8843	0.7813	0.4015	8.5	2.1235	1.1702	0.0182	0.9234	1.0401
3.6	1.9414	1.9414	2.6507	0.8022	0.4245	8.6	2.0974	1.1736	0.1409	0.9261	1.0137
3.7	2.0110	2.0110	1.3443	0.8201	0.3978	8.7	2.0986	1.1702	0.0509	0.9258	1.0120
3.8	2.1229	2.1229	0.2349	0.8452	0.3820	8.8	2.0706	1.1681	0.1390	0.9294	0.9851
3.9	2.3171	2.3171	0.2635	0.8029	0.3586	8.9	2.0951	1.1673	0.0757	0.9294	1.0102
4.0	2.6471	2.6471	3.5049	0.8440	0.5217	9.0	2.1207	2.2327	6.0757	0.8685	1.0501
4.1	2.5566	2.5566	0.9062	0.8376	0.3988	9.1	2.1581	1.4463	27.7382	0.7550	1.0662
4.2	2.4574	2.4574	0.2309	0.8159	0.3990	9.2	2.0773	1.1809	0.2865	0.9206	0.9903
4.3	2.3363	2.3363	1.2485	0.8290	0.4301	9.3	2.0592	1.1652	0.2384	0.9302	0.9753
4.4	2.1579	2.1579	0.1880	0.8096	0.3690	9.4	2.3820	2.3292	58.5715	0.4787	1.2671
4.5	2.0759	2.0759	0.5997	0.7859	0.3953	9.5	2.0648	1.1766	0.0482	0.9268	0.9830
4.6	2.0198	2.0198	1.3070	0.8202	0.4325	9.6	2.0878	1.1609	0.0626	0.9242	1.0003
4.7	2.0715	2.0715	1.4384	0.7697	0.4771	9.7	2.1101	1.1673	0.2368	0.9347	1.0250
4.8	2.1766	2.1766	0.9624	0.7817	0.4751	9.8	2.0813	1.1530	0.1521	0.9304	0.9953
4.9	2.2834	2.2834	0.0332	0.8202	0.4106	9.9	2.1007	1.1744	0.0883	0.9389	1.0182
5.0	2.3511	2.3511	1.1136	0.8388	0.3791	10.0	2.1056	1.1744	0.0512	0.9244	1.0200
5.2	2.2176	2.2176	1.8920	0.8185	0.3756						
5.3	2.1377	2.1377	5.2925	0.7798	0.4026						
5.4	2.0101	2.0101	4.0600	0.7993	0.4707						
5.5	2.0725	2.0725	3.8611	0.7959	0.4230						

Table T3.20—Ice

ICE

RADIUS = 1.000 MICRON

X	QEXT	QSCA	QBK	G	QPR	X	QEXT	QSCA	QBK	G	QPR
0.6	2.1285	2.1285	0.3219	0.6857	0.6690	5.6	2.3842	2.3842	3.2926	0.8287	0.4083
0.7	2.7276	2.7276	0.1770	0.7454	0.6943	5.7	2.2848	2.2848	0.4574	0.8243	0.4014
0.8	3.2635	3.2635	0.3156	0.7800	0.7180	5.8	2.3703	2.3703	1.8878	0.8305	0.4017
0.9	3.6373	3.6373	0.2936	0.8094	0.6932	5.9	2.3711	2.1575	2.0333	0.8548	0.5269
1.0	3.7964	3.7964	0.1671	0.8178	0.6915	6.0	2.2501	1.4550	0.1322	0.9205	0.9108
1.1	3.8757	3.8757	0.2375	0.8306	0.6564	6.1	2.2092	1.2442	0.0214	0.9457	1.0326
1.2	3.8216	3.8216	0.0271	0.8313	0.6447	6.2	2.1867	1.1686	0.0407	0.9549	1.0707
1.3	3.5321	3.5321	0.1134	0.8204	0.6344	6.3	2.1638	1.1254	0.0282	0.9591	1.0844
1.4	3.1415	3.1415	0.0847	0.8067	0.6074	6.4	2.1530	1.1315	0.0337	0.9534	1.0742
1.5	2.8317	2.8317	0.0508	0.7978	0.5725	6.5	2.1479	1.1469	0.0436	0.9441	1.0651
1.6	2.5463	2.5463	0.5275	0.7612	0.6080	6.6	2.1467	1.1680	0.0581	0.9321	1.0580
1.7	2.1392	2.1392	0.4209	0.7101	0.6202	6.7	2.1439	1.1843	0.0382	0.9226	1.0513
1.8	1.8229	1.8229	0.5516	0.6902	0.5647	6.8	2.1391	1.1844	0.0601	0.9224	1.0466
1.9	1.7811	1.7811	1.2990	0.6842	0.5624	6.9	2.1396	1.1838	0.1196	0.9228	1.0472
2.0	1.8354	1.8354	1.6335	0.6560	0.6313	7.0	2.1439	1.1847	0.2259	0.9218	1.0518
2.1	1.8033	1.8033	1.9926	0.6484	0.6340	7.1	2.1261	1.1846	0.1909	0.9190	1.0351
2.2	1.8822	1.8822	0.8212	0.7144	0.6484	7.2	2.1290	1.1844	0.1394	0.9201	1.0390
2.3	2.2138	2.2138	1.7043	0.7529	0.5376	7.3	2.1217	1.1829	0.0601	0.9224	1.0466
2.4	2.5682	2.5682	3.4456	0.7699	0.5470	7.4	2.1227	1.1818	0.0363	0.9217	1.0314
2.5	2.7913	2.7913	4.0757	0.7731	0.5910	7.5	2.1158	1.1881	0.0080	0.9221	1.0329
2.6	2.6963	2.6963	1.1709	0.8169	0.4937	7.6	2.1295	1.1818	0.1366	0.9176	1.0256
2.7	2.7491	2.7491	0.3632	0.8384	0.4442	7.7	2.1274	1.1832	0.1830	0.9223	1.0395
2.8	2.8085	2.8085	2.7061	0.8175	0.5126	7.8	2.1220	1.1808	0.2554	0.9174	1.0420
2.9	2.6571	2.6571	3.8285	0.8104	0.5037	7.9	2.0989	1.1743	0.2579	0.9212	1.0342
3.0	2.3697	2.3697	1.0186	0.8148	0.4389	8.0	2.1265	1.1711	0.1275	0.9273	1.0100
3.1	2.1508	2.1508	0.1392	0.8353	0.3543	8.1	2.0841	1.1747	0.0240	0.9298	1.0377
3.2	2.1288	2.1288	1.7151	0.7895	0.4480	8.2	2.0398	1.1295	0.1535	0.9266	0.9955
3.3	1.9338	1.9338	2.8258	0.7888	0.4084	8.3	2.0887	1.1843	0.5817	0.9189	0.9515
3.4	1.9296	1.9296	2.9691	0.7688	0.4462	8.4	2.1171	1.1706	0.1027	0.9289	1.0013
3.5	1.8885	1.8885	0.3868	0.8028	0.3724	8.5	1.9666	1.1652	0.0367	0.9337	1.0292
3.6	2.0334	2.0334	0.1890	0.8291	0.3475	8.6	2.1342	1.3781	11.3021	0.8069	1.0545
3.7	2.3091	2.3091	1.3096	0.8256	0.4027	8.7	2.0726	1.2221	2.9483	0.8814	1.0570
3.8	2.4878	2.4878	2.9994	0.8241	0.4377	8.8	2.0578	1.1784	0.2896	0.9230	0.9850
3.9	2.5045	2.5045	0.7127	0.8466	0.3842	8.9	2.1250	1.1879	0.1579	0.9161	0.9697
4.0	2.4990	2.4990	1.2111	0.8395	0.4012	9.0	2.0193	1.2277	1.1762	0.8821	0.0420
4.1	2.3827	2.3827	0.4429	0.8390	0.3836	9.1	2.0208	1.1774	0.3638	0.9216	0.9342
4.2	2.2342	2.2342	0.2095	0.8382	0.3614	9.2	2.0961	1.1980	0.4671	0.8954	0.9482
4.3	2.1108	2.1108	0.5502	0.8210	0.3779	9.3	2.0126	1.1626	0.1895	0.9341	1.0101
4.4	2.0289	2.0289	1.4103	0.7992	0.4075	9.4	2.0661	1.1805	0.2896	0.9082	0.9405
4.5	2.0068	2.0068	1.2505	0.7736	0.4543	9.5	2.0313	1.1633	0.1607	0.9331	0.9807
4.6	2.0607	2.0607	1.4082	0.7739	0.4660	9.6	2.0669	1.1803	0.0425	0.9112	0.9558
4.7	2.2102	2.2102	0.4630	0.8027	0.4362	9.7	2.0459	1.1597	0.1394	0.9330	0.9848
4.8	2.3294	2.3294	0.1813	0.8290	0.3982	9.8	2.2937	1.1795	0.0450	0.9073	0.9757
4.9	2.3323	2.3323	0.3220	0.8397	0.3738	9.9	2.0052	2.2265	42.7846	0.5308	1.1119
5.0	2.2107	2.2107	0.4309	0.8375	0.3592	10.0	2.1370	1.8851	34.8510	0.5873	0.9136
5.1	2.0474	2.0474	0.3466	0.8223	0.3639						1.0299
5.2	1.9564	1.9564	1.1070	0.8044	0.3827						
5.3	2.0190	2.0190	3.0579	0.7931	0.4178						
5.4	2.2070	2.2070	6.3235	0.7791	0.4876						
5.5	2.2835	2.2835	4.7075	0.8220	0.4064						

Tables T3.21 and T3.22—Iron

IRON

RADIUS = 0.010 MICRON

X	QEXT	QSCA	QBK	G	QPR
0.3	0.0014	0.0000	0.0000	0.0016	0.0014
0.4	0.0029	0.0000	0.0000	0.0006	0.0029
0.5	0.0051	0.0000	0.0000	-0.0000	0.0051
0.6	0.0083	0.0000	0.0000	-0.0002	0.0083
0.7	0.0119	0.0000	0.0000	-0.0002	0.0119
0.8	0.0155	0.0000	0.0000	0.0002	0.0155
0.9	0.0194	0.0000	0.0000	-0.0000	0.0194
1.0	0.0236	0.0000	0.0000	0.0002	0.0236
1.1	0.0287	0.0001	0.0001	0.0001	0.0287
1.2	0.0335	0.0001	0.0001	0.0002	0.0335
1.3	0.0386	0.0001	0.0002	0.0002	0.0386
1.4	0.0431	0.0002	0.0002	0.0005	0.0431
1.5	0.0476	0.0002	0.0003	0.0009	0.0476
1.6	0.0519	0.0003	0.0004	0.0011	0.0519
1.7	0.0561	0.0003	0.0005	0.0014	0.0561
1.8	0.0609	0.0004	0.0006	0.0015	0.0609
1.9	0.0666	0.0005	0.0008	0.0017	0.0666
2.0	0.0785	0.0006	0.0010	0.0016	0.0785
2.1	0.0934	0.0008	0.0012	0.0016	0.0934
2.2	0.1103	0.0010	0.0014	0.0015	0.1103
2.3	0.1295	0.0012	0.0018	0.0014	0.1295
2.4	0.1511	0.0014	0.0021	0.0014	0.1511
2.5	0.1753	0.0017	0.0026	0.0013	0.1753
2.6	0.1955	0.0021	0.0031	0.0014	0.1955
2.7	0.2171	0.0025	0.0037	0.0014	0.2171
2.8	0.2401	0.0029	0.0044	0.0014	0.2401
2.9	0.2646	0.0035	0.0052	0.0015	0.2646
3.0	0.2906	0.0041	0.0061	0.0015	0.2906
3.1	0.3196	0.0048	0.0072	0.0016	0.3196
3.2	0.3562	0.0057	0.0085	0.0016	0.3562
3.3	0.3957	0.0068	0.0102	0.0016	0.3957
3.4	0.4377	0.0081	0.0121	0.0016	0.4377
3.5	0.4826	0.0097	0.0145	0.0017	0.4826
3.6	0.5307	0.0116	0.0173	0.0017	0.5306
3.7	0.5820	0.0138	0.0206	0.0017	0.5820
3.8	0.6637	0.0180	0.0269	0.0017	0.6637

RADIUS = 0.020 MICRON

X	QEXT	QSCA	QBK	G	QPR
0.3	0.0032	0.0000	0.0000	-0.0012	0.0032
0.4	0.0066	0.0000	0.0000	-0.0009	0.0066
0.5	0.0116	0.0000	0.0001	-0.0011	0.0116
0.6	0.0186	0.0001	0.0001	-0.0010	0.0186
0.7	0.0267	0.0002	0.0003	-0.0011	0.0267
0.8	0.0349	0.0003	0.0004	-0.0011	0.0349
0.9	0.0441	0.0005	0.0007	-0.0012	0.0441
1.0	0.0541	0.0007	0.0011	-0.0010	0.0541
1.1	0.0666	0.0011	0.0016	-0.0010	0.0666
1.2	0.0788	0.0015	0.0023	-0.0008	0.0788
1.3	0.0922	0.0020	0.0031	-0.0002	0.0922
1.4	0.1053	0.0027	0.0040	0.0009	0.1053
1.5	0.1186	0.0035	0.0052	0.0020	0.1186
1.6	0.1319	0.0044	0.0065	0.0032	0.1319
1.7	0.1456	0.0056	0.0082	0.0042	0.1456
1.8	0.1614	0.0070	0.0103	0.0047	0.1613
1.9	0.1794	0.0087	0.0128	0.0051	0.1794
2.0	0.2085	0.0108	0.0159	0.0050	0.2084
2.1	0.2440	0.0134	0.0197	0.0048	0.2439
2.2	0.2847	0.0165	0.0243	0.0046	0.2846
2.3	0.3313	0.0202	0.0298	0.0045	0.3312
2.4	0.3843	0.0246	0.0364	0.0045	0.3841
2.5	0.4444	0.0301	0.0445	0.0044	0.4443
2.6	0.4981	0.0361	0.0534	0.0046	0.4979
2.7	0.5563	0.0431	0.0637	0.0048	0.5561
2.8	0.6193	0.0513	0.0758	0.0051	0.6190
2.9	0.6874	0.0608	0.0898	0.0053	0.6871
3.0	0.7608	0.0718	0.1060	0.0056	0.7604
3.1	0.8435	0.0849	0.1253	0.0059	0.8430
3.2	0.9465	0.1016	0.1499	0.0061	0.9459
3.3	1.0599	0.1217	0.1793	0.0063	1.0592
3.4	1.1837	0.1456	0.2146	0.0065	1.1828
3.5	1.3190	0.1744	0.2567	0.0068	1.3179
3.6	1.4674	0.2088	0.3072	0.0071	1.4659
3.7	1.6300	0.2500	0.3676	0.0074	1.6281
3.8	1.9047	0.3281	0.4830	0.0073	1.9023

Tables T3.23 and T3.24—Iron

IRON

RADIUS = 0.030 MICRON

X	QEXT	QSCA	QBK	G	QPR
0.3	0.0059	0.0000	0.0000	-0.0024	0.0059
0.4	0.0119	0.0001	0.0001	-0.0029	0.0119
0.5	0.0205	0.0002	0.0003	-0.0030	0.0205
0.6	0.0328	0.0005	0.0007	-0.0028	0.0328
0.7	0.0472	0.0009	0.0013	-0.0026	0.0472
0.8	0.0622	0.0015	0.0023	-0.0028	0.0622
0.9	0.0794	0.0025	0.0038	-0.0030	0.0794
1.0	0.0986	0.0038	0.0058	-0.0032	0.0986
1.1	0.1229	0.0056	0.0085	-0.0027	0.1229
1.2	0.1479	0.0079	0.0121	-0.0025	0.1479
1.3	0.1768	0.0108	0.0164	-0.0014	0.1769
1.4	0.2078	0.0142	0.0215	0.0005	0.2078
1.5	0.2402	0.0185	0.0276	0.0025	0.2401
1.6	0.2743	0.0237	0.0350	0.0045	0.2742
1.7	0.3110	0.0301	0.0441	0.0062	0.3108
1.8	0.3523	0.0382	0.0558	0.0067	0.3521
1.9	0.3985	0.0479	0.0699	0.0071	0.3982
2.0	0.4576	0.0597	0.0872	0.0073	0.4572
2.1	0.5282	0.0740	0.1083	0.0074	0.5277
2.2	0.6101	0.0913	0.1338	0.0076	0.6094
2.3	0.7047	0.1122	0.1645	0.0076	0.7039
2.4	0.8136	0.1374	0.2014	0.0080	0.8125
2.5	0.9385	0.1679	0.2458	0.0084	0.9370
2.6	1.0573	0.2015	0.2944	0.0091	1.0554
2.7	1.1867	0.2405	0.3503	0.0099	1.1844
2.8	1.3269	0.2853	0.4143	0.0107	1.3239
2.9	1.4777	0.3364	0.4868	0.0116	1.4738
3.0	1.6387	0.3942	0.5683	0.0126	1.6337
3.1	1.8154	0.4609	0.6616	0.0136	1.8092
3.2	2.0264	0.5429	0.7763	0.0146	2.0184
3.3	2.2513	0.6366	0.9065	0.0157	2.2413
3.4	2.4873	0.7430	1.0533	0.0167	2.4748
3.5	2.7320	0.8626	1.2170	0.0179	2.7166
3.6	2.9829	0.9953	1.3972	0.0190	2.9639
3.7	3.2358	1.1410	1.5933	0.0203	3.2127
3.8	3.6581	1.4064	1.9610	0.0206	3.6291

IRON

RADIUS = 0.040 MICRON

X	QEXT	QSCA	QBK	G	QPR
0.3	0.0097	0.0001	0.0001	-0.0049	0.0097
0.4	0.0192	0.0003	0.0004	-0.0055	0.0192
0.5	0.0330	0.0007	0.0011	-0.0056	0.0330
0.6	0.0525	0.0015	0.0023	-0.0052	0.0525
0.7	0.0756	0.0028	0.0044	-0.0050	0.0756
0.8	0.1006	0.0049	0.0076	-0.0054	0.1007
0.9	0.1296	0.0080	0.0125	-0.0058	0.1297
1.0	0.1630	0.0124	0.0194	-0.0062	0.1630
1.1	0.2058	0.0183	0.0286	-0.0056	0.2059
1.2	0.2518	0.0262	0.0410	-0.0054	0.2519
1.3	0.3073	0.0360	0.0561	-0.0042	0.3074
1.4	0.3706	0.0478	0.0736	-0.0017	0.3706
1.5	0.4388	0.0626	0.0952	0.0006	0.4388
1.6	0.5133	0.0808	0.1214	0.0030	0.5130
1.7	0.5944	0.1035	0.1543	0.0046	0.5939
1.8	0.6827	0.1321	0.1973	0.0048	0.6821
1.9	0.7801	0.1665	0.2490	0.0050	0.7793
2.0	0.8933	0.2077	0.3089	0.0063	0.8920
2.1	1.0259	0.2571	0.3802	0.0077	1.0239
2.2	1.1792	0.3158	0.4640	0.0092	1.1762
2.3	1.3544	0.3849	0.5615	0.0109	1.3502
2.4	1.5520	0.4656	0.6742	0.0126	1.5461
2.5	1.7715	0.5590	0.8029	0.0144	1.7634
2.6	1.9791	0.6575	0.9361	0.0164	1.9683
2.7	2.1932	0.7645	1.0781	0.0185	2.1791
2.8	2.4091	0.8785	1.2258	0.0208	2.3909
2.9	2.6217	0.9971	1.3757	0.0232	2.5985
3.0	2.8252	1.1179	1.5234	0.0258	2.7964
3.1	3.0217	1.2413	1.6694	0.0286	2.9862
3.2	3.2246	1.3748	1.8241	0.0315	3.1814
3.3	3.4069	1.5063	1.9699	0.0345	3.3550
3.4	3.5649	1.6337	2.1040	0.0377	3.5033
3.5	3.6969	1.7551	2.2232	0.0412	3.6247
3.6	3.8034	1.8686	2.3248	0.0449	3.7194
3.7	3.8856	1.9734	2.4074	0.0490	3.7889
3.8	4.0499	2.1755	2.6160	0.0522	3.9364

Tables T3.25 and T3.26—Iron

IRON

RADIUS = 0.050 MICRON

X	QEXT	QSCA	QBK	G	QPR
0.3	0.0150	0.0002	0.0003	-0.0078	0.0150
0.4	0.0291	0.0007	0.0011	-0.0086	0.0291
0.5	0.0495	0.0018	0.0028	-0.0089	0.0495
0.6	0.0786	0.0037	0.0059	-0.0084	0.0786
0.7	0.1137	0.0070	0.0111	-0.0082	0.1138
0.8	0.1524	0.0123	0.0196	-0.0088	0.1525
0.9	0.1982	0.0202	0.0323	-0.0095	0.1984
1.0	0.2519	0.0316	0.0507	-0.0100	0.2522
1.1	0.3224	0.0470	0.0753	-0.0093	0.3228
1.2	0.4001	0.0677	0.1088	-0.0091	0.4007
1.3	0.4961	0.0938	0.1499	-0.0078	0.4969
1.4	0.6094	0.1254	0.1982	-0.0054	0.6101
1.5	0.7336	0.1651	0.2584	-0.0031	0.7341
1.6	0.8705	0.2140	0.3316	-0.0008	0.8707
1.7	1.0188	0.2745	0.4229	0.0008	1.0186
1.8	1.1760	0.3499	0.5397	0.0011	1.1756
1.9	1.3481	0.4385	0.6747	0.0021	1.3472
2.0	1.5460	0.5398	0.8161	0.0057	1.5429
2.1	1.7675	0.6553	0.9716	0.0097	1.7611
2.2	2.0080	0.7836	1.1393	0.0137	1.9973
2.3	2.2611	0.9225	1.3147	0.0177	2.2448
2.4	2.5182	1.0686	1.4923	0.0218	2.4950
2.5	2.7692	1.2178	1.6656	0.0259	2.7377
2.6	2.9751	1.3548	1.8149	0.0301	2.9343
2.7	3.1526	1.4814	1.9403	0.0346	3.1013
2.8	3.2975	1.5939	2.0370	0.0395	3.2345
2.9	3.4084	1.6899	2.1024	0.0448	3.3326
3.0	3.4868	1.7687	2.1359	0.0507	3.3972
3.1	3.5401	1.8333	2.1425	0.0571	3.4354
3.2	3.5821	1.8932	2.1340	0.0641	3.4607
3.3	3.6046	1.9417	2.1014	0.0720	3.4648
3.4	3.6148	1.9818	2.0476	0.0809	3.4532
3.5	3.6134	1.9818	1.9737	0.0911	3.4312
3.6	3.6143	2.0157	1.8804	0.1027	3.4033
3.7	3.6143	2.0456	1.7685	0.1161	3.3734
3.8	3.6827	2.1784	1.7035	0.1315	3.3964

IRON

RADIUS = 0.060 MICRON

X	QEXT	QSCA	QBK	G	QPR
0.3	0.0217	0.0005	0.0007	-0.0112	0.0217
0.4	0.0415	0.0015	0.0024	-0.0123	0.0416
0.5	0.0703	0.0037	0.0060	-0.0127	0.0703
0.6	0.1115	0.0079	0.0128	-0.0122	0.1116
0.7	0.1622	0.0150	0.0243	-0.0120	0.1624
0.8	0.2191	0.0264	0.0430	-0.0129	0.2194
0.9	0.2877	0.0437	0.0716	-0.0135	0.2883
1.0	0.3701	0.0688	0.1134	-0.0140	0.3710
1.1	0.4798	0.1030	0.1694	-0.0130	0.4811
1.2	0.6035	0.1494	0.2457	-0.0126	0.6054
1.3	0.7576	0.2077	0.3396	-0.0110	0.7599
1.4	0.9395	0.2778	0.4497	-0.0084	0.9419
1.5	1.1393	0.3650	0.5843	-0.0057	1.1414
1.6	1.3574	0.4697	0.7432	-0.0029	1.3587
1.7	1.5879	0.5943	0.9311	-0.0004	1.5882
1.8	1.8249	0.7408	1.1516	0.0017	1.8236
1.9	2.0719	0.9005	1.3809	0.0049	2.0675
2.0	2.3400	1.0669	1.5853	0.0112	2.3280
2.1	2.6054	1.2350	1.7730	0.0180	2.5832
2.2	2.8508	1.3957	1.9346	0.0248	2.8162
2.3	3.0636	1.5415	2.0610	0.0317	3.0147
2.4	3.2354	1.6667	2.1464	0.0389	3.1706
2.5	3.3630	1.7687	2.1892	0.0464	3.2809
2.6	3.4314	1.8398	2.1846	0.0543	3.3314
2.7	3.4643	1.8879	2.1393	0.0631	3.3452
2.8	3.4701	1.9164	2.0590	0.0730	3.3302
2.9	3.4570	1.9297	1.9497	0.0841	3.2946
3.0	3.4329	1.9320	1.8167	0.0968	3.2458
3.1	3.4069	1.9293	1.6667	0.1114	3.1920
3.2	3.3910	1.9313	1.5072	0.1281	3.1435
3.3	3.3828	1.9349	1.3347	0.1473	3.0977
3.4	3.3863	1.9436	1.1525	0.1691	3.0576
3.5	3.4042	1.9595	0.9633	0.1934	3.0253
3.6	3.4383	1.9848	0.7711	0.2200	3.0017
3.7	3.4889	2.0212	0.5824	0.2482	2.9872
3.8	3.6266	2.1451	0.3987	0.2809	3.0240

Tables T3.27 and T3.28—Iron

IRON

RADIUS = 0.070 MICRON

X	QEXT	QSCA	QBK	G	QPR
0.3	0.0298	0.0009	0.0014	-0.0150	0.0298
0.4	0.0564	0.0028	0.0046	-0.0163	0.0565
0.5	0.0951	0.0070	0.0117	-0.0169	0.0953
0.6	0.1514	0.0150	0.0249	-0.0163	0.1517
0.7	0.2217	0.0287	0.0476	-0.0162	0.2221
0.8	0.3020	0.0508	0.0850	-0.0170	0.3029
0.9	0.4014	0.0847	0.1423	-0.0174	0.4029
1.0	0.5238	0.1342	0.2262	-0.0174	0.5261
1.1	0.6883	0.2018	0.3383	-0.0158	0.6915
1.2	0.8774	0.2928	0.4890	-0.0144	0.8816
1.3	1.1097	0.4051	0.6701	-0.0119	1.1145
1.4	1.3767	0.5360	0.8742	-0.0085	1.3812
1.5	1.6625	0.6908	1.1079	-0.0046	1.6657
1.6	1.9591	0.8640	1.3588	-0.0001	1.9592
1.7	2.2498	1.0508	1.6189	0.0046	2.2450
1.8	2.5193	1.2458	1.8779	0.0095	2.5075
1.9	2.7618	1.4284	2.0926	0.0155	2.7397
2.0	2.9899	1.5908	2.2246	0.0246	2.9507
2.1	3.1704	1.7245	2.2907	0.0344	3.1110
2.2	3.2942	1.8235	2.2931	0.0447	3.2127
2.3	3.3659	1.8893	2.2384	0.0557	3.2607
2.4	3.3951	1.9267	2.1367	0.0677	3.2648
2.5	3.3943	1.9427	1.9982	0.0810	3.2368
2.6	3.3648	1.9382	1.8297	0.0959	3.1789
2.7	3.3283	1.9241	1.6389	0.1129	3.1110
2.8	3.2930	1.9057	1.4327	0.1325	3.0405
2.9	3.2650	1.8874	1.2173	0.1548	2.9728
3.0	3.2483	1.8725	0.9989	0.1798	2.9117
3.1	3.2479	1.8659	0.7844	0.2073	2.8610
3.2	3.2725	1.8759	0.5806	0.2375	2.8270
3.3	3.3142	1.8981	0.3957	0.2688	2.8040
3.4	3.3700	1.9331	0.2410	0.2998	2.7905
3.5	3.4357	1.9803	0.1277	0.3290	2.7843
3.6	3.5057	2.0375	0.0665	0.3550	2.7825
3.7	3.5740	2.1021	0.0651	0.3768	2.7820
3.8	3.7093	2.2538	0.1415	0.3960	2.8169

IRON

RADIUS = 0.080 MICRON

X	QEXT	QSCA	QBK	G	QPR
0.3	0.0391	0.0015	0.0025	-0.0191	0.0391
0.4	0.0735	0.0048	0.0082	-0.0207	0.0736
0.5	0.1239	0.0122	0.0208	-0.0213	0.1242
0.6	0.1988	0.0263	0.0447	-0.0206	0.1988
0.7	0.2927	0.0506	0.0862	-0.0203	0.2937
0.8	0.4037	0.0904	0.1546	-0.0207	0.4055
0.9	0.5448	0.1514	0.2593	-0.0204	0.5479
1.0	0.7230	0.2405	0.4113	-0.0194	0.7277
1.1	0.9620	0.3608	0.6107	-0.0167	0.9681
1.2	1.2372	0.5188	0.8691	-0.0140	1.2445
1.3	1.5616	0.7046	1.1605	-0.0099	1.5686
1.4	1.9095	0.9043	1.4569	-0.0048	1.9139
1.5	2.2530	1.1175	1.7521	0.0012	2.2516
1.6	2.5673	1.3243	2.0111	0.0082	2.5564
1.7	2.8272	1.5123	2.2165	0.0158	2.8033
1.8	3.0216	1.6766	2.3631	0.0239	2.9815
1.9	3.1534	1.7980	2.4152	0.0335	3.0932
2.0	3.2533	1.8817	2.3613	0.0464	3.1661
2.1	3.3016	1.9287	2.2376	0.0606	3.1847
2.2	3.3069	1.9440	2.0615	0.0764	3.1583
2.3	3.2855	1.9377	1.8490	0.0943	3.1028
2.4	3.2529	1.9195	1.6131	0.1148	3.0326
2.5	3.2218	1.8978	1.3637	0.1384	2.9591
2.6	3.1904	1.8726	1.1095	0.1648	2.8817
2.7	3.1737	1.8532	0.8590	0.1943	2.8136
2.8	3.1741	1.8426	0.6231	0.2263	2.7570
2.9	3.1912	1.8425	0.4138	0.2596	2.7128
3.0	3.2223	1.8530	0.2437	0.2927	2.6799
3.1	3.2659	1.8755	0.1243	0.3240	2.6582
3.2	3.3250	1.9156	0.0640	0.3526	2.6495
3.3	3.3833	1.9628	0.0702	0.3764	2.6444
3.4	3.4345	2.0138	0.1425	0.3950	2.6391
3.5	3.4750	2.0649	0.2740	0.4085	2.6314
3.6	3.5038	2.1135	0.4527	0.4178	2.6207
3.7	3.5223	2.1584	0.6633	0.4240	2.6072
3.8	3.5900	2.2741	0.9686	0.4271	2.6188

Tables T3.29 and T3.30—Iron

IRON

RADIUS = 0.090 MICRON

X	QEXT	QSCA	QBK	G	QPR
0.3	0.0494	0.0024	0.0041	-0.0233	0.0495
0.4	0.0926	0.0078	0.0136	-0.0251	0.0928
0.5	0.1564	0.0200	0.0349	-0.0257	0.1569
0.6	0.2523	0.0434	0.0754	-0.0247	0.2533
0.7	0.3769	0.0841	0.1461	-0.0238	0.3789
0.8	0.5282	0.1509	0.2625	-0.0234	0.5317
0.9	0.7259	0.2532	0.4390	-0.0221	0.7315
1.0	0.9794	0.4010	0.6894	-0.0197	0.9873
1.1	1.3115	0.5942	1.0040	-0.0154	1.3207
1.2	1.6824	0.8346	1.3838	-0.0109	1.6915
1.3	2.0830	1.0914	1.7624	-0.0049	2.0883
1.4	2.4595	1.3298	2.0763	0.0025	2.4552
1.5	2.7760	1.5437	2.3138	0.0113	2.7585
1.6	3.0068	1.7089	2.4396	0.0214	2.9701
1.7	3.1461	1.8242	2.4627	0.0327	3.0864
1.8	3.2105	1.9031	2.4104	0.0451	3.1246
1.9	3.2204	1.9373	2.2665	0.0599	3.1044
2.0	3.2167	1.9419	2.0401	0.0787	3.0638
2.1	3.1909	1.9263	1.7740	0.1004	2.9974
2.2	3.1551	1.8987	1.4858	0.1254	2.9169
2.3	3.1237	1.8693	1.1904	0.1542	2.8355
2.4	3.1071	1.8458	0.9004	0.1868	2.7624
2.5	3.1120	1.8341	0.6294	0.2228	2.7034
2.6	3.1257	1.8293	0.3956	0.2595	2.6510
2.7	3.1564	1.8373	0.2137	0.2958	2.6130
2.8	3.1979	1.8563	0.0982	0.3294	2.5865
2.9	3.2424	1.8829	0.0578	0.3584	2.5676
3.0	3.2823	1.9127	0.0924	0.3818	2.5520
3.1	3.3153	1.9443	0.1939	0.3997	2.5381
3.2	3.3460	1.9822	0.3523	0.4129	2.5276
3.3	3.3645	2.0160	0.5471	0.4220	2.5137
3.4	3.3734	2.0457	0.7574	0.4284	2.4969
3.5	3.3776	2.0721	0.9629	0.4336	2.4790
3.6	3.3824	2.0970	1.1442	0.4389	2.4619
3.7	3.3928	2.1232	1.2835	0.4454	2.4472
3.8	3.4645	2.2207	1.4513	0.4526	2.4594

IRON

RADIUS = 0.100 MICRON

X	QEXT	QSCA	QBK	G	QPR
0.3	0.0606	0.0037	0.0064	-0.0276	0.0607
0.4	0.1133	0.0122	0.0216	-0.0294	0.1137
0.5	0.1926	0.0312	0.0557	-0.0297	0.1936
0.6	0.3144	0.0681	0.1209	-0.0282	0.3164
0.7	0.4772	0.1329	0.2347	-0.0266	0.4807
0.8	0.6816	0.2389	0.4203	-0.0250	0.6876
0.9	0.9535	0.3997	0.6958	-0.0222	0.9624
1.0	1.3004	0.6251	1.0706	-0.0181	1.3117
1.1	1.7305	0.9023	1.5058	-0.0121	1.7414
1.2	2.1742	1.2159	1.9713	-0.0055	2.1809
1.3	2.5875	1.5023	2.3442	-0.0028	2.5832
1.4	2.9012	1.7118	2.5447	0.0132	2.8787
1.5	3.1025	1.8554	2.5987	0.0254	3.0554
1.6	3.1961	1.9275	2.5105	0.0398	3.1194
1.7	3.2091	1.9510	2.3285	0.0563	3.0992
1.8	3.1763	1.9530	2.0984	0.0751	3.0297
1.9	3.1210	1.9289	1.8097	0.0976	2.9328
2.0	3.0800	1.8934	1.4763	0.1256	2.8421
2.1	3.0477	1.8582	1.1388	0.1581	2.7539
2.2	3.0314	1.8300	0.8155	0.1948	2.6749
2.3	3.0380	1.8151	0.5258	0.2346	2.6121
2.4	3.0689	1.8170	0.2905	0.2756	2.5681
2.5	3.1200	1.8361	0.1300	0.3150	2.5417
2.6	3.1657	1.8592	0.0611	0.3485	2.5178
2.7	3.2096	1.8877	0.0839	0.3756	2.5005
2.8	3.2434	1.9159	0.1878	0.3960	2.4846
2.9	3.2628	1.9395	0.3513	0.4106	2.4665
3.0	3.2679	1.9561	0.5473	0.4207	2.4449
3.1	3.2646	1.9682	0.7505	0.4283	2.4216
3.2	3.2642	1.9841	0.9450	0.4349	2.4013
3.3	3.2699	1.9984	1.1027	0.4417	2.3814
3.4	3.2854	2.0144	1.2057	0.4499	2.3636
3.5	3.3121	2.0351	1.2397	0.4600	2.3492
3.6	3.3121	2.0628	1.1964	0.4721	2.3383
3.7	3.3487	2.0990	1.0768	0.4854	2.3298
3.8	3.4479	2.2126	0.9185	0.4991	2.3437

Tables T3.31 and T3.32—Iron

IRON

RADIUS = 0.110 MICRON

X	QEXT	QSCA	QBK	G	QPR
0.3	0.0725	0.0054	0.0098	-0.0318	0.0726
0.4	0.1358	0.0181	0.0328	-0.0334	0.1364
0.5	0.2332	0.0469	0.0851	-0.0332	0.2347
0.6	0.3865	0.1029	0.1855	-0.0310	0.3897
0.7	0.5975	0.2013	0.3596	-0.0283	0.6032
0.8	0.8706	0.3613	0.6383	-0.0253	0.8797
0.9	1.2335	0.5976	1.0366	-0.0208	1.2459
1.0	1.6799	0.9115	1.5420	-0.0149	1.6934
1.1	2.1828	1.2606	2.0577	-0.0068	2.1914
1.2	2.6347	1.6026	2.5118	0.0020	2.6314
1.3	2.9716	1.8494	2.7487	0.0133	2.9470
1.4	3.1517	1.9689	2.7319	0.0273	3.0979
1.5	3.2132	2.0112	2.5591	0.0443	3.1242
1.6	3.1926	1.9945	2.2726	0.0647	3.0636
1.7	3.1306	1.9533	1.9349	0.0887	2.9573
1.8	3.0591	1.9140	1.5870	0.1164	2.8363
1.9	2.9951	1.8697	1.2203	0.1492	2.7161
2.0	2.9684	1.8314	0.8536	0.1884	2.6234
2.1	2.9700	1.8093	0.5295	0.2314	2.5514
2.2	2.9979	1.8055	0.2746	0.2754	2.5007
2.3	3.0473	1.8200	0.1133	0.3170	2.4703
2.4	3.1078	1.8489	0.0614	0.3530	2.4551
2.5	3.1669	1.8854	0.1193	0.3814	2.4478
2.6	3.1976	1.9117	0.2648	0.4009	2.4312
2.7	3.2115	1.9309	0.4648	0.4143	2.4115
2.8	3.2101	1.9415	0.6827	0.4238	2.3874
2.9	3.1989	1.9445	0.8846	0.4314	2.3601
3.0	3.1846	1.9428	1.0430	0.4390	2.3318
3.1	3.1758	1.9522	1.1402	0.4479	2.3059
3.2	3.1832	1.9690	1.1696	0.4589	2.2873
3.3	3.2020	1.9943	1.1165	0.4721	2.2725
3.4	3.2309	2.0279	0.9863	0.4865	2.2607
3.5	3.2663	2.0678	0.7973	0.5010	2.2504
3.6	3.3027	2.1112	0.5813	0.5141	2.2397
3.7	3.3348	2.1519	0.3782	0.5247	2.2271
3.8	3.4110	2.2234	0.2152	0.5314	2.2295

IRON

RADIUS = 0.120 MICRON

X	QEXT	QSCA	QBK	G	QPR
0.3	0.0849	0.0078	0.0143	-0.0358	0.0851
0.4	0.1599	0.0261	0.0483	-0.0370	0.1609
0.5	0.2789	0.0681	0.1255	-0.0362	0.2814
0.6	0.4710	0.1502	0.2738	-0.0330	0.4760
0.7	0.7427	0.2940	0.5280	-0.0290	0.7512
0.8	1.1001	0.5233	0.9224	-0.0243	1.1128
0.9	1.5626	0.8467	1.4533	-0.0179	1.5777
1.0	2.0907	1.2414	2.0582	-0.0101	2.1032
1.1	2.6057	1.6195	2.5617	0.0002	2.6053
1.2	2.9823	1.9232	2.8796	0.0118	2.9595
1.3	3.1811	2.0743	2.8870	0.0267	3.1258
1.4	3.2204	2.0868	2.6331	0.0458	3.1248
1.5	3.1775	2.0440	2.2674	0.0693	3.0359
1.6	3.0978	1.9723	1.8417	0.0980	2.9044
1.7	3.0155	1.9032	1.4122	0.1320	2.7643
1.8	2.9512	1.8560	1.0123	0.1704	2.6349
1.9	2.9138	1.8204	0.6449	0.2134	2.5254
2.0	2.9264	1.8032	0.3390	0.2603	2.4570
2.1	2.9696	1.8088	0.1393	0.3057	2.4166
2.2	3.0283	1.8313	0.0673	0.3453	2.3959
2.3	3.0878	1.8629	0.1236	0.3764	2.3867
2.4	3.1351	1.8948	0.2846	0.3986	2.3799
2.5	3.1636	1.9208	0.5098	0.4136	2.3692
2.6	3.1606	1.9283	0.7437	0.4234	2.3441
2.7	3.1473	1.9275	0.9480	0.4317	2.3151
2.8	3.1319	1.9221	1.0909	0.4405	2.2851
2.9	3.1214	1.9163	1.1515	0.4512	2.2567
3.0	3.1200	1.9138	1.1208	0.4643	2.2315
3.1	3.1311	1.9196	1.0053	0.4792	2.2112
3.2	3.1593	1.9411	0.8250	0.4951	2.1982
3.3	3.1915	1.9700	0.6078	0.5102	2.1864
3.4	3.2213	2.0037	0.3978	0.5228	2.1737
3.5	3.2446	2.0389	0.2382	0.5324	2.1591
3.6	3.2605	2.0729	0.1619	0.5390	2.1431
3.7	3.2711	2.1048	0.1860	0.5435	2.1272
3.8	3.3258	2.1989	0.3368	0.5449	2.1277

Tables T3.33 and T3.34—Iron

IRON

RADIUS = 0.130 MICRON

x	QEXT	QSCA	QBK	G	QPR
0.3	0.0978	0.0109	0.0203	-0.0395	0.0982
0.4	0.1862	0.0367	0.0689	-0.0402	0.1877
0.5	0.3310	0.0961	0.1795	-0.0384	0.3347
0.6	0.5710	0.2127	0.3907	-0.0341	0.5782
0.7	0.9169	0.4149	0.7454	-0.0286	0.9287
0.8	1.3705	0.7265	1.2707	-0.0221	1.3865
0.9	1.9243	1.1359	1.9168	-0.0138	1.9400
1.0	2.4863	1.5778	2.5452	-0.0039	2.4924
1.1	2.9353	1.9229	2.9189	0.0091	2.9179
1.2	3.1775	2.1335	3.0086	0.0241	3.1261
1.3	3.2336	2.1741	2.7696	0.0439	3.1382
1.4	3.1721	2.1017	2.3214	0.0698	3.0253
1.5	3.0788	2.0092	1.8238	0.1022	2.8734
1.6	2.9896	1.9180	1.3227	0.1415	2.7182
1.7	2.9252	1.8507	0.8690	0.1863	2.5804
1.8	2.8938	1.8189	0.4974	0.2336	2.4688
1.9	2.8949	1.8077	0.2268	0.2810	2.3870
2.0	2.9426	1.8174	0.0874	0.3260	2.3502
2.1	3.0042	1.8434	0.1000	0.3627	2.3356
2.2	3.0577	1.8728	0.2447	0.3893	2.3286
2.3	3.0921	1.8966	0.4736	0.4073	2.3197
2.4	3.1061	1.9109	0.7283	0.4195	2.3045
2.5	3.1060	1.9165	0.9549	0.4293	2.2833
2.6	3.0895	1.9085	1.1028	0.4390	2.2517
2.7	3.0766	1.9001	1.1534	0.4508	2.2213
2.8	3.0860	1.8957	1.0989	0.4653	2.1945
2.9	3.0860	1.8980	0.9502	0.4817	2.1718
3.0	3.1026	1.9070	0.7383	0.4984	2.1521
3.1	3.1231	1.9233	0.5090	0.5138	2.1349
3.2	3.1485	1.9507	0.3103	0.5267	2.1211
3.3	3.1666	1.9783	0.1859	0.5362	2.1058
3.4	3.1774	2.0044	0.1624	0.5429	2.0893
3.5	3.1846	2.0286	0.2443	0.5478	2.0732
3.6	3.1932	2.0526	0.4156	0.5524	2.0594
3.7	3.2078	2.0789	0.6422	0.5576	2.0487
3.8	3.2759	2.1712	0.9506	0.5621	2.0554

IRON

RADIUS = 0.140 MICRON

x	QEXT	QSCA	QBK	G	QPR
0.3	0.1112	0.0148	0.0281	-0.0429	0.1118
0.4	0.2150	0.0504	0.0958	-0.0429	0.2172
0.5	0.3912	0.1325	0.2496	-0.0400	0.3965
0.6	0.6894	0.2934	0.5405	-0.0344	0.6995
0.7	1.1226	0.5667	1.0138	-0.0272	1.1381
0.8	1.6747	0.9667	1.6690	-0.0189	1.6930
0.9	2.2883	1.4414	2.3775	-0.0086	2.3007
1.0	2.8161	1.8768	2.9231	0.0038	2.8091
1.1	3.1376	2.1338	3.0729	0.0199	3.0951
1.2	3.2348	2.2320	2.9088	0.0395	3.1466
1.3	3.1847	2.1823	2.4620	0.0659	3.0408
1.4	3.0748	2.0613	1.8814	0.1011	2.8664
1.5	2.9769	1.9532	1.3141	0.1443	2.6950
1.6	2.9115	1.8695	0.8054	0.1944	2.5479
1.7	2.8840	1.8230	0.4097	0.2470	2.4338
1.8	2.8900	1.8171	0.1627	0.2962	2.3518
1.9	2.9181	1.8295	0.0816	0.3382	2.2993
2.0	2.9740	1.8535	0.1640	0.3722	2.2842
2.1	3.0209	1.8786	0.3734	0.3957	2.2775
2.2	3.0450	1.8941	0.6408	0.4113	2.2660
2.3	3.0493	1.8984	0.8949	0.4227	2.2469
2.4	3.0442	1.8952	1.0794	0.4336	2.2225
2.5	3.0416	1.8912	1.1580	0.4464	2.1974
2.6	3.0373	1.8834	1.1097	0.4616	2.1679
2.7	3.0449	1.8828	0.9528	0.4790	2.1430
2.8	3.0611	1.8898	0.7245	0.4970	2.1219
2.9	3.0792	1.9021	0.4811	0.5134	2.1027
3.0	3.0923	1.9158	0.2823	0.5267	2.0832
3.1	3.0998	1.9300	0.1725	0.5368	2.0637
3.2	3.1080	1.9497	0.1732	0.5442	2.0469
3.3	3.1130	1.9675	0.2822	0.5501	2.0307
3.4	3.1201	1.9857	0.4720	0.5558	2.0165
3.5	3.1335	2.0069	0.6965	0.5622	2.0052
3.6	3.1547	2.0333	0.8987	0.5698	1.9961
3.7	3.1813	2.0660	1.0223	0.5778	1.9875
3.8	3.2542	2.1653	1.0855	0.5836	1.9906

Tables T3.35 and T3.36—Iron

IRON

RADIUS = 0.150 MICRON

X	QEXT	QSCA	QBK	G	QPR
0.3	0.1252	0.0198	0.0381	-0.0460	0.1261
0.4	0.2470	0.0677	0.1301	-0.0451	0.2501
0.5	0.4612	0.1788	0.3387	-0.0410	0.4635
0.6	0.8292	0.3947	0.7267	-0.0338	0.8425
0.7	1.3592	0.7497	1.3298	-0.0250	1.3779
0.8	1.9967	1.2318	2.0896	-0.0147	2.0149
0.9	2.6172	1.7317	2.7755	-0.0023	2.6211
1.0	3.0460	2.1043	3.1370	0.0129	3.0187
1.1	3.2179	2.2467	3.0244	0.0333	3.1431
1.2	3.1981	2.2460	2.6337	0.0590	3.0657
1.3	3.0910	2.1401	2.0363	0.0942	2.8893
1.4	2.9767	2.0041	1.3845	0.1405	2.6952
1.5	2.9049	1.9060	0.8138	0.1947	2.5338
1.6	2.8790	1.8464	0.3794	0.2521	2.4136
1.7	2.8882	1.8272	0.1336	0.3047	2.3313
1.8	2.9163	1.8428	0.0907	0.3467	2.2774
1.9	2.9451	1.8641	0.2274	0.3767	2.2429
2.0	2.9815	1.8823	0.4821	0.3981	2.2322
2.1	2.9986	1.8906	0.7698	0.4126	2.2185
2.2	2.9973	1.8871	1.0089	0.4243	2.1965
2.3	2.9907	1.8779	1.1427	0.4370	2.1700
2.4	2.9911	1.8708	1.1429	0.4526	2.1444
2.5	3.0057	1.8722	1.0106	0.4713	2.1233
2.6	3.0197	1.8753	0.7800	0.4905	2.0998
2.7	3.0382	1.8853	0.5185	0.5086	2.0794
2.8	3.0530	1.8977	0.2982	0.5235	2.0596
2.9	3.0593	1.9084	0.1755	0.5347	2.0388
3.0	3.0571	1.9151	0.1744	0.5430	2.0172
3.1	3.0530	1.9206	0.2854	0.5499	1.9970
3.2	3.0578	1.9332	0.4785	0.5566	1.9819
3.3	3.0690	1.9488	0.6979	0.5641	1.9697
3.4	3.0876	1.9700	0.8802	0.5726	1.9595
3.5	3.1111	1.9973	0.9689	0.5814	1.9499
3.6	3.1344	2.0291	0.9346	0.5892	1.9389
3.7	3.1535	2.0629	0.7887	0.5950	1.9260
3.8	3.2086	2.1559	0.5812	0.5963	1.9230

IRON

RADIUS = 0.160 MICRON

X	QEXT	QSCA	QBK	G	QPR
0.3	0.1401	0.0260	0.0507	-0.0487	0.1413
0.4	0.2830	0.0893	0.1732	-0.0467	0.2872
0.5	0.5429	0.2365	0.4493	-0.0413	0.5527
0.6	0.9921	0.5186	0.9508	-0.0326	1.0090
0.7	1.6212	0.9602	1.6825	-0.0220	1.6422
0.8	2.3130	1.5028	2.4935	-0.0097	2.3275
0.9	2.8785	1.9769	3.0592	0.0053	2.8681
1.0	3.1691	2.2474	3.1725	0.0240	3.1152
1.1	3.2073	2.2796	2.8111	0.0498	3.0938
1.2	3.1144	2.2098	2.2436	0.0836	2.9297
1.3	2.9937	2.0810	1.5532	0.1297	2.7237
1.4	2.9054	1.9555	0.8940	0.1874	2.5390
1.5	2.8748	1.8833	0.3994	0.2492	2.4055
1.6	2.8865	1.8527	0.1281	0.3062	2.3192
1.7	2.9149	1.8538	0.0999	0.3504	2.2653
1.8	2.9398	1.8755	0.2721	0.3799	2.2273
1.9	2.9474	1.8880	0.5599	0.3982	2.1956
2.0	2.9552	1.8884	0.8597	0.4121	2.1769
2.1	2.9509	1.8792	1.0819	0.4246	2.1529
2.2	2.9442	1.8656	1.1686	0.4392	2.1249
2.3	2.9477	1.8565	1.1010	0.4572	2.0989
2.4	2.9664	1.8579	0.8998	0.4780	2.0783
2.5	2.9965	1.8708	0.6250	0.4990	2.0630
2.6	3.0142	1.8816	0.3664	0.5164	2.0426
2.7	3.0242	1.8921	0.1999	0.5297	2.0219
2.8	3.0244	1.8987	0.1663	0.5395	2.0001
2.9	3.0183	1.9009	0.2621	0.5472	1.9782
3.0	3.0119	1.9008	0.4471	0.5546	1.9577
3.1	3.0124	1.9039	0.6610	0.5629	1.9407
3.2	3.0276	1.9191	0.8426	0.5722	1.9294
3.3	3.0484	1.9404	0.9252	0.5819	1.9192
3.4	3.0695	1.9666	0.8804	0.5906	1.9080
3.5	3.0864	1.9949	0.7252	0.5972	1.8950
3.6	3.0982	2.0229	0.5162	0.6016	1.8813
3.7	3.1076	2.0501	0.3296	0.6044	1.8686
3.8	3.1582	2.1345	0.2304	0.6037	1.8696

IRON

RADIUS = 0.170 MICRON

X	QEXT	QSCA	QBK	G	QPR
0.3	0.1559	0.0336	0.0663	-0.0510	0.1577
0.4	0.3238	0.1160	0.2264	-0.0479	0.3293
0.5	0.6380	0.3073	0.5839	-0.0411	0.6506
0.6	1.1785	0.6655	1.2117	-0.0307	1.1989
0.7	1.8979	1.1903	2.0530	-0.0183	1.9196
0.8	2.5973	1.7571	2.8386	-0.0038	2.6040
0.9	3.0553	2.1582	3.2005	0.0141	3.0249
1.0	3.2018	2.3134	3.0492	0.0373	3.1155
1.1	3.1430	2.2594	2.4815	0.0703	2.9842
1.2	3.0197	2.1526	1.7902	0.1142	2.7739
1.3	2.9180	2.0279	1.0655	0.1722	2.5687
1.4	2.8720	1.9294	0.4742	0.2385	2.4118
1.5	2.8816	1.8883	0.1431	0.3007	2.3139
1.6	2.9134	1.8790	0.0994	0.3490	2.2576
1.7	2.9364	1.8846	0.2887	0.3804	2.2194
1.8	2.9389	1.8960	0.6023	0.3986	2.1831
1.9	2.9205	1.8911	0.9164	0.4104	2.1443
2.0	2.9099	1.8752	1.1275	0.4235	2.1157
2.1	2.9034	1.8583	1.1785	0.4396	2.0864
2.2	2.9090	1.8473	1.0583	0.4597	2.0598
2.3	2.9301	1.8480	0.8076	0.4820	2.0393
2.4	2.9605	1.8599	0.5112	0.5035	2.0241
2.5	2.9890	1.8777	0.2710	0.5210	2.0106
2.6	2.9946	1.8854	0.1669	0.5332	1.9892
2.7	2.9907	1.8881	0.2143	0.5423	1.9667
2.8	2.9833	1.8871	0.3815	0.5503	1.9449
2.9	2.9790	1.8855	0.6015	0.5588	1.9253
3.0	2.9814	1.8869	0.7942	0.5687	1.9083
3.1	2.9917	1.8950	0.8923	0.5792	1.8940
3.2	3.0114	1.9155	0.8646	0.5891	1.8829
3.3	3.0279	1.9387	0.7169	0.5971	1.8704
3.4	3.0391	1.9621	0.5092	0.6026	1.8567
3.5	3.0472	1.9847	0.3235	0.6064	1.8437
3.6	3.0566	2.0077	0.2336	0.6094	1.8332
3.7	3.0712	2.0331	0.2815	0.6127	1.8254
3.8	3.1309	2.1193	0.4998	0.6139	1.8299

IRON

RADIUS = 0.180 MICRON

X	QEXT	QSCA	QBK	G	QPR
0.3	0.1731	0.0429	0.0853	-0.0530	0.1754
0.4	0.3703	0.1485	0.2910	-0.0486	0.3775
0.5	0.7481	0.3925	0.7443	-0.0403	0.7639
0.6	1.3863	0.8345	1.5048	-0.0283	1.4100
0.7	2.1743	1.4276	2.4159	-0.0139	2.1942
0.8	2.8282	1.9745	3.0903	0.0030	2.8223
0.9	3.1484	2.2712	3.1981	0.0245	3.0927
1.0	3.0571	2.3210	2.8027	0.0535	3.0471
1.1	3.1712	2.2113	2.0794	0.0956	2.8458
1.2	2.9842	2.0957	1.3171	0.1512	2.6212
1.3	2.9380	1.9944	0.6264	0.2196	2.4377
1.4	2.8756	1.9295	0.1886	0.2881	2.3180
1.5	2.8739	1.9129	0.0897	0.3425	2.2532
1.6	2.9082	1.9091	0.2755	0.3777	2.2146
1.7	2.9357	1.9039	0.6059	0.3977	2.1781
1.8	2.9353	1.8976	0.9400	0.4098	2.1346
1.9	2.9122	1.8777	1.1571	0.4212	2.0873
2.0	2.8783	1.8554	1.1874	0.4382	2.0538
2.1	2.8668	1.8423	1.0312	0.4597	2.0262
2.2	2.8731	1.8416	0.7458	0.4833	2.0054
2.3	2.8954	1.8517	0.4383	0.5051	1.9901
2.4	2.9254	1.8660	0.2234	0.5224	1.9762
2.5	2.9511	1.8786	0.1723	0.5349	1.9609
2.6	2.9658	1.8781	0.2840	0.5439	1.9381
2.7	2.9596	1.8748	0.4963	0.5526	1.9165
2.8	2.9525	1.8729	0.7201	0.5625	1.8975
2.9	2.9510	1.8752	0.8658	0.5736	1.8810
3.0	2.9566	1.8821	0.8764	0.5846	1.8656
3.1	2.9659	1.8934	0.7532	0.5942	1.8504
3.2	2.9755	1.9128	0.5502	0.6014	1.8371
3.3	2.9874	1.9313	0.3503	0.6064	1.8238
3.4	2.9950	1.9498	0.2383	0.6104	1.8122
3.5	3.0023	1.9703	0.2640	0.6143	1.8033
3.6	3.0136	1.9948	0.4231	0.6187	1.7961
3.7	3.0304	2.0239	0.6521	0.6231	1.7887
3.8	3.1060	2.1117	0.9174	0.6237	1.7888

Tables T3.39 and T3.40—Iron

IRON

RADIUS = 0.190 MICRON

X	QEXT	QSCA	QBK	G	QPR
0.3	0.1918	0.0540	0.1082	-0.0546	0.1948
0.4	0.4234	0.1876	0.3684	-0.0490	0.4326
0.5	0.8743	0.4933	0.9313	-0.0391	0.8936
0.6	1.6111	1.0222	1.8208	-0.0254	1.6371
0.7	2.4333	1.6574	2.7426	-0.0089	2.4481
0.8	2.9937	2.1418	3.2288	0.0108	2.9705
0.9	3.1719	2.3239	3.0701	0.0368	3.0863
1.0	3.1048	2.2911	2.4702	0.0732	2.9372
1.1	2.9725	2.1550	1.6415	0.1262	2.7006
1.2	2.8827	2.0529	0.8668	0.1934	2.4856
1.3	2.8677	1.9856	0.2912	0.2674	2.3367
1.4	2.8983	1.9503	0.0831	0.3302	2.2543
1.5	2.9335	1.9431	0.2317	0.3715	2.2116
1.6	2.9380	1.9292	0.5770	0.3947	2.1766
1.7	2.9110	1.9059	0.9306	0.4083	2.1329
1.8	2.8722	1.8845	1.1679	0.4199	2.0810
1.9	2.8383	1.8588	1.2046	0.4351	2.0295
2.0	2.8393	1.8407	1.0285	0.4573	1.9976
2.1	2.8615	1.8378	0.7183	0.4819	1.9759
2.2	2.8911	1.8457	0.4008	0.5044	1.9602
2.3	2.9150	1.8568	0.2038	0.5218	1.9461
2.4	2.9271	1.8650	0.1931	0.5344	1.9304
2.5	2.9315	1.8693	0.3514	0.5445	1.9136
2.6	2.9253	1.8645	0.5889	0.5541	1.8921
2.7	2.9262	1.8626	0.7984	0.5652	1.8735
2.8	2.9339	1.8657	0.8879	0.5772	1.8571
2.9	2.9430	1.8728	0.8215	0.5883	1.8412
3.0	2.9479	1.8807	0.6355	0.5974	1.8244
3.1	2.9493	1.8890	0.4177	0.6041	1.8081
3.2	2.9551	1.8998	0.2623	0.6092	1.7954
3.3	2.9631	1.9035	0.2390	0.6139	1.7852
3.4	2.9763	1.9189	0.3606	0.6188	1.7771
3.5	2.9934	1.9378	0.5732	0.6240	1.7696
3.6	3.0102	1.9614	0.7765	0.6284	1.7607
3.7	3.0234	1.9886	0.8722	0.6312	1.7502
3.8	3.0690	2.0171	0.8476	0.6291	1.7483

IRON

RADIUS = 0.200 MICRON

X	QEXT	QSCA	QBK	G	QPR
0.3	0.2124	0.0672	0.1356	-0.0559	0.2162
0.4	0.4841	0.2340	0.4599	-0.0489	0.4955
0.5	1.0169	0.6102	1.1448	-0.0375	1.0398
0.6	1.8456	1.2227	2.1466	-0.0220	1.8725
0.7	2.6589	1.8653	3.0074	-0.0032	2.6649
0.8	3.0929	2.2551	3.2515	0.0198	3.0481
0.9	3.1456	2.3302	2.8435	0.0515	3.0256
1.0	3.0250	2.2422	2.0841	0.0970	2.8075
1.1	2.9042	2.1046	1.2011	0.1619	2.5634
1.2	2.8585	2.0312	0.4840	0.2383	2.3745
1.3	2.8860	1.9993	0.1075	0.3106	2.2650
1.4	2.9269	1.9802	0.1649	0.3612	2.2116
1.5	2.9421	1.9658	0.5081	0.3893	2.1769
1.6	2.9181	1.9333	0.8994	0.4049	2.1354
1.7	2.8737	1.8942	1.1614	0.4176	2.0827
1.8	2.8340	1.8664	1.2207	0.4328	2.0263
1.9	2.8118	1.8446	1.0533	0.4529	1.9764
2.0	2.8283	1.8365	0.7259	0.4781	1.9502
2.1	2.8575	1.8418	0.3935	0.5015	1.9339
2.2	2.8809	1.8502	0.2007	0.5195	1.9196
2.3	2.8917	1.8548	0.2137	0.5326	1.9038
2.4	2.8950	1.8553	0.3994	0.5434	1.8868
2.5	2.9035	1.8563	0.6548	0.5547	1.8712
2.6	2.9123	1.8542	0.8440	0.5668	1.8526
2.7	2.9123	1.8577	0.8816	0.5794	1.8360
2.8	2.9206	1.8644	0.7548	0.5905	1.8196
2.9	2.9234	1.8707	0.5333	0.5992	1.8025
3.0	2.9208	1.8746	0.3276	0.6057	1.7854
3.1	2.9194	1.8790	0.2318	0.6112	1.7708
3.2	2.9285	1.8923	0.2884	0.6168	1.7614
3.3	2.9427	1.9097	0.4704	0.6227	1.7536
3.4	2.9587	1.9317	0.6841	0.6282	1.7453
3.5	2.9723	1.9561	0.8177	0.6323	1.7354
3.6	2.9821	1.9809	0.8028	0.6347	1.7249
3.7	2.9910	2.0055	0.6499	0.6359	1.7157
3.8	3.0378	2.0839	0.4375	0.6334	1.7179

Tables T3.41 and T3.42—Iron

IRON

RADIUS = 0.300 MICRON

X	QEXT	QSCA	QBK	G	QPR
0.3	0.5990	0.3807	0.7703	-0.0553	0.6201
0.4	1.6034	1.2013	2.2182	-0.0332	1.6432
0.5	2.7114	2.1376	3.4487	-0.0033	2.7184
0.6	3.0267	2.3834	3.0525	0.0422	2.9260
0.7	2.8722	2.2214	1.7832	0.1170	2.6122
0.8	2.7683	2.1010	0.5756	0.2247	2.2962
0.9	2.8345	2.1221	0.0875	0.3265	2.1417
1.0	2.9216	2.1862	0.5624	0.3771	2.0972
1.1	2.9044	2.1529	1.3052	0.3947	2.0547
1.2	2.8370	2.0839	1.5739	0.4130	1.9763
1.3	2.7995	2.0116	1.1619	0.4457	1.9030
1.4	2.7914	1.9569	0.5127	0.4797	1.8527
1.5	2.7798	1.9203	0.2162	0.5023	1.8153
1.6	2.7476	1.8776	0.3920	0.5167	1.7774
1.7	2.7140	1.8401	0.7517	0.5305	1.7378
1.8	2.6967	1.8235	0.9451	0.5456	1.7017
1.9	2.6911	1.8153	0.8021	0.5608	1.6730
2.0	2.7008	1.8102	0.4692	0.5757	1.6587
2.1	2.7067	1.8041	0.2724	0.5878	1.6463
2.2	2.7134	1.7983	0.3697	0.5994	1.6355
2.3	2.7267	1.7982	0.6258	0.6115	1.6270
2.4	2.7412	1.8034	0.7613	0.6223	1.6189
2.5	2.7489	1.8096	0.6404	0.6304	1.6102
2.6	2.7501	1.8079	0.4019	0.6365	1.5981
2.7	2.7501	1.8076	0.2868	0.6428	1.5882
2.8	2.7532	1.8100	0.3953	0.6489	1.5785
2.9	2.7540	1.8133	0.5971	0.6540	1.5680
3.0	2.7524	1.8157	0.6796	0.6580	1.5577
3.1	2.7534	1.8201	0.5668	0.6614	1.5495
3.2	2.7624	1.8334	0.3821	0.6646	1.5440
3.3	2.7710	1.8492	0.3259	0.6670	1.5375
3.4	2.7775	1.8661	0.4612	0.6684	1.5303
3.5	2.7843	1.8840	0.6440	0.6689	1.5241
3.6	2.7931	1.9040	0.6788	0.6692	1.5189
3.7	2.8020	1.9263	0.5333	0.6693	1.5128
3.8	2.8357	1.9948	0.3819	0.6640	1.5112

IRON

RADIUS = 0.400 MICRON

X	QEXT	QSCA	QBK	G	QPR
0.3	1.4758	1.1756	2.2328	-0.0397	1.5225
0.4	2.7670	2.3116	3.6233	0.0026	2.7611
0.5	2.8470	2.3589	2.4379	0.0780	2.6629
0.6	2.6881	2.1379	0.6486	0.2144	2.2296
0.7	2.7925	2.1582	0.1559	0.3417	2.0551
0.8	2.8610	2.2106	1.1063	0.3828	2.0148
0.9	2.7917	2.1478	1.6990	0.4027	1.9269
1.0	2.7634	2.1027	1.1115	0.4439	1.8300
1.1	2.7861	2.0852	0.2892	0.4821	1.7809
1.2	2.7624	2.0548	0.4216	0.4986	1.7379
1.3	2.7178	1.9861	1.0172	0.5164	1.6921
1.4	2.6935	1.9226	0.0398	0.5407	1.6539
1.5	2.6752	1.8808	0.5465	0.5593	1.6232
1.6	2.6455	1.8384	0.2988	0.5722	1.5936
1.7	2.6219	1.8067	0.5384	0.5846	1.5658
1.8	2.6106	1.7955	0.8038	0.5956	1.5413
1.9	2.5994	1.7855	0.6829	0.6044	1.5203
2.0	2.6016	1.7743	0.3836	0.6149	1.5106
2.1	2.6115	1.7682	0.3712	0.6261	1.5045
2.2	2.6225	1.7665	0.6114	0.6363	1.4986
2.3	2.6301	1.7655	0.6734	0.6444	1.4924
2.4	2.6388	1.7664	0.4592	0.6518	1.4874
2.5	2.6498	1.7714	0.3313	0.6587	1.4828
2.6	2.6496	1.7713	0.4805	0.6639	1.4737
2.7	2.6488	1.7708	0.6293	0.6682	1.4655
2.8	2.6496	1.7717	0.5321	0.6724	1.4582
2.9	2.6496	1.7738	0.3637	0.6761	1.4503
3.0	2.6482	1.7757	0.4002	0.6789	1.4426
3.1	2.6492	1.7800	0.5639	0.6814	1.4363
3.2	2.6551	1.7919	0.5769	0.6830	1.4313
3.3	2.6599	1.8051	0.4264	0.6837	1.4258
3.4	2.6651	1.8197	0.3892	0.6838	1.4208
3.5	2.6708	1.8363	0.5398	0.6834	1.4159
3.6	2.6755	1.8542	0.6196	0.6824	1.4101
3.7	2.6801	1.8731	0.4996	0.6809	1.4048
3.8	2.7070	1.9338	0.4294	0.6739	1.4038

Tables T3.43 and T3.44—Iron

IRON

RADIUS = 0.600 MICRON

X	QEXT	QSCA	QBK	G	QPR
0.3	2.7687	2.4454	3.3962	0.0258	2.7056
0.4	2.5582	2.1955	0.7751	0.1985	2.1223
0.5	2.7177	2.2632	0.5439	0.3571	1.9096
0.6	2.7033	2.1959	1.8084	0.3893	1.8484
0.7	2.6903	2.1270	0.7242	0.4514	1.7302
0.8	2.7008	2.1233	0.4205	0.4831	1.6750
0.9	2.6625	2.0745	1.3235	0.5068	1.6112
1.0	2.6677	2.0647	0.7118	0.5333	1.5666
1.1	2.6392	2.0130	0.4028	0.5488	1.5345
1.2	2.6257	1.9807	1.0414	0.5667	1.5033
1.3	2.6016	1.9329	0.6621	0.5806	1.4793
1.4	2.5702	1.8702	0.4001	0.5951	1.4573
1.5	2.5495	1.8274	0.7785	0.5951	1.4378
1.6	2.5262	1.7890	0.5960	0.6188	1.4191
1.7	2.5094	1.7632	0.3989	0.6280	1.4020
1.8	2.4959	1.7515	0.6525	0.6339	1.3856
1.9	2.4857	1.7400	0.5800	0.6398	1.3724
2.0	2.4905	1.7308	0.4014	0.6489	1.3674
2.1	2.4973	1.7244	0.5902	0.6572	1.3642
2.2	2.5052	1.7208	0.5329	0.6648	1.3612
2.3	2.5119	1.7190	0.3942	0.6712	1.3580
2.4	2.5192	1.7198	0.5556	0.6769	1.3552
2.5	2.5259	1.7229	0.5002	0.6815	1.3518
2.6	2.5255	1.7217	0.3973	0.6850	1.3461
2.7	2.5247	1.7214	0.5352	0.6881	1.3402
2.8	2.5235	1.7216	0.4864	0.6906	1.3346
2.9	2.5224	1.7226	0.4049	0.6928	1.3290
3.0	2.5206	1.7239	0.5224	0.6945	1.3233
3.1	2.5201	1.7274	0.4793	0.6958	1.3182
3.2	2.5227	1.7372	0.4205	0.6959	1.3137
3.3	2.5253	1.7482	0.5309	0.6955	1.3094
3.4	2.5274	1.7608	0.4821	0.6944	1.3046
3.5	2.5294	1.7747	0.4532	0.6928	1.2999
3.6	2.5310	1.7898	0.5551	0.6907	1.2949
3.7	2.5324	1.8059	0.4946	0.6881	1.2898
3.8	2.5483	1.8578	0.5190	0.6791	1.2866

IRON

RADIUS = 0.500 MICRON

X	QEXT	QSCA	QBK	G	QPR
0.3	2.4481	2.1038	3.5687	-0.0143	2.4781
0.4	2.7785	2.3841	2.5408	0.0723	2.6060
0.5	2.6143	2.1632	0.4068	0.2425	2.0898
0.6	2.7835	2.2302	0.5491	0.3637	1.9725
0.7	2.7657	2.1833	1.6944	0.3901	1.9140
0.8	2.7173	2.1163	1.1732	0.4365	1.7935
0.9	2.7476	2.1244	0.2419	0.4788	1.7305
1.0	2.7150	2.0923	0.7690	0.4950	1.6794
1.1	2.6924	2.0366	1.2693	0.5212	1.6309
1.2	2.6880	2.0147	0.6458	0.5430	1.5941
1.3	2.6532	1.9582	0.3331	0.5569	1.5626
1.4	2.6232	1.8937	0.7931	0.5749	1.5344
1.5	2.6029	1.8508	0.8323	0.5903	1.5105
1.6	2.5767	1.8103	0.4223	0.6016	1.4877
1.7	2.5581	1.7825	0.4312	0.6121	1.4670
1.8	2.5455	1.7715	0.7151	0.6197	1.4477
1.9	2.5328	1.7594	0.6182	0.6261	1.4312
2.0	2.5469	1.7495	0.3744	0.6363	1.4250
2.1	2.5383	1.7444	0.5073	0.6459	1.4203
2.2	2.5540	1.7402	0.6463	0.6540	1.4159
2.3	2.5630	1.7392	0.4547	0.6616	1.4123
2.4	2.5707	1.7406	0.3823	0.6680	1.4080
2.5	2.5784	1.7439	0.5676	0.6732	1.4044
2.6	2.5789	1.7433	0.5488	0.6775	1.4159
2.7	2.5780	1.7431	0.3822	0.6810	1.3978
2.8	2.5775	1.7435	0.4508	0.6841	1.3910
2.9	2.5768	1.7449	0.5698	0.6868	1.3848
3.0	2.5754	1.7465	0.4609	0.6890	1.3784
3.1	2.5755	1.7504	0.3921	0.6907	1.3721
3.2	2.5794	1.7610	0.5228	0.6915	1.3665
3.3	2.5830	1.7729	0.5379	0.6915	1.3617
3.4	2.5867	1.7865	0.4187	0.6909	1.3571
3.5	2.5898	1.8014	0.4772	0.6898	1.3524
3.6	2.5930	1.8175	0.5824	0.6881	1.3472
3.7	2.5959	1.8350	0.4917	0.6859	1.3424
3.8	2.6160	1.8905	0.4826	0.6777	1.3348

IRON

RADIUS = 0.700 MICRON

x	QEXT	QSCA	QBK	G	QPR
0.3	2.6323	2.3433	2.1715	0.0925	2.4157
0.4	2.5923	2.2253	0.1607	0.3212	1.8776
0.5	2.6763	2.2530	1.8083	0.3766	1.8278
0.6	2.6491	2.1527	0.7838	0.4439	1.6935
0.7	2.6632	2.1248	0.5787	0.4806	1.6419
0.8	2.6358	2.0787	1.3265	0.5115	1.5725
0.9	2.6323	2.0632	0.3668	0.5342	1.5302
1.0	2.6104	2.0302	0.9117	0.5514	1.4909
1.1	2.6010	1.9931	0.8455	0.5692	1.4664
1.2	2.5783	1.9559	0.4095	0.5813	1.4413
1.3	2.5592	1.9109	0.9114	0.5954	1.4215
1.4	2.5288	1.8510	0.5124	0.6082	1.4030
1.5	2.5082	1.8087	0.5431	0.6203	1.3863
1.6	2.4869	1.7720	0.6960	0.6301	1.3704
1.7	2.4708	1.7473	0.4191	0.6383	1.3555
1.8	2.4579	1.7354	0.6062	0.6432	1.3417
1.9	2.4490	1.7249	0.5568	0.6484	1.3306
2.0	2.4526	1.7151	0.4412	0.6565	1.3266
2.1	2.4597	1.7089	0.6011	0.6644	1.3242
2.2	2.4660	1.7048	0.4347	0.6713	1.3216
2.3	2.4726	1.7029	0.5023	0.6774	1.3191
2.4	2.4786	1.7032	0.5210	0.6824	1.3163
2.5	2.4847	1.7058	0.4139	0.6866	1.3136
2.6	2.4837	1.7045	0.5385	0.6896	1.3082
2.7	2.4827	1.7040	0.4408	0.6923	1.3031
2.8	2.4812	1.7040	0.4634	0.6945	1.2978
2.9	2.4796	1.7047	0.5098	0.6963	1.2926
3.0	2.4776	1.7059	0.4194	0.6977	1.2874
3.1	2.4764	1.7091	0.5077	0.6986	1.2824
3.2	2.4782	1.7181	0.4604	0.6985	1.2781
3.3	2.4797	1.7285	0.4658	0.6977	1.2737
3.4	2.4809	1.7404	0.5194	0.6963	1.2692
3.5	2.4818	1.7535	0.4527	0.6943	1.2644
3.6	2.4825	1.7677	0.5446	0.6918	1.2595
3.7	2.4827	1.7830	0.5053	0.6889	1.2544
3.8	2.4953	1.8320	0.5487	0.6794	1.2507

464 Table T3.46—Graphite

GRAPHITE

RADIUS = 0.010 MICRON

X	QEXT	QSCA	QBK	G	QPR	X	QEXT	QSCA	QBK	G	QPR
0.4	0.0109	0.0000	0.0000	0.0011	0.0109	5.4	0.9024	0.0166	0.0239	0.0098	0.9023
0.5	0.0150	0.0000	0.0000	0.0005	0.0150	5.5	0.7913	0.0135	0.0193	0.0103	0.7911
0.6	0.0197	0.0000	0.0000	0.0003	0.0197	5.6	0.6887	0.0106	0.0152	0.0109	0.6886
0.7	0.0269	0.0000	0.0000	0.0004	0.0269	5.7	0.6029	0.0084	0.0120	0.0115	0.6028
0.8	0.0361	0.0000	0.0000	0.0009	0.0361	5.8	0.5295	0.0066	0.0094	0.0120	0.5295
0.9	0.0442	0.0000	0.0000	0.0009	0.0442	5.9	0.4691	0.0052	0.0074	0.0125	0.4691
1.0	0.0519	0.0000	0.0001	0.0008	0.0519	6.0	0.4132	0.0041	0.0058	0.0131	0.4131
1.1	0.0591	0.0001	0.0001	0.0011	0.0591	6.1	0.3572	0.0030	0.0043	0.0136	0.3572
1.2	0.0660	0.0001	0.0001	0.0010	0.0660	6.2	0.3088	0.0023	0.0032	0.0142	0.3087
1.3	0.0729	0.0001	0.0001	0.0010	0.0729	6.3	0.2654	0.0018	0.0025	0.0148	0.2654
1.4	0.0797	0.0002	0.0002	0.0011	0.0797	6.4	0.2327	0.0016	0.0023	0.0154	0.2327
1.5	0.0861	0.0002	0.0003	0.0013	0.0861	6.5	0.2068	0.0017	0.0024	0.0160	0.2068
1.6	0.0924	0.0002	0.0003	0.0014	0.0924	6.6	0.1870	0.0021	0.0029	0.0166	0.1869
1.7	0.0990	0.0003	0.0004	0.0016	0.0990	6.7	0.1708	0.0026	0.0036	0.0172	0.1708
1.8	0.1057	0.0003	0.0004	0.0017	0.1057	6.8	0.1552	0.0032	0.0045	0.0179	0.1552
1.9	0.1121	0.0004	0.0005	0.0019	0.1121	6.9	0.1453	0.0043	0.0059	0.0186	0.1452
2.0	0.1187	0.0004	0.0007	0.0020	0.1187	7.0	0.1361	0.0056	0.0077	0.0193	0.1360
2.1	0.1252	0.0005	0.0008	0.0022	0.1252	7.1	0.1281	0.0072	0.0099	0.0200	0.1280
2.2	0.1317	0.0007	0.0010	0.0024	0.1317	7.2	0.1282	0.0091	0.0124	0.0208	0.1280
2.3	0.1413	0.0008	0.0012	0.0026	0.1413	7.3	0.1286	0.0112	0.0152	0.0216	0.1284
2.4	0.1473	0.0009	0.0014	0.0028	0.1473	7.4	0.1293	0.0136	0.0183	0.0224	0.1290
2.5	0.1553	0.0011	0.0016	0.0031	0.1553	7.5	0.1353	0.0157	0.0212	0.0232	0.1350
2.6	0.1632	0.0013	0.0019	0.0033	0.1632	7.6	0.1419	0.0181	0.0242	0.0240	0.1414
2.7	0.1715	0.0015	0.0022	0.0035	0.1715	7.7	0.1490	0.0207	0.0275	0.0248	0.1485
2.8	0.1771	0.0018	0.0026	0.0038	0.1771	7.8	0.1611	0.0243	0.0322	0.0258	0.1605
2.9	0.1818	0.0021	0.0030	0.0040	0.1817	7.9	0.1732	0.0282	0.0372	0.0267	0.1724
3.0	0.1937	0.0025	0.0037	0.0042	0.1937	8.0	0.1854	0.0325	0.0426	0.0278	0.1845
3.1	0.2040	0.0029	0.0043	0.0044	0.2040	8.1	0.2003	0.0371	0.0483	0.0288	0.1992
3.2	0.2124	0.0034	0.0050	0.0046	0.2124	8.2	0.2199	0.0422	0.0545	0.0298	0.2186
3.3	0.2290	0.0041	0.0060	0.0045	0.2290	8.3	0.2395	0.0475	0.0611	0.0309	0.2380
3.4	0.2446	0.0049	0.0072	0.0044	0.2446	8.4	0.2590	0.0533	0.0680	0.0321	0.2573
3.5	0.2641	0.0059	0.0087	0.0041	0.2640						
3.6	0.2976	0.0072	0.0107	0.0034	0.2976						
3.7	0.3256	0.0088	0.0131	0.0027	0.3256						
3.8	0.3732	0.0108	0.0161	0.0022	0.3732						
3.9	0.4298	0.0133	0.0199	0.0019	0.4297						
4.0	0.5191	0.0171	0.0255	0.0017	0.5190						
4.1	0.6430	0.0217	0.0324	0.0019	0.6429						
4.2	0.8203	0.0278	0.0415	0.0022	0.8202						
4.3	0.9974	0.0330	0.0492	0.0027	0.9973						
4.4	1.2050	0.0389	0.0578	0.0031	1.2049						
4.5	1.4316	0.0449	0.0665	0.0036	1.4315						
4.6	1.6113	0.0476	0.0704	0.0042	1.6111						
4.7	1.7137	0.0478	0.0704	0.0049	1.7135						
4.8	1.7114	0.0450	0.0660	0.0056	1.7111						
4.9	1.6072	0.0399	0.0584	0.0064	1.6069						
5.0	1.4667	0.0345	0.0504	0.0071	1.4664						
5.1	1.3176	0.0294	0.0428	0.0078	1.3174						
5.2	1.1723	0.0248	0.0360	0.0085	1.1721						
5.3	1.0301	0.0204	0.0295	0.0092	1.0299						

Table T3.47—Graphite

GRAPHITE

RADIUS = 0.020 MICRON

X	QEXT	QSCA	QBK	G	QPR	X	QEXT	QSCA	QBK	G	QPR
0.4	0.0221	0.0000	0.0000	0.0010	0.0221	5.4	1.5013	0.1718	0.2128	0.0453	1.4936
0.5	0.0306	0.0000	0.0000	0.0010	0.0306	5.5	1.3357	0.1419	0.1739	0.0475	1.3290
0.6	0.0405	0.0001	0.0001	0.0011	0.0405	5.6	1.1832	0.1144	0.1387	0.0494	1.1776
0.7	0.0555	0.0001	0.0002	0.0011	0.0555	5.7	1.0531	0.0923	0.1107	0.0513	1.0484
0.8	0.0746	0.0002	0.0004	0.0013	0.0746	5.8	0.9401	0.0741	0.0880	0.0532	0.9361
0.9	0.0915	0.0004	0.0006	0.0016	0.0915	5.9	0.8465	0.0597	0.0702	0.0550	0.8432
1.0	0.1081	0.0006	0.0008	0.0020	0.1081	6.0	0.7578	0.0473	0.0550	0.0569	0.7551
1.1	0.1236	0.0008	0.0012	0.0024	0.1236	6.1	0.6688	0.0359	0.0413	0.0587	0.6667
1.2	0.1389	0.0011	0.0016	0.0028	0.1389	6.2	0.5905	0.0277	0.0315	0.0606	0.5888
1.3	0.1543	0.0014	0.0021	0.0033	0.1543	6.3	0.5197	0.0224	0.0251	0.0625	0.5183
1.4	0.1697	0.0019	0.0028	0.0038	0.1697	6.4	0.4684	0.0209	0.0231	0.0645	0.4670
1.5	0.1848	0.0025	0.0036	0.0044	0.1848	6.5	0.4297	0.0226	0.0247	0.0666	0.4282
1.6	0.2000	0.0031	0.0046	0.0050	0.2000	6.6	0.4028	0.0271	0.0293	0.0688	0.4010
1.7	0.2162	0.0040	0.0058	0.0056	0.2162	6.7	0.3837	0.0342	0.0364	0.0710	0.3812
1.8	0.2329	0.0049	0.0072	0.0062	0.2328	6.8	0.3666	0.0436	0.0457	0.0734	0.3634
1.9	0.2497	0.0061	0.0088	0.0069	0.2496	6.9	0.3665	0.0592	0.0610	0.0759	0.3620
2.0	0.2671	0.0074	0.0108	0.0076	0.2670	7.0	0.3704	0.0787	0.0795	0.0786	0.3642
2.1	0.2850	0.0091	0.0130	0.0084	0.2849	7.1	0.3797	0.1021	0.1011	0.0815	0.3714
2.2	0.3036	0.0109	0.0156	0.0092	0.3035	7.2	0.4102	0.1300	0.1260	0.0845	0.3992
2.3	0.3291	0.0131	0.0187	0.0099	0.3290	7.3	0.4449	0.1620	0.1532	0.0878	0.4306
2.4	0.3480	0.0156	0.0221	0.0108	0.3479	7.4	0.4840	0.1981	0.1825	0.0912	0.4659
2.5	0.3720	0.0185	0.0261	0.0116	0.3718	7.5	0.5311	0.2304	0.2068	0.0947	0.5093
2.6	0.3971	0.0219	0.0309	0.0124	0.3969	7.6	0.5816	0.2648	0.2311	0.0983	0.5556
2.7	0.4241	0.0258	0.0363	0.0132	0.4237	7.7	0.6374	0.3029	0.2565	0.1021	0.6065
2.8	0.4465	0.0302	0.0423	0.0142	0.4461	7.8	0.7230	0.3569	0.2905	0.1067	0.6849
2.9	0.4691	0.0355	0.0494	0.0153	0.4686	7.9	0.8144	0.4155	0.3236	0.1116	0.7680
3.0	0.5127	0.0430	0.0598	0.0157	0.5121	8.0	0.9119	0.4787	0.3549	0.1167	0.8560
3.1	0.5536	0.0512	0.0710	0.0161	0.5527	8.1	1.0224	0.5458	0.3827	0.1223	0.9556
3.2	0.5906	0.0598	0.0827	0.0167	0.5896	8.2	1.1511	0.6162	0.4056	0.1282	1.0721
3.3	0.6526	0.0725	0.1007	0.0161	0.6514	8.3	1.2871	0.6908	0.4235	0.1345	1.1943
3.4	0.7155	0.0876	0.1226	0.0150	0.7142	8.4	1.4311	0.7694	0.4356	0.1409	1.3227
3.5	0.7876	0.1054	0.1490	0.0136	0.7861						
3.6	0.8929	0.1299	0.1867	0.0113	0.8914						
3.7	0.9926	0.1606	0.2340	0.0091	0.9912						
3.8	1.1376	0.1972	0.2893	0.0081	1.1360						
3.9	1.3164	0.2459	0.3623	0.0075	1.3146						
4.0	1.5887	0.3152	0.4644	0.0077	1.5863						
4.1	1.9409	0.3960	0.5805	0.0086	1.9375						
4.2	2.3971	0.4943	0.7196	0.0100	2.3922						
4.3	2.7565	0.5571	0.8037	0.0117	2.7500						
4.4	3.0882	0.6108	0.8730	0.0136	3.0799						
4.5	3.3293	0.6411	0.9068	0.0158	3.3192						
4.6	3.3476	0.6109	0.8523	0.0187	3.3362						
4.7	3.2087	0.5533	0.7600	0.0223	3.1964						
4.8	2.9536	0.4806	0.6486	0.0264	2.9409						
4.9	2.6638	0.4098	0.5438	0.0303	2.6514						
5.0	2.3892	0.3481	0.4547	0.0340	2.3773						
5.1	2.1336	0.2948	0.3793	0.0374	2.1226						
5.2	1.9010	0.2496	0.3167	0.0404	1.8909						
5.3	1.6888	0.2078	0.2604	0.0430	1.6798						

Table T3.48—Graphite

GRAPHITE

RADIUS = 0.030 MICRON

X	QEXT	QSCA	QBK	G	QPR
0.4	0.0341	0.0001	0.0001	0.0012	0.0341
0.5	0.0475	0.0002	0.0001	0.0017	0.0475
0.6	0.0637	0.0004	0.0003	0.0020	0.0637
0.7	0.0878	0.0007	0.0006	0.0023	0.0878
0.8	0.1182	0.0012	0.0011	0.0027	0.1182
0.9	0.1458	0.0019	0.0018	0.0034	0.1458
1.0	0.1735	0.0028	0.0028	0.0042	0.1735
1.1	0.2001	0.0040	0.0042	0.0051	0.2001
1.2	0.2272	0.0056	0.0059	0.0061	0.2272
1.3	0.2551	0.0075	0.0081	0.0071	0.2550
1.4	0.2839	0.0099	0.0109	0.0083	0.2838
1.5	0.3132	0.0129	0.0143	0.0095	0.3130
1.6	0.3436	0.0166	0.0185	0.0108	0.3434
1.7	0.3767	0.0209	0.0235	0.0121	0.3765
1.8	0.4117	0.0261	0.0295	0.0135	0.4114
1.9	0.4488	0.0324	0.0366	0.0150	0.4483
2.0	0.4882	0.0397	0.0450	0.0166	0.4875
2.1	0.5304	0.0485	0.0548	0.0182	0.5295
2.2	0.5756	0.0587	0.0664	0.0198	0.5745
2.3	0.6329	0.0703	0.0796	0.0213	0.6314
2.4	0.6833	0.0841	0.0948	0.0231	0.6814
2.5	0.7440	0.1000	0.1122	0.0247	0.7415
2.6	0.8102	0.1189	0.1324	0.0264	0.8071
2.7	0.8825	0.1406	0.1560	0.0280	0.8786
2.8	0.9515	0.1651	0.1831	0.0299	0.9466
2.9	1.0280	0.1948	0.2128	0.0318	1.0218
3.0	1.1497	0.2365	0.2484	0.0319	1.1422
3.1	1.2677	0.2818	0.3022	0.0322	1.2586
3.2	1.3784	0.3286	0.3605	0.0329	1.3676
3.3	1.5381	0.3965	0.4195	0.0309	1.5258
3.4	1.7002	0.4759	0.5142	0.0285	1.6866
3.5	1.8706	0.5656	0.6284	0.0262	1.8558
3.6	2.0885	0.6817	0.7600	0.0234	2.0726
3.7	2.3110	0.8234	0.9340	0.0211	2.2937
3.8	2.5811	0.9728	1.1459	0.0212	2.5605
3.9	2.8944	1.1560	1.3561	0.0216	2.8694
4.0	3.2933	1.3772	1.6100	0.0230	3.2617
4.1	3.6679	1.5641	1.9053	0.0257	3.6276
4.2	3.9874	1.7087	2.1333	0.0294	3.9372
4.3	4.0628	1.7046	2.2877	0.0345	4.0040
4.4	4.0466	1.6563	2.2263	0.0407	3.9793
4.5	3.9399	1.5624	2.1014	0.0486	3.8640
4.6	3.7113	1.3927	1.9122	0.0593	3.6287
4.7	3.4464	1.2190	1.6245	0.0717	3.3590
4.8	3.1591	1.0525	1.3446	0.0848	3.0699
4.9	2.8897	0.9120	1.0935	0.0955	2.8025
5.0	2.6425	0.7935	0.9001	0.1041	2.5599
5.1	2.4095	0.6903	0.7504	0.1111	2.3328
5.2	2.1925	0.6007	0.6293	0.1168	2.1223
5.3	1.9906	0.5163	0.5308	0.1211	1.9281
5.4	1.8071	0.4405	0.4447	0.1247	1.7522
5.5	1.6395	0.3749	0.3708	0.1280	1.5915
5.6	1.4810	0.3120	0.3085	0.1309	1.4401
5.7	1.3418	0.2589	0.2512	0.1339	1.3071
5.8	1.2176	0.2136	0.2038	0.1370	1.1883
5.9	1.1130	0.1762	0.1642	0.1402	1.0883
6.0	1.0118	0.1427	0.1320	0.1435	0.9913
6.1	0.9095	0.1113	0.1041	0.1467	0.8931
6.2	0.8191	0.0881	0.0789	0.1501	0.8059
6.3	0.7378	0.0728	0.0605	0.1537	0.7267
6.4	0.6835	0.0692	0.0483	0.1579	0.6725
6.5	0.6485	0.0759	0.0442	0.1626	0.6361
6.6	0.6321	0.0921	0.0463	0.1677	0.6167
6.7	0.6295	0.1168	0.0534	0.1732	0.6092
6.8	0.6336	0.1498	0.0640	0.1791	0.6068
6.9	0.6746	0.2037	0.0770	0.1859	0.6367
7.0	0.7288	0.2704	0.0964	0.1933	0.6765
7.1	0.7985	0.3502	0.1162	0.2011	0.7280
7.2	0.9066	0.4423	0.1341	0.2100	0.8137
7.3	1.0300	0.5467	0.1465	0.2193	0.9101
7.4	1.1707	0.6643	0.1517	0.2286	1.0188
7.5	1.3117	0.7648	0.1479	0.2374	1.1301
7.6	1.4634	0.8715	0.1335	0.2457	1.2493
7.7	1.6335	0.9904	0.1132	0.2533	1.3826
7.8	1.8885	1.1605	0.0882	0.2602	1.5866
7.9	2.1577	1.3431	0.0561	0.2646	1.8022
8.0	2.4287	1.5321	0.0275	0.2666	2.0203
8.1	2.6830	1.7070	0.0108	0.2667	2.2278
8.2	2.8941	1.8430	0.0128	0.2660	2.4039
8.3	3.0552	1.9496	0.0340	0.2652	2.5382
8.4	3.1706	2.0259	0.0670	0.2653	2.6332

Table T3.49—Graphite

GRAPHITE

RADIUS = 0.040 MICRON

X	QEXT	QSCA	QBK	G	QPR	X	QEXT	QSCA	QBK	G	QPR
0.4	0.0472	0.0003	0.0004	0.0018	0.0472	5.4	2.0135	0.6720	0.2597	0.2461	1.8481
0.5	0.0666	0.0006	0.0009	0.0026	0.0666	5.5	1.8529	0.5869	0.2202	0.2487	1.7069
0.6	0.0905	0.0013	0.0019	0.0034	0.0905	5.6	1.6971	0.5018	0.1813	0.2514	1.5710
0.7	0.1258	0.0024	0.0035	0.0038	0.1258	5.7	1.5571	0.4267	0.1472	0.2547	1.4484
0.8	0.1702	0.0040	0.0058	0.0046	0.1701	5.8	1.4295	0.3601	0.1176	0.2585	1.3364
0.9	0.2118	0.0062	0.0090	0.0058	0.2117	5.9	1.3200	0.3028	0.0924	0.2631	1.2403
1.0	0.2545	0.0092	0.0133	0.0072	0.2544	6.0	1.2126	0.2502	0.0707	0.2679	1.1456
1.1	0.2972	0.0131	0.0189	0.0088	0.2971	6.1	1.1035	0.1993	0.0512	0.2729	1.0491
1.2	0.3420	0.0182	0.0259	0.0105	0.3419	6.2	1.0074	0.1608	0.0368	0.2785	0.9626
1.3	0.3896	0.0247	0.0348	0.0123	0.3893	6.3	0.9226	0.1351	0.0270	0.2846	0.8842
1.4	0.4402	0.0327	0.0457	0.0142	0.4397	6.4	0.8721	0.1299	0.0218	0.2920	0.8342
1.5	0.4938	0.0426	0.0590	0.0163	0.4931	6.5	0.8490	0.1436	0.0192	0.3001	0.8059
1.6	0.5514	0.0548	0.0750	0.0185	0.5504	6.6	0.8527	0.1749	0.0177	0.3088	0.7986
1.7	0.6149	0.0694	0.0938	0.0207	0.6134	6.7	0.8782	0.2226	0.0157	0.3176	0.8075
1.8	0.6836	0.0869	0.1160	0.0231	0.6816	6.8	0.9193	0.2871	0.0126	0.3259	0.8258
1.9	0.7589	0.1080	0.1423	0.0256	0.7561	6.9	1.0232	0.3925	0.0078	0.3342	0.8921
2.0	0.8405	0.1328	0.1726	0.0281	0.8368	7.0	1.1576	0.5264	0.0027	0.3407	0.9782
2.1	0.9301	0.1621	0.2077	0.0307	0.9251	7.1	1.3266	0.6919	0.0014	0.3448	1.0880
2.2	1.0273	0.1961	0.2477	0.0334	1.0207	7.2	1.5492	0.8818	0.0088	0.3473	1.2430
2.3	1.1411	0.2343	0.2923	0.0358	1.1327	7.3	1.7928	1.0950	0.0300	0.3476	1.4121
2.4	1.2529	0.2793	0.3430	0.0387	1.2421	7.4	2.0452	1.3229	0.0665	0.3483	1.5867
2.5	1.3799	0.3304	0.4001	0.0413	1.3662	7.5	2.2402	1.4842	0.1026	0.3465	1.7232
2.6	1.5184	0.3897	0.4657	0.0438	1.5013	7.6	2.4152	1.6284	0.1383	0.3516	1.8427
2.7	1.6659	0.4562	0.5384	0.0462	1.6448	7.7	2.5792	1.7611	0.1695	0.3566	1.9511
2.8	1.8125	0.5297	0.6155	0.0491	1.7866	7.8	2.7846	1.9070	0.1892	0.3657	2.0871
2.9	1.9746	0.6163	0.7070	0.0515	1.9429	7.9	2.9775	2.0313	0.1870	0.3790	2.2076
3.0	2.1875	0.7299	0.8448	0.0510	2.1503	8.0	3.1707	2.1415	0.1615	0.3964	2.3218
3.1	2.3793	0.8442	0.9819	0.0510	2.3363	8.1	3.3642	2.2284	0.1134	0.4180	2.4327
3.2	2.5456	0.9521	1.1042	0.0522	2.4960	8.2	3.5383	2.2780	0.0565	0.4422	2.5310
3.3	2.7393	1.0908	1.2893	0.0502	2.6846	8.3	3.6758	2.3079	0.0191	0.4637	2.6057
3.4	2.9121	1.2348	1.4828	0.0487	2.8520	8.4	3.7552	2.3091	0.0247	0.4800	2.6468
3.5	3.0627	1.3734	1.6638	0.0481	2.9966						
3.6	3.2220	1.5265	1.8612	0.0479	3.1488						
3.7	3.3722	1.6983	2.0787	0.0480	3.2907						
3.8	3.5089	1.8341	2.2135	0.0510	3.4153						
3.9	3.6427	1.9774	2.3467	0.0546	3.5347						
4.0	3.7758	2.1084	2.4369	0.0599	3.6494						
4.1	3.8449	2.1592	2.3900	0.0686	3.6968						
4.2	3.8706	2.1534	2.2419	0.0810	3.6963						
4.3	3.8110	2.0524	1.9652	0.0975	3.6109						
4.4	3.7485	1.9428	1.6724	0.1180	3.5191						
4.5	3.6787	1.8225	1.3709	0.1427	3.4186						
4.6	3.5548	1.6594	1.0655	0.1694	3.2736						
4.7	3.3954	1.4988	0.8233	0.1939	3.1048						
4.8	3.1929	1.3426	0.6499	0.2130	2.9069						
4.9	2.9781	1.2036	0.5398	0.2246	2.7078						
5.0	2.7689	1.0801	0.4622	0.2320	2.5183						
5.1	2.5653	0.9680	0.4014	0.2372	2.3357						
5.2	2.3713	0.8666	0.3512	0.2410	2.1624						
5.3	2.1859	0.7662	0.3039	0.2436	1.9992						

Table T3.50—Graphite

GRAPHITE

RADIUS = 0.050 MICRON

x	QEXT	QSCA	QBK	G	QPR	x	QEXT	QSCA	QBK	G	QPR
0.4	0.0620	0.0006	0.0009	0.0027	0.0620	5.4	2.1579	0.8464	0.1667	0.3595	1.8536
0.5	0.0888	0.0015	0.0022	0.0039	0.0888	5.5	2.0077	0.7534	0.1411	0.3621	1.7349
0.6	0.1228	0.0031	0.0045	0.0050	0.1227	5.6	1.8591	0.6571	0.1132	0.3655	1.6189
0.7	0.1724	0.0059	0.0086	0.0057	0.1724	5.7	1.7230	0.5696	0.0883	0.3699	1.5123
0.8	0.2343	0.0099	0.0144	0.0068	0.2342	5.8	1.5966	0.4894	0.0667	0.3751	1.4131
0.9	0.2948	0.0155	0.0223	0.0087	0.2947	5.9	1.4862	0.4184	0.0484	0.3813	1.3266
1.0	0.3589	0.0232	0.0329	0.0108	0.3586	6.0	1.3766	0.3515	0.0333	0.3879	1.2403
1.1	0.4253	0.0332	0.0466	0.0131	0.4249	6.1	1.2645	0.2853	0.0202	0.3950	1.1518
1.2	0.4973	0.0462	0.0642	0.0157	0.4966	6.2	1.1665	0.2343	0.0115	0.4024	1.0722
1.3	0.5758	0.0628	0.0860	0.0184	0.5747	6.3	1.0826	0.2004	0.0062	0.4097	1.0006
1.4	0.6613	0.0834	0.1124	0.0212	0.6596	6.4	1.0403	0.1955	0.0037	0.4173	0.9587
1.5	0.7548	0.1090	0.1447	0.0243	0.7521	6.5	1.0343	0.2192	0.0035	0.4243	0.9412
1.6	0.8575	0.1404	0.1832	0.0275	0.8536	6.6	1.0642	0.2706	0.0061	0.4302	0.9478
1.7	0.9710	0.1777	0.2277	0.0308	0.9655	6.7	1.1256	0.3488	0.0131	0.4346	0.9740
1.8	1.0949	0.2218	0.2790	0.0343	1.0873	6.8	1.2125	0.4557	0.0272	0.4373	1.0132
1.9	1.2318	0.2746	0.3388	0.0379	1.2214	6.9	1.3828	0.6256	0.0562	0.4392	1.1080
2.0	1.3792	0.3354	0.4054	0.0416	1.3653	7.0	1.5880	0.8335	0.0986	0.4409	1.2205
2.1	1.5391	0.4057	0.4803	0.0453	1.5207	7.1	1.8219	1.0712	0.1489	0.4441	1.3462
2.2	1.7085	0.4847	0.5616	0.0491	1.6847	7.2	2.0866	1.3079	0.1873	0.4529	1.4943
2.3	1.8874	0.5679	0.6457	0.0526	1.8575	7.3	2.3610	1.5482	0.2028	0.4656	1.6401
2.4	2.0680	0.6636	0.7372	0.0567	2.0303	7.4	2.6486	1.7923	0.1847	0.4817	1.7852
2.5	2.2523	0.7638	0.8311	0.0604	2.2062	7.5	2.8806	1.9606	0.1375	0.4992	1.9018
2.6	2.4382	0.8719	0.9307	0.0640	2.3824	7.6	3.1008	2.1164	0.0800	0.5155	2.0099
2.7	2.6148	0.9818	1.0284	0.0676	2.5485	7.7	3.3036	2.2592	0.0289	0.5288	2.1088
2.8	2.7772	1.0933	1.1199	0.0716	2.6989	7.8	3.5012	2.3831	0.0098	0.5385	2.2179
2.9	2.9346	1.2117	1.2196	0.0750	2.8437	7.9	3.6012	2.4354	0.0624	0.5411	2.2835
3.0	3.0838	1.3380	1.3548	0.0757	2.9825	8.0	3.6195	2.4205	0.1742	0.5388	2.3154
3.1	3.1863	1.4419	1.4516	0.0780	3.0739	8.1	3.5803	2.3390	0.3075	0.5358	2.3271
3.2	3.2497	1.5196	1.5009	0.0821	3.1250	8.2	3.5146	2.2065	0.4158	0.5370	2.3298
3.3	3.2934	1.6033	1.5786	0.0844	3.1582	8.3	3.4575	2.0733	0.4805	0.5432	2.3312
3.4	3.3153	1.6796	1.6360	0.0877	3.1681	8.4	3.4047	1.9448	0.4850	0.5549	2.3254
3.5	3.3214	1.7430	1.6590	0.0926	3.1600						
3.6	3.3331	1.8147	1.6746	0.0988	3.1537						
3.7	3.3483	1.9002	1.6914	0.1056	3.1476						
3.8	3.3661	1.9526	1.6256	0.1171	3.1374						
3.9	3.3975	2.0134	1.5428	0.1309	3.1338						
4.0	3.4570	2.0722	1.4071	0.1503	3.1456						
4.1	3.5238	2.0907	1.1841	0.1770	3.1537						
4.2	3.6166	2.0941	0.9102	0.2116	3.1736						
4.3	3.6615	2.0385	0.6402	0.2467	3.1587						
4.4	3.6972	1.9813	0.4218	0.2812	3.1400						
4.5	3.6942	1.9109	0.2757	0.3114	3.0991						
4.6	3.5944	1.7873	0.2132	0.3323	3.0005						
4.7	3.4369	1.6524	0.2080	0.3449	2.8670						
4.8	3.2375	1.5127	0.2274	0.3508	2.7068						
4.9	3.0358	1.3821	0.2388	0.3532	2.5477						
5.0	2.8447	1.2628	0.2383	0.3545	2.3970						
5.1	2.6607	1.1525	0.2302	0.3553	2.2511						
5.2	2.4855	1.0511	0.2166	0.3560	2.1113						
5.3	2.3168	0.9470	0.1933	0.3574	1.9784						

Table T3.51—Graphite

RADIUS = 0.060 MICRON

X	QEXT	QSCA	QBK	G	QPR	X	QEXT	QSCA	QBK	G	QPR
0.4	0.0789	0.0013	0.0019	0.0037	0.0789	5.4	2.2516	0.9805	0.2279	0.4375	1.8226
0.5	0.1151	0.0031	0.0045	0.0055	0.1150	5.5	2.1142	0.8857	0.1888	0.4420	1.7227
0.6	0.1622	0.0066	0.0095	0.0069	0.1622	5.6	1.9759	0.7850	0.1494	0.4478	1.6244
0.7	0.2304	0.0124	0.0180	0.0077	0.2303	5.7	1.8470	0.6913	0.1160	0.4543	1.5329
0.8	0.3152	0.0211	0.0303	0.0093	0.3150	5.8	1.7252	0.6034	0.0881	0.4615	1.4467
0.9	0.4015	0.0332	0.0471	0.0119	0.4011	5.9	1.6169	0.5236	0.0659	0.4696	1.3710
1.0	0.4957	0.0497	0.0694	0.0147	0.4950	6.0	1.5081	0.4470	0.0479	0.4777	1.2946
1.1	0.5968	0.0715	0.0982	0.0180	0.5955	6.1	1.3959	0.3695	0.0331	0.4861	1.2163
1.2	0.7092	0.0999	0.1347	0.0214	0.7071	6.2	1.2986	0.3090	0.0241	0.4940	1.1459
1.3	0.8340	0.1359	0.1798	0.0251	0.8306	6.3	1.2180	0.2692	0.0197	0.5009	1.0832
1.4	0.9717	0.1803	0.2336	0.0290	0.9664	6.4	1.1854	0.2666	0.0206	0.5071	1.0502
1.5	1.1239	0.2351	0.2980	0.0331	1.1162	6.5	1.1975	0.3024	0.0263	0.5126	1.0424
1.6	1.2914	0.3012	0.3729	0.0374	1.2801	6.6	1.2535	0.3755	0.0365	0.5180	1.0590
1.7	1.4727	0.3777	0.4562	0.0420	1.4569	6.7	1.3480	0.4836	0.0500	0.5241	1.0946
1.8	1.6660	0.4654	0.5475	0.0467	1.6443	6.8	1.4752	0.6277	0.0645	0.5310	1.1418
1.9	1.8727	0.5663	0.6485	0.0514	1.8436	6.9	1.6997	0.8458	0.0755	0.5419	1.2413
2.0	2.0835	0.6760	0.7525	0.0564	2.0454	7.0	1.9665	1.1045	0.0708	0.5548	1.3538
2.1	2.2966	0.7946	0.8593	0.0614	2.2478	7.1	2.2706	1.3969	0.0467	0.5680	1.4772
2.2	2.5019	0.9167	0.9620	0.0666	2.4409	7.2	2.5927	1.6779	0.0136	0.5800	1.6195
2.3	2.6832	1.0282	1.0475	0.0718	2.6094	7.3	2.8918	1.9438	0.0004	0.5869	1.7509
2.4	2.8539	1.1471	1.1305	0.0775	2.7651	7.4	3.1403	2.1688	0.0290	0.5886	1.8638
2.5	2.9935	1.2519	1.1937	0.0832	2.8893	7.5	3.2714	2.2630	0.0810	0.5901	1.9361
2.6	3.1069	1.3481	1.2439	0.0891	2.9868	7.6	3.3690	2.3176	0.1415	0.5921	1.9968
2.7	3.1867	1.4278	1.2710	0.0954	3.0504	7.7	3.4550	2.3480	0.1950	0.5962	2.0552
2.8	3.2416	1.4956	1.2767	0.1027	3.0880	7.8	3.5472	2.3406	0.2195	0.6053	2.1306
2.9	3.2742	1.5539	1.2735	0.1100	3.1033	7.9	3.6016	2.3018	0.1802	0.6179	2.1794
3.0	3.2709	1.5968	1.2711	0.1166	3.0846	8.0	3.5812	2.2185	0.0977	0.6291	2.1854
3.1	3.2484	1.6211	1.2267	0.1258	3.0444	8.1	3.4668	2.0692	0.0327	0.6357	2.1515
3.2	3.2166	1.6290	1.1450	0.1377	2.9923	8.2	3.2935	1.8698	0.0427	0.6375	2.1014
3.3	3.1794	1.6487	1.0755	0.1497	2.9327	8.3	3.1232	1.6786	0.1359	0.6350	2.0574
3.4	3.1489	1.6746	0.9930	0.1634	2.8753	8.4	2.9786	1.5124	0.2794	0.6312	2.0240
3.5	3.1289	1.7029	0.8914	0.1795	2.8233						
3.6	3.1344	1.7513	0.7827	0.1981	2.7874						
3.7	3.1553	1.8179	0.6693	0.2181	2.7588						
3.8	3.2063	1.8724	0.5190	0.2439	2.7497						
3.9	3.2887	1.9485	0.3679	0.2723	2.7581						
4.0	3.4238	2.0453	0.2152	0.3054	2.7993						
4.1	3.5688	2.1189	0.0983	0.3391	2.8504						
4.2	3.7074	2.1767	0.0592	0.3694	2.9033						
4.3	3.7362	2.1472	0.1069	0.3895	2.8999						
4.4	3.7200	2.0972	0.2083	0.4033	2.8741						
4.5	3.6573	2.0218	0.3301	0.4122	2.8238						
4.6	3.5279	1.8928	0.4185	0.4177	2.7373						
4.7	3.3740	1.7585	0.4637	0.4214	2.6330						
4.8	3.1994	1.6248	0.4662	0.4235	2.5113						
4.9	3.0262	1.5009	0.4377	0.4252	2.3880						
5.0	2.8608	1.3873	0.3986	0.4270	2.2684						
5.1	2.7001	1.2818	0.3570	0.4287	2.1506						
5.2	2.5458	1.1840	0.3165	0.4305	2.0360						
5.3	2.3953	1.0815	0.2716	0.4335	1.9264						

Table T3.52—Graphite

GRAPHITE

RADIUS = 0.070 MICRON

x	QEXT	QSCA	QBK	G	QPR	x	QEXT	QSCA	QBK	G	QPR
0.4	0.0985	0.0024	0.0035	0.0048	0.0985	5.4	2.3142	1.0813	0.2373	0.4974	1.7764
0.5	0.1466	0.0059	0.0085	0.0072	0.1465	5.5	2.1890	0.9884	0.1957	0.5039	1.6910
0.6	0.2111	0.0124	0.0178	0.0089	0.2110	5.6	2.0615	0.8878	0.1551	0.5119	1.6070
0.7	0.3034	0.0237	0.0339	0.0097	0.3031	5.7	1.9409	0.7925	0.1207	0.5205	1.5284
0.8	0.4179	0.0403	0.0572	0.0119	0.4174	5.8	1.8253	0.7014	0.0921	0.5296	1.4539
0.9	0.5393	0.0638	0.0889	0.0151	0.5384	5.9	1.7207	0.6169	0.0694	0.5392	1.3881
1.0	0.6753	0.0957	0.1310	0.0188	0.6735	6.0	1.6146	0.5343	0.0512	0.5487	1.3215
1.1	0.8249	0.1378	0.1846	0.0230	0.8217	6.1	1.5042	0.4490	0.0366	0.5584	1.2535
1.2	0.9935	0.1923	0.2518	0.0274	0.9882	6.2	1.4090	0.3815	0.0271	0.5672	1.1926
1.3	1.1813	0.2606	0.3328	0.0321	1.1730	6.3	1.3328	0.3373	0.0215	0.5751	1.1389
1.4	1.3868	0.3433	0.4265	0.0372	1.3740	6.4	1.3104	0.3373	0.0191	0.5833	1.1137
1.5	1.6104	0.4424	0.5340	0.0424	1.5916	6.5	1.3404	0.3842	0.0180	0.5921	1.1259
1.6	1.8479	0.5570	0.6520	0.0480	1.8212	6.6	1.4218	0.4764	0.0158	0.6019	1.1350
1.7	2.0899	0.6820	0.7721	0.0538	2.0532	6.7	1.5488	0.6107	0.0109	0.6125	1.1747
1.8	2.3288	0.8149	0.8904	0.0600	2.2799	6.8	1.7158	0.7883	0.0040	0.6227	1.2249
1.9	2.5605	0.9546	1.0059	0.0662	2.4973	6.9	1.9876	1.0490	0.0005	0.6330	1.3236
2.0	2.7676	1.0900	1.2384	0.0729	2.6882	7.0	2.2919	1.3454	0.0154	0.6398	1.4310
2.1	2.9454	1.2176	1.1043	0.0798	2.8482	7.1	2.6065	1.6537	0.0598	0.6435	1.5423
2.2	3.0841	1.3290	1.1841	0.0873	2.9680	7.2	2.8988	1.9061	0.1175	0.6479	1.6637
2.3	3.1675	1.4061	1.2359	0.0958	3.0329	7.3	3.1648	2.1248	0.1566	0.6536	1.7760
2.4	3.2307	1.4792	1.2433	0.1047	3.0758	7.4	3.3974	2.3064	0.1424	0.6607	1.8735
2.5	3.2530	1.5240	1.2384	0.1149	3.0779	7.5	3.5065	2.3649	0.0792	0.6686	1.9253
2.6	3.2509	1.5530	1.1990	0.1261	3.0550	7.6	3.5416	2.3655	0.0181	0.6736	1.9482
2.7	3.2289	1.5652	1.1400	0.1392	3.0111	7.7	3.5071	2.3065	0.0024	0.6747	1.9509
2.8	3.2003	1.5696	1.0572	0.1540	2.9586	7.8	3.3832	2.1366	0.0884	0.6710	1.9496
2.9	3.1659	1.5687	0.9582	0.1706	2.8982	7.9	3.2406	1.9368	0.2803	0.6649	1.9528
3.0	3.1221	1.5673	0.8508	0.1891	2.8257	8.0	3.1159	1.7460	0.5207	0.6608	1.9621
3.1	3.0887	1.5667	0.7399	0.2103	2.7592	8.1	3.0003	1.5728	0.6894	0.6631	1.9574
3.2	3.0656	1.5644	0.6136	0.2337	2.7001	8.2	2.8823	1.4205	0.6604	0.6710	1.9291
3.3	3.0550	1.5888	0.4807	0.2571	2.6466	8.3	2.7788	1.3029	0.4874	0.6786	1.8946
3.4	3.0578	1.6262	0.3653	0.2805	2.6017	8.4	2.6986	1.2188	0.2735	0.6848	1.8639
3.5	3.0759	1.6724	0.2603	0.3040	2.5676						
3.6	3.1250	1.7457	0.1697	0.3277	2.5529						
3.7	3.1855	1.8394	0.1006	0.3492	2.5431						
3.8	3.2710	1.9260	0.0672	0.3711	2.5563						
3.9	3.3711	2.0311	0.0622	0.3896	2.5798						
4.0	3.4921	2.1465	0.1319	0.4053	2.6222						
4.1	3.5780	2.2131	0.2762	0.4166	2.6560						
4.2	3.6298	2.2414	0.4843	0.4246	2.6781						
4.3	3.6044	2.1843	0.7247	0.4316	2.6616						
4.4	3.5694	2.1171	0.8821	0.4395	2.6390						
4.5	3.5231	2.0388	0.9787	0.4489	2.6079						
4.6	3.4316	1.9219	0.9925	0.4591	2.5493						
4.7	3.3115	1.8033	0.8950	0.4674	2.4687						
4.8	3.1625	1.6846	0.7624	0.4727	2.3663						
4.9	3.0089	1.5720	0.6324	0.4764	2.2600						
5.0	2.8610	1.4671	0.5311	0.4798	2.1571						
5.1	2.7173	1.3689	0.4525	0.4831	2.0561						
5.2	2.5793	1.2771	0.3353	0.4864	1.9581						
5.3	2.4441	1.1792	0.2845	0.4913	1.8648						

Table T3.53—Graphite

RADIUS = 0.080 MICRON

x	QEXT	QSCA	QBK	G	QPR	x	QEXT	QSCA	QBK	G	QPR
0.4	0.1215	0.0041	0.0060	0.0061	0.1214	5.4	2.3542	1.1575	0.1877	0.5485	1.7193
0.5	0.1847	0.0101	0.0145	0.0090	0.1846	5.5	2.2405	1.0681	0.1567	0.5568	1.6458
0.6	0.2717	0.0216	0.0307	0.0109	0.2715	5.6	2.1235	0.9699	0.1245	0.5667	1.5739
0.7	0.3948	0.0415	0.0590	0.0117	0.3943	5.7	2.0118	0.8757	0.0968	0.5771	1.5064
0.8	0.5478	0.0711	0.0998	0.0143	0.5467	5.8	1.9034	0.7843	0.0734	0.5878	1.4424
0.9	0.7158	0.1128	0.1551	0.0183	0.7138	5.9	1.8038	0.6978	0.0547	0.5988	1.3859
1.0	0.9071	0.1694	0.2276	0.0229	0.9032	6.0	1.7015	0.6120	0.0397	0.6095	1.3285
1.1	1.1202	0.2433	0.3182	0.0281	1.1133	6.1	1.5942	0.5216	0.0270	0.6205	1.2705
1.2	1.3590	0.3373	0.4287	0.0335	1.3477	6.2	1.5021	0.4491	0.0182	0.6308	1.2189
1.3	1.6195	0.4514	0.5560	0.0393	1.6017	6.3	1.4313	0.4017	0.0120	0.6405	1.1740
1.4	1.8931	0.5832	0.6939	0.0456	1.8665	6.4	1.4189	0.4043	0.0080	0.6508	1.1558
1.5	2.1741	0.7319	0.8392	0.0522	2.1359	6.5	1.4660	0.4615	0.0060	0.6614	1.1608
1.6	2.4478	0.8901	0.9805	0.0592	2.3950	6.6	1.5706	0.5712	0.0074	0.6715	1.1870
1.7	2.6937	1.0442	1.1002	0.0669	2.6239	6.7	1.7252	0.7285	0.0158	0.6805	1.2295
1.8	2.9016	1.1876	1.1915	0.0751	2.8124	6.8	1.9229	0.9328	0.0352	0.6877	1.2814
1.9	3.0674	1.3165	1.2547	0.0837	2.9571	6.9	2.2238	1.2184	0.0698	0.6946	1.3775
2.0	3.1800	1.4187	1.2755	0.0934	3.0475	7.0	2.5500	1.5295	0.0993	0.7006	1.4784
2.1	3.2450	1.4948	1.2598	0.1039	3.0896	7.1	2.8762	1.8411	0.0940	0.7059	1.5765
2.2	3.2673	1.5428	1.2058	0.1160	3.0883	7.2	3.1352	2.0642	0.0439	0.7106	1.6684
2.3	3.2475	1.5550	1.1070	0.1304	3.0447	7.3	3.3032	2.2051	0.0042	0.7115	1.7342
2.4	3.2218	1.5644	1.0005	0.1463	2.9929	7.4	3.3784	2.2508	0.0379	0.7088	1.7830
2.5	3.1809	1.5556	0.8704	0.1650	2.9242	7.5	3.3700	2.1886	0.1346	0.7085	1.8195
2.6	3.1394	1.5422	0.7318	0.1863	2.8520	7.6	3.3458	2.1041	0.2577	0.7092	1.8535
2.7	3.1027	1.5269	0.5868	0.2105	2.7813	7.7	3.2973	2.0028	0.3528	0.7106	1.8741
2.8	3.0765	1.5152	0.4443	0.2369	2.7175	7.8	3.1565	1.8164	0.3423	0.7100	1.8668
2.9	3.0587	1.5103	0.3124	0.2649	2.6586	7.9	2.9670	1.6084	0.2109	0.7052	1.8327
3.0	3.0490	1.5233	0.2016	0.2928	2.6029	8.0	2.7815	1.4061	0.0839	0.6979	1.8002
3.1	3.0508	1.5423	0.1163	0.3196	2.5579	8.1	2.6459	1.2447	0.0521	0.6936	1.7826
3.2	3.0581	1.5605	0.0644	0.3444	2.5207	8.2	2.5772	1.1530	0.1304	0.6980	1.7725
3.3	3.0747	1.6081	0.0823	0.3649	2.4879	8.3	2.5547	1.1229	0.2657	0.7073	1.7605
3.4	3.0945	1.6648	0.1521	0.3819	2.4588	8.4	2.5648	1.1323	0.3677	0.7201	1.7494
3.5	3.1194	1.7257	0.2695	0.3958	2.4363						
3.6	3.1645	1.8095	0.4357	0.4073	2.4276						
3.7	3.2076	1.9048	0.6367	0.4147	2.4176						
3.8	3.2570	1.9806	0.8721	0.4216	2.4219						
3.9	3.3089	2.0629	1.1259	0.4264	2.4294						
4.0	3.3742	2.1439	1.3070	0.4312	2.4497						
4.1	3.4257	2.1801	1.3812	0.4388	2.4690						
4.2	3.4815	2.1946	1.2720	0.4506	2.4925						
4.3	3.4932	2.1480	1.0802	0.4660	2.4922						
4.4	3.4972	2.0997	0.8471	0.4823	2.4845						
4.5	3.4734	2.0410	0.6264	0.4968	2.4593						
4.6	3.3856	1.9403	0.4778	0.5076	2.4007						
4.7	3.2648	1.8333	0.3936	0.5142	2.3221						
4.8	3.1218	1.7242	0.3461	0.5179	2.2288						
4.9	2.9802	1.6197	0.3113	0.5213	2.1358						
5.0	2.8463	1.5218	0.2815	0.5253	2.0469						
5.1	2.7170	1.4299	0.2537	0.5296	1.9597						
5.2	2.5930	1.3439	0.2537	0.5342	1.8752						
5.3	2.4715	1.2511	0.2212	0.5407	1.7950						

Table T3.54—Graphite

GRAPHITE

RADIUS = 0.090 MICRON

X	QEXT	QSCA	QBK	G	QPR	X	QEXT	QSCA	QBK	G	QPR
0.4	0.1484	0.0067	0.0097	0.0074	0.1484	5.4	2.3788	1.2153	0.2009	0.5917	1.6597
0.5	0.2308	0.0166	0.0235	0.0107	0.2306	5.5	2.2755	1.1299	0.1688	0.6016	1.5957
0.6	0.3466	0.0355	0.0501	0.0127	0.3461	5.6	2.1685	1.0352	0.1351	0.6132	1.5337
0.7	0.5085	0.0687	0.0969	0.0133	0.5076	5.7	2.0653	0.9436	0.1061	0.6251	1.4755
0.8	0.7101	0.1180	0.1642	0.0165	0.7082	5.8	1.9643	0.8536	0.0817	0.6371	1.4205
0.9	0.9376	0.1871	0.2541	0.0213	0.9337	5.9	1.8702	0.7671	0.0622	0.6492	1.3722
1.0	1.1976	0.2799	0.3696	0.0268	1.1901	6.0	1.7728	0.6801	0.0461	0.6608	1.3233
1.1	1.4847	0.3982	0.5091	0.0330	1.4716	6.1	1.6695	0.5868	0.0321	0.6730	1.2746
1.2	1.7966	0.5429	0.6701	0.0396	1.7751	6.2	1.5812	0.5108	0.0226	0.6843	1.2317
1.3	2.1179	0.7082	0.8407	0.0467	2.0848	6.3	1.5159	0.4613	0.0166	0.6950	1.1952
1.4	2.4277	0.8837	1.0035	0.0547	2.3794	6.4	1.5131	0.4667	0.0154	0.7056	1.1837
1.5	2.7106	1.0615	1.1488	0.0631	2.6436	6.5	1.5756	0.5334	0.0188	0.7154	1.1940
1.6	2.9451	1.2259	1.2578	0.0722	2.8565	6.6	1.7004	0.6584	0.0265	0.7240	1.2237
1.7	3.1131	1.3595	1.3110	0.0826	3.0008	6.7	1.8780	0.8345	0.0354	0.7315	1.2676
1.8	3.2169	1.4594	1.3111	0.0942	3.0795	6.8	2.0999	1.0589	0.0392	0.7379	1.3186
1.9	3.2661	1.5282	1.2685	0.1070	3.1026	6.9	2.4154	1.3577	0.0283	0.7441	1.4052
2.0	3.2687	1.5637	1.1802	0.1219	3.0781	7.0	2.7312	1.6603	0.0069	0.7482	1.4889
2.1	3.2414	1.5746	1.0601	0.1392	3.0223	7.1	3.0107	1.9256	0.0076	0.7500	1.5666
2.2	3.1979	1.5671	0.9142	0.1595	2.9480	7.2	3.2006	2.0675	0.0582	0.7515	1.6469
2.3	3.1465	1.5428	0.7458	0.1837	2.8630	7.3	3.3155	2.1342	0.1286	0.7512	1.7123
2.4	3.1072	1.5248	0.5824	0.2107	2.7860	7.4	3.3296	2.1193	0.1451	0.7471	1.7462
2.5	3.0765	1.5064	0.4212	0.2408	2.7139	7.5	3.2301	1.9997	0.0817	0.7432	1.7440
2.6	3.0590	1.4957	0.2769	0.2726	2.6512	7.6	3.0887	1.8382	0.0214	0.7371	1.7338
2.7	3.0538	1.4932	0.1596	0.3048	2.5987	7.7	2.9408	1.6566	0.0289	0.7301	1.7314
2.8	3.0574	1.4983	0.0791	0.3352	2.5551	7.8	2.7790	1.4312	0.1902	0.7233	1.7439
2.9	3.0640	1.5127	0.0433	0.3623	2.5160	7.9	2.6622	1.2746	0.4603	0.7198	1.7447
3.0	3.0717	1.5465	0.0581	0.3837	2.4783	8.0	2.5764	1.1779	0.6336	0.7193	1.7291
3.1	3.0771	1.5786	0.1158	0.4007	2.4445	8.1	2.5278	1.1269	0.5675	0.7264	1.7092
3.2	3.0762	1.6022	0.2069	0.4142	2.4126	8.2	2.5214	1.1215	0.3519	0.7411	1.6903
3.3	3.0789	1.6511	0.3339	0.4229	2.3807	8.3	2.5437	1.1525	0.1564	0.7547	1.6739
3.4	3.0792	1.7026	0.4858	0.4288	2.3491	8.4	2.5809	1.2016	0.0457	0.7656	1.6611
3.5	3.0808	1.7526	0.6512	0.4333	2.3214						
3.6	3.0993	1.8203	0.8370	0.4368	2.3041						
3.7	3.1177	1.8953	1.0295	0.4391	2.2855						
3.8	3.1493	1.9514	1.1714	0.4449	2.2811						
3.9	3.1967	2.0182	1.2748	0.4524	2.2837						
4.0	3.2779	2.0949	1.2950	0.4643	2.3052						
4.1	3.3656	2.1451	1.1568	0.4814	2.3330						
4.2	3.4552	2.1834	0.8970	0.5005	2.3624						
4.3	3.4704	2.1539	0.6103	0.5162	2.3585						
4.4	3.4550	2.1123	0.3937	0.5280	2.3398						
4.5	3.4071	2.0535	0.2783	0.5361	2.3062						
4.6	3.3121	1.9536	0.2575	0.5425	2.2522						
4.7	3.1995	1.8507	0.2835	0.5477	2.1858						
4.8	3.0714	1.7483	0.3134	0.5519	2.1065						
4.9	2.9445	1.6505	0.3200	0.5566	2.0257						
5.0	2.8238	1.5588	0.3098	0.5621	1.9476						
5.1	2.7071	1.4728	0.2910	0.5678	1.8708						
5.2	2.5952	1.3921	0.2674	0.5740	1.7961						
5.3	2.4852	1.3044	0.2352	0.5822	1.7259						

Table T3.55—Graphite

GRAPHITE

RADIUS = 0.100 MICRON

x	QEXT	QSCA	QBK	G	QPR		x	QEXT	QSCA	QBK	G	QPR
0.4	0.1801	0.0104	0.0149	0.0087	0.1800		5.4	2.3927	1.2592	0.2228	0.6282	1.6016
0.5	0.2864	0.0258	0.0363	0.0123	0.2861		5.5	2.2990	1.1779	0.1851	0.6394	1.5458
0.6	0.4382	0.0557	0.0780	0.0141	0.4374		5.6	2.2009	1.0871	0.1470	0.6524	1.4917
0.7	0.6477	0.1082	0.1522	0.0145	0.6461		5.7	2.1059	0.9987	0.1147	0.6656	1.4412
0.8	0.9093	0.1860	0.2572	0.0183	0.9058		5.8	2.0120	0.9111	0.0877	0.6786	1.3938
0.9	1.2083	0.2938	0.3949	0.0240	1.2012		5.9	1.9238	0.8259	0.0661	0.6915	1.3527
1.0	1.5451	0.4347	0.5650	0.0306	1.5318		6.0	1.8315	0.7390	0.0484	0.7038	1.3113
1.1	1.9041	0.6063	0.7578	0.0380	1.8811		6.1	1.7327	0.6444	0.0335	0.7166	1.2709
1.2	2.2683	0.8017	0.9596	0.0460	2.2314		6.2	1.6486	0.5665	0.0234	0.7283	1.2360
1.3	2.6061	1.0035	1.1430	0.0550	2.5509		6.3	1.5888	0.5161	0.0174	0.7389	1.2075
1.4	2.8868	1.1909	1.2801	0.0651	2.8093		6.4	1.5946	0.5245	0.0151	0.7487	1.2019
1.5	3.0962	1.3517	1.3617	0.0762	3.0932		6.5	1.6706	0.5997	0.0141	0.7574	1.2164
1.6	3.2249	1.4717	1.3757	0.0887	3.0943		6.6	1.8119	0.7372	0.0118	0.7650	1.2479
1.7	3.2768	1.5431	1.3175	0.1034	3.1173		6.7	2.0062	0.9264	0.0071	0.7719	1.2911
1.8	3.2741	1.5758	1.2061	0.1205	3.0843		6.8	2.2424	1.1611	0.0040	0.7776	1.3395
1.9	3.2384	1.5816	1.0606	0.1403	3.0165		6.9	2.4575	1.4542	0.0172	0.7826	1.4194
2.0	3.1870	1.5672	0.8868	0.1640	2.9300		7.0	2.8567	1.7322	0.0535	0.7852	1.4965
2.1	3.1354	1.5443	0.7007	0.1917	2.8394		7.1	3.0955	1.9553	0.0816	0.7842	1.5622
2.2	3.0937	1.5202	0.5131	0.2234	2.7541		7.2	3.1896	2.0221	0.0509	0.7805	1.6114
2.3	3.0661	1.4981	0.3377	0.2584	2.6790		7.3	3.1690	1.9752	0.0043	0.7736	1.6411
2.4	3.0559	1.4892	0.1939	0.2942	2.6178		7.4	3.0806	1.8438	0.0478	0.7651	1.6698
2.5	3.0575	1.4886	0.0925	0.3290	2.5678		7.5	2.9783	1.6898	0.1996	0.7619	1.6908
2.6	3.0657	1.4977	0.0439	0.3602	2.5263		7.6	2.8617	1.5443	0.3775	0.7569	1.6927
2.7	3.0743	1.5120	0.0506	0.3864	2.4902		7.7	2.7255	1.4007	0.4619	0.7482	1.6775
2.8	3.0771	1.5271	0.1071	0.4070	2.4556		7.8	2.5635	1.2259	0.3675	0.7382	1.6586
2.9	3.0708	1.5444	0.2044	0.4221	2.4188		7.9	2.4754	1.1186	0.1709	0.7380	1.6499
3.0	3.0606	1.5770	0.3333	0.4319	2.3795		8.0	2.4633	1.0937	0.0342	0.7487	1.6445
3.1	3.0455	1.6021	0.4709	0.4394	2.3415		8.1	2.5032	1.1308	0.0523	0.7648	1.6384
3.2	3.0254	1.6155	0.5977	0.4462	2.3045		8.2	2.5608	1.1906	0.1512	0.7812	1.6307
3.3	3.0135	1.6536	0.7334	0.4505	2.2685		8.3	2.6047	1.2464	0.2151	0.7930	1.6163
3.4	3.0033	1.6937	0.8531	0.4543	2.2338		8.4	2.6306	1.2888	0.2159	0.8001	1.5993
3.5	3.0001	1.7334	0.9394	0.4593	2.2039							
3.6	3.0202	1.7927	0.9995	0.4655	2.1857							
3.7	3.0481	1.8638	1.0173	0.4722	2.1680							
3.8	3.0994	1.9254	0.9336	0.4840	2.1676							
3.9	3.1703	1.9336	0.7886	0.4968	2.1746							
4.0	3.2700	2.0044	0.5748	0.5112	2.1975							
4.1	3.3515	2.0982	0.3441	0.5247	2.2188							
4.2	3.4066	2.1589	0.1938	0.5350	2.2333							
4.3	3.3915	2.1929	0.1795	0.5432	2.2223							
4.4	3.3641	2.1525	0.2626	0.5506	2.2063							
4.5	3.3241	2.1027	0.3899	0.5585	2.1833							
4.6	3.2463	2.0429	0.4792	0.5672	2.1403							
4.7	3.1468	1.9499	0.5077	0.5747	2.0805							
4.8	3.0287	1.8553	0.4866	0.5806	2.0062							
4.9	2.9111	1.7611	0.4432	0.5866	1.9315							
5.0	2.7999	1.6699	0.3964	0.5933	1.8603							
5.1	2.6929	1.5838	0.3513	0.6003	1.7907							
5.2	2.5907	1.5030	0.3096	0.6076	1.7235							
5.3	2.4904	1.3440	0.2657	0.6172	1.6609							

474 Table T3.56—Graphite

GRAPHITE

RADIUS = 0.110 MICRON

x	QEXT	QSCA	QBK	G	QPR		x	QEXT	QSCA	QBK	G	QPR
0.4	0.2173	0.0154	0.0220	0.0099	0.2172		5.4	2.4010	1.2931	0.2012	0.6584	1.5496
0.5	0.3531	0.0386	0.0540	0.0138	0.3526		5.5	2.3142	1.2155	0.1664	0.6707	1.4989
0.6	0.5487	0.0840	0.1174	0.0151	0.5475		5.6	2.2240	1.1286	0.1318	0.6849	1.4511
0.7	0.8150	0.1637	0.2303	0.0152	0.8125		5.7	2.1364	1.0436	0.1022	0.6990	1.4070
0.8	1.1473	0.2806	0.3866	0.0199	1.1417		5.8	2.0494	0.9589	0.0774	0.7128	1.3660
0.9	1.5255	0.4385	0.5841	0.0267	1.5138		5.9	1.9668	0.8756	0.0575	0.7262	1.3310
1.0	1.9351	0.6350	0.8124	0.0345	1.9132		6.0	1.8798	0.7899	0.0415	0.7390	1.2960
1.1	2.3418	0.8568	1.0446	0.0435	2.3045		6.1	1.7859	0.6954	0.0280	0.7519	1.2630
1.2	2.7089	1.0827	1.2497	0.0535	2.6509		6.2	1.7062	0.6167	0.0190	0.7635	1.2353
1.3	2.9960	1.2832	1.3883	0.0649	2.9126		6.3	1.6517	0.5662	0.0134	0.7736	1.2137
1.4	3.1822	1.4359	1.4374	0.0782	3.0699		6.4	1.6651	0.5774	0.0105	0.7827	1.2132
1.5	3.2746	1.5373	1.4058	0.0933	3.1312		6.5	1.7525	0.6594	0.0092	0.7909	1.2310
1.6	3.2902	1.5879	1.3010	0.1110	3.1140		6.6	1.9071	0.8059	0.0113	0.7981	1.2639
1.7	3.2546	1.5952	1.1360	0.1324	3.0434		6.7	2.1134	1.0031	0.0199	0.8041	1.3068
1.8	3.1974	1.5780	0.9378	0.1580	2.9481		6.8	2.3572	1.2416	0.0361	0.8085	1.3534
1.9	3.1389	1.5510	0.7272	0.1882	2.8470		6.9	2.6575	1.5208	0.0507	0.8107	1.4246
2.0	3.0926	1.5227	0.5159	0.2232	2.7527		7.0	2.9091	1.7566	0.0377	0.8099	1.4865
2.1	3.0645	1.5016	0.3238	0.2617	2.6716		7.1	2.9091	1.9023	0.0115	0.8069	1.5381
2.2	3.0553	1.4909	0.1696	0.3013	2.6061		7.2	3.1057	1.8879	0.0441	0.8042	1.5874
2.3	3.0599	1.4891	0.0719	0.3389	2.5553		7.3	3.0391	1.7888	0.1472	0.7967	1.6140
2.4	3.0698	1.4983	0.0388	0.3717	2.5130		7.4	2.8766	1.6201	0.2108	0.7801	1.6128
2.5	3.0774	1.5111	0.0703	0.3981	2.4758		7.5	2.7148	1.4414	0.1478	0.7672	1.6090
2.6	3.0766	1.5258	0.1548	0.4180	2.4388		7.6	2.5921	1.2881	0.0597	0.7586	1.6150
2.7	3.0661	1.5379	0.2726	0.4326	2.4008		7.7	2.5145	1.1793	0.0471	0.7567	1.6222
2.8	3.0458	1.5450	0.4030	0.4435	2.3605		7.8	2.4676	1.1131	0.2049	0.7624	1.6190
2.9	3.0193	1.5524	0.5302	0.4519	2.3178		7.9	2.4663	1.1134	0.3934	0.7720	1.6067
3.0	2.9974	1.5767	0.6518	0.4579	2.2754		8.0	2.4976	1.1533	0.4240	0.7857	1.5915
3.1	2.9765	1.5940	0.7382	0.4646	2.2359		8.1	2.5511	1.2164	0.2886	0.8015	1.5761
3.2	2.9568	1.6019	0.7736	0.4729	2.1993		8.2	2.6001	1.2724	0.1289	0.8136	1.5649
3.3	2.9504	1.6365	0.7960	0.4796	2.1654		8.3	2.6255	1.3060	0.0588	0.8192	1.5557
3.4	2.9498	1.6759	0.7756	0.4869	2.1338		8.4	2.6242	1.3173	0.0618	0.8200	1.5440
3.5	2.9594	1.7186	0.7059	0.4955	2.1078							
3.6	2.9944	1.7846	0.6014	0.5047	2.0936							
3.7	3.0345	1.8643	0.4721	0.5126	2.0789							
3.8	3.0898	1.9342	0.3165	0.5226	2.0790							
3.9	3.1511	1.9468	0.1969	0.5302	2.0825							
4.0	3.2239	2.0157	0.1542	0.5366	2.0964							
4.1	3.2744	2.1013	0.2369	0.5429	2.1098							
4.2	3.3163	2.1453	0.4377	0.5503	2.1230							
4.3	3.3148	2.1652	0.5503	0.5608	2.1247							
4.4	3.3063	2.1252	0.6344	0.5722	2.1145							
4.5	3.2759	2.0828	0.7717	0.5828	2.0916							
4.6	3.1981	2.0321	0.7999	0.5922	2.0451							
4.7	3.0988	1.9468	0.7088	0.5994	1.9851							
4.8	2.9860	1.8580	0.5898	0.6053	1.9151							
4.9	2.8765	1.7691	0.4871	0.6119	1.8468							
5.0	2.7739	1.6829	0.4147	0.6193	1.7821							
5.1	2.6755	1.6014	0.3600	0.6273	1.7190							
5.2	2.5816	1.5248	0.3158	0.6356	1.6581							
5.3	2.4897	1.4530	0.2780	0.6463	1.6017							

Table T3.57—Graphite

GRAPHITE

RADIUS = 0.120 MICRON

X	QEXT	QSCA	QBK	G	QPR	X	QEXT	QSCA	QBK	G	QPR
0.4	0.2608	0.0222	0.0316	0.0109	0.2606	5.4	2.4036	1.3195	0.1952	0.6828	1.5027
0.5	0.4322	0.0560	0.0780	0.0148	0.4314	5.5	2.3237	1.2453	0.1639	0.6960	1.4570
0.6	0.6798	0.1227	0.1717	0.0155	0.6779	5.6	2.2405	1.1619	0.1312	0.7111	1.4143
0.7	1.0117	0.2392	0.3375	0.0156	1.0080	5.7	2.1596	1.0802	0.1033	0.7259	1.3754
0.8	1.4229	0.4062	0.5582	0.0213	1.4142	5.8	2.0787	0.9986	0.0794	0.7404	1.3394
0.9	1.8784	0.6222	0.8210	0.0294	1.8601	5.9	2.0016	0.9177	0.0602	0.7542	1.3095
1.0	2.3377	0.8710	1.0935	0.0389	2.3037	6.0	1.9198	0.8339	0.0445	0.7672	1.2801
1.1	2.7432	1.1210	1.3251	0.0501	2.6870	6.1	1.8310	0.7403	0.0311	0.7802	1.2533
1.2	3.0487	1.3379	1.4735	0.0627	2.9648	6.2	1.7555	0.6618	0.0223	0.7916	1.2317
1.3	3.2295	1.4928	1.5085	0.0776	3.1136	6.3	1.7061	0.6116	0.0168	0.8014	1.2160
1.4	3.2967	1.5787	1.4339	0.0954	3.1462	6.4	1.7262	0.6251	0.0149	0.8101	1.2198
1.5	3.2854	1.6103	1.2827	0.1163	3.0981	6.5	1.8230	0.7125	0.0164	0.8177	1.2403
1.6	3.2305	1.6026	1.0775	0.1417	3.0033	6.6	1.9871	0.8654	0.0206	0.8239	1.2741
1.7	3.1630	1.5722	0.8397	0.1728	2.8913	6.7	2.1993	1.0663	0.0236	0.8284	1.3160
1.8	3.1056	1.5373	0.5979	0.2095	2.7835	6.8	2.4411	1.3007	0.0197	0.8312	1.3599
1.9	3.0687	1.5102	0.3756	0.2508	2.6900	6.9	2.7169	1.5519	0.0097	0.8329	1.4243
2.0	3.0549	1.4946	0.1944	0.2941	2.6154	7.0	2.9277	1.7389	0.0183	0.8326	1.4798
2.1	3.0583	1.4928	0.0775	0.3355	2.5574	7.1	3.0259	1.8221	0.0549	0.8272	1.5185
2.2	3.0691	1.5006	0.0387	0.3716	2.5115	7.2	2.9594	1.7338	0.0565	0.8163	1.5440
2.3	3.0778	1.5113	0.0757	0.4003	2.4728	7.3	2.8218	1.5666	0.0097	0.8017	1.5658
2.4	3.0751	1.5234	0.1724	0.4214	2.4330	7.4	2.6762	1.3840	0.0357	0.7881	1.5856
2.5	3.0612	1.5317	0.3020	0.4368	2.3922	7.5	2.5666	1.2551	0.1953	0.7823	1.5846
2.6	3.0379	1.5372	0.4396	0.4482	2.3489	7.6	2.4756	1.1630	0.3756	0.7761	1.5730
2.7	3.0103	1.5394	0.5605	0.4579	2.3053	7.7	2.4197	1.1056	0.4487	0.7734	1.5646
2.8	2.9810	1.5380	0.6472	0.4674	2.2622	7.8	2.4295	1.1028	0.3144	0.7858	1.5629
2.9	2.9546	1.5406	0.6937	0.4768	2.2200	7.9	2.4933	1.1634	0.0847	0.8052	1.5566
3.0	2.9394	1.5633	0.7126	0.4852	2.1809	8.0	2.5630	1.2383	0.0006	0.8206	1.5468
3.1	2.9283	1.5814	0.6767	0.4951	2.1454	8.1	2.6038	1.2927	0.0650	0.8298	1.5311
3.2	2.9198	1.5927	0.5897	0.5064	2.1132	8.2	2.6103	1.3135	0.1284	0.8339	1.5149
3.3	2.9240	1.6318	0.4971	0.5151	2.0834	8.3	2.5959	1.3099	0.1445	0.8337	1.5038
3.4	2.9316	1.6765	0.3881	0.5228	2.0550	8.4	2.5706	1.2943	0.1361	0.8301	1.4962
3.5	2.9449	1.7242	0.2790	0.5299	2.0312						
3.6	2.9771	1.7928	0.1947	0.5356	2.0169						
3.7	3.0072	1.8703	0.1621	0.5382	2.0005						
3.8	3.0450	1.9319	0.2042	0.5425	1.9969						
3.9	3.0886	2.0006	0.3413	0.5456	1.9970						
4.0	3.1515	2.0732	0.5794	0.5504	2.0104						
4.1	3.2121	2.1146	0.8420	0.5596	2.0288						
4.2	3.2745	2.1431	1.0272	0.5720	2.0487						
4.3	3.2807	2.1135	1.0005	0.5849	2.0445						
4.4	3.2640	2.0762	0.8519	0.5954	2.0279						
4.5	3.2217	2.0263	0.6532	0.6034	1.9991						
4.6	3.1423	1.9425	0.4830	0.6112	1.9552						
4.7	3.0493	1.8570	0.3889	0.6182	1.9014						
4.8	2.9450	1.7727	0.3273	0.6247	1.8377						
4.9	2.8435	1.6908	0.3495	0.6320	1.7749						
5.0	2.7484	1.6134	0.3056	0.6403	1.7153						
5.1	2.6572	1.5406	0.2829	0.6490	1.6573						
5.2	2.5704	1.4723	0.2590	0.6582	1.6014						
5.3	2.4856	1.3968	0.2280	0.6698	1.5500						

Table T3.58—Graphite

GRAPHITE

RADIUS = 0.130 MICRON

X	QEXT	QSCA	QBK	G	QPR	X	QEXT	QSCA	QBK	G	QPR
0.4	0.3113	0.0312	0.0441	0.0118	0.3109	5.4	2.4031	1.3402	0.2121	0.7022	1.4620
0.5	0.5250	0.0791	0.1102	0.0154	0.5238	5.5	2.3291	1.2690	0.1771	0.7160	1.4204
0.6	0.8323	0.1743	0.2451	0.0154	0.8296	5.6	2.2523	1.1889	0.1417	0.7319	1.3821
0.7	1.2373	0.3383	0.4794	0.0157	1.2320	5.7	2.1769	1.1104	0.1106	0.7474	1.3470
0.8	1.7298	0.5648	0.7735	0.0229	1.7169	5.8	2.1019	1.0317	0.0847	0.7624	1.3154
0.9	2.2455	0.8381	1.0922	0.0327	2.2181	5.9	2.0299	0.9534	0.0639	0.7765	1.2896
1.0	2.7103	1.1189	1.3705	0.0444	2.6606	6.0	1.9531	0.8718	0.0469	0.7897	1.2646
1.1	3.0541	1.3590	1.5420	0.0583	2.9749	6.1	1.8692	0.7799	0.0325	0.8029	1.2430
1.2	3.2487	1.5255	1.5778	0.0746	3.1350	6.2	1.7980	0.7020	0.0228	0.8141	1.2265
1.3	3.3089	1.6092	1.4814	0.0942	3.1573	6.3	1.7533	0.6525	0.0164	0.8238	1.2158
1.4	3.2804	1.6268	1.2877	0.1182	3.0881	6.4	1.7791	0.6681	0.0134	0.8320	1.2232
1.5	3.2119	1.6065	1.0426	0.1476	3.0749	6.5	1.7596	0.6681	0.0120	0.8388	1.2460
1.6	3.1391	1.5694	0.7738	0.1834	2.8513	6.6	1.8832	0.7596	0.0104	0.8440	1.2804
1.7	3.0847	1.5315	0.5084	0.2257	2.7390	6.7	2.0536	0.9161	0.0087	0.8480	1.3212
1.8	3.0574	1.5053	0.2799	0.2722	2.6477	6.8	2.2675	1.1159	0.0127	0.8508	1.3624
1.9	3.0542	1.4962	0.1176	0.3186	2.5775	6.9	2.5027	1.3403	0.0303	0.8511	1.4184
2.0	3.0647	1.5001	0.0431	0.3602	2.5244	7.0	2.7448	1.5585	0.0400	0.8467	1.4630
2.1	3.0751	1.5119	0.0613	0.3935	2.4801	7.1	2.8926	1.6884	0.0189	0.8382	1.4988
2.2	3.0750	1.5238	0.1554	0.4181	2.4380	7.2	2.9232	1.6994	0.0356	0.8294	1.5284
2.3	3.0628	1.5302	0.2900	0.4358	2.3959	7.3	2.8303	1.5698	0.1598	0.8145	1.5334
2.4	3.0370	1.5325	0.4367	0.4487	2.3494	7.4	2.6707	1.3963	0.2799	0.7927	1.5312
2.5	3.0067	1.5307	0.5610	0.4597	2.3031	7.5	2.5019	1.2246	0.2274	0.7861	1.5399
2.6	2.9766	1.5287	0.6457	0.4703	2.2577	7.6	2.4272	1.1287	0.0895	0.7911	1.5446
2.7	2.9514	1.5271	0.6769	0.4818	2.2156	7.7	2.4112	1.0953	0.0247	0.8025	1.5385
2.8	2.9307	1.5259	0.6511	0.4944	2.1763	7.8	2.4294	1.1102	0.1293	0.8194	1.5246
2.9	2.9156	1.5317	0.5818	0.5070	2.1390	7.9	2.4826	1.1692	0.2545	0.8330	1.5093
3.0	2.9111	1.5586	0.4951	0.5176	2.1045	8.0	2.5424	1.2402	0.2363	0.8428	1.4957
3.1	2.9078	1.5815	0.3827	0.5282	2.0725	8.1	2.5883	1.2965	0.1315	0.8473	1.4850
3.2	2.9025	1.5969	0.2701	0.5385	2.0425	8.2	2.5990	1.3148	0.0794	0.8454	1.4741
3.3	2.9060	1.6383	0.1926	0.5447	2.0138	8.3	2.5736	1.3005	0.0761	0.8401	1.4654
3.4	2.9084	1.6826	0.1566	0.5486	1.9854	8.4	2.5388	1.2777	0.0903	0.8343	1.4602
3.5	2.9130	1.7266	0.1764	0.5515	1.9608		2.5103	1.2587			
3.6	2.9342	1.7881	0.2653	0.5532	1.9451						
3.7	2.9557	1.8567	0.4256	0.5574	1.9286						
3.8	2.9913	1.9112	0.6352	0.5627	1.9259						
3.9	3.0417	1.9775	0.8648	0.5712	1.9291						
4.0	3.1195	2.0553	1.0506	0.5825	1.9456						
4.1	3.1893	2.1063	1.0584	0.5929	1.9624						
4.2	3.2407	2.1382	0.8793	0.6018	1.9729						
4.3	3.2290	2.1051	0.6141	0.6093	1.9622						
4.4	3.2036	2.0637	0.4066	0.6167	1.9461						
4.5	3.1651	2.0133	0.3123	0.6254	1.9236						
4.6	3.1195	1.9336	0.3175	0.6333	1.8853						
4.7	3.0077	1.8530	0.3546	0.6405	1.8341						
4.8	2.9087	1.7733	0.3755	0.6484	1.7729						
4.9	2.8130	1.6955	0.3677	0.6572	1.7136						
5.0	2.7238	1.6216	0.3454	0.6665	1.6581						
5.1	2.6387	1.5521	0.3171	0.6763	1.6043						
5.2	2.5580	1.4868	0.2864	0.6763	1.5525						
5.3	2.4792	1.4145	0.2501	0.6885	1.5053						

Table T3.59—Graphite

GRAPHITE

RADIUS = 0.140 MICRON

X	QEXT	QSCA	QBK	G	QPR
0.4	0.3694	0.0427	0.0604	0.0123	0.3685
0.5	0.6323	0.1092	0.1526	0.0156	0.6306
0.6	1.0060	0.2413	0.3422	0.0148	1.0024
0.7	1.4891	0.4635	0.6595	0.0159	1.4818
0.8	2.0557	0.7532	1.0252	0.0250	2.0368
0.9	2.5964	1.0692	1.3688	0.0370	2.5569
1.0	3.0103	1.3470	1.5955	0.0514	2.9410
1.1	3.2447	1.5375	1.6515	0.0688	3.1388
1.2	3.3164	1.6305	1.5493	0.0898	3.1699
1.3	3.2821	1.6453	1.3301	0.1159	3.0914
1.4	3.2038	1.6150	1.0460	0.1486	2.9638
1.5	3.1259	1.5711	0.7442	0.1886	2.8295
1.6	3.0727	1.5320	0.4576	0.2356	2.7117
1.7	3.0519	1.5077	0.2233	0.2864	2.6201
1.8	3.0561	1.5014	0.0781	0.3352	2.5529
1.9	3.0694	1.5096	0.0414	0.3764	2.5012
2.0	3.0762	1.5217	0.1057	0.4075	2.4562
2.1	3.0676	1.5314	0.2389	0.4292	2.4103
2.2	3.0439	1.5344	0.3967	0.4445	2.3618
2.3	3.0138	1.5305	0.5345	0.4573	2.3139
2.4	2.9797	1.5246	0.6321	0.4690	2.2646
2.5	2.9515	1.5189	0.6671	0.4819	2.2196
2.6	2.9305	1.5173	0.6403	0.4957	2.1783
2.7	2.9169	1.5193	0.5585	0.5104	2.1414
2.8	2.9063	1.5232	0.4415	0.5250	2.1066
2.9	2.8971	1.5338	0.3206	0.5377	2.0724
3.0	2.8941	1.5638	0.2243	0.5466	2.0393
3.1	2.8877	1.5876	0.1595	0.5544	2.0077
3.2	2.8763	1.6014	0.1453	0.5613	1.9774
3.3	2.8727	1.6389	0.1925	0.5640	1.9484
3.4	2.8690	1.6779	0.2963	0.5654	1.9204
3.5	2.8704	1.7166	0.4438	0.5671	1.8969
3.6	2.8926	1.7738	0.6267	0.5691	1.8832
3.7	2.9202	1.8412	0.8107	0.5706	1.8696
3.8	2.9655	1.8996	0.9197	0.5771	1.8693
3.9	3.0228	1.9717	0.9327	0.5833	1.8726
4.0	3.0959	2.0527	0.8060	0.5901	1.8846
4.1	3.1472	2.0986	0.5575	0.5970	1.8944
4.2	3.1823	2.1211	0.3296	0.6033	1.9026
4.3	3.1737	2.0854	0.2523	0.6118	1.8978
4.4	3.1581	2.0469	0.3139	0.6208	1.8874
4.5	3.1248	2.0013	0.4364	0.6294	1.8652
4.6	3.0542	1.9260	0.5072	0.6384	1.8247
4.7	2.9686	1.8489	0.5080	0.6461	1.7739
4.8	2.8738	1.7727	0.4665	0.6533	1.7158
4.9	2.7837	1.6981	0.4158	0.6615	1.6604
5.0	2.7001	1.6272	0.3681	0.6706	1.6088
5.1	2.6204	1.5605	0.3257	0.6803	1.5588
5.2	2.5450	1.4979	0.2866	0.6905	1.5107
5.3	2.4714	1.4283	0.2460	0.7032	1.4671
5.4	2.4005	1.3568	0.2064	0.7174	1.4271
5.5	2.3315	1.2882	0.1711	0.7318	1.3888
5.6	2.2599	1.2110	0.1352	0.7483	1.3538
5.7	2.1901	1.1353	0.1052	0.7643	1.3223
5.8	2.1201	1.0595	0.0794	0.7798	1.2939
5.9	2.0528	0.9838	0.0591	0.7943	1.2714
6.0	1.9808	0.9046	0.0428	0.8078	1.2501
6.1	1.9017	0.8147	0.0290	0.8211	1.2328
6.2	1.8347	0.7379	0.0197	0.8324	1.2204
6.3	1.7942	0.6893	0.0138	0.8418	1.2139
6.4	1.8248	0.7067	0.0113	0.8496	1.2244
6.5	1.9344	0.8009	0.0112	0.8558	1.2489
6.6	2.1082	0.9585	0.0141	0.8607	1.2832
6.7	2.3190	1.1533	0.0212	0.8642	1.3222
6.8	2.5402	1.3624	0.0292	0.8657	1.3608
6.9	2.7449	1.5415	0.0277	0.8644	1.4124
7.0	2.8462	1.6200	0.0221	0.8601	1.4529
7.1	2.8165	1.5781	0.0529	0.8500	1.4752
7.2	2.6694	1.4115	0.0878	0.8341	1.4920
7.3	2.5285	1.2440	0.0469	0.8169	1.5123
7.4	2.4322	1.1349	0.0139	0.8060	1.5175
7.5	2.3983	1.1017	0.1200	0.8083	1.5077
7.6	2.4053	1.1099	0.2878	0.8152	1.5005
7.7	2.4511	1.1545	0.3653	0.8267	1.4966
7.8	2.5319	1.2365	0.2082	0.8442	1.4880
7.9	2.5776	1.2921	0.0370	0.8551	1.4728
8.0	2.5791	1.3093	0.0273	0.8577	1.4561
8.1	2.5511	1.2929	0.0830	0.8550	1.4457
8.2	2.5135	1.2630	0.1113	0.8497	1.4403
8.3	2.4846	1.2438	0.1238	0.8434	1.4356
8.4	2.4701	1.2390	0.1200	0.8381	1.4317

Table T3.60—Graphite

GRAPHITE

RADIUS = 0.150 MICRON

x	QEXT	QSCA	QBK	G	QPR		x	QEXT	QSCA	QBK	G	QPR
0.4	0.4358	0.0575	0.0813	0.0126	0.4351		5.4	2.3963	1.3700	0.1954	0.7295	1.3969
0.5	0.7543	0.1479	0.2079	0.0152	0.7521		5.5	2.3319	1.3038	0.1642	0.7443	1.3615
0.6	1.1998	0.3262	0.4670	0.0139	1.1953		5.6	2.2650	1.2292	0.1313	0.7612	1.3292
0.7	1.7620	0.6150	0.8767	0.0165	1.7519		5.7	2.1996	1.1561	0.1028	0.7778	1.3003
0.8	2.3814	0.9616	1.2953	0.0279	2.3545		5.8	2.1344	1.0830	0.0788	0.7937	1.2748
0.9	2.8976	1.2914	1.6123	0.0425	2.8428		5.9	2.0715	1.0097	0.0596	0.8086	1.2550
1.0	3.2107	1.5272	1.7294	0.0603	3.1186		6.0	2.0040	0.9330	0.0440	0.8223	1.2367
1.1	3.3195	1.6438	1.6416	0.0803	3.1843		6.1	1.9294	0.8453	0.0306	0.8359	1.2228
1.2	3.2920	1.6654	1.4094	0.1095	3.1096		6.2	1.8663	0.7700	0.0217	0.8472	1.2139
1.3	3.2070	1.6317	1.0962	0.1442	2.9717		6.3	1.8298	0.7225	0.0165	0.8566	1.2109
1.4	3.1223	1.5801	0.7579	0.1876	2.8258		6.4	1.8643	0.7413	0.0147	0.8641	1.2238
1.5	3.0672	1.5372	0.4441	0.2387	2.7003		6.5	1.9776	0.8369	0.0153	0.8701	1.2495
1.6	3.0488	1.5138	0.1982	0.2932	2.6049		6.6	2.1522	0.9932	0.0170	0.8745	1.2837
1.7	3.0570	1.5097	0.0616	0.3443	2.5372		6.7	2.3568	1.1801	0.0169	0.8772	1.3216
1.8	3.0715	1.5181	0.0519	0.3859	2.4857		6.8	2.5617	1.3708	0.0137	0.8782	1.3580
1.9	3.0742	1.5304	0.1501	0.4156	2.4381		6.9	2.7257	1.5104	0.0167	0.8761	1.4024
2.0	3.0585	1.5366	0.3085	0.4359	2.3887		7.0	2.7695	1.5358	0.0291	0.8690	1.4349
2.1	3.0281	1.5359	0.4741	0.4506	2.3361		7.1	2.7028	1.4501	0.0189	0.8559	1.4616
2.2	2.9920	1.5294	0.6020	0.4634	2.2833		7.2	2.5663	1.2912	0.0120	0.8421	1.4790
2.3	2.9609	1.5201	0.6611	0.4773	2.2354		7.3	2.4341	1.1563	0.1230	0.8369	1.4781
2.4	2.9343	1.5135	0.6502	0.4921	2.1896		7.4	2.3763	1.0927	0.2917	0.8182	1.4822
2.5	2.9177	1.5110	0.5716	0.5083	2.1497		7.5	2.4048	1.1113	0.2603	0.8271	1.4856
2.6	2.9073	1.5145	0.4515	0.5243	2.1132		7.6	2.4555	1.1639	0.0960	0.8401	1.4778
2.7	2.8998	1.5214	0.3194	0.5392	2.0794		7.7	2.5047	1.2220	0.0025	0.8523	1.4631
2.8	2.8896	1.5284	0.2081	0.5521	2.0458		7.8	2.5526	1.2808	0.0754	0.8631	1.4472
2.9	2.8765	1.5395	0.1447	0.5619	2.0115		7.9	2.5630	1.3010	0.1581	0.8667	1.4354
3.0	2.8678	1.5676	0.1412	0.5675	1.9781		8.0	2.5354	1.2839	0.1320	0.8649	1.4249
3.1	2.8553	1.5878	0.1953	0.5724	1.9464		8.1	2.4927	1.2528	0.0946	0.8585	1.4171
3.2	2.8401	1.5977	0.2939	0.5778	1.9170		8.2	2.4627	1.2315	0.0818	0.8515	1.4141
3.3	2.8356	1.6314	0.4320	0.5798	1.8897		8.3	2.4522	1.2293	0.0779	0.8467	1.4114
3.4	2.8346	1.6682	0.5782	0.5816	1.8643		8.4	2.4532	1.2397	0.1013	0.8439	1.4070
3.5	2.8415	1.7071	0.6978	0.5846	1.8436							
3.6	2.8704	1.7667	0.7748	0.5877	1.8321							
3.7	2.9022	1.8374	0.7784	0.5893	1.8195							
3.8	2.9450	1.8976	0.6613	0.5940	1.8077							
3.9	2.9919	1.9668	0.4851	0.5969	1.8180							
4.0	3.0503	2.0392	0.3022	0.5997	1.8273							
4.1	3.0972	2.0779	0.2288	0.6053	1.8395							
4.2	3.1418	2.1009	0.3382	0.6133	1.8533							
4.3	3.1409	2.0712	0.5263	0.6237	1.8491							
4.4	3.1225	2.0365	0.6710	0.6328	1.8339							
4.5	3.0829	1.9920	0.6965	0.6401	1.8077							
4.6	3.0123	1.9182	0.6057	0.6482	1.7690							
4.7	2.9311	1.8437	0.4995	0.6558	1.7220							
4.8	2.8416	1.7706	0.4204	0.6632	1.6674							
4.9	2.7565	1.6990	0.3691	0.6717	1.6153							
5.0	2.6778	1.6308	0.3295	0.6812	1.5669							
5.1	2.6029	1.5666	0.2957	0.6917	1.5200							
5.2	2.5318	1.5064	0.2650	0.7017	1.4748							
5.3	2.4628	1.4391	0.2304	0.7148	1.4342							

Table T3.61—Graphite

GRAPHITE

RADIUS = 0.160 MICRON

X	QEXT	QSCA	QBK	G	QPR	X	QEXT	QSCA	QBK	G	QPR
0.4	0.5108	0.0760	0.1079	0.0124	0.5098	5.4	2.3912	1.3808	0.2040	0.7391	1.3706
0.5	0.8909	0.1966	0.2787	0.0143	0.8880	5.5	2.3311	1.3166	0.1708	0.7543	1.3379
0.6	1.4117	0.4307	0.6222	0.0132	1.4061	5.6	2.2678	1.2444	0.1379	0.7717	1.3074
0.7	2.0471	0.7893	1.1228	0.0178	2.0330	5.7	2.2068	1.1736	0.1080	0.7888	1.2811
0.8	2.6834	1.1743	1.5559	0.0319	2.6459	5.8	2.1456	1.1029	0.0829	0.8051	1.2577
0.9	3.1231	1.4806	1.7866	0.0495	3.0498	5.9	2.0867	1.0320	0.0626	0.8203	1.2402
1.0	3.3095	1.6460	1.7570	0.0715	3.1917	6.0	2.0233	0.9577	0.0459	0.8343	1.2243
1.1	3.3090	1.6868	1.5284	0.0993	3.1415	6.1	1.9531	0.8724	0.0318	0.8482	1.2132
1.2	3.2227	1.6553	1.1931	0.1348	2.9996	6.2	1.8938	0.7987	0.0223	0.8596	1.2072
1.3	3.1281	1.5985	0.8206	0.1800	2.8404	6.3	1.8609	0.7524	0.0161	0.8690	1.2071
1.4	3.0664	1.5482	0.4702	0.2344	2.7036	6.4	1.8985	0.7720	0.0129	0.8764	1.2219
1.5	3.0466	1.5215	0.2001	0.2928	2.6011	6.5	2.0141	0.8680	0.0113	0.8820	1.2486
1.6	3.0560	1.5184	0.0580	0.3469	2.5293	6.6	2.1871	1.0213	0.0106	0.8859	1.2824
1.7	3.0712	1.5275	0.0617	0.3898	2.4758	6.7	2.3824	1.1979	0.0122	0.8881	1.3185
1.8	3.0716	1.5374	0.1817	0.4197	2.4263	6.8	2.5667	1.3669	0.0185	0.8884	1.3522
1.9	3.0509	1.5418	0.3582	0.4396	2.3731	6.9	2.6916	1.4663	0.0263	0.8851	1.3938
2.0	3.0161	1.5372	0.5259	0.4545	2.3174	7.0	2.6988	1.4531	0.0249	0.8770	1.4246
2.1	2.9779	1.5284	0.6387	0.4683	2.2622	7.1	2.5969	1.3426	0.0524	0.8621	1.4394
2.2	2.9454	1.5188	0.6698	0.4834	2.2113	7.2	2.4622	1.1911	0.1225	0.8464	1.4542
2.3	2.9246	1.5111	0.6146	0.5007	2.1680	7.3	2.3949	1.1087	0.1097	0.8370	1.4669
2.4	2.9095	1.5093	0.4997	0.5183	2.1273	7.4	2.3930	1.1129	0.0145	0.8383	1.4601
2.5	2.9005	1.5119	0.3574	0.5354	2.0911	7.5	2.4324	1.1569	0.0433	0.8493	1.4498
2.6	2.8919	1.5191	0.2300	0.5501	2.0562	7.6	2.4877	1.2146	0.1811	0.8605	1.4425
2.7	2.8809	1.5269	0.1487	0.5623	2.0223	7.7	2.5359	1.2680	0.2478	0.8694	1.4336
2.8	2.8648	1.5324	0.1313	0.5721	1.9881	7.8	2.5498	1.2932	0.1301	0.8754	1.4178
2.9	2.8463	1.5404	0.1776	0.5794	1.9538	7.9	2.5200	1.2769	0.0429	0.8737	1.4043
3.0	2.8341	1.5647	0.2784	0.5833	1.9214	8.0	2.4777	1.2450	0.0579	0.8670	1.3983
3.1	2.8217	1.5820	0.4040	0.5879	1.8916	8.1	2.4457	1.2217	0.0837	0.8597	1.3954
3.2	2.8097	1.5910	0.5154	0.5940	1.8647	8.2	2.4356	1.2204	0.1109	0.8546	1.3926
3.3	2.8101	1.6250	0.6132	0.5969	1.8402	8.3	2.4397	1.2331	0.1278	0.8519	1.3892
3.4	2.8138	1.6636	0.6569	0.5992	1.8169	8.4	2.4463	1.2488	0.1092	0.8507	1.3839
3.5	2.8233	1.7047	0.6283	0.6018	1.7975						
3.6	2.8505	1.7653	0.5400	0.6032	1.7857						
3.7	2.8764	1.8339	0.4148	0.6021	1.7723						
3.8	2.9104	1.8889	0.2823	0.6040	1.7696						
3.9	2.9520	1.9516	0.2318	0.6051	1.7710						
4.0	3.0137	2.0208	0.3259	0.6086	1.7838						
4.1	3.0702	2.0636	0.5595	0.6163	1.7984						
4.2	3.1148	2.0912	0.8014	0.6250	1.8079						
4.3	3.1041	2.0615	0.8460	0.6336	1.7979						
4.4	3.0791	2.0249	0.7402	0.6407	1.7818						
4.5	3.0412	1.9802	0.5685	0.6473	1.7594						
4.6	2.9757	1.9092	0.4334	0.6557	1.7240						
4.7	2.8981	1.8378	0.3754	0.6636	1.6785						
4.8	2.8123	1.7677	0.3583	0.6713	1.6257						
4.9	2.7312	1.6988	0.3429	0.6800	1.5761						
5.0	2.6566	1.6330	0.3227	0.6897	1.5303						
5.1	2.5859	1.5711	0.2976	0.7000	1.4862						
5.2	2.5190	1.5129	0.2723	0.7107	1.4438						
5.3	2.4541	1.4478	0.2391	0.7241	1.4057						

Table T3.62—Graphite

GRAPHITE

RADIUS = 0.170 MICRON

X	QEXT	QSCA	QBK	G	QPR	X	QEXT	QSCA	QBK	G	QPR
0.4	0.5945	0.0990	0.1414	0.0119	0.5933	5.4	2.3860	1.3896	0.2075	0.7472	1.3478
0.5	1.0412	0.2568	0.3681	0.0132	1.0378	5.5	2.3288	1.3273	0.1708	0.7627	1.3165
0.6	1.6389	0.5552	0.8077	0.0127	1.6318	5.6	2.2698	1.2571	0.1367	0.7805	1.2887
0.7	2.3314	0.9785	1.3820	0.0200	2.3119	5.7	2.2123	1.1885	0.1071	0.7979	1.2641
0.8	2.9383	1.3721	1.7761	0.0370	2.8875	5.8	2.1545	1.1199	0.0803	0.8145	1.2423
0.9	3.2624	1.6211	1.8709	0.0583	3.1679	5.9	2.0991	1.0512	0.0599	0.8301	1.2265
1.0	3.3257	1.7063	1.6867	0.0855	3.1799	6.0	2.0395	0.9793	0.0434	0.8444	1.2126
1.1	3.2509	1.6859	1.3402	0.1207	3.0474	6.1	1.9735	0.8963	0.0295	0.8585	1.2040
1.2	3.1457	1.6253	0.9345	0.1663	2.8753	6.2	1.9177	0.8243	0.0202	0.8701	1.2004
1.3	3.0707	1.5670	0.5413	0.2227	2.7218	6.3	1.8881	0.7792	0.0143	0.8796	1.2027
1.4	3.0445	1.5324	0.2304	0.2849	2.6078	6.4	1.9280	0.7994	0.0118	0.8867	1.2191
1.5	3.0534	1.5262	0.0636	0.3432	2.5296	6.5	2.0446	0.8948	0.0122	0.8920	1.2464
1.6	3.0695	1.5362	0.0641	0.3890	2.4719	6.6	2.2141	1.0434	0.0154	0.8955	1.2797
1.7	3.0696	1.5457	0.1963	0.4203	2.4199	6.7	2.3983	1.2077	0.0201	0.8974	1.3145
1.8	3.0465	1.5467	0.3853	0.4410	2.3644	6.8	2.5618	1.3545	0.0225	0.8970	1.3467
1.9	3.0085	1.5405	0.5577	0.4564	2.3054	6.9	2.6490	1.4184	0.0241	0.8924	1.3832
2.0	2.9690	1.5289	0.6583	0.4714	2.2482	7.0	2.6173	1.3695	0.0362	0.8823	1.4089
2.1	2.9372	1.5187	0.6647	0.4881	2.1960	7.1	2.5138	1.2502	0.0381	0.8672	1.4297
2.2	2.9162	1.5122	0.5810	0.5066	2.1501	7.2	2.4113	1.1381	0.0022	0.8548	1.4385
2.3	2.9055	1.5095	0.4378	0.5261	2.1114	7.3	2.3712	1.0996	0.0553	0.8495	1.4370
2.4	2.8950	1.5123	0.2881	0.5433	2.0733	7.4	2.4176	1.1446	0.2297	0.8565	1.4373
2.5	2.8844	1.5170	0.1748	0.5582	2.0376	7.5	2.4786	1.2093	0.2356	0.8678	1.4292
2.6	2.8703	1.5235	0.1283	0.5699	2.0021	7.6	2.5176	1.2587	0.0987	0.8765	1.4143
2.7	2.8534	1.5286	0.1542	0.5794	1.9677	7.7	2.5328	1.2838	0.0057	0.8820	1.4005
2.8	2.8338	1.5309	0.2375	0.5876	1.9342	7.8	2.5138	1.2745	0.0587	0.8817	1.3900
2.9	2.8151	1.5364	0.3507	0.5945	1.9017	7.9	2.4691	1.2409	0.1064	0.8759	1.3823
3.0	2.8056	1.5592	0.4734	0.5988	1.8719	8.0	2.4323	1.2148	0.1006	0.8681	1.3778
3.1	2.7977	1.5770	0.5564	0.6042	1.8448	8.1	2.4205	1.2111	0.0961	0.8620	1.3765
3.2	2.7896	1.5878	0.5701	0.6107	1.8198	8.2	2.4272	1.2261	0.0760	0.8595	1.3735
3.3	2.7920	1.6235	0.5431	0.6131	1.7965	8.3	2.4349	1.2432	0.0770	0.8583	1.3679
3.4	2.7947	1.6627	0.4634	0.6140	1.7737	8.4	2.4365	1.2544	0.1126	0.8569	1.3616
3.5	2.8003	1.7025	0.3553	0.6144	1.7542						
3.6	2.8220	1.7595	0.2627	0.6135	1.7425						
3.7	2.8442	1.8235	0.2350	0.6108	1.7305						
3.8	2.8795	1.8757	0.3100	0.6127	1.7302						
3.9	2.9271	1.9392	0.5022	0.6151	1.7342						
4.0	2.9937	2.0123	0.7639	0.6197	1.7467						
4.1	3.0438	2.0562	0.9177	0.6262	1.7563						
4.2	3.0753	2.0793	0.8547	0.6320	1.7612						
4.3	3.0627	2.0470	0.6282	0.6393	1.7540						
4.4	3.0428	2.0112	0.4288	0.6467	1.7422						
4.5	3.0081	1.9692	0.3498	0.6539	1.7204						
4.6	2.9430	1.9010	0.3675	0.6624	1.6839						
4.7	2.8669	1.8321	0.3997	0.6702	1.6390						
4.8	2.7845	1.7644	0.4048	0.6778	1.5885						
4.9	2.7074	1.6978	0.3827	0.6868	1.5415						
5.0	2.6367	1.6342	0.3514	0.6967	1.4982						
5.1	2.5698	1.5743	0.3170	0.7072	1.4565						
5.2	2.5065	1.5180	0.2840	0.7181	1.4165						
5.3	2.4450	1.4547	0.2462	0.7318	1.3804						

Table T3.63—Graphite

GRAPHITE

RADIUS = 0.180 MICRON

X	QEXT	QSCA	QBK	G	QPR	X	QEXT	QSCA	QBK	G	QPR
0.4	0.6869	0.1273	0.1832	0.0110	0.6855	5.4	2.3802	1.3969	0.1985	0.7540	1.3269
0.5	1.2043	0.3300	0.4783	0.0119	1.2004	5.5	2.3261	1.3362	0.1661	0.7698	1.2975
0.6	1.8770	0.6980	1.0190	0.0129	1.8679	5.6	2.2698	1.2679	0.1324	0.7879	1.2708
0.7	2.5992	1.1707	1.6327	0.0232	2.5721	5.7	2.2158	1.2011	0.1037	0.8056	1.2482
0.8	3.1294	1.5385	1.9307	0.0435	3.0626	5.8	2.1615	1.1345	0.0789	0.8226	1.2282
0.9	3.3223	1.7092	1.8633	0.0691	3.2041	5.9	2.1094	1.0679	0.0595	0.8384	1.2141
1.0	3.2882	1.7220	1.5396	0.1028	3.1112	6.0	2.0533	0.9981	0.0438	0.8530	1.2018
1.1	3.1774	1.6619	1.1055	0.1472	2.9327	6.1	1.9910	0.9175	0.0304	0.8674	1.1951
1.2	3.0837	1.5936	0.6644	0.2040	2.7586	6.2	1.9386	0.8473	0.0215	0.8792	1.1936
1.3	3.0432	1.5487	0.2972	0.2694	2.6260	6.3	1.9118	0.8033	0.0161	0.8886	1.1980
1.4	3.0484	1.5348	0.0821	0.3330	2.5374	6.4	1.9536	0.8239	0.0143	0.8956	1.2157
1.5	3.0668	1.5429	0.0577	0.3837	2.4749	6.5	2.0700	0.9178	0.0146	0.9006	1.2434
1.6	3.0688	1.5539	0.1906	0.4178	2.4195	6.6	2.2346	1.0605	0.0149	0.9038	1.2762
1.7	3.0455	1.5546	0.3920	0.4400	2.3616	6.7	2.4060	1.2115	0.0144	0.9050	1.3096
1.8	3.0058	1.5450	0.5716	0.4566	2.3004	6.8	2.5469	1.3356	0.0149	0.9039	1.3396
1.9	2.9647	1.5323	0.6701	0.4726	2.2405	6.9	2.6019	1.3666	0.0192	0.8984	1.3741
2.0	2.9328	1.5201	0.6595	0.4908	2.1867	7.0	2.5513	1.2984	0.0157	0.8879	1.3985
2.1	2.9126	1.5136	0.5538	0.5107	2.1396	7.1	2.4415	1.1833	0.0289	0.8717	1.4101
2.2	2.9003	1.5124	0.3953	0.5306	2.0978	7.2	2.3756	1.1055	0.1171	0.8627	1.4218
2.3	2.8919	1.5135	0.2416	0.5490	2.0609	7.3	2.3915	1.1198	0.1569	0.8648	1.4231
2.4	2.8777	1.5172	0.1462	0.5636	2.0226	7.4	2.4493	1.1911	0.0465	0.8727	1.4097
2.5	2.8610	1.5201	0.1307	0.5755	1.9862	7.5	2.4968	1.2442	0.0052	0.8822	1.3992
2.6	2.8420	1.5234	0.1906	0.5850	1.9508	7.6	2.5210	1.2746	0.0965	0.8879	1.3893
2.7	2.8237	1.5258	0.2977	0.5938	1.9178	7.7	2.5108	1.2749	0.1561	0.8891	1.3774
2.8	2.8062	1.5266	0.4104	0.6024	1.8866	7.8	2.4653	1.2416	0.0937	0.8846	1.3669
2.9	2.7915	1.5323	0.4942	0.6100	1.8567	7.9	2.4245	1.2106	0.0606	0.8766	1.3633
3.0	2.7859	1.5564	0.5383	0.6148	1.8291	8.0	2.4081	1.2032	0.0658	0.8697	1.3616
3.1	2.7800	1.5758	0.5089	0.6198	1.8032	8.1	2.4137	1.2176	0.0806	0.8663	1.3589
3.2	2.7710	1.5874	0.4198	0.6252	1.7787	8.2	2.4243	1.2366	0.1194	0.8652	1.3544
3.3	2.7706	1.6223	0.3264	0.6257	1.7556	8.3	2.4267	1.2485	0.1241	0.8640	1.3480
3.4	2.7699	1.6591	0.2491	0.6238	1.7335	8.4	2.4206	1.2527	0.1002	0.8617	1.3412
3.5	2.7733	1.6960	0.2249	0.6247	1.7154						
3.6	2.7954	1.7504	0.2863	0.6225	1.7058						
3.7	2.8213	1.8138	0.4414	0.6202	1.6963						
3.8	2.8609	1.8682	0.6466	0.6229	1.6971						
3.9	2.9083	1.9337	0.8269	0.6250	1.6999						
4.0	2.9663	2.0047	0.8741	0.6273	1.7087						
4.1	3.0070	2.0429	0.7052	0.6314	1.7170						
4.2	3.0398	2.0632	0.4497	0.6369	1.7259						
4.3	3.0333	2.0337	0.3177	0.6453	1.7209						
4.4	3.0132	2.0007	0.3521	0.6531	1.7066						
4.5	2.9751	1.9599	0.4603	0.6597	1.6822						
4.6	2.9106	1.8931	0.5104	0.6677	1.6466						
4.7	2.8376	1.8261	0.4904	0.6755	1.6041						
4.8	2.7588	1.7607	0.4394	0.6833	1.5557						
4.9	2.6853	1.6963	0.3893	0.6924	1.5108						
5.0	2.6181	1.6346	0.3461	0.7026	1.4697						
5.1	2.5543	1.5764	0.3086	0.7133	1.4298						
5.2	2.4943	1.5218	0.2730	0.7244	1.3919						
5.3	2.4361	1.4603	0.2355	0.7384	1.3578						

Table T3.64—Graphite

GRAPHITE

RADIUS = 0.190 MICRON

X	QEXT	QSCA	QBK	G	QPR	X	QEXT	QSCA	QBK	G	QPR
0.4	0.7877	0.1616	0.2348	0.0098	0.7861	5.4	2.3739	1.4029	0.1992	0.7601	1.3076
0.5	1.3790	0.4169	0.6107	0.0107	1.3745	5.5	2.3229	1.3437	0.1687	0.7761	1.2801
0.6	2.1195	0.8552	1.2472	0.0139	2.1076	5.6	2.2697	1.2770	0.1354	0.7945	1.2552
0.7	2.8340	1.3526	1.8516	0.0274	2.7969	5.7	2.2191	1.2120	0.1040	0.8124	1.2345
0.8	3.2512	1.6635	2.0069	0.0513	3.1658	5.8	2.1664	1.1472	0.0816	0.8296	1.2146
0.9	3.3210	1.7516	1.7761	0.0823	3.1768	5.9	2.1175	1.0824	0.0617	0.8457	1.2022
1.0	3.2245	1.7095	1.3395	0.1240	3.0126	6.0	2.0648	1.0147	0.0453	0.8605	1.1916
1.1	3.1104	1.6311	0.8495	0.1791	2.8182	6.1	2.0060	0.9363	0.0147	0.8751	1.1866
1.2	3.0469	1.5712	0.4134	0.2462	2.6601	6.2	1.9567	0.8679	0.0219	0.8869	1.1869
1.3	3.0413	1.5468	0.1253	0.3154	2.5535	6.3	1.9326	0.8251	0.0159	0.8963	1.1931
1.4	3.0618	1.5495	0.0488	0.3730	2.4838	6.4	1.9756	0.8456	0.0127	0.9032	1.2119
1.5	3.0693	1.5608	0.1643	0.4258	2.4258	6.5	2.0090	0.9374	0.0112	0.9079	1.2398
1.6	3.0482	1.5636	0.3759	0.4368	2.3651	6.6	2.2494	1.0733	0.0114	0.9107	1.2720
1.7	3.0077	1.5534	0.5719	0.4546	2.3014	6.7	2.4073	1.2103	0.0146	0.9115	1.3042
1.8	2.9646	1.5372	0.6763	0.4719	2.2392	6.8	2.5274	1.3125	0.0194	0.9099	1.3331
1.9	2.9314	1.5242	0.6618	0.4912	2.1827	6.9	2.5541	1.3175	0.0244	0.9034	1.3638
2.0	2.9111	1.5160	0.5408	0.5125	2.1340	7.0	2.4867	1.2354	0.0435	0.8915	1.3853
2.1	2.8987	1.5147	0.3697	0.5334	2.0907	7.1	2.4005	1.1382	0.0719	0.8780	1.4012
2.2	2.8870	1.5167	0.2162	0.5517	2.0502	7.2	2.3676	1.1048	0.0313	0.8731	1.4030
2.3	2.8737	1.5178	0.1334	0.5673	2.0127	7.3	2.4060	1.1474	0.0071	0.8773	1.3994
2.4	2.8535	1.5191	0.1430	0.5790	1.9739	7.4	2.4789	1.2272	0.1342	0.8869	1.3905
2.5	2.8332	1.5189	0.2265	0.5894	1.9380	7.5	2.5044	1.2636	0.1824	0.8927	1.3764
2.6	2.8147	1.5200	0.3452	0.5988	1.9045	7.6	2.4972	1.2668	0.0959	0.8947	1.3638
2.7	2.7997	1.5219	0.4501	0.6082	1.8741	7.7	2.4694	1.2474	0.0235	0.8929	1.3556
2.8	2.7862	1.5239	0.5005	0.6175	1.8451	7.8	2.4219	1.2105	0.0585	0.8854	1.3501
2.9	2.7739	1.5311	0.4862	0.6252	1.8167	7.9	2.3977	1.1963	0.0837	0.8777	1.3476
3.0	2.7685	1.5561	0.4270	0.6290	1.7898	8.0	2.4007	1.2077	0.1006	0.8732	1.3461
3.1	2.7604	1.5753	0.3298	0.6324	1.7642	8.1	2.4137	1.2293	0.0980	0.8717	1.3422
3.2	2.7486	1.5854	0.2415	0.6353	1.7402	8.2	2.4173	1.2424	0.0710	0.8706	1.3357
3.3	2.7463	1.6179	0.2105	0.6361	1.7184	8.3	2.4113	1.2462	0.0842	0.8683	1.3293
3.4	2.7459	1.6529	0.2518	0.6338	1.6984	8.4	2.4018	1.2470	0.1146	0.8649	1.3233
3.5	2.7520	1.6891	0.3658	0.6330	1.6827						
3.6	2.7774	1.7444	0.5364	0.6321	1.6747						
3.7	2.8048	1.8092	0.7067	0.6297	1.6657						
3.8	2.8411	1.8635	0.7749	0.6311	1.6650						
3.9	2.8815	1.9256	0.7112	0.6310	1.6664						
4.0	2.9345	1.9914	0.5165	0.6319	1.6761						
4.1	2.9794	2.0288	0.3224	0.6366	1.6878						
4.2	3.0161	2.0522	0.3158	0.6432	1.6962						
4.3	3.0052	2.0241	0.4657	0.6512	1.6870						
4.4	2.9803	1.9906	0.6081	0.6578	1.6708						
4.5	2.9428	1.9498	0.6323	0.6639	1.6483						
4.6	2.8815	1.8849	0.5443	0.6720	1.6148						
4.7	2.8110	1.8201	0.4529	0.6800	1.5733						
4.8	2.7351	1.7569	0.3941	0.6880	1.5263						
4.9	2.6647	1.6943	0.3554	0.6973	1.4831						
5.0	2.6005	1.6344	0.3245	0.7077	1.4438						
5.1	2.5398	1.5779	0.2971	0.7186	1.4059						
5.2	2.4826	1.5248	0.2672	0.7300	1.3696						
5.3	2.4271	1.4648	0.2338	0.7442	1.3370						

Table T3.65—Graphite

GRAPHITE

RADIUS = 0.200 MICRON

X	QEXT	QSCA	QBK	G	QPR	X	QEXT	QSCA	QBK	G	QPR
0.4	0.8966	0.2027	0.2978	0.0084	0.8949	5.4	2.3678	1.4080	0.2062	0.7654	1.2901
0.5	1.5637	0.5178	0.7652	0.0098	1.5586	5.5	2.3196	1.3501	0.1696	0.7816	1.2644
0.6	2.3580	1.0202	1.4791	0.0158	2.3419	5.6	2.2692	1.2849	0.1357	0.8002	1.2410
0.7	3.0227	1.5118	2.0190	0.0327	2.9732	5.7	2.2200	1.2214	0.1072	0.8184	1.2205
0.8	3.3092	1.7457	2.0052	0.0608	3.2030	5.8	2.1706	1.1582	0.0813	0.8358	1.2026
0.9	3.2807	1.7601	1.6277	0.0983	3.1077	5.9	2.1242	1.0951	0.0604	0.8520	1.1911
1.0	3.1559	1.6836	1.1074	0.1495	2.9043	6.0	2.0745	1.0293	0.0438	0.8670	1.1821
1.1	3.0618	1.6045	0.5959	0.2157	2.7156	6.1	2.0191	0.9531	0.0298	0.8818	1.1786
1.2	3.0350	1.5628	0.2124	0.2896	2.5824	6.2	1.9726	0.8864	0.0205	0.8937	1.1805
1.3	3.0528	1.5578	0.0509	0.3557	2.4986	6.3	1.9509	0.8447	0.0146	0.9030	1.1881
1.4	3.0687	1.5674	0.1228	0.4027	2.4375	6.4	1.9946	0.8649	0.0122	0.9097	1.2078
1.5	3.0542	1.5722	0.3344	0.4316	2.3757	6.5	2.1081	0.9540	0.0127	0.9142	1.2359
1.6	3.0141	1.5641	0.5543	0.4509	2.3089	6.6	2.2598	1.0825	0.0157	0.9166	1.2675
1.7	2.9686	1.5465	0.6804	0.4689	2.2434	6.7	2.4039	1.2055	0.0185	0.9170	1.2985
1.8	2.9328	1.5295	0.6716	0.4894	2.1843	6.8	2.5030	1.2872	0.0203	0.9147	1.3256
1.9	2.9111	1.5204	0.5459	0.5118	2.1329	6.9	2.5084	1.2709	0.0262	0.9075	1.3551
2.0	2.8982	1.5174	0.3628	0.5340	2.0879	7.0	2.4398	1.1881	0.0221	0.8962	1.3750
2.1	2.8857	1.5190	0.2046	0.5531	2.0455	7.1	2.3672	1.1131	0.0062	0.8836	1.3837
2.2	2.8688	1.5206	0.1302	0.5685	2.0044	7.2	2.3746	1.1155	0.0682	0.8831	1.3896
2.3	2.8497	1.5189	0.1553	0.5815	1.9665	7.3	2.4324	1.1814	0.1556	0.8901	1.3809
2.4	2.8270	1.5172	0.2556	0.5921	1.9286	7.4	2.4835	1.2470	0.0831	0.8965	1.3656
2.5	2.8082	1.5154	0.3781	0.6027	1.8949	7.5	2.4890	1.2599	0.0054	0.8998	1.3553
2.6	2.7935	1.5168	0.4703	0.6129	1.8639	7.6	2.4636	1.2443	0.0539	0.8988	1.3453
2.7	2.7821	1.5201	0.4938	0.6228	1.8354	7.7	2.4254	1.2163	0.1037	0.8942	1.3379
2.8	2.7692	1.5235	0.4429	0.6316	1.8074	7.8	2.3910	1.1915	0.0806	0.8861	1.3353
2.9	2.7561	1.5311	0.3499	0.6380	1.7793	7.9	2.3880	1.1972	0.0734	0.8803	1.3340
3.0	2.7482	1.5551	0.2608	0.6401	1.7528	8.0	2.4011	1.2193	0.0616	0.8778	1.3307
3.1	2.7380	1.5724	0.2051	0.6422	1.7282	8.1	2.4094	1.2362	0.0825	0.8768	1.3254
3.2	2.7263	1.5811	0.2147	0.6453	1.7060	8.2	2.4037	1.2404	0.1194	0.8747	1.3187
3.3	2.7258	1.6128	0.3005	0.6444	1.6865	8.3	2.3929	1.2401	0.1135	0.8713	1.3125
3.4	2.7282	1.6480	0.4356	0.6430	1.6684	8.4	2.3849	1.2423	0.1000	0.8674	1.3074
3.5	2.7360	1.6853	0.5710	0.6422	1.6537						
3.6	2.7605	1.7410	0.6636	0.6404	1.6455						
3.7	2.8042	1.8042	0.6639	0.6364	1.6361						
3.8	2.8161	1.8551	0.5342	0.6363	1.6356						
3.9	2.8559	1.9142	0.3690	0.6358	1.6388						
4.0	2.9133	1.9804	0.2839	0.6376	1.6507						
4.1	2.9592	2.0203	0.3994	0.6428	1.6605						
4.2	2.9880	2.0427	0.6402	0.6481	1.6605						
4.3	2.9732	2.0128	0.7425	0.6550	1.6549						
4.4	2.9507	1.9793	0.6756	0.6614	1.6415						
4.5	2.9154	1.9401	0.5277	0.6678	1.6197						
4.6	2.8548	1.8773	0.4203	0.6761	1.5856						
4.7	2.7859	1.8144	0.3837	0.6841	1.5446						
4.8	2.7126	1.7529	0.3737	0.6922	1.4992						
4.9	2.6452	1.6921	0.3587	0.7017	1.4578						
5.0	2.5838	1.6338	0.3350	0.7123	1.4202						
5.1	2.5259	1.5787	0.3064	0.7234	1.3839						
5.2	2.4716	1.5270	0.2761	0.7349	1.3495						
5.3	2.4188	1.4684	0.2430	0.7493	1.3185						

Table T3.66—Graphite

GRAPHITE

RADIUS = 0.300 MICRON

X	QEXT	QSCA	QBK	G	QPR	X	QEXT	QSCA	QBK	G	QPR
0.4	2.3103	1.0477	1.6032	0.0063	2.3037	5.4	2.3041	1.4295	0.2148	0.7944	1.1685
0.5	3.1370	1.6858	2.2399	0.0358	3.0767	5.5	2.2825	1.3805	0.1766	0.8116	1.1621
0.6	3.1911	1.8381	1.8757	0.0841	3.0364	5.6	2.2411	1.3251	0.1252	0.8312	1.1396
0.7	3.0319	1.7672	1.0338	0.1644	2.7414	5.7	2.2081	1.2714	0.1041	0.8503	1.1271
0.8	2.9878	1.6846	0.2662	0.2759	2.5230	5.8	2.1764	1.2183	0.0559	0.8684	1.1184
0.9	3.0362	1.6770	0.0769	0.3702	2.4153	5.9	2.1499	1.1661	0.0595	0.8855	1.1173
1.0	3.0447	1.6788	0.3944	0.4202	2.3392	6.0	2.1191	1.1128	0.0438	0.9012	1.1162
1.1	2.9886	1.6487	0.7382	0.4479	2.2500	6.1	2.0852	1.0521	0.0307	0.9168	1.1207
1.2	2.9314	1.6098	0.7813	0.4773	2.1630	6.2	2.0577	0.9987	0.0212	0.9291	1.1298
1.3	2.9036	1.5842	0.5268	0.5123	2.0920	6.3	2.0491	0.9641	0.0156	0.9384	1.1443
1.4	2.8873	1.5720	0.2314	0.5441	2.0321	6.4	2.0873	0.9751	0.0134	0.9441	1.1666
1.5	2.8609	1.5631	0.1417	0.5671	1.9744	6.5	2.1665	1.0283	0.0128	0.9469	1.1928
1.6	2.8269	1.5503	0.2721	0.5850	1.9200	6.6	2.2468	1.0862	0.0129	0.9471	1.2180
1.7	2.7983	1.5359	0.4517	0.6027	1.8726	6.7	2.2937	1.1150	0.0143	0.9451	1.2399
1.8	2.7781	1.5257	0.5031	0.6205	1.8313	6.8	2.3051	1.1130	0.0185	0.9413	1.2574
1.9	2.7600	1.5211	0.3952	0.6359	1.7927	6.9	2.3090	1.1092	0.0321	0.9369	1.2699
2.0	2.7394	1.5164	0.2415	0.6484	1.7562	7.0	2.3367	1.1383	0.0208	0.9355	1.2718
2.1	2.7181	1.5117	0.1810	0.6585	1.7227	7.1	2.3567	1.1671	0.0273	0.9350	1.2655
2.2	2.6998	1.5071	0.2491	0.6679	1.6933	7.2	2.3357	1.1595	0.0572	0.9311	1.2560
2.3	2.6869	1.5033	0.3629	0.6776	1.6683	7.3	2.3164	1.1532	0.0347	0.9246	1.2502
2.4	2.6719	1.5021	0.4128	0.6850	1.6429	7.4	2.3252	1.1732	0.0485	0.9193	1.2466
2.5	2.6577	1.5017	0.3588	0.6912	1.6197	7.5	2.3352	1.1908	0.0578	0.9173	1.2429
2.6	2.6440	1.5029	0.2624	0.6958	1.5982	7.6	2.3327	1.1953	0.0649	0.9153	1.2386
2.7	2.6322	1.5047	0.2142	0.7000	1.5790	7.7	2.3212	1.1914	0.0516	0.9126	1.2340
2.8	2.6199	1.5059	0.2549	0.7036	1.5603	7.8	2.3113	1.1919	0.0706	0.9079	1.2292
2.9	2.6079	1.5111	0.3440	0.7054	1.5419	7.9	2.3122	1.2035	0.0813	0.9036	1.2247
3.0	2.6022	1.5316	0.4145	0.7030	1.5254	8.0	2.3122	1.2136	0.0774	0.8995	1.2205
3.1	2.5952	1.5467	0.3993	0.7015	1.5102	8.1	2.3072	1.2184	0.0890	0.8952	1.2166
3.2	2.5870	1.5546	0.3228	0.7017	1.4962	8.2	2.3029	1.2235	0.0950	0.8908	1.2130
3.3	2.5884	1.5835	0.2786	0.6971	1.4845	8.3	2.3006	1.2303	0.0962	0.8868	1.2096
3.4	2.5906	1.6153	0.3191	0.6918	1.4732	8.4	2.2983	1.2368	0.1053	0.8829	1.2063
3.5	2.5960	1.6479	0.4362	0.6869	1.4640						
3.6	2.6155	1.6958	0.5533	0.6811	1.4606						
3.7	2.6369	1.7509	0.5635	0.6739	1.4570						
3.8	2.6659	1.7966	0.4370	0.6719	1.4587						
3.9	2.6988	1.8499	0.3573	0.6690	1.4611						
4.0	2.7399	1.9064	0.4854	0.6673	1.4678						
4.1	2.7694	1.9374	0.6864	0.6693	1.4726						
4.2	2.7848	1.9539	0.6537	0.6723	1.4713						
4.3	2.7673	1.9276	0.4728	0.6782	1.4600						
4.4	2.7425	1.8990	0.4209	0.6837	1.4441						
4.5	2.7080	1.8664	0.4751	0.6892	1.4217						
4.6	2.6580	1.8148	0.4840	0.6975	1.3922						
4.7	2.6050	1.7641	0.4430	0.7061	1.3593						
4.8	2.5510	1.7151	0.4078	0.7152	1.3243						
4.9	2.5032	1.6659	0.3572	0.7258	1.2941						
5.0	2.4599	1.6180	0.3233	0.7375	1.2666						
5.1	2.4173	1.5727	0.2942	0.7496	1.2384						
5.2	2.3838	1.5300	0.2645	0.7621	1.2179						
5.3	2.3439	1.4808	0.2222	0.7775	1.1926						

Table T3.67—Graphite

GRAPHITE

RADIUS = 0.400 MICRON

X	QEXT	QSCA	QBK	G	QPR	X	QEXT	QSCA	QBK	G	QPR
0.4	3.1662	1.8110	2.3145	0.0439	3.0866	5.4	2.2569	1.4324	0.2344	0.8052	1.1035
0.5	3.0390	1.8017	1.3659	0.1300	2.8047	5.5	2.2276	1.3876	0.1753	0.8226	1.0861
0.6	2.9131	1.7221	0.3071	0.2649	2.4570	5.6	2.2023	1.3374	0.1257	0.8426	1.0755
0.7	2.9878	1.7680	0.1596	0.3786	2.3184	5.7	2.1860	1.2883	0.1141	0.8625	1.0748
0.8	2.9913	1.7631	0.7450	0.4269	2.2387	5.8	2.1656	1.2407	0.0828	0.8811	1.0725
0.9	2.9192	1.6985	0.9175	0.4636	2.2387	5.9	2.1298	1.1965	0.2281	0.8959	1.0579
1.0	2.8919	1.6558	0.4928	0.5109	2.1318	6.0	2.1217	1.1468	0.0418	0.9141	1.0734
1.1	2.8706	1.6340	0.1599	0.5485	2.0459	6.1	2.1031	1.0938	0.0305	0.9299	1.0860
1.2	2.8279	1.6080	0.2995	0.5735	1.9744	6.2	2.0846	1.0476	0.0213	0.9424	1.0974
1.3	2.7918	1.5814	0.5452	0.5976	1.9057	6.3	2.0801	1.0161	0.0154	0.9515	1.1133
1.4	2.7682	1.5634	0.4919	0.6214	1.8468	6.4	2.1084	1.0177	0.0127	0.9568	1.1347
1.5	2.7415	1.5506	0.2620	0.6397	1.7967	6.5	2.1603	1.0458	0.0124	0.9589	1.1575
1.6	2.7130	1.5372	0.2018	0.6542	1.7495	6.6	2.2061	1.0733	0.0143	0.9585	1.1774
1.7	2.6908	1.5247	0.3441	0.6682	1.7074	6.7	2.2339	1.0885	0.0162	0.9567	1.1926
1.8	2.6715	1.5157	0.4292	0.6806	1.6720	6.8	2.2541	1.1014	0.0158	0.9547	1.2025
1.9	2.6511	1.5092	0.3353	0.6899	1.6399	6.9	2.2714	1.1198	0.0261	0.9521	1.2052
2.0	2.6322	1.5024	0.2215	0.6981	1.6098	7.0	2.2719	1.1278	0.0253	0.9485	1.2022
2.1	2.6161	1.4979	0.2509	0.7054	1.5833	7.1	2.2715	1.1376	0.0333	0.9436	1.1980
2.2	2.6008	1.4944	0.3525	0.7117	1.5596	7.2	2.2790	1.1560	0.0386	0.9390	1.1936
2.3	2.5875	1.4904	0.3607	0.7178	1.5373	7.3	2.2747	1.1615	0.0404	0.9344	1.1894
2.4	2.5734	1.4880	0.2764	0.7221	1.5178	7.4	2.2681	1.1645	0.0543	0.9298	1.1853
2.5	2.5618	1.4870	0.2331	0.7263	1.4988	7.5	2.2694	1.1740	0.0517	0.9268	1.1814
2.6	2.5506	1.4882	0.2909	0.7291	1.4818	7.6	2.2690	1.1815	0.0564	0.9238	1.1776
2.7	2.5401	1.4898	0.3539	0.7313	1.4655	7.7	2.2646	1.1848	0.0642	0.9205	1.1740
2.8	2.5289	1.4905	0.3304	0.7331	1.4505	7.8	2.2607	1.1909	0.0667	0.9155	1.1704
2.9	2.5183	1.4949	0.2703	0.7333	1.4361	7.9	2.2596	1.1993	0.0772	0.9110	1.1670
3.0	2.5140	1.5137	0.2783	0.7291	1.4222	8.0	2.2569	1.2058	0.0800	0.9065	1.1639
3.1	2.5086	1.5277	0.3545	0.7261	1.4104	8.1	2.2542	1.2120	0.0874	0.9020	1.1610
3.2	2.5018	1.5351	0.3951	0.7249	1.3995	8.2	2.2522	1.2186	0.0932	0.8976	1.1583
3.3	2.5031	1.5619	0.3663	0.7185	1.3890	8.3	2.2500	1.2247	0.1003	0.8934	1.1558
3.4	2.5052	1.5911	0.3257	0.7113	1.3809	8.4	2.2479	1.2306	0.1063	0.8893	1.1536
3.5	2.5107	1.6211	0.3768	0.7050	1.3734						
3.6	2.5288	1.6656	0.4952	0.6977	1.3678						
3.7	2.5474	1.7168	0.5235	0.6888	1.3667						
3.8	2.5711	1.7579	0.4187	0.6851	1.3648						
3.9	2.5991	1.8060	0.4312	0.6809	1.3667						
4.0	2.6322	1.8570	0.4809	0.6779	1.3694						
4.1	2.6518	1.8834	0.6122	0.6783	1.3734						
4.2	2.6589	1.8962	0.5997	0.6800	1.3742						
4.3	2.6397	1.8719	0.4512	0.6855	1.3695						
4.4	2.6145	1.8462	0.4948	0.6906	1.3566						
4.5	2.5824	1.8173	0.5418	0.6958	1.3396						
4.6	2.5401	1.7722	0.4828	0.7045	1.3179						
4.7	2.4969	1.7282	0.4445	0.7136	1.2916						
4.8	2.4511	1.6859	0.4258	0.7233	1.2636						
4.9	2.4144	1.6427	0.4367	0.7345	1.2317						
5.0	2.3843	1.6004	0.3672	0.7469	1.2077						
5.1	2.3511	1.5614	0.3469	0.7593	1.1890						
5.2	2.3184	1.5223	0.2839	0.7718	1.1655						
5.3	2.3006	1.4785	0.2359	0.7874	1.1365						

Table T3.68—Graphite

GRAPHITE

RADIUS = 0.500 MICRON

X	QEXT	QSCA	QBK	G	QPR	X	QEXT	QSCA	QBK	G	QPR
0.4	3.0174	1.8407	1.4403	0.1250	2.7873	5.4	2.1488	1.4358	0.1657	0.8044	0.9938
0.5	2.8919	1.7292	1.1678	0.2956	2.3806	5.5	2.1229	1.4120	0.3386	0.8193	0.9660
0.6	2.9521	1.7934	0.4497	0.4009	2.2332	5.6	2.1239	1.3462	0.0795	0.8457	0.9854
0.7	2.8947	1.7815	1.0591	0.4401	2.1107	5.7	2.1266	1.5318	8.3063	0.7325	1.0044
0.8	2.8704	1.7263	0.5769	0.4978	2.0110	5.8	2.1220	1.2530	0.1844	0.8860	1.0118
0.9	2.8538	1.6960	0.1692	0.5431	1.9326	5.9	2.1053	1.2106	0.1123	0.9031	1.0120
1.0	2.8043	1.6524	0.4918	0.5729	1.8576	6.0	2.1110	1.1679	0.0310	0.9173	1.0397
1.1	2.7729	1.6179	0.6027	0.6041	1.7955	6.1	2.1056	1.1152	0.0305	0.9344	1.0612
1.2	2.7428	1.5953	0.2897	0.6288	1.7397	6.2	2.0933	1.0731	0.0212	0.9364	1.0751
1.3	2.7086	1.5715	0.2418	0.6476	1.6908	6.3	2.0907	1.0432	0.0153	0.9489	1.0913
1.4	2.6833	1.5522	0.4428	0.6655	1.6503	6.4	2.1119	1.0393	0.0130	0.9580	1.1111
1.5	2.6582	1.5383	0.3987	0.6796	1.6128	6.5	2.1490	1.0552	0.0127	0.9630	1.1309
1.6	2.6337	1.5253	0.2335	0.6908	1.5800	6.6	2.1821	1.0736	0.0134	0.9648	1.1468
1.7	2.6137	1.5139	0.2879	0.7015	1.5518	6.7	2.2056	1.0886	0.0160	0.9644	1.1573
1.8	2.5942	1.5044	0.3873	0.7105	1.5254	6.8	2.2217	1.1017	0.0185	0.9629	1.1629
1.9	2.5760	1.4973	0.3081	0.7175	1.5017	6.9	2.2294	1.1139	0.0224	0.9610	1.1630
2.0	2.5601	1.4911	0.2362	0.7241	1.4803	7.0	2.2356	1.1281	0.0272	0.9573	1.1605
2.1	2.5447	1.4867	0.3107	0.7295	1.4602	7.1	2.2377	1.1390	0.0323	0.9530	1.1574
2.2	2.5304	1.4826	0.3474	0.7341	1.4421	7.2	2.2356	1.1466	0.0381	0.9485	1.1536
2.3	2.5193	1.4787	0.2711	0.7390	1.4265	7.3	2.2369	1.1576	0.0434	0.9436	1.1497
2.4	2.5065	1.4765	0.2558	0.7421	1.4107	7.4	2.2338	1.1642	0.0488	0.9392	1.1460
2.5	2.4956	1.4751	0.3213	0.7449	1.3968	7.5	2.2317	1.1698	0.0535	0.9344	1.1428
2.6	2.4859	1.4760	0.3218	0.7465	1.3839	7.6	2.2307	1.1759	0.0580	0.9309	1.1398
2.7	2.4767	1.4775	0.2669	0.7477	1.3719	7.7	2.2283	1.1806	0.0615	0.9277	1.1369
2.8	2.4666	1.4781	0.2833	0.7484	1.3603	7.8	2.2259	1.1877	0.0688	0.9244	1.1339
2.9	2.4571	1.4821	0.3373	0.7475	1.3492	7.9	2.2242	1.1949	0.0750	0.9195	1.1312
3.0	2.4536	1.4998	0.3304	0.7423	1.3403	8.0	2.2221	1.2014	0.0808	0.9147	1.1288
3.1	2.4491	1.5131	0.2980	0.7384	1.3319	8.1	2.2202	1.2078	0.0876	0.9101	1.1265
3.2	2.4430	1.5201	0.3387	0.7365	1.3235	8.2	2.2183	1.2140	0.0937	0.9055	1.1244
3.3	2.4445	1.5455	0.3979	0.7291	1.3177	8.3	2.2166	1.2201	0.0997	0.9011	1.1225
3.4	2.4468	1.5731	0.3742	0.7211	1.3124	8.4	2.2149	1.2259	0.1056	0.8967	1.1208
3.5	2.4521	1.6017	0.3623	0.7140	1.3085					0.8925	
3.6	2.4681	1.6436	0.4582	0.7057	1.3083						
3.7	2.4850	1.6917	0.5039	0.7039	1.3079						
3.8	2.5057	1.7302	0.4240	0.6914	1.3094						
3.9	2.5291	1.7747	0.4943	0.6862	1.3114						
4.0	2.5564	1.8213	0.5991	0.6821	1.3140						
4.1	2.5699	1.8448	0.4791	0.6818	1.3120						
4.2	2.5714	1.8554	0.5167	0.6827	1.3047						
4.3	2.5515	1.8325	0.5552	0.6879	1.2910						
4.4	2.5272	1.8088	0.4686	0.6929	1.2740						
4.5	2.5002	1.7830	0.3700	0.6981	1.2555						
4.6	2.4618	1.7417	0.4608	0.7071	1.2301						
4.7	2.4211	1.7019	0.3492	0.7166	1.2015						
4.8	2.3879	1.6638	0.3402	0.7268	1.1785						
4.9	2.3668	1.6269	0.6383	0.7375	1.1670						
5.0	2.3104	1.5864	0.3539	0.7499	1.1208						
5.1	2.2778	1.5500	0.5279	0.7529	1.0977						
5.2	2.1431	1.5479	2.1359	0.7529	0.9777						
5.3	2.7228	2.5816	16.7955	0.4659	1.5201						

Table T3.69—Graphite

GRAPHITE

RADIUS = 0.600 MICRON

X	QEXT	QSCA	QBK	G	QPR	X	QEXT	QSCA	QBK	G	QPR
0.4	2.8652	1.7596	0.3435	0.2566	2.4136	5.4	2.0608	1.4502	0.2622	0.8007	0.8997
0.5	2.9306	1.7970	0.4520	0.3983	2.2148	5.5	2.1009	1.4667	0.7363	0.8115	0.9106
0.6	2.8441	1.7751	1.0729	0.4439	2.0561	5.6	2.0305	1.4451	0.0862	0.8396	0.8172
0.7	2.8319	1.7618	0.3634	0.5070	1.9386	5.7	1.9591	1.4522	1.2453	0.7833	0.8215
0.8	2.8098	1.7275	0.3493	0.5489	1.8615	5.8	1.9739	1.2882	0.1293	0.8670	0.8570
0.9	2.7704	1.6757	0.7057	0.5858	1.7888	5.9	2.0181	1.2191	0.0354	0.9012	0.9195
1.0	2.7414	1.6422	0.3210	0.6174	1.7274	6.0	2.0694	1.1771	0.1442	0.9228	0.9832
1.1	2.7025	1.6072	0.2995	0.6405	1.6732	6.1	2.0962	1.1290	0.0150	0.9392	1.0359
1.2	2.6748	1.5824	0.5086	0.6614	1.6282	6.2	2.0957	1.0881	0.0231	0.9527	1.0591
1.3	2.6448	1.5609	0.3056	0.6772	1.5877	6.3	2.0936	1.0595	0.0154	0.9617	1.0747
1.4	2.6197	1.5416	0.2752	0.6913	1.5539	6.4	2.1104	1.0524	0.0129	0.9666	1.0932
1.5	2.5962	1.5275	0.4129	0.7028	1.5227	6.5	2.1392	1.0622	0.0125	0.9683	1.1106
1.6	2.5742	1.5150	0.2988	0.7122	1.4952	6.6	2.1655	1.0765	0.0139	0.9679	1.1236
1.7	2.5553	1.5039	0.2636	0.7211	1.4708	6.7	2.1842	1.0895	0.0154	0.9664	1.1313
1.8	2.5370	1.4942	0.3605	0.7286	1.4484	6.8	2.1963	1.1008	0.0186	0.9642	1.1349
1.9	2.5209	1.4874	0.2955	0.7346	1.4283	6.9	2.2045	1.1145	0.0223	0.9602	1.1343
2.0	2.5057	1.4813	0.2594	0.7398	1.4098	7.0	2.2082	1.1258	0.0273	0.9558	1.1321
2.1	2.4918	1.4767	0.3328	0.7439	1.3931	7.1	2.2102	1.1362	0.0322	0.9513	1.1294
2.2	2.4789	1.4729	0.2972	0.7476	1.3778	7.2	2.2097	1.1454	0.0375	0.9465	1.1257
2.3	2.4684	1.4689	0.2601	0.7515	1.3646	7.3	2.2087	1.1538	0.0438	0.9416	1.1223
2.4	2.4568	1.4667	0.3160	0.7537	1.3514	7.4	2.2078	1.1619	0.0487	0.9370	1.1192
2.5	2.4470	1.4654	0.2995	0.7557	1.3396	7.5	2.2057	1.1670	0.0538	0.9334	1.1164
2.6	2.4380	1.4661	0.2671	0.7572	1.3287	7.6	2.2043	1.1724	0.0576	0.9301	1.1138
2.7	2.4297	1.4674	0.3121	0.7574	1.3186	7.7	2.2025	1.1773	0.0620	0.9267	1.1114
2.8	2.4205	1.4680	0.3103	0.7574	1.3087	7.8	2.2007	1.1845	0.0686	0.9217	1.1089
2.9	2.4119	1.4718	0.2814	0.7559	1.2994	7.9	2.1990	1.1914	0.0748	0.9169	1.1067
3.0	2.4090	1.4888	0.3296	0.7500	1.2924	8.0	2.1973	1.1979	0.0812	0.9122	1.1046
3.1	2.4050	1.5015	0.3482	0.7455	1.2856	8.1	2.1957	1.2041	0.0874	0.9076	1.1028
3.2	2.3995	1.5083	0.3168	0.7431	1.2787	8.2	2.1941	1.2103	0.0936	0.9031	1.1011
3.3	2.4011	1.5326	0.3647	0.7352	1.2744	8.3	2.1926	1.2162	0.0998	0.8987	1.0996
3.4	2.4035	1.5592	0.4045	0.7266	1.2705	8.4	2.1912	1.2219	0.1057	0.8944	1.0983
3.5	2.4084	1.5866	0.3750	0.7189	1.2677						
3.6	2.4230	1.6266	0.4342	0.7100	1.2681						
3.7	2.4385	1.6727	0.4930	0.6996	1.2683						
3.8	2.4565	1.7090	0.4347	0.6945	1.2697						
3.9	2.4769	1.7509	0.5247	0.6887	1.2710						
4.0	2.4992	1.7943	0.5361	0.6840	1.2720						
4.1	2.5085	1.8155	0.4917	0.6831	1.2683						
4.2	2.5062	1.8247	0.5768	0.6834	1.2592						
4.3	2.4864	1.8029	0.4820	0.6885	1.2450						
4.4	2.4631	1.7808	0.4270	0.6935	1.2282						
4.5	2.4387	1.7569	0.6287	0.6988	1.2109						
4.6	2.3812	1.7176	0.7190	0.7065	1.1678						
4.7	2.3433	1.6799	0.7371	0.7153	1.1416						
4.8	2.3320	1.6503	0.6773	0.7275	1.1315						
4.9	2.2841	1.6311	0.0572	0.7267	1.0988						
5.0	2.2266	1.6000	0.7021	0.7392	1.0439						
5.1	2.1026	1.5707	2.2259	0.7227	0.9674						
5.2	2.1447	1.5126	0.5576	0.7301	1.0404						
5.3	2.1535	1.4666	0.5111	0.7900	0.9949						

Table T3.70—Graphite

GRAPHITE

RADIUS = 0.700 MICRON

X	QEXT	QSCA	QBK	G	QPR	X	QEXT	QSCA	QBK	G	QPR
0.4	2.8992	1.8015	0.1659	0.3669	2.2381	5.4	2.0646	1.6200	0.4196	0.7967	0.7740
0.5	2.8449	1.7880	1.0882	0.4330	2.0708	5.5	2.0693	1.7221	0.5165	0.7993	0.6929
0.6	2.7985	1.7618	0.3840	0.5017	1.9147	5.6	2.0934	1.6082	1.1562	0.8361	0.7488
0.7	2.7715	1.7562	0.4635	0.5431	1.8178	5.7	2.0857	1.6226	1.0632	0.8609	0.6889
0.8	2.7504	1.7094	0.6915	0.5863	1.7482	5.8	2.0130	1.5663	1.0394	0.8685	0.6527
0.9	2.7154	1.6676	0.2346	0.6178	1.6852	5.9	2.0145	1.4076	1.1111	0.8085	0.8765
1.0	2.6828	1.6283	0.5235	0.6443	1.6337	6.0	1.9712	1.1968	1.0418	0.9081	0.8844
1.1	2.6493	1.5975	0.3767	0.6650	1.5875	6.1	2.1187	1.2324	0.2030	0.8640	1.0538
1.2	2.6207	1.5716	0.2910	0.6819	1.5491	6.2	2.0782	1.0989	0.0418	0.9546	1.0291
1.3	2.5941	1.5510	0.4398	0.6960	1.5146	6.3	2.0922	1.0701	0.0220	0.9641	1.0605
1.4	2.5698	1.5322	0.2704	0.7081	1.4849	6.4	2.1073	1.0611	0.0154	0.9689	1.0792
1.5	2.5478	1.5181	0.3371	0.7181	1.4576	6.5	2.1308	1.0674	0.0129	0.9706	1.0948
1.6	2.5275	1.5060	0.3484	0.7264	1.4335	6.6	2.1523	1.0789	0.0126	0.9701	1.1057
1.7	2.5095	1.4951	0.2607	0.7340	1.4120	6.7	2.1678	1.0904	0.0136	0.9685	1.1118
1.8	2.4928	1.4855	0.3417	0.7405	1.3928	6.8	2.1781	1.1011	0.0158	0.9661	1.1143
1.9	2.4776	1.4789	0.2900	0.7454	1.3752	6.9	2.1847	1.1136	0.0182	0.9620	1.1134
2.0	2.4635	1.4728	0.2802	0.7497	1.3593	7.0	2.1883	1.1246	0.0225	0.9576	1.1113
2.1	2.4507	1.4684	0.3250	0.7531	1.3447	7.1	2.1896	1.1342	0.0274	0.9531	1.1086
2.2	2.4386	1.4645	0.2689	0.7561	1.3313	7.2	2.1895	1.1435	0.0323	0.9482	1.1053
2.3	2.4290	1.4606	0.2986	0.7595	1.3197	7.3	2.1886	1.1516	0.0377	0.9433	1.1023
2.4	2.4182	1.4584	0.3018	0.7612	1.3081	7.4	2.1877	1.1594	0.0435	0.9386	1.0995
2.5	2.4091	1.4571	0.2711	0.7627	1.2979	7.5	2.1860	1.1647	0.0492	0.9350	1.0971
2.6	2.4008	1.4577	0.3109	0.7631	1.2884	7.6	2.1846	1.1697	0.0533	0.9317	1.0949
2.7	2.3932	1.4590	0.2905	0.7632	1.2797	7.7	2.1830	1.1746	0.0577	0.9282	1.0927
2.8	2.3848	1.4595	0.2922	0.7630	1.2711	7.8	2.1815	1.1817	0.0621	0.9232	1.0906
2.9	2.3769	1.4632	0.3204	0.7612	1.2631	7.9	2.1800	1.1884	0.0685	0.9183	1.0887
3.0	2.3743	1.4797	0.3050	0.7548	1.2574	8.0	2.1786	1.1948	0.0749	0.9136	1.0870
3.1	2.3708	1.4920	0.3361	0.7500	1.2517	8.1	2.1771	1.2010	0.0811	0.9090	1.0854
3.2	2.3658	1.4986	0.3476	0.7473	1.2458	8.2	2.1757	1.2071	0.0874	0.9044	1.0840
3.3	2.3674	1.5222	0.3416	0.7390	1.2425	8.3	2.1744	1.2129	0.0938	0.8999	1.0828
3.4	2.3698	1.5481	0.3988	0.7300	1.2397	8.4	2.1731	1.2186	0.0996	0.8956	1.0817
3.5	2.3744	1.5745	0.3954	0.7219	1.2377				0.1057		
3.6	2.3878	1.6131	0.4205	0.7125	1.2384						
3.7	2.4019	1.6575	0.4864	0.7016	1.2390						
3.8	2.4180	1.6921	0.4454	0.6962	1.2400						
3.9	2.4357	1.7320	0.5354	0.6899	1.2408						
4.0	2.4543	1.7729	0.4870	0.6846	1.2406						
4.1	2.4606	1.7926	0.5365	0.6833	1.2357						
4.2	2.4557	1.8007	0.5596	0.6884	1.2252						
4.3	2.4362	1.7799	0.5088	0.6931	1.2108						
4.4	2.4090	1.7599	0.3323	0.6978	1.1892						
4.5	2.3959	1.7391	0.7680	0.7040	1.1824						
4.6	2.3280	1.6983	0.8084	0.7068	1.1324						
4.7	2.2757	1.6595	1.1129	0.7166	1.1028						
4.8	2.2121	1.6257	0.8066	0.7266	1.0471						
4.9	2.1786	1.6057	0.3460	0.7202	1.0119						
5.0	2.0998	1.6118	1.4497	0.6899	0.9390						
5.1	2.0068	1.5562	2.6004	0.7328	0.9331						
5.2	2.0625	1.7387	3.6402	0.7328	0.7885						
5.3	2.1394	1.7515	2.1871	0.7564	0.8146						

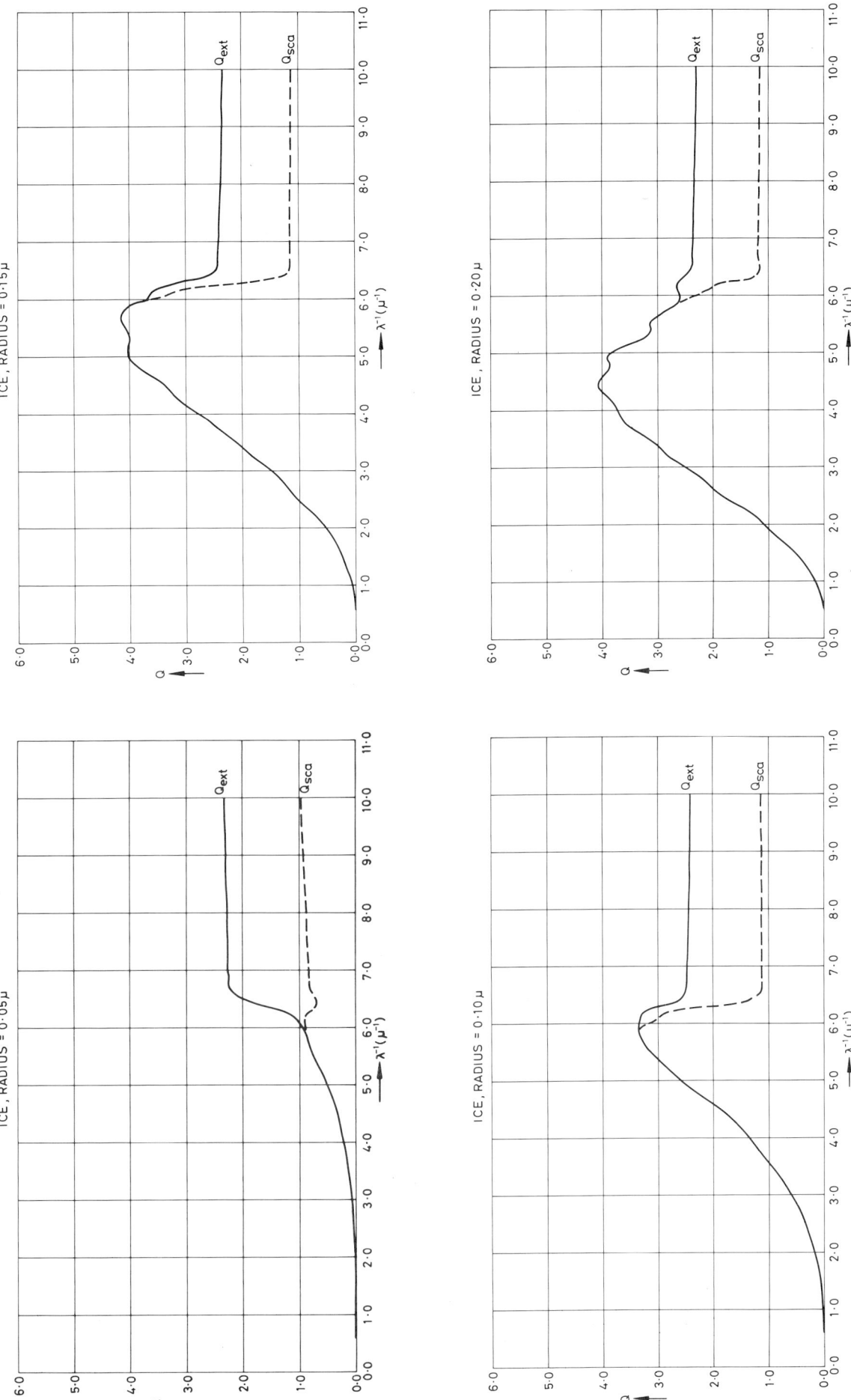

Figs. E2–E5—Ice

Figs. E6–E9—Ice

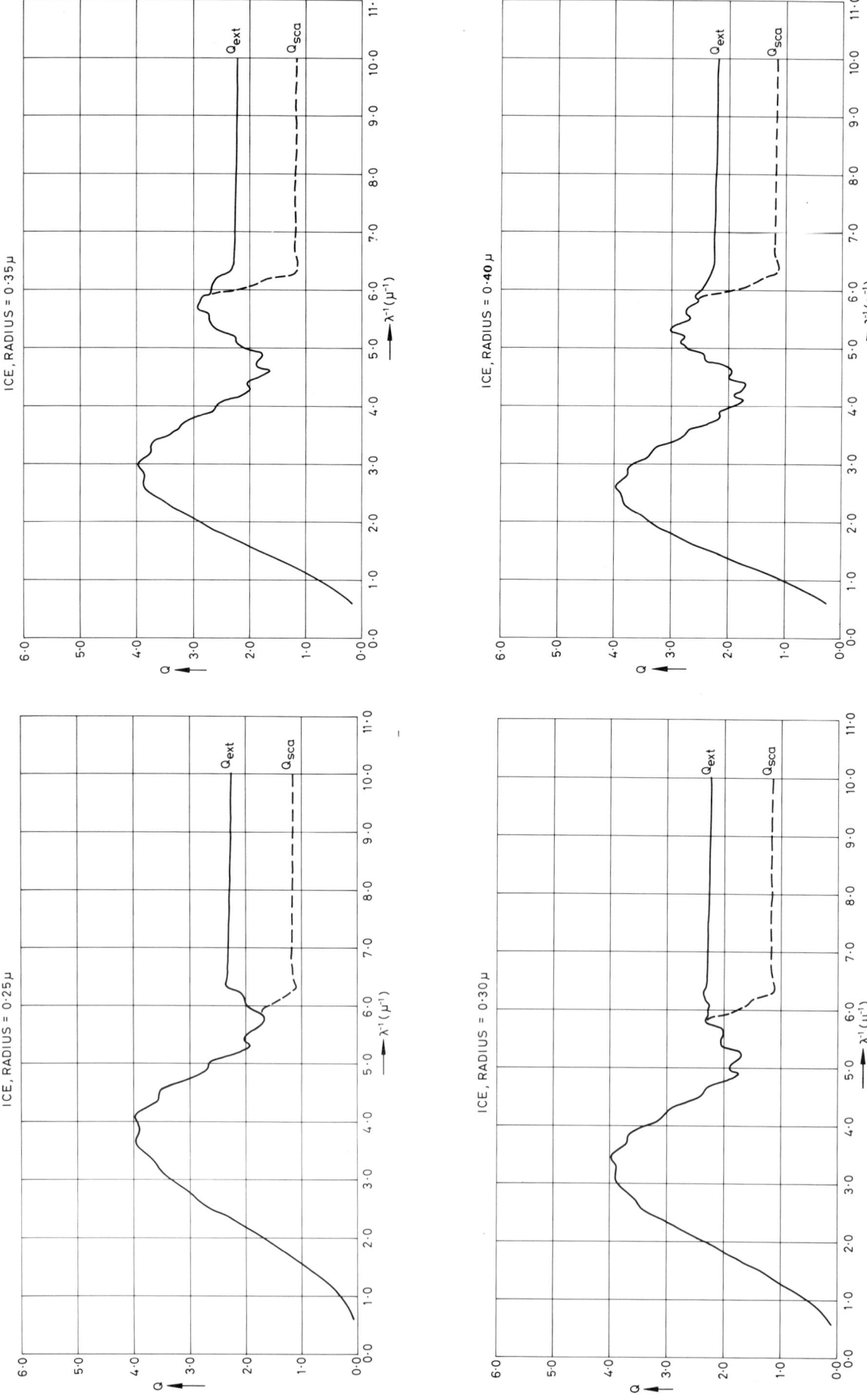

Figs. E10 and E11—Ice

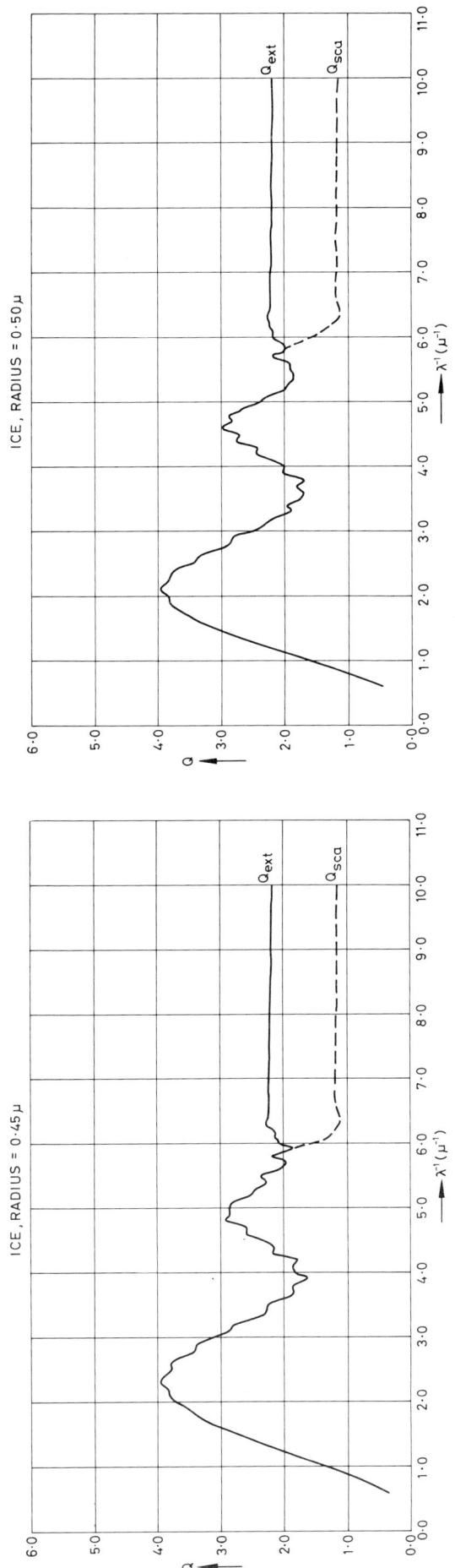

Figs. E12–E15—Iron

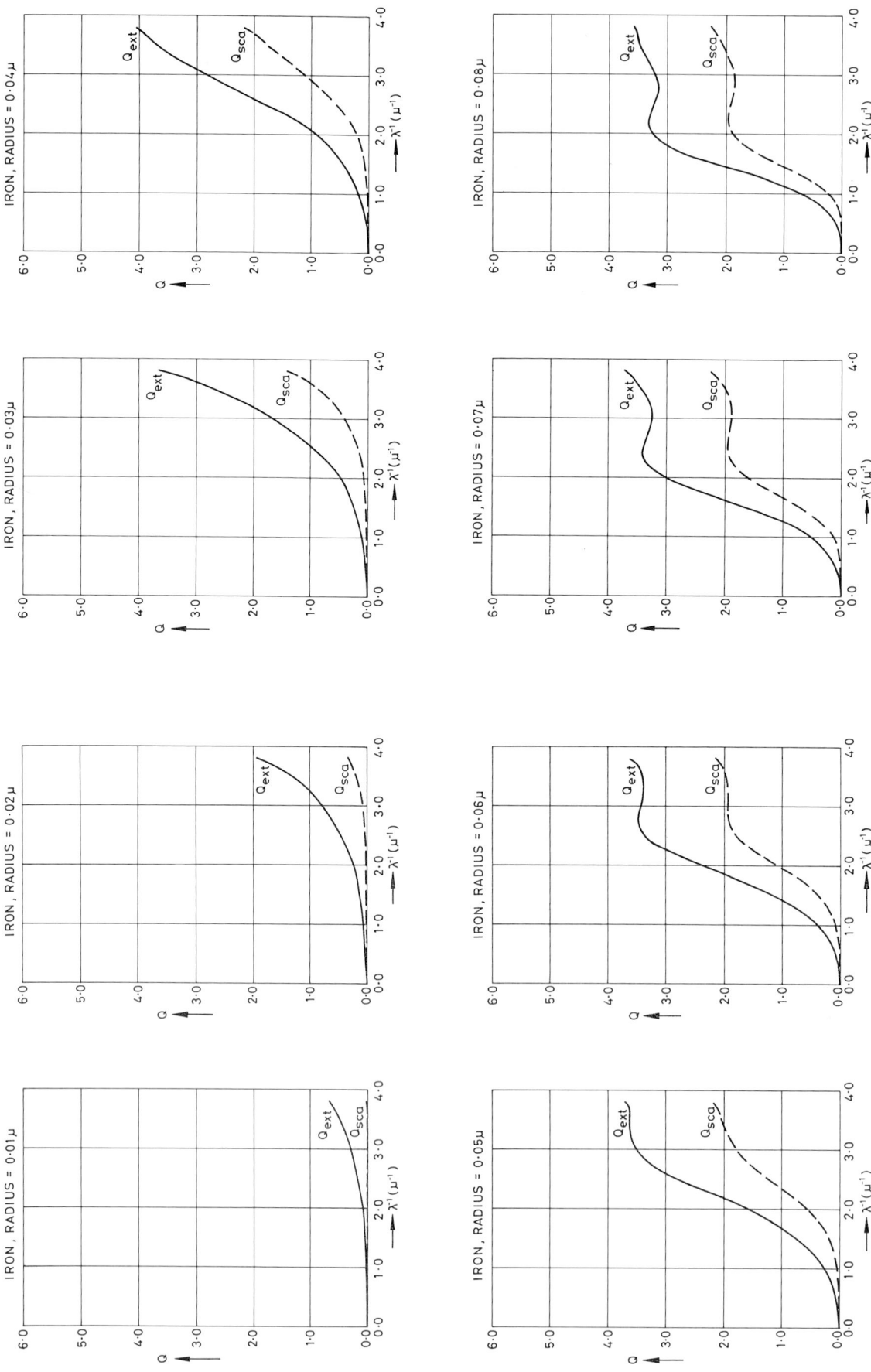

Fig. E16—Iron

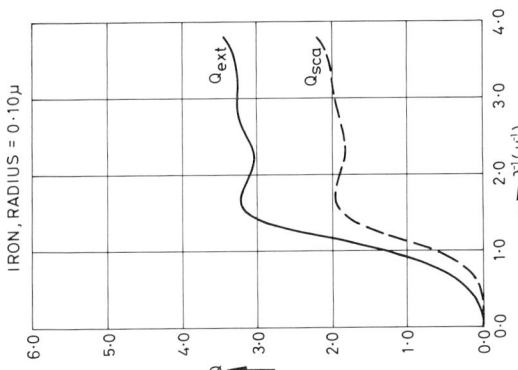

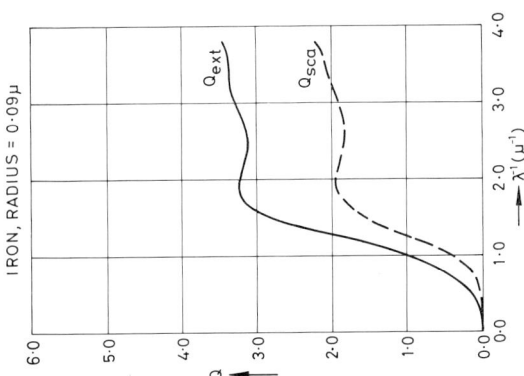

Figs. E17–E20—Graphite

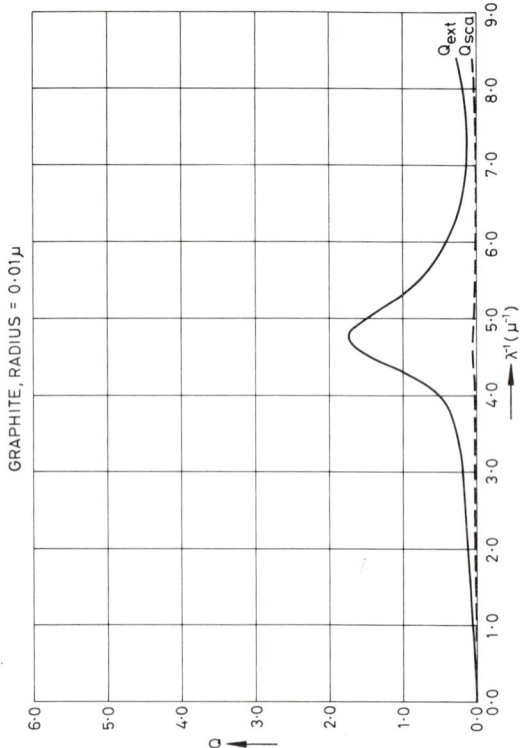

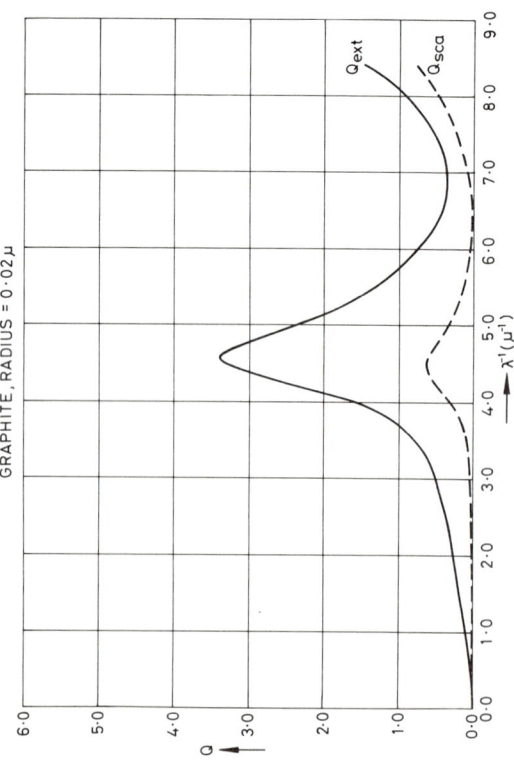

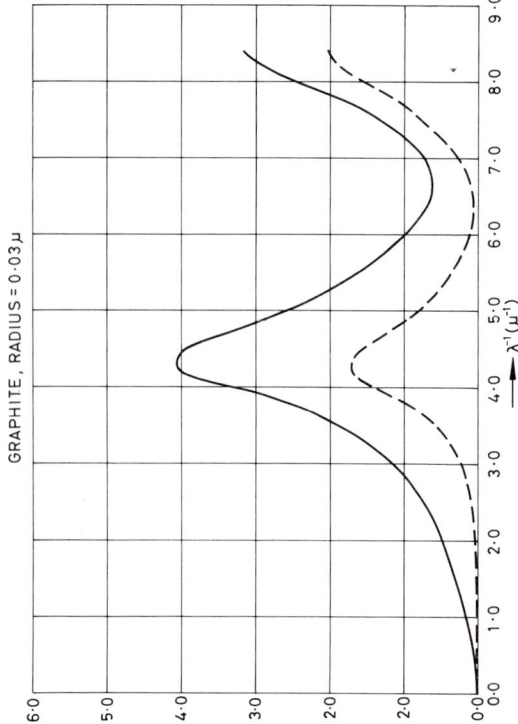

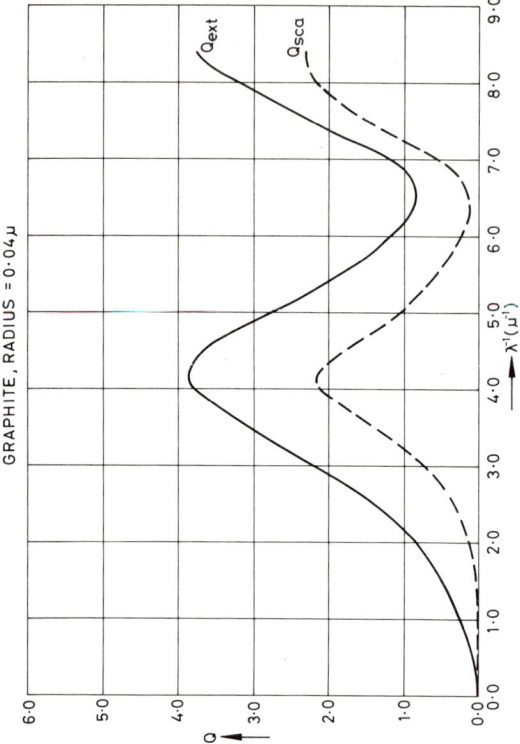

Figs. E21–E24—Graphite

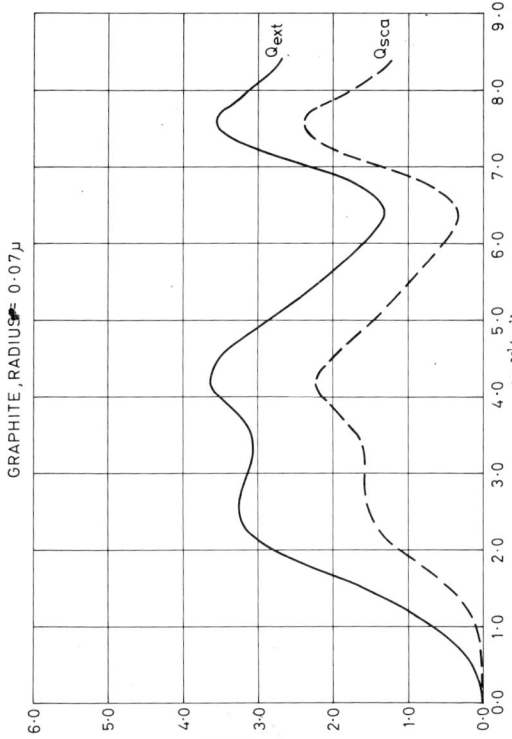
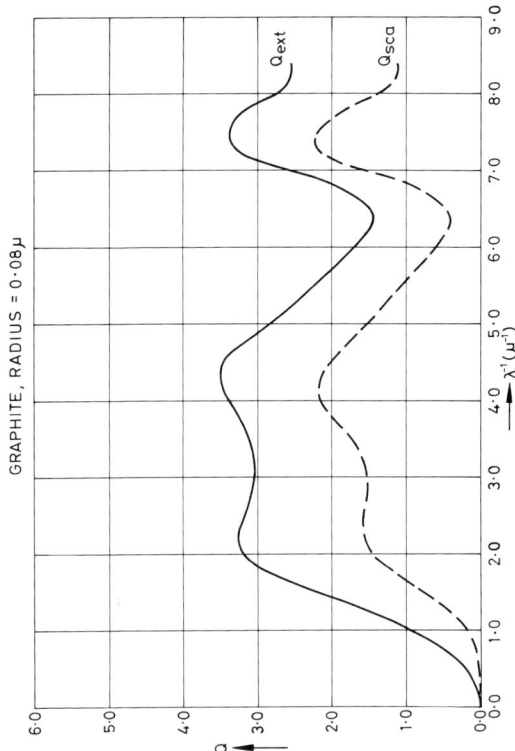
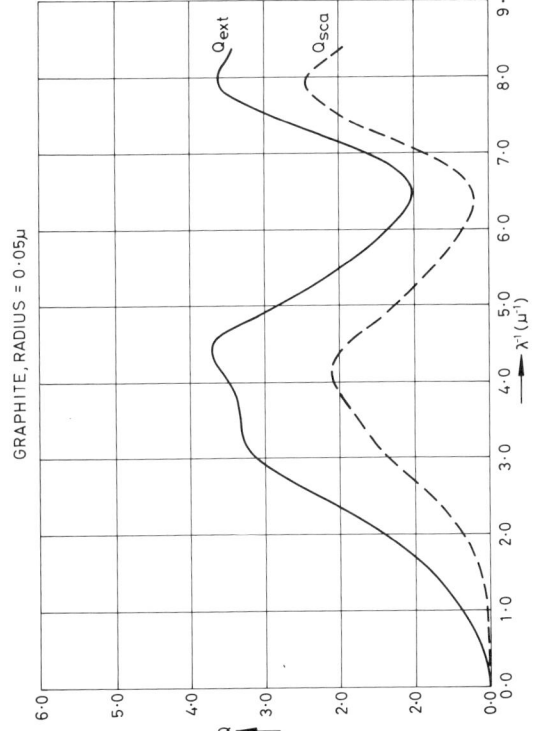
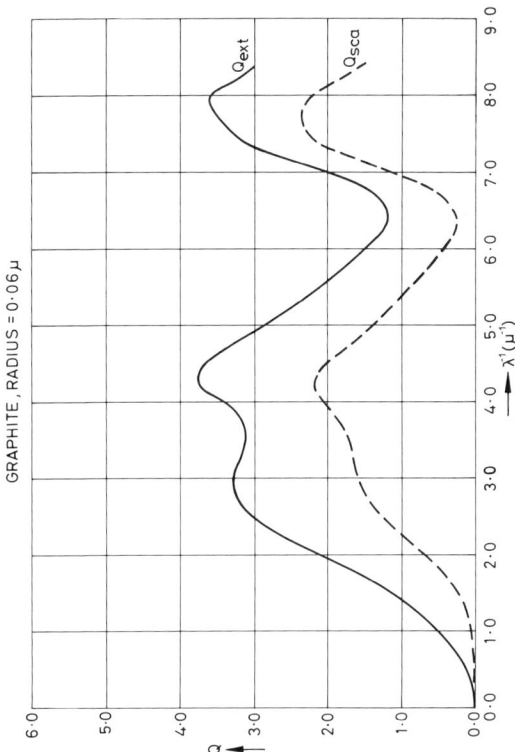

Figs. E25 and E26—Graphite

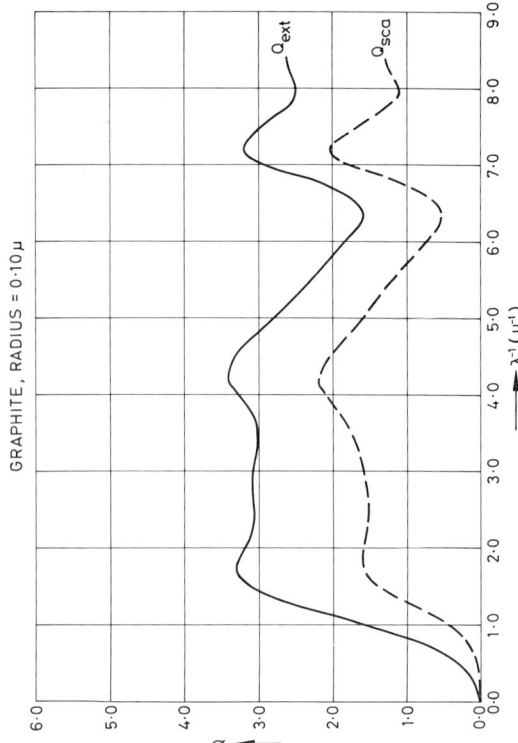

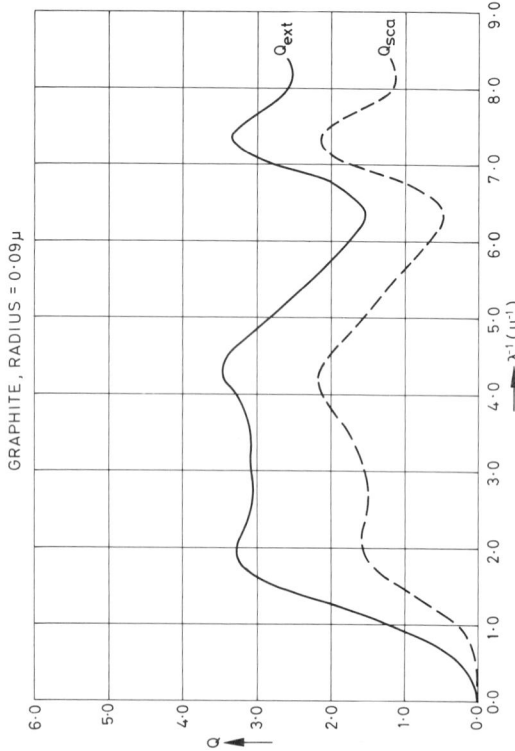

8 Extinction and Scattering Efficiencies for Composite Grains

Figs. F1–F8: $Q_{ext}(\lambda^{-1})$, $Q_{sca}(\lambda^{-1})$ for composite grains with iron cores

r_C = core radius

r_M = mantle radius

m = mantle refractive index

Results are shown for

$r_C = 0.03, 0.06\ \mu$

$r_M/r_C = 1.5\ (0.5)\ 3.0$

$m = n = 1.3,\ 1.6$

Figs. G1–G16: $Q_{ext}(\lambda^{-1})$, $Q_{sca}(\lambda^{-1})$ for composite grains with graphite cores

r_C = core radius

r_M = mantle radius

m = mantle refractive index

Results are shown for

$r_C = 0.03, 0.06\ \mu$

$r_M/r_C = 1.5\ (0.5)\ 3.0$

$m = n = 1.3,\ 1.6$

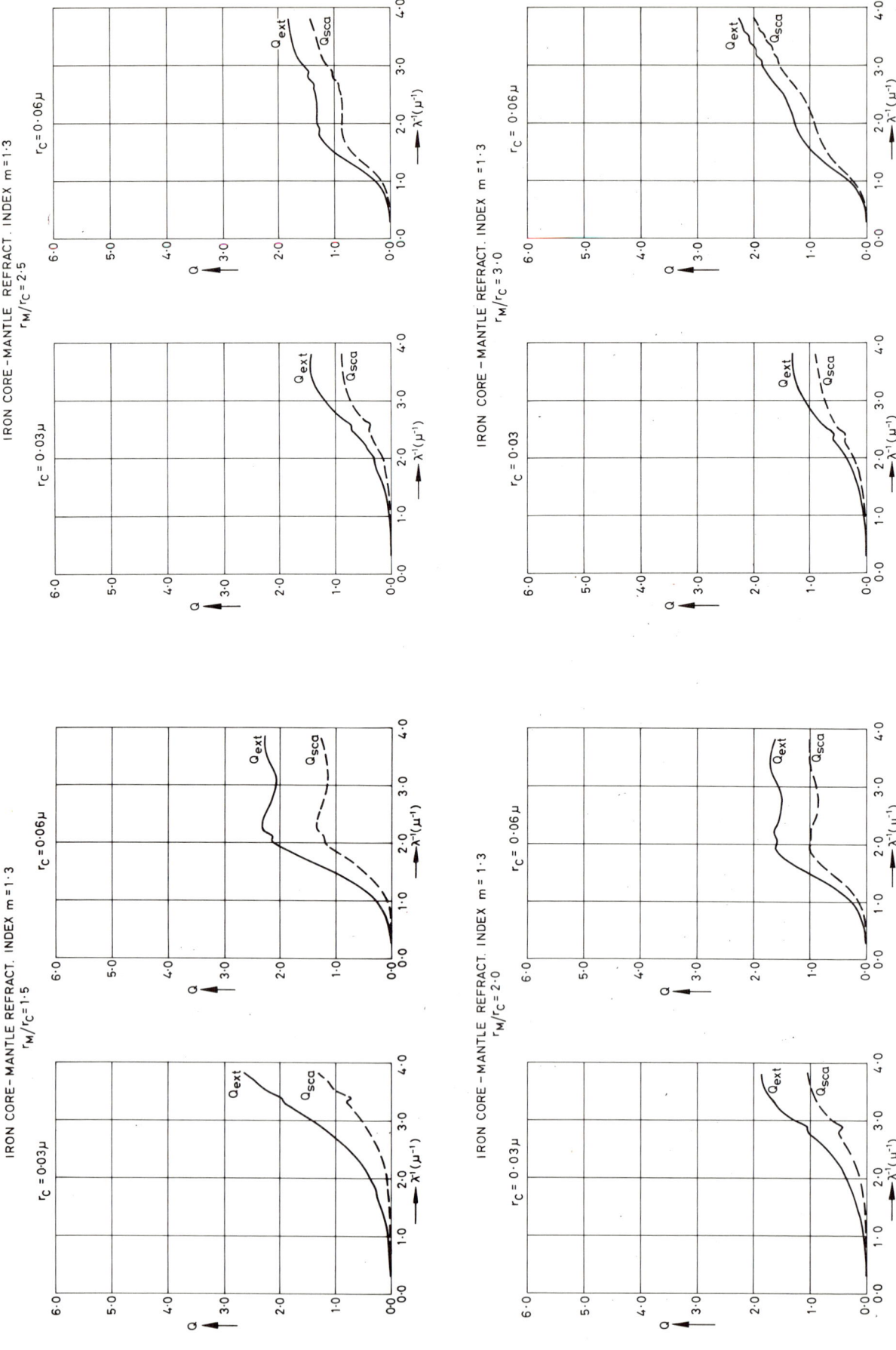

Figs. F1–F4

Figs. F5–F8

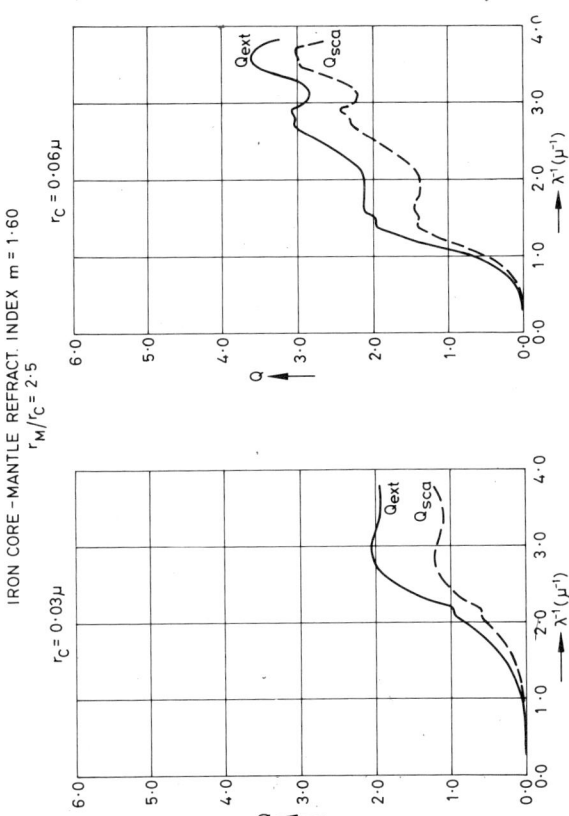
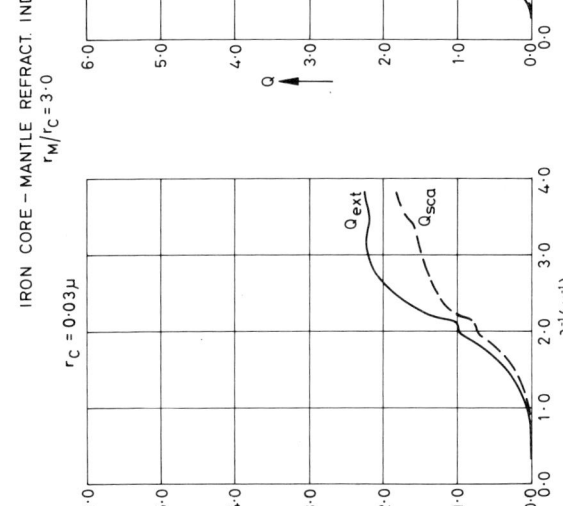
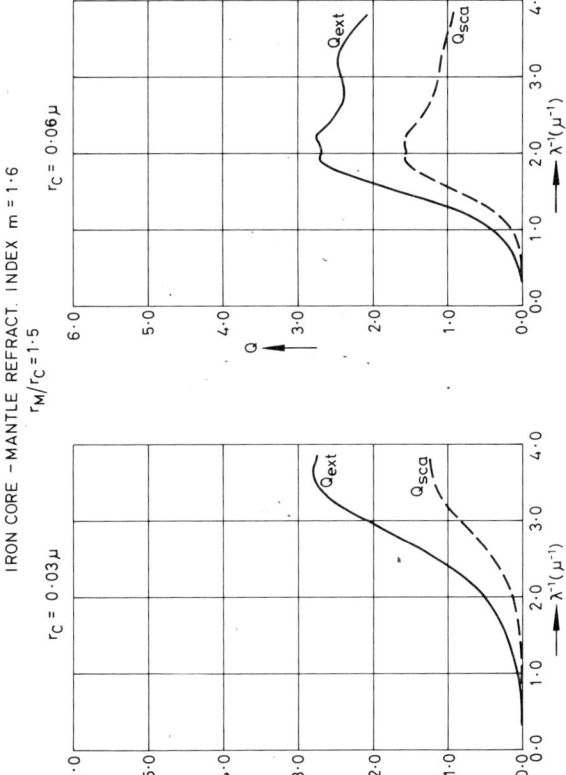
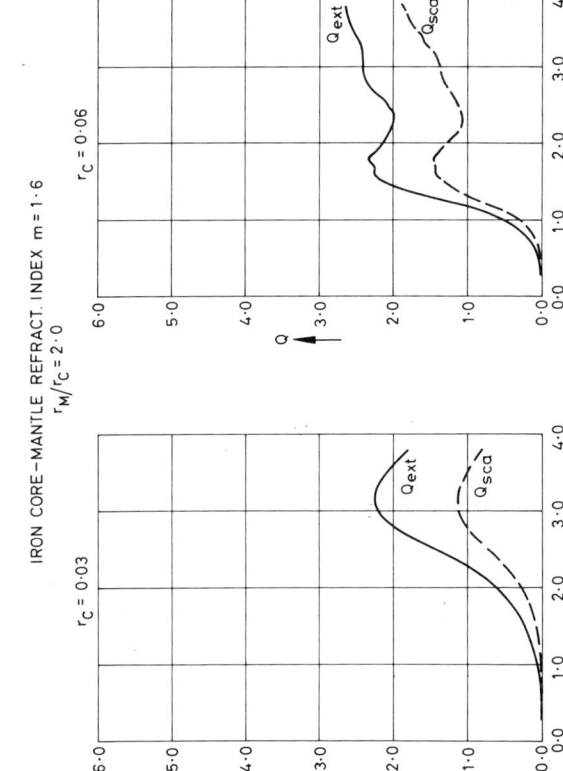

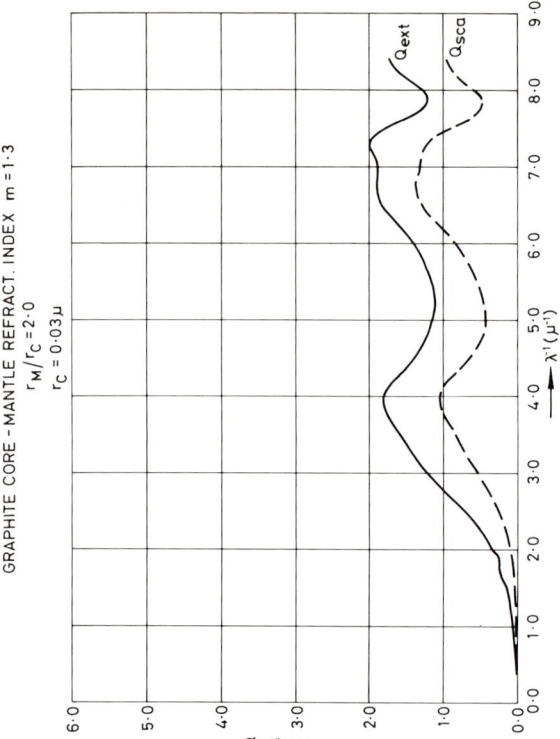
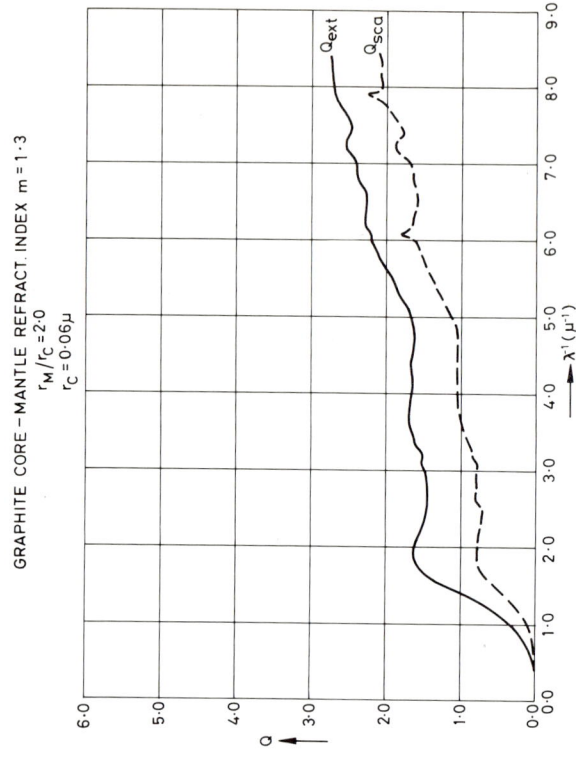
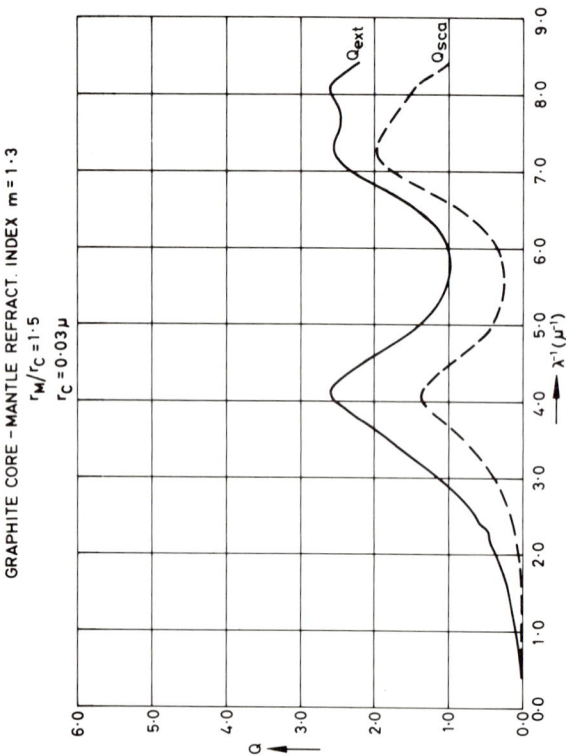
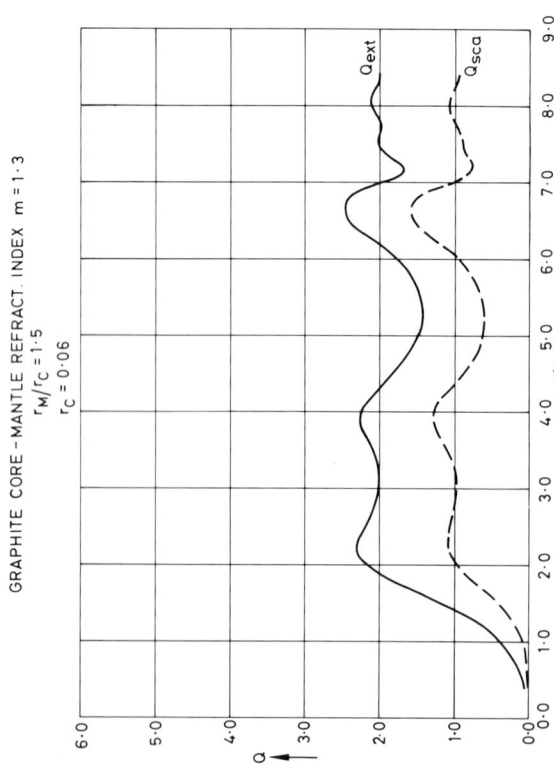

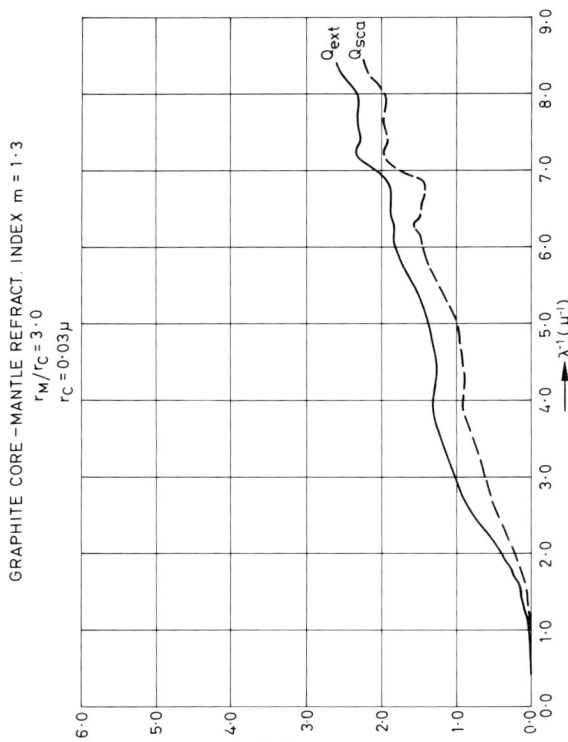
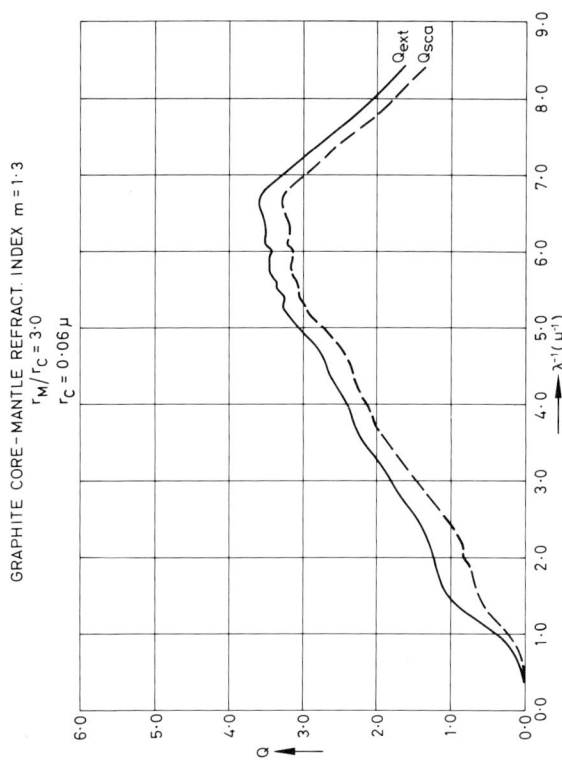
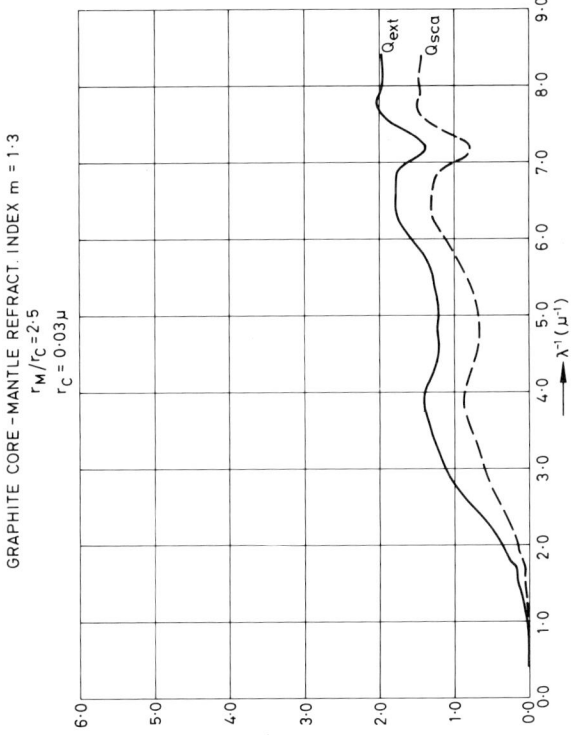
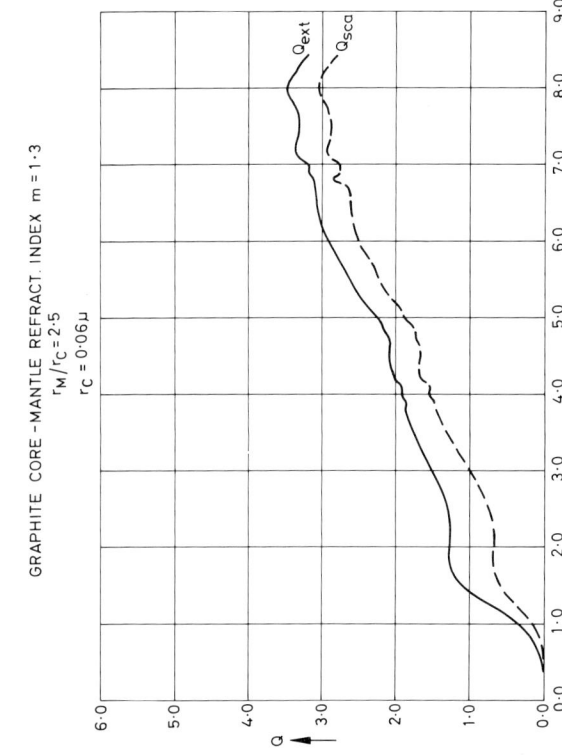

Figs. G9–G12

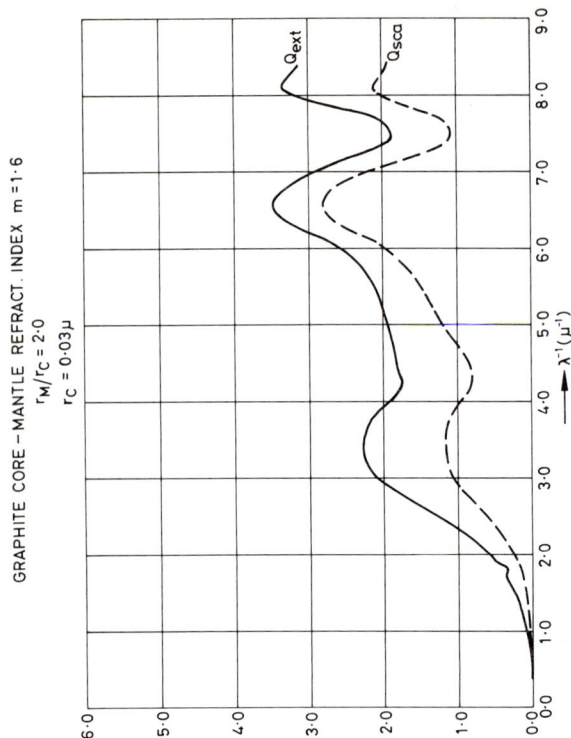
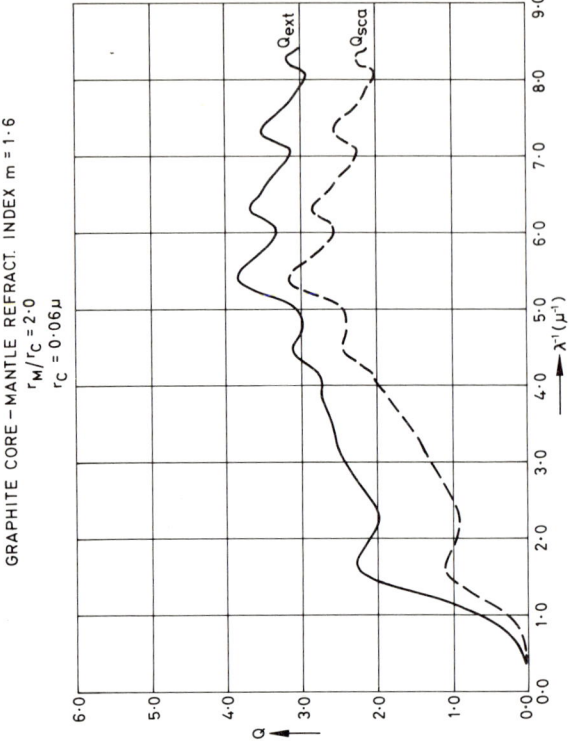
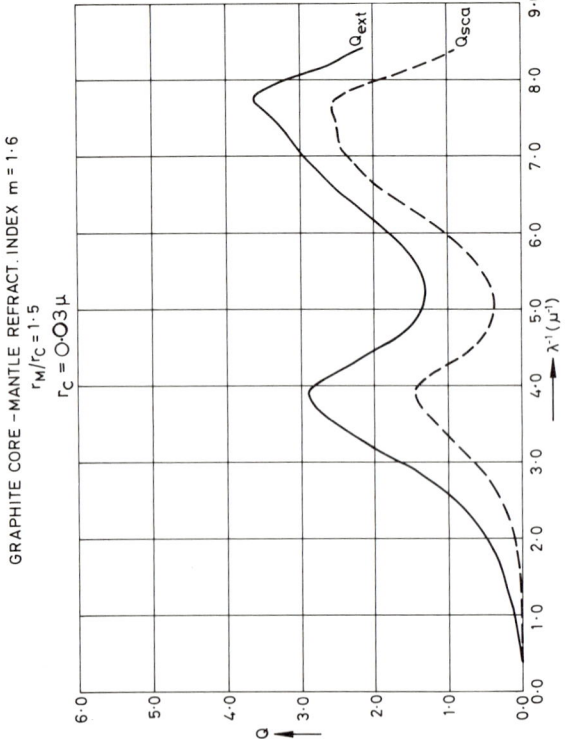
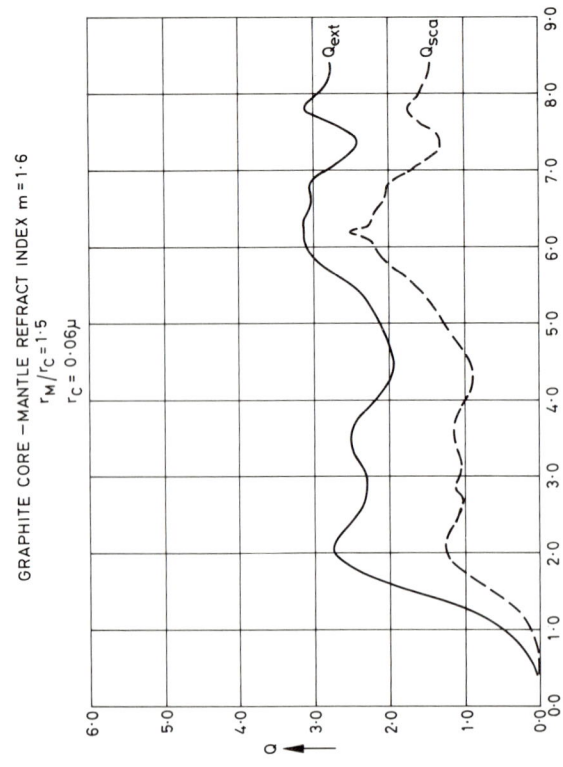

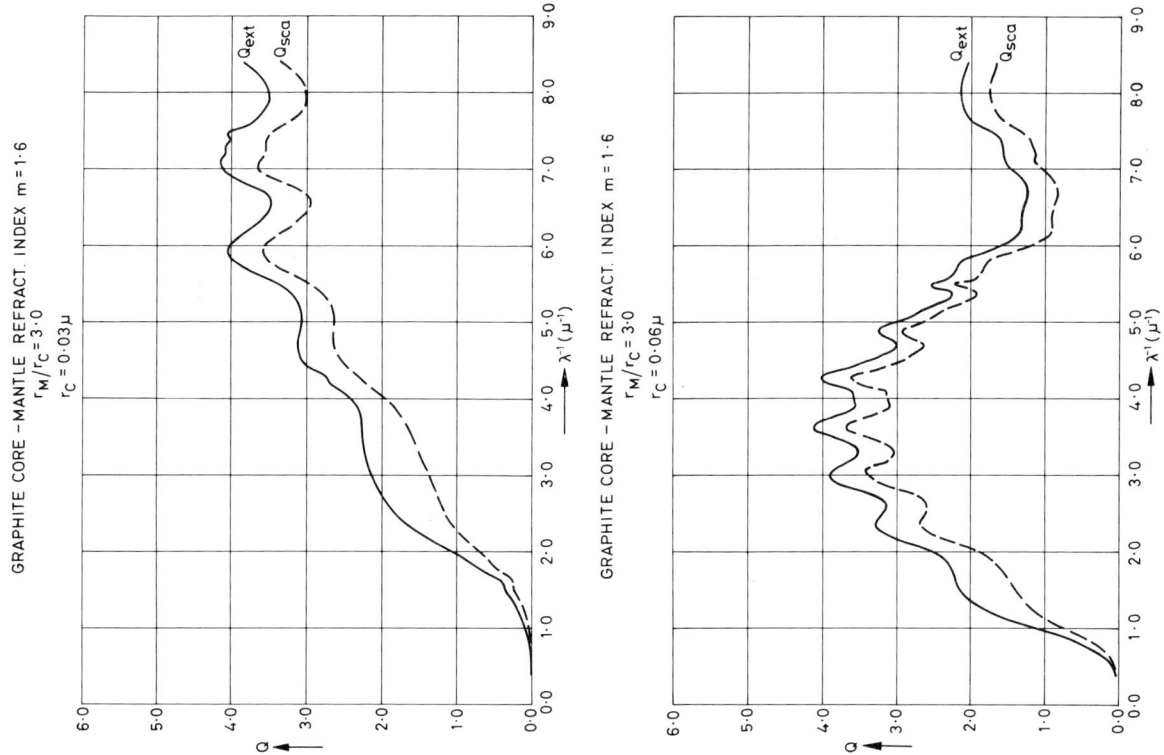
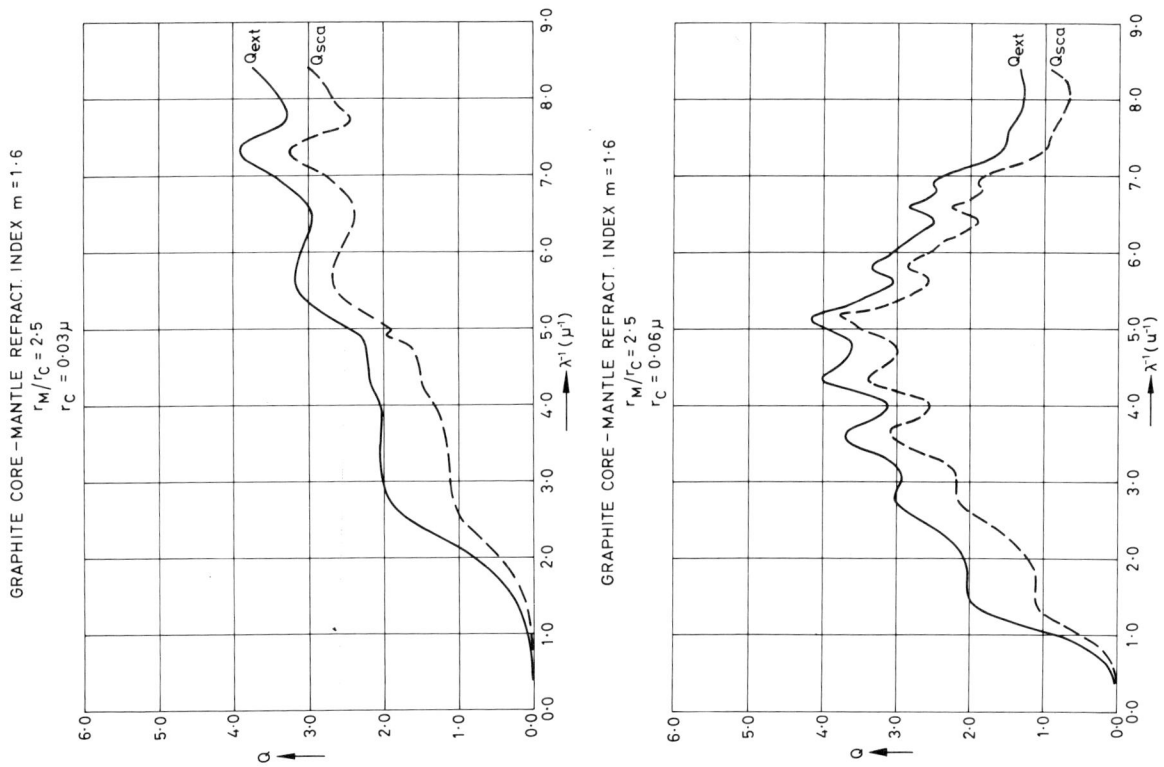

Index

Absorptive index, 25
Albedo, 15-17
   wavelength dependence of, 17, 21
Alignment of grains, picket fence type, 14
Allen, D. A., 22, 23
Ammonia, solid, 17
Amplitude function, 27
Asymptotic formulae
   for composite spheres, 31
   for cylinders, 34
   for homogeneous spheres, 29

Backscatter cross-section, 25
Bless, R. C., 8-10, 18, 20, 23
Boggess, A., 9, 18, 23
Borgman, J., 9, 18, 23

Carbon-rich stars, 19, 20
CH, CH^+, 17
C_6H_6, 21, 22
Circular disks, 36
Code, A. D., 23
Colour centres, 9
Comets, 3
Composite grains, 11
Composite spheres, 29, 497
   efficiency factors for, 498-503
Complex amplitude functions, 27
Complex refractive index, 3, 33
Conductivity, 25
Convergence of Mie series, 27
Core-mantle grains, 11
Coyne, G. V., 13, 14, 23
Cross-section
   for absorption, 25
   for backscatter, 25
   for extinction, 29
   for scattering, 25, 29
Cudaback, D. D., 18, 23
Cygnus, 7, 8, 19
Cylinders, 12, 14, 21, 33
   efficiency factors for, 33, 243-428
   elliptical, 37
   extinction and scattering by, 33

Danielson, R. E., 18, 23
Debye, P., 25, 31
de Jong, T., 15, 16, 23
Diatomic molecules, 17
Diamond, 22
Dielectric constant, 25, 35
Diffuse galactic light, 15, 16
Distribution function for particle radii, 12, 18
Duley, W. W., 21, 23

Eddington's approximation, 15, 16
Efficiency factor,
   for absorption, 25, 27
   for extinction, 29
   for radiation pressure, 28, 29
   for scattering, 25, 27, 29
Ellipsoids, 33, 35
   Rayleigh scattering by, 35-37
Elliptical cylinders, 37
Enstatite, 22
Equation of transfer, 12, 15

Extinction (*see also* Interstellar extinction)
   coefficient of galactic disk, 5, 11
   cross-sections, 12, 14, 29
   curves, 211-232, 348-355, 416-428, 488-503
   curves for graphite spheres, 19, 493-495
   curves for ice spheres, 17, 18, 488-490
   curves for iron spheres, 491, 492
   law, *see* Interstellar extinction

Forward directivity of light scattered by grains, 15

Galaxy, 5, 12, 15
Gaustad, J. E., 18, 22, 23
Gehrels, T., 13, 23
Gillett, F. C., 22, 23
Gilra, D. P., 21, 23
Graham, W. R. M., 21, 23
Grain mixtures, 11, 20
Graphite, 11, 19-22
   cores, 497
   efficiency factors for spheres, 429, 464-487
   -iron-silicate grain mixtures, extinction curves for, 20, 21
   optical constants of, 430
Graphite particles, 19, 20
   extinction curves for, 19, 493-495
   growth of ice on, 20
   radii of, 19
   theory, 19
Greenberg, J. M., 33, 37
Greenstein, J. L, 15, 23
Güttler, A. 29, 31

Hall, J. S., 12, 23
Harris, J. W., 8, 23
Hayakawa, S., 16, 23
Henyey, L. G., 15, 23
Hiltner, W. A., 12, 23
Homogeneous spheres,
   scattering functions for, 41-242
Houk, T. E., 23
Hoyle, F., 19, 20, 23
Hubbard, W. B., 18, 23
Huffer, C. M., 23
Huffman, D. R., 22, 23
Hydrogen
   HI density, 11
   ionized, 18
   solid, 11
   21 cm radio observations, 11

Ice, 11, 17, 18
   efficiency factors for spherical particles, 429-450
   grains, 17, 18, 19
      extinction curves for, 17, 488-490
   grain theory, 17
   infra-red band at $3 \cdot 1\ \mu$ due to, 18
   mantles on graphite grains, 20
   optical constants for, 430
Infra-red band
   of ice at $3 \cdot 1\ \mu$, 18
   of silicates at $10\ \mu$, 22
Infra-red radiation from dust, 19
Interstellar clouds, 5, 7, 11, 17

Index

Interstellar dust, 3, 5, 6, 12, 15, 17, 19
  composition of, 11
  mass density of, 10, 11
  radii of, 5
  theories, 17–22
Interstellar extinction, 5, 6–9, 18, 21
  curve, 7, 9, 17–19
    for VI Cyg No. 12, 8
    hump at 2200 Å in, 9, 10, 19–21
    knee in, 9
  law, 6, 7, 9
  normalized, 7, 12, 18, 19
  ultra-violet data, 8, 10
Interstellar gas, 17
Interstellar polarization, 12, 14
  direction of, 12–13
  normalized, 14
  wavelength dependence of, 13, 14, 21
Ireland, J. G., 23
Iron, 11, 20, 22
  cores, 497
  efficiency factors for spheres, 429, 451–463
  optical constants for, 430
Irradiated quartz, 22

Johnson, H. L., 8, 9, 18, 19, 23

Knacke, R. F., 18, 22, 23

Lillie, C. F., 16, 17, 23
Lind, A. C., 33, 37
Lindblad, B., 17, 23

Magnitudes
  stellar, 5, 6, 12
Mass density
  of dust, 10, 11
  of interstellar matter, 11
  of stellar matter, 11
Methane, solid, 17
Mie, G., 25, 31
Mie
  calculations, 12
  formulae, 21, 25, 26, 29
  scattering, theory of, 9, 11, 25–31
  series, convergence of, 27
Mira variables, 20
Multiple scattering, 15

Nandy, K., 7–9, 19–21, 23
Nearly spherical particles, 36
Ney, E. P., 22, 23
NGC 3031, 6
NGC 4594, 6
Nucleation, 17

Oblate spheroids, 36
OB stars, 6, 7
O'Dell, C. R., 18, 23
Olivine, 22
Oort, J. H., 11, 23
Optical constants of graphite, ice and iron, 430
Orbiting Astronomical Observatory 2 (OAO2), 16
Oxygen-rich stars, 20

Perseus, 7, 8
Phase function for scattering, 15, 16, 27, 41, 233–242
Phase parameter, 15, 16, 28
Photographic wavelength, 6, 11
Picket fence alignment of grains, 14
Planets, atmospheres of, 3

Polarizability, 35
Polarization curve, see Interstellar polarization, wavelength dependence of
Polarization of starlight, see under Interstellar
Prolate spheroids, 36

Quartz, 22
  irradiated, 22
  rose, 22

Radiative transfer, 15
Rayleigh approximation, 35
Rayleigh scattering, 35–37
Recurrence relations, 27, 28
Refractive index, 3, 11, 25
Refractory grains, mixtures of, 21
Rock crystal, 22
Rose, L. J., 15, 23

Savage, B. D., 8–10, 18, 20, 23
Scattering cross-section, 25
Scattering of starlight, 12
Seddon, H., 23
Silicate needles, 21
Silicates
  infra-red band at 10 μ due to, 22
  silicate particles, 11, 20–22
Silicon carbide, 21
Solid
  ammonia, 17
  carbon, see Graphite
  hydrogen, 11
  methane, 17
  particle character of absorber, 10–12
Sombrero Hat, 6
Spheroids, 36
Spiral arms, 12
Spiral Galaxies, 6
Sputtering, 18
Stapp, J. L., 22, 23
Stebbins, J., 6, 7, 23
Stecher, T. P., 8, 9, 18–20, 23
Stein, W. A., 22, 23
Stellar
  atmospheres, 19
  brightness, 5
  magnitudes, 5, 6, 12
  motions, 11
Stratton, J. A., 25, 31
Supernovae, 20

Two-atom reactions, 17

van de Hulst, H. C., 3, 4, 15–18, 23, 25, 31, 33, 37

Wait, J. R., 33, 37
Wavelength dependence of,
  albedo, 17, 21
  interstellar extinction, see Interstellar extinction curve
  interstellar polarization, 13, 14, 21
Whitford, A. E., 9, 23
Wickramasinghe, N. C., 5, 13, 14, 19–21, 23
Williams, D. A., 20, 23
Witt, A. N., 15–17, 23
Wolstencroft, R. D., 15, 23
Woolf, N. J., 18, 22, 23

Yamashita, K., 16, 23
Yoshioka, S., 16, 23

Zodiacal light, 15